입문자에서
국가기술자격
실기시험
대비까지

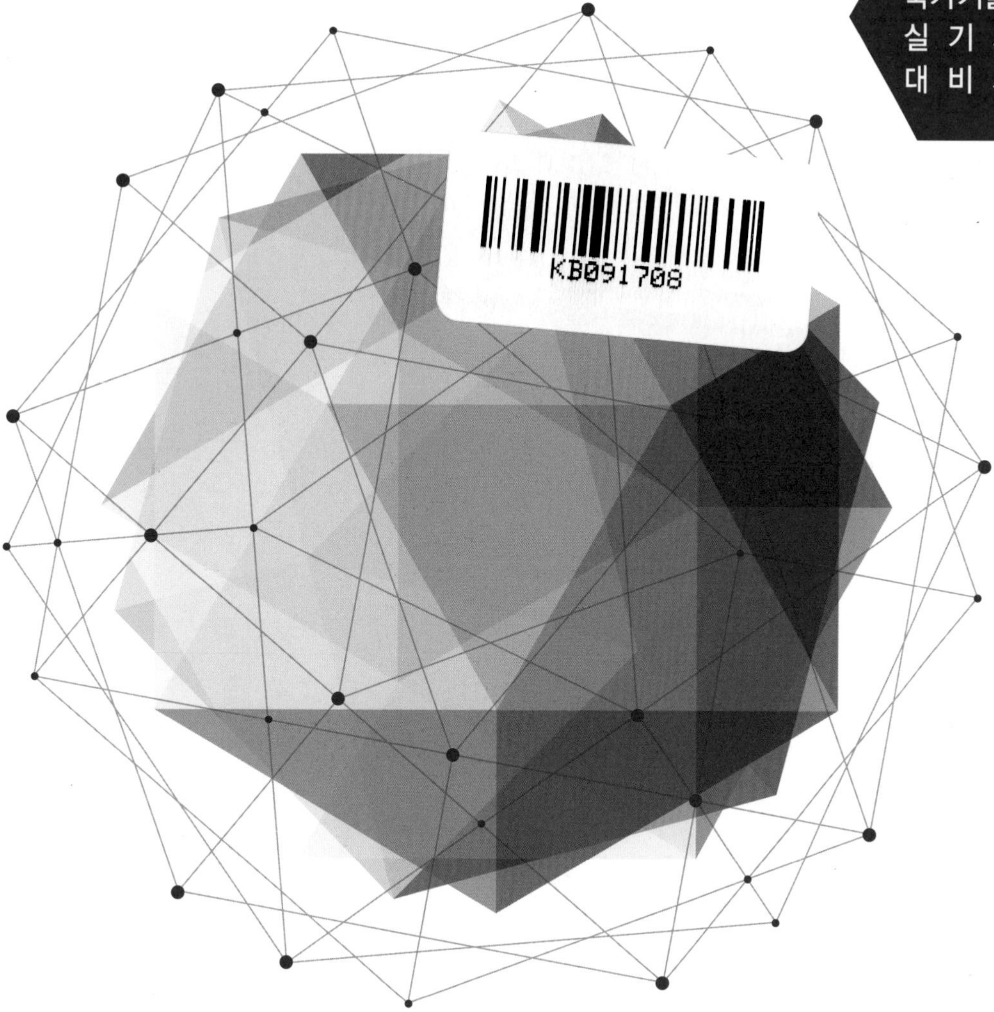

CATIA를 활용한 모델링 따라하기

박한주 저

예문사

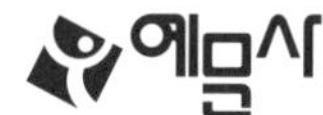

PREFACE 머리말

CATIA(Computer Aided Tree-dimensional Interface Application)는 자동차 및 항공분야를 비롯한 산업현장에서 제품의 설계부터 생산에 이르기까지 전 과정의 업무를 수행하는 데 있어 대표적으로 활용되는 CAD/CAM/CAE 통합 솔루션으로 학교에서도 다양한 형태로 CAD/CAM 교육이 활발하게 진행되고 있으며, 기계공학을 비롯한 관련 전공자들에게도 CATIA의 활용능력을 요구하고 있다.

이 책은 초판의 내용에 기초 모델링 따라하기를 추가하여 CATIA를 처음 시작하는 사람들도 혼자서 예제를 하나씩 따라하면서 CATIA의 활용능력을 익힐 수 있도록 상세하게 단계별로 이미지를 제시하여 전면 개정한 것이다.

이 책의 전체 구성내용은 다음과 같다.

책의 구성내용

제1편 기본 모델링 따라하기
제2편 활용 모델링 따라하기
제3편 NC Data 생성 따라하기
제4편 Model 도면

이 책을 통하여 CATIA를 공부하면서 좀 더 자세한 기능을 혼자서 따라하기 방식으로 쉽게 익히고자 하는 독자들에게는 예문사에서 출간된 CATIA V5따라잡기를 통하여 실력을 배양하기를 추천한다. 책의 내용은 CATIA에서 많이 활용되는 Sketcher, Part Design, Surface Design, Drafting 기능을 본 책의 내용과 같이 차례대로 따라하면서 쉽게 익힐 수 있도록 상세한 이미지로 구성되었다.

관련 분야 재학들이나 재직자들이 혼자서도 CATIA를 쉽게 익혀 활용하고 컴퓨터응용가공산업기사를 비롯하여 기계 및 금형분야의 국가기술자격증을 취득하는 데 활용할 수 있기를 기대하며, 출간하는 데 많은 도움을 주신 도서출판 예문사에 깊은 감사의 뜻을 전한다.

CONTENTS 목차

1편 기본 모델링 따라하기

2편 활용 모델링 따라하기

3편 NC Data 생성 따라하기

4편 Model 도면

CREATIVE ENGINEERING DRAWING

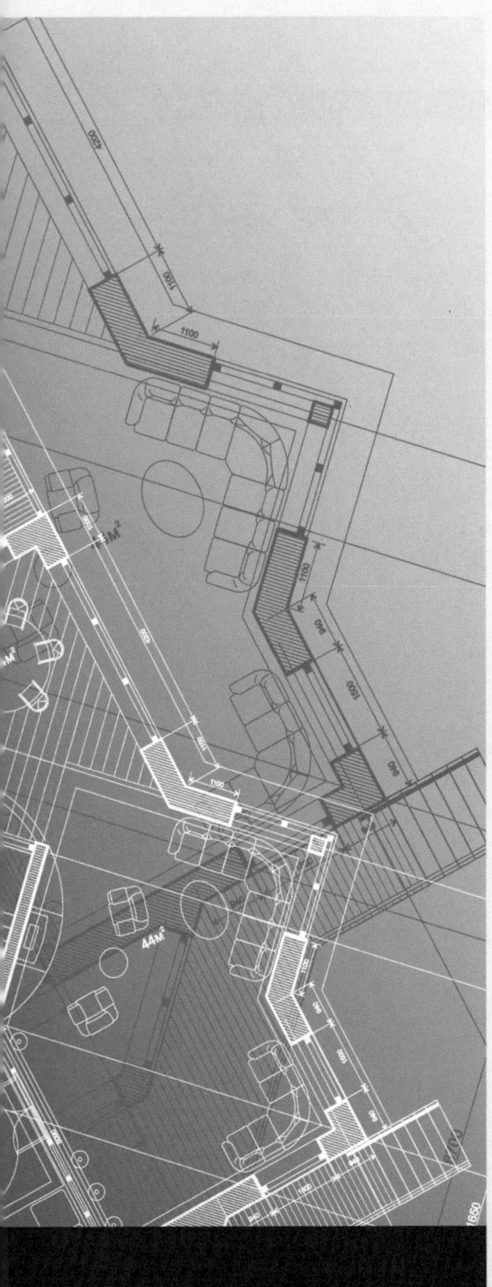

PART 01

CATIA를 활용한 모델링 따라하기

기본 모델링 따라하기

CHAPTER

기본 Model (1)

기본 Model (1)

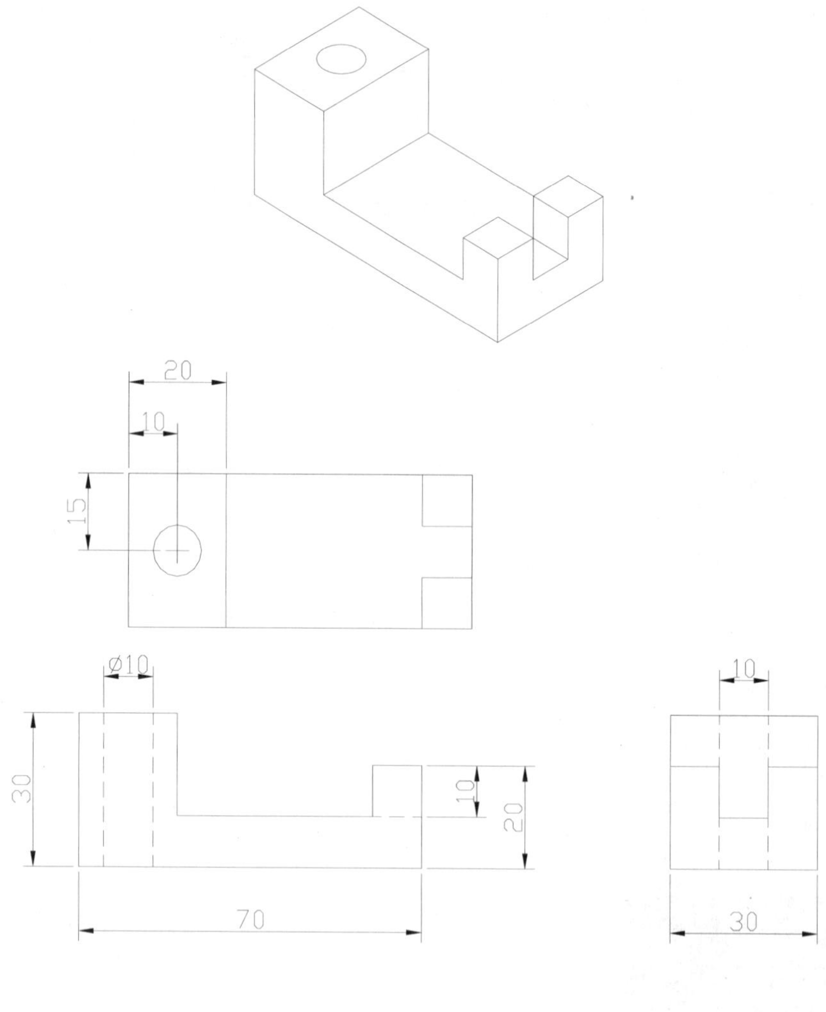

01 CATIA를 실행하면 Assembly Mode가 시작되는데, X을 클릭하여 초기화 Mode로 전환한다.

02 Workbench 도구막대의 All general options 아이콘 을 클릭한 후 Part Design 아이콘 을 클릭하여 Solid Mode로 전환한다.

03 Part Design Mode에서 도구막대의 빈 공간에 마우스 포인터를 위치시키고 오른쪽 버튼을 클릭하여 아래와 같이 도구막대를 선택하여 배열시킨다.

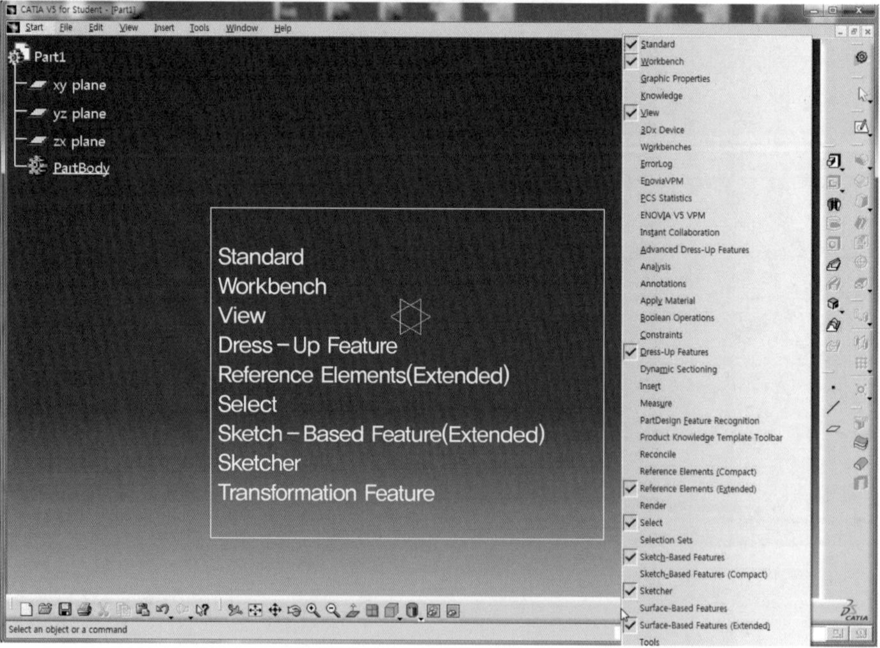

REFERENCE

Start Menu 설정

Part Design 아이콘 과 Wireframe and Surface Design 아이콘 이 나타나지 않을 경우에는 Tools – Customize...를 선택하여 Customize 대화상자의 Start Menu 탭 왼쪽 영역에서 Part Design과 Wireframe and Surface Design을 선택하고 [→] 를 클릭하여 오른쪽 영역으로 이동시키고 Close 버튼을 클릭한다.

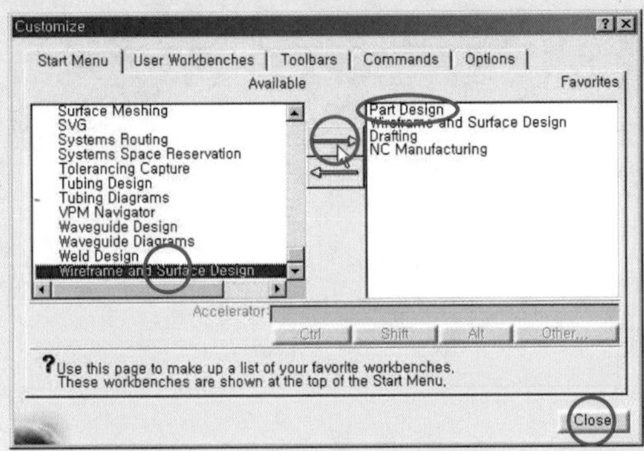

Wireframe and Surface Design 도구막대

Wireframe and Surface Design Mode에서 도구막대의 빈 공간에 마우스 포인터를 위치시키고 오른쪽 버튼을 클릭하여 아래와 같이 도구막대를 배열한다.

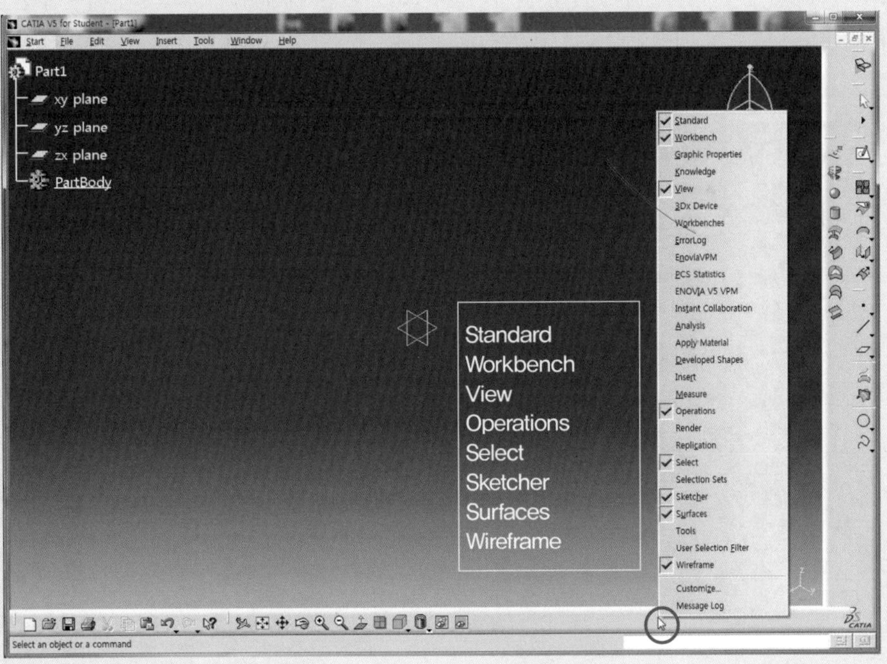

04 Sketch 아이콘 을 클릭하고 yz plane을 선택하여 Sketch Mode로 전환한다.

05 Sketcher Mode에서 도구막대의 빈 공간에 마우스 포인터를 위치시키고 오른쪽 버튼을 클릭하여 아래와 같이 도구막대를 배열한다.

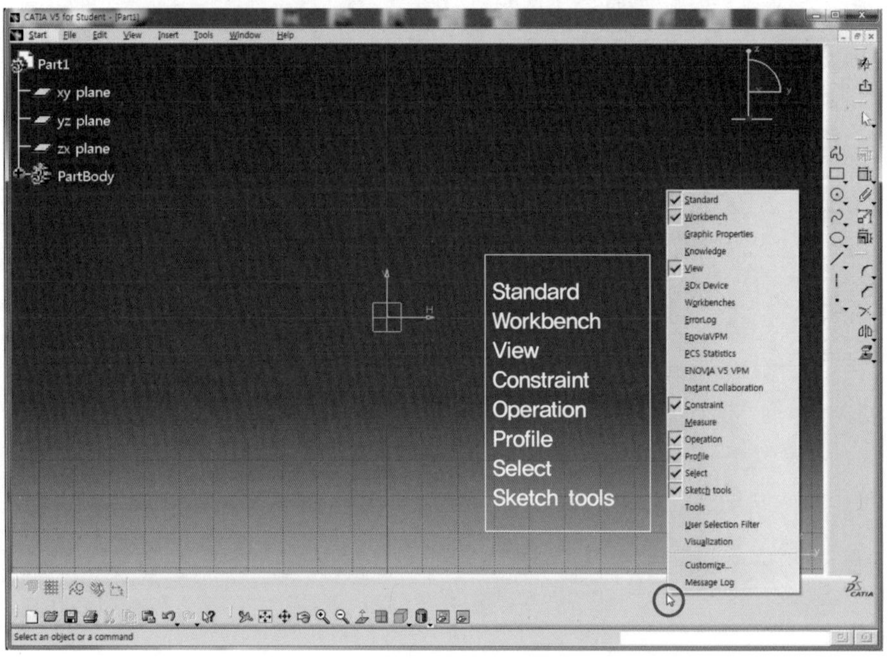

06 Profile 아이콘 을 클릭한 후 도면을 보고 원점에서 시작하여 대략적인 형상을 Sketch를 한다.(이때 도면의 치수와 유사한 크기로 Sketch를 하면 치수구속을 적용할 때 Sketch가 거의 변화가 없어 쉽게 마무리할 수 있다.)

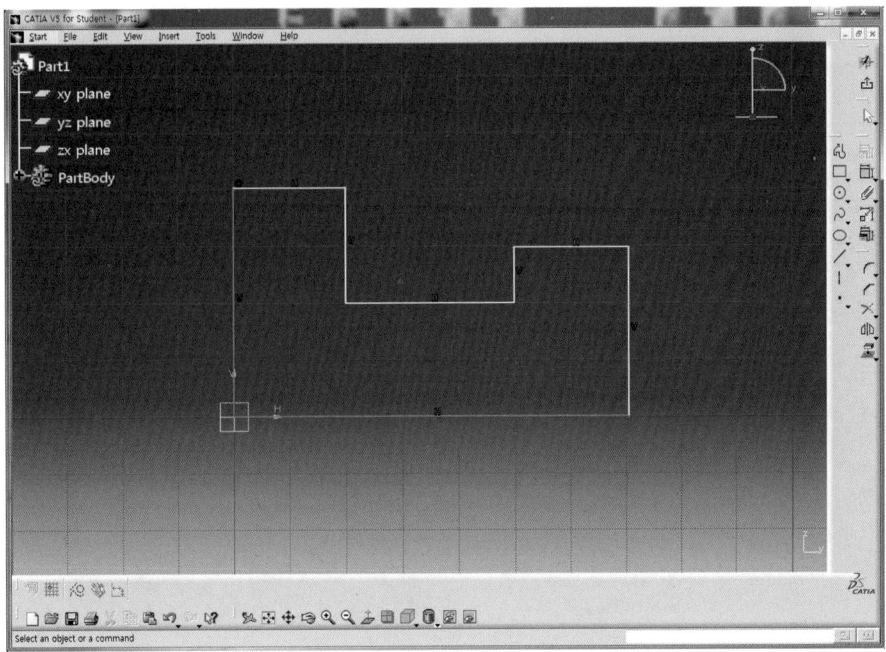

07 Constraint 도구막대의 Constraint 아이콘 을 더블클릭하여 치수구속(L70, L30, L20, L10)을 적용하고, Exit workbench 아이콘 을 클릭하여 3D Mode로 전환한다.

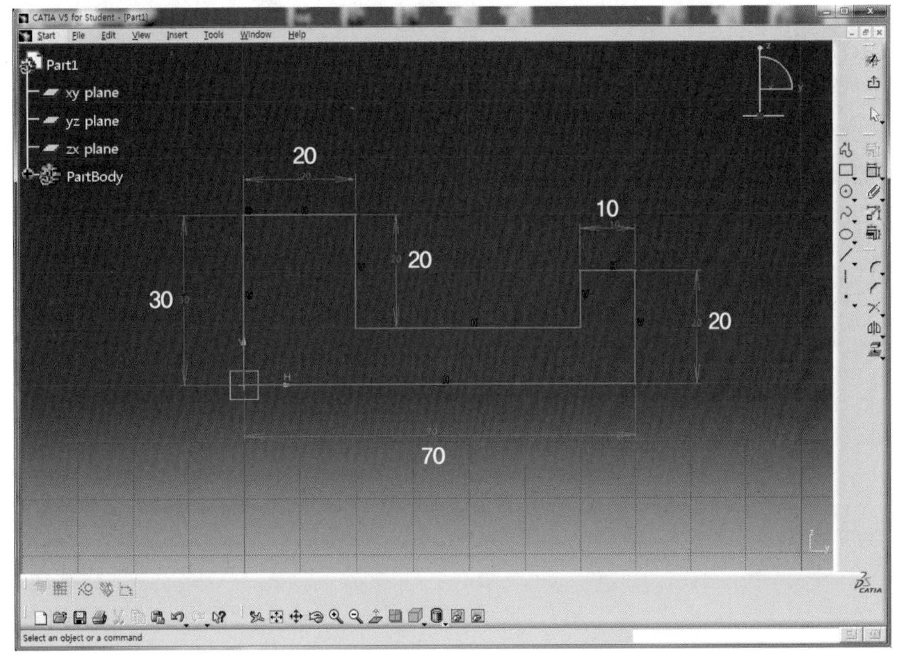

08 Sketch를 선택하고 Pad 아이콘 을 클릭한 후 Length 영역에 30mm를 입력하고 화살표를 클릭하여 방향을 뒷쪽으로 전환한다.

09 Preview 버튼을 클릭하여 미리보기 한 후 OK 버튼을 클릭한다.

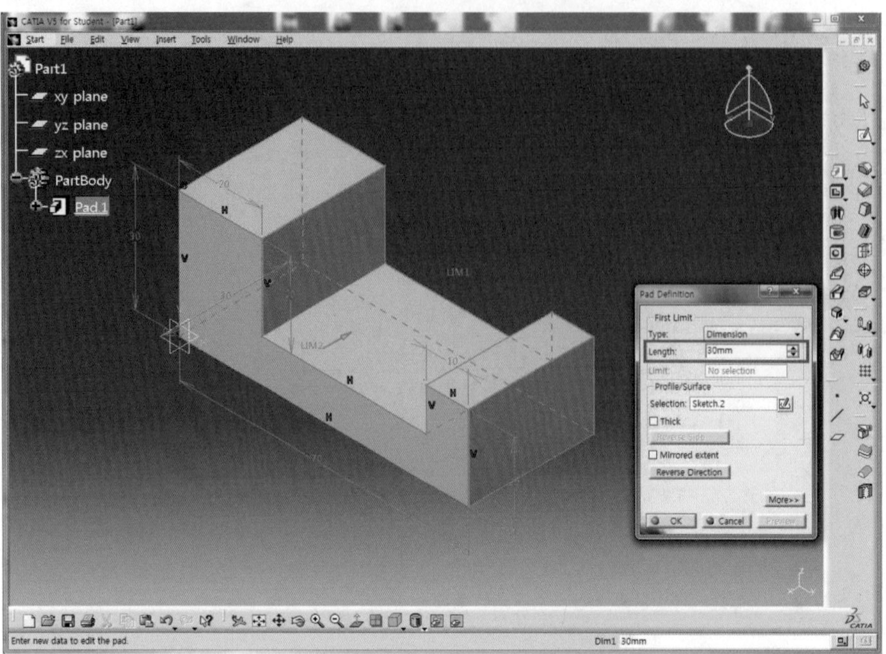

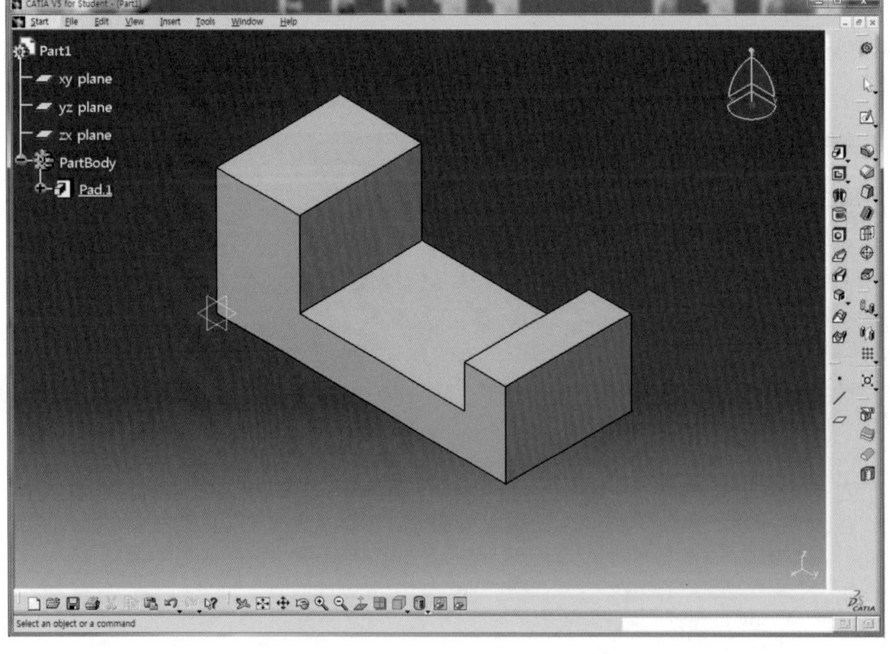

10 Sketch 아이콘 을 클릭하고 생성한 Solid의 윗면을 선택하여 Sketch Mode로 전환한다.

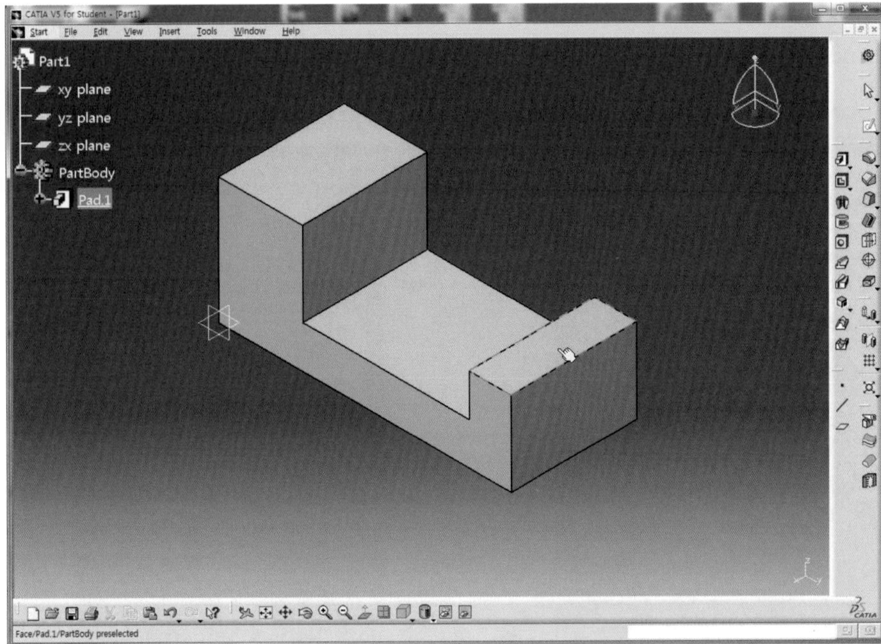

11 Rectangle 아이콘 을 클릭한 후 직사각형을 Sketch한다.

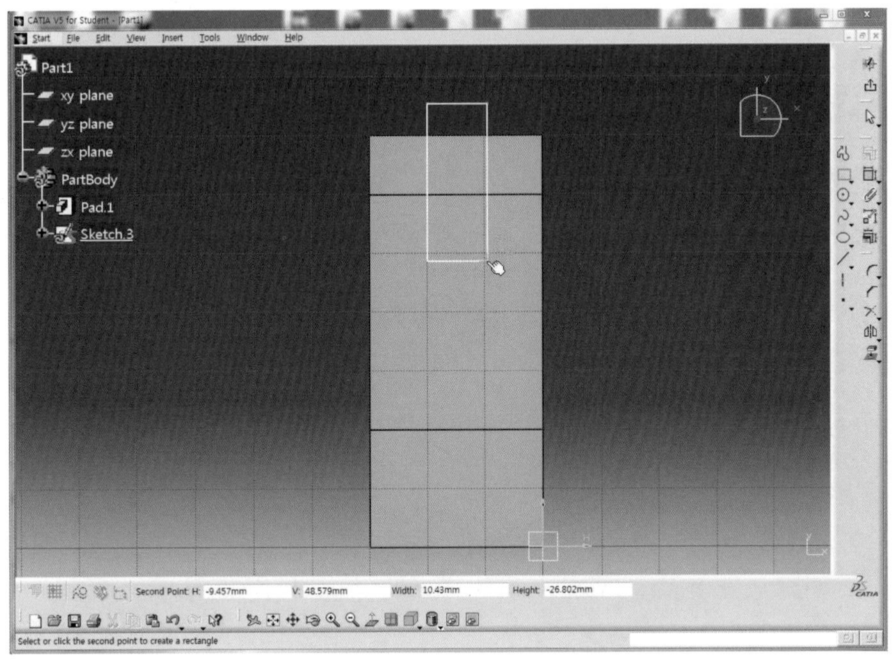

12 Constraint 아이콘 을 더블클릭하여 아래와 같이 치수를 구속하고 치수를 더블클릭하여 정확한 치수(L10)로 수정한다.

13 Exit workbench 아이콘 을 클릭하여 3D Mode로 전환한다.

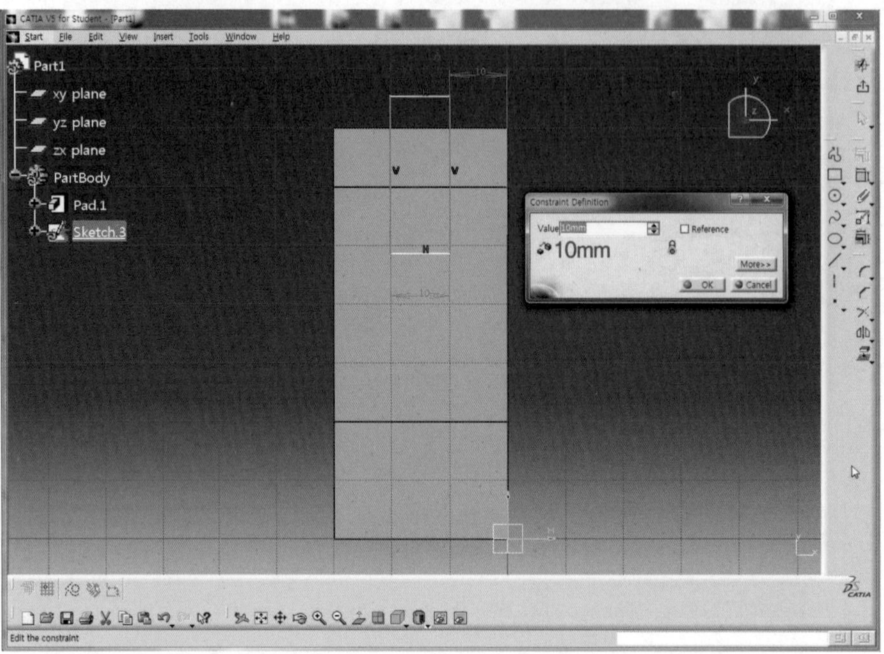

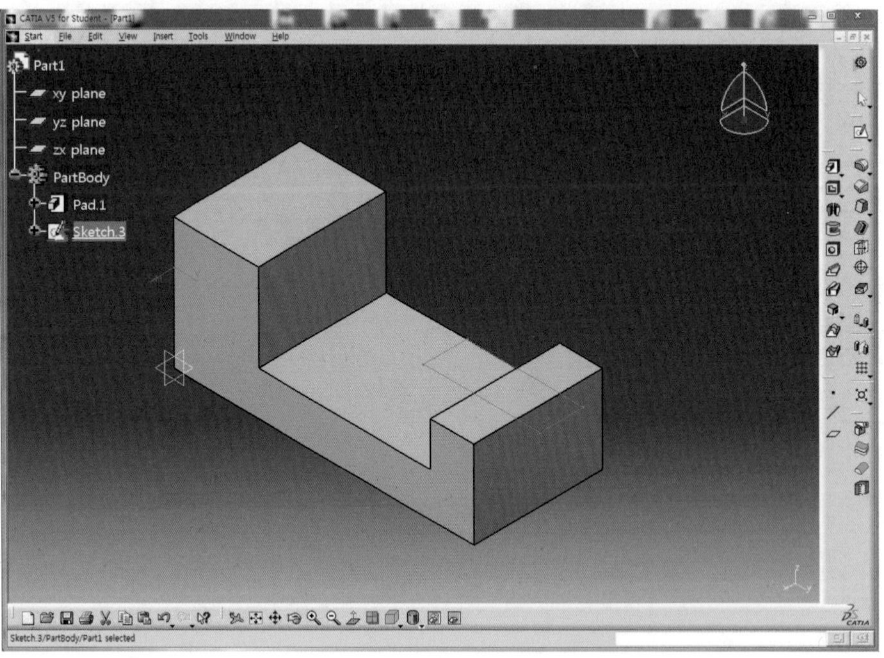

14 Pocket 아이콘 을 클릭하고 Depth 영역에 10mm를 입력한 후 Preview 버튼을 클릭하여 미리보기 한다.

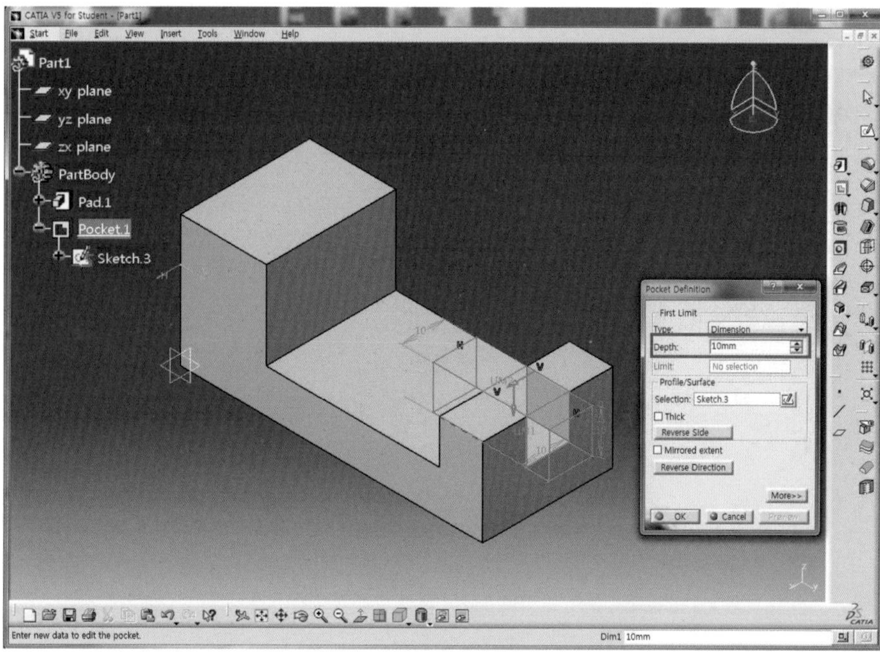

15 OK 버튼을 클릭하여 Pocket을 완성한다.

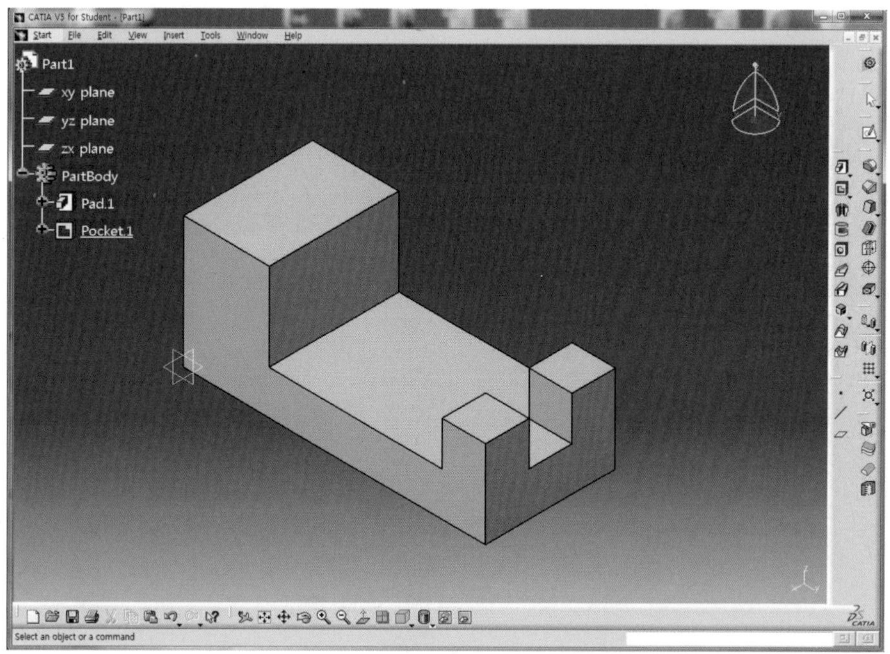

16 구멍을 생성하기 위하여 구멍을 생성시킬 면의 모서리 (1),(2)를 Ctrl을 누른 상태에서 차례로 선택한다.

17 Hole 아이콘 을 클릭한 후 구멍이 위치할 면 (3)을 클릭한다.

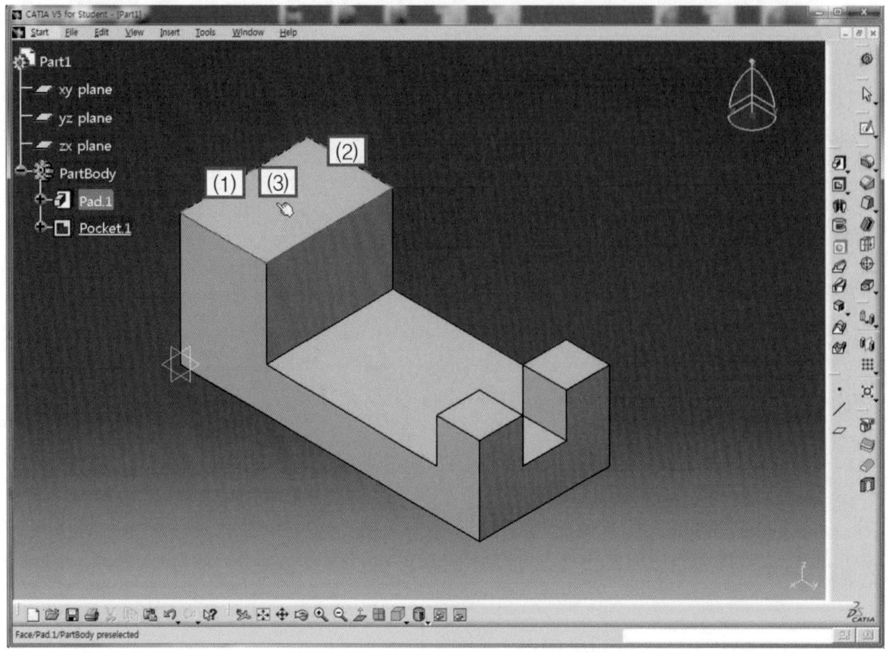

18 Hole Definition 대화상자의 Extension 탭에서 옵션 Up To Next를 선택하고 Diameter에 구멍 직경인 10mm를 입력한다.

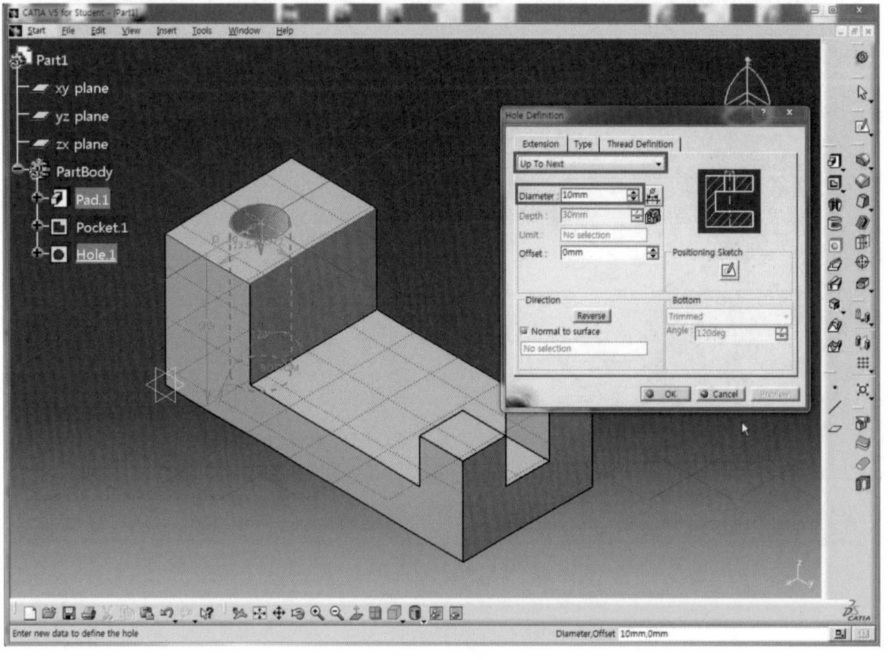

19 구멍의 정확한 위치를 입력하기 위해 앞에서 선택한 모서리와 구멍의 중심 사이에 나타나는 치수를 더블클릭한다.

20 도면을 보고 구멍의 정확한 위치 치수(L15, L10)로 수정한다.

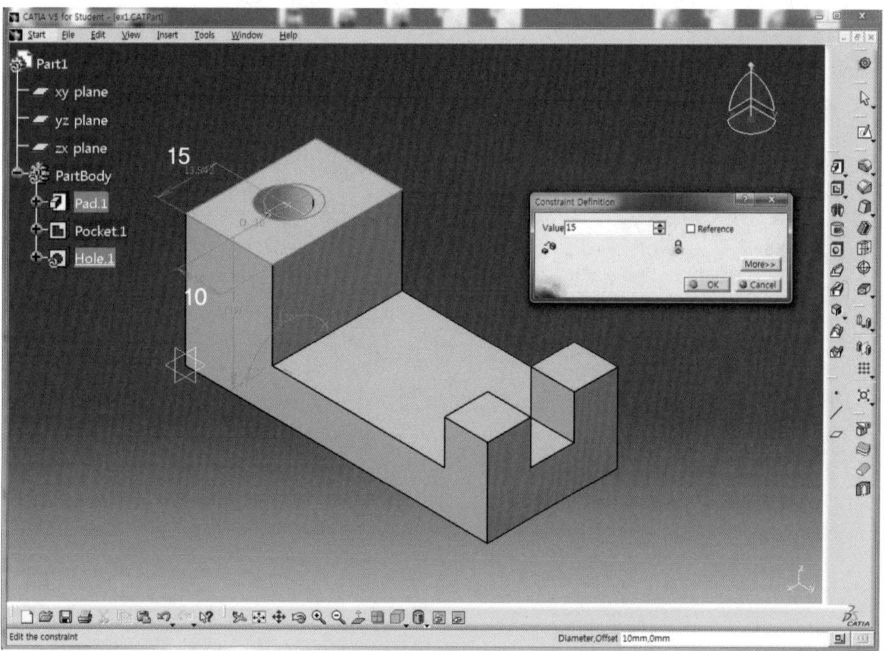

21 Preview 버튼을 클릭하여 미리보기 한 후 OK 버튼을 클릭하여 완성한다.

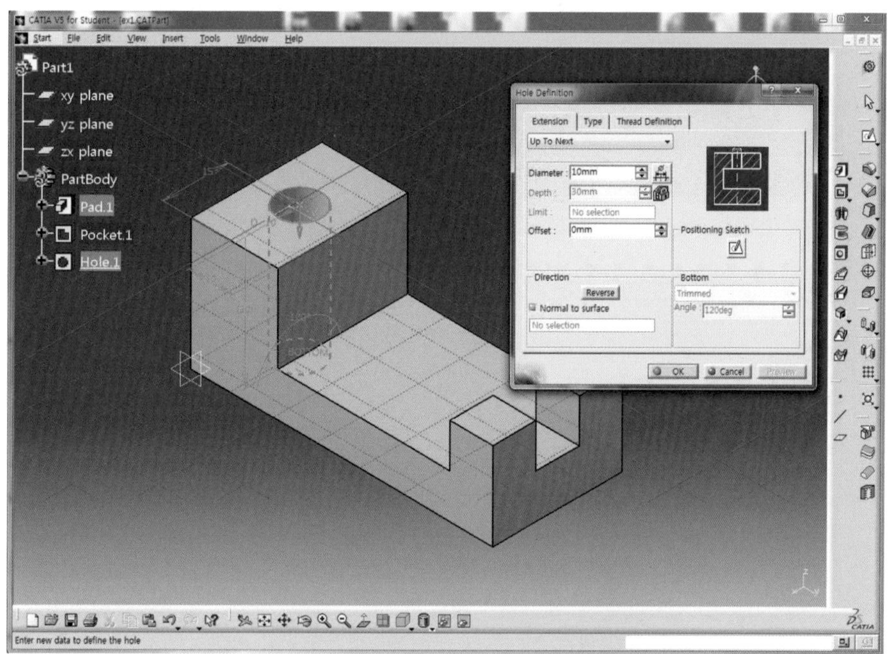

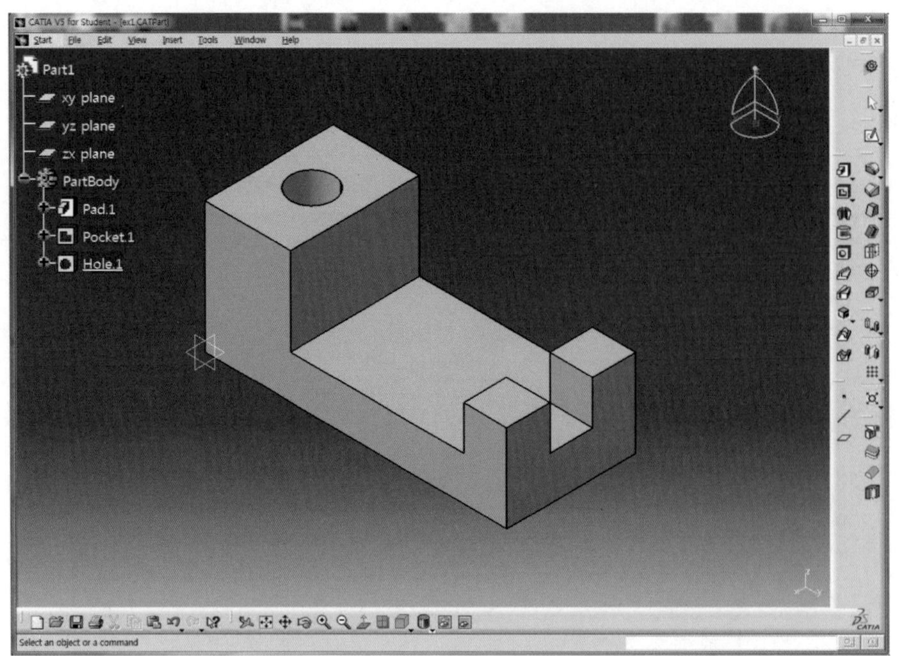
CATIA V5 for Student - [ex1.CATPart]
Start File Edit View Insert Tools Window Help
Part1
xy plane
yz plane
zx plane
PartBody
Pad.1
Pocket.1
Hole.1
Select an object or a command

02 기본 Model (2)

CATIA를 활용한 모델링 따라하기

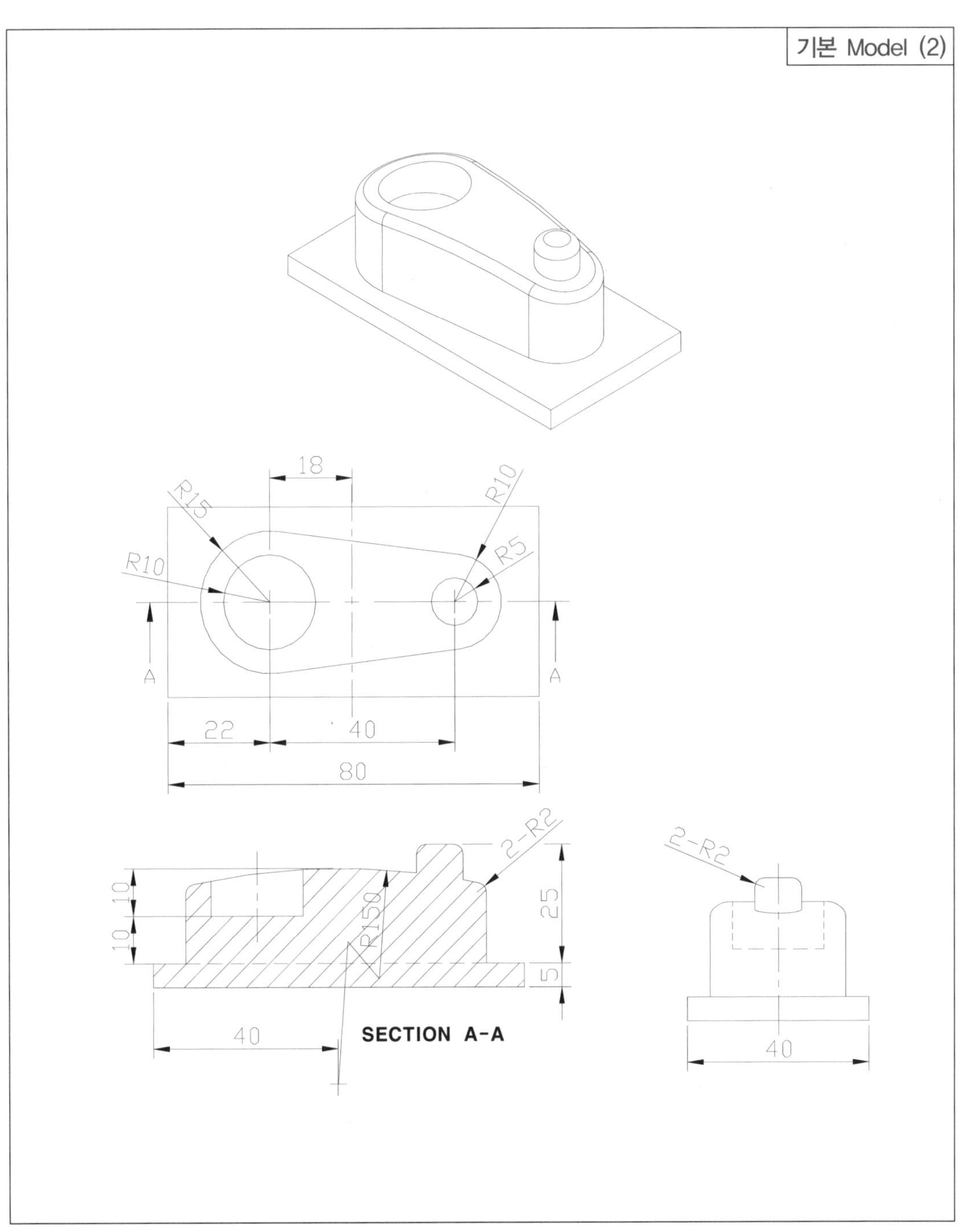

01 Solid Mode에서 Sketch 아이콘 을 클릭하고 xy plane을 선택하여 Sketch Mode로 전환한다.

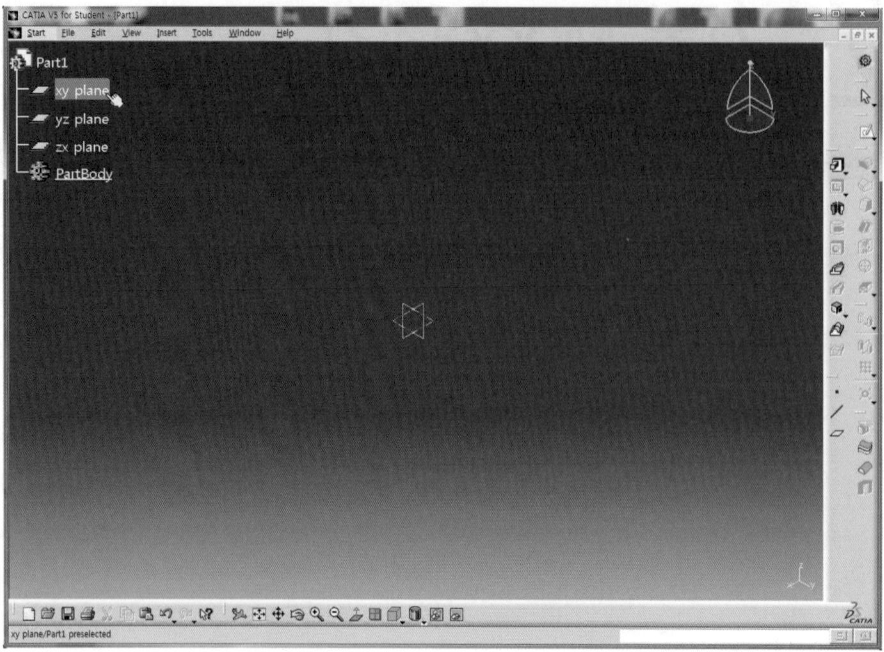

02 Profile 도구막대의 Centered Rectangle 아이콘 을 클릭한다.

03 원점에 대칭인 직사각형을 생성한다.

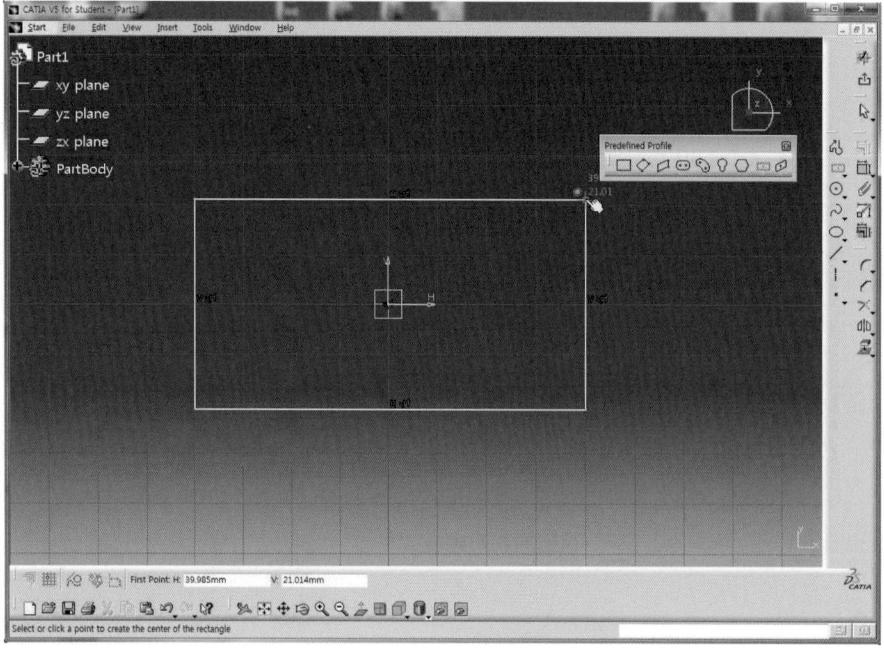

04 Constraint 아이콘을 더블클릭하여 가로와 세로의 길이를 구속한다.

05 각 치수를 더블클릭하여 가로 80mm, 세로 40mm를 적용한다.

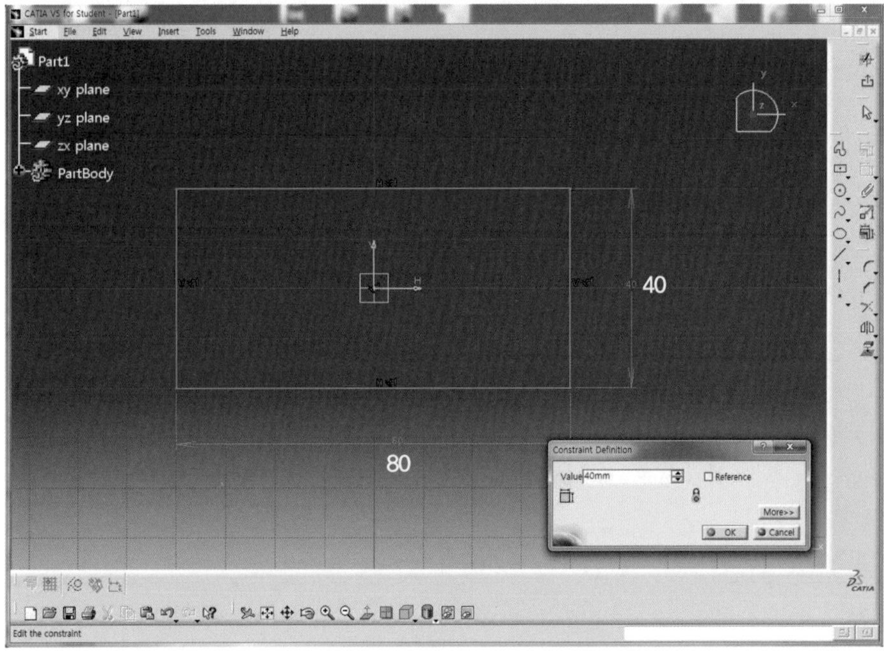

06 Exit Workbench 아이콘을 클릭하여 3D Mode로 전환한다.

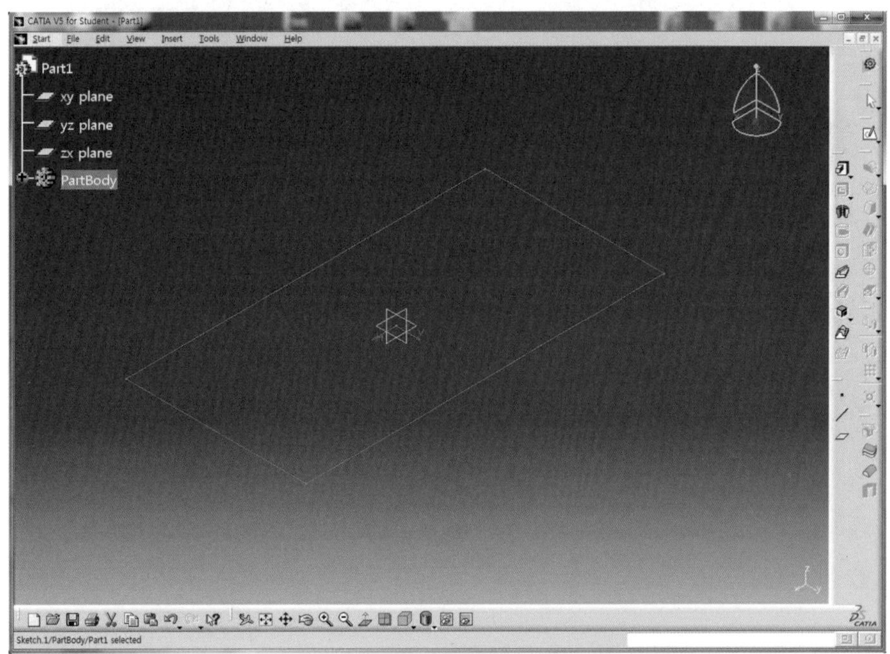

07 Pad 아이콘 을 클릭한 후 Pad Definition 대화상자에서 Length영역에 5mm를 입력한다.

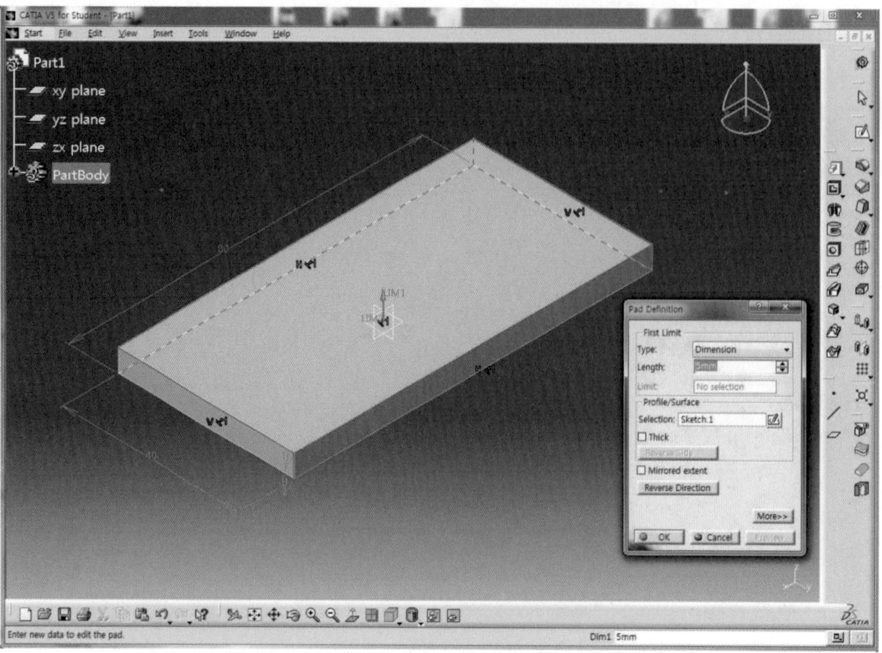

08 Preview버튼을 클릭하여 미리보기 한 후 OK 버튼을 클릭하여 Solid를 생성한다.

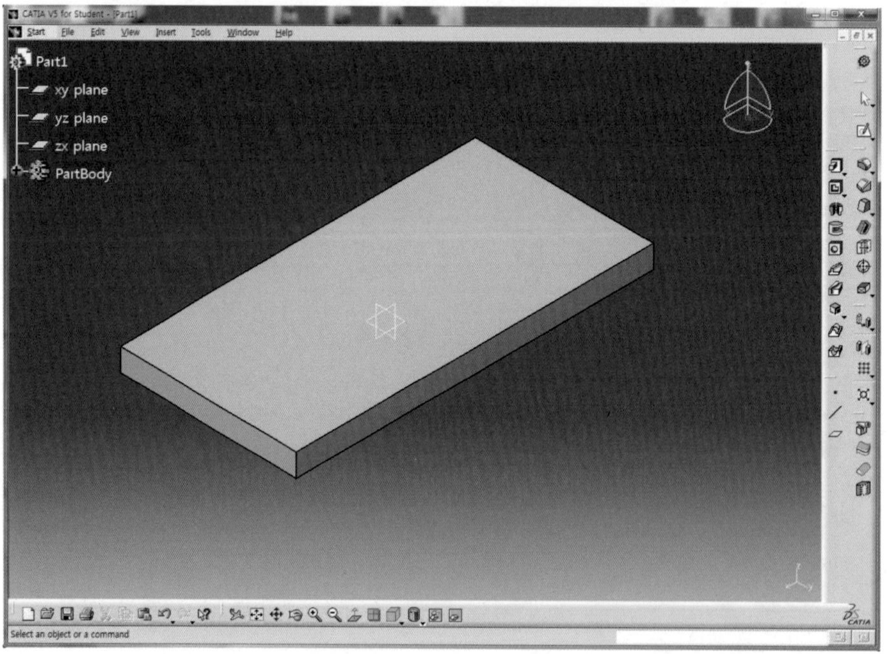

09 Sketch 아이콘 을 클릭하고 Solid의 윗면을 선택하여 Sketch Mode로 전환한다.

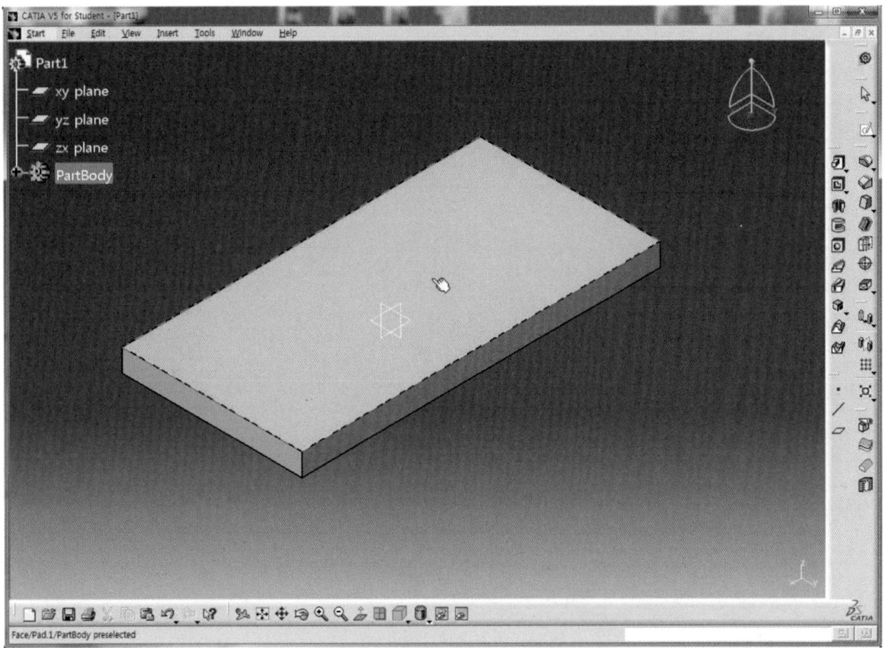

10 Circle 아이콘 을 클릭하여 H축 위에 중심이 위치하도록 2개의 Circle을 Sketch한다.

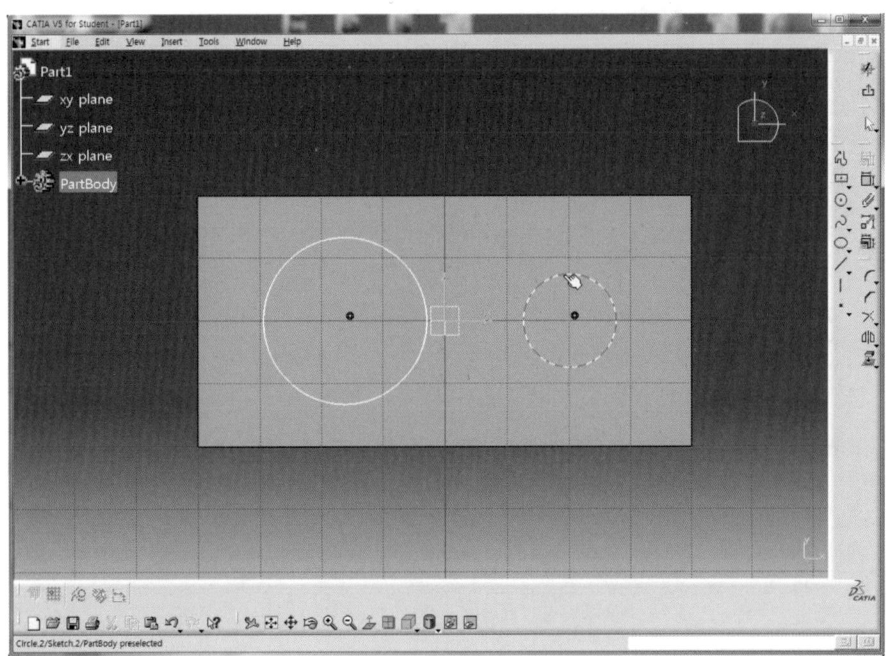

11 Bi－Tangent Line 아이콘 을 클릭한 후 Circle을 차례로 선택하여 Circle에 접하는 접선을 생성한다.

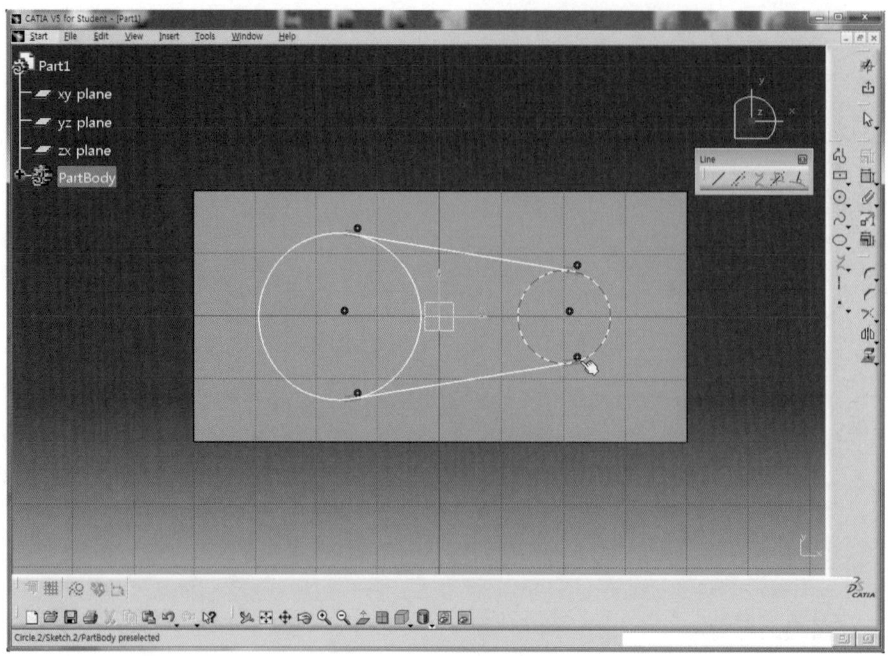

12 Quick Trim 아이콘 을 클릭하고 접선 안쪽의 Circle을 선택하여 제거한다.

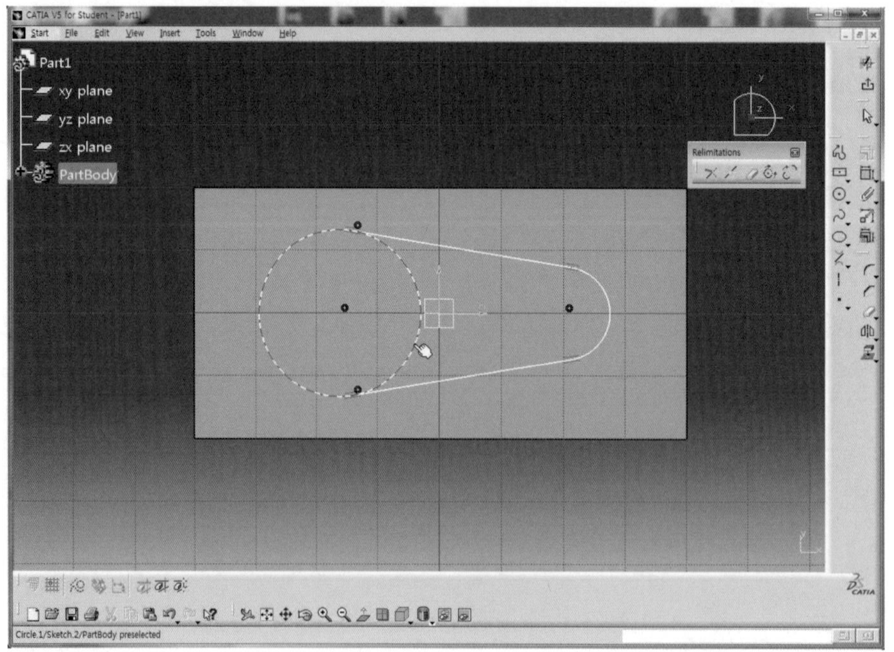

13 Constraint 아이콘을 더블클릭한 후 치수를 구속시킨다.

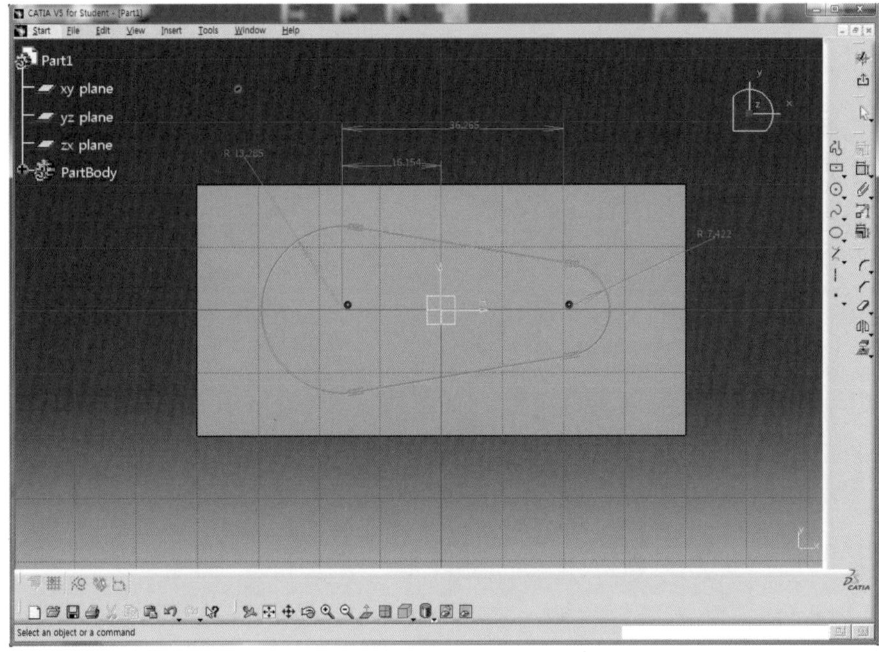

14 각각의 치수를 더블클릭하여 도면에 맞게 정확한 치수(L40, L18, R15, R10)를 적용한다.

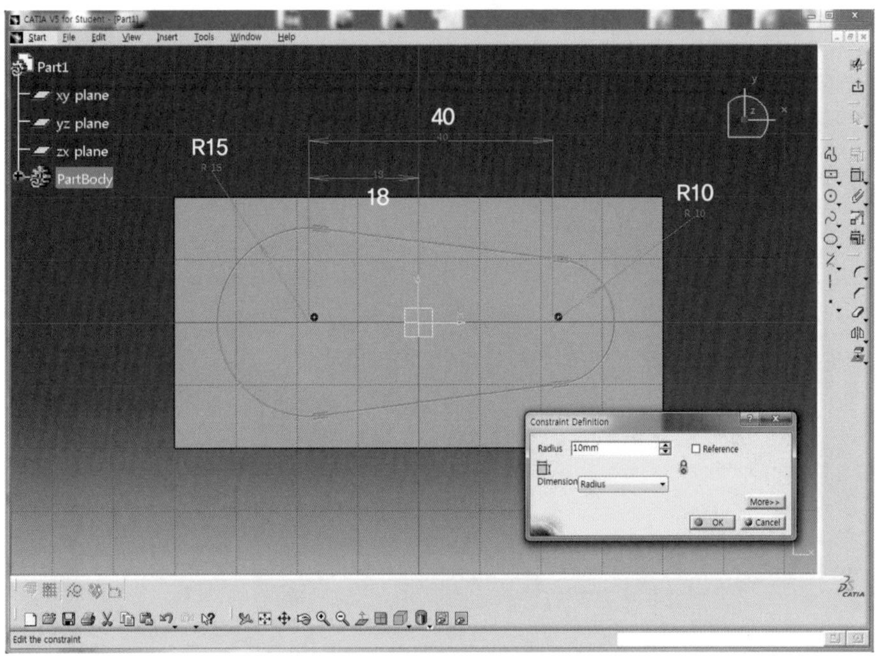

15 Exit Workbench 아이콘 을 클릭하여 3D Mode로 전환한다.

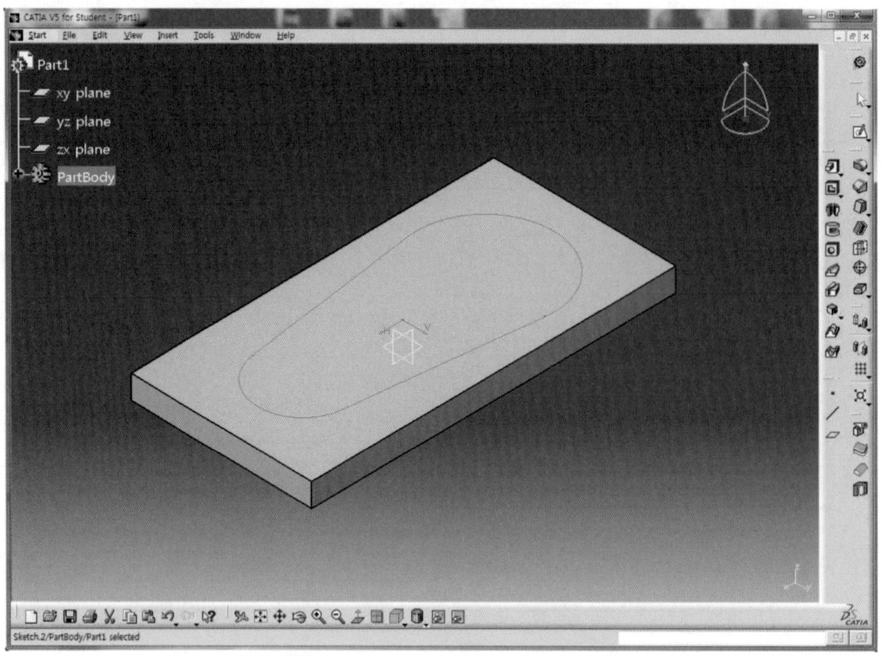

16 Pad 아이콘 을 클릭한 후 Pad Definition 대화상자에서 Length 영역에 30mm를 입력한다.

17 Preview 버튼을 클릭하여 미리보기 하고 OK 버튼을 클릭하여 Solid를 생성한다.

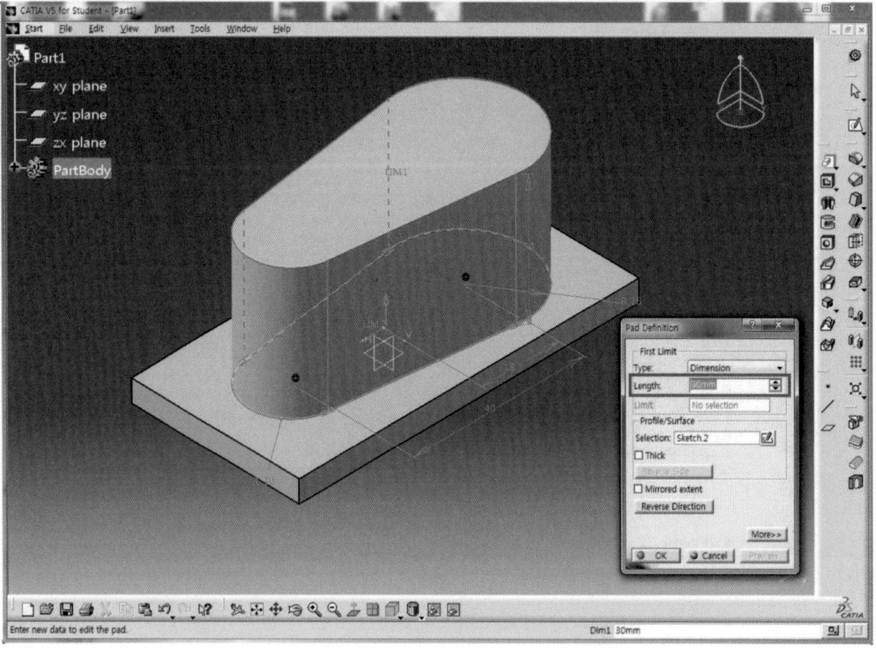

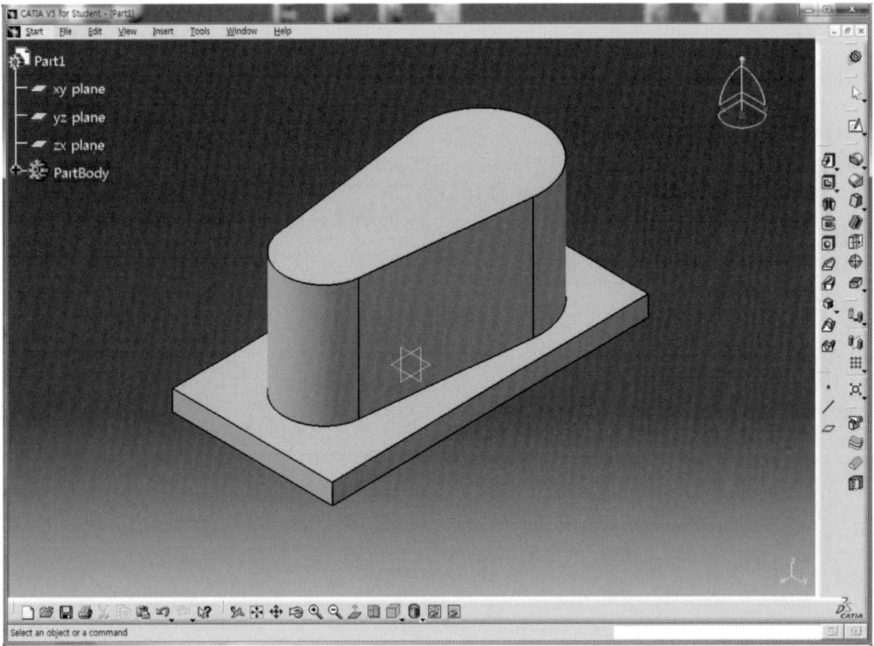

18 Sketch 아이콘 을 클릭하고 zx plane을 선택하여 Sketch Mode로 전환한다.

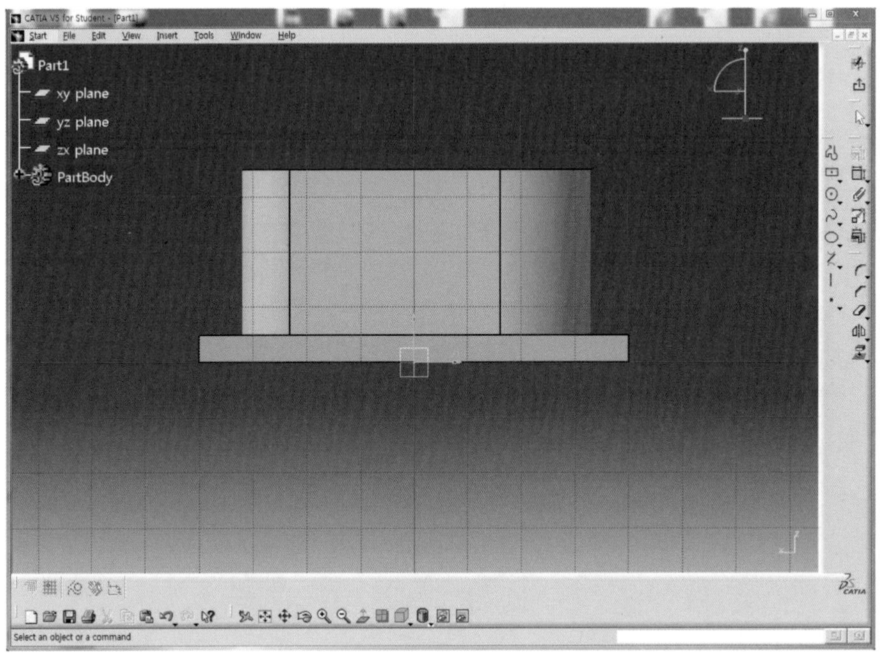

19 View 도구막대의 Normal view 아이콘 을 클릭하여 뷰 방향을 변경한다.(도면과 뷰 방향을 일치시켜 Sketch를 할 때 편리하다.)

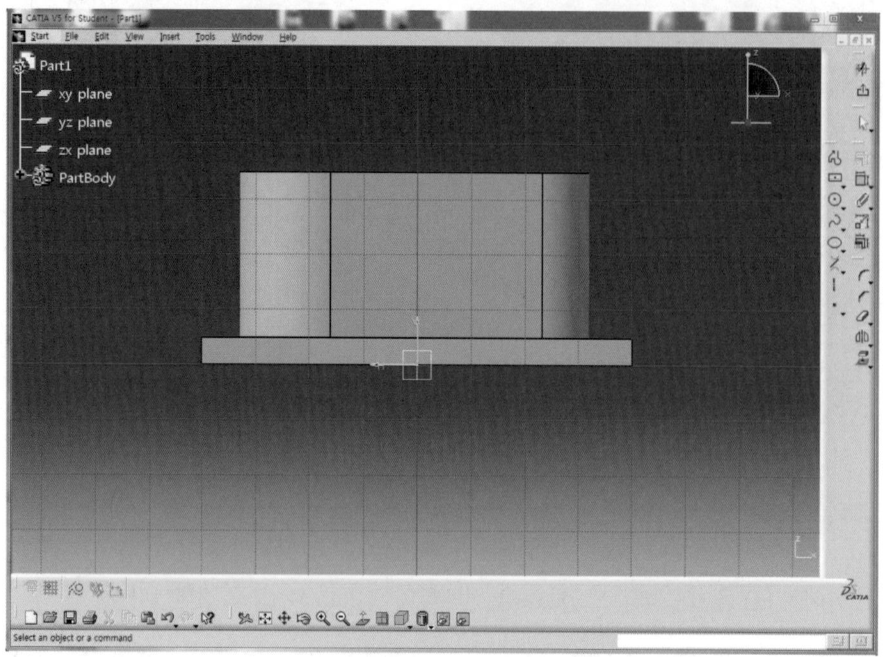

20 Profile 아이콘 을 클릭하여 아래와 같이 Solid의 윗부분이 감싸지도록 Sketch한다.

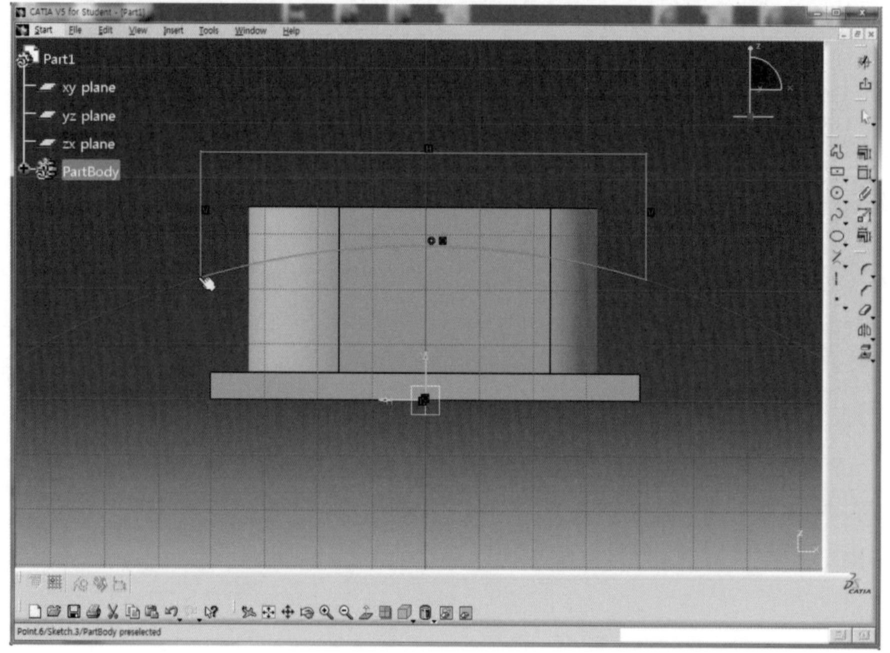

21 Zoom Out 아이콘 을 몇 차례 클릭(또는 마우스 휠 버튼을 누른 상태에서 오른쪽 버튼을 클릭하여 뗀 후 아래로 드래그)하여 arc의 중심점이 화면에 보이도록 축소시킨다.

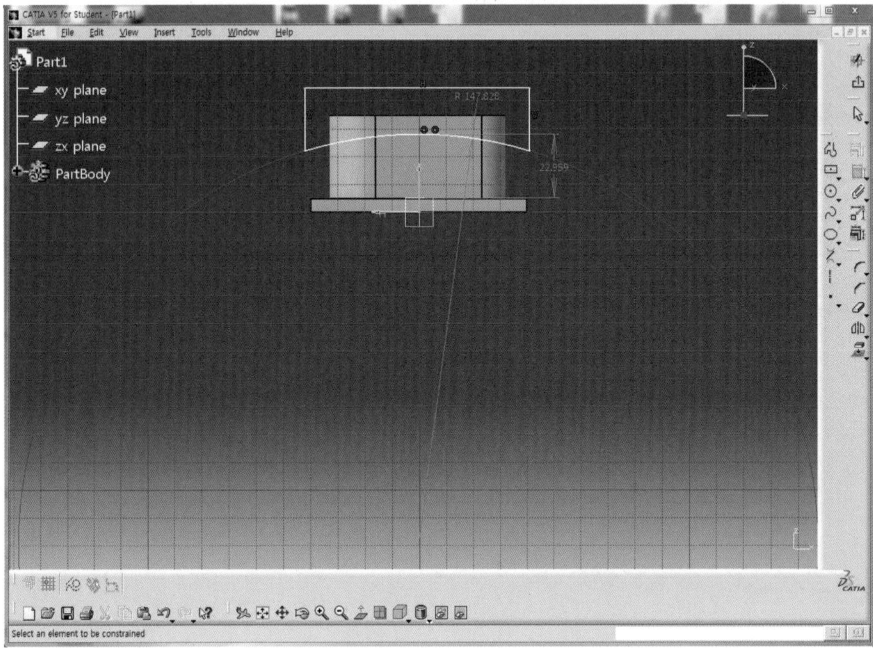

22 Constraint 아이콘을 더블클릭한 후 치수를 구속시킨다.

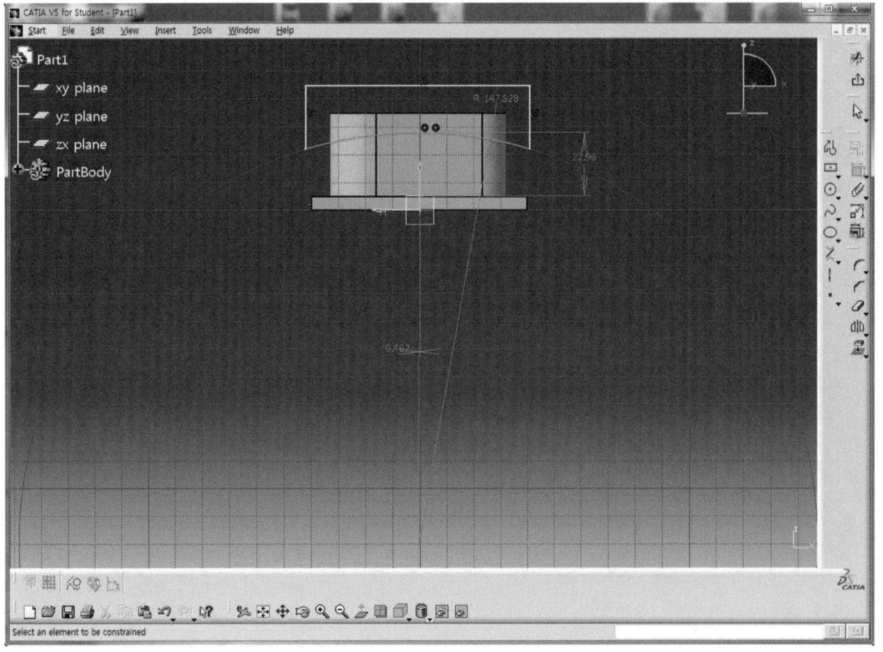

23 각각의 치수를 더블클릭하여 정확한 치수(L20, R150)를 적용한다.

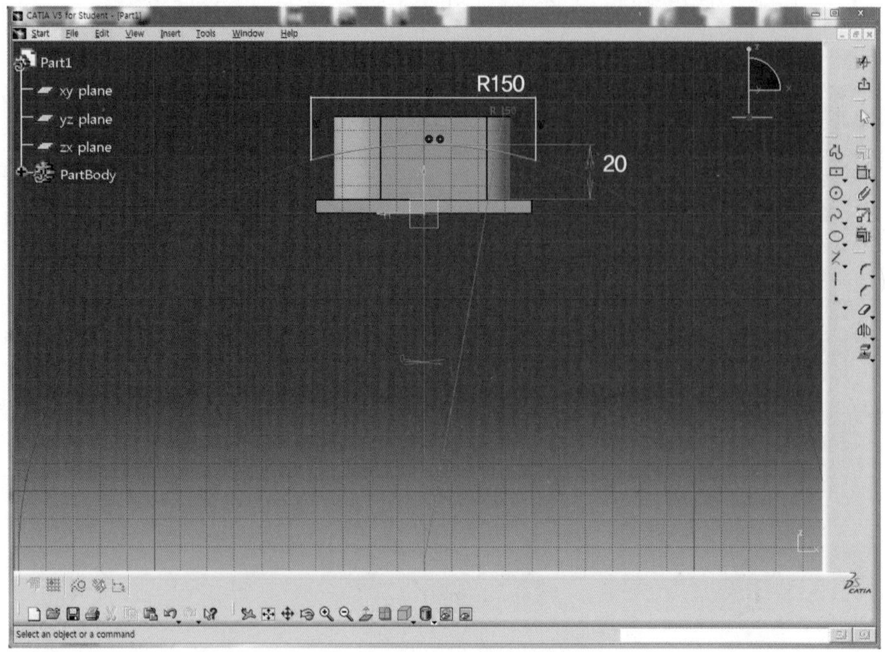

24 Exit Workbench 아이콘을 클릭하여 3D Mode로 전환하고 Zoom In 아이콘을 클릭하여 화면을 확대시킨다.

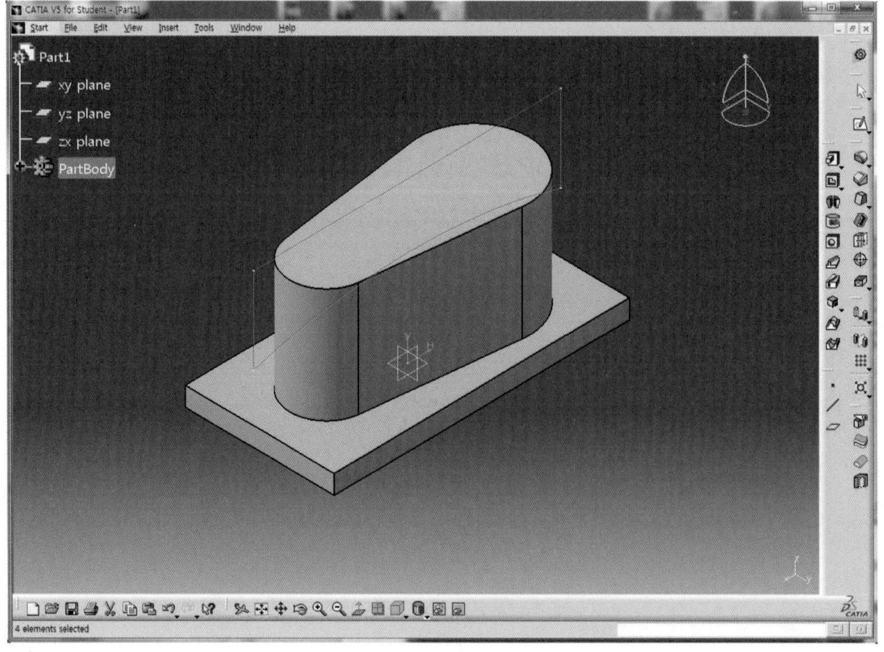

25 Pocket 아이콘 을 클릭한 후 Depth 영역에 20mm를 입력(Solid의 큰 호의 반경인 15mm 이상의 값)하고, Mirrored extent를 체크한 후 Preview 버튼을 클릭하여 미리보기 한다.

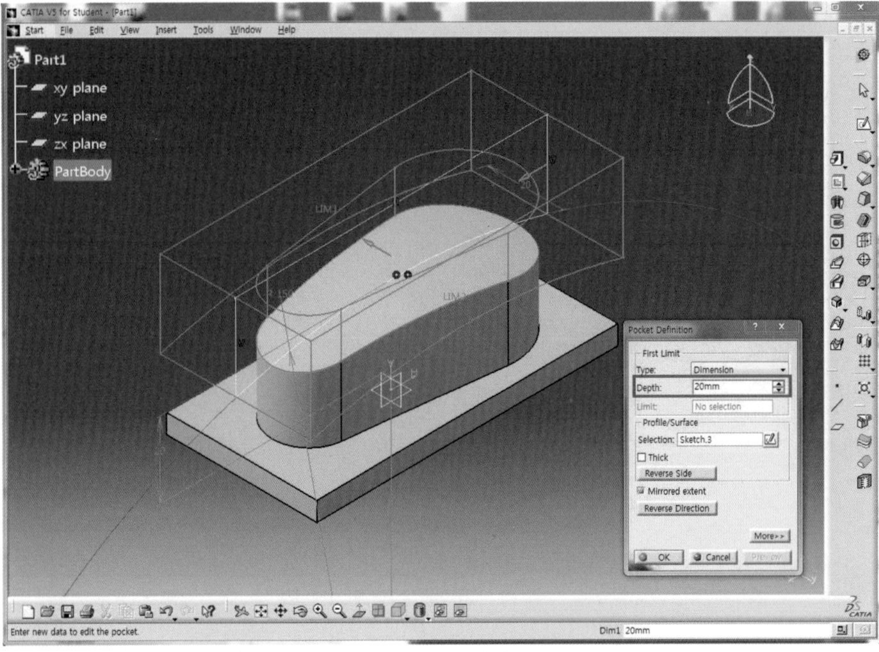

26 OK 버튼을 클릭하여 Solid의 위쪽 영역을 제거한다.

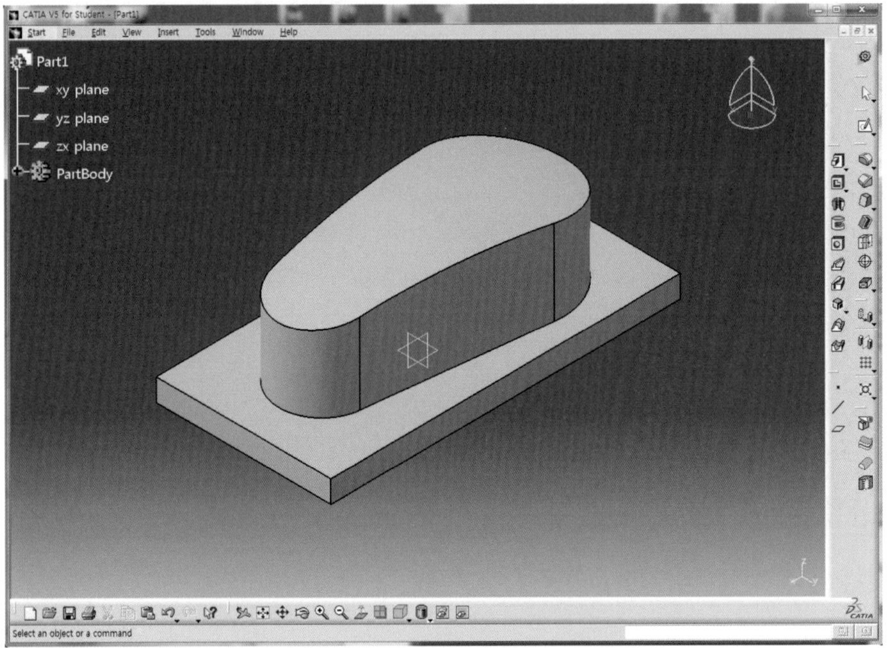

27 Sketch 아이콘 을 클릭하고 직육면체 윗면을 선택하여 Sketch Mode로 전환한다.

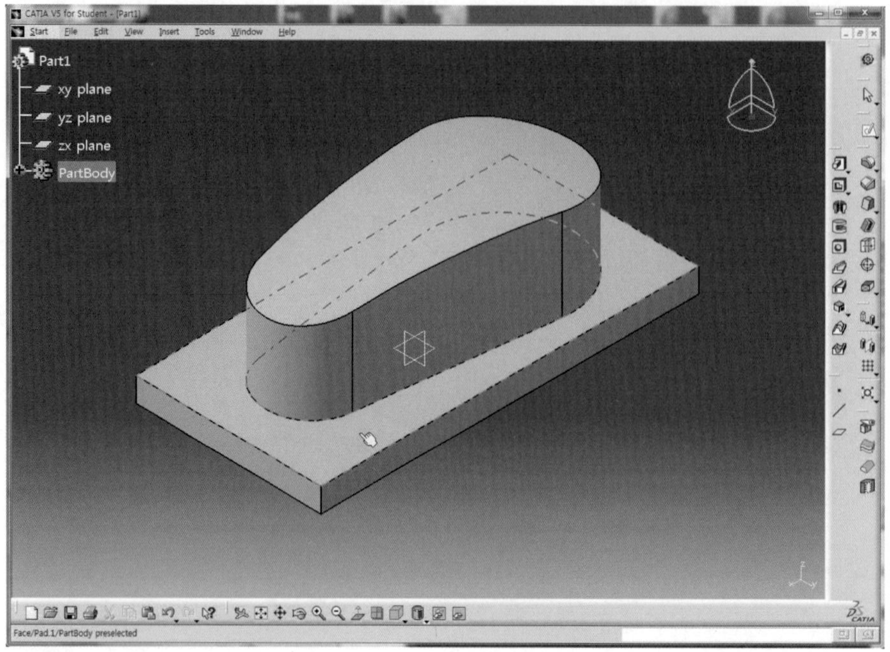

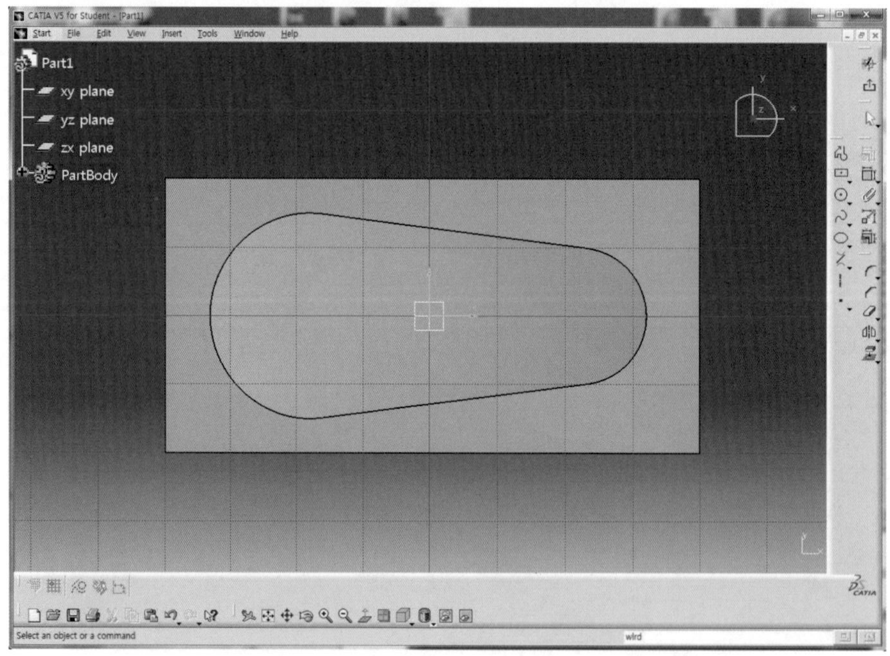

28 Circle 아이콘 을 클릭하고 임의의 Circle을 Sketch한다.

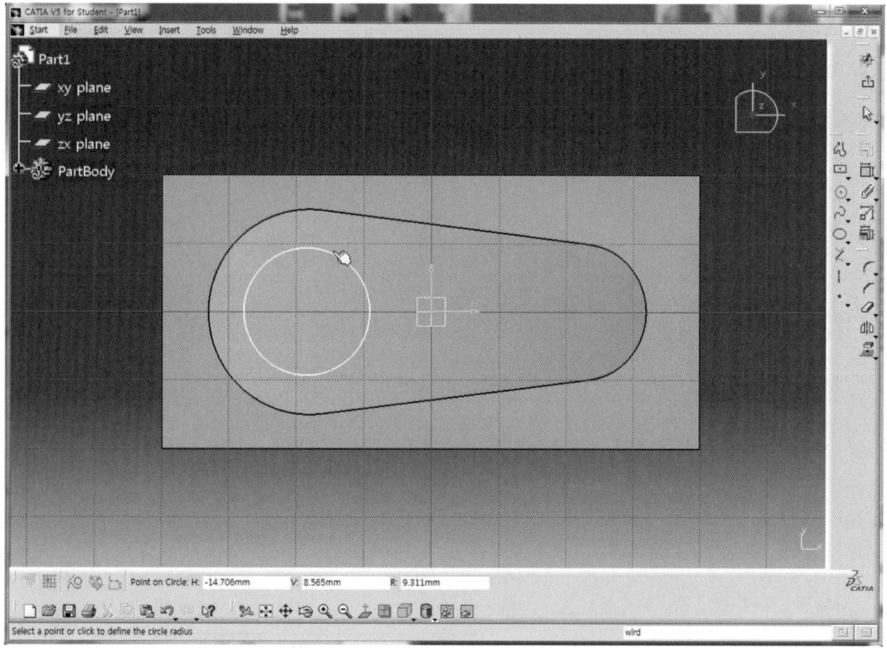

29 Ctrl을 누른 상태에서 Circle과 Solid의 원호를 차례로 선택한 후 Constraint 도구막대의 Constraints Defined in Dialog Box 아이콘 을 클릭하여 Concentricity(중심 일치)를 체크하고 OK 버튼을 클릭한다.

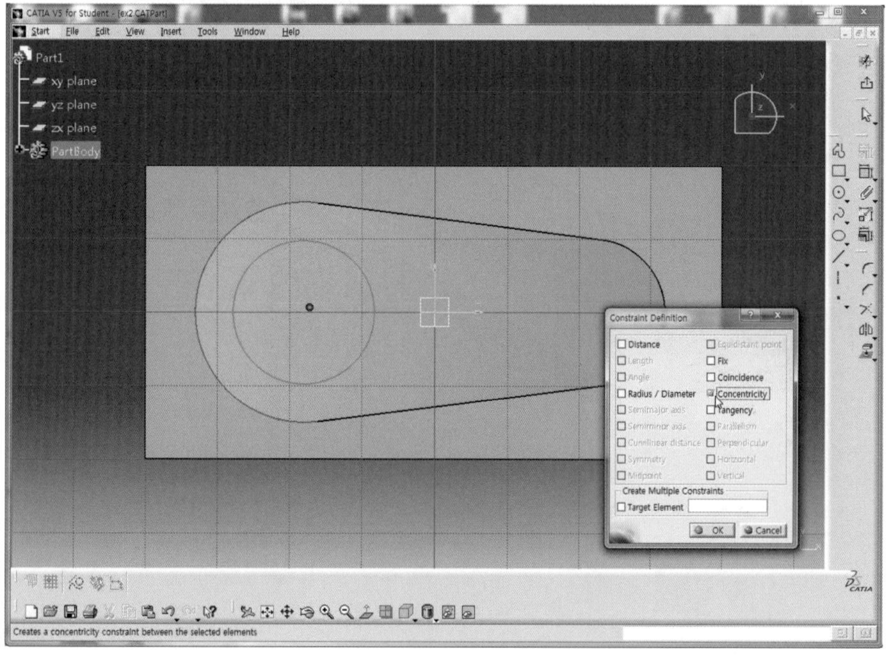

30 Constraint 아이콘을 클릭한 후 치수를 구속시키고 정확한 Circle의 직경인 D20을 적용한다.

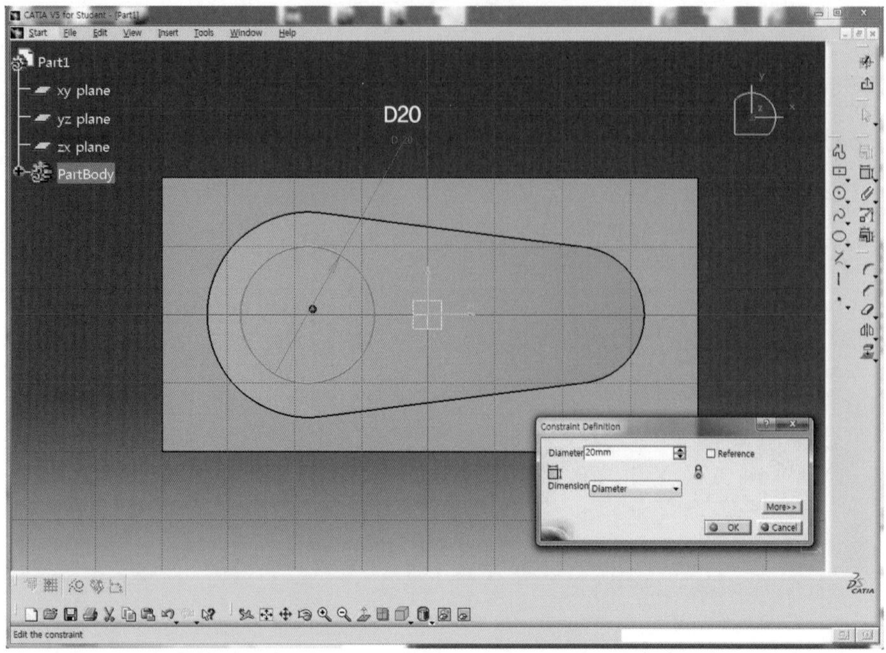

31 Exit Workbench 아이콘을 클릭하여 3D Mode로 전환하고 Pocket 아이콘을 클릭한다.

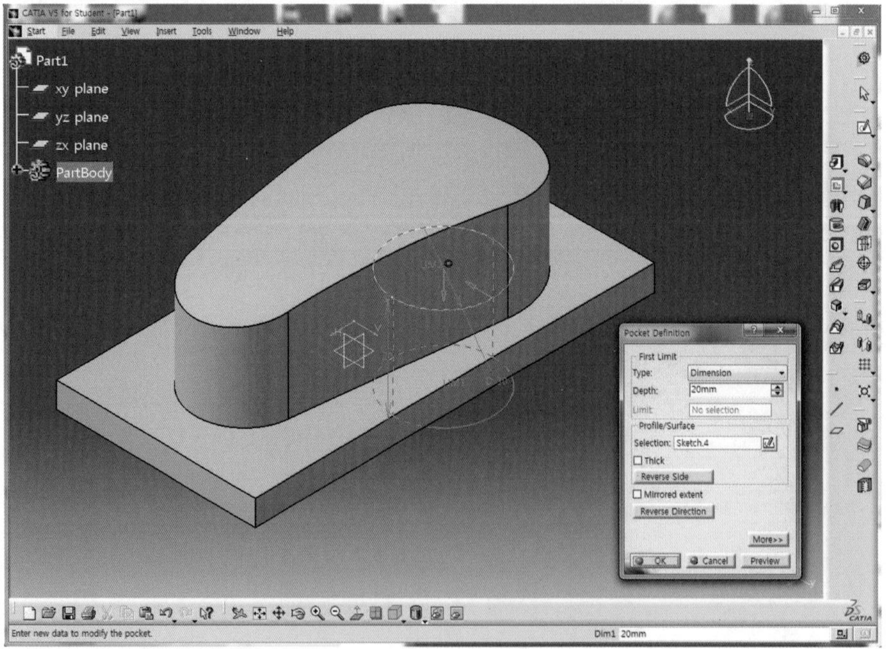

32 Revere Direction 버튼을 클릭하여 Pocket 방향을 위로 전환하고 Type을 Up to next로 선택한다.

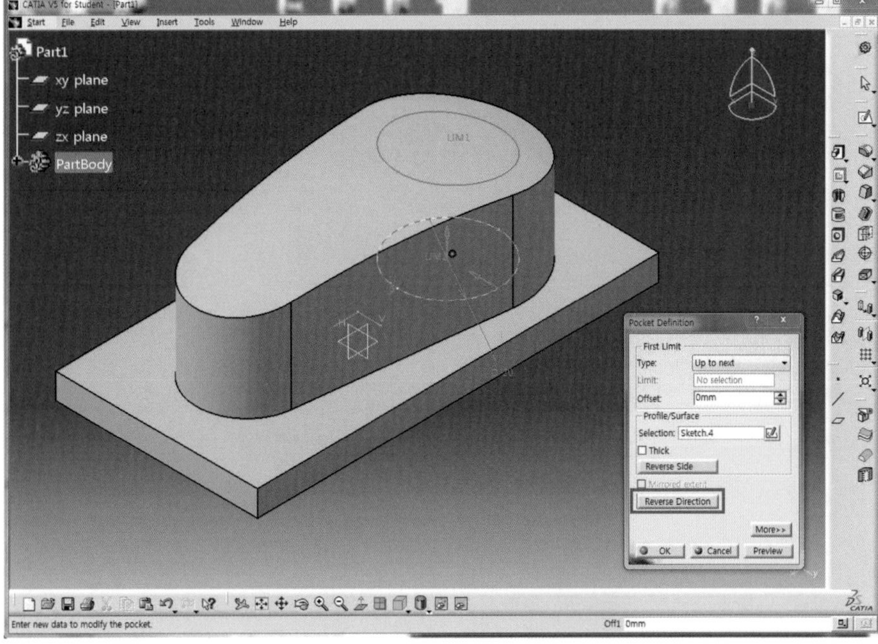

33 Pocket Definition 대화상자의 아래쪽의 More〉〉 버튼을 클릭하고, Second Limit의 Depth 영역에 "-10mm"를 입력(Sketch 평면에서 10mm 떨어진 위치에서 Pocket이 실행된다.)한 후 Preview 버튼을 클릭하여 미리보기 한다.

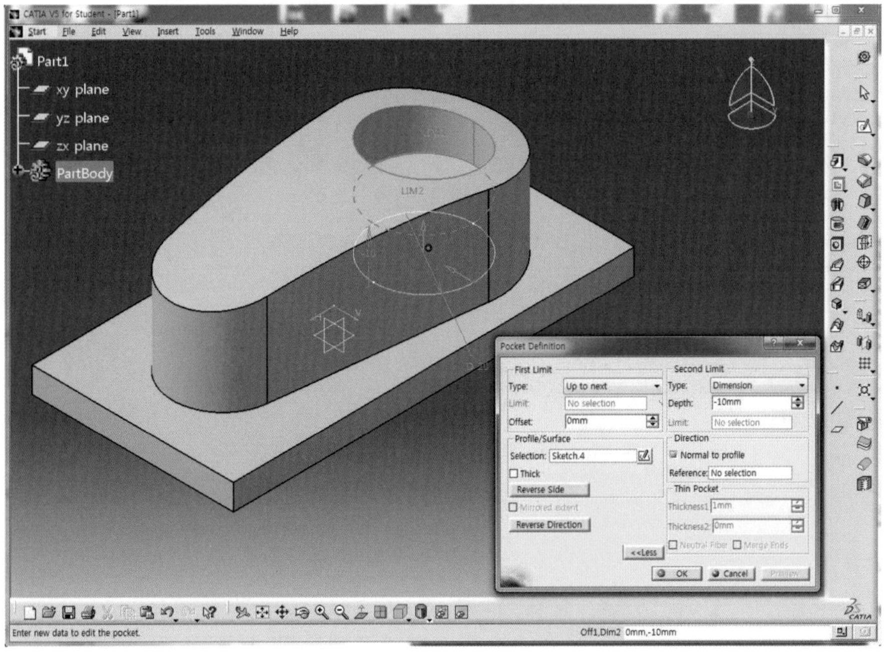

34 OK 버튼을 클릭하여 Pocket을 적용한다.

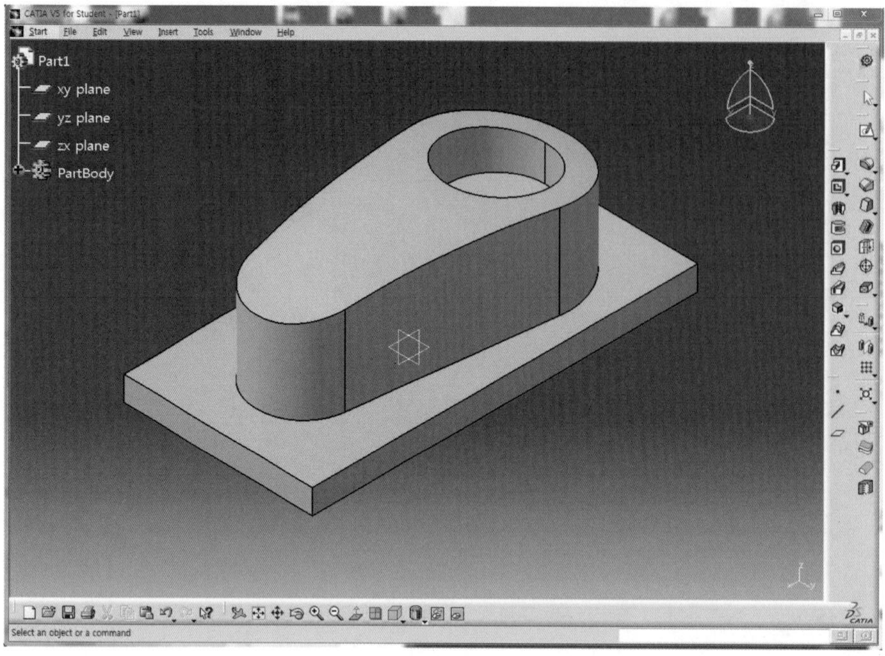

35 다시 Sketch 아이콘 을 클릭하고 직육면체 윗면을 선택하여 Sketch Mode로 전환한다.

36 Circle 아이콘 을 클릭하여 임의의 Circle을 Sketch한다.

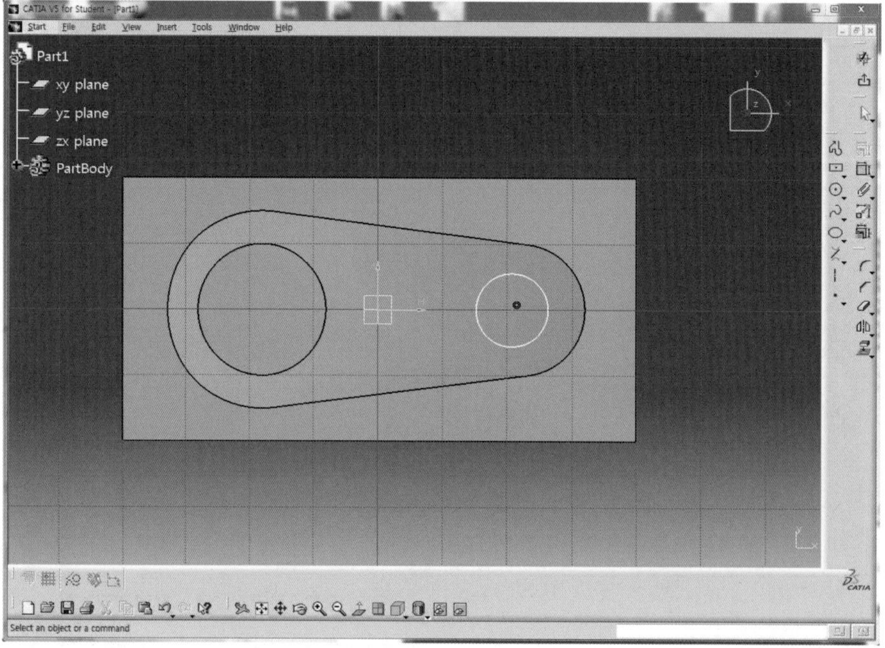

37 Ctrl을 누른 상태에서 Circle과 Solid의 원호를 차례로 선택한 후 Constraint 도구막대의 Constraints Defined in Dialog Box 아이콘 을 클릭하여 Concentricity(중심 일치)를 체크하고 OK 버튼을 클릭한다.

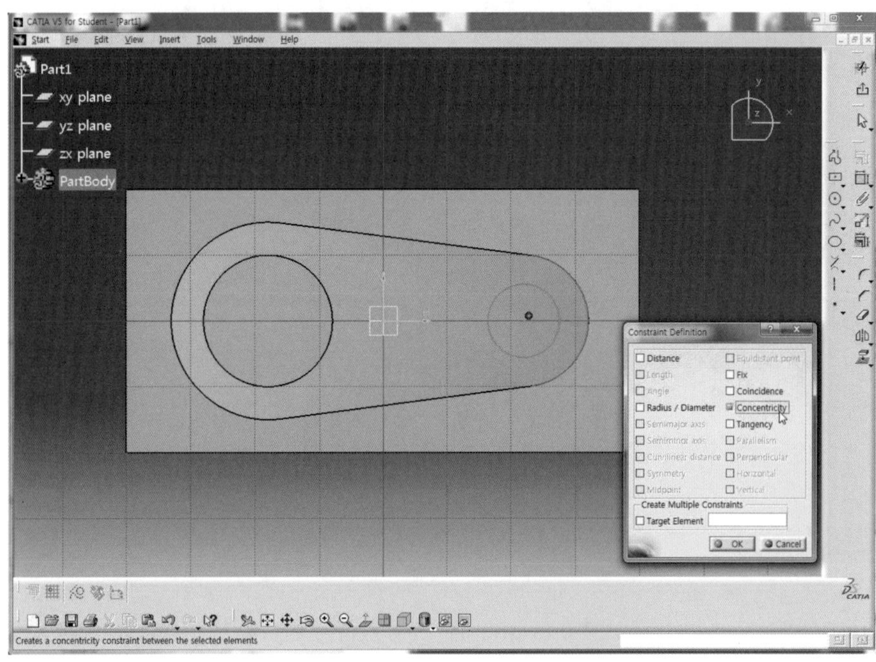

38 Constraint 아이콘을 클릭한 후 치수를 구속시키고 정확한 Circle의 직경 D10을 적용한다.

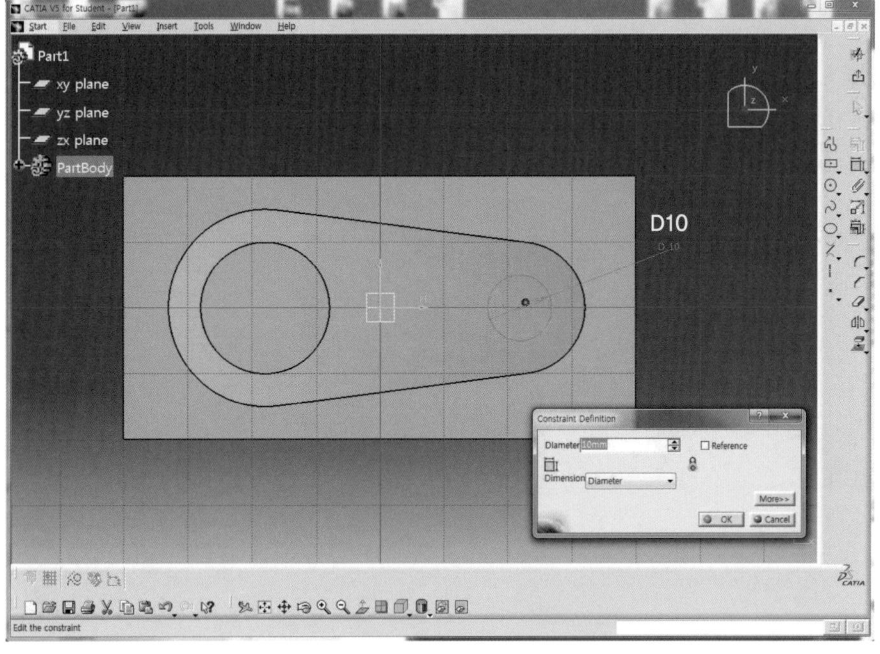

39 Exit Workbench 아이콘 을 클릭하여 3D Mode로 전환하고 Pad 아이콘 을 클릭한다.

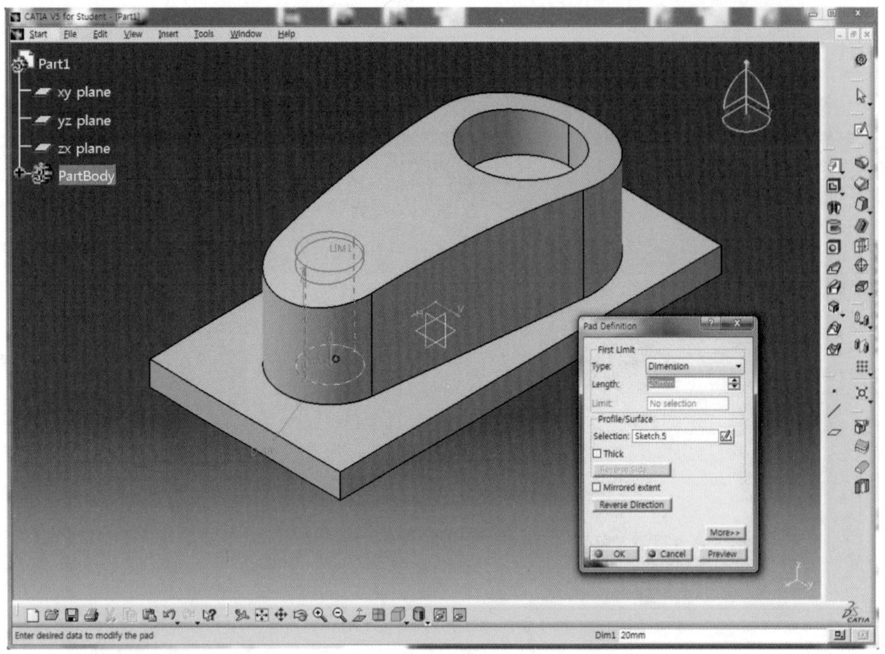

40 Length 영역에 25mm를 입력하고 Preview 버튼을 클릭하여 미리보기 한 후 OK 버튼을 클릭한다.

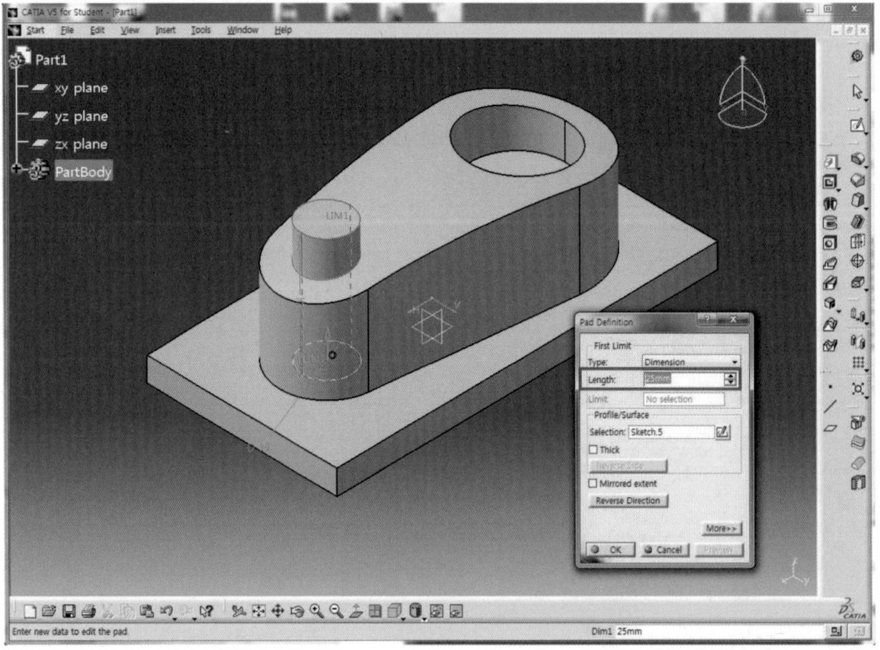

41 Edge Fillet 아이콘 을 클릭한 후 Radius에 2mm를 입력한다.

42 Object(s) to fillet 영역을 클릭하고 필렛을 적용할 모서리를 차례로 선택한다.

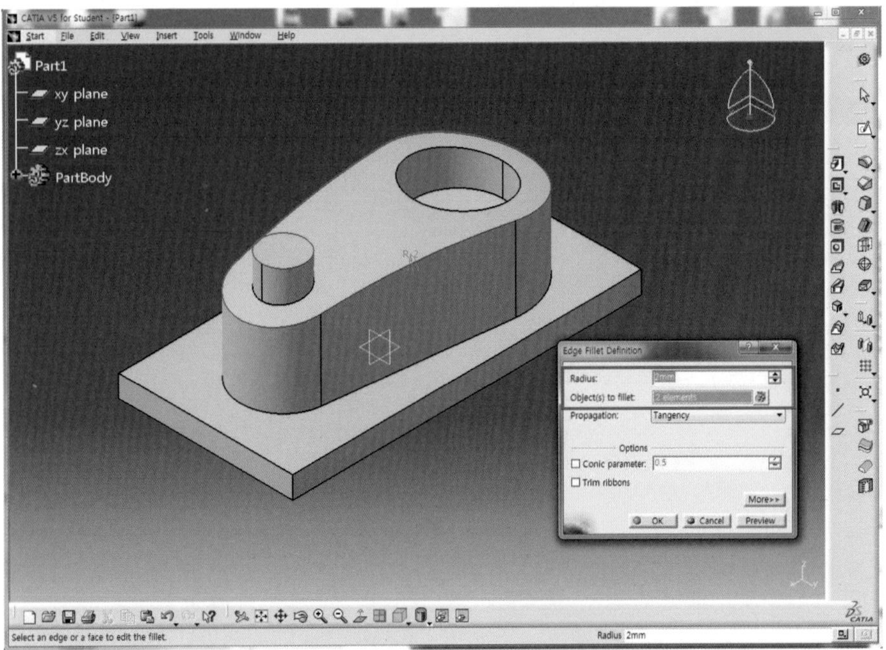

43 OK 버튼을 클릭하여 Solid 모델을 완성한다.

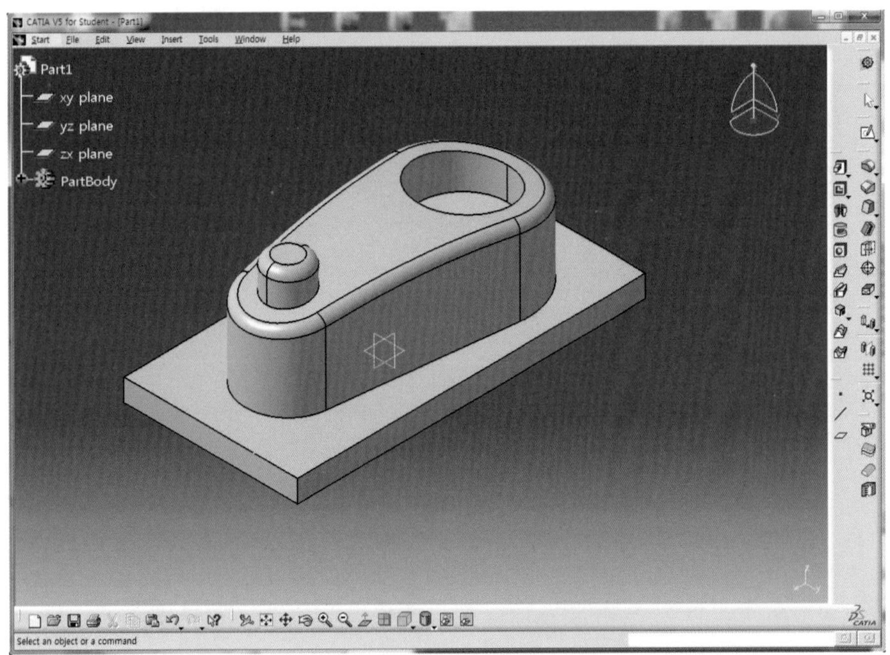

03 기본 Model (3)

기본 Model (3)
Ø40
20
Ø60
2-R10
80
80
70
50
20
10
25
R80
R100
40

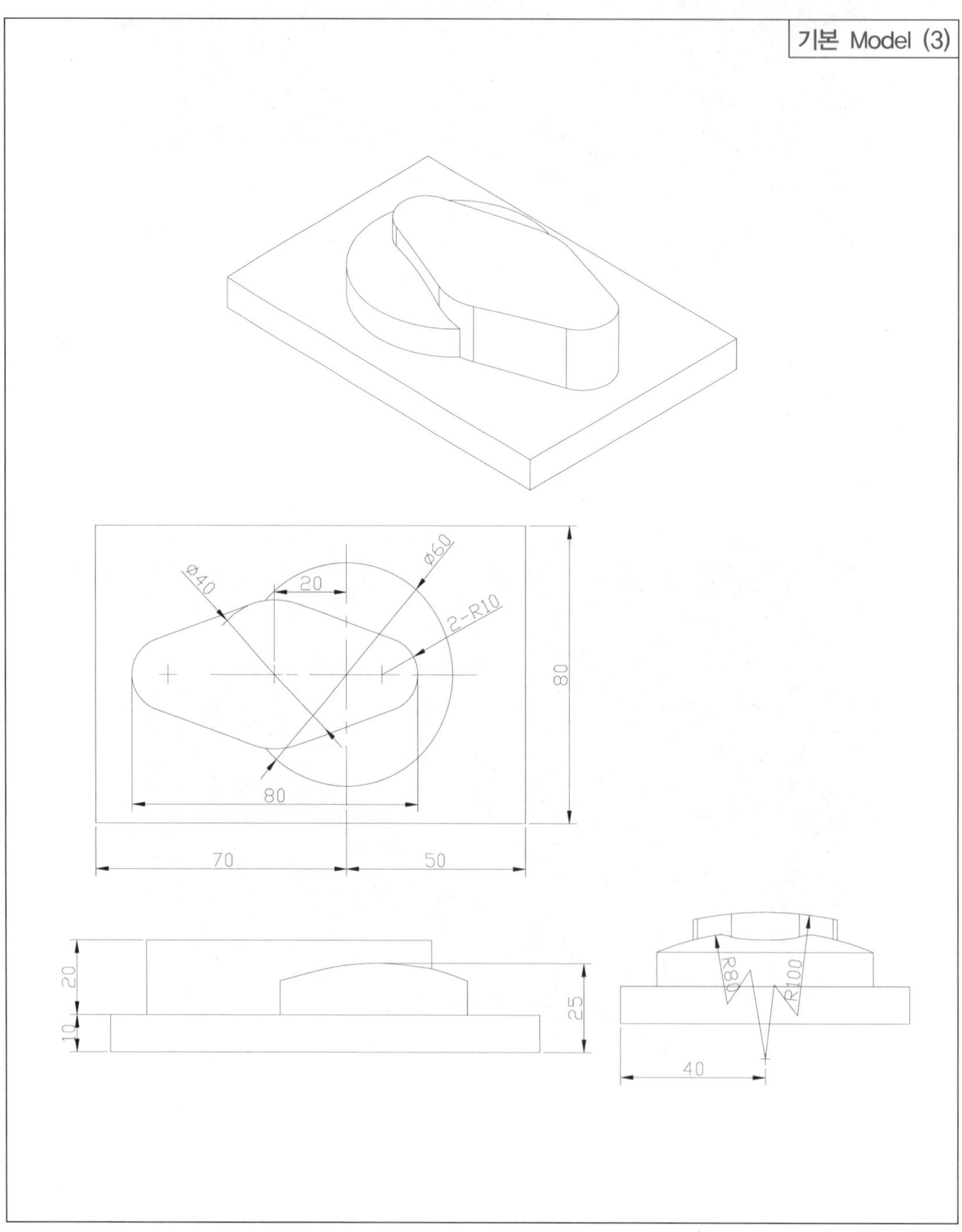

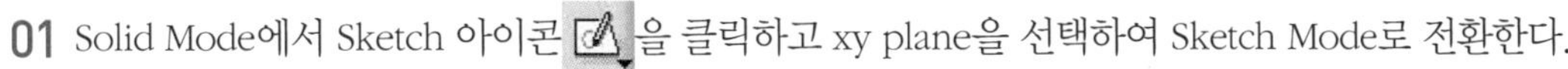

01 Solid Mode에서 Sketch 아이콘 을 클릭하고 xy plane을 선택하여 Sketch Mode로 전환한다.

02 Profile 도구막대의 Rectangle 을 클릭하여 두 점을 지나는 직사각형을 생성한다.

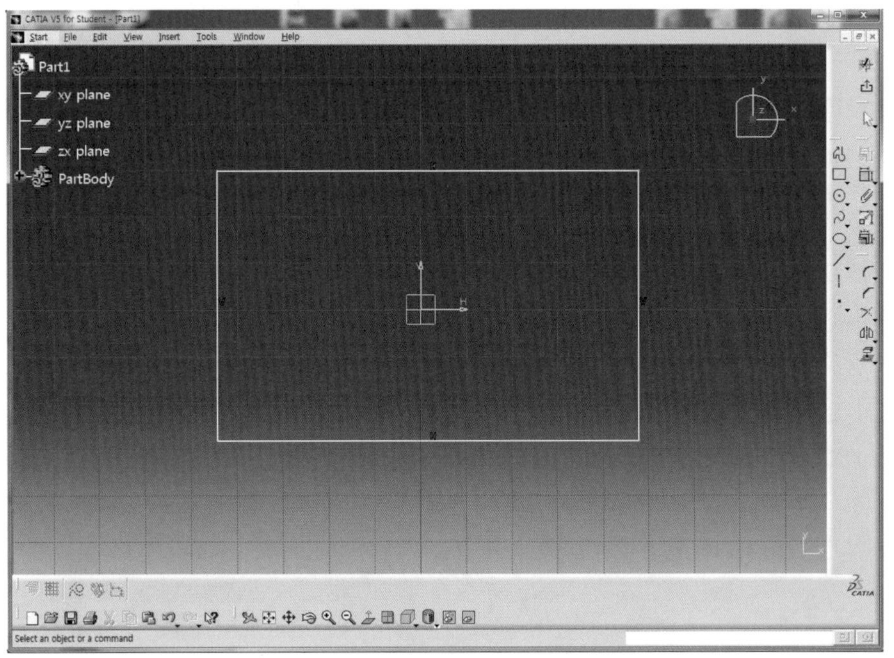

03 Ctrl을 누른 상태에서 평행한 두 직선과 H축을 차례로 선택한다.

04 Constraints in Defined Dialog Box 아이콘 을 클릭한 후 Symmetry를 체크하여 H 축을 기준으로 평행한 두 직선이 서로 대칭이 되도록 구속한다.

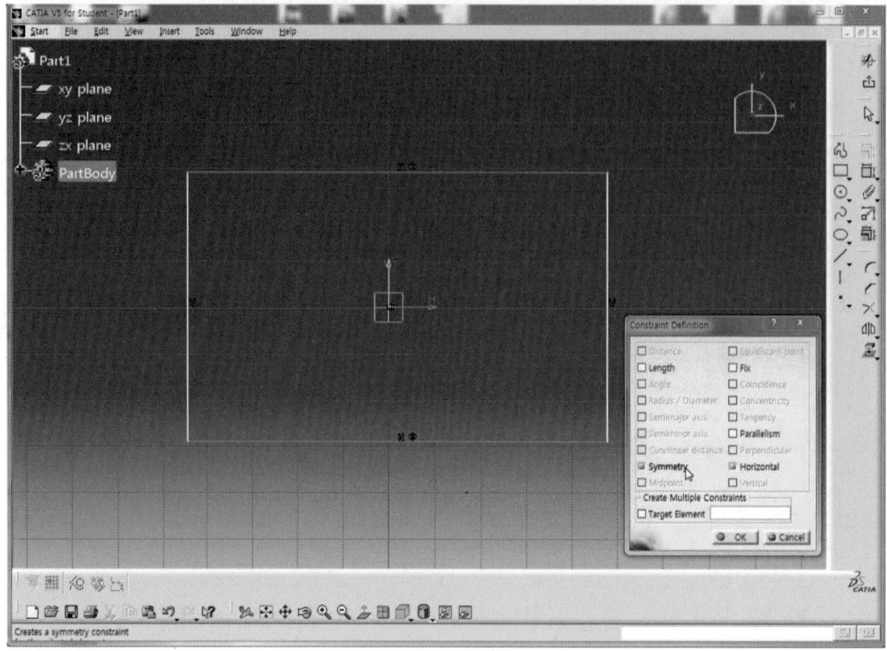

05 Constraint 아이콘을 더블클릭하여 치수를 구속하고 각 치수를 더블클릭하여 도면을 보고 정확한 치수(L80, L70, L50)를 적용한다.

06 Exit Workbench 아이콘 을 클릭하여 3D Mode로 전환한다.

07 Pad 아이콘 을 클릭한 후 Pad Definition 대화상자에서 Length 영역에 10mm를 입력하고 Preview 버튼을 클릭하여 미리보기 한다.

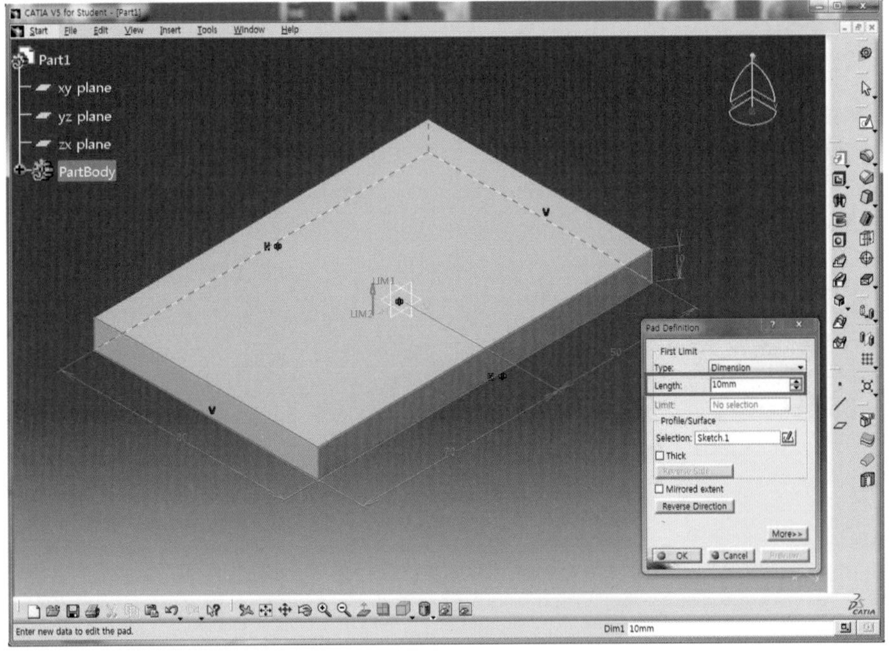

08 OK 버튼을 클릭하여 직육면체의 Solid를 생성한다.

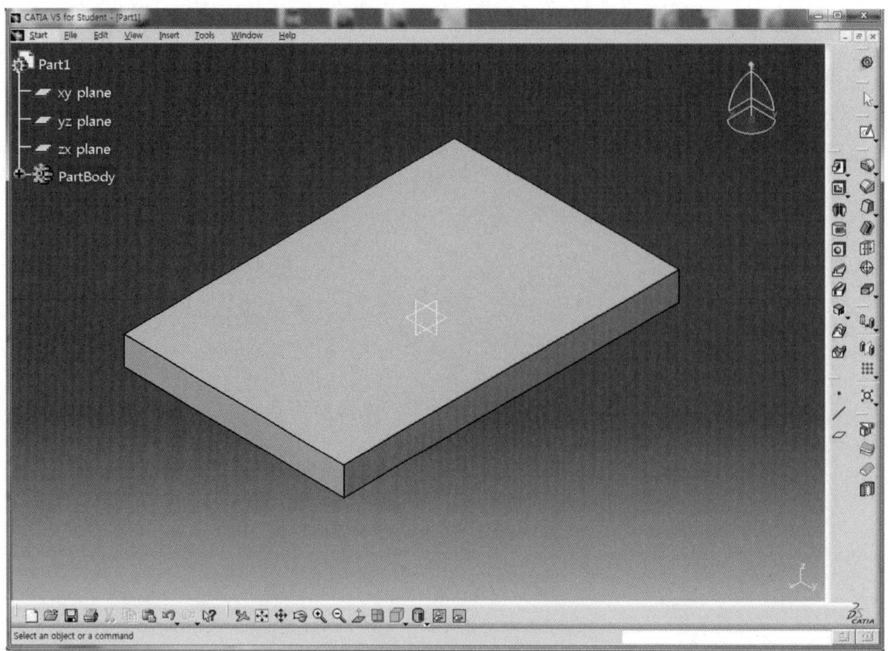

09 Sketch 아이콘 을 클릭하고 Solid의 윗면을 선택하여 Sketch Mode로 전환한다.

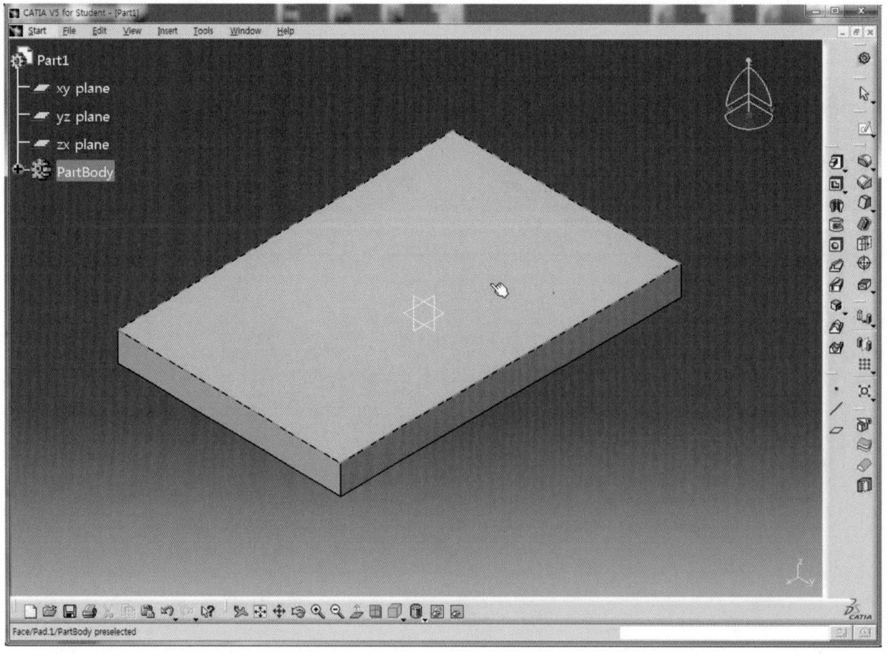

10 Circle 아이콘 ⊙ 을 클릭한 후 아래와 같이 3개의 Circle을 Sketch한다.

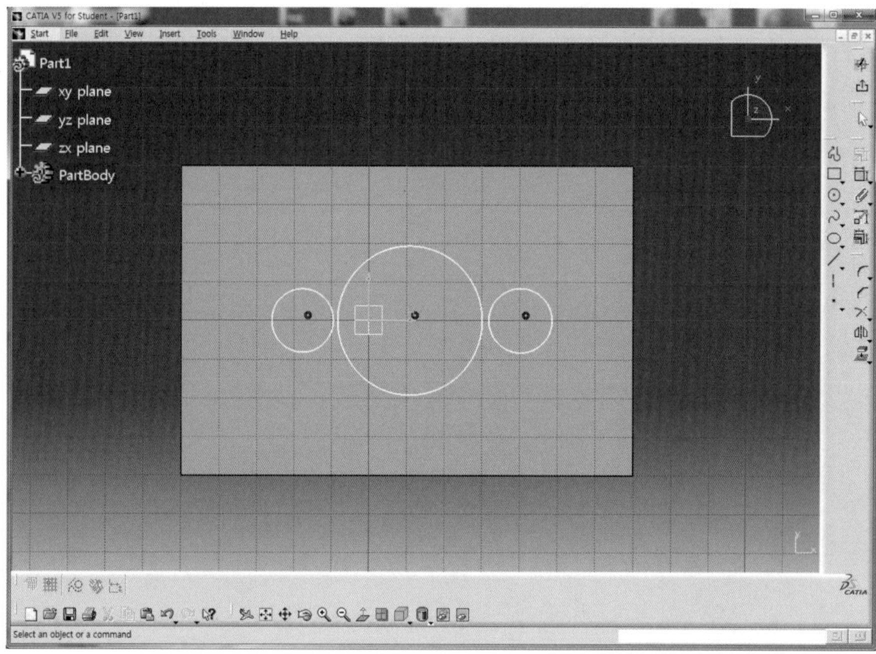

11 Bi-Tangent Line 아이콘 을 더블클릭한 후 Circle을 (1)~(8)의 차례대로 선택하여 Circle에 접하는 접선을 각각 생성한다.

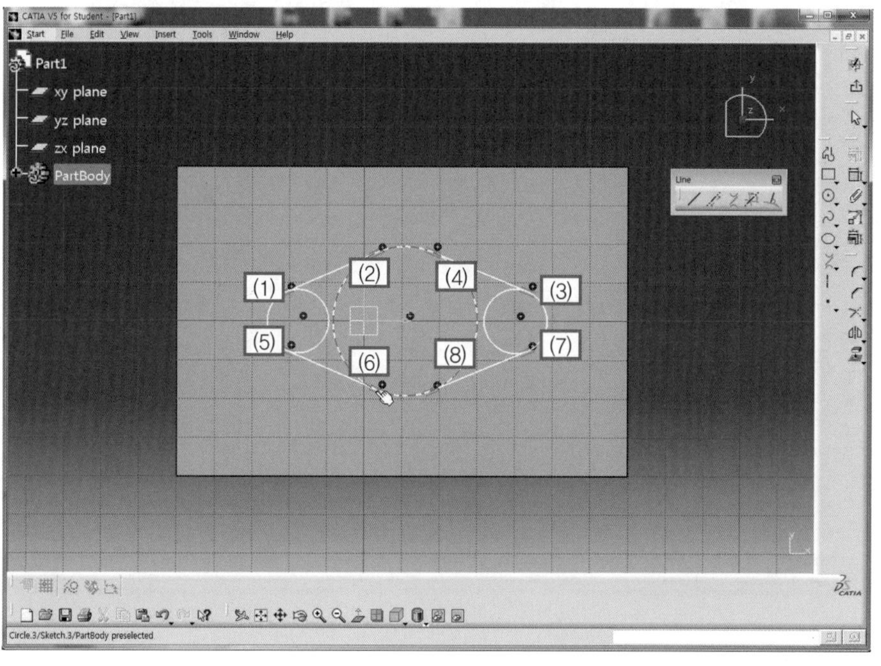

PART 01

PART 02

PART 03

PART 04

12 Quick Trim 아이콘 을 클릭하고 접선 안쪽의 Circle을 선택하여 제거한다.

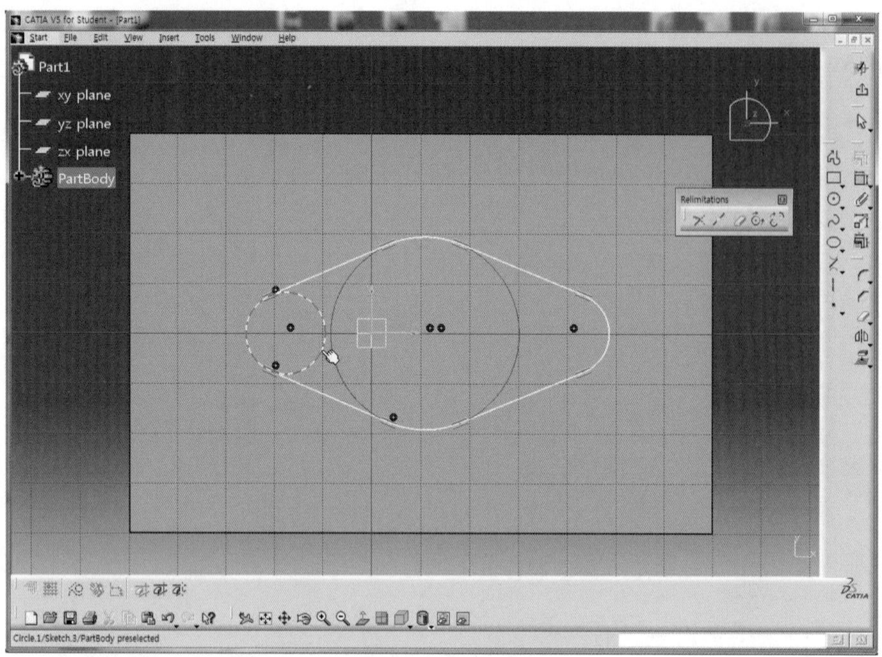

13 Constraint 아이콘을 더블클릭한 후 치수를 구속시킨다.

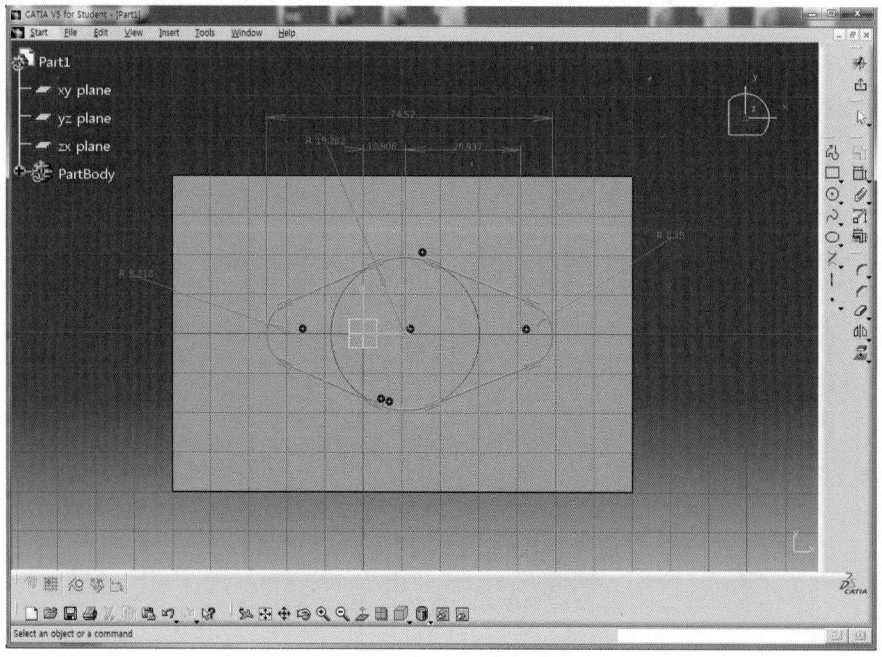

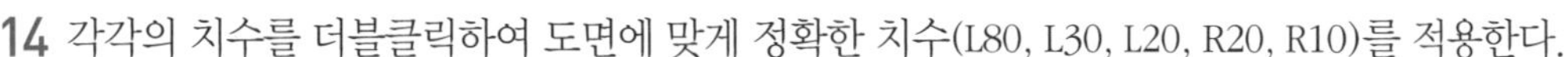

14 각각의 치수를 더블클릭하여 도면에 맞게 정확한 치수(L80, L30, L20, R20, R10)를 적용한다.

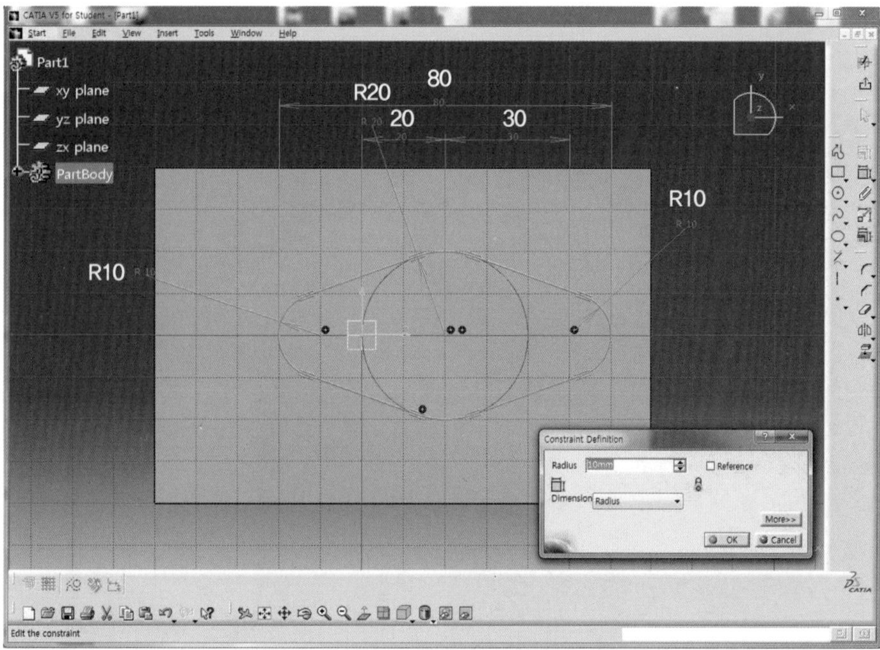

15 Exit Workbench 아이콘을 클릭하여 3D Mode로 전환한다.

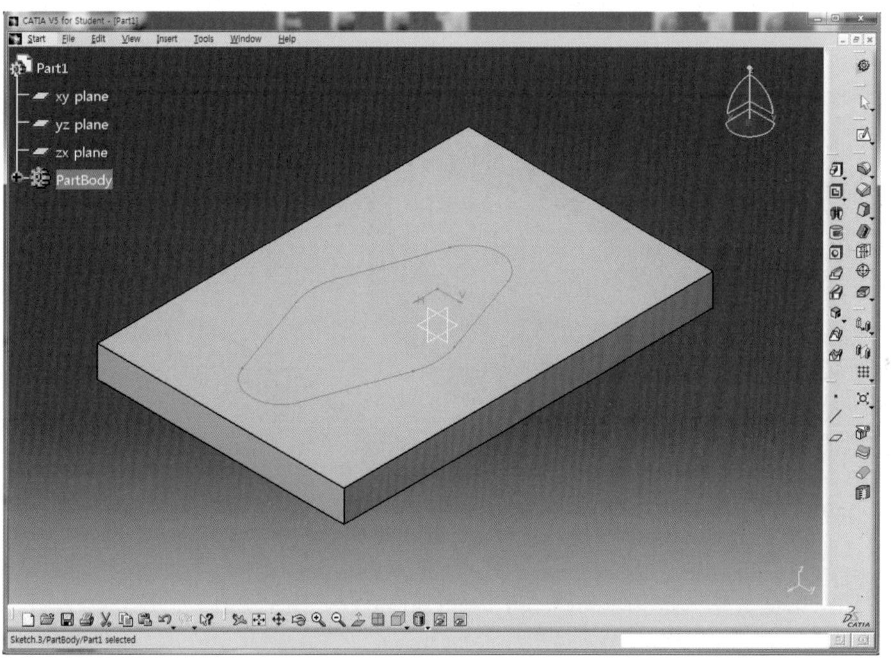

16 아이콘을 클릭한 후 Pad Definition 대화상자에서 Length 영역에 30mm를 입력하고 Preview 버튼을 클릭하여 미리보기 한다.

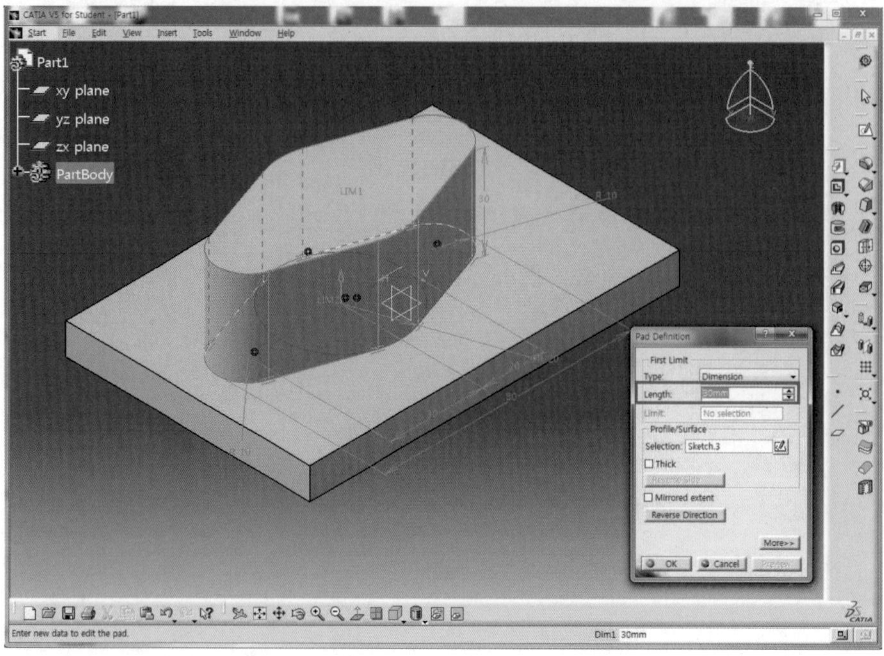

17 OK 버튼을 클릭하여 Solid를 생성한다.

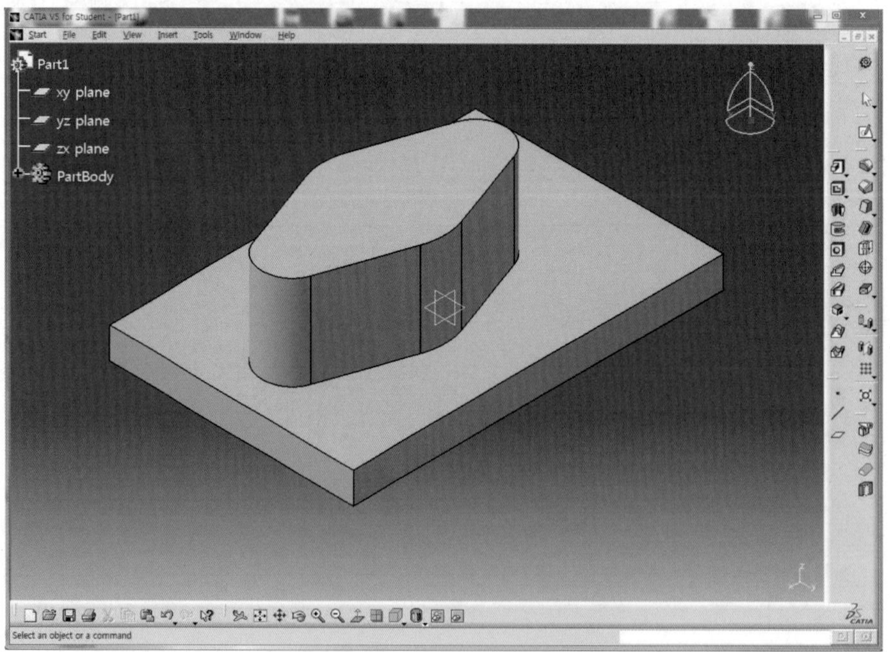

18 Sketch 아이콘 을 클릭하고 yz plane을 선택하여 Sketch Mode로 전환한다.

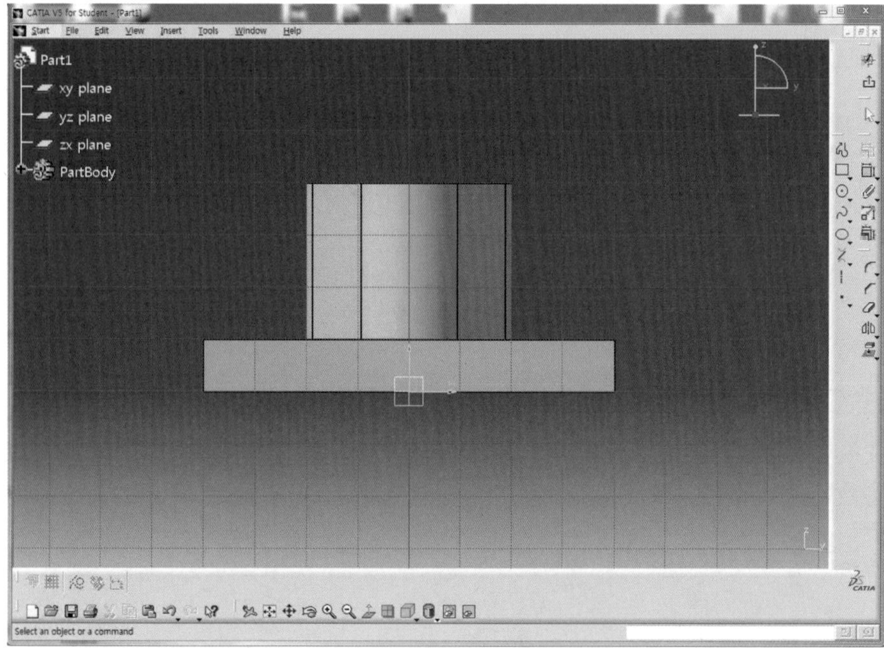

19 Profile 아이콘 을 클릭(arc를 생성할 때는 Sketch tools 도구막대의 옵션을 이용)하여 아래와 같이 Solid의 윗부분이 감싸지도록 Sketch한다.

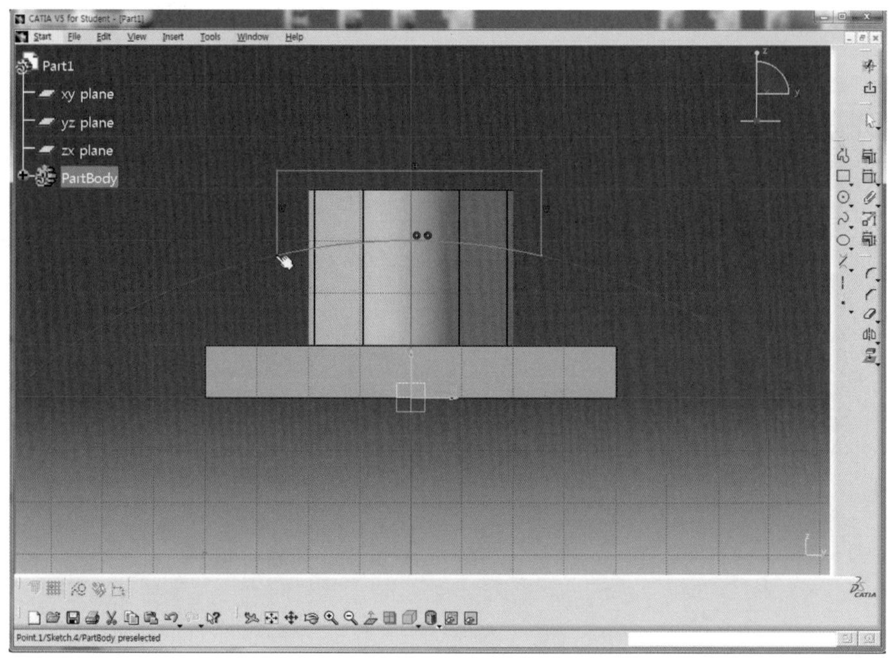

20 Zoom Out 아이콘 을 몇 차례 클릭(또는 마우스 휠 버튼을 누른 상태에서 오른쪽 버튼을 한 번 클릭하고 뗀 후 아래로 드래그)하여 화면을 arc의 중심점이 보이도록 축소시킨다.

21 Constraint 아이콘을 더블클릭한 후 치수를 구속시킨다.

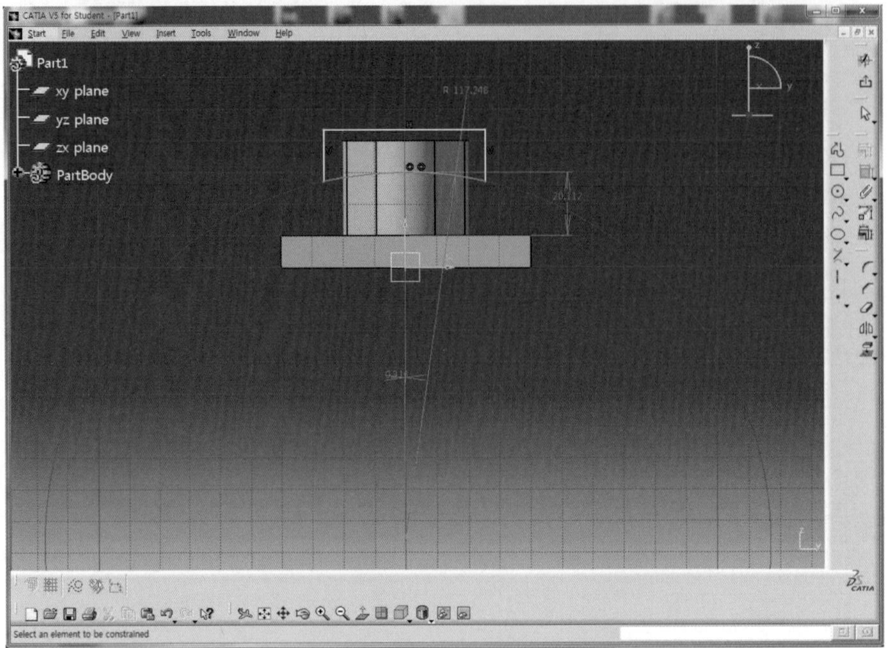

22 각각의 치수를 더블클릭하여 정확한 치수(L20, L0, R100)를 적용한다.

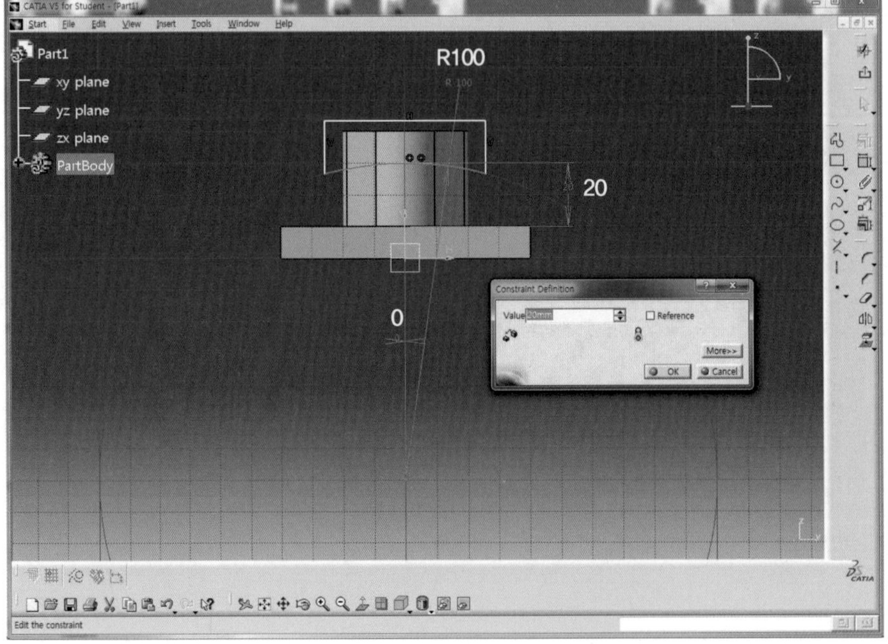

23 Exit Workbench 아이콘 을 클릭하여 3D Mode로 전환하고 Zoom In 아이콘 을 클릭하여 화면을 확대시킨다.

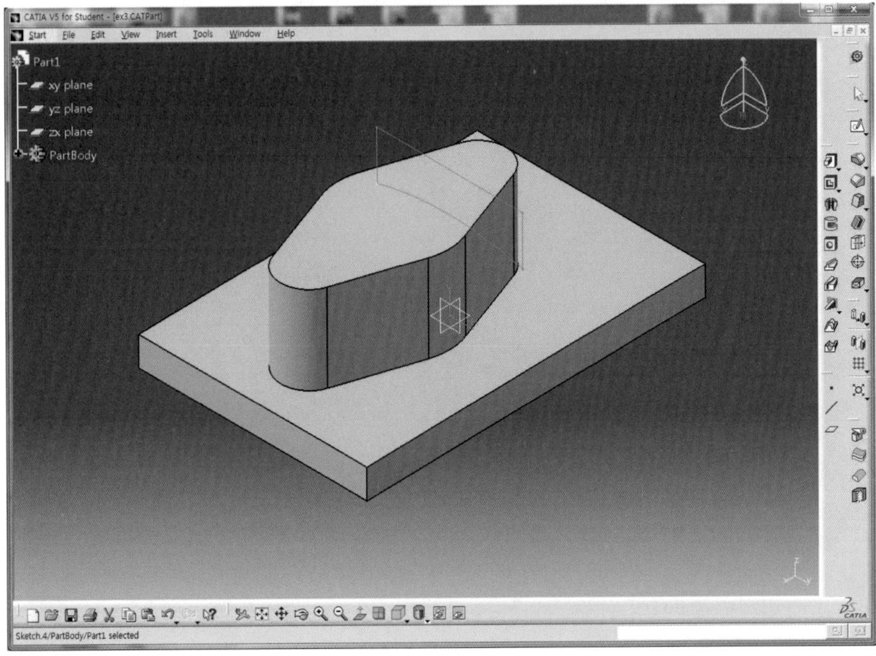

24 Pocket 아이콘 을 클릭한 후 LIM 1(1)과 LIM 2(2)에 마우스 포인트를 위치시키고 Solid가 감싸지도록 드래그하여 연장시킨다.

25 Preview 버튼을 클릭하여 미리보기 한다.

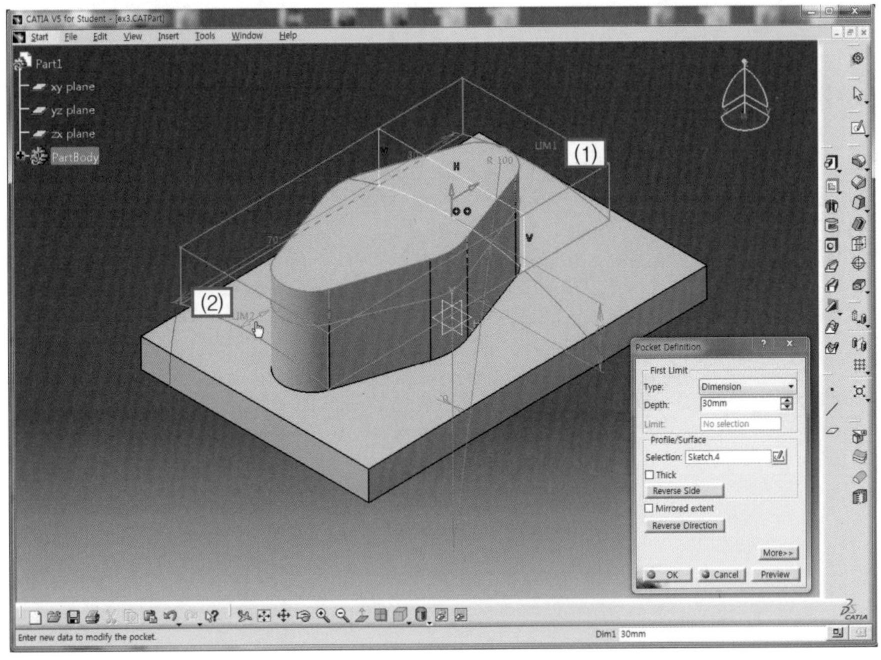

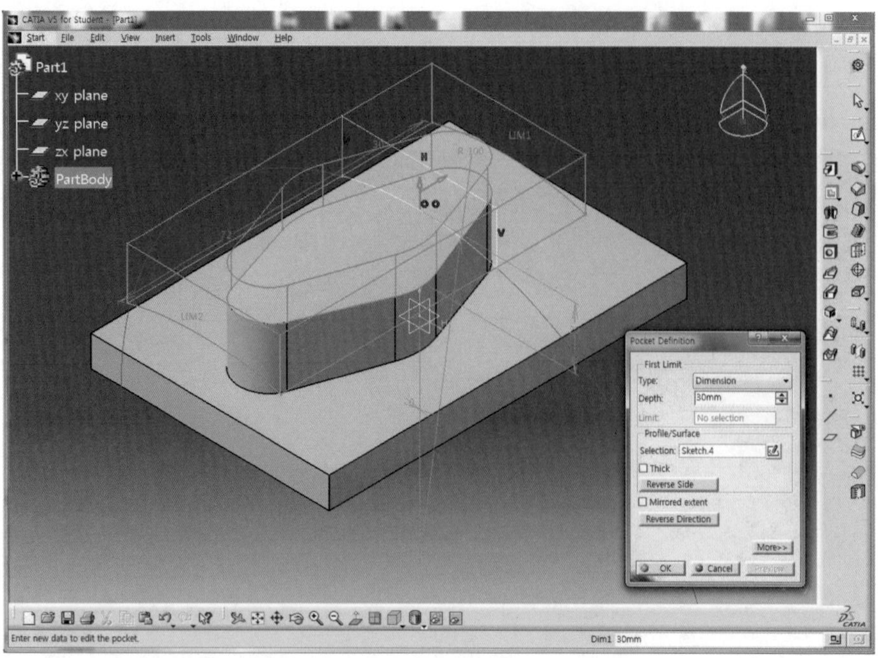

26 OK 버튼을 클릭하여 Solid의 위쪽 영역을 제거한다.

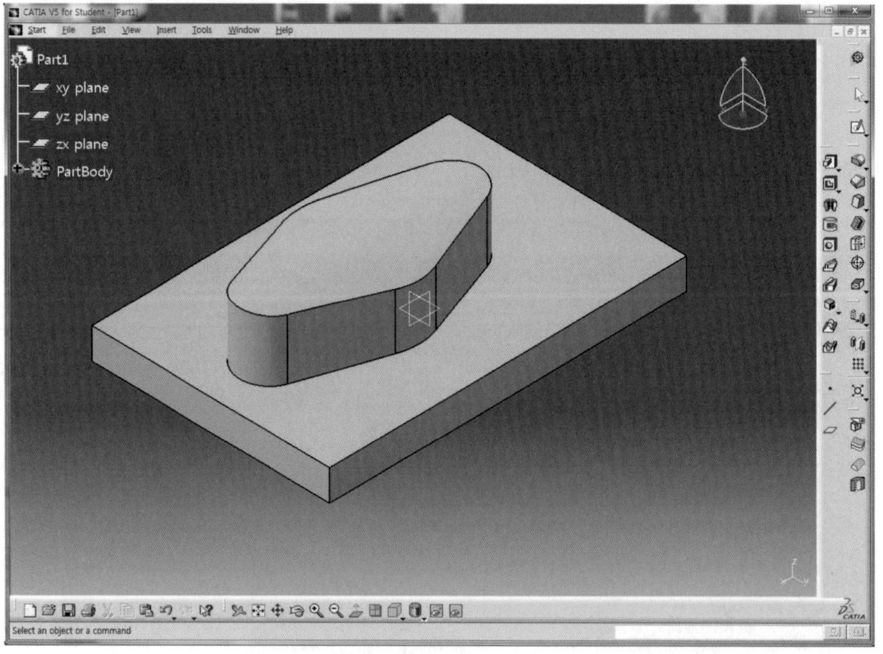

27 Sketch 아이콘 을 클릭하고 yz plane를 선택하여 Sketch Mode로 전환한다.

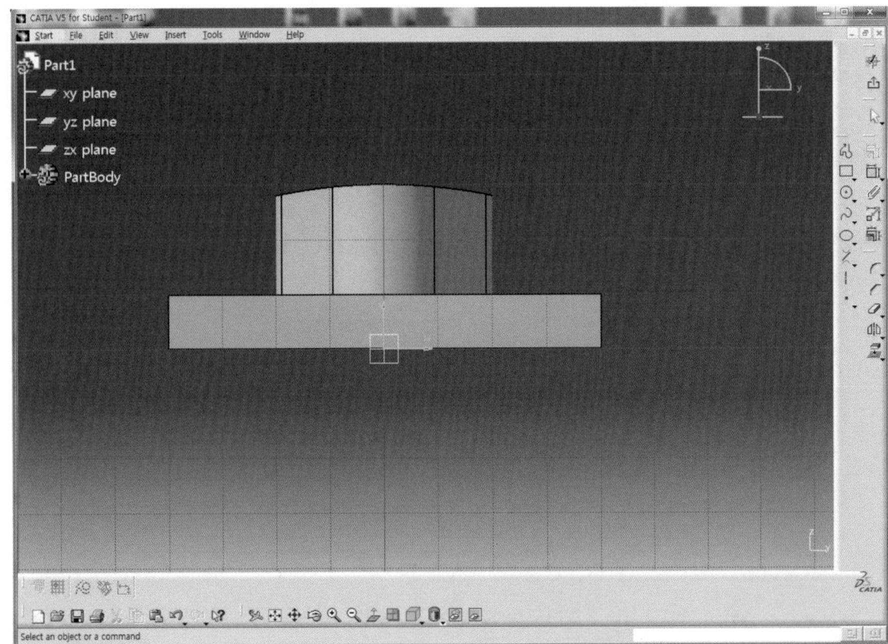

28 Profile 아이콘 을 클릭하여 직선과 호의 끝점이 V축 위에 위치하도록 Sketch한다.

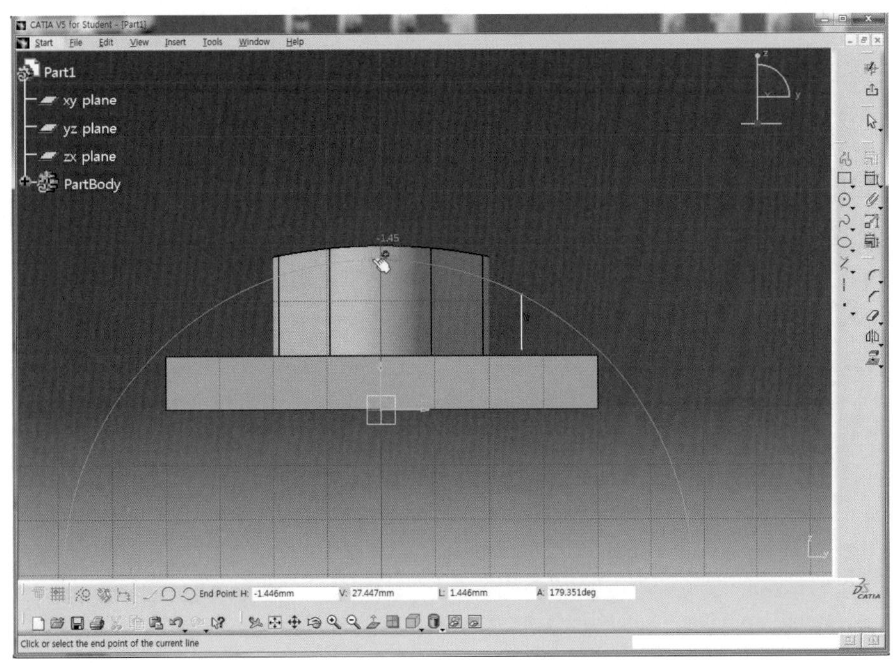

29 Constraint 아이콘을 더블클릭한 후 치수를 구속한다.

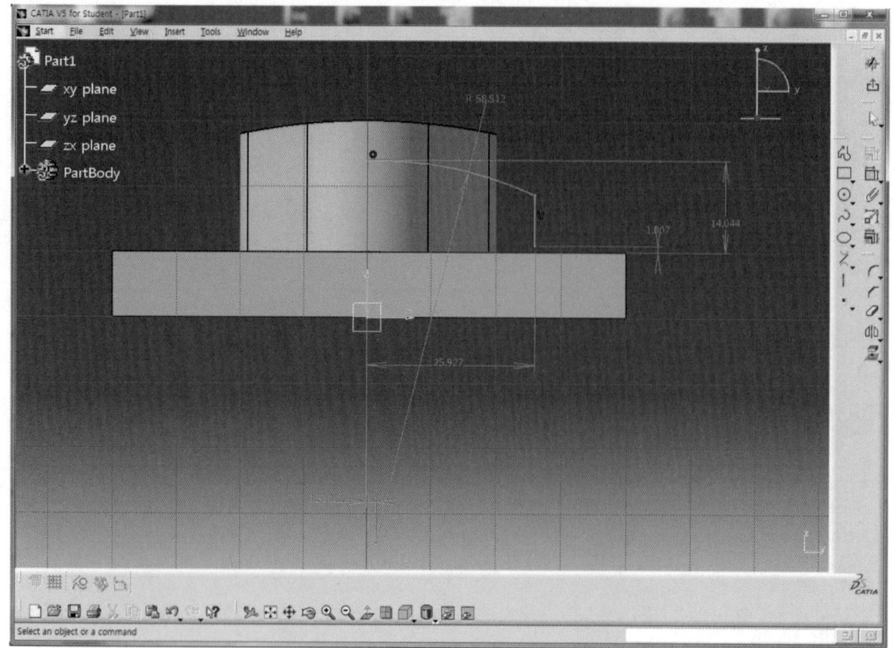

30 각 치수를 더블클릭하여 도면을 보고 정확한 치수(L30, L15, L0, R80)를 적용한다.

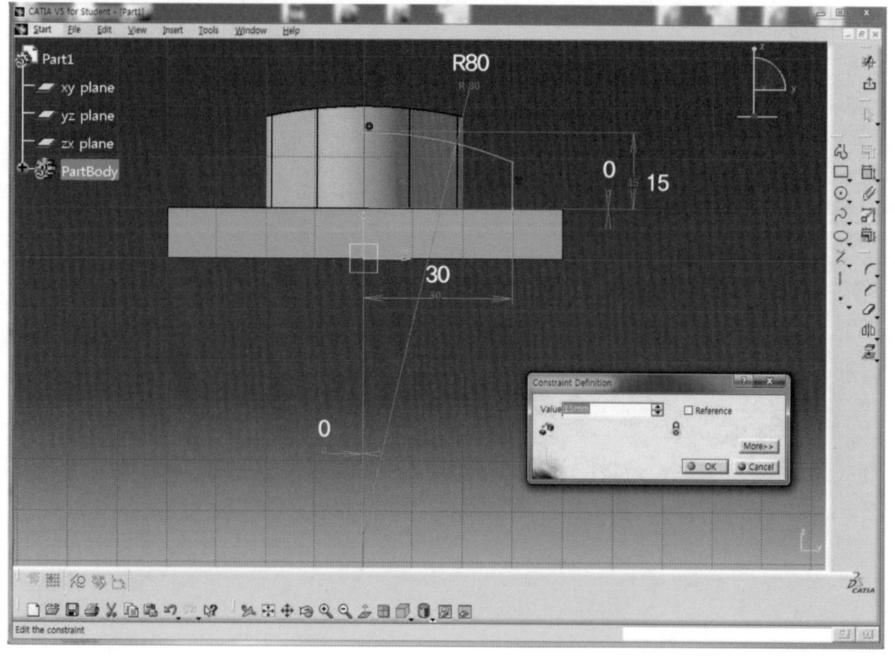

31 Axis 아이콘 을 클릭하고 V축 위에 Sketch한다.

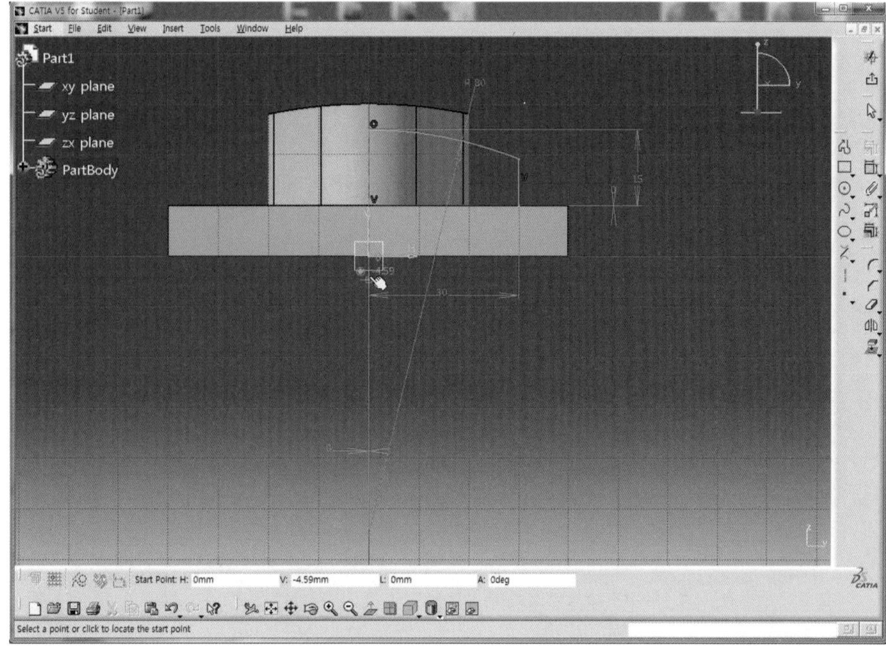

32 Exit Workbench 아이콘 을 클릭하여 3D Mode로 전환하고 Shaft 아이콘 을 클릭한다.

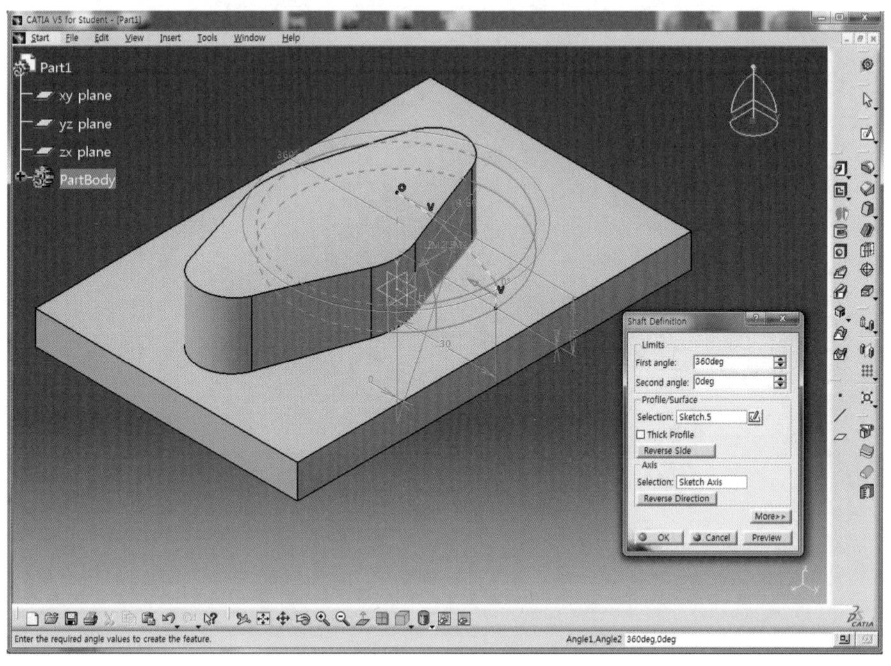

33 First angle 영역을 클릭하여 360deg를 입력한 후 Preview 버튼을 클릭하여 미리보기 한다.

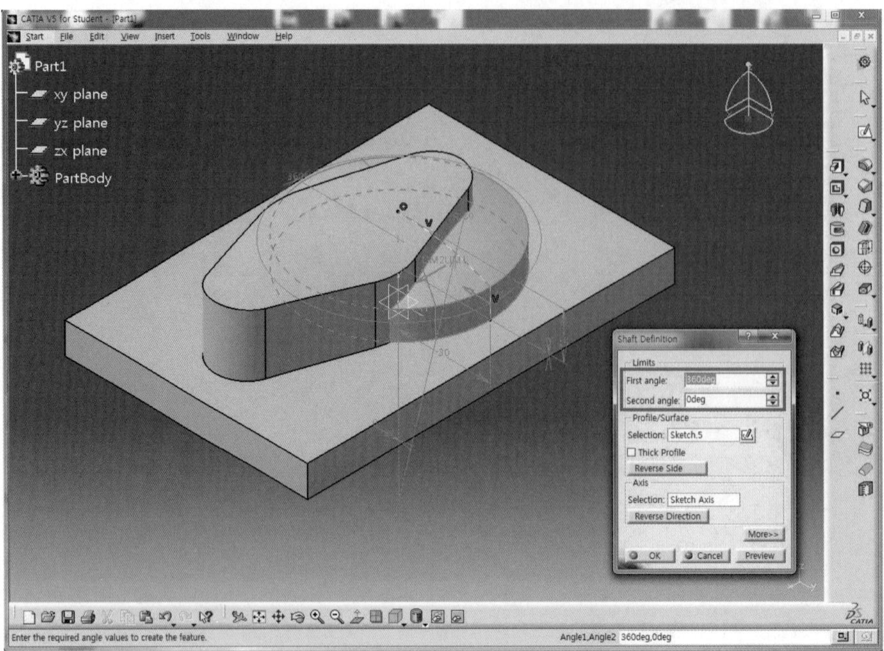

34 OK 버튼을 클릭하여 회전체의 Solid를 생성한다.

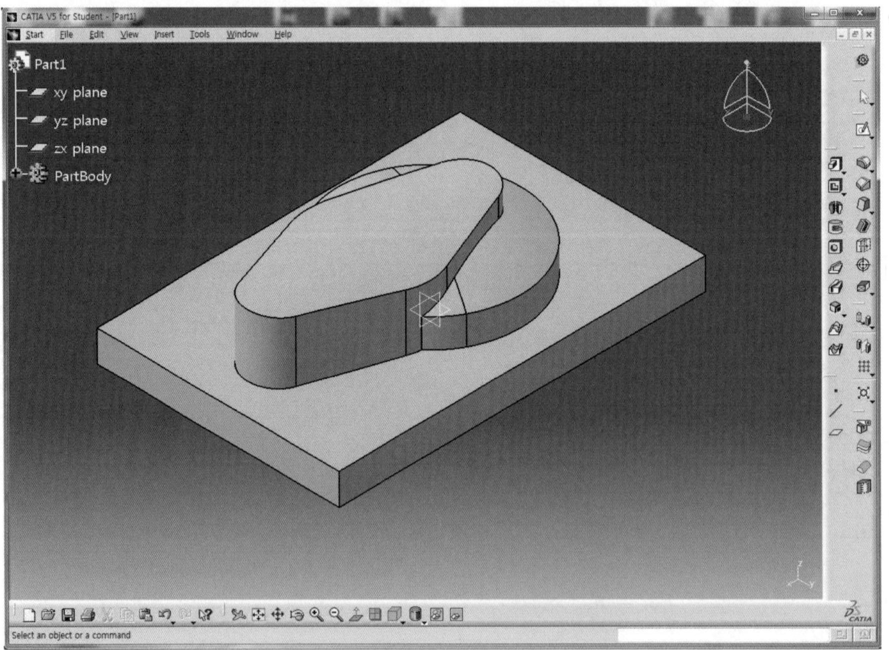

04 기본 Model (4)

CATIA를 활용한 모델링 따라하기

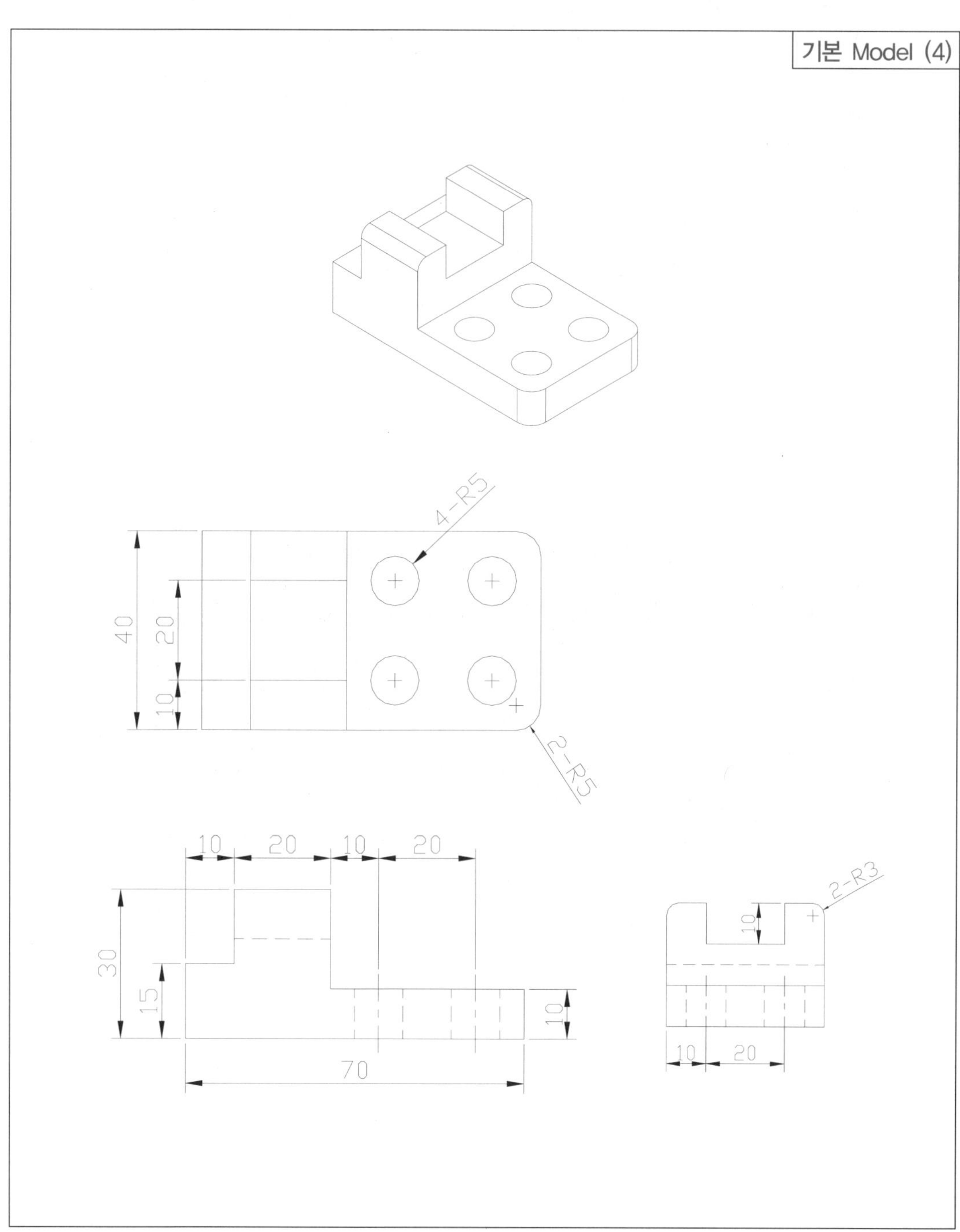

01 Solid Mode에서 Sketch 아이콘 을 클릭하고 yz plane을 선택하여 Sketch Mode로 전환한다.

02 Profile 아이콘 을 클릭한 후 도면을 보고 원점에서 시작하여 대략적인 형상을 Sketch를 한다.

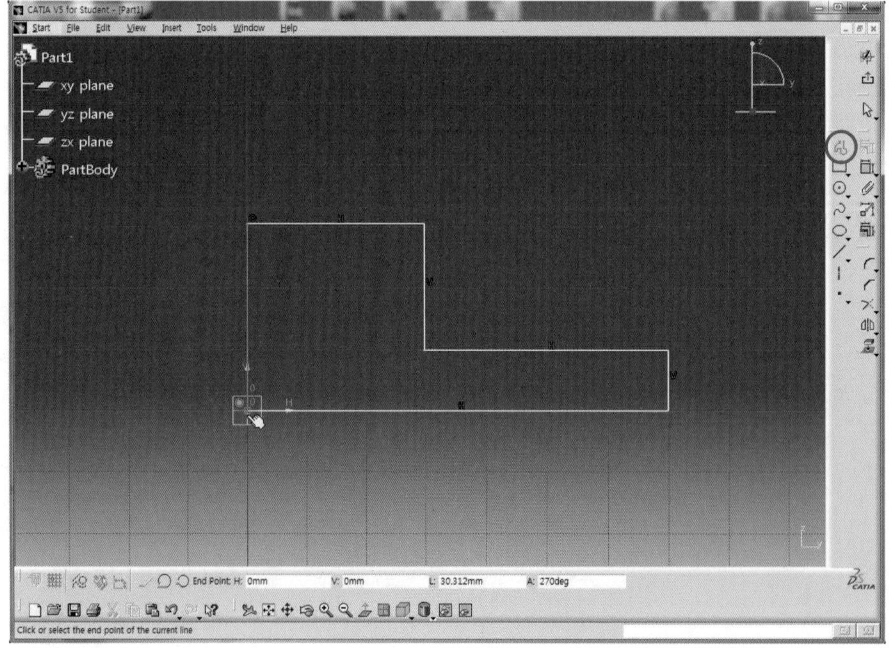

03 Constraint 도구막대의 Constraint 아이콘 을 더블클릭하여 치수구속을 적용하고 정확한 치수(L30, L70, L10)를 적용한다.

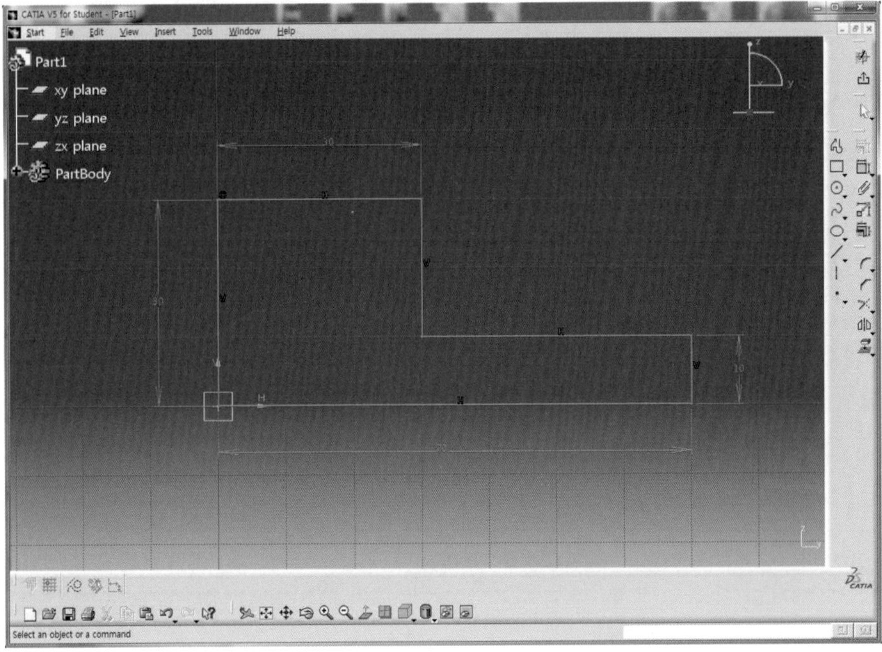

04 Exit workbench 아이콘 을 클릭하여 3D Mode로 전환한 후 Sketch를 선택하고 Pad 아이콘 을 클릭한 후 Length 영역에 20mm를 입력하고 Mirrored extent를 체크하여 미리보기 한다.

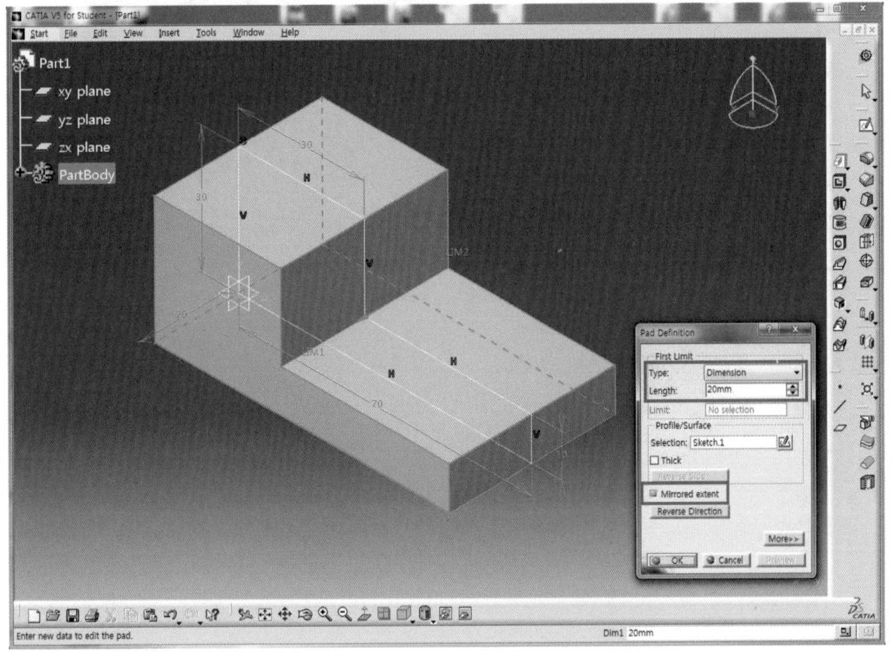

05 OK 버튼을 클릭하면 양쪽 방향으로 40mm 두께의 Solid가 생성된다.

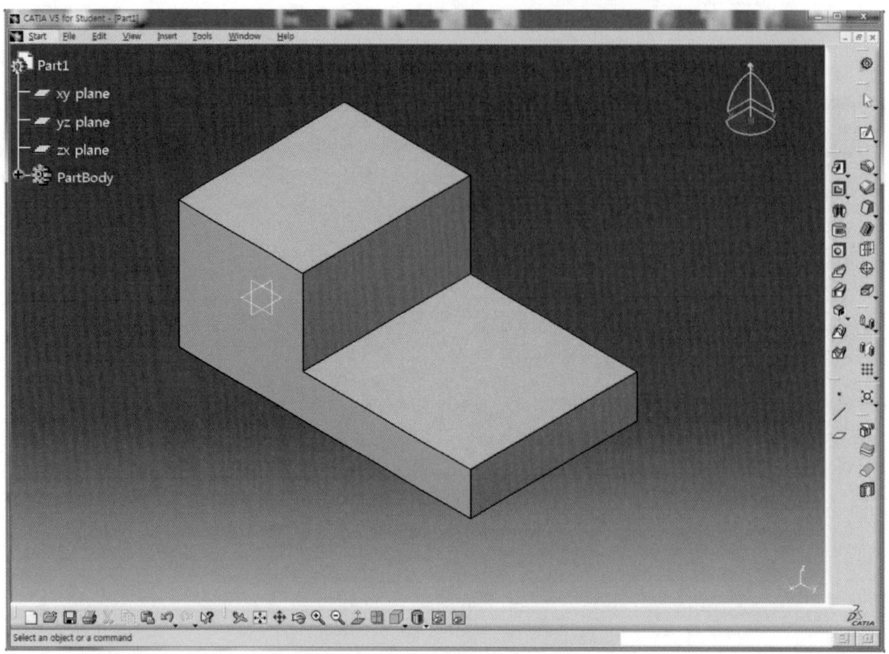

06 Sketch 아이콘 을 클릭하고 생성한 Solid의 앞면을 선택하여 Sketch Mode로 전환한다.

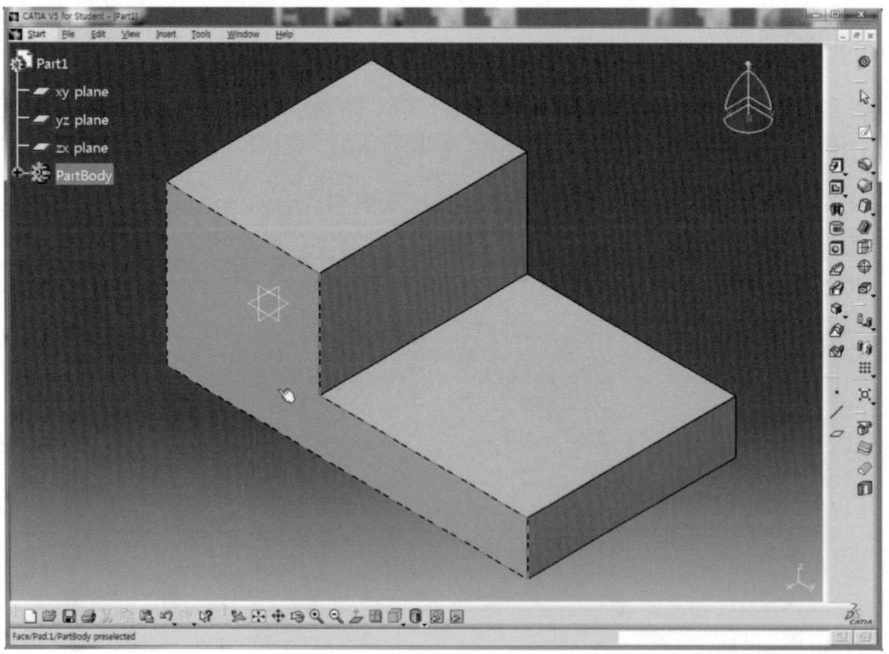

07 Rectangle 아이콘 을 클릭한 후 Solid의 모서리에 걸치도록 직사각형을 Sketch한다.

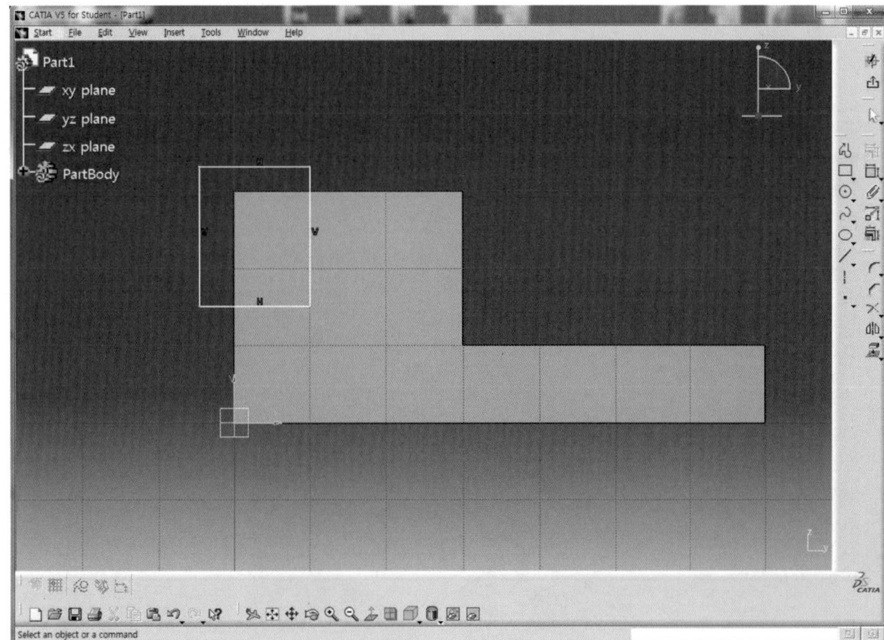

08 Constraint 아이콘 을 더블클릭하여 치수를 구속하고 각각의 치수를 더블클릭하여 정확한 치수(L15, L10)로 수정한다.

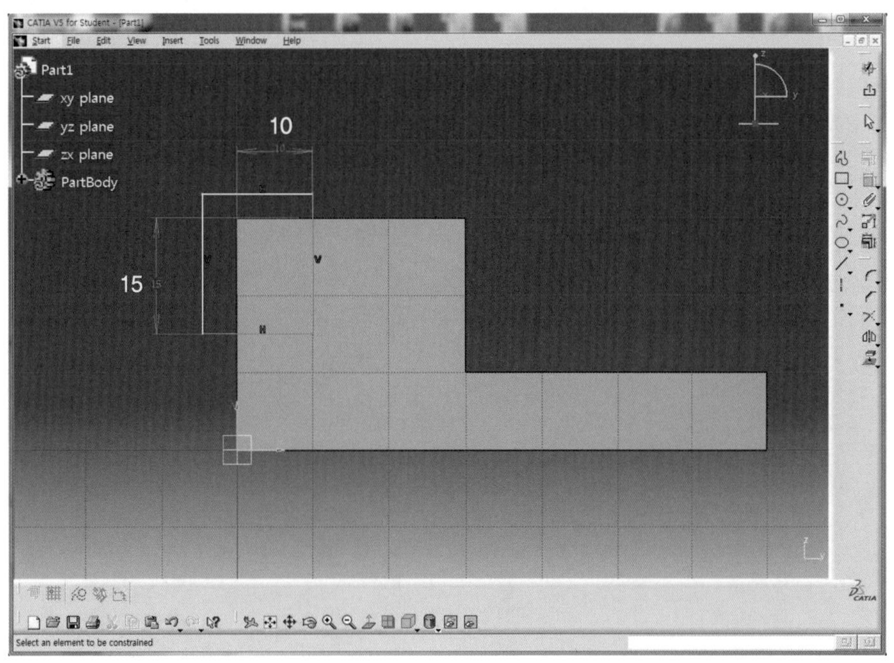

09 Exit workbench 아이콘 을 클릭하여 3D Mode로 전환한다.

10 Pocket 아이콘 을 클릭하고 Type을 Up to next로 선택한 후 Preview 버튼을 클릭하여 미리보기 한다.

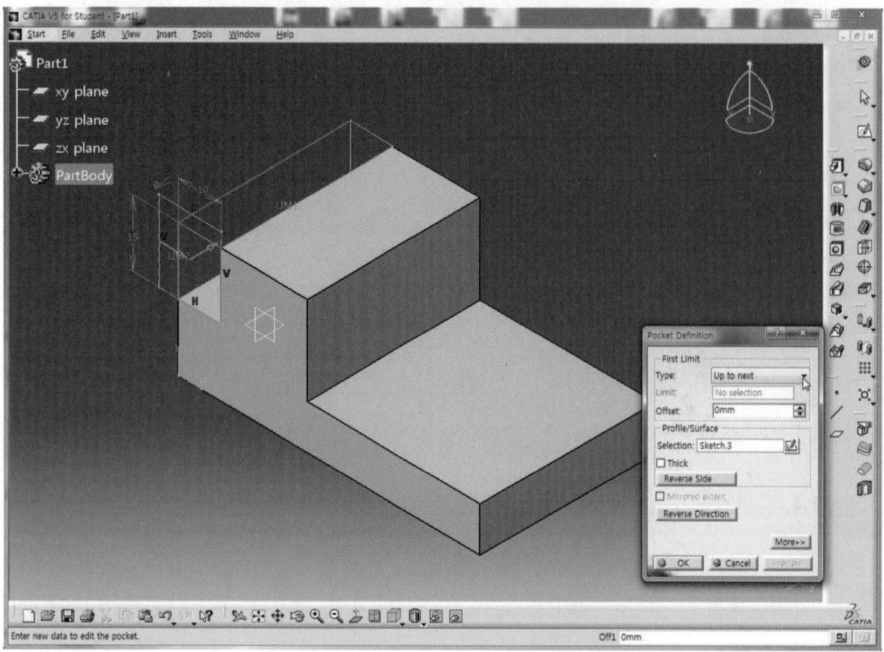

11 OK 버튼을 클릭하여 Pocket을 완성한다.

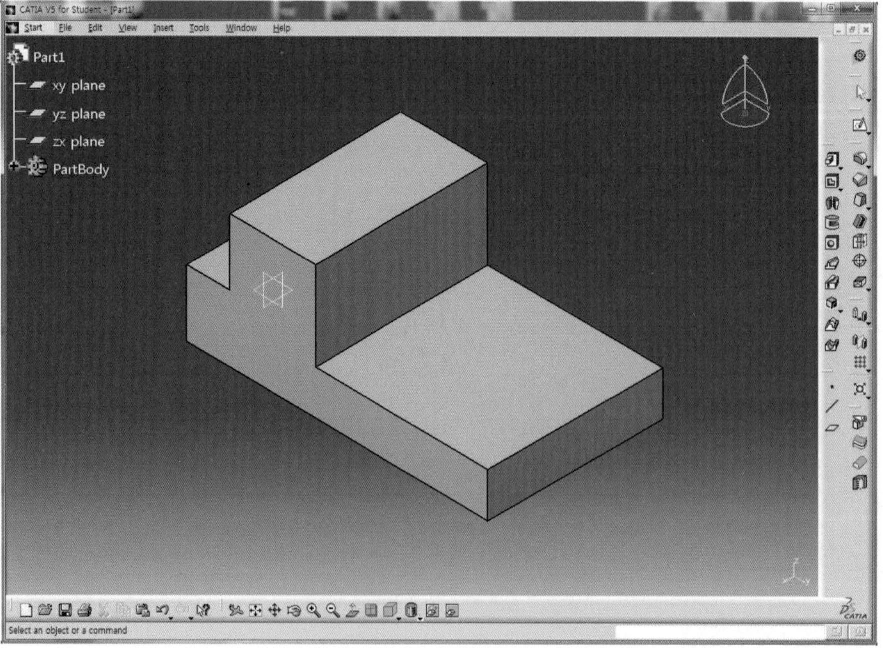

12 Sketch 아이콘 을 클릭하고 생성한 Solid의 윗면을 선택하여 Sketch Mode로 전환한다.

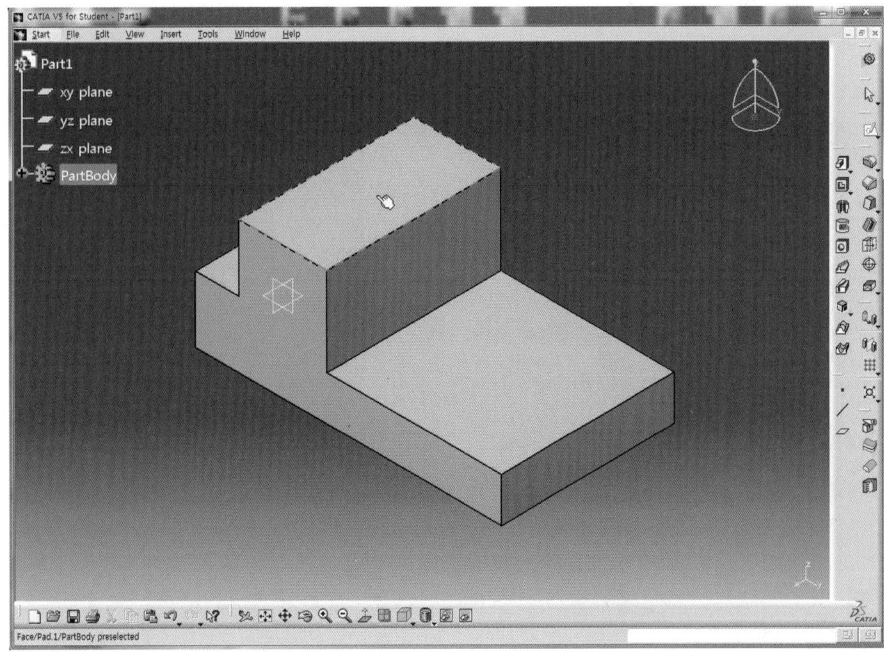

13 Rectangle 아이콘 을 클릭한 후 아래와 같이 직사각형을 Sketch한다.

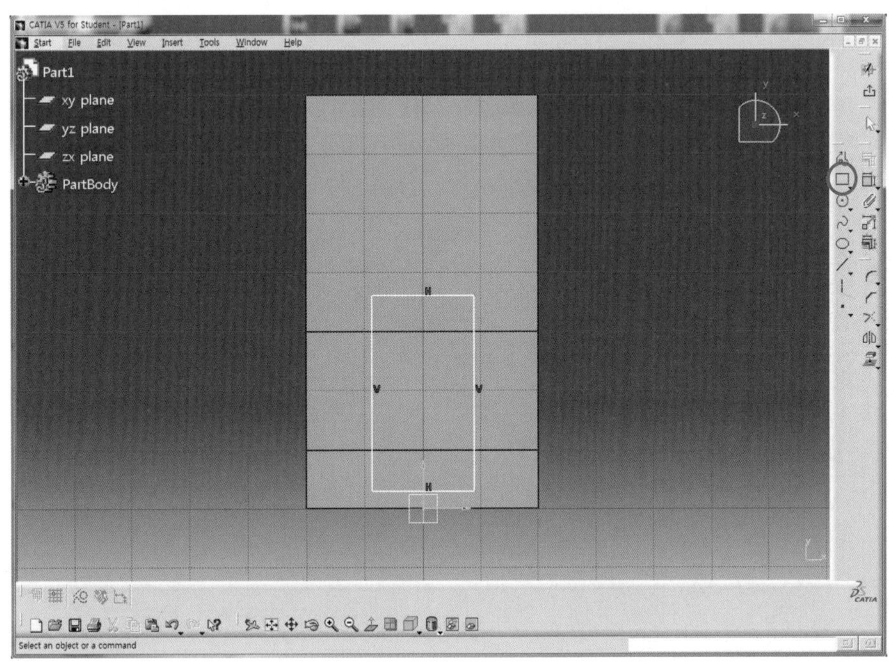

14 Constraint 아이콘 을 더블클릭하여 아래와 같이 치수를 구속하고 각각의 치수를 더블클릭하여 정확한 치수(L20, L10)로 수정한다.(여기서 수평선은 앞 단계에서 생성한 Solid의 윗부분을 제거하면 되므로 그 영역을 관통시키기만 해도 되므로 구속을 시키지 않아도 된다)

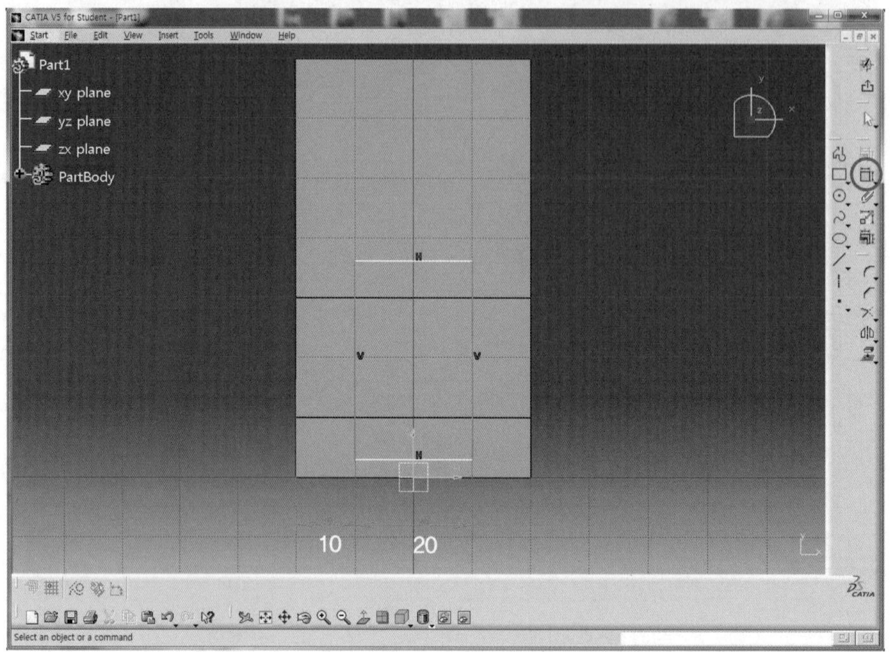

15 Exit workbench 아이콘 을 클릭하여 3D Mode로 전환한다.

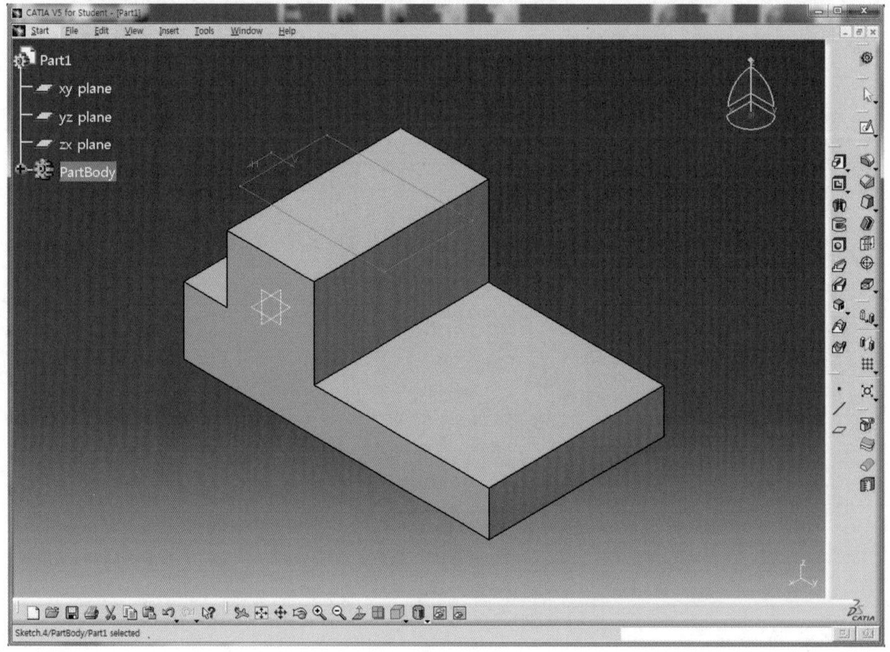

16 Pocket 아이콘 을 클릭하고 Depth 영역에 10mm를 입력한 후 Preview 버튼을 클릭하여 미리보기 한다.

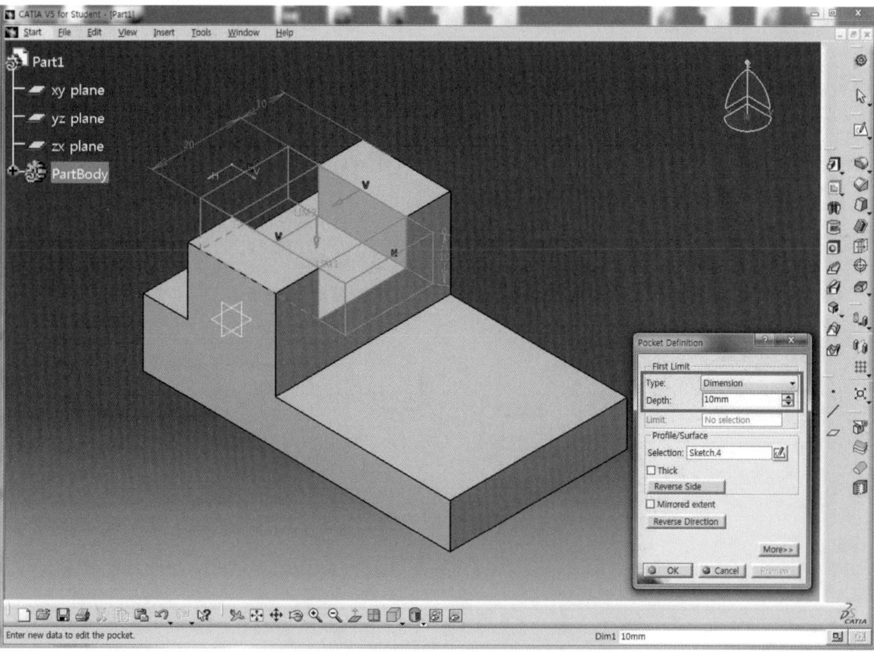

17 OK 버튼을 클릭하여 Pocket을 적용한다.

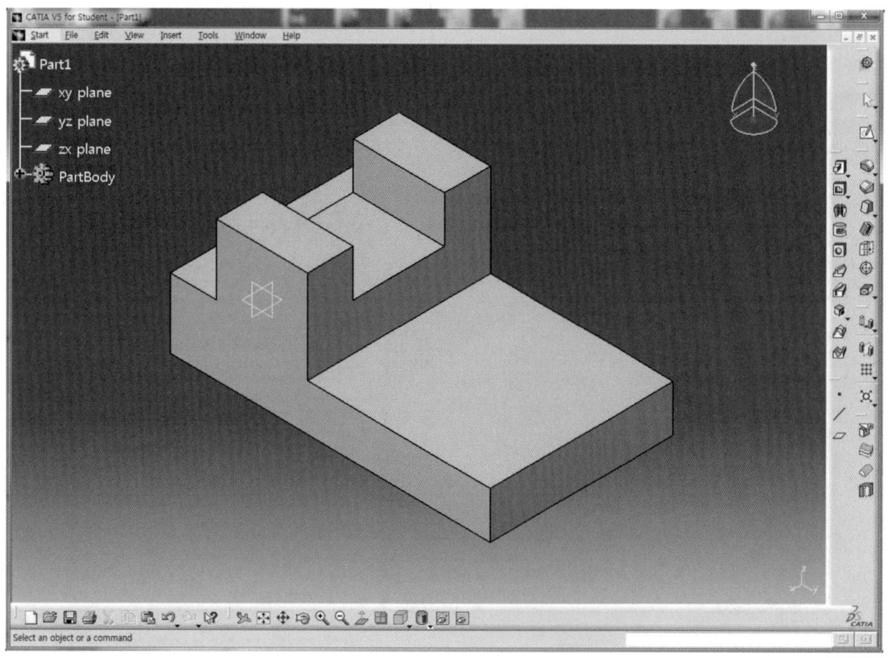

18 구멍을 생성하기 위하여 Ctrl 버튼을 누른 상태에서 모서리를 (1), (2) 차례로 선택하고 Hole 아이콘 을 클릭한 후 Hole이 위치할 Solid의 평면 (3)을 클릭한다.

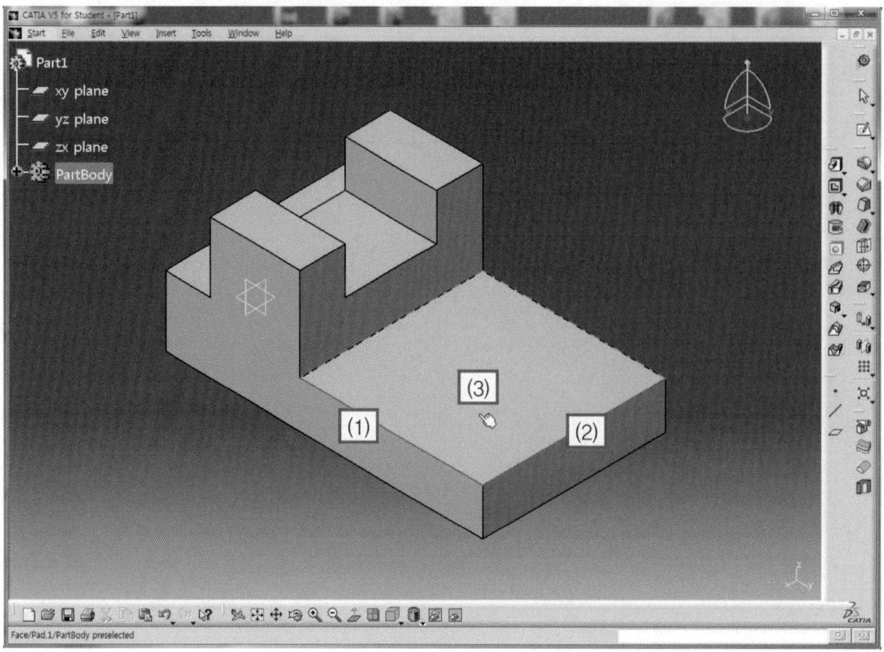

19 Hole Definition 대화상자의 Extension 탭에서 Up To Next를 선택하고 Diameter에 구멍의 직경인 10mm를 입력한다.

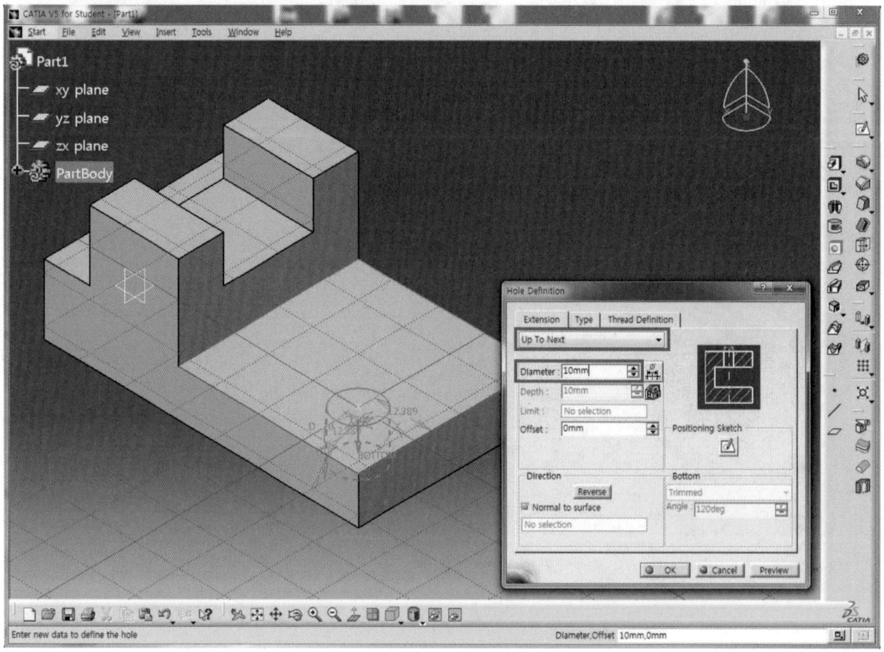

20 구멍의 정확한 위치를 설정하기 위해, 앞 단계에서 Hole을 생성하기 위하여 선택한 모서리와 구멍의 중심점 사이에 생성된 거리를 더블클릭하여 각각 정확한 치수(10mm)를 적용한다.

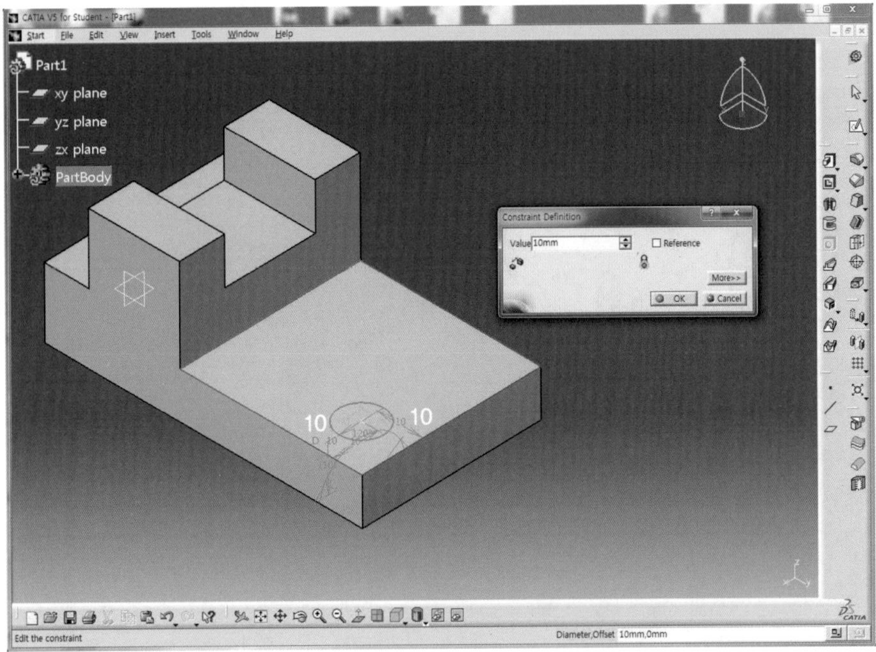

21 Preview를 클릭하여 미리보기 한 후 OK 버튼을 클릭하여 구멍을 생성한다.

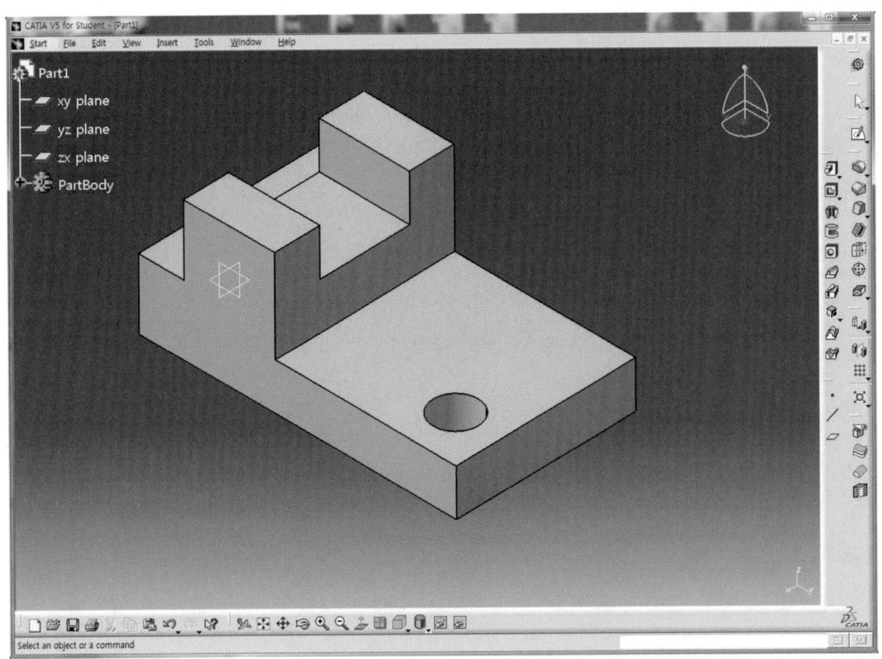

22 Rectangular Pattern 아이콘 을 클릭한 후 First Direction 탭의 Parameters에서 Instance(s) & Spacing(구멍의 개수와 구멍사이의 거리를 알고 있을 경우)을 선택하고 Instance(s) 영역에 가로방향 구멍의 개수 2를 입력한 후 Spacing 영역에 구멍 사이의 거리인 20mm를 입력한다.

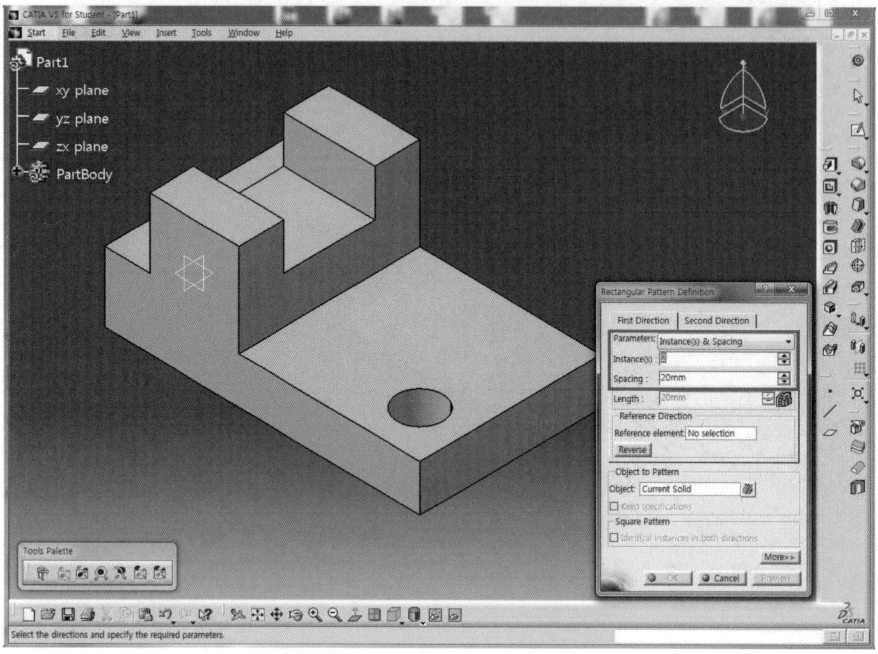

23 Reference element 영역을 클릭한 후 가로 방향인 Solid의 모서리를 선택한다.(미리보기에서 생성된 객체의 방향을 반대로 바꾸고자 할 때는 Reverse 버튼을 클릭한다.)

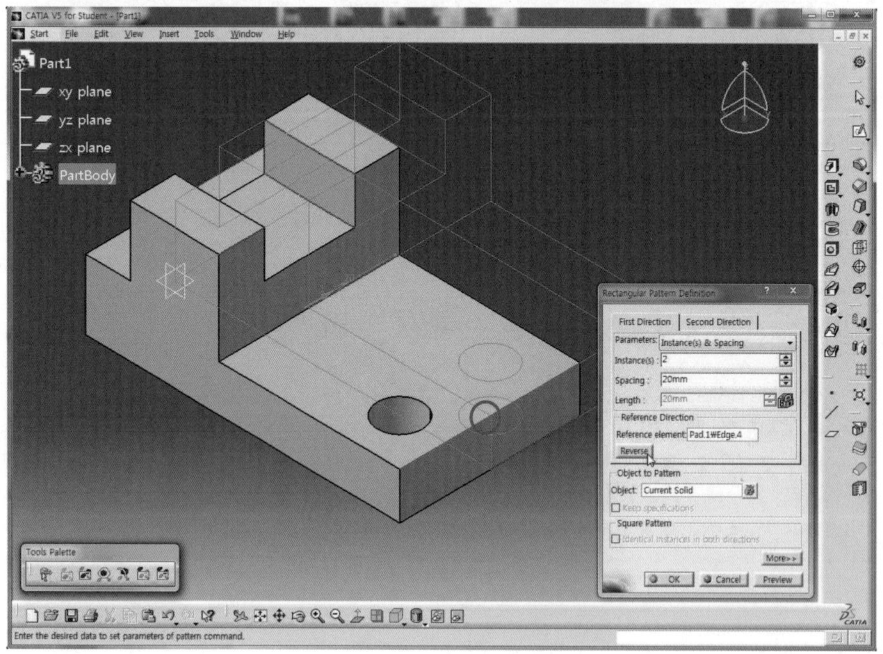

24 배열시킬 요소를 지정하지 않을 때에는 현재 모델링 중인 Part 1 전체가 배열된 것을 미리보기로 볼 수 있는데, 배열시킬 요소를 별도로 선택하고자 할 경우에는 Object 영역을 클릭한 후 Tree나 Model에서 선택한다.(여기서는 Hole. 1을 선택한다.)

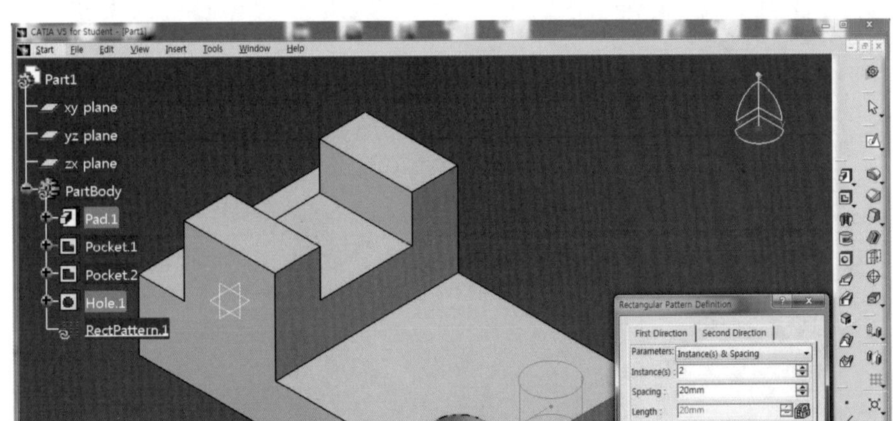

25 세로방향으로 배열을 적용시키기 위해서 Second Direction 탭을 클릭한다.

26 Instance(s) 영역에 세로방향 구멍의 개수 2를 입력한 후 Spacing 영역에 세로방향 구멍 사이의 거리인 20mm를 입력한다.

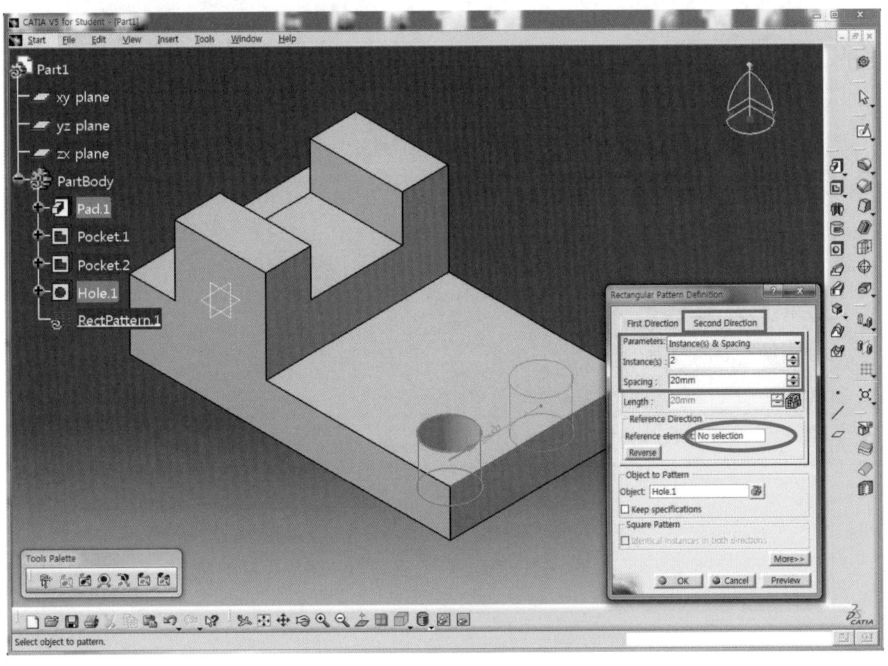

27 Reference element 영역을 선택한 후 세로 방향 모서리를 클릭한다.

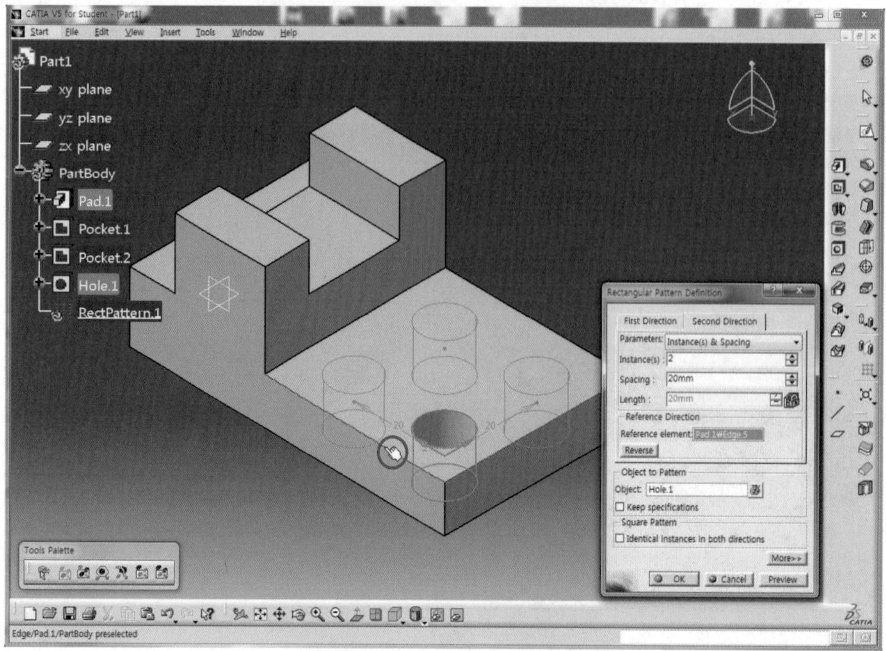

28 Preview 버튼을 클릭하여 미리보기 한 후 OK 버튼을 클릭하여 배열을 완성한다.

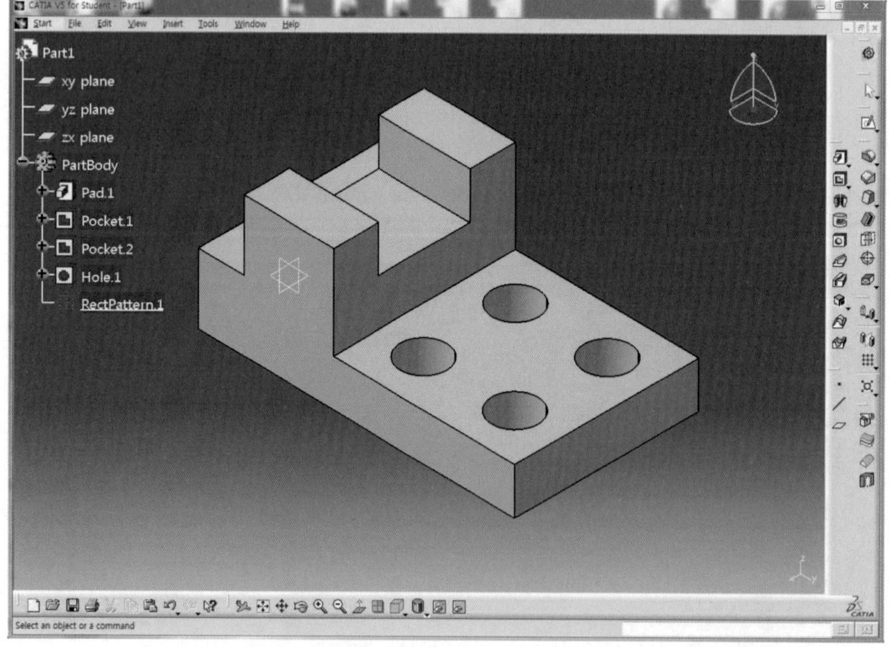

29 Edge Fillet 아이콘 을 클릭한다.

30 Radius 영역에 5mm를 입력하고 Fillet시킬 모서리를 선택한 후 OK 버튼을 클릭한다.

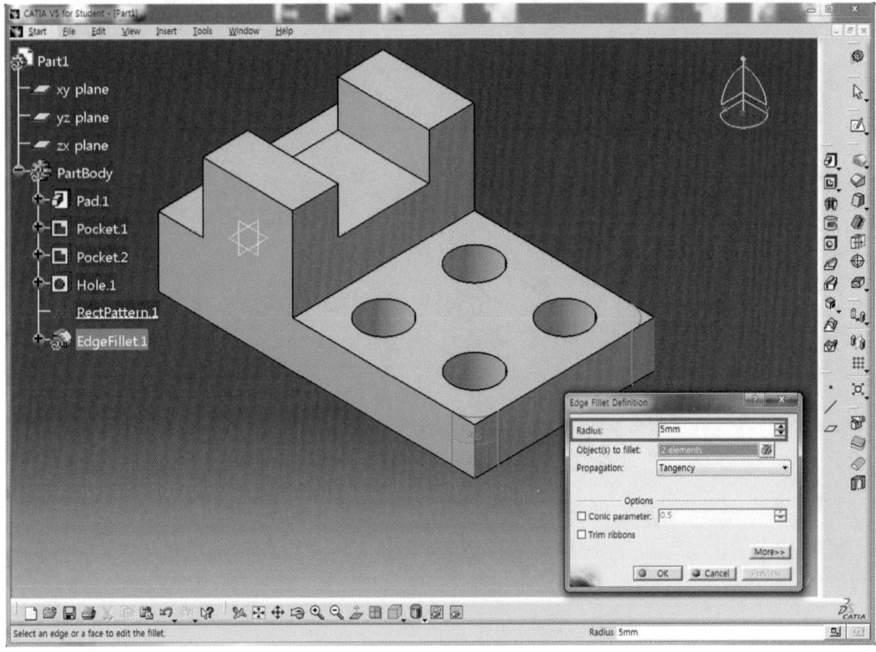

31 Edge Fillet 아이콘 을 클릭한다.

32 Radius 영역에 3mm를 입력하고 Fillet시킬 모서리를 선택한 후 OK 버튼을 클릭한다.

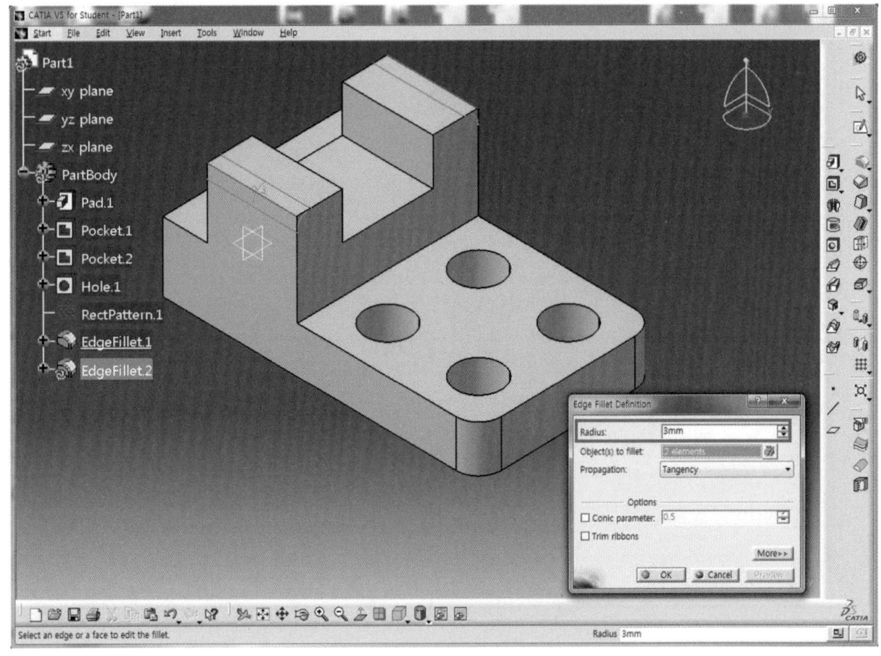

33 완성된 모델이다.

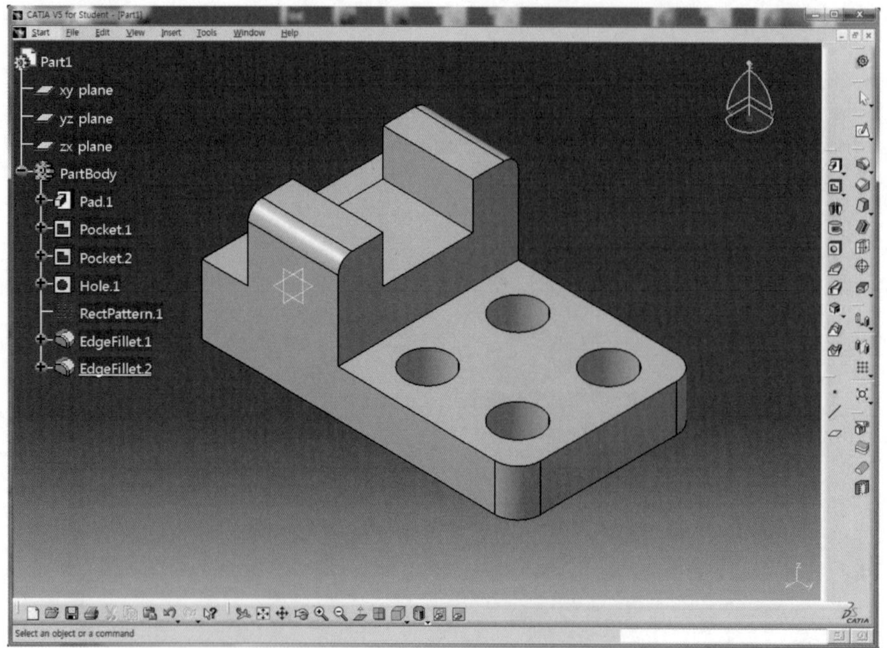
CATIA V5 for Student - [Part1]
Start File Edit View Insert Tools Window Help
Part1
xy plane
yz plane
zx plane
PartBody
Pad.1
Pocket.1
Pocket.2
Hole.1
RectPattern.1
EdgeFillet.1
EdgeFillet.2
Select an object or a command

CHAPTER

05 기본 Model (5)

CATIA를 활용한 모델링 따라하기

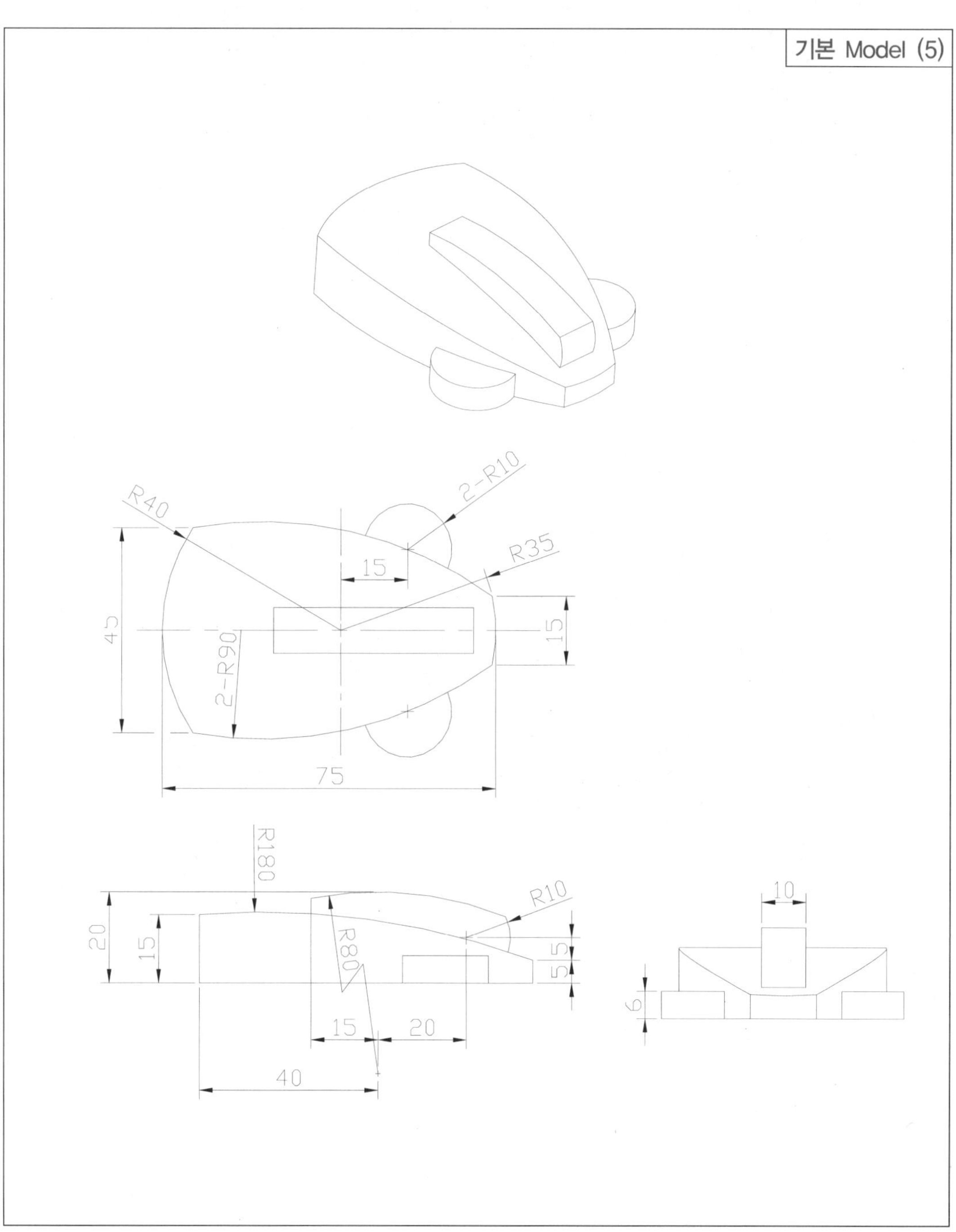

01 Solid Mode에서 Sketch 아이콘 을 클릭하고 xy plane을 선택하여 Sketch Mode로 전환한다.

02 Three Point Arc 아이콘 을 클릭한 후 세 점을 지나는 임의의 호를 Sketch한다.

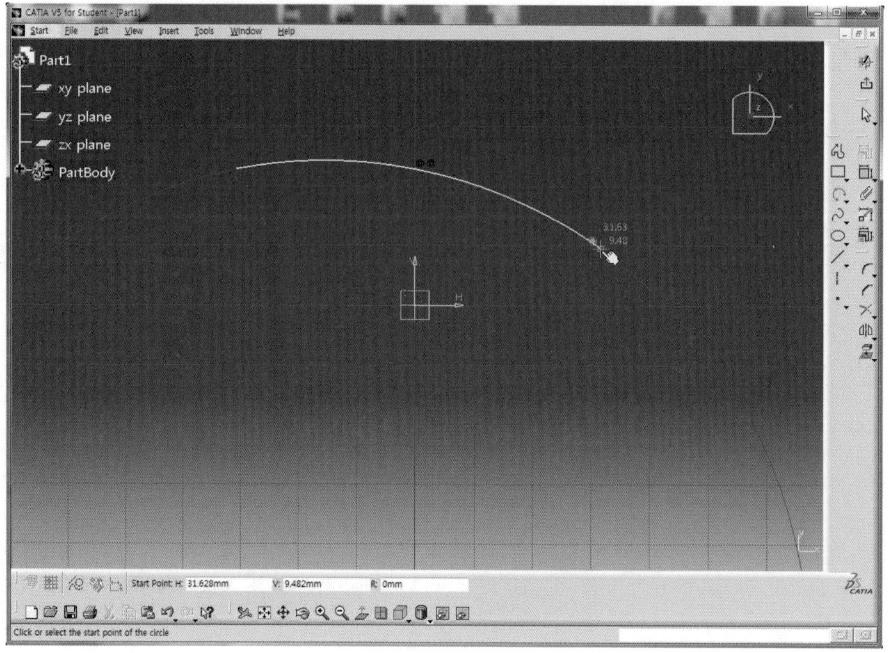

03 생성한 Arc를 선택한 후 Mirror 아이콘 을 클릭한다.

04 대칭축으로 H 축을 선택하여 H 축을 기준으로 Arc를 대칭시킨다.

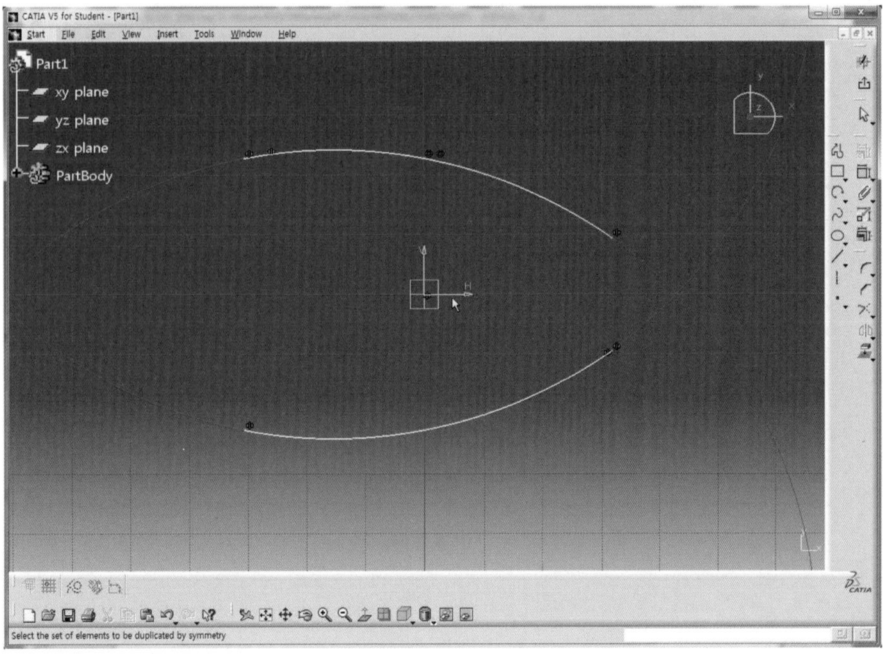

05 Arc 아이콘 을 클릭한 후 원점에 중심점을 위치시키고 앞 단계에서 생성한 Three Point Arc의 양 끝점을 잇는 호를 좌 · 우측에 각각 생성한다.

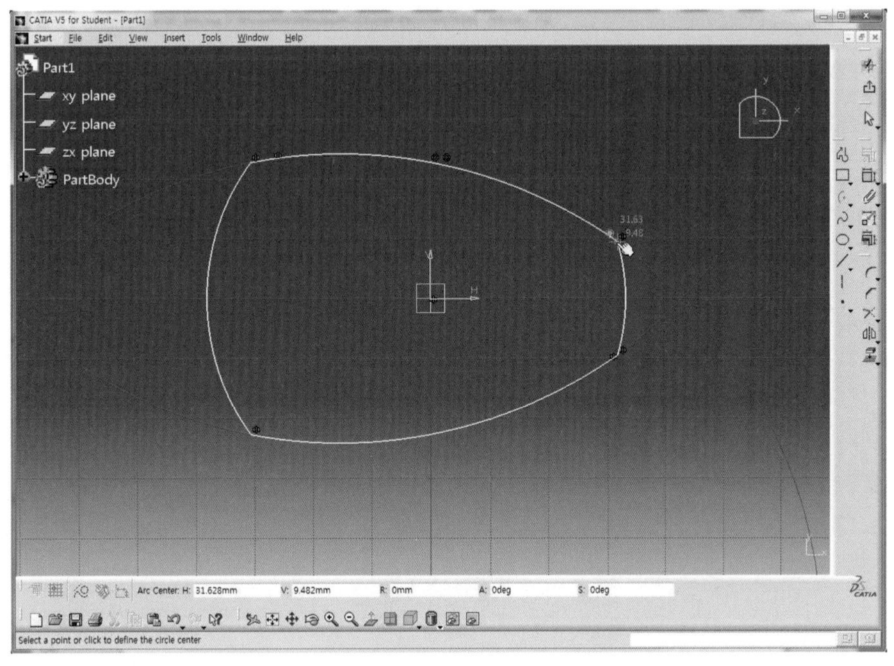

06 Constraint 아이콘 을 더블클릭하여 치수를 구속한 후 각 치수를 더블클릭하여 정확한 치수(L45, L15, R90, R40, R35)를 적용한다.

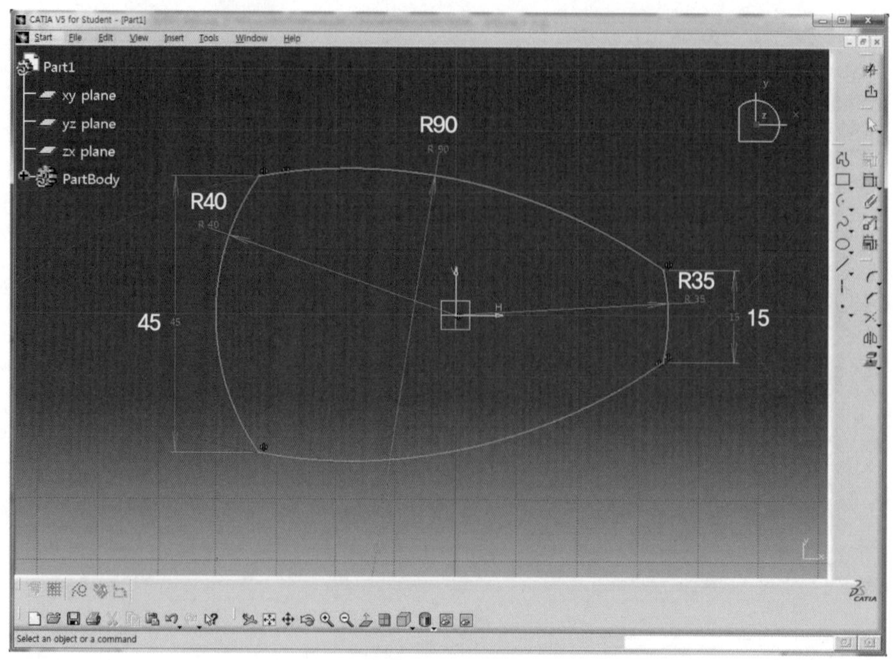

07 Exit workbench 아이콘 을 클릭하여 3D Mode로 전환한다.

08 Pad 아이콘 을 클릭한 후 Length 영역에 20mm를 입력하고 Preview 버튼을 클릭하여 미리보기 한다.

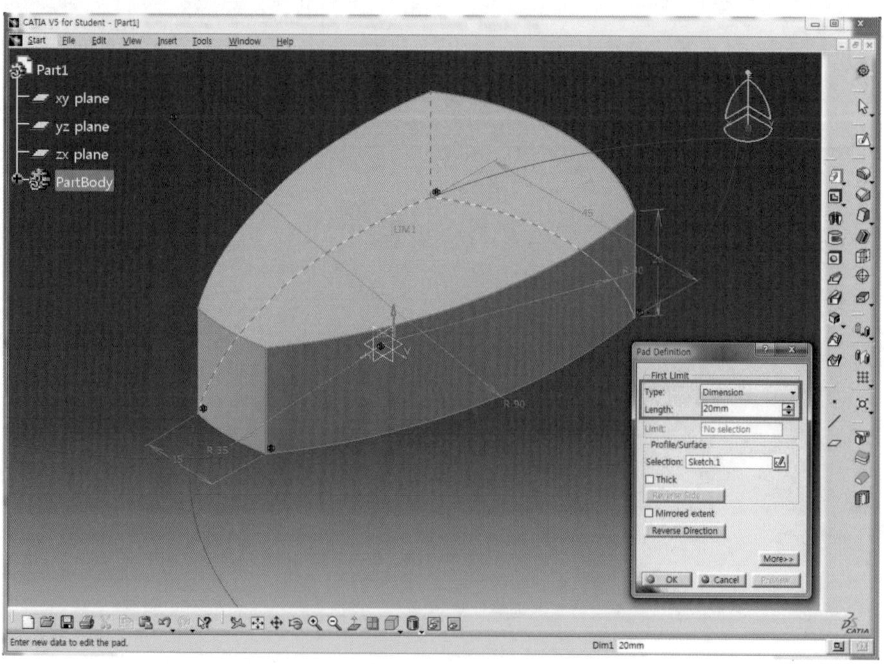

09 OK 버튼을 클릭하여 Solid를 생성한다.

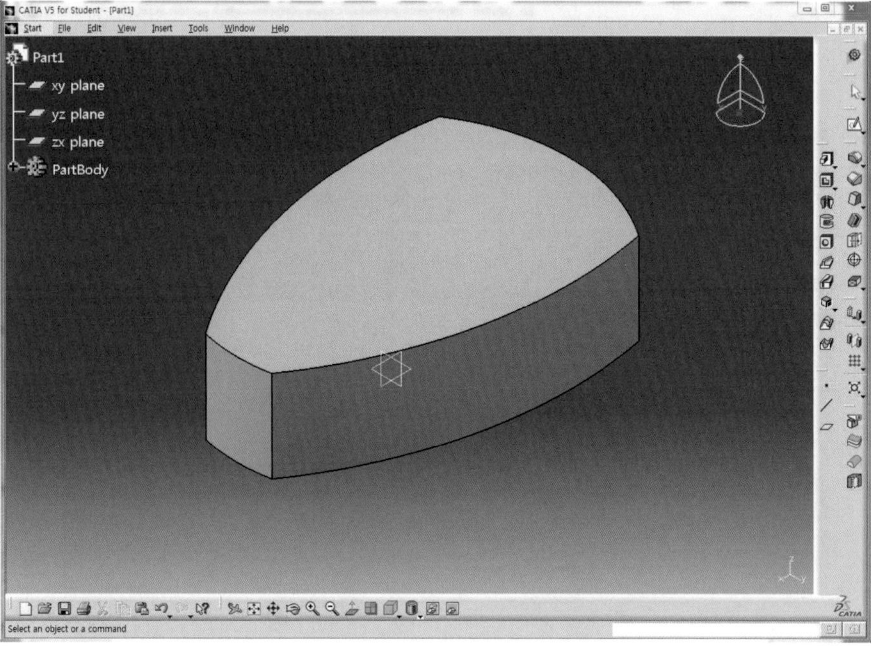

10 Sketch 아이콘 을 클릭하고 zx Plane을 선택하여 Sketch Mode로 전환한다.

11 View 도구막대의 Normal view 아이콘 을 클릭하여 좌우 방향을 전환시킨다.

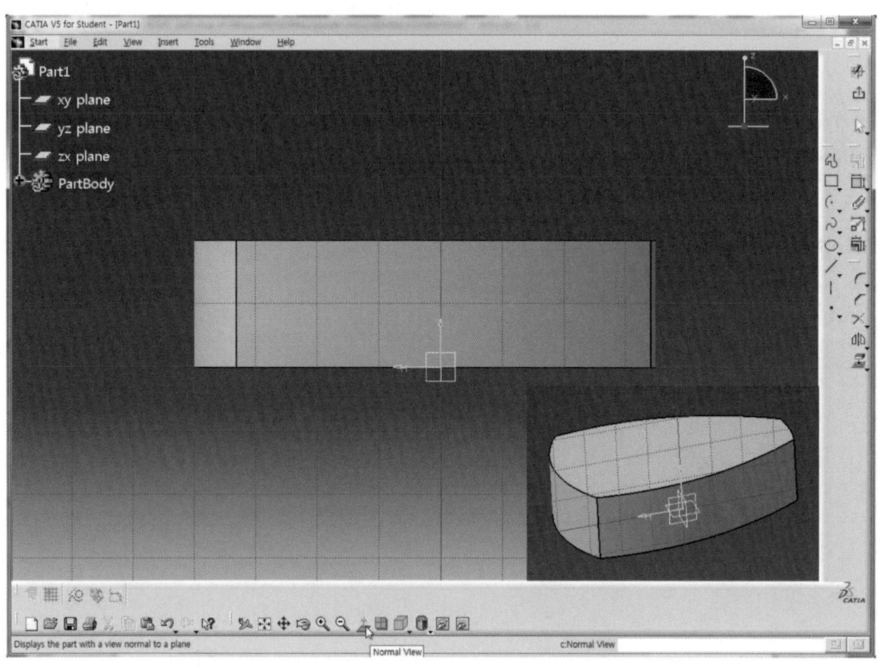

12 Three Point Arc 아이콘 을 클릭한 후 Solid를 감싸도록 임의의 호를 Sketch한다.

13 View 도구막대의 Rotate 아이콘 을 클릭하고 작업영역에서 마우스의 왼쪽 버튼을 클릭한 후 드래그하여 임의의 방향으로 회전시킨다.

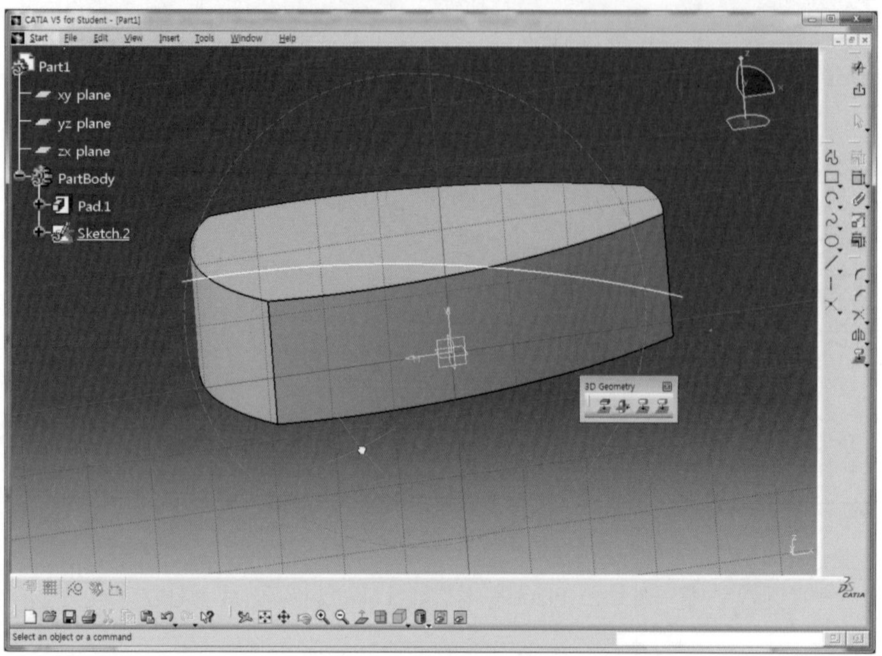

14 Project 3D Canonical Silhouette Edges 아이콘 을 클릭한 후 모델의 라운드된 옆면 (1)을 클릭하여 Sketch 평면에 투영시킨다.(노란색 직선이 나타나는 것을 볼 수 있다.)

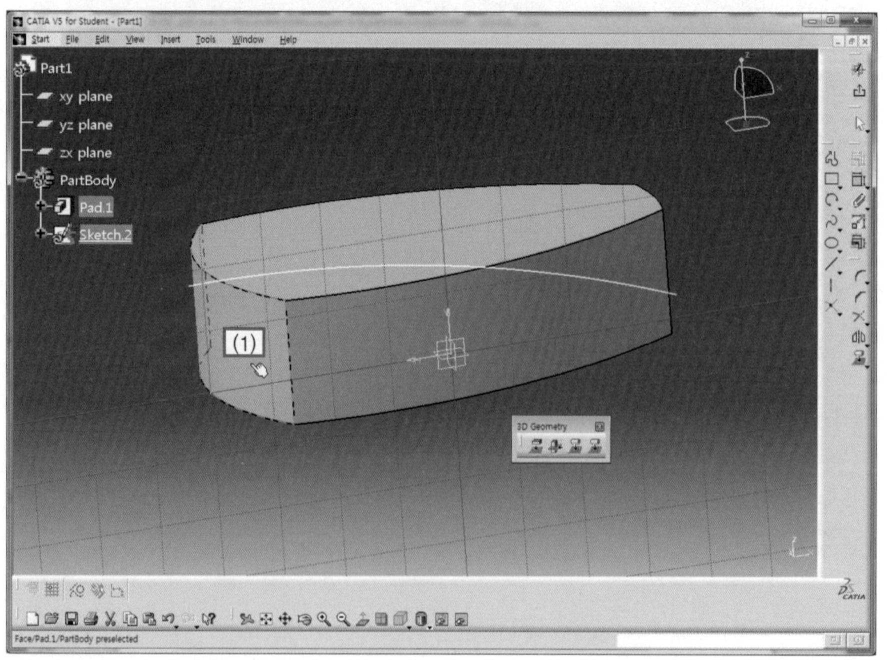

15 Rotate 아이콘 을 클릭하여 아래와 같이 Model을 회전시킨 후 Project 3D Canonical Silhouette Edges 아이콘 을 클릭하고 오른쪽 라운드된 영역 (1)을 클릭하여 직선을 투영시킨다.

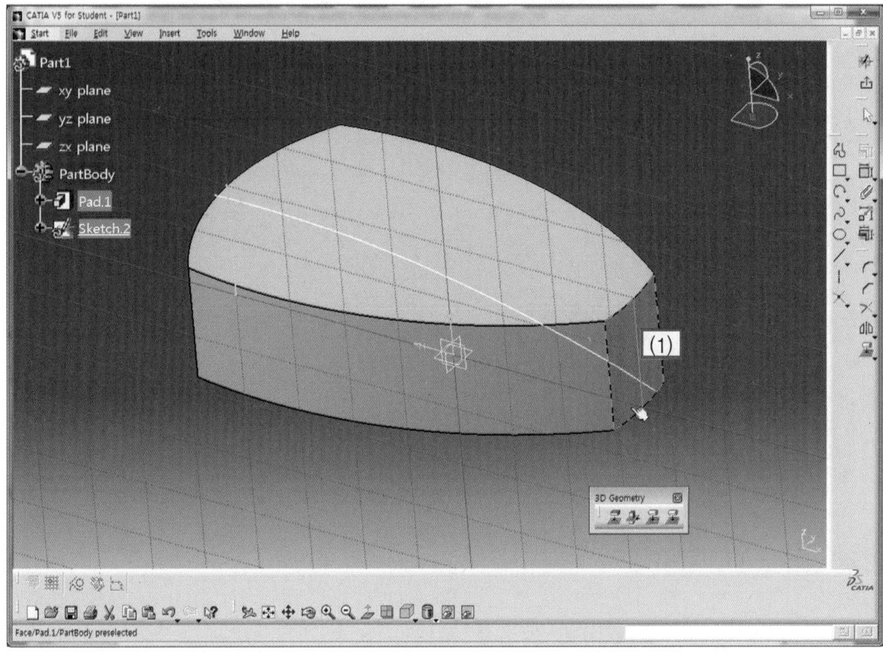

16 Normal view 아이콘 을 클릭한다.

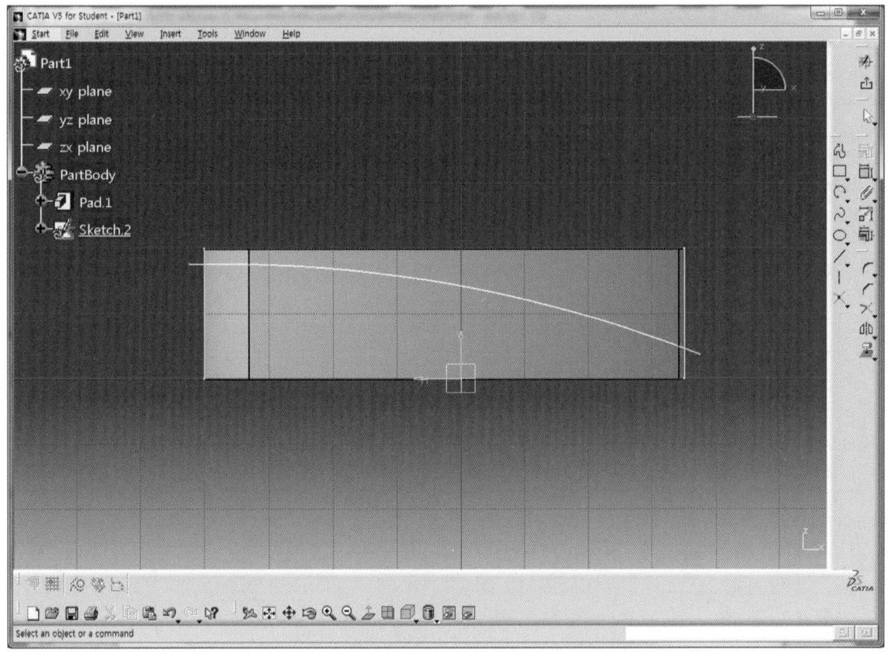

17 Quick Trim 아이콘 을 클릭한 후 Arc와 교차하는 투영된 직선의 윗부분을 선택하여 제거한다.

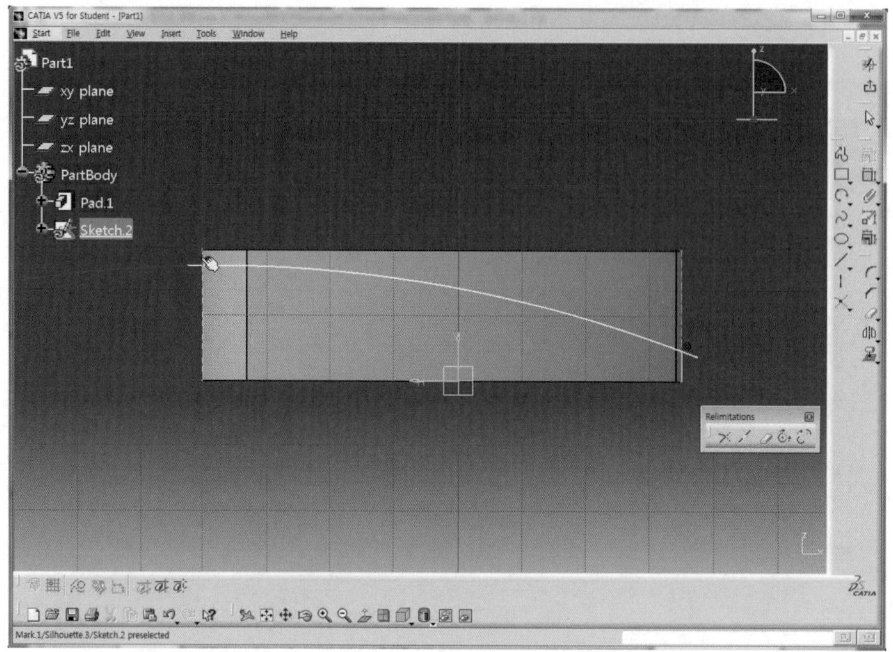

18 Ctrl 버튼을 누른 상태에서 투영된 직선을 선택한 후 Sketch tools 도구막대의 Construction/Standard Element 을 선택하여 보조선(점선)으로 전환시킨다.(보조선으로 전환시키면 Sketch 할 경우에는 치수를 구속시킬 때 사용할 수 있지만, 3D 영역으로 전환시키면 숨겨진다.)

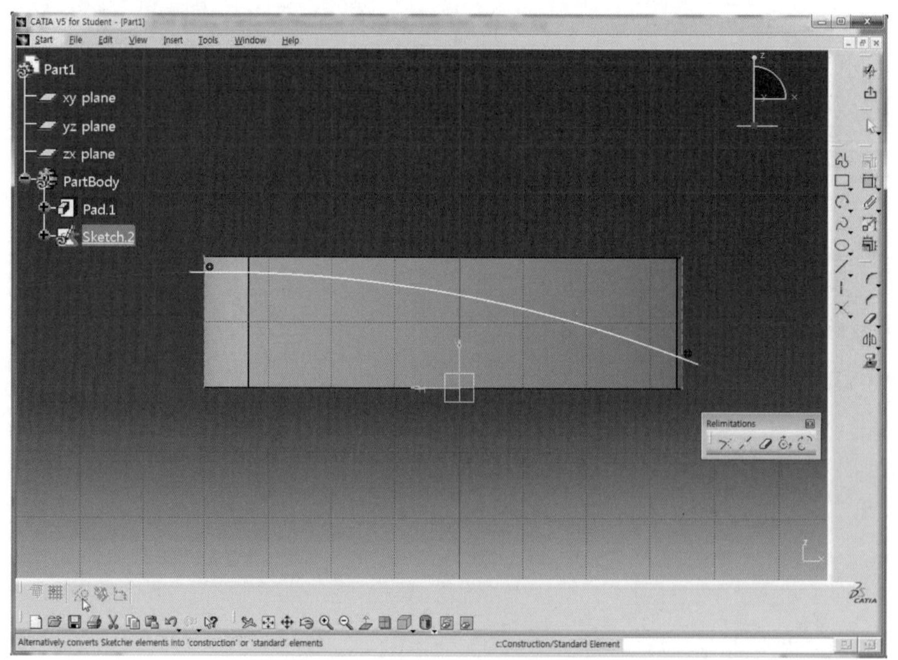

19 Constraint 아이콘을 더블클릭한 후 치수를 구속시키고 각 치수를 더블클릭하여 정확한 치수(L15, L5, R180)로 수정한다.

20 치수를 수정할 때 Arc의 위치가 변경되면 Arc의 끝점을 드래그하여 Solid를 감싸도록 위치시킨다.

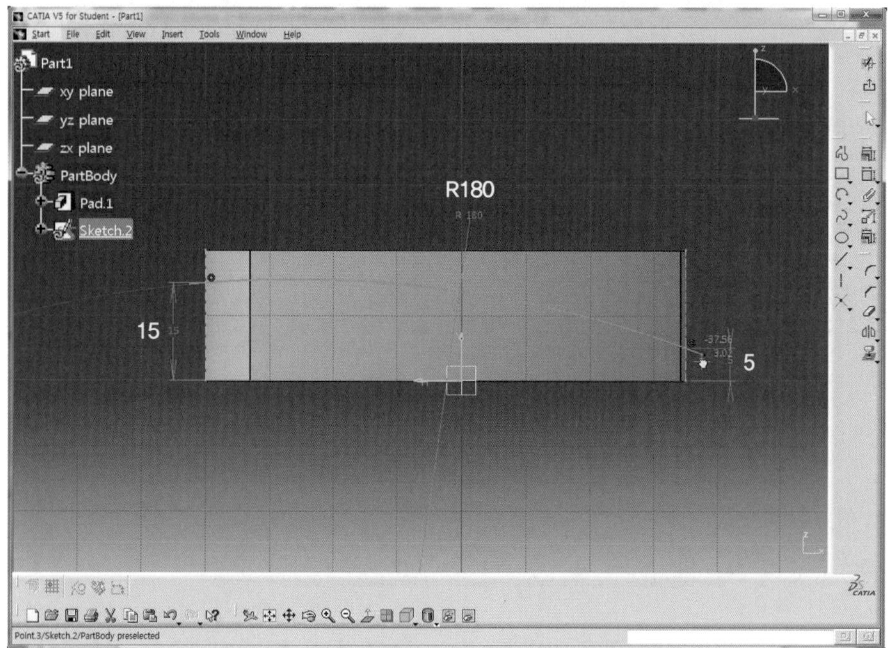

21 Exit Workbench 아이콘을 클릭하여 3D Mode로 전환한다.

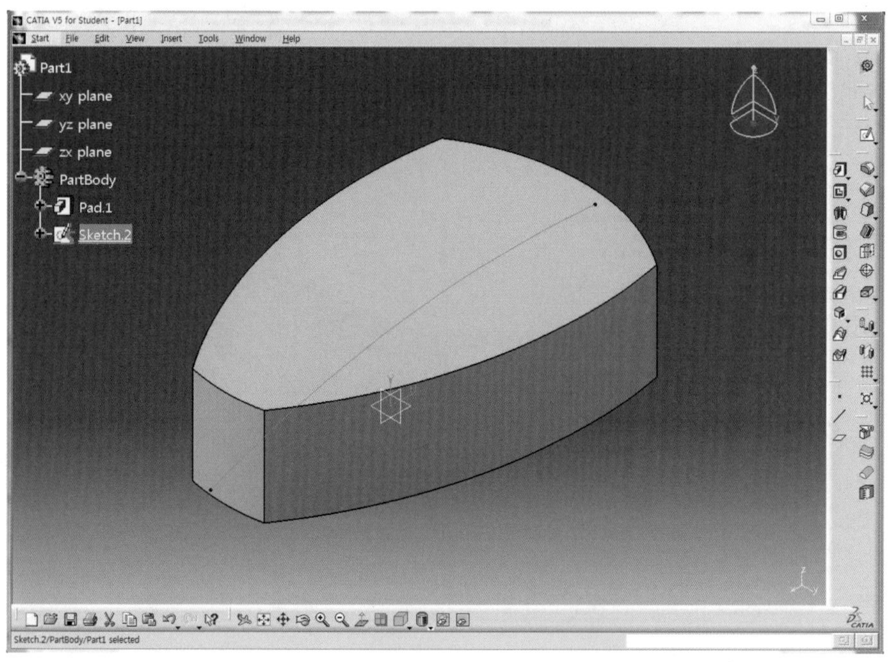

22 Part Design 아이콘 을 클릭한 후 Wireframe and Surface Design을 클릭하여 Surface Mode로 전환한다.(도구막대가 Surface를 생성시킬 수 있도록 바뀐 것을 확인할 수 있다.)

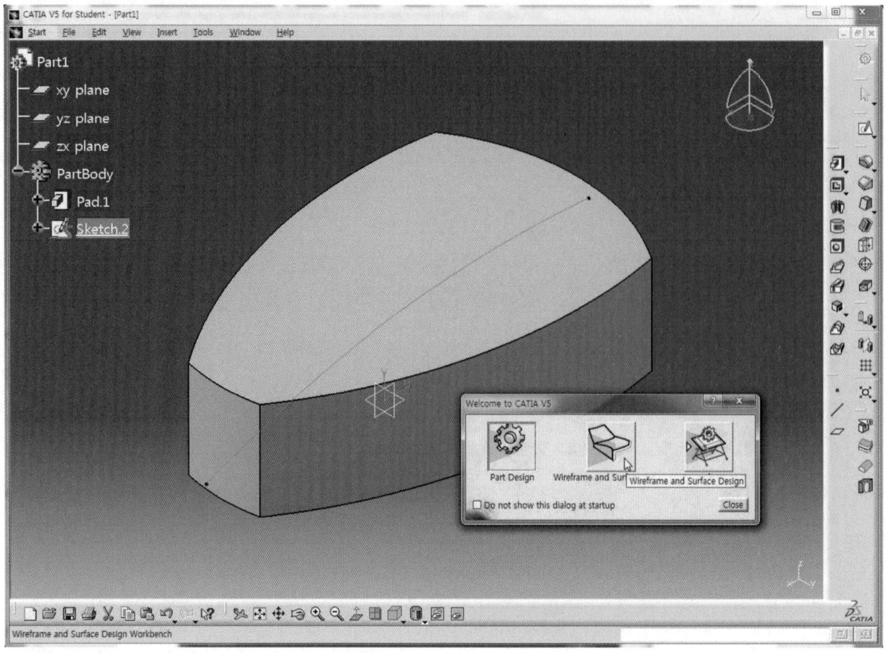

• 환경설정이 되지 않았다면 아래의 방법으로 Surface Mode로 전환한다.(Start－Mechanical Design－Wireframe and Surface Design 선택)

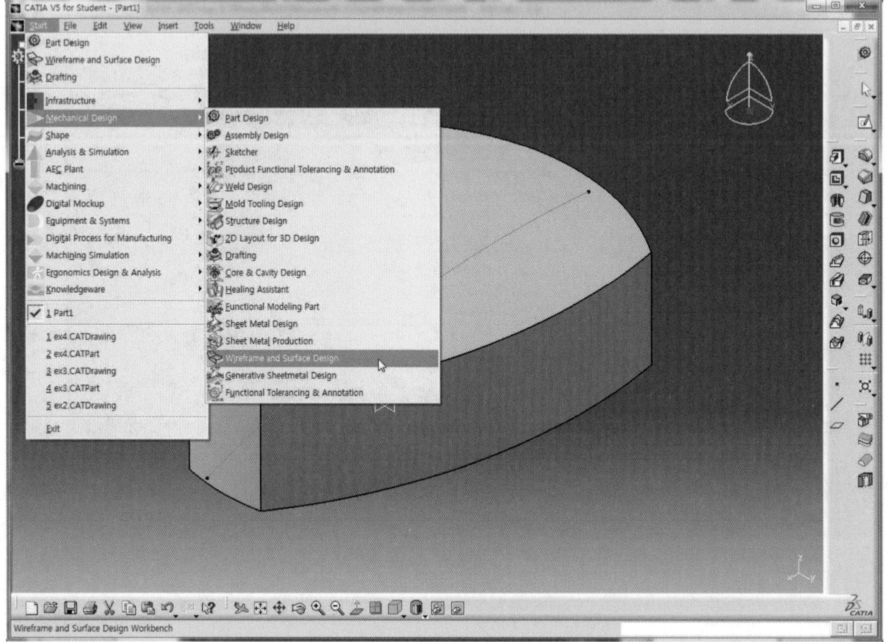

23 Arc를 선택한 상태에서 Surfaces 도구막대의 Extrude 아이콘 을 클릭한다.

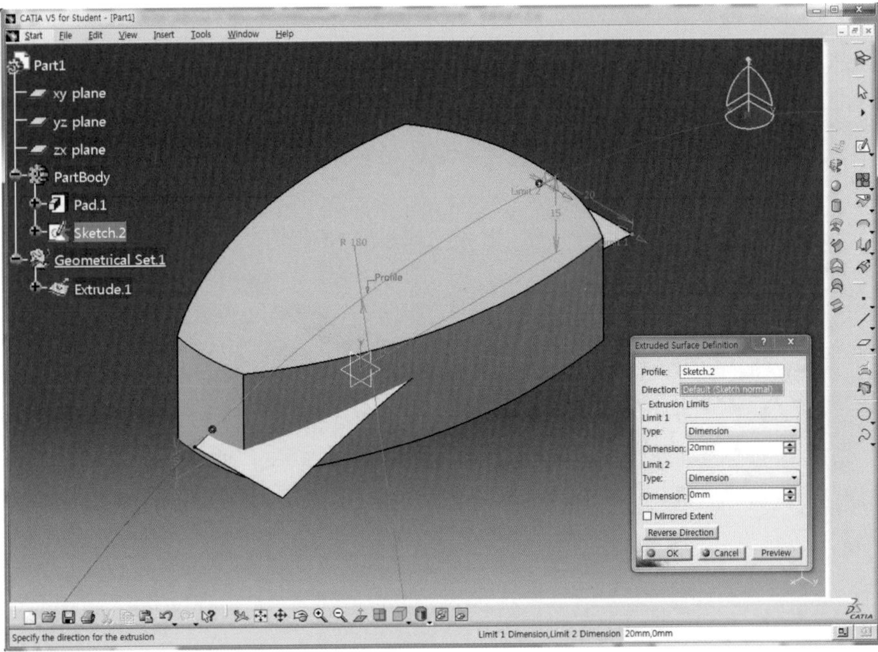

24 노란색 Surface 끝 부분에 Limit 1(1)과 Limit 2(2)가 보이는데, 각 부분의 화살표를 마우스로 드래그 하여 Solid를 감싸도록 한다.

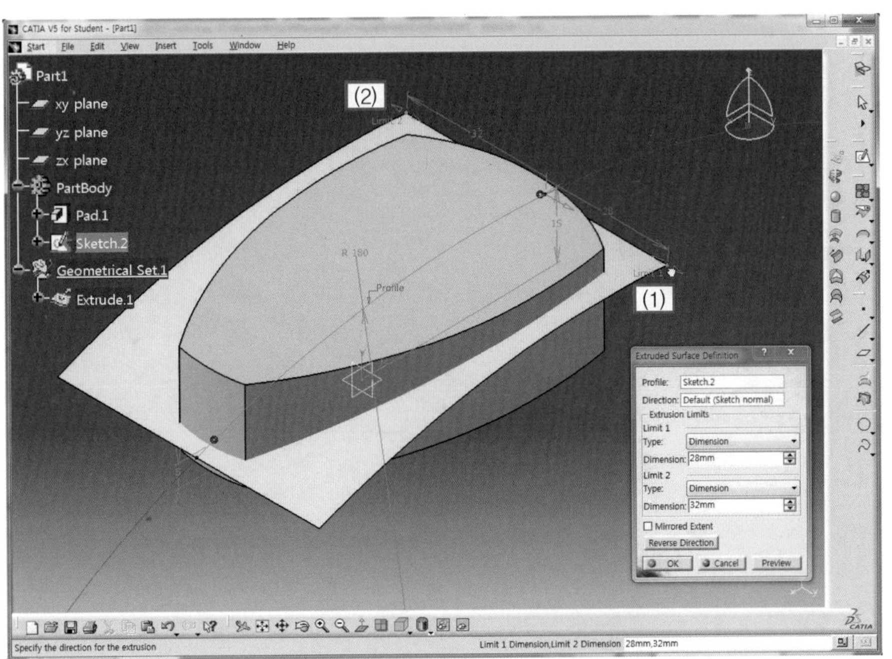

25 OK 버튼을 클릭하면 Surface가 생성된다.

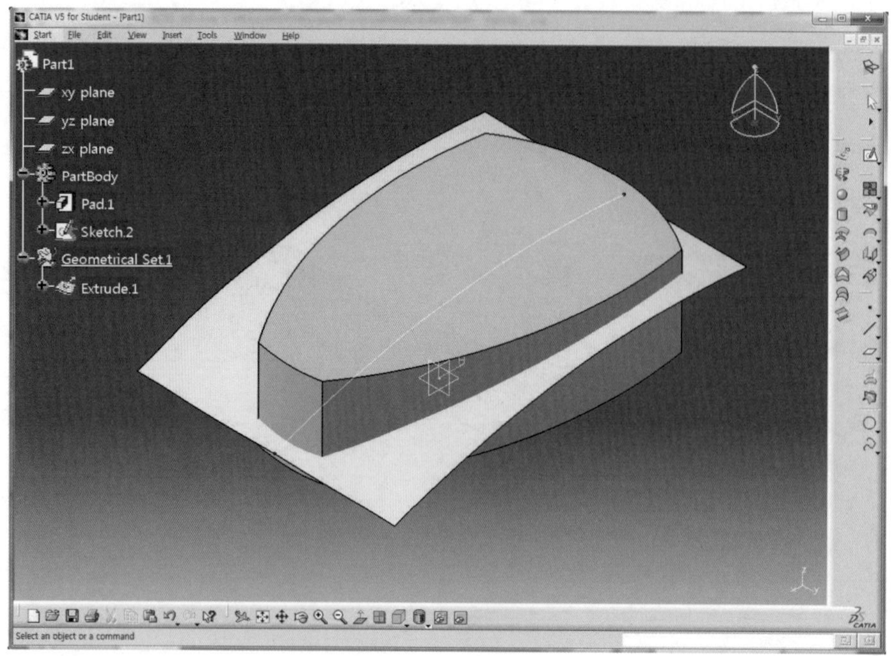

26 Wireframe and Surface Design 아이콘을 클릭한 후 Part Design 아이콘을 선택하여 Solid Mode로 전환한다.

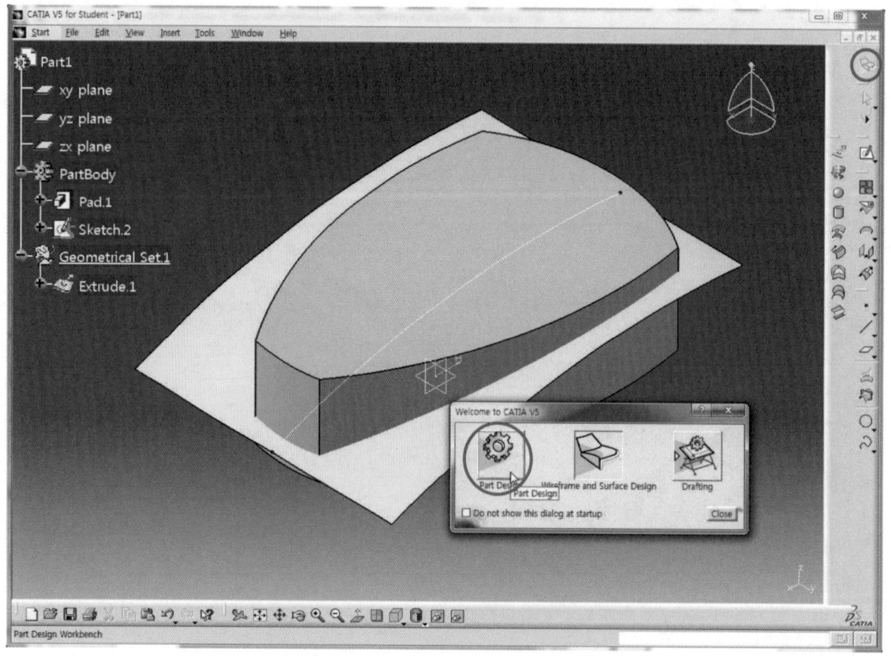

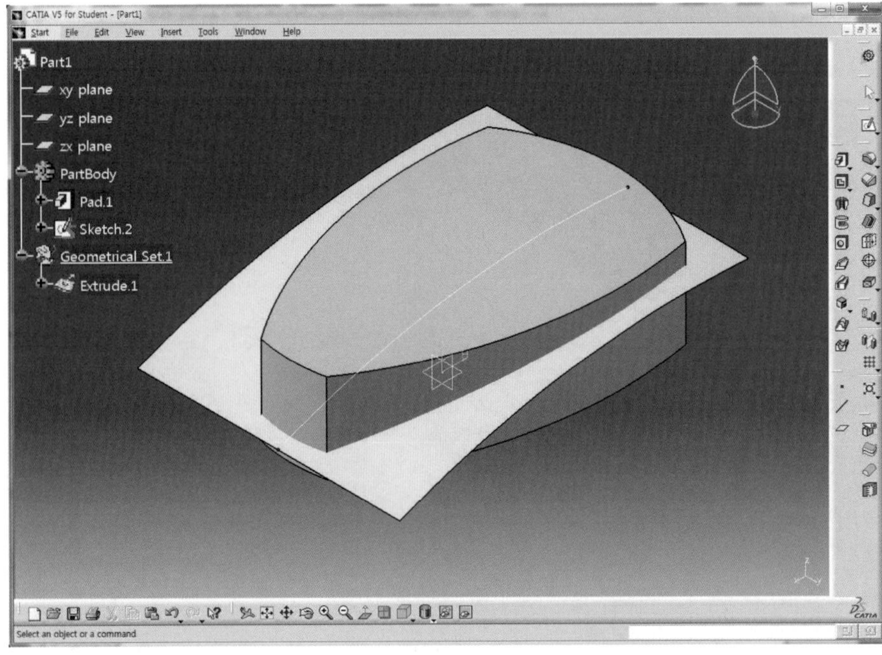

27 Surface - Based Features 도구막대의 Split 아이콘 을 클릭한 후 Surface를 선택한다.

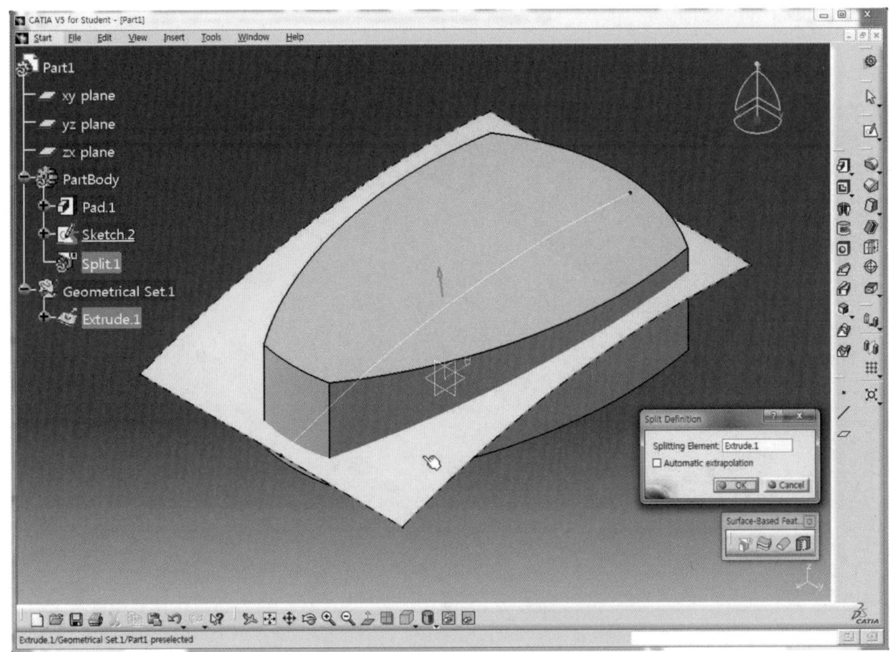

28 화살표 방향이 남길 영역이므로 화살표를 클릭하여 아래로 향하도록 전환한다.

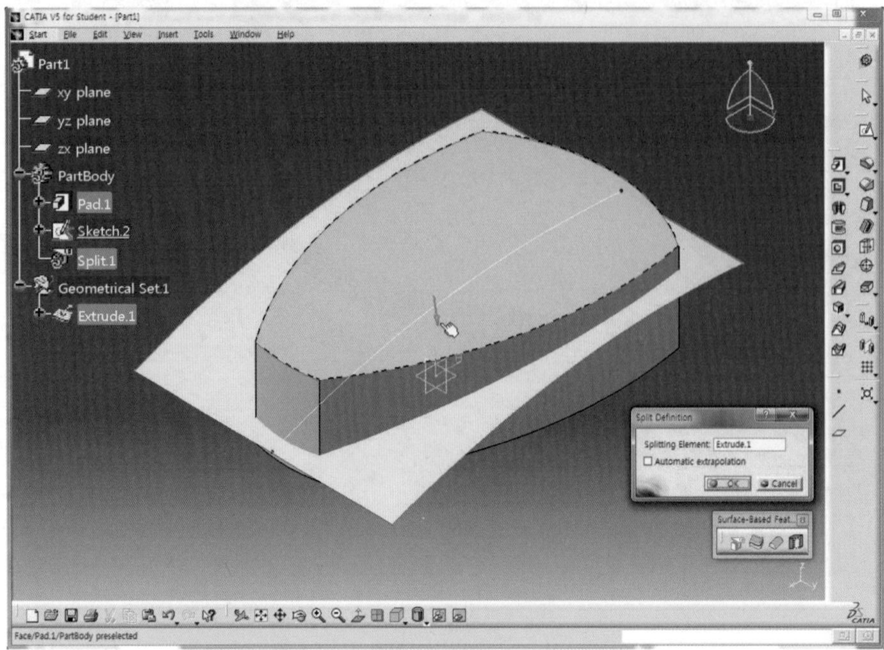

29 OK 버튼을 클릭하면 Surface 윗부분이 제거된다.

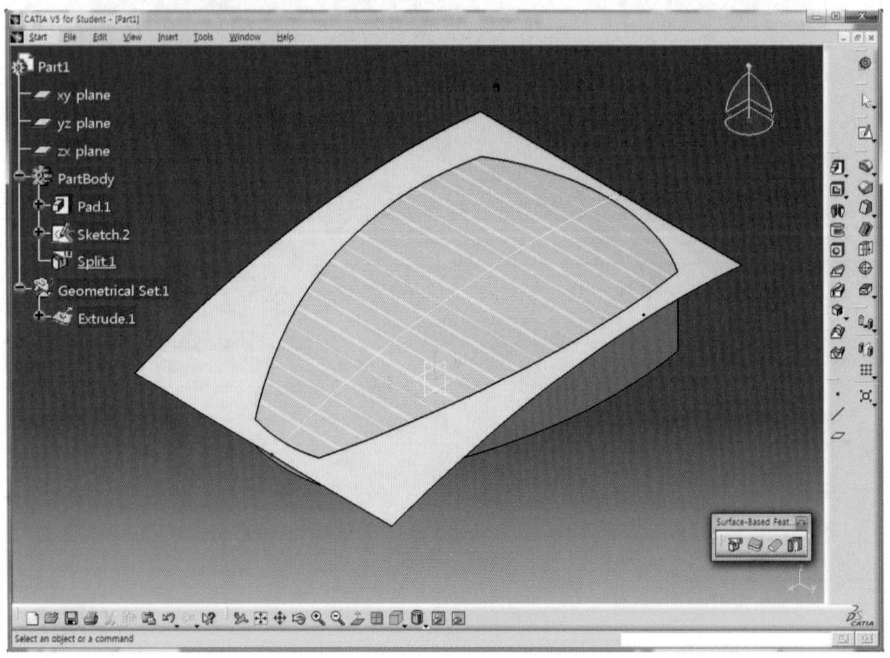

30 Ctrl 버튼을 누른 상태에서 Tree 영역에서 Sketch와 Extrude를 선택한 후 마우스 오른쪽 버튼을 클릭하여 Hide/Show를 선택하여 감추기 한다.

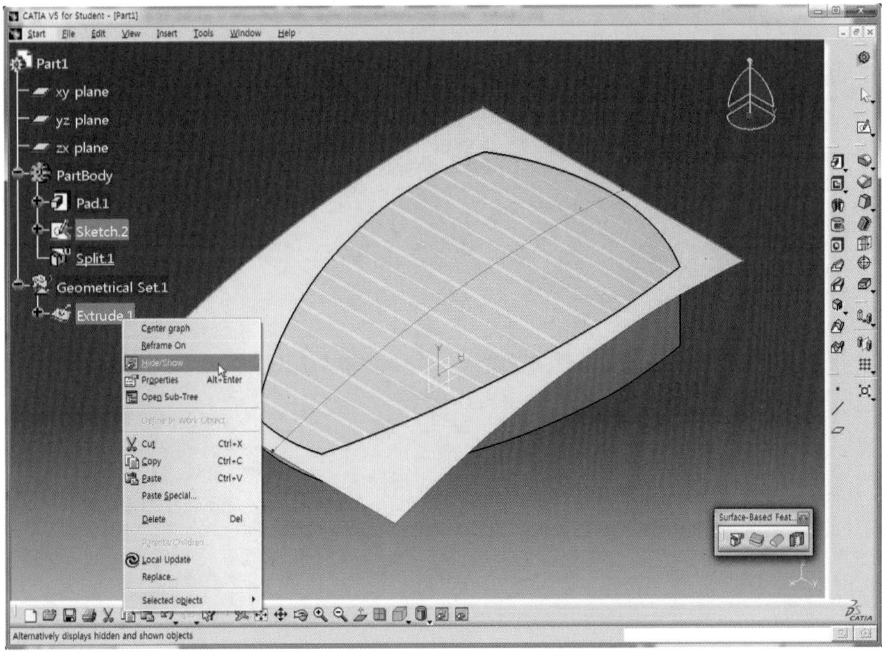

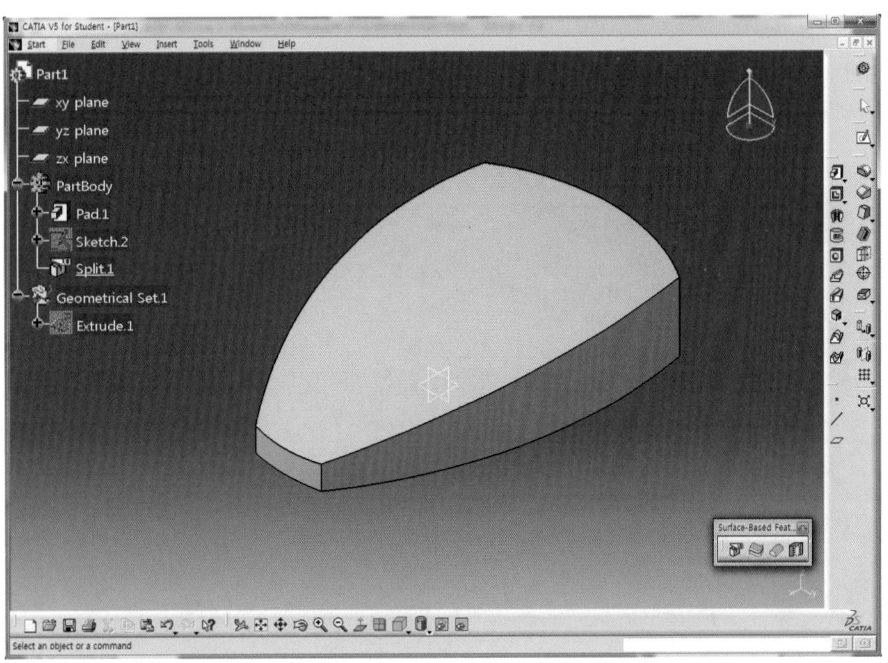

31 Sketch 아이콘 을 클릭하고 zx plane을 선택하여 Sketch Mode로 전환한다.

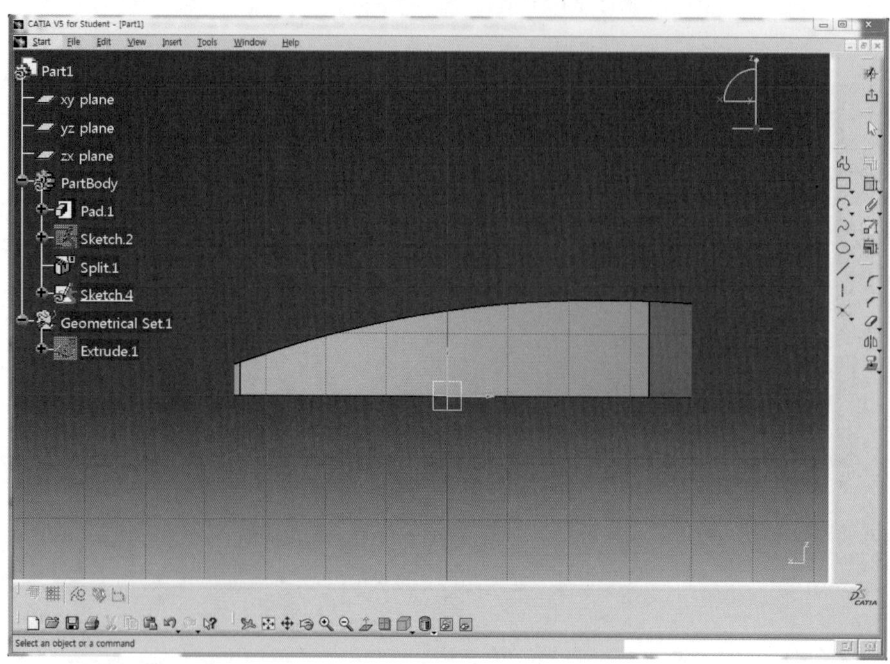

32 Profile 아이콘 을 클릭한 후 아래와 같이 Sketch한다.

33 Constraint 아이콘 을 더블클릭하여 치수를 적용하고 각 치수를 더블클릭하여 정확한 치수(L20, L15, L10, L0, R80, R10)를 적용시킨다.

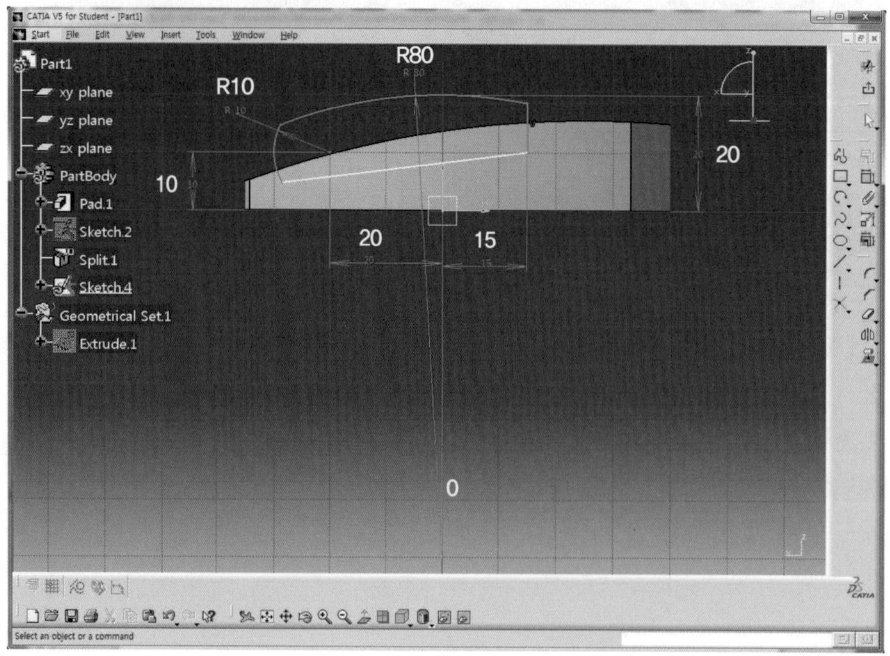

34 Exit workbench 아이콘 을 클릭하여 3D Mode로 전환한다.

35 Pad 아이콘 을 클릭한 후 Length 영역을 클릭하여 5mm를 입력한 후 Mirrored extent를 체크한다.

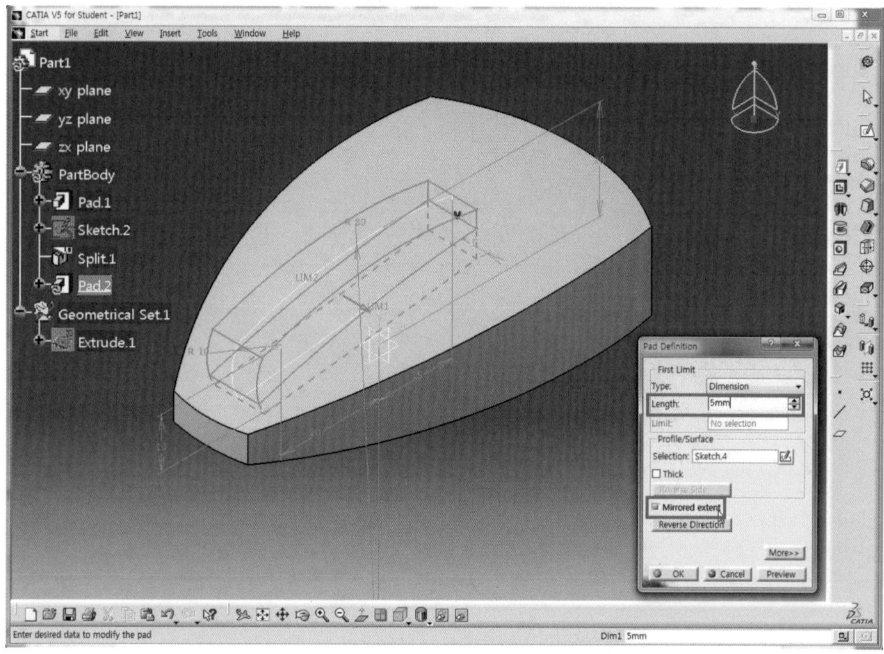

36 Preview 버튼을 클릭하여 미리보기 한 후 OK 버튼을 클릭한다.

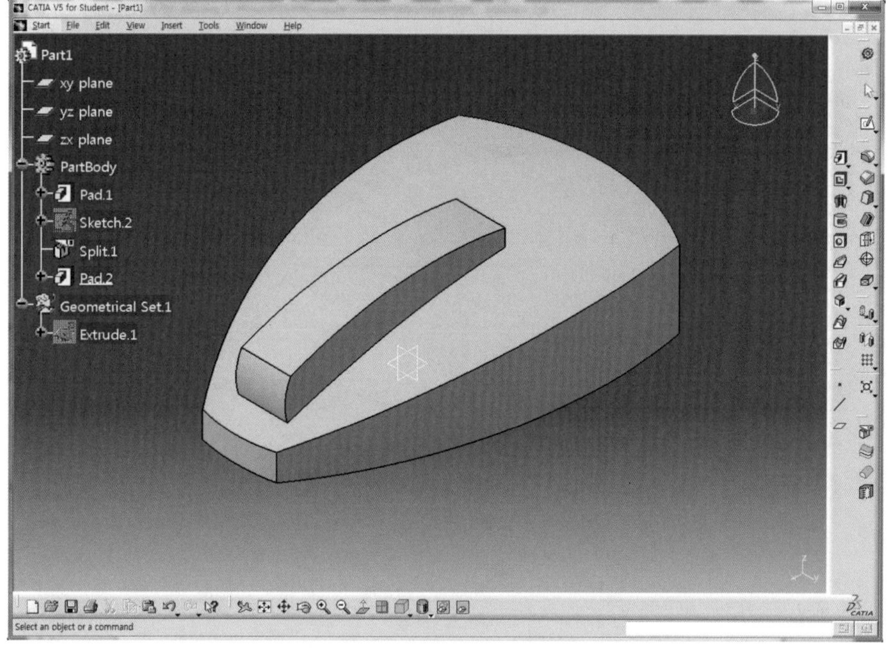

37 Sketch 아이콘 을 클릭하고 yz plane을 선택하여 Sketch Mode로 전환한다.

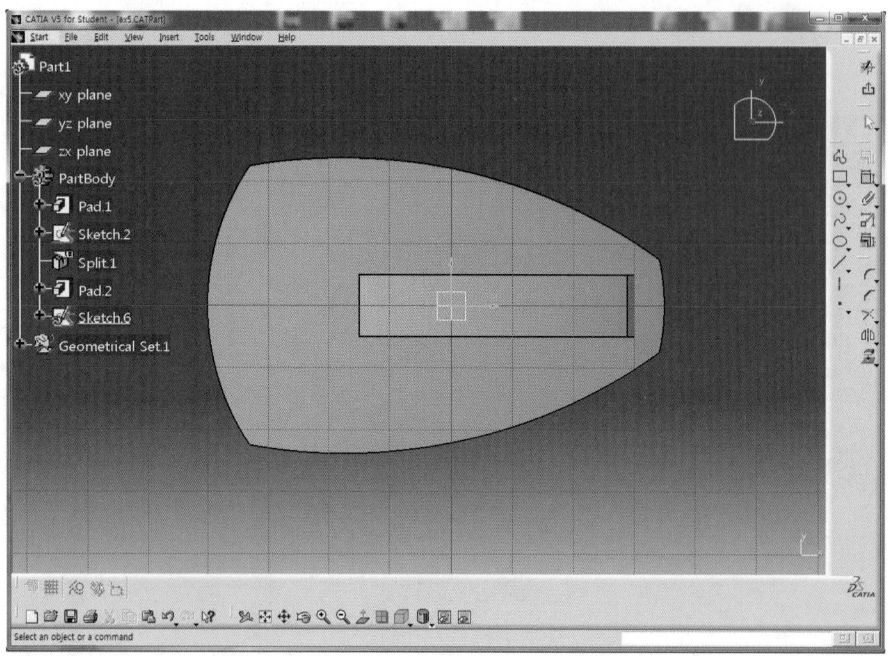

38 Circle 아이콘 을 클릭하여 원을 Sketch한다.

39 Circle을 선택한 상태에서 Mirror 아이콘 을 클릭하고 대칭축으로 H 축을 선택하여 대칭 복사한다.

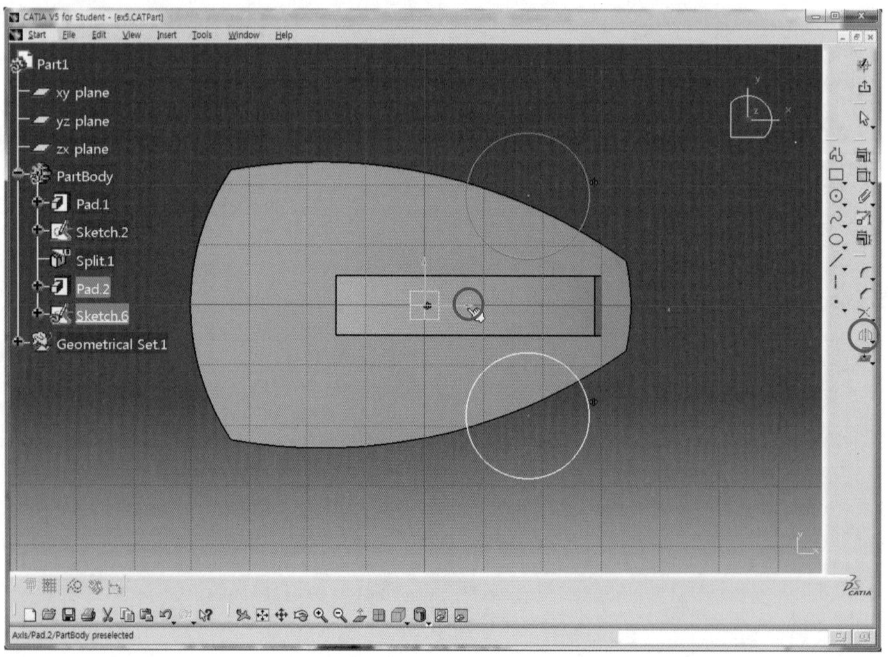

40 Constraint 아이콘 을 더블클릭하고 Circle의 중심 (1)과 Solid의 모서리 (2)를 차례로 선택한 후 마우스 오른쪽 버튼을 클릭하여 Coincidence를 선택하여 일치시킨다.

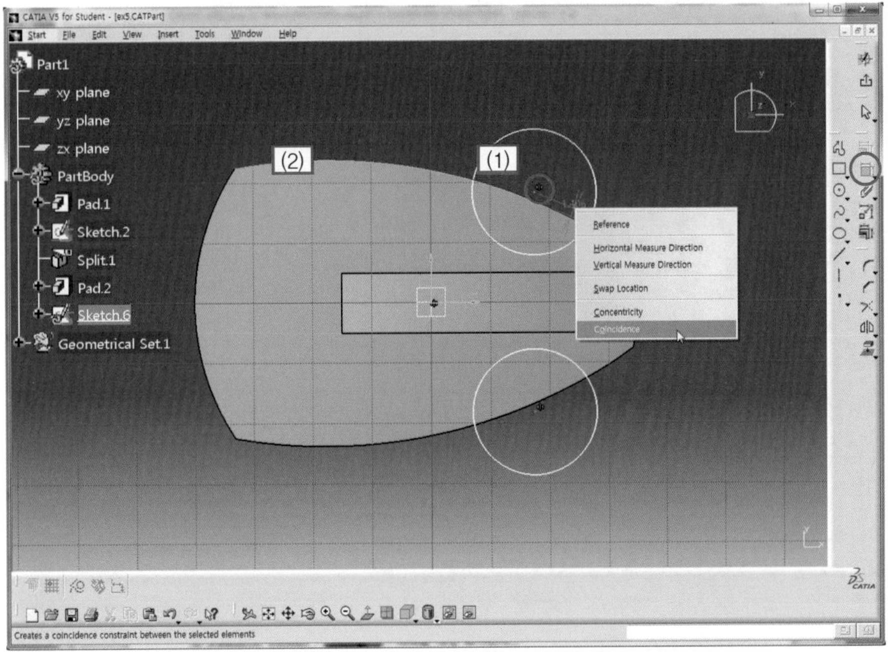

41 나머지 요소의 치수를 구속시키고 각 치수를 더블클릭하여 정확한 치수(L15, D20)를 적용한다.

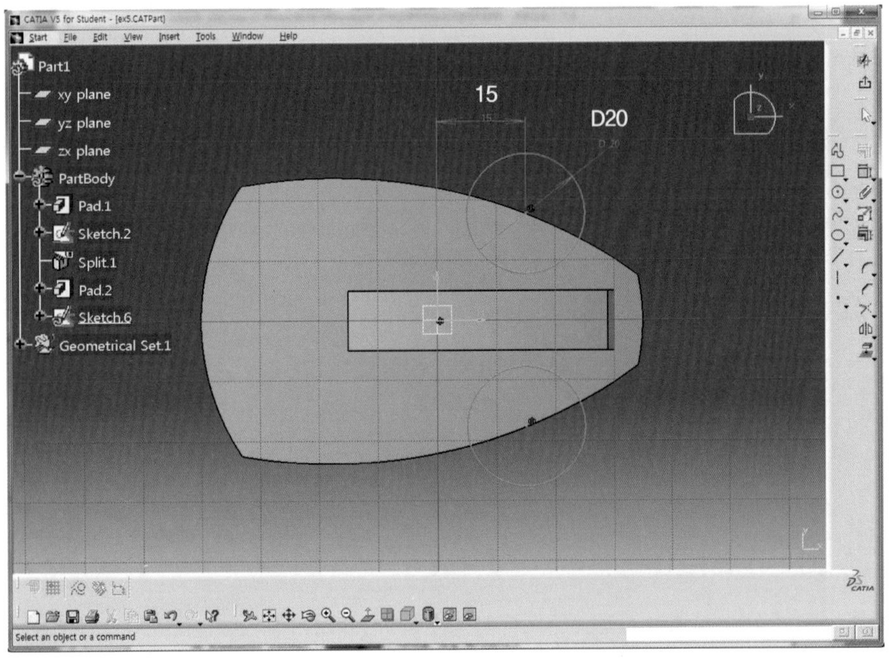

42 Exit workbench 아이콘 을 클릭하여 3D Mode로 전환한다.

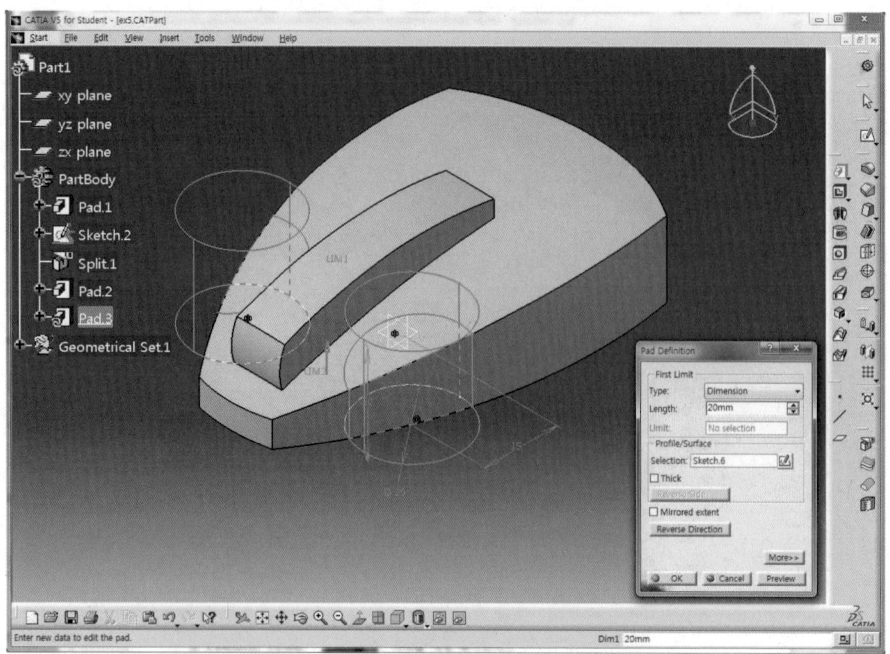

43 Pad 아이콘 을 클릭한 후 Length 영역을 클릭하여 6mm를 입력하고 Preview 버튼을 클릭하여 미리보기 한다.

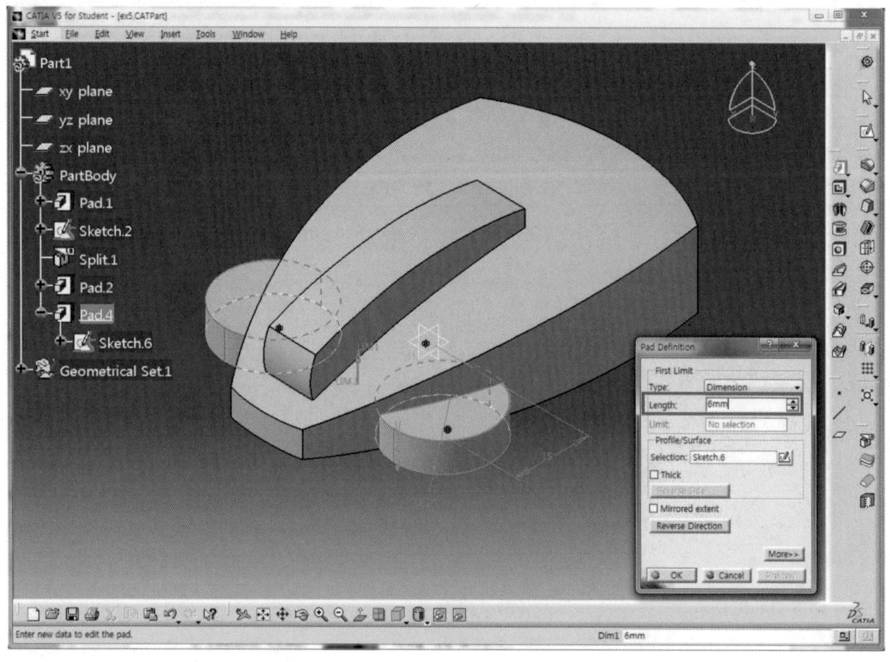

44 OK 버튼을 클릭하여 모델을 완성한다.

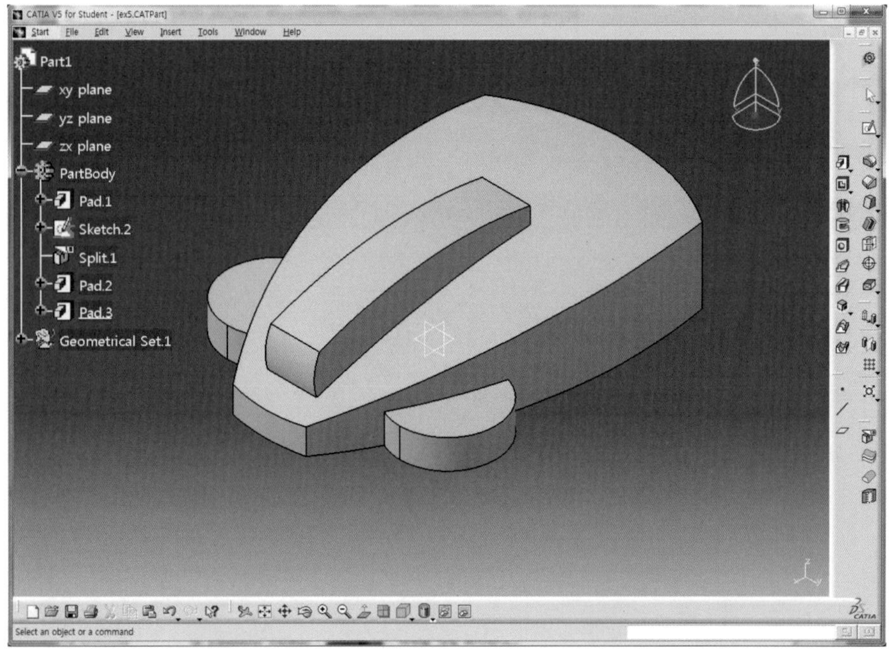

06 기본 Model (6)

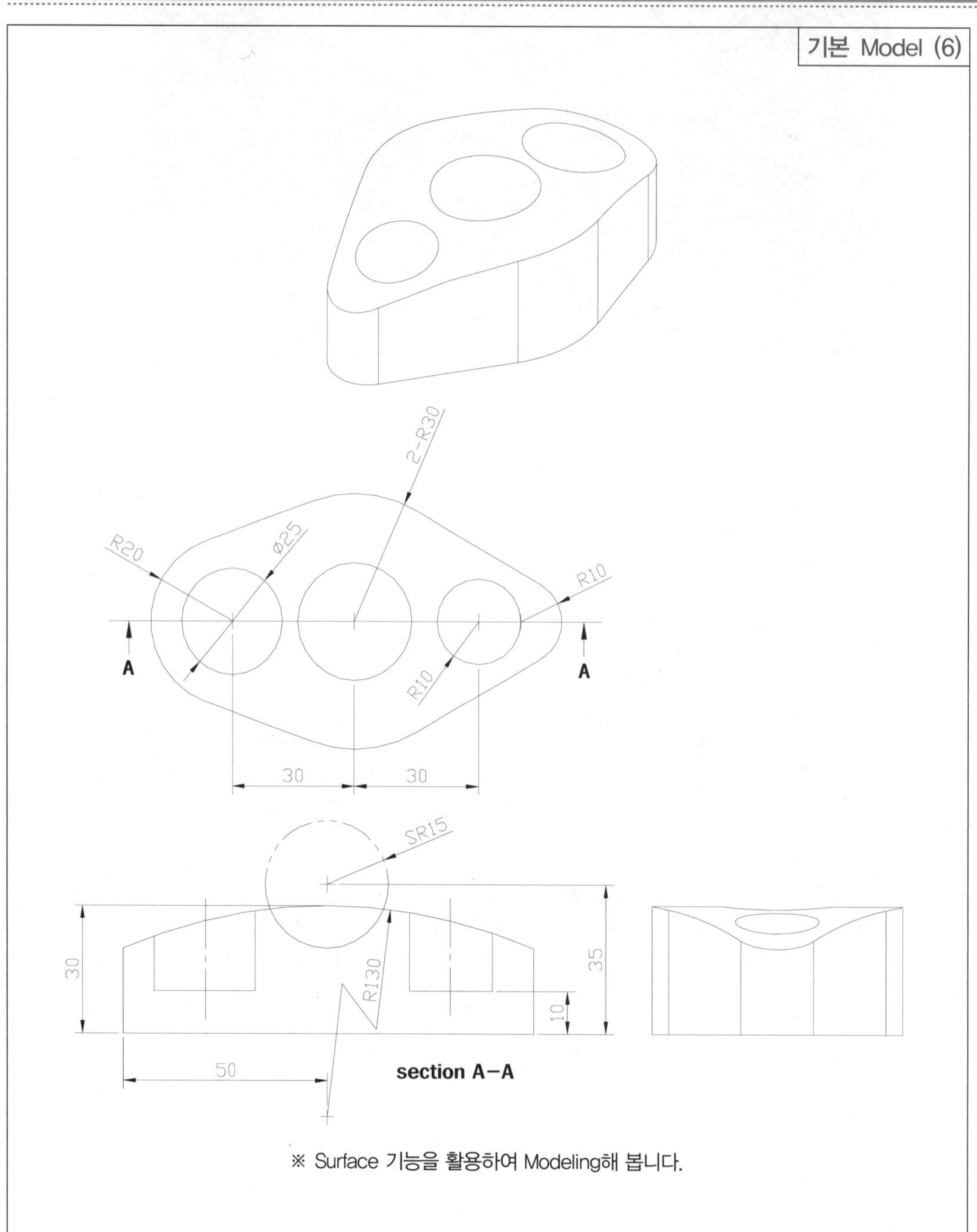

※ Surface 기능을 활용하여 Modeling해 봅니다.

01 Part Design 아이콘 을 클릭한 후 Welcome to CATIA V5 대화상자에서 Wireframe and Surface Design 아이콘 을 클릭하여 Surface Mode로 전환한다.

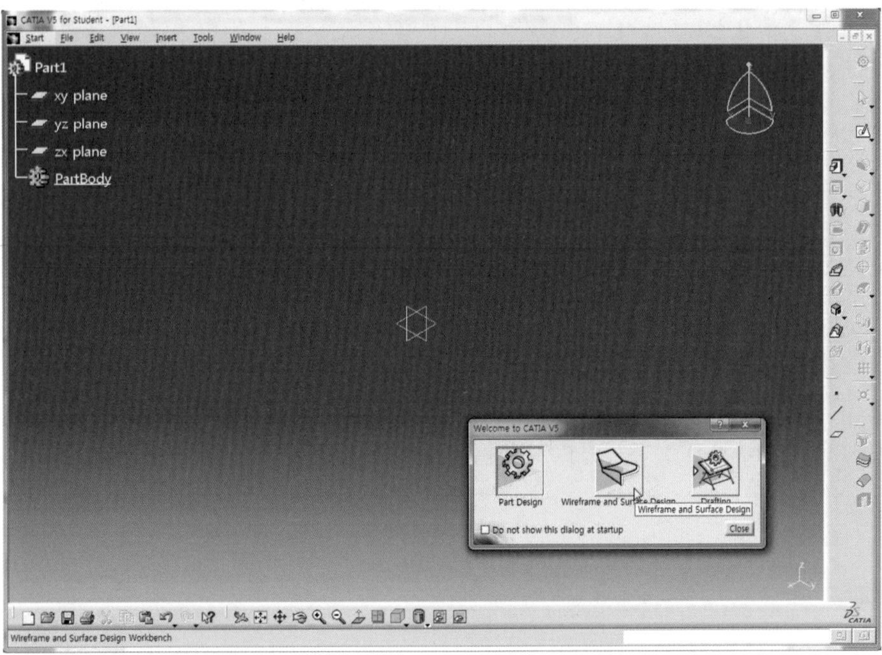

02 Sketch 아이콘 을 클릭하고 xy plane을 선택하여 Sketch Mode로 전환한다.

03 Circle 아이콘 을 더블클릭하고 중심점이 H 축 위에 위치하도록 3개의 원을 Sketch한다.

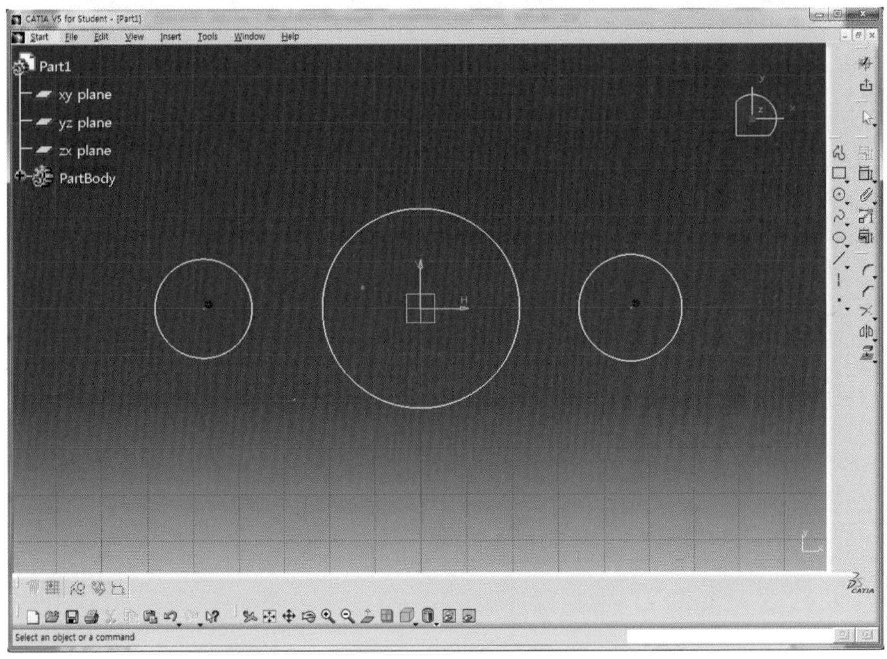

04 Bi−Tangent Line 아이콘 을 더블클릭하여 각각의 원을 선택하여 4개의 접선을 생성한다.

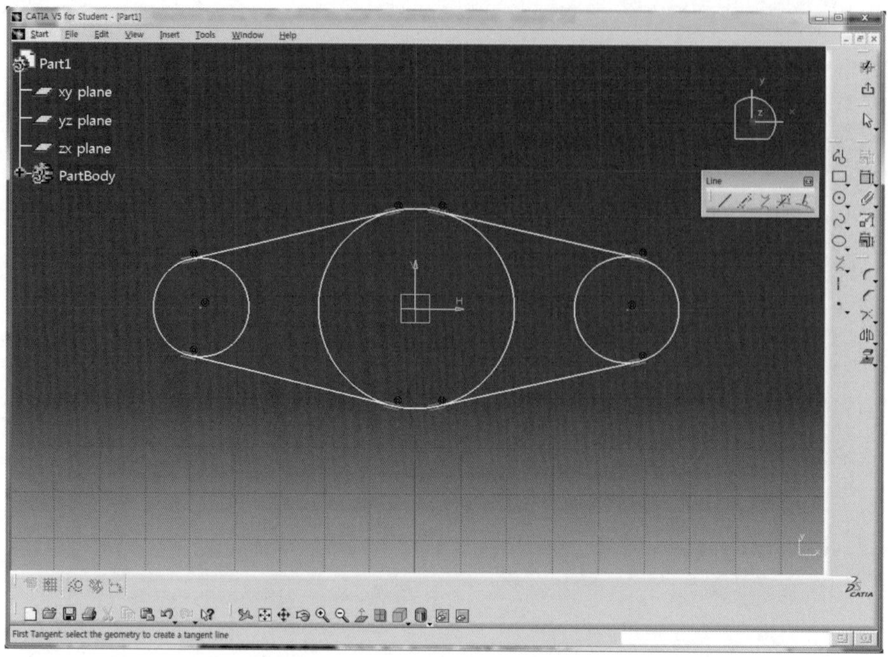

05 Quick Trim 아이콘 을 더블클릭하여 Circle의 안쪽 영역을 선택한 후 외곽선만 남기고 삭제한다.

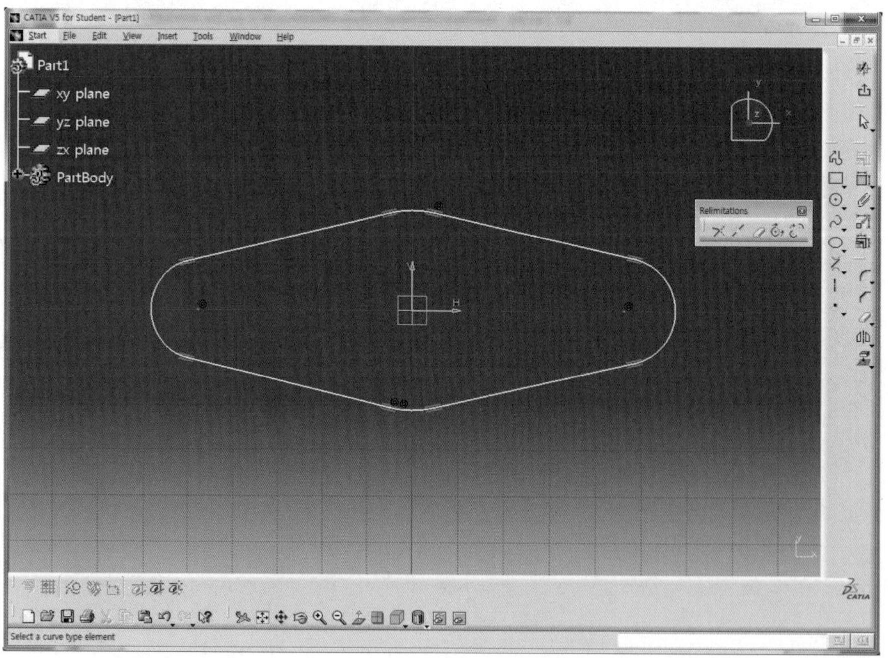

06 Constraint 아이콘을 더블클릭한 후 치수를 구속시키고 각각의 치수를 더블클릭하여 정확한 치수(L40, L30, R30, R20, R10)를 적용한다.

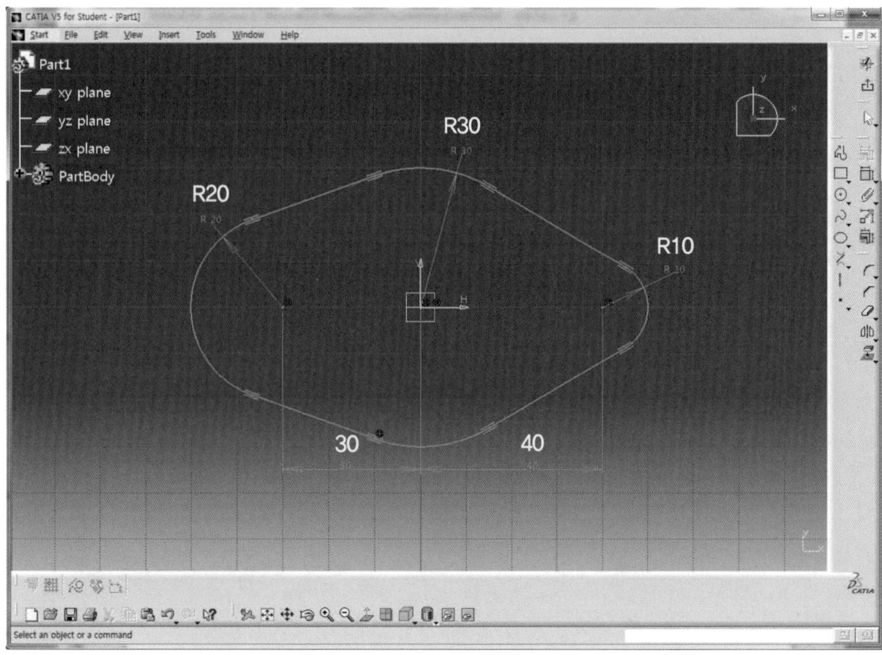

07 Exit Workbench 아이콘을 클릭하여 3D Mode로 전환한다.

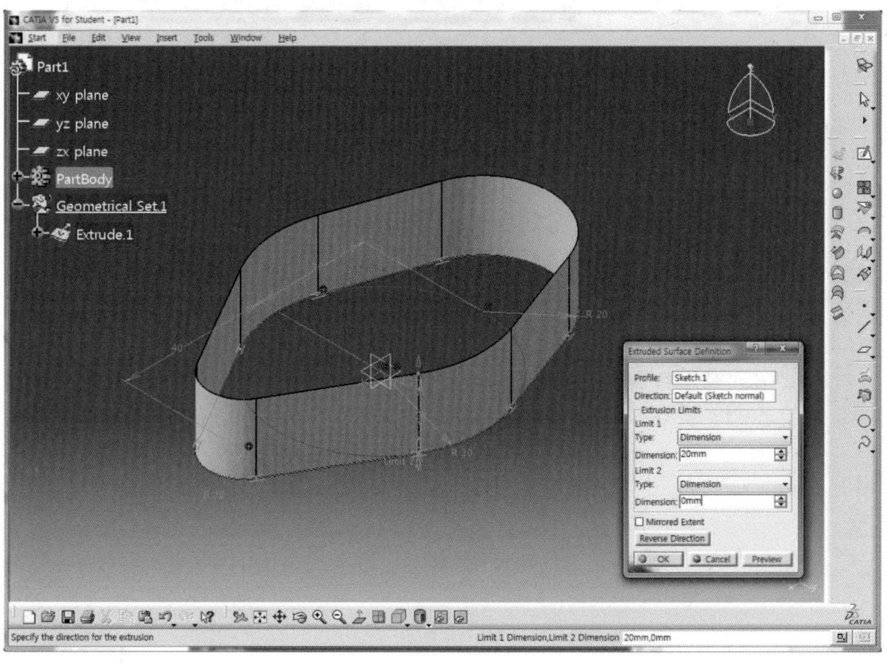

08 Extrude 아이콘 을 클릭한 후 Limit 1의 Dimension에 40mm를 입력하고 OK 버튼을 클릭하여 Surface를 생성한다.

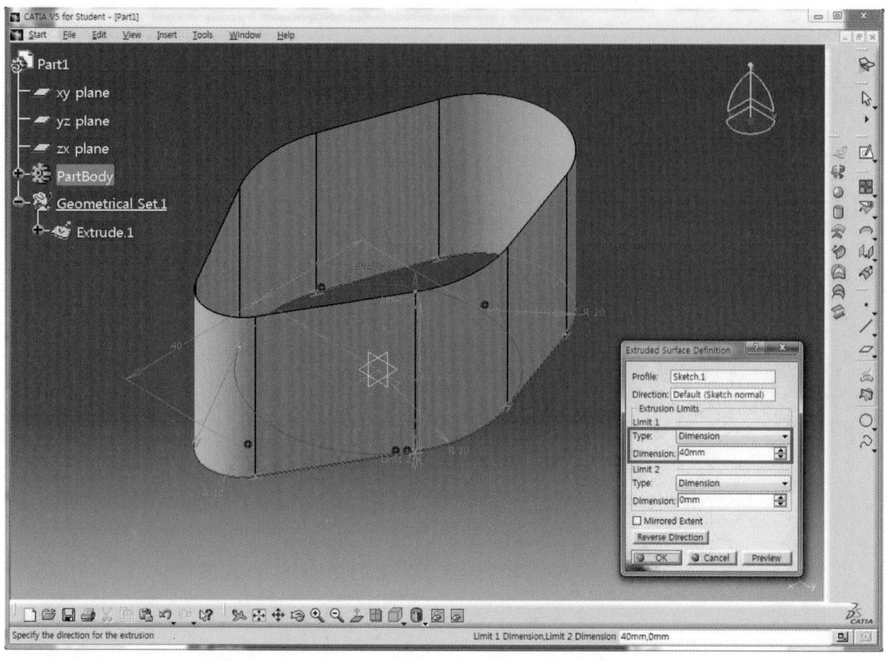

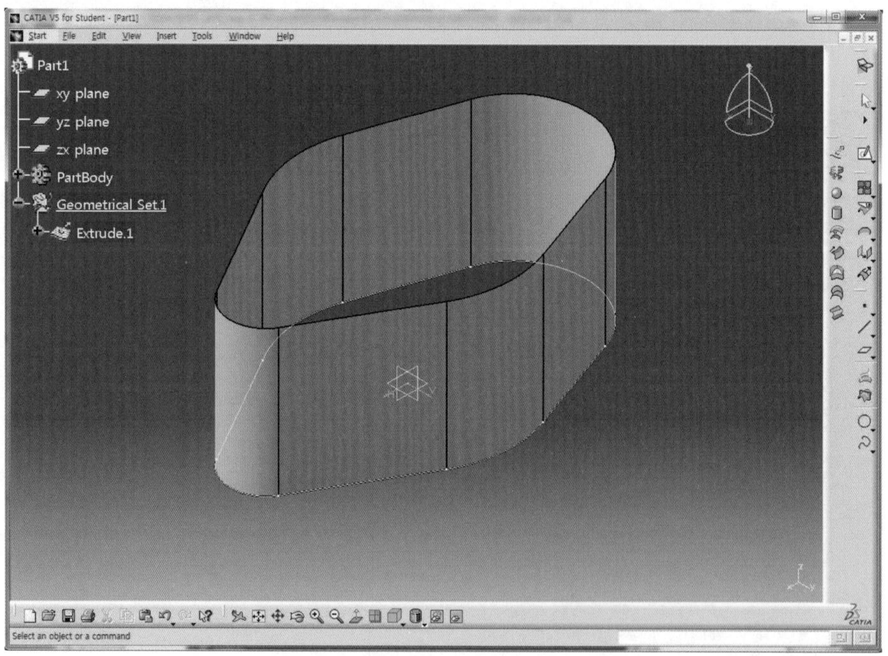

09 Sketch 아이콘 을 클릭하고 zx plane을 선택하여 Sketch Mode로 전환한다.

10 View 도구막대의 Zoom Out 아이콘 을 몇 번 클릭하여 화면을 적당한 크기로 축소시킨다.

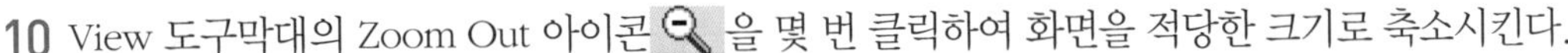

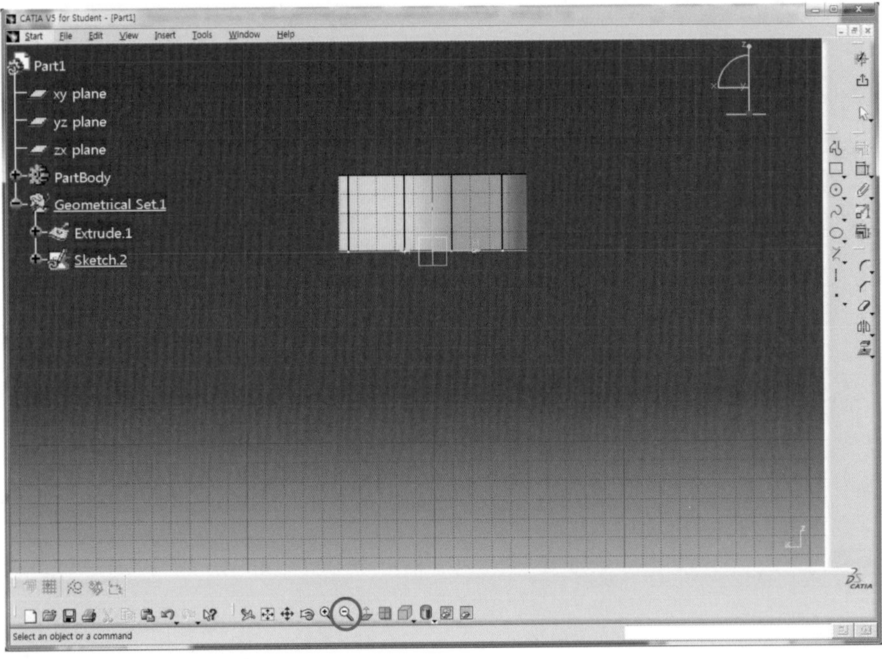

11 Arc 아이콘 을 클릭한 후 호의 중심점이 V축 위에 위치하고 앞 단계에서 생성된 Surface를 감싸도록 Sketch한다.

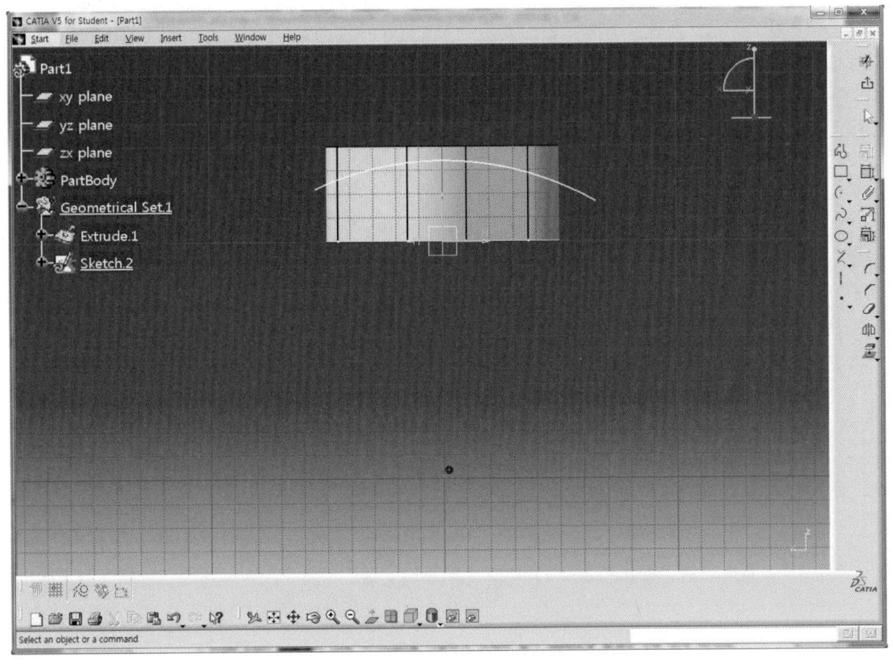

12 Constraint 아이콘을 더블클릭한 후 치수를 구속시킨다.

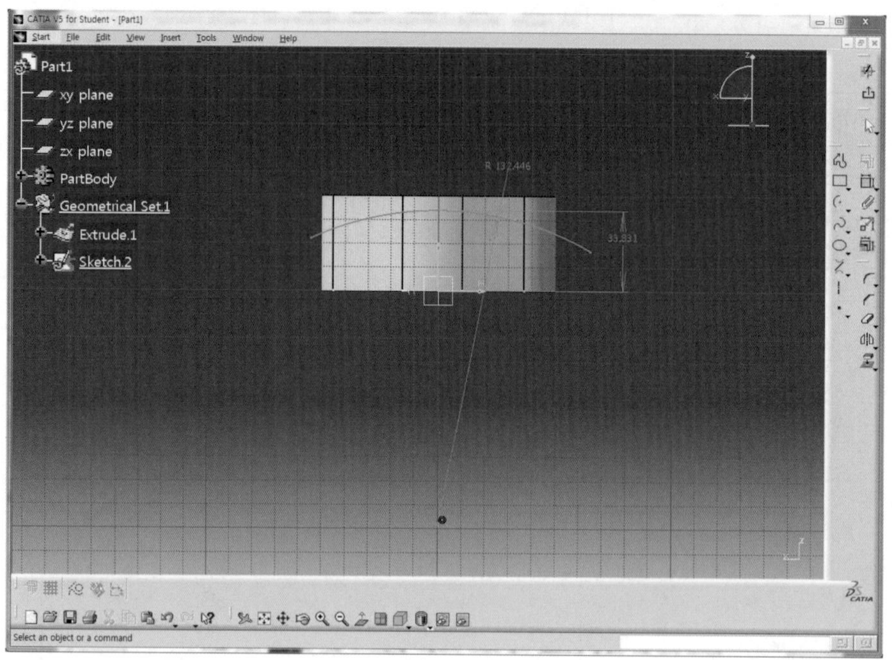

13 View 도구막대의 Zoom In 아이콘 을 몇 번 클릭하여 화면을 적당한 크기로 확대시킨다.

14 각 치수를 더블클릭하여 정확한 치수(L30, R130)를 적용한다.

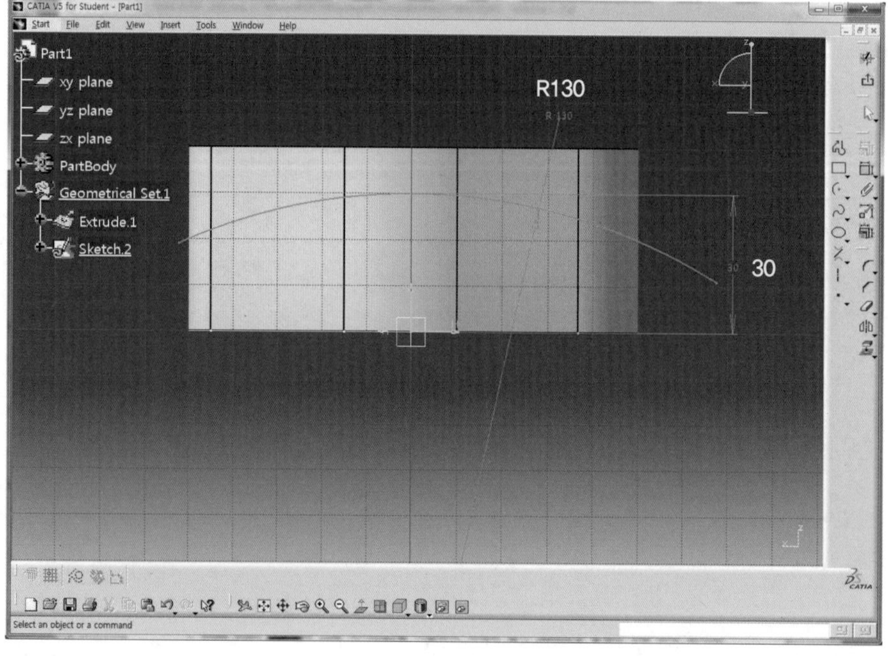

15 치수를 수정했을 때 치수가 비교적 크게 변경되면 Arc의 끝 위치가 좌우로 많이 변경이 발생하는 경우가 있는데, 이때는 Arc의 양쪽 끝 부분을 드래그하여 Surface를 감쌀 정도로 조정한다.

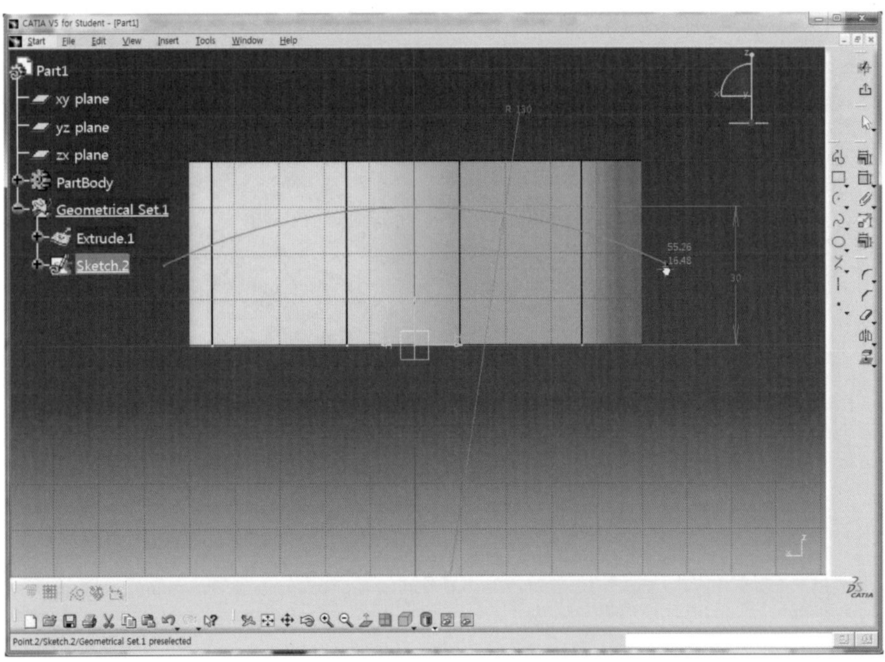

16 Exit Workbench 아이콘 을 클릭하여 3D Mode로 전환한다.

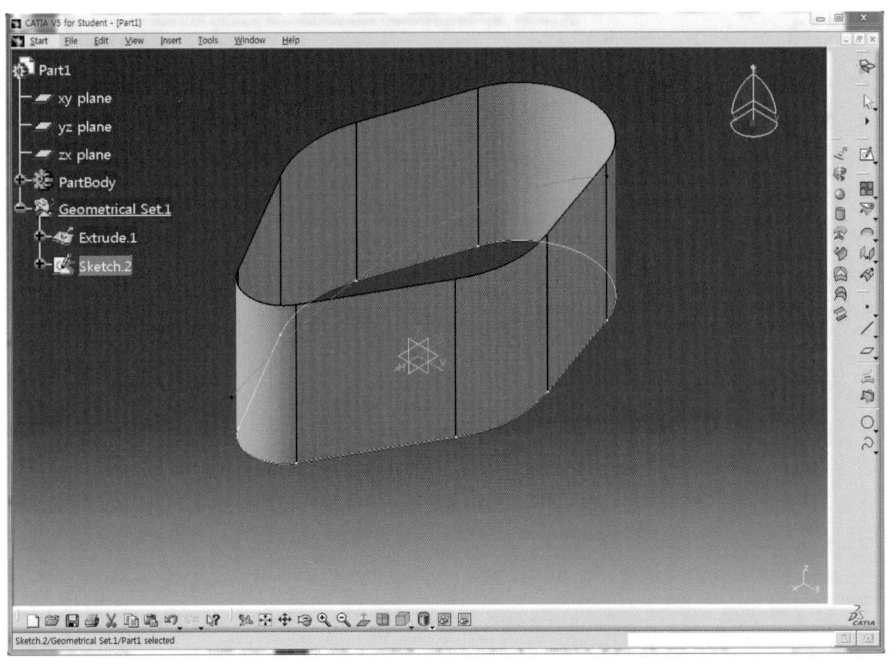

17 Extrude 아이콘 을 클릭한다.

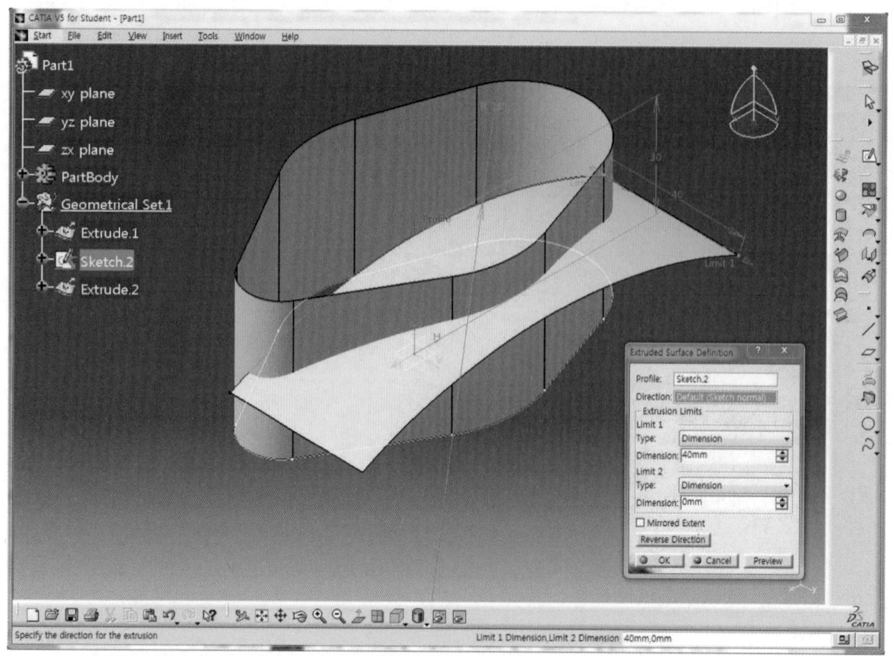

18 Surface의 양쪽 모서리의 Limit 1(1)과 Limit 2(2) 화살표를 드래그하여 수직한 Surface를 감싸도록 한다.(Extruded Surface Definition 대화상자의 Dimension 영역의 치수가 변한 것을 확인할 수 있다.)

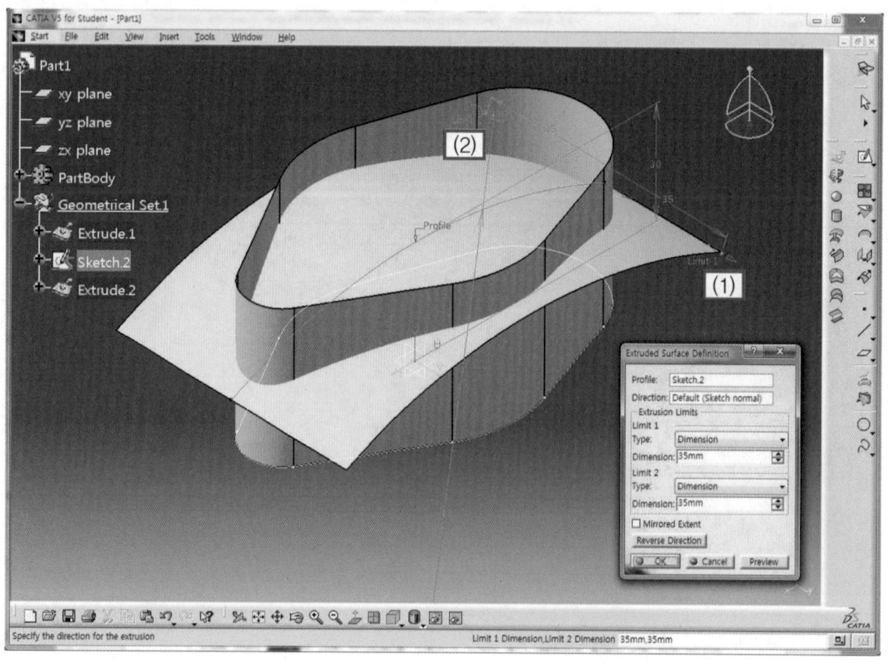

19 OK 버튼을 클릭하여 Surface를 생성한다.

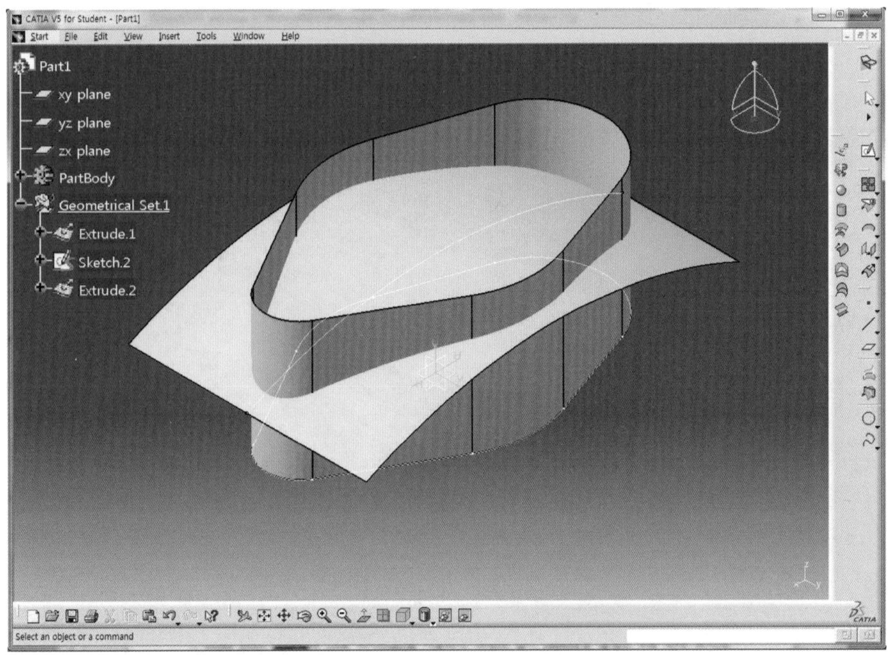

20 Tree에서 Surface를 생성하기 위해 작성했던 Sketch를 Ctrl 버튼을 누른 상태에서 각각 선택한다.

21 마우스 오른쪽 버튼을 클릭하여 Hide/Show를 선택하여 감추기 한다.

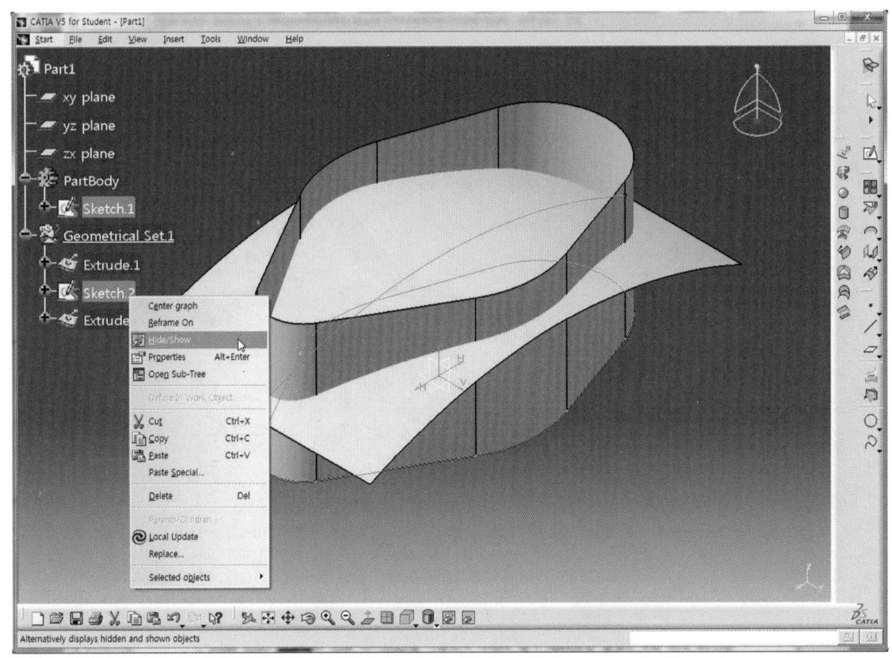

22 선택한 Sketch가 작업영역에서 보이지 않게 되며, Tree에서 해당 요소(Sketch)가 투명하게 변한 것을 볼 수 있다.(Surface Modeling 과정에서 Sketch한 후 모델을 완성하면 해당 Sketch를 숨겨 정리할 수 있어 화면이 깔끔하다.)

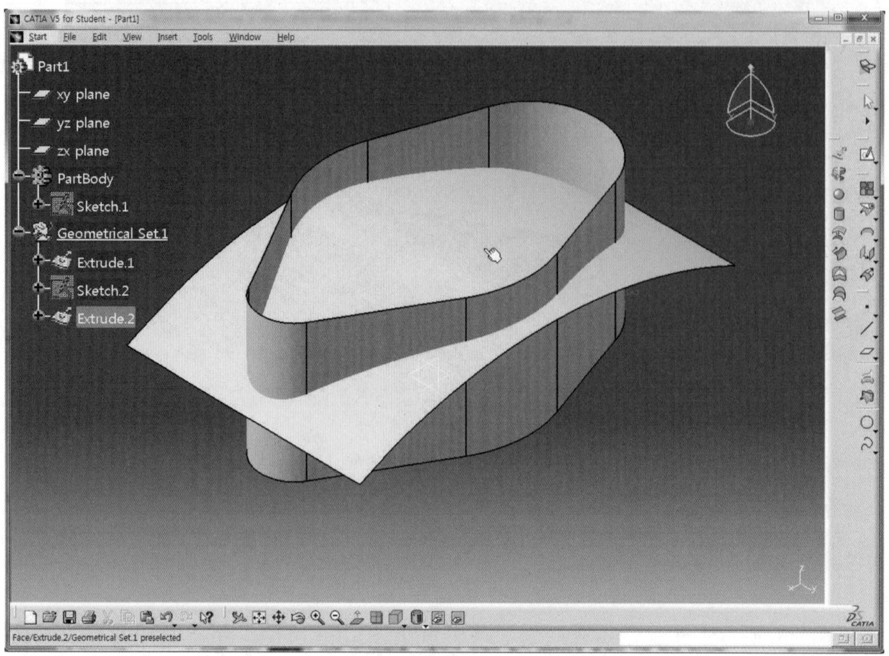

23 교차하는 Surface의 일부 영역을 삭제하기 위해서 Surfaces 도구막대의 Trim 아이콘 을 클릭한다.

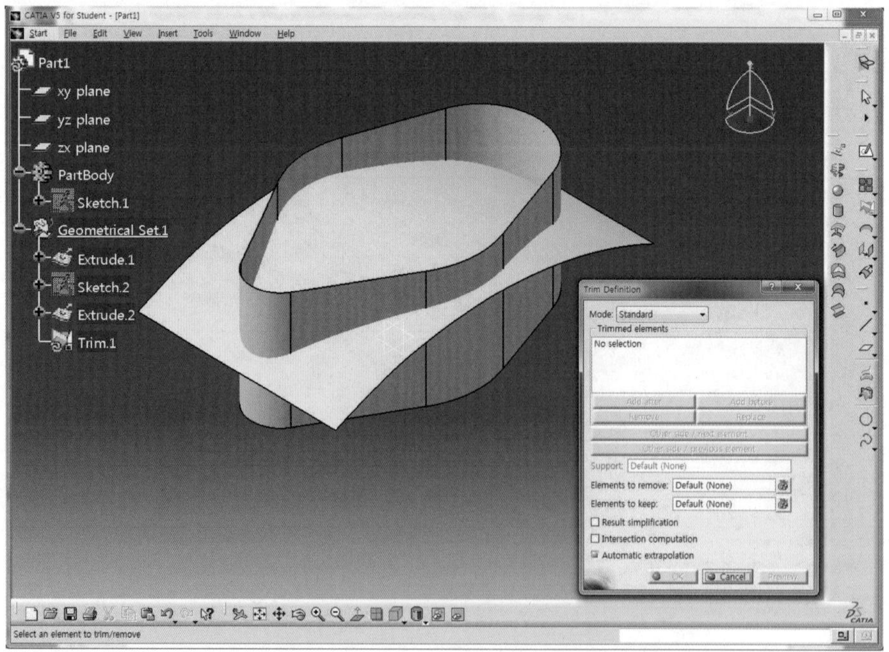

24 연속하여 두 개의 Surface를 선택한다.

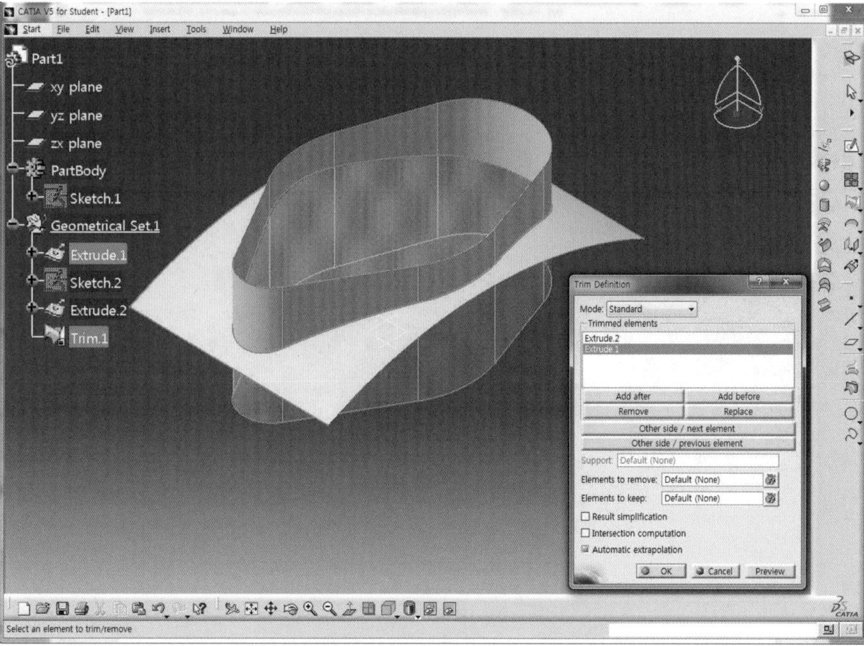

25 Surface가 교차하는 영역의 한쪽 방향씩 투명하게 변하는 것을 볼 수 있다.

26 투명한 부분이 삭제되는 영역이므로 삭제하고자 하는 영역이 투명하도록 Trim Definition 대화상자의 Other side / next element와 Other side / previous element 버튼을 각각 클릭하여 변경한다.

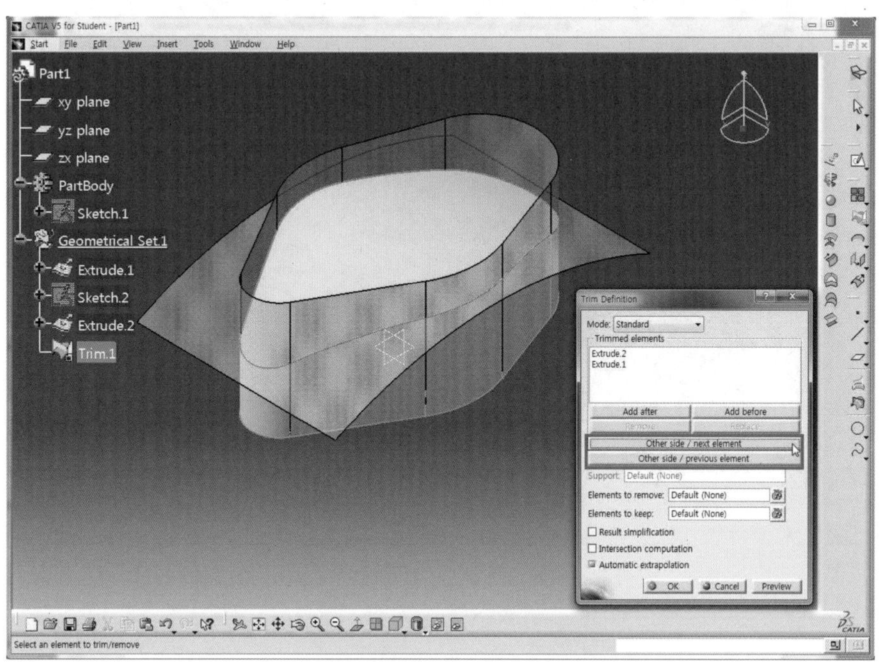

27 OK 버튼을 클릭하여 불필요한 Surface 부분을 제거한다.(Trim을 실행하면 서로 합해진다.)

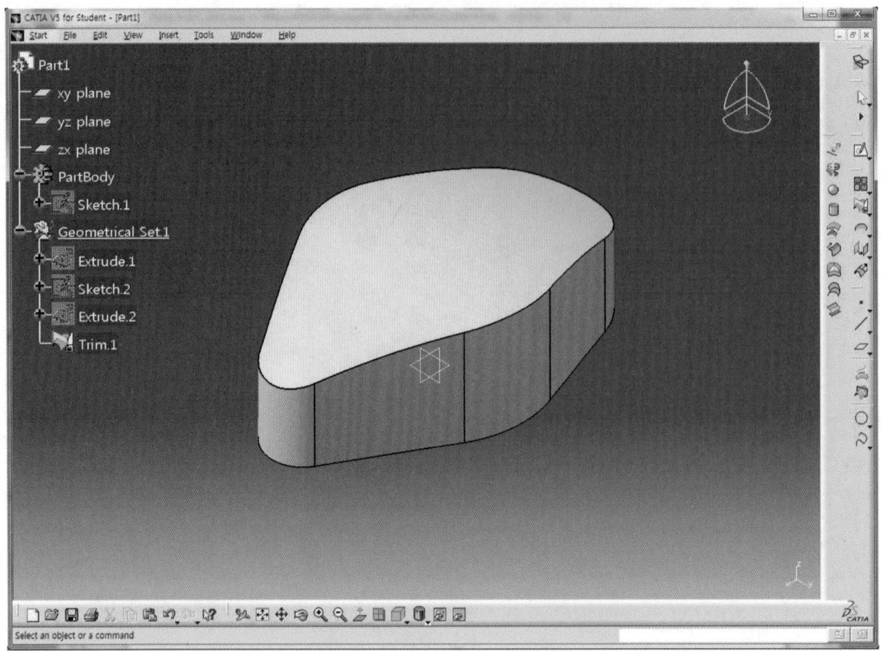

28 Sketch 아이콘 을 클릭하고 xy plane을 선택하여 Sketch Mode로 전환한다.

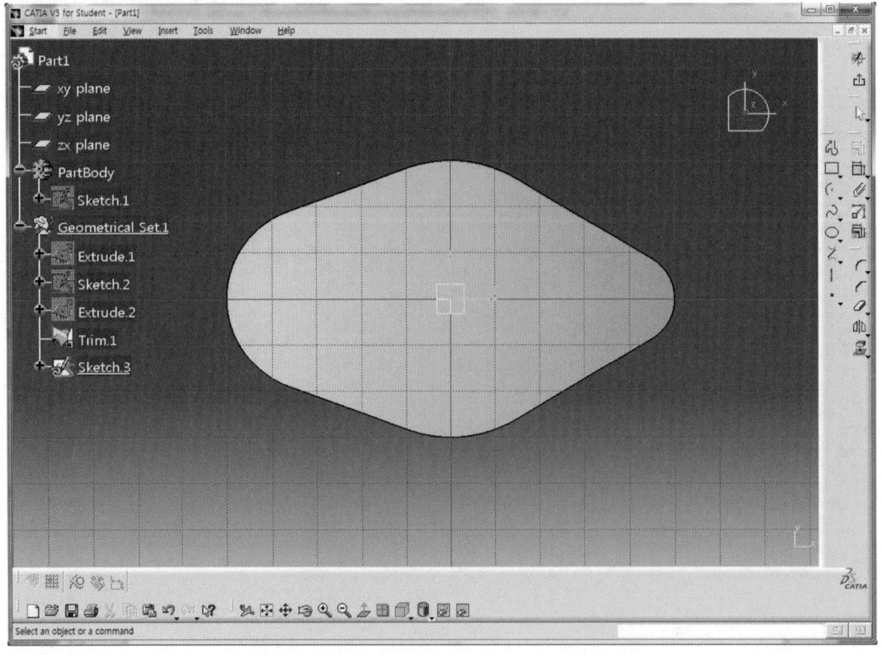

29 Circle 아이콘 을 클릭하여 중심이 H축 위에 위치하도록 Sketch한다.

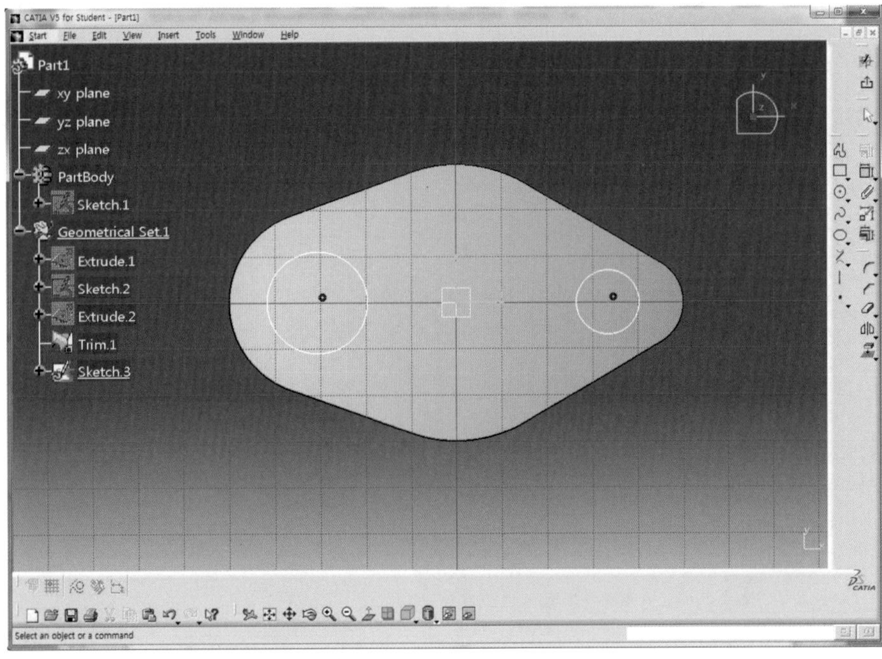

30 Constraint 아이콘을 더블클릭한다.

31 Circle(1)과 Surface의 모서리(2)를 선택한 후 마우스 오른쪽 버튼을 클릭하고 Concentricity를 선택하여 중심을 일치시킨다.

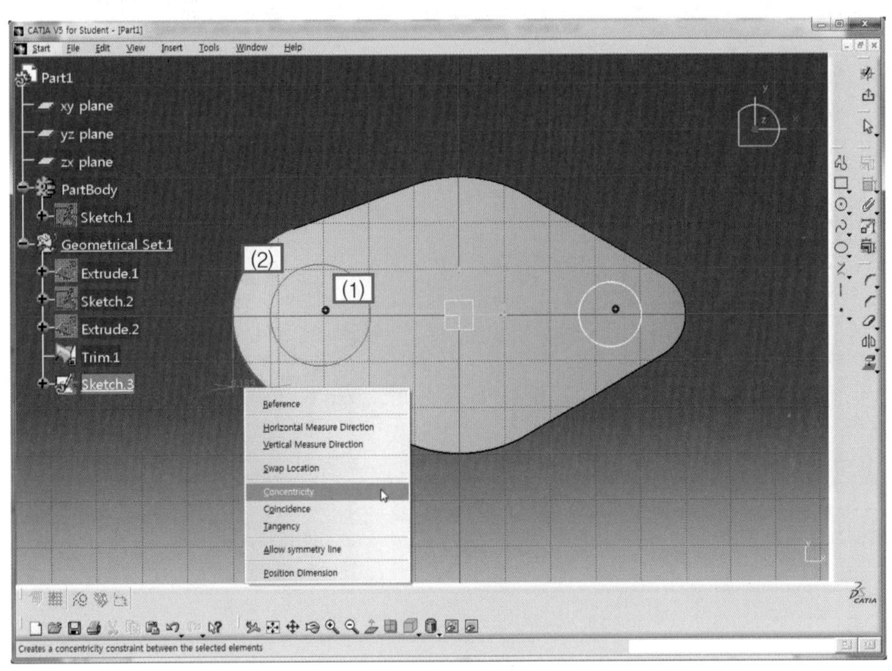

32 Circle의 치수를 구속시키고 각각의 치수를 더블클릭하여 정확한 치수(L30, D25, D20)를 적용한다.

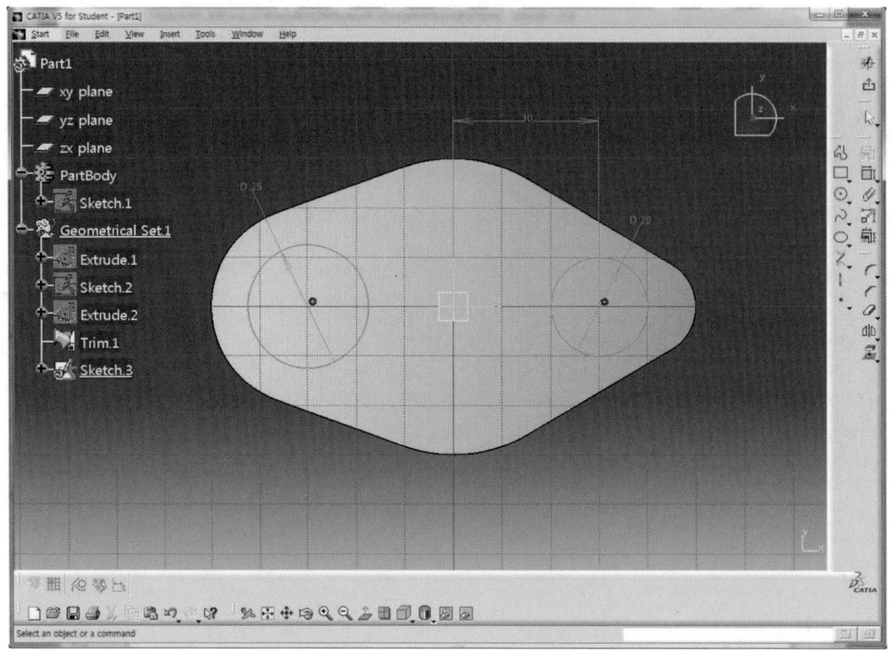

33 Exit Workbench 아이콘 을 클릭하여 3D Mode로 전환한다.

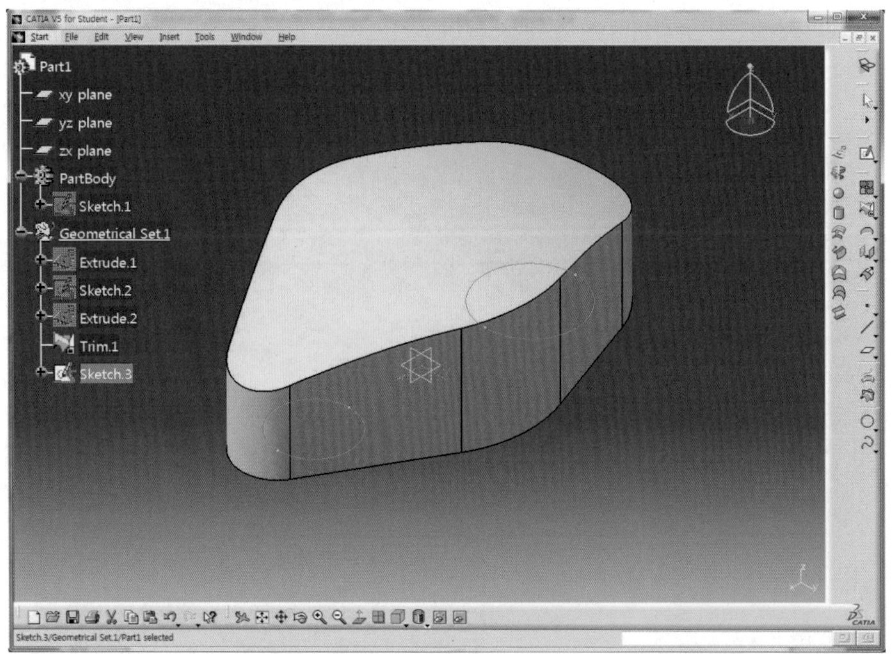

34 Extrude 아이콘 을 클릭하고 Limit 1(윗 방향)의 Dimension은 35mm, Limit 2(아래 방향)의 Dimension은 -10mm를 입력한다.(Limit 2에 -10mm를 입력한 것은 Circle을 xy 평면에 Sketch하였으므로 xy Plane에서 10mm 떨어진 위치에서 원기둥의 Surface를 생성하기 위한 것이다.)

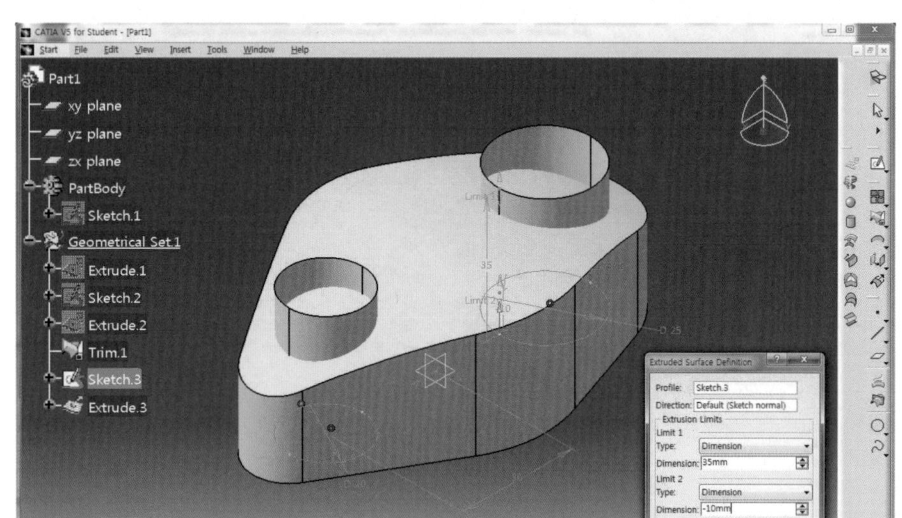

35 OK 버튼을 클릭하면 Multi-Result Management 대화상자가 나타난다.(한 평면에 두 개의 Circle이 Sketch되어 있는데 어느 Circle을 돌출시킬 것인지 선택할 수 있다.)

36 두 개를 돌출시켜 원기둥의 Surface를 생성시키기 위해서 keep alla the sub-elements를 체크하여 OK 버튼을 클릭한다.

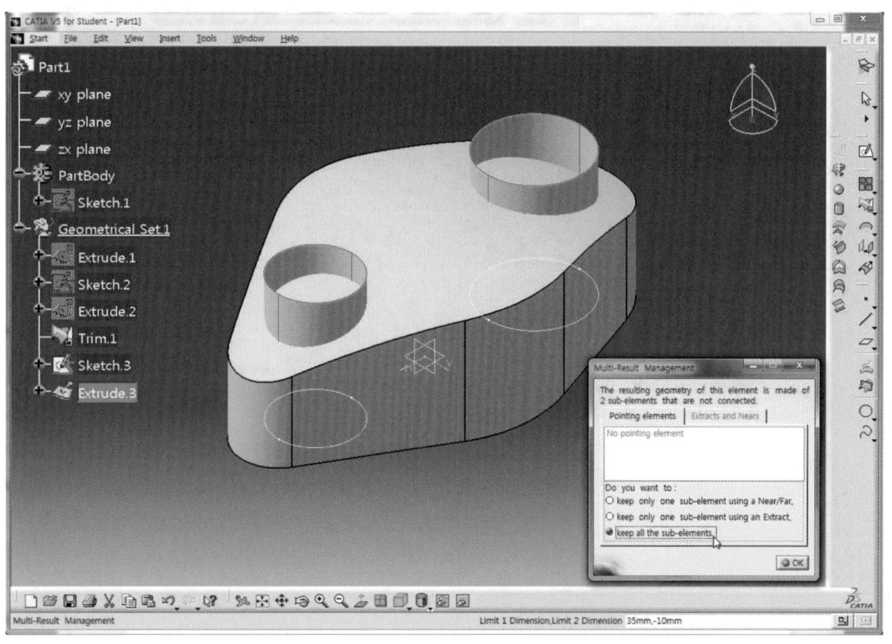

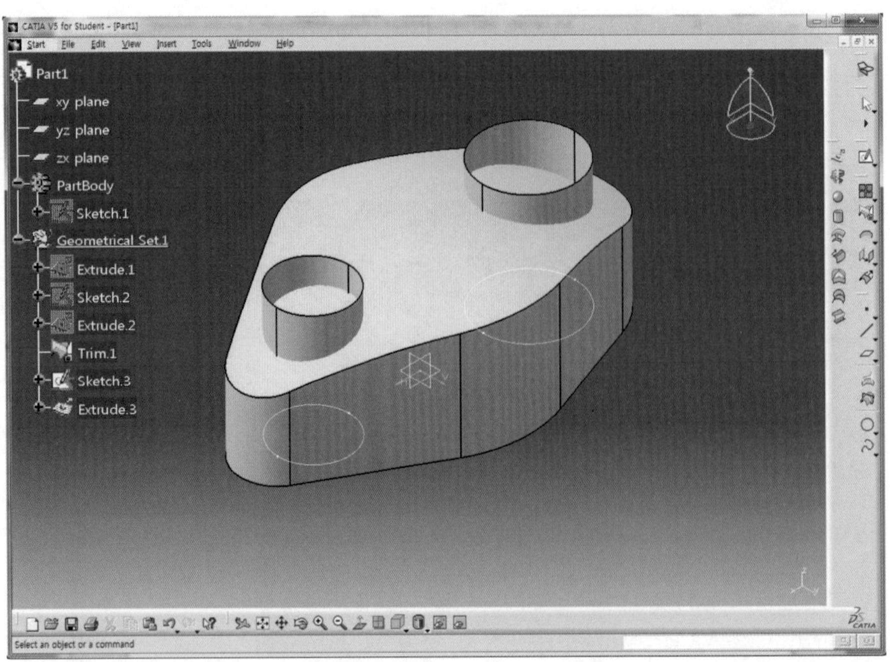

37 Trim 아이콘 을 클릭한 후 앞 단계에서 생성했던 Surface(1)와 원기둥의 Surface(2)를 차례로 선택한다.

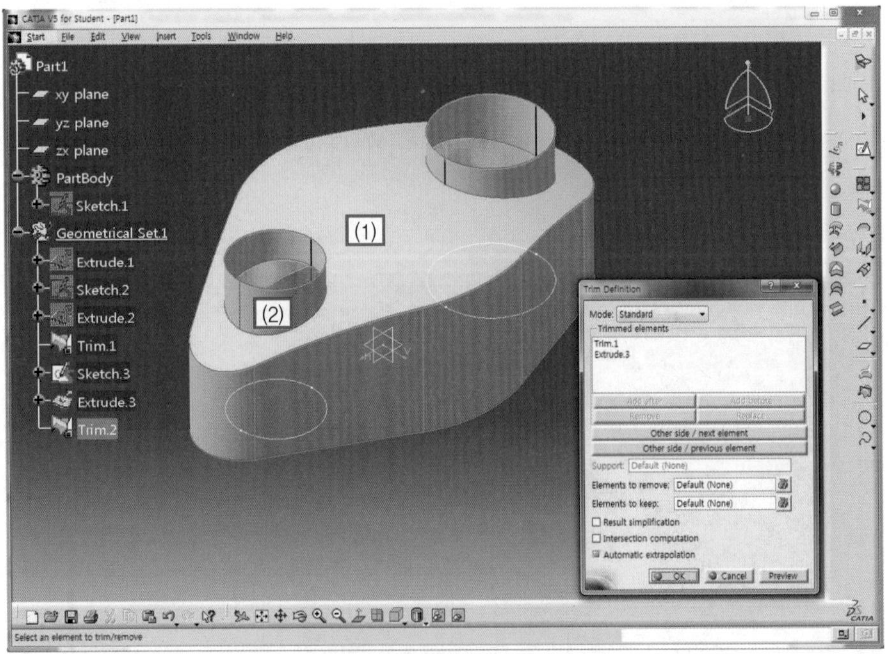

38 앞에서와 마찬가지로 교차하는 Surface에서 제거하고자 하는 영역이 투명하도록 Trim Definition 대화상자의 Other side / next element와 Other side / previous element 버튼을 각각 클릭하여 변경한다.

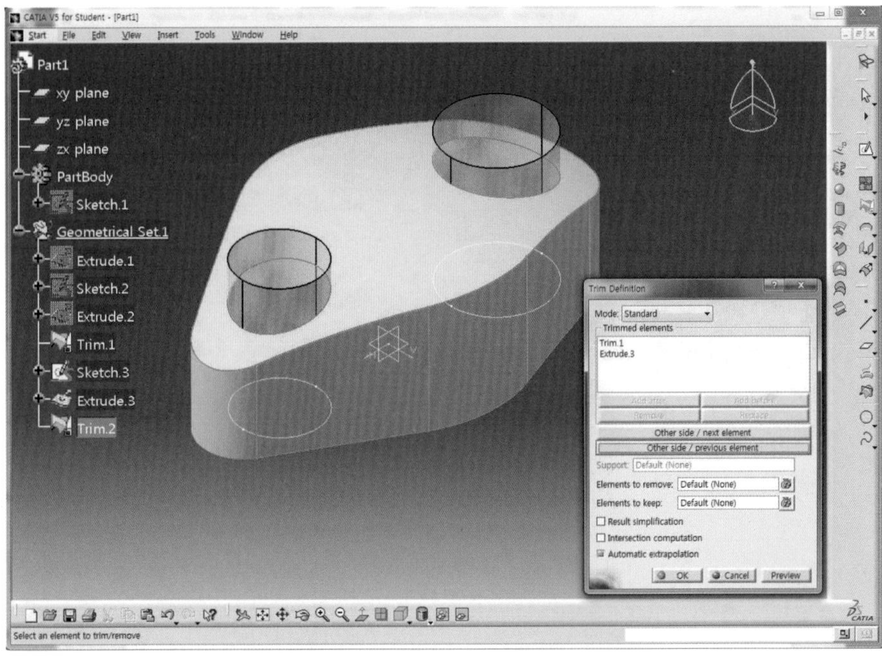

39 OK 버튼을 클릭하여 자르기를 적용한다.

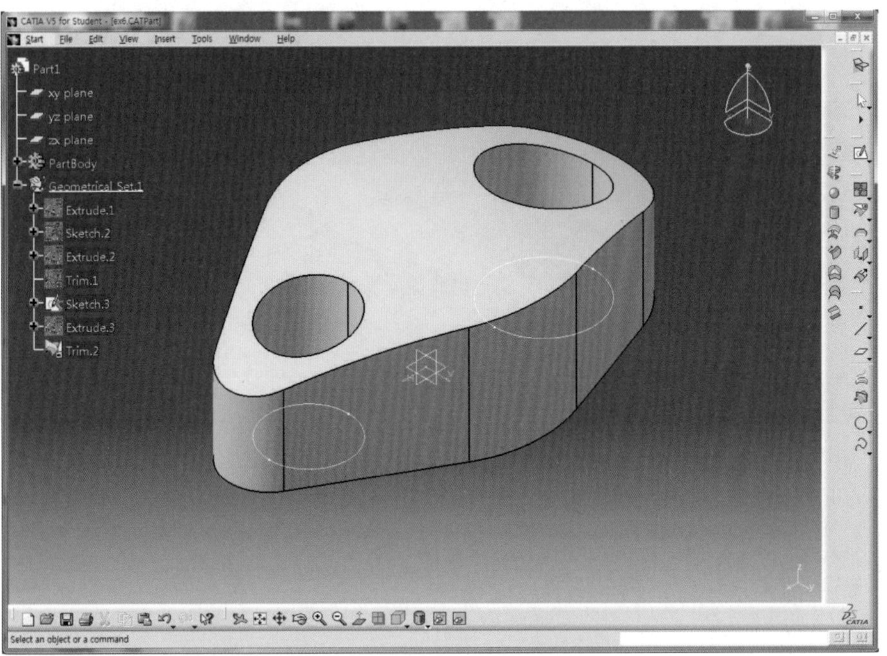

40 Tree 영역에서 Circle의 Sketch를 선택한 후 마우스 오른쪽 버튼을 클릭하여 Hide/Show를 선택하여 감춘다.

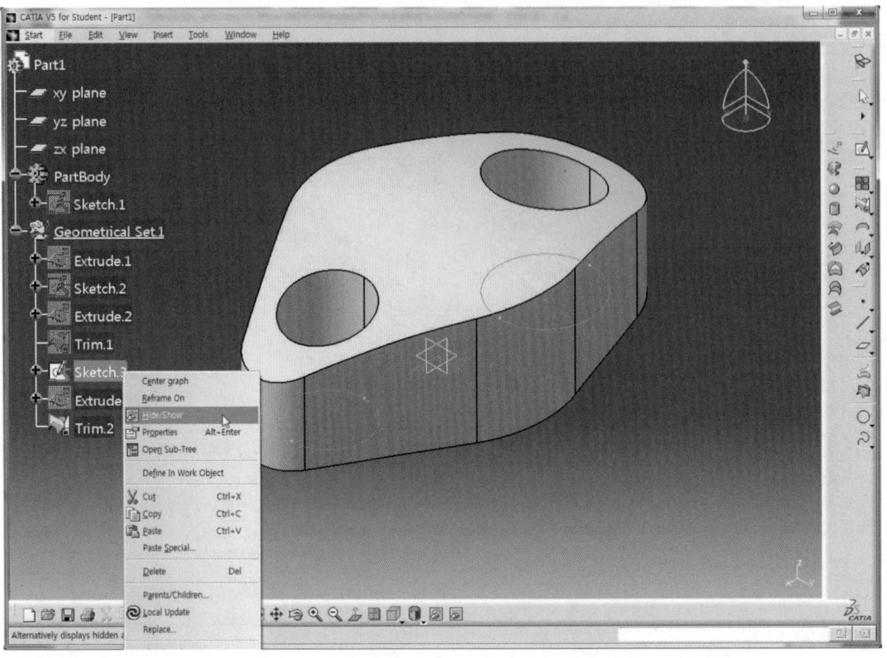

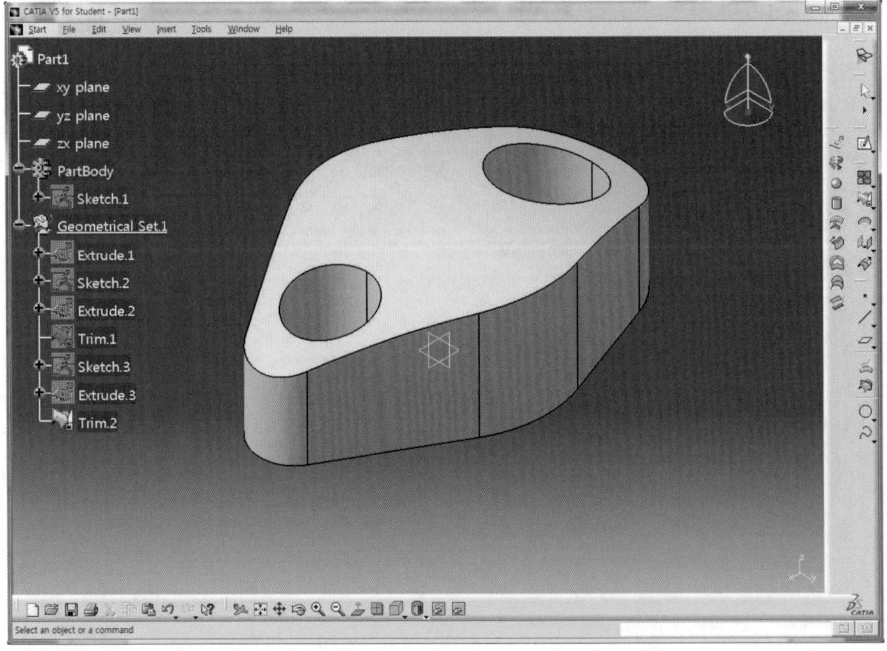

41 Rotate 아이콘 을 클릭한 후 왼쪽 마우스 버튼을 클릭하고 드래그시켜 Model의 아랫부분이 보이도록 한다.

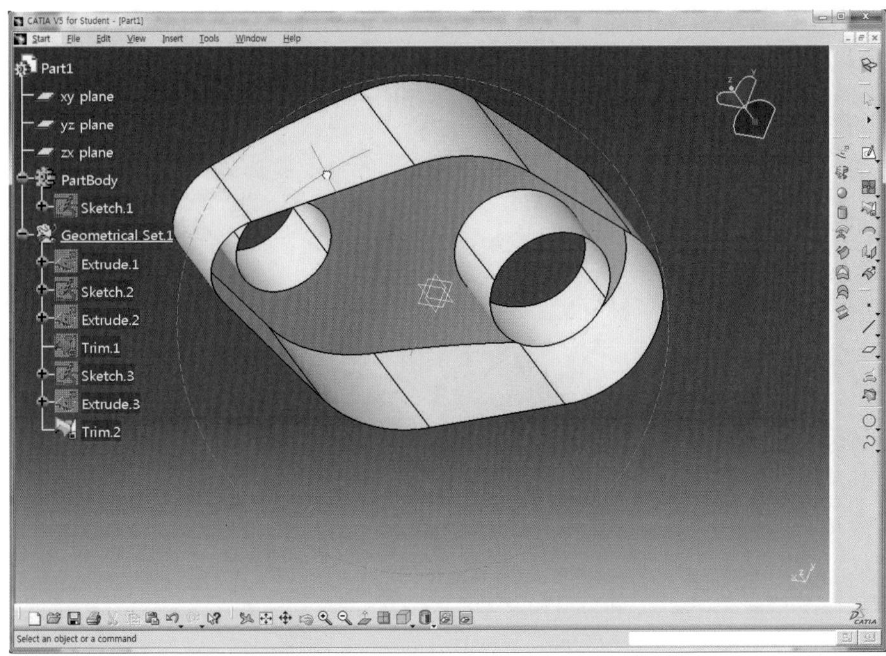

42 원기둥 Surface의 아랫부분이 개방된 것을 볼 수 있는데, 이를 채우기로 한다.

43 Fill 아이콘 을 클릭하고 원기둥의 바닥 모서리를 선택한다.

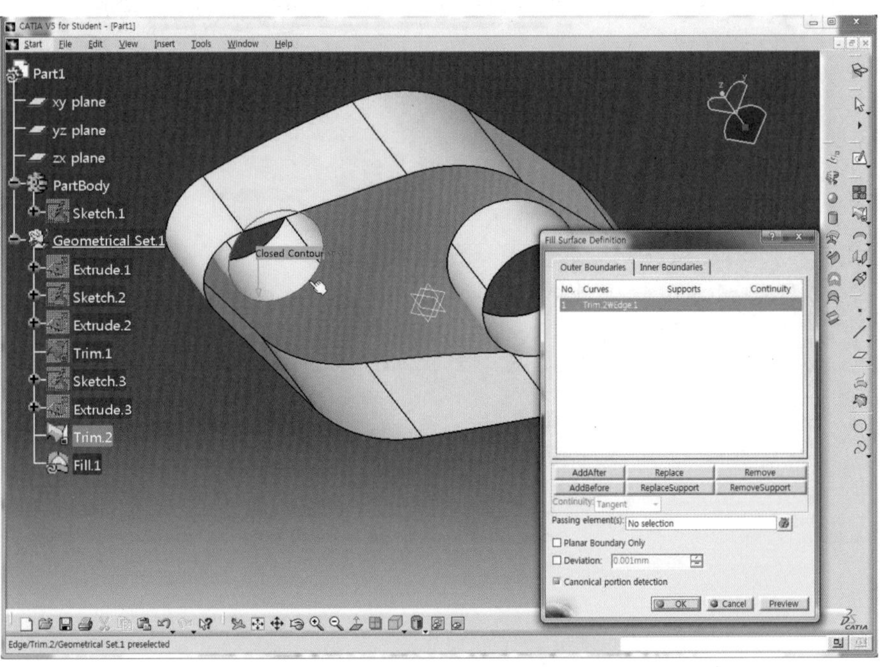

44 Preview 버튼을 클릭하여 미리보기 한 후 OK 버튼을 클릭하여 채우기를 완성한다.

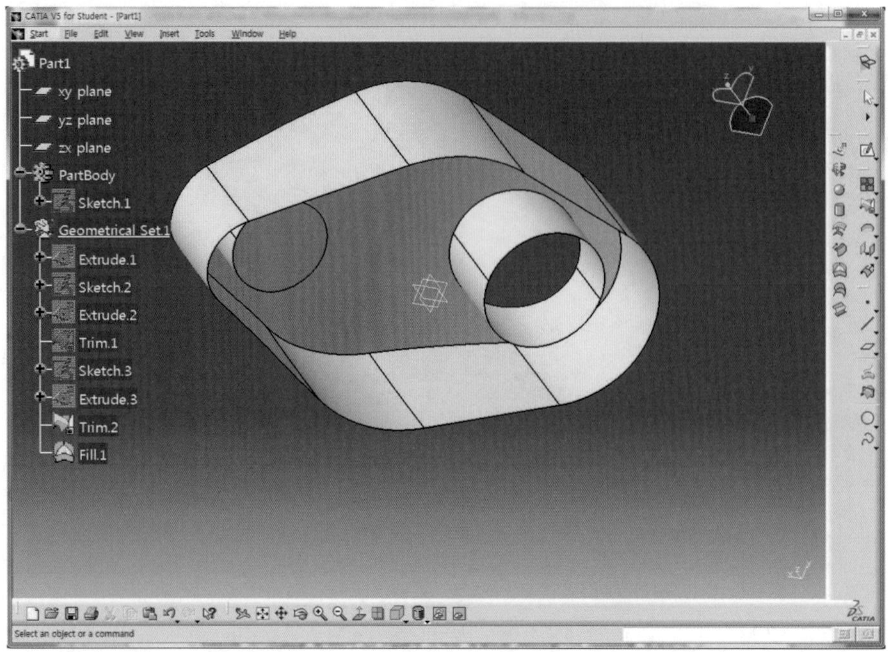

45 같은 방법으로 Fill 아이콘 을 클릭하여 반대편 원기둥의 바닥면을 Surface로 채운다.

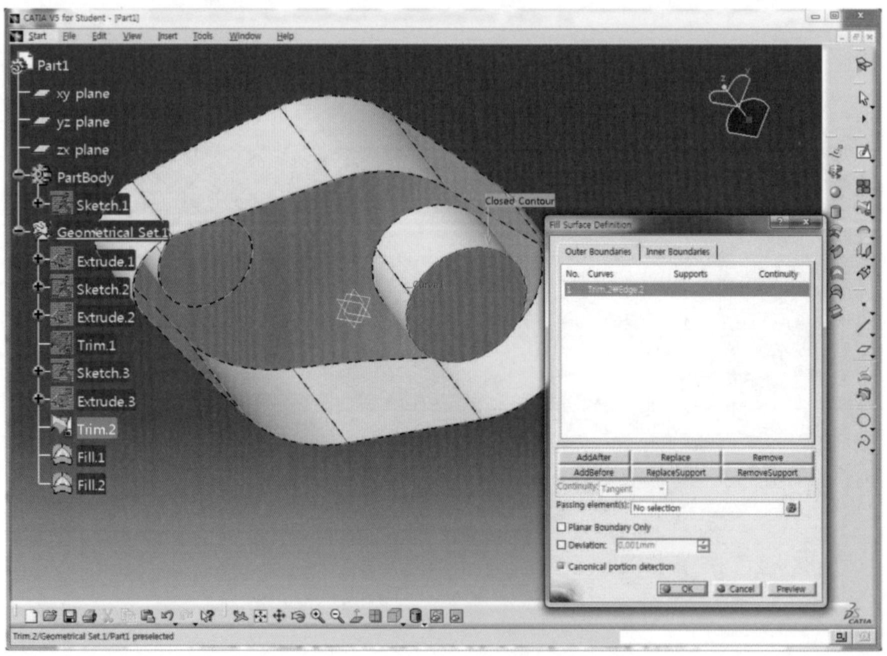

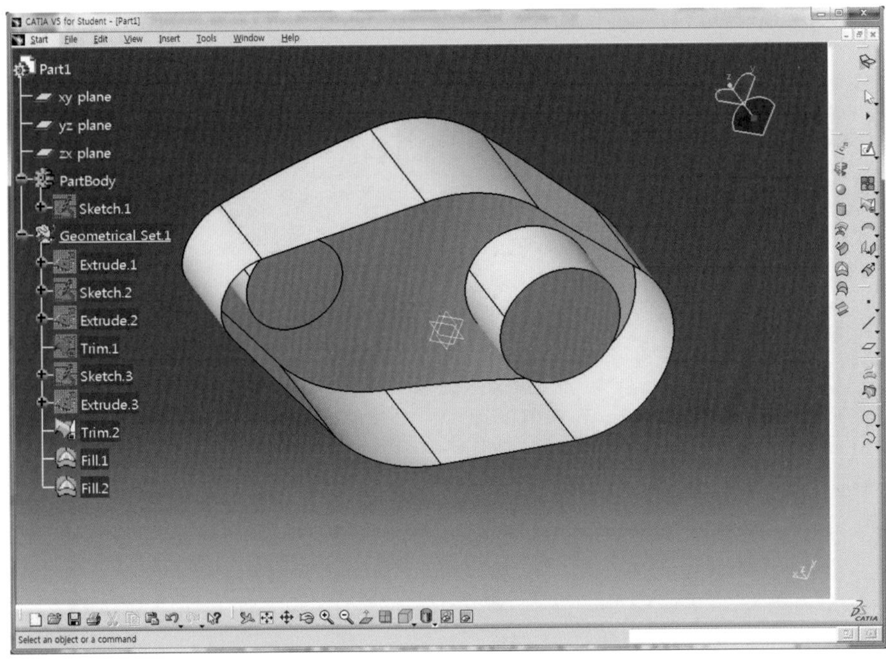

46 Trim으로 생성한 Surface와 Fill로 채우기 한 Surface가 떨어져 있으므로 하나로 합하기로 한다.

47 Join 아이콘 을 클릭한다.

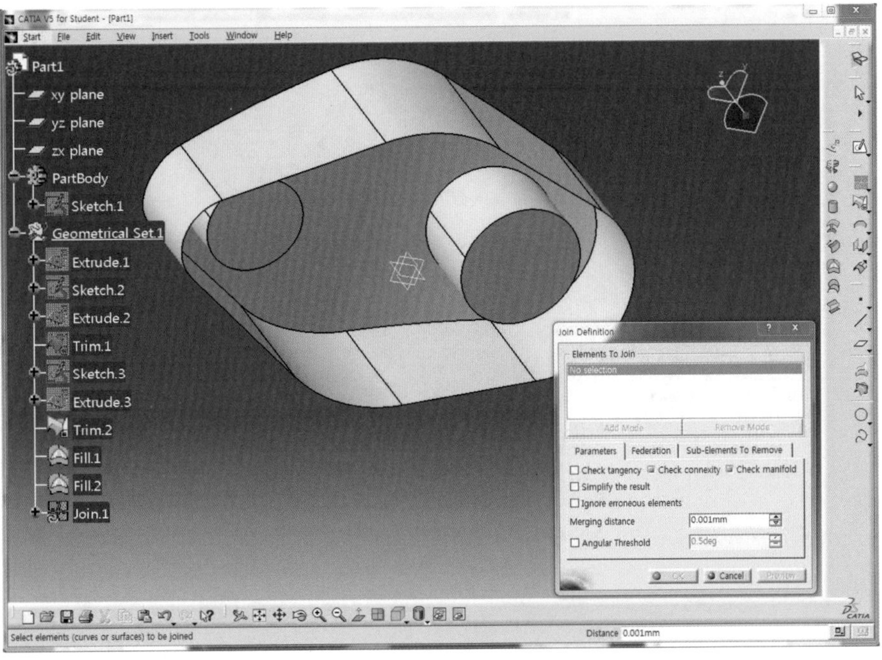

48 합하고자 하는 Surface (1)~(3)을 차례로 선택한다.

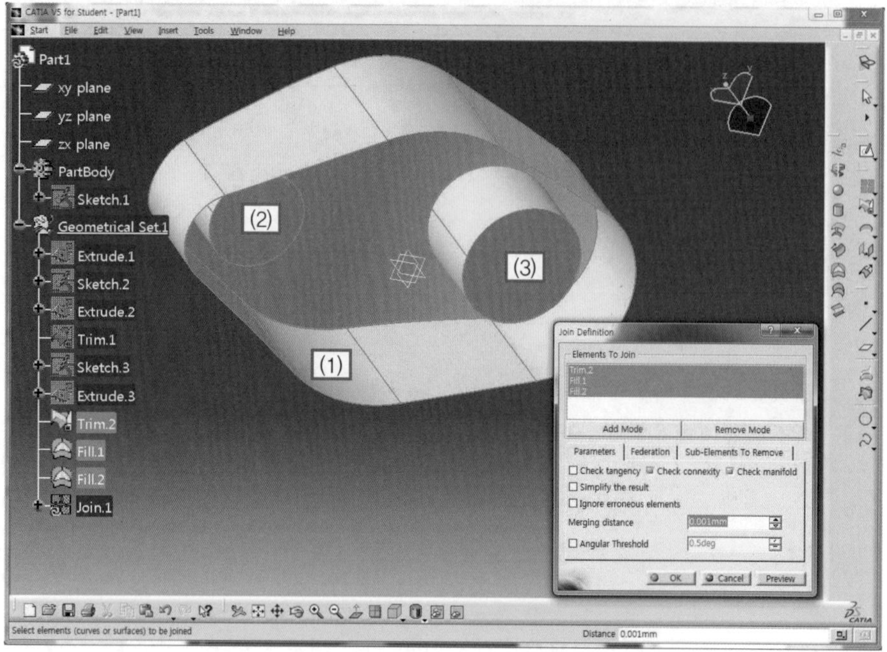

49 OK 버튼을 클릭하면 하나의 Surface로 합해진다.(Tree의 마지막 부분에 Join이 활성화된 것을 확인할 수 있다.)

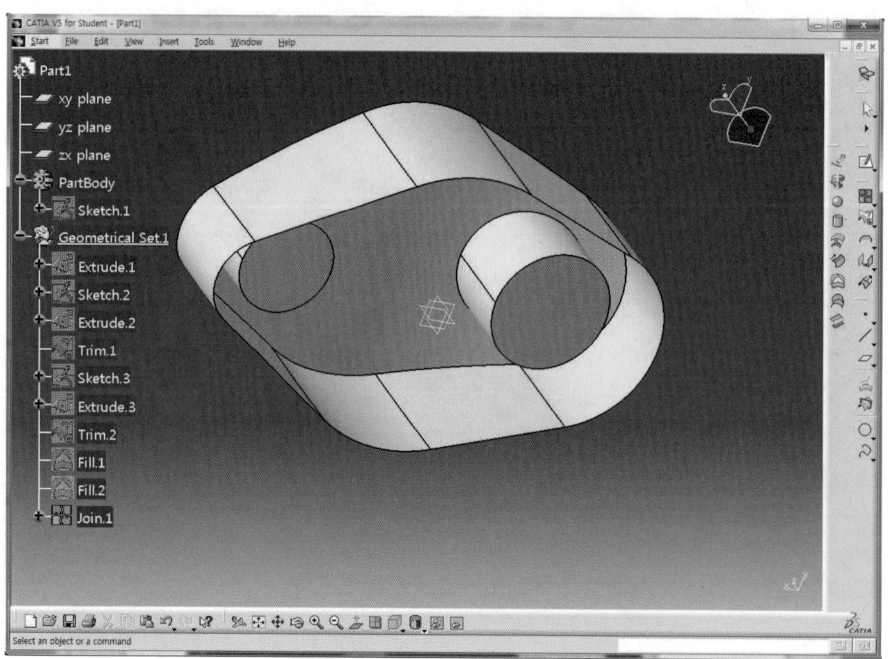

50 Isometric View 아이콘 을 클릭하여 등각뷰로 전환한다.

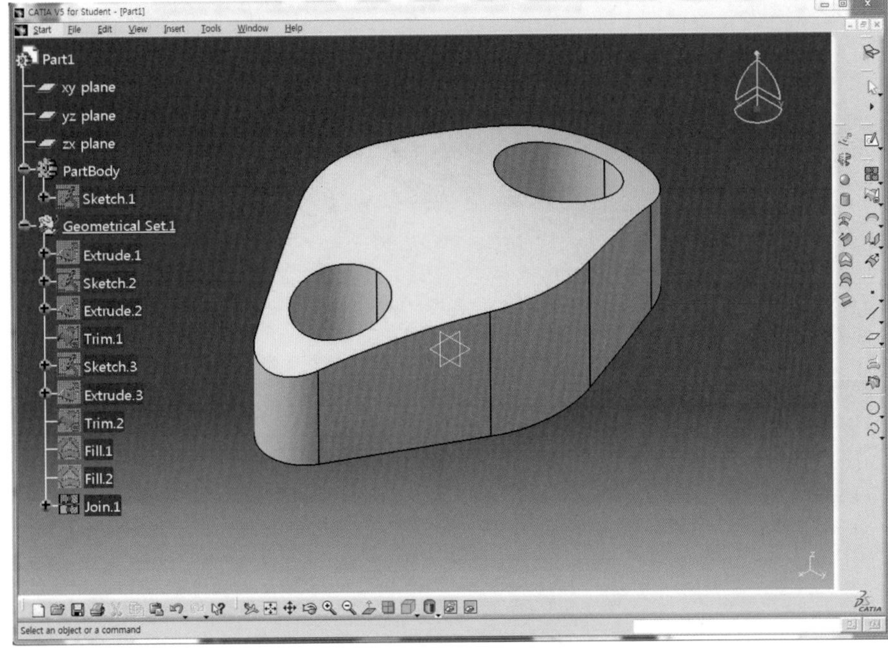

51 Sketch 아이콘 을 클릭하고 zx plane을 선택하여 Sketch Mode로 전환한다.

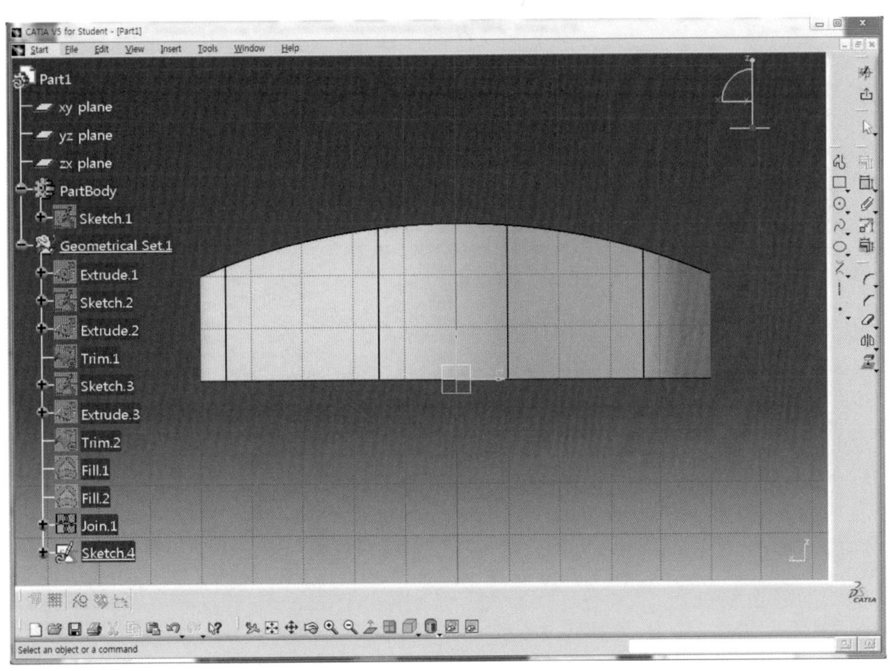

52 Arc 아이콘 을 클릭한 후 중심점을 V축 위에 위치시키고 Surface를 감싸도록 Sketch한다.

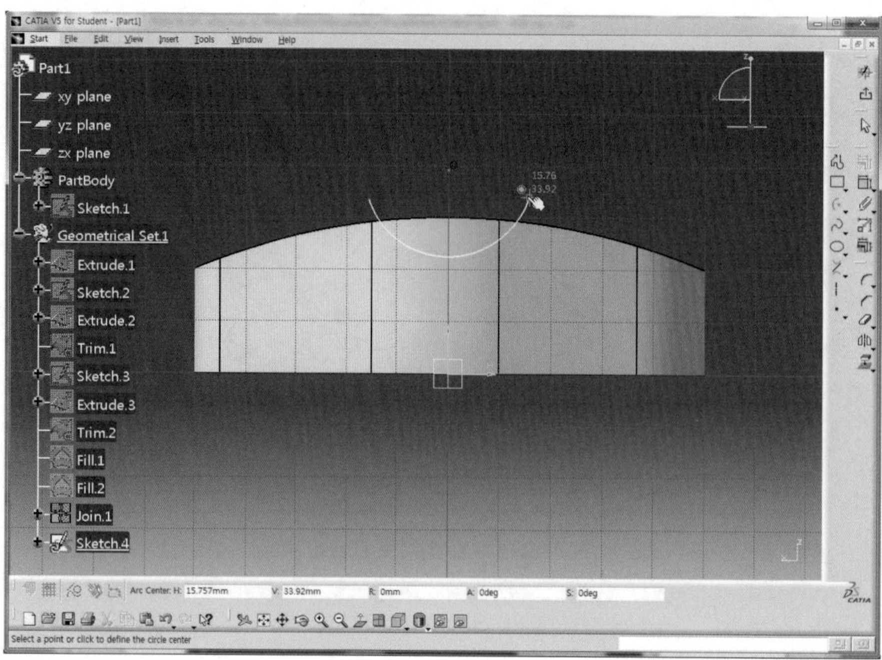

53 Axis 아이콘 을 클릭하여 Arc의 왼쪽 끝점에서 시작하여 수평한 임의의 축을 Sketch한다.

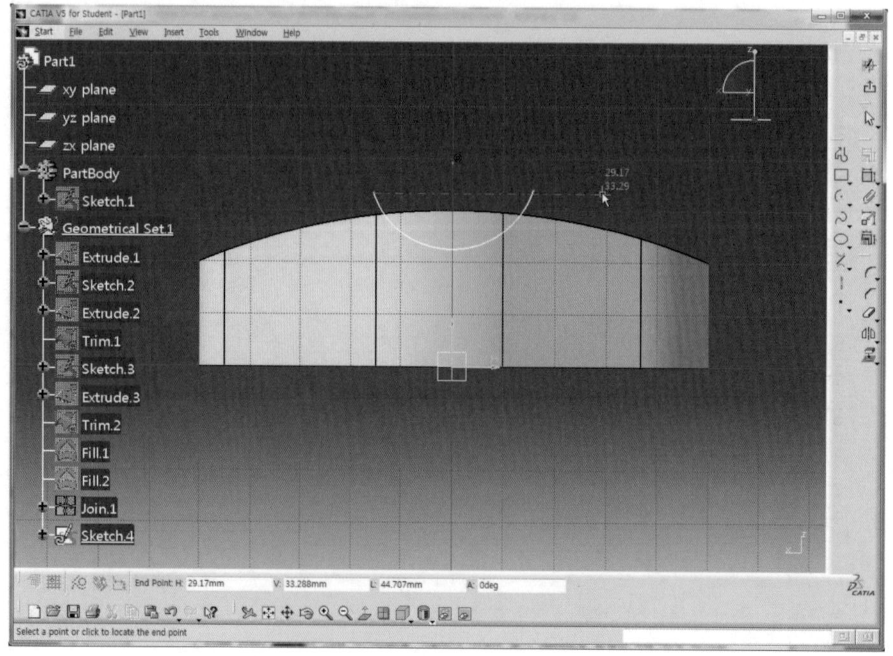

54 Quick Trim 아이콘 을 클릭하고 Arc와 Axis이 교차되는 위 영역을 선택하여 삭제한다.

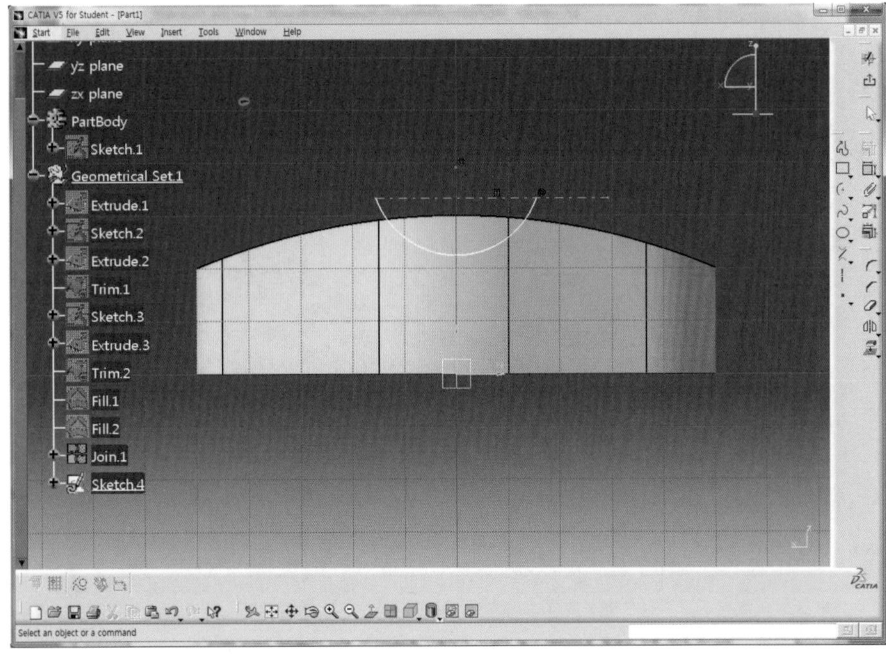

55 Constraint 아이콘 을 클릭하여 치수를 구속하고 각 치수를 더블클릭하여 정확한 치수(L35, R15)를 적용한다.

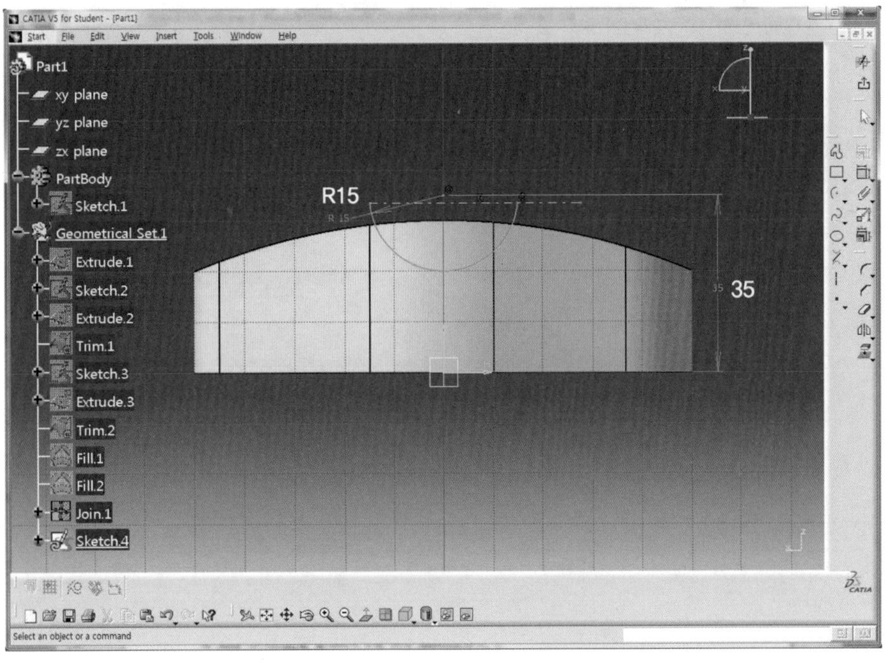

56 Exit Workbench 아이콘 을 클릭하여 3D Mode로 전환한다.

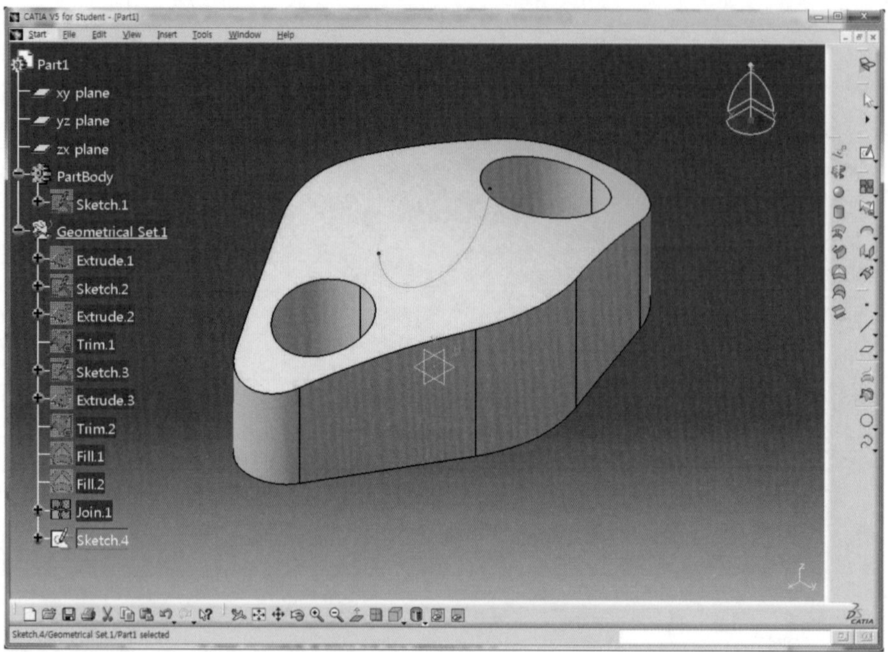

57 Surfaces 도구막대의 Revolve 아이콘 을 클릭한다.

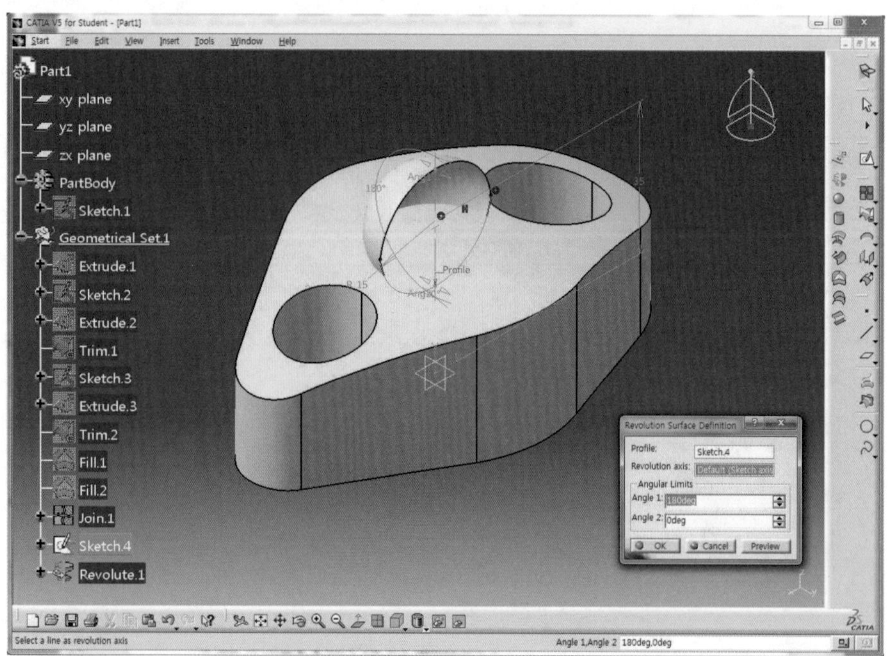

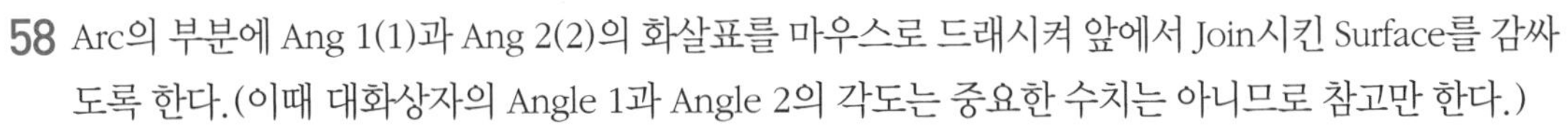

58 Arc의 부분에 Ang 1(1)과 Ang 2(2)의 화살표를 마우스로 드래시켜 앞에서 Join시킨 Surface를 감싸도록 한다.(이때 대화상자의 Angle 1과 Angle 2의 각도는 중요한 수치는 아니므로 참고만 한다.)

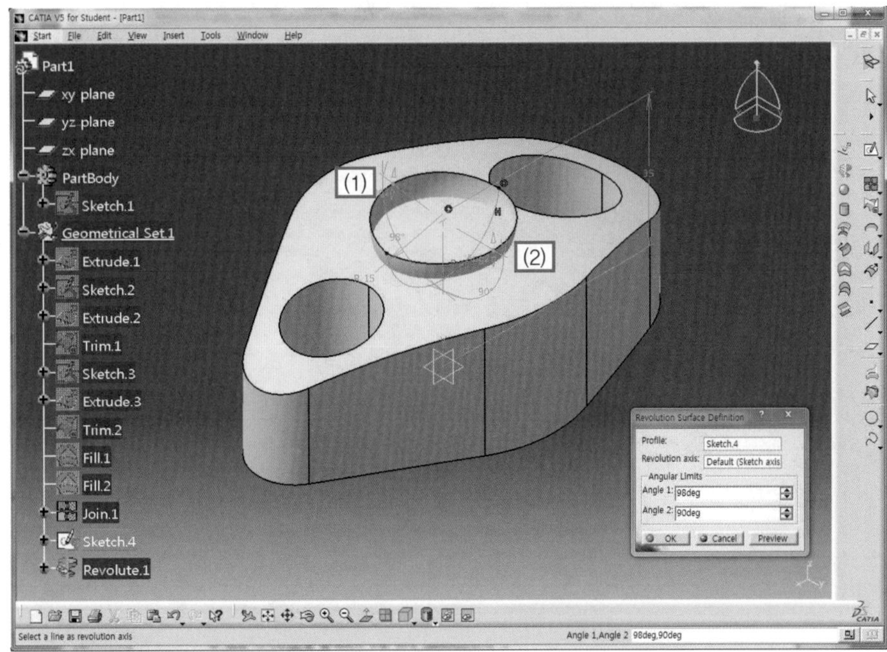

59 OK 버튼을 클릭하여 회전체의 Surface를 생성한다.

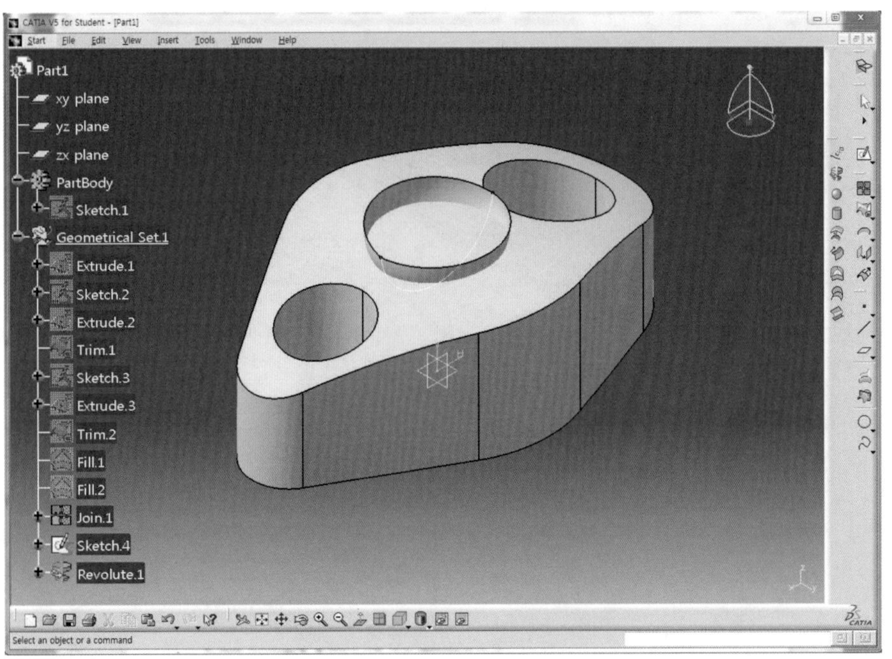

60 Trim 아이콘 을 클릭한 후 Join된 Surface(1)와 회전체의 Surface(2)를 차례로 선택한다.

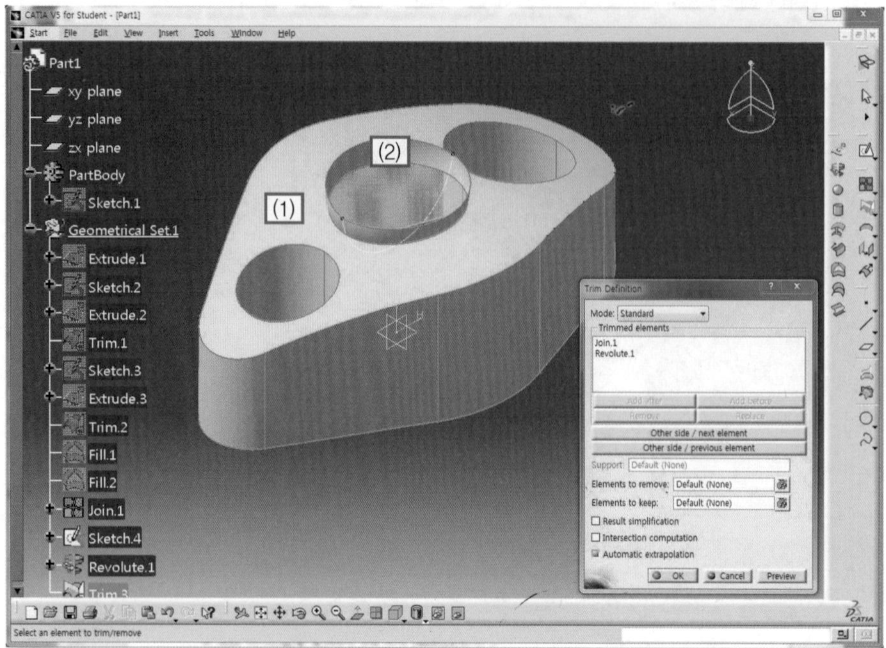

61 Trim Definition 대화상자의 Other side / next element와 Other side / previous element 버튼을 각각 클릭하여 삭제하고자 하는 영역이 투명하도록 변경한다.

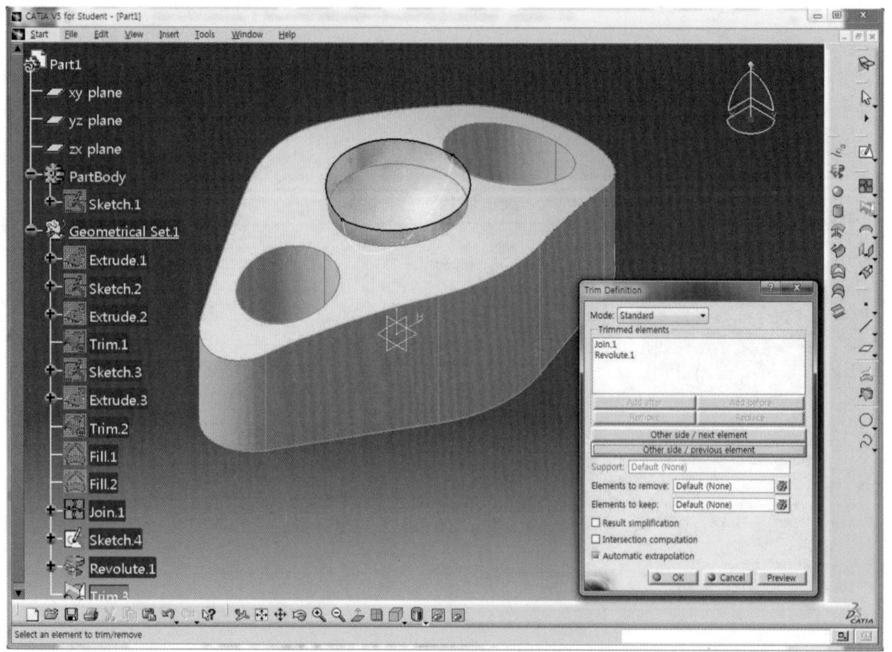

62 OK 버튼을 클릭하여 Trim을 완료한다.

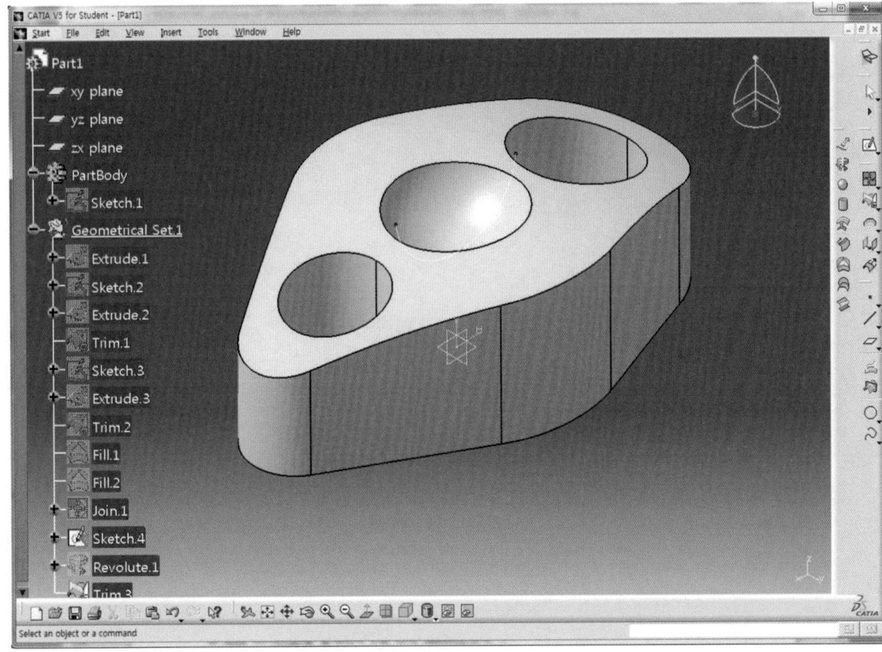

63 Tree 영역에서 Arc가 그려진 Sketch를 선택한 후 마우스 오른쪽 버튼을 클릭하고 Hie/Show를 선택하여 숨기기 한다.

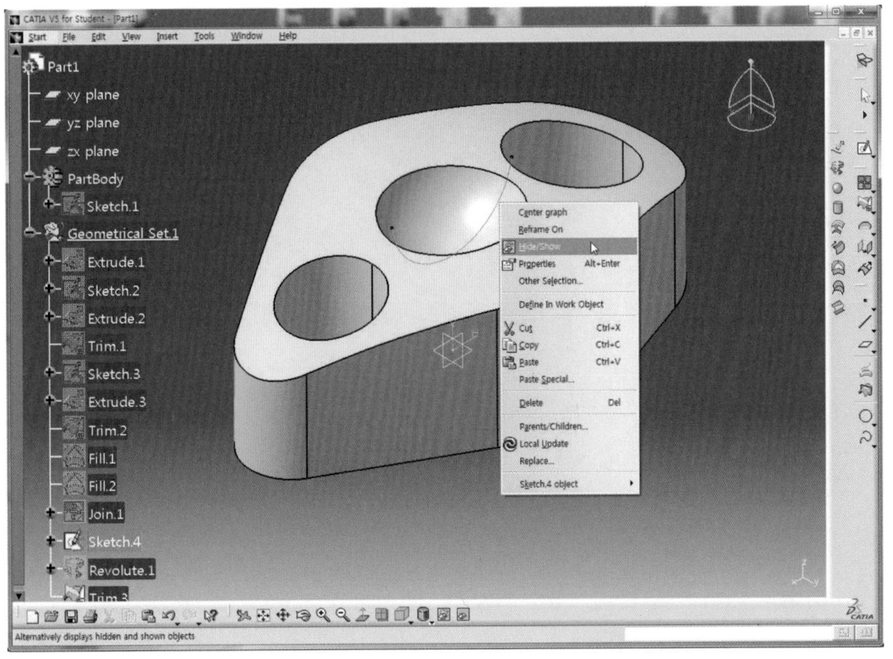

64 완성된 Surface Mode이다.

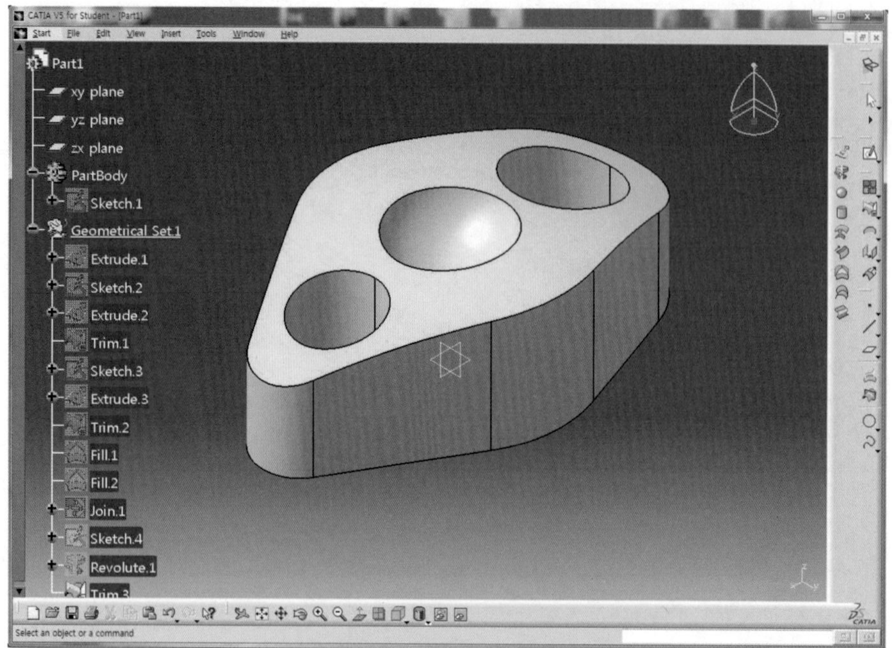

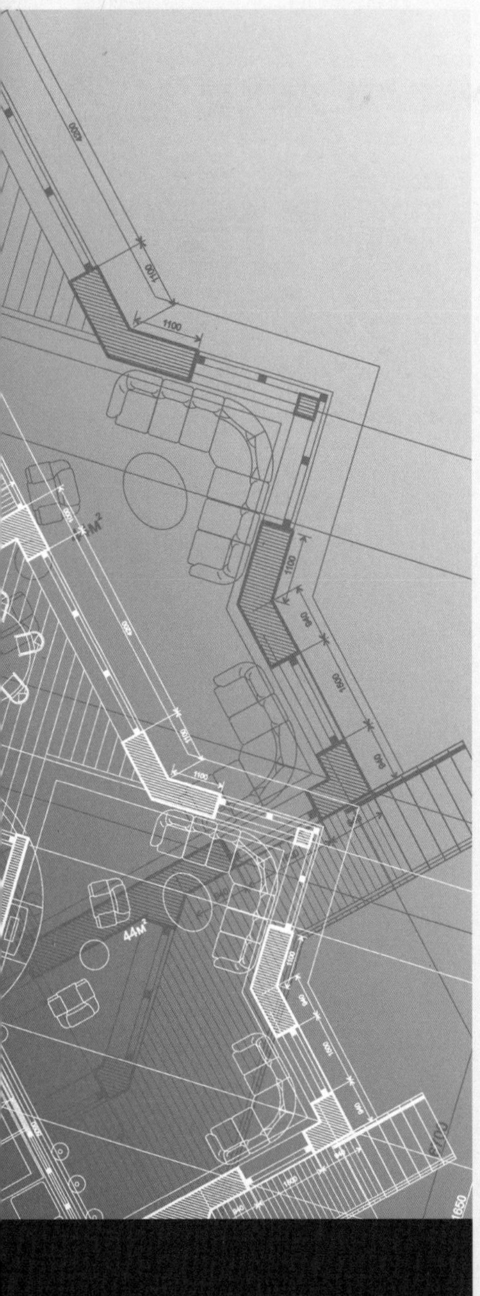

PART 02

CATIA를 활용한 모델링 따라하기

활용 모델링 따라하기

01 활용 Model (1)

활용 Model (1)

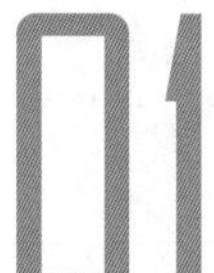

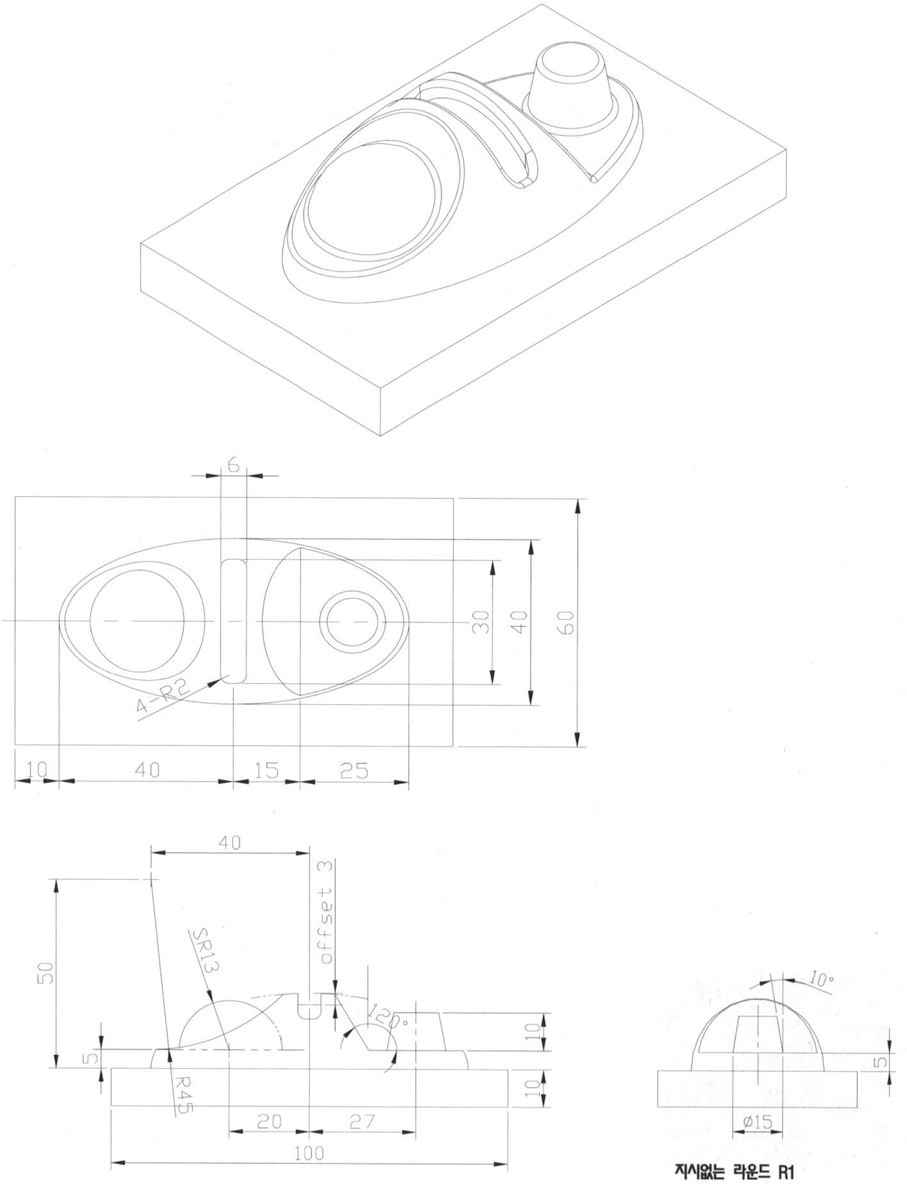

지시없는 라운드 R1

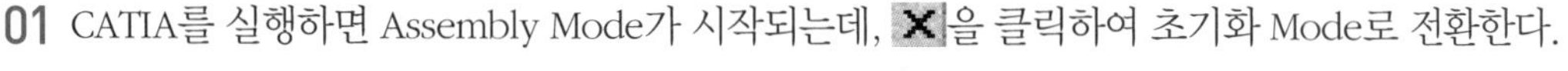

01 CATIA를 실행하면 Assembly Mode가 시작되는데, **X**을 클릭하여 초기화 Mode로 전환한다.

02 Workbench 도구막대의 All general options 아이콘을 클릭한 후 Part Design 아이콘을 클릭하여 Solid Mode로 전환한다.

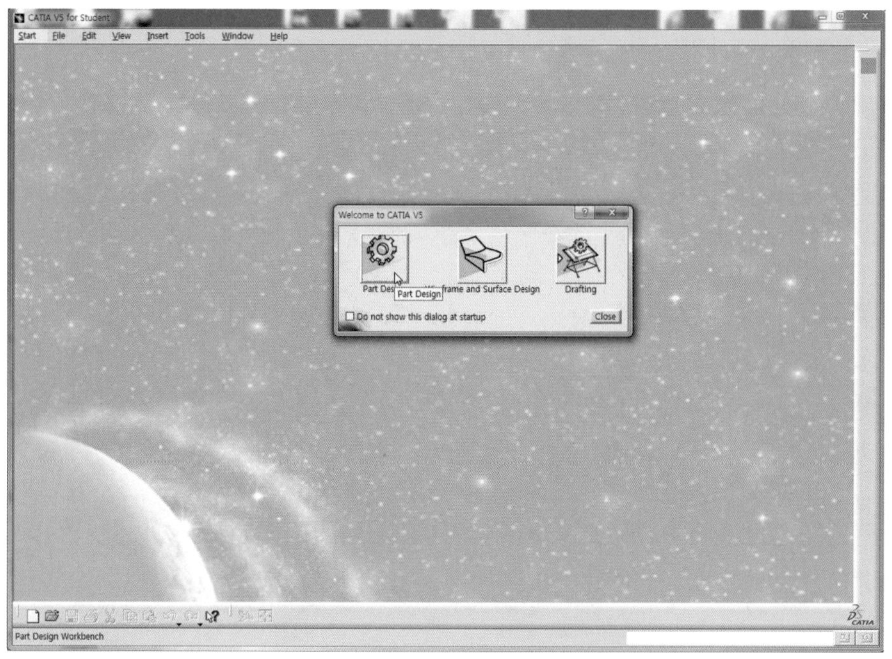

03 Sketch 아이콘 을 클릭하고 XY Plane을 선택하여 Sketch Mode로 전환한다.

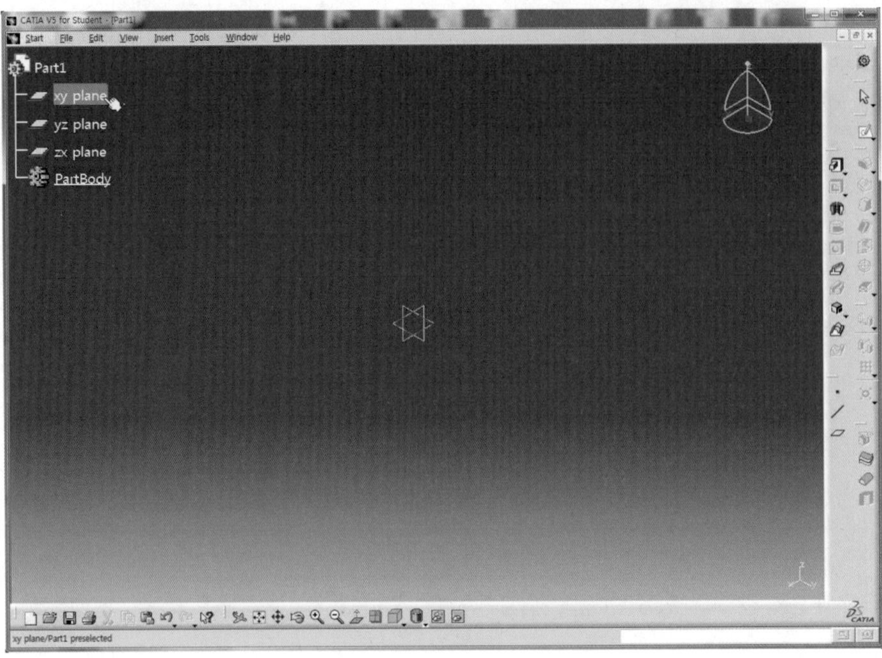

04 Profile 도구막대의 Centered Rectangle 아이콘 을 클릭한다.

05 대칭 기준점으로 원점을 선택하고 직사각형 꼭짓점으로 도면을 참고하여 유사한 크기의 임의의 위치를 클릭하여 원점에 대칭인 직사각형을 생성한다.

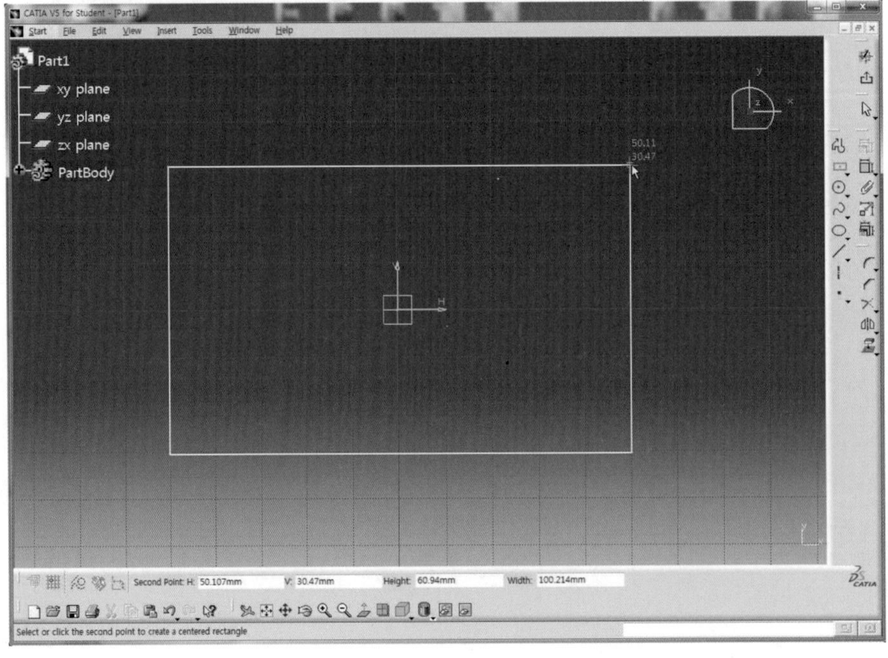

06 Constraint 도구막대의 Constraint 아이콘 을 더블클릭하여 직사각형의 가로와 세로 치수를 구속시킨다.

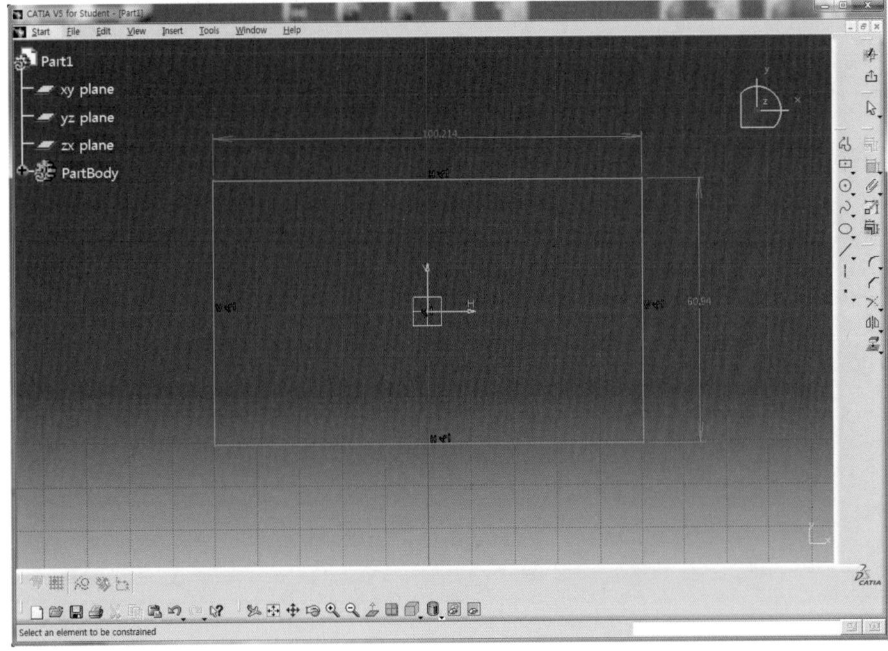

07 각 치수를 더블클릭하여 가로 100mm, 세로 60mm를 적용한다.

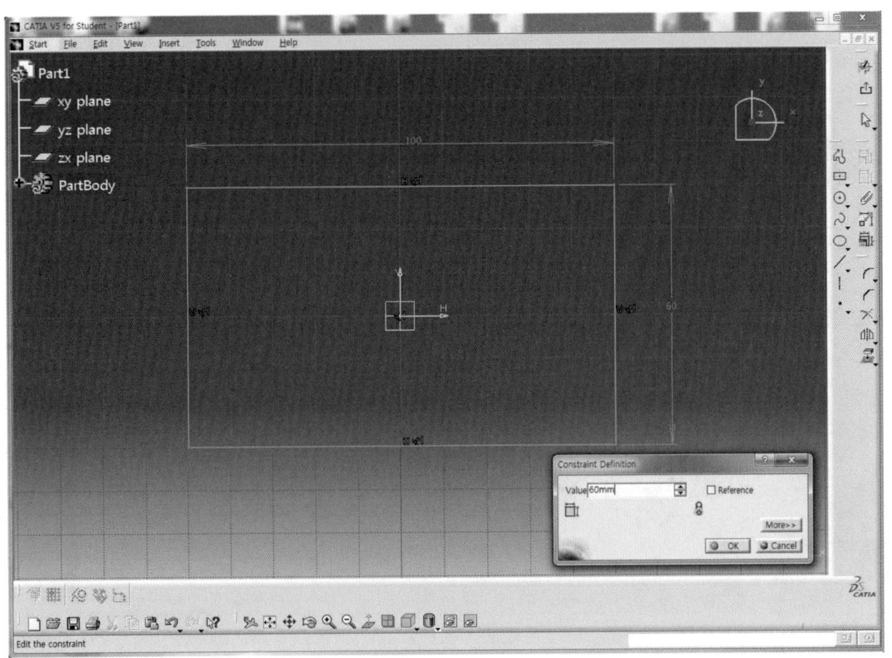

08 Exit workbench 아이콘 을 클릭하여 3D Mode로 전환한다.

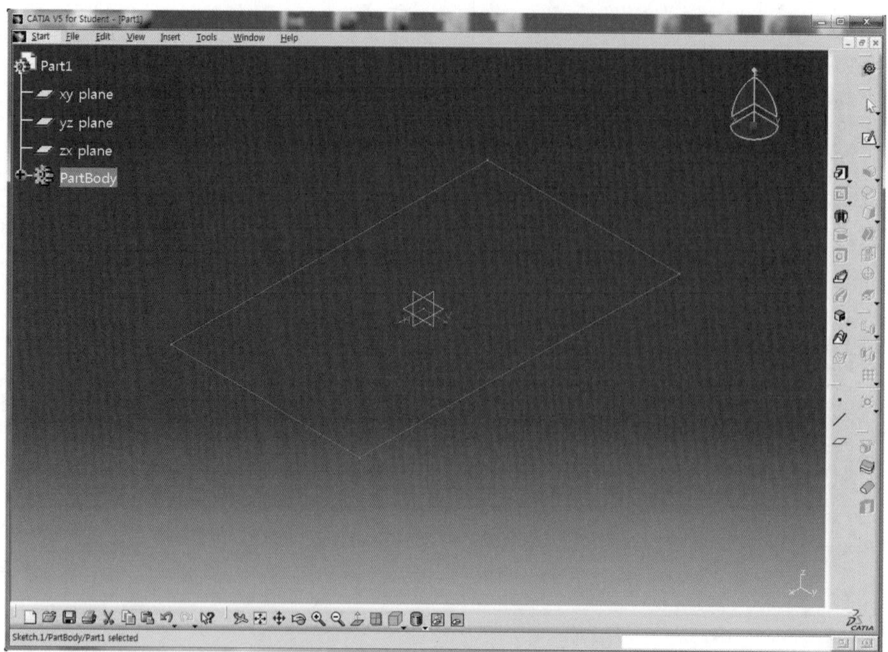

09 Sketch.1을 선택하고 Pad 아이콘 을 클릭한 후 Length 영역에 10mm를 입력하고 Preview 버튼을 클릭하여 미리보기 한다.

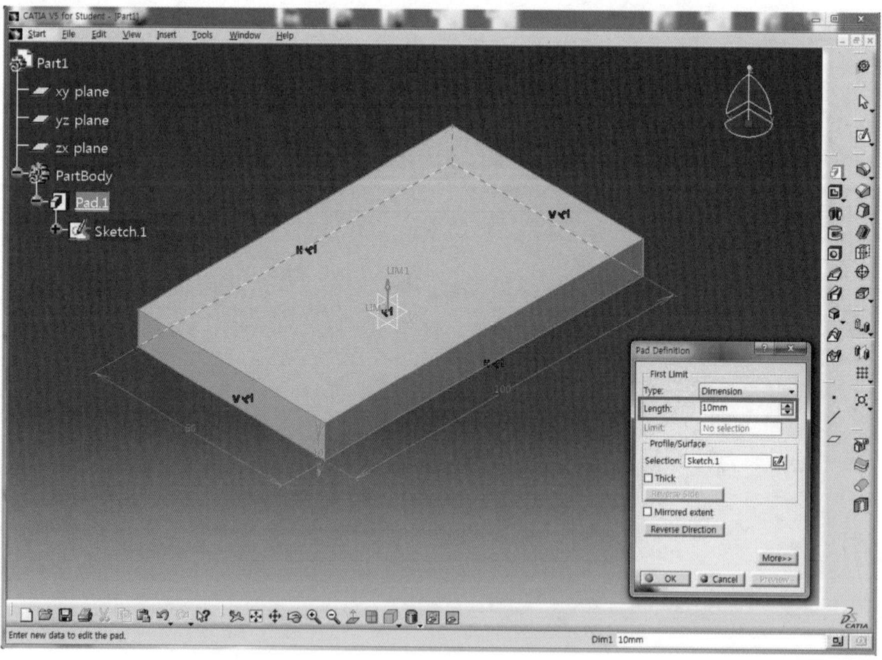

10 OK 버튼을 클릭하여 직육면체의 Solid를 생성한다.

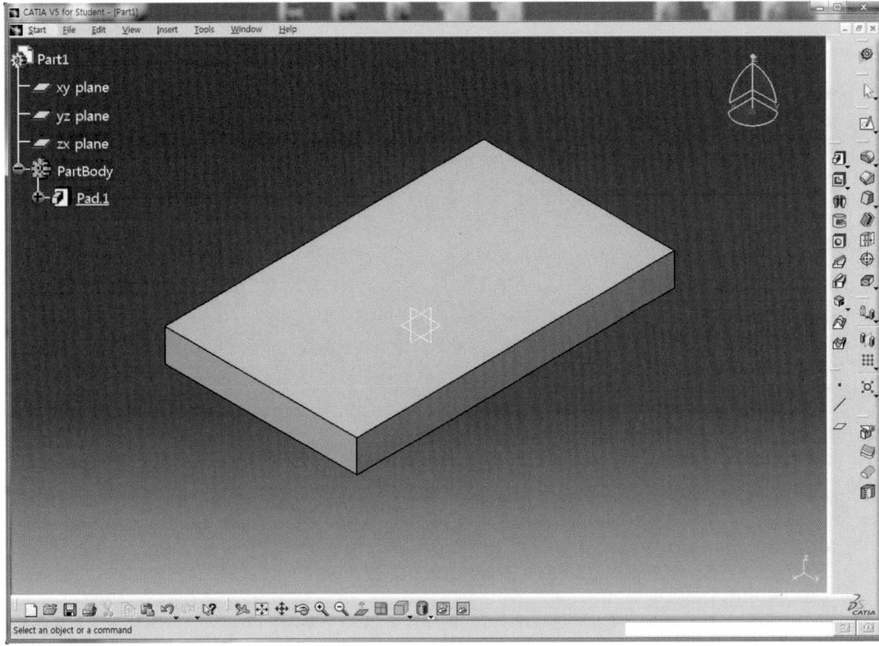

11 Sketch 아이콘 을 클릭하고 직육면체의 윗면을 선택하여 Sketch Mode로 전환한다.

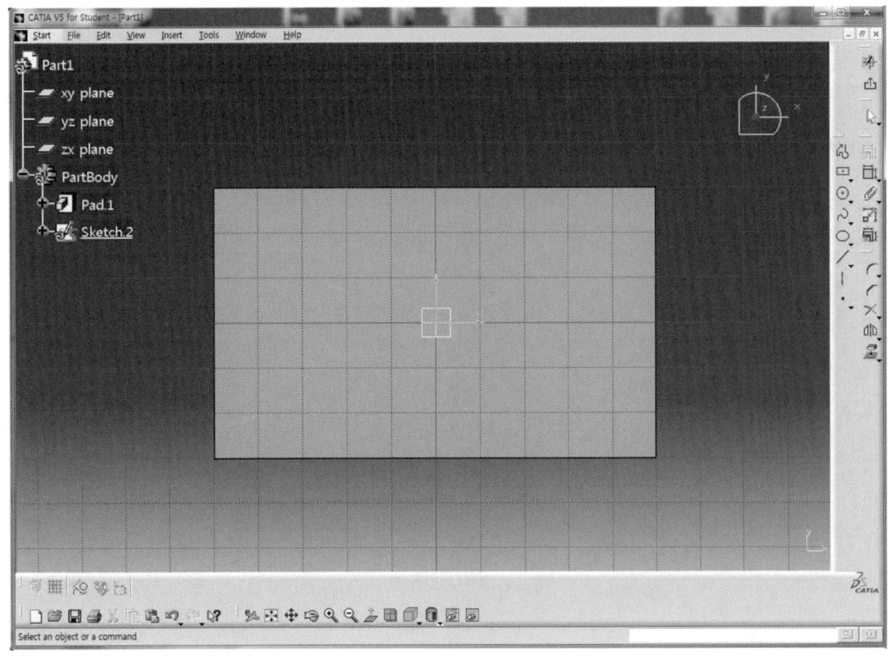

12 Ellipse 아이콘 ◯ 을 클릭한 후 타원의 중심점으로 원점을 선택하고 장축(H축), 단축(V축)을 각각 클릭하여 타원을 Sketch한다.

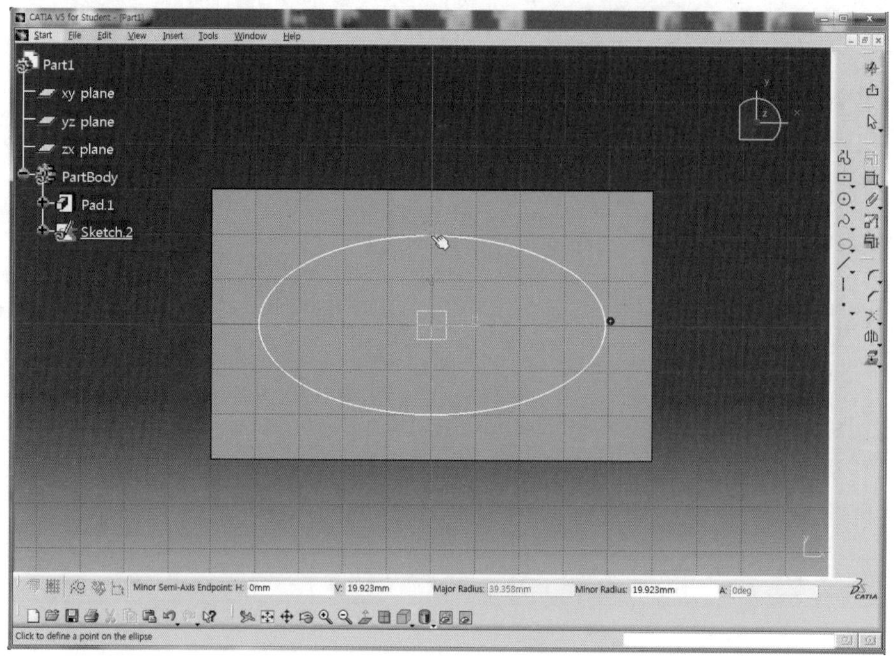

13 Axis 아이콘 ⁞ 을 클릭하고 장축을 감싸도록 H축 위에 Sketch한다.

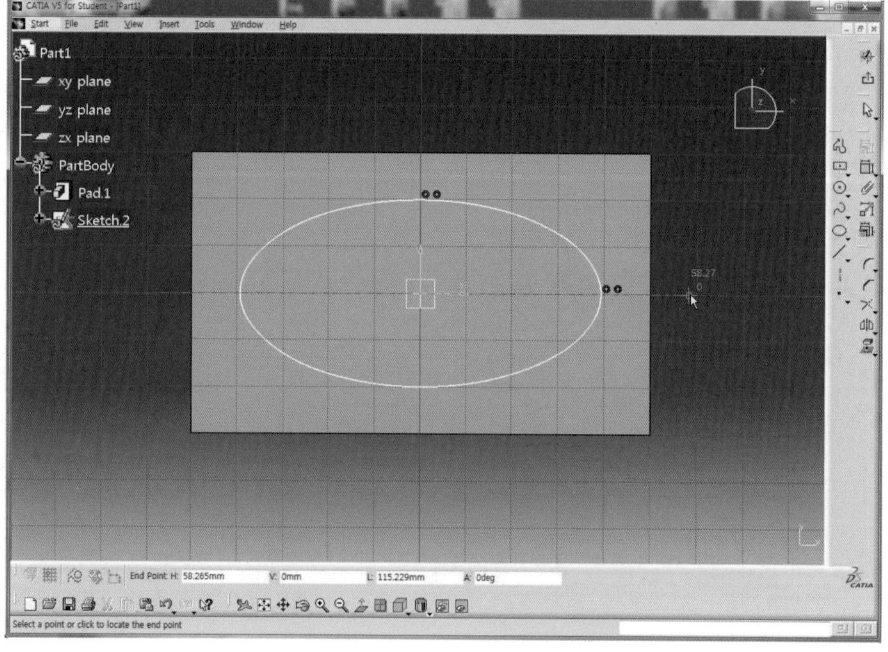

14 Quick Trim 아이콘 을 클릭하고 타원의 아랫부분을 클릭하여 삭제한다.

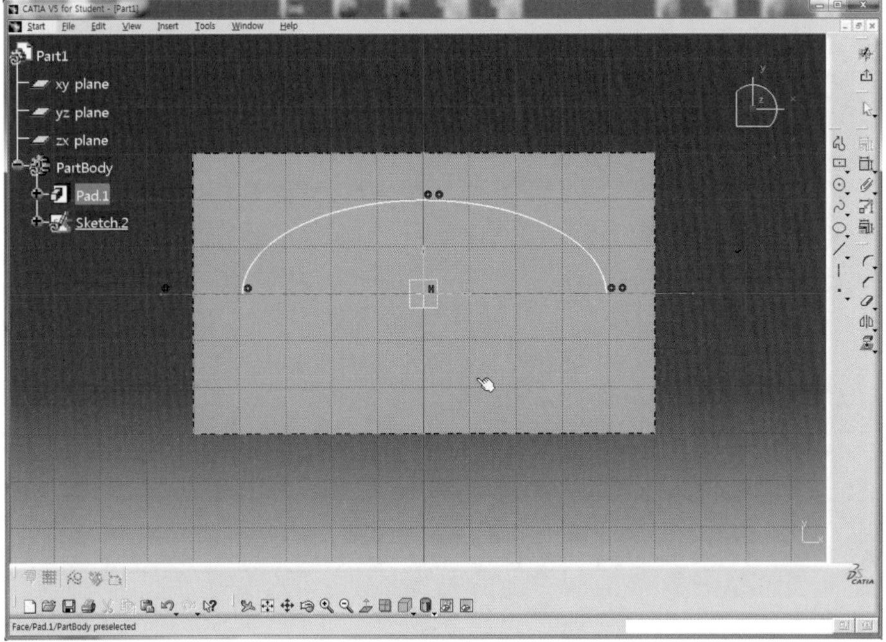

15 Constraint 도구막대의 Constraint 아이콘 을 더블클릭한 후 치수를 구속시킨다.

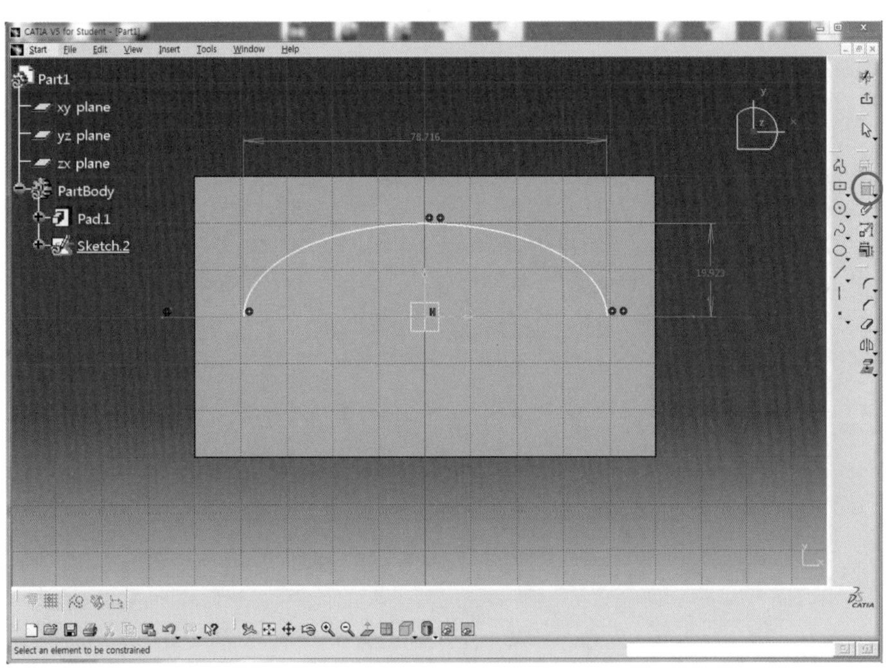

16 각각의 치수를 더블클릭하여 도면을 보고 정확한 장축(80mm) 및 단축 반경(20mm)의 길이를 적용한다.

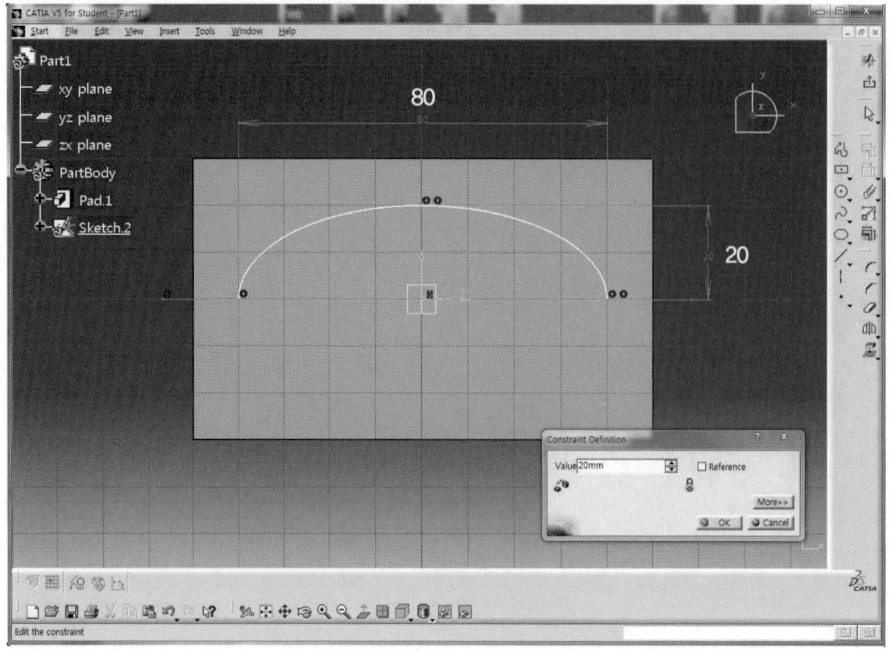

17 OK 버튼을 클릭한 후 Exit workbench 아이콘 을 클릭하여 3D Mode로 전환한다.

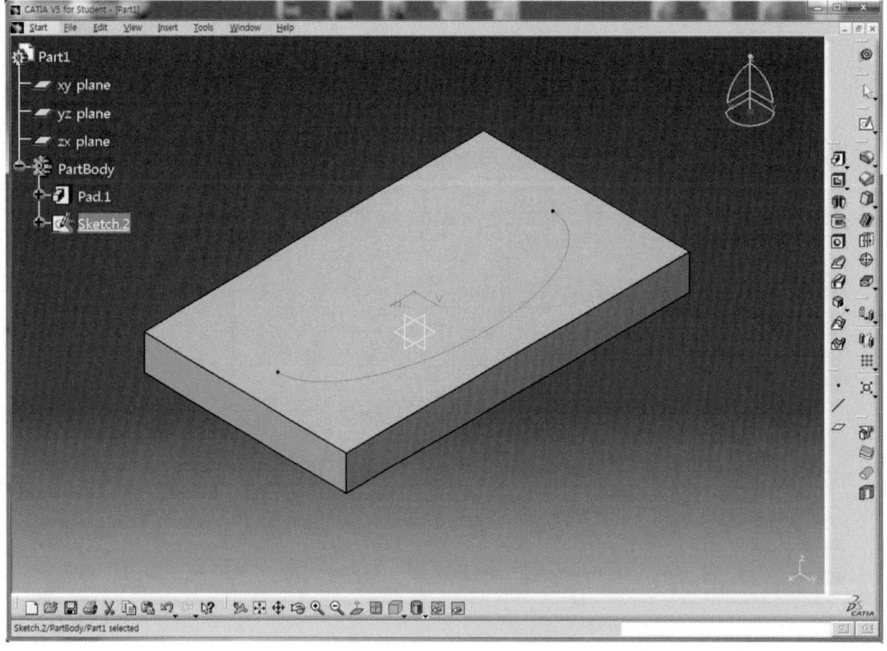

18 Shaft 아이콘 을 클릭한 후 한쪽 부분의 회전체를 생성시키기 위해 First Angle 영역에 180deg를 입력한 후 Preview 버튼을 클릭하여 미리보기 한다.

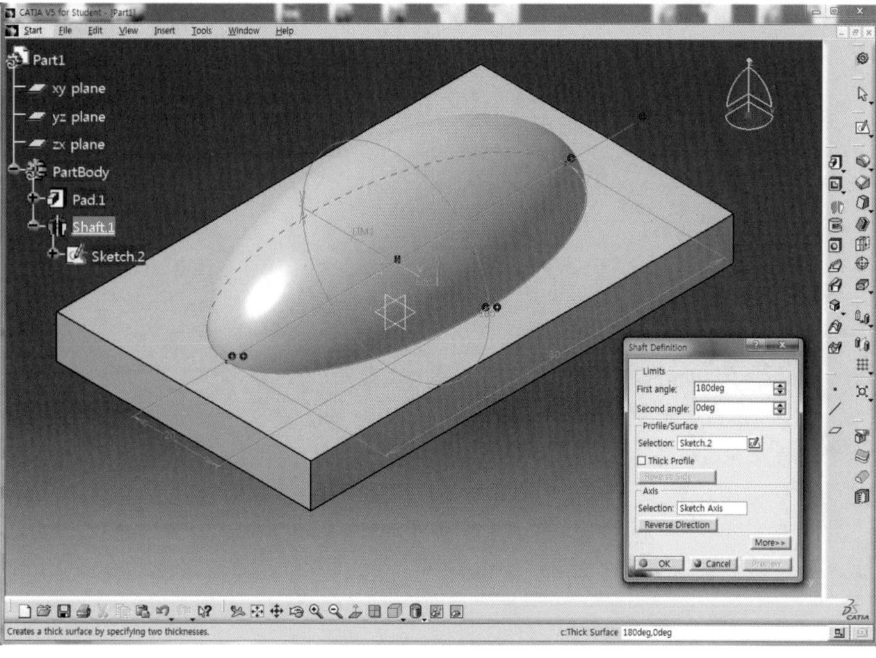

REFERENCE

만약 화살표 방향이 잘못 적용되면 아래 그림과 같이 아래쪽에 회전체가 생성되므로 회전체 생성 방향에 유의한다.(방향 전환을 위해서는 화살표를 클릭하거나 대화상자의 Reverse Direction 버튼을 클릭한다.)

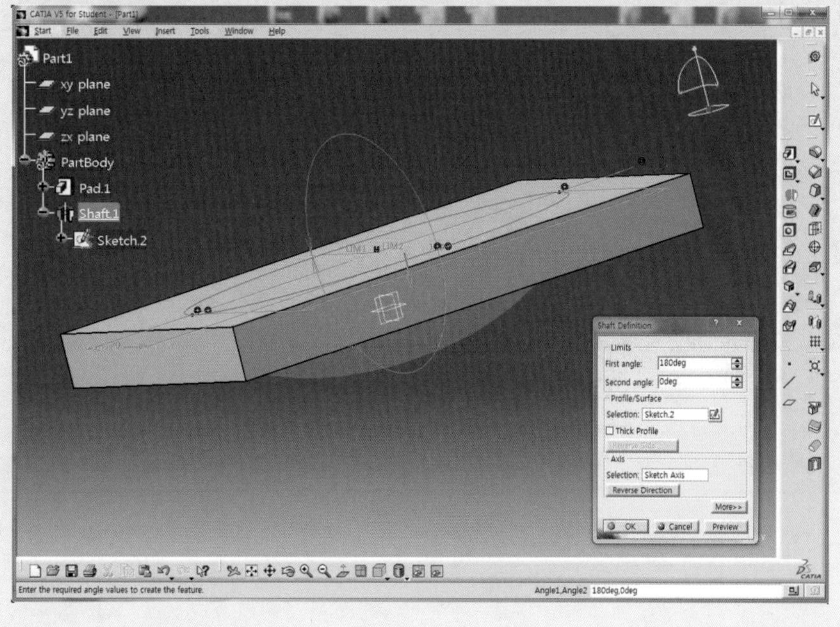

19 OK 버튼을 클릭하여 180° 회전체의 Solid를 생성한다.

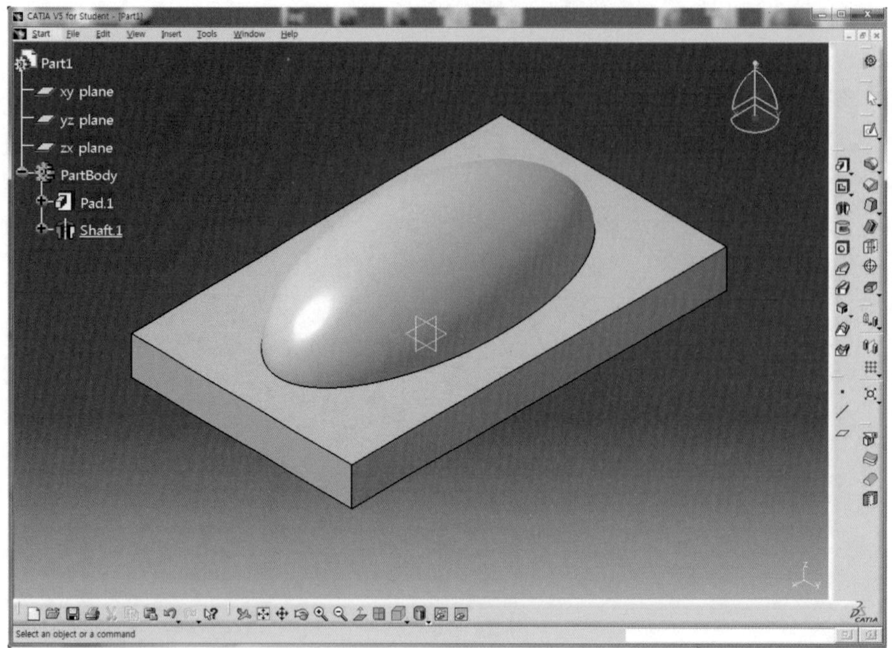

20 Sketch 아이콘 을 클릭하고 zx Plane을 선택하여 Sketch Mode로 전환한다.

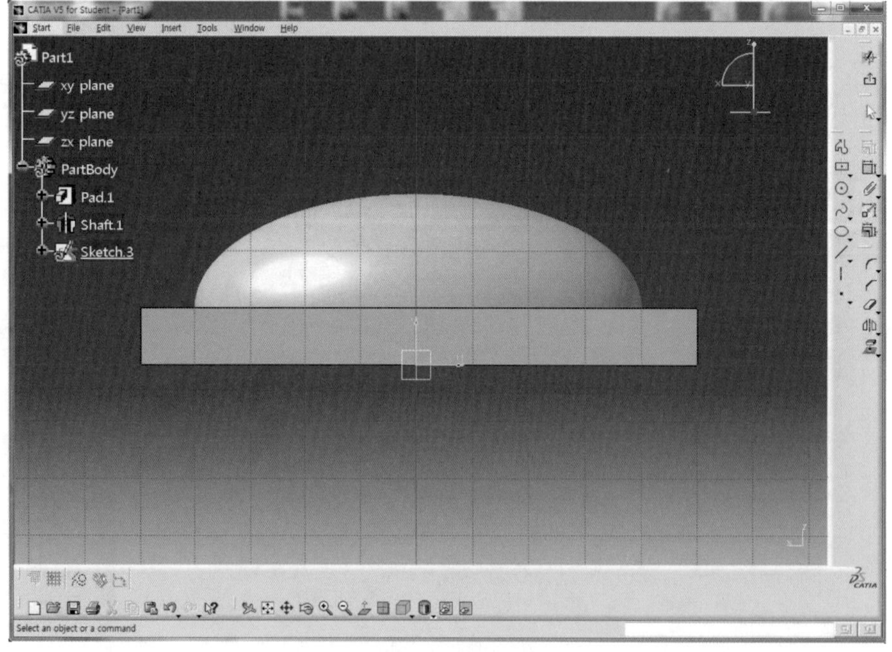

21 Three Point Arc Starting With Limits 아이콘 을 클릭한 후 Arc의 끝점을 클릭하고 중심점을 위쪽 방향으로 향하도록 마우스로 아래쪽 위치를 클릭하여 오목한 호를 생성한다.

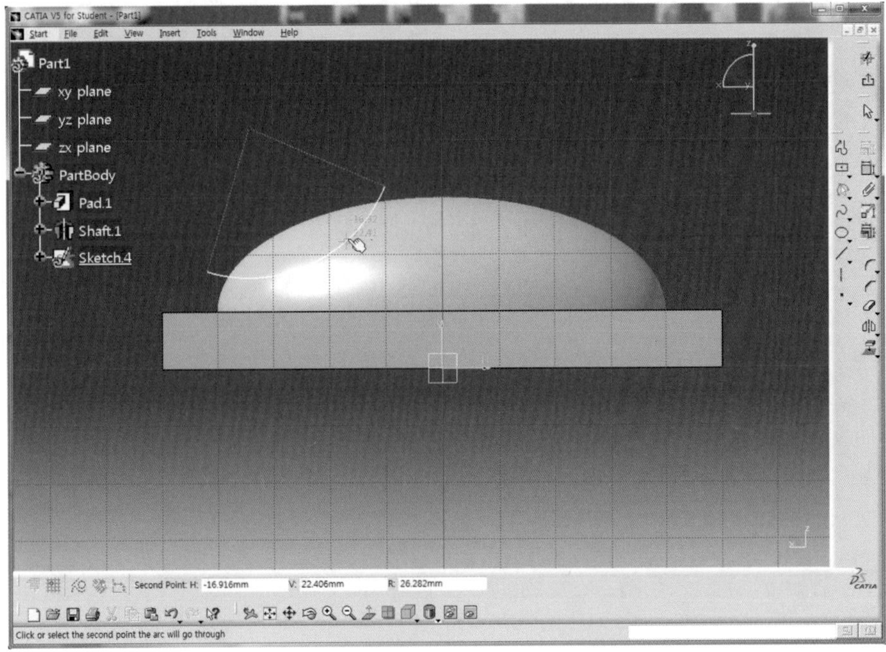

22 Profile 아이콘 을 클릭하여 오른쪽과 같은 연속된 직선을 Sketch한다.

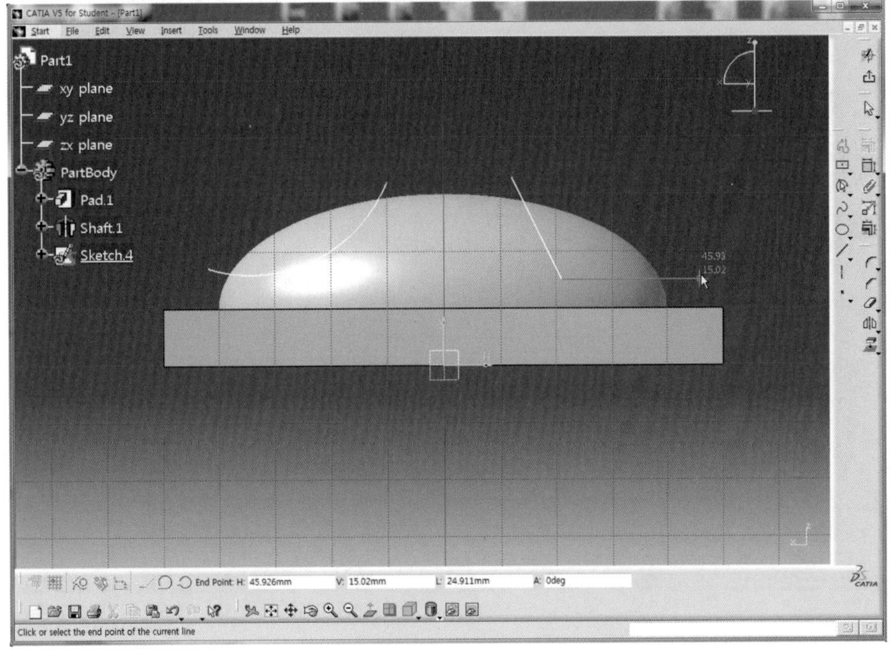

23 Constraint 아이콘 을 더블클릭하고 치수를 구속시킨다.

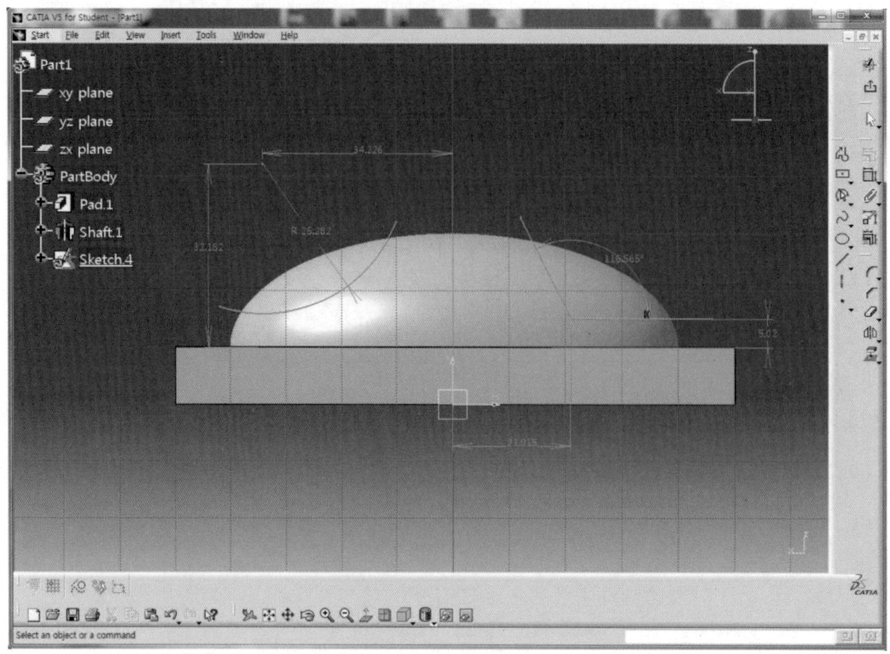

24 각 치수를 더블클릭하여 도면을 참고하여 정확한 치수(L50, L40, L15, L5, R45, 120°)를 적용한다.

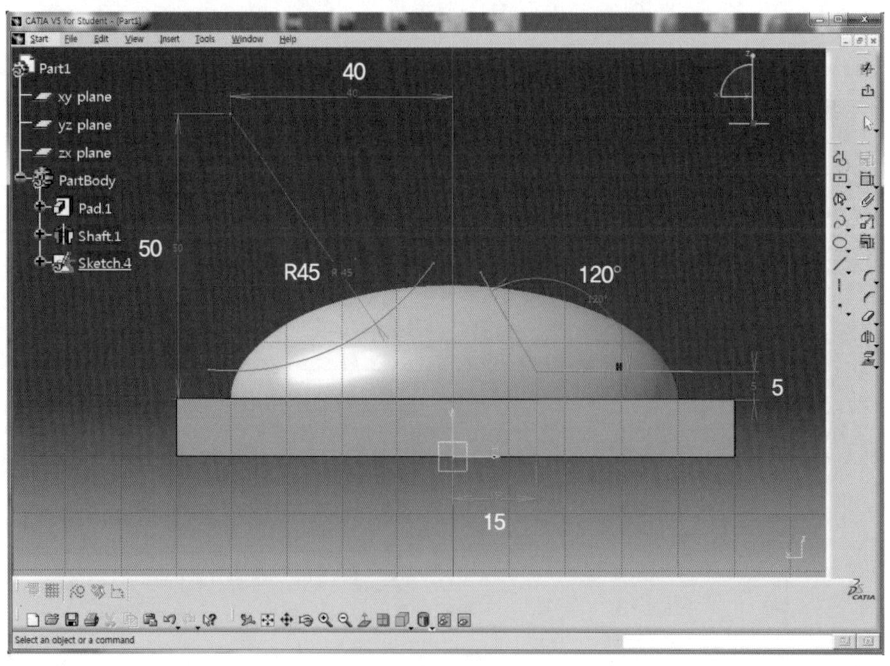

도면 치수와 차이가 많이 나도록 Sketch했을 경우, 치수를 적용하면 형상이 많이 변형이 되므로 가능한 도면 치수와 유사한 크기로 Sketch할 것을 권장한다.(Arc가 Solid에서 지나치게 많이 연장되었다면 Arc의 끝점에 마우스를 위치시키고 드래그시켜 Solid를 감싸는 정도로 줄여준다.)

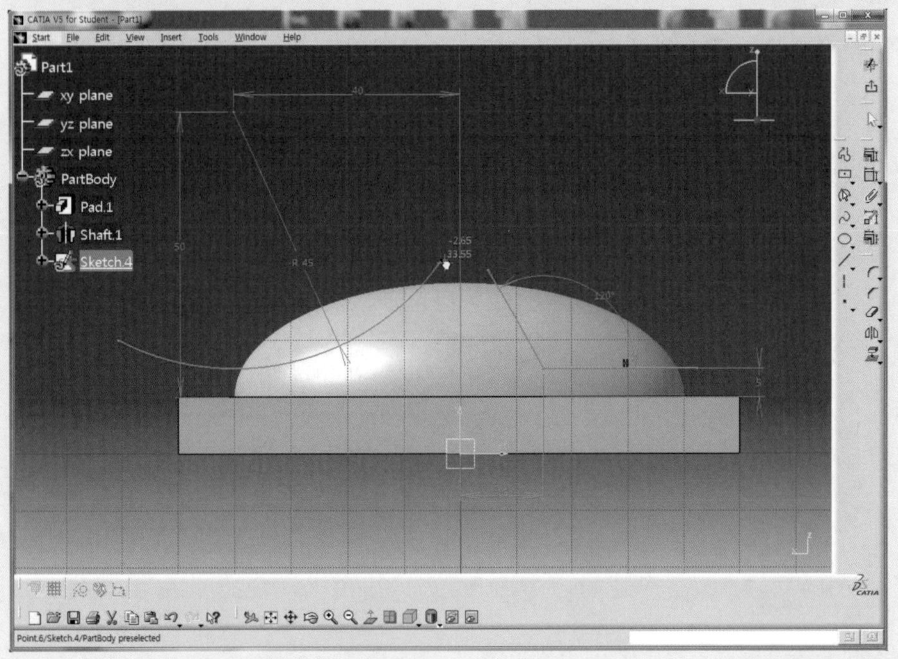

25 Exit workbench 아이콘 을 클릭하여 3D Mode로 전환한다.

26 Workbench 도구막대의 Part Design 아이콘 을 클릭한 후 Wireframe and Surface Design 아이콘 을 클릭하여 Surface Mode로 전환한다.

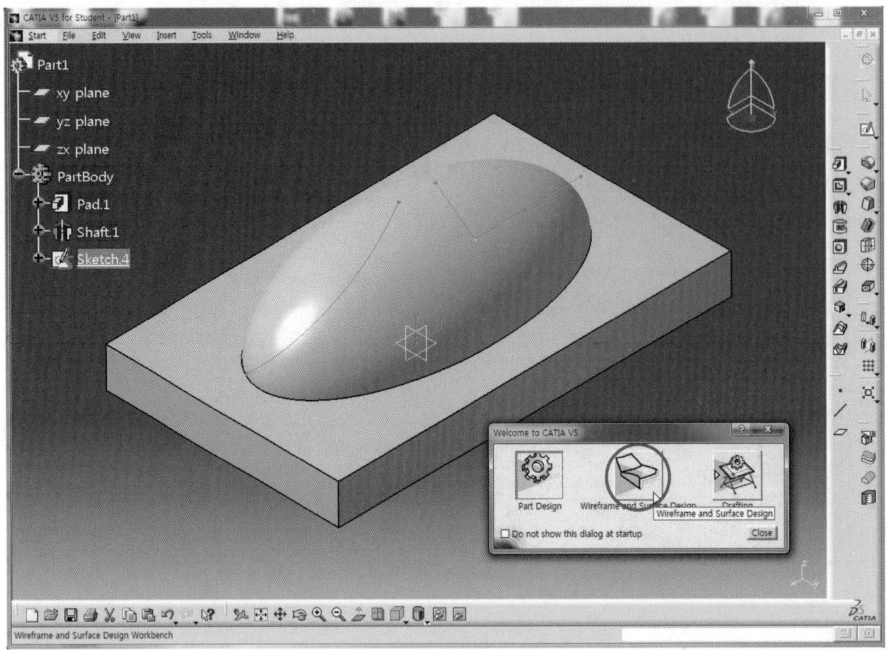

27 Extrude 아이콘 을 클릭한다.

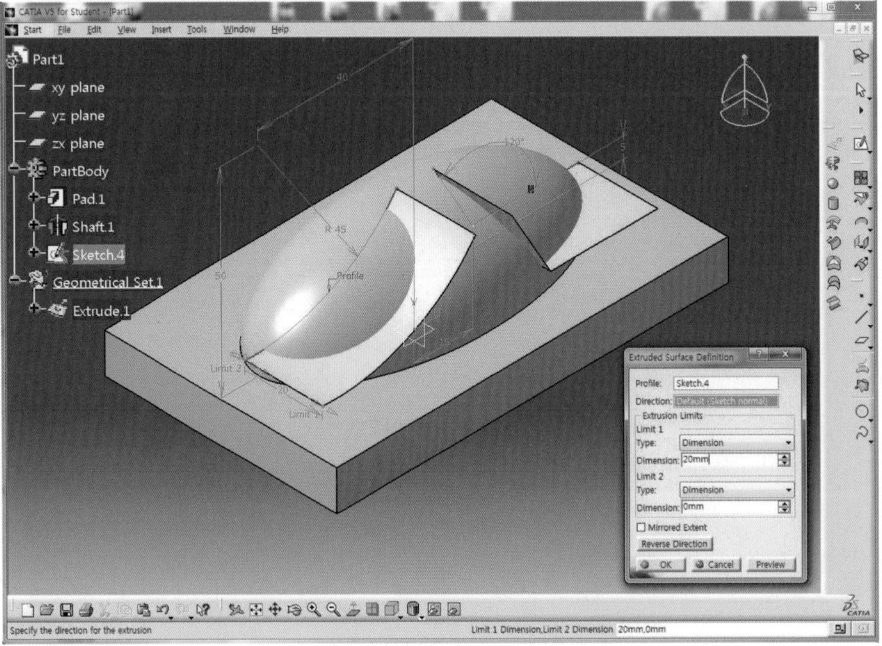

28 마우스 휠 버튼과 오른쪽 버튼을 동시에 누른 상태에서 드래그하여 Model을 회전시킨다.

29 Surface의 끝점에 Limit 1(1)과 Limit 2(2)의 화살표를 드래그하여 Solid가 완전히 감싸지도록 연장한다.(여기서 Model을 회전시키지 않으면 뒷부분의 Solid가 Surface로 완전히 감싸지는지 확인하기가 어렵다.)

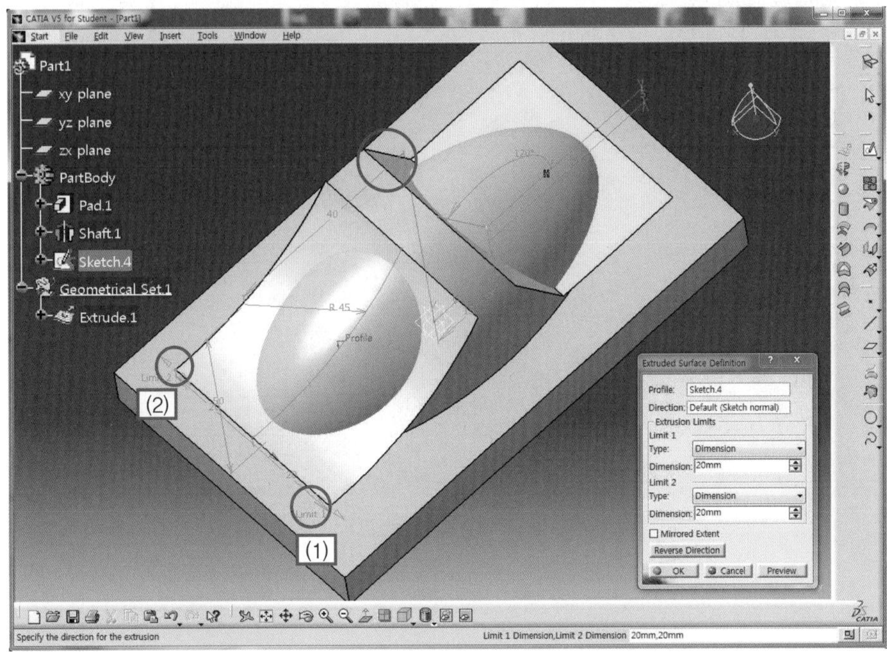

30 Isometric View 아이콘 을 클릭하여 등각뷰로 전환한다.

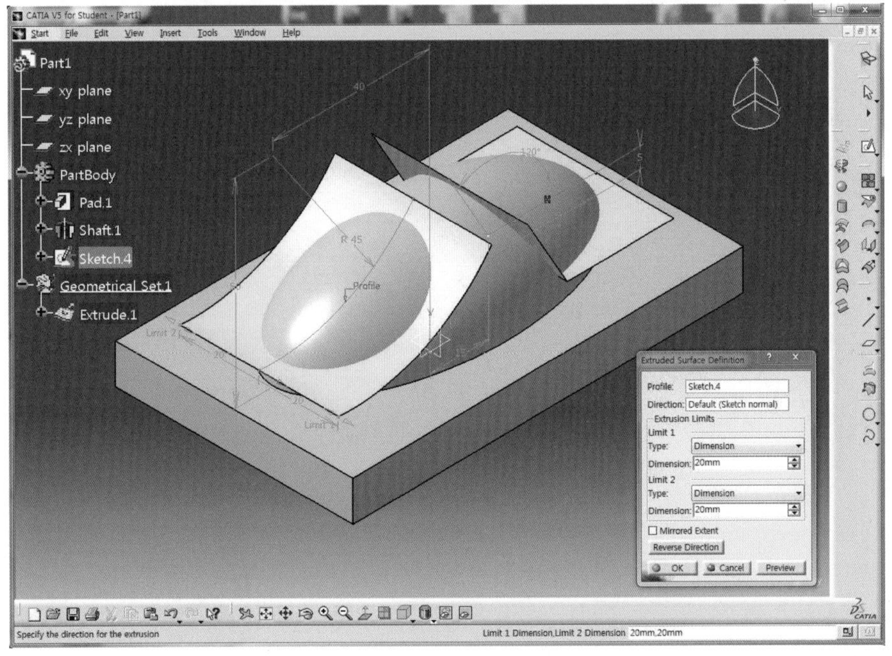

31 OK 버튼을 클릭하면 Multi－Result Management 대화상자가 나타나는데, 2개의 Surface를 모두 생성시키기 위해서 Keep all the sub－elements를 체크하고 OK 버튼을 클릭한다.

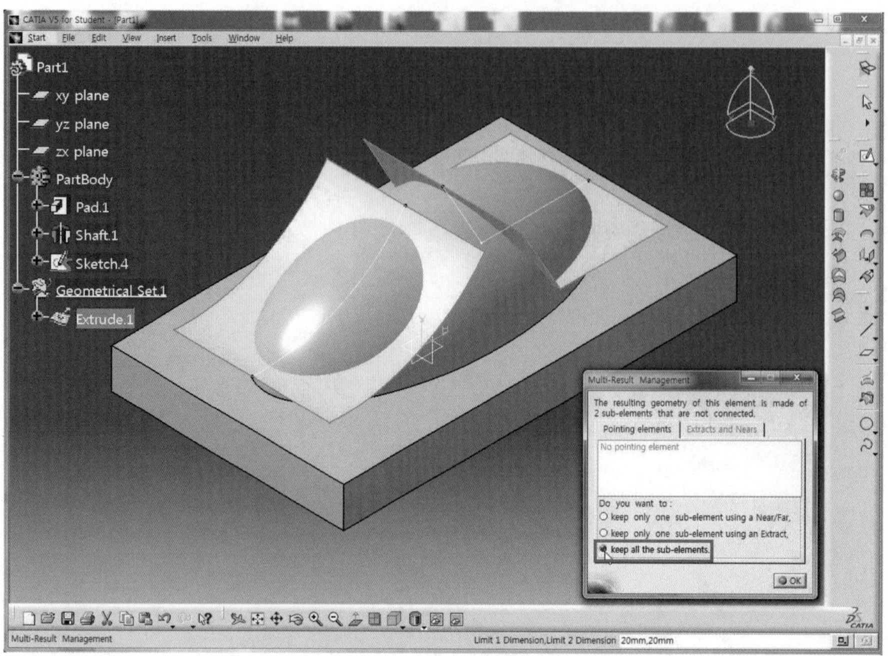

REFERENCE

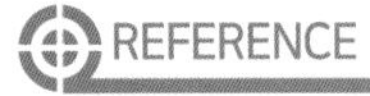

keep only one sub−element using a Near/Far를 체크하고 OK 버튼을 클릭하면 아래와 같이 Near/Far Definition 대화상자가 나타난다. Near를 선택한 후 Reference element 영역을 체크하고 옆면을 선택하면 선택한 옆면과 가까운 Surface만 생성된다.

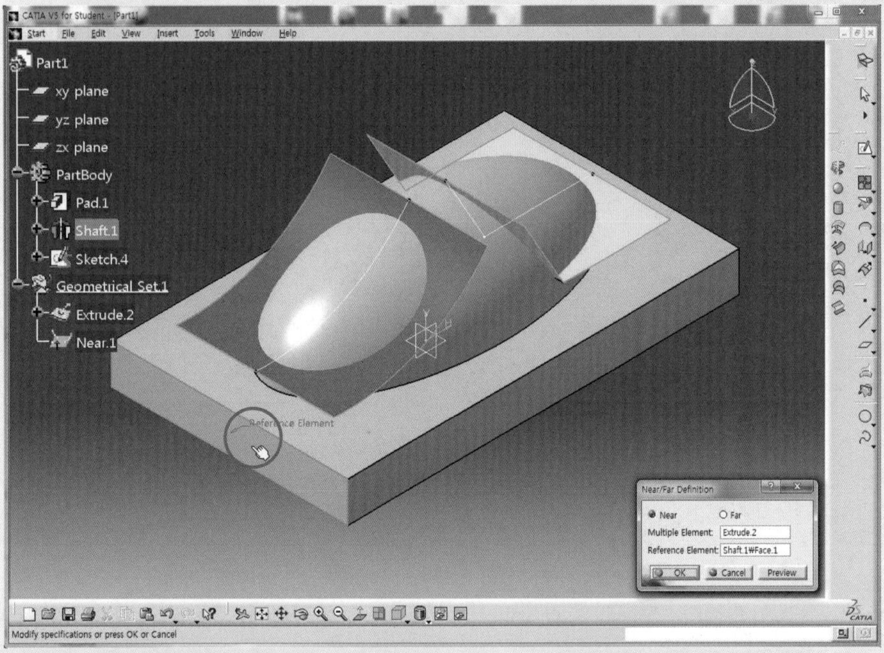

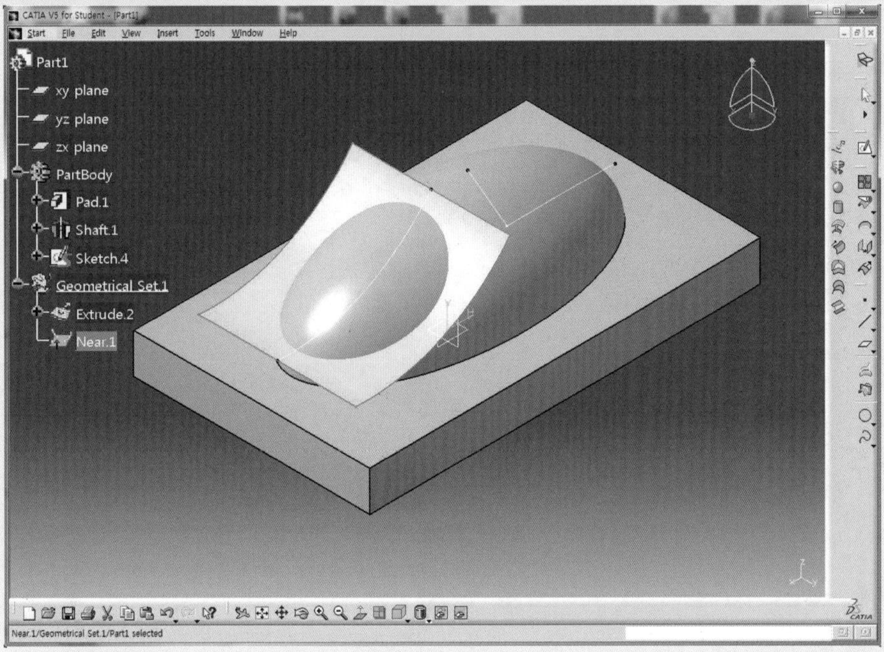

32 Workbench 도구막대의 Wireframe and Surface Design 아이콘 을 클릭한 후 Part Design 아이콘 을 클릭하여 Solid Mode로 전환한다.

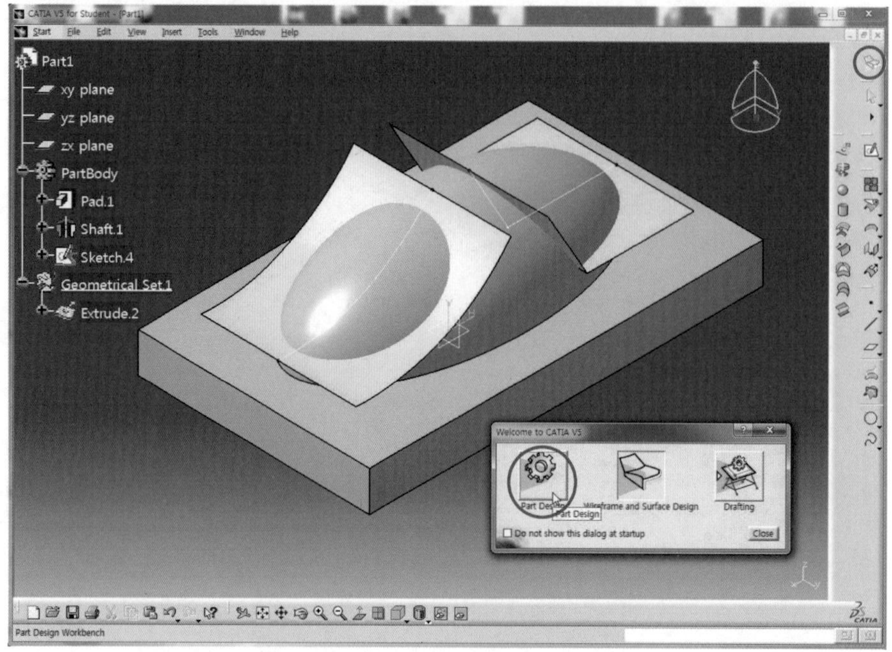

33 Surfaced-Based Feature 도구막대의 Split 아이콘 을 클릭한다. Warning 대화상자가 나타나면 확인 버튼을 클릭한다.

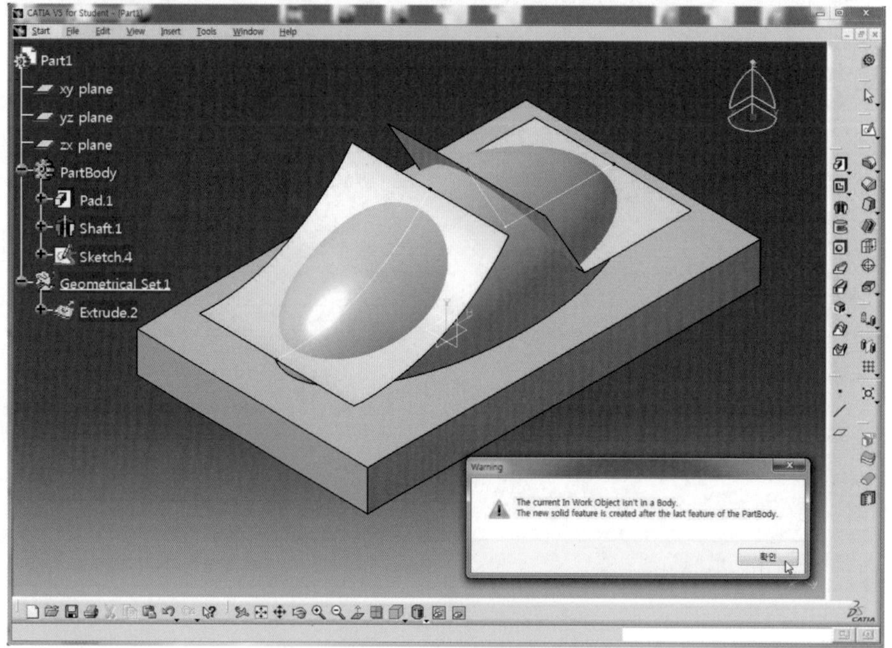

REFERENCE

Warning 창이 나오지 않도록 하기 위해서는 Tree를 먼저 볼 필요가 있다.

- Tree에는 PartBody와 Geometrical Set.1이 생성되었고 그 하부에 Modeling 과정이 순서대로 기록되어 있다.
- 두 영역 중에 Geometrical Set.1 아래에 밑줄이 있는 것을 볼 수 있는데, 밑줄 영역이 Current 영역이다. Split을 적용할 대상은 Solid의 PartBody이므로 Current를 전환해야 한다.
- 즉, PartBody를 선택한 후 마우스 오른쪽 버튼을 클릭하여 Define In Work Object를 선택한다.

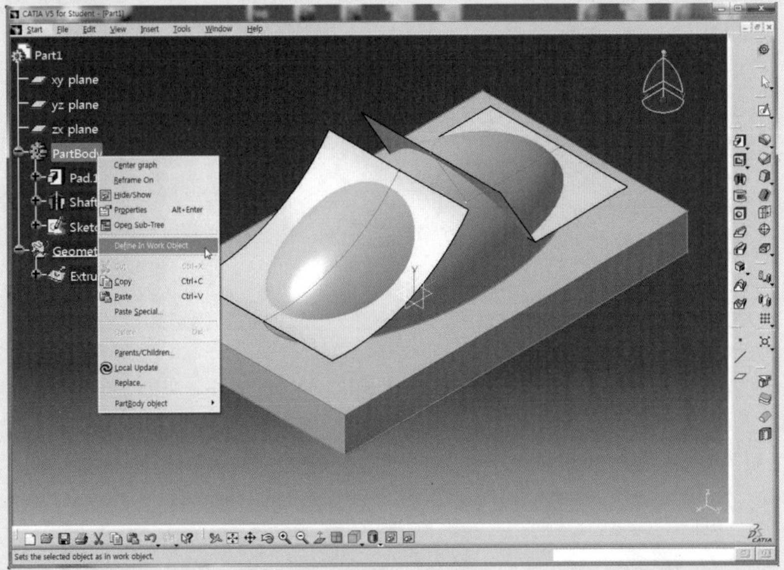

- 이렇게 하면 Current가 PartBody로 전환되어 밑줄이 표시된 것을 확인할 수 있다.

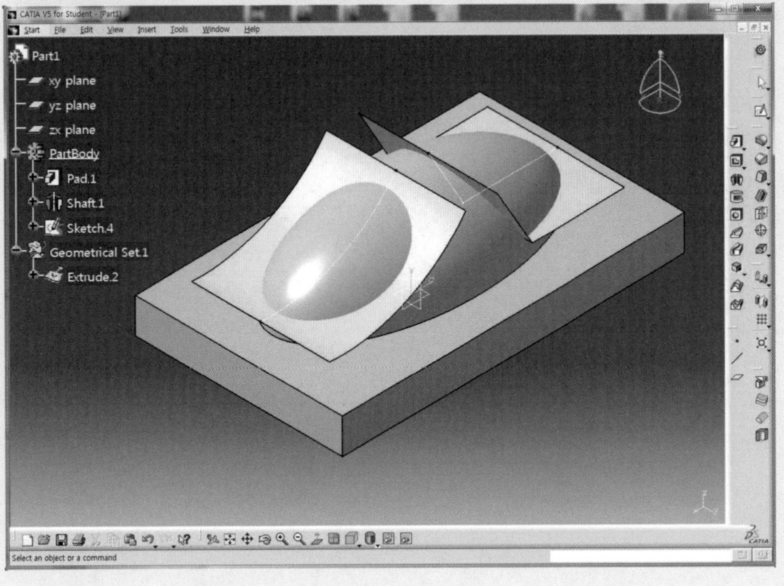

• 이제 Split 아이콘 을 클릭하면 Warning 창이 뜨지 않는 것을 볼 수 있다.

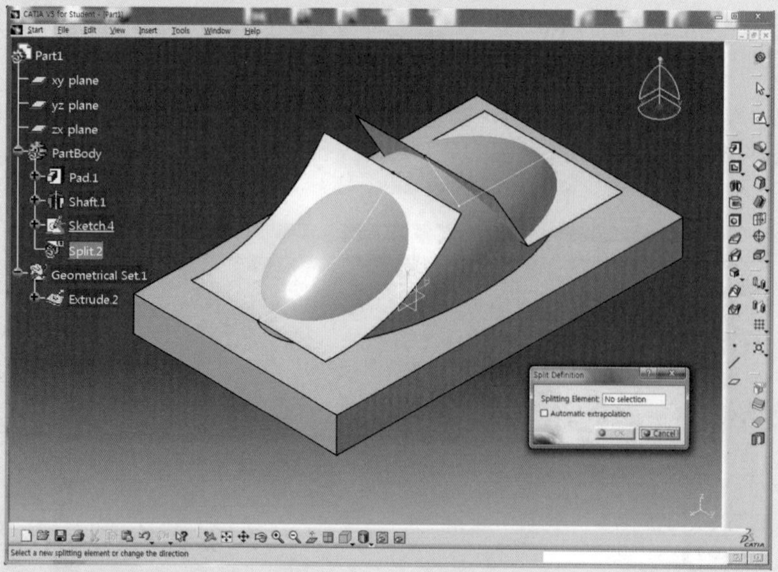

• 현재, 저자의 CATIA 환경이 Wireframe과 Surface 요소가 생성될 때 Tree에 Geometrical Set.1을 생성한 후 그 아래에 Point, Line, Plane 등이 위치하도록 "In a geometrical set"가 선택되었다.
• 확인해 보기 위해 Tools–Options를 선택한다.

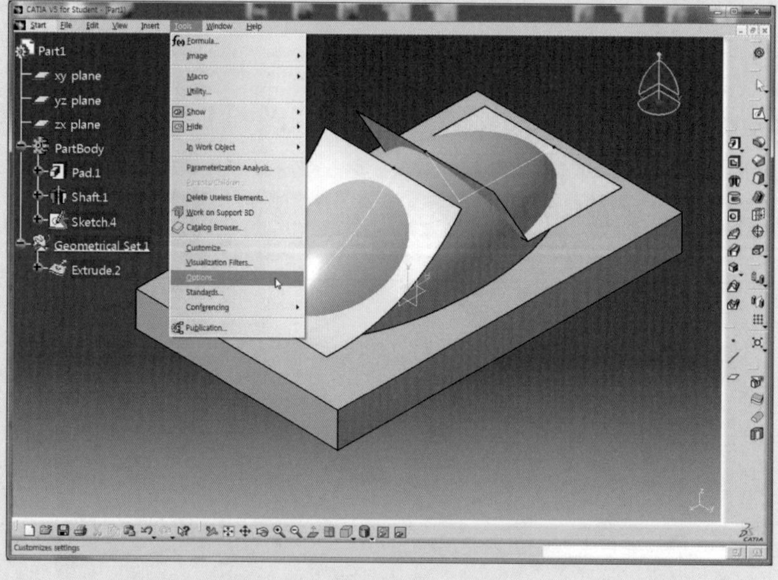

• Infrastructure → Part Infrastructure → Part Document 탭 → Hybrid Design 영역을 확인한다.

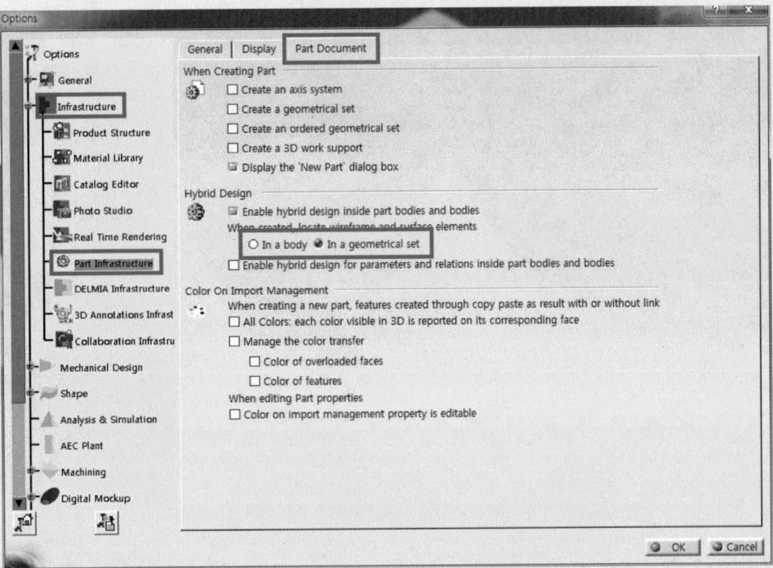

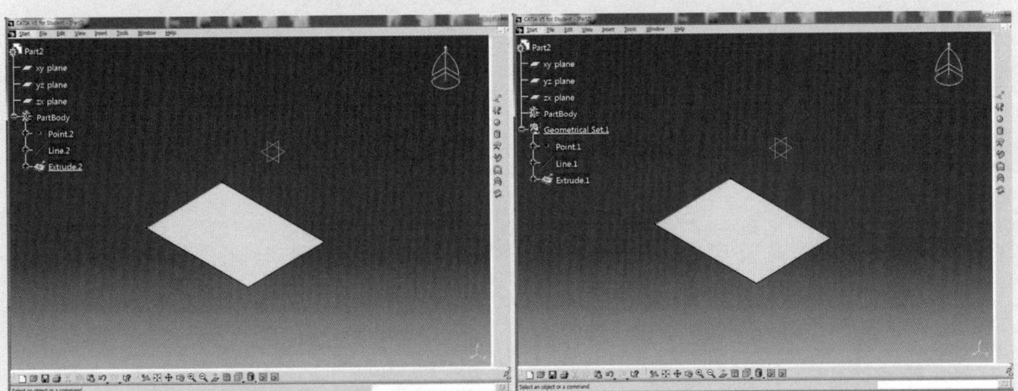

"In a body"를 선택할 경우 Tree 영역

"In a geometrical set"를 선택할 경우 Tree 영역

34 Split Definition 대화상자가 나타나면 Surface를 선택한다. 화살표 방향이 남기고자 하는 방향이므로 화살표가 반대방향으로 되었으면 화살표를 클릭하여 방향을 전환하고 OK 버튼을 클릭한다.

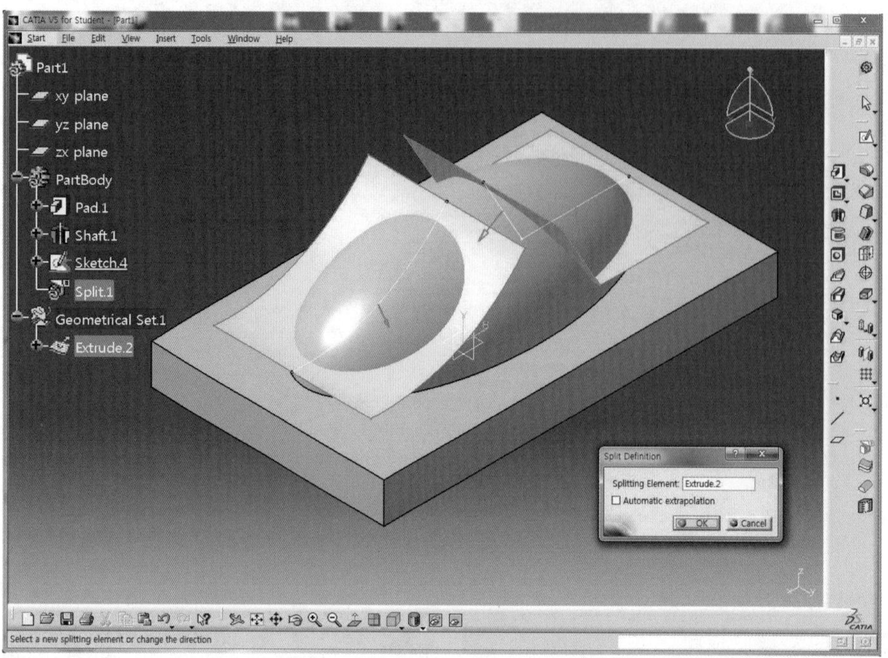

REFERENCE

모델링 중에 Split를 적용할 때 아래와 같은 에러가 발생하는 경우가 발생하는데, 해결방법에 대해 알아보기로 한다.

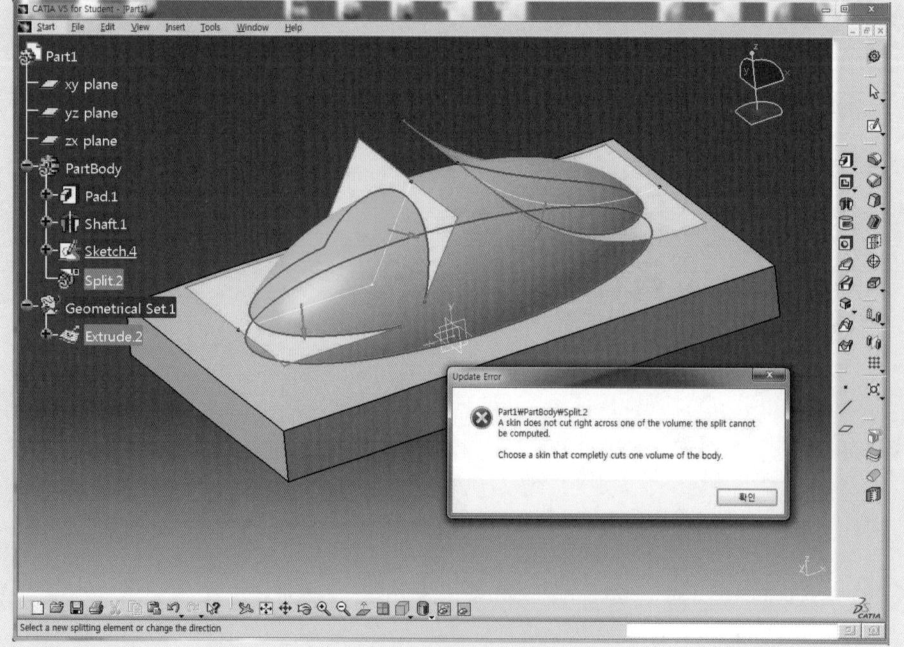

• Surface Mode에서 Extrude 명령어를 적용하여 Surface를 생성할 때 Surface가 Solid를 완전히 감싸지 않게 생성할 경우에 에러가 발생한다.

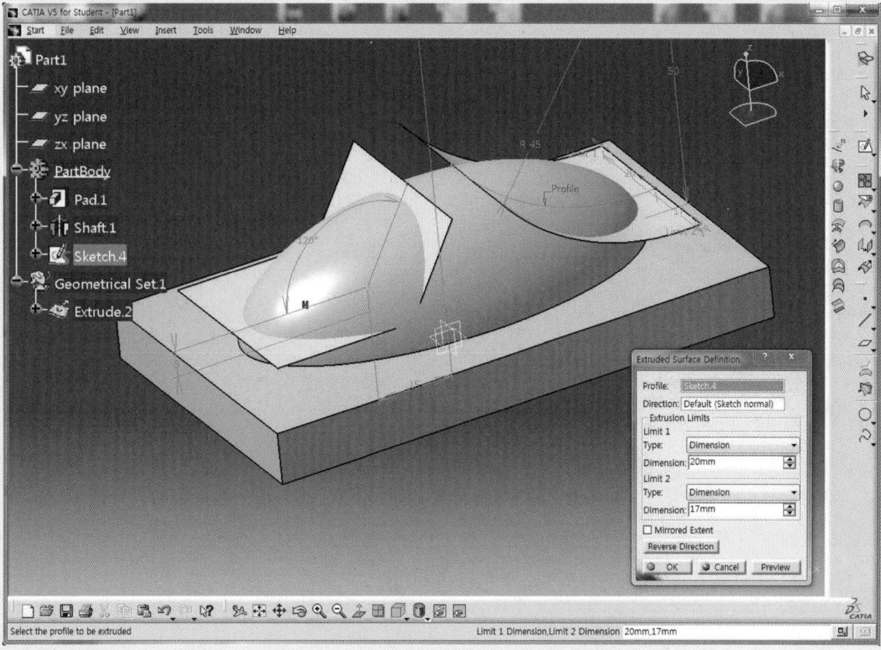

• 이와 같은 경우에는 Tree의 Extrude나 작업영역의 Surface를 더블클릭한다.
• Surface의 끝점의 Limit 화살표를 드래그시켜 Solid를 완전히 감싸도록 하고 OK 버튼을 클릭한다.
• 이와 같이 수정한 후에 Split 명령어로 자르기 하면 정상적으로 명령어가 실행된다.

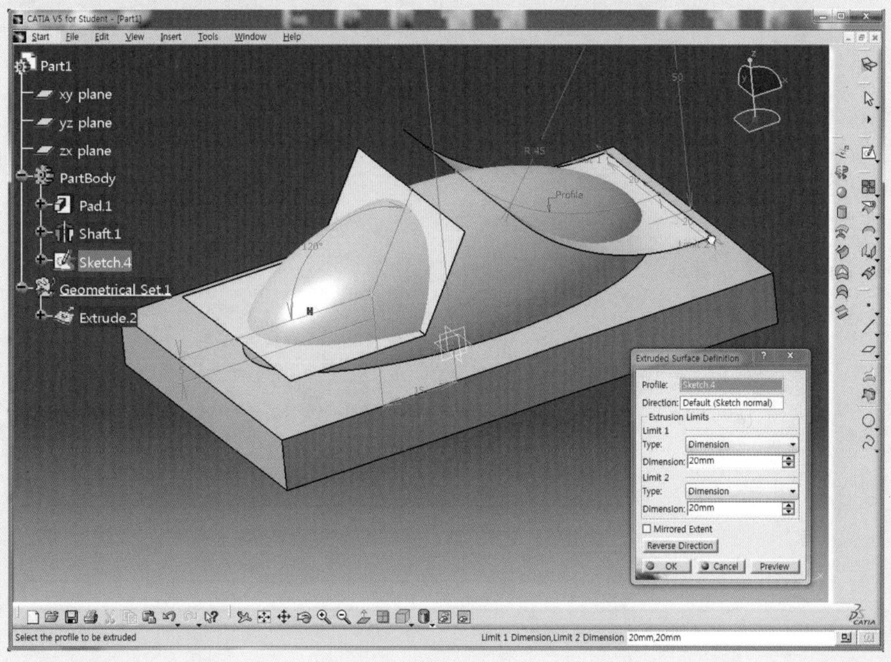

35 Surface를 경계로 Solid의 윗부분이 제거되었다.

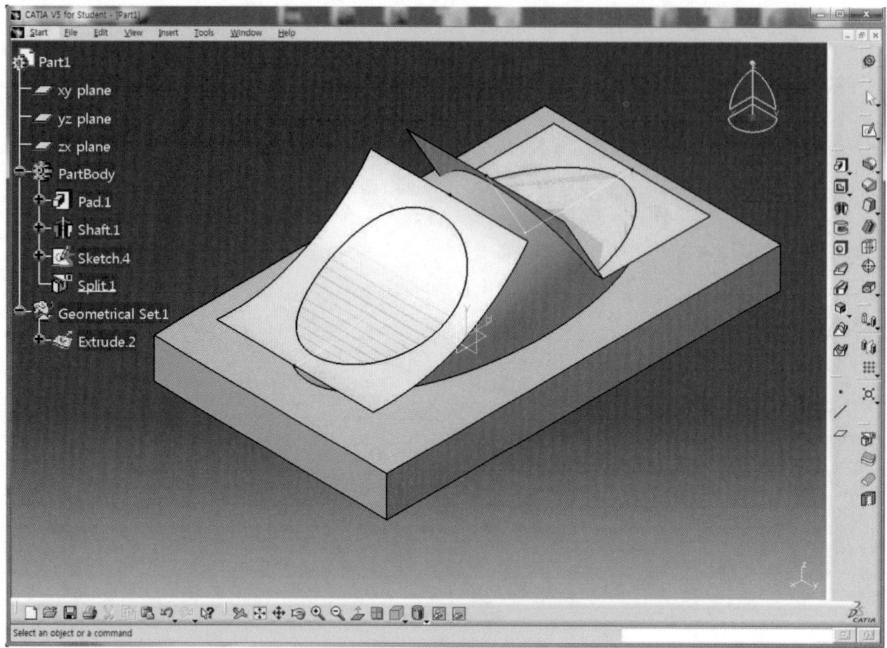

36 Ctrl 버튼을 누른 상태에서 Tree에서 Sketch와 Extrude를 선택한 후 마우스 오른쪽 버튼을 클릭하고 Hide/Show를 선택하여 숨기기 한다.

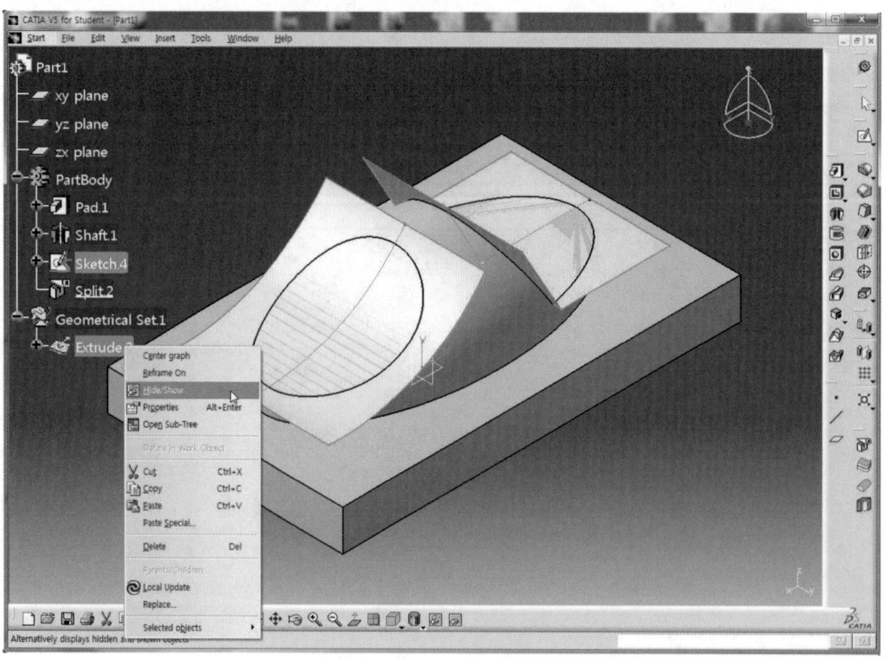

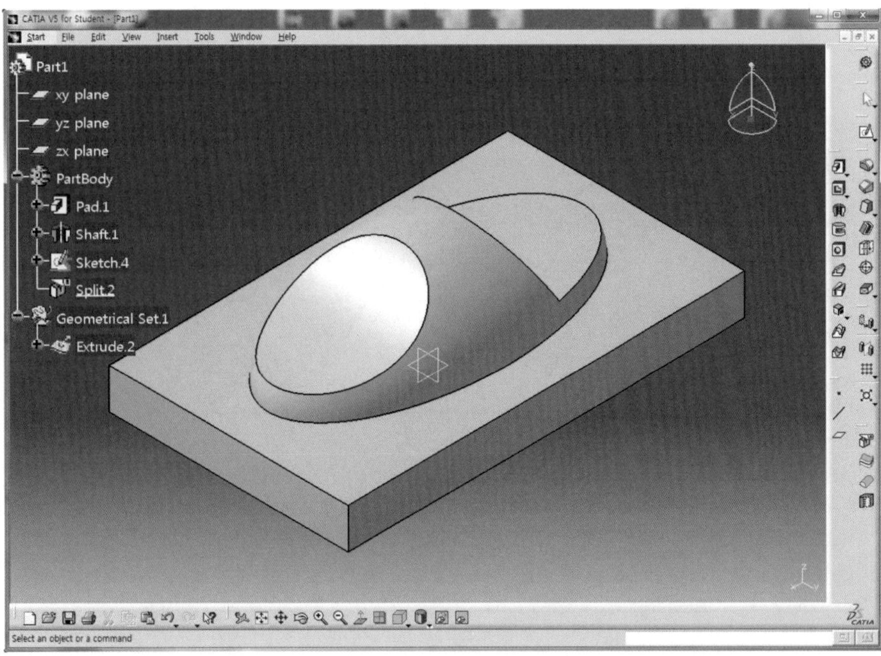

37 Sketch 아이콘 을 클릭하고 zx Plane을 선택하여 Sketch Mode로 전환한다.

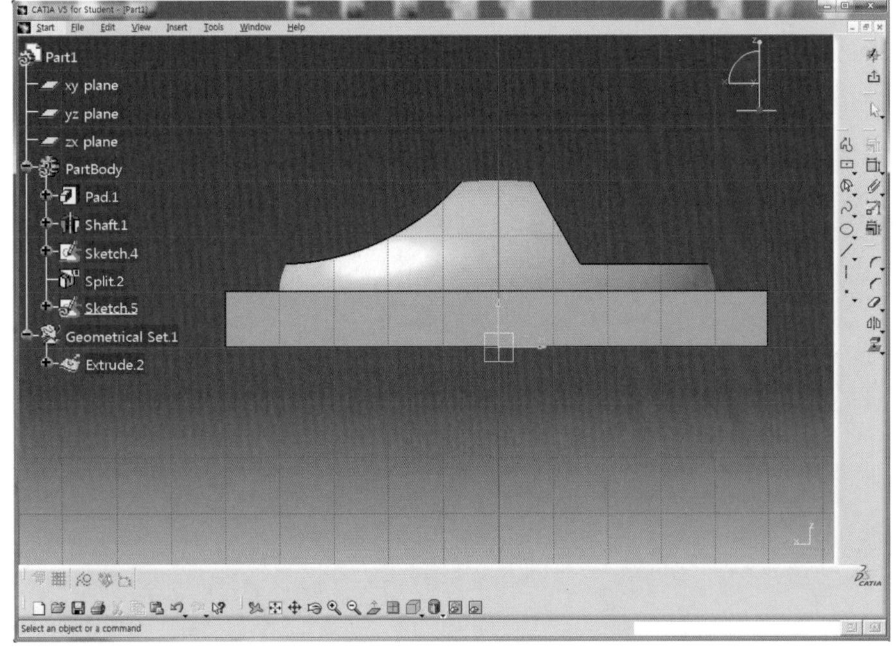

38 Axis 아이콘 을 클릭하여 Sketch한 후 Arc 아이콘 을 클릭하고 중심점과 양 끝점이 Axis 위에 위치하도록 임의의 호를 Sketch한다.

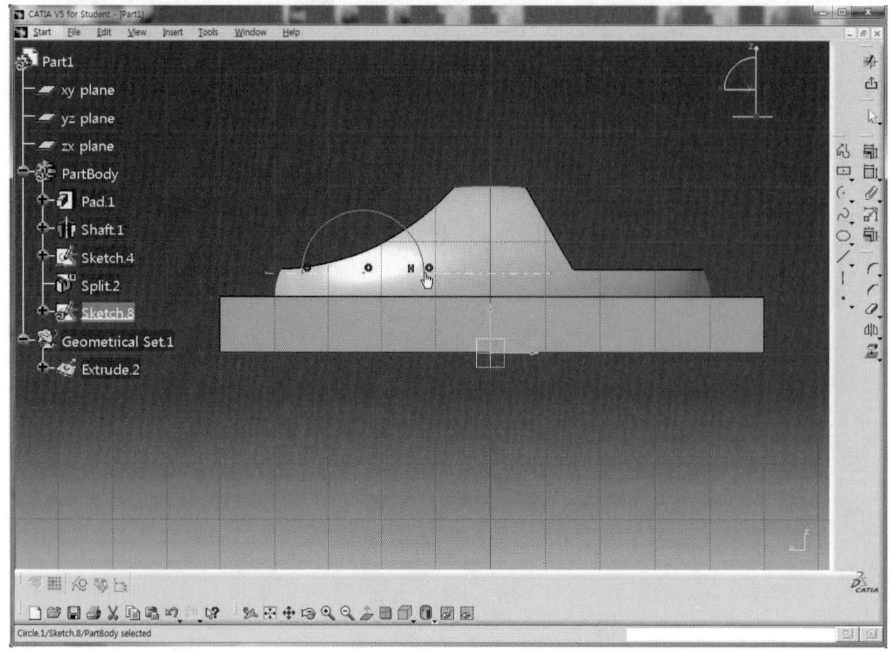

39 Constraint 아이콘 을 더블클릭하여 치수를 구속하고 각 치수를 더블클릭하여 정확한 치수(L20, L5, R13)를 적용한다.

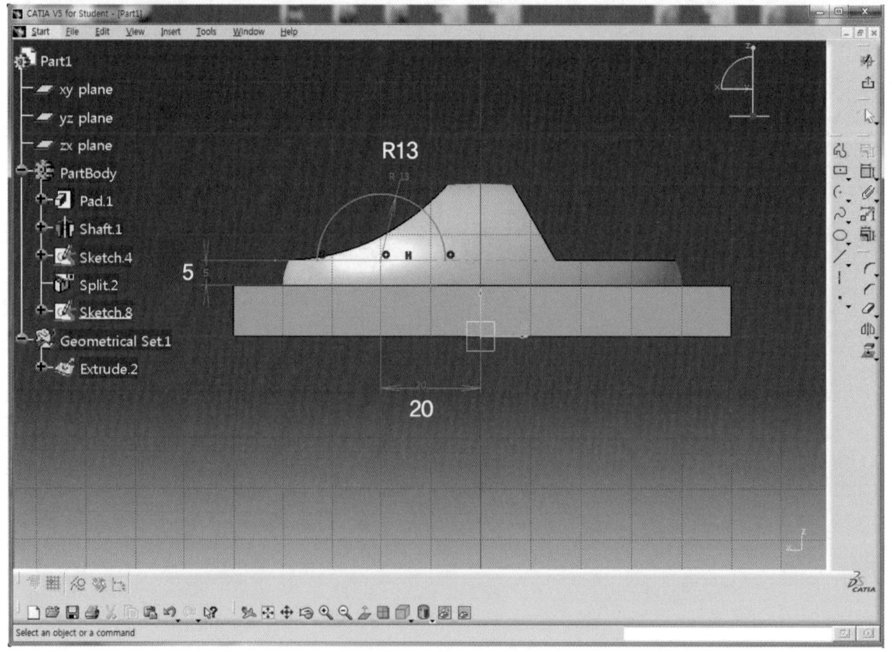

40 Exit workbench 아이콘 을 클릭하여 3D Mode로 전환한다.

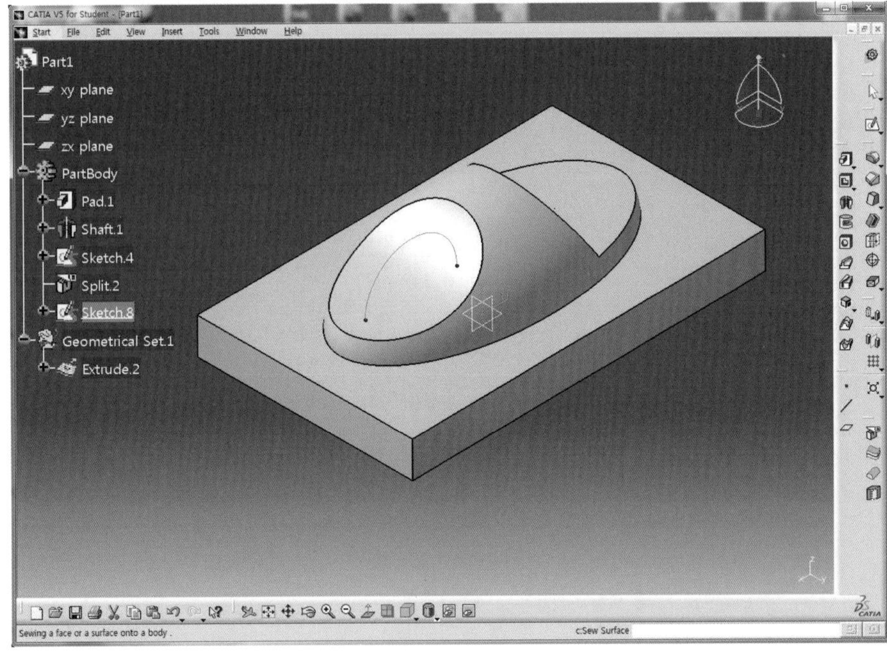

41 Shaft 아이콘 을 클릭하여 First Angle 영역과 Second Angle 영역에 각각 90deg를 입력한 후 Preview 버튼을 클릭하여 미리보기 한다.

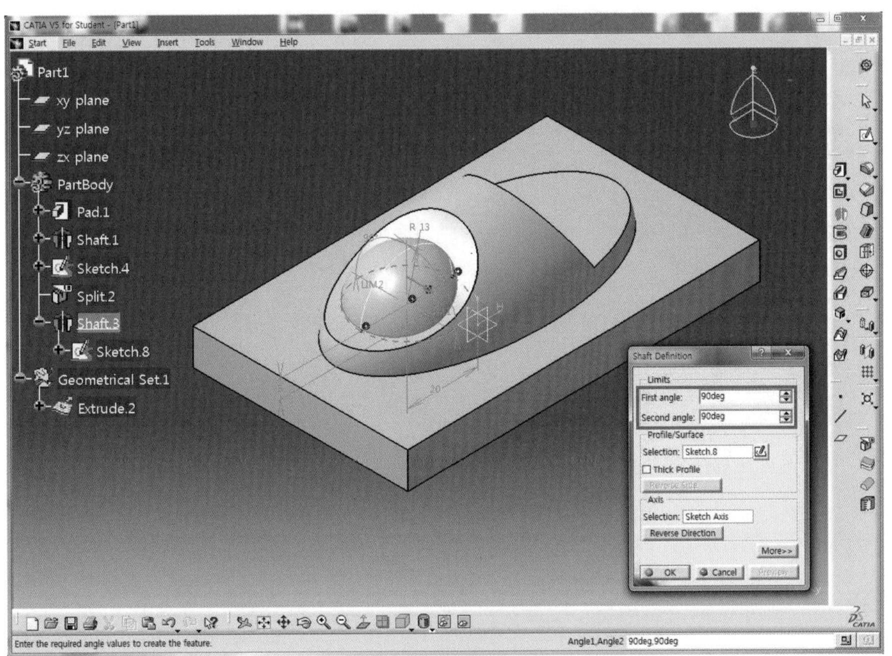

42 OK 버튼을 클릭하여 반구 회전체의 Solid를 생성한다.

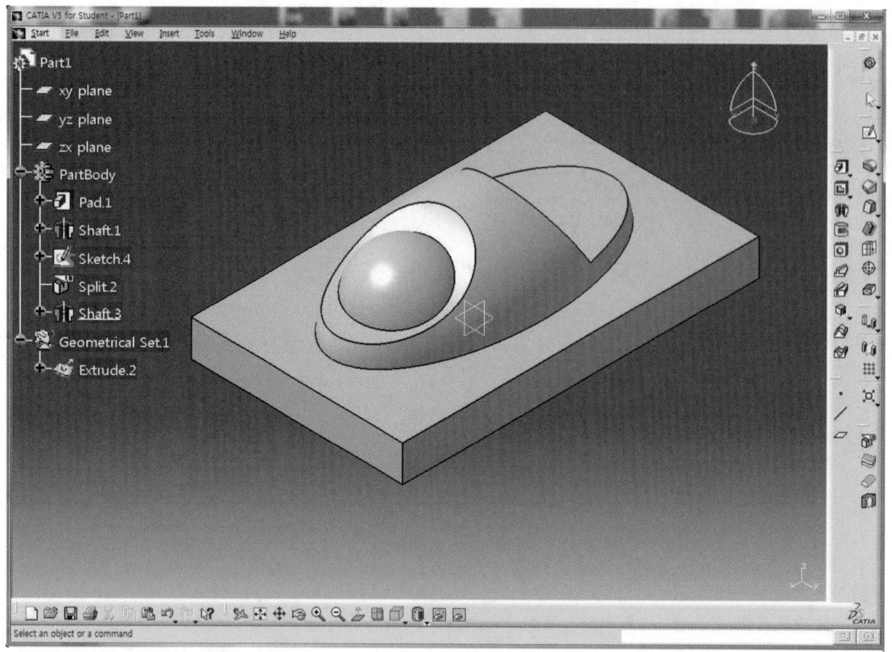

43 Sketch 아이콘 을 클릭하고 회전체 Solid의 평면을 선택하여 Sketch Mode로 전환한다.

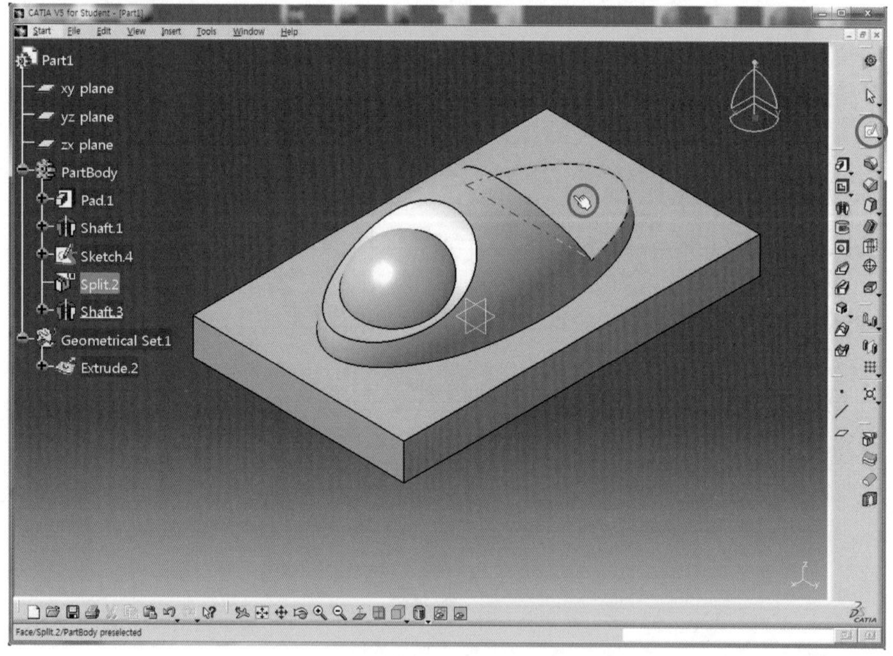

44 Circle 아이콘 을 클릭하고 Sketch한 후 Constraint 아이콘 을 더블클릭하여 치수를 구속하고, 각 치수를 더블클릭하여 정확한 치수(L27, D15)를 적용한다.

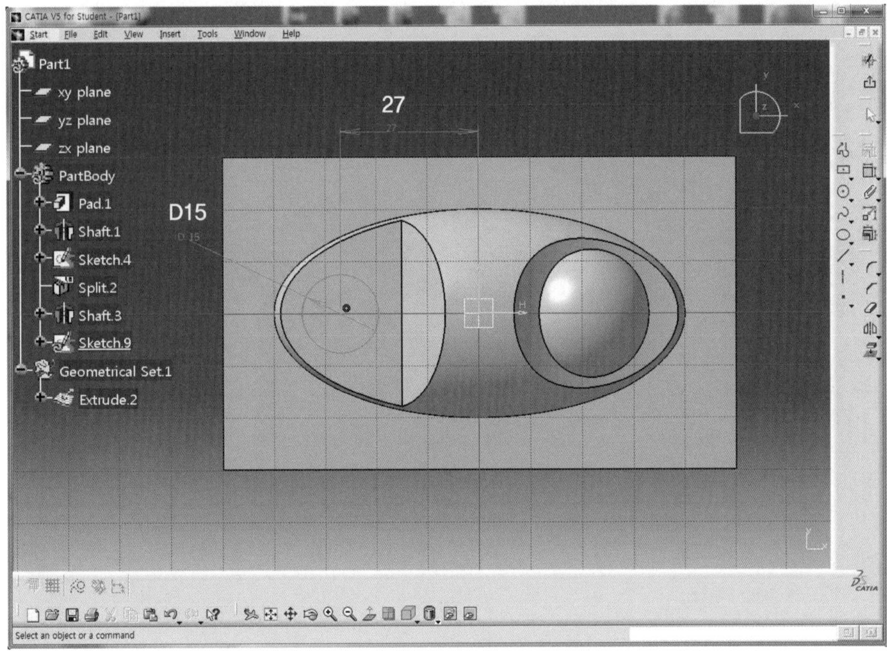

45 Exit workbench 아이콘 을 클릭하여 3D Mode로 전환한다.

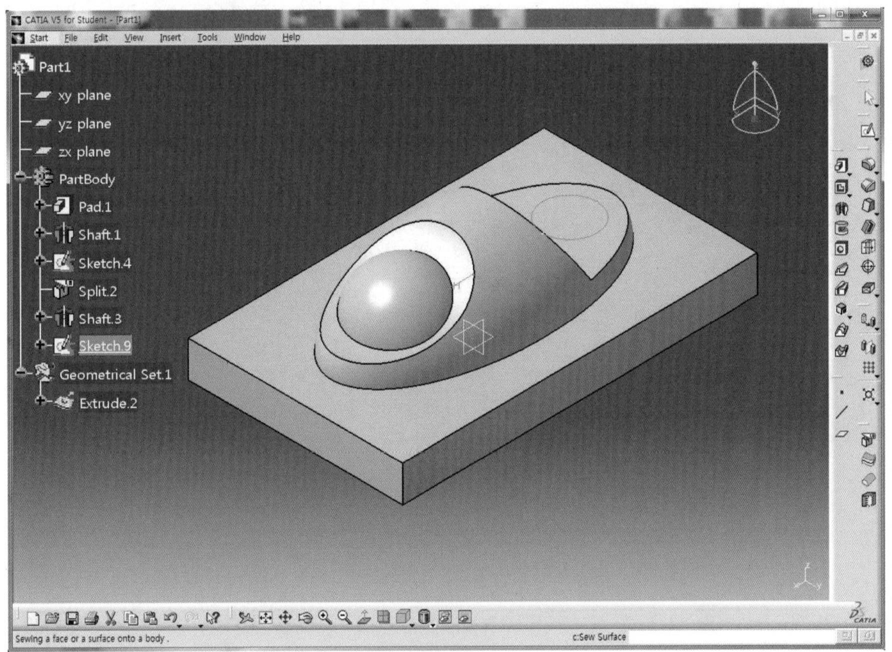

46 Pad 아이콘 을 클릭하여 Length 영역에 10mm를 입력한 후 Preview 버튼을 클릭하여 미리보기 한다.

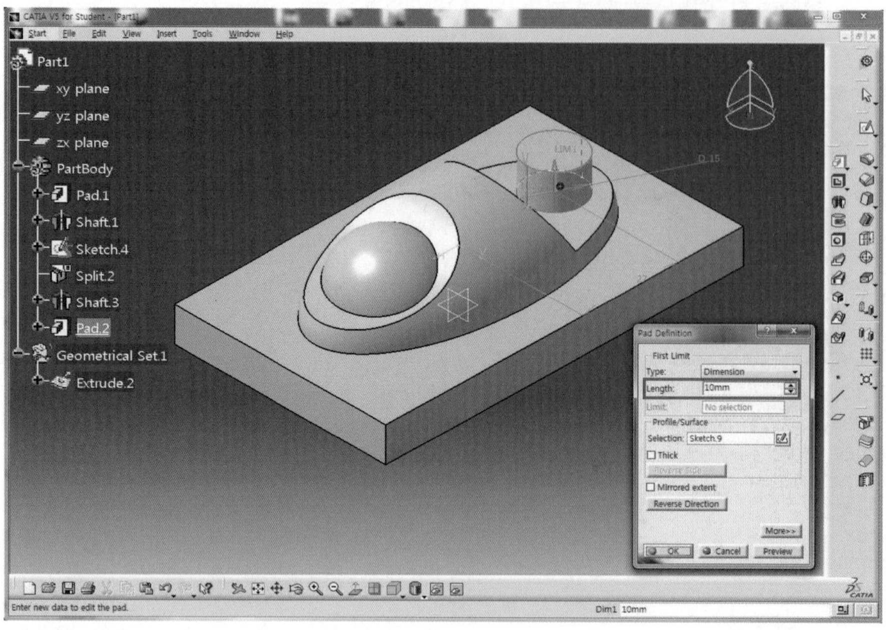

47 OK 버튼을 클릭하여 원기둥의 Solid를 생성한다.

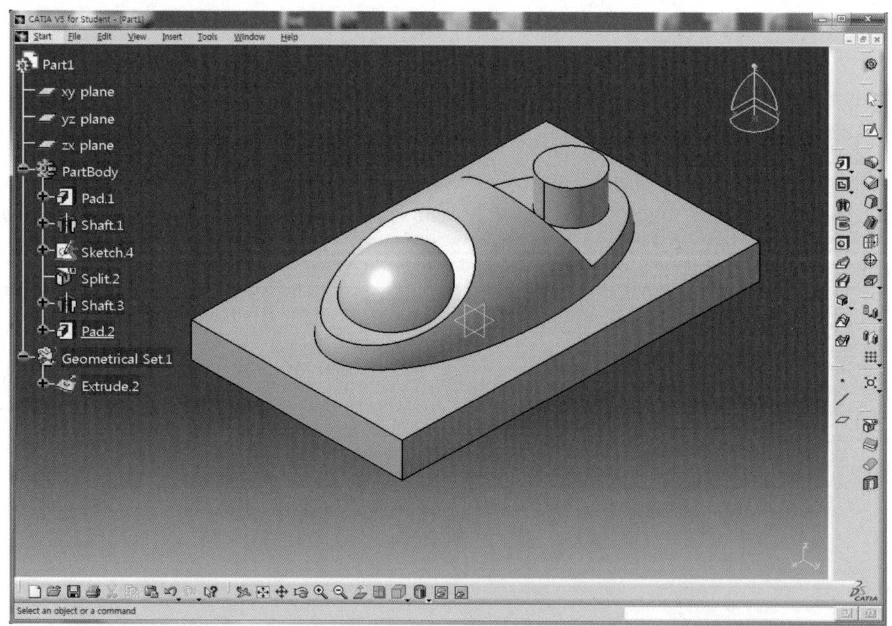

48 Draft Angle 아이콘 을 클릭하고 Draft Definition 창이 나타나면 Angle 영역에 10deg를 입력한다.

49 Face(s) to draft 영역을 클릭하고 원기둥의 원주면을 선택한 후 Neutral Element의 Selection 영역을 클릭하고 원기둥의 바닥면을 선택한다.

50 Preview 버튼을 클릭하여 미리보기 한다.

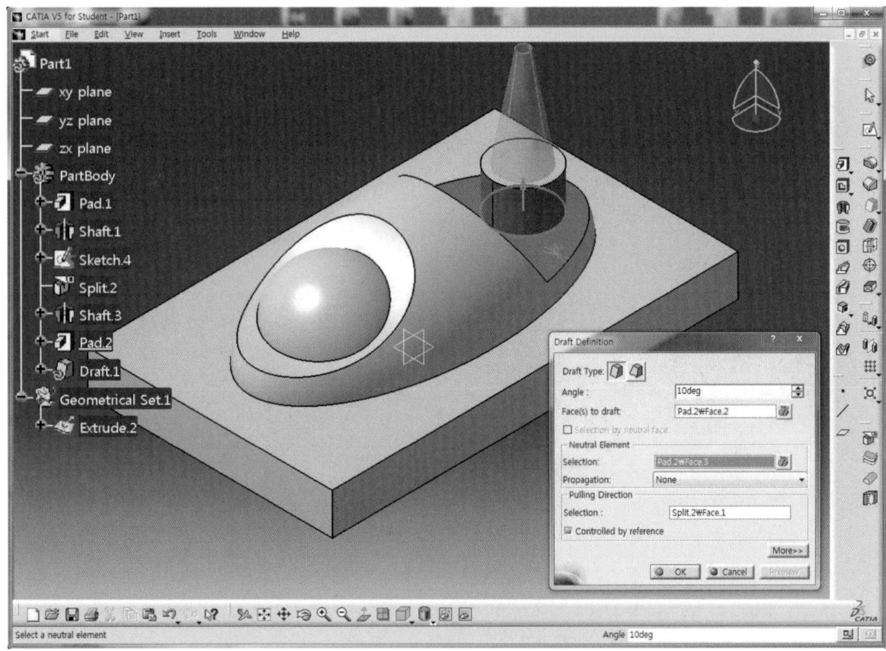

REFERENCE

화살표 방향이 반대방향일 경우에는 원기둥의 원주면이 생성된다.

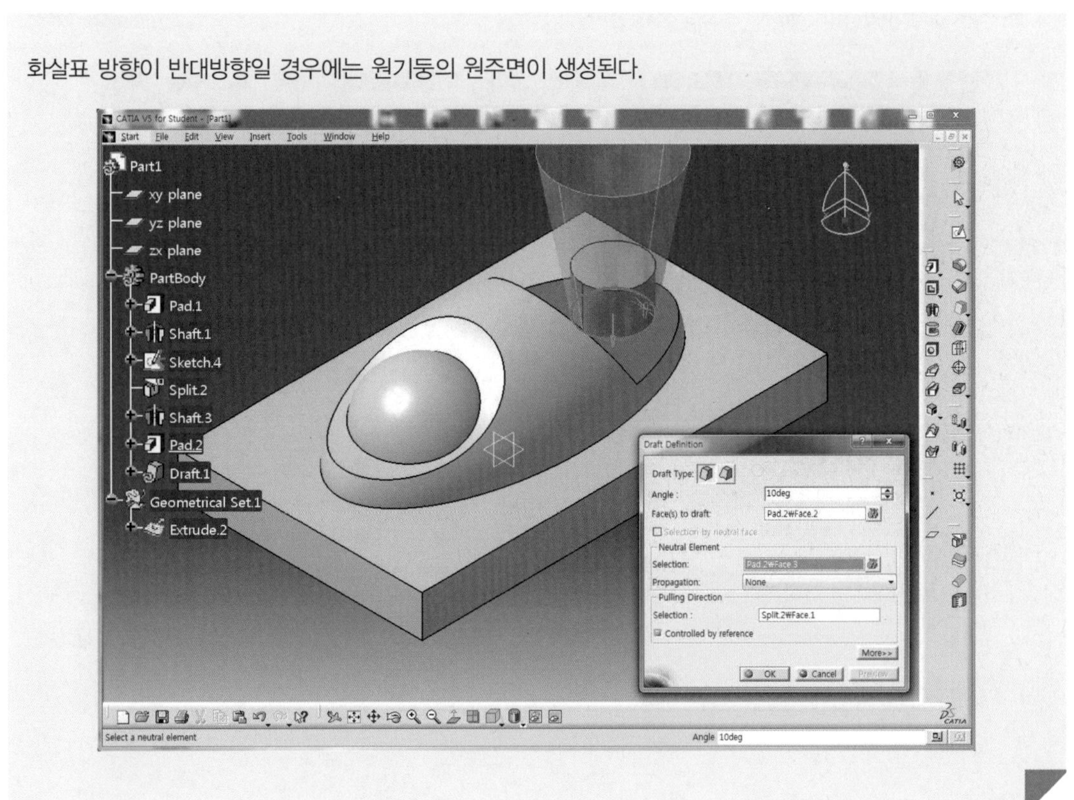

51 OK 버튼을 클릭하여 원기둥의 원주면을 10°만큼 기울어지도록 수정한다.

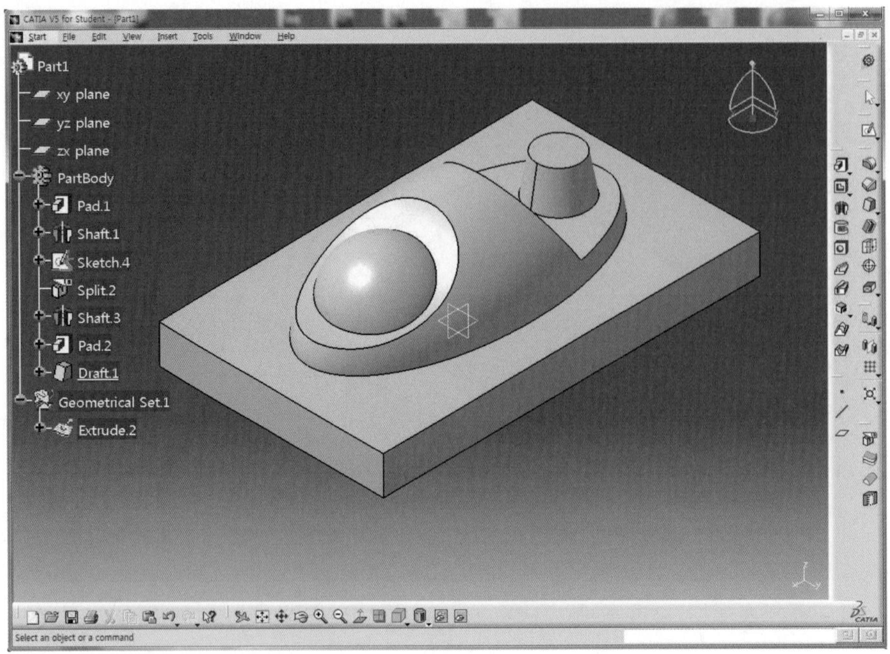

52 Workbench 도구막대의 Part Design 아이콘 을 클릭한 후 Wireframe and Surface Design 아이콘 을 클릭하여 Surface Mode로 전환한다.

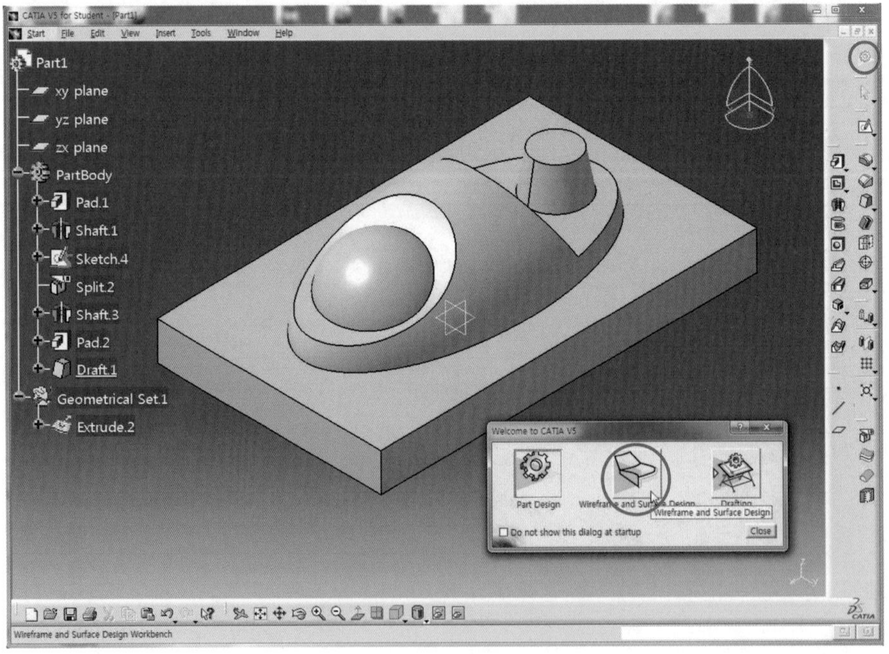

53 Operations 도구막대의 Extract 아이콘 을 클릭한다.

54 Extract Definition 대화상자에서 Element(s) to extract 영역을 클릭한 후 회전체 Solid의 원주면을 선택한다.

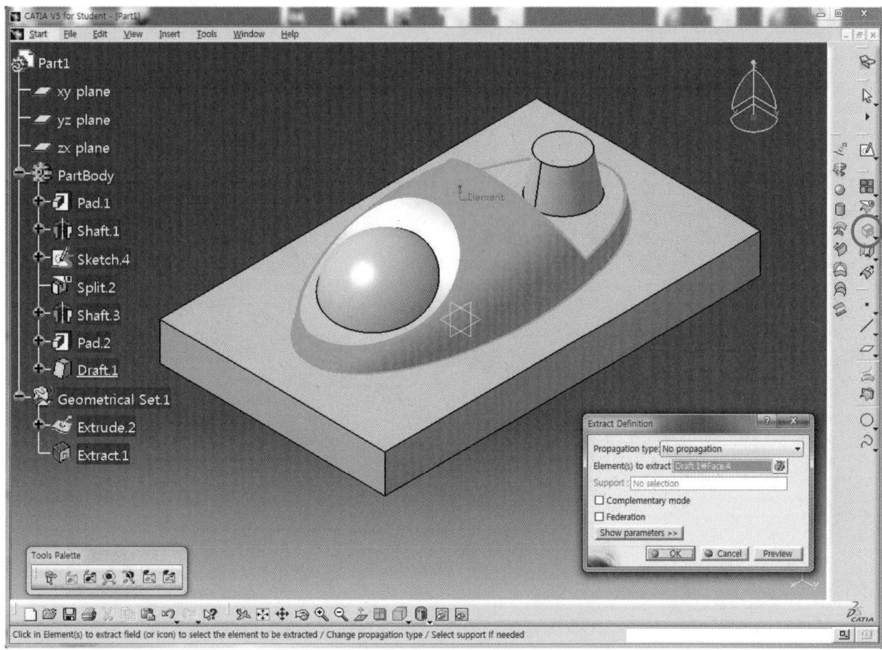

55 OK 버튼을 클릭하여 Surface를 추출한다.

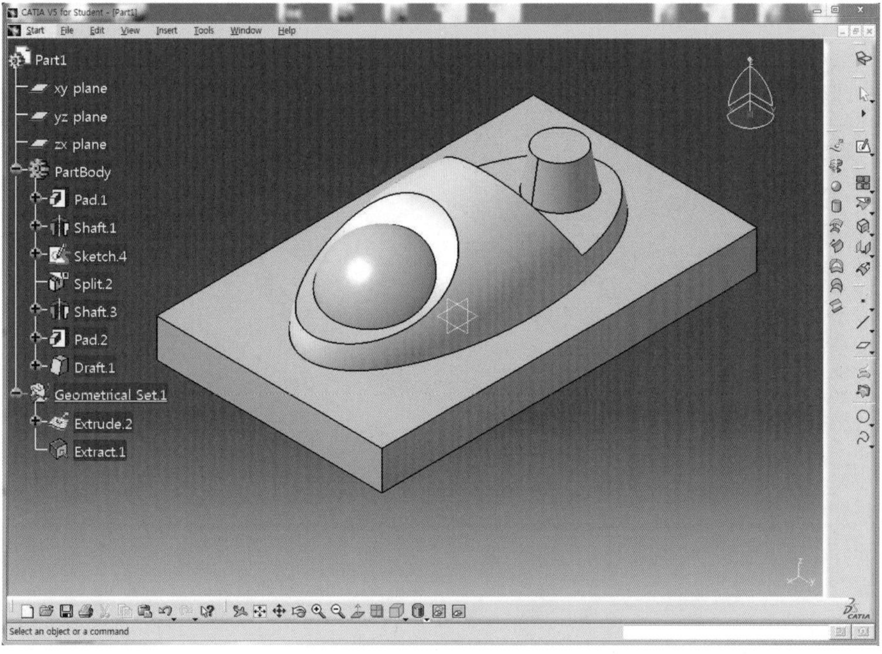

56 Surface를 선택하고 Offset 아이콘 을 클릭한다.

57 Offset 영역에 3mm를 입력하고 붉은색 화살표 방향이 아래쪽으로 향하도록 Reverse Direction 버튼을 클릭한다.

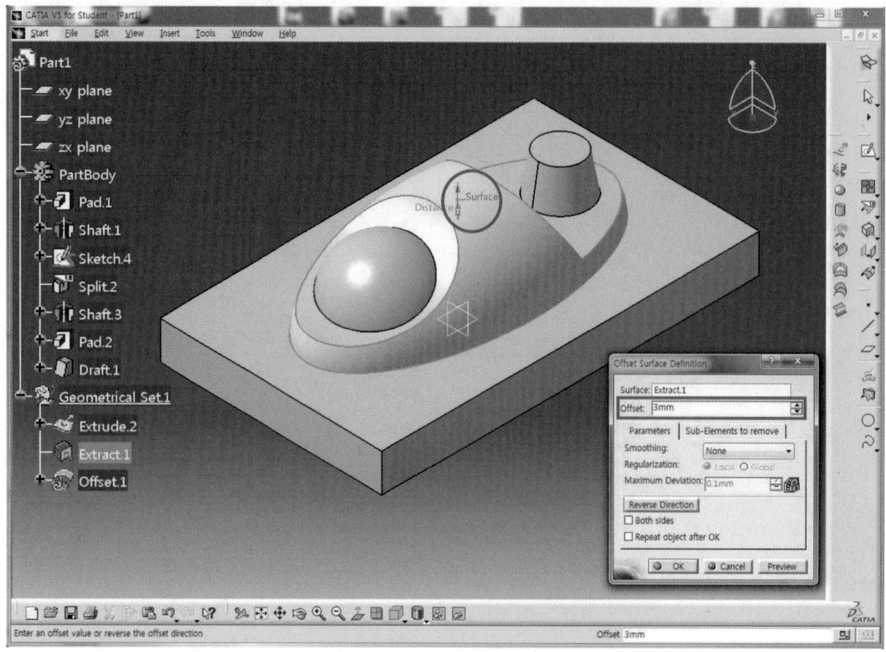

58 OK 버튼을 클릭하면 추출한 Surface와 3mm 떨어진 Surface가 생성된다.(화면에서는 안쪽으로 사이 띄우기 했으므로 보이지 않고 Tree 영역에서 Offset.1이 생성된 것을 확인할 수 있다.)

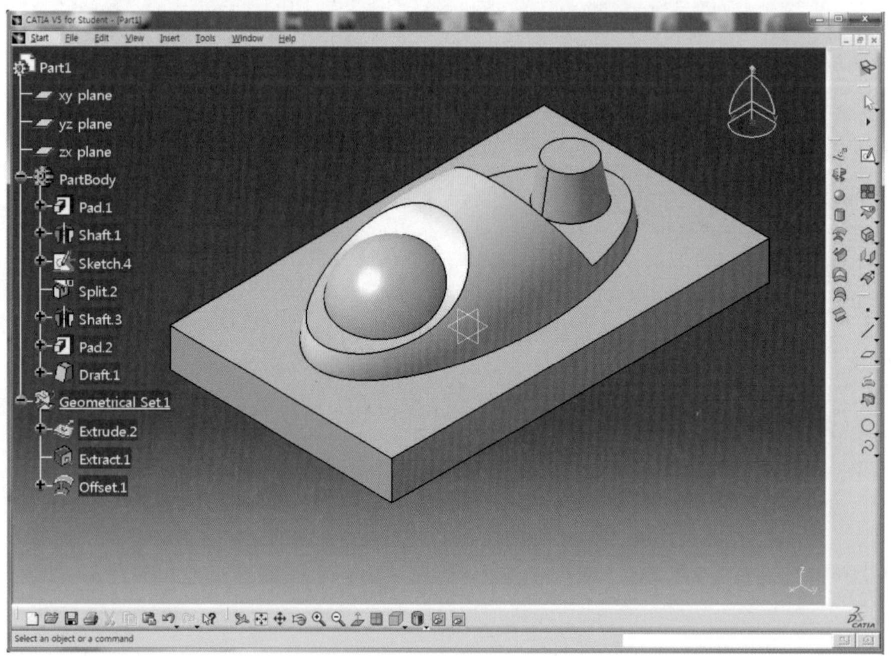

59 xy Plane을 선택하고 Plane 아이콘 을 클릭한 후 Offset 영역을 선택하여 50mm를 입력한 후 OK 버튼을 클릭한다.

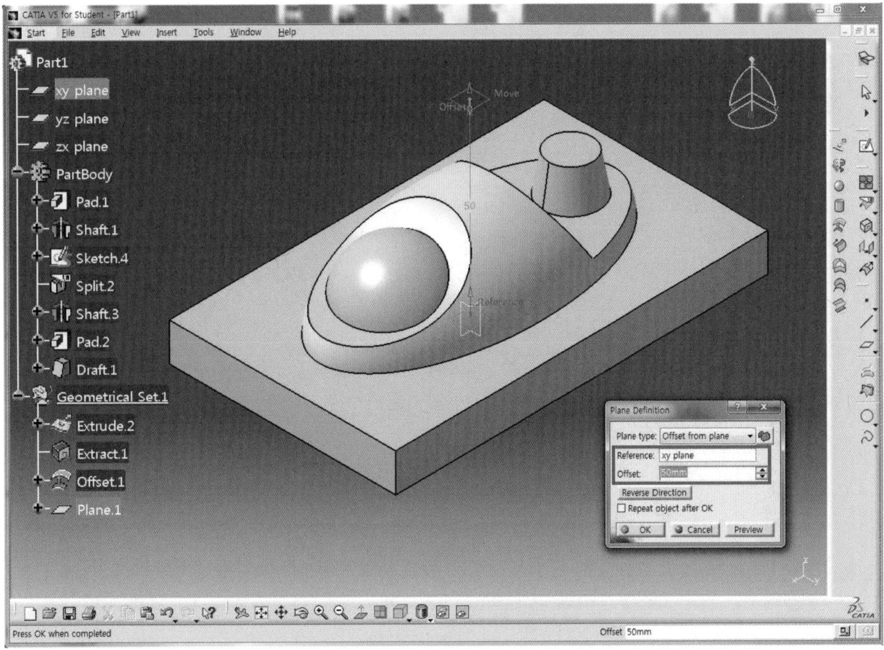

60 xy Plane에 평행하면서 50mm 떨어진 위치에 새로운 Plane이 생성된다.

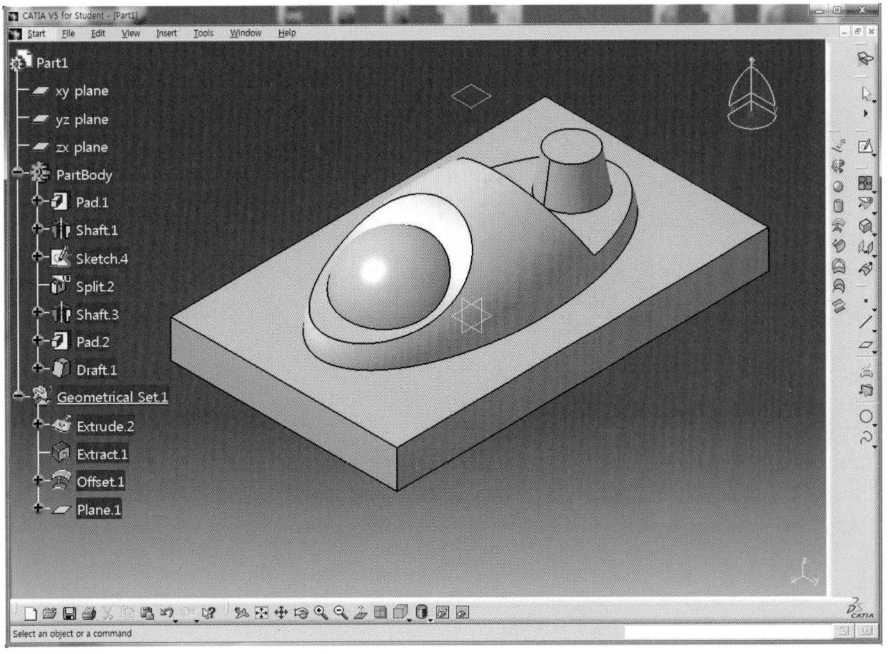

61 Workbench 도구막대의 Wireframe and Surface Design 아이콘 을 클릭한 후 Part Design 아이콘 을 클릭하여 Solid Mode로 전환한다.

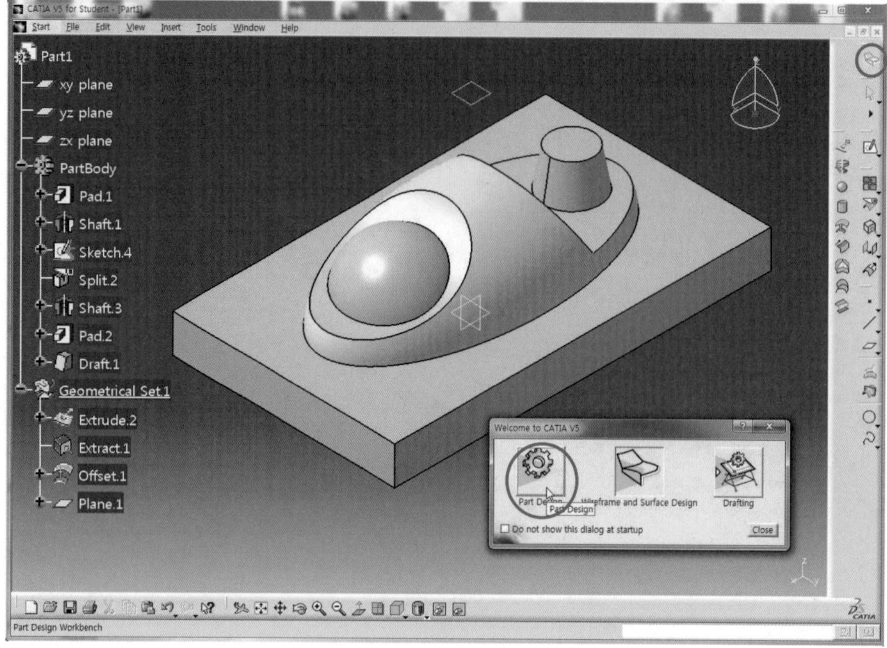

62 Tree 영역에서 PartBody를 선택한 후 마우스 오른쪽 버튼을 클릭하고 Define In Work Object를 선택하여 Current를 변경한다.

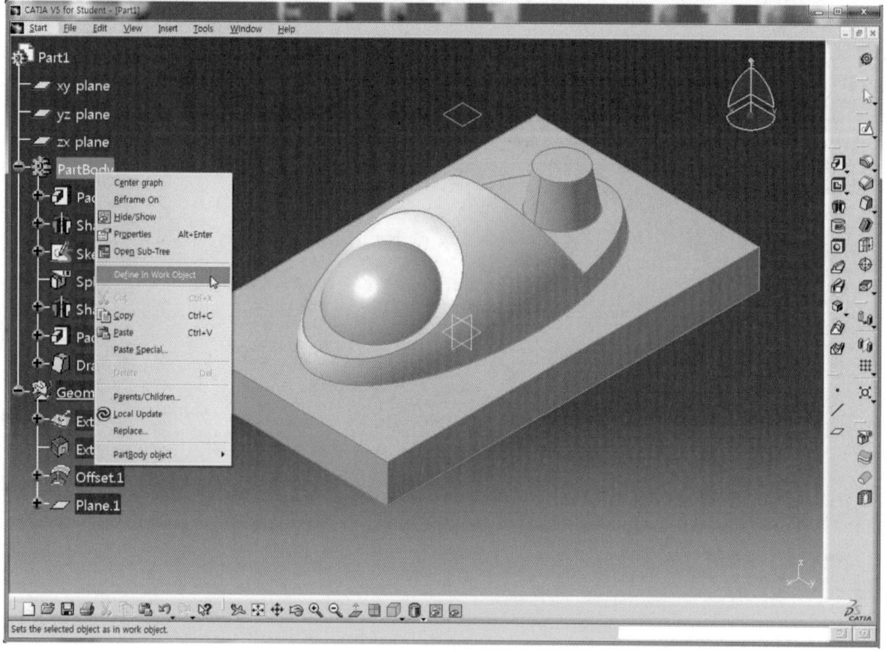

63 Sketch 아이콘 을 클릭하고 앞 단계에서 생성한 Plane을 선택하여 Sketch Mode로 전환한다.

64 Centered Rectangle 아이콘 을 클릭한 후 대칭점으로 원점을 선택하고 꼭짓점의 임의의 위치를 클릭하여 원점에 대칭인 직사각형을 생성한다.

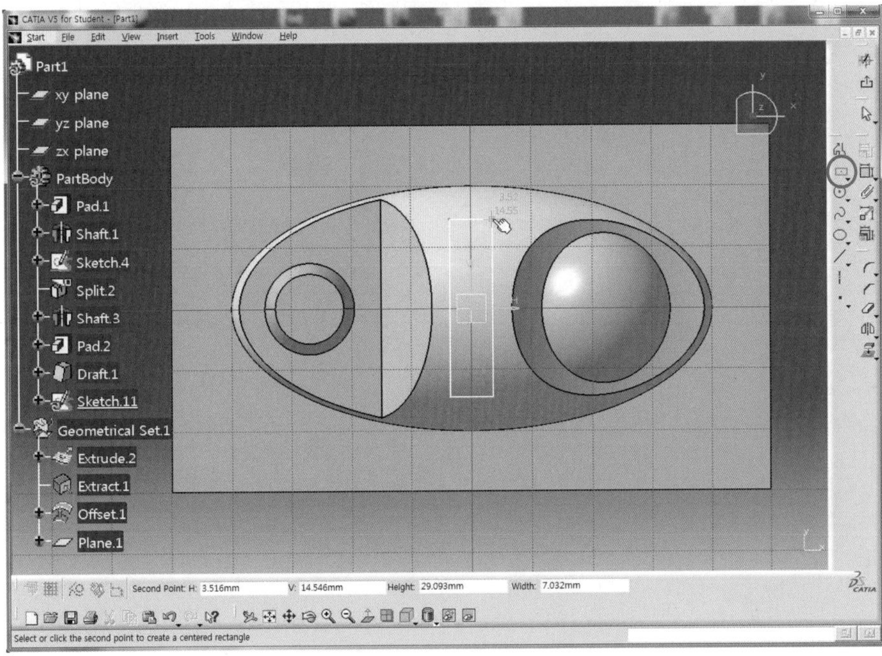

65 Constraint 아이콘 을 더블클릭하여 직사각형의 치수로 가로 6mm, 세로 30mm를 적용한다.

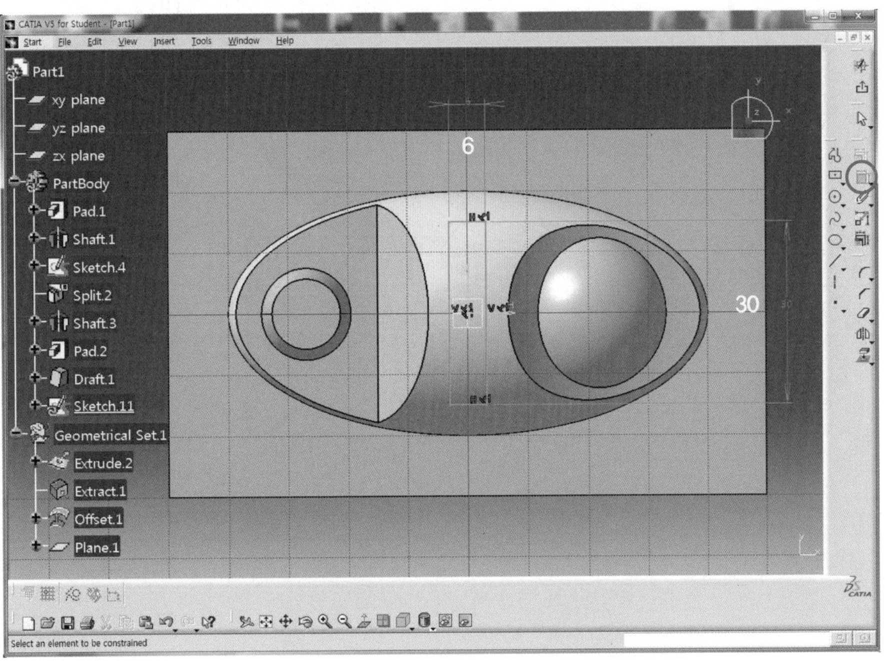

66 Exit workbench 아이콘 을 클릭하여 3D Mode로 전환한다.

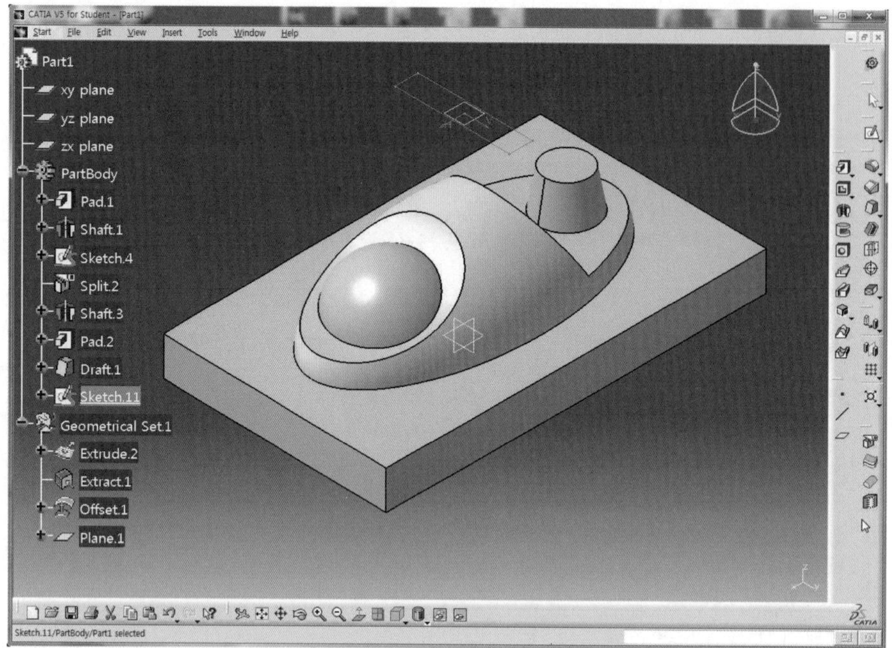

67 Pocket 아이콘 을 클릭한다.

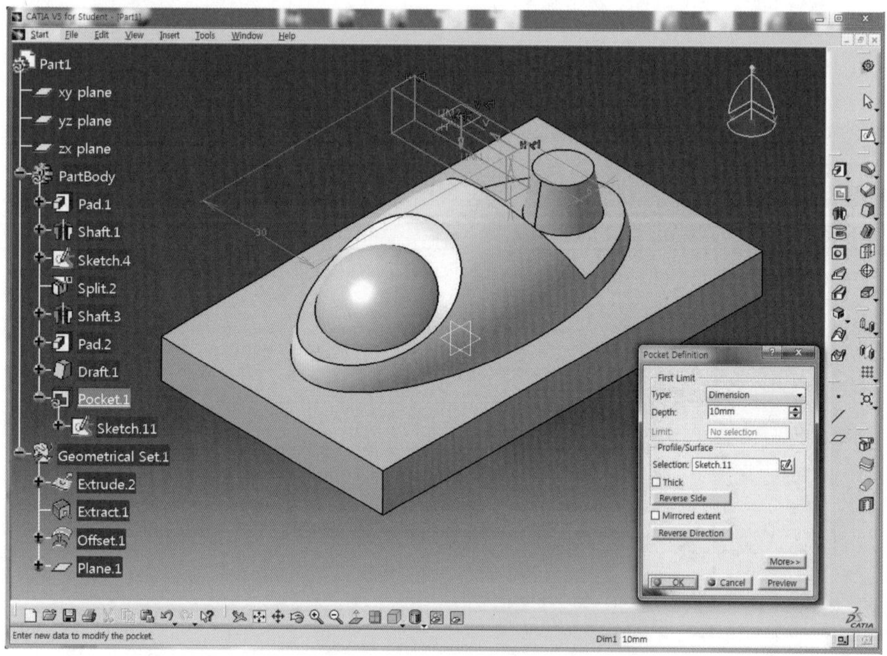

68 Pocket Definition 대화상자에서 Type을 Up to surface로 선택한 후 Tree 영역에서 앞에서 사이띄우기 하여 생성한 Surface인 Offset.1을 선택한다.

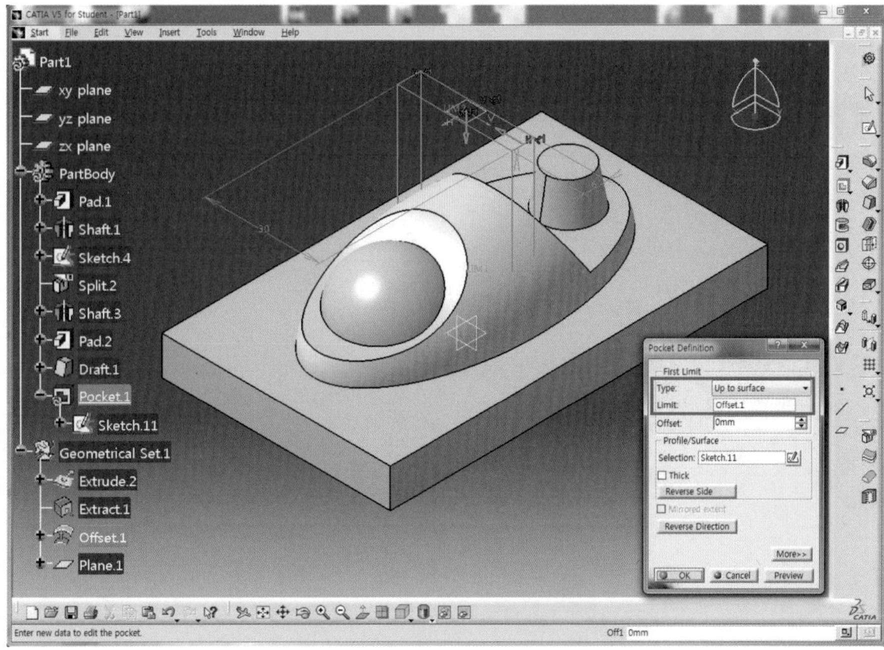

69 Preview 버튼을 클릭하여 미리보기 한 후 OK 버튼을 클릭하여 Pocket을 완성한다.

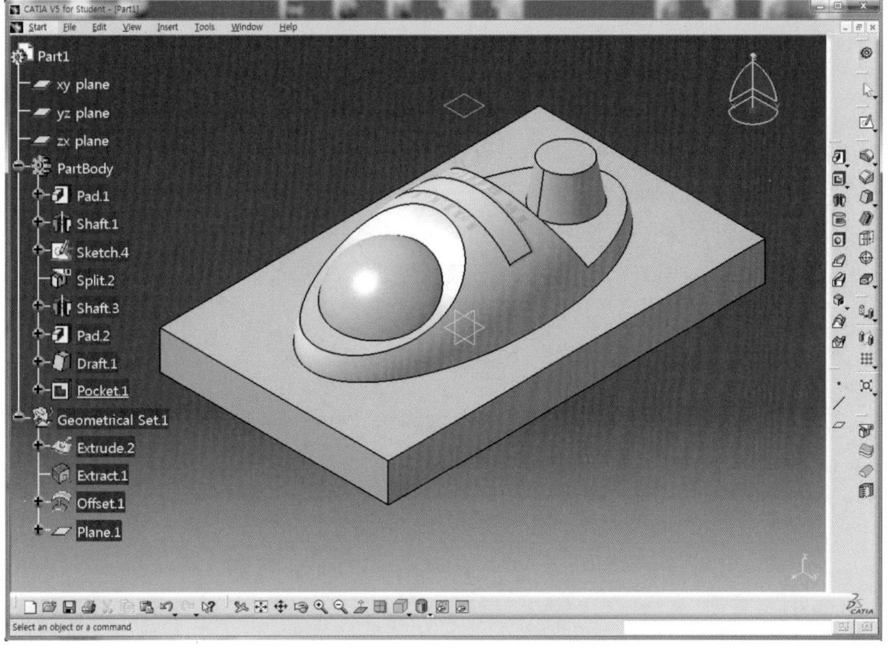

70 Tree 영역에서 Geometrical Set.1을 선택한 후 마우스 오른쪽 버튼을 클릭하고 Hide/Show를 선택하여 Surface를 감추기 한다.

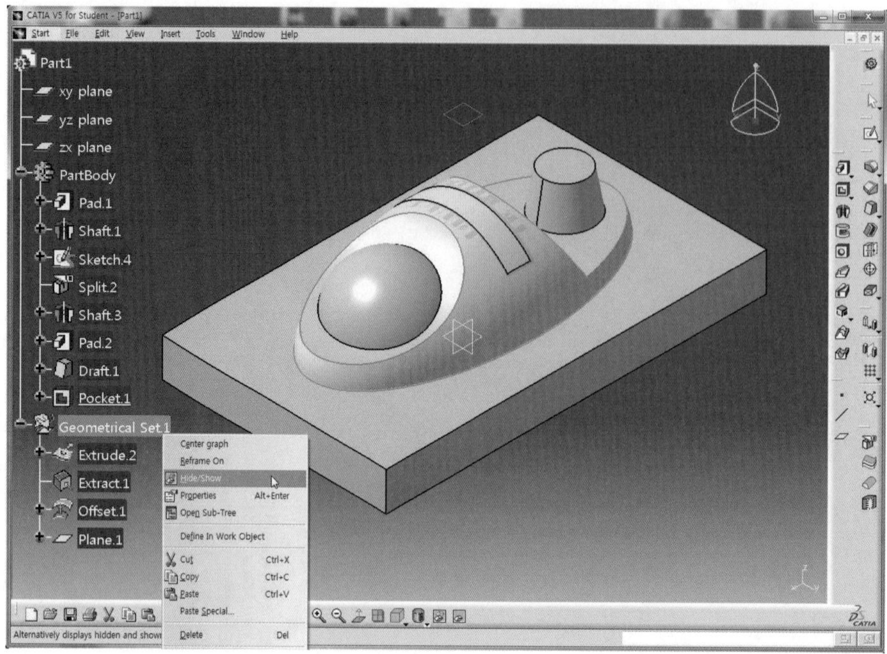

71 아래와 같이 Solid 모델을 확인할 수 있다.

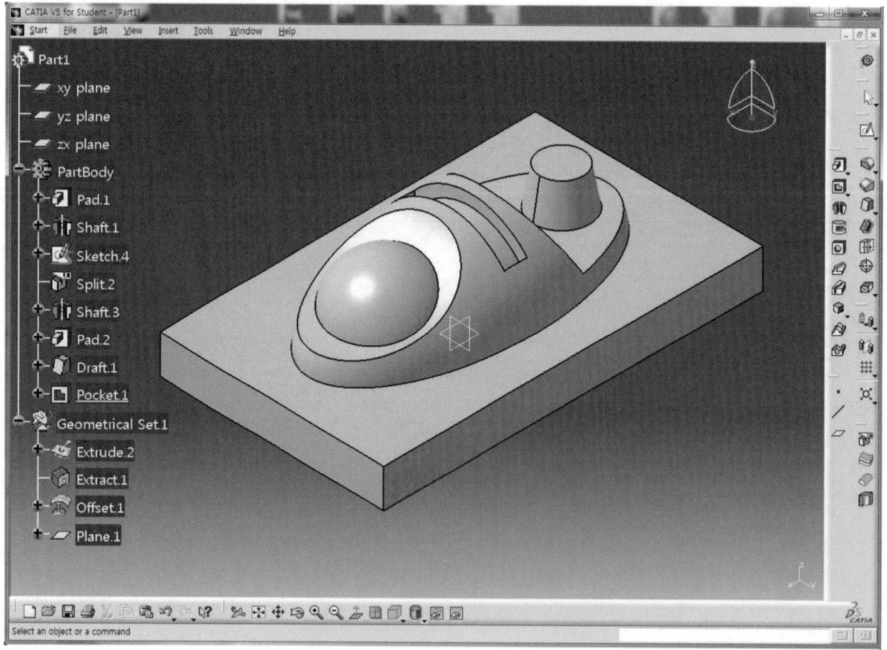

72 모서리에 Fillet를 적용하기 위해 Edge Fillet 아이콘 을 클릭한 후 Pocket된 부분의 세로 모서리 4곳을 차례로 선택한다.

73 Radius 영역에 2mm를 입력하고 OK 버튼을 클릭한다.

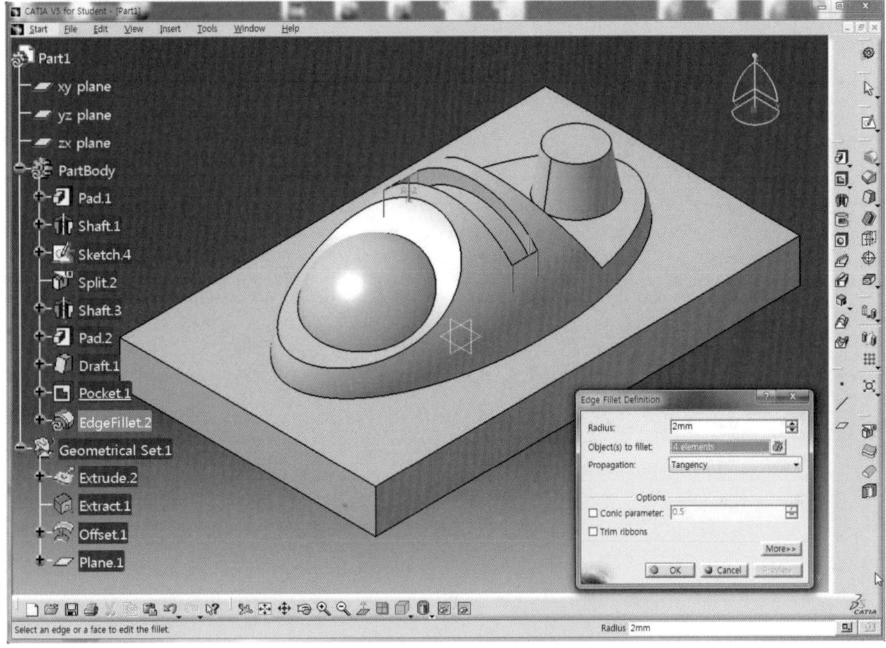

74 Edge Fillet 아이콘 을 클릭하고 R1을 적용할 모서리를 모두 선택한다.

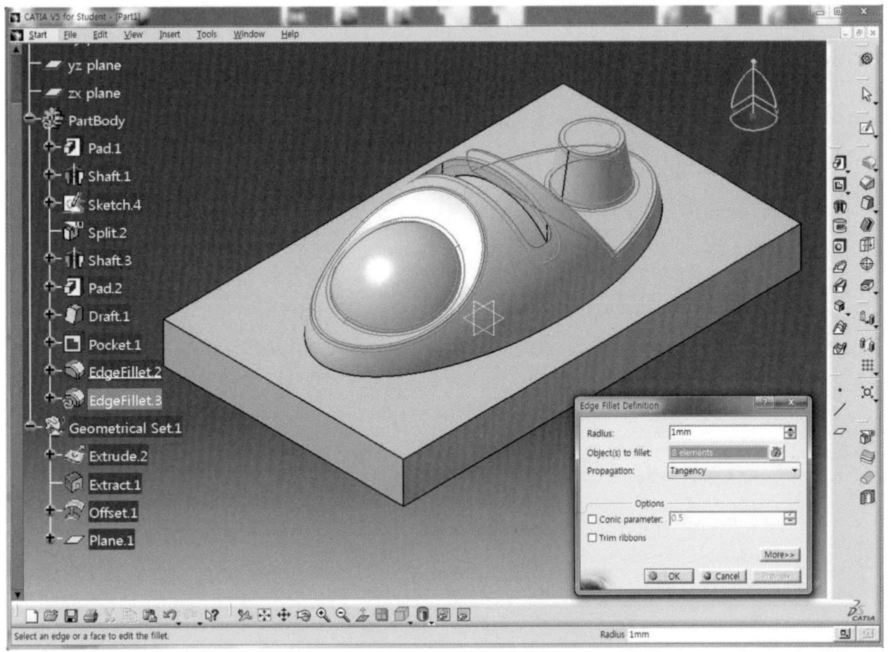

75 완성된 Model이다.

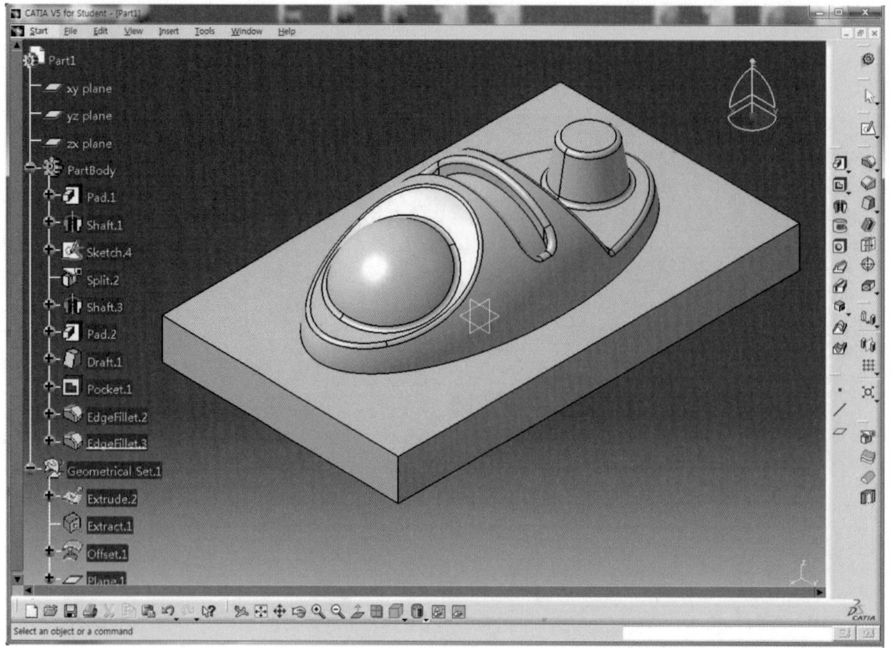

02 활용 Model (2)

활용 Model (2)

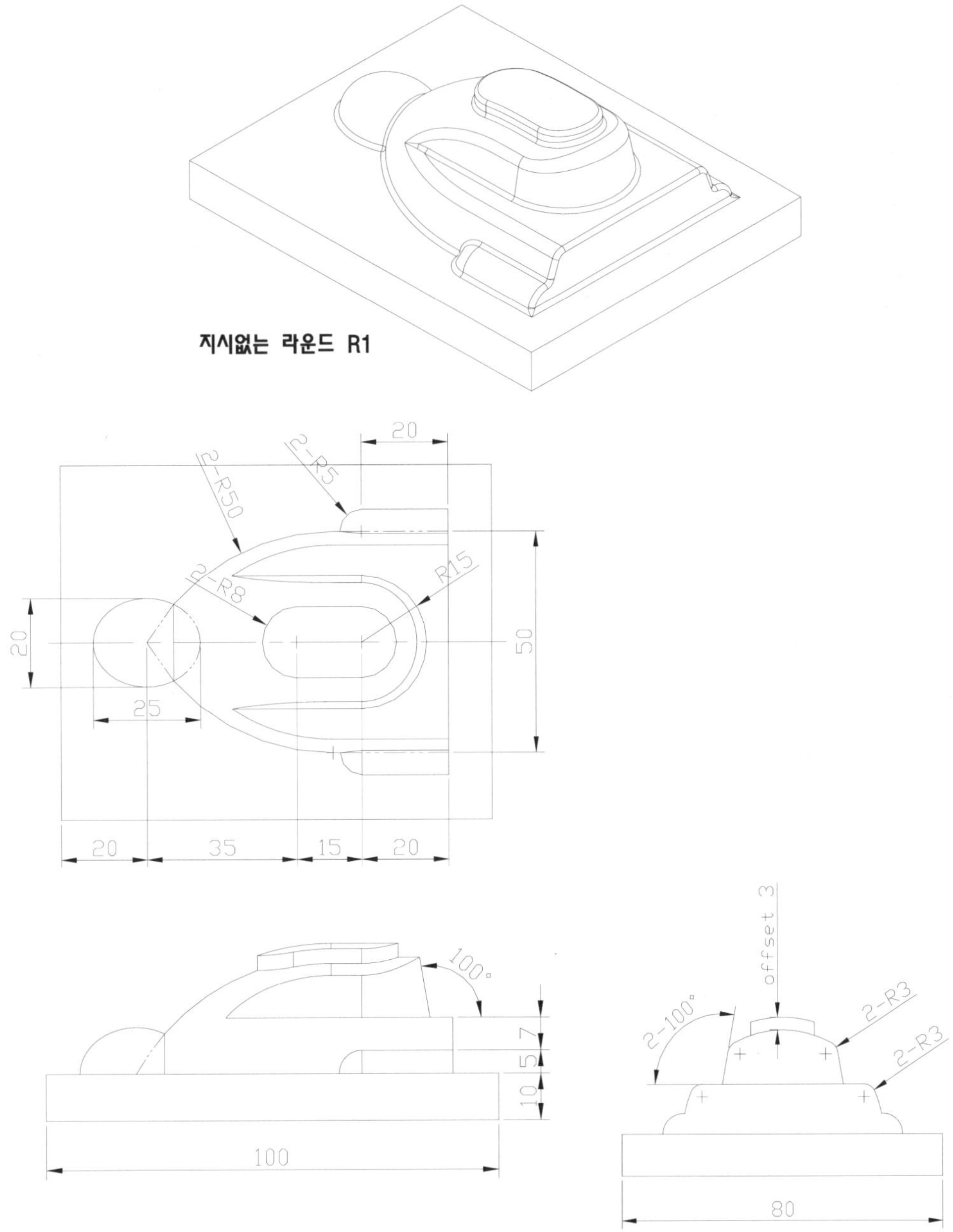

지시없는 라운드 R1

20
2-R50
2-R5
2-R8
R15
20
50
25
20 35 15 20
100°
offset 3
2-100°
2-R3
2-R3
7
5
10
100
80

01 CATIA를 실행하면 Assembly Mode가 시작되는데, ✕을 클릭하여 초기화 Mode로 전환한다.

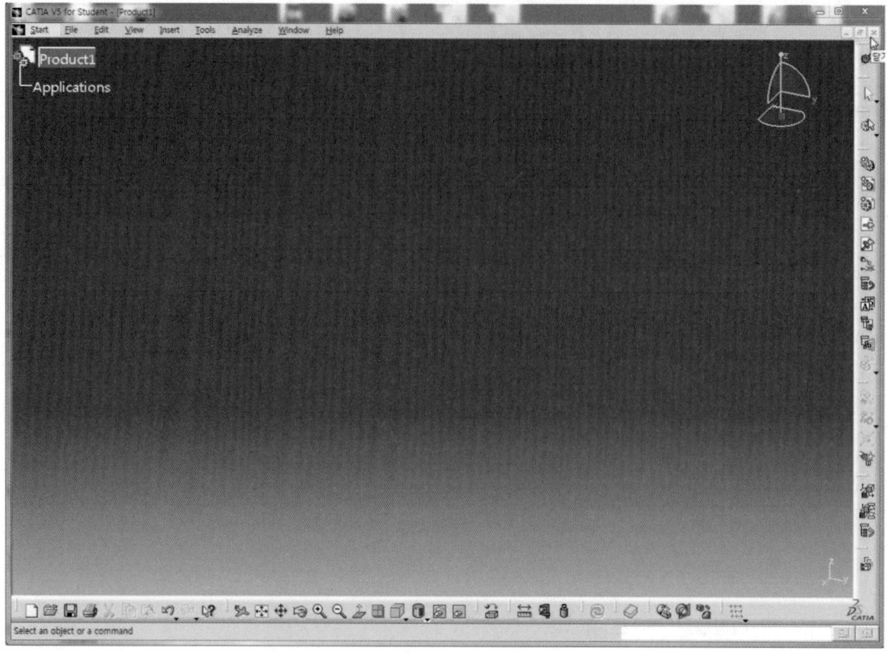

02 Workbench 도구막대의 All general options 아이콘■을 클릭한 후 Part Design 아이콘⚙을 클릭하여 Solid Mode로 전환한다. (Workbench 설정방법은 "활용 Model(1)" 참조)

03 Sketch 아이콘 을 클릭하고 xy Plane을 선택하여 Sketch Mode로 전환한다.

04 Profile 도구막대의 Rectangle 아이콘 을 클릭하여 아래와 같이 임의의 두 점을 지나는 직사각형을 Sketch한다.

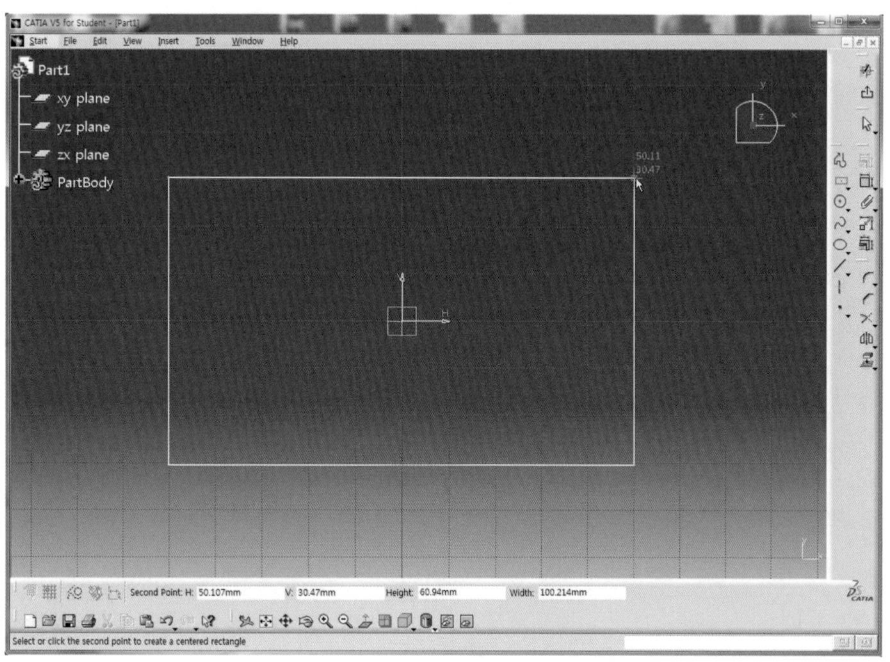

05 수평선을 H축을 기준으로 대칭 구속을 적용시키기 위해 Constraint 아이콘 을 더블클릭한 후 수평선 (1), (2)를 차례로 선택하고 마우스 오른쪽 버튼을 클릭하여 Allow symmetry line을 선택한다.

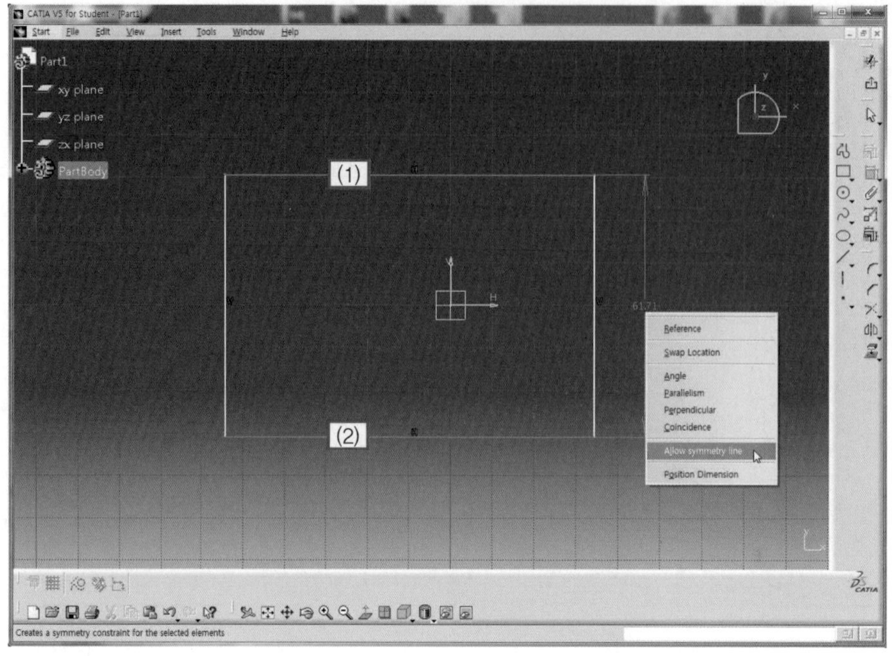

06 H축 (3)을 클릭하면 수평선이 대칭 구속이 적용되며, 가로와 세로 치수를 구속시키고 각각의 치수를 더블클릭하여 정확한 치수(L100, L80, L30)를 적용한다.

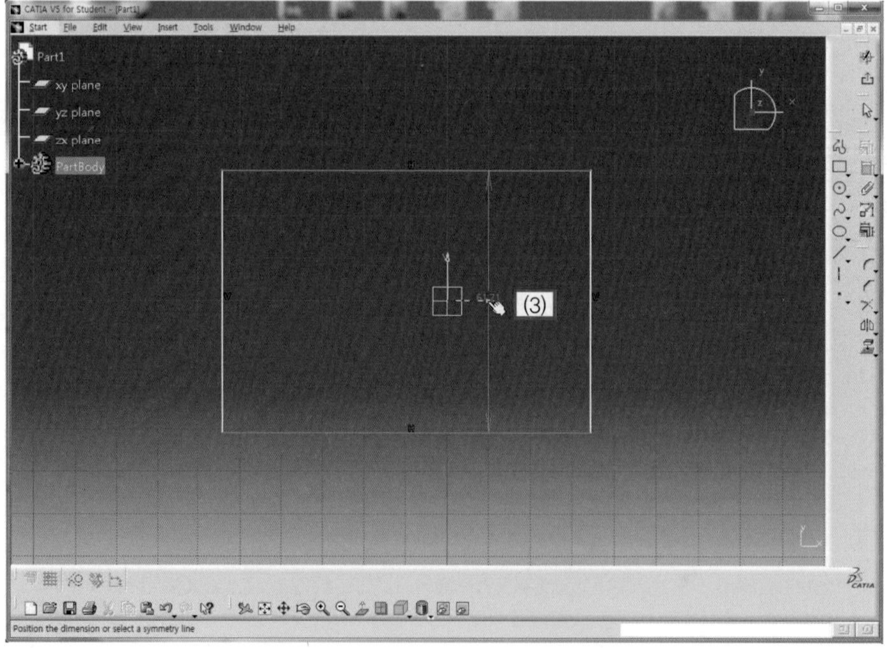

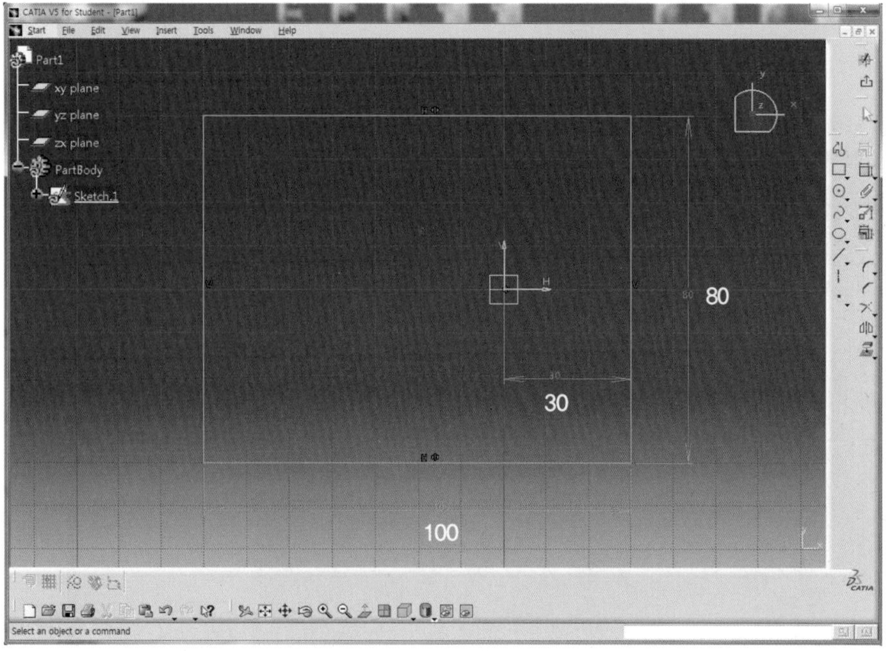

07 Exit workbench 아이콘 을 클릭하여 3D Mode로 전환한다.

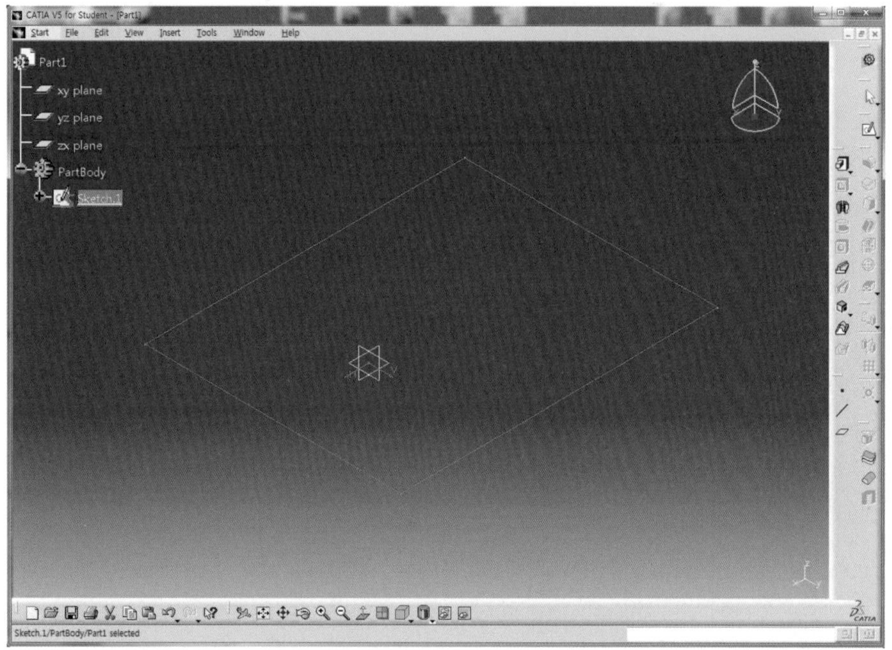

08 Sketch.1을 선택하고 Pad 아이콘 을 클릭한 후 Length 영역에 10mm를 입력하고 Preview 버튼을 클릭하여 미리보기 한다.

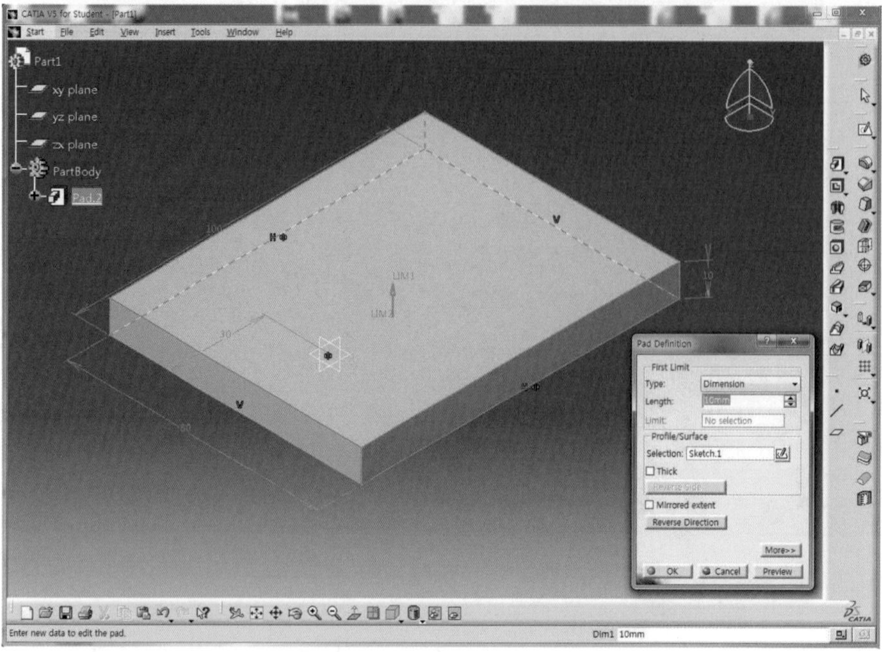

09 OK 버튼을 클릭하여 직육면체의 Solid를 생성한다.

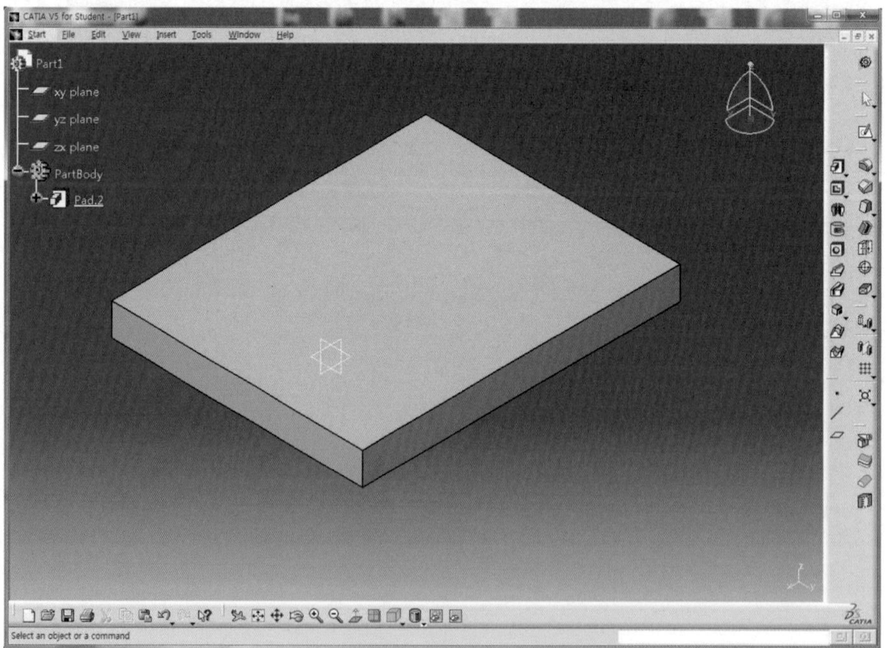

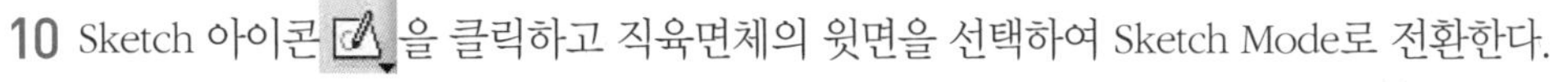

10 Sketch 아이콘 을 클릭하고 직육면체의 윗면을 선택하여 Sketch Mode로 전환한다.

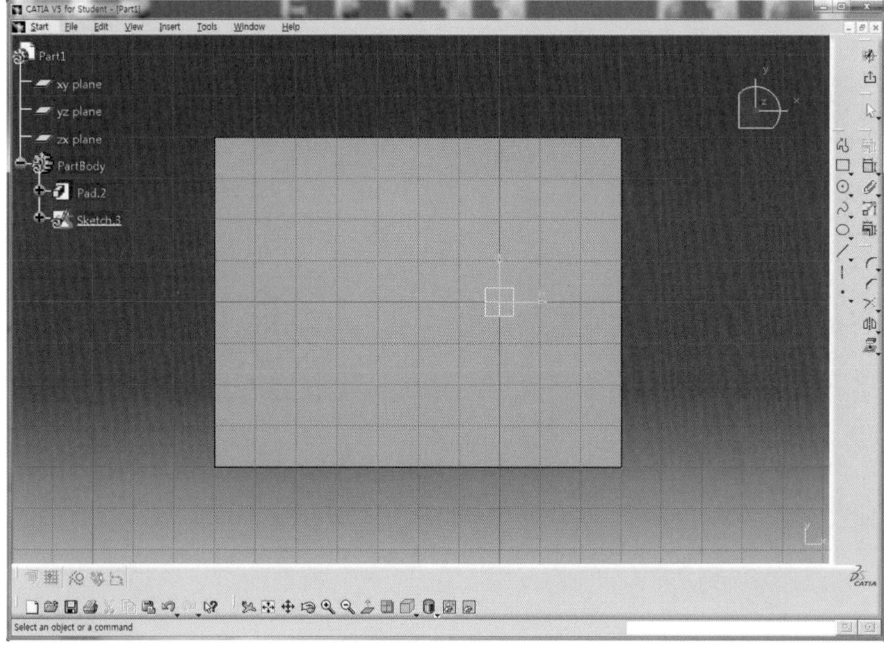

11 Profile 아이콘 을 클릭한 후 2개의 직선과 Sketch tools 옵션의 Three Point Arc을 활용하여 아래와 같이 Sketch한다.

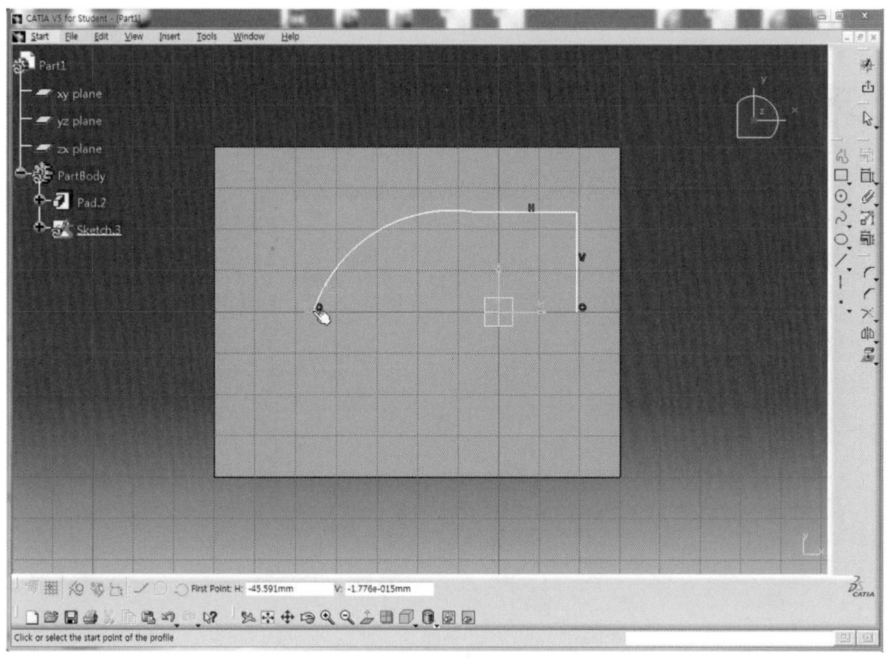

12 Constraint 아이콘 을 더블클릭한 후 수평선(1)과 Arc(2)를 선택하고 마우스 오른쪽 버튼을 클릭하여 Tangency를 선택하여 접하도록 구속시킨다.

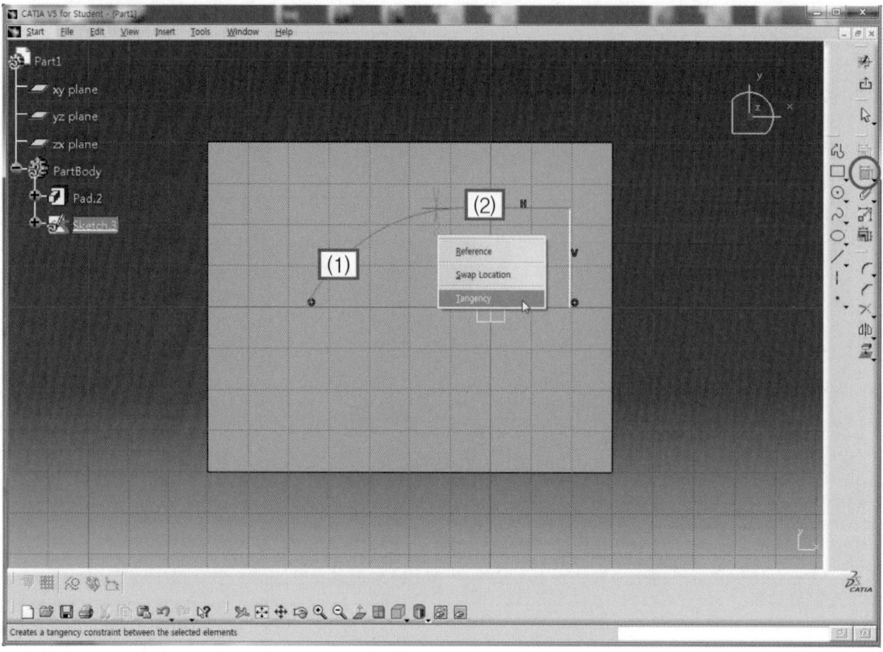

13 다른 요소에 대해서도 치수를 구속하고 각 치수를 더블클릭하여 도면을 보고 정확한 치수(L70, L50, L25, R50)를 적용한다.

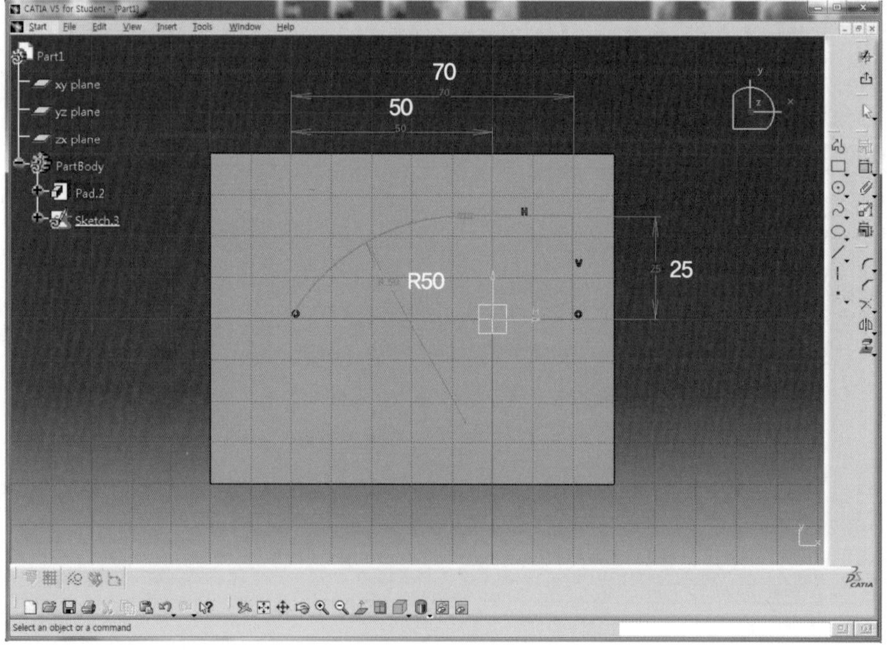

14 Axis 아이콘 ┆ 을 클릭하고 Sketch 요소의 양 끝점을 지나도록 H축 위에 Sketch한다.

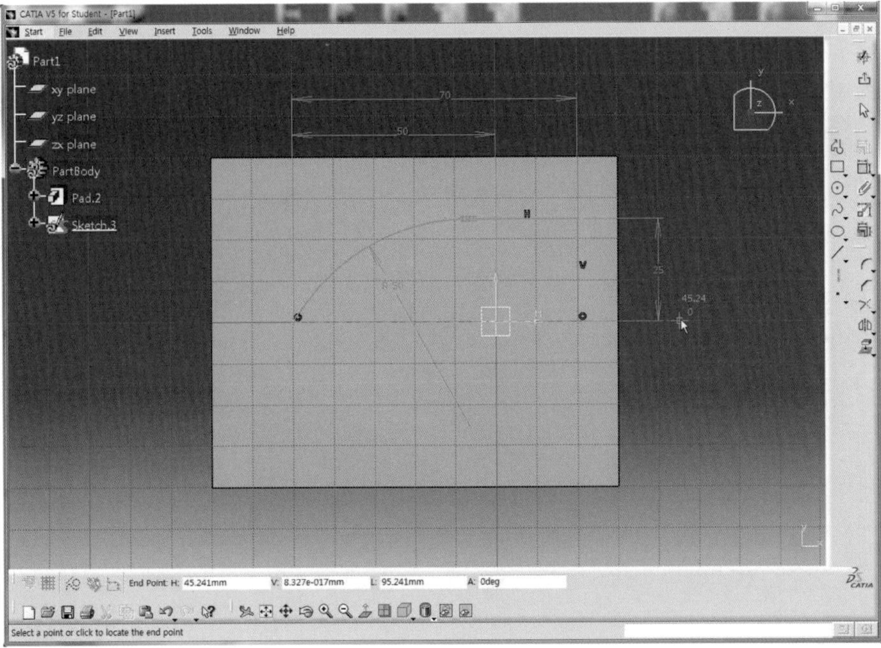

15 Exit workbench 아이콘 을 클릭하여 3D Mode로 전환한다.

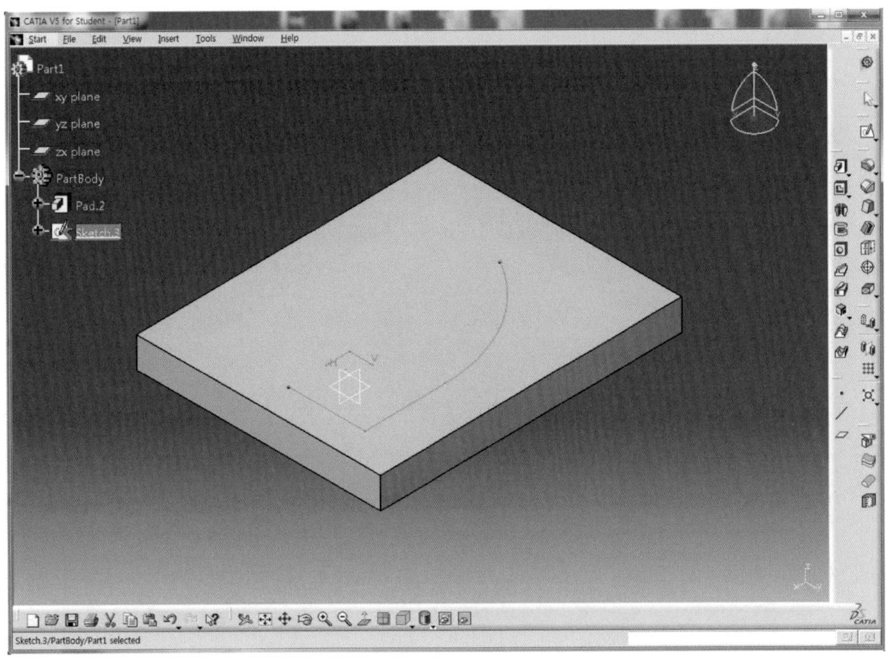

16 Shaft 아이콘 을 클릭하여 First Angle 영역에 180deg를 입력한 후 Preview 버튼을 클릭하여 미리 보기 한다.(만약 아래쪽 방향으로 회전체가 생성되면 Reverse Direction 버튼을 클릭하여 위로 향하도록 전환한다.)

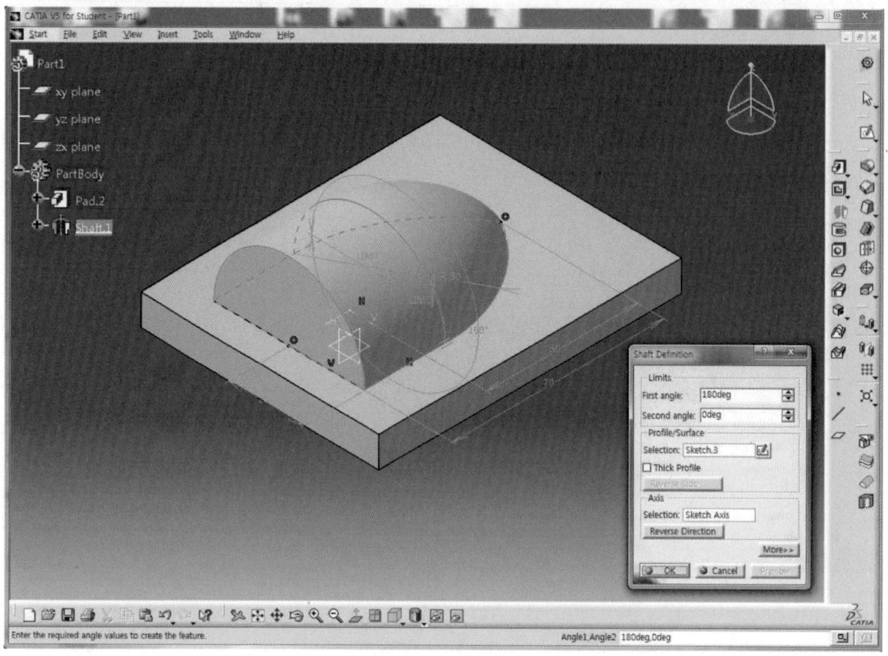

17 OK 버튼을 클릭하여 회전체의 Solid를 생성한다.

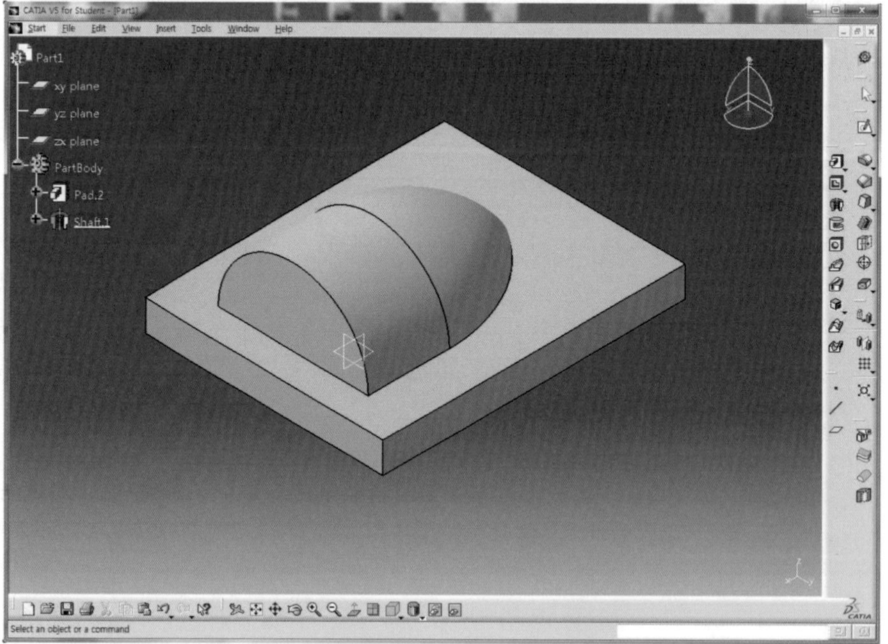

18 Sketch 아이콘 을 클릭하고 직육면체의 윗면을 선택하여 Sketch Mode로 전환한다.

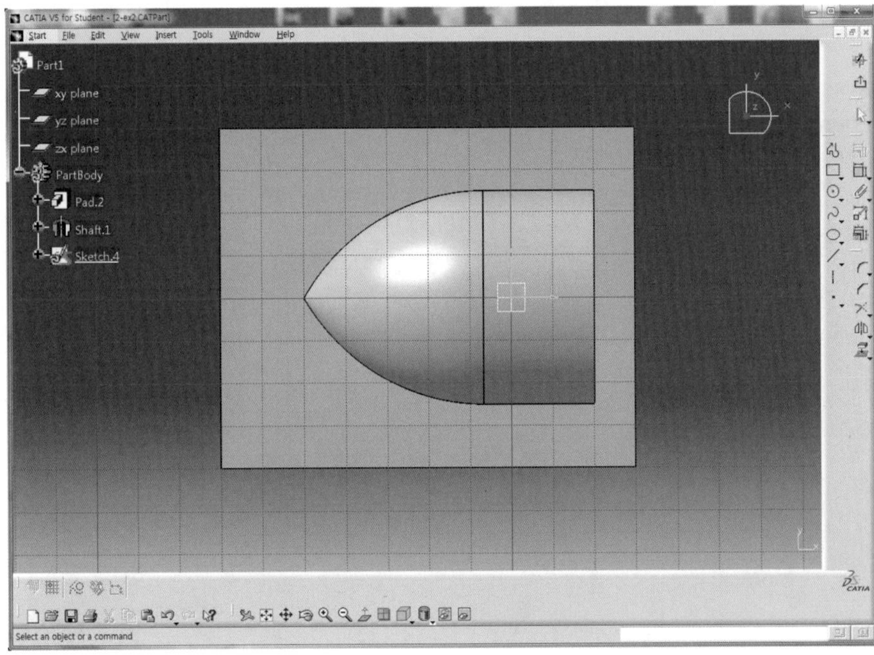

19 Circle 아이콘 을 클릭한 후 중심점이 원점에 위치하도록 Sketch한 후 Profile 아이콘 을 클릭하여 아래와 같이 회전체의 Solid를 감싸도록 Sketch를 완성한다.

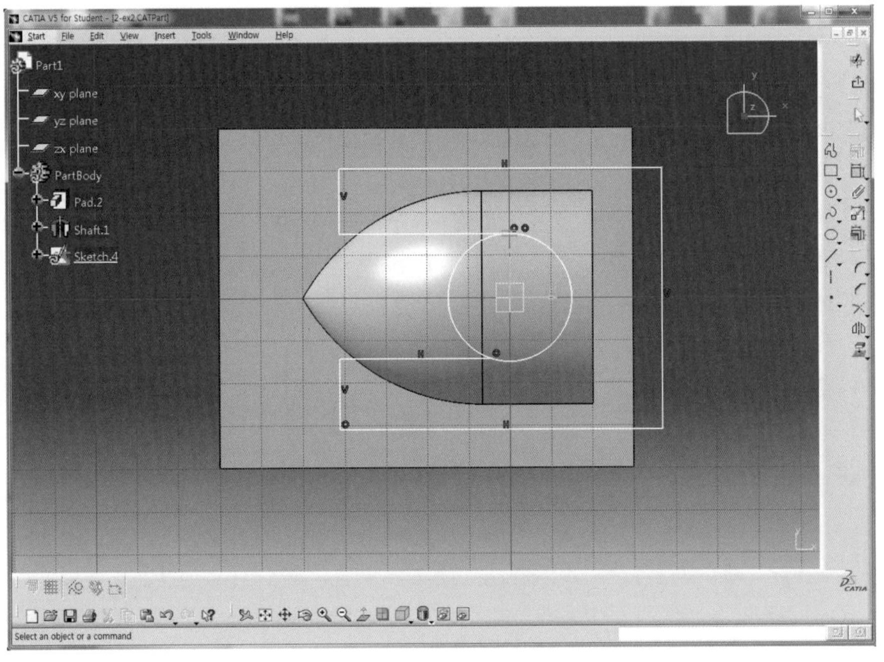

20 Constraint 아이콘 을 더블클릭한 후 Circle(1)과 수평선(2)을 차례로 선택하고 마우스 오른쪽 버튼을 클릭하여 Tangency를 선택하여 접선 구속을 적용한다.(Sketch할 때 윗부분에 접선이 적용되지 않았을 경우 같은 방법으로 Tangency 구속을 적용한다.)

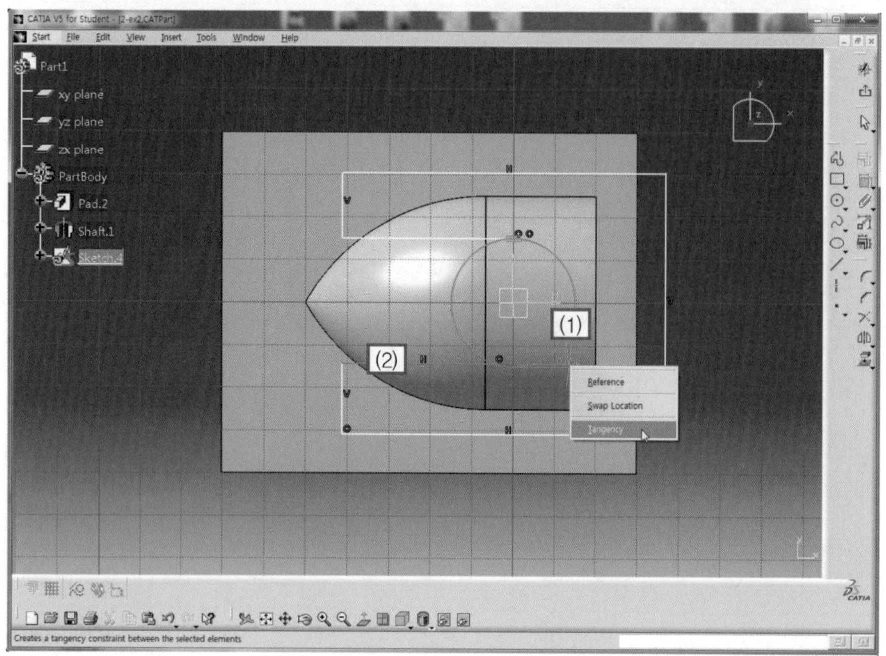

21 Circle의 치수로 D30을 적용한다.

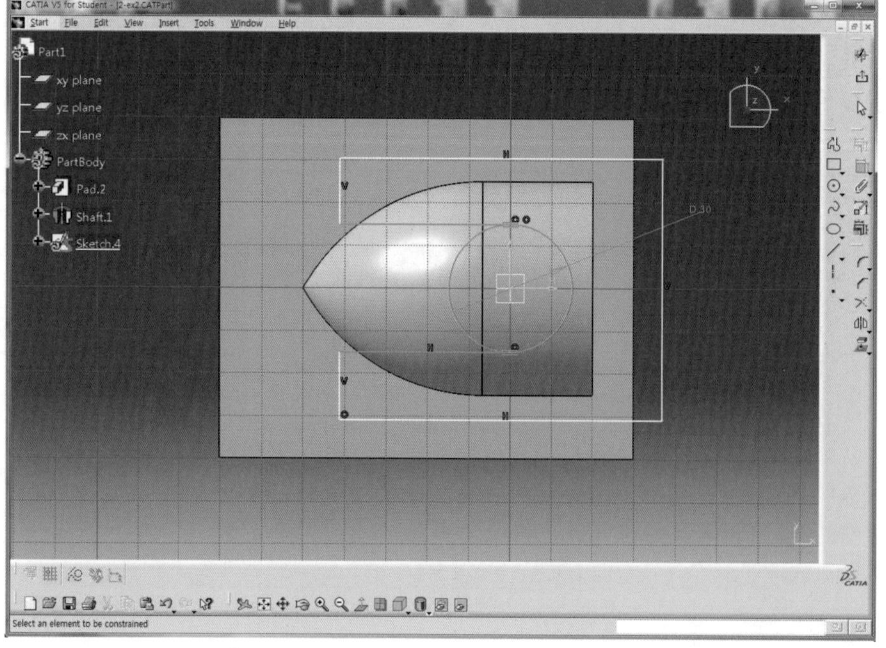

22 Quick Trim 아이콘 을 클릭하고 Circle의 왼쪽 영역을 선택하여 삭제한다.

23 Exit workbench 아이콘 을 클릭하여 3D Mode로 전환한다.

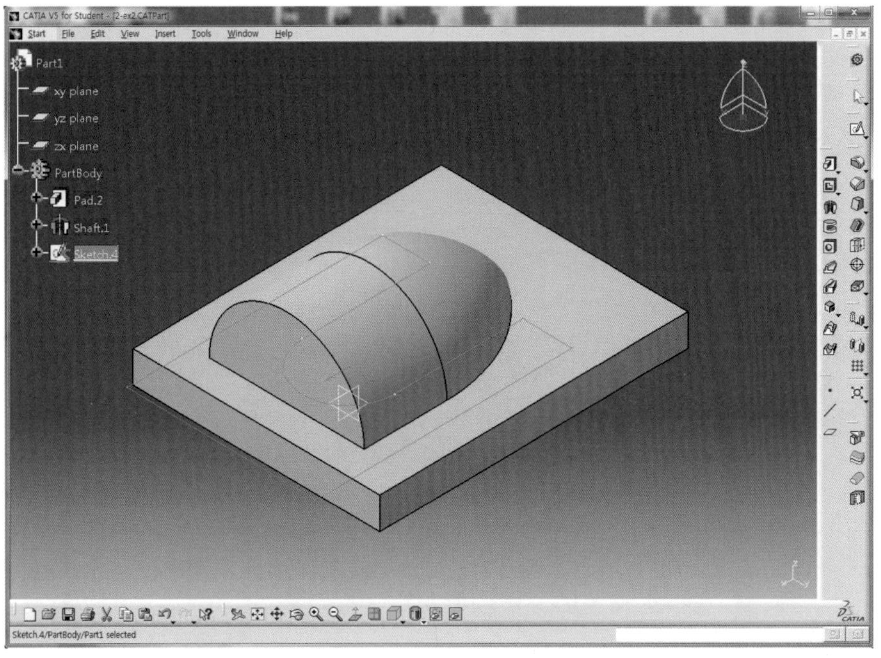

24 Pocket 아이콘 을 클릭한다.

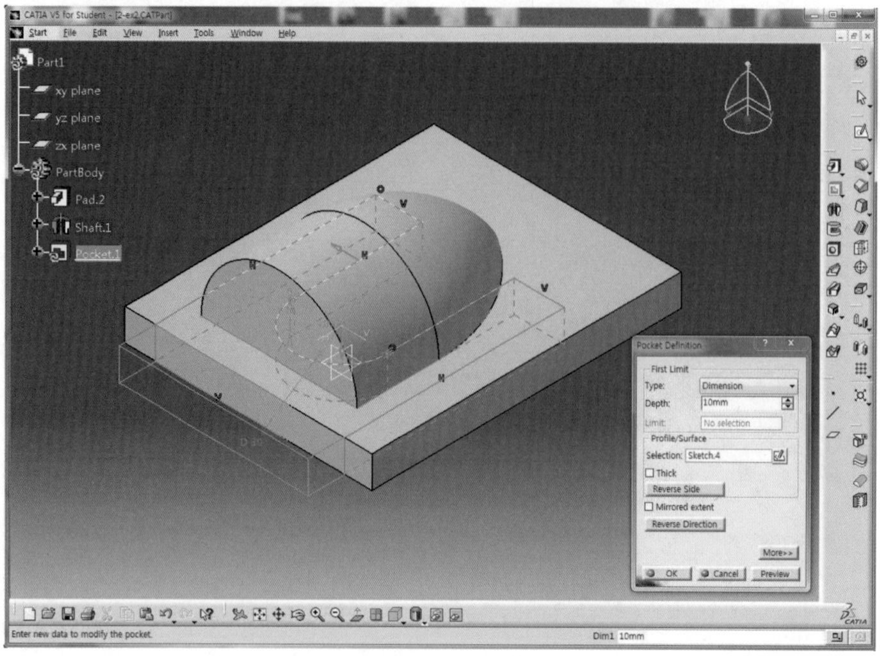

25 First Limit 영역에서 Type을 Up to next로 선택하고 대화상자의 Reverse Direction 버튼을 클릭하거나 화살표를 클릭하여 화살표가 위쪽을 향하도록 설정한다.

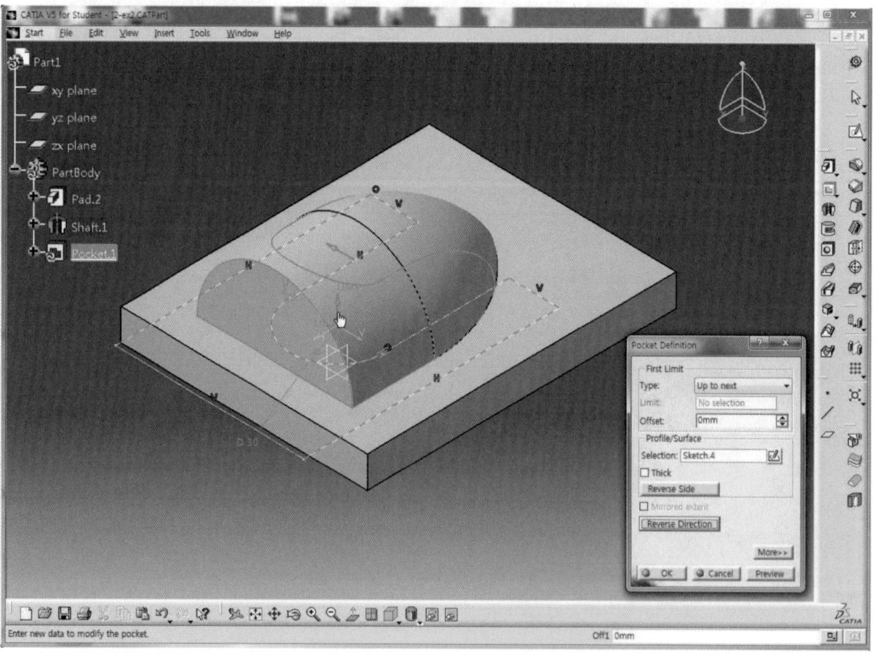

26 Pocket Definition 대화상자의 오른쪽 아래 More〉〉 버튼을 클릭하여 Second Limit 영역을 활성화시킨다.

27 Second Limit 영역의 Type은 Dimension을 선택하고 Depth 영역에 -12mm를 입력한 후 Preview 버튼을 클릭하여 미리보기 한다.

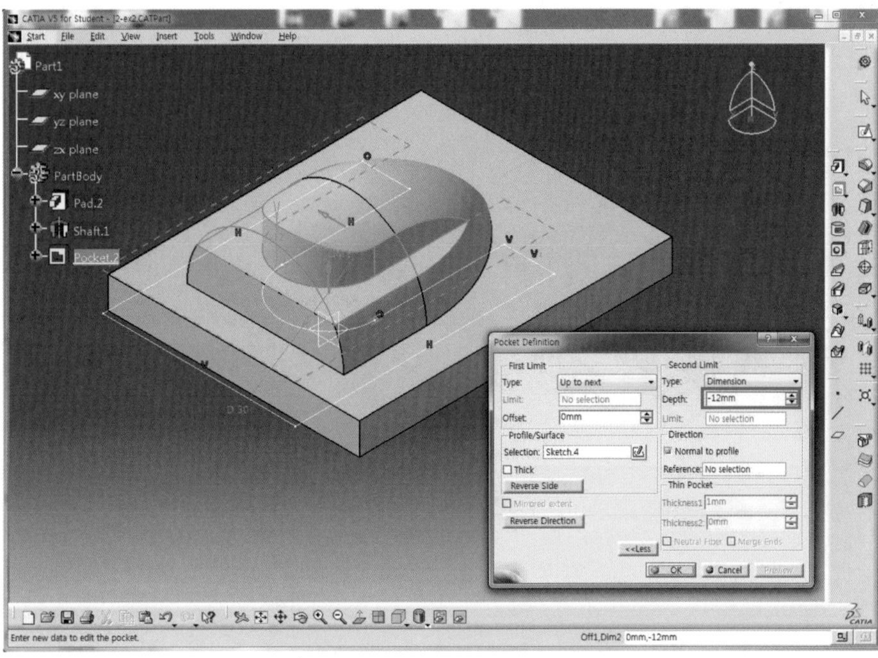

28 OK 버튼을 클릭하여 직육면체 윗면에서 12mm 떨어진 위치에서부터 화살표 방향인 윗부분을 제거한다.

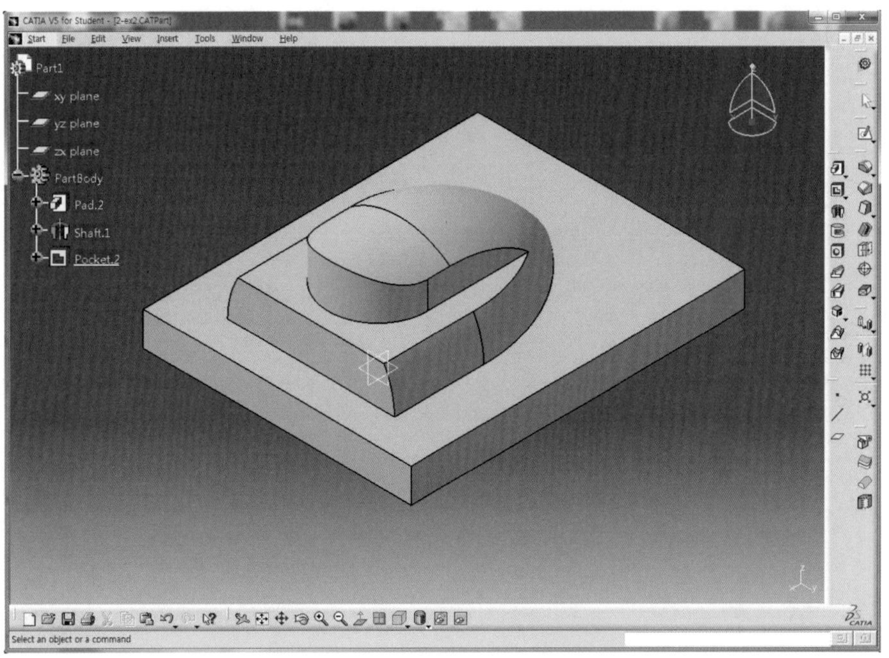

29 Draft Angle 아이콘 을 클릭하고 Angle 영역에 10deg를 입력한다.

30 Face(s) to draft 영역을 클릭하고 Pocket 부분의 원주면을 선택한 후 Neutral Element의 Selection 영역을 클릭하고 Pocket의 바닥면을 선택한다.

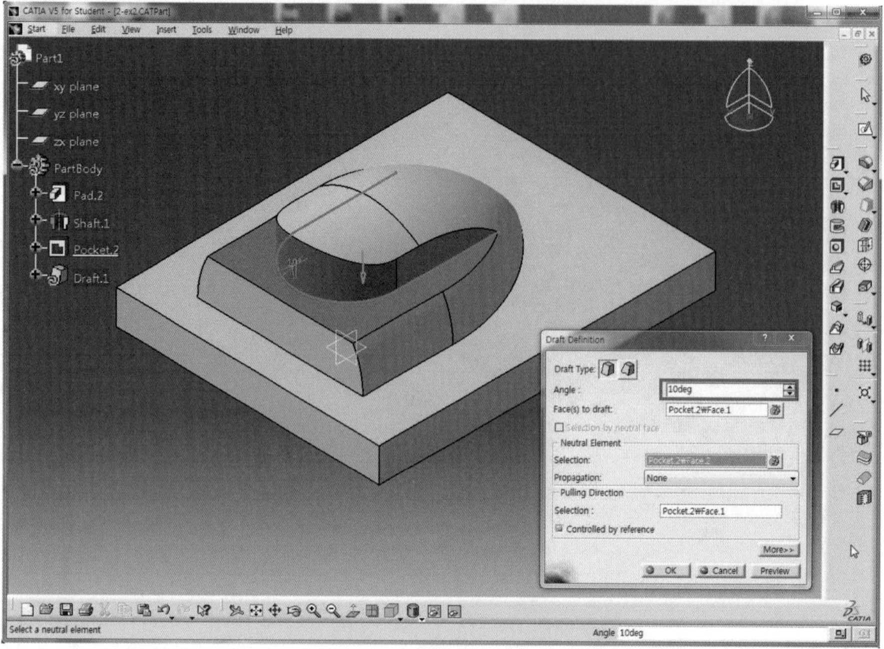

31 화살표 방향이 아래와 향하고 있다면, 마우스로 클릭하여 위쪽으로 향하도록 전환시키고 Preview 버튼을 클릭하여 미리보기 한다.

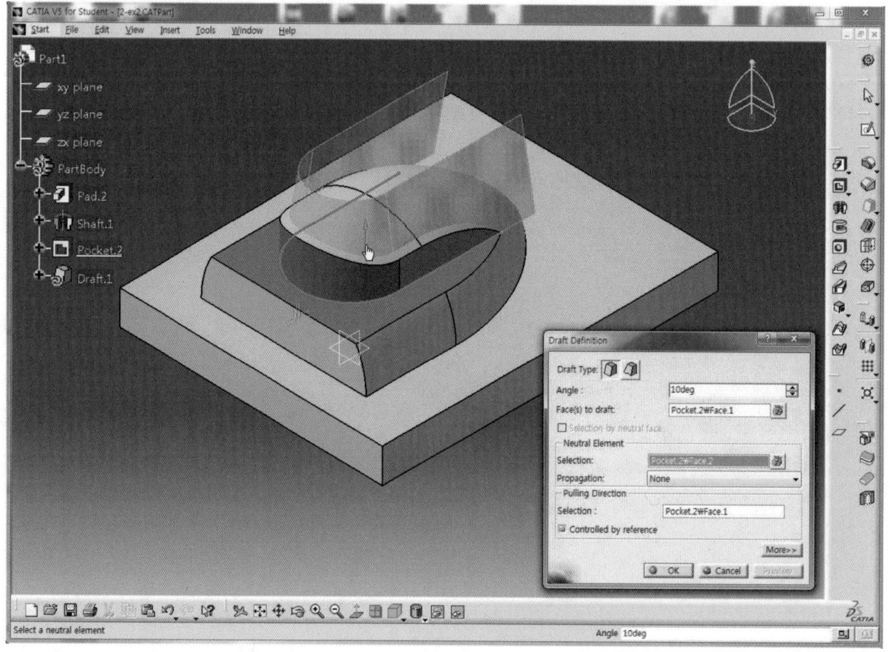

32 앞과 같은 상태에서 OK 버튼을 클릭하여 10°만큼 경사지도록 수정한다.

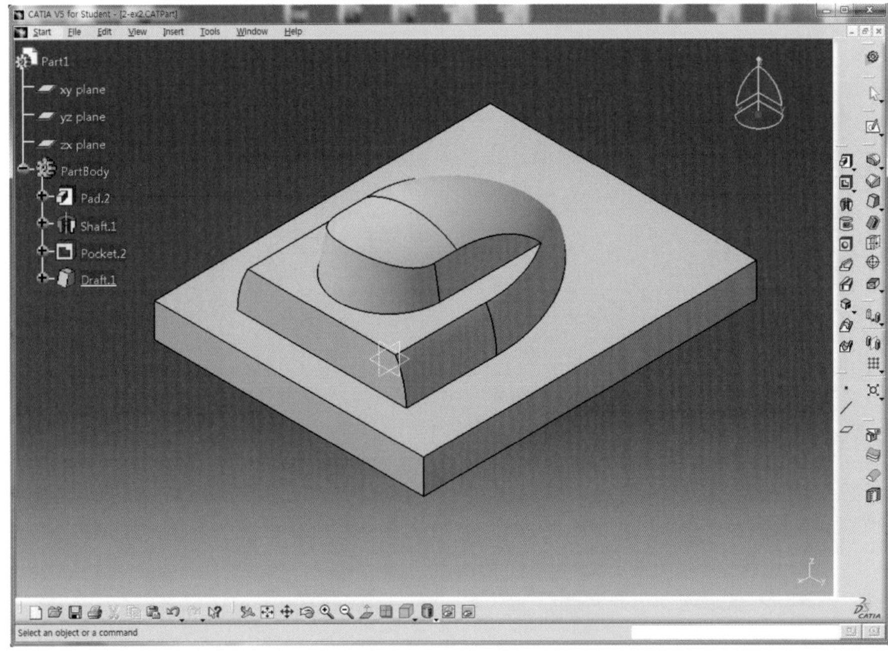

33 Sketch 아이콘 을 클릭하고 직육면체 윗면을 선택하여 Sketch Mode로 전환한다.

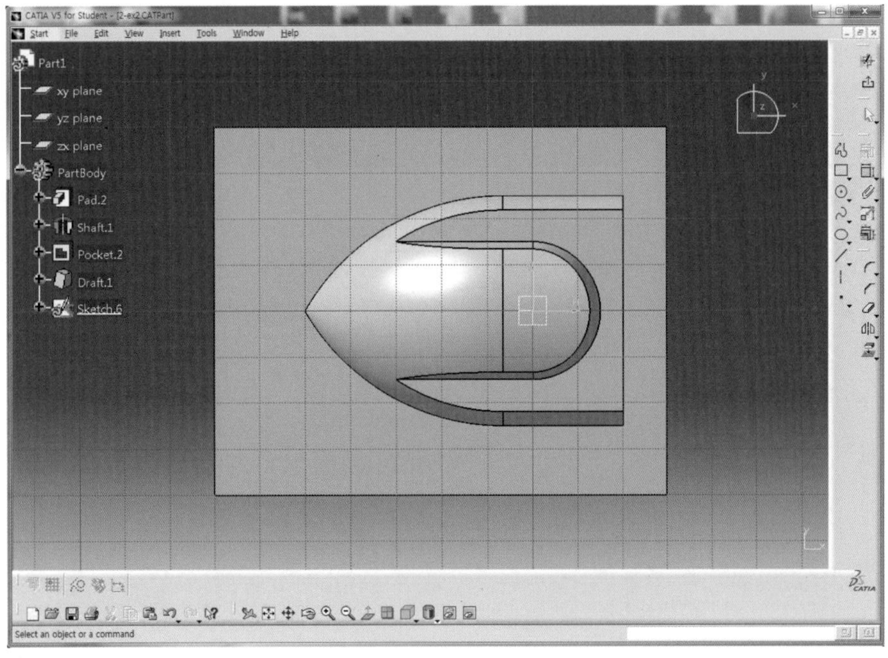

34 Ellipse 아이콘 을 클릭한 후 타원의 중심점이 H축에 위치하도록 선택하고 장축(H축 위), 단축(V축 방향)을 각각 클릭하여 타원을 Sketch한다.

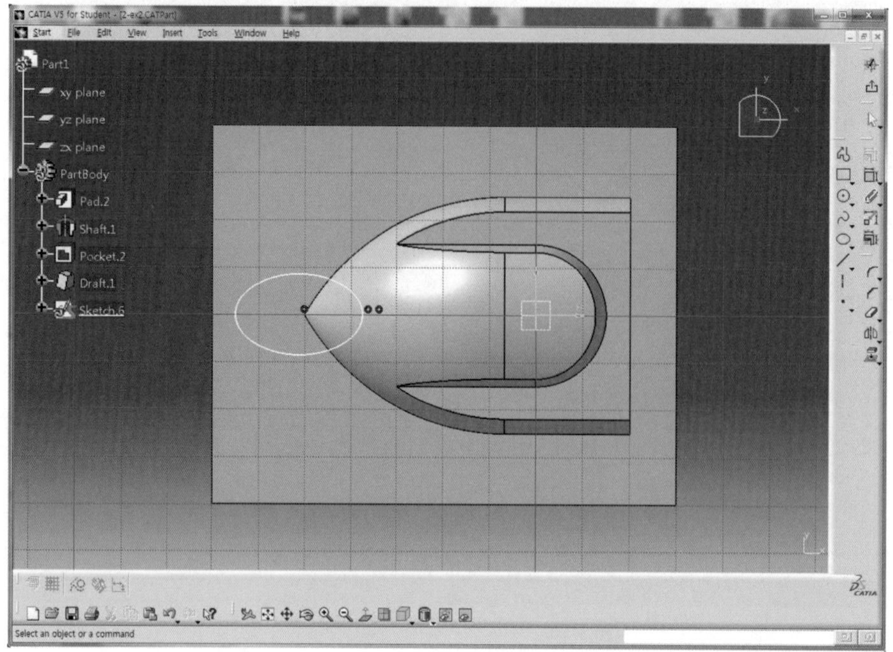

35 Axis 아이콘 을 클릭하고 타원의 장축이 감싸지도록 H축 위에 Sketch한다.

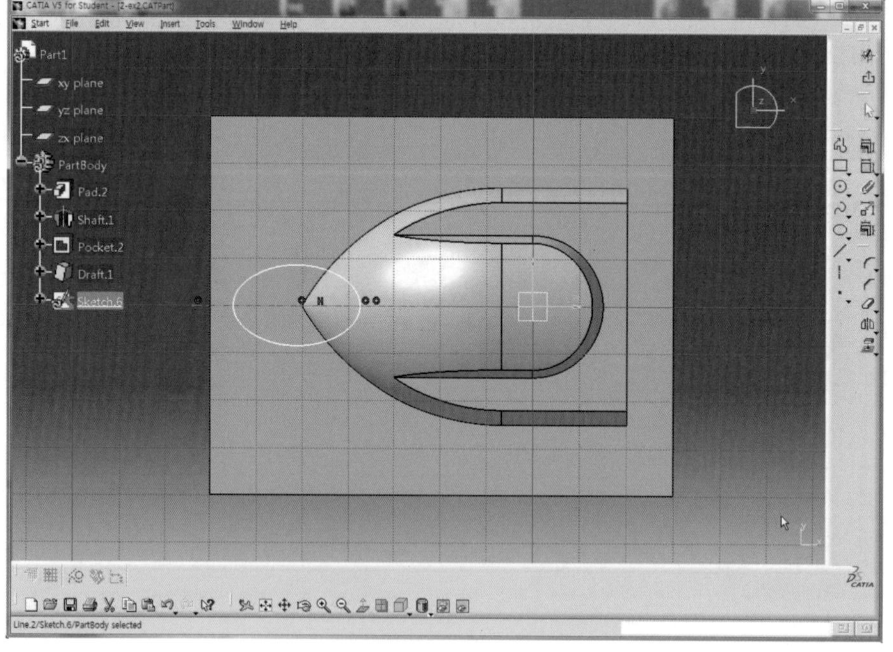

36 Quick Trim 아이콘 을 클릭하고 타원의 아랫부분을 클릭하여 삭제한다.

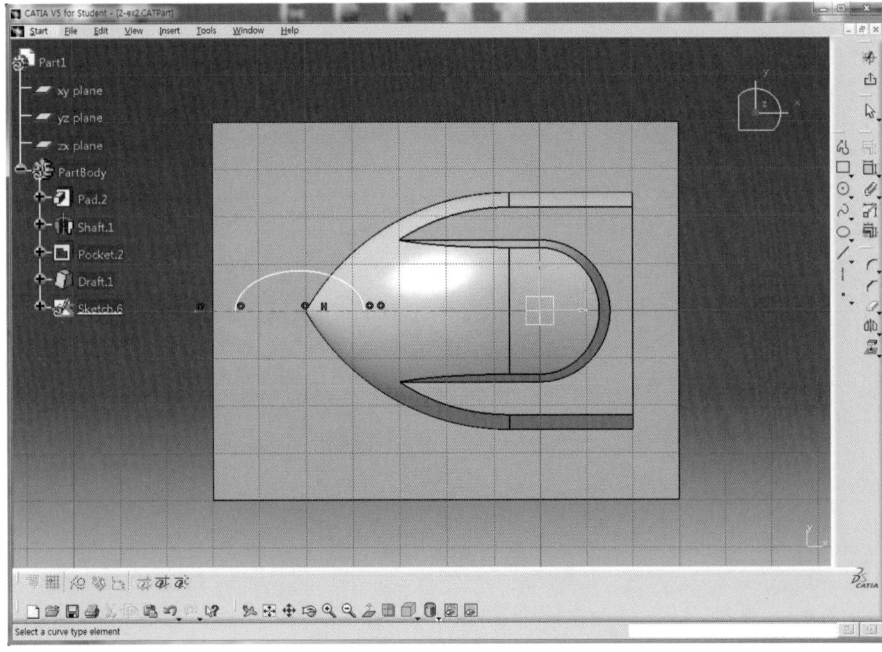

37 Constraint 도구막대의 Constraint 아이콘 을 클릭한 후 치수를 구속시키고 각각의 치수를 더블클릭하여 정확한 치수(장축 25mm, 단축반경 10mm, L50)를 적용한다.

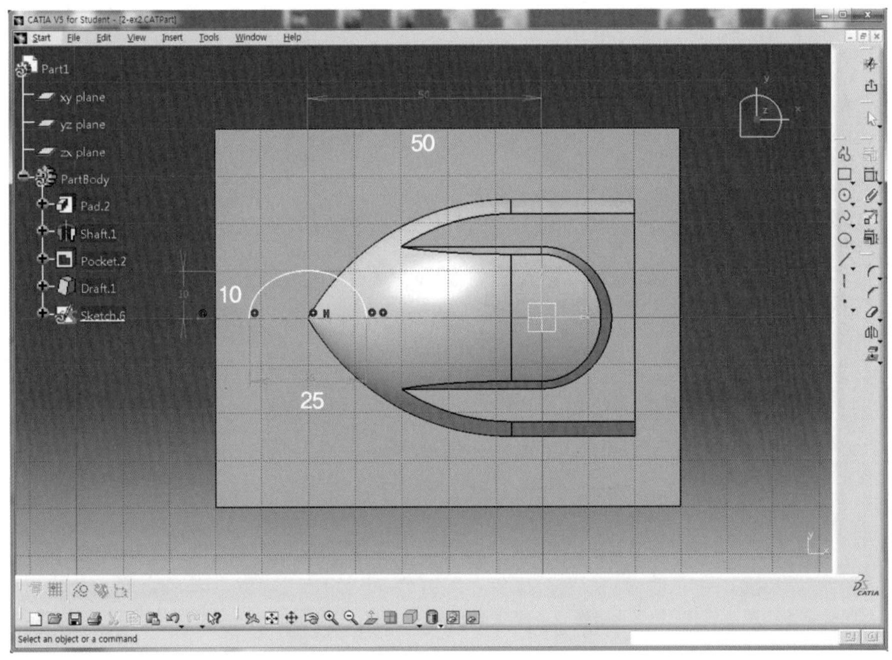

38 OK 버튼을 클릭한 후 Exit workbench 아이콘 을 클릭하여 3D Mode로 전환한다.

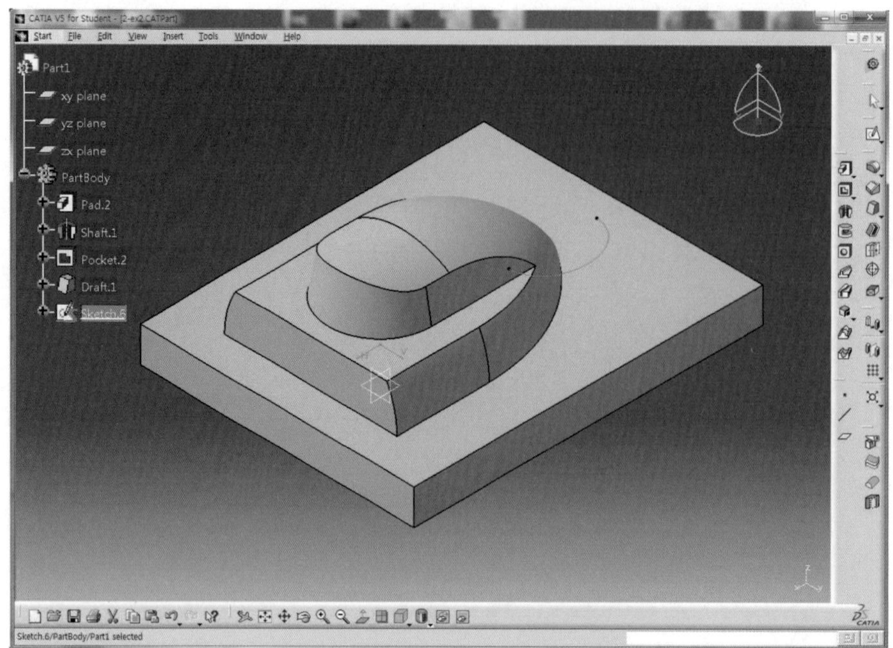

39 Shaft 아이콘 을 클릭하여 한쪽 부분의 회전체를 생성시키기 위해 First Angle 영역에 180deg를 입력한 후 Preview 버튼을 클릭하여 미리보기 한다.(이때 화살표 방향이 위로 향하도록 설정한다.)

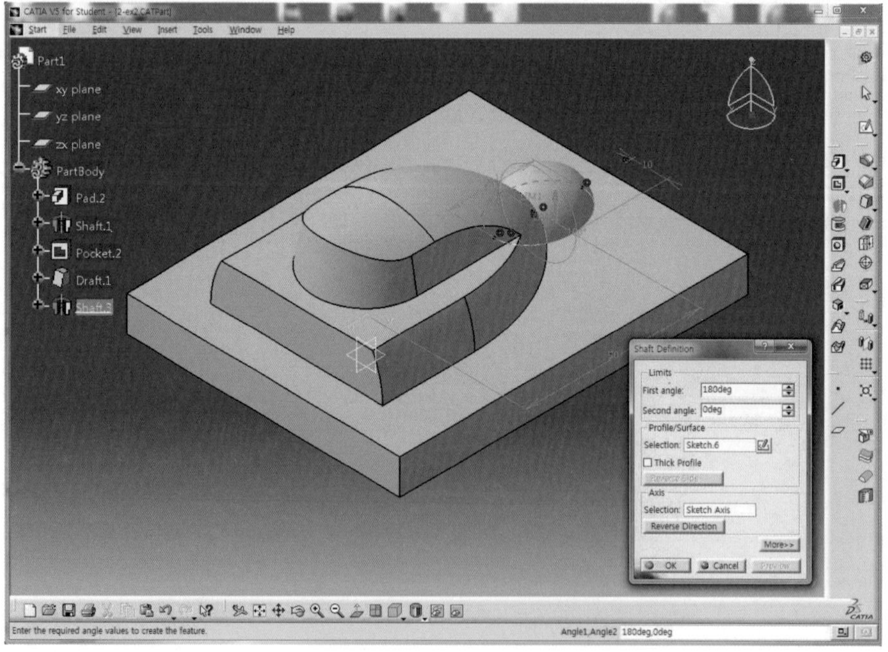

40 OK 버튼을 클릭하면 타원형의 회전체가 생성된다.

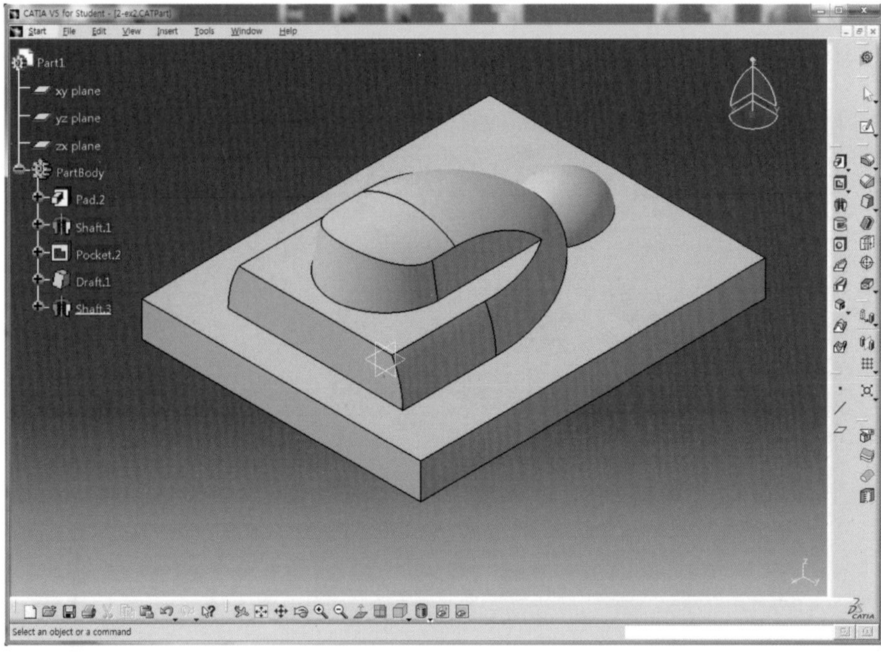

41 Workbench 도구막대의 Part Design 아이콘 을 클릭한 후 Wireframe and Surface Design 아이콘 을 클릭하여 Surface Mode로 전환한다.

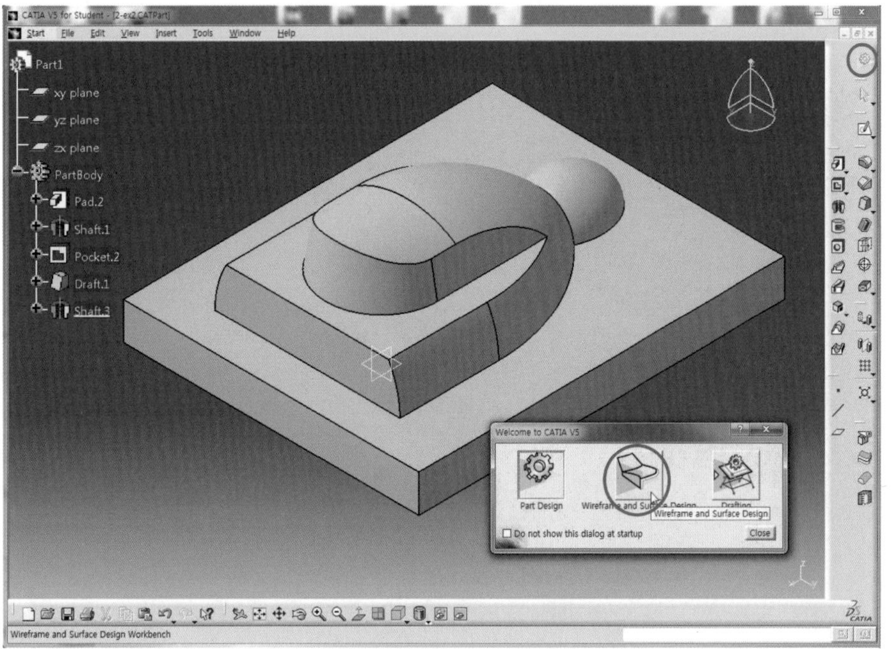

42 Operations 도구막대의 Extract 아이콘 을 클릭한다.

43 Extract Definition 대화상자에서 Propagation type를 Tangent continuity를 선택하고 Element(s) to extract 영역을 클릭한 후 회전체 Solid의 원주면을 선택한다.

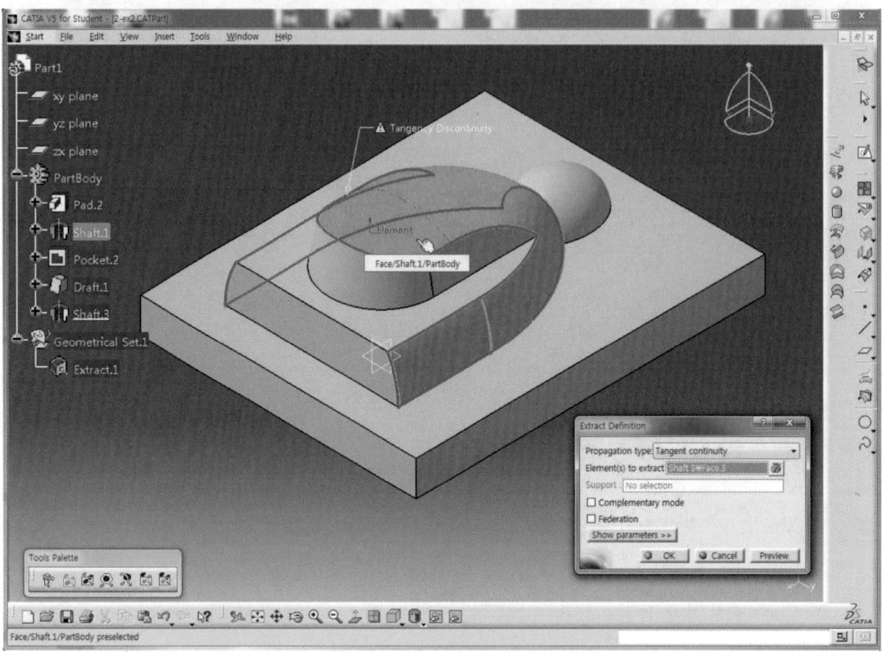

44 OK 버튼을 클릭하면 선택한 부분과 접하는 영역이 Surface로 추출된다.

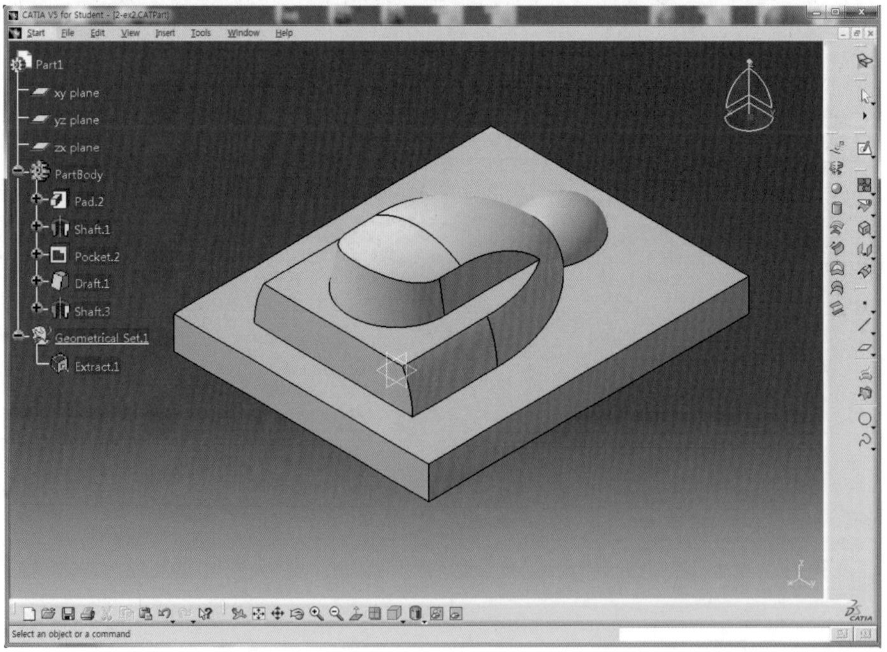

45 Surface를 선택하고 Offset 아이콘 을 클릭한다.

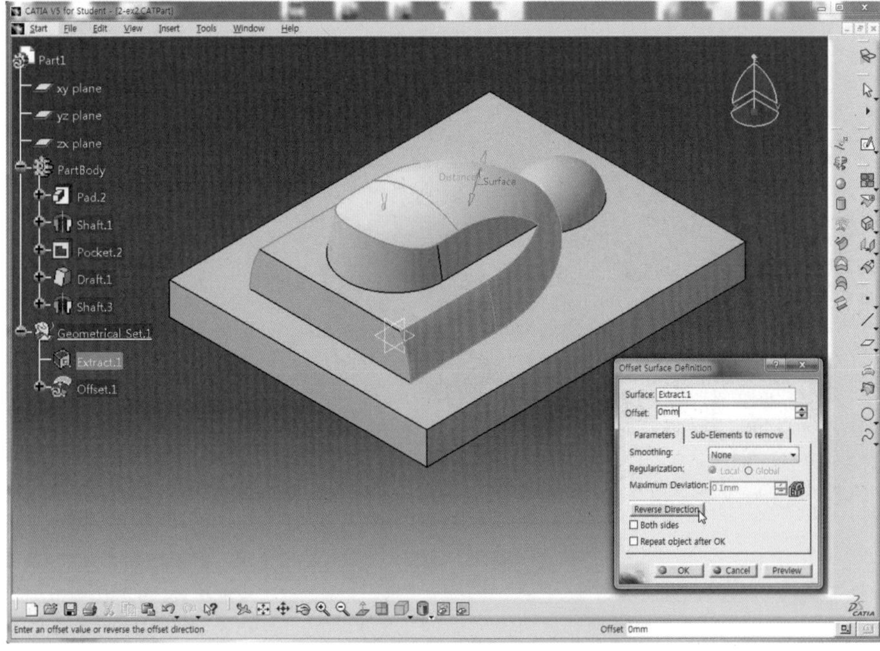

46 Offset 영역에 3mm를 입력하고 붉은색 화살표 방향이 아래쪽으로 향하고 있으면 위쪽으로 향하도록 Reverse Direction 버튼을 클릭한 후 Preview 버튼을 클릭하여 미리보기 한다.

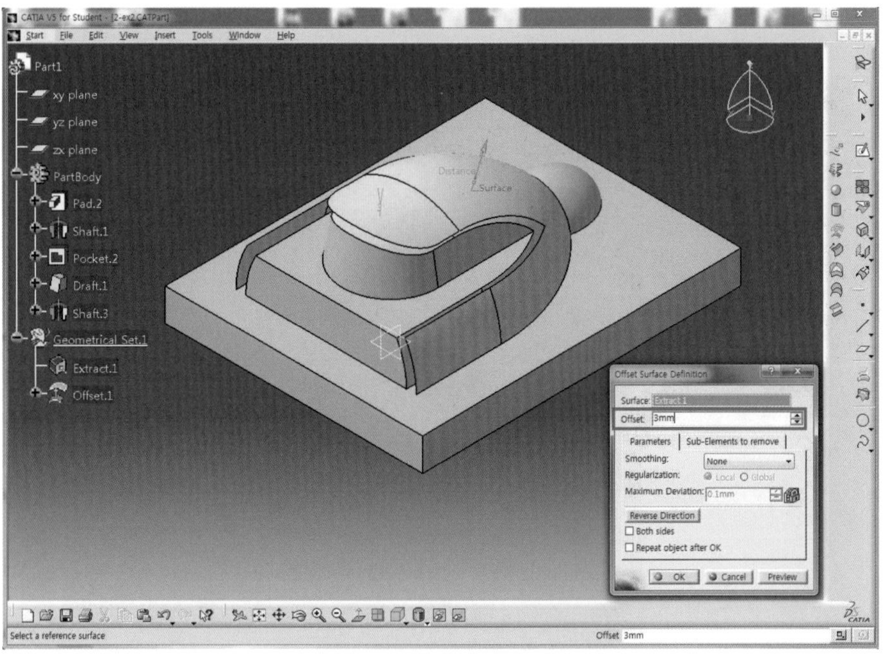

47 OK 버튼을 클릭하여, Extract하여 생성한 Surface에서 위쪽 방향으로 3mm떨어진 새로운 Surface를 생성한다.

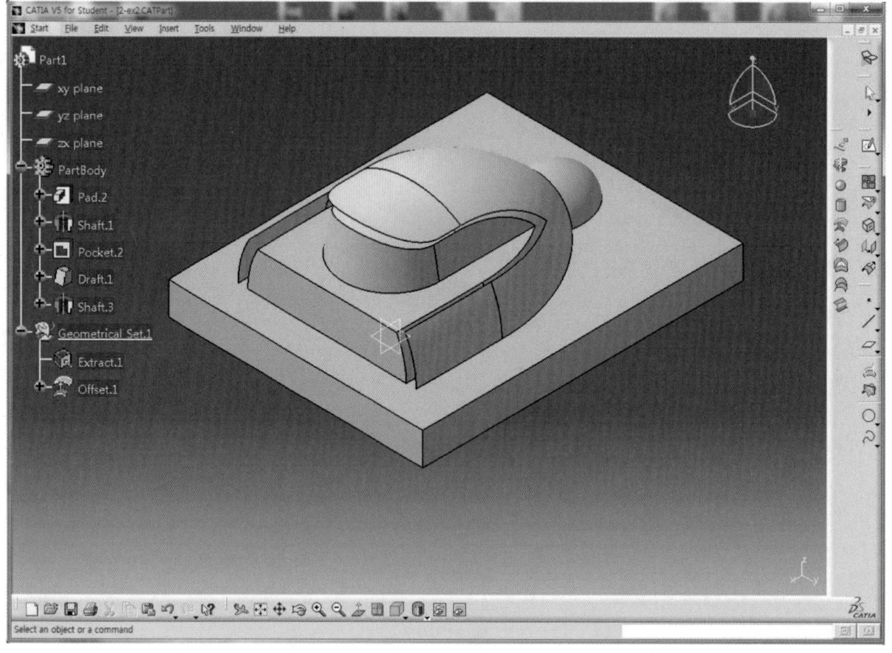

48 Ctrl 버튼을 누른 상태에서 Tree영역에서 Extract과 Offset를 선택한 후 마우스 오른쪽 버튼을 클릭하여 Hide/Show를 선택한다.

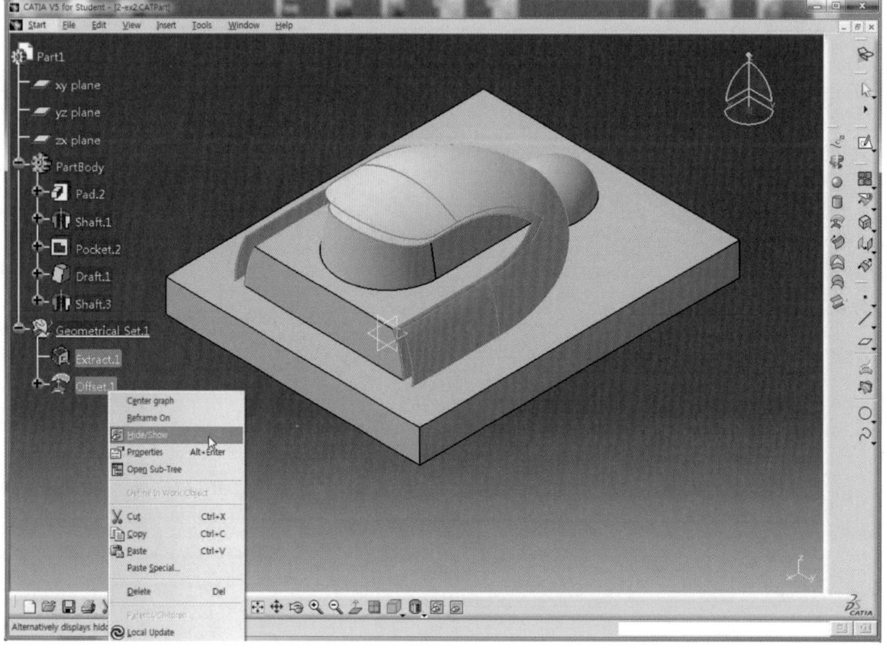

49 선택한 Surface가 Hide 영역으로 이동되어 감춰졌다.

50 Tree에서 PartBody를 선택한 후 마우스 오른쪽 버튼을 클릭하여 Define In Work Object를 선택하면 밑줄이 이동되어 Solid 영역이 Current로 전환된다.(Solid를 생성하기 위한 Sketch가 PartBody 영역 아래에 기록된다.)

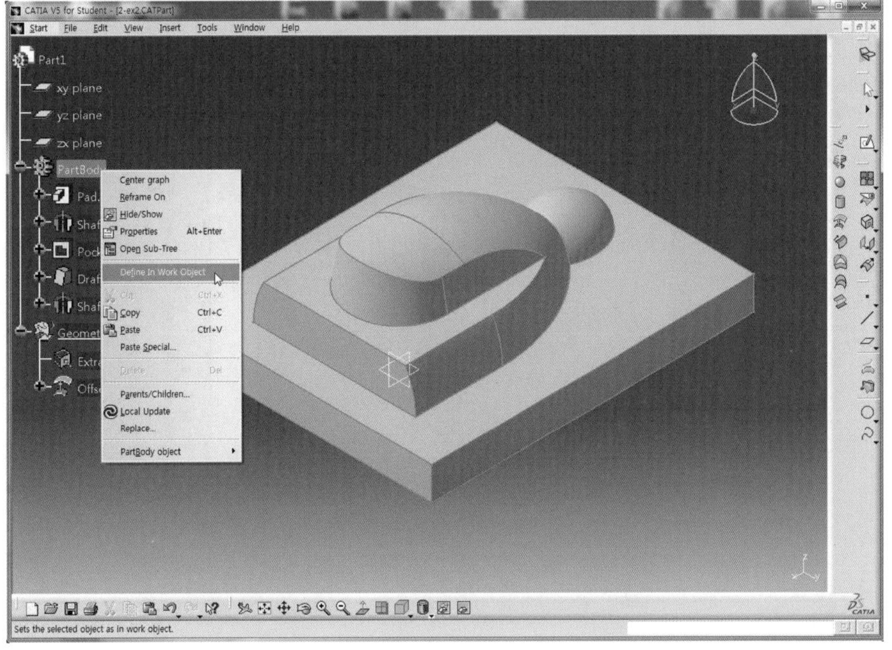

51 Sketch 아이콘 을 클릭하고 직육면체 윗면을 선택하여 Sketch Mode로 전환한다.

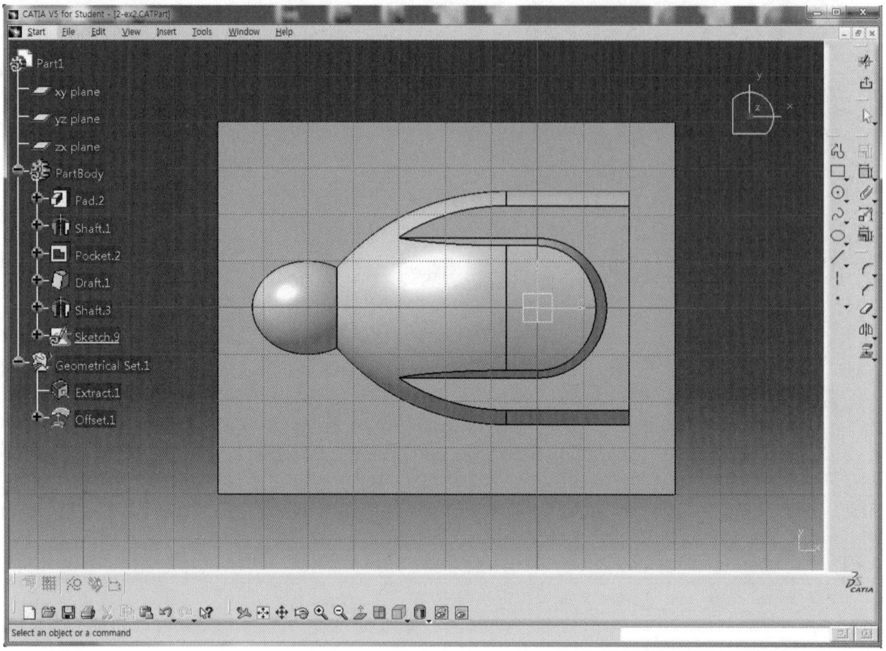

52 Elongated Hole 아이콘 을 클릭한 후 원점(1)과 H축 위에 점(2)을 클릭하고 임의의 직경의 위치를 클릭(3)하여 양쪽이 라운드된 직사각형을 Sketch한다.

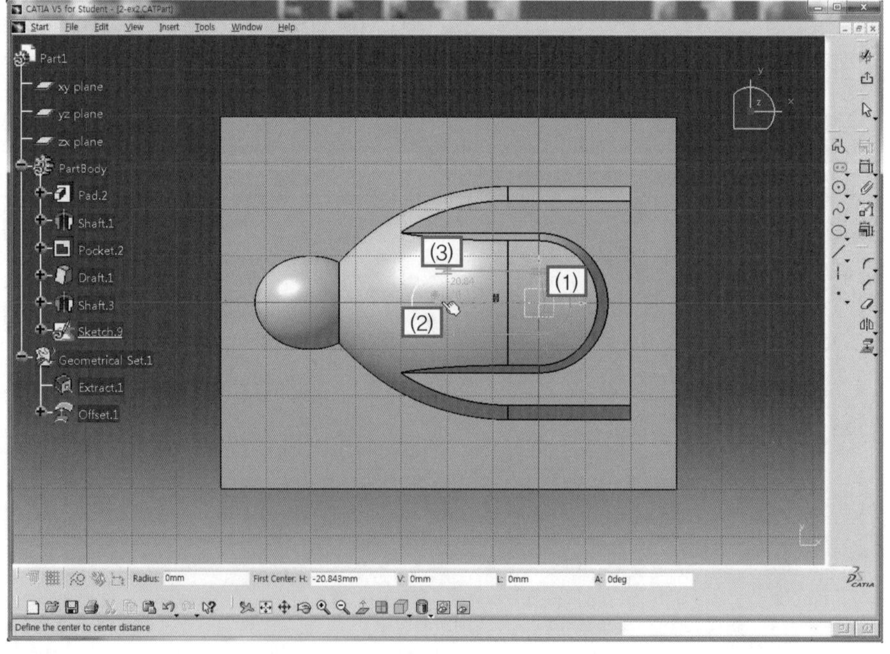

53 Constraint 아이콘 을 클릭하여 치수를 구속하고 각 치수를 더블클릭한 후 도면을 참고하여 정확한 치수(L15, L8)를 적용한다.

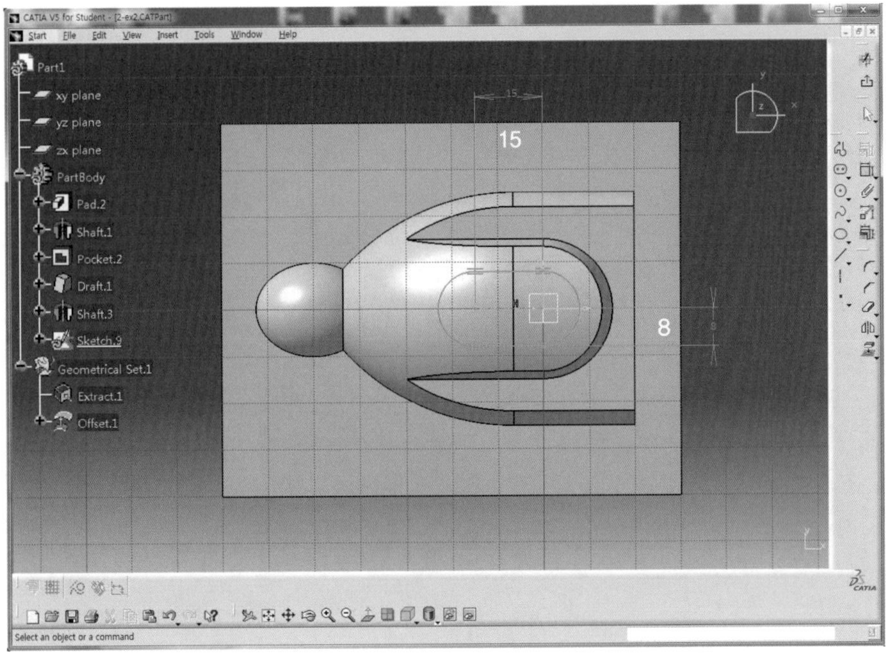

54 Exit workbench 아이콘 을 클릭하여 3D Mode로 전환한다.

55 Workbench 도구막대의 Wireframe and Surface Design 아이콘 을 클릭한 후 Part Design 아이콘 을 클릭하여 Solid Mode로 전환한다.

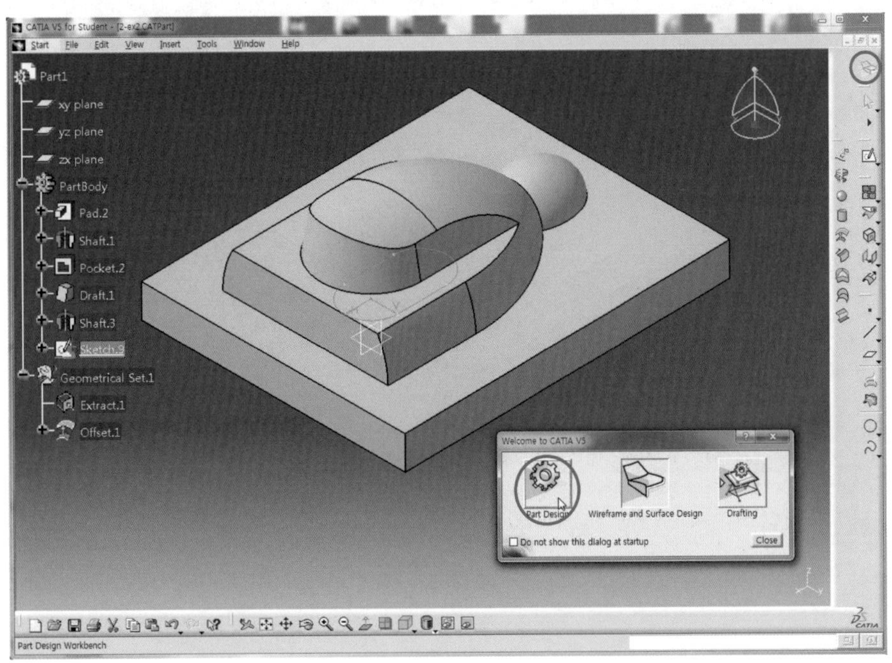

56 Pad 아이콘 을 클릭한 후 Type을 Up to surface로 선택한다.

57 Limit영역을 클릭하고 Tree영역에서 Offset.1을 선택한 후 Preview 버튼을 클릭하여 미리보기 한다.

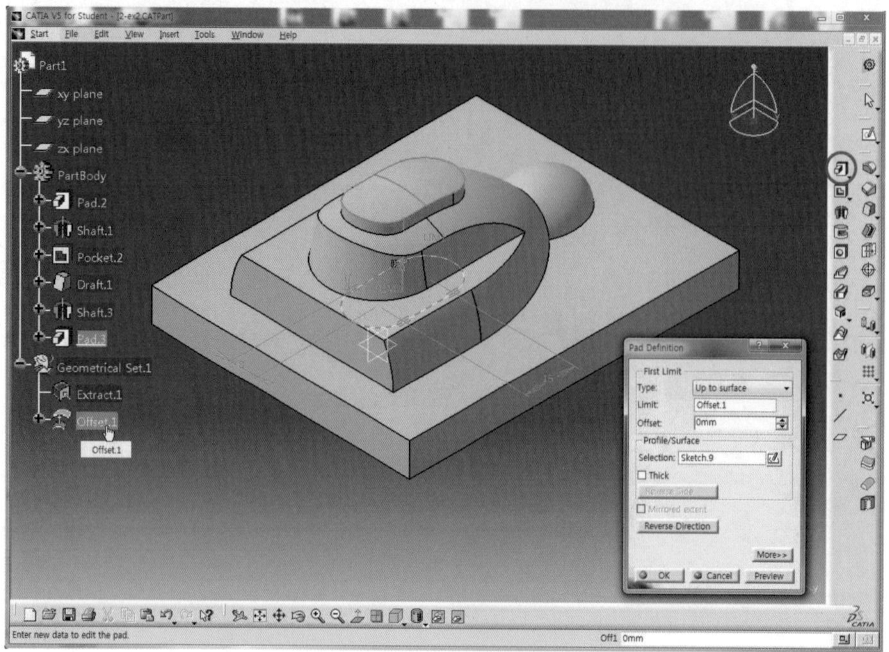

58 OK 버튼을 클릭하여 offset한 Surface까지 돌출한다.

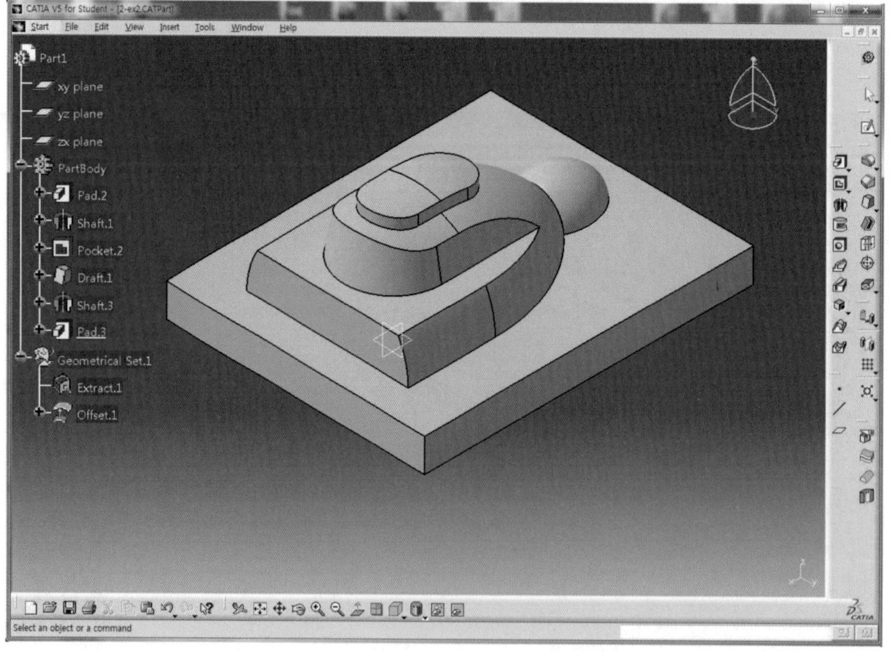

59 Sketch 아이콘 을 클릭하고 직육면체 윗면을 선택하여 Sketch Mode로 전환한다.

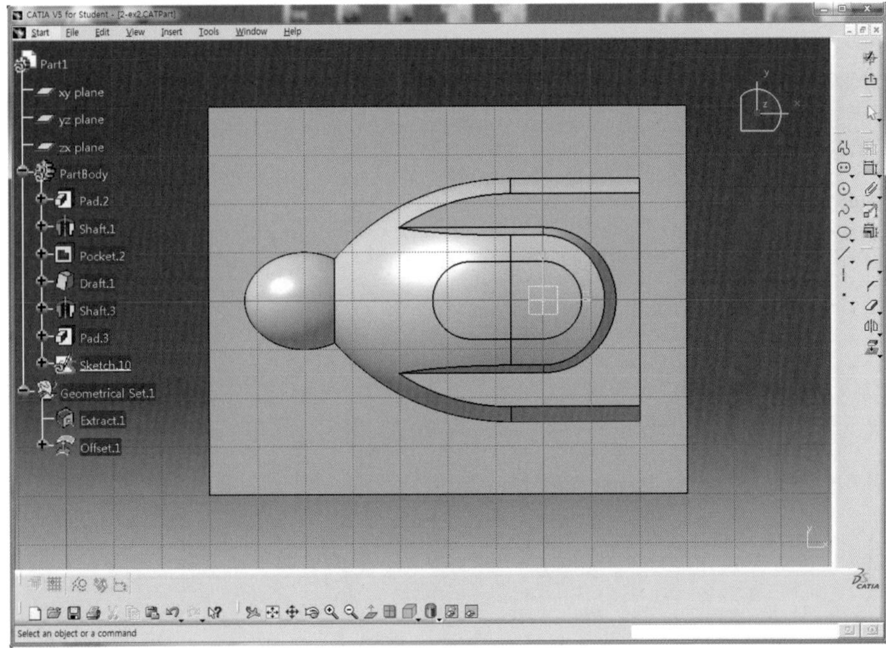

60 Elongated Hole 아이콘 을 클릭한 후 아래와 같이 수평한 방향으로 Sketch한다.

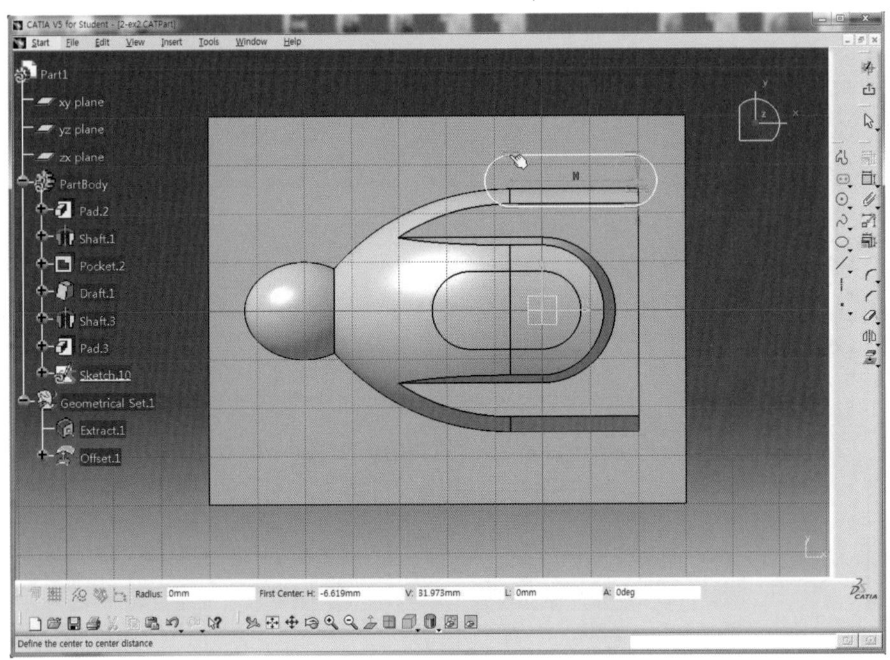

61 오른쪽 Arc와 아래 수평선을 삭제하고 line 아이콘 ╱ 을 클릭한 후 Elongated Hole 중심까지 Sketch 한다.

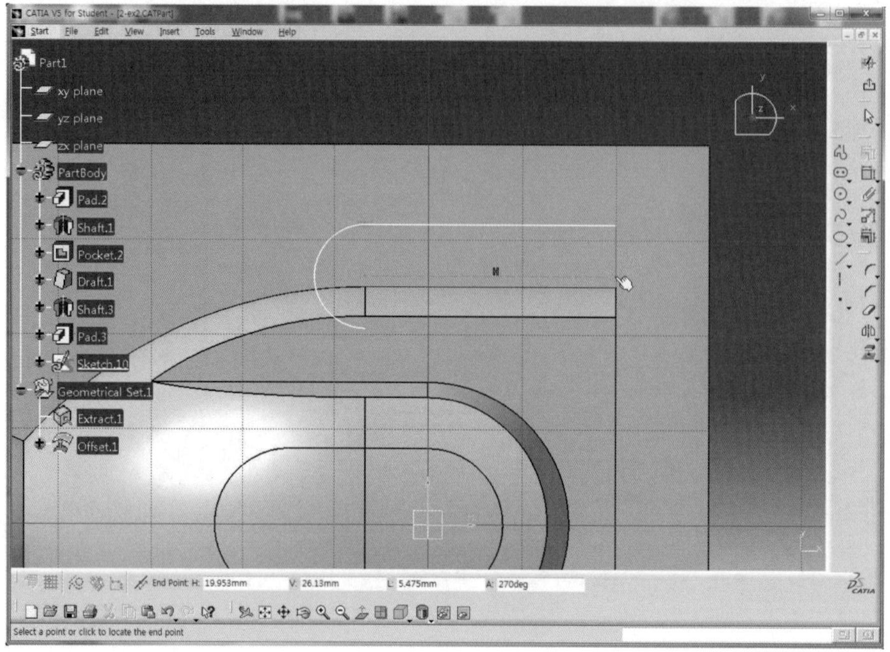

62 Axis 아이콘 ┆ 을 클릭한 후 Elongated Hole의 중심점을 지나도록 Sketch한다.

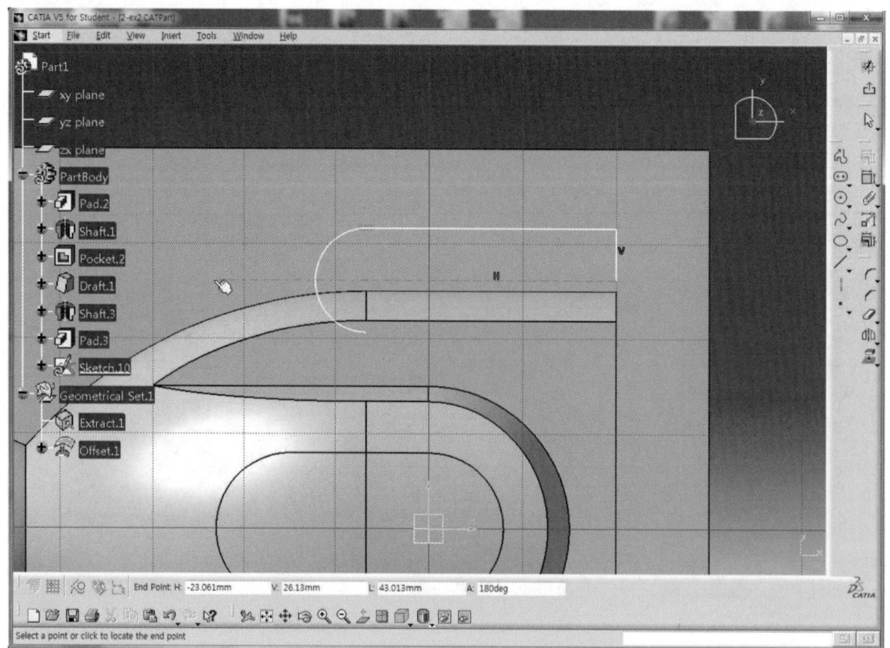

63 Quick Trim 아이콘 을 클릭하고 왼쪽 Arc의 아랫부분을 선택하여 삭제한다.

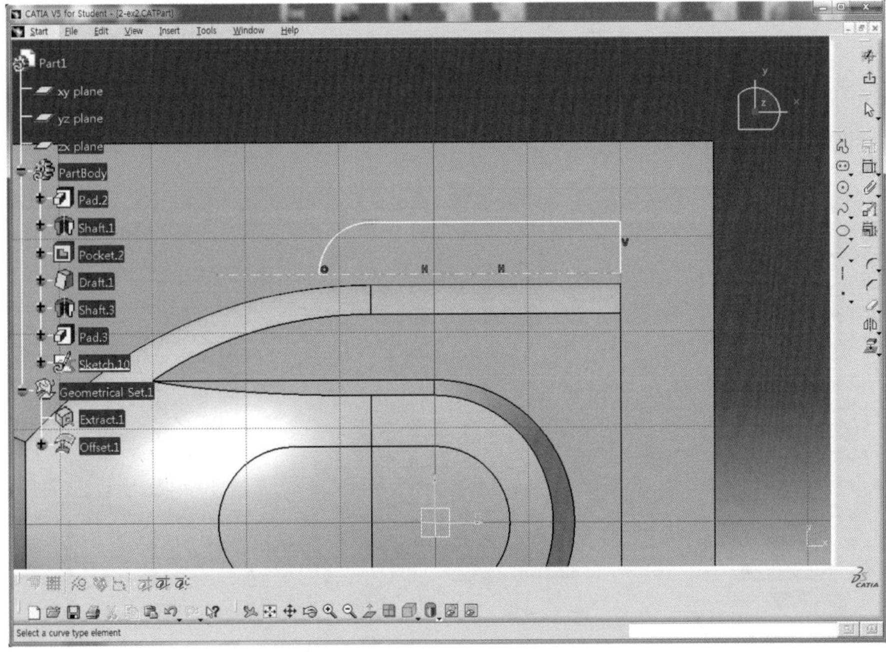

64 Constraint 도구막대의 Constraint 아이콘 을 더블클릭한 후 치수를 구속키고 각 치수를 더블클릭하여 도면을 참고하여 정확한 치수(L25, L5, L0)를 적용한다.

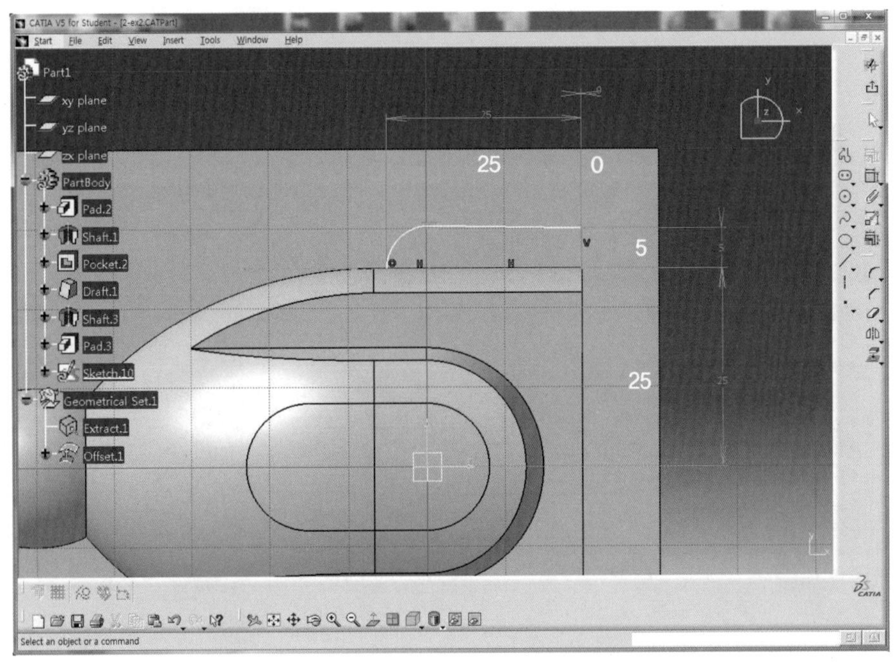

65 적용 가능한 치수를 모두 적용했는데, Sketch가 완전구속 상태인 녹색으로 변경되지 않은 것을 볼 있다. 이와 같은 경우에는 Elongated Hole을 생성한 후 일부 요소를 삭제하면서 Sketch할 때 적용되었던 형상구속조건이 삭제되었기 때문이다.

66 위쪽 수평선(1)을 선택하고 Constraints in Defined Dialog Box 아이콘 을 클릭한 후 Horizontal을 체크하여 수평 구속조건을 적용한다.

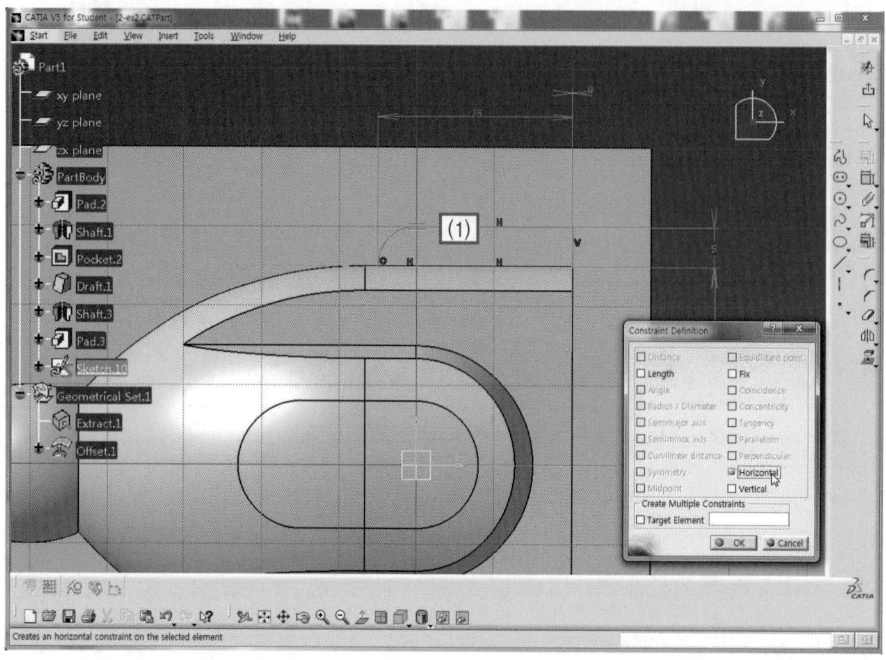

67 구속이 완료된 것을 확인할 수 있다.

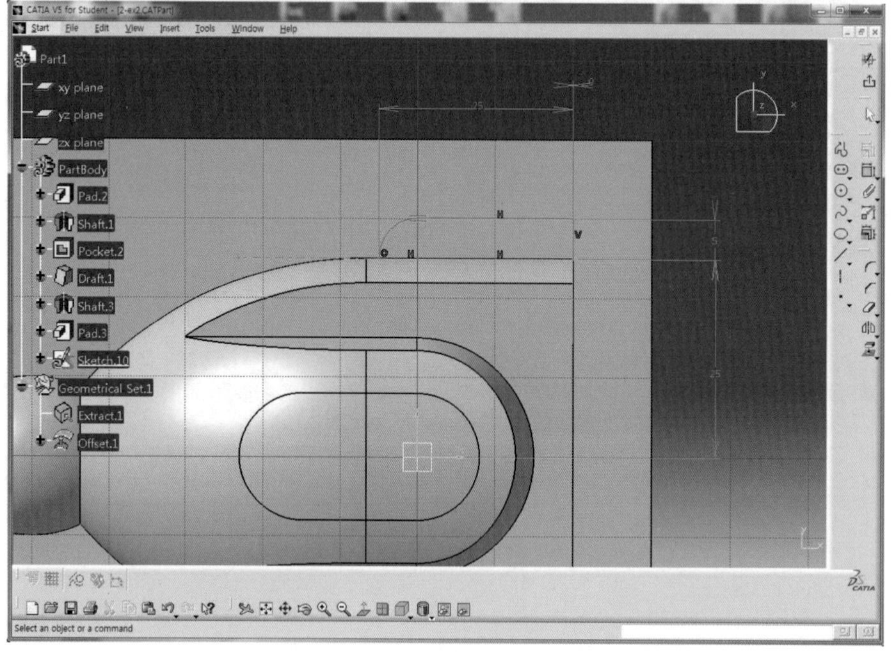

68 Exit workbench 아이콘 을 클릭하여 3D Mode로 전환한다.

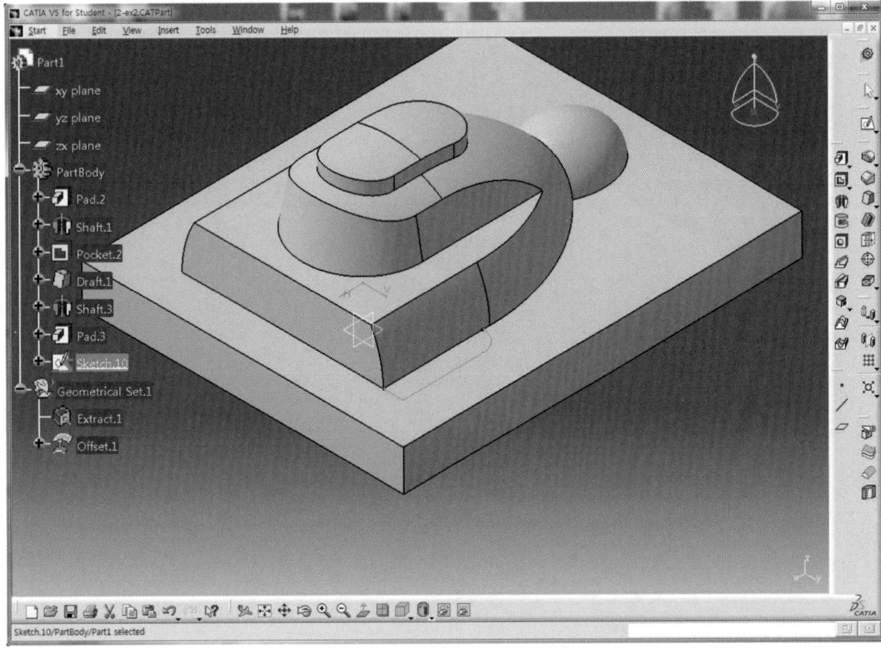

69 Shaft 아이콘 을 클릭하여 한쪽 부분의 회전체를 생성시키기 위해 First Angle 영역에 180deg를 입력하고 화살표 방향이 아래로 향해 있으면 화살표를 클릭하여 위쪽으로 향하도록 변경한 후 Preview 버튼을 클릭하여 미리보기 한다.

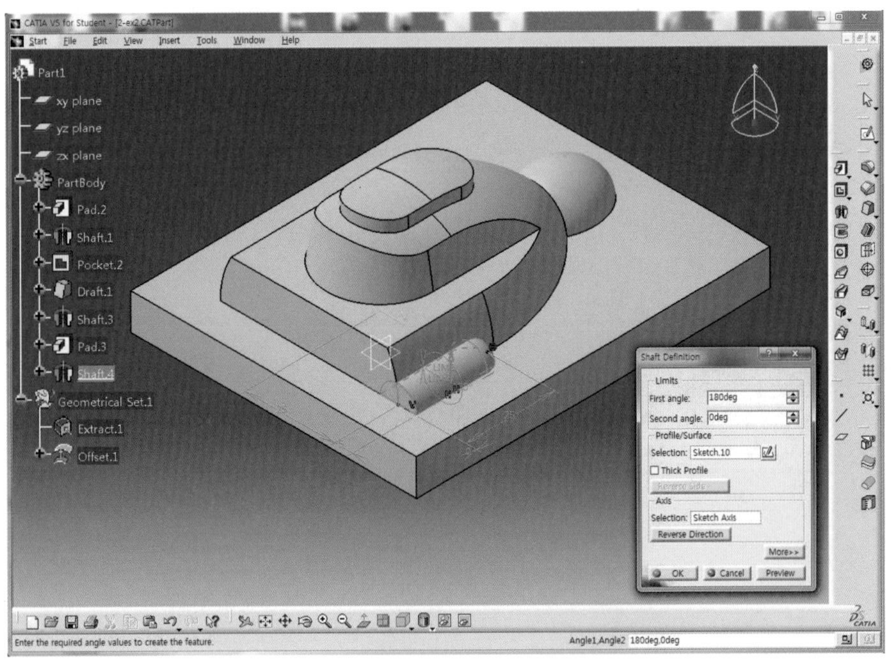

70 OK 버튼을 클릭하여 회전체를 생성한다.

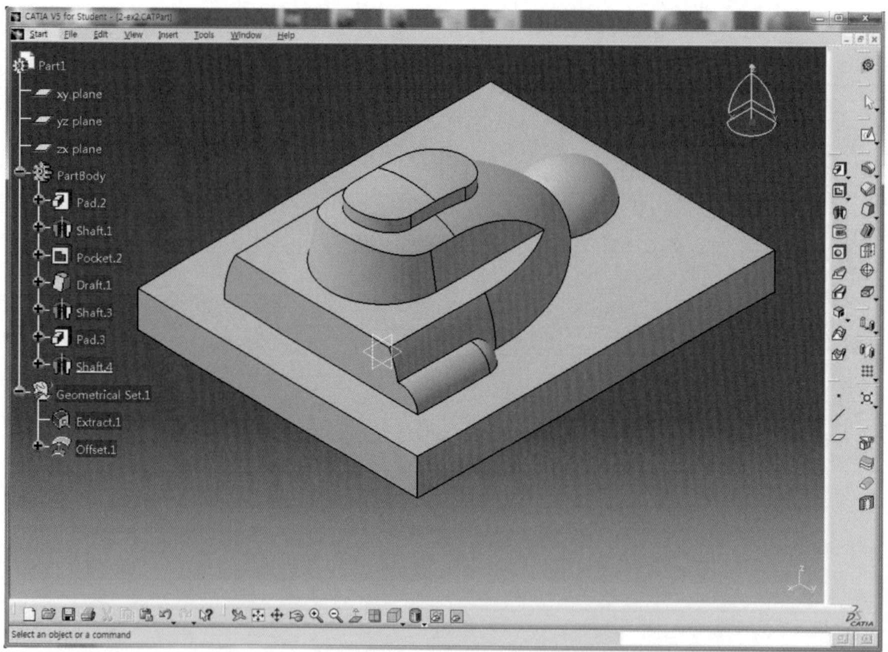

71 Tree 영역에서 앞 단계에서 생성한 회전체를 선택한 후 Symmetry 아이콘 을 클릭한다.

72 Mirror Definition 대화상자에서 Mirroring element 영역을 클릭하고 대칭 기준으로 zx Plane을 선택한다.

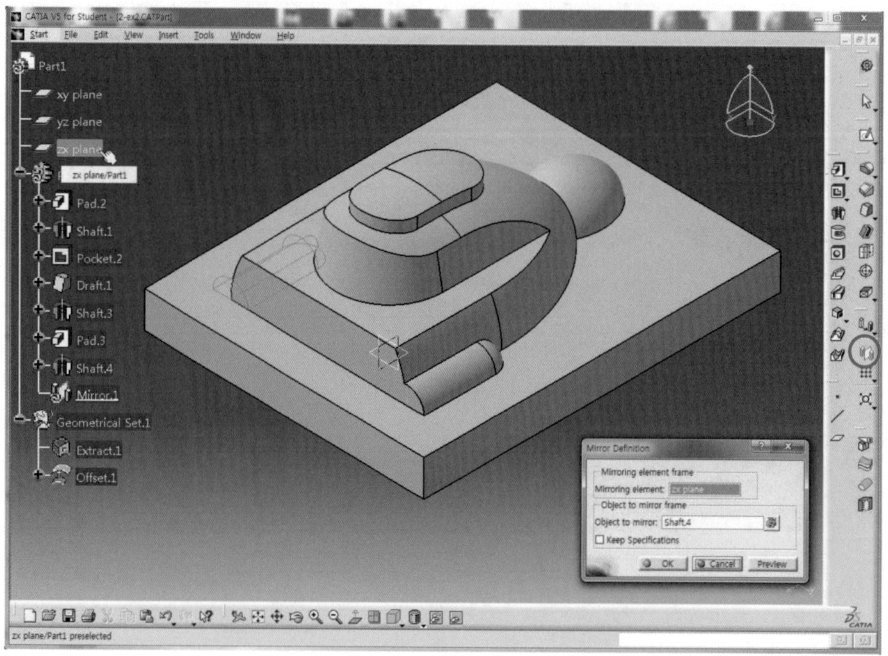

73 Preview 버튼을 클릭하여 미리보기 한 후 OK 버튼을 클릭하여 대칭 복사한다.

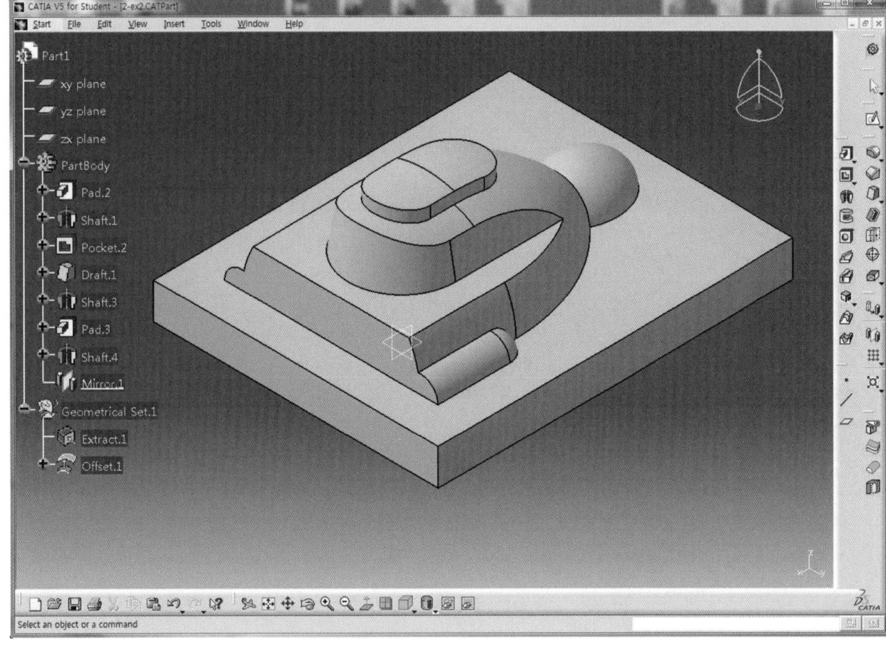

74 Edge Fillet 아이콘 을 클릭한 후 모서리를 선택한 후 Radius 영역에 3mm를 입력하고 Preview 버튼을 클릭하여 미리보기 한다.

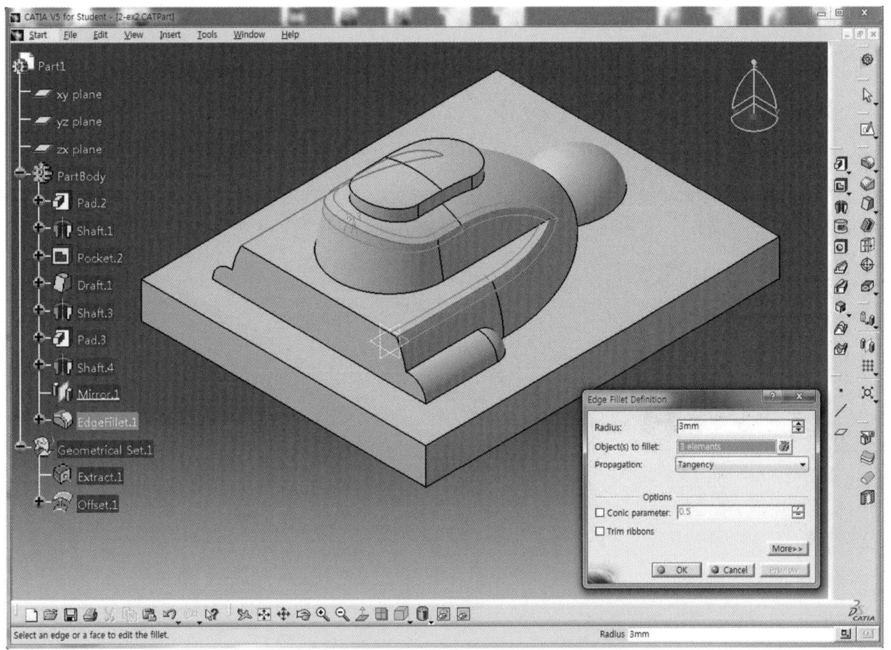

75 OK 버튼을 클릭하여 Fillet을 생성한다.

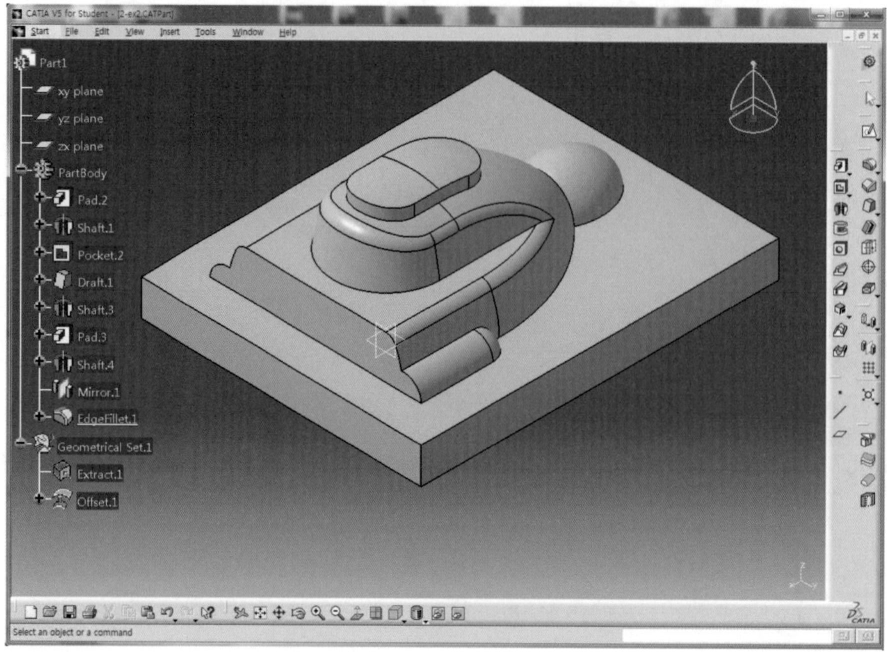

76 같은 방법으로 Edge Fillet 아이콘 을 클릭하고 R1을 적용할 모서리를 모두 선택한 후 OK 버튼을 클릭한다.

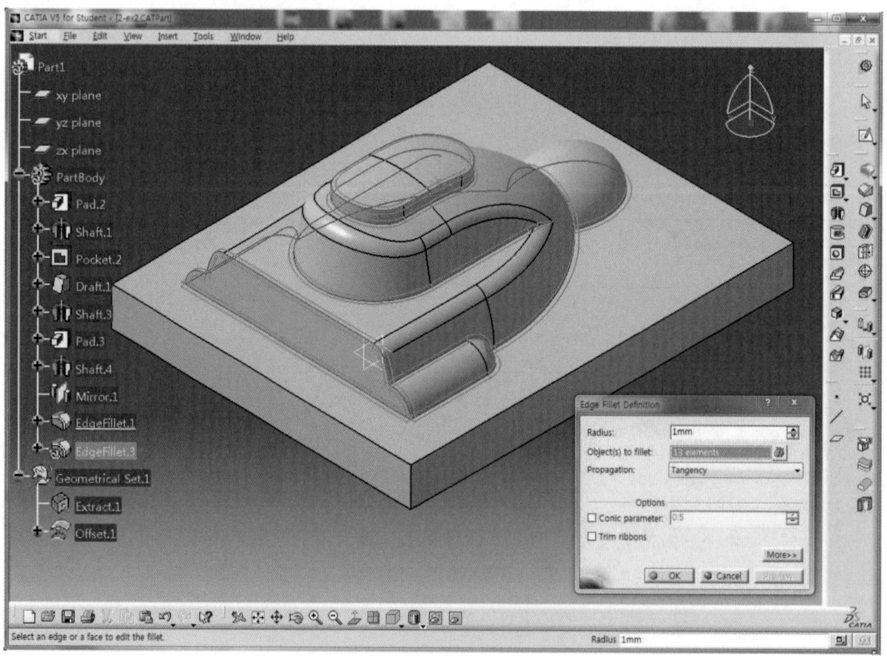

77 완성된 Model이다.

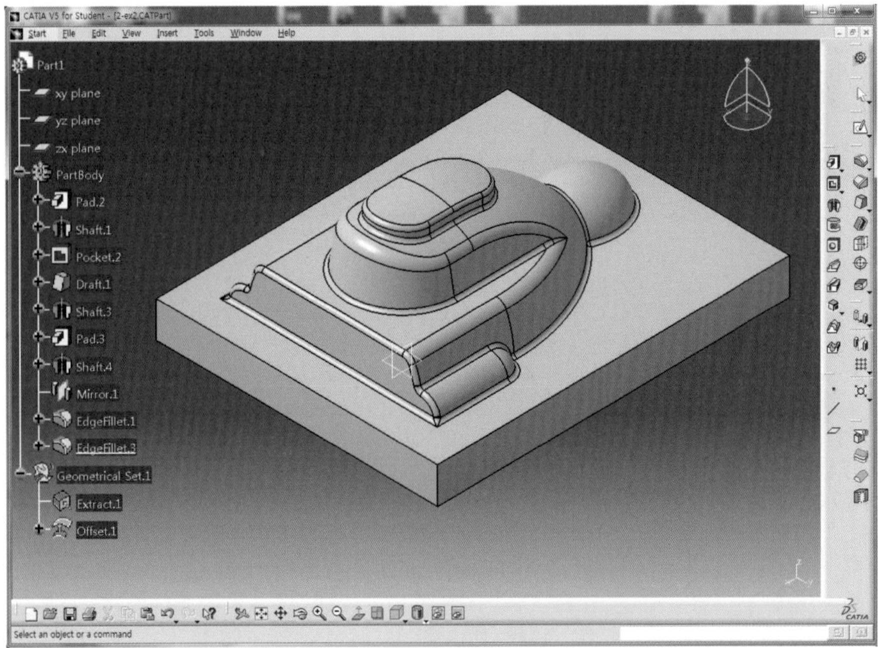

03 활용 Model (3)

활용 Model (3)

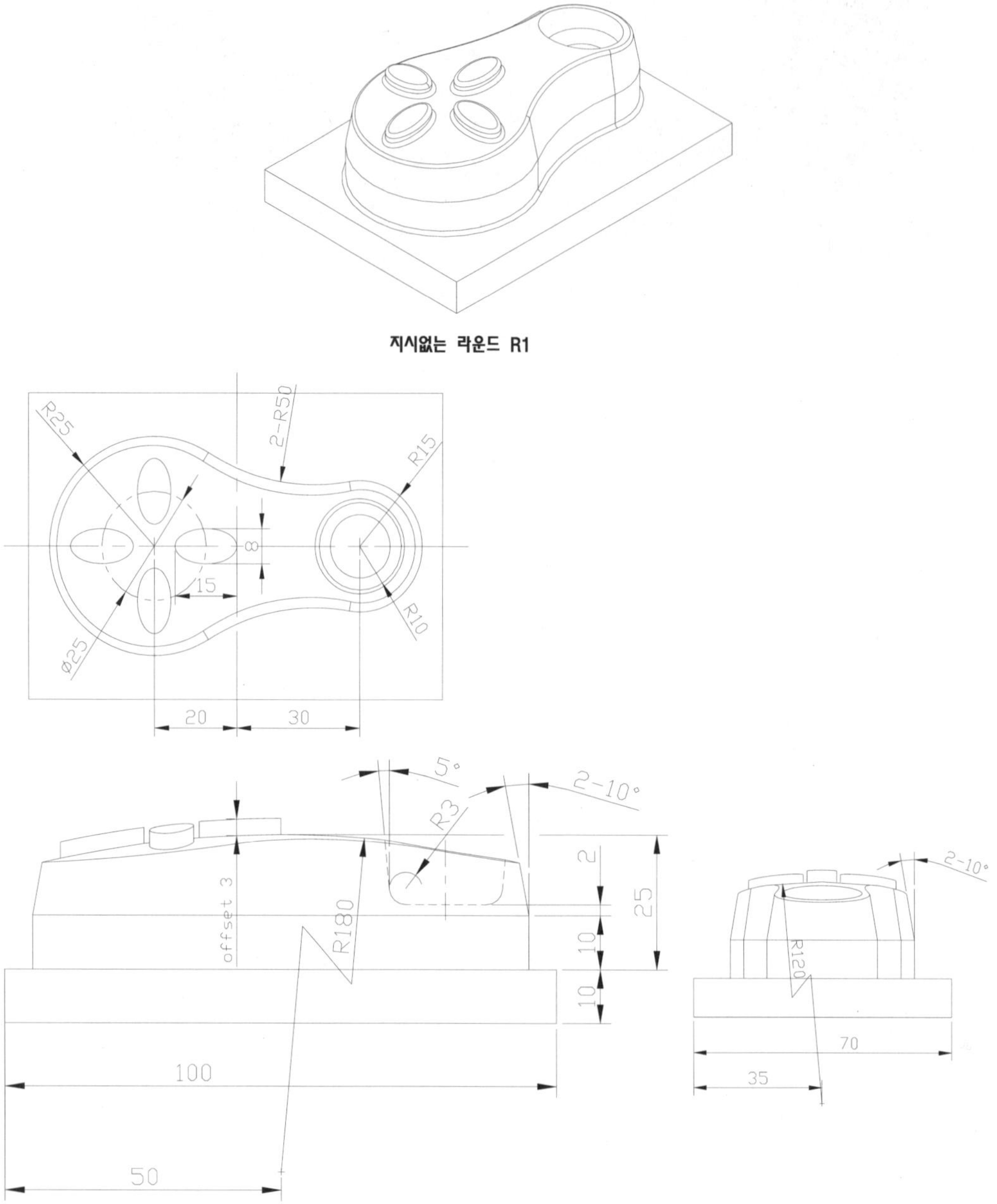

지시없는 라운드 R1

01 CATIA를 실행하면 Assembly Mode가 시작되는데, ✕을 클릭하여 초기화 Mode로 전환한다.

02 Workbench 도구막대의 All general options 아이콘■을 클릭한 후 Part Design 아이콘⚙을 클릭하여 Solid Mode로 전환한다.(Workbench 설정방법은 "활용 Model(1)" 참조)

03 Sketch 아이콘 을 클릭하고 xy Plane을 선택하여 Sketch Mode로 전환한다.

04 Profile 도구막대의 Centered Rectangle 아이콘 을 클릭한다.

05 대칭 기준점으로 원점을 선택하고 직사각형 꼭짓점을 클릭하여 원점에 대칭인 직사각형을 생성한다.

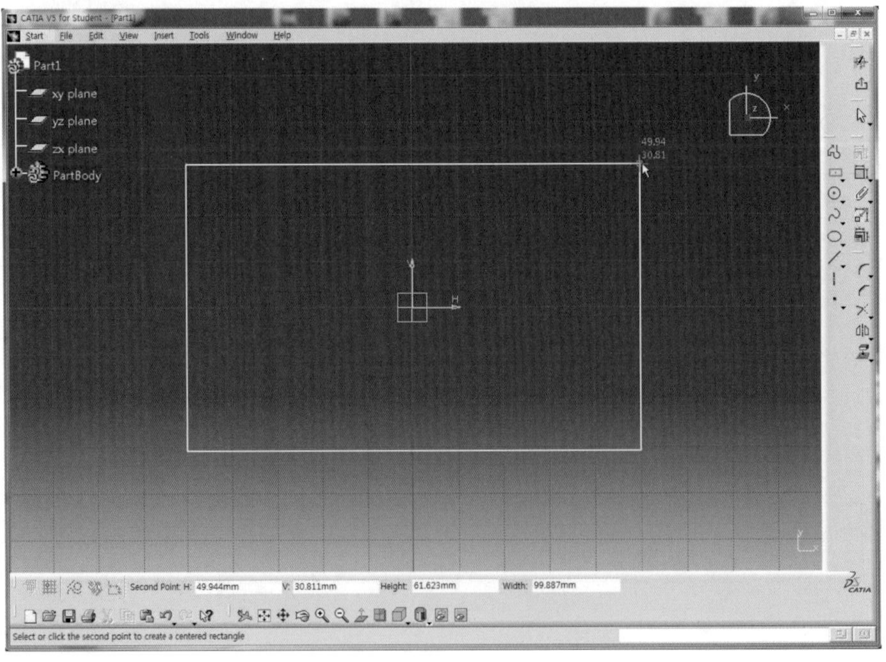

06 Constraint 도구막대의 Constraint 아이콘 을 더블클릭하여 직사각형의 가로와 세로치수를 구속시킨다.

07 각 치수를 더블클릭하여 가로 100mm, 세로 70mm를 적용한다.

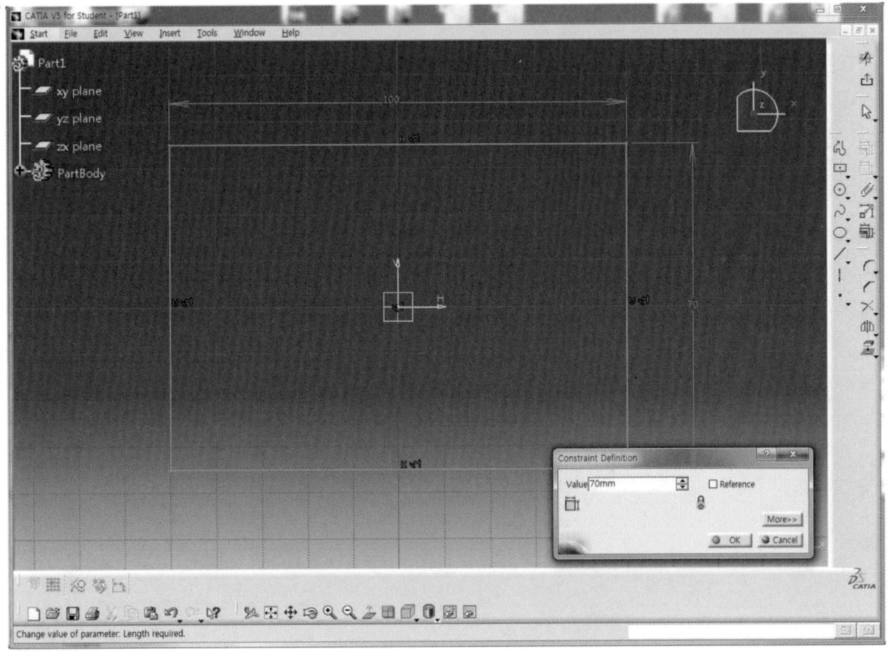

08 Exit workbench 아이콘 을 클릭하여 3D Mode로 전환한다.

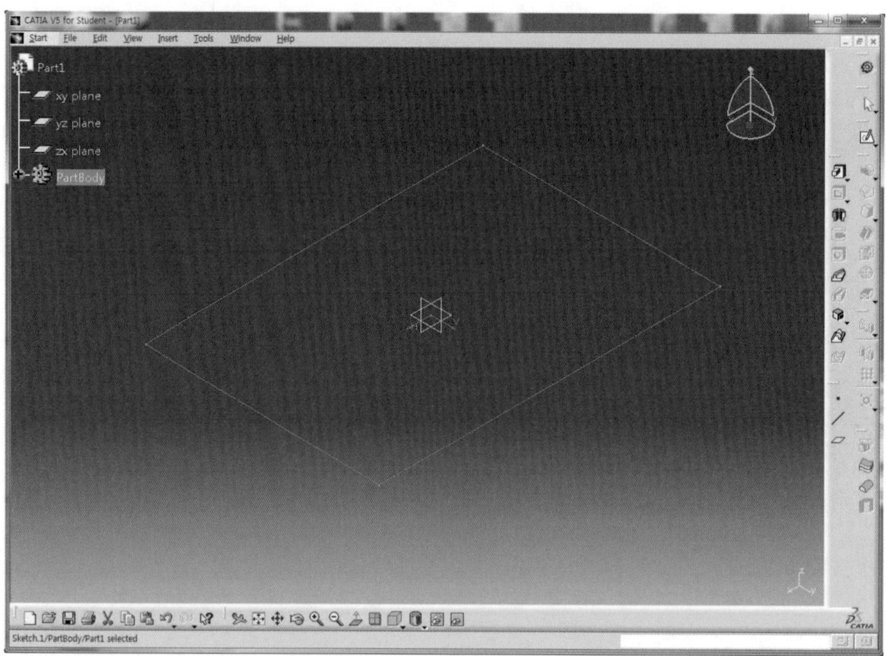

09 Sketch.1을 선택하고 Pad 아이콘 을 클릭한 후 Length 영역에 10mm를 입력하고 Preview 버튼을 클릭하여 미리보기 한다.

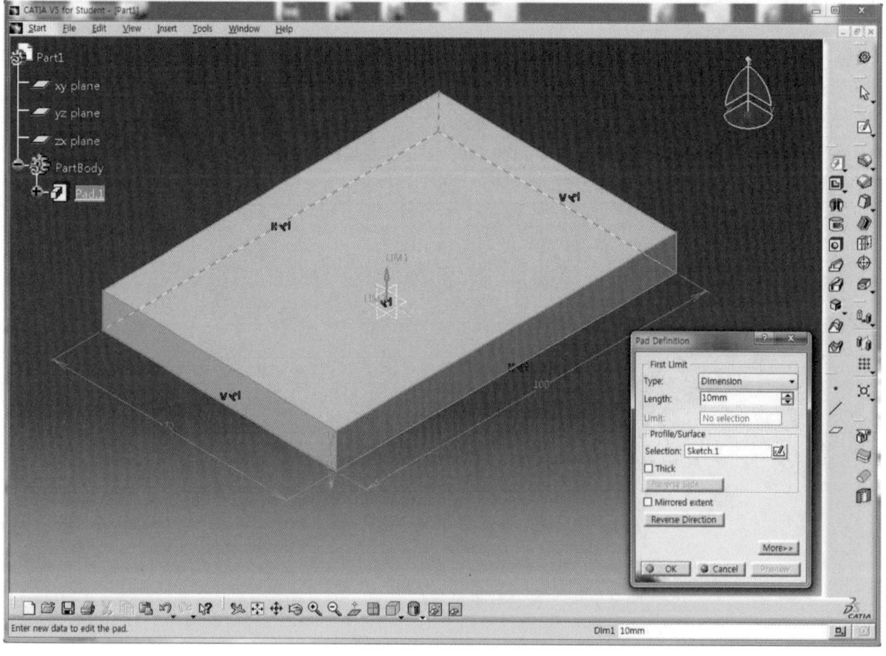

10 OK 버튼을 클릭하여 직육면체의 Solid를 생성한다.

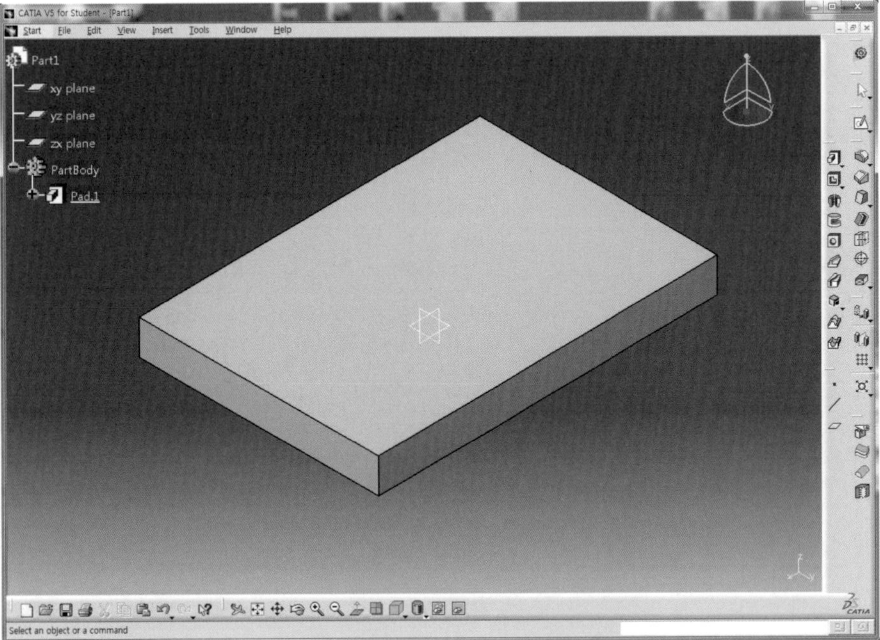

11 Sketch 아이콘 을 클릭하고 직육면체의 윗면을 선택하여 Sketch Mode로 전환한다.

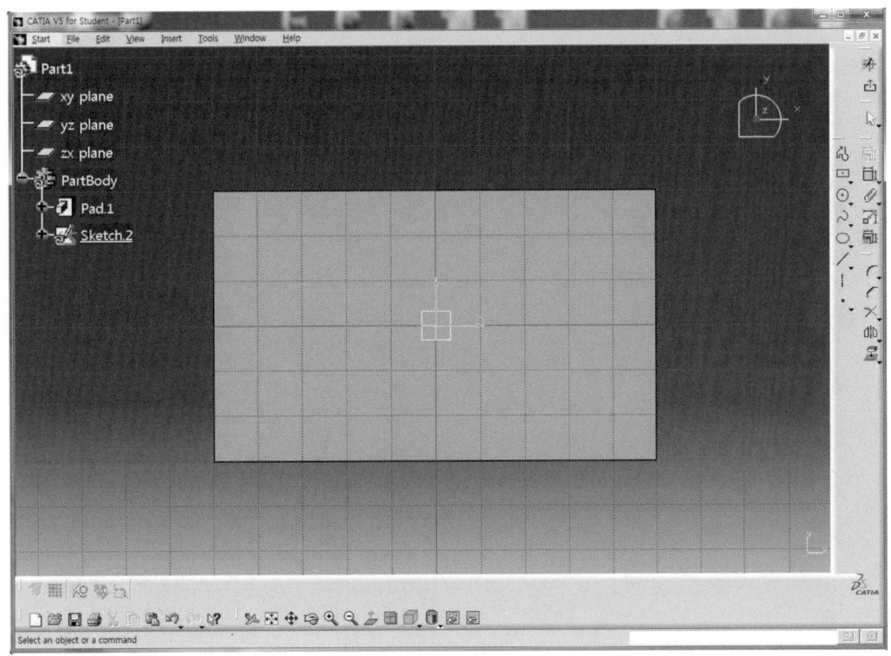

12 Circle 아이콘 을 클릭하여 중심이 H축 위에 위치하도록 2개의 Circle을 Sketch한다.

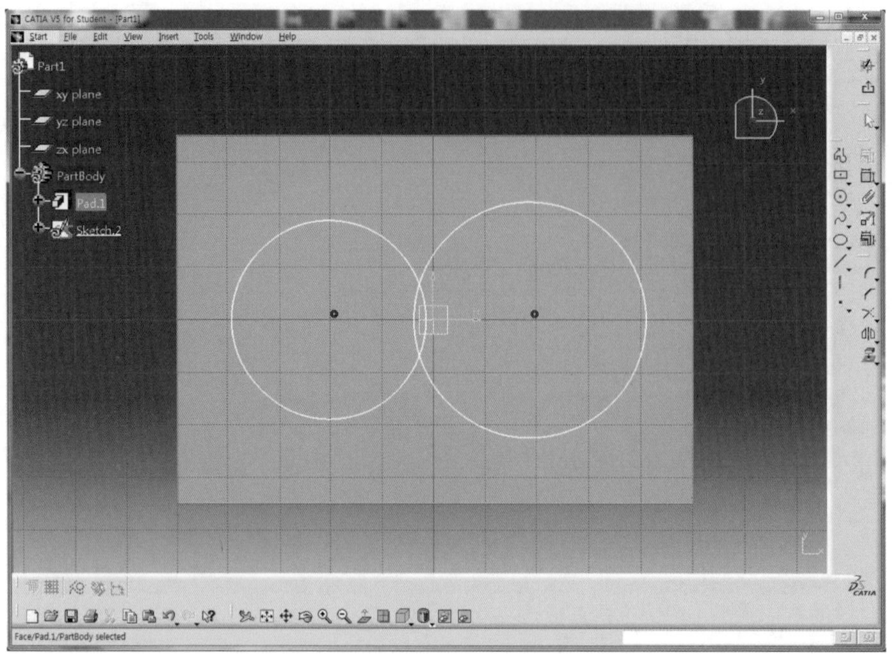

13 Corner 아이콘 을 클릭한 후 Sketch tools 도구막대의 No Trim 을 클릭하고 Circle이 만나는 두 영역에 적용한다.

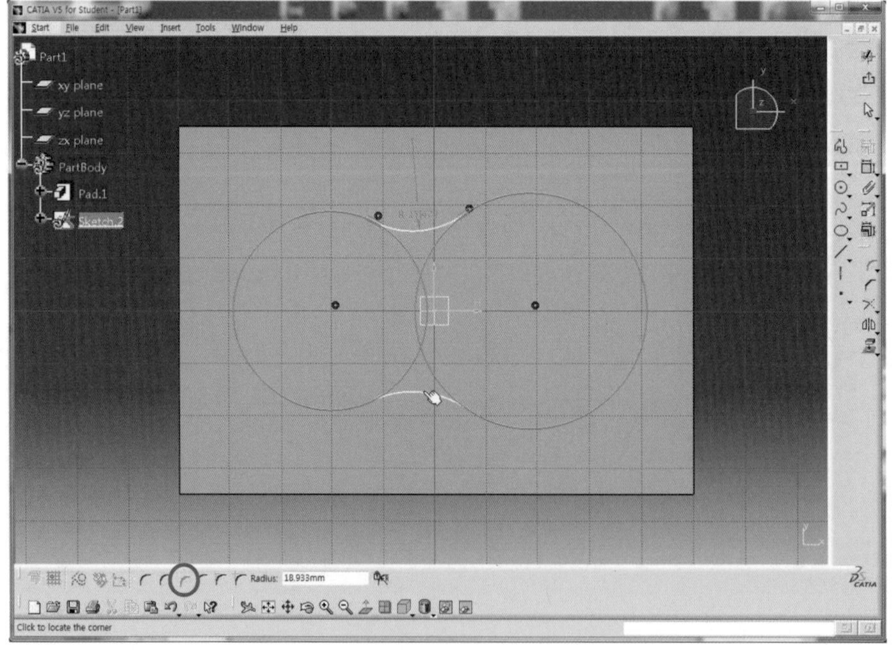

14 Quick Trim 아이콘 을 더블클릭한 후 Corner와 만나는 Circle의 안쪽 영역을 연속하여 선택하여 삭제한다.

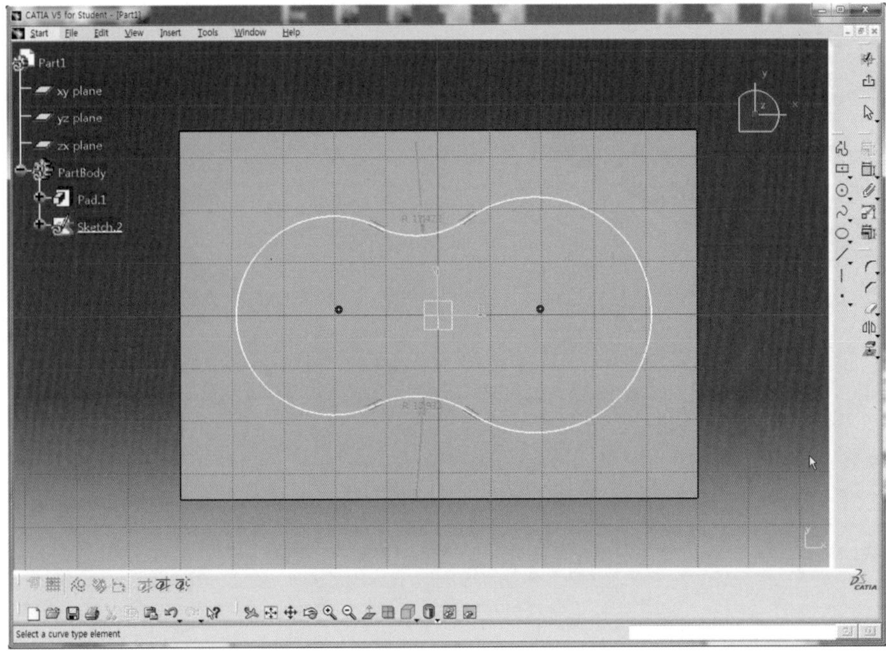

15 Constraint 아이콘 을 더블클릭한 후 치수를 구속시키고 각 치수를 더블클릭하여 도면을 참고하여 정확한 치수(L30, L20, R25, R15, R50)를 적용한다.

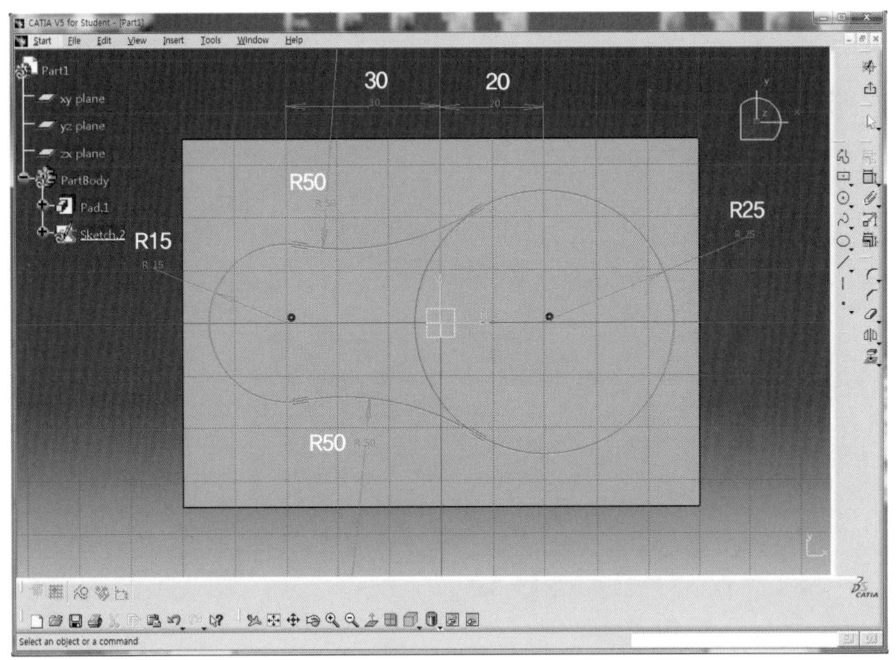

16 Exit workbench 아이콘 을 클릭하여 3D Mode로 전환한다.

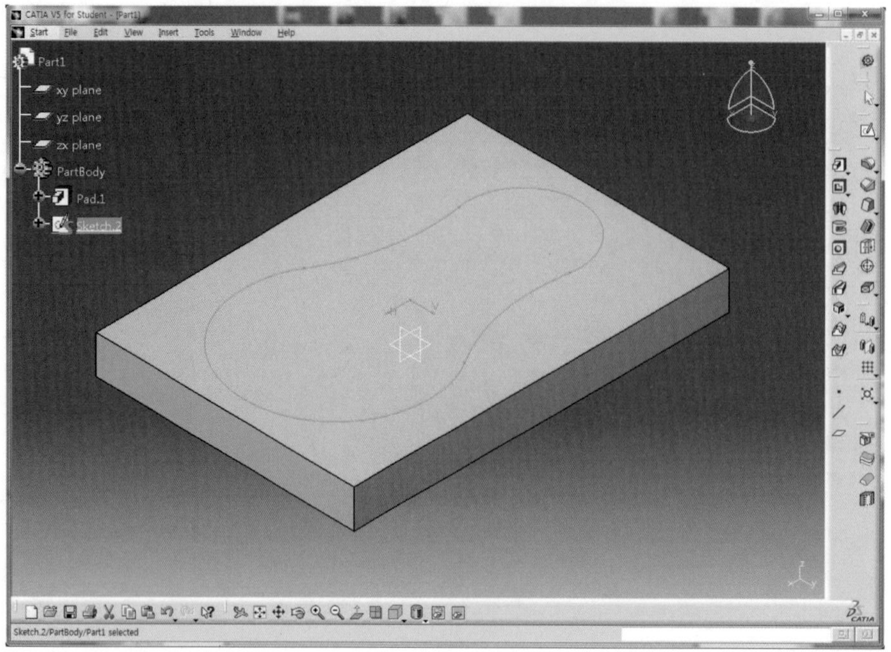

17 Pad 아이콘 을 클릭한 후 Length 영역에 30mm를 입력하고 Preview 버튼을 클릭하여 미리보기 한다.

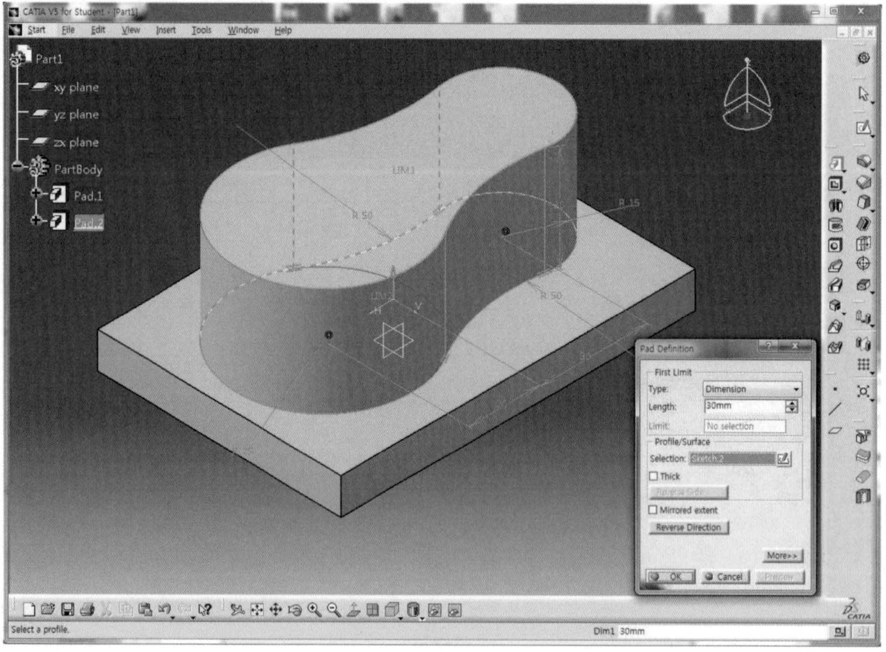

18 OK 버튼을 클릭하여 Solid를 생성한다.

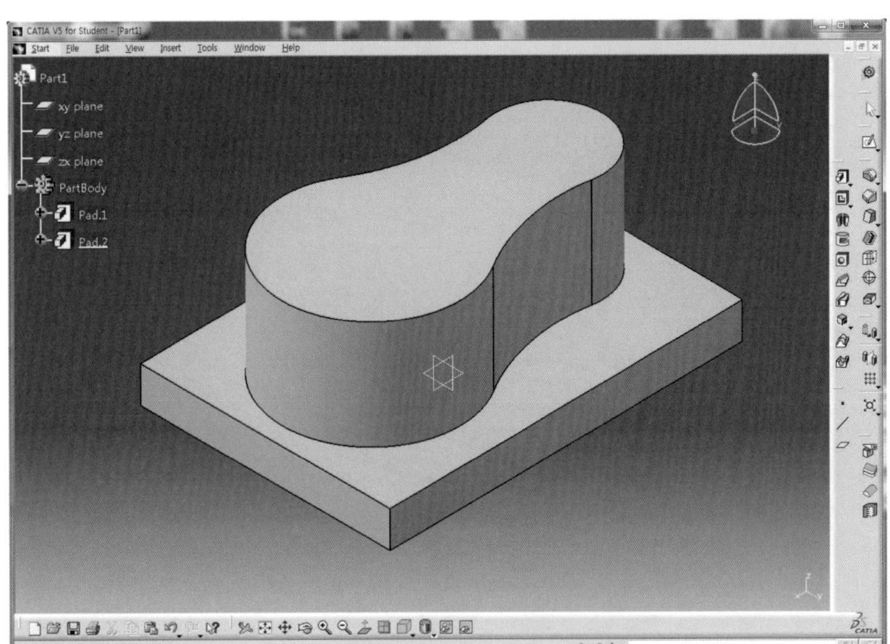

19 Plane 아이콘 을 클릭한 후 직육면체의 윗면을 선택한다.

20 Plane type을 Offset from plane으로 선택하고 Offset 영역에 10mm를 입력한 후 화살표가 윗부분을 향하도록(붉은색 화살표가 아래로 향하고 있으면 위로 향하도록 화살표를 클릭) 한다.

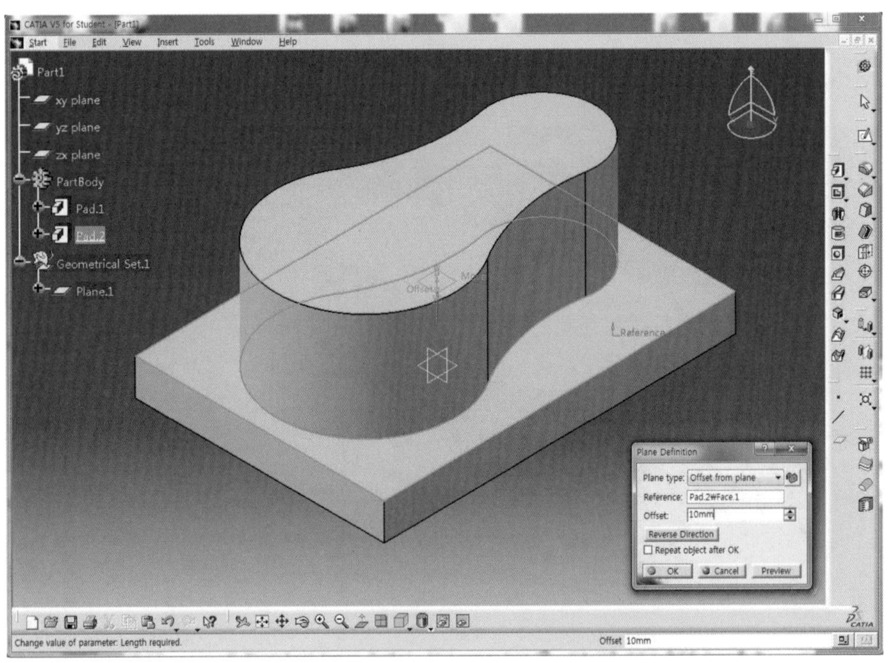

21 OK 버튼을 클릭하여 직육면체 위로 10mm 떨어진 위치에 새로운 Plane을 생성한다.

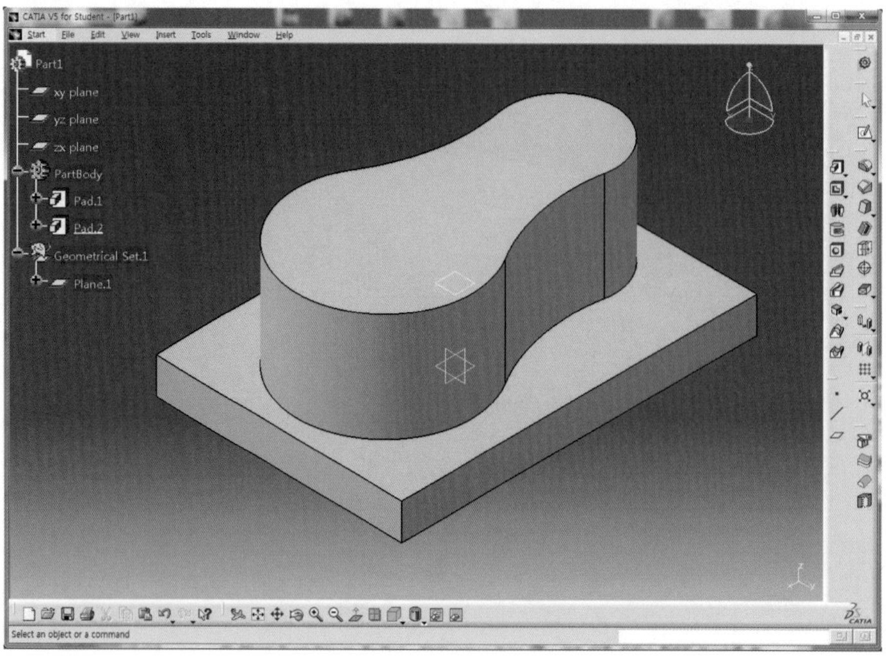

22 Draft Angle 아이콘 을 클릭하고 Angle 영역에 10deg를 입력한다.

23 Face(s) to draft 영역을 클릭하고 원주면을 선택한 후 Neutral Element의 Selection 영역을 클릭하고 앞에서 생성한 Plane을 선택한다.

24 화살표 방향이 아래와 향하고 있다면, 마우스로 클릭하여 위쪽으로 향하도록 전환시키고 Preview 버튼을 클릭하여 미리보기 한다.(Plane을 기준으로 위쪽 방향은 삭제되고 아래쪽 방향은 생성된다.)

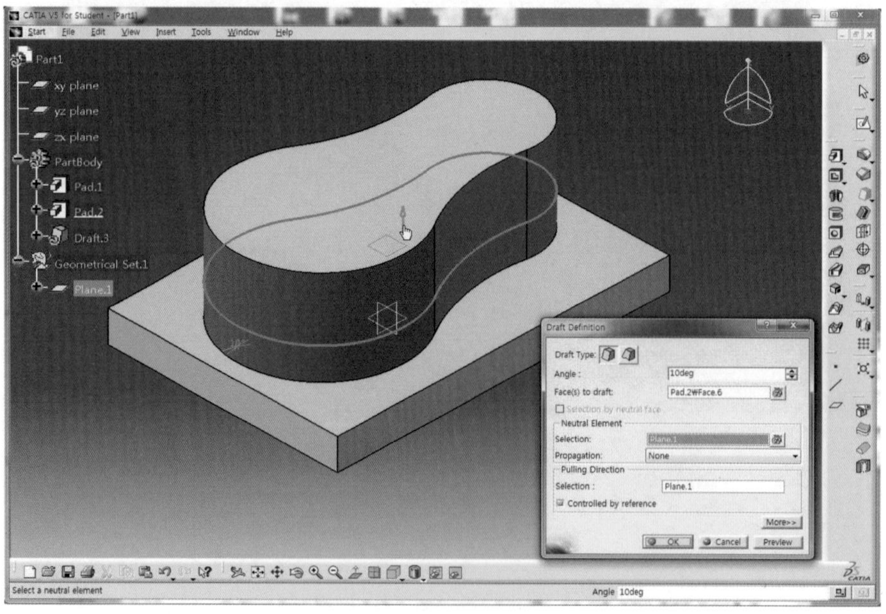

25 Draft Definition 대화상자의 오른쪽 아래에 있는 More〉〉 버튼을 클릭한다.

26 Parting = Neutral을 체크한 후 Preview 버튼을 클릭하여 미리보기 한다.(옵션 체크로 인하여 아래쪽 방향으로 Draft는 적용되지 않는다.)

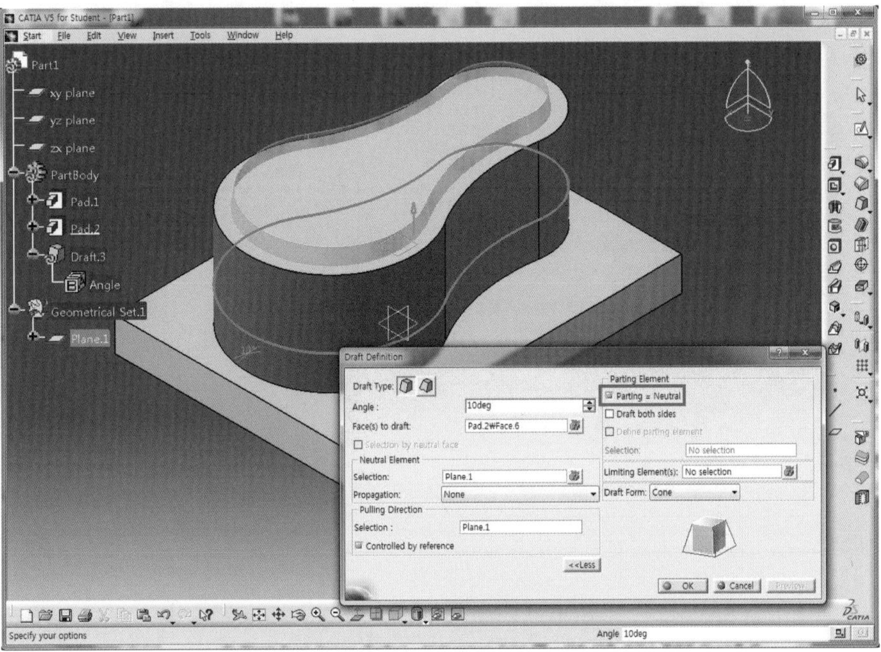

27 OK 버튼을 클릭하면 직육면체 윗면에서 10mm 떨어진 위치에서 위 방향으로 10°만큼 경사진 모습을 확인할 수 있다.

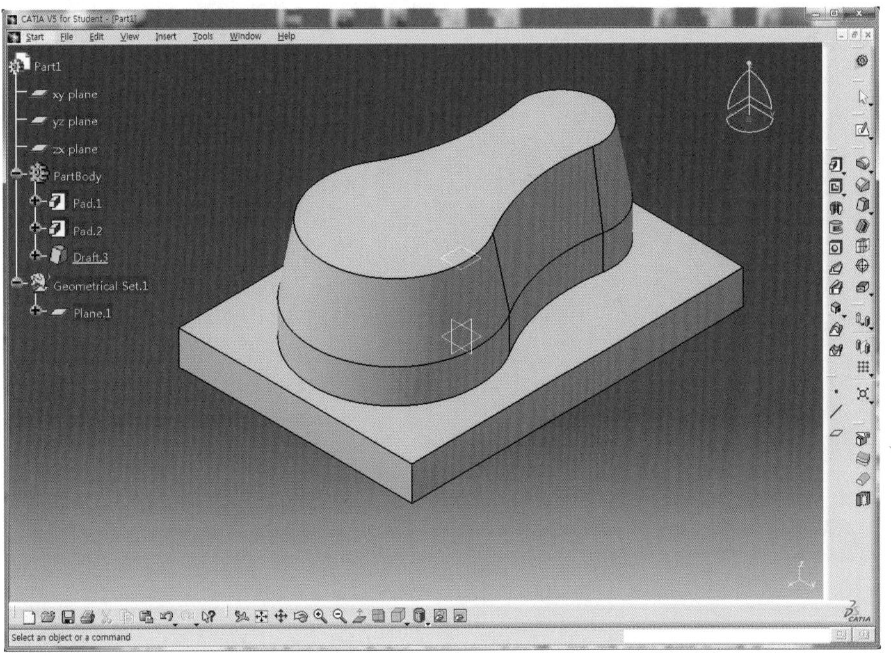

28 Sketch 아이콘 을 클릭하고 zx Plane을 선택하여 Sketch Mode로 전환한다.

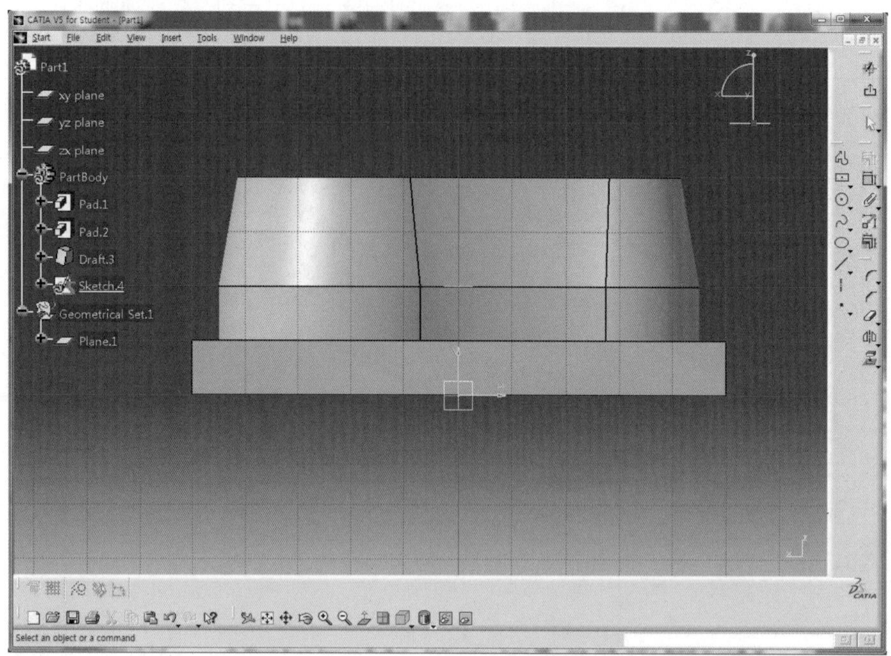

29 Model을 축소시키고(View 도구막대의 Zoom out 아이콘 을 여러 번 클릭) Arc 아이콘 을 클릭한 후 원점을 V축 위에 오도록 하여 Solid가 감싸지도록 Sketch한다.

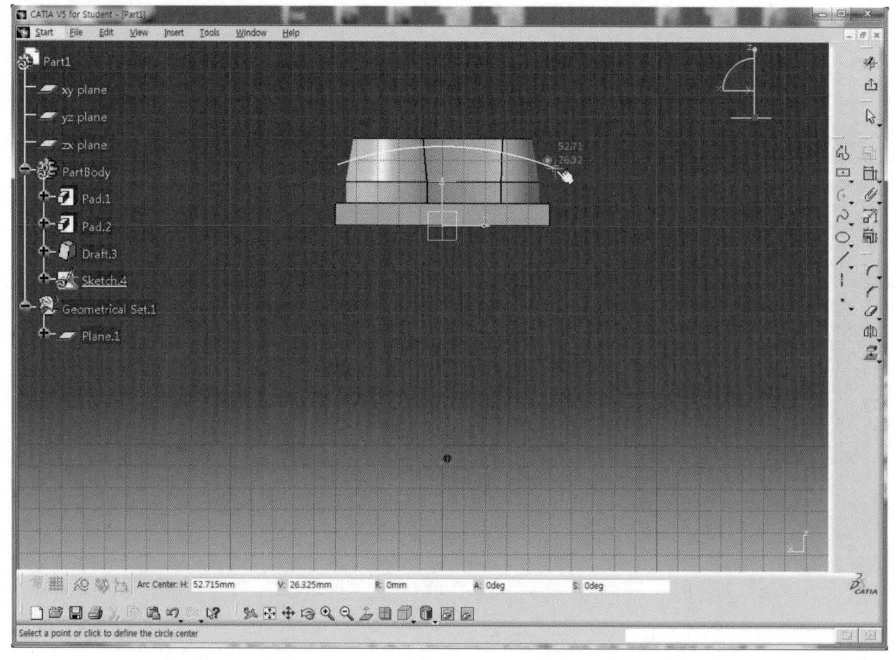

30 Constraint 아이콘 을 더블클릭한 후 치수를 구속하고 각 치수를 더블클릭하여 정확하게 적용(R180, L25)한다.

31 Arc가 Solid를 많이 벗어나도록 변형이 되면 Arc 위 끝점을 마우스로 드래그하여 Solid가 감싸지도록 축소시킨다.

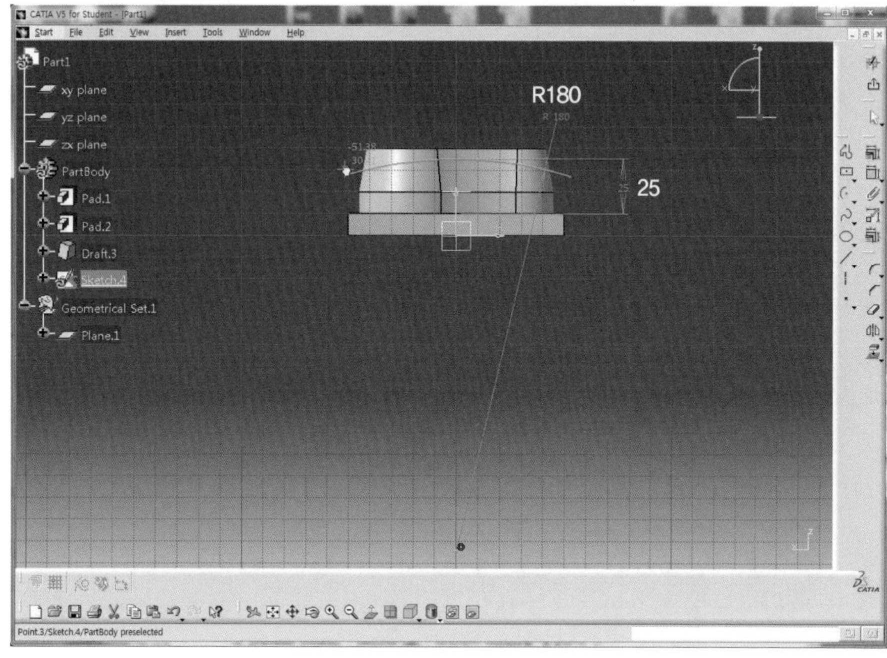

32 Exit workbench 아이콘 을 클릭하여 3D Mode로 전환하고 Zoom In 아이콘 을 여러 번 클릭하여 Model을 확대시킨다.

33 Arc를 선택한 상태에서 Plane 아이콘 을 클릭하고 Arc의 끝점을 선택한다.

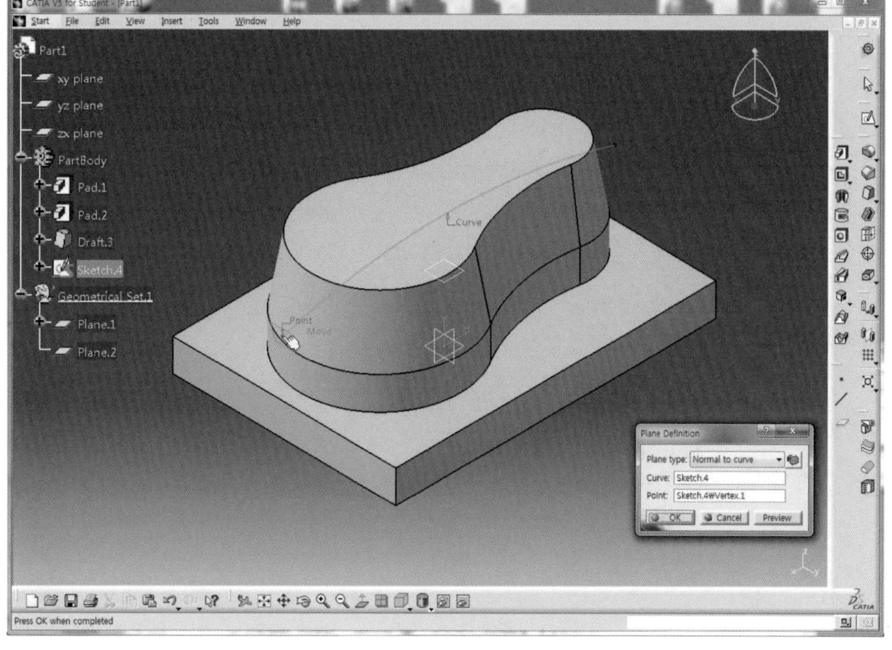

34 OK 버튼을 클릭하면 Arc에 수직하면서 Arc의 끝점을 지나는 Plane이 생성된다.

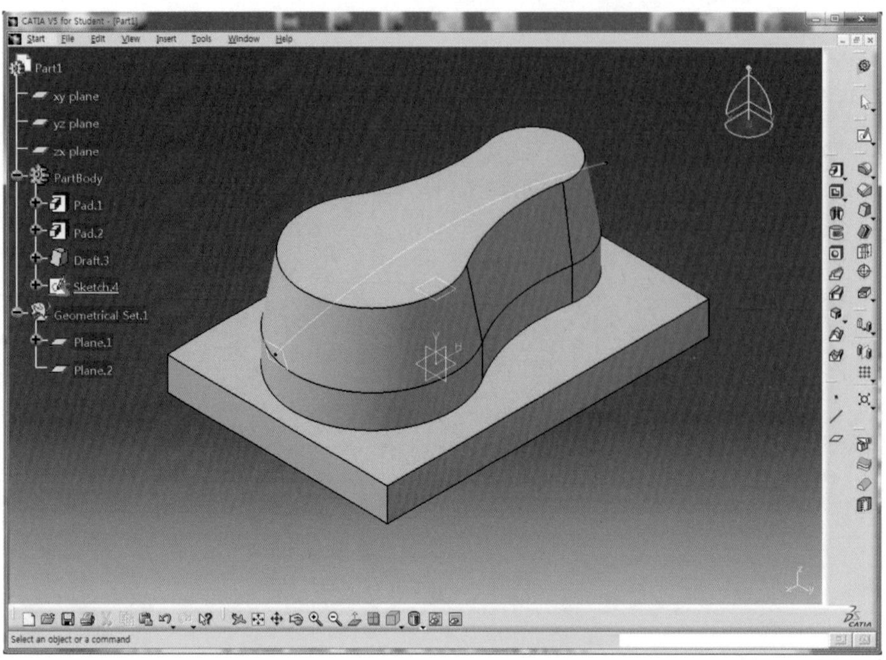

35 Sketch 아이콘 을 클릭하고 위에서 생성한 Plane을 선택하여 Sketch Mode로 전환한다.

36 Model을 축소시키고(View 도구막대의 Zoom out 아이콘 을 여러 번 클릭) Arc 아이콘 을 클릭한 후 원점을 V축 위에 오도록 하여 Solid가 감싸지도록 Sketch한다.

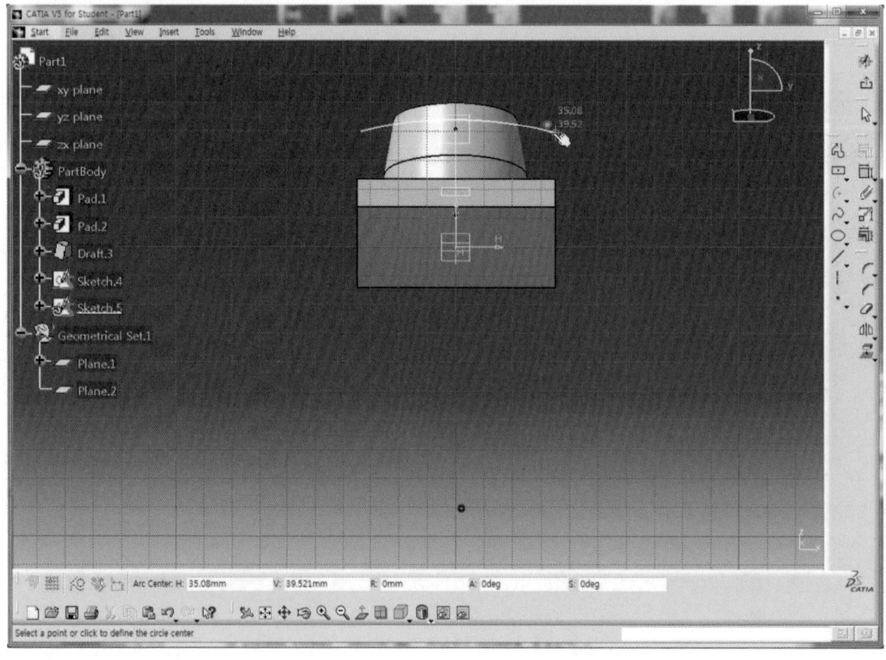

37 Constraint 아이콘 을 더블클릭한 후 앞 단계에서 생성한 Arc와 Sketch 평면에 수직한 Arc의 끝점을 차례로 선택하고 마우스 오른쪽 버튼을 클릭하여 Coincidence를 선택하여 일치시킨다.

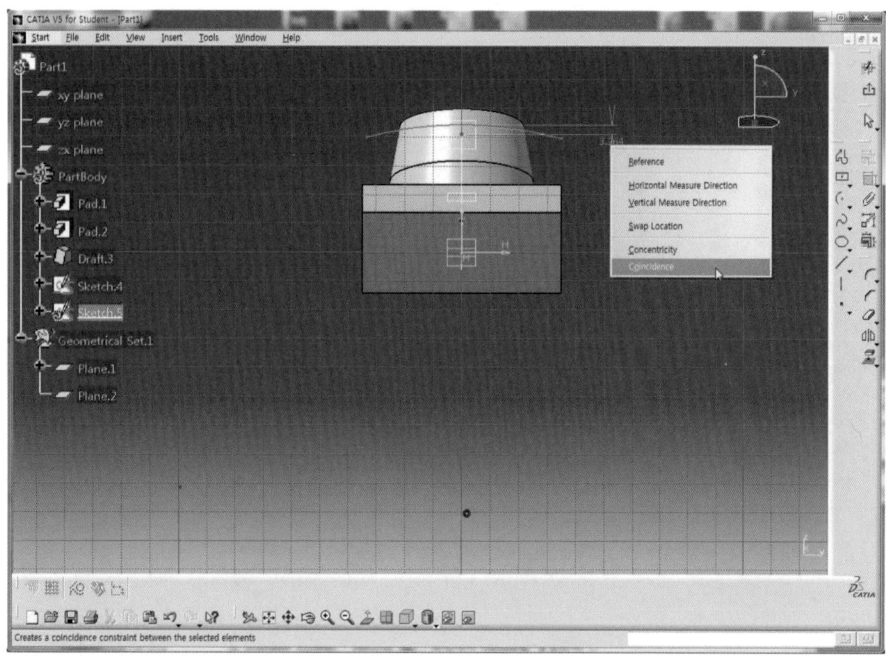

38 Arc의 치수를 구속시키고 더블클릭하여 정확한 치수(R120)를 적용한다.

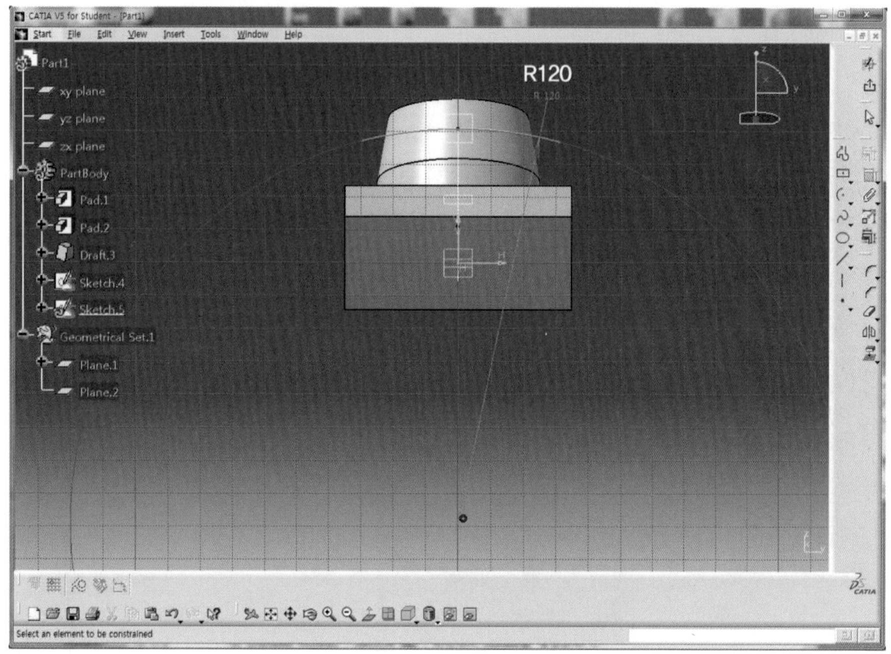

39 Exit workbench 아이콘 을 클릭하여 3D Mode로 전환한다.

40 View 도구막대의 Zoom In 아이콘 을 여러 번 클릭하여 확대시킨다.

41 Workbench도구막대의 Part Design 아이콘 을 클릭한 후 Wireframe and Surface Design 아이콘 을 클릭하여 Surface Mode로 전환한다.

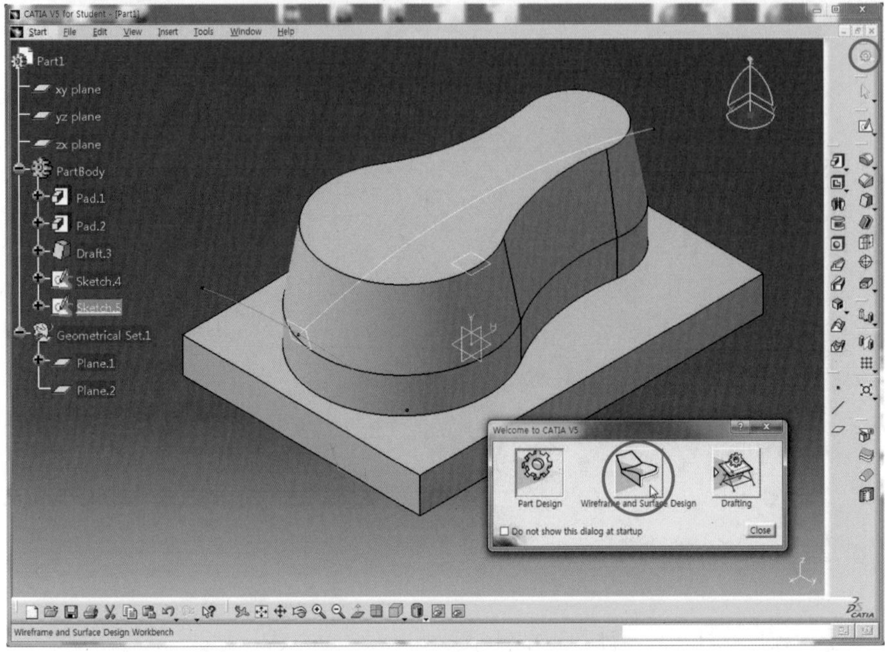

42 Sweep 아이콘 을 클릭한 후 Profile 영역을 클릭하고 R120 Arc, Guide curve 영역을 클릭하고 R180 Arc를 각각 선택한다.

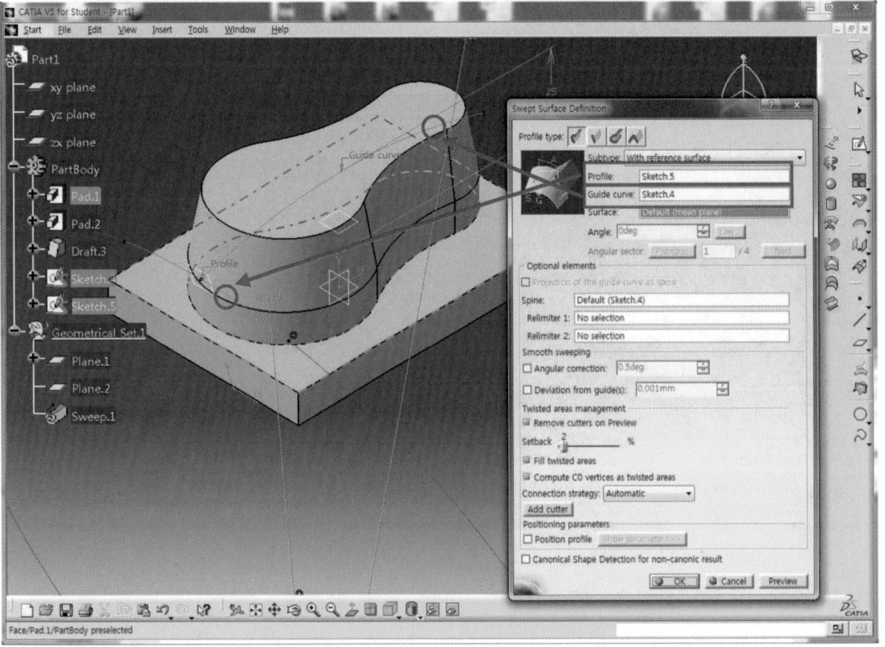

43 Preview 버튼을 클릭하면 아래와 같이 Surface를 미리보기 할 수 있다.

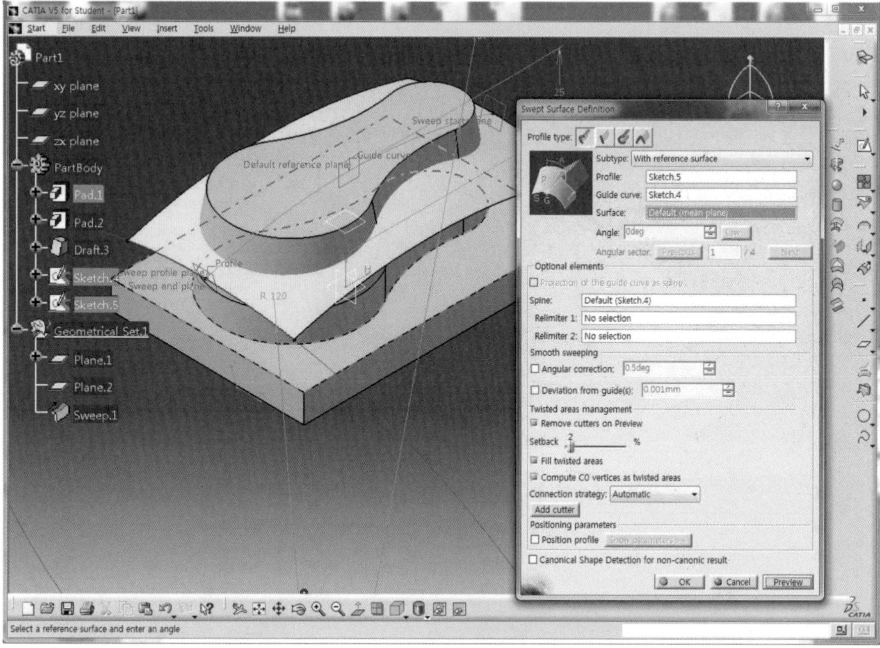

44 Surface가 Solid를 완전히 감싸도록 보이면 OK 버튼을 클릭하여 Surface를 생성한다.

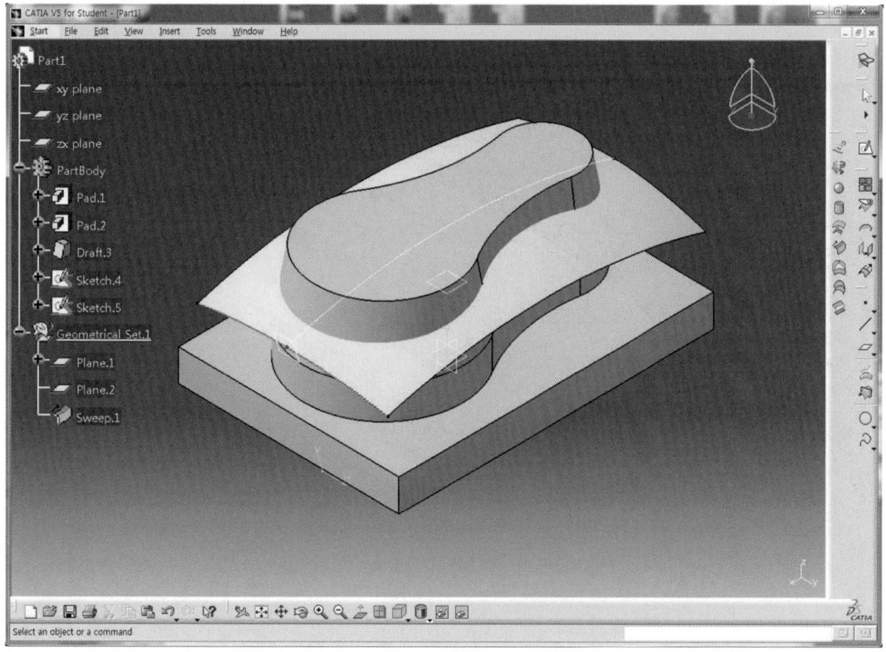

45 Surface를 선택하고 Offset 아이콘 을 클릭한다.

46 Offset영역에 3mm를 입력하고 붉은색 화살표 방향이 아래쪽으로 향하고 있으면 위쪽으로 향하도록 Reverse Direction 버튼을 클릭한 후 Preview 버튼을 클릭하여 미리보기 한다.

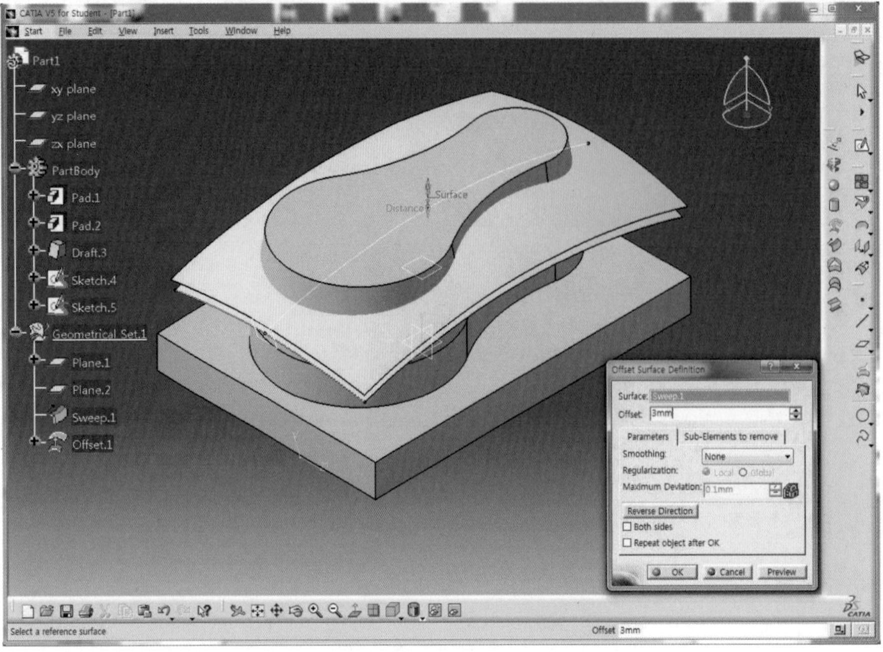

47 OK 버튼을 클릭하여 Surface를 생성한다.

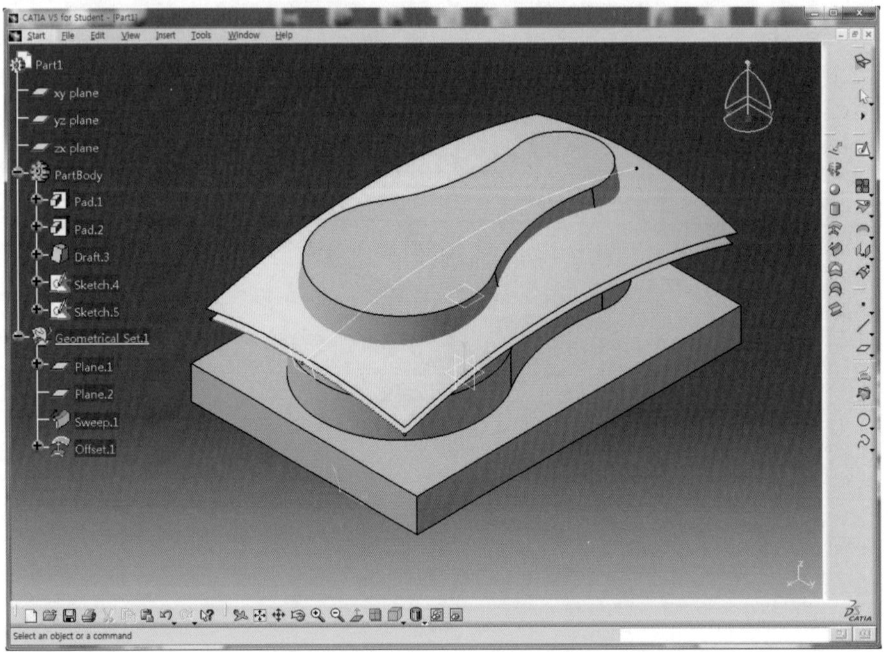

48 Workbench 도구막대의 Wireframe and Surface Design 아이콘 을 클릭한 후 Part Design 아이콘 을 클릭하여 Solid Mode로 전환한다.

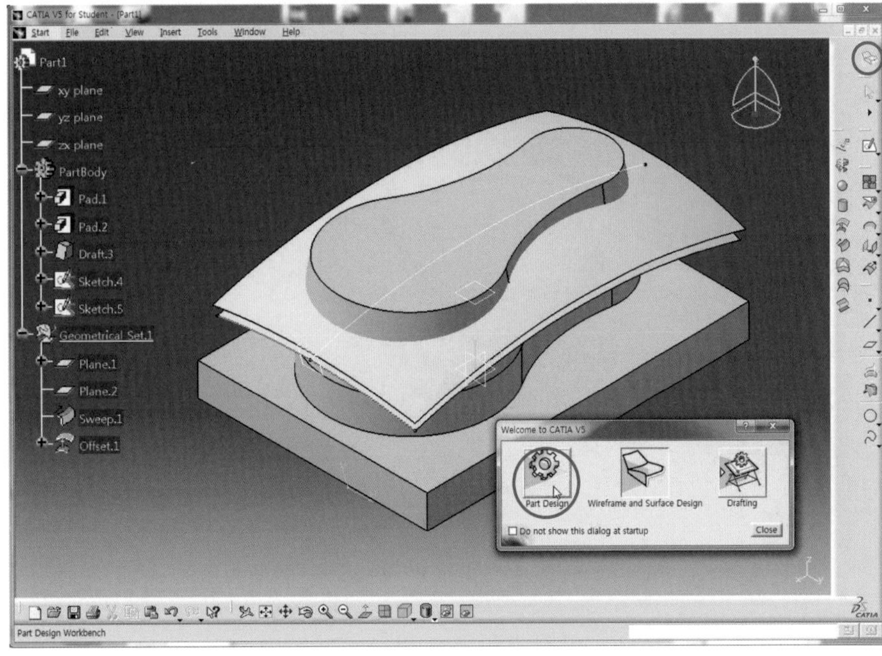

49 Tree 영역에서 PartBody를 선택한 후 마우스 오른쪽 버튼을 클릭하고 Define In Work Object를 선택하여 Current 영역을 전환한다.(PartBody 아래에 밑줄이 생성된다.)

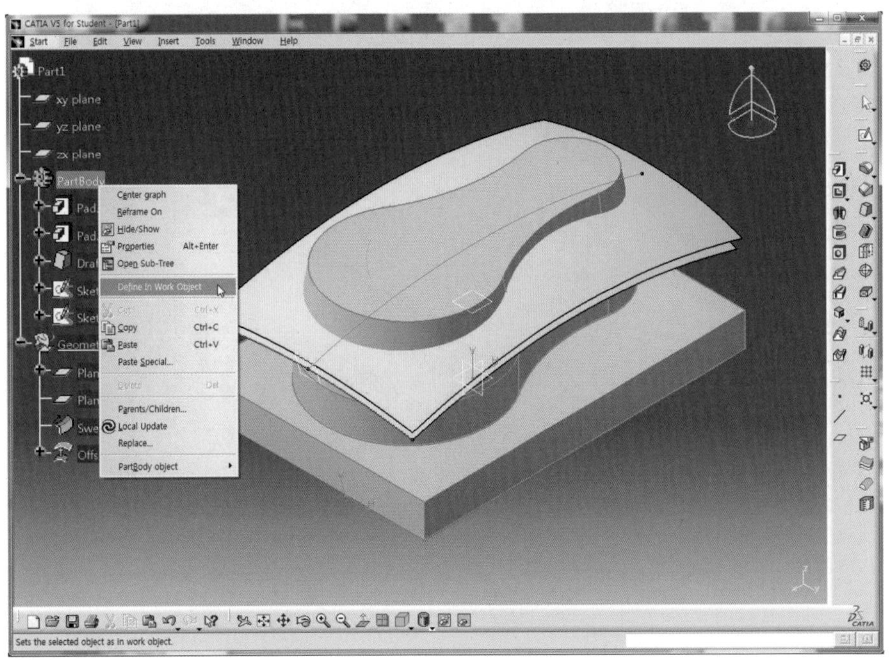

50 Surface－Based Features 도구막대의 Split 아이콘 을 클릭한다.

51 Split Definition 대화상자가 나타나면 Tree 영역에서 Sweep.1을 선택한 후 화살표가 아래로 향하도록 클릭한다.

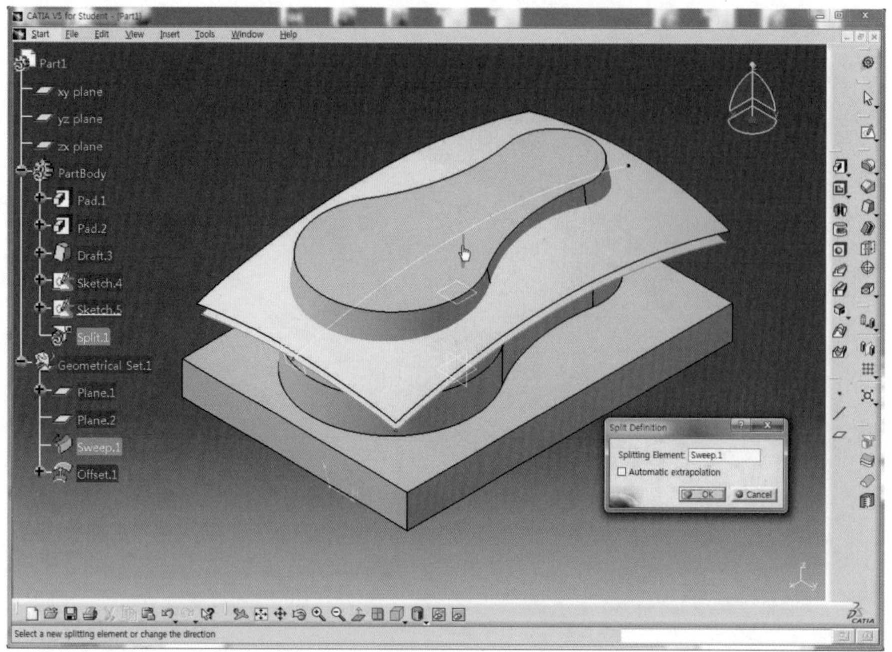

52 OK 버튼을 클릭하면 Solid의 윗면이 제거된다.

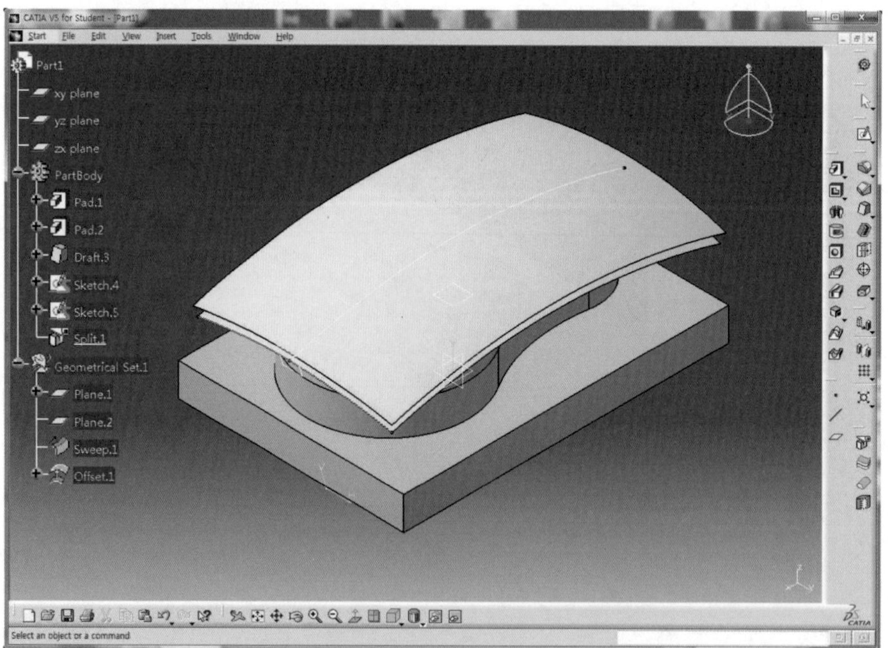

53 Ctrl 버튼을 누른 상태에서 Tree에서 Sketch와 Surface, Plane을 선택한 후 마우스 오른쪽 버튼을 클릭하고 Hide/Show를 선택하여 감추기 한다.

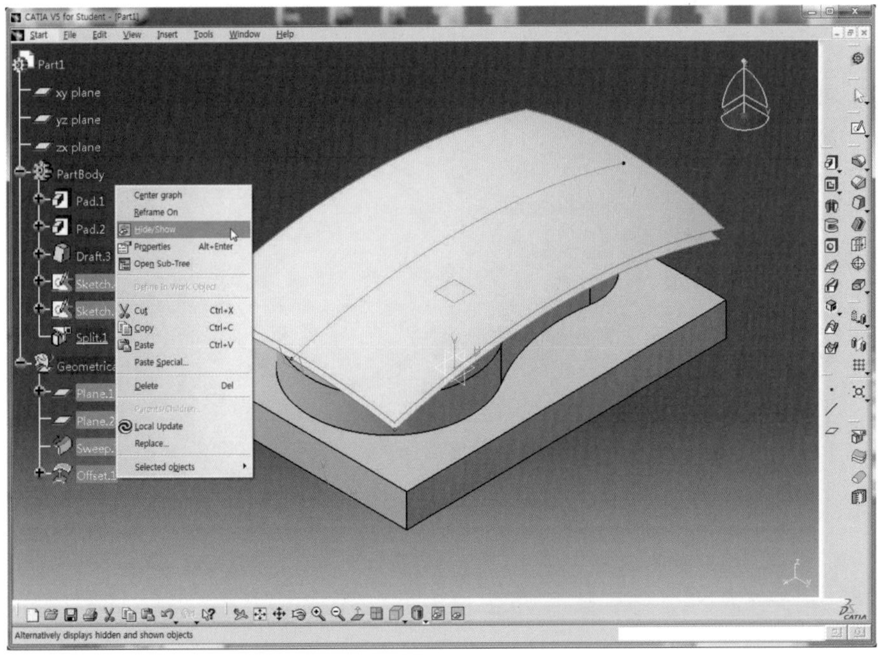

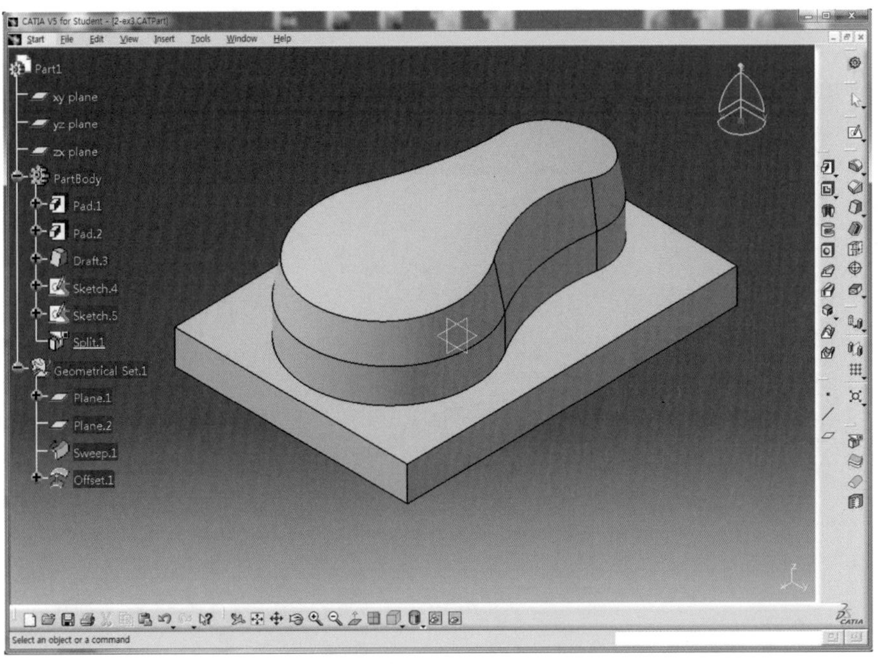

54 Sketch 아이콘 [icon] 을 클릭하고 직육면체 윗면을 선택하여 Sketch Mode로 전환한다.

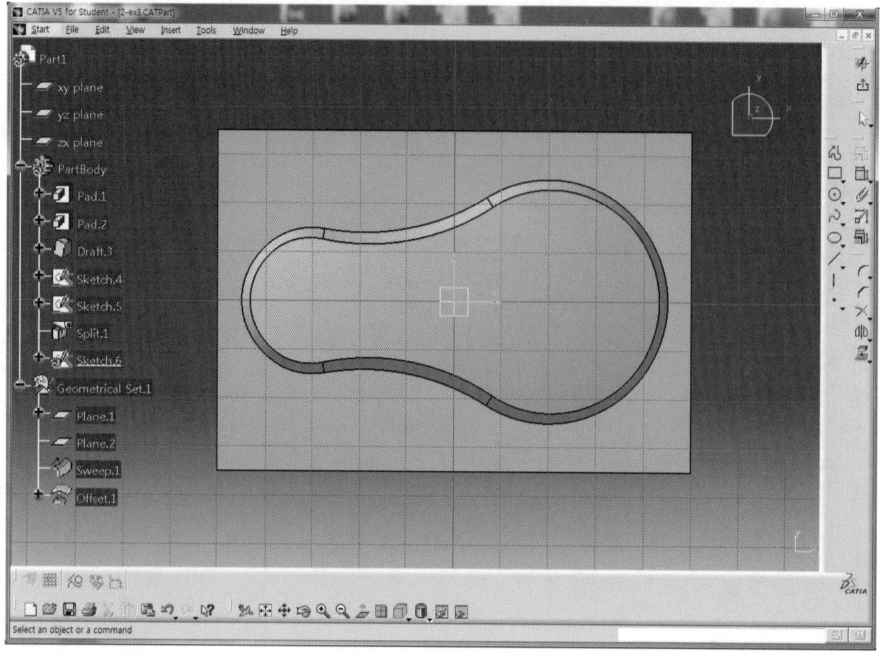

55 Circle 아이콘 [icon] 을 클릭하고 Sketch한다.

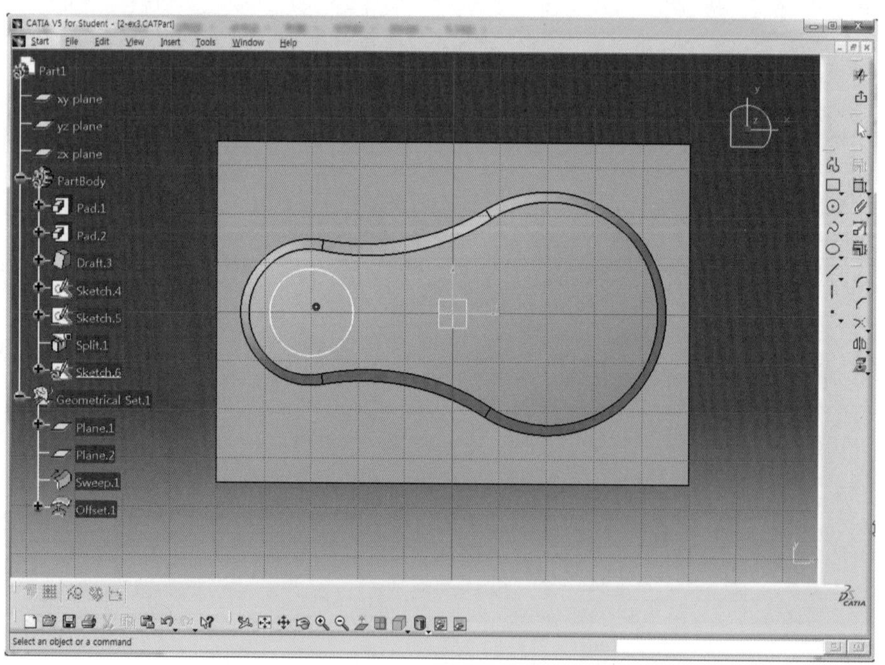

56 Constraint 도구막대의 Constraint 아이콘 을 더블클릭한 후 Circle(1)과 Solid의 원주(2)를 선택하고 마우스 오른쪽 버튼을 클릭하여 Concentricity를 선택하여 중심 일치 구속을 적용한다.

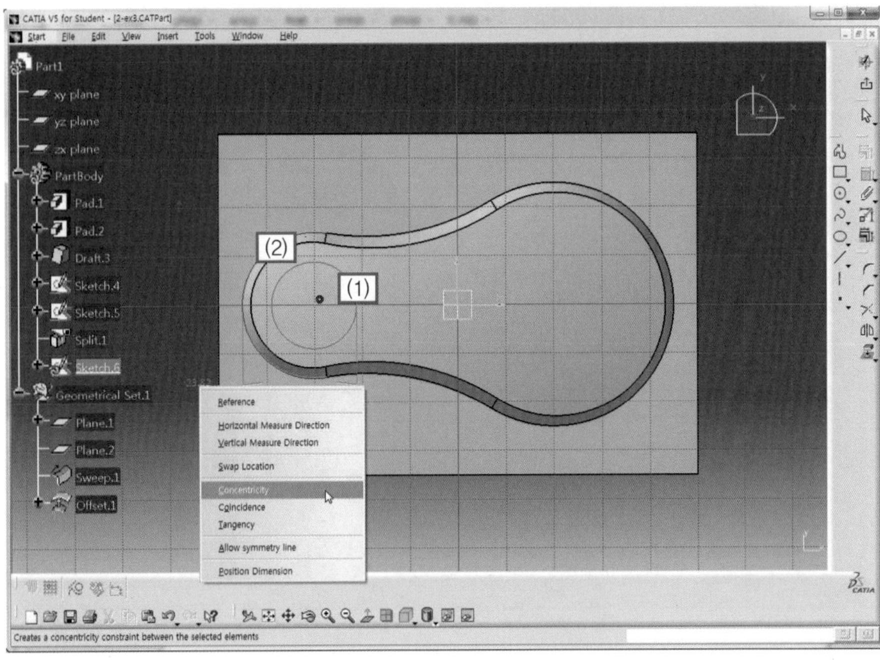

57 Circle의 치수를 구속하고 치수를 더블클릭하여 D20을 적용한다.

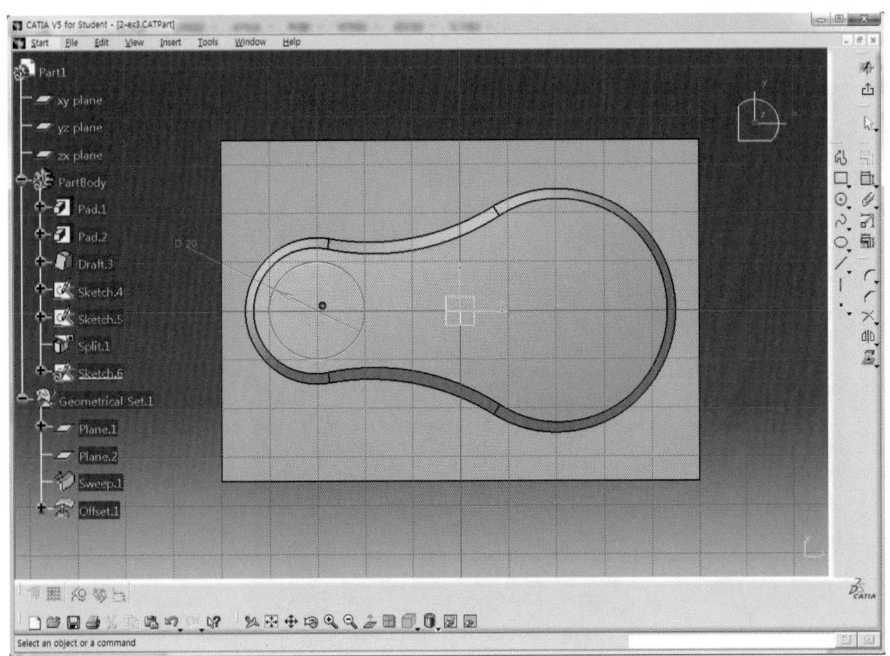

58 Exit workbench 아이콘 을 클릭하여 3D Mode로 전환한다.

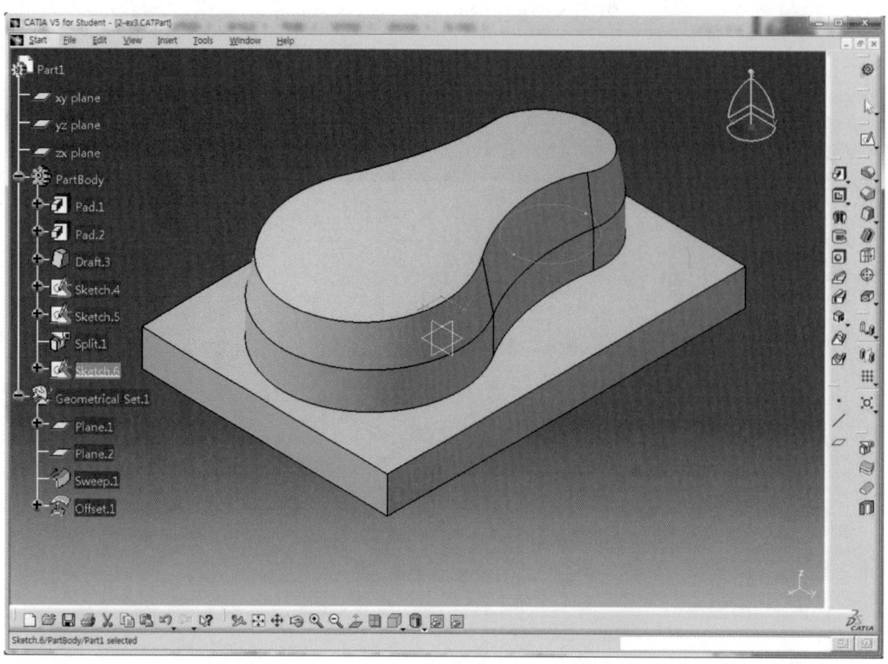

59 Pocket 아이콘 을 클릭한 후 First Limit의 Type을 Up to next를 선택한다.

60 수직방향으로 나타나는 화살표 방향이 위로 향하도록 클릭한다.

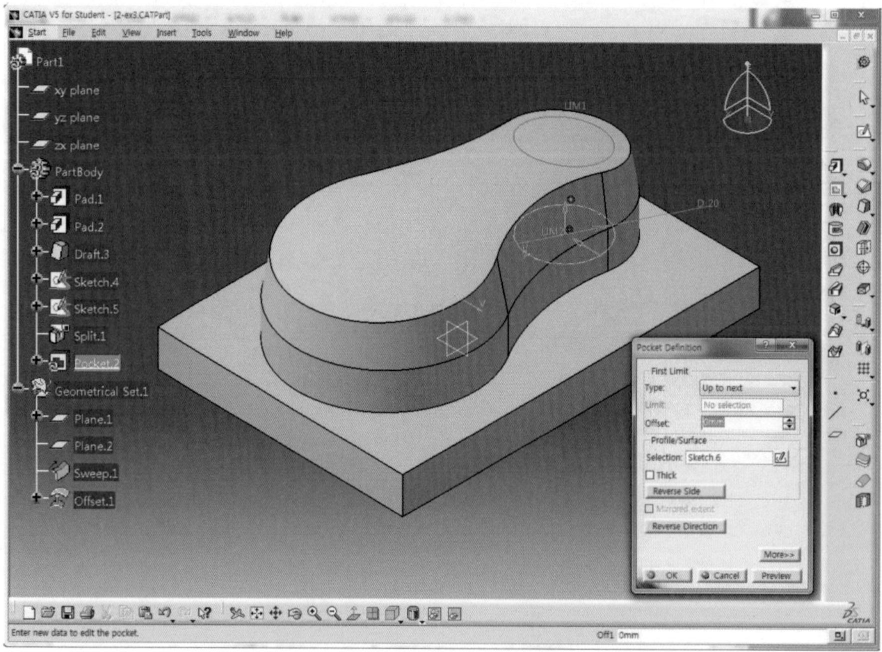

61 Pocket Definition 대화상자의 오른쪽 아래 부분의 More〉〉 버튼을 클릭한다.

62 Second Limit의 Type을 Dimension를 선택한 후 Depth 영역에 -12mm를 입력하고 Preview 버튼을 클릭하여 미리보기 한다.

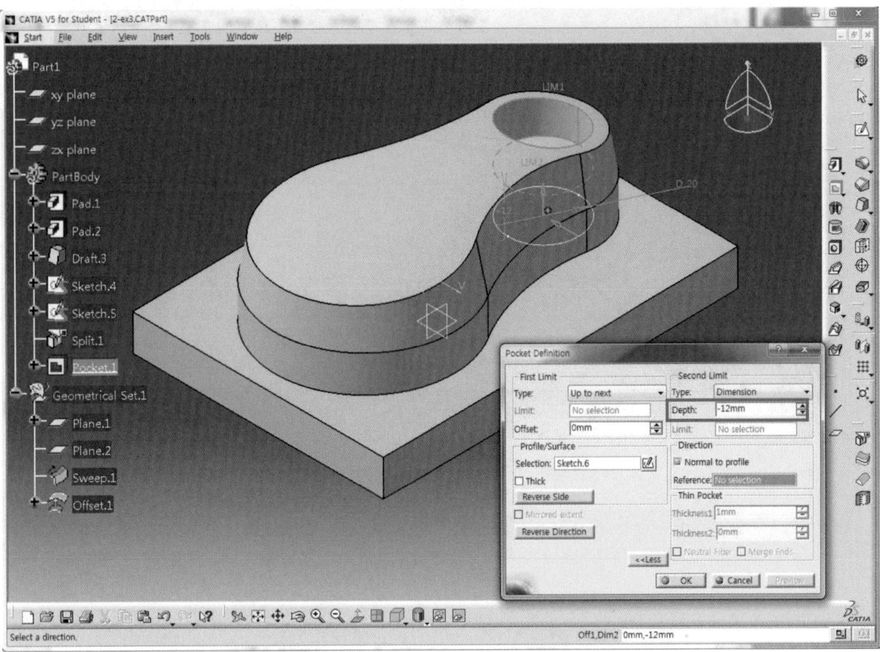

63 OK 버튼을 클릭하면 직육면체에서 12mm 떨어진 위치부터 원기둥 형태의 Pocket이 적용된다.

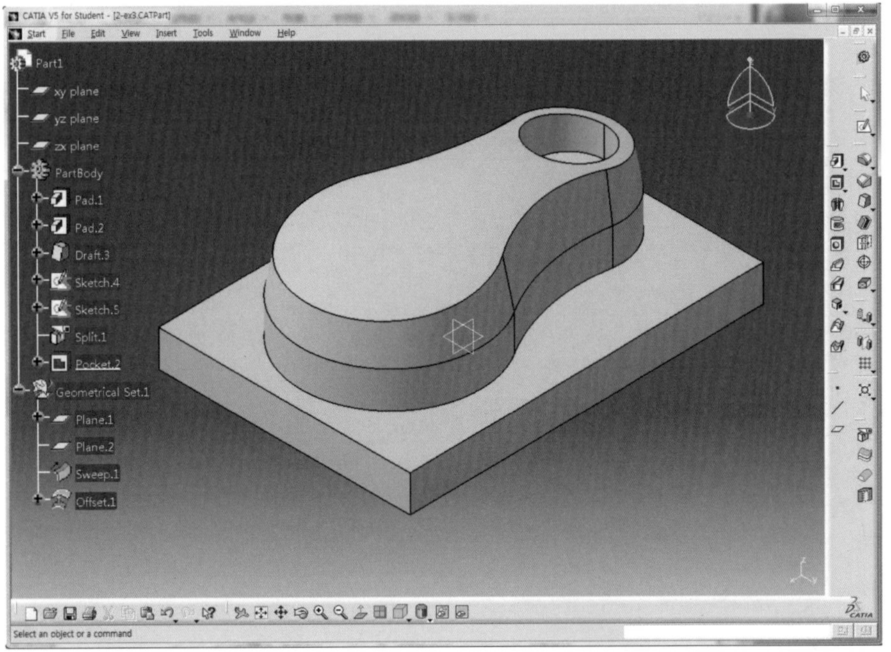

64 Sketch 아이콘 을 클릭하고 직육면체 윗면을 선택하여 Sketch Mode로 전환한다.

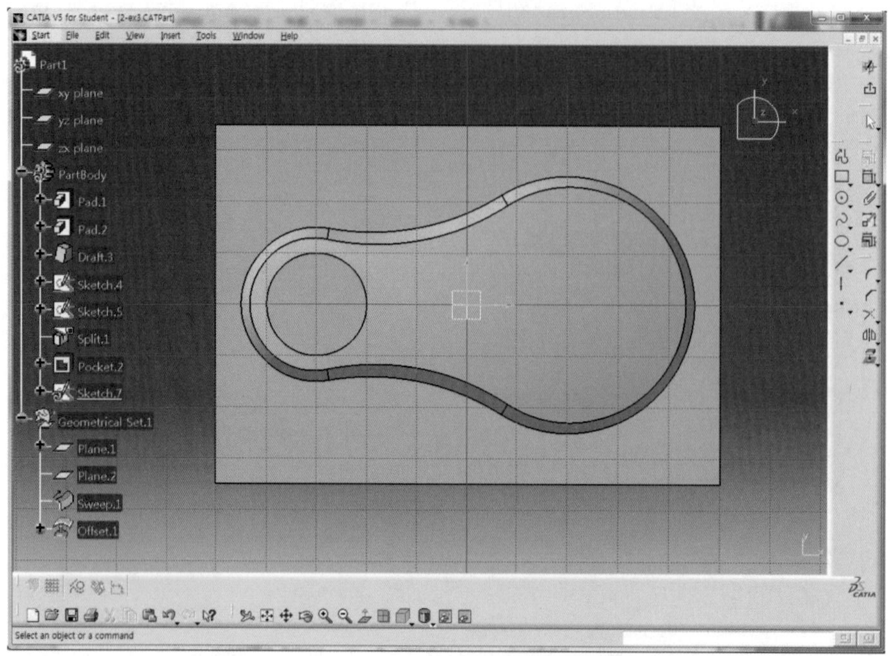

65 Circle 아이콘 을 클릭한 후 Sketch Tools 도구막대의 Construction/Standard Element 을 클릭하여 ON시키고 Sketch하면 점선의 Circle이 생성된다.(이 같은 점선의 보조 Profile은 Sketch Mode에서는 보여서 Sketch에 활용할 수 있지만 3D Mode로 전환하면 보이지 않아 3D 형상을 생성할 때는 영향을 주지 않는다.)

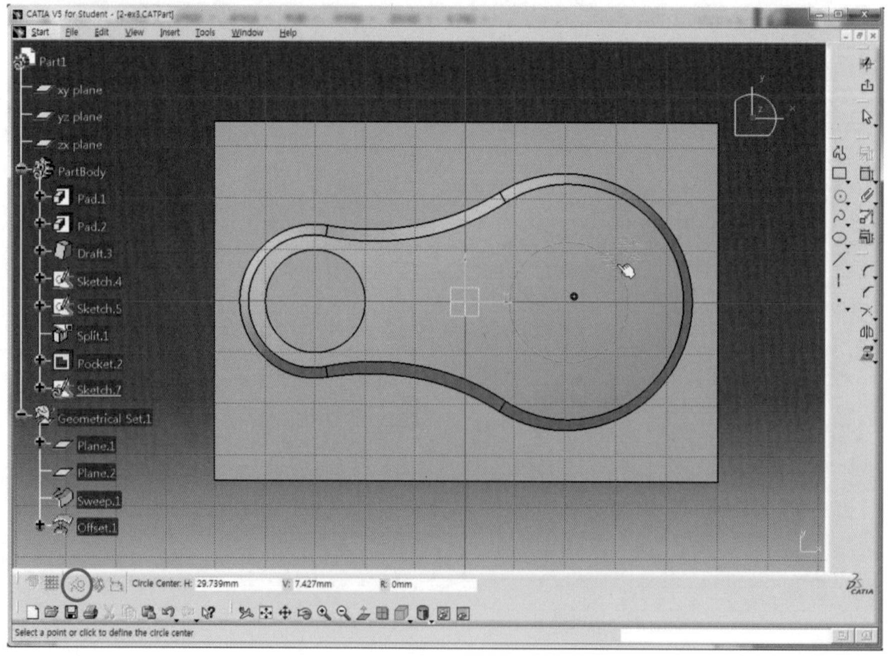

66 Sketch Tools 도구막대의 Construction/Standard Element 을 다시 클릭하여 OFF시킨다.

67 Ellipse 아이콘 을 클릭한 후 타원의 중심점이 Circle의 사분점에 위치하고 장축이 H축 위에 위치하며 단축은 V축 방향을 향하도록 Sketch한다.

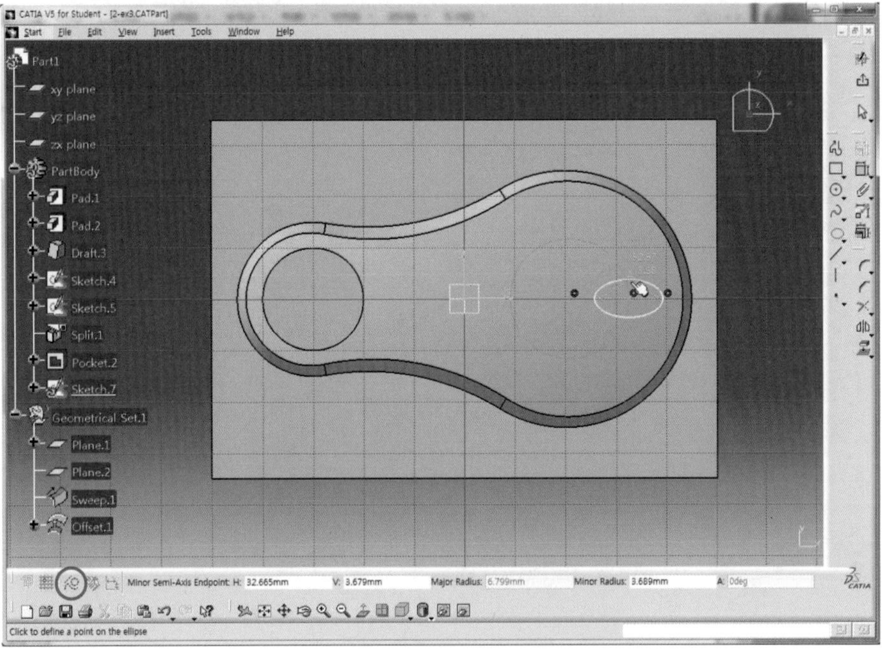

68 Constraint 도구막대의 Constraint 아이콘 을 클릭한 후 Circle의 치수를 구속시키고 각 치수를 더블클릭하여 정확한 치수(L20, D25)를 적용한다.

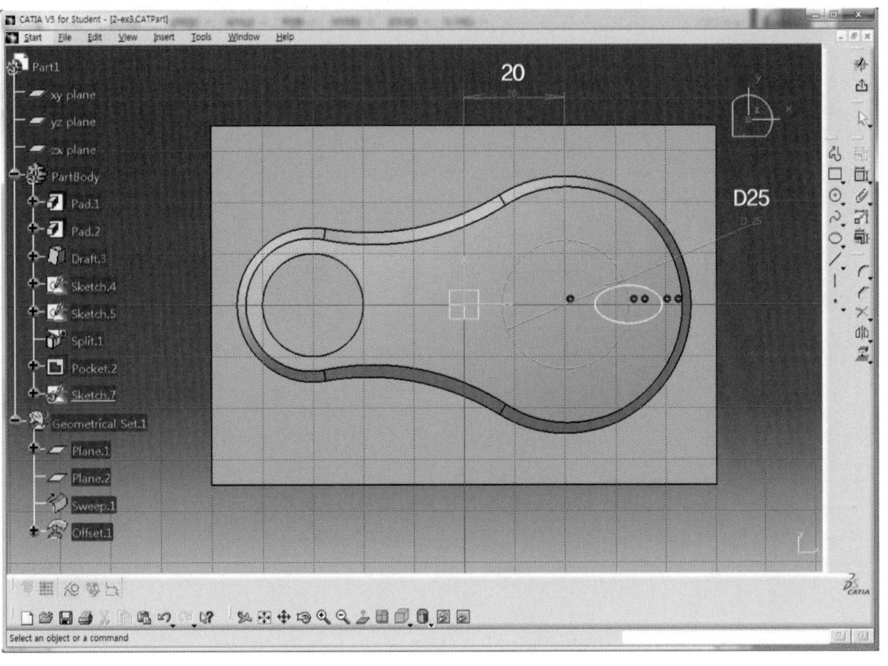

69 타원을 선택한 후 Constraints in Defined Dialog Box 아이콘 을 클릭하고 Semimajor axis와 Semiminor axis를 체크하고 OK 버튼을 클릭한다.

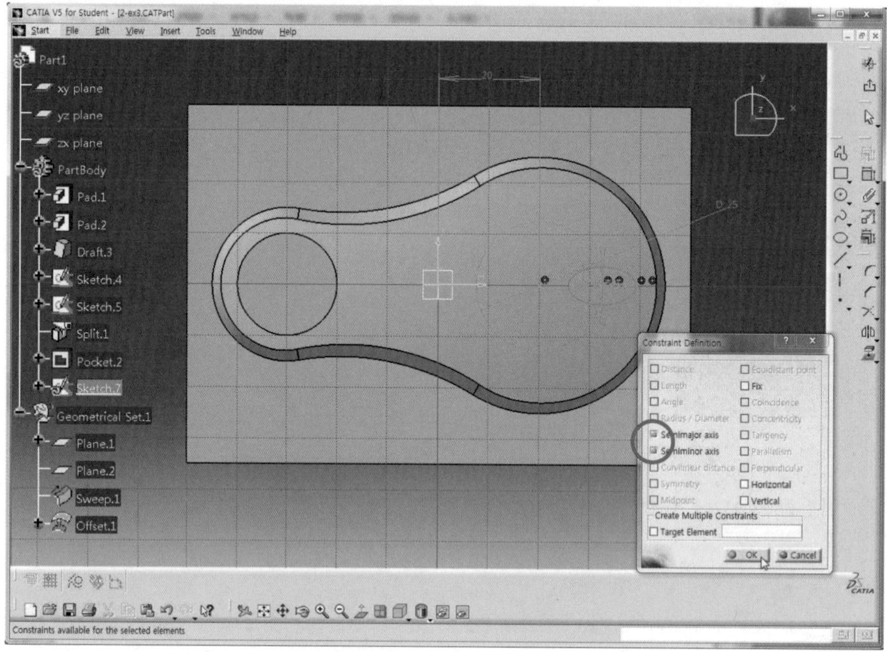

70 타원에 적용되는 치수선을 드래그하여 임의의 위치로 이동시키고 각각의 치수를 더블클릭하여 장축(D15)과 단축(D8)의 치수를 정확하게 적용한다.

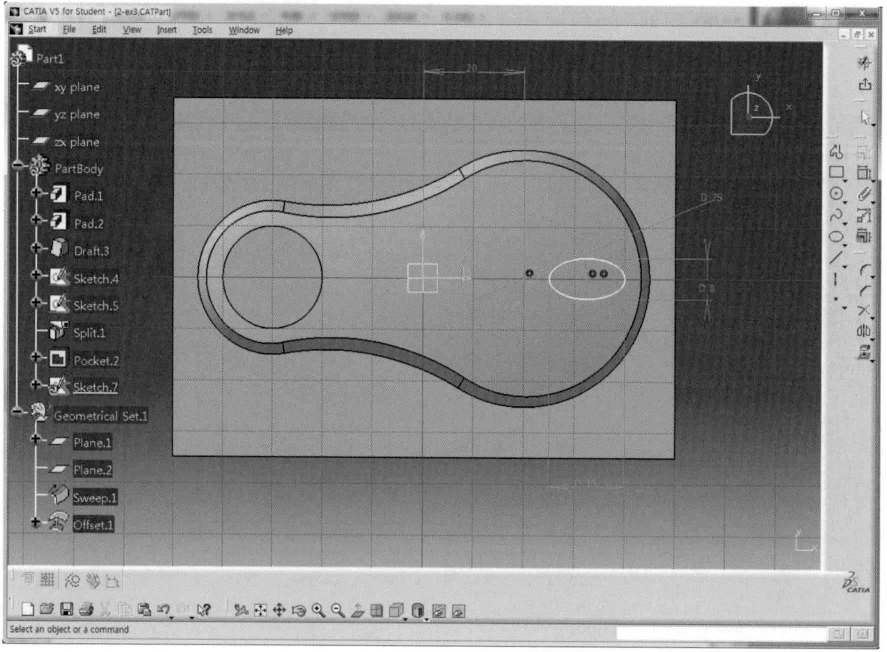

71 치수구속이 완료되었으면 타원을 선택한 후 Rotate 아이콘 을 클릭하고 회전 중심점으로 점선의 Circle 중심점을 선택한다.

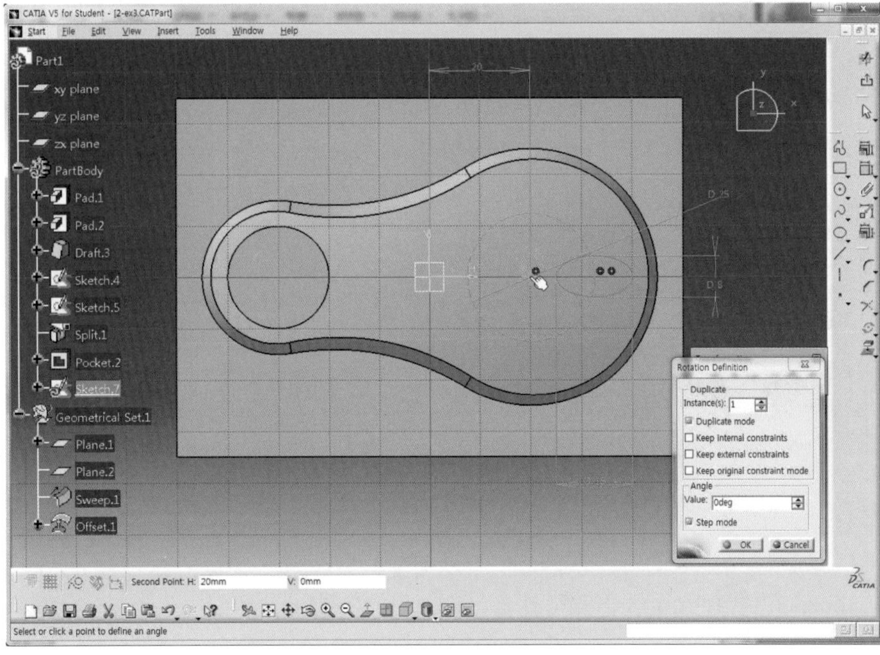

72 Instance 영역에 개수 3을 입력하고 Angle의 Value에 회전각도 90deg를 입력하고 OK 버튼을 클릭한다.

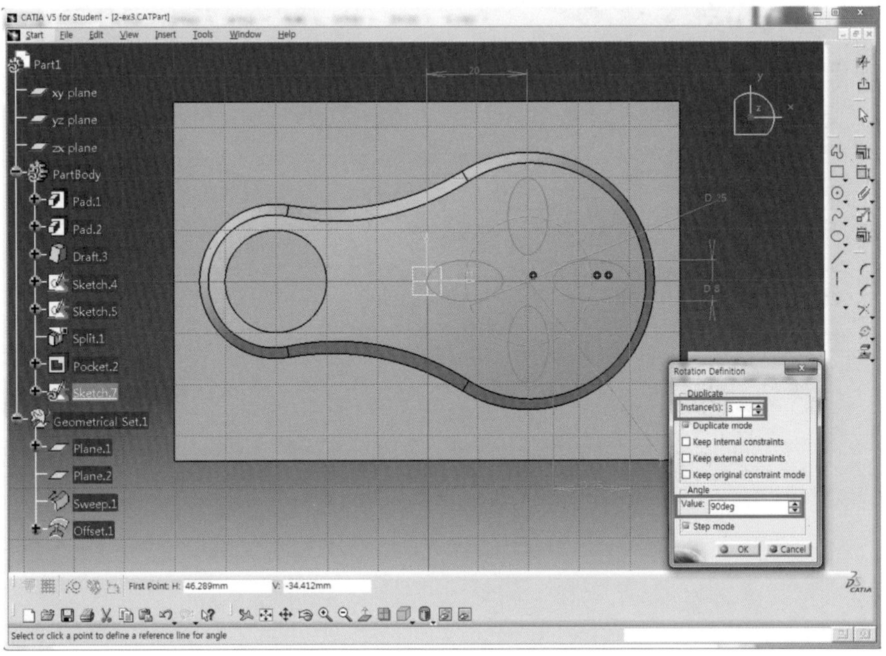

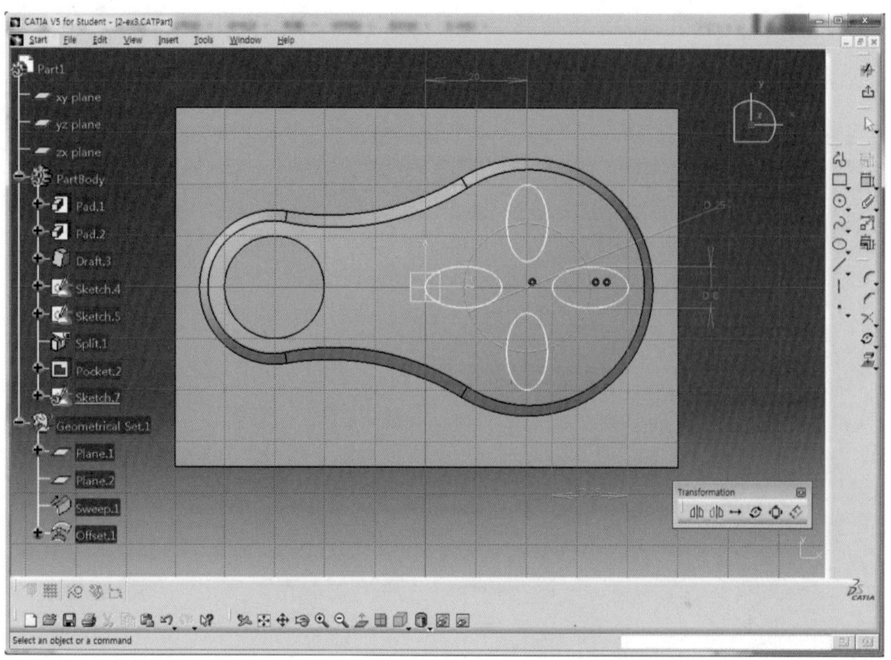

73 Exit workbench 아이콘 을 클릭하여 3D Mode로 전환한다.

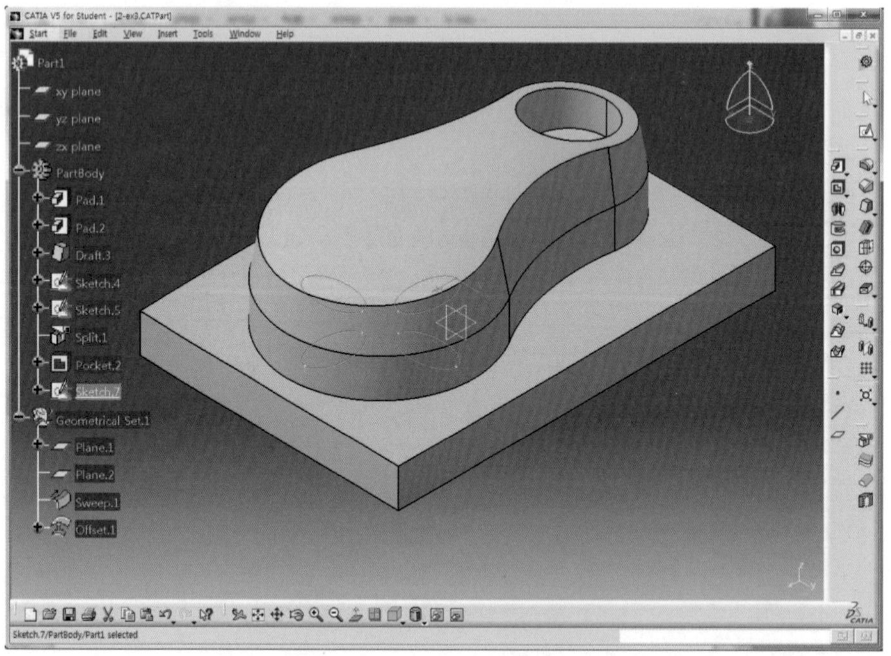

74 Pad 아이콘 을 클릭한 후 Type을 Up to surface를 선택하고 Tree 영역에서 Offset.1을 선택한 후 Preview 버튼을 클릭하여 미리보기 한다.

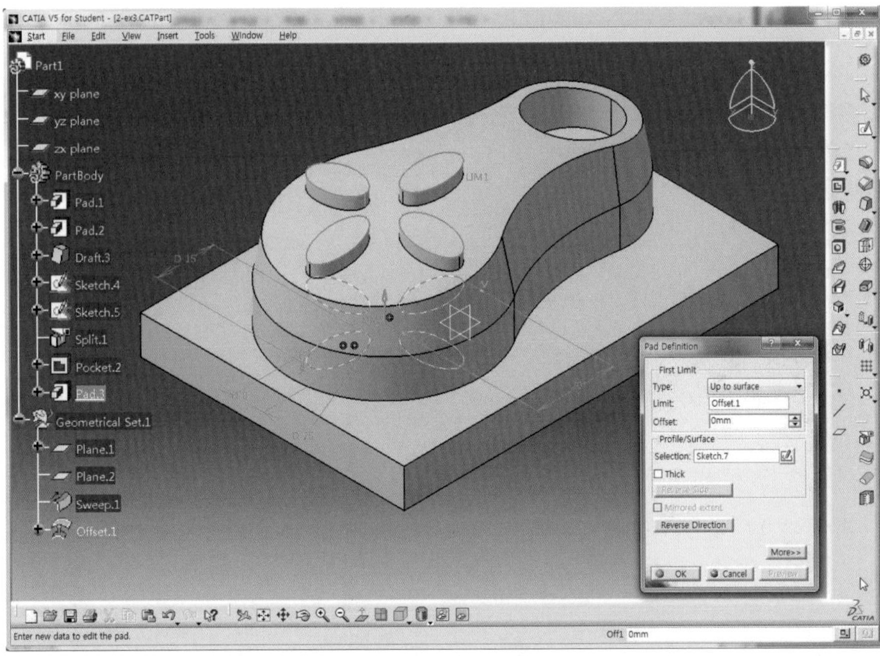

75 OK 버튼을 클릭하여 offset한 Surface까지 돌출시킨다.

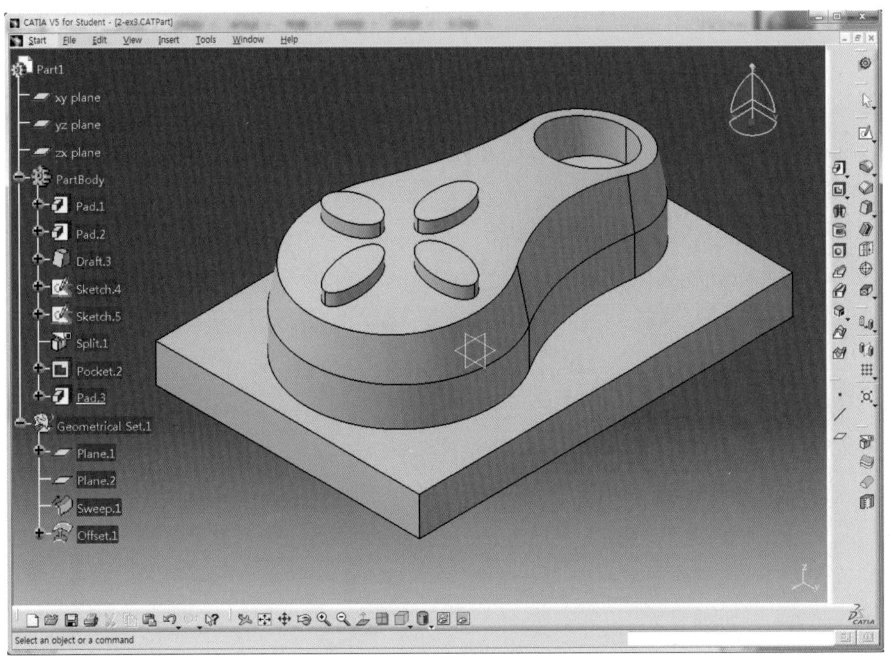

76 Draft Angle 아이콘 을 클릭하고 Angle 영역에 5deg를 입력한다.

77 Face(s) to draft 영역을 클릭하고 Pocket 영역의 원주면을 선택한 후 Neutral Element의 Selection 영역을 클릭하고 Pocket 바닥면을 선택한다.

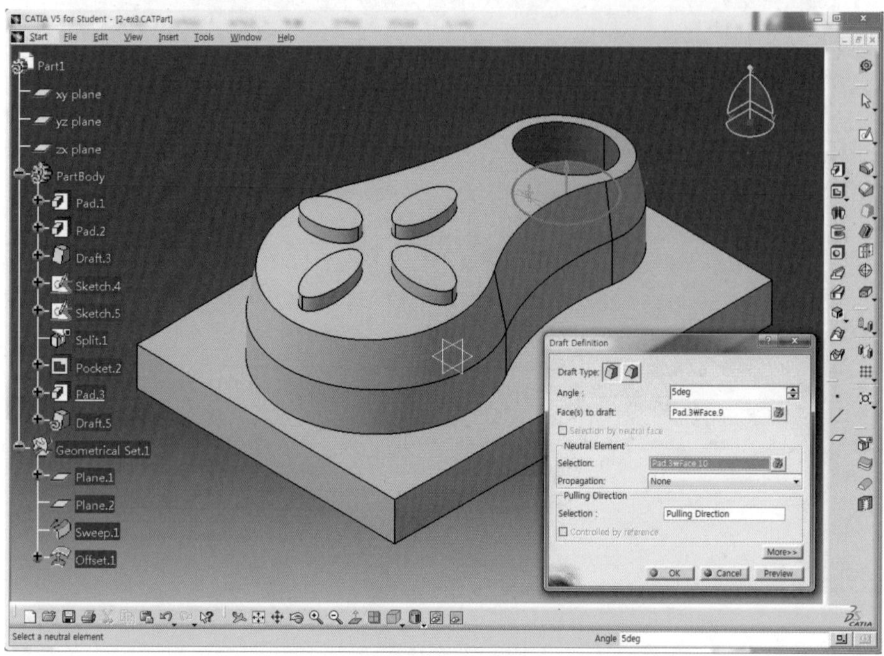

78 Preview 버튼을 클릭하여 미리보기 한 후(화살표가 위를 향하도록 함) OK 버튼을 클릭한다.

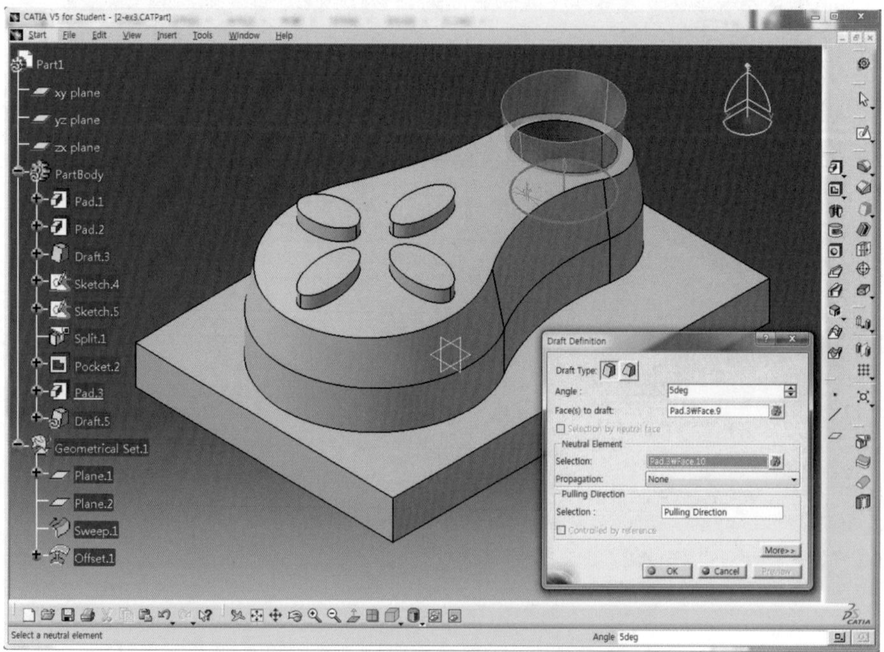

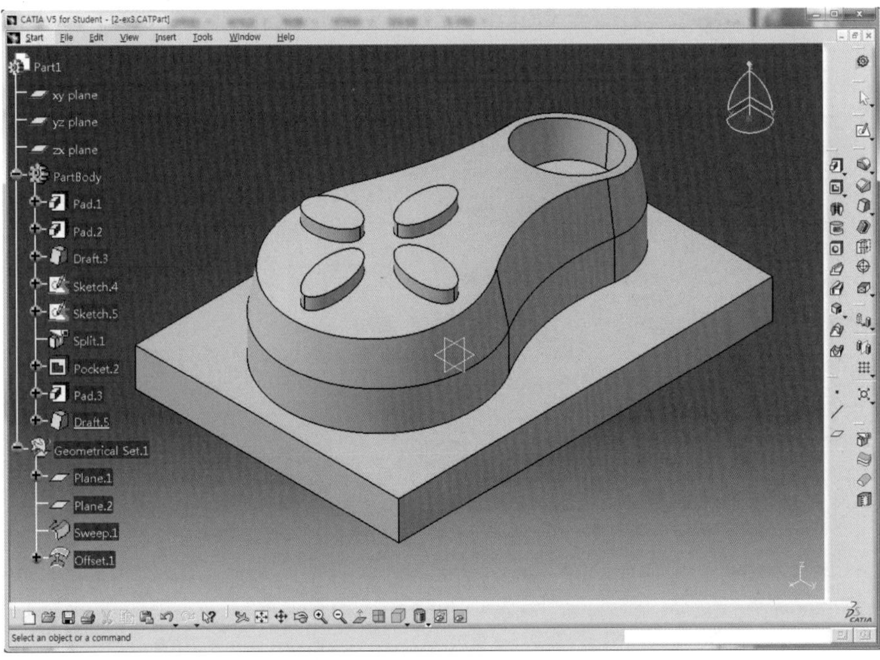

79 Edge Fillet 아이콘 을 클릭한 후 Pocket 바닥면을 선택하고 Radius 영역에 3mm를 입력하고 OK 버튼을 클릭한다.

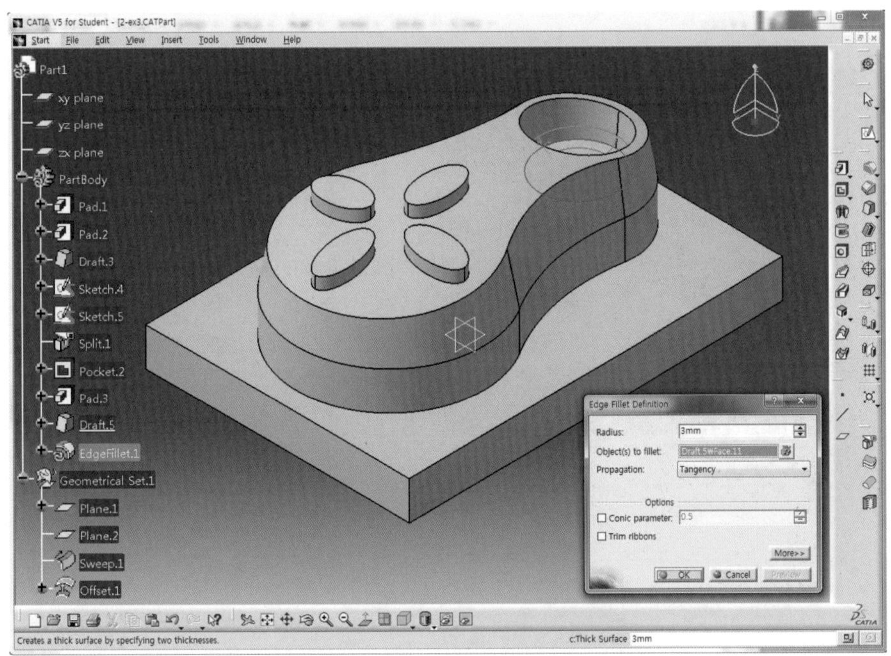

80 Edge Fillet 아이콘 을 클릭한 후 나머지 모서리에 R1을 적용한다.

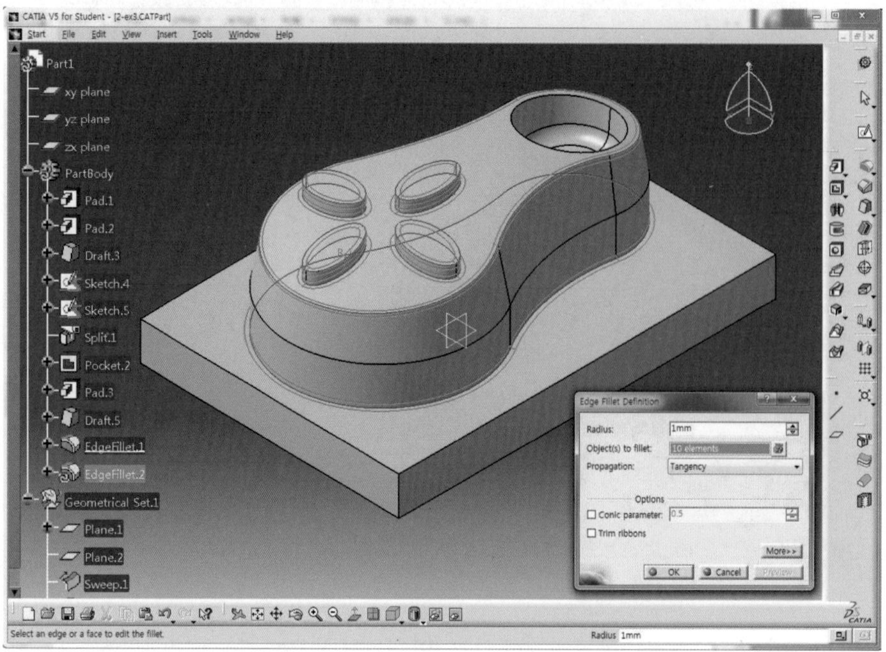

81 완성된 Model이다.

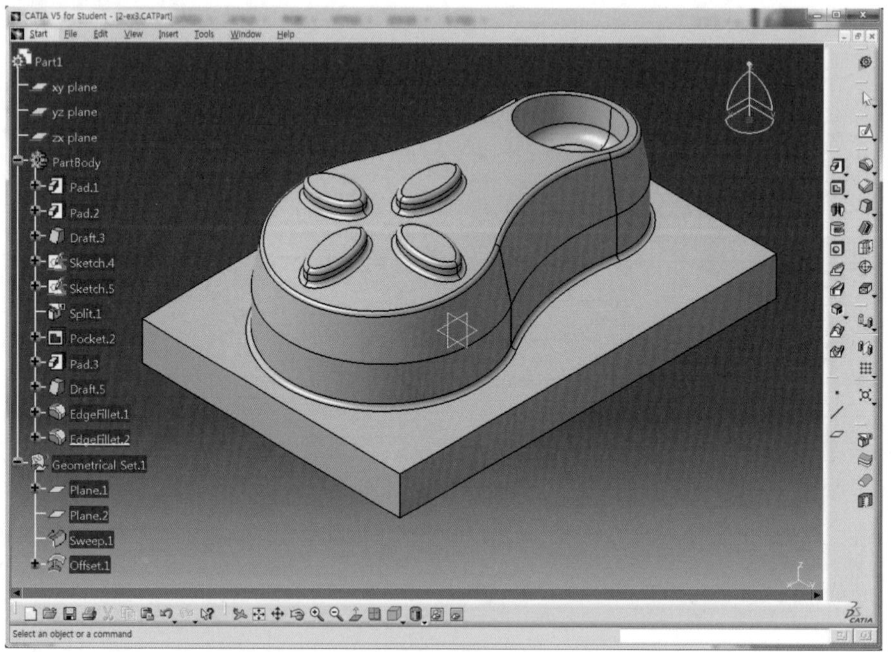

04 활용 Model (4)

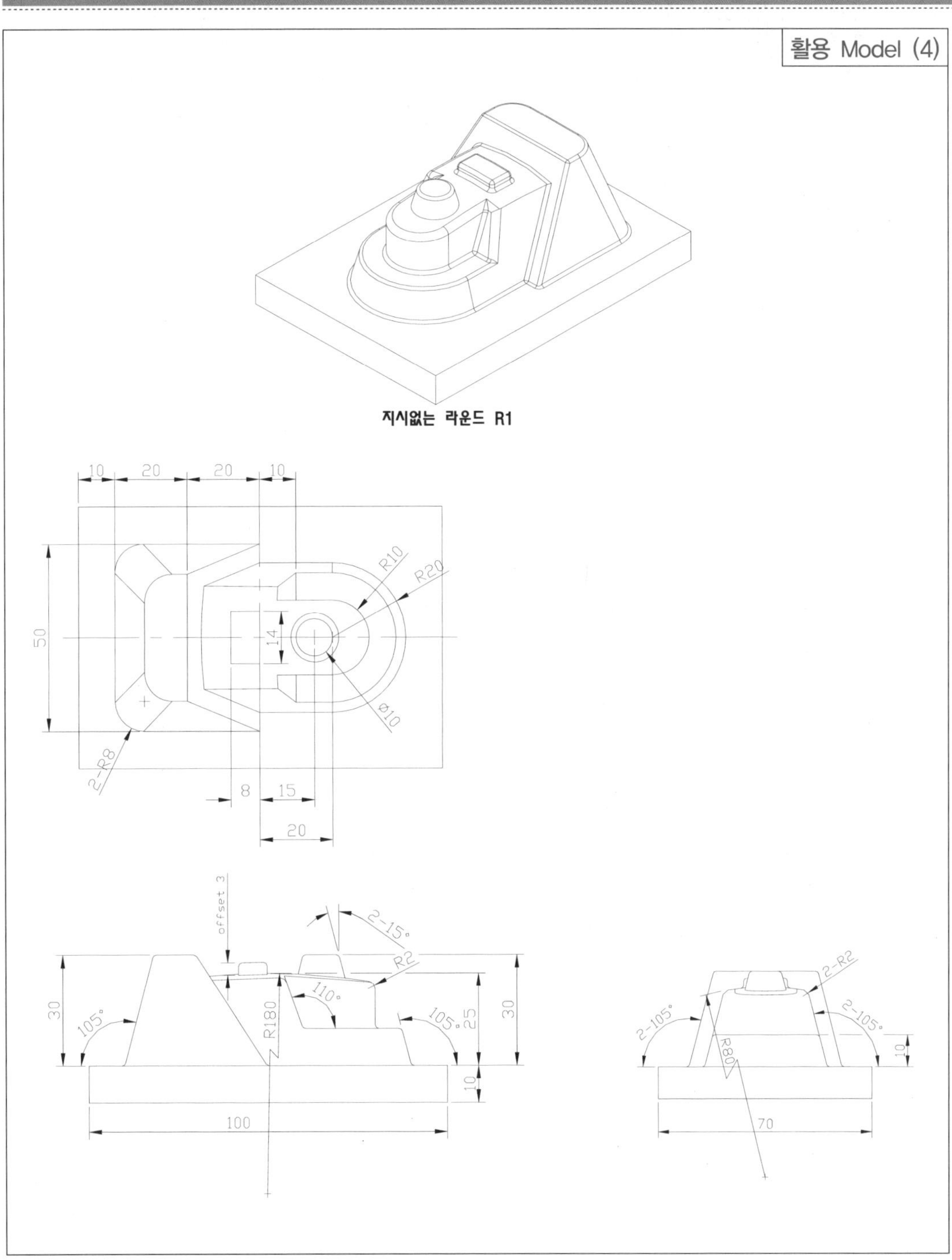
활용 Model (4)
지시없는 라운드 R1
10
20
20
10
50
R10
R20
14
Ø10
2-R8
8
15
20
offset 3
2-15°
R2
110°
R180
105°
105°
30
25
30
10
100
2-R2
2-105°
2-105°
R80
10
70

01 CATIA를 실행하면 Assembly Mode가 시작되는데, ✖을 클릭하여 초기화 Mode로 전환한다.

02 Workbench 도구막대의 All general options 아이콘 을 클릭한 후 Part Design 아이콘 을 클릭하여 Solid Mode로 전환한다.(Workbench 설정방법은 "활용 Model(1)" 참조)

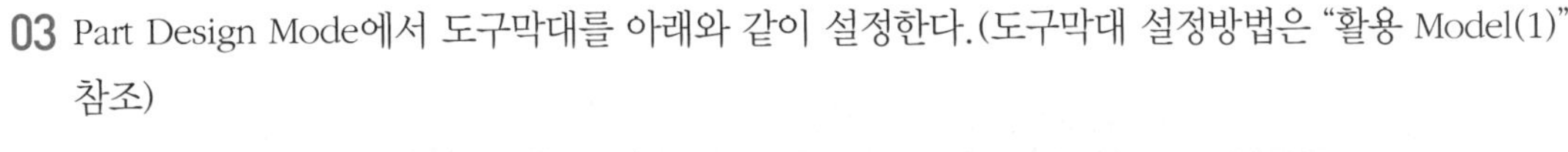

03 Part Design Mode에서 도구막대를 아래와 같이 설정한다.(도구막대 설정방법은 "활용 Model(1)" 참조)

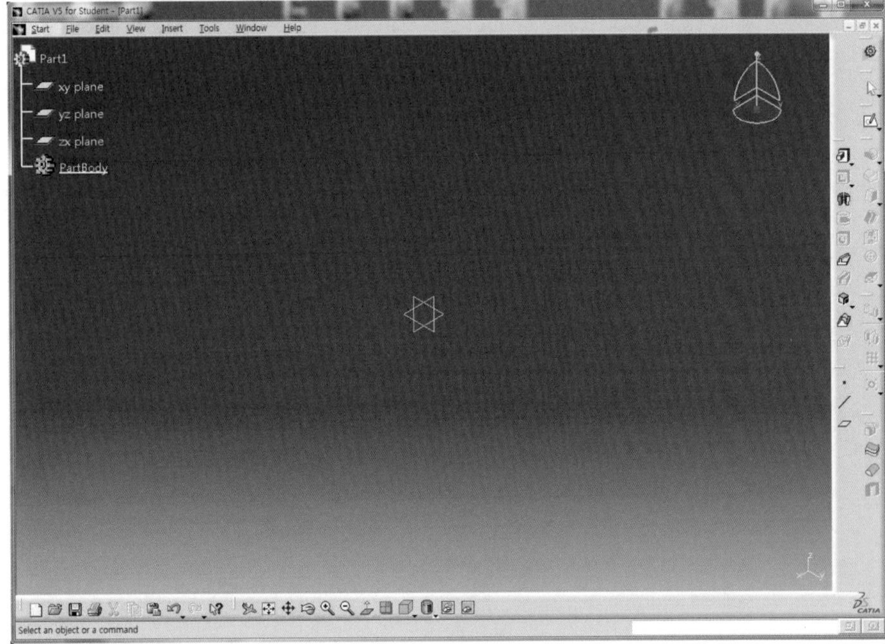

04 Sketch 아이콘 을 클릭하고 xy Plane을 선택하여 Sketch Mode로 전환한다.

05 Sketch Mode에서 도구막대를 아래와 같이 설정한다.(도구막대 설정방법은 “활용 Model(1)” 참조)

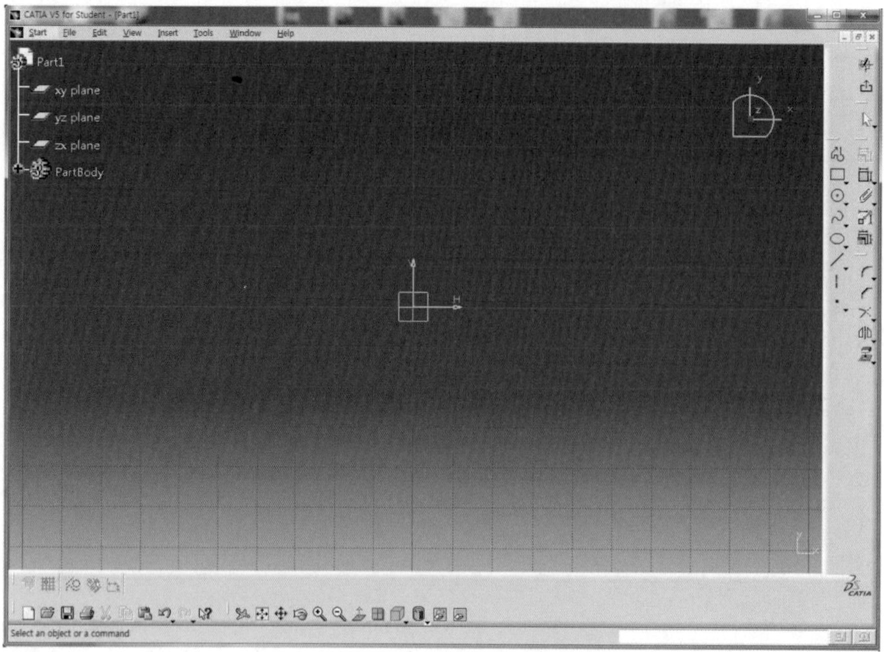

06 Profile 도구막대의 Centered Rectangle 아이콘 을 클릭한다.

07 대칭 기준점으로 원점을 선택하고 직사각형 꼭짓점을 클릭하여 원점에 대칭인 직사각형을 생성한다.

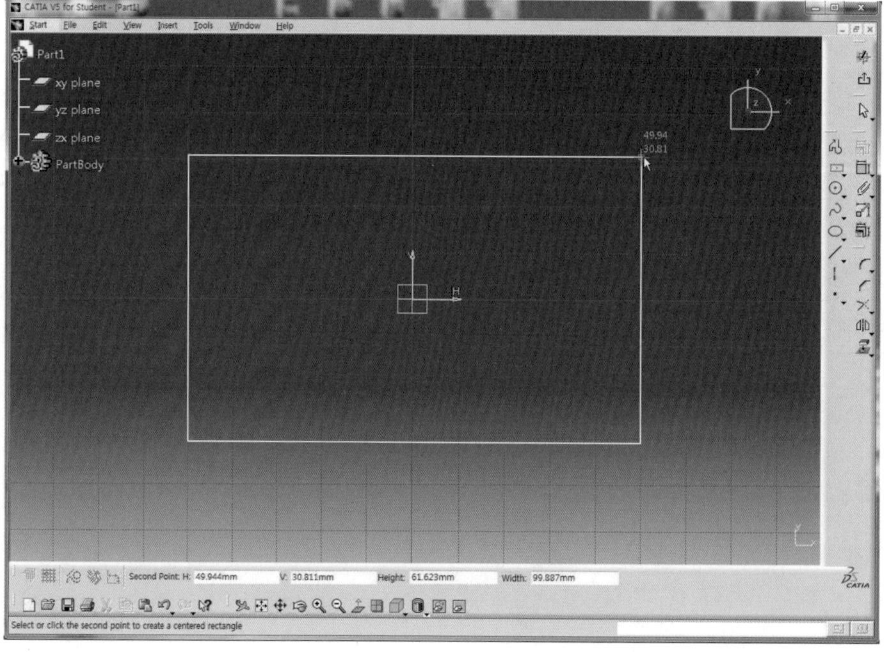

08 Constraint도구막대의 Constraint 아이콘 을 더블클릭하여 직사각형의 가로와 세로 치수를 구속시킨다.

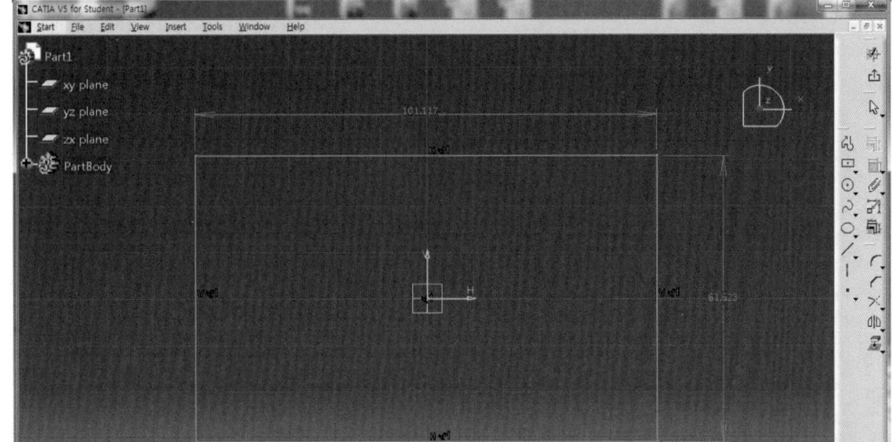

09 각 치수를 더블클릭하여 가로 100mm, 세로 70mm를 적용한다.

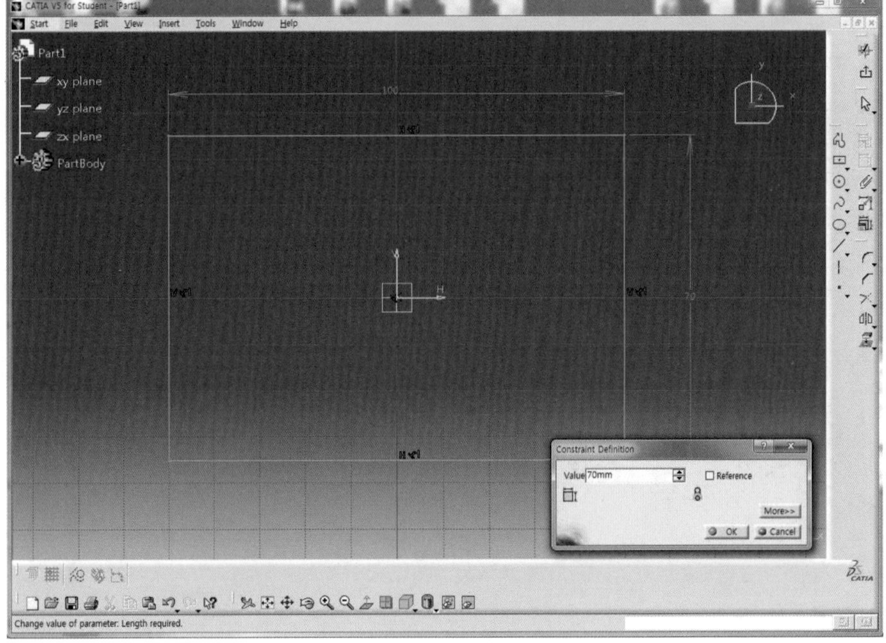

10 Exit workbench 아이콘 을 클릭하여 3D Mode로 전환한다.

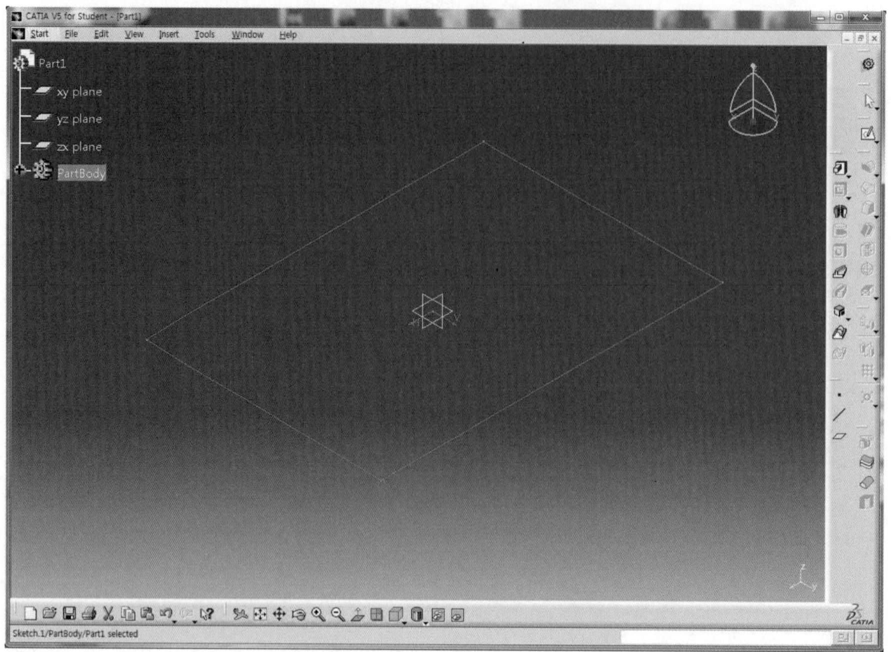

11 Sketch.1을 선택하고 Pad 아이콘 을 클릭한 후 Length 영역에 10mm를 입력하고 Preview 버튼을 클릭하여 미리보기 한다.

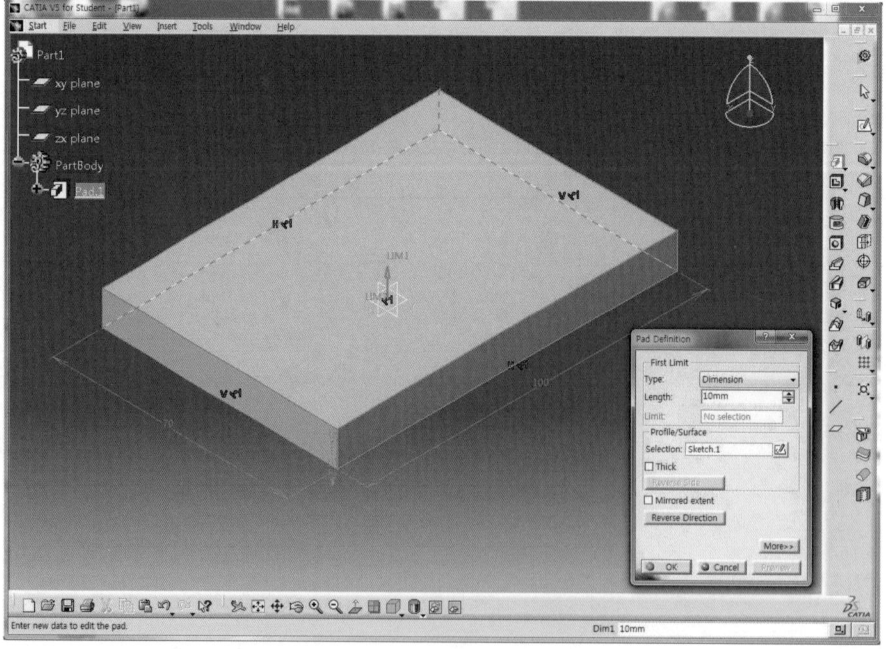

12 OK 버튼을 클릭하여 직육면체의 Solid를 생성한다.

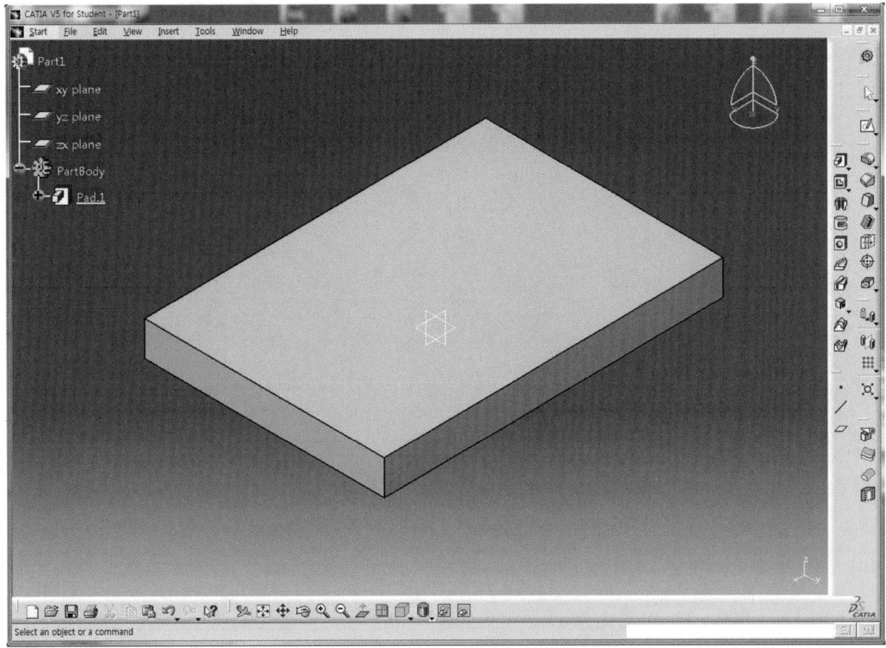

13 Sketch 아이콘 을 클릭하고 직육면체의 윗면을 선택하여 Sketch Mode로 전환한다.

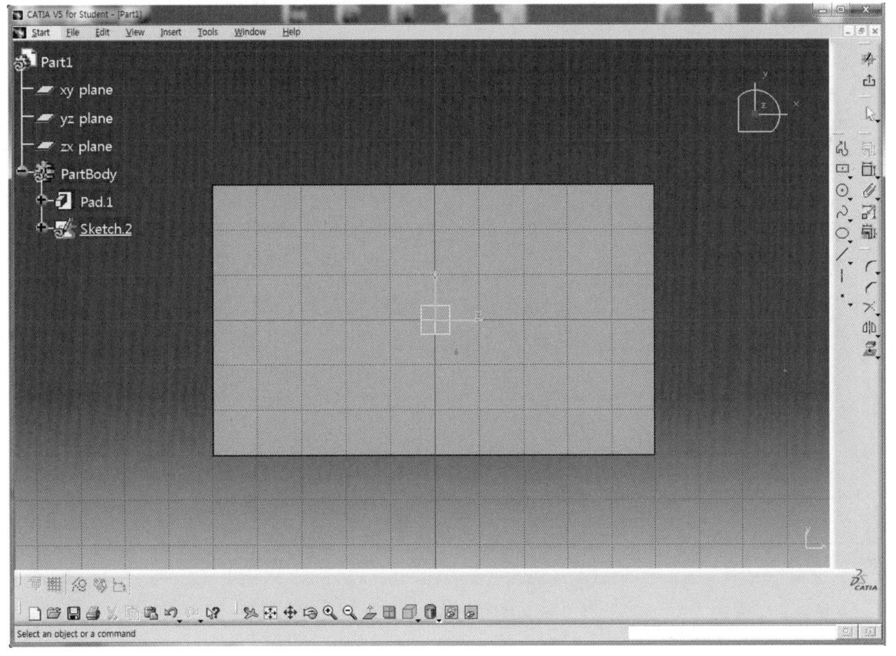

14 Circle 아이콘 을 클릭하여 중심이 H축 위에 위치하도록 Circle을 Sketch한다.

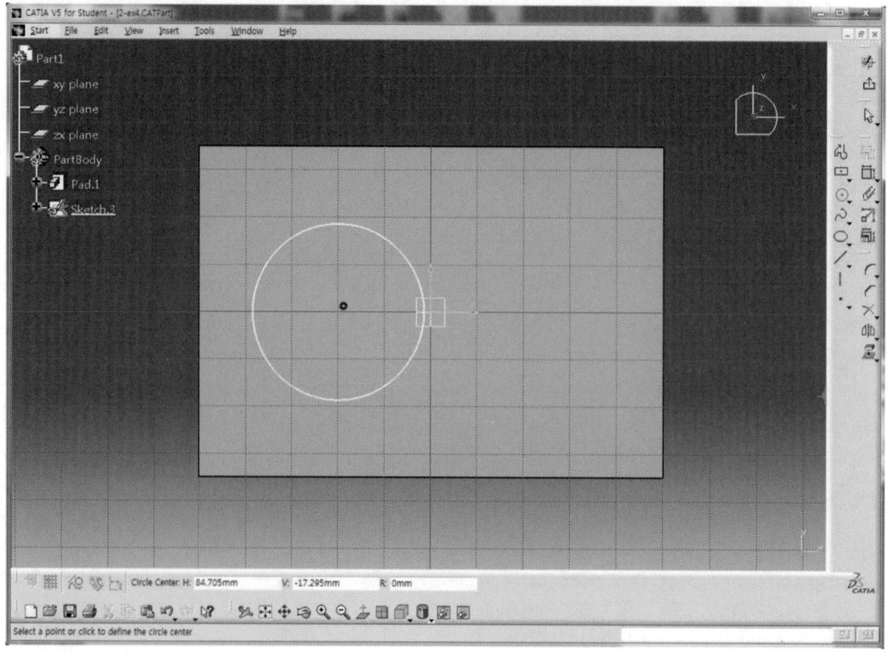

15 Profile 아이콘 을 클릭하여 시작점과 끝점이 Circle 위에 위치하도록 아래와 같이 Sketch한다.

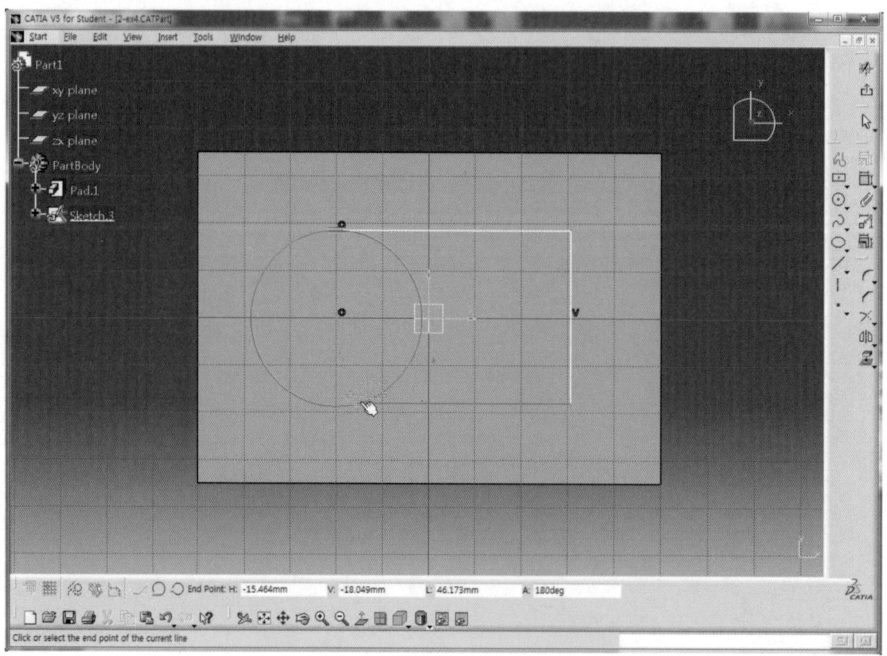

16 Quick Trim 아이콘 을 클릭한 후 직선과 교차하는 Circle의 안쪽 영역을 선택하여 삭제한다.

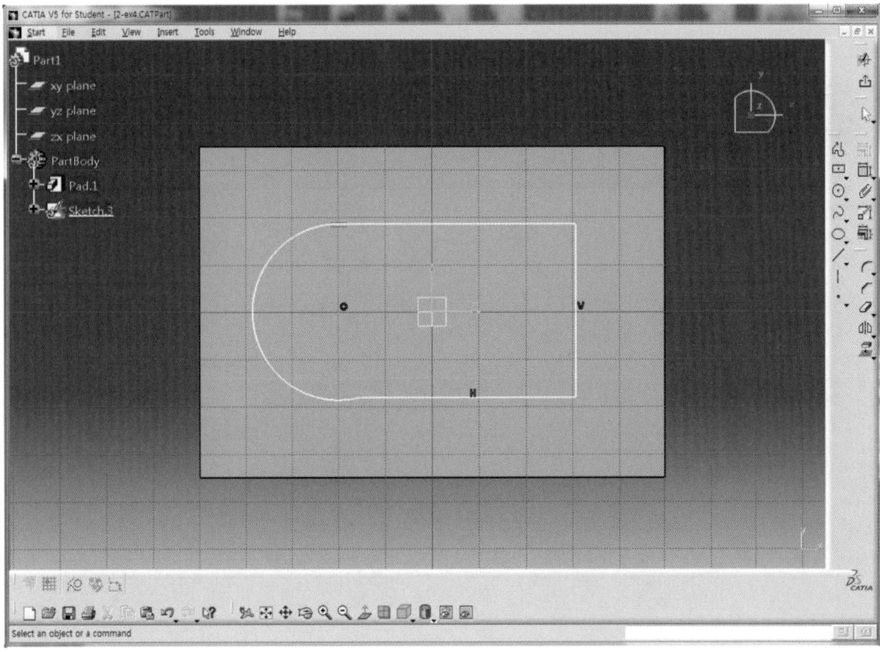

17 Constraint 아이콘 을 클릭하고 Circle과 수평직선을 차례로 선택한 후 마우스 오른쪽 버튼을 누르고 Tangency를 체크하여 두 요소가 접하도록 구속시킨다.(Sketch할 때 윗부분도 접하지 않으면 같은 방법으로 접선 구속을 시킨다.)

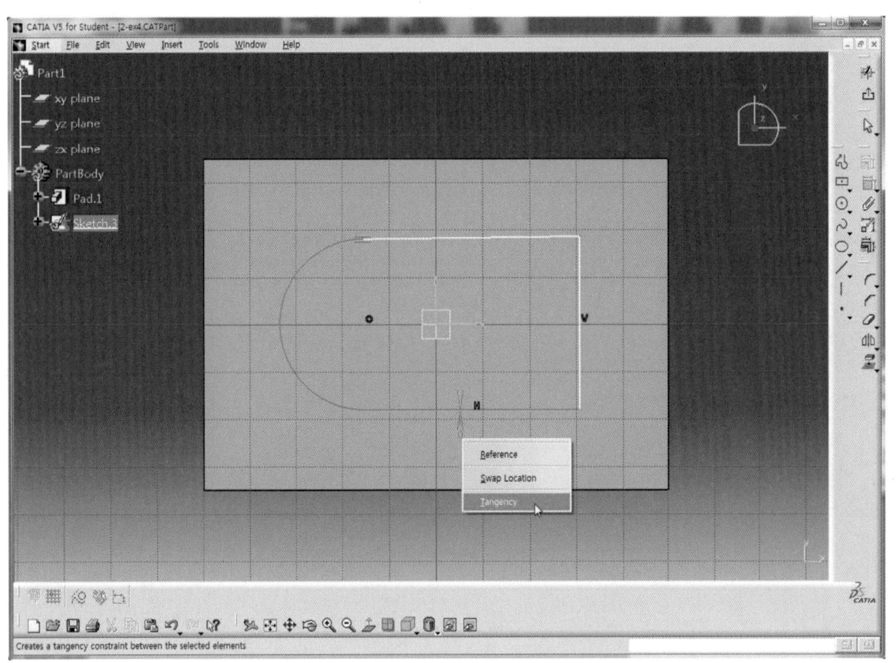

18 윗부분의 직선이 수평하지 않은 것을 볼 수 있는데, Constraint 아이콘 을 클릭한 후 마우스 오른쪽 버튼을 누르고 Horizontal를 체크하여 수평 구속을 적용한다.

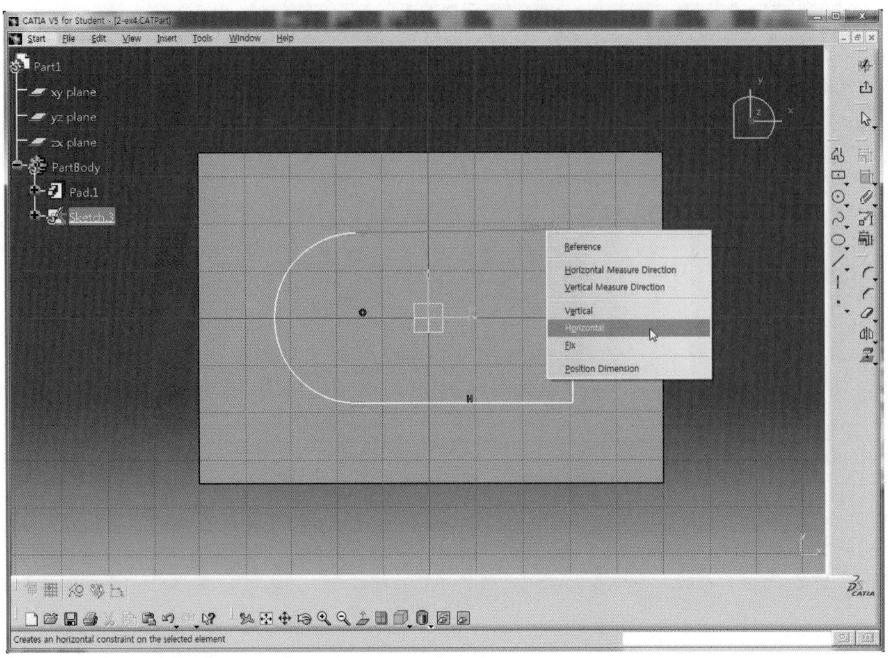

19 Constraint 아이콘 을 더블클릭하고 치수를 구속한 후 각 치수를 더블클릭하여 정확한 치수(R20, L20, L30)를 적용한다.

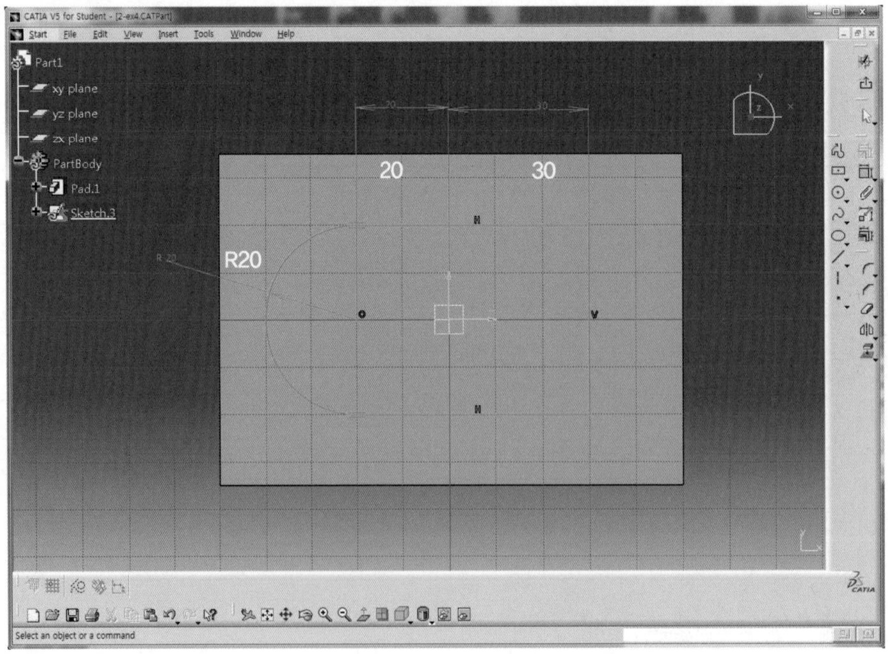

20 Exit workbench 아이콘 을 클릭하여 3D Mode로 전환한다.

21 Pad 아이콘 을 클릭한 후 Length 영역에 30mm를 입력하고 Preview 버튼을 클릭하여 미리보기 한다.

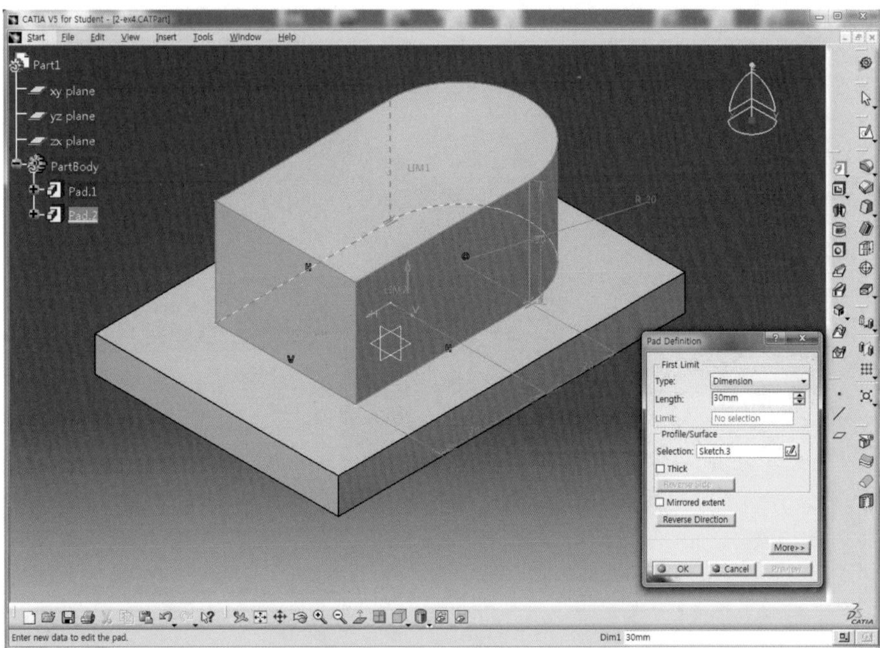

22 OK 버튼을 클릭하여 Solid를 생성한다.

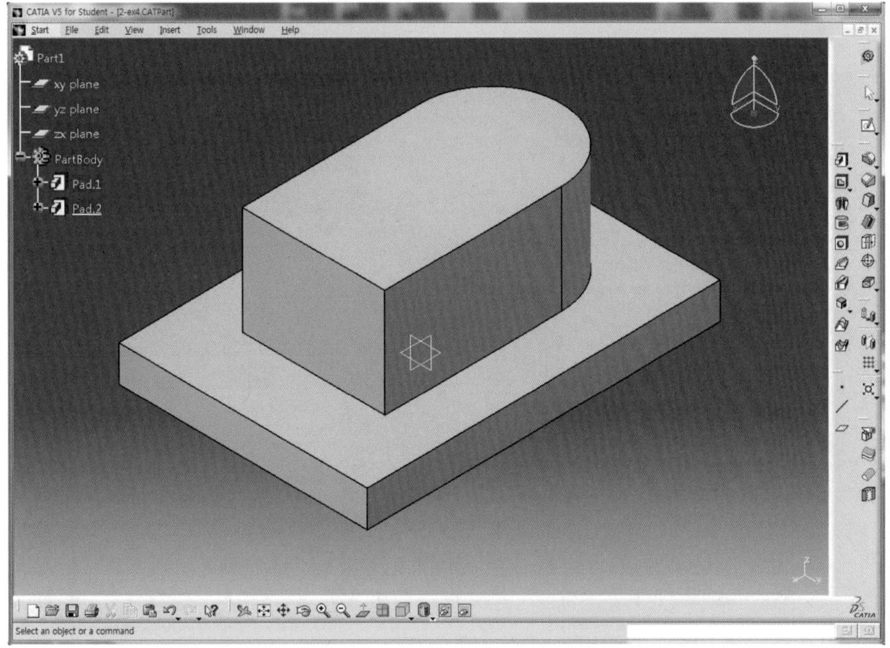

23 Draft Angle 아이콘 을 클릭하고 Angle 영역에 15deg를 입력한다.

24 Face(s) to draft 영역을 클릭하고 Slide의 원주면을 선택한 후 Neutral Element의 Selection 영역을 클릭하고 직육면체의 윗면을 선택한다.

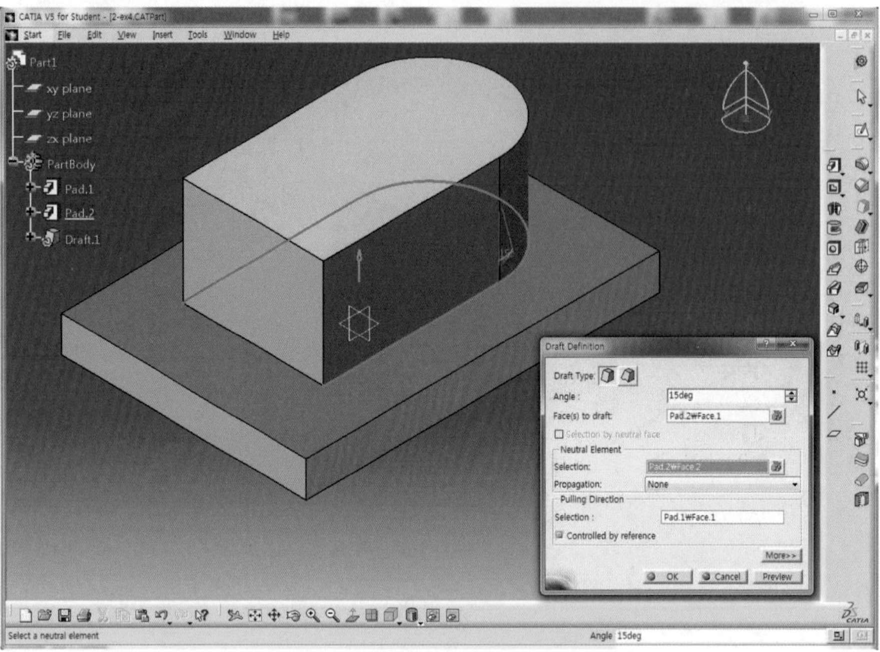

25 화살표 방향이 아래를 향하고 있다면, 마우스로 클릭하여 위쪽으로 향하도록 전환시키고 Preview 버튼을 클릭하여 미리보기 한다.

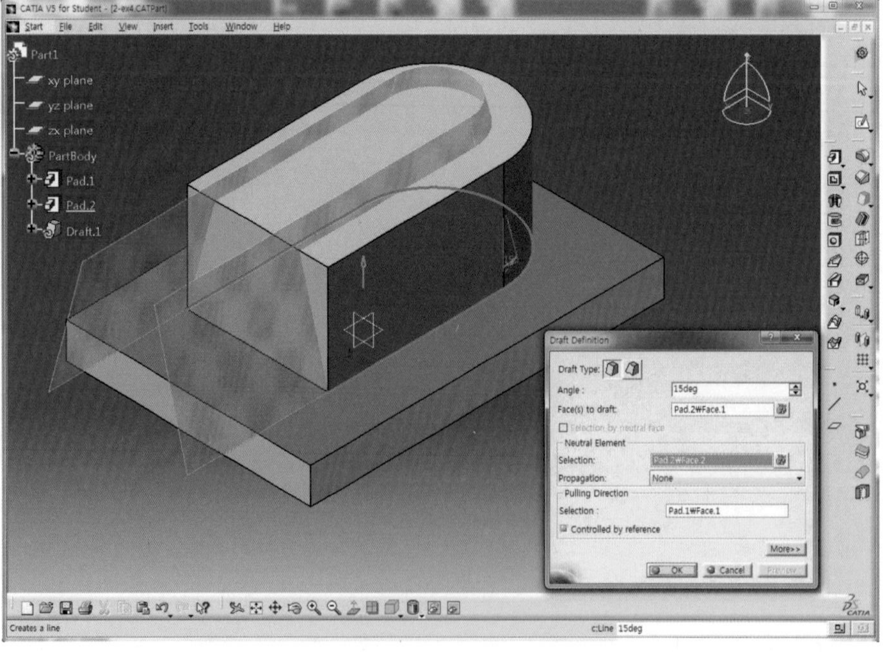

26 OK 버튼을 클릭한다.

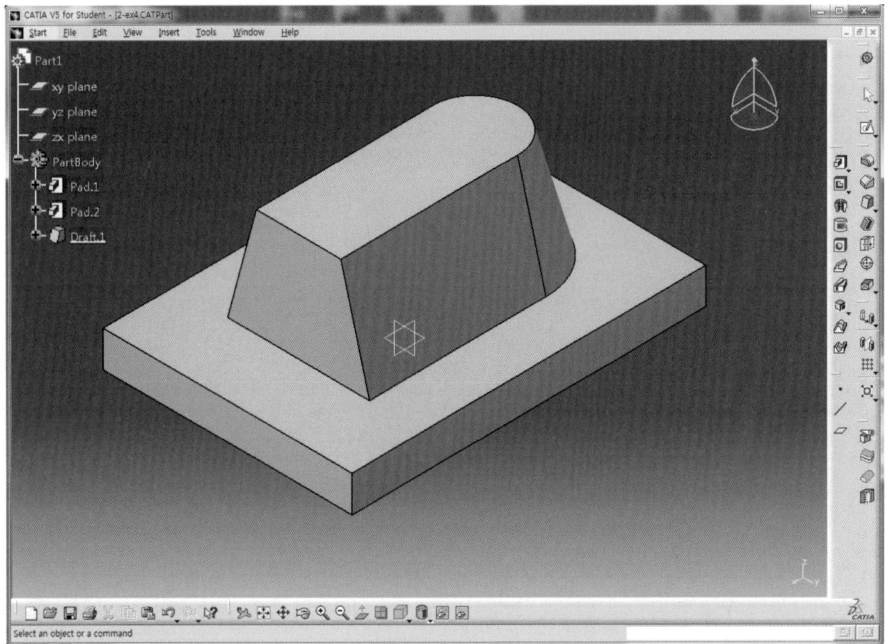

27 Sketch 아이콘 을 클릭하고 zx Plane을 선택하여 Sketch Mode로 전환한다.

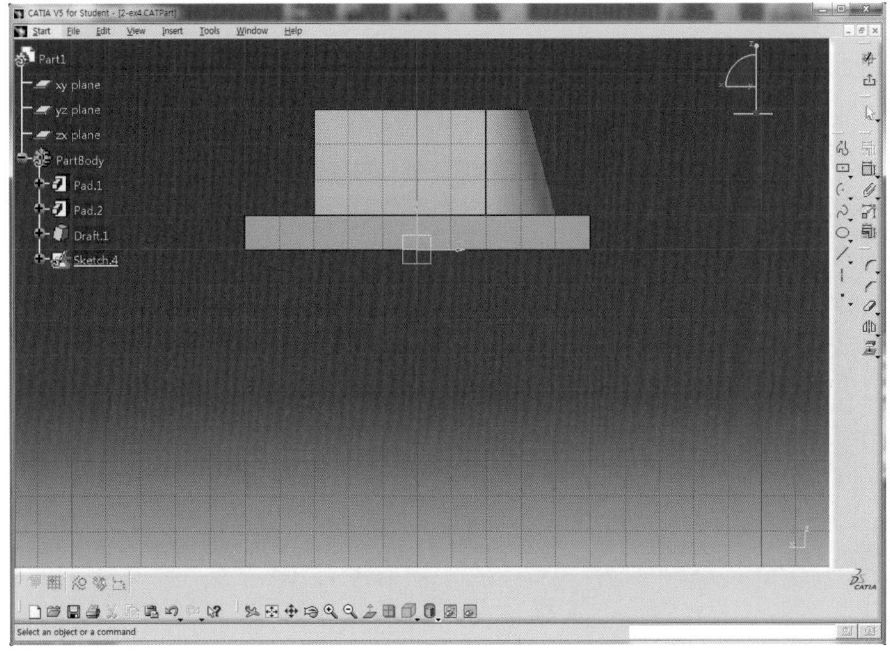

28 Model을 축소시키고(View 도구막대의 Zoom out 아이콘 을 여러 번 클릭) Arc 아이콘 을 클릭한 후 원점을 V축 위에 오도록 하여 Solid가 감싸지도록 Sketch한다.

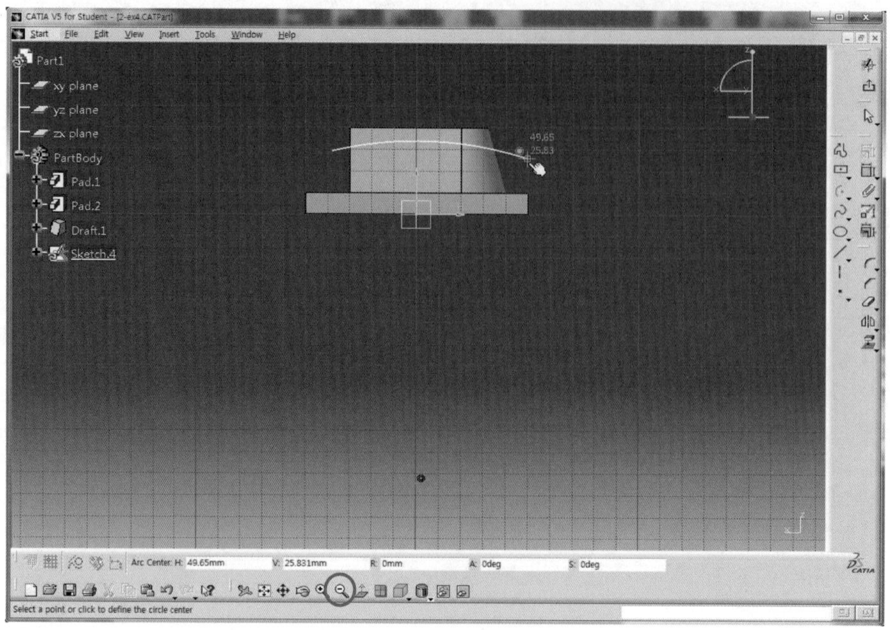

29 Constraint 아이콘 을 더블클릭한 후 치수를 구속하고 각 치수를 더블클릭하여 정확하게 적용(R180, L25)한다.

30 Arc가 Solid를 많이 벗어나도록 변형이 되면 Arc 위 끝점을 마우스로 드래그하여 Solid가 감싸지도록 축소시킨다.

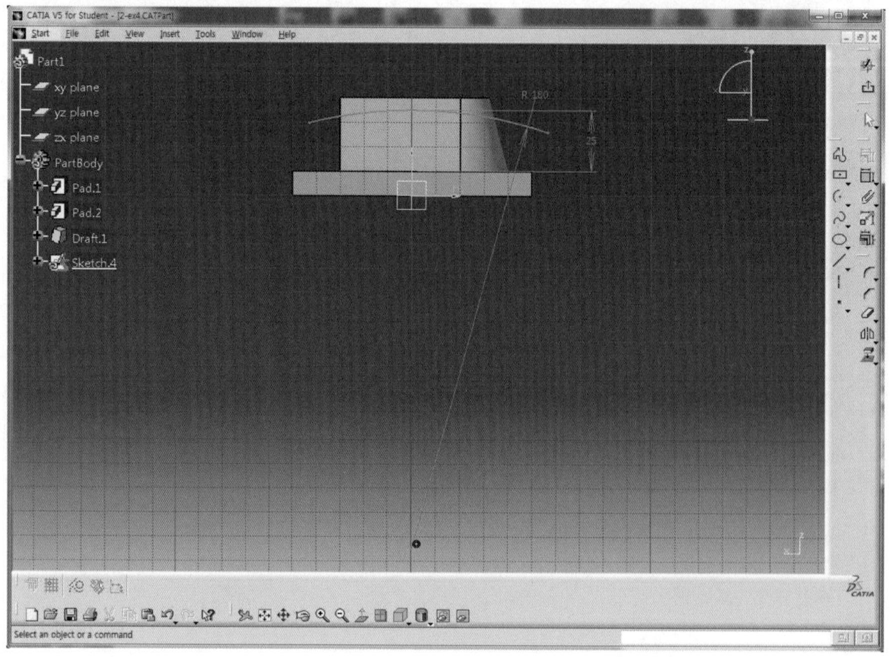

31 Exit workbench 아이콘 을 클릭하여 3D Mode로 전환한다.

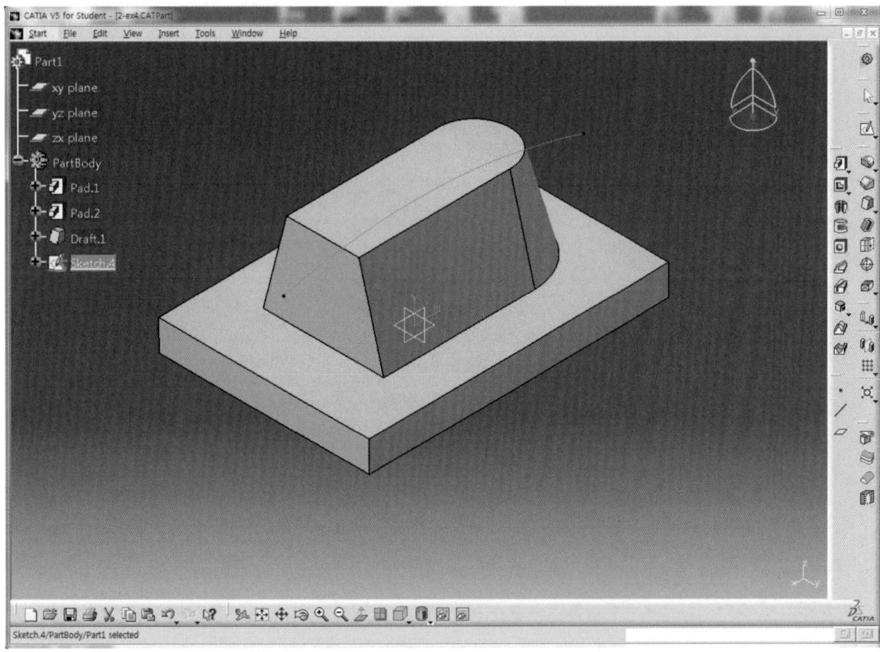

32 Arc를 선택한 상태에서 Plane 아이콘 을 클릭하고 Arc의 끝점을 선택한다.

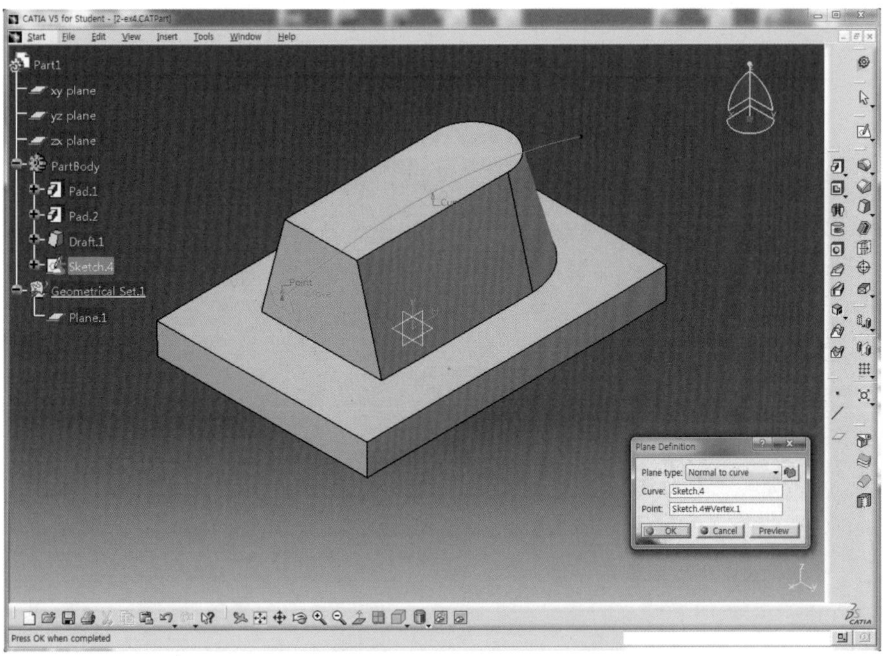

33 OK 버튼을 클릭하면 Arc에 수직하면서 Arc의 끝점을 지나는 Plane이 생성된다.

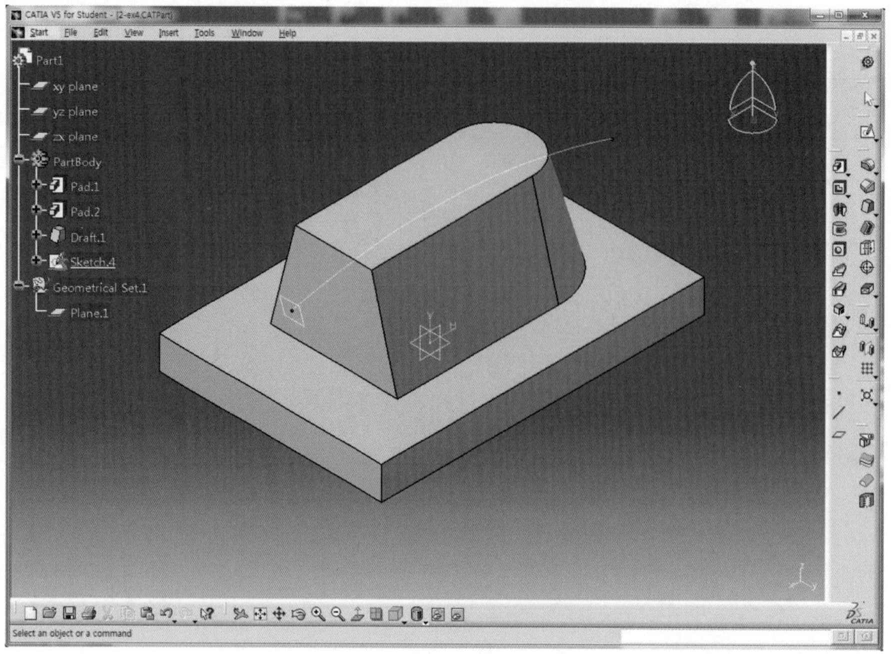

34 Sketch 아이콘 을 클릭하고 위에서 생성한 Plane을 선택하여 Sketch Mode로 전환한다.

35 Model을 축소시키고(View 도구막대의 Zoom out 아이콘을 여러 번 클릭) Arc 아이콘 을 클릭한 후 원점을 V축 위에 오도록 하여 Solid가 감싸지도록 Sketch한다.

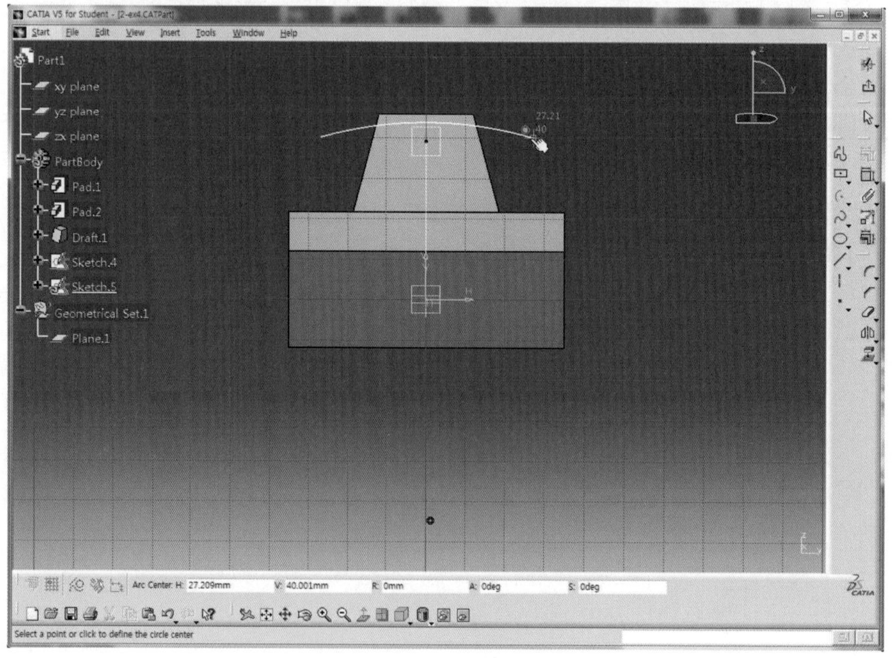

36 Constraint 아이콘 을 더블클릭한 후 방금 생성한 Arc와 앞에서 생성한 Arc의 끝점을 차례로 선택하고 마우스 오른쪽 버튼을 클릭한 후 Coincidence를 선택하여 일치시킨다.

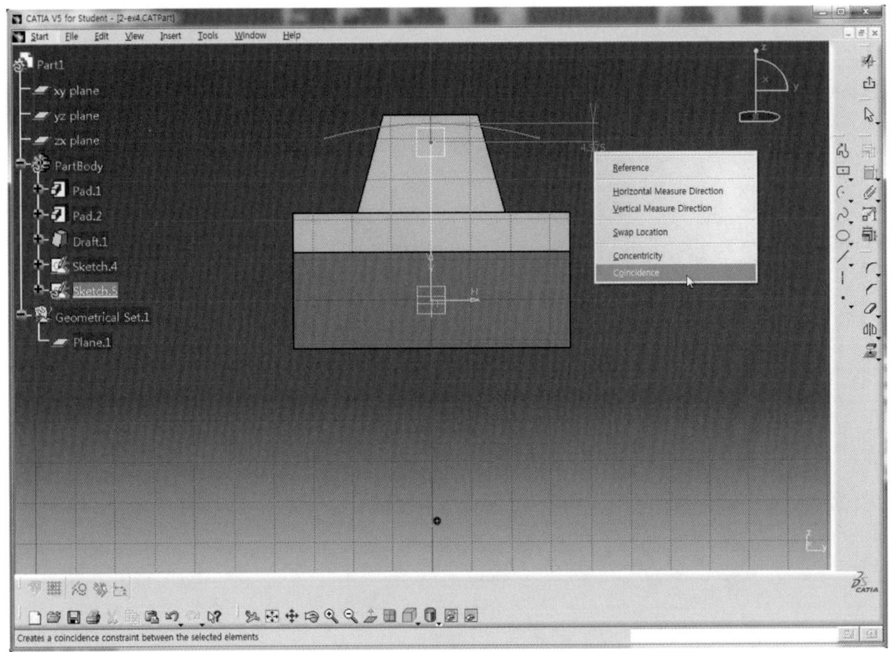

37 Arc의 치수를 구속시키고 더블클릭하여 정확한 치수(R80)를 적용한다.

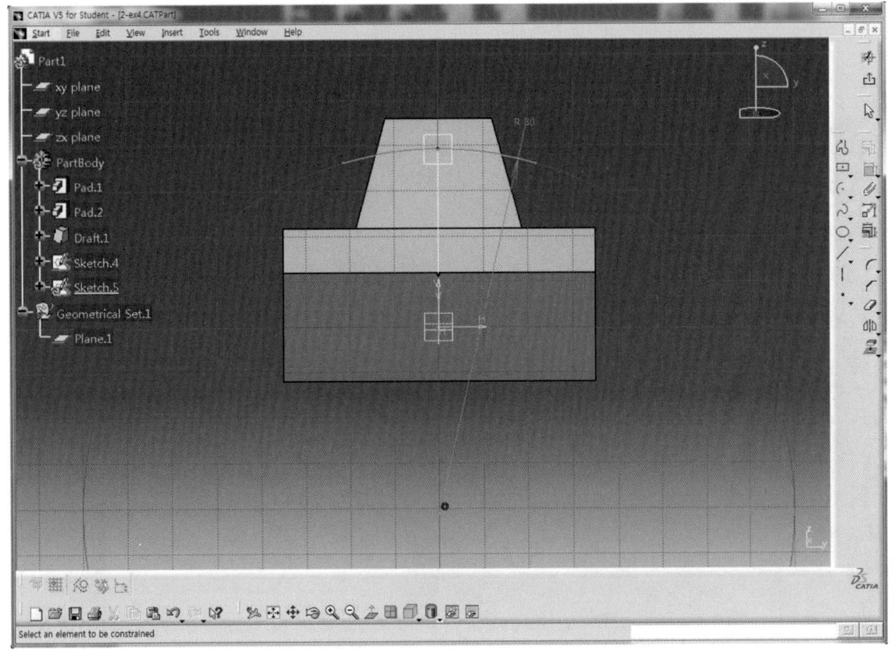

38 Exit workbench 아이콘 을 클릭하여 3D Mode로 전환하고 View 도구막대의 Zoom In 아이콘 을 여러 번 클릭하여 확대시킨다.

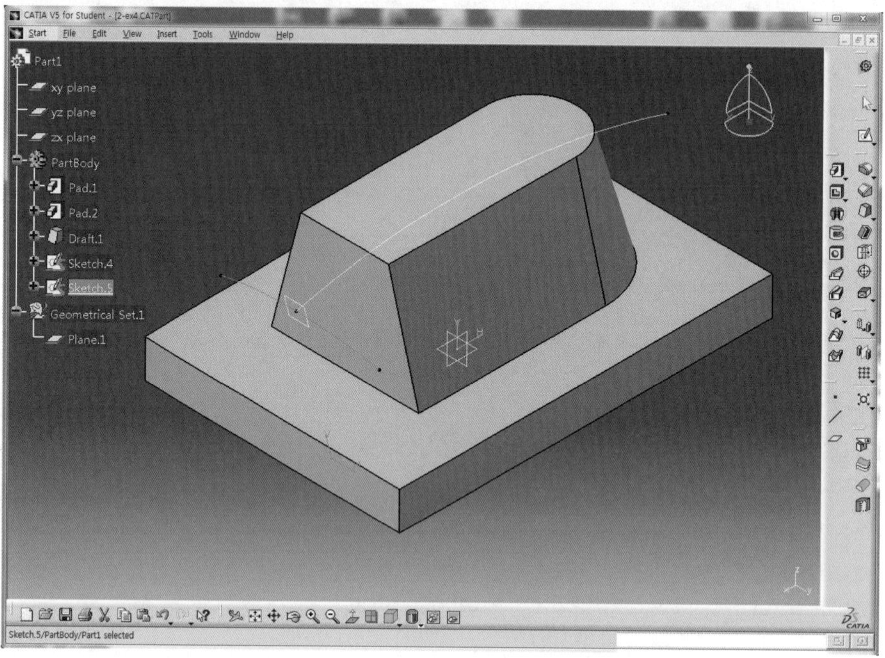

39 Workbench 도구막대의 Part Design 아이콘 을 클릭한 후 Wireframe and Surface Design 아이콘 을 클릭하여 Surface Mode로 전환한다.

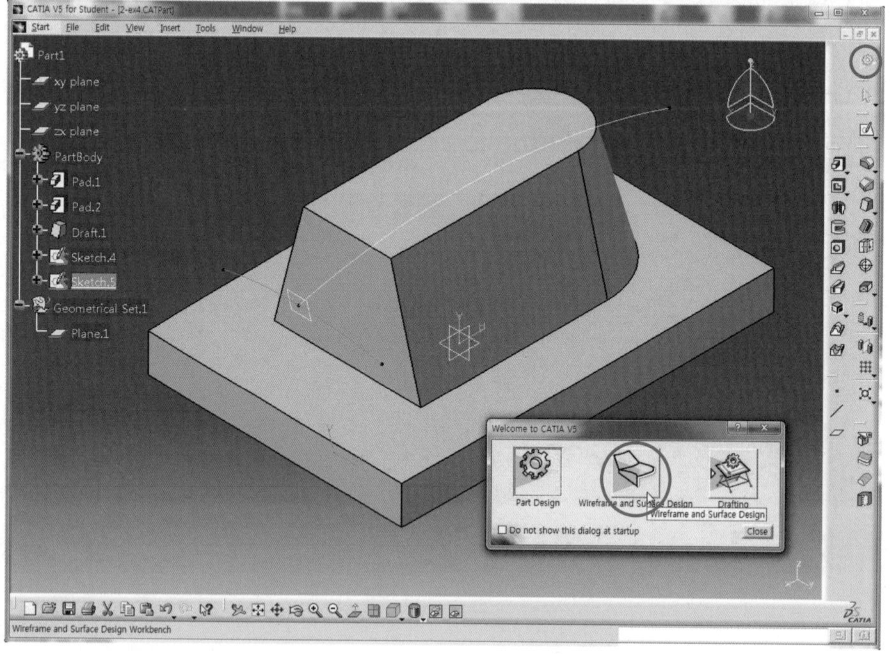

40 Sweep 아이콘 을 클릭한 후 Profile 영역을 선택하고 R80 Arc, Guide curve 영역을 선택한 후 R180 Arc를 각각 선택한다.

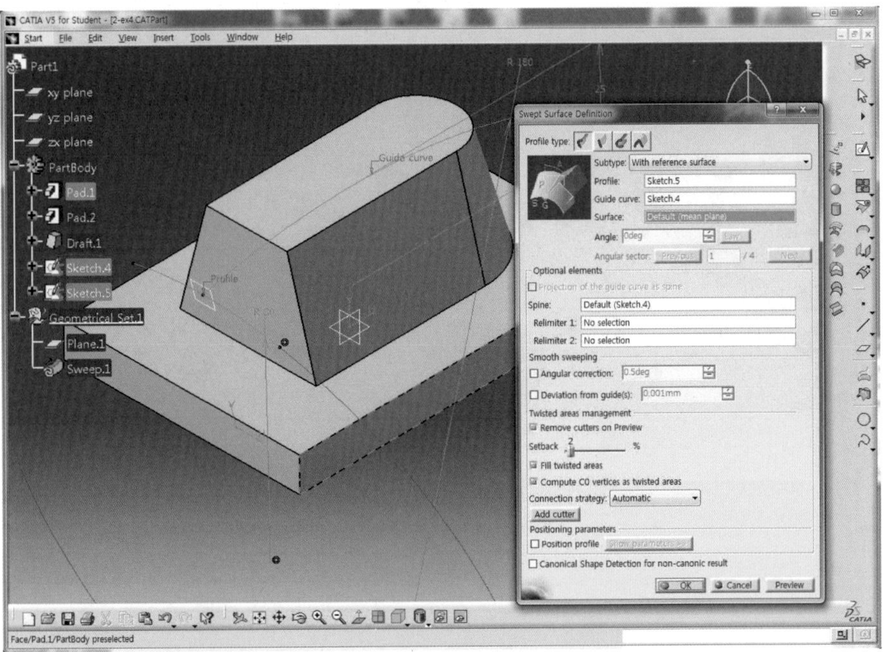

41 Preview 버튼을 클릭하면 아래와 같이 Surface를 미리보기 할 수 있다.

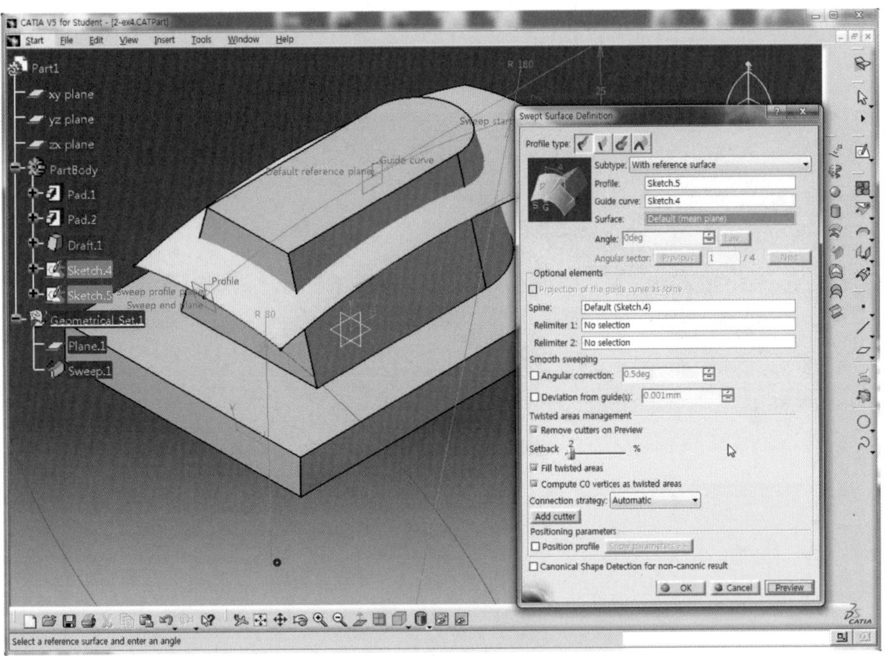

42 Surface가 Solid를 완전히 감싸도록 보이면 OK 버튼을 클릭하여 Surface를 생성한다.

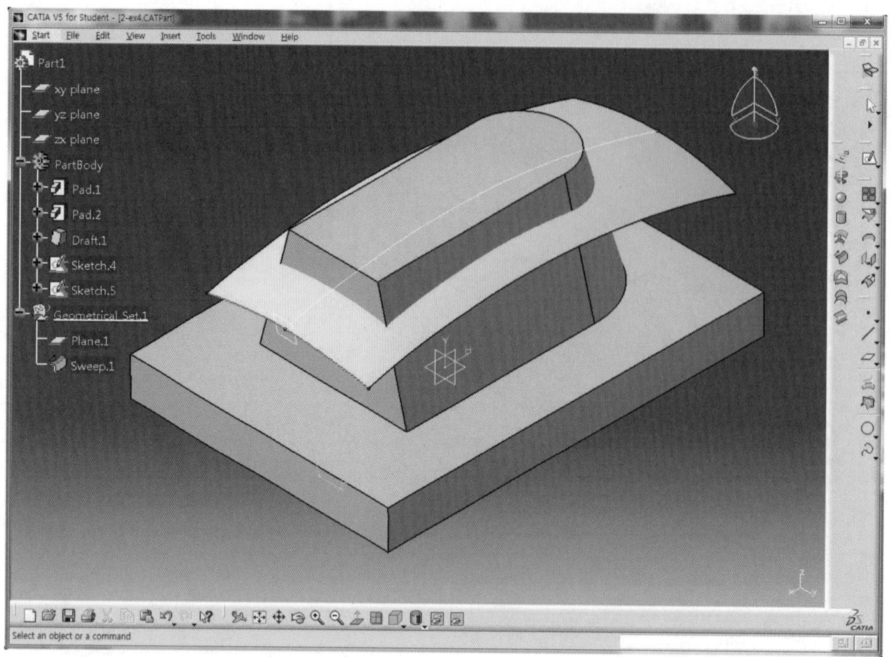

43 Surface를 선택하고 Offset 아이콘 을 클릭한다.

44 Offset 영역에 3mm를 입력하고 붉은색 화살표 방향이 아래쪽으로 향하고 있으면 위쪽으로 향하도록 Reverse Direction 버튼을 클릭한 후 Preview 버튼을 클릭하여 미리보기 한다.

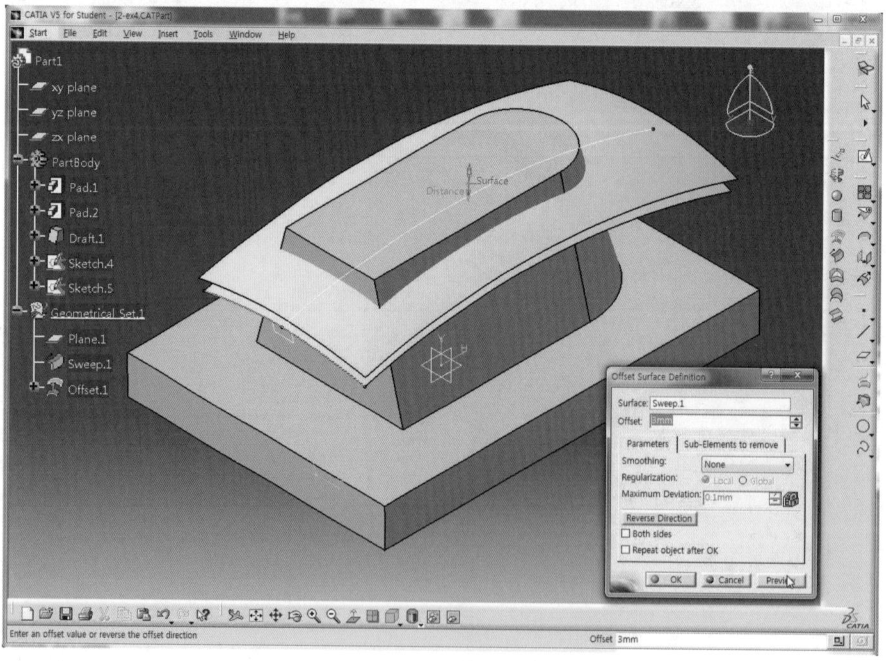

45 OK 버튼을 클릭하여 Surface를 생성한다.

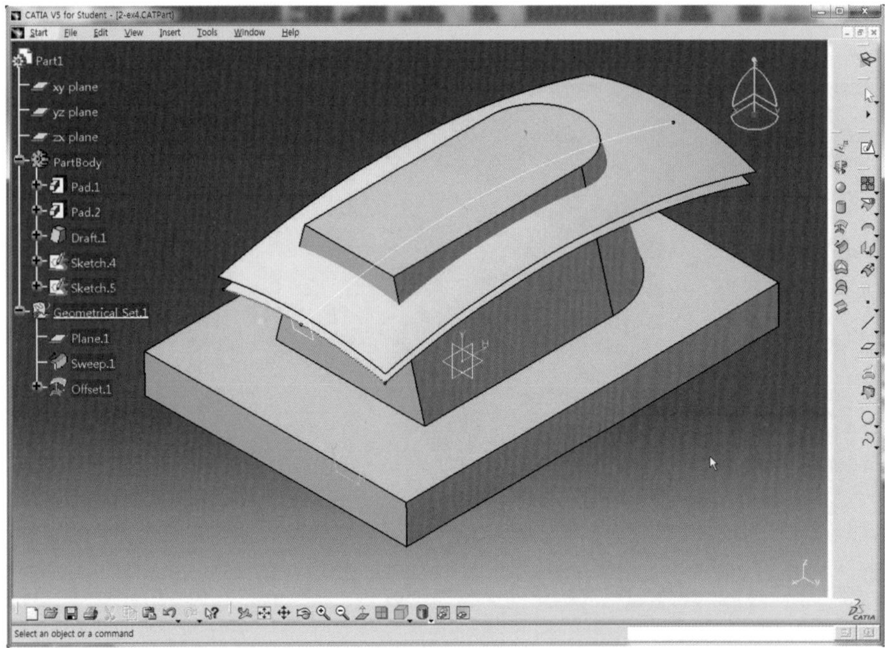

46 Workbench 도구막대의 Wireframe and Surface Design 아이콘을 클릭한 후 Part Design 아이콘을 클릭하여 Solid Mode로 전환한다.

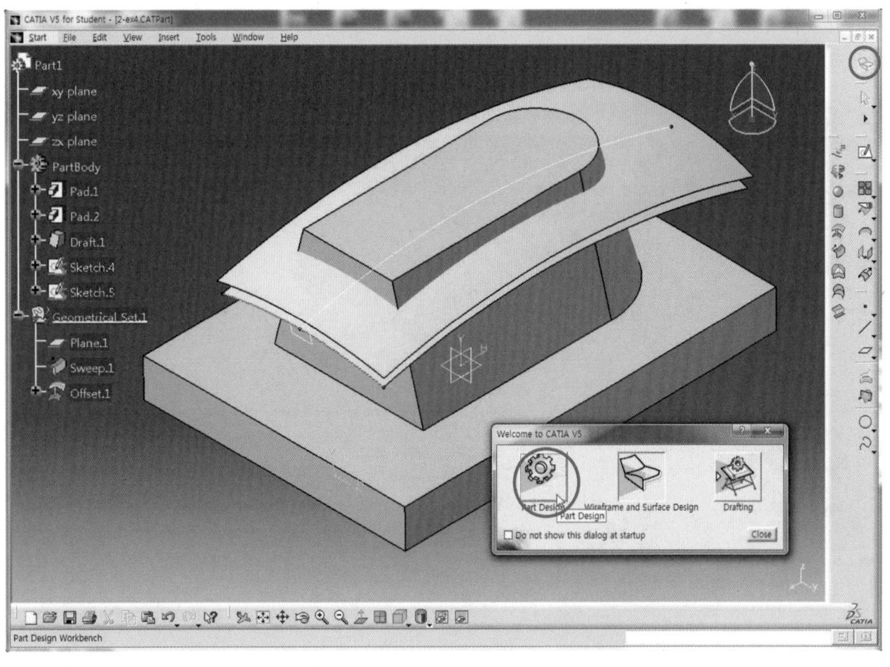

47 Tree 영역에서 PartBody를 선택한 후 마우스 오른쪽 버튼을 클릭하여 Define In Work Object를 선택하고 Current 영역을 전환한다.(PartBody아래에 밑줄이 생성된다.)

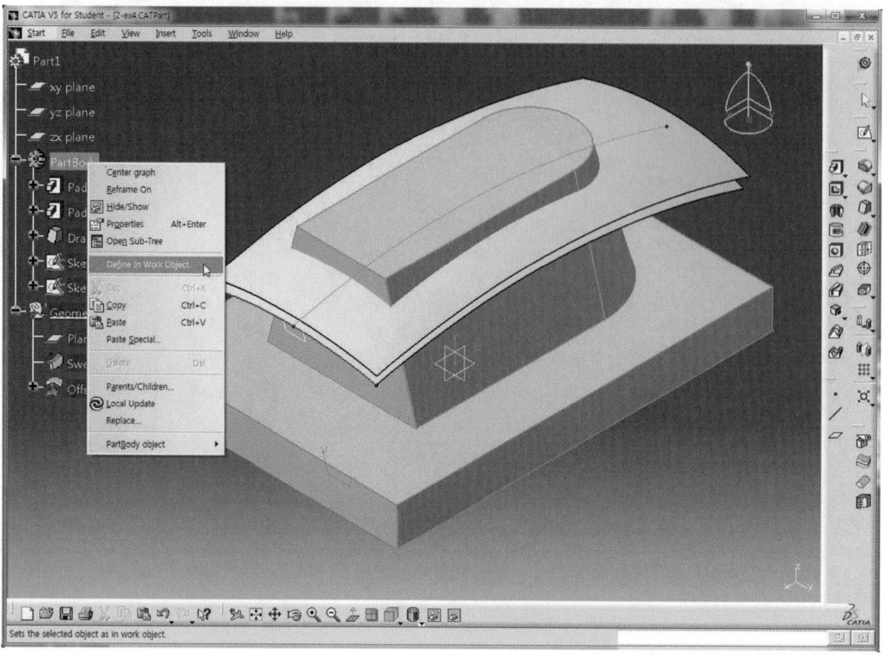

48 Surface－Based Features 도구막대의 Split 아이콘 을 클릭한다.

49 Split Definition 대화상자가 나타나면 Tree영역에서 Sweep을 선택한 후 Surface를 클릭하고 화살표가 아래로 향하도록 클릭한다.

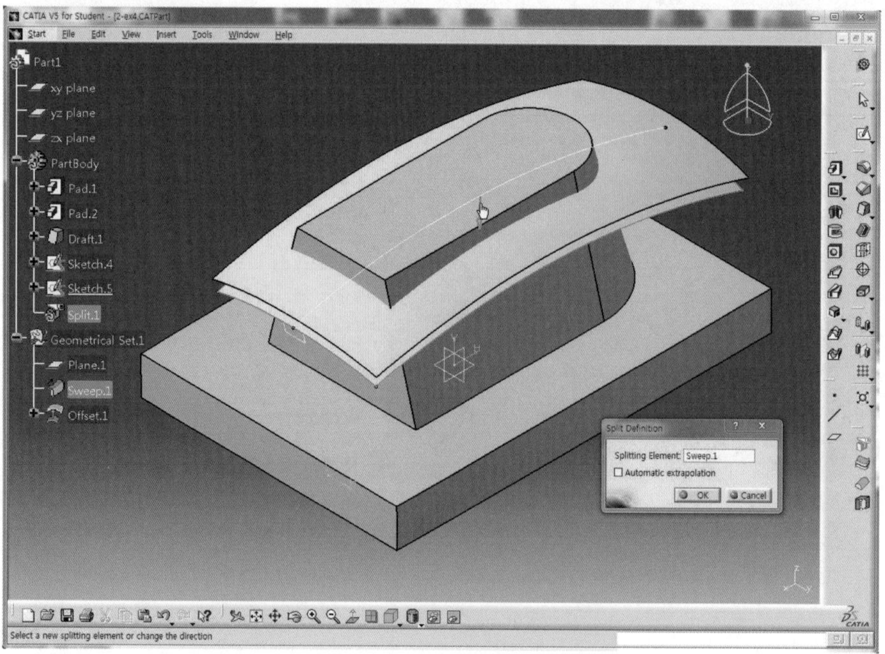

50 OK 버튼을 클릭하면 Solid의 윗면이 제거된다.

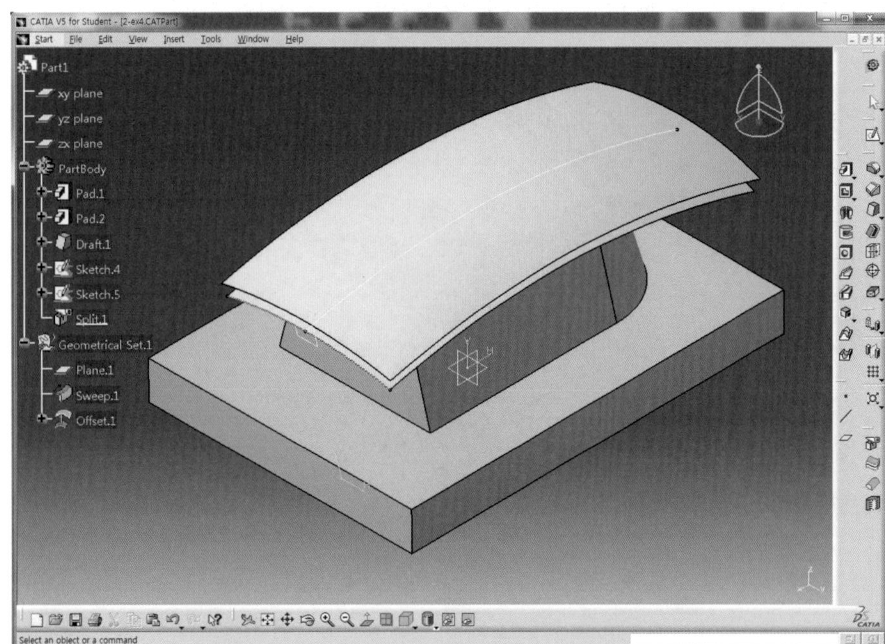

51 Ctrl 버튼을 누른 상태에서 Tree에서 Sketch와 Surface, Plane을 선택한 후 마우스 오른쪽 버튼을 클릭하고 Hide/Show를 선택하여 감추기 한다.

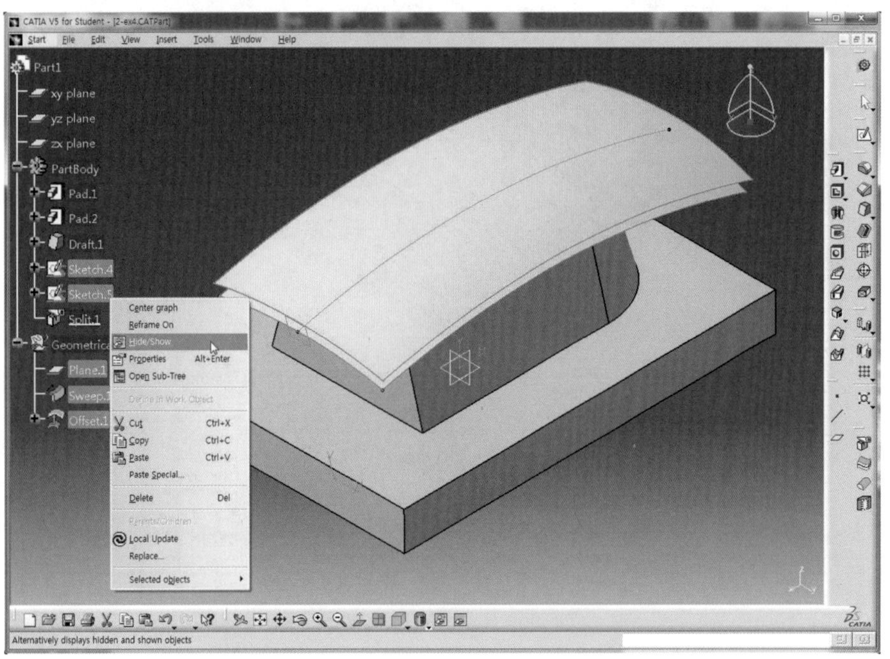

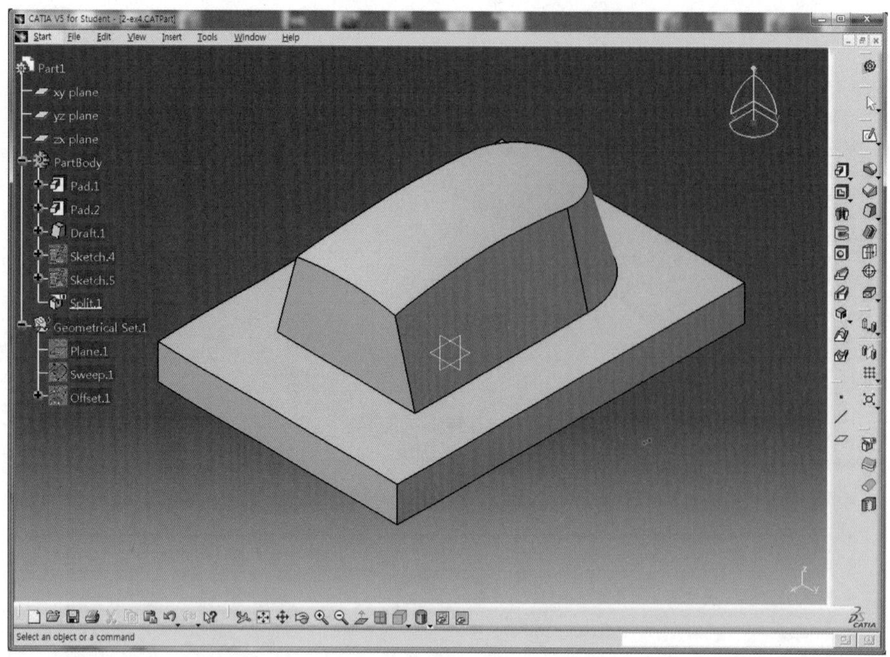

52 Plane 아이콘 ▱ 을 클릭한 후 직육면체 윗면을 선택하고 붉은색 화살표가 아래로 향하고 있으면 Reverse Direction을 클릭하여 위로 향하도록 전환한다.

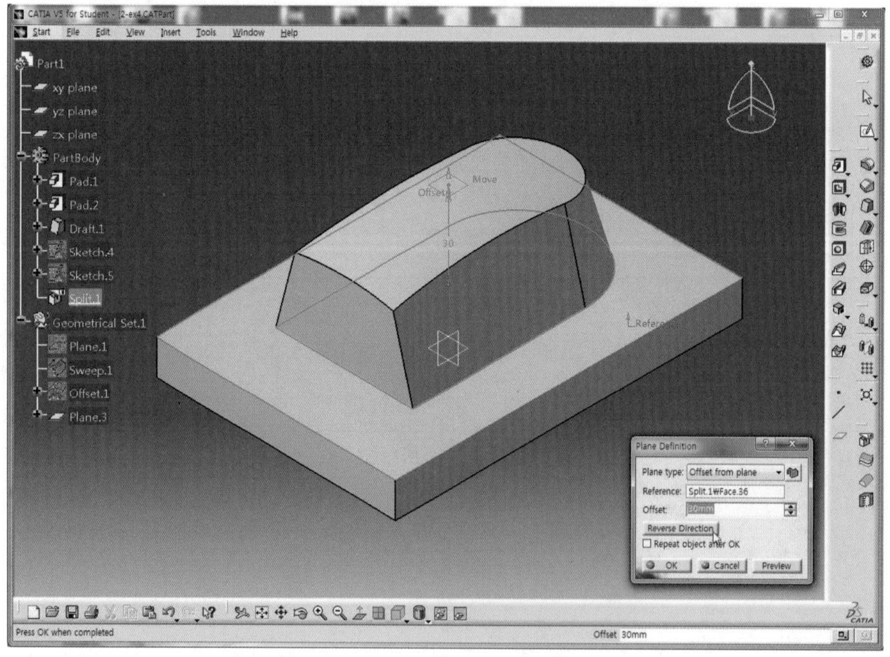

53 Offset 영역에 30mm를 입력한 후 OK 버튼을 클릭하여 직육면체 윗면에서 30mm 떨어진 위치에 새로운 Plane을 생성한다.

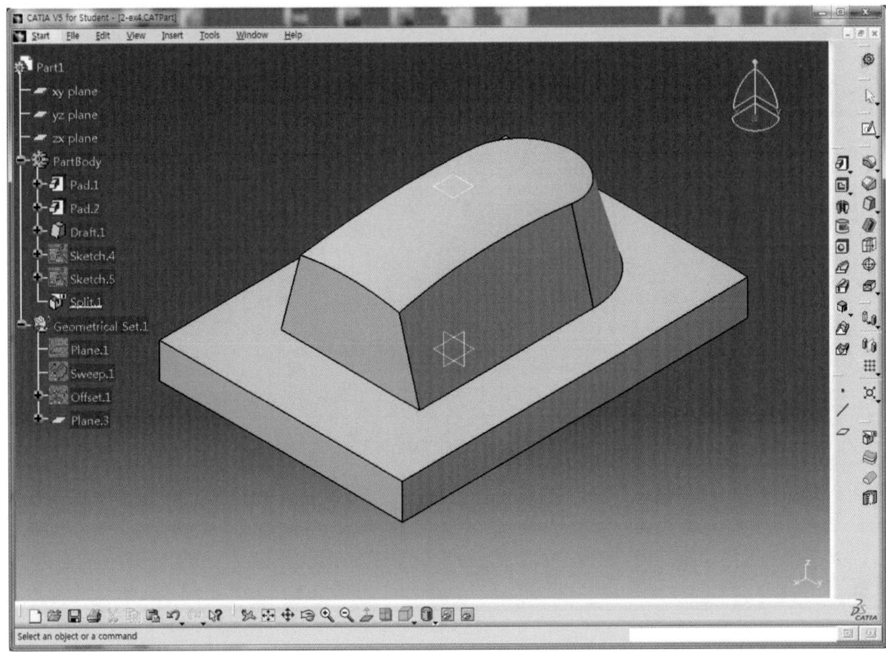

54 Sketch 아이콘 을 클릭하고 위에서 생성한 Plane을 선택하여 Sketch Mode로 전환한다.

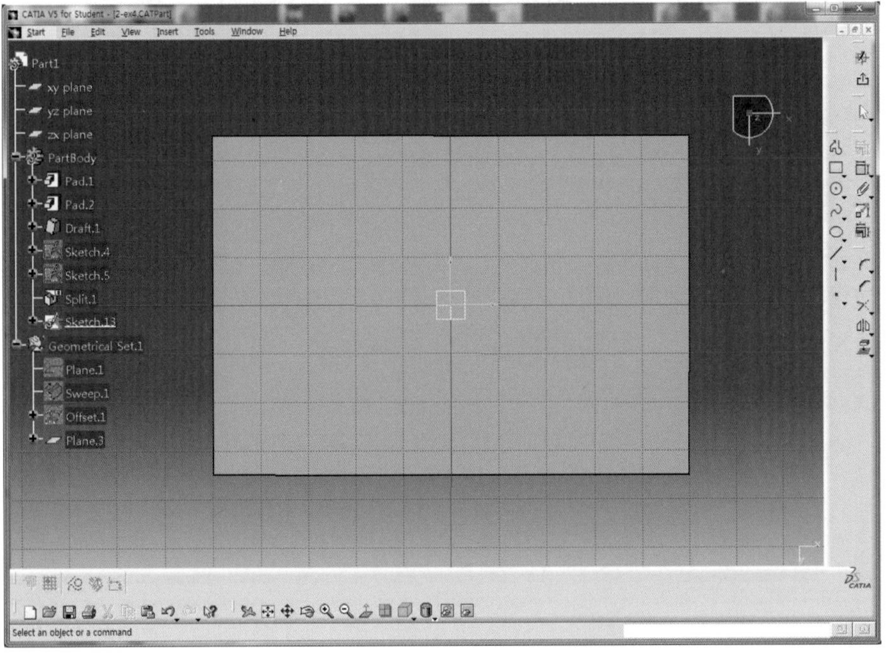

55 Solid의 바닥면이 Sketch 면으로 보이면 View 도구막대의 Normal 아이콘 을 클릭하여 전환한다.

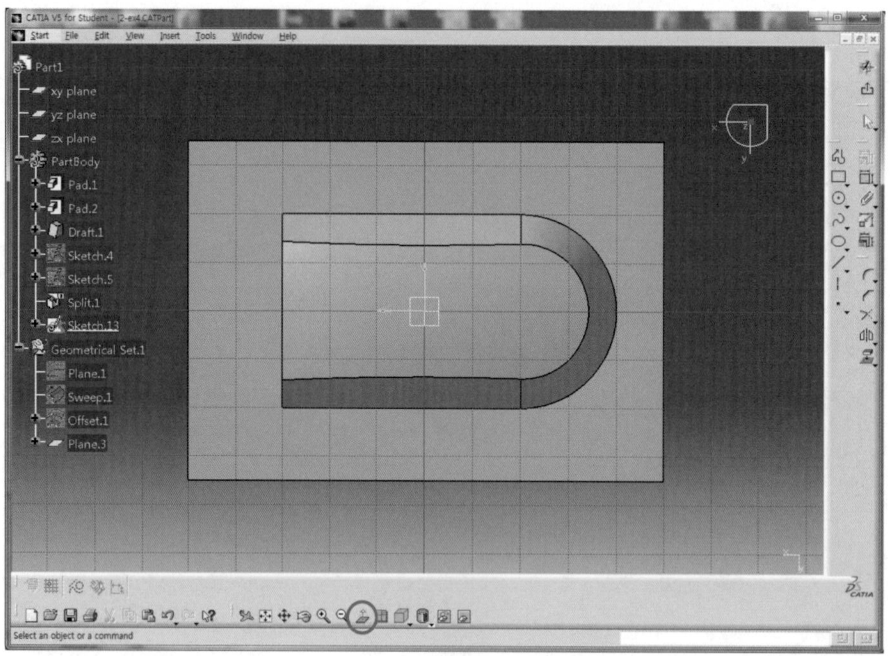

56 Circle 아이콘 을 클릭하고 Sketch한다.

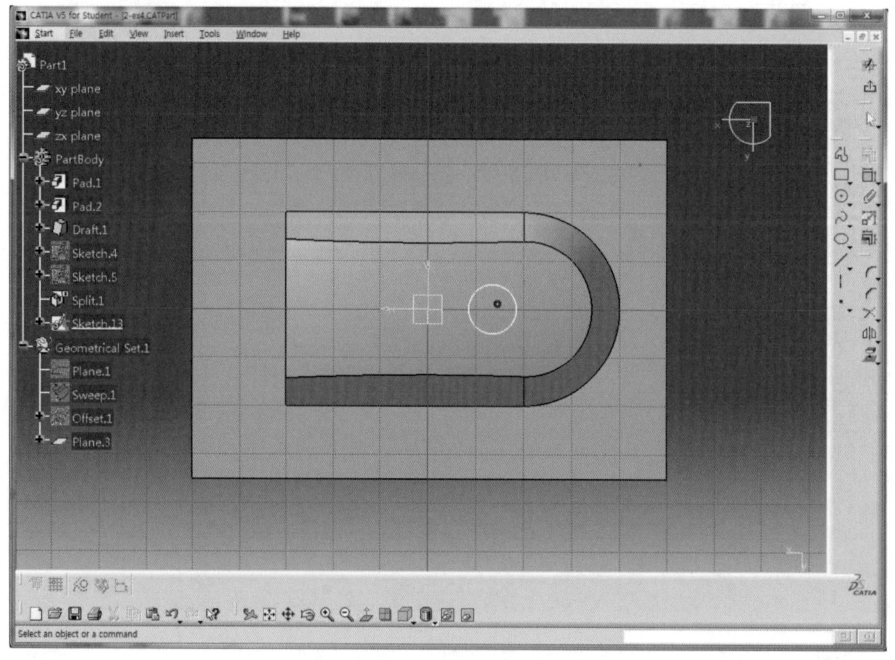

57 Constraint 도구막대의 Constraint 아이콘 을 더블클릭한 후 치수구속을 적용하고 각 치수를 더블클릭하여 정확한 치수(D10, L15)를 적용한다.

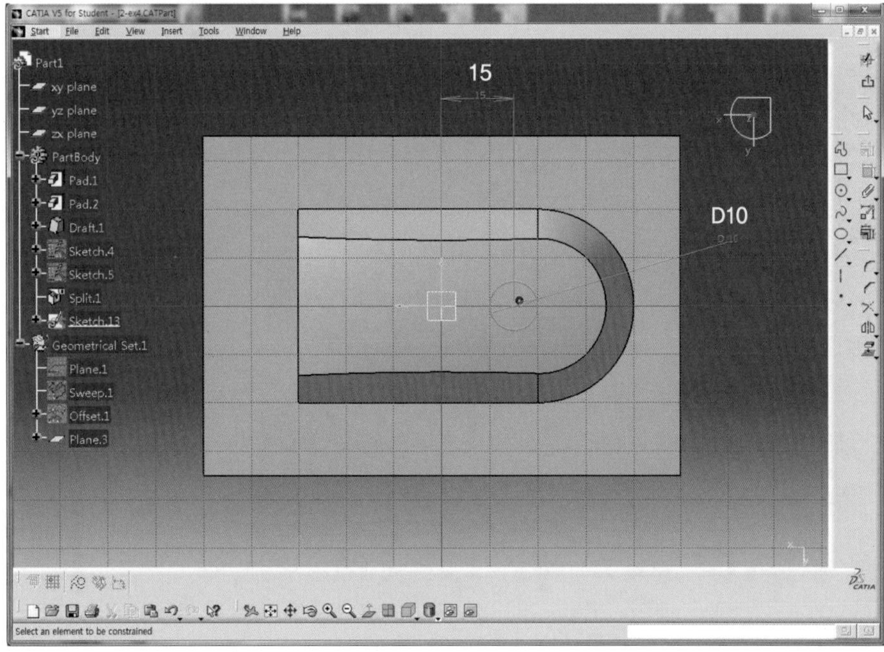

58 Exit workbench 아이콘 을 클릭하여 3D Mode로 전환한다.

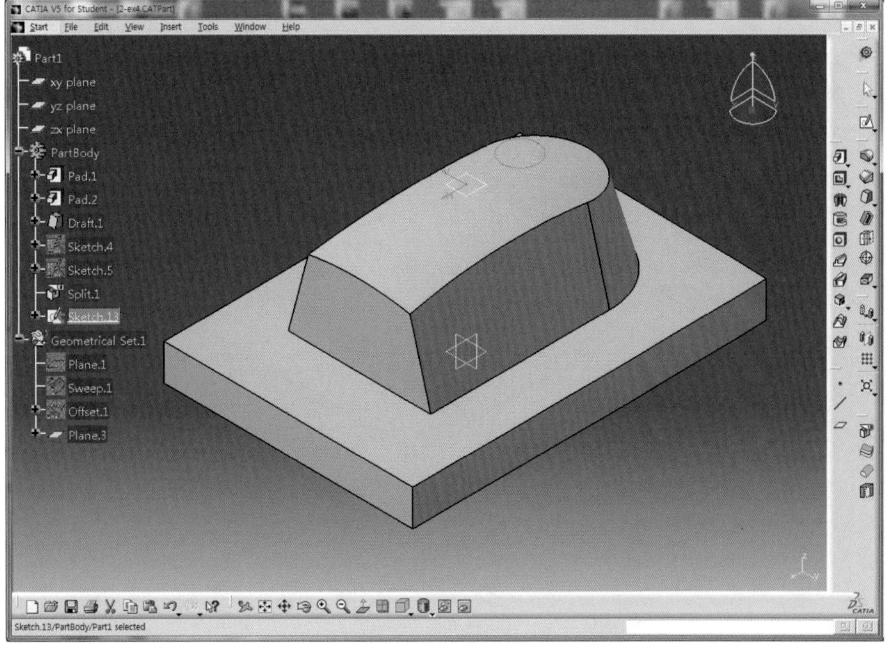

59 Pad 아이콘 을 클릭한 후 First Limit의 Type을 Up to next로 선택한다.

60 Preview 버튼을 클릭하여 미리보기 한다.

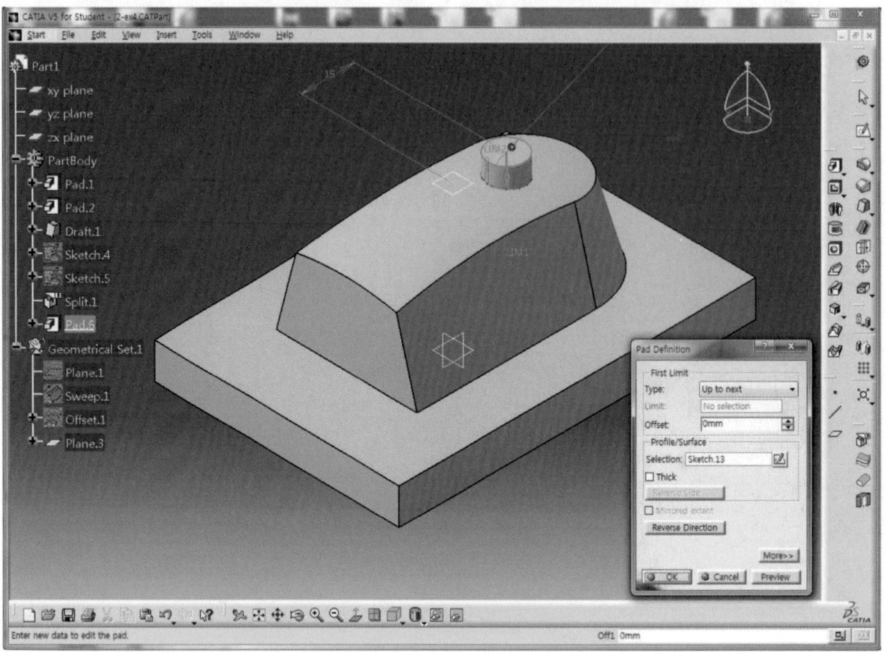

61 OK 버튼을 클릭하여 원기둥의 Solid를 생성한다.

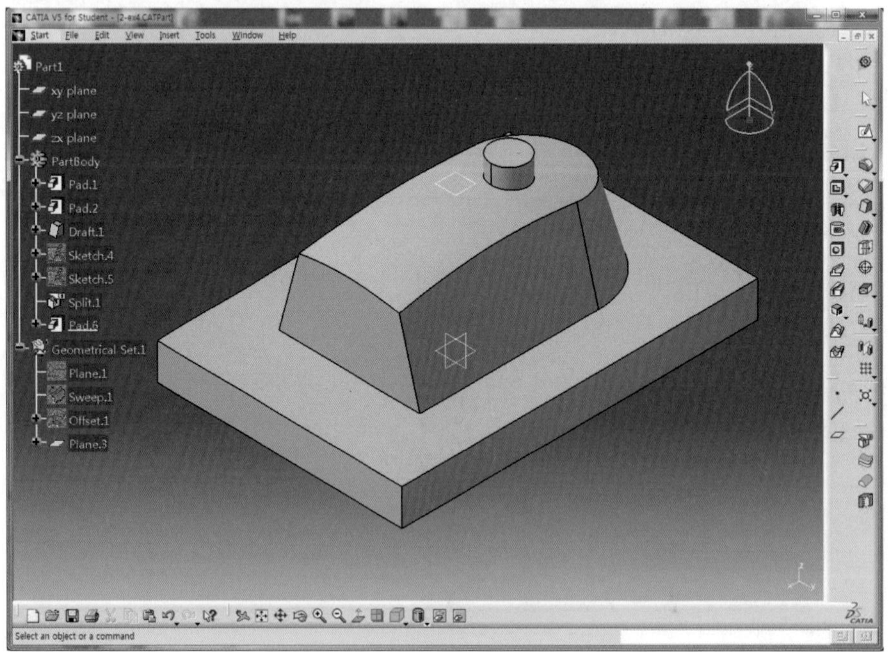

62 Draft Angle 아이콘 을 클릭하고 Angle 영역에 15deg를 입력한다.

63 Face(s) to draft 영역을 클릭하고 원기둥의 원주면을 선택한 후 Neutral Element의 Selection 영역을 클릭하고 원기둥의 윗면을 선택한다.(화살표 방향은 위로 향하도록 하여 아랫부분이 생성되도록 한다.)

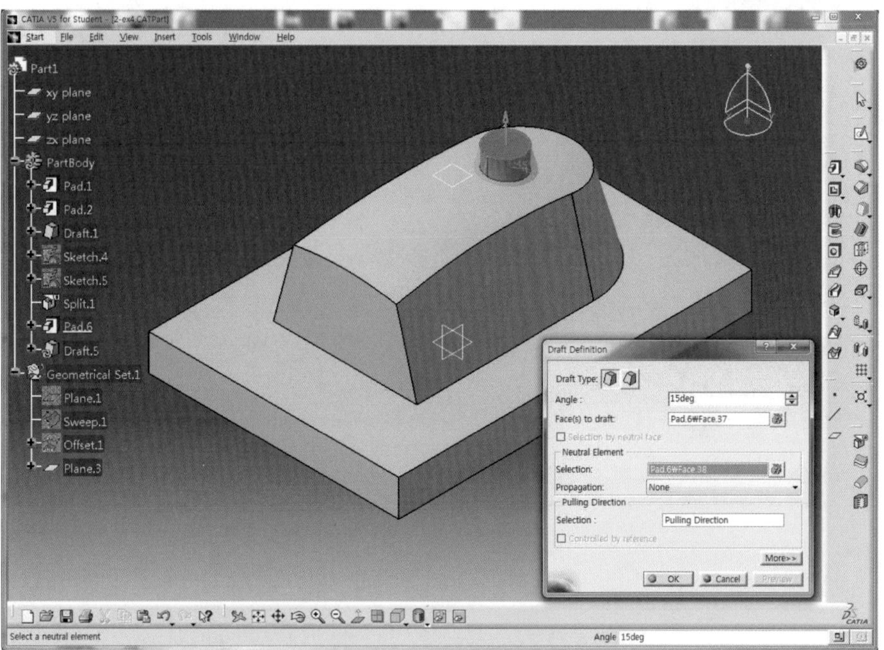

64 OK 버튼을 클릭하여 Draft를 완성한다.

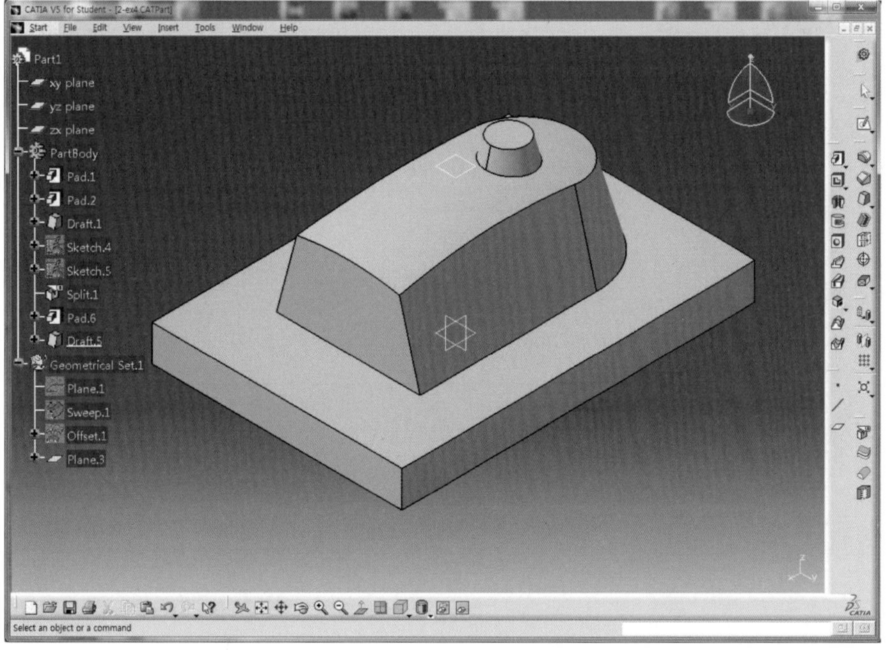

65 Sketch 아이콘 을 클릭하고 직육면체 윗면을 선택하여 Sketch Mode로 전환한다.

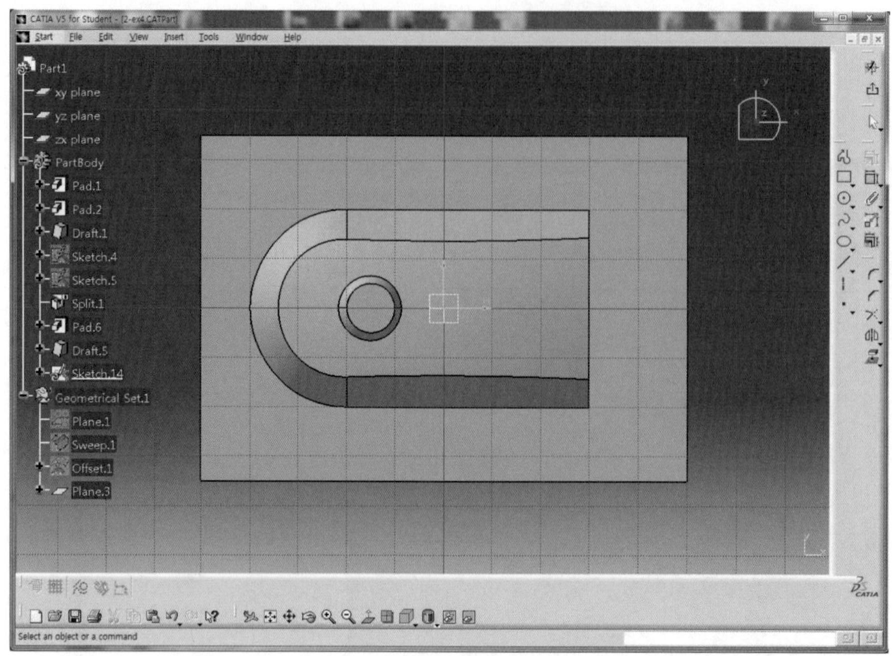

66 Project 3D Element 아이콘 을 클릭하고 Draft한 Solid의 외곽선 (1)~(3)을 선택하고 OK 버튼을 클릭하여 추출한다.

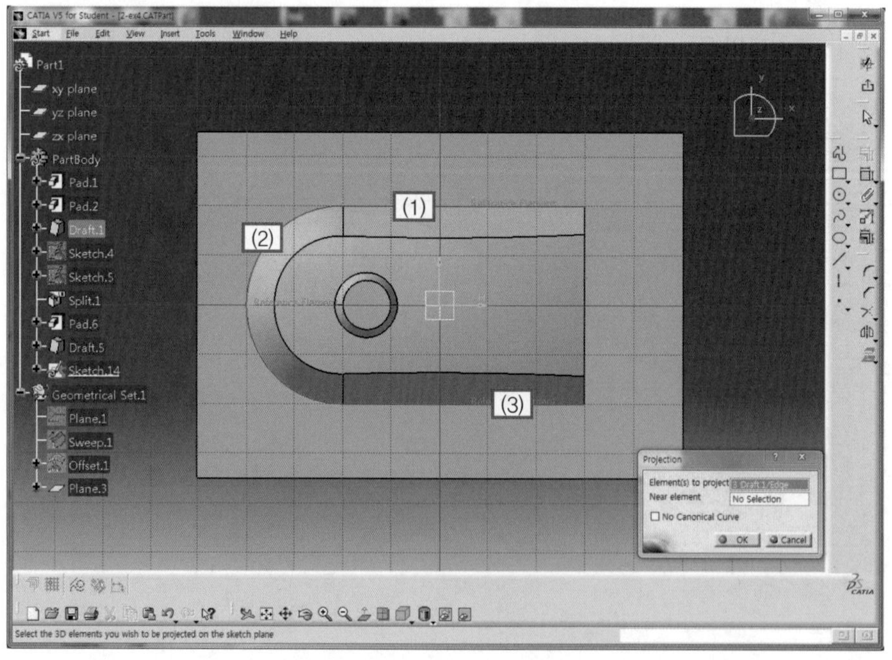

67 Offset 아이콘 을 클릭한 후 추출한 Arc와 두 개의 직선을 각각 클릭하여 안쪽으로 사이띄우기 한다.

68 추출한 요소를 선택한 후 안쪽 영역의 임의의 점을 클릭하여 사이띄우기 한다.

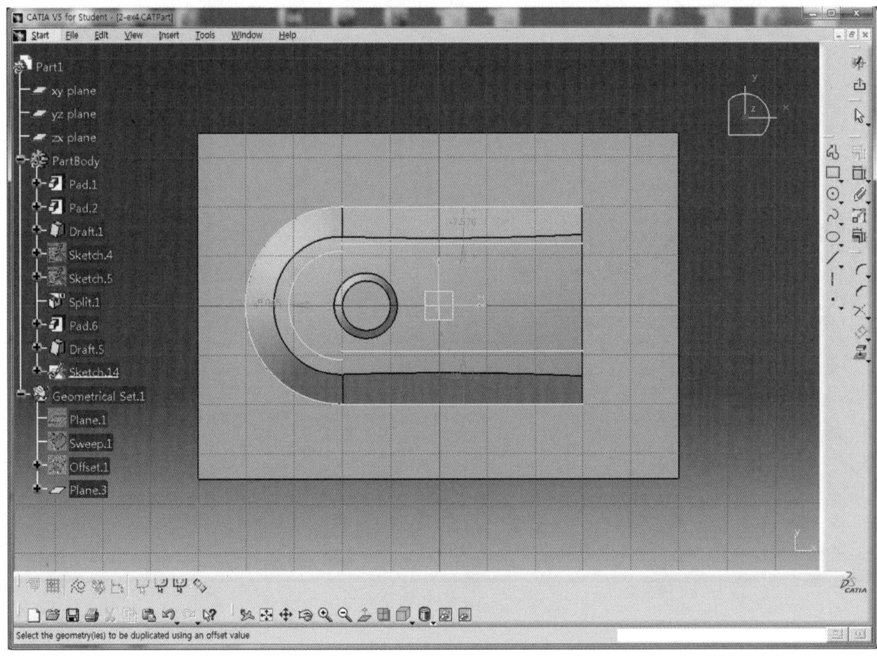

69 각 요소의 사이띄우기 값을 더블클릭하여 -10mm를 적용한다.

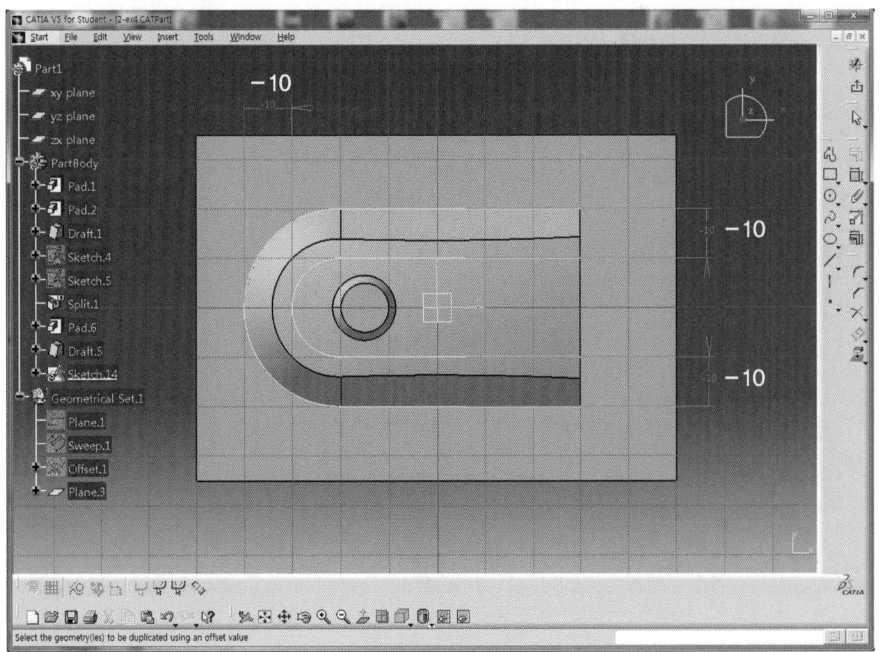

70 Line 아이콘 을 클릭한 후 추출한 요소를 감싸도록 수직선을 Sketch한다.

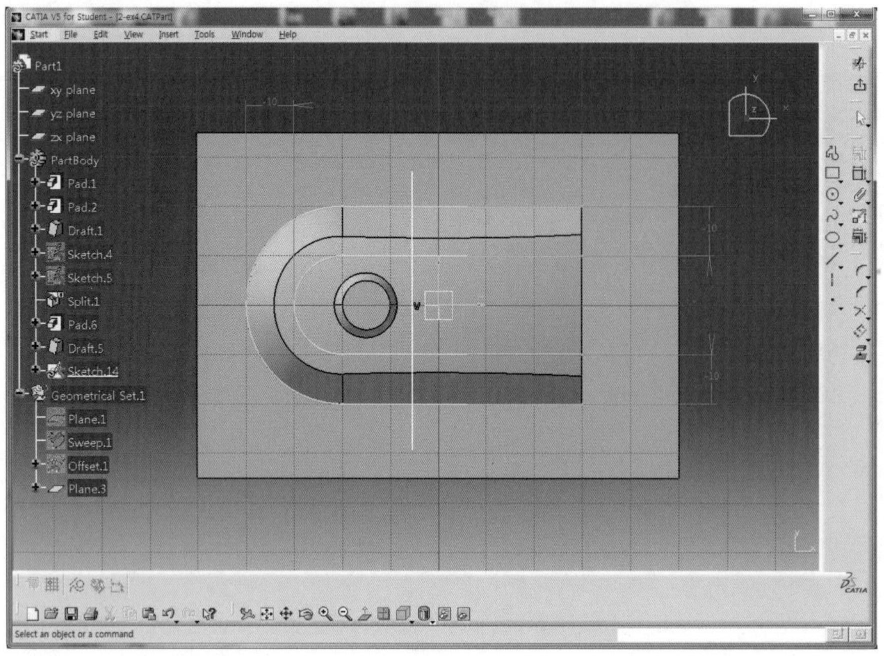

71 Quick Trim 아이콘 을 더블클릭한 후 아래와 같이 남기고 제거하고자 하는 영역을 클릭한다.

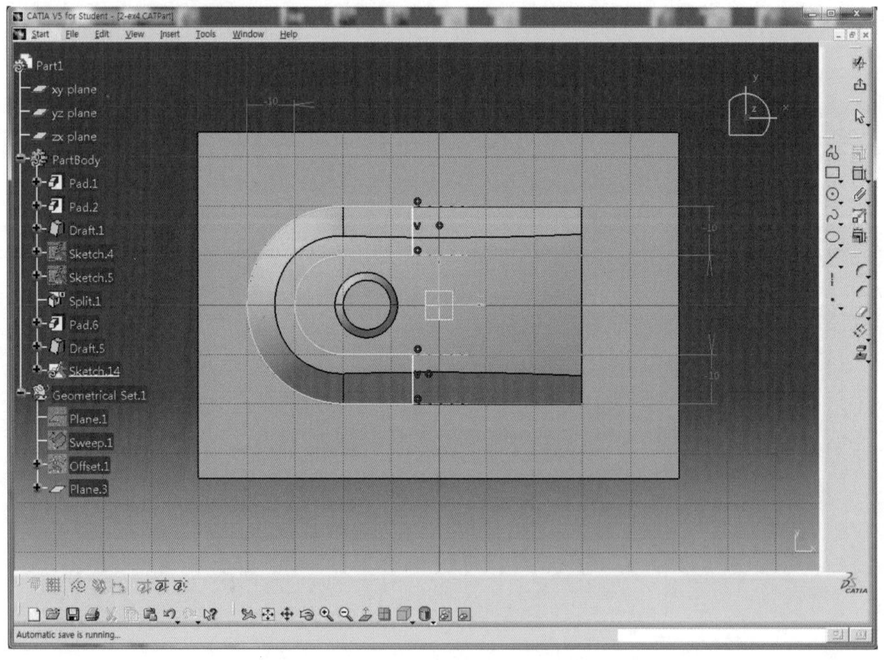

72 Constraint 도구막대의 Constraint 아이콘 을 클릭한 후 Line과 V축의 거리를 10mm로 구속시킨다.

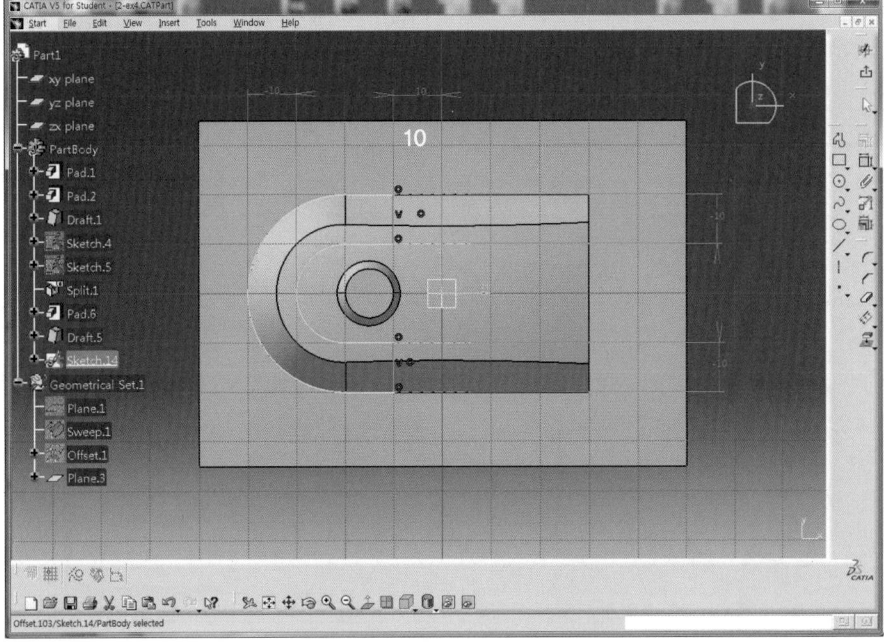

73 Exit workbench 아이콘 을 클릭하여 3D Mode로 전환한다.

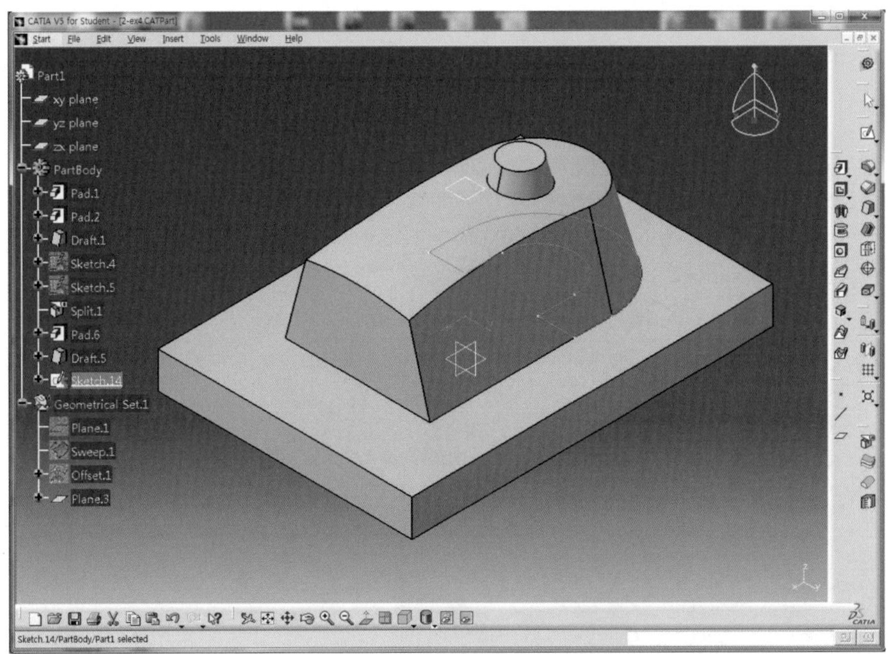

74 Pocket 아이콘 을 클릭한다.

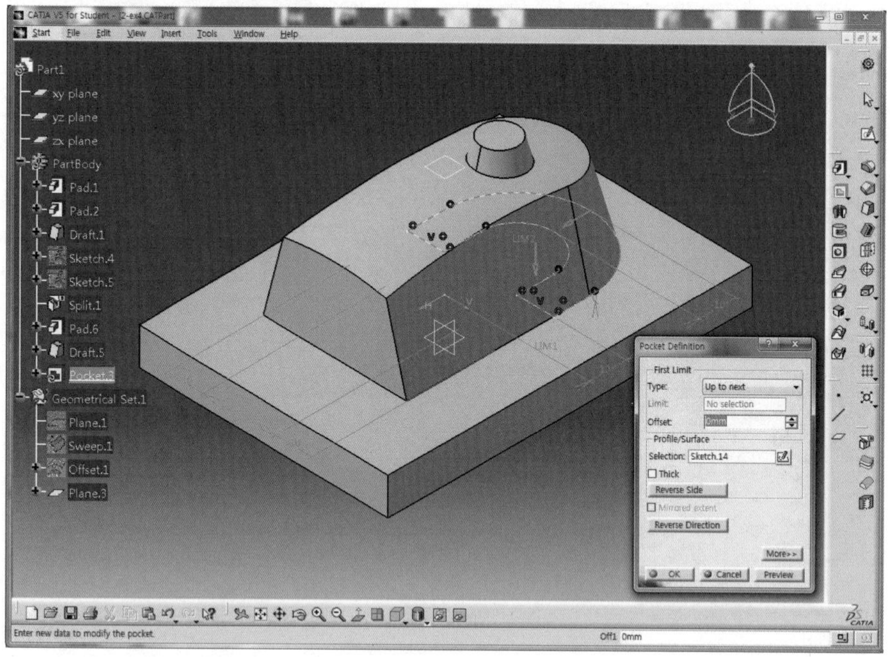

75 Pocket Definition 대화상자에서 Type을 Up to next로 선택한 후 Reverse Direction 버튼을 클릭하여 위쪽으로 향하도록 변경한다.

76 More〉〉버튼을 클릭한 후 Depth 영역을 클릭하여 -10mm를 입력하고 Preview 버튼을 클릭하여 미리보기 한다.

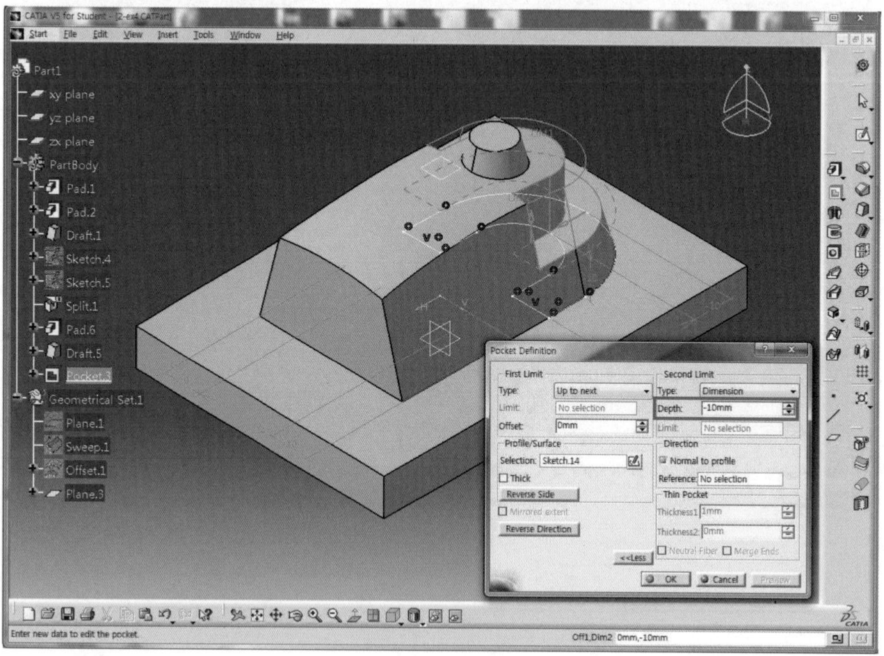

77 OK 버튼을 클릭한다.

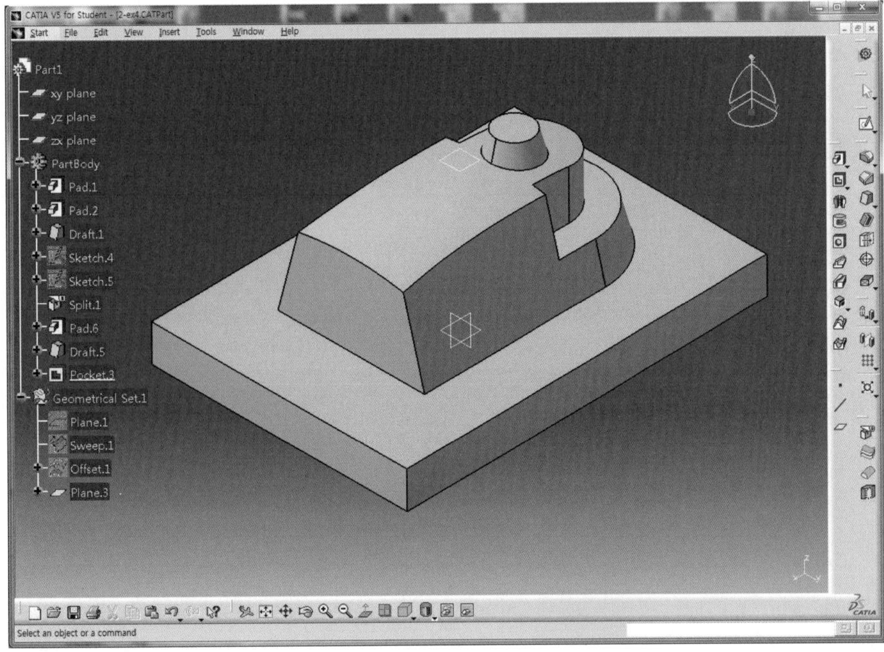

78 Sketch 아이콘 을 클릭하고 zx Plane을 선택하여 Sketch Mode로 전환한다.

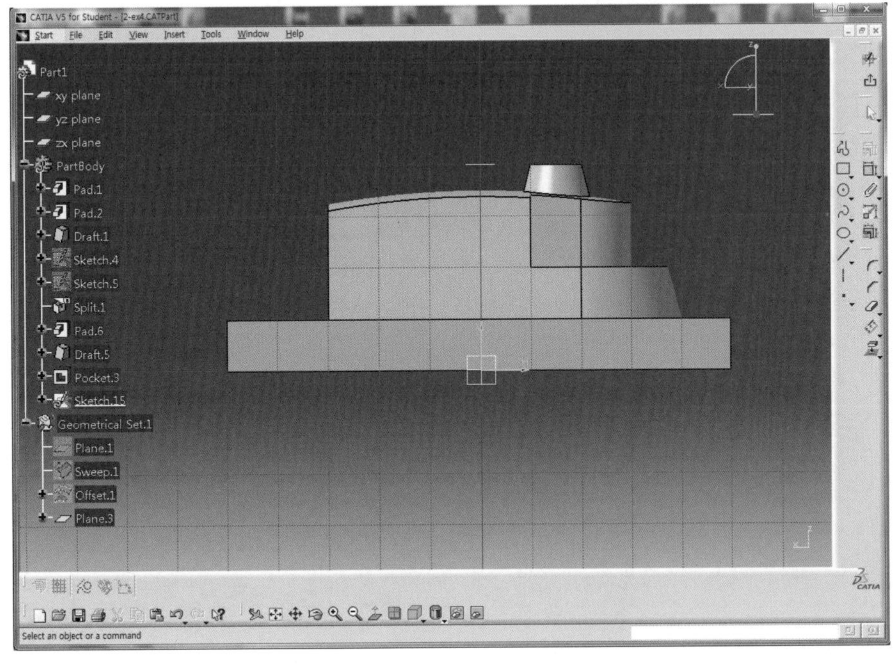

79 Profile 아이콘 을 클릭하여 아래와 같이 Sketch한다.

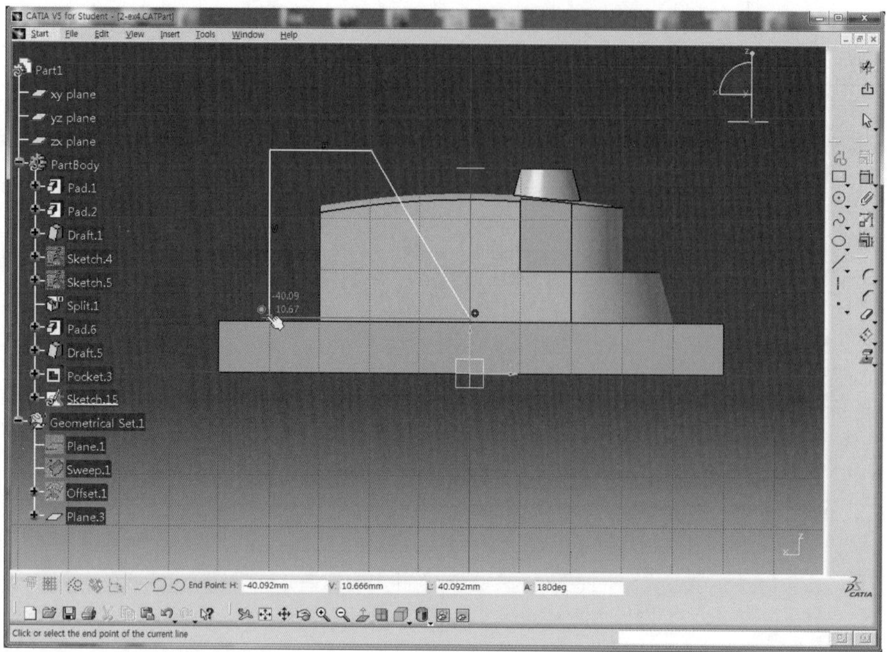

80 Constraint 아이콘 을 더블클릭하고 직육면체의 윗면과 Profile의 아래 수평선을 선택한 후 마우스 오른쪽 버튼을 클릭하고 Coincidence를 선택하여 일치시킨다.

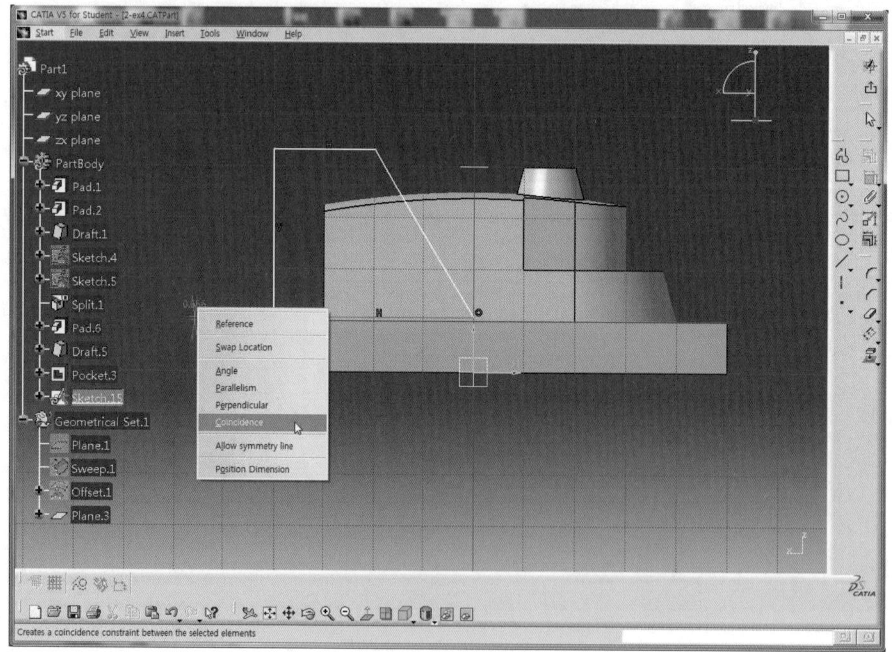

81 나머지 치수에 대해서도 구속시키고 각 치수를 더블클릭하여 정확한 치수(L30, L20, L40)를 적용한다.

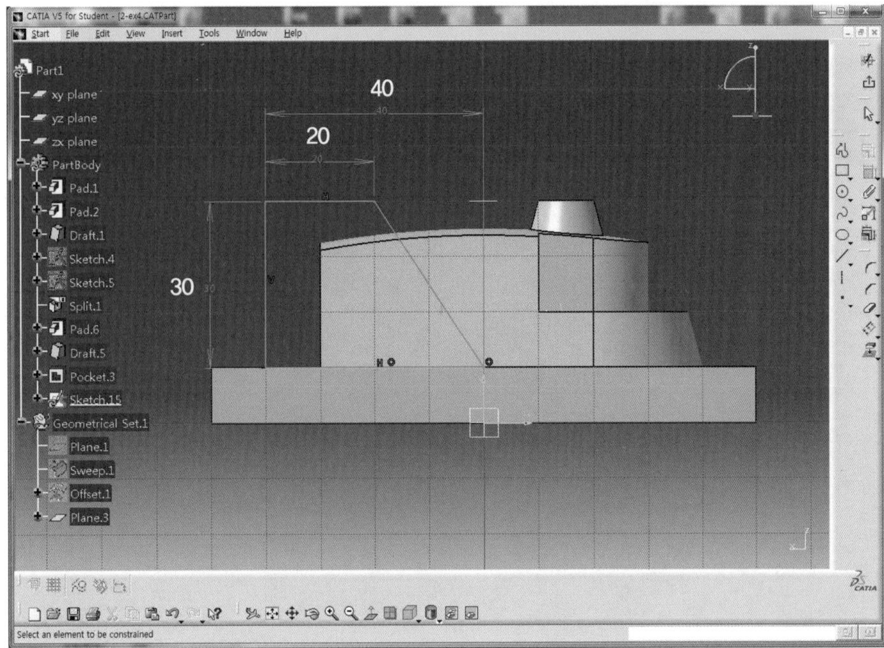

82 Exit workbench 아이콘 을 클릭하여 3D Mode로 전환한다.

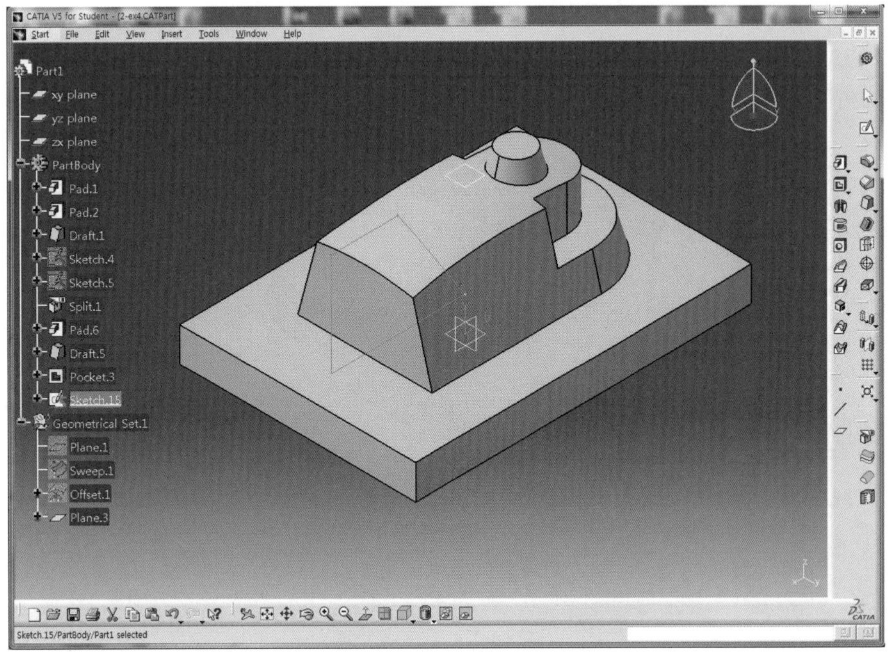

83 Pad 아이콘 을 클릭한 후 Length 영역에 25mm를 입력하고 Mirrored extent를 체크한 후 Preview 버튼을 클릭하여 미리보기 한다.

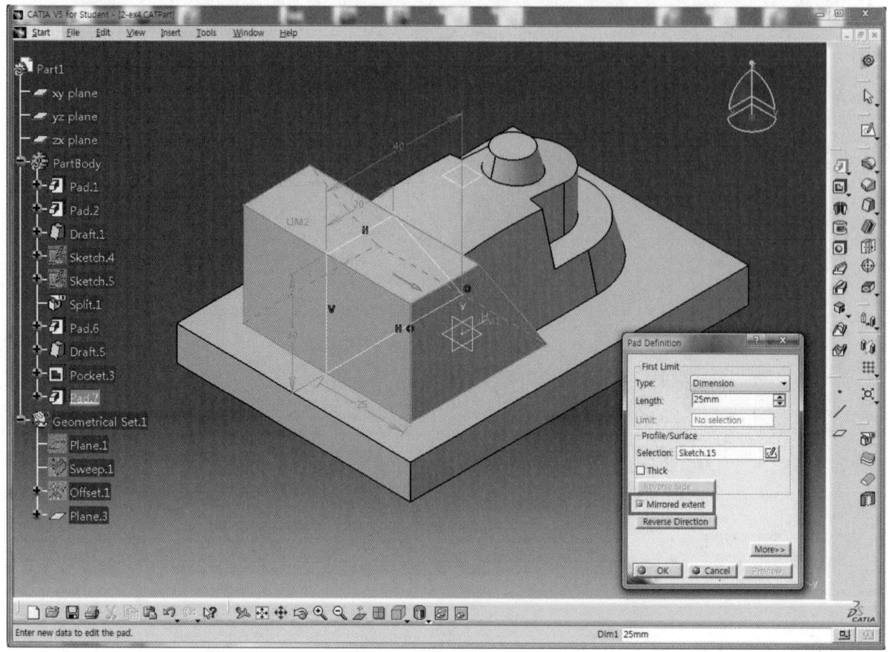

84 OK 버튼을 클릭하여 Solid를 완성한다.

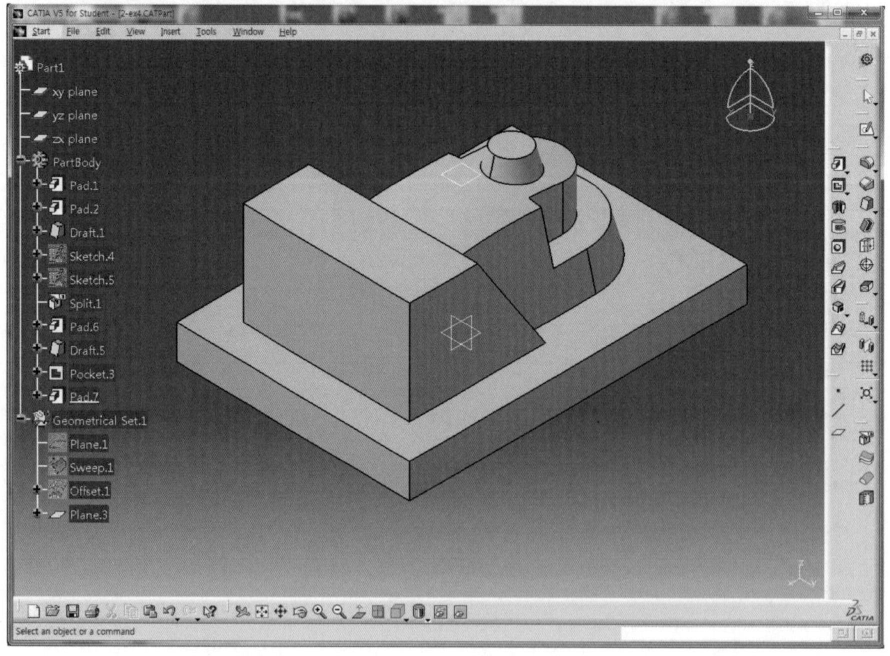

85 Draft Angle 아이콘 을 클릭하고 Angle 영역에 15deg를 입력한다.

86 Face(s) to draft 영역을 클릭하고 위에서 생성한 Solid의 옆면을 선택한 후 Neutral Element의 Selection 영역을 클릭하고 직육면체의 윗면을 선택한다.

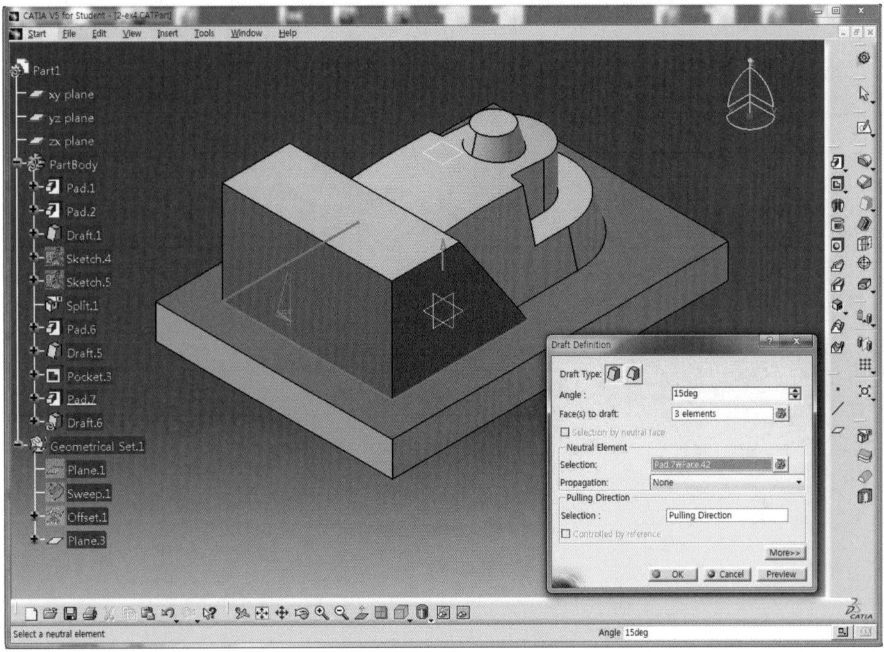

87 Preview 버튼을 클릭하여 미리보기 한다.

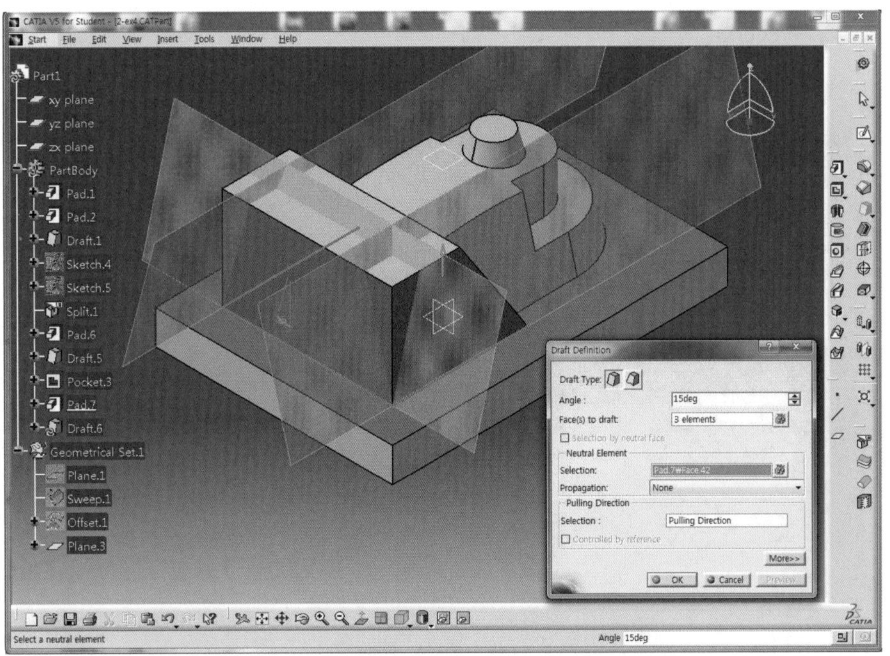

88 OK 버튼을 클릭하여 Draft를 마무리한다.

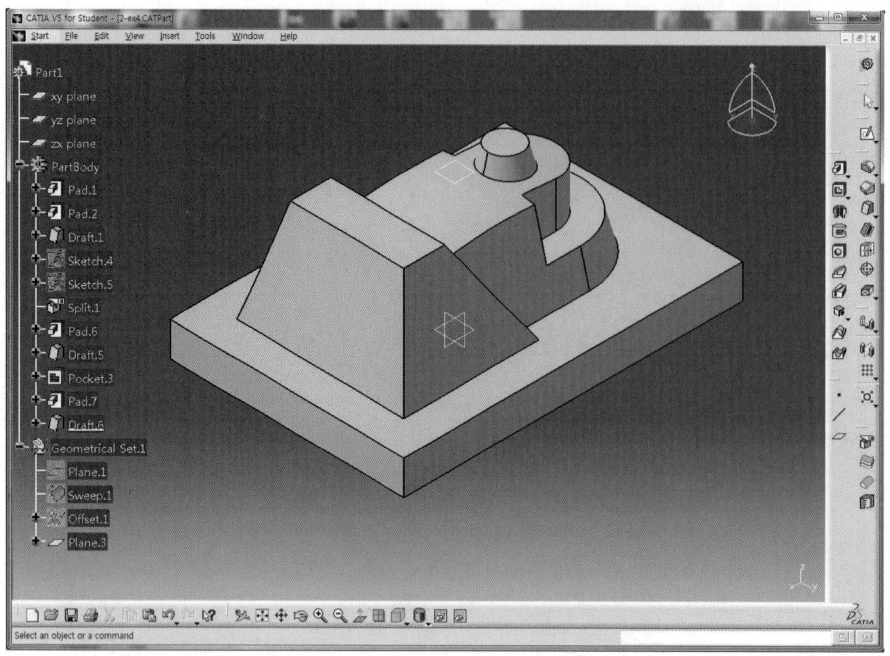

89 Draft Angle 아이콘 을 클릭하고 Angle 영역에 20deg를 입력한다.

90 Model을 회전시키고 Face(s) to draft 영역을 클릭한 후 Pocket시킨 옆면을 선택하고 Neutral Element의 Selection 영역을 클릭한 후 Pocket 바닥면을 선택한다.

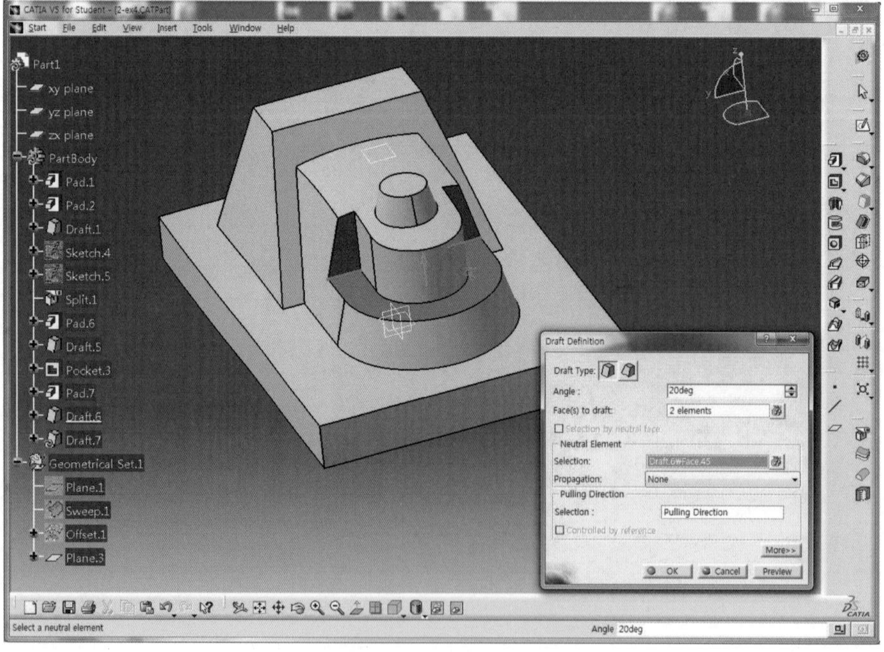

91 화살표 방향이 아래를 향하고 있다면, 마우스로 클릭하여 위쪽을 향하도록 전환시키고 Preview 버튼을 클릭하여 미리보기 한다.

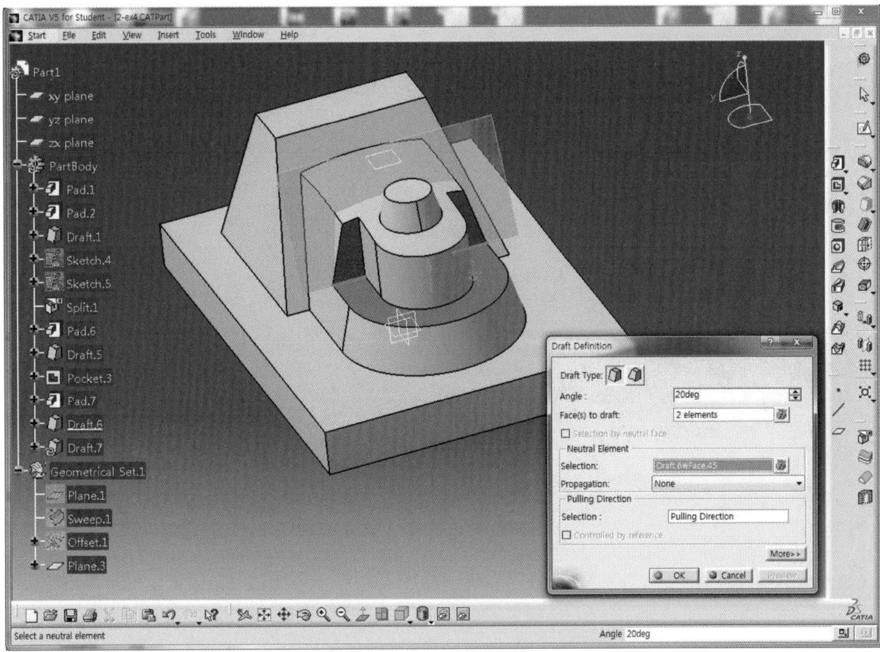

92 OK 버튼을 클릭하여 Draft를 적용한다.

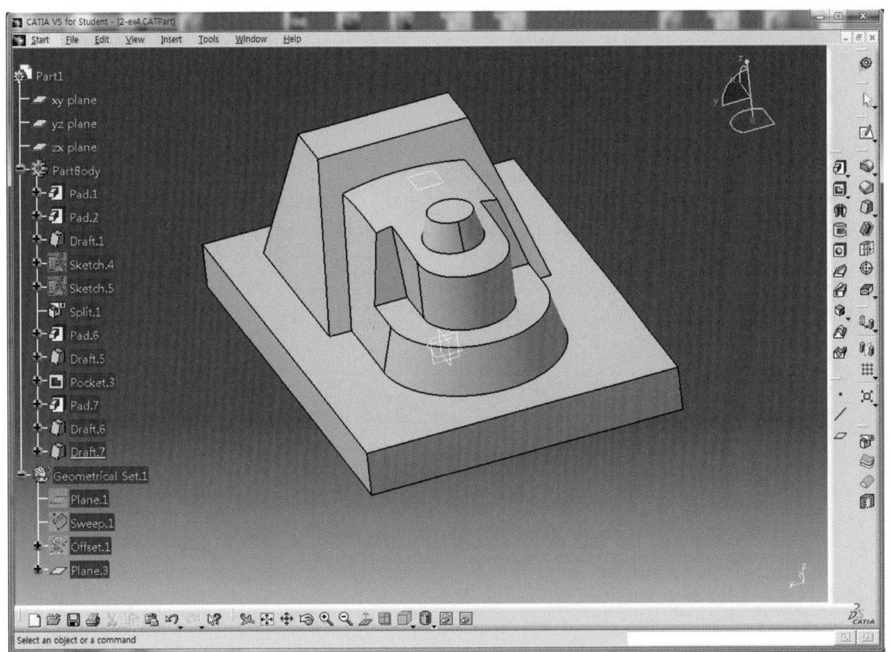

93 Isometric View 아이콘 을 클릭하여 등각뷰로 전환한다.

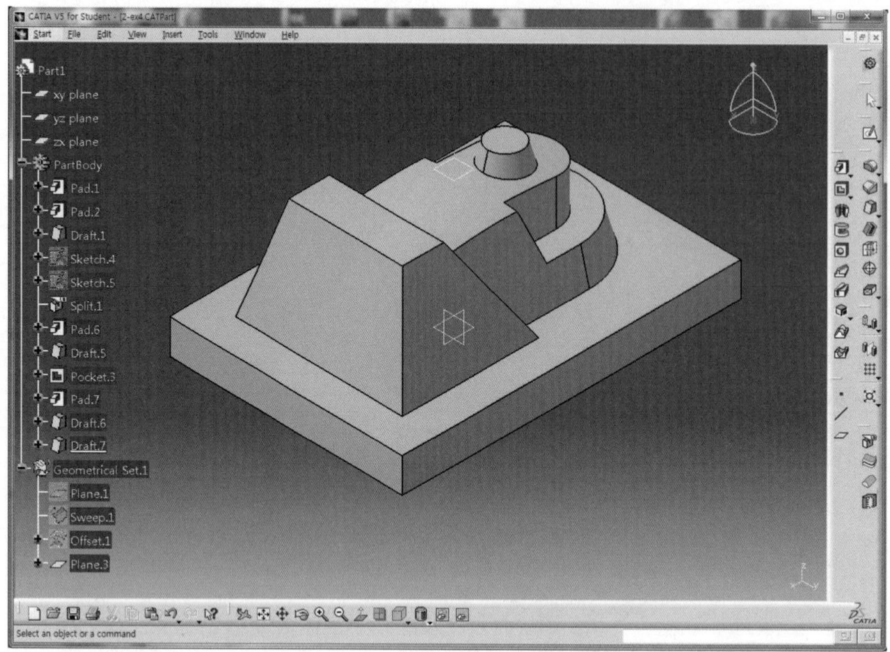

94 Sketch 아이콘 을 클릭한 후 직육면체 윗면을 선택하여 Sketch Mode로 전환한다.

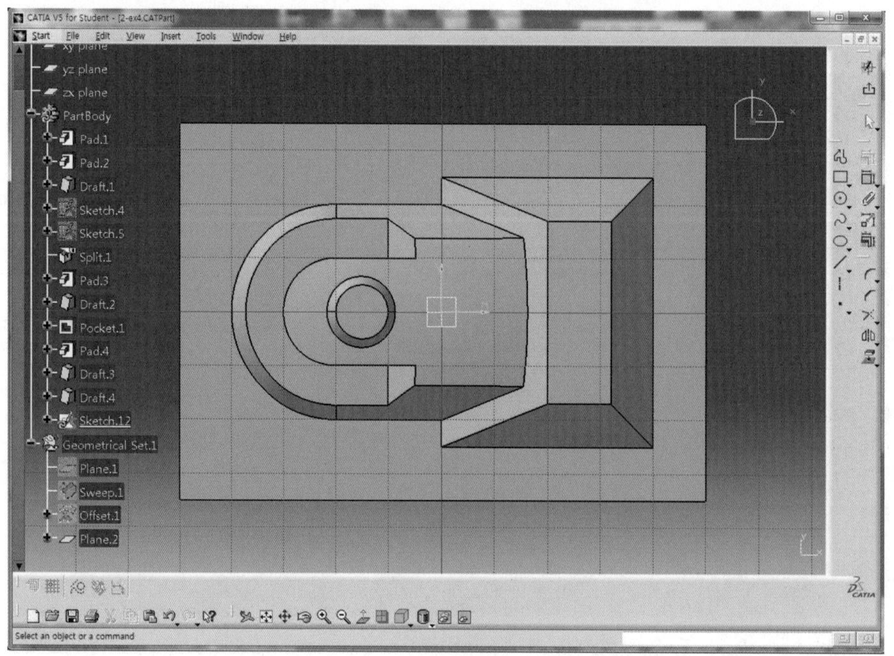

95 Rectangle 아이콘 을 클릭한 후 Sketch하고 Constraint 아이콘 클릭하여 치수(L7, L14, L8)를 구속하고 정확한 치수를 적용한다.

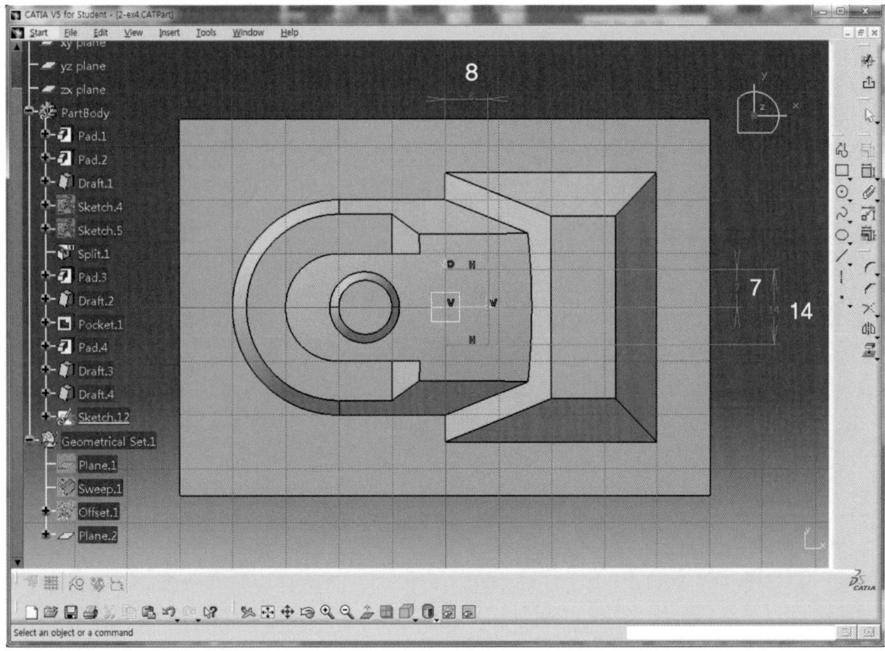

96 Exit workbench 아이콘 을 클릭하여 3D Mode로 전환한다.

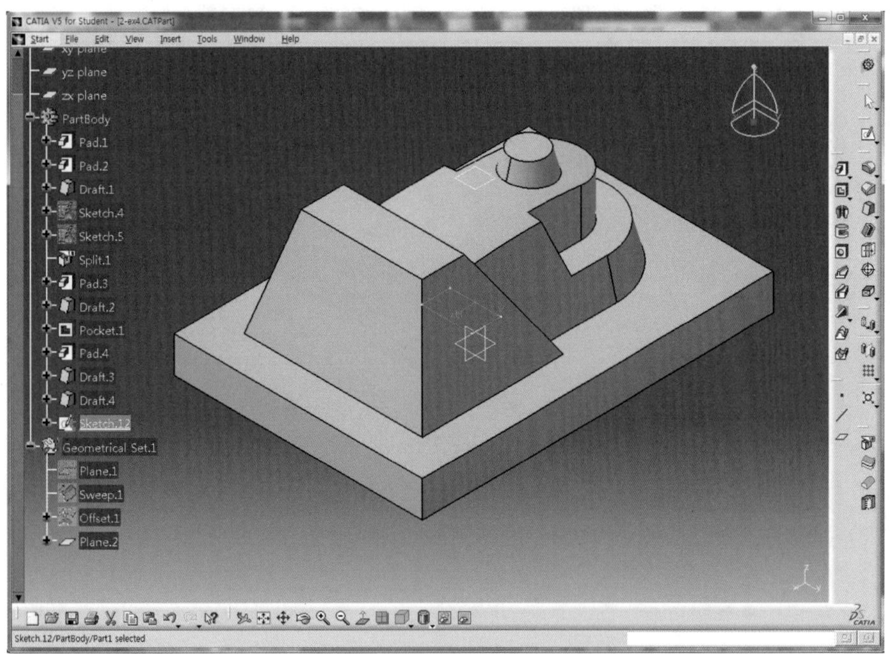

97 Pad 아이콘 을 클릭한 후 Type을 Up to surface로 선택하고 Tree 영역에서 Offset.1을 선택한 후 Preview 버튼을 클릭하여 미리보기 한다.

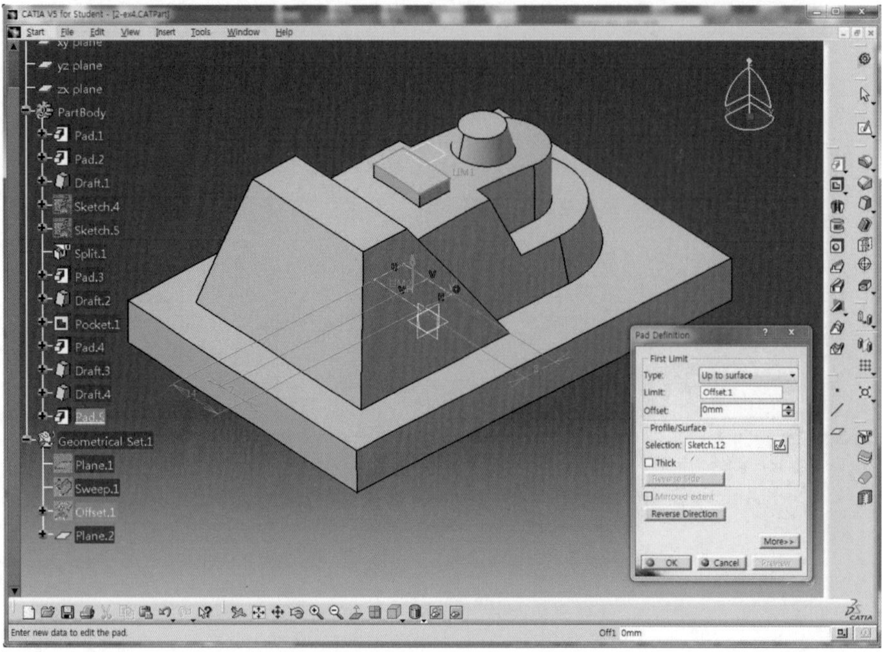

98 OK 버튼을 클릭한다.

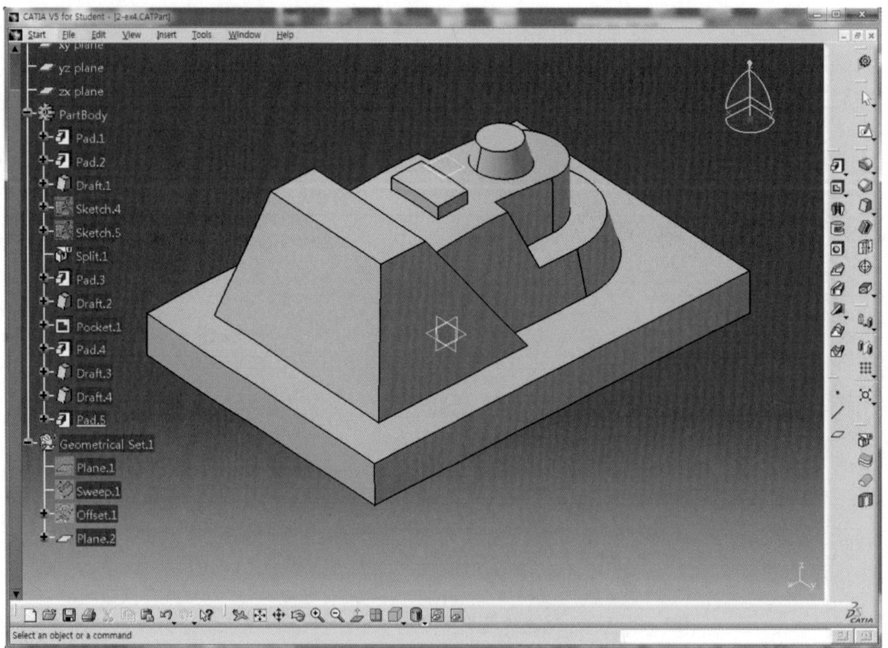

99 Edge Fillet 아이콘 을 클릭한 후 R8을 적용한다.

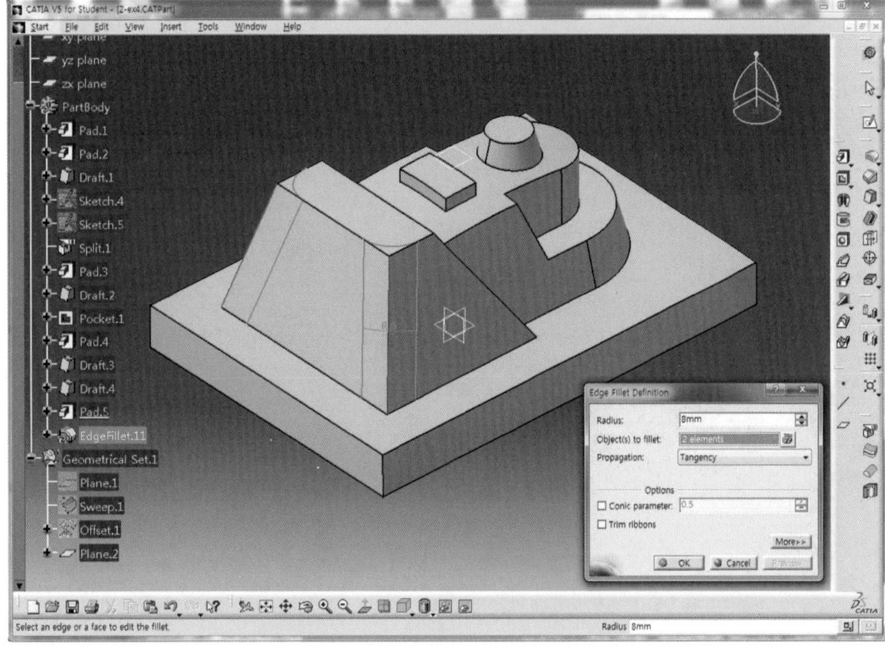

100 Edge Fillet 아이콘 을 클릭한 후 R2를 적용한다.

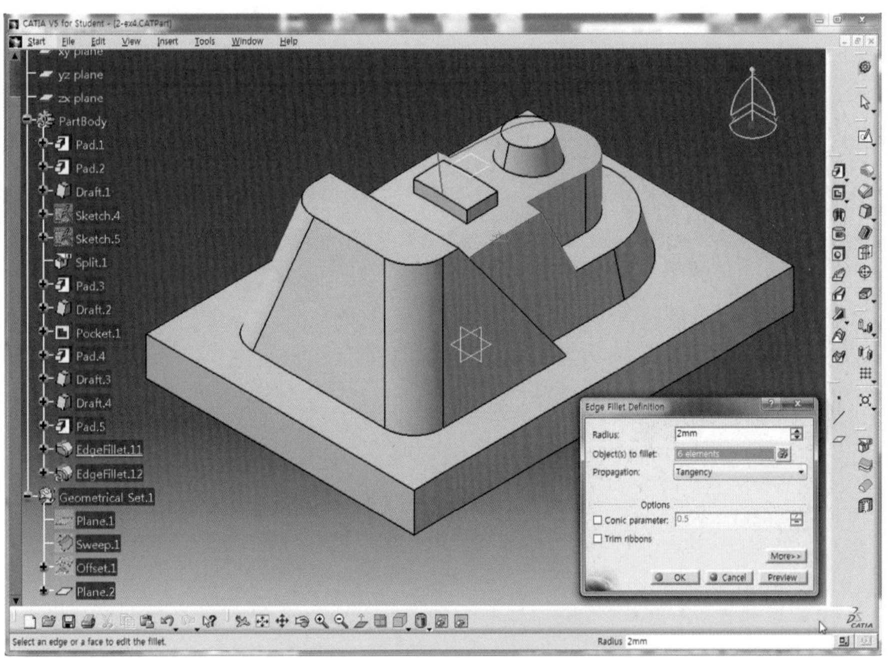

101 Edge Fillet 아이콘 을 클릭한 후 나머지 모서리에 R1을 적용한다.

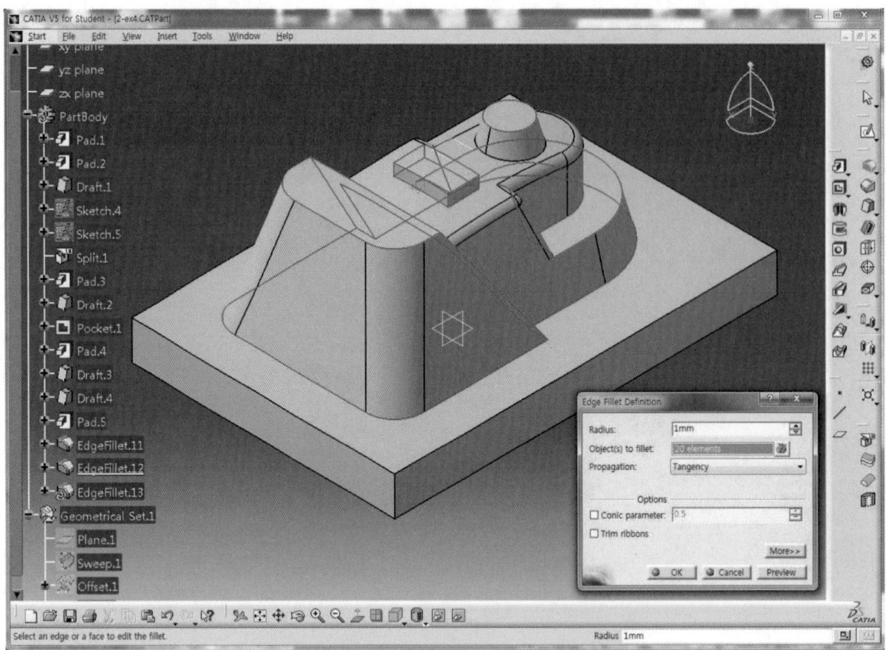

102 완성된 Model이다.

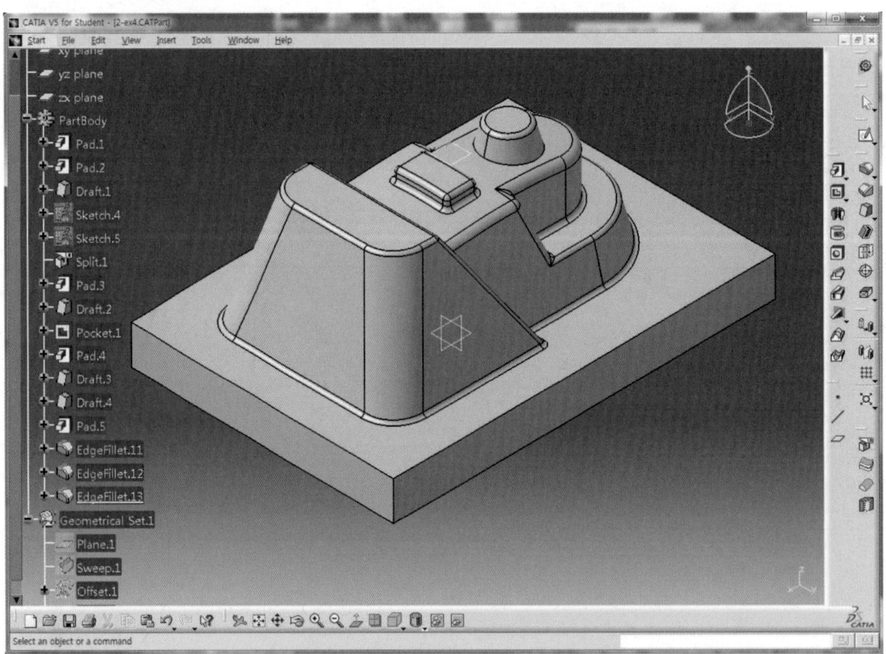

05 활용 Model (5)

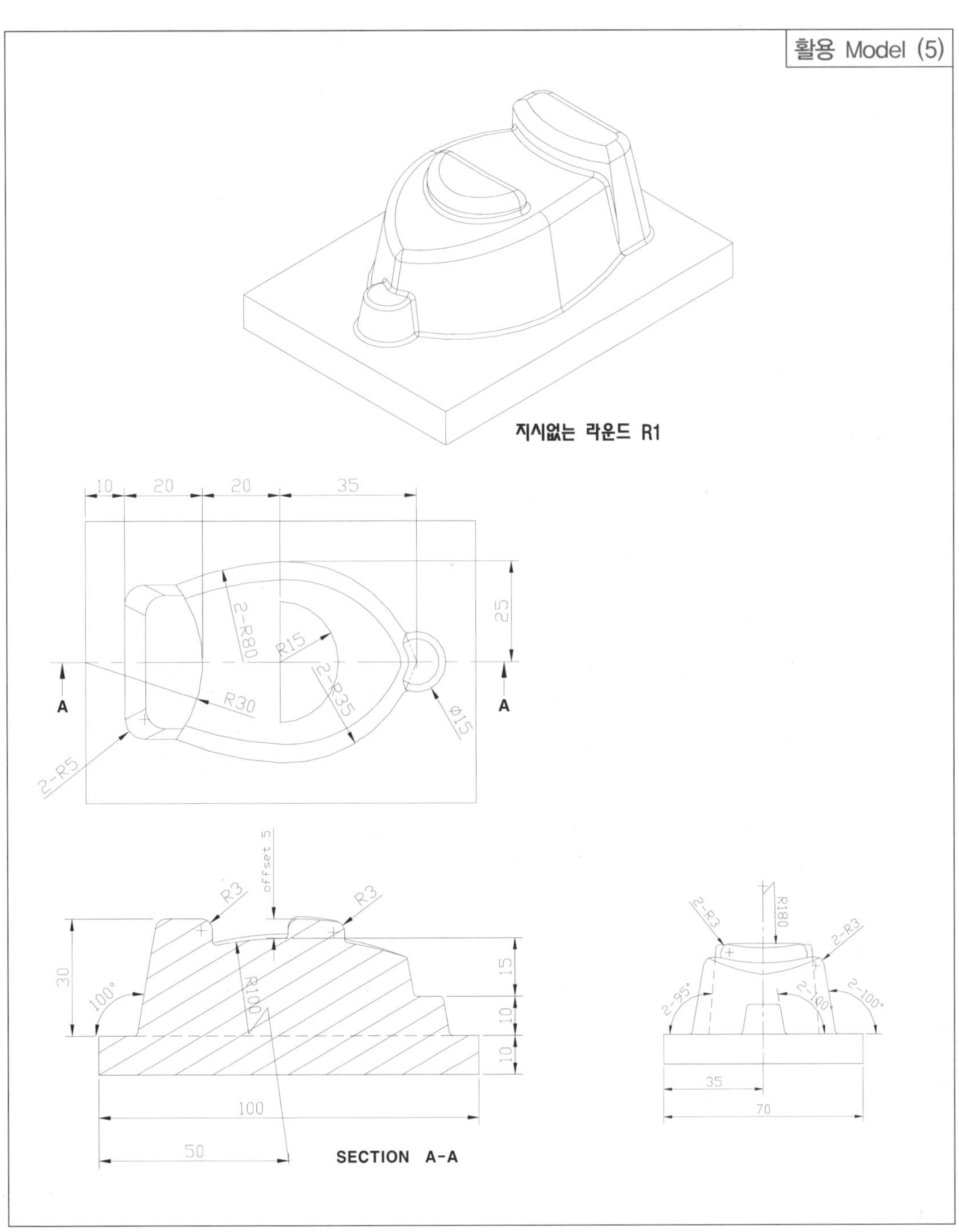

활용 Model (5)
지시없는 라운드 R1
10
20
20
35
25
2-R80
R15
R30
2-R35
Ø15
2-R5
A
A
offset 5
R3
R3
30
100°
R100
15
10
10
100
50
SECTION A-A
R180
2-R3
2-R3
2-95°
2-100°
2-100°
35
70

01 CATIA를 실행시켜 Part Design Mode로 전환한다.

02 Sketch 아이콘 을 클릭하고 xy Plane을 선택하여 Sketch Mode로 전환한다.

03 Profile 도구막대의 Centered Rectangle 아이콘 을 클릭한다.

04 대칭 기준점으로 원점을 선택하고 직사각형 꼭짓점을 클릭하여 원점에 대칭인 직사각형을 생성한다.

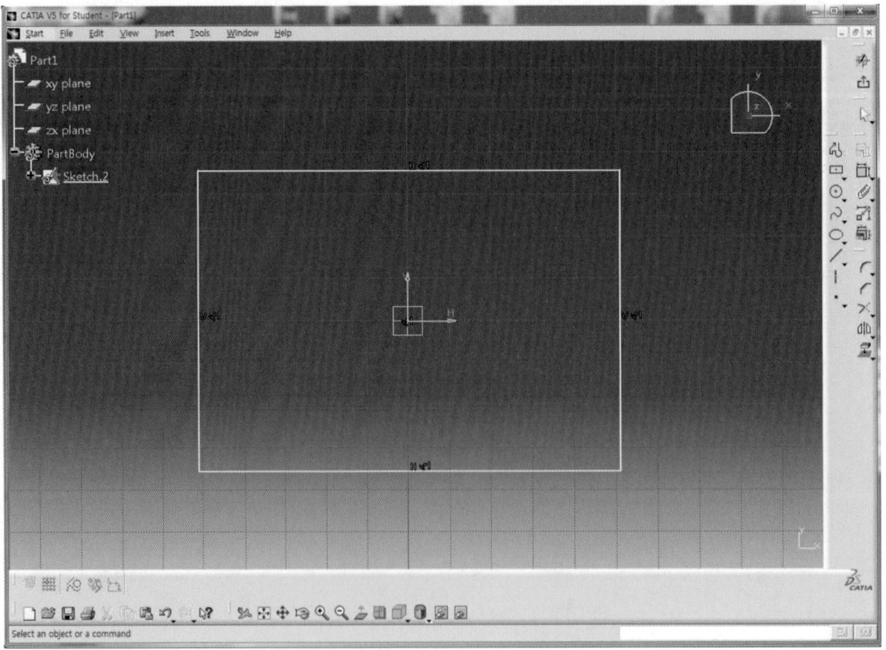

05 Constraint 도구막대의 Constraint 아이콘 을 더블클릭하여 직사각형의 가로(L100)와 세로(L70) 치수를 구속시킨다.

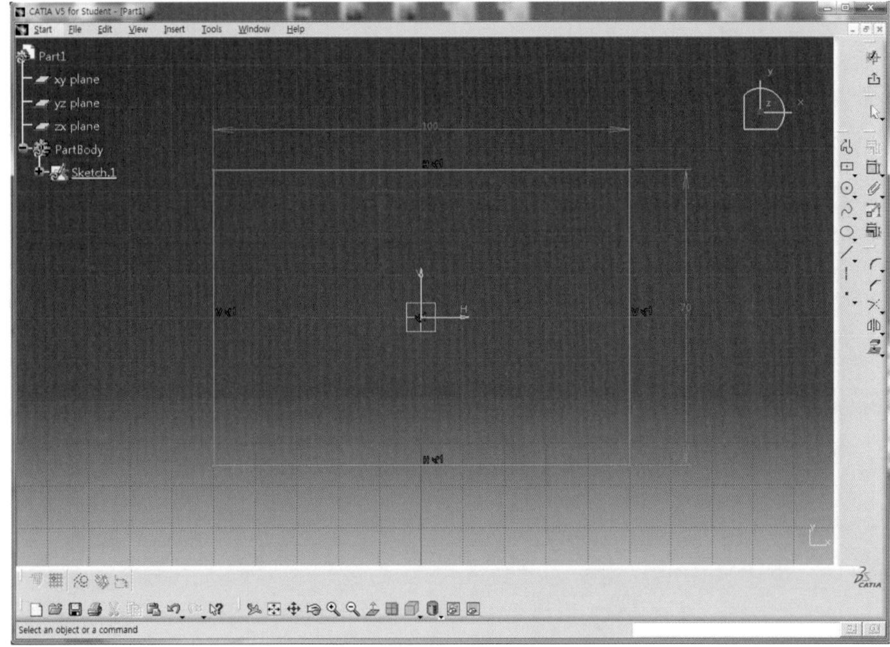

06 Exit workbench 아이콘 을 클릭하여 3D Mode로 전환한다.

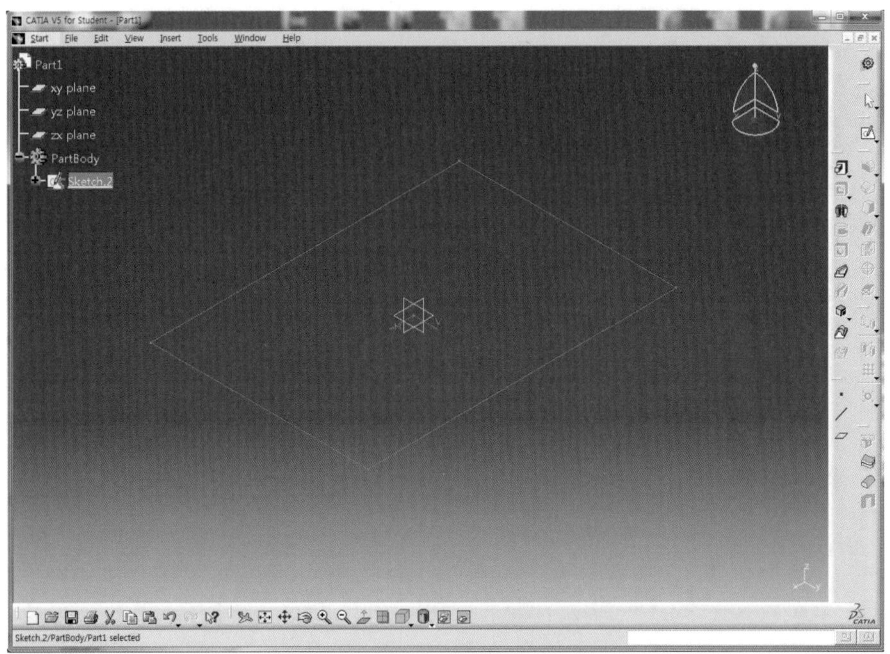

07 Sketch.1을 선택하고 Pad 아이콘 을 클릭한 후 Length 영역에 10mm를 입력하고 Preview 버튼을 클릭하여 미리보기 한다.

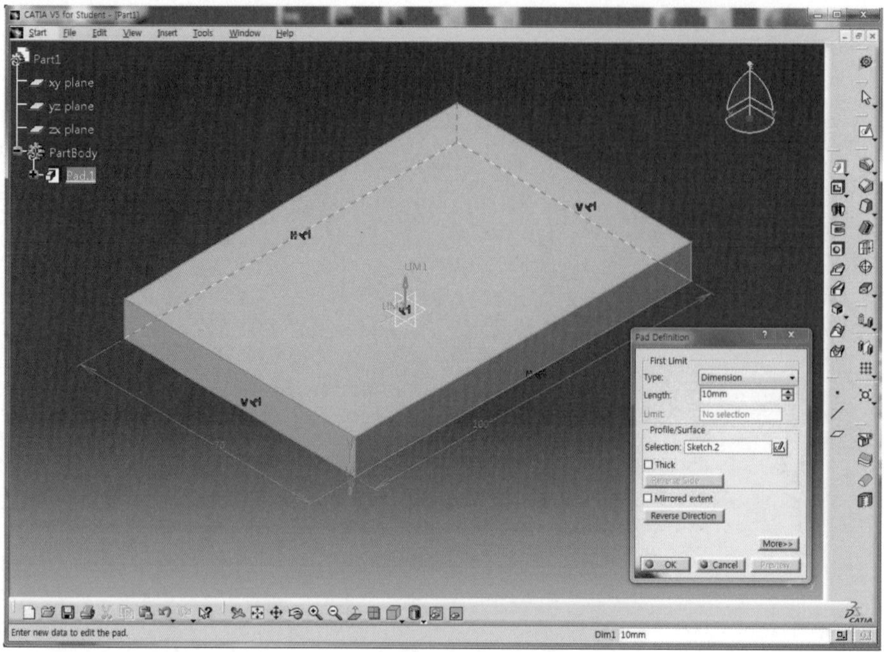

08 OK 버튼을 클릭하여 직육면체의 Solid를 생성한다.

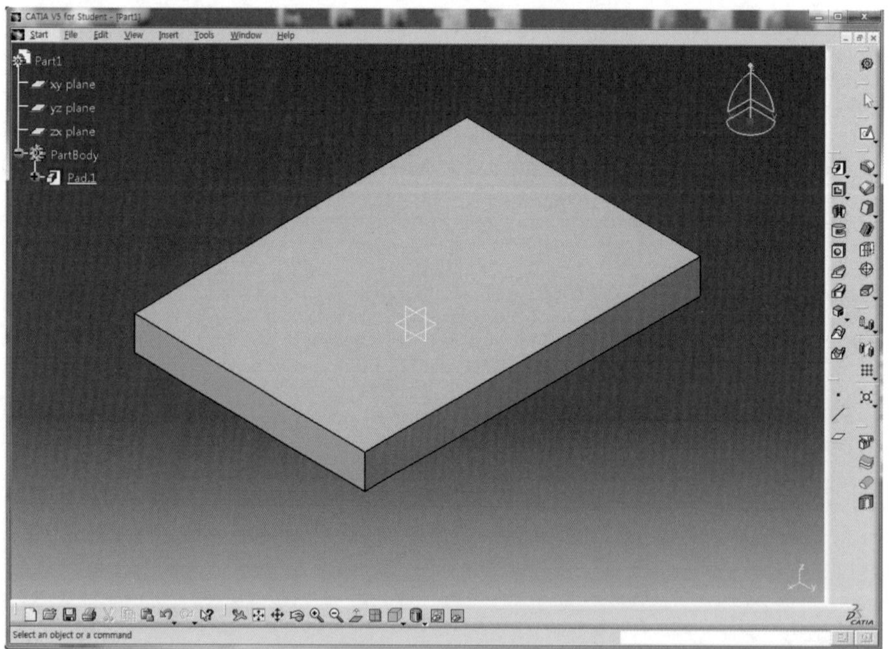

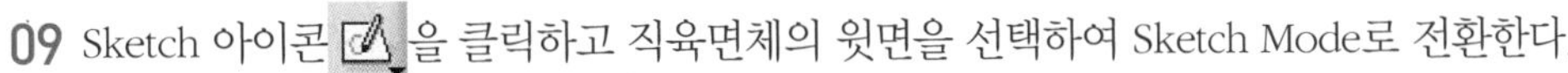

09 Sketch 아이콘 을 클릭하고 직육면체의 윗면을 선택하여 Sketch Mode로 전환한다.

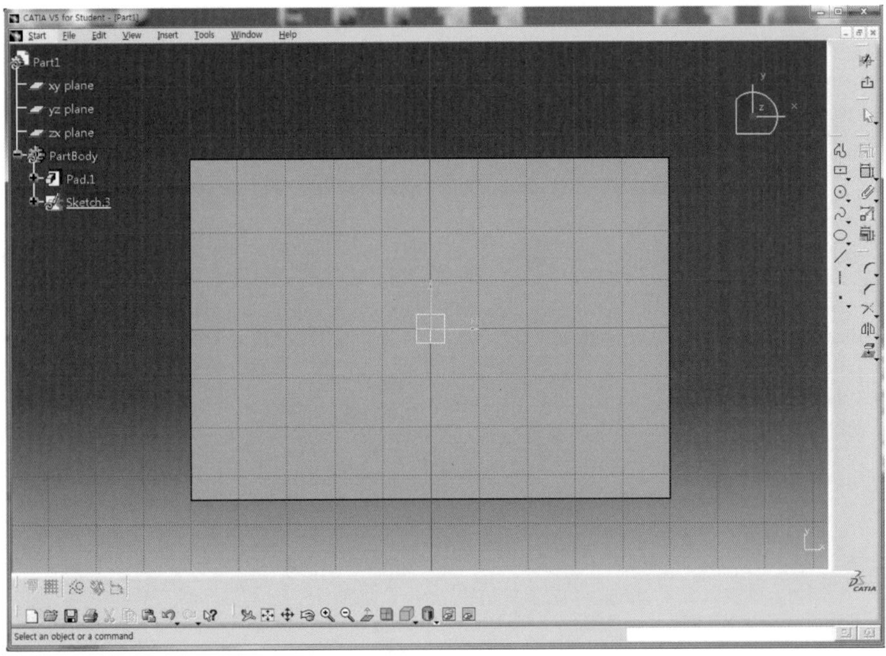

10 Arc 아이콘 을 클릭한 후 중심점이 H축 위에 오도록 Sketch한다.

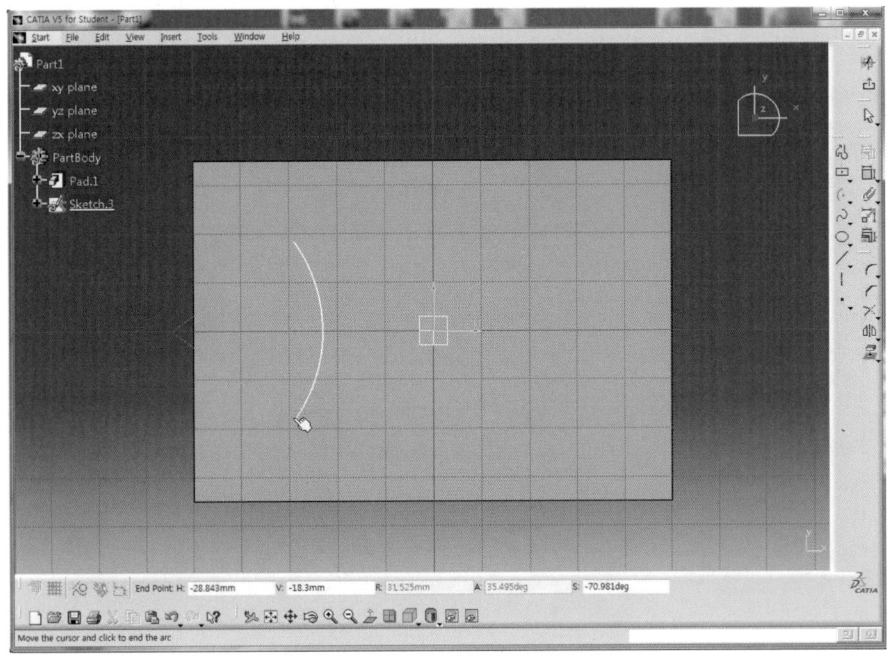

11 Three Point Arc 아이콘 ◌을 클릭한 후 Arc 끝점이 서로 일치하고 V축 위에서 만나도록 아래와 같이 2개의 Arc를 Sketch한다.

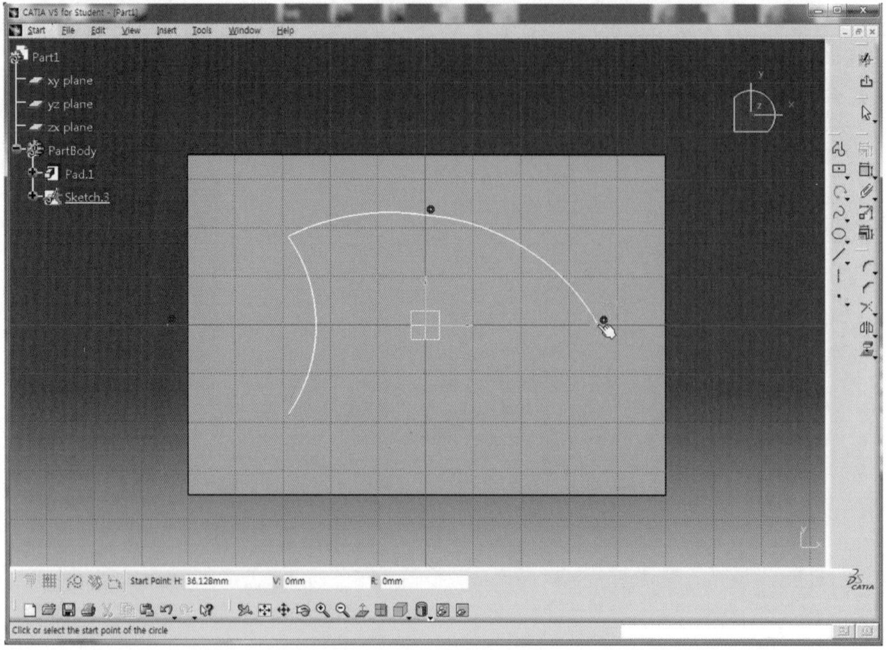

12 Constraint 아이콘 ◌을 클릭한 후 Three Point Arc로 Sketch한 호 (1), (2)를 연속 선택하고 마우스 오른쪽 버튼을 클릭하여 Tangency를 선택하여 접하도록 구속시킨다.

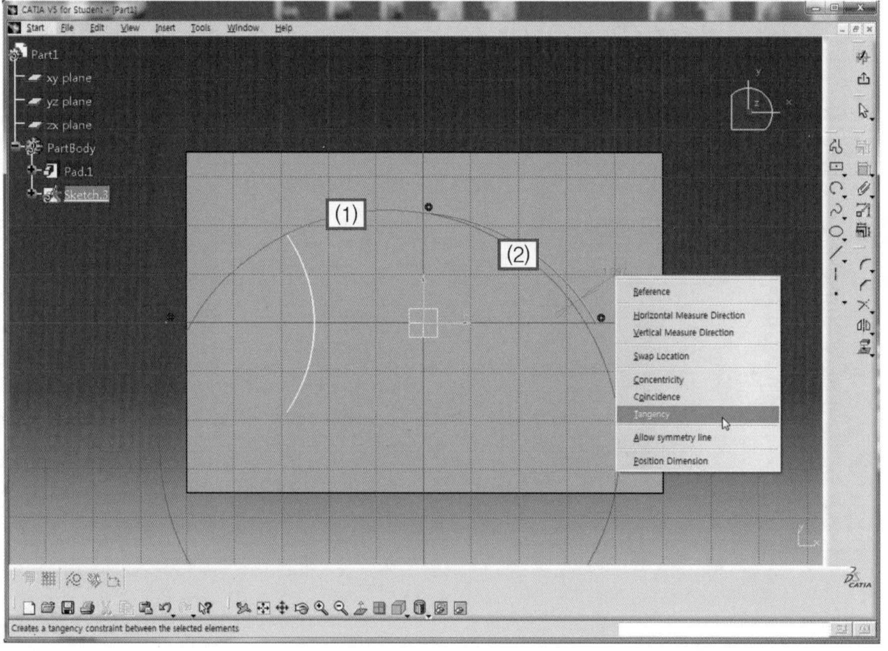

13 Ctrl 버튼을 누른 상태에서 Tangency 구속시킨 2개의 Arc를 선택한 후 Mirror 아이콘 을 클릭하고 H축을 선택하여 대칭시킨다.

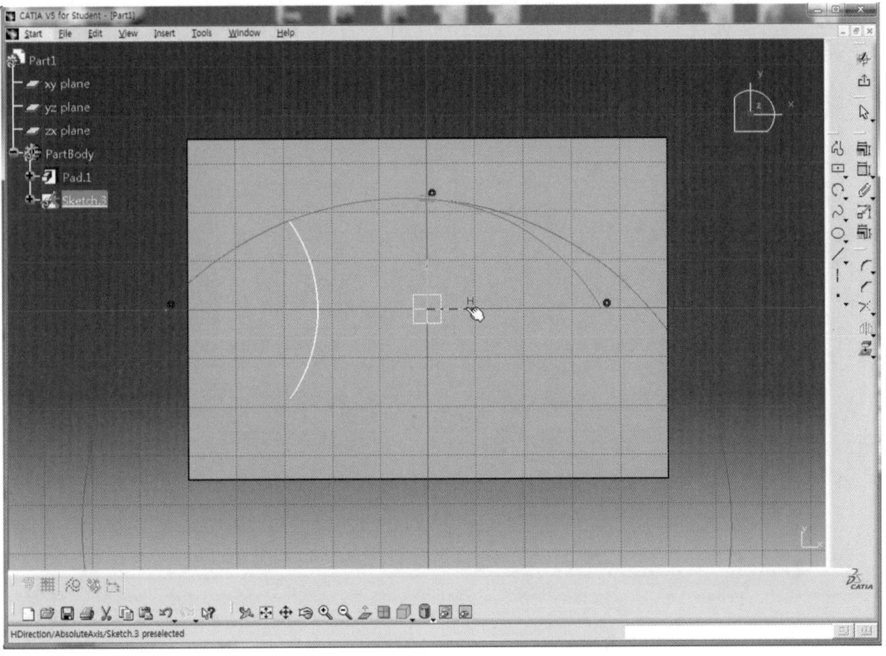

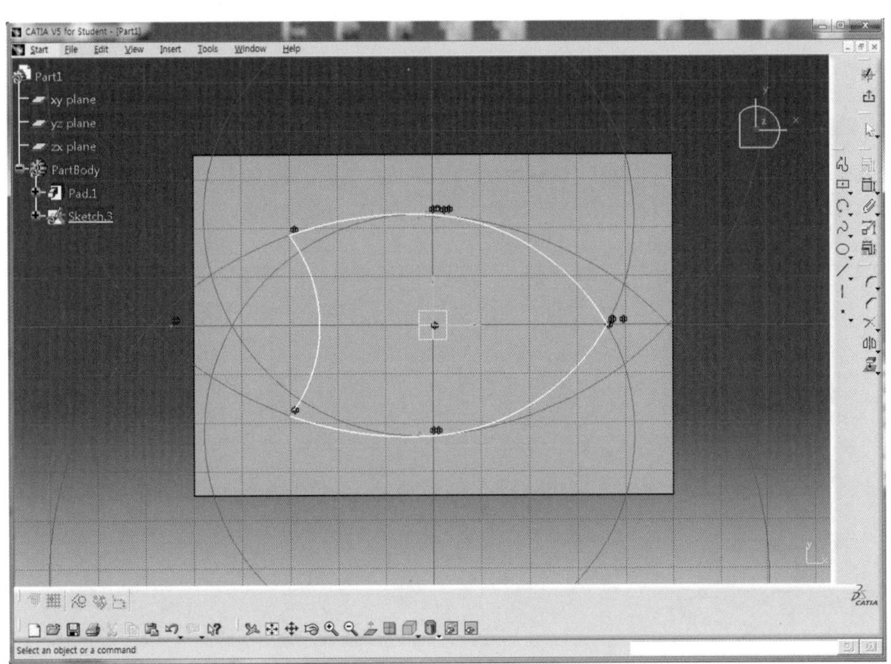

14 Constraint 아이콘 을 클릭한 후 대칭시킨 Arc의 끝점(1)과 왼쪽 Arc의 아래 끝점(2)을 연속하여 선택한다.

15 마우스 오른쪽 버튼을 클릭한 후 Coincidence를 선택하여 일치시킨다.

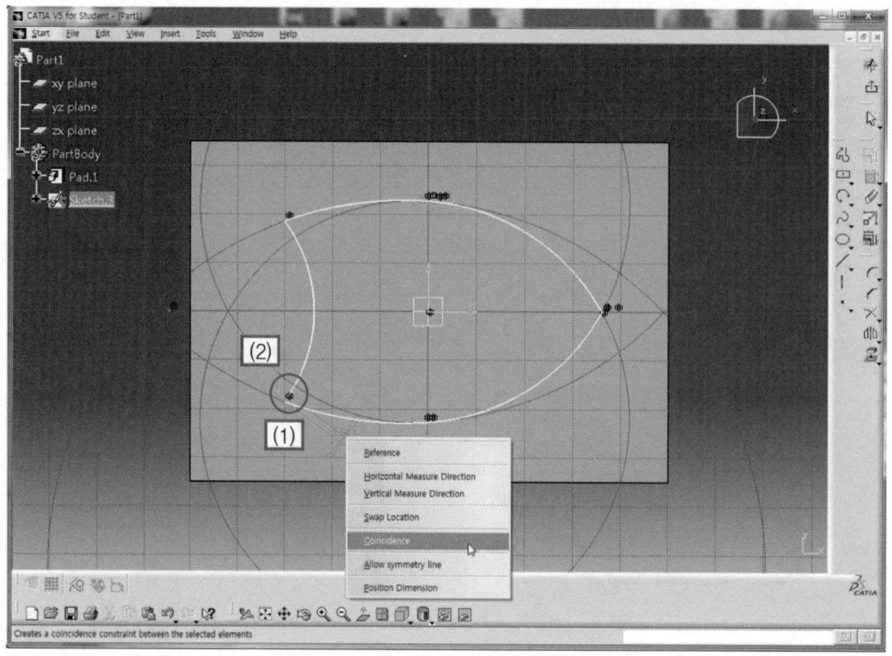

16 Constraint 아이콘 을 더블클릭한 후 요소의 치수를 구속시키고 각 치수를 더블클릭하여 정확한 치수(R30, R35, R80, L20, L35, L25)를 적용한다.

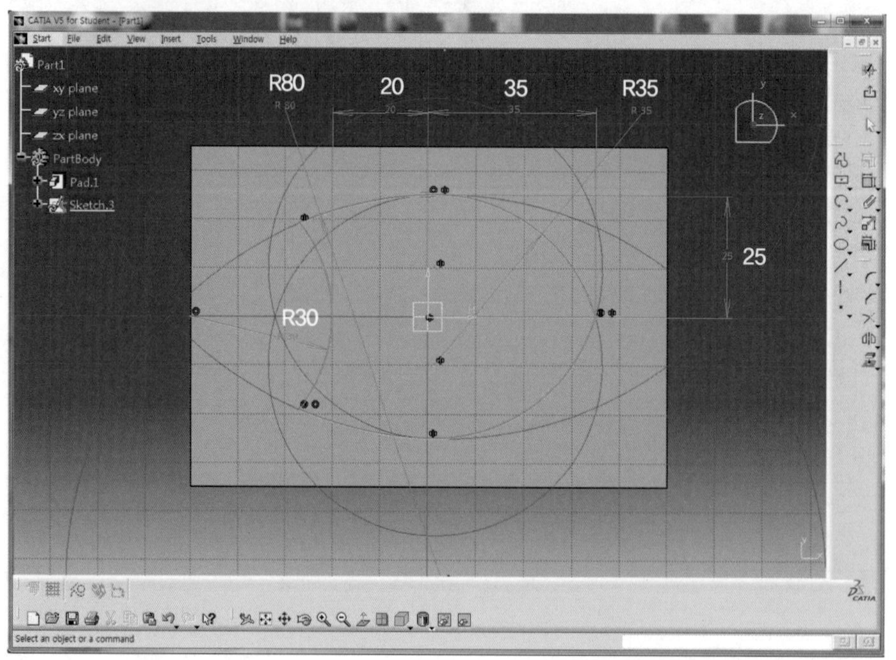

17 Exit workbench 아이콘 을 클릭하여 3D Mode로 전환한다.

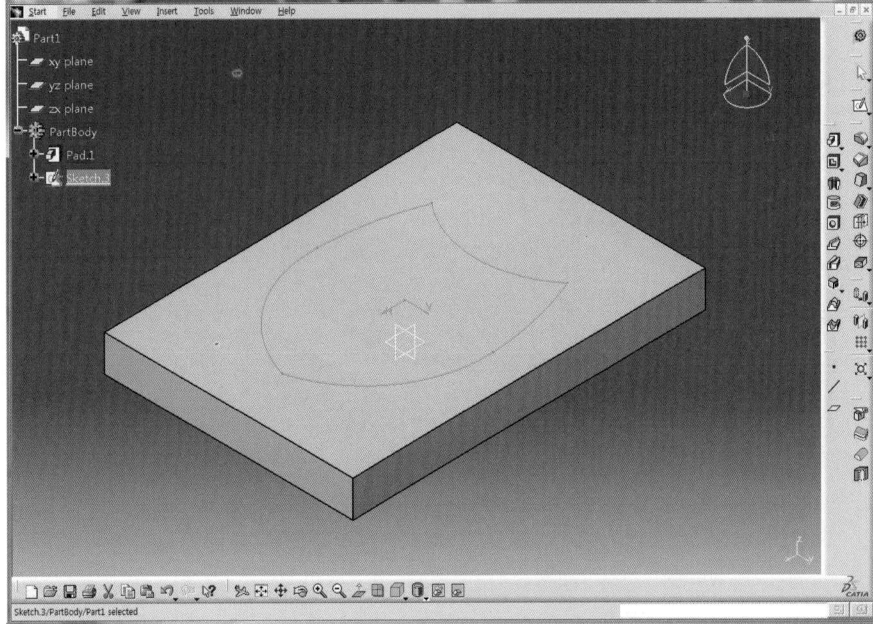

18 Pad 아이콘 을 클릭한 후 Length 영역에 30mm를 입력하고 Preview 버튼을 클릭하여 미리보기 한다.

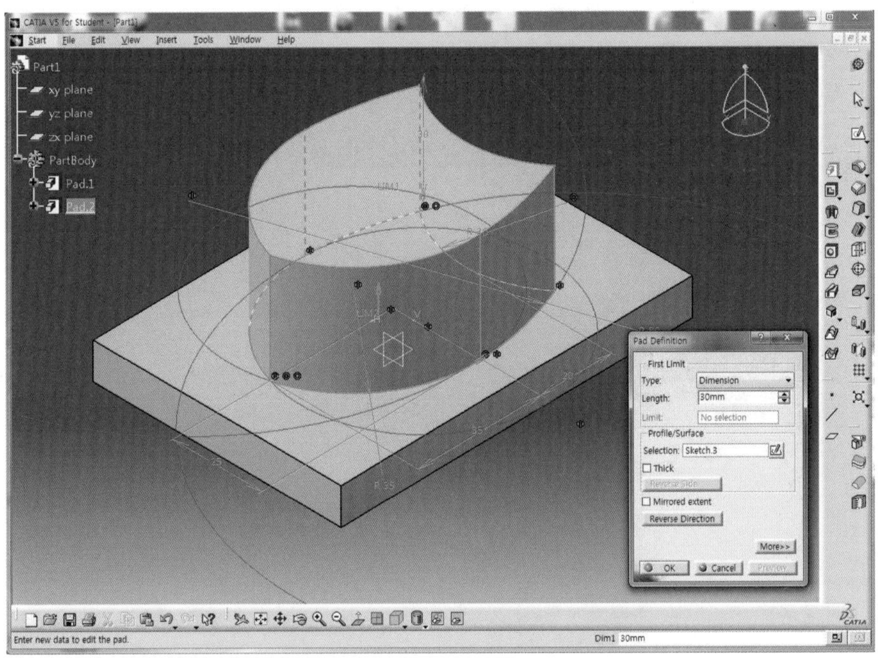

19 OK 버튼을 클릭하여 Solid를 생성한다.

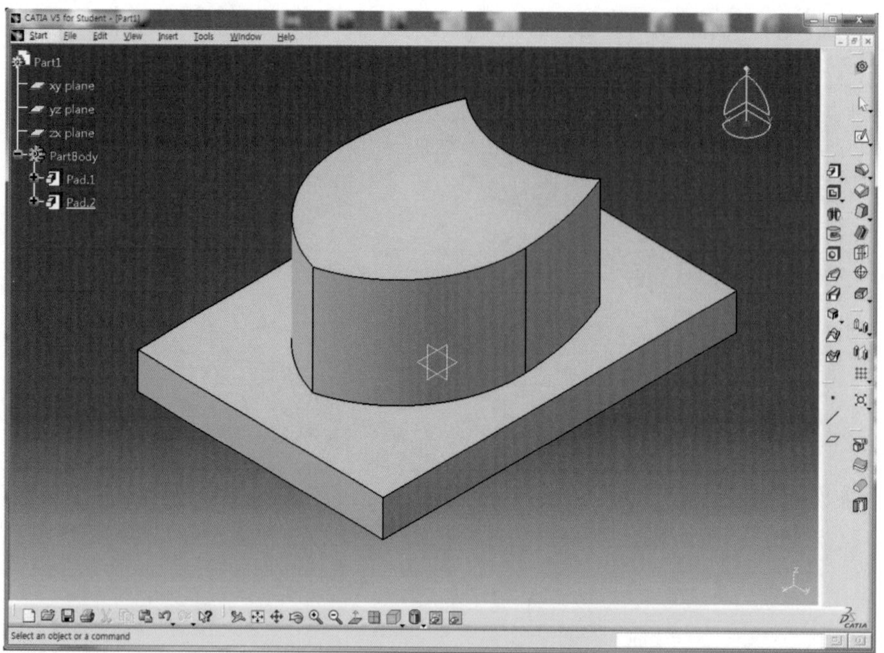

20 Sketch 아이콘 을 클릭하고 zx Plane을 선택하여 Sketch Mode로 전환한다.

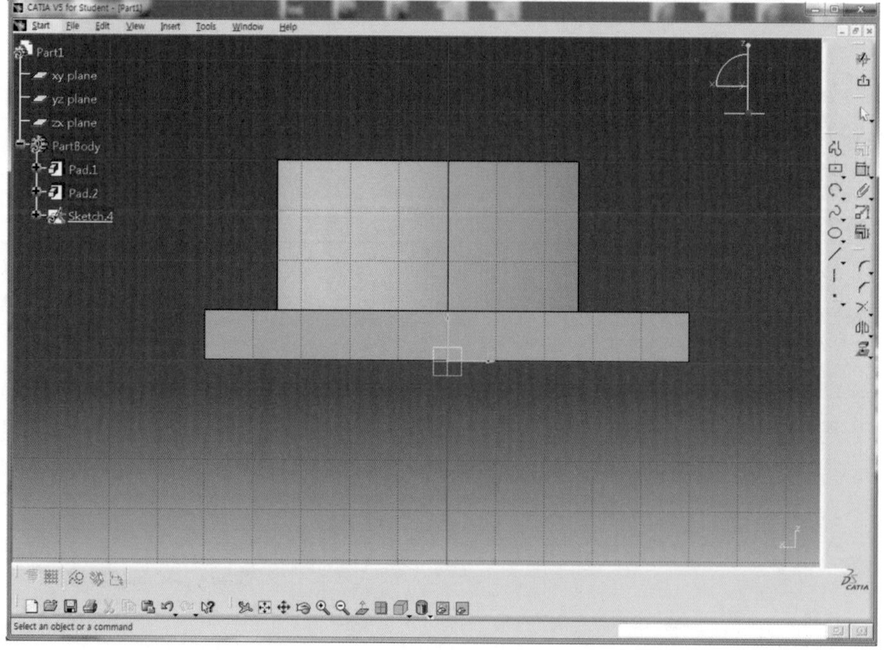

21 Model을 축소시키고 Arc 아이콘 [icon] 을 클릭한 후 원점을 V축 위에 오도록 하여 Solid가 감싸지도록 Sketch한다.

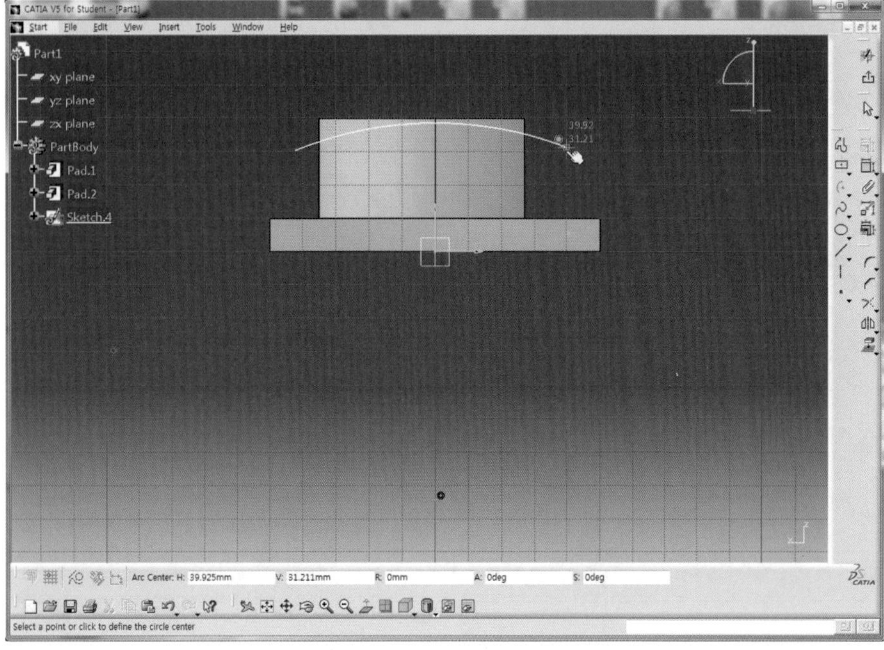

22 Constraint 아이콘 [icon]을 더블클릭한 후 치수를 구속하고 각 치수를 더블클릭하여 정확하게 적용(R100, L25)한다.(Arc가 Solid에서 많이 벗어나도록 변형이 되면 Arc의 양 끝점을 마우스로 드래그하여 Solid가 감싸지는 정도로 위치시킨다.)

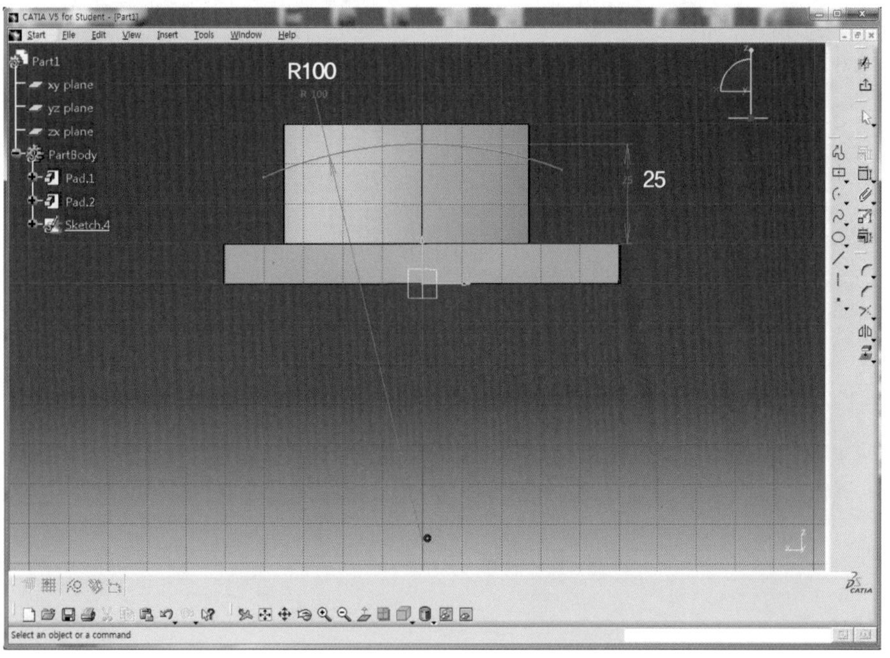

23 Exit workbench 아이콘 을 클릭하여 3D Mode로 전환한다.

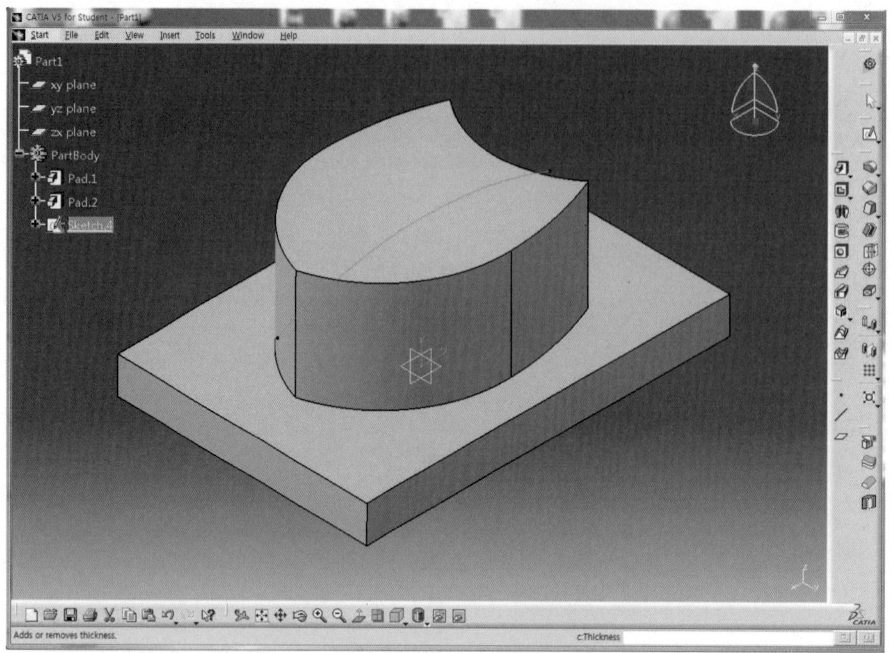

24 Arc를 선택한 상태에서 Plane 아이콘 을 클릭하고 Arc의 끝점을 선택한다.

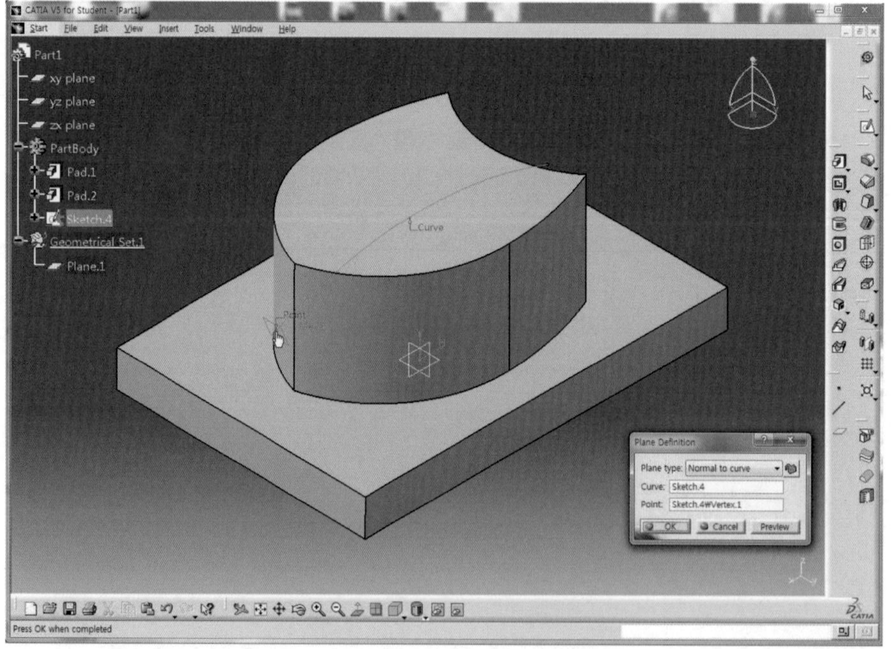

25 OK 버튼을 클릭하면 Arc를 지나면서 Arc의 끝점에 수직한 Plane이 생성된다.

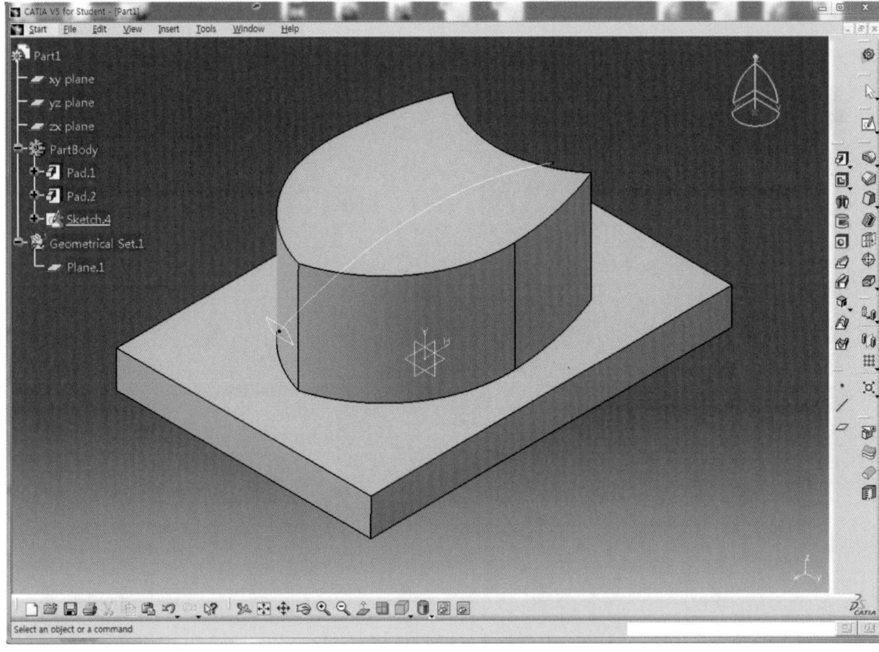

26 Sketch 아이콘 을 클릭하고 앞 단계에서 생성한 Plane을 선택하여 Sketch Mode로 전환한다.

27 Model을 축소시키고 Arc 아이콘 을 클릭한 후 원점을 V축 위에 오도록 하여 Solid가 감싸지도록 Sketch한다.

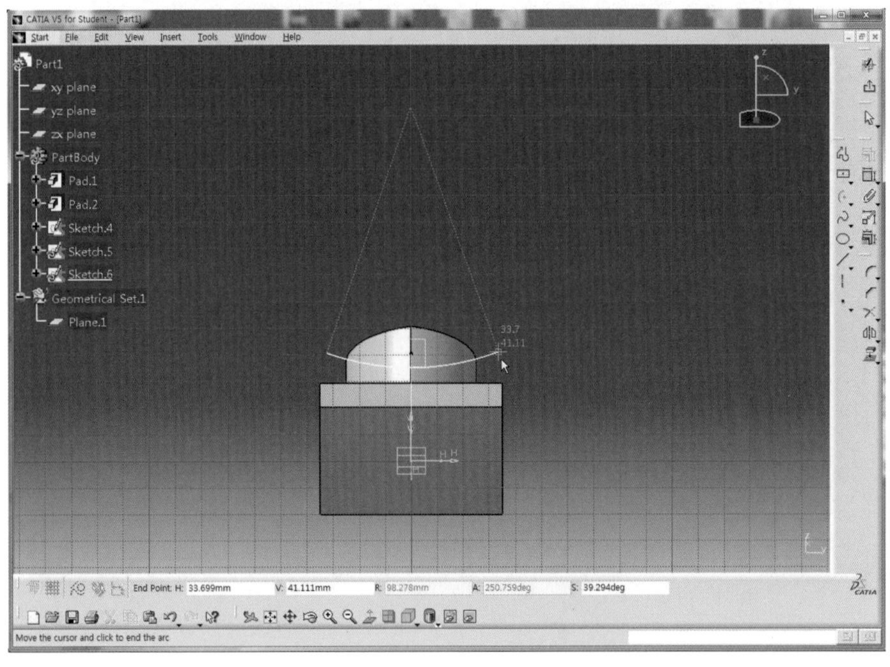

28 Constraint 아이콘 을 더블클릭한 후 앞 단계에서 생성한 Arc와 R100인 Arc의 끝점을 차례로 선택하고 마우스 오른쪽 버튼을 클릭하여 Coincidence를 선택하여 일치시킨다.

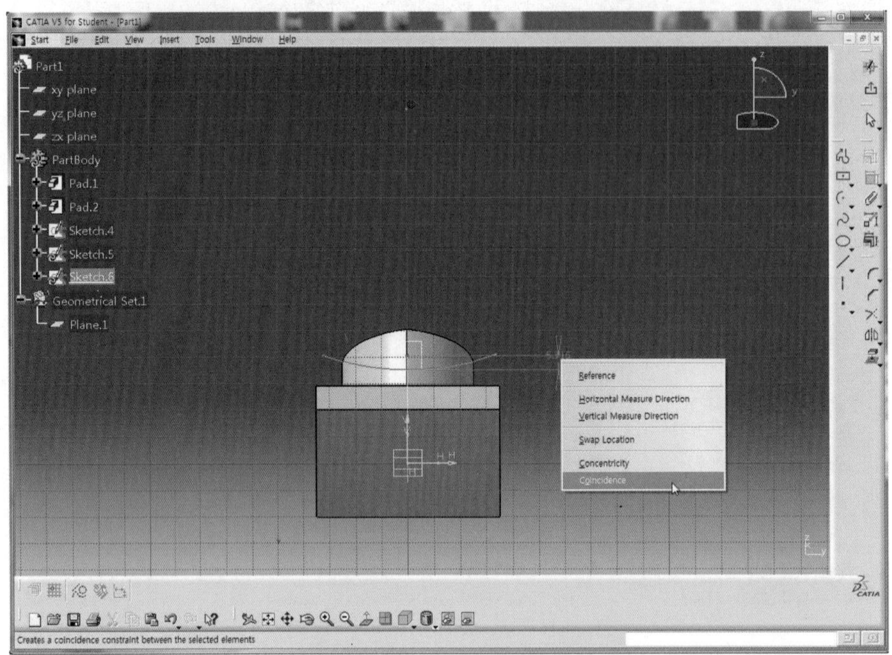

29 Arc의 치수에 R180을 적용한 후 Arc의 양 끝점을 드래그하여 Solid가 감싸도록 적당하게 위치시킨다.

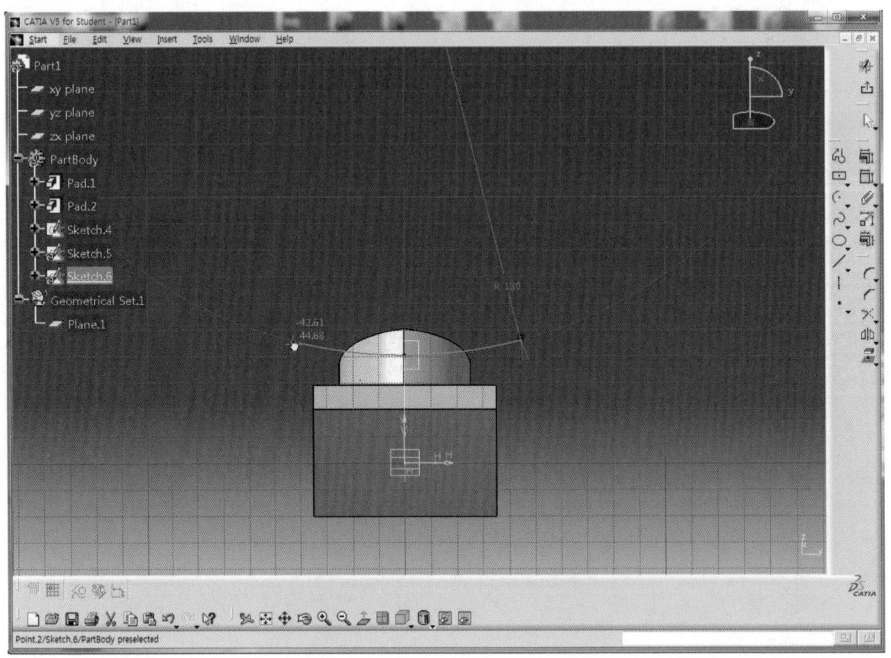

30 Exit workbench 아이콘 을 클릭하여 3D Mode로 전환하고 화면을 확대시킨다.

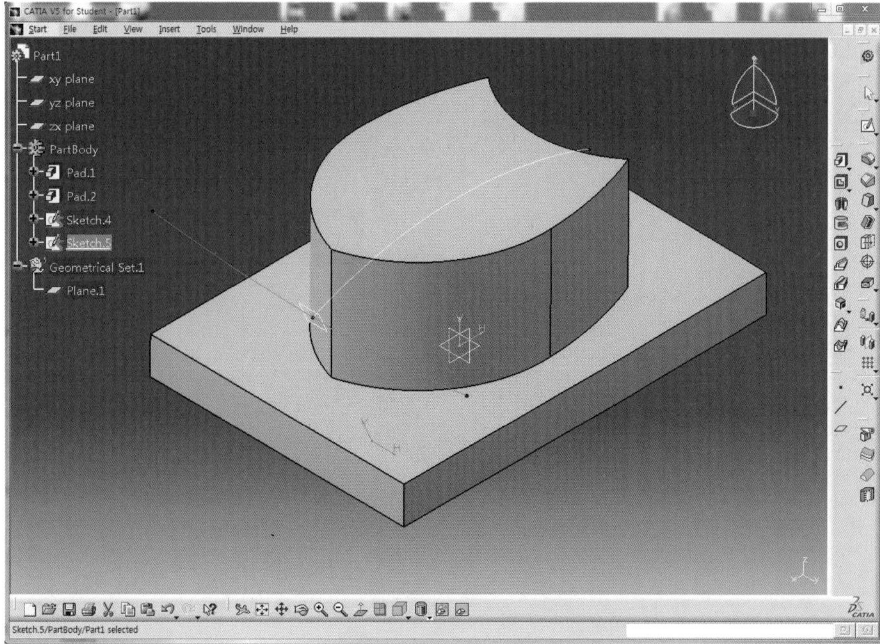

31 Workbench 도구막대의 Part Design 아이콘 을 클릭한 후 Wireframe and Surface Design 아이콘 을 클릭하여 Surface Mode로 전환한다.

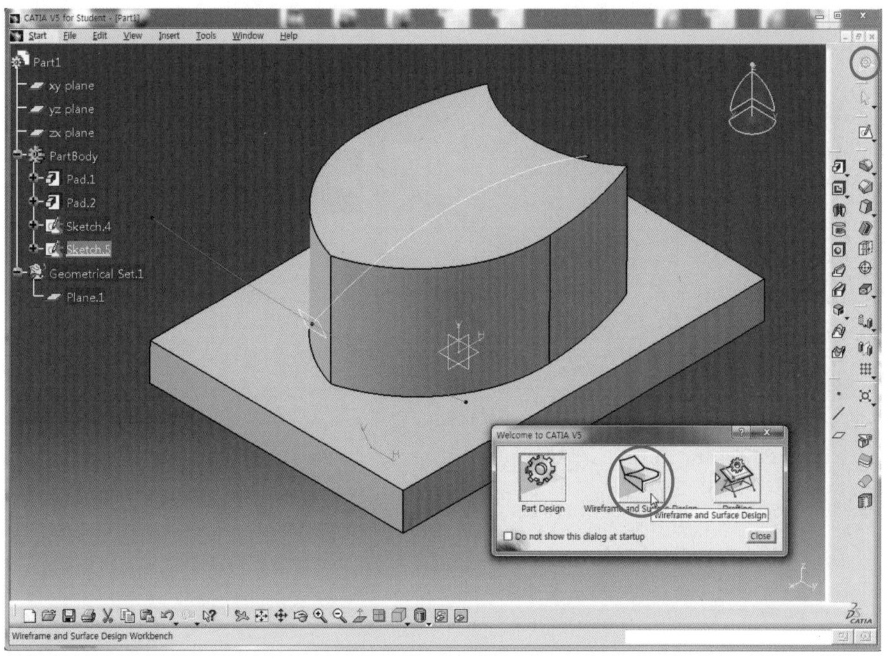

32 Sweep 아이콘 을 클릭한 후 Profile 영역을 선택하고 R180 Arc, Guide curve영역을 선택한 후 R100 Arc를 각각 선택한다.

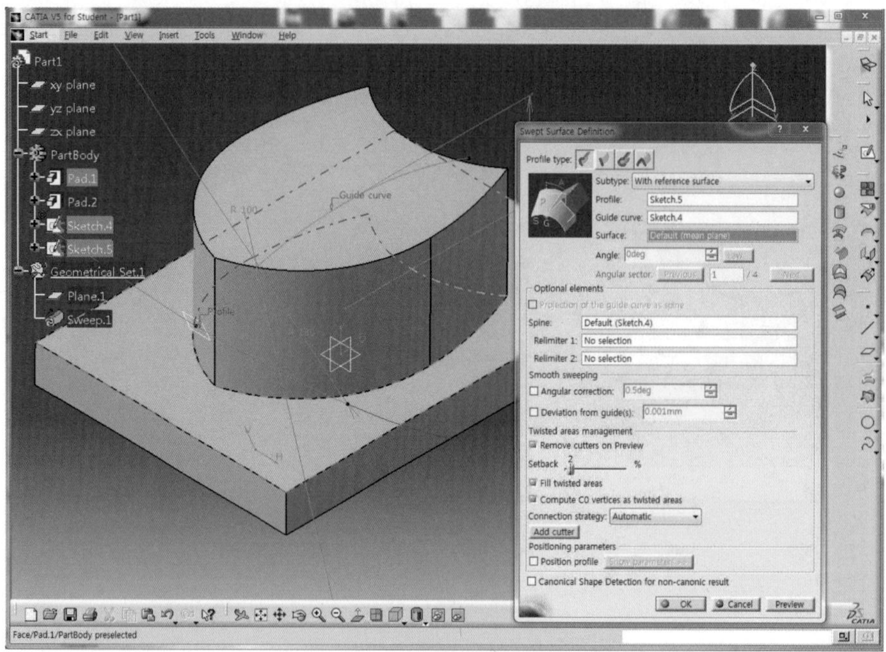

33 Preview 버튼을 클릭하여 Surface가 Solid를 감싸면서 서로 간섭된 부분이 없는지 확인한다.

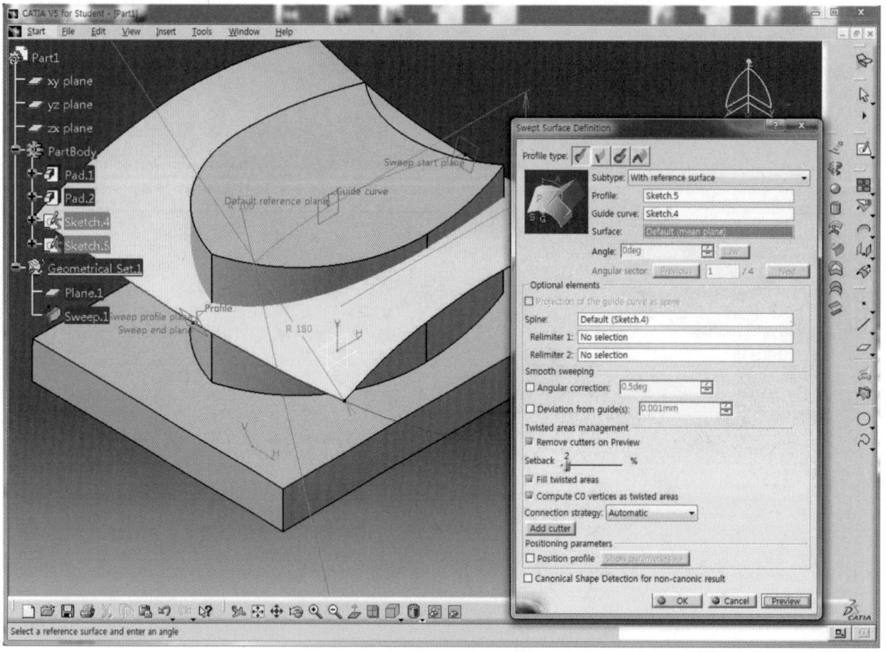

34 이상이 없으면 OK 버튼을 클릭하여 Surface를 생성한다.(간섭을 일으키거나 Surface가 Solid를 완전히 감싸지 않으면 해당 Sketch를 더블클릭하고 Arc를 수정하여 문제를 해결할 수 있다.)

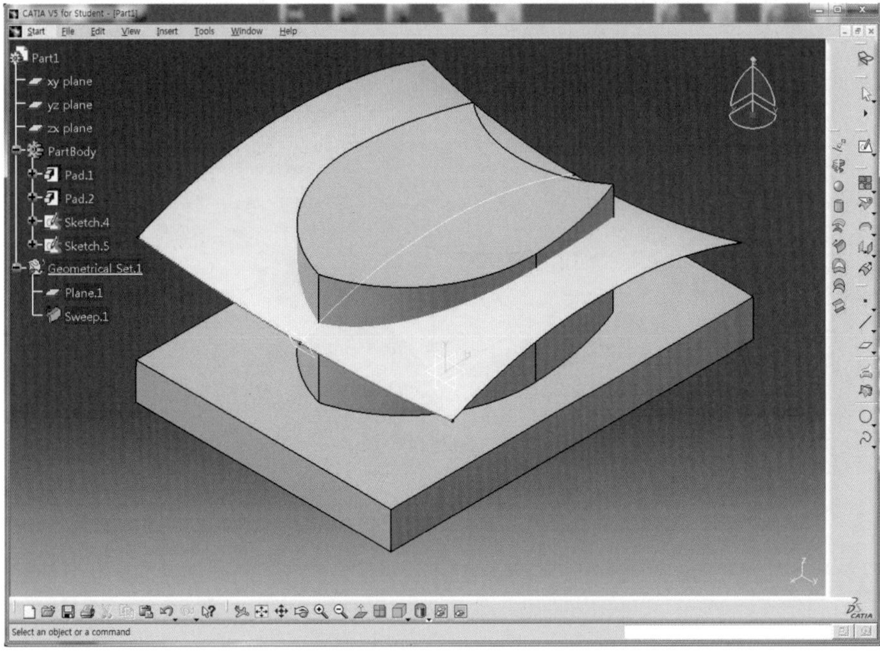

35 Surface를 선택하고 Offset 아이콘을 클릭한다.

36 Offset 영역에 5mm를 입력하고 붉은색 화살표 방향이 아래쪽을 향하고 있으면 위쪽으로 향하도록 Reverse Direction 버튼을 클릭한 후 Preview 버튼을 클릭하여 미리보기 한다.

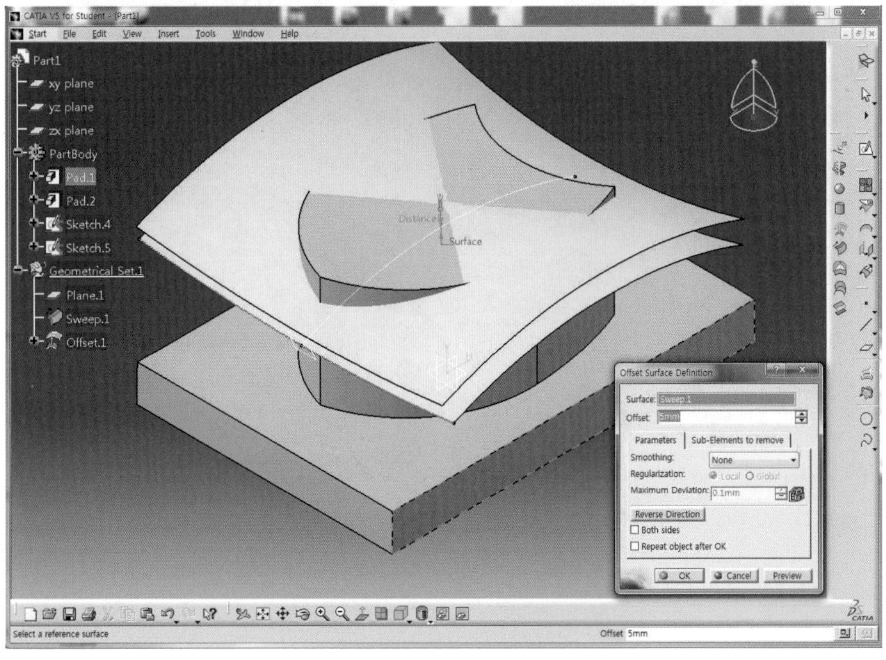

37 OK 버튼을 클릭하면 Sweep Surface와 5mm 사이띄우기 한 Surface가 생성된다.

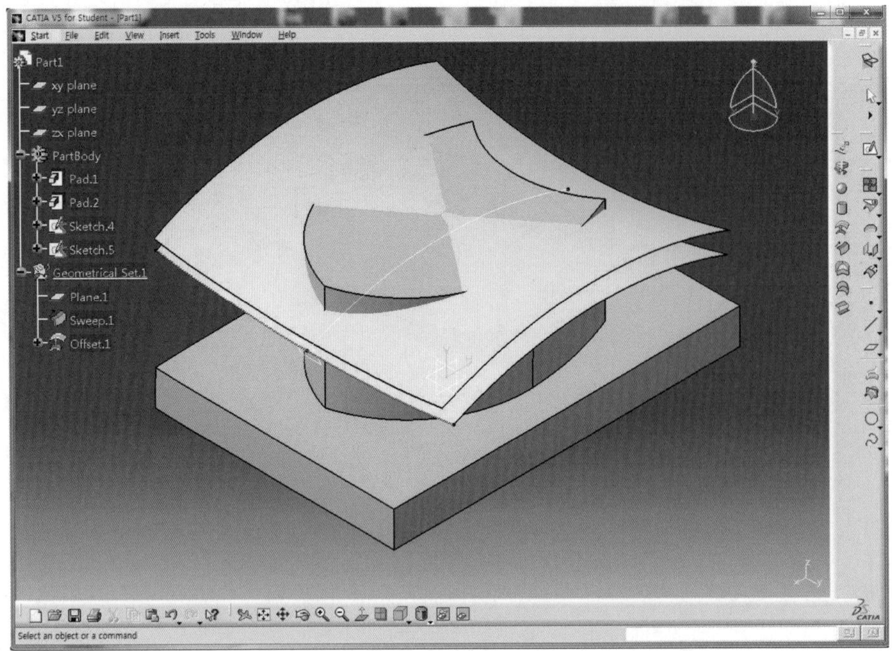

38 Workbench도구막대의 Wireframe and Surface Design 아이콘을 클릭한 후 Part Design 아이콘을 클릭하여 Solid Mode로 전환한다.

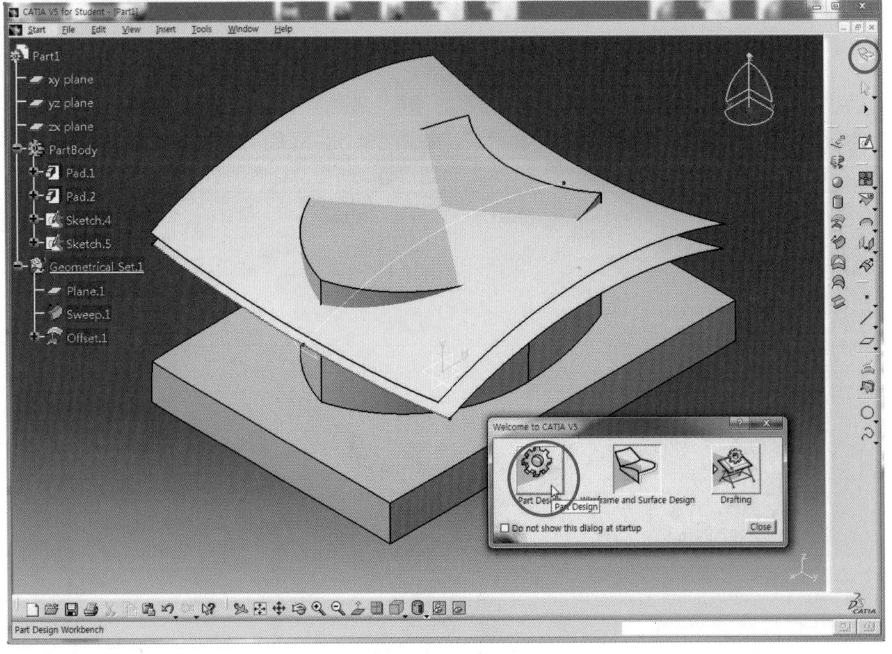

39 Tree 영역에서 PartBody를 선택한 후 마우스 오른쪽 버튼을 클릭하고 Define In Work Object를 선택하여 Current 영역을 전환한다.(PartBody 아래에 밑줄이 생성된다.)

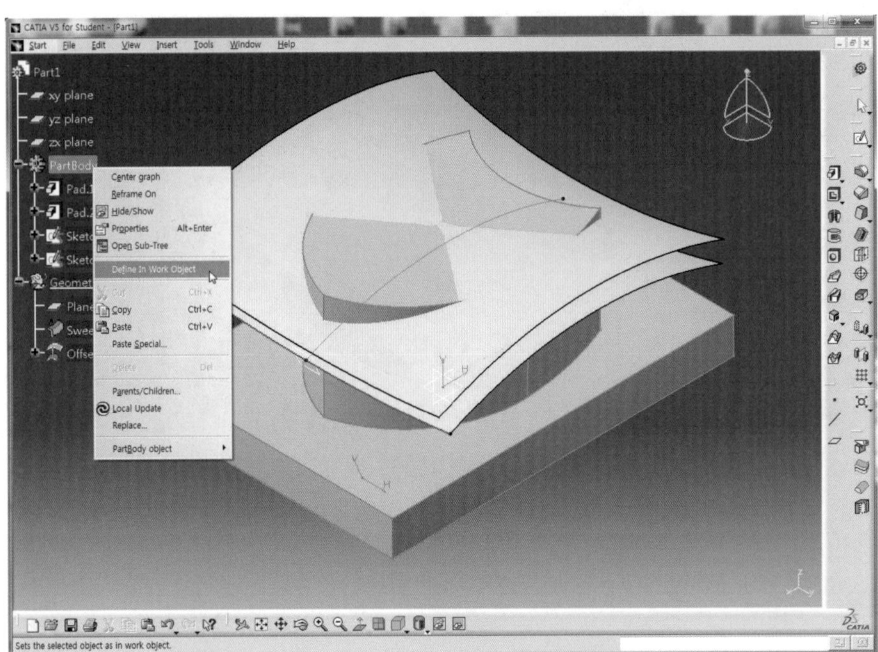

40 Surface−Based Features 도구막대의 Split 아이콘 을 클릭한다.

41 Split Definition 대화상자가 나타나면 Tree 영역에서 Sweep. 1을 선택한 후 화살표가 아래로 향하도록 한다.

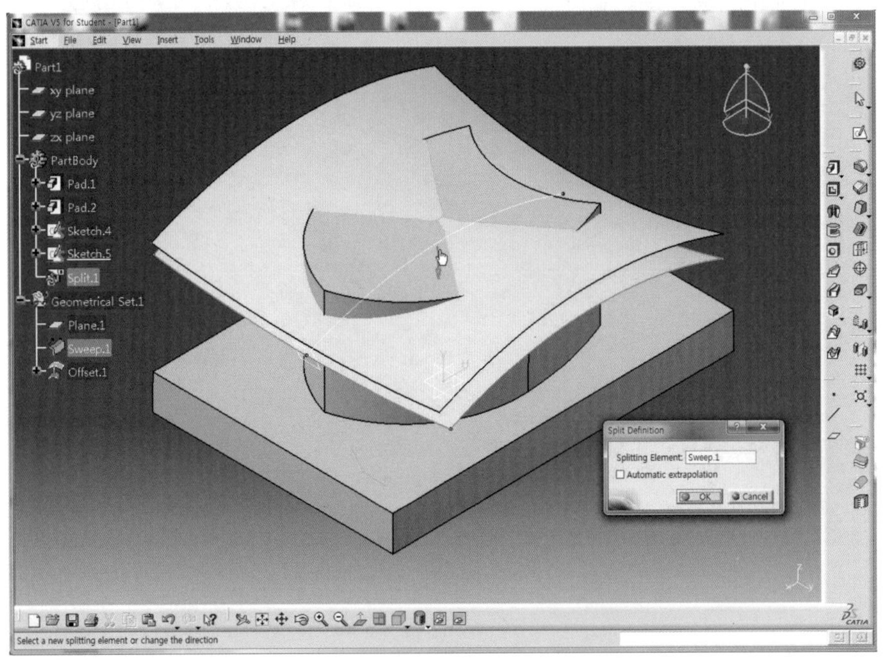

42 OK 버튼을 클릭하면 Solid의 윗면이 제거된다.

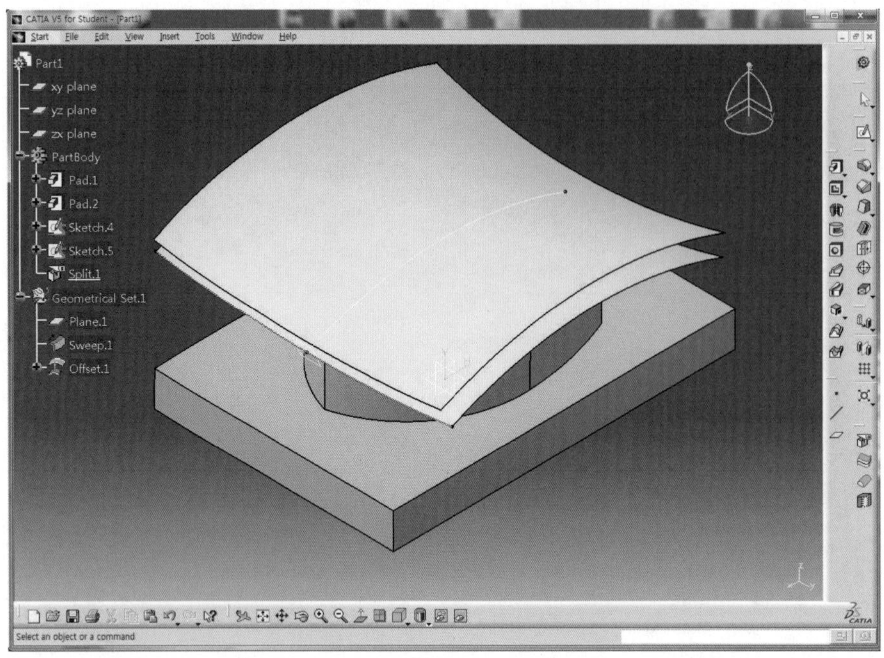

43 Ctrl 버튼을 누른 상태에서 Tree에서 Sketch와 Surface, Plane을 선택한 후 마우스 오른쪽 버튼을 클릭하고 Hide/Show를 선택하여 감추기 한다.

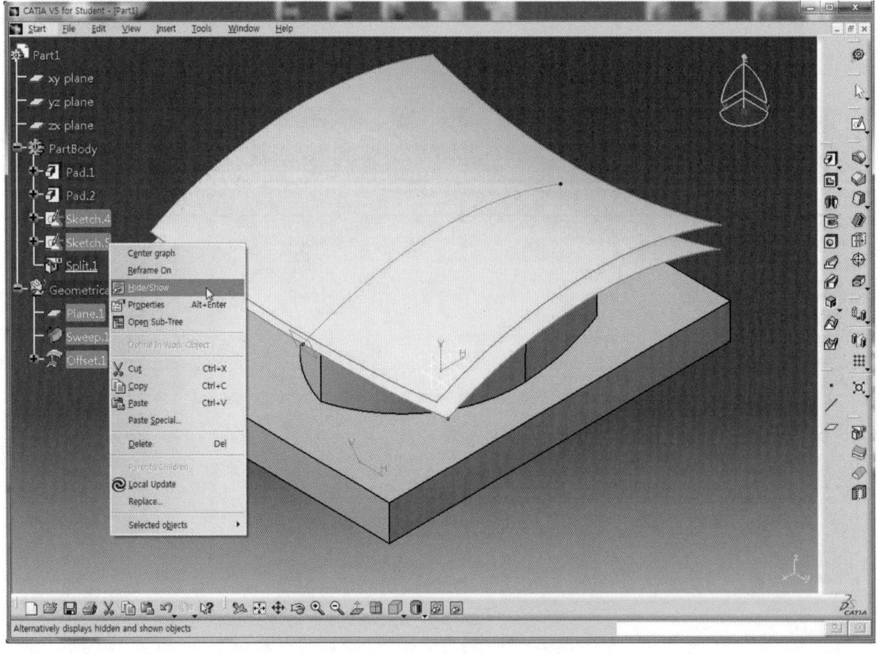

44 Sketch 아이콘 을 클릭하고 직육면체의 윗면을 선택하여 Sketch Mode로 전환한다.

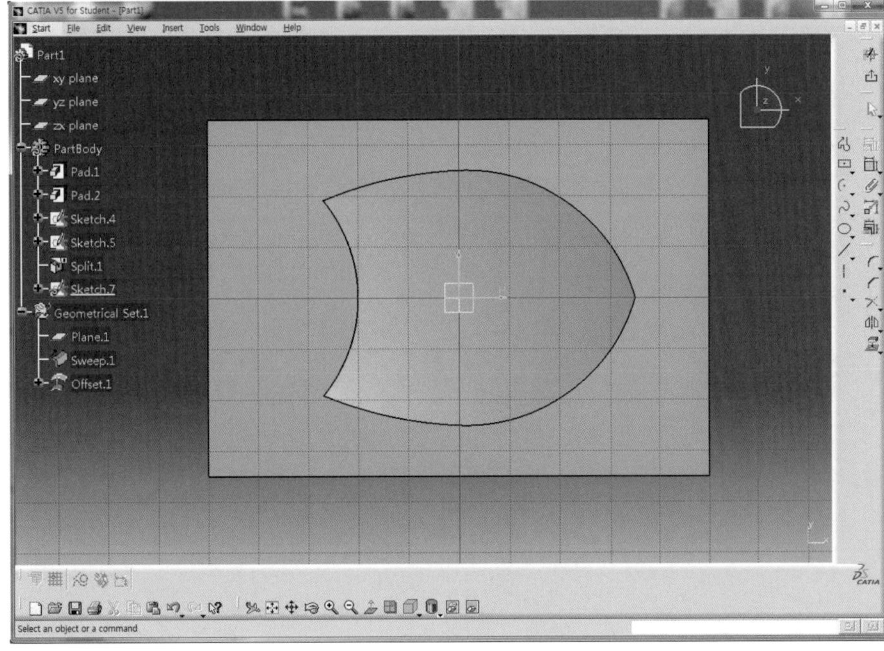

45 Arc 아이콘 을 클릭한 후 중심점이 원점에 위치하도록 반원을 Sketch한다.

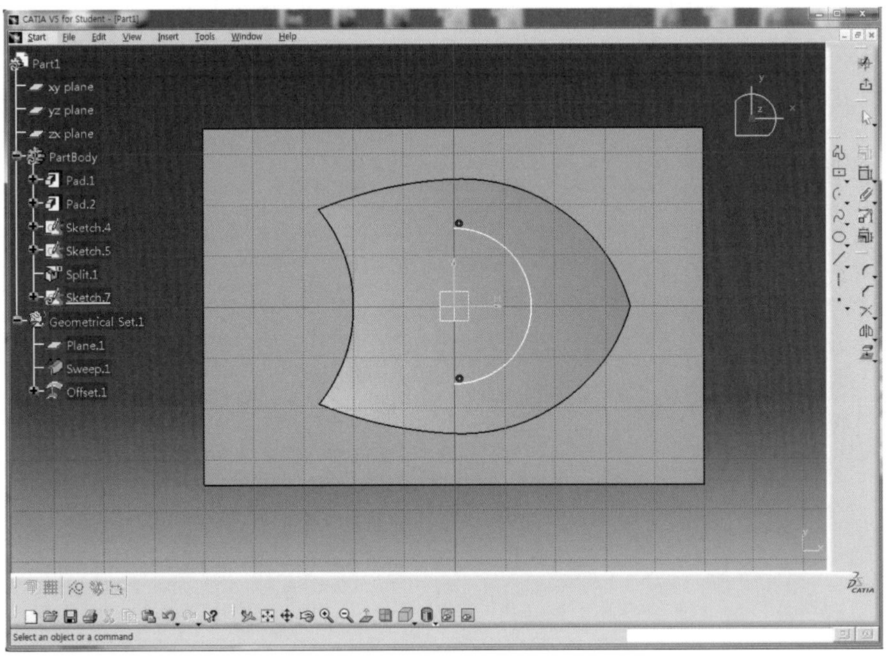

46 Line 아이콘 ╱ 을 클릭하여 Arc의 양 끝점을 연결한다.

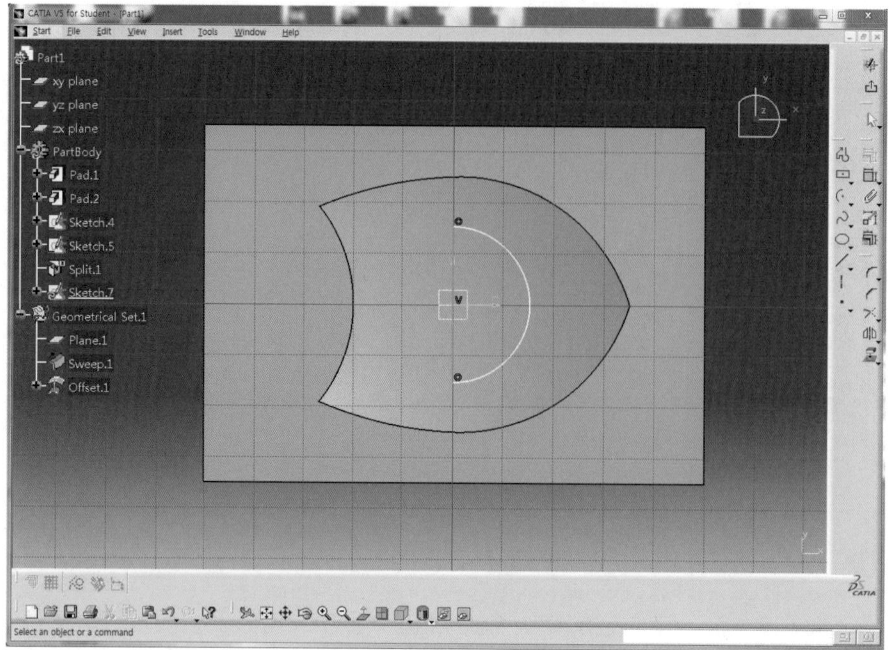

47 Constraint 도구막대의 Constraint 아이콘 을 클릭한 후 Arc의 치수를 R15로 구속시킨다.

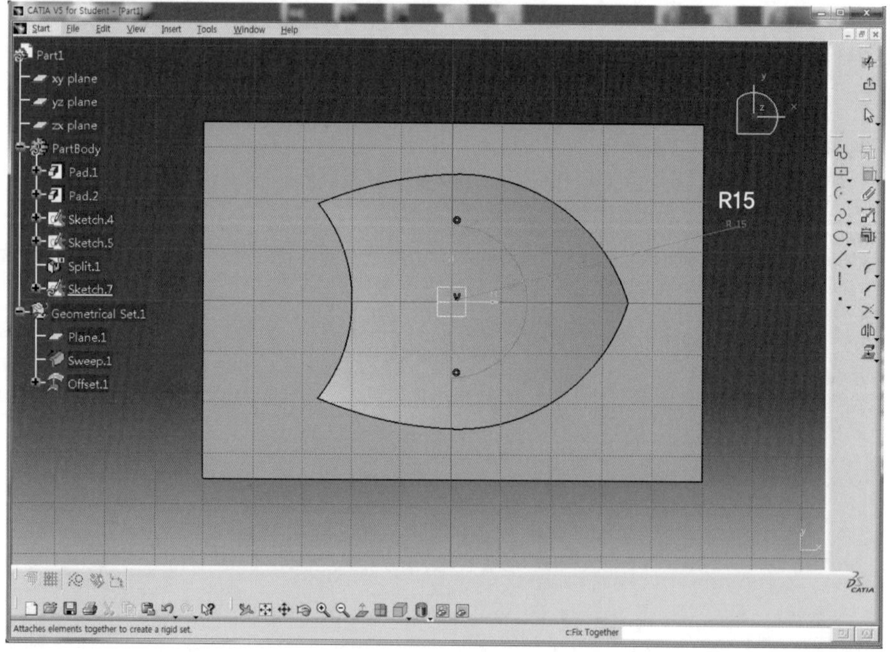

48 Exit workbench 아이콘 을 클릭하여 3D Mode로 전환한다.

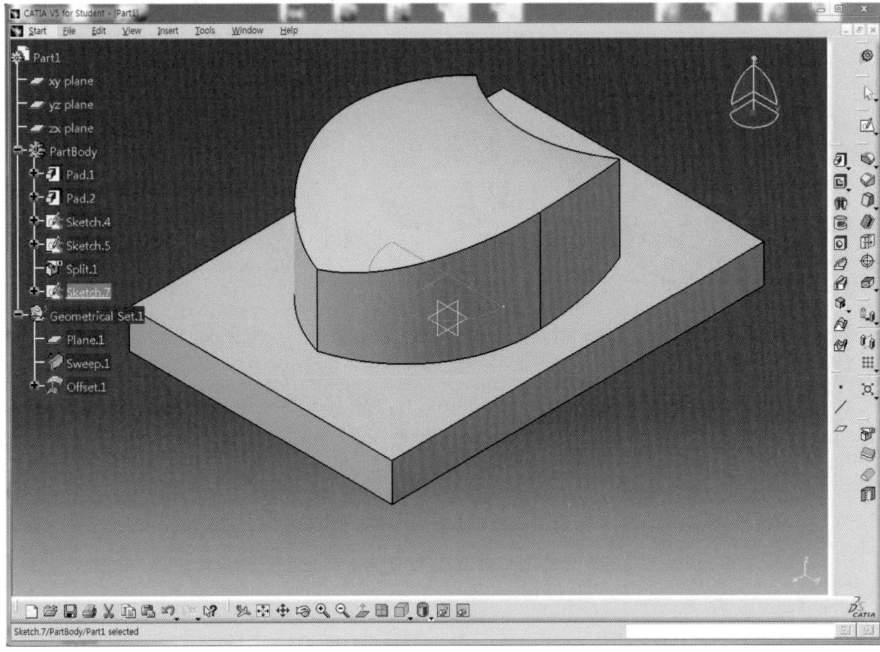

49 Pad 아이콘 을 클릭한 후 Type을 Up to surface로 선택하고 Tree 영역에서 Offset.1을 선택한 후 Preview 버튼을 클릭하여 미리보기 한다.

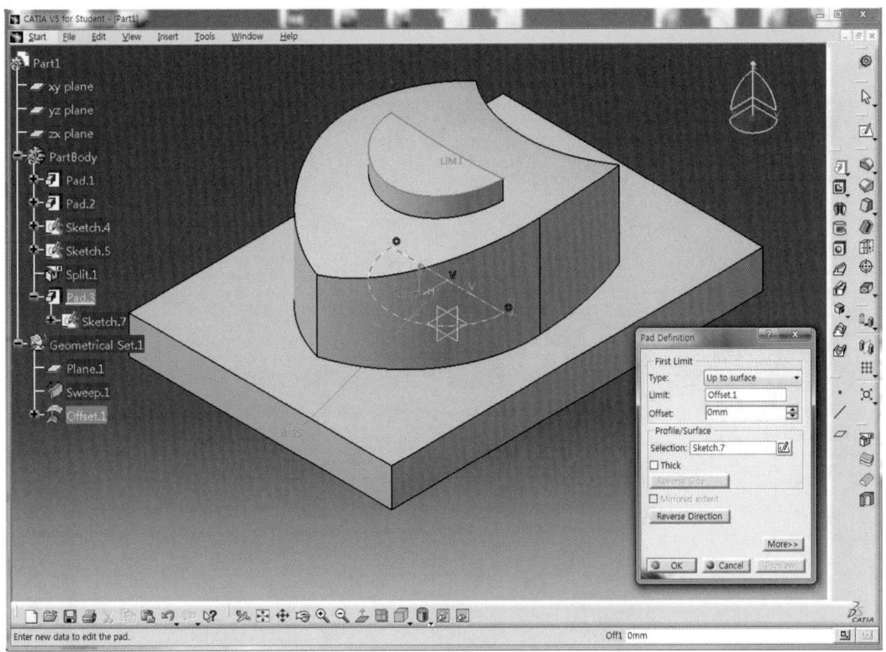

50 OK 버튼을 클릭하여 돌출시킨다.

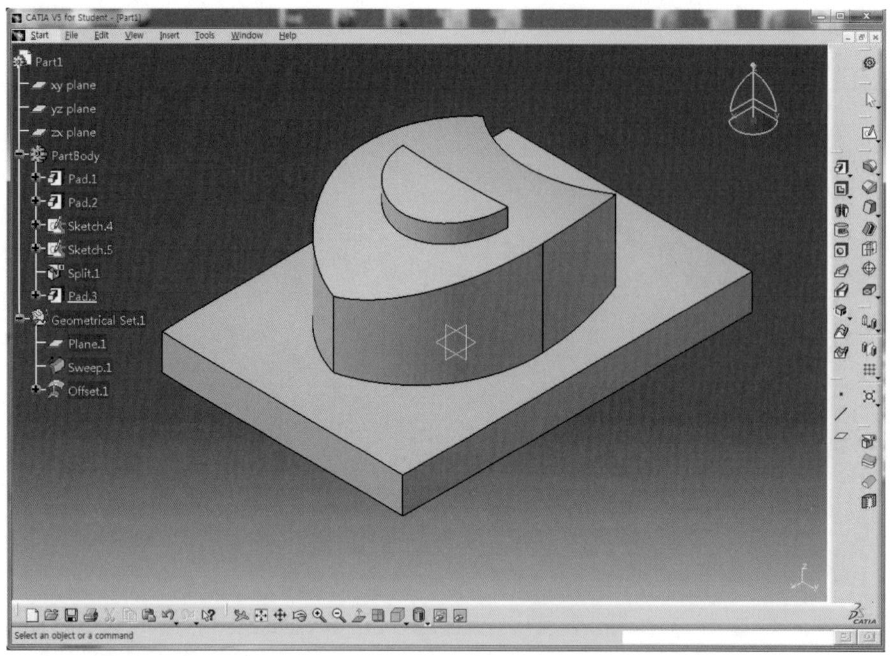

51 Draft Angle 아이콘 을 클릭하고 Angle 영역에 10deg를 입력한다.

52 Face(s) to draft 영역을 클릭하고 Slide의 옆면(1), (2)를 차례대로 선택한 후 Neutral Element의 Selection 영역을 클릭하고 직육면체의 윗면을 선택한다.

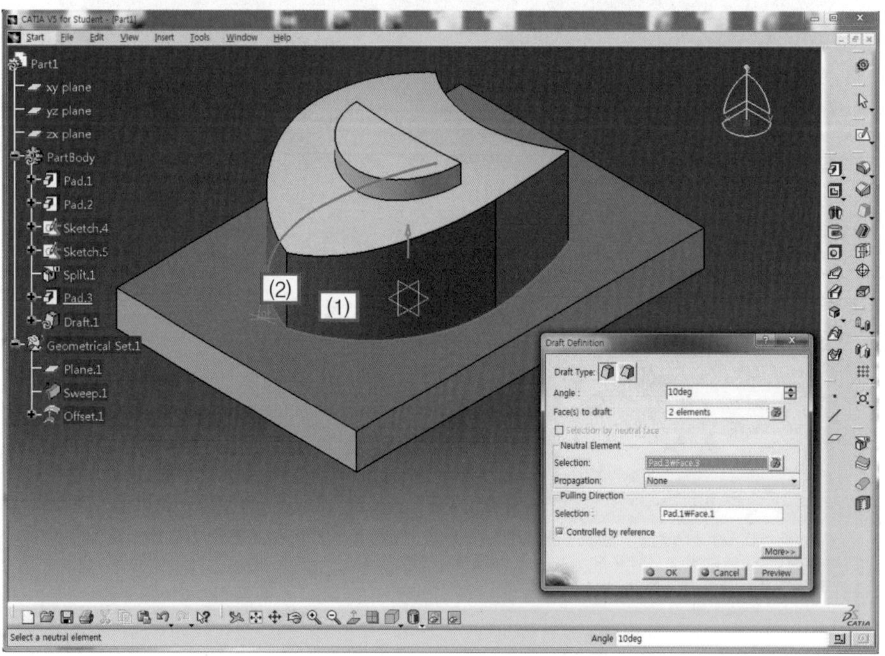

53 화살표 방향이 아래를 향하고 있다면, 화살표를 마우스로 클릭하여 위쪽으로 향하도록 전환시키고 Preview 버튼을 클릭하여 미리보기 한다.

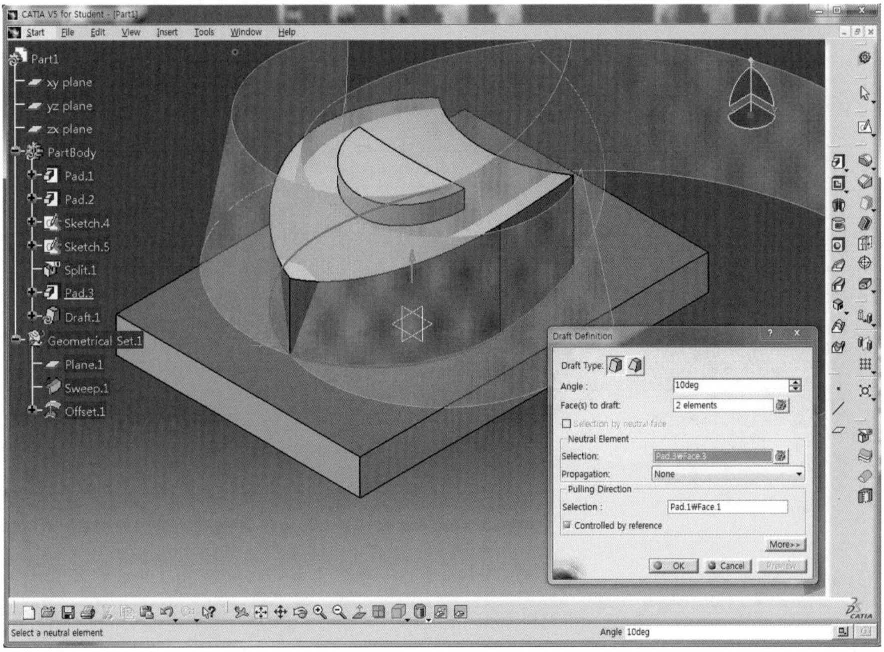

54 OK 버튼을 클릭하여 Draft를 적용한다.

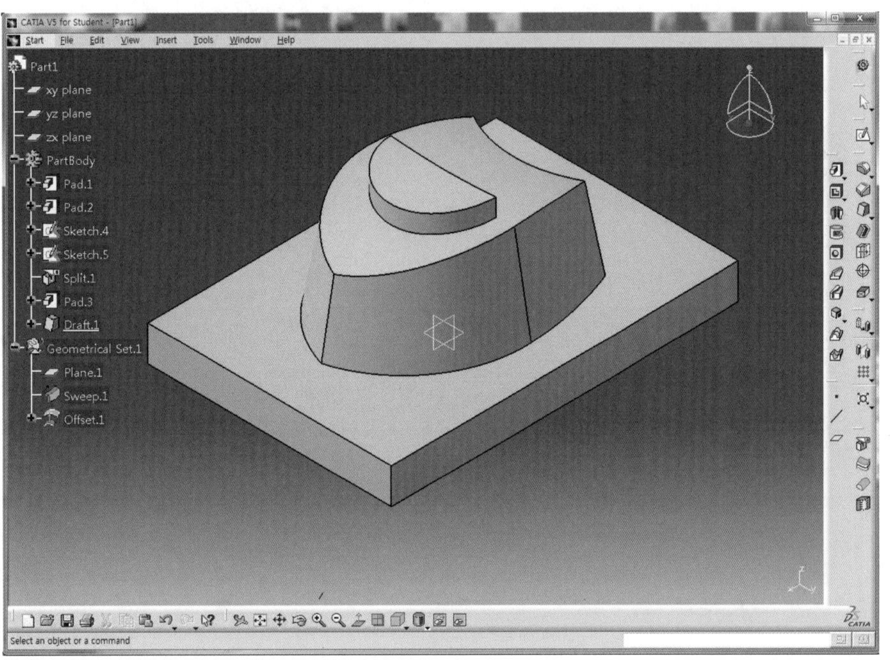

55 Sketch 아이콘 을 클릭하고 직육면체의 윗면을 선택하여 Sketch Mode로 전환한다.

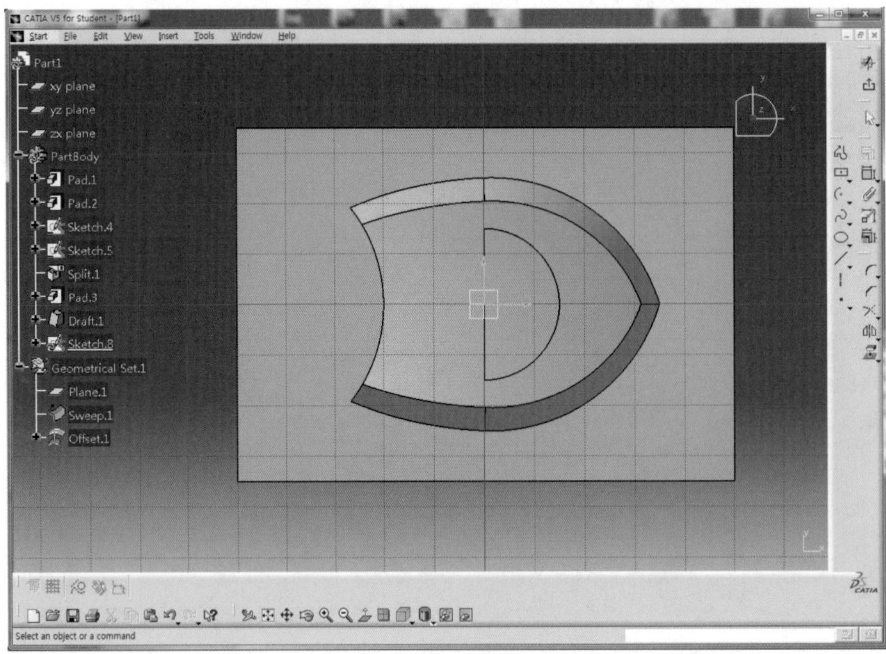

56 Model을 회전시키고 Project 3D Elements 아이콘 을 클릭한 후 Solid의 모서리(1)를 클릭한다.

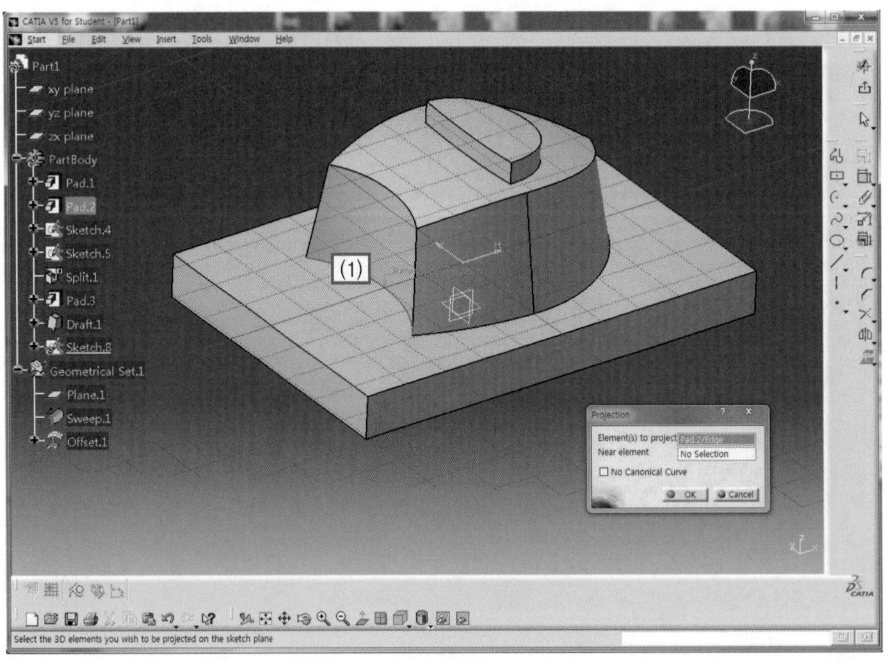

57 OK 버튼을 클릭하여 요소를 Sketch 평면에 투영시킨다.

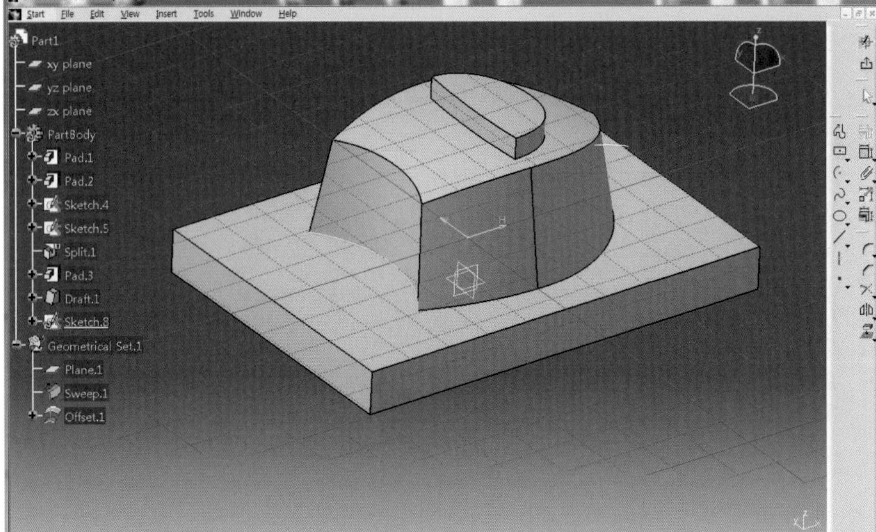

58 View 도구막대의 Normal 아이콘 을 클릭한다.

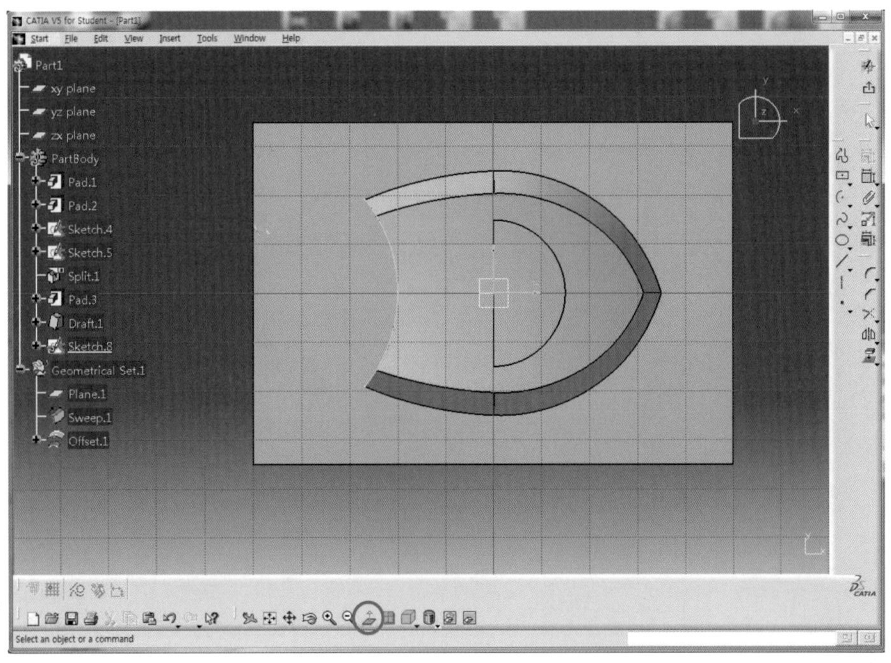

59 Profile 아이콘 을 클릭하여 아래와 같이 추출한 Arc의 끝점을 지나도록 Sketch한다.

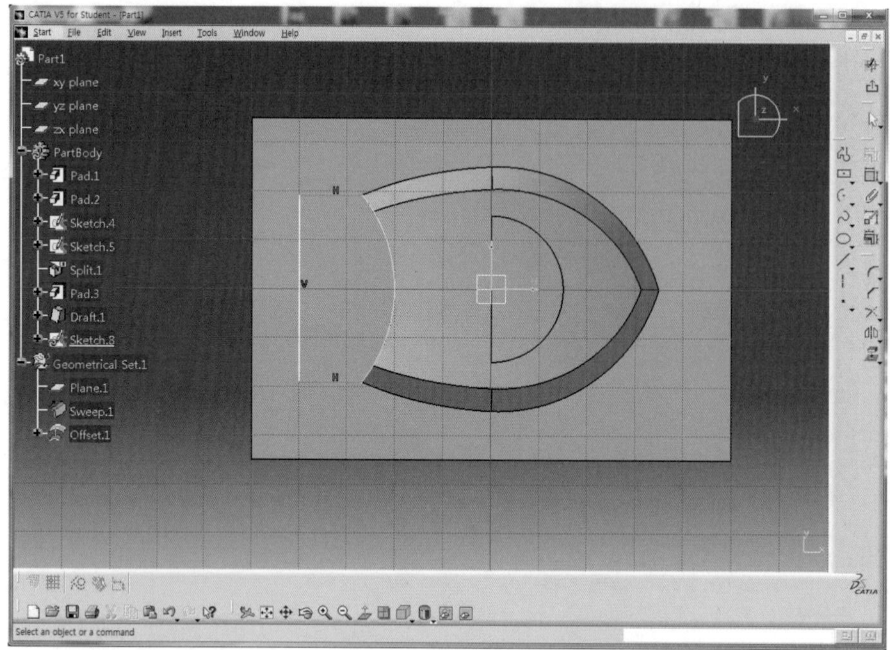

60 Constraint 아이콘 을 클릭한 후 치수를 구속시키고 치수(L40)를 정확하게 적용한다.

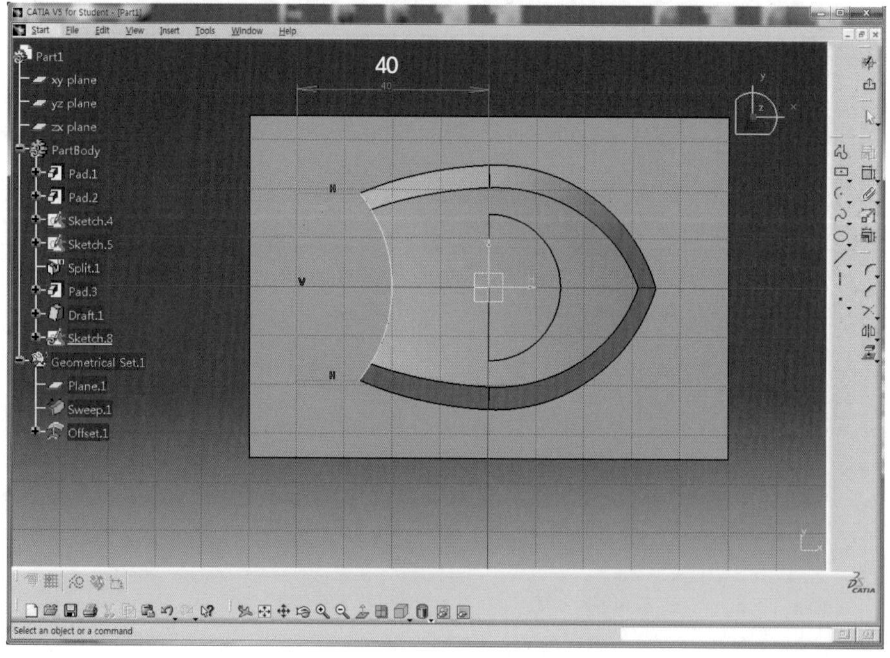

61 Exit workbench 아이콘 을 클릭하여 3D Mode로 전환한다.

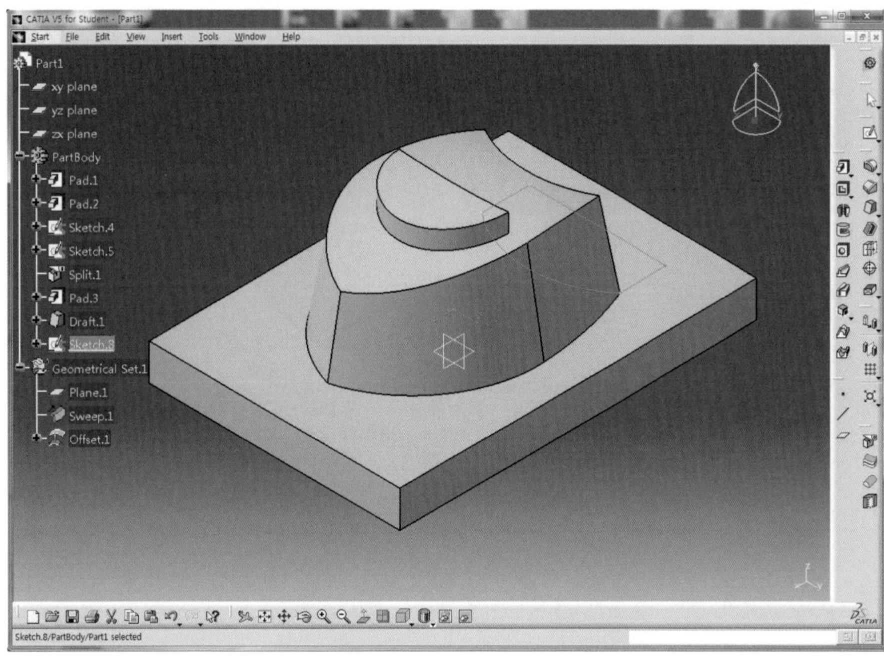

62 Pad 아이콘 을 클릭한 후 Length 영역에 30mm를 입력하고 Preview 버튼을 클릭하여 미리보기 한다.

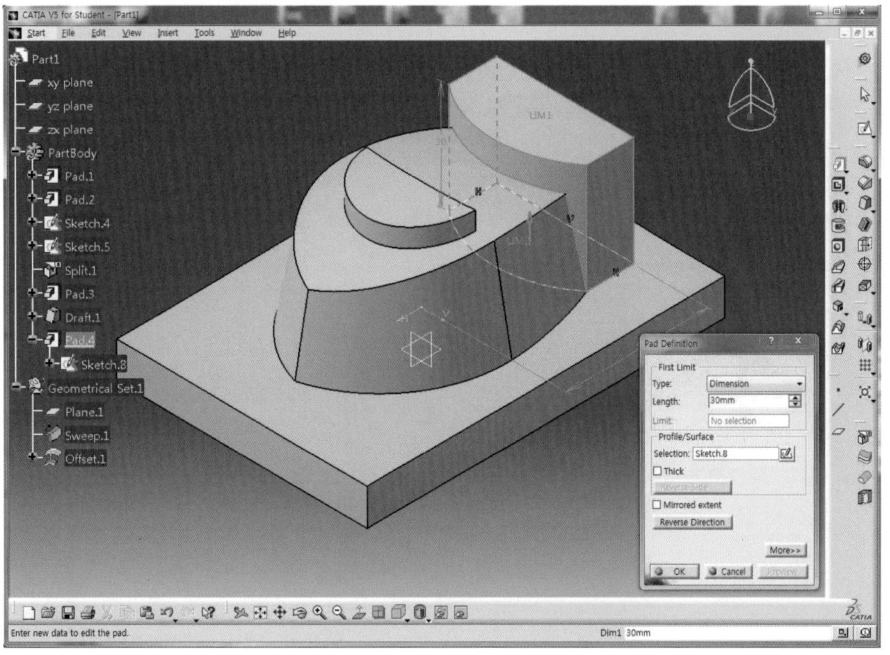

63 OK 버튼을 클릭하여 Solid를 생성한다.

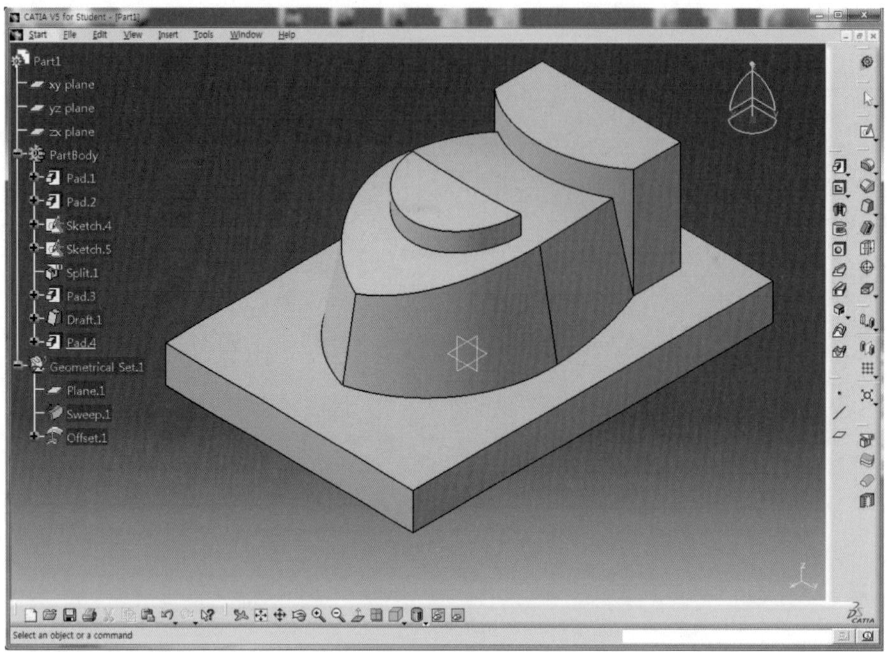

64 Draft Angle 아이콘 을 클릭하고 Angle영역에 10deg를 입력한다.

65 Face(s) to draft 영역을 클릭하고 앞 단계에서 생성한 Solid의 뒷면을 선택한 후 Neutral Element의 Selection 영역을 클릭하고 직육면체의 윗면을 선택한 후 Preview 버튼을 클릭하여 미리보기 한다.

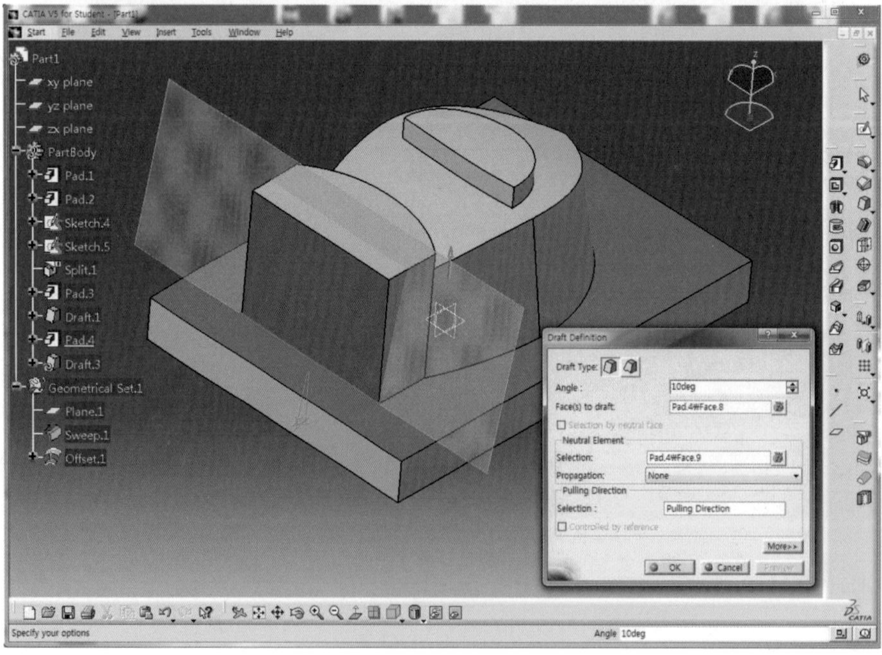

66 OK 버튼을 클릭하여 Draft시킨다.

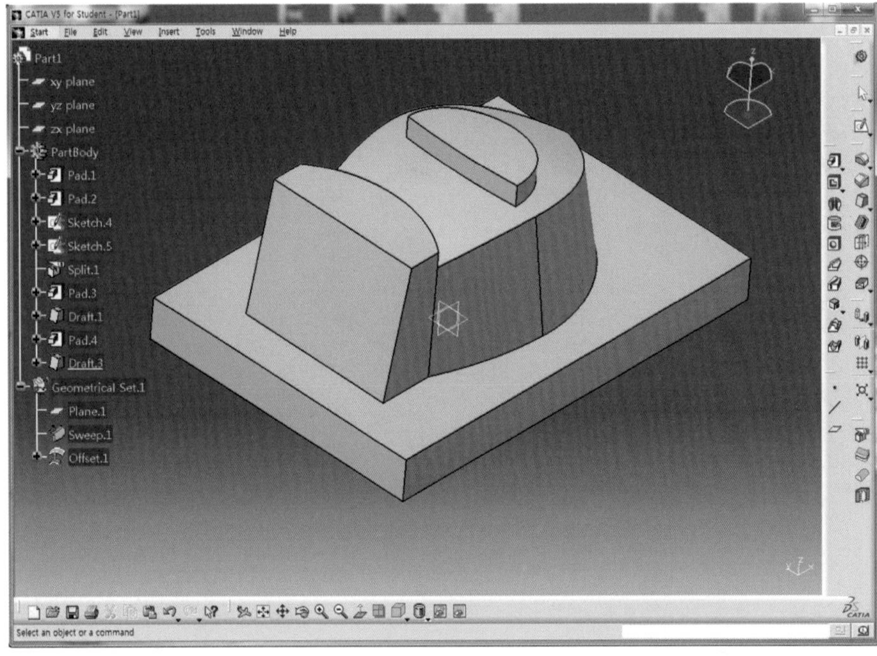

67 다시 Draft Angle 아이콘 을 클릭하고 Angle영역에 5deg를 입력한다.

68 Face(s) to draft 영역을 클릭하고 앞 단계에서 생성한 Solid의 옆면을 선택한 후 Neutral Element의 Selection 영역을 클릭하고 직육면체의 윗면을 선택한 후 Preview 버튼을 클릭하여 미리보기 한다.

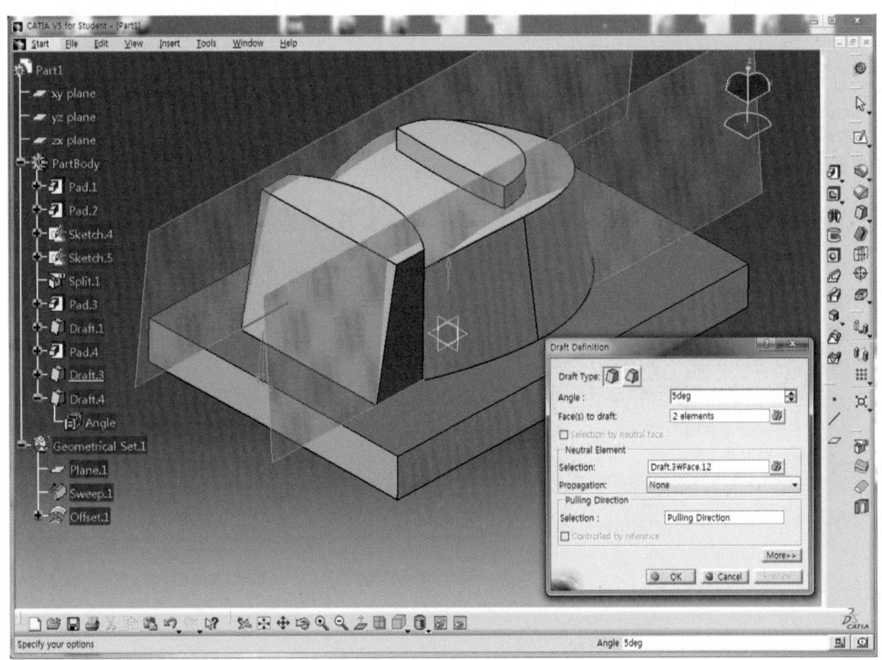

69 OK 버튼을 클릭하여 Draft를 마무리한다.

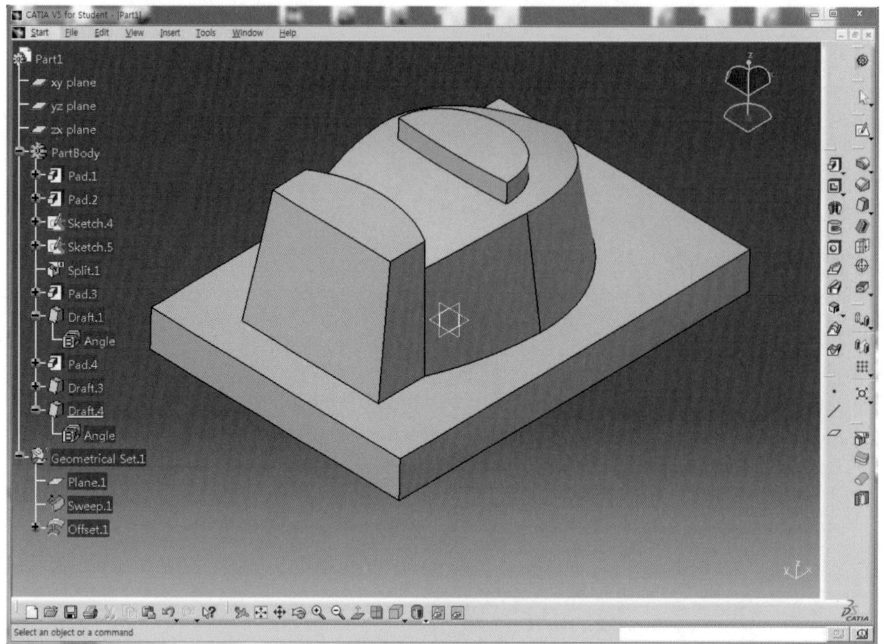

70 Isometric View 아이콘 을 클릭하여 등각뷰로 전환한다.

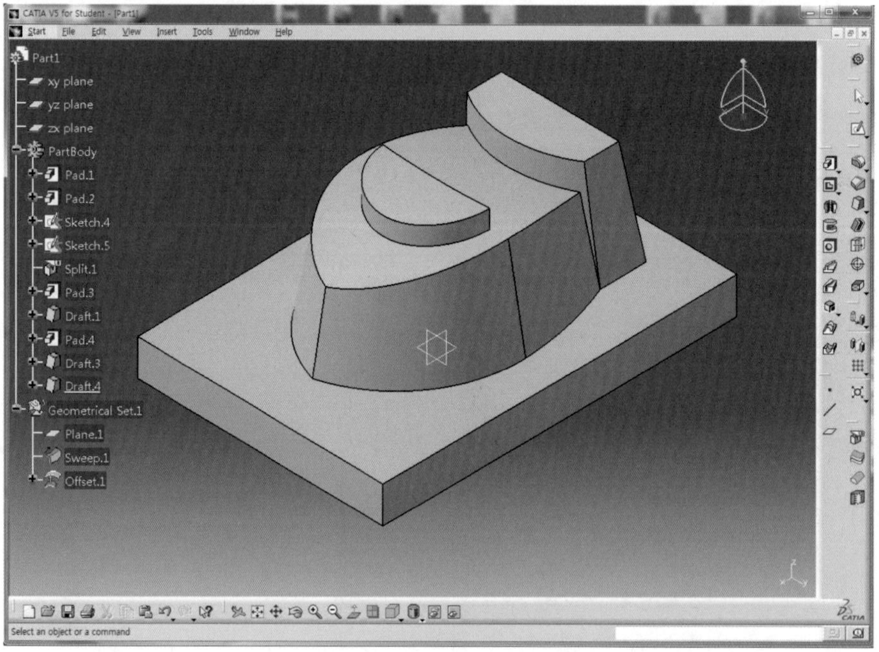

71 Sketch 아이콘 을 클릭한 후 직육면체 윗면을 선택하여 Sketch Mode로 전환한다.

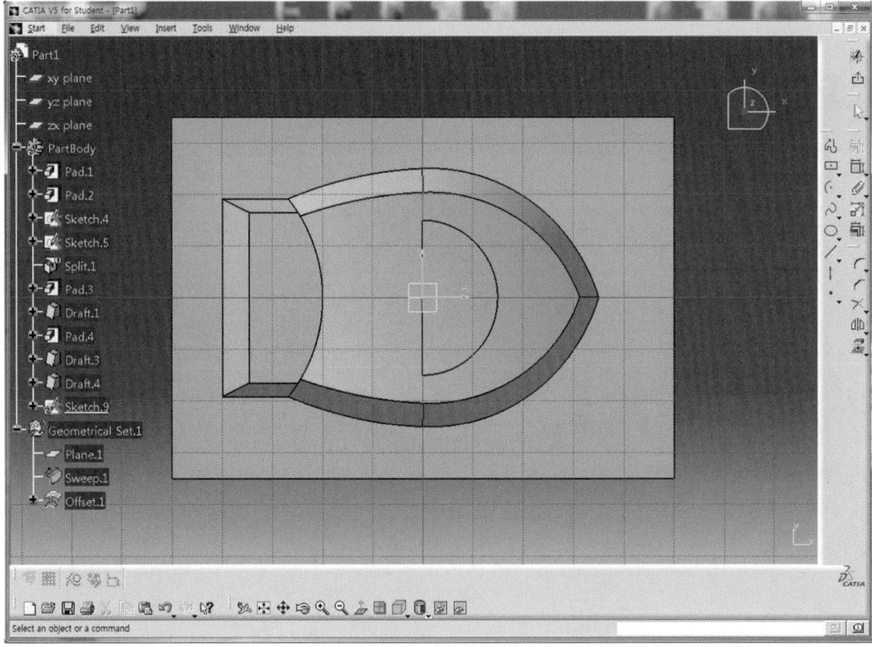

72 Circle 아이콘 을 클릭하여 중심이 H축 위에 위치하도록 Circle을 Sketch한다.

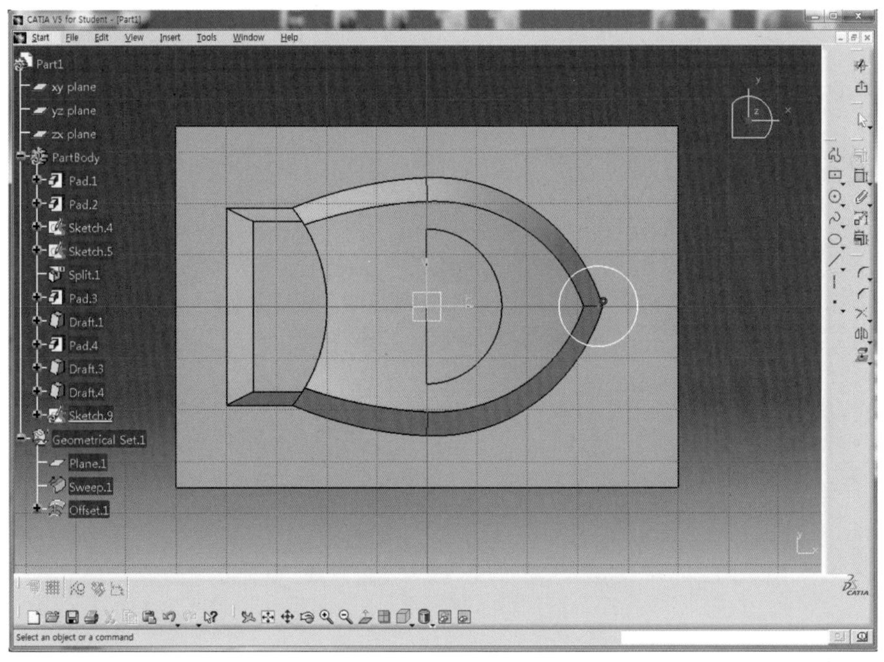

73 Constraint 아이콘 을 더블클릭한 후 치수를 구속시키고 각 치수를 더블클릭하여 정확한 치수 (L35, D15)를 적용한다.

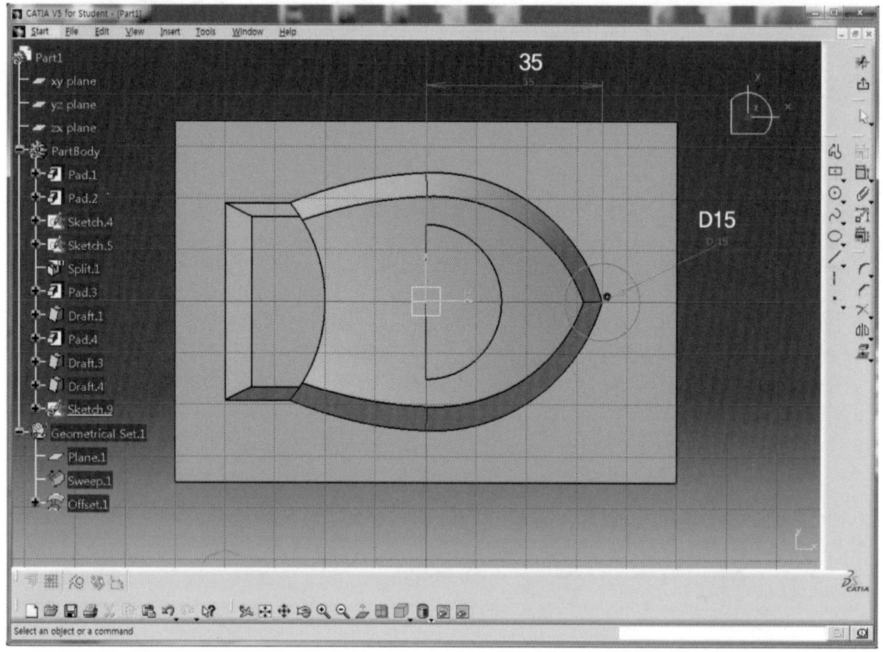

74 Exit workbench 아이콘 을 클릭하여 3D Mode로 전환한다.

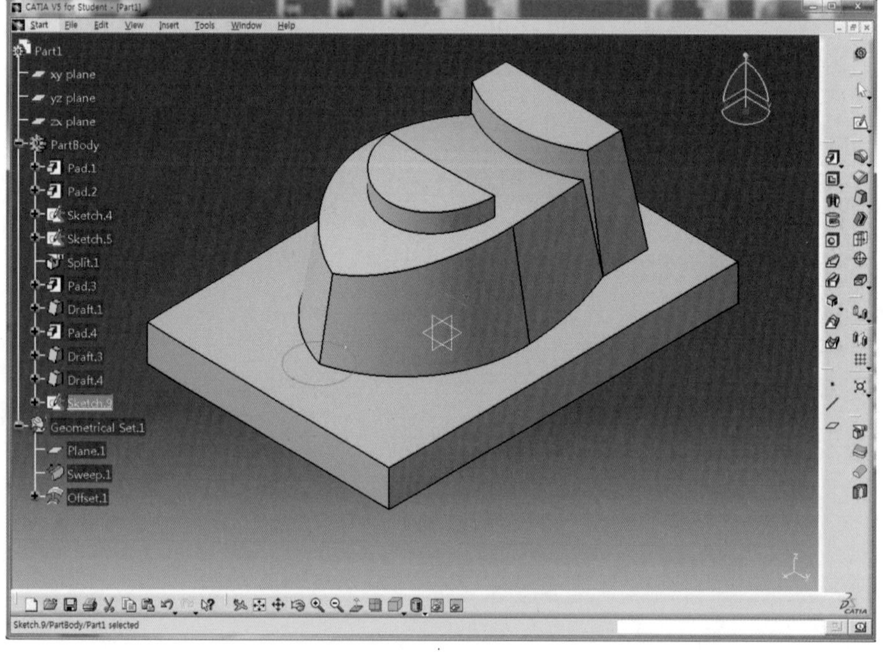

75 Pad 아이콘 을 클릭한 후 Length 영역에 10mm를 입력하고 Preview 버튼을 클릭하여 미리보기 한다.

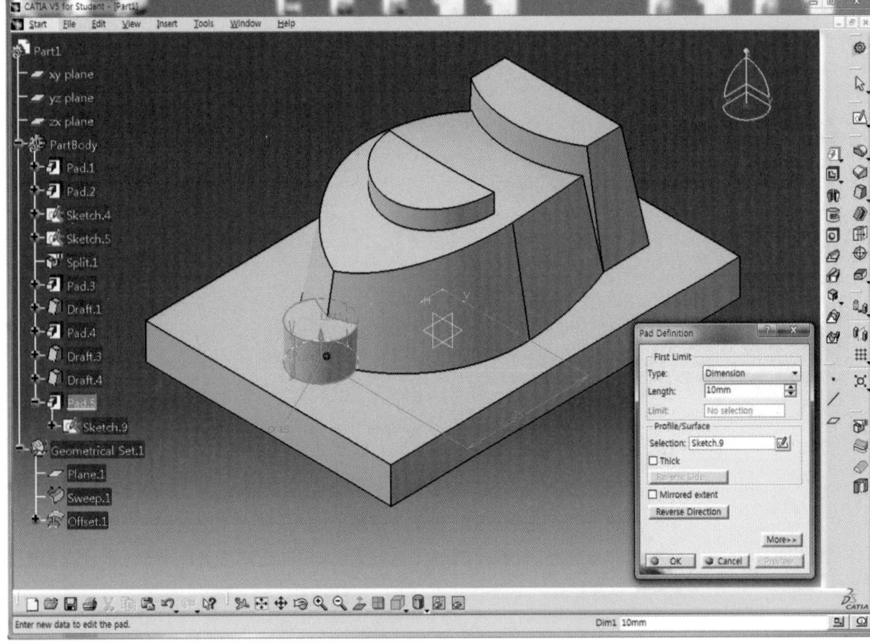

76 OK 버튼을 클릭하여 원기둥의 Solid를 생성한다.

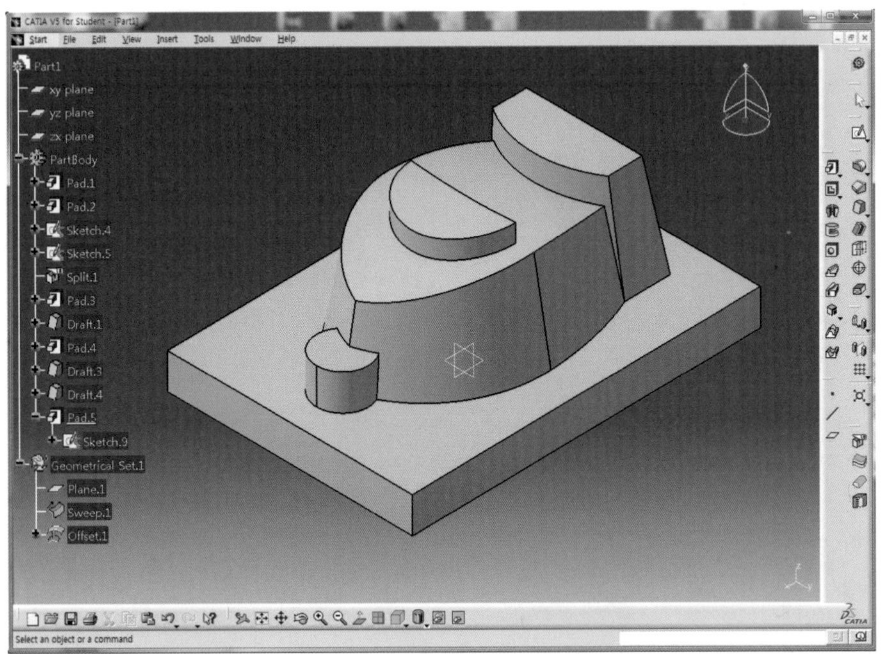

77 Draft Angle 아이콘 을 클릭하고 Angle 영역에 10deg를 입력한다.

78 Face(s) to draft 영역을 클릭하고 원기둥의 원주면(1)을 선택한 후 Neutral Element의 Selection 영역을 클릭하고 직육면체의 윗면(2)을 선택한다.

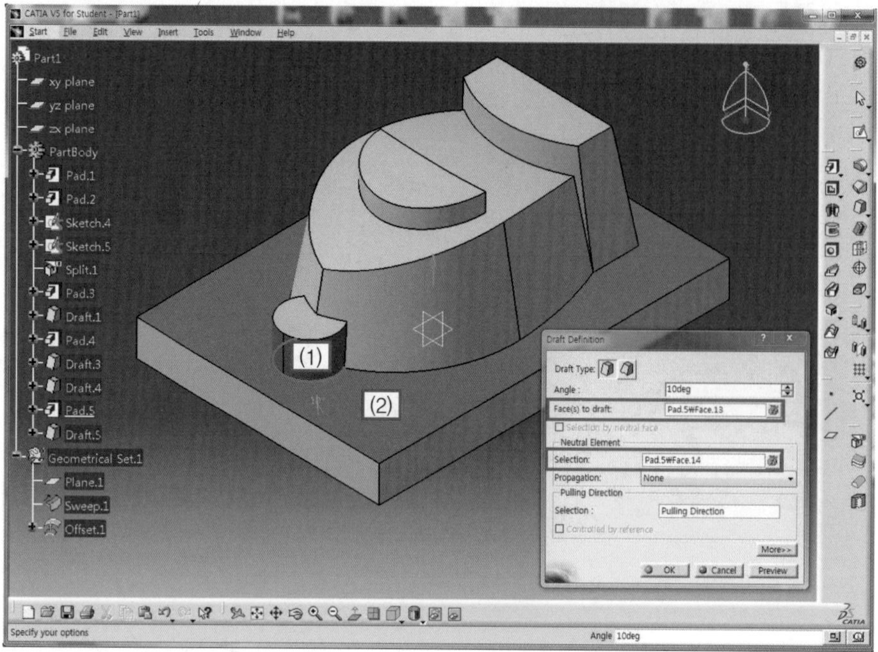

79 Preview 버튼을 클릭하여 미리보기 한다.

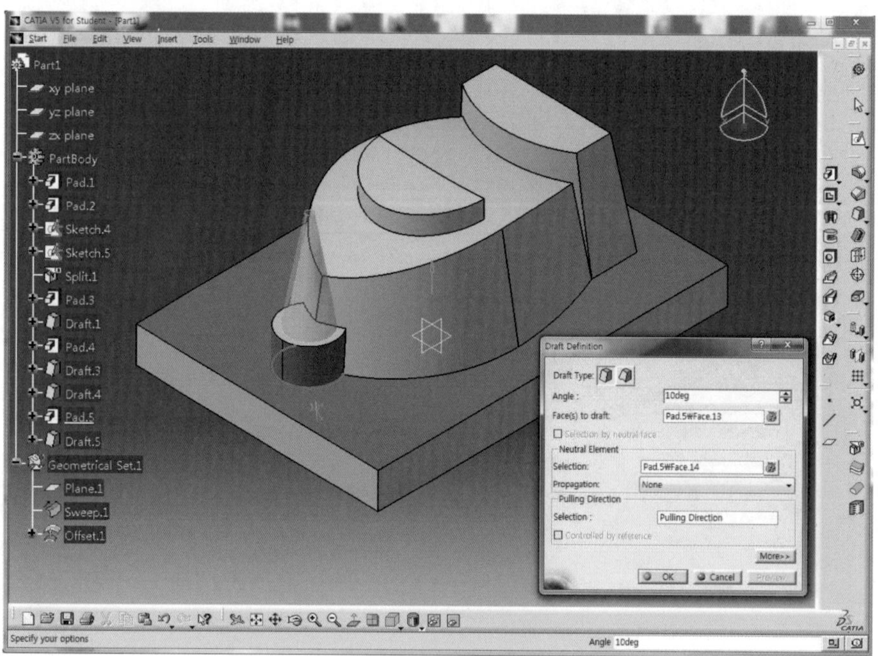

80 OK 버튼을 클릭하여 Draft를 적용한다.

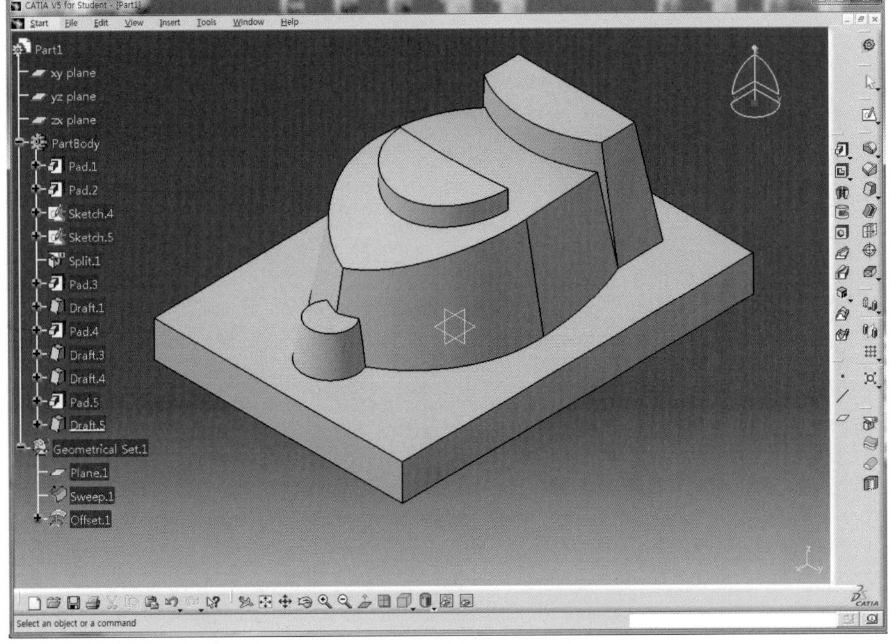

81 Edge Fillet 아이콘 을 클릭한 후 R5를 적용한다.

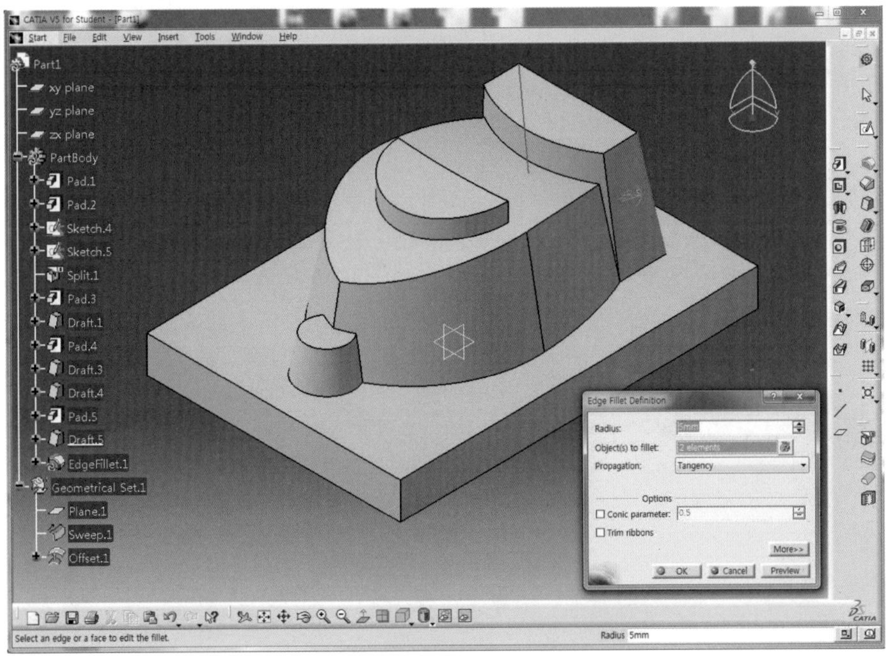

82 Edge Fillet 아이콘 을 클릭한 후 R3을 적용한다.

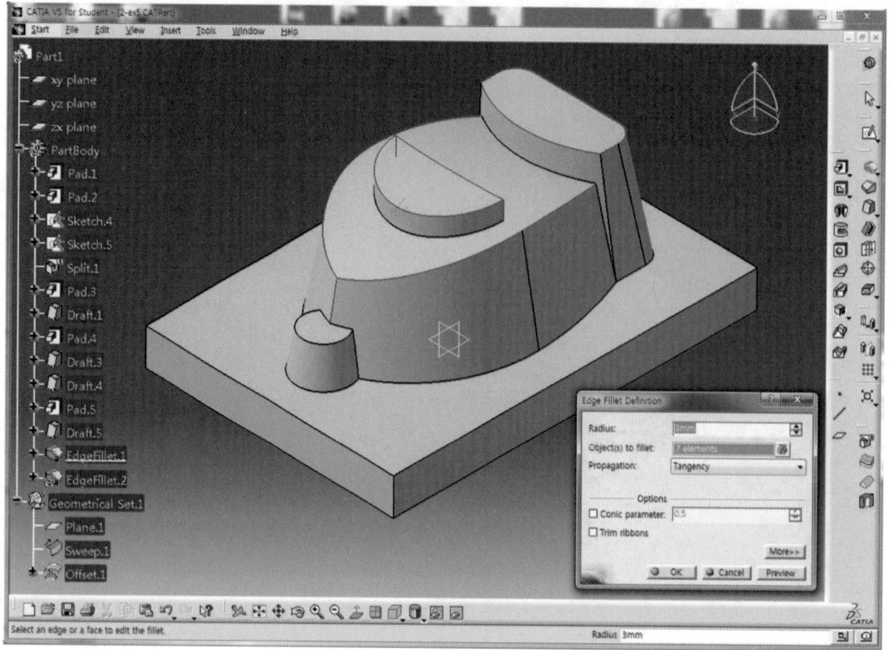

83 나머지 요소는 Edge Fillet 아이콘 을 클릭한 후 R1을 적용한다.

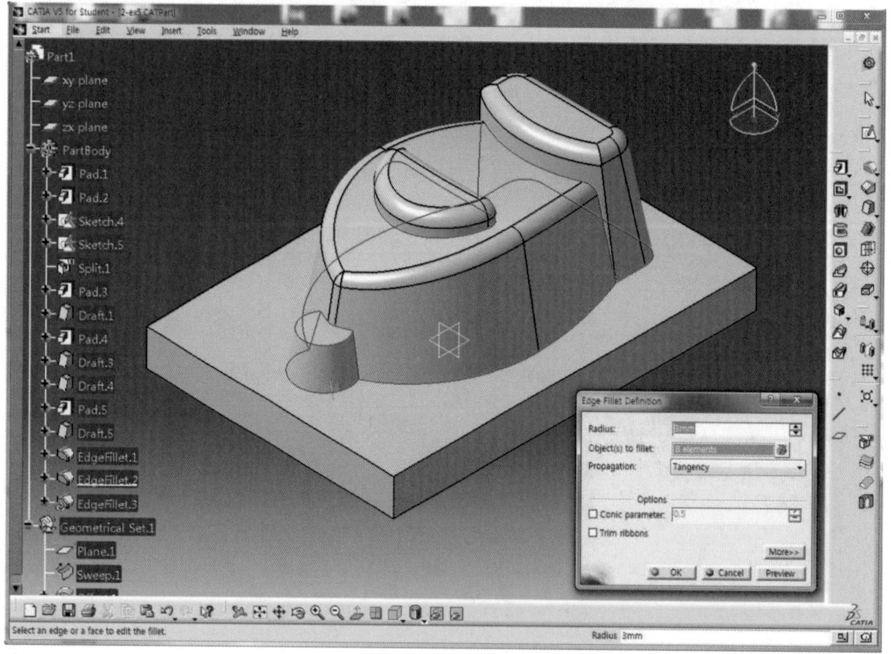

84 완성된 Model이다.

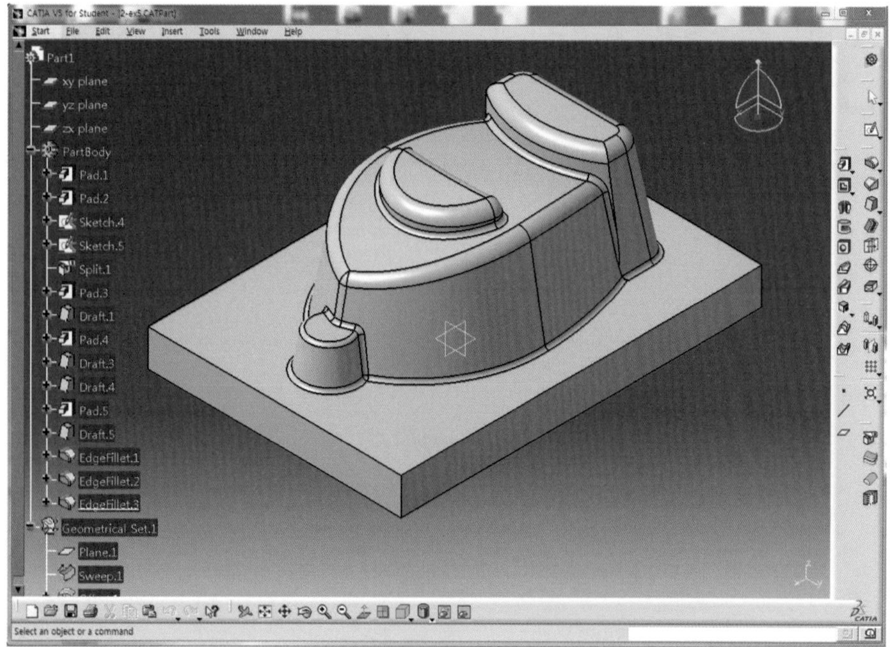

06 활용 Model (6)

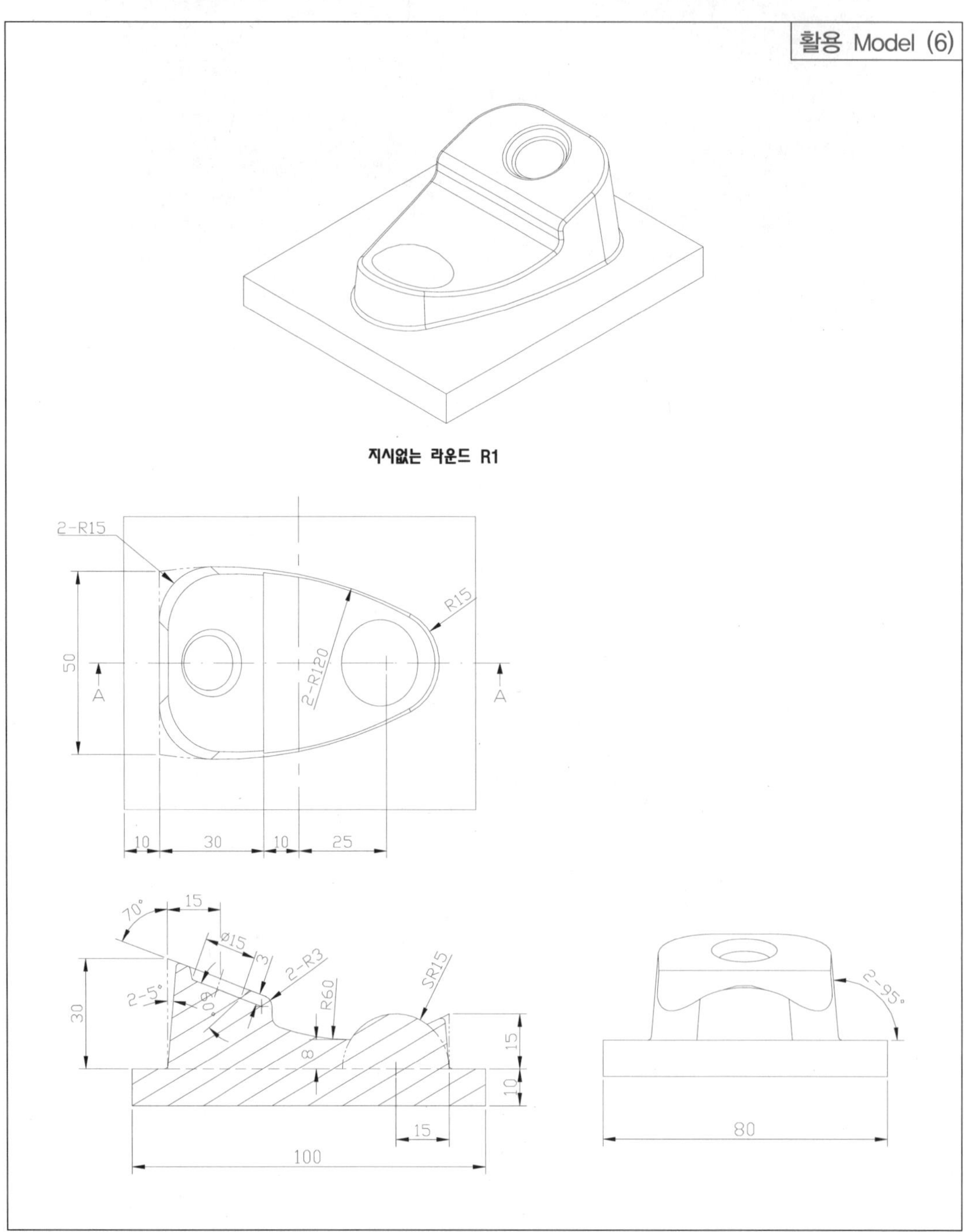

활용 Model (6)
지시없는 라운드 R1
2-R15
R15
2-R120
50
A
10
30
10
25
70°
15
Ø15
3
2-R3
SR15
2-5°
60°
R60
30
8
15
10
15
100
2-95°
80

01 CATIA를 실행시켜 Part Design Mode로 전환한다.

02 Sketch 아이콘 을 클릭하고 xy Plane을 선택하여 Sketch Mode로 전환한다.

03 Profile 도구막대의 Centered Rectangle 아이콘 을 클릭한다.

04 대칭 기준점으로 원점을 선택하고 직사각형 꼭짓점을 클릭하여 원점에 대칭인 직사각형을 생성한다.

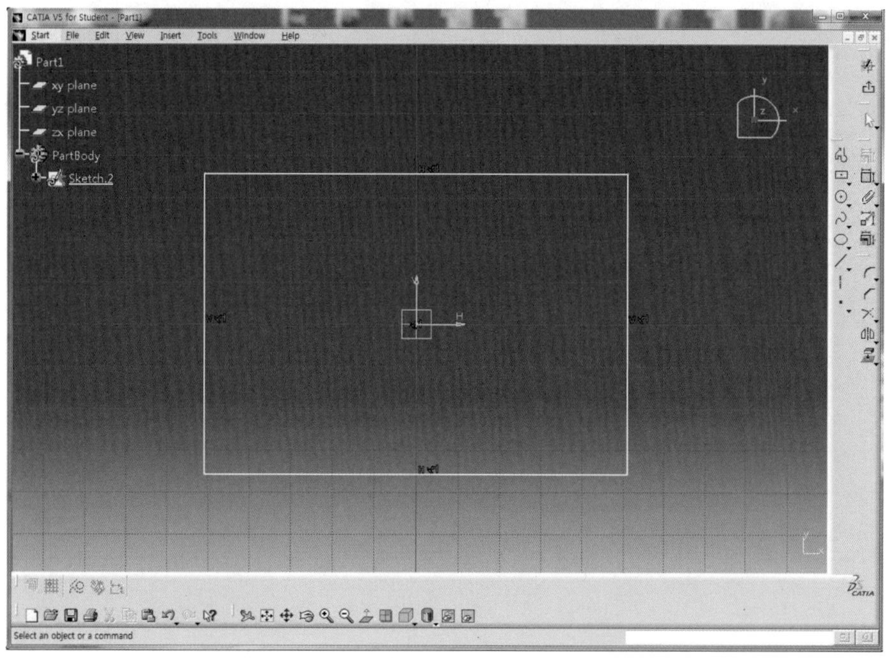

05 Constraint 도구막대의 Constraint 아이콘 을 더블클릭하여 직사각형의 가로(L100)와 세로(L80) 치수를 구속시킨다.

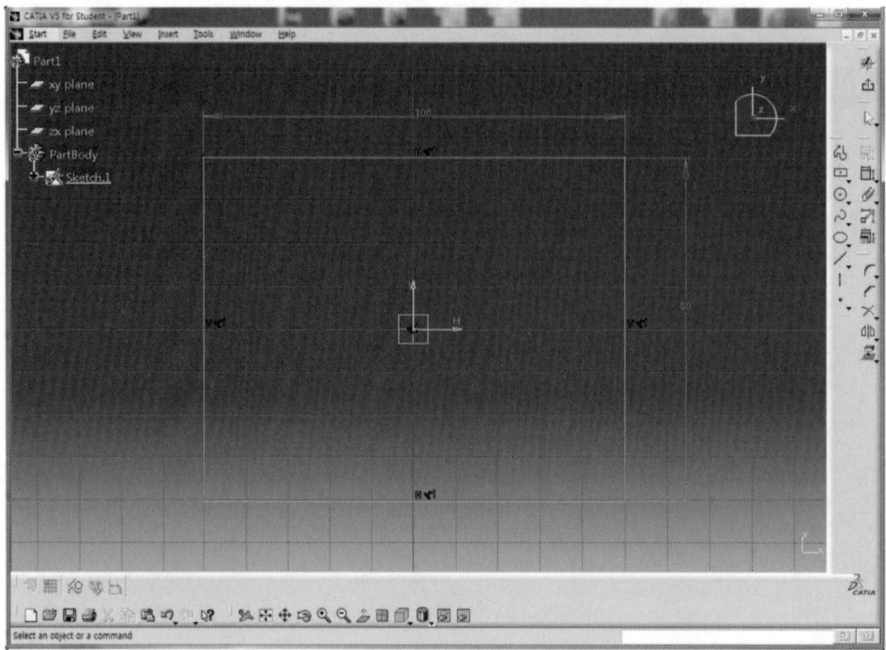

06 Exit workbench 아이콘 을 클릭하여 3D Mode로 전환한다.

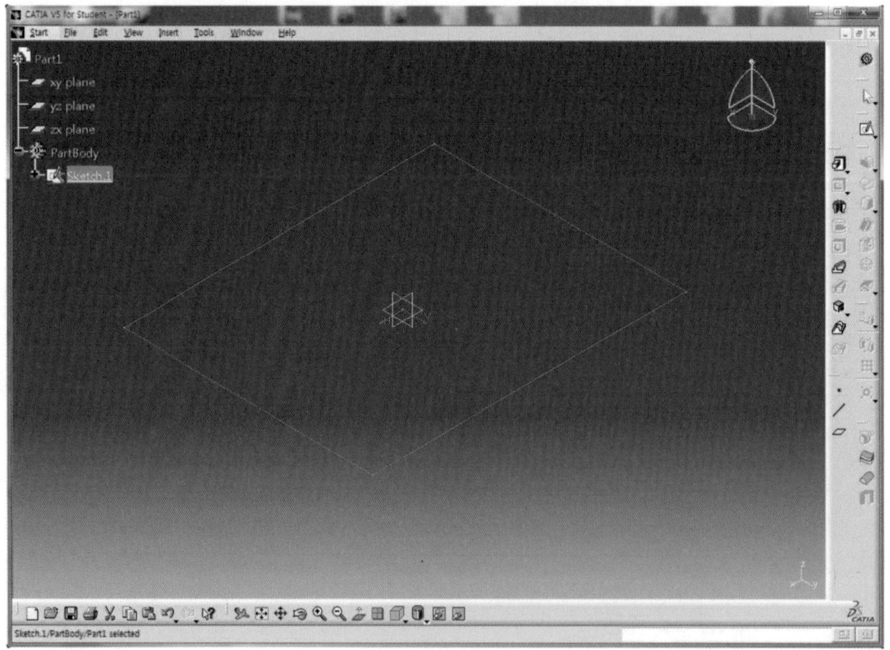

07 Sketch.1을 선택하고 Pad 아이콘 을 클릭한 후 Length 영역에 10mm를 입력하고 Preview 버튼을 클릭하여 미리보기 한다.

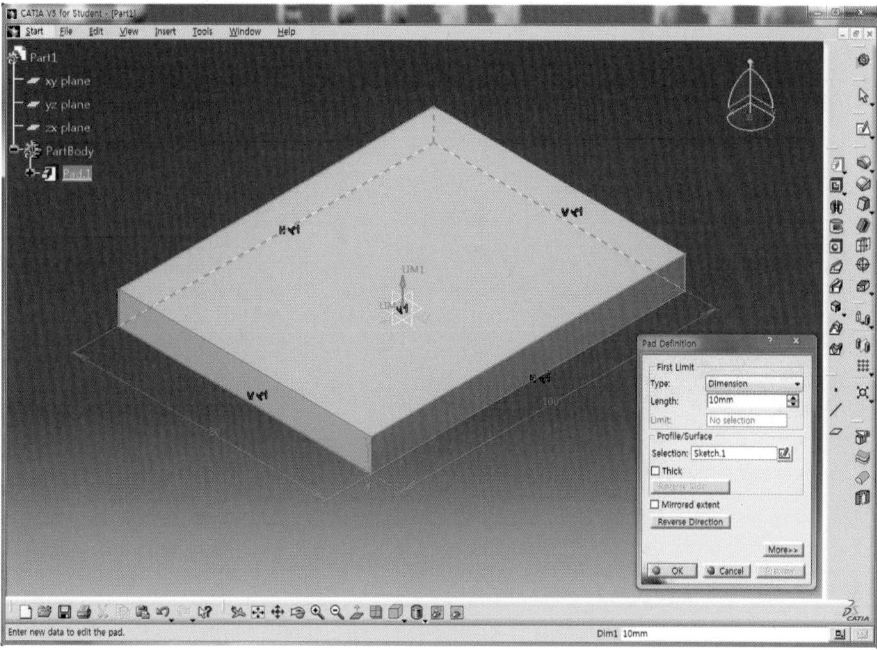

08 OK 버튼을 클릭하여 직육면체의 Solid를 생성한다.

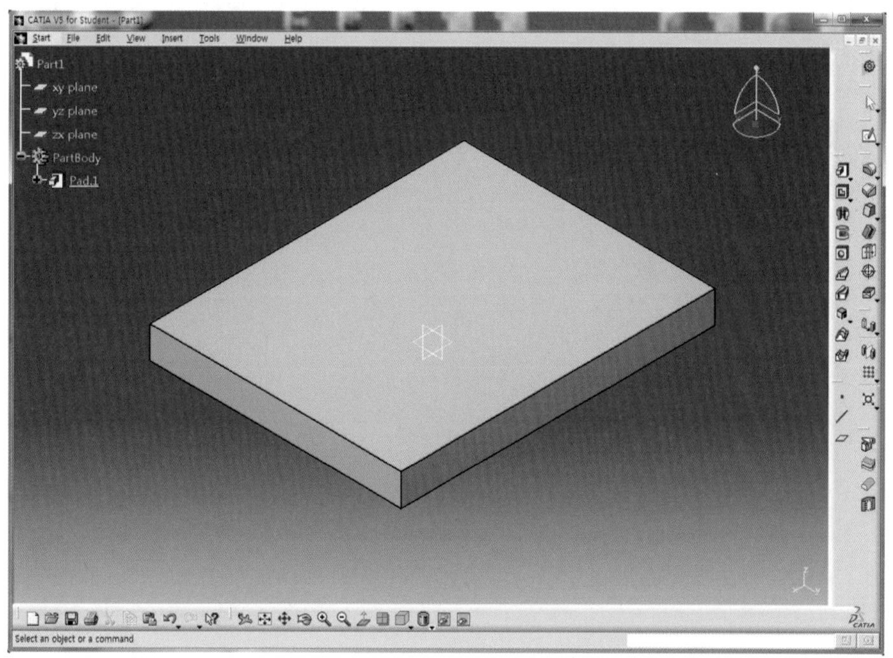

09 Sketch 아이콘 을 클릭하고 직육면체의 윗면을 선택하여 Sketch Mode로 전환한다.

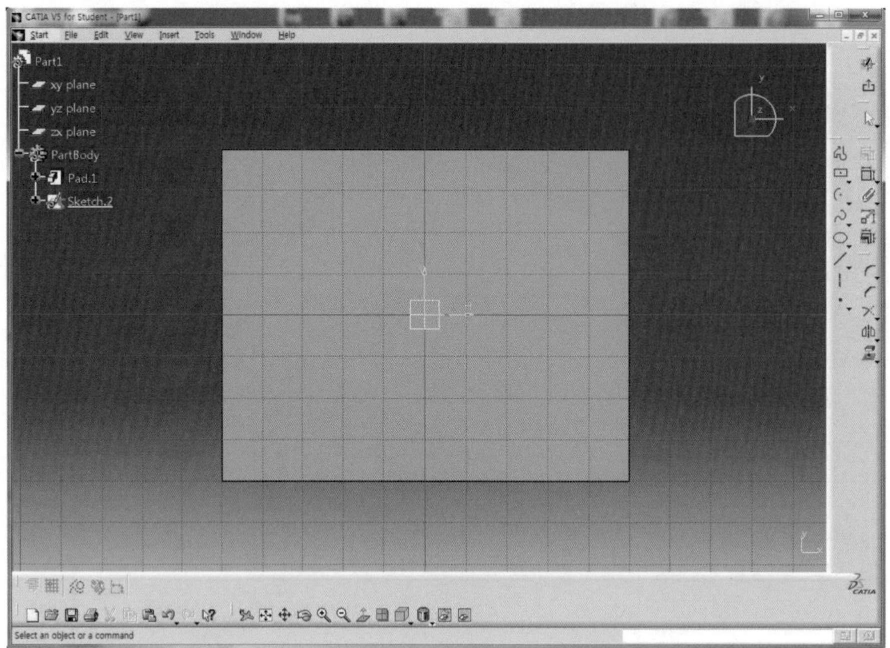

10 Tree Point Arc 아이콘 을 클릭한 후 임의의 3점을 지나는 Arc를 Sketch한다.

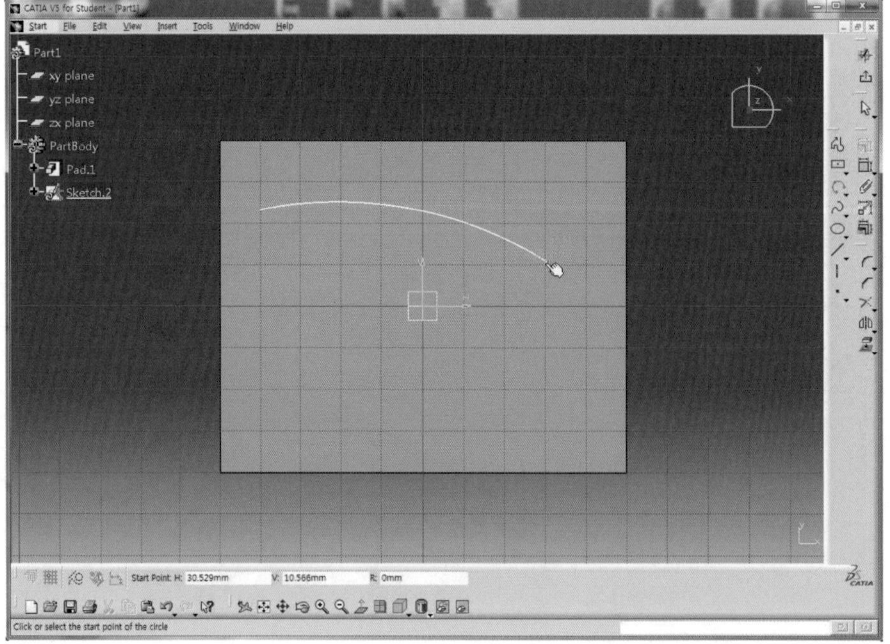

11 Arc를 선택한 후 Mirror 아이콘 을 클릭하고 H축을 선택하여 대칭시킨다.

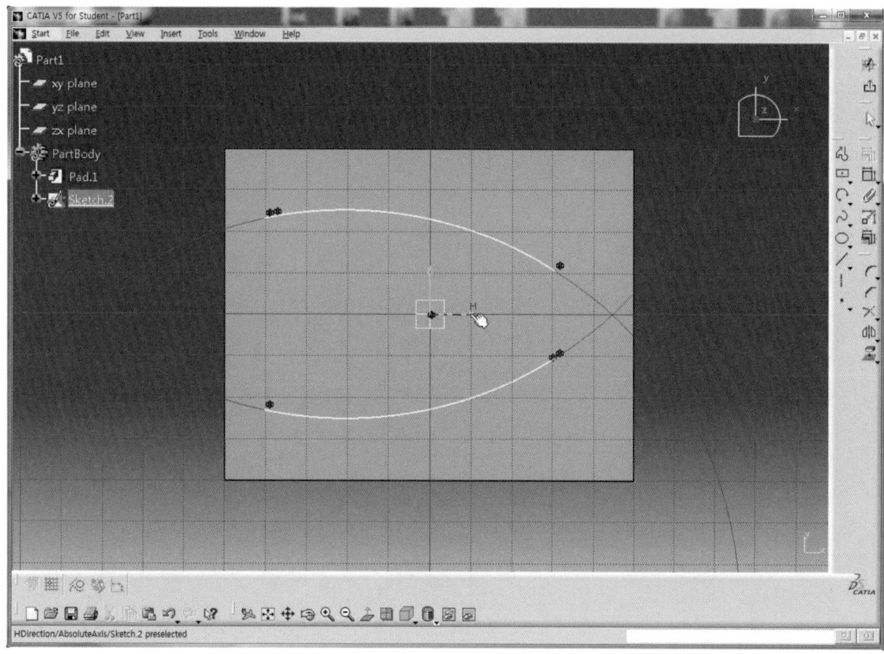

12 Line 아이콘 을 클릭하여 Arc의 왼쪽 양 끝점을 연결한다.

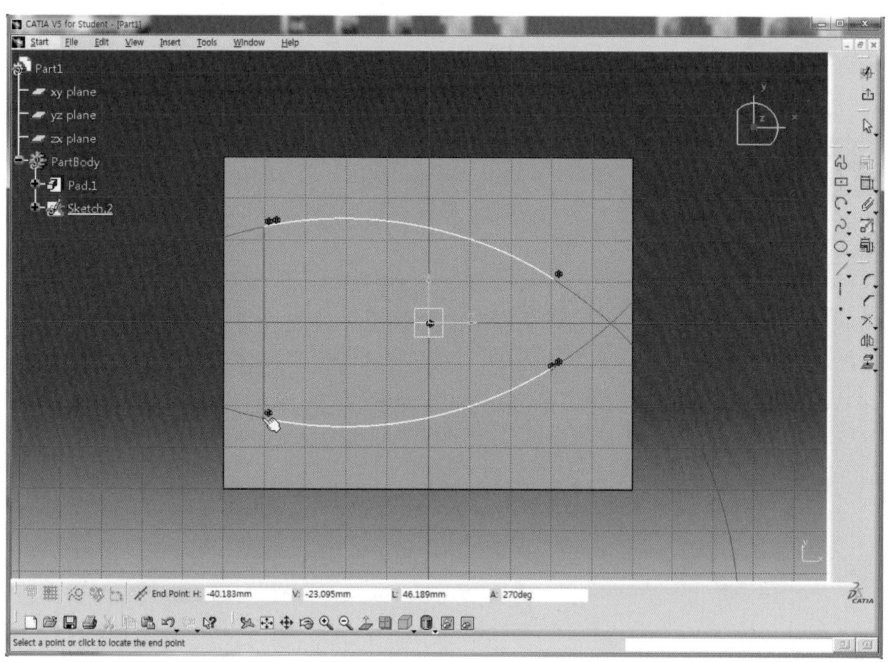

13 Arc 아이콘 을 클릭한 후 Arc의 중심점을 H축 위에 위치시키고 시작점과 끝점을 앞에서 생성한 Tree Point Arc의 오른쪽 양 끝점에 Sketch한다.

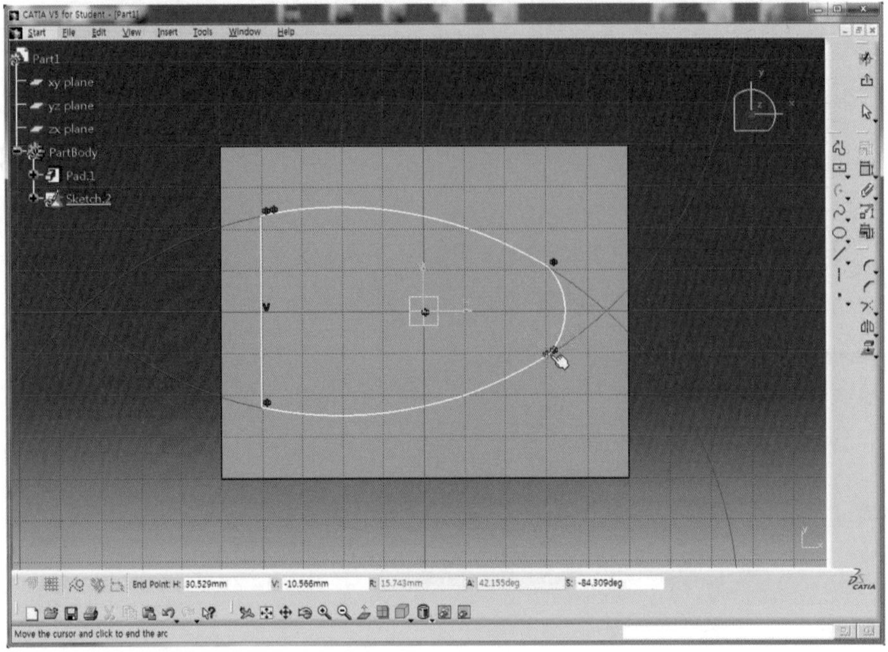

14 Constraint 아이콘 을 더블클릭한 후 Three Point Arc로 Sketch한 호(1)와 Arc로 Sketch한 호(2)를 연속 선택하고 마우스 오른쪽 버튼을 클릭하여 Tangency를 선택하여 접하도록 구속시킨다.

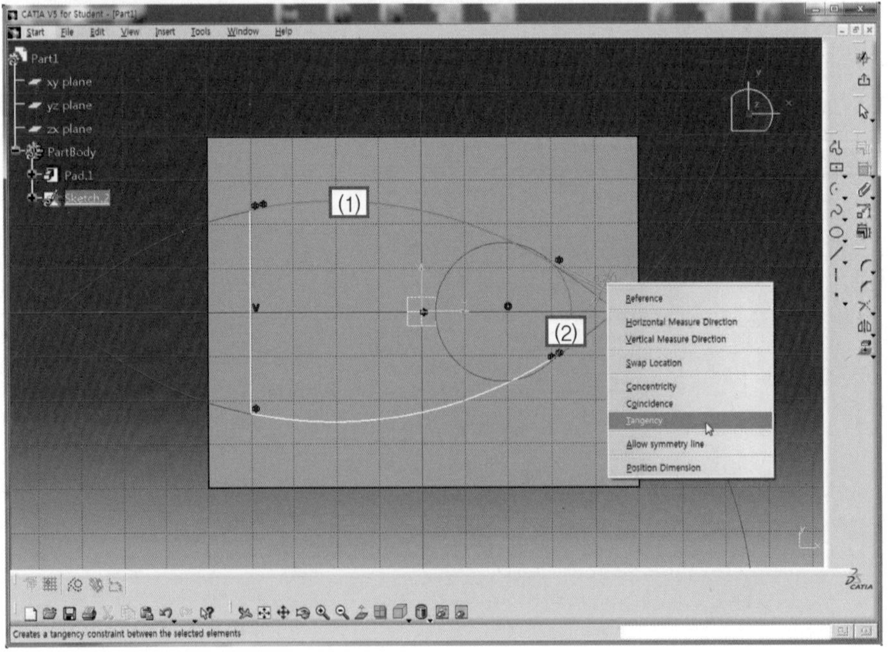

15 앞과 같은 방법으로 아래에 위치한 Arc(1)와 오른쪽의 Arc(2)에도 접하도록 Tangency 구속을 적용한다.

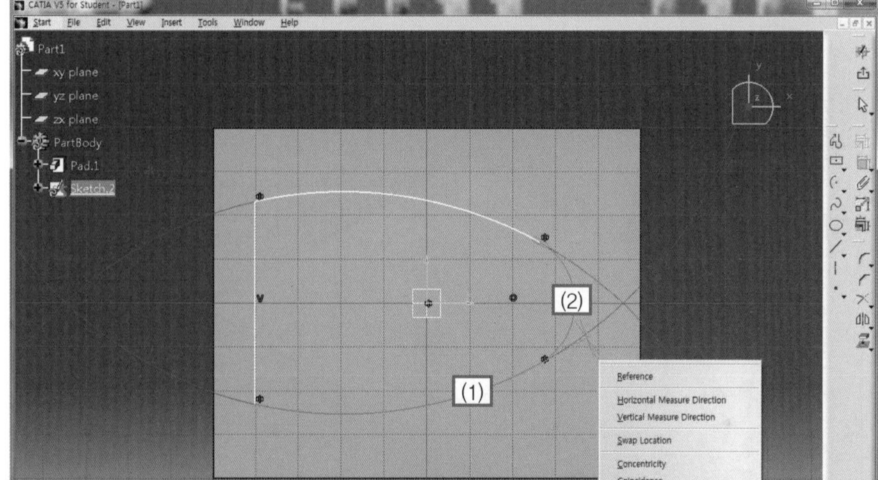

16 Sketch의 나머지 요소에 대해서도 치수를 구속하고 각 치수를 더블클릭한 후 도면을 참고하여 정확한 치수(L50, L40, R120, R15)를 적용한다.

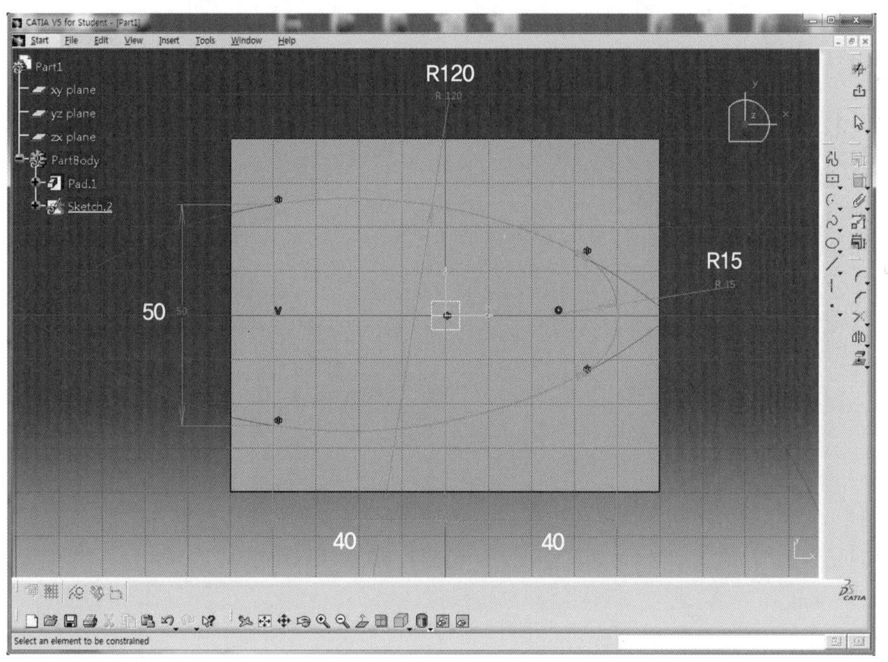

17 Exit workbench 아이콘 을 클릭하여 3D Mode로 전환한다.

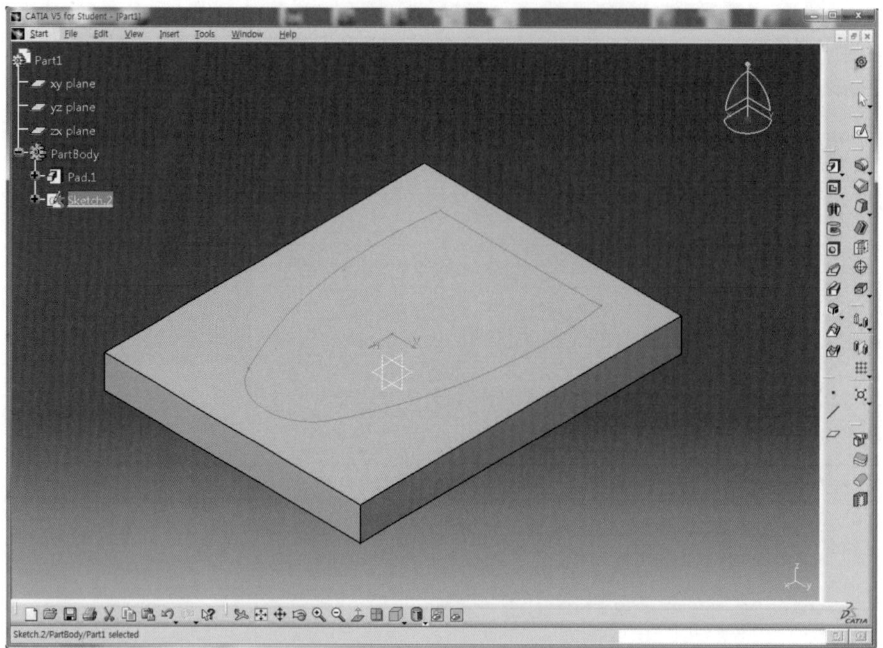

18 Positioned Sketch 아이콘 을 클릭한 후 zx Plane를 선택한다.

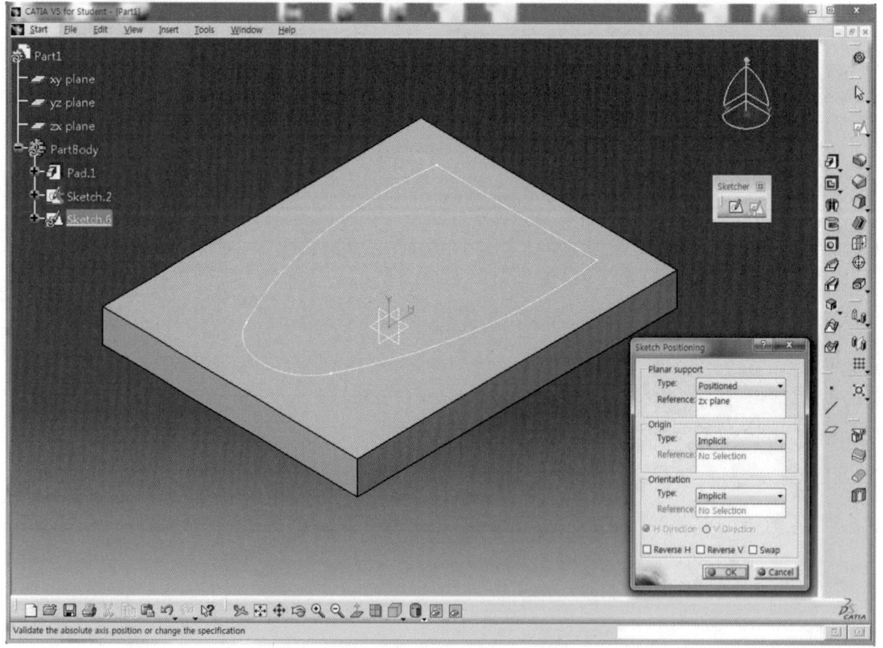

19 Sketch positioning 대화상자에서 Reverse H를 체크하면 좌표축의 H축 방향이 반대로 전환한 것을 볼 수 있으며 OK 버튼을 클릭하면 Sketch Mode로 전환된다.

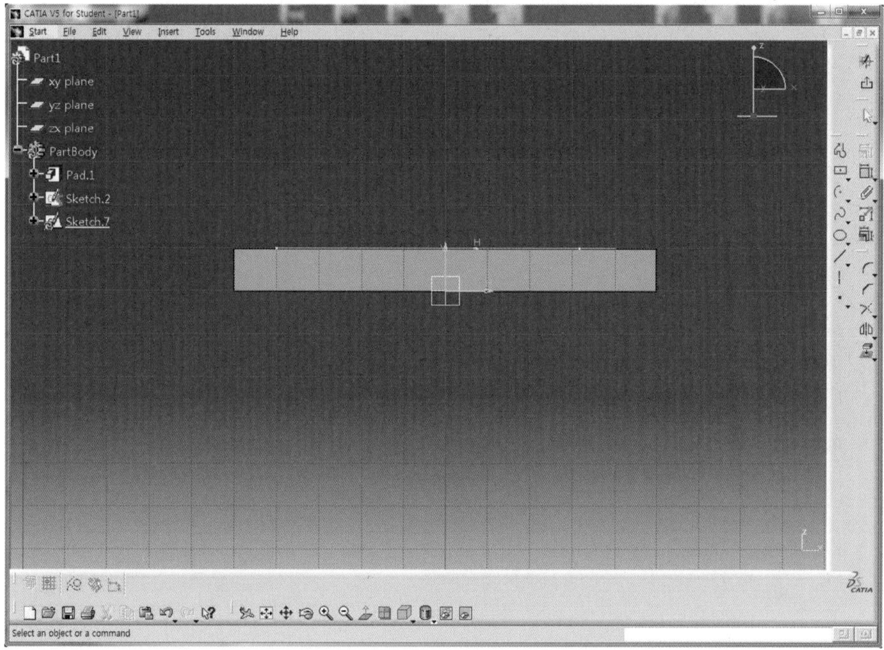

20 작업영역을 회전시켜보면 Sketch 방향이 설계자가 원하는 형태도 바뀐 것을 확인할 수 있다.

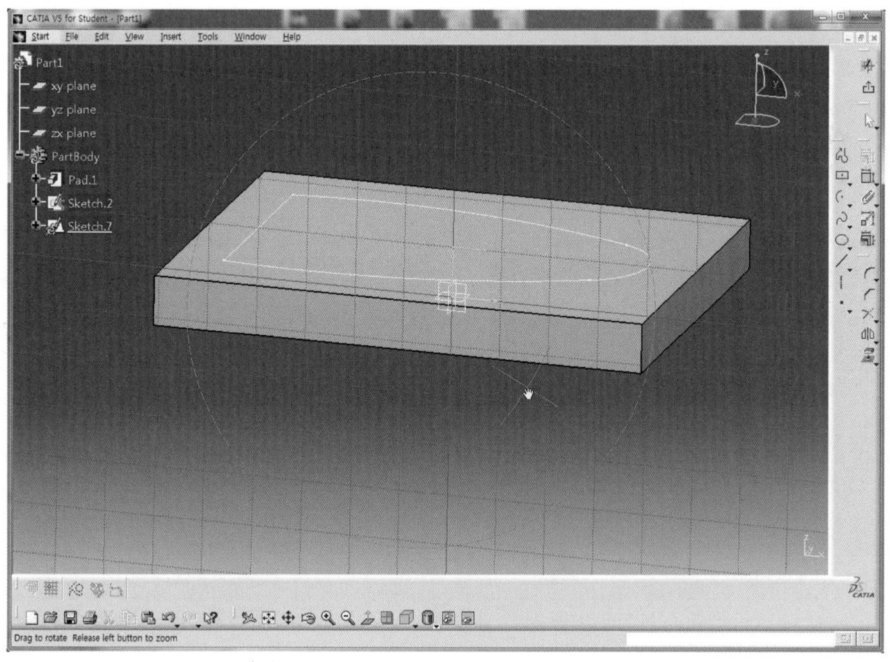

21 View 도구막대의 Normal 아이콘 을 클릭한다.

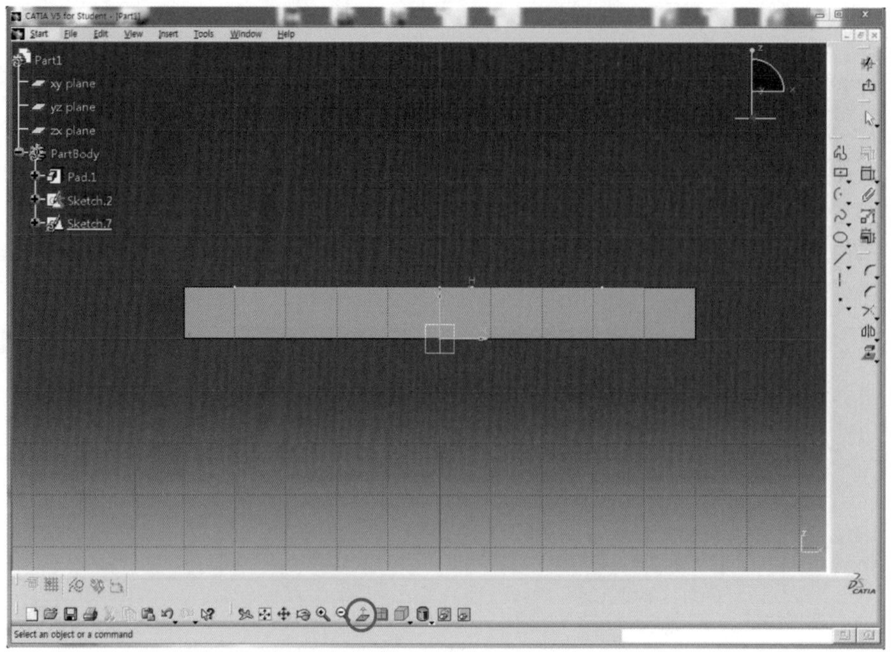

REFERENCE

18)번 과정에서 Sketch 아이콘 을 이용하여 zx Plane를 선택하고 Sketch Mode로 전환할 경우에는 아래와 같이 반대 방향으로 Sketch Mode로 전환된다.
따라서, Sketch Mode로 전환할 때 설계자가 의도하는 방향으로 Normal View를 지정하고 싶을 경우는 Sketch 아이콘 이 아닌 Positioned Sketch 아이콘 을 이용하면 편리하다.

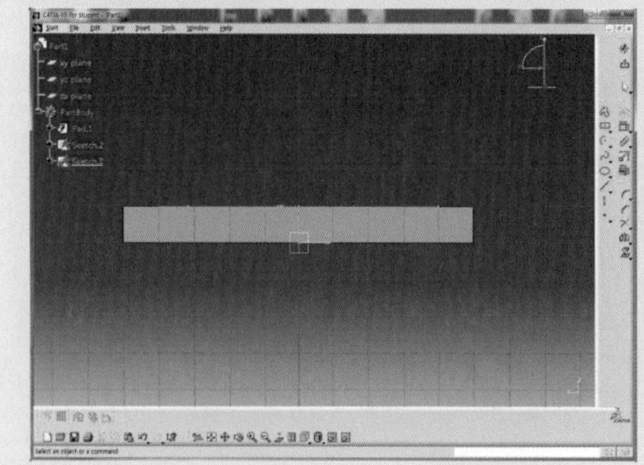

Sketch Mode 전환 시 Normal화면

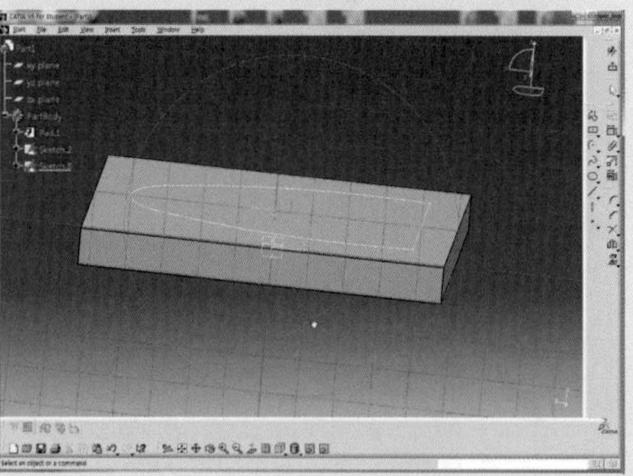

Sketch Mode 전환 시 회전화면

22 Profile 아이콘 을 클릭하여 직선과 Sketch tools 도구막대에서 Tree Point Arc 옵션을 활용하여 아래와 같이 닫히도록 대략적으로 Sketch한다.

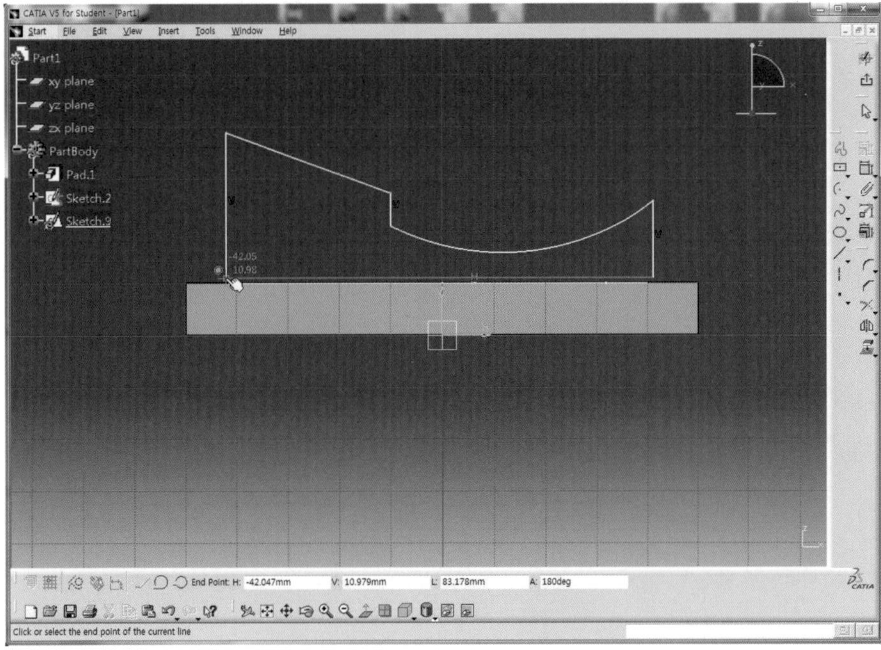

23 Constraint 아이콘 을 더블클릭한 후 직육면체의 윗면과 Sketch의 수평직선을 차례로 선택하고 마우스 오른쪽 버튼을 클릭하여 Coincidence를 선택하여 일치시킨다.

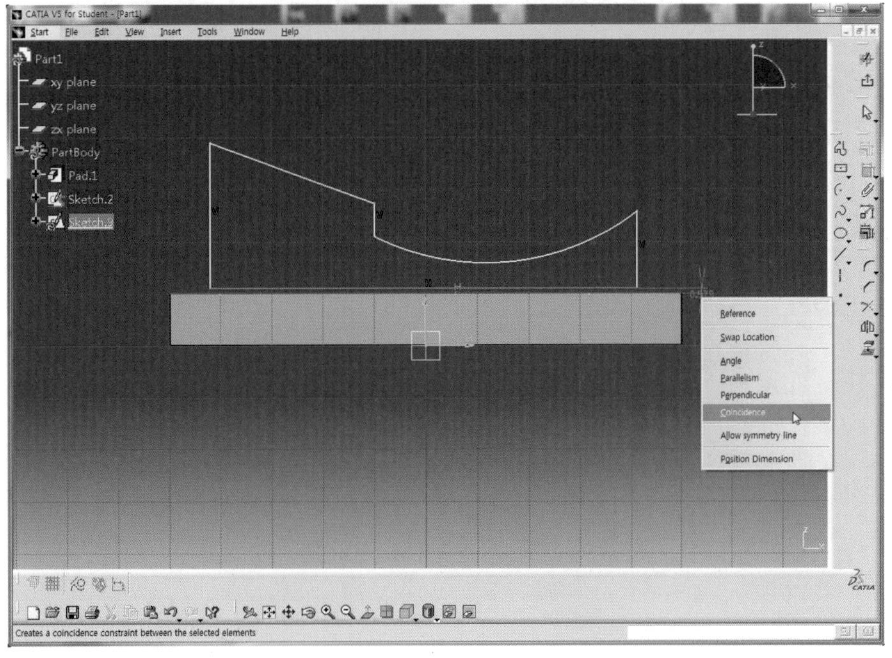

24 다른 요소의 치수를 구속시키고 각각의 치수를 더블클릭하여 정확한 치수(L30, L40, L8, L15, R60, 70°)를 적용한다.

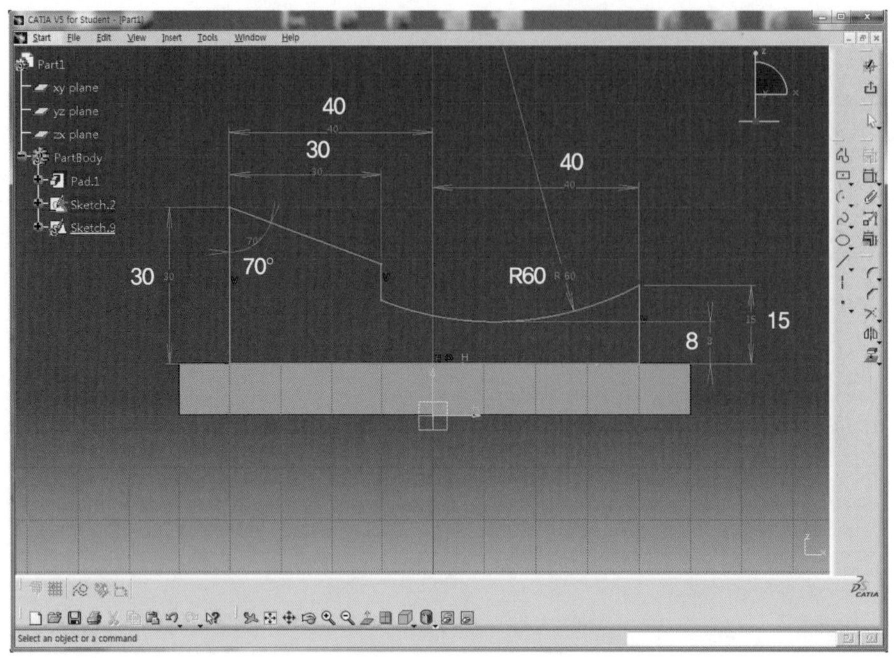

25 Exit workbench 아이콘 을 클릭하여 3D Mode로 전환한다.

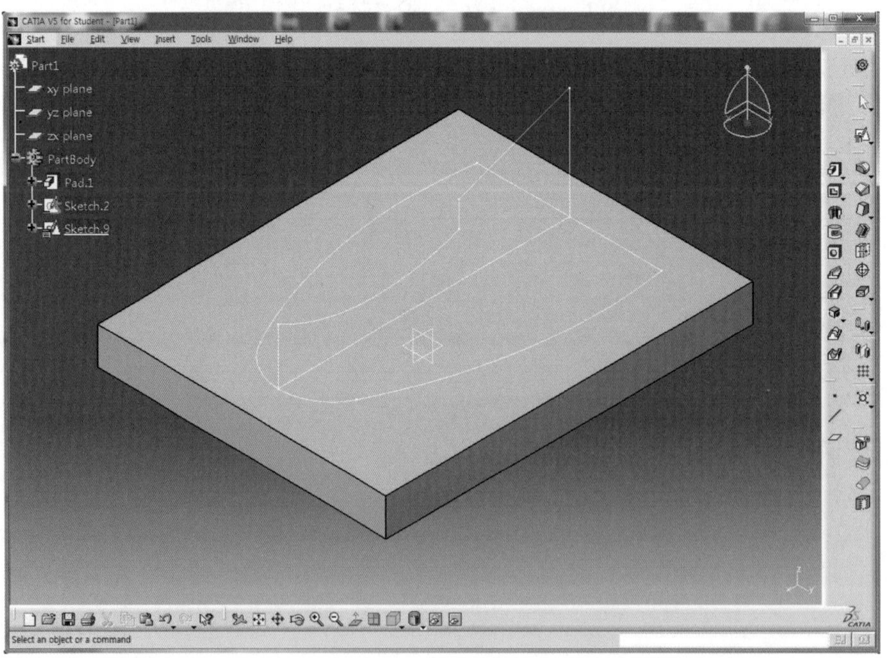

26 Solid Combine 아이콘 을 클릭한 후 Sketch를 차례로 선택하고 Preview 버튼을 클릭하여 미리보기 한다.

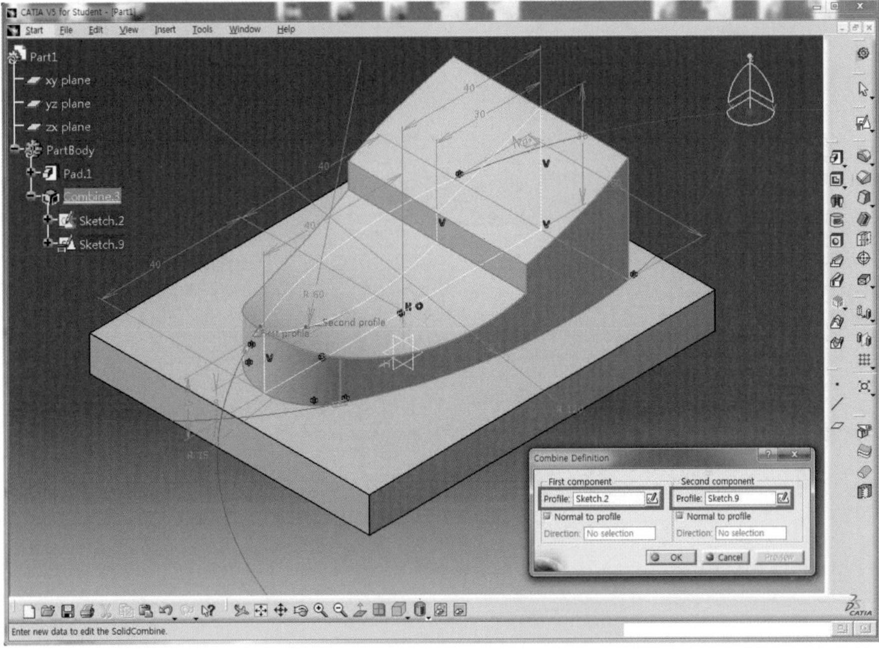

27 OK 버튼을 클릭하여 2개의 Sketch가 서로 교차하는 Solid를 생성한다.

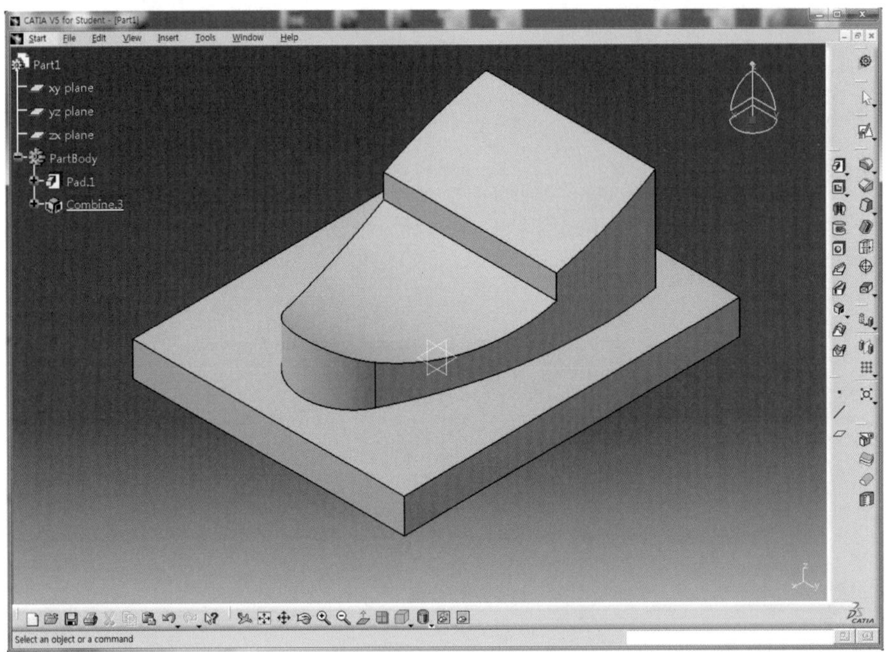

28 Sketch 아이콘 을 클릭하고 zx Plane을 선택하여 Sketch Mode로 전환한다.

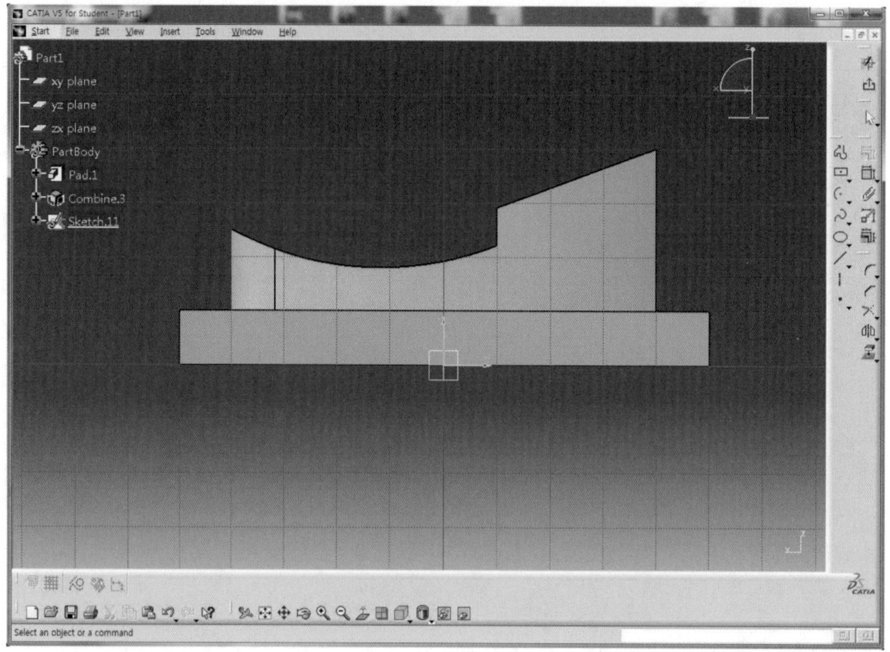

29 Axis 아이콘 을 클릭하고 Sketch한다.

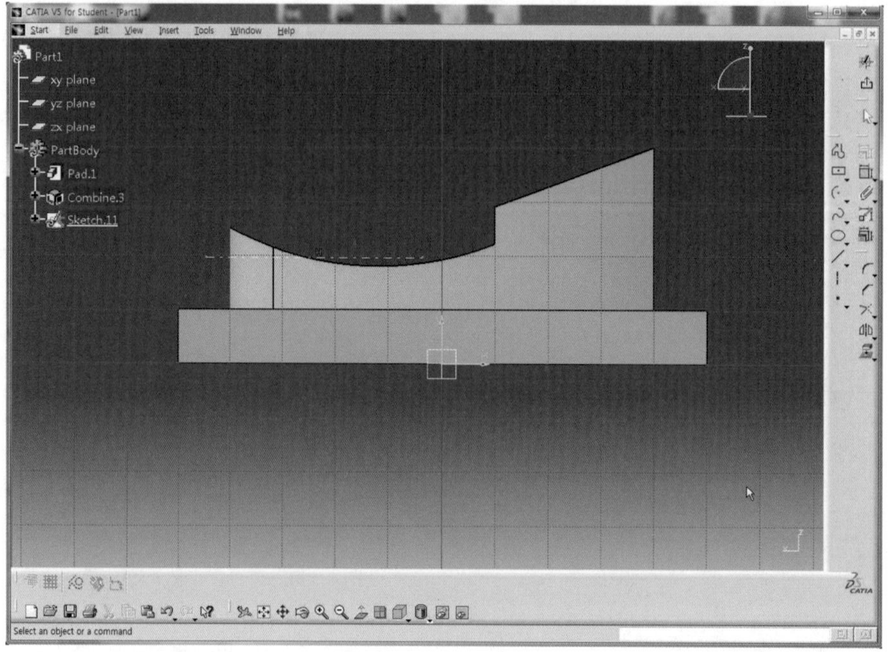

30 Arc 아이콘 을 클릭한 후 Arc의 중심점과 양 끝점이 Axis 위에 오도록 Sketch한다.

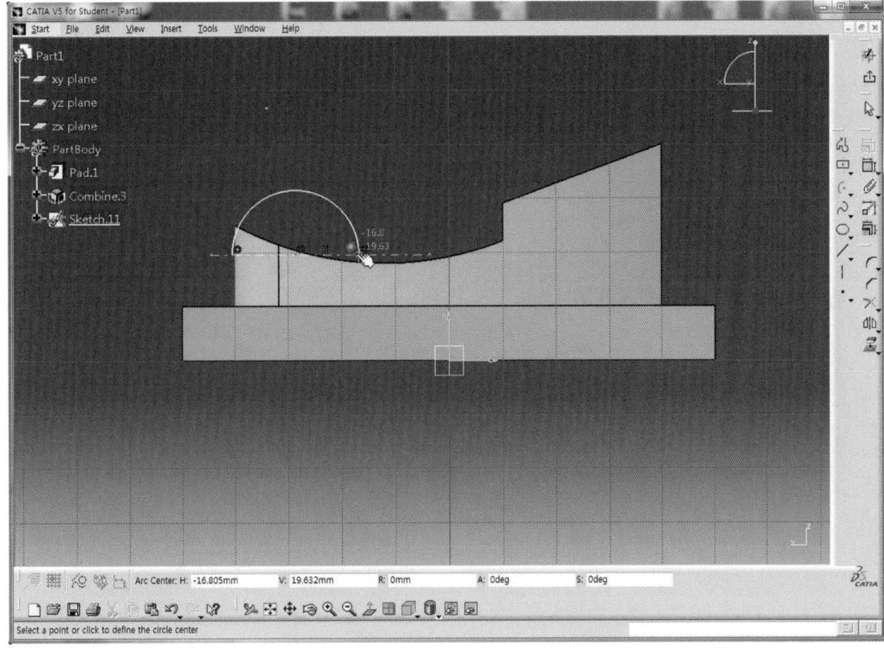

31 Constraint 아이콘 을 클릭한 후 치수를 구속시키고 정확한 치수(L25, L0, R15)를 적용한다.

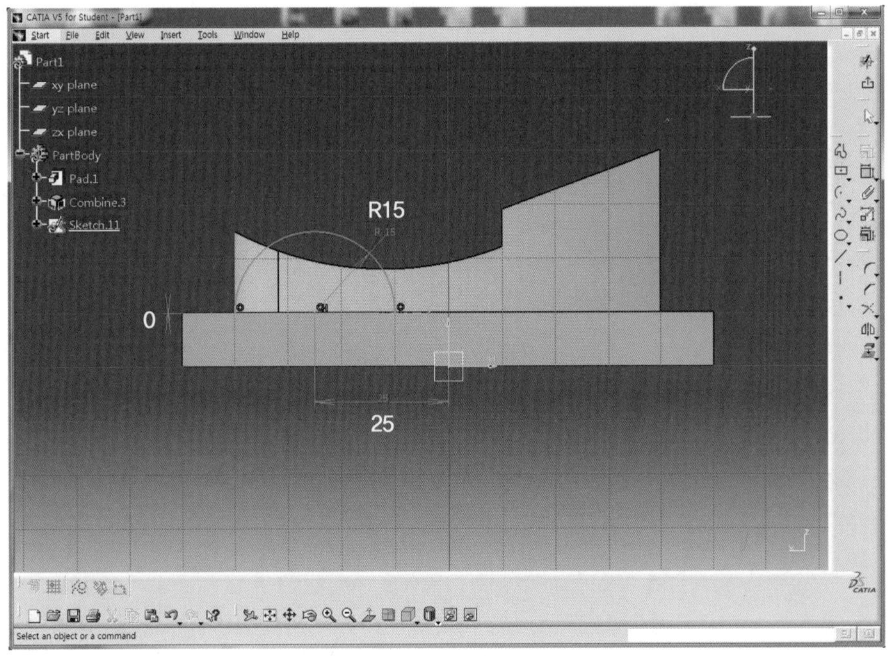

32 Exit workbench 아이콘 을 클릭하여 3D Mode로 전환한다.

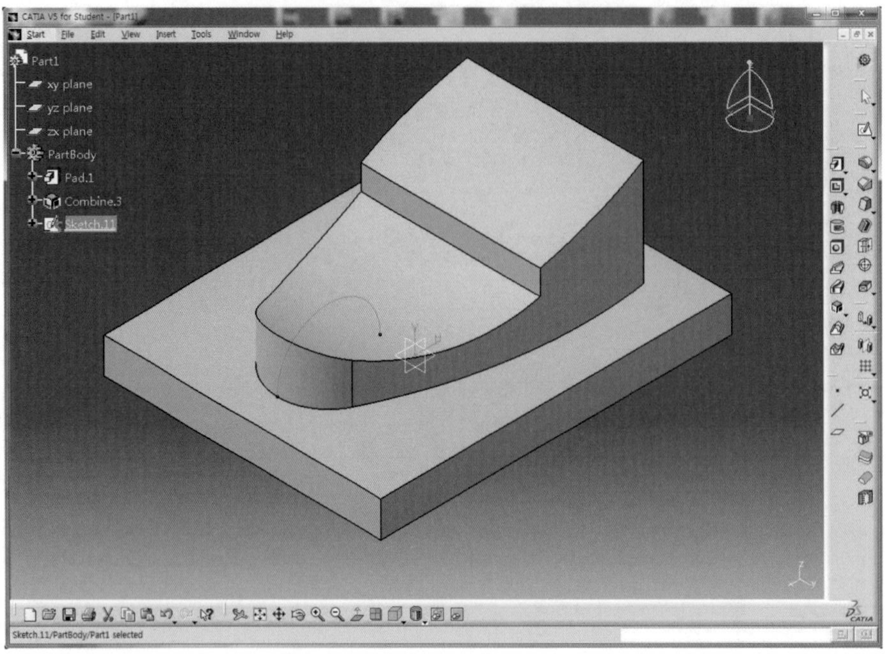

33 Shaft 아이콘 을 클릭한 후 First Angle 영역에 90deg, Second Angle 영역에 90deg를 각각 입력한 후 Preview 버튼을 클릭하여 미리보기 한다.

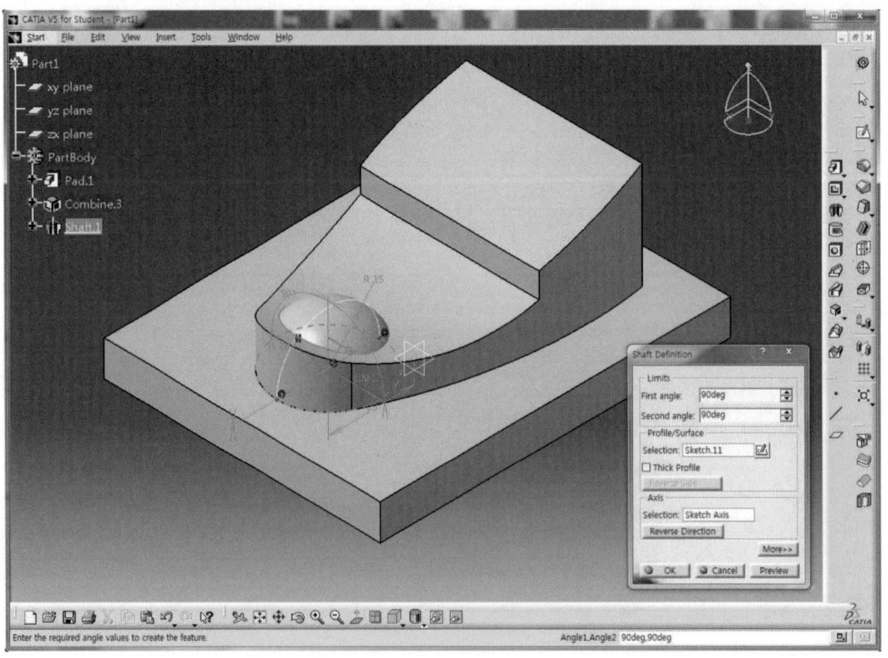

34 OK 버튼을 클릭하여 회전체를 생성한다.

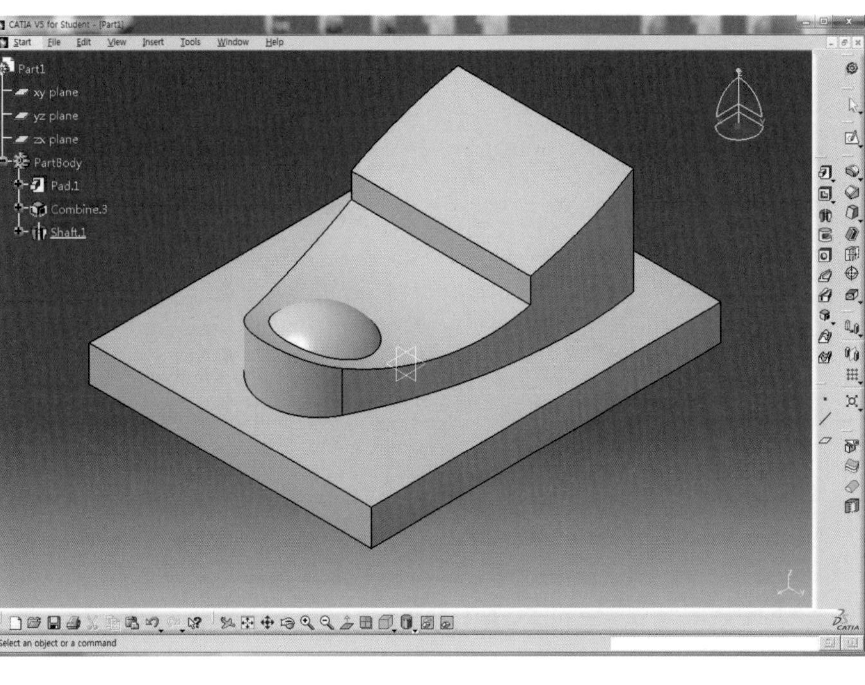

35 Sketch 아이콘 을 클릭하고 zx Plane을 선택하여 Sketch Mode로 전환한다.

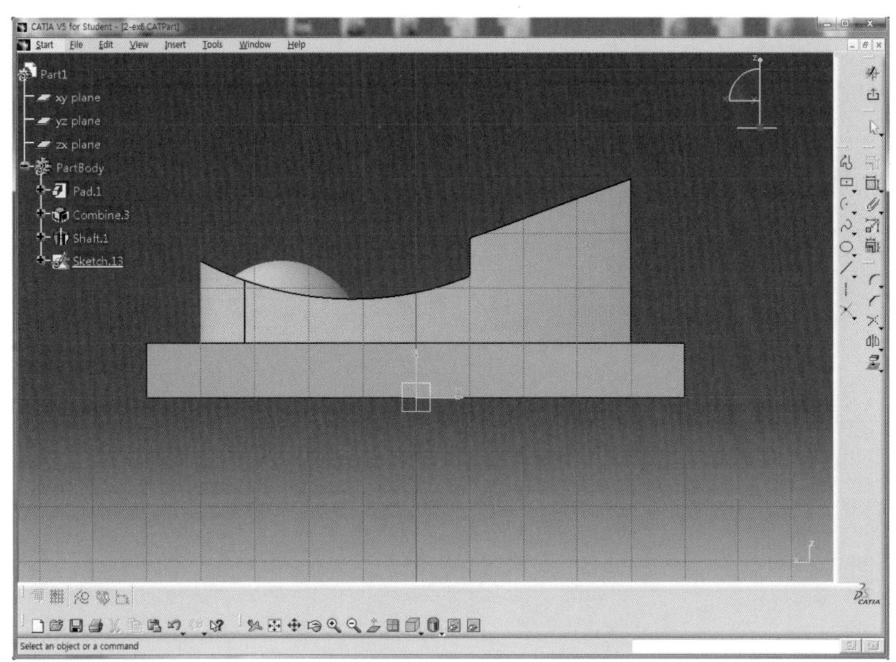

36 Profile 아이콘 을 클릭하여 아래와 같이 Sketch한다.

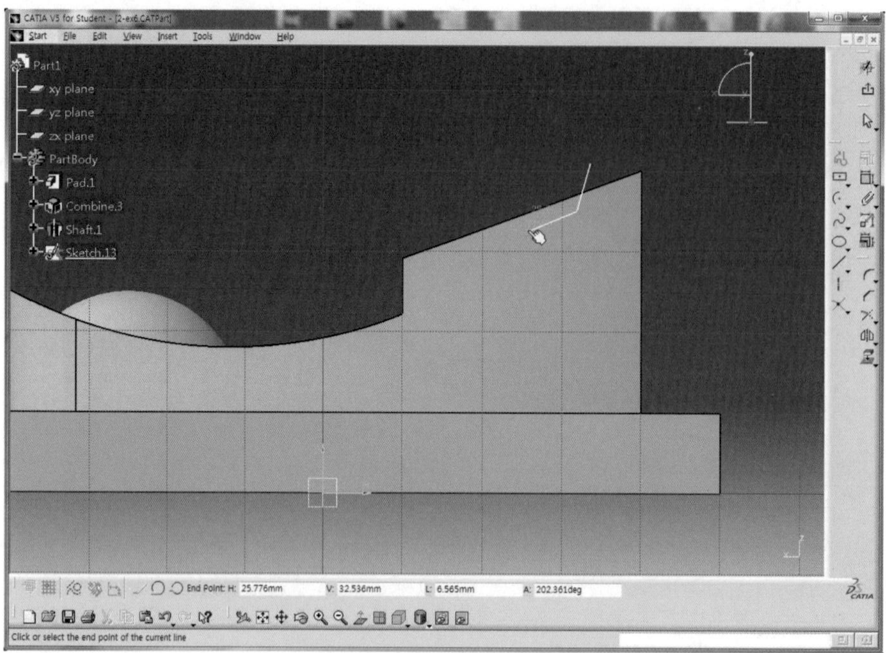

37 Axis 아이콘 을 클릭하고 Line의 끝점을 지나면서 Line에 수직하도록 Sketch한다.

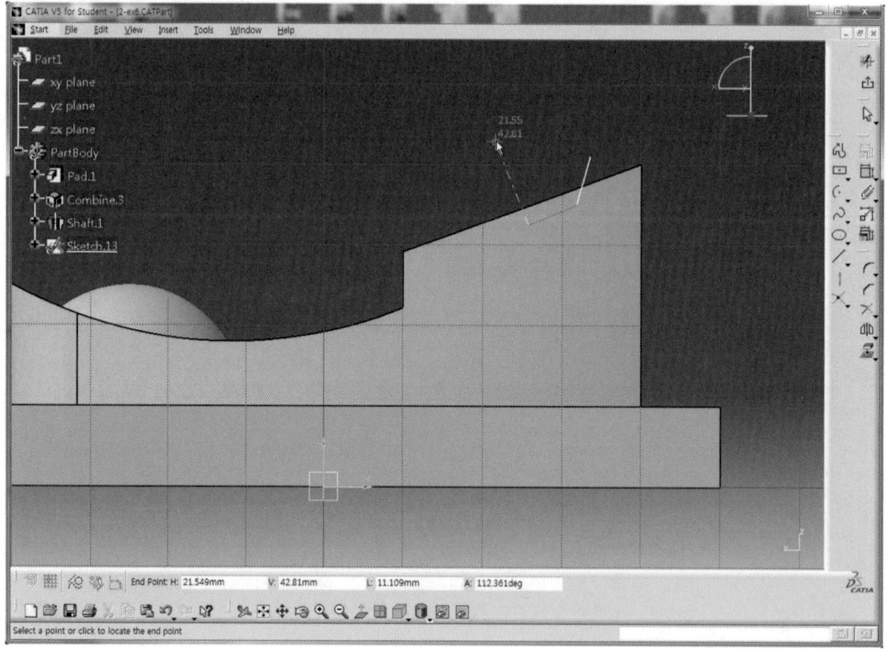

38 Operation 도구막대의 Projection 3D Elements 아이콘 을 클릭한 후 Solid의 경계선을 클릭하여 직선을 추출한다.

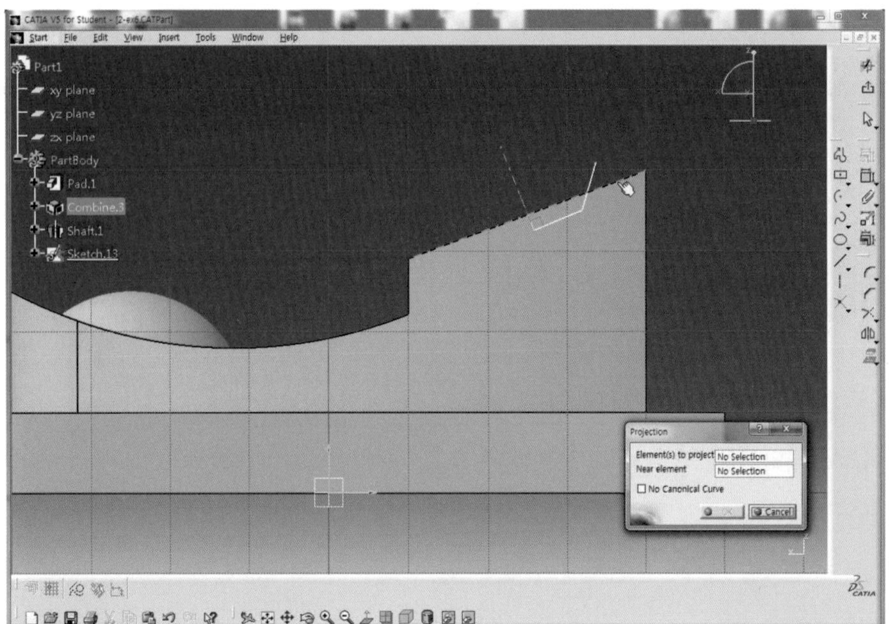

39 Intersection Point 아이콘 을 클릭한 후 추출한 직선과 Axis를 차례로 선택하여 두 요소가 교차하는 점에 Point를 생성한다.

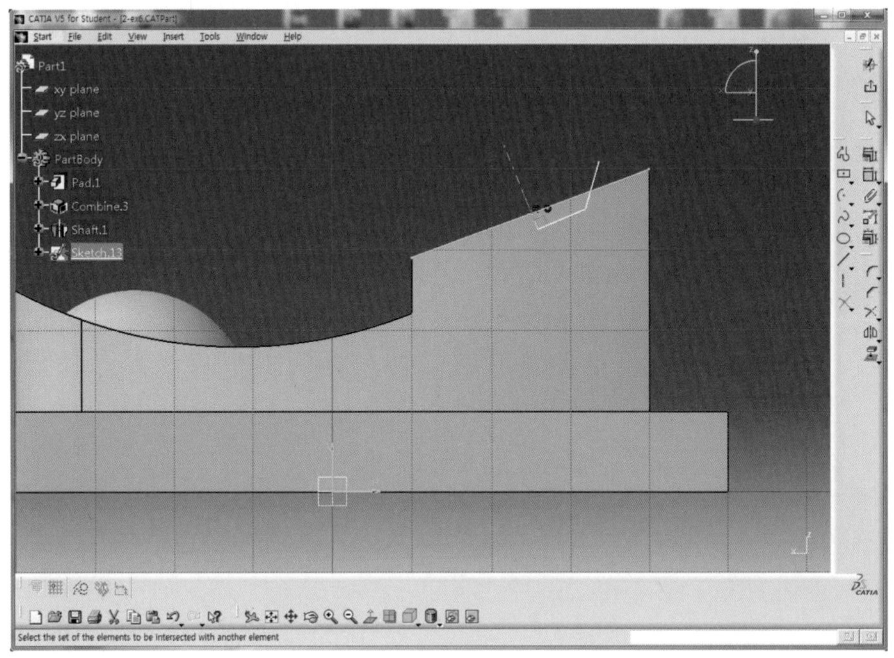

40 Ctrl 버튼을 누른 상태에서 Point와 추출한 직선을 선택한 후 Sketch tools 도구막대의 Construction/Standard Element 아이콘 을 클릭하여 보조선으로 변경한다.

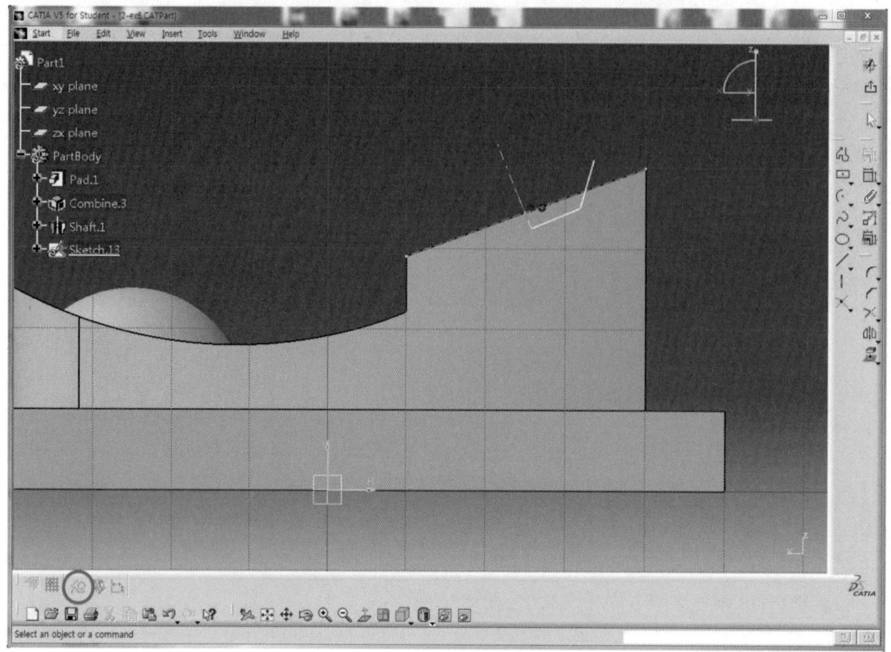

41 Constraint 아이콘 을 더블클릭한 후 추출한 보조선(1)과 경사 직선(2)을 차례로 선택하고 마우스 오른쪽 버튼을 클릭하여 Parallelism을 선택하여 두 요소가 평행하도록 형상구속을 적용한다.

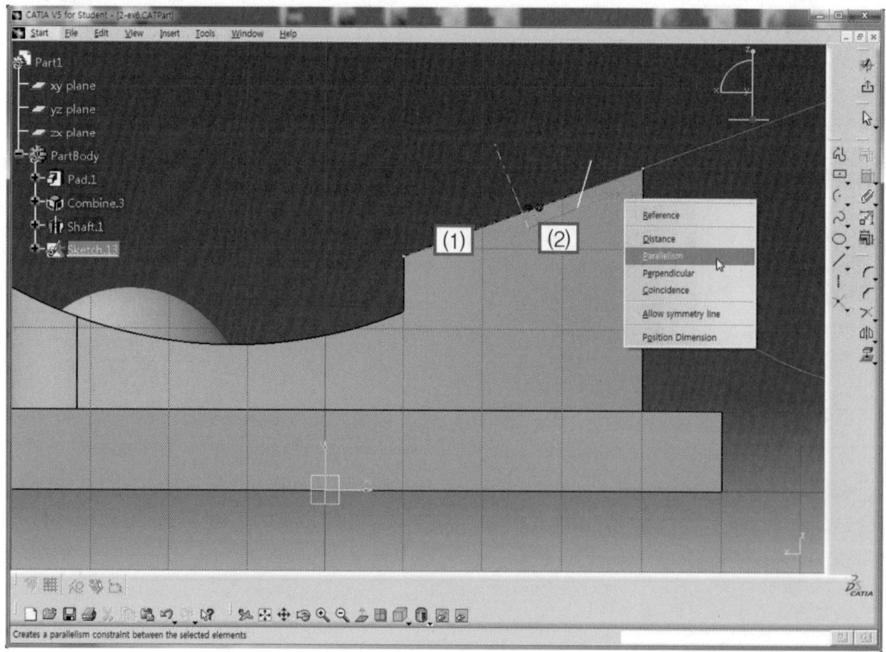

42 요소에 대한 치수구속을 적용하고 각각의 치수를 더블클릭하여 정확한 치수(L15, L7.5, L3, 120°)를 적용한다.

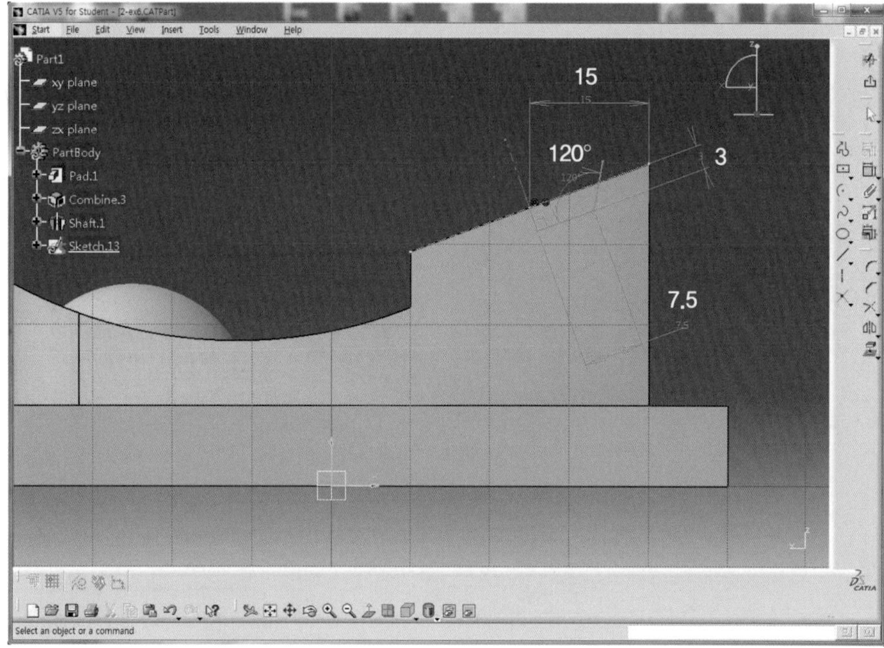

43 Exit workbench 아이콘 을 클릭하여 3D Mode로 전환한다.

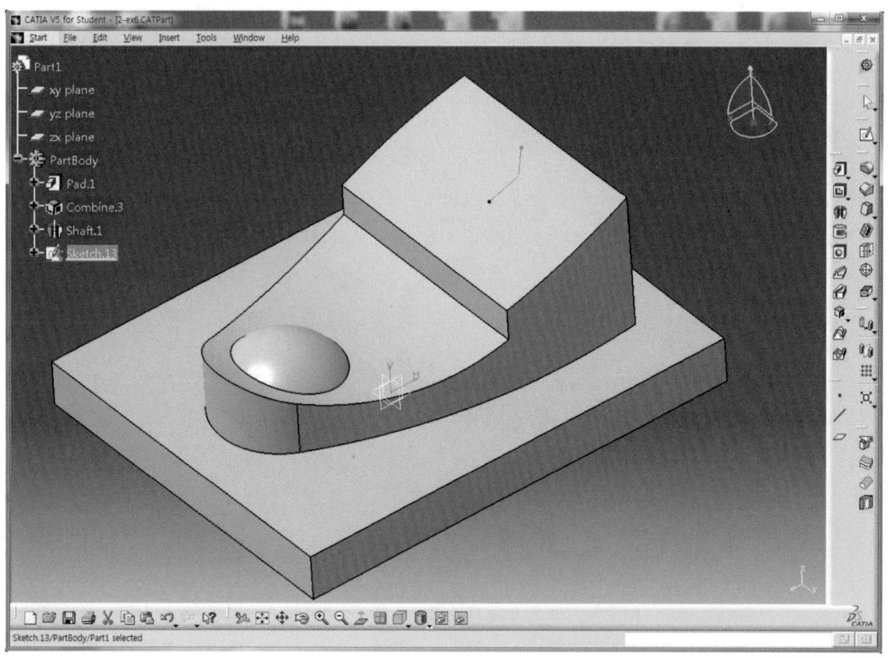

44 Groove 아이콘 을 클릭한 후 First angle 영역에 360deg를 입력하고 Preview 버튼을 클릭하여 미리보기 한다.

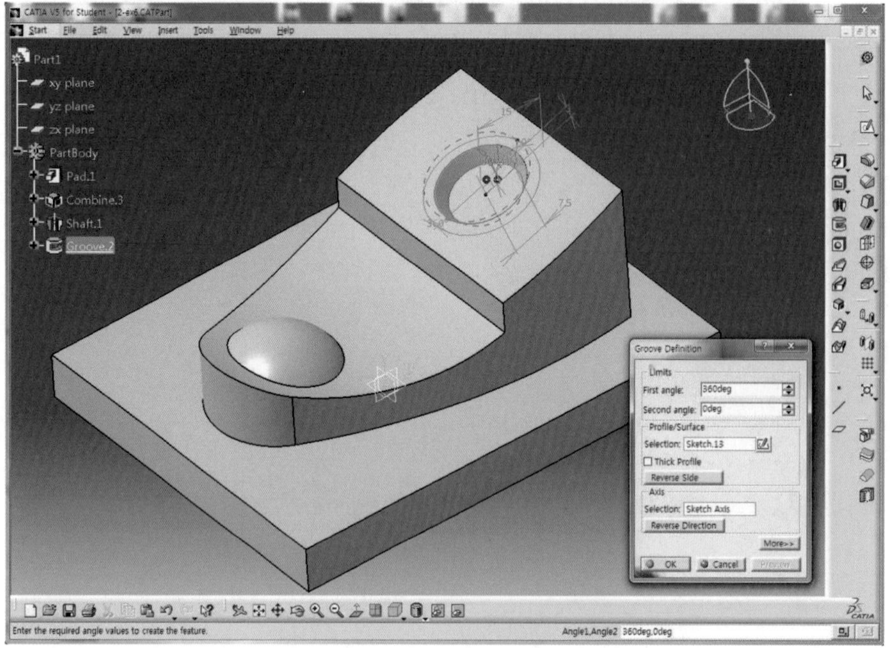

45 OK 버튼을 클릭하여 회전하면서 삭제한다.

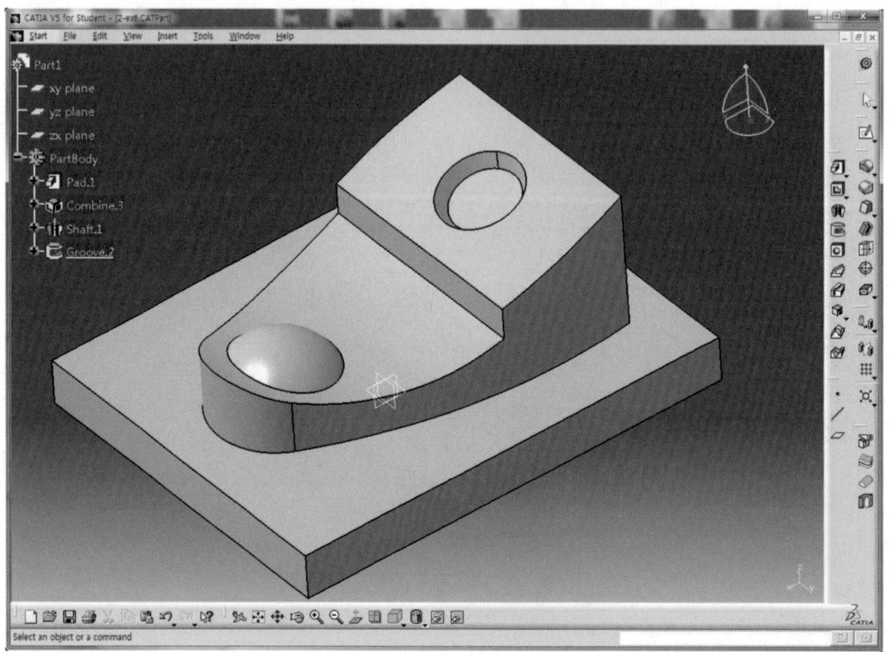

46 Draft Angle 아이콘 을 클릭한 후 Angle 영역에 5deg를 입력한다.

47 Face(s) to draft 영역을 클릭한 후 Solid 옆면을 모두 선택하고 Neutral Element의 Selection 영역을 클릭하고 Draft시킬 기준면으로 직육면체 윗면을 선택한다.

48 Preview 버튼을 클릭하여 미리보기 한다.

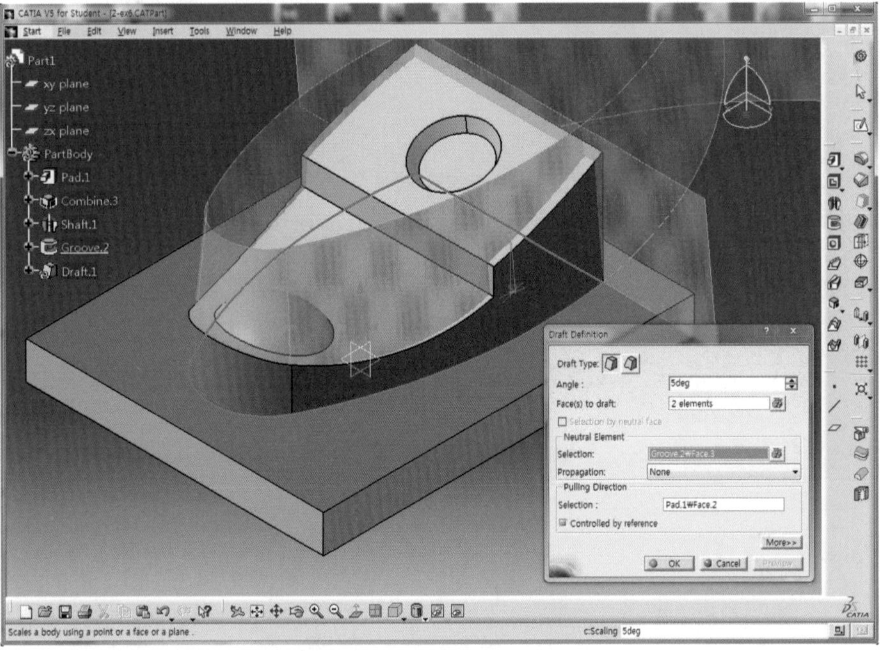

49 OK 버튼을 클릭하여 Draft를 적용한다.

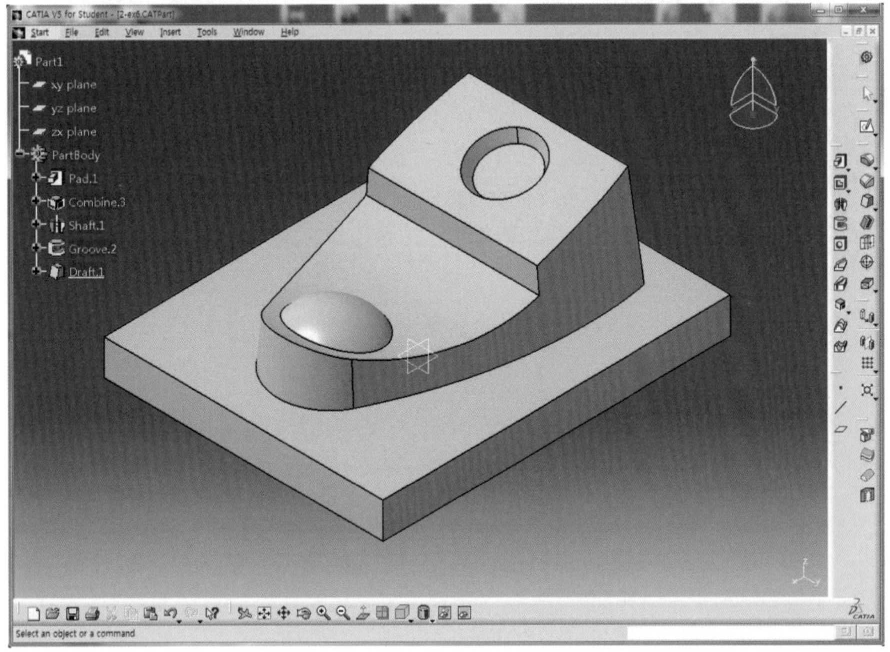

50 Edge Fillet 아이콘 을 클릭한 후 R15을 적용한다.

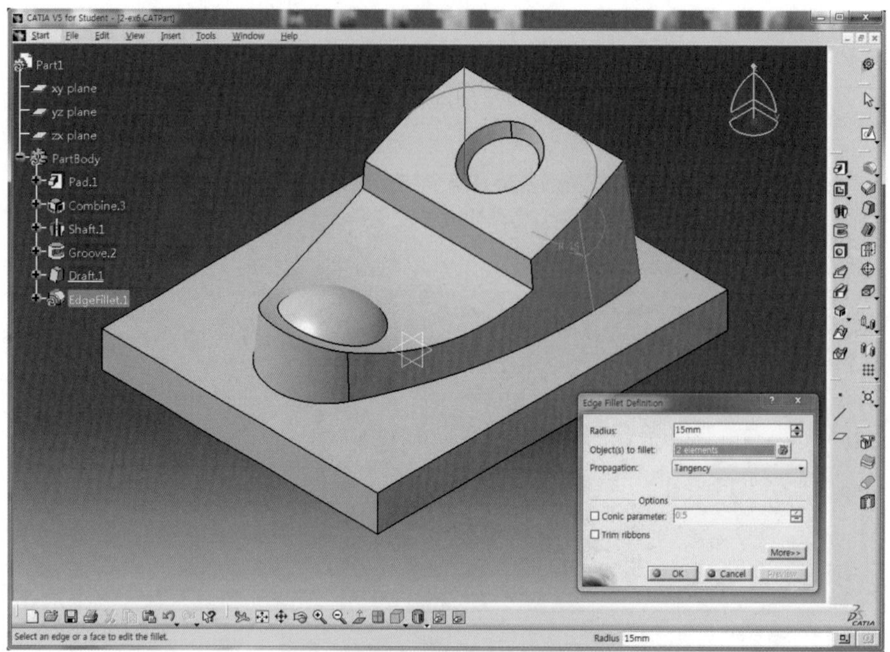

51 Edge Fillet 아이콘 을 클릭한 후 R3을 적용한다.

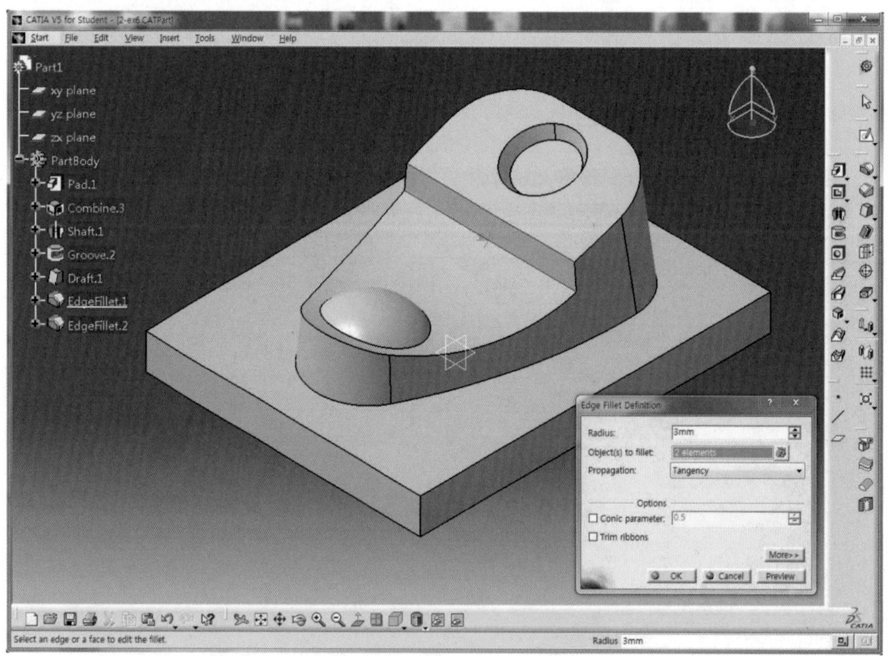

52 Edge Fillet 아이콘 을 클릭한 후 R1을 적용한다.

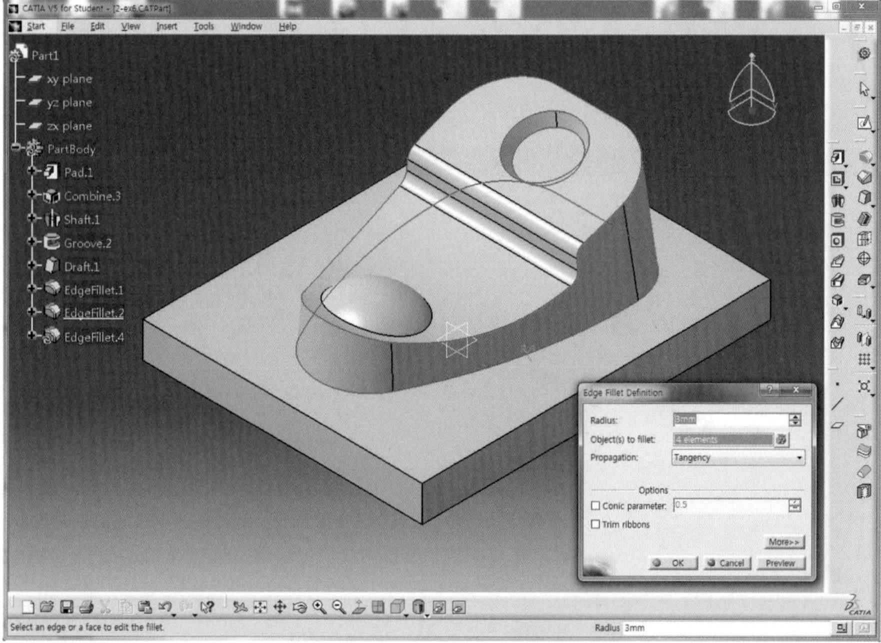

53 완성된 Model이다.

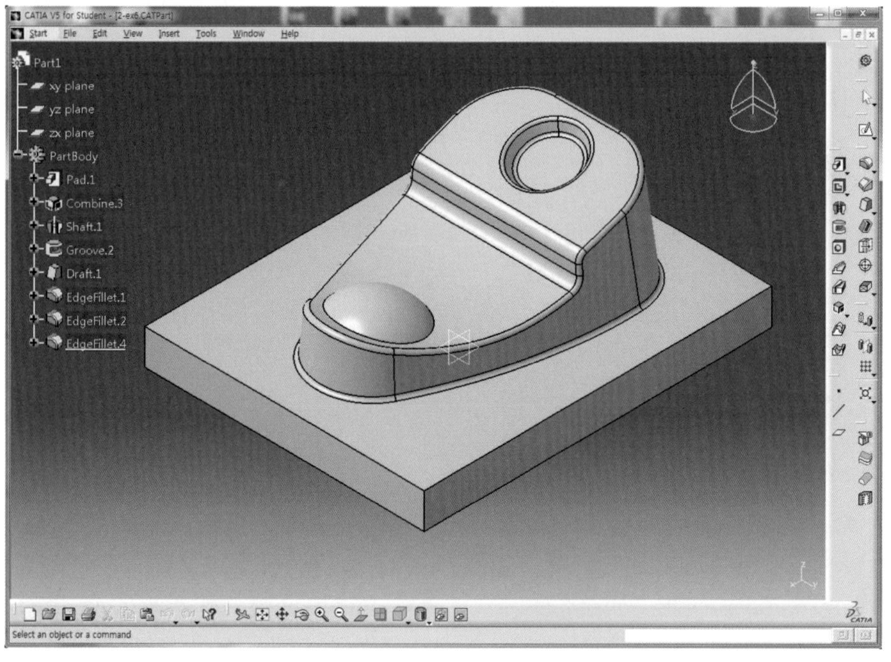

07 활용 Model (7)

활용 Model (7)

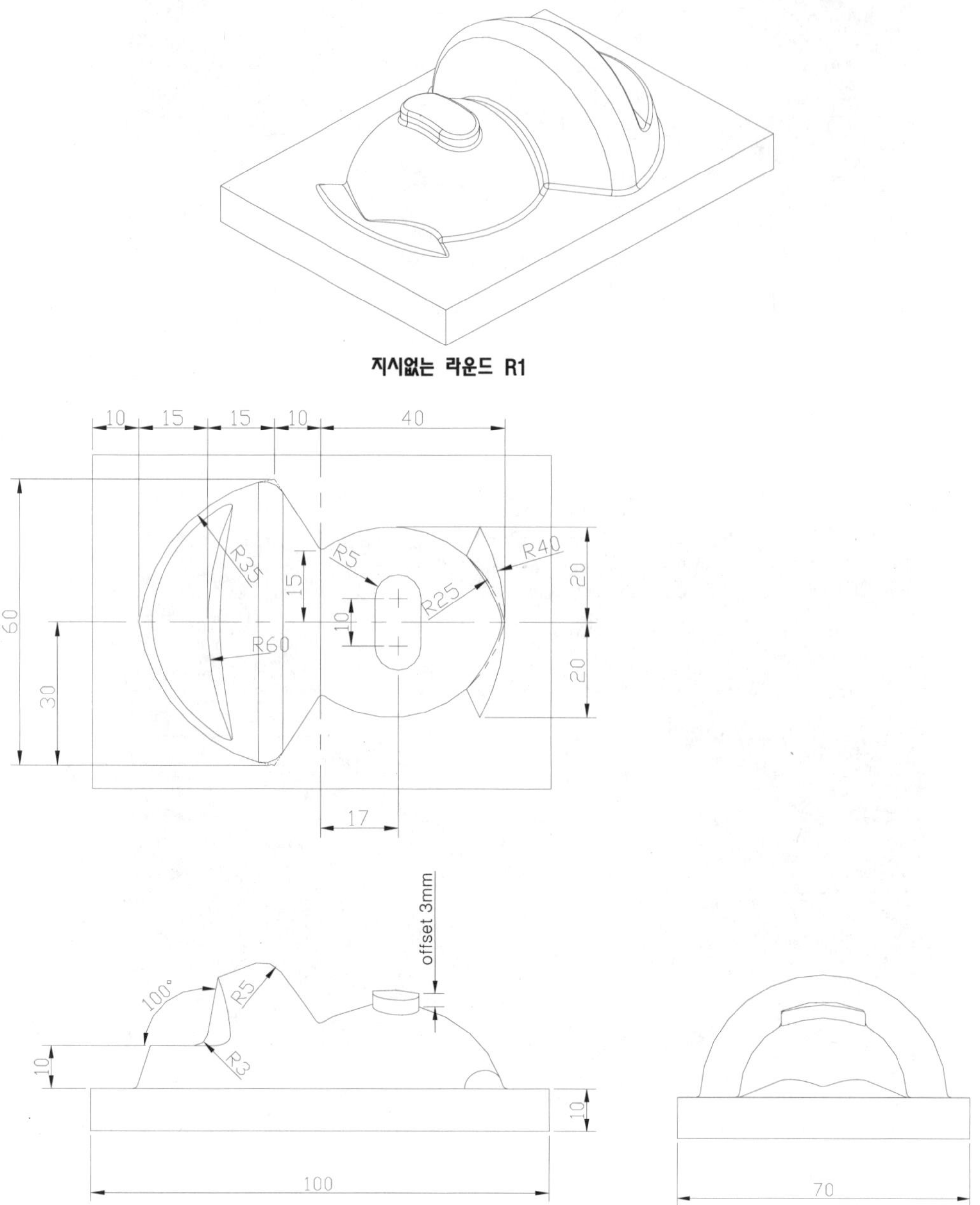

지시없는 라운드 R1

10 15 15 10 40
60 30 R35 R60 15 R5 10 R25 R40 20 20 17

offset 3mm
100° R5 R3 10 10 100 70

01 CATIA를 실행시켜 Part Design Mode로 전환한다.

02 Sketch 아이콘 을 클릭하고 xy Plane을 선택하여 Sketch Mode로 전환한다.

03 Profile 도구막대의 Centered Rectangle 아이콘 을 클릭한다.

04 대칭 기준점으로 원점을 선택하고 직사각형 꼭짓점을 클릭하여 원점에 대칭인 직사각형을 생성한다.

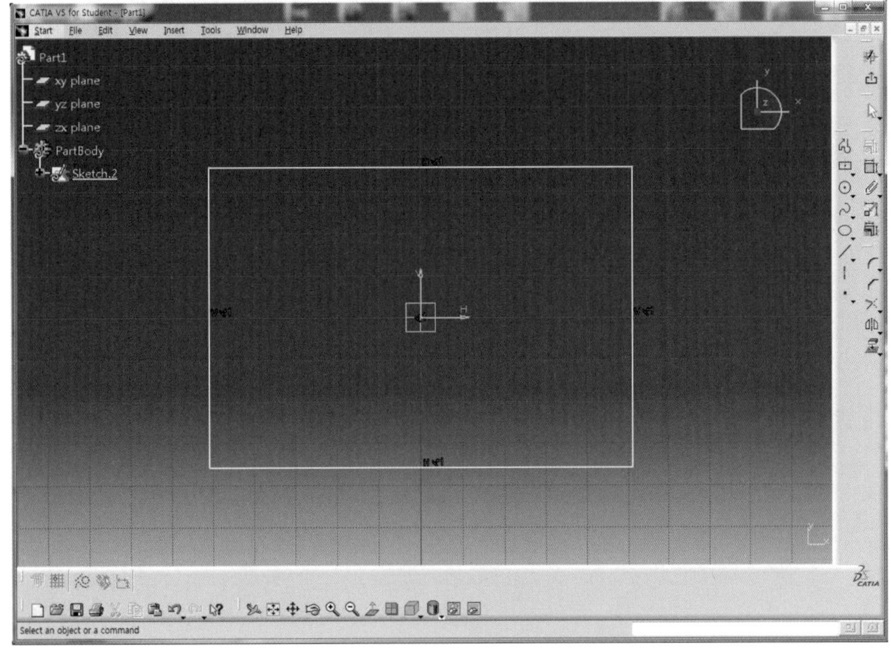

05 Constraint도구막대의 Constraint 아이콘 을 더블클릭하여 직사각형의 가로(L100)와 세로(L70) 치수를 구속시킨다.

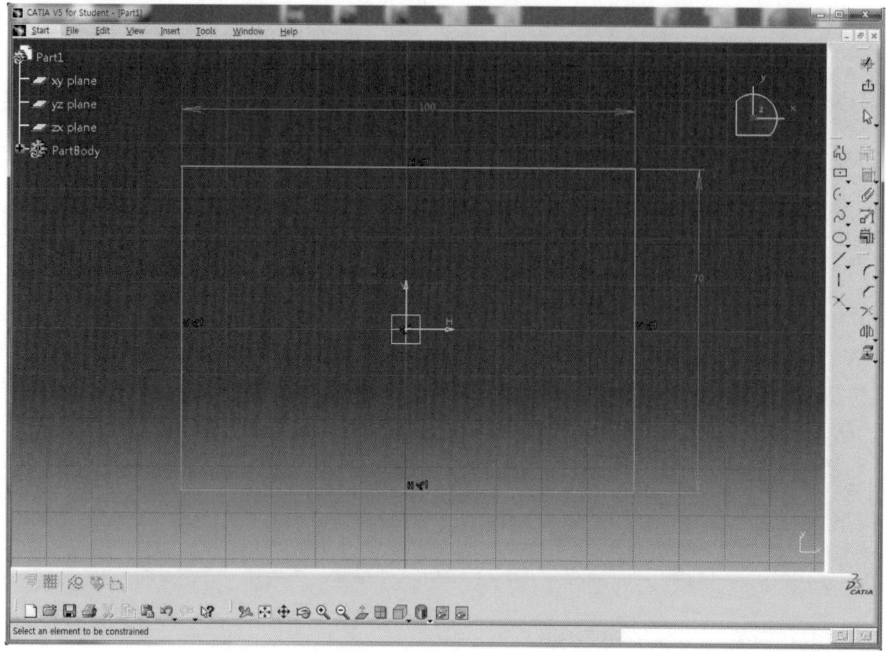

06 Exit workbench 아이콘 을 클릭하여 3D Mode로 전환한다.

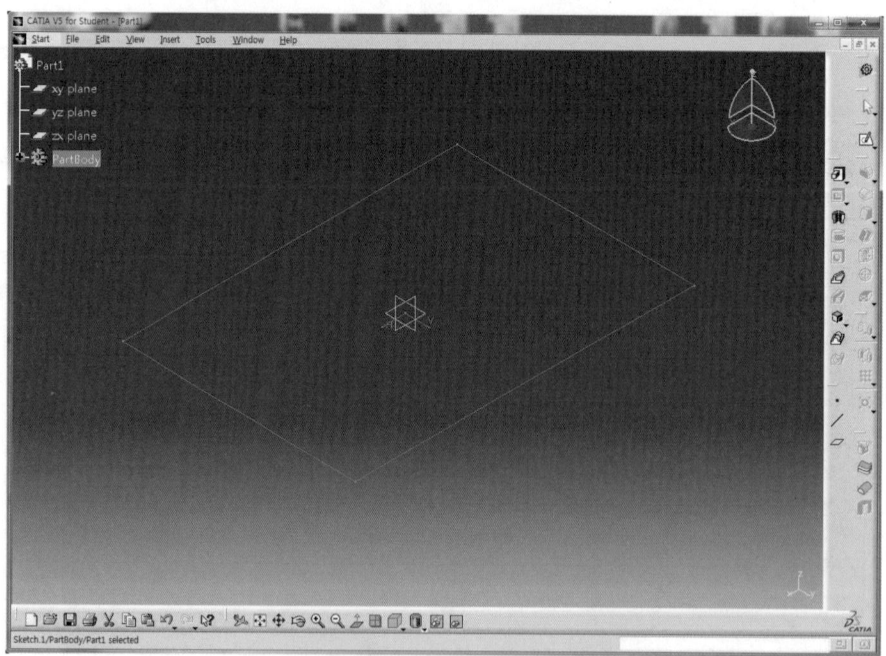

07 Sketch.1을 선택하고 Pad 아이콘 을 클릭한 후 Length 영역에 10mm를 입력하고 Preview 버튼을 클릭하여 미리보기 한다.

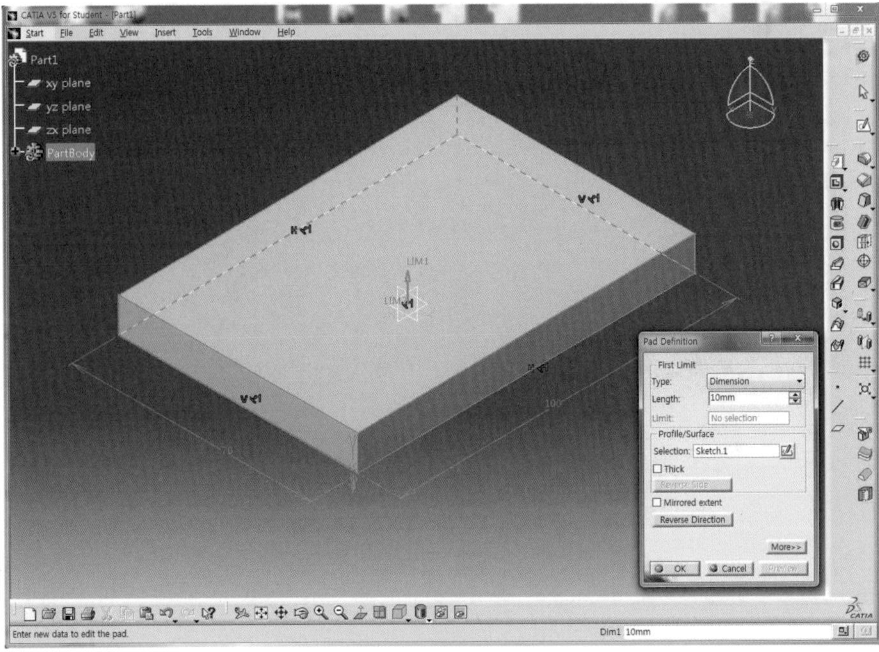

08 OK 버튼을 클릭하여 직육면체의 Solid를 생성한다.

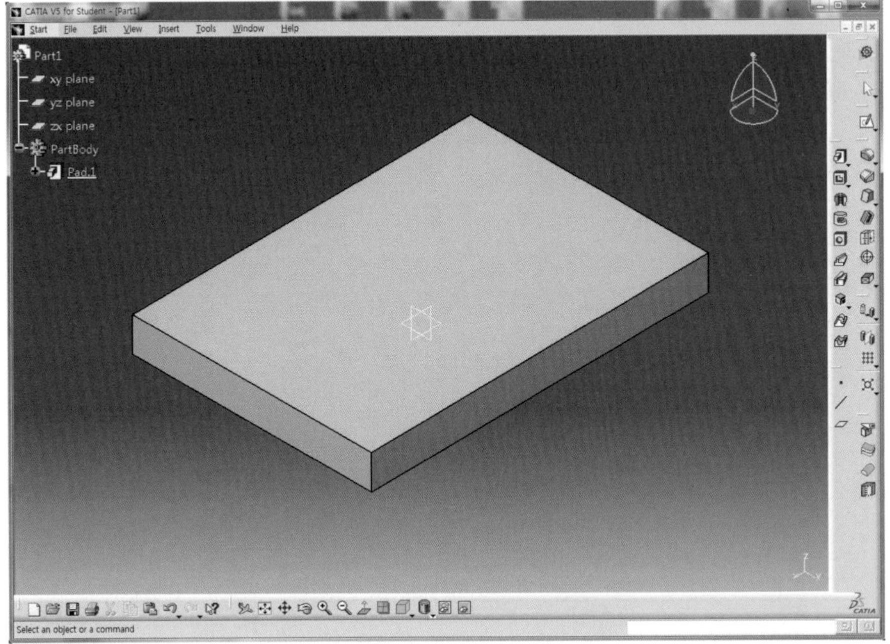

09 Sketch 아이콘 을 클릭하고 직육면체의 윗면을 선택하여 Sketch Mode로 전환한다.

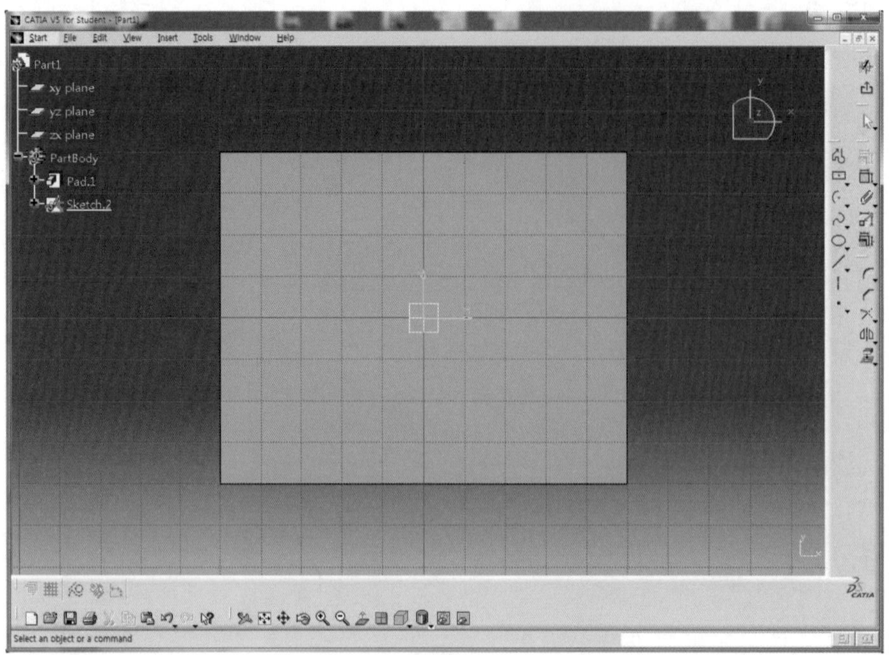

10 Profile 아이콘 을 클릭하여 직선과 Sketch tools 도구막대에서 Tree Point Arc 옵션을 활용하여 아래와 같이 닫히도록 대략적으로 Sketch한다.

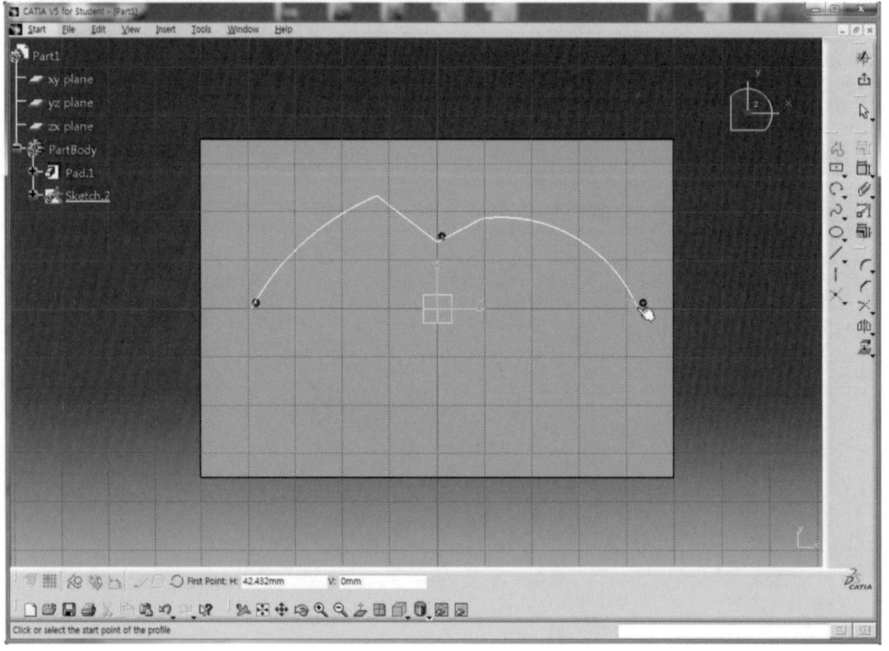

11 Constraint 아이콘 을 클릭한 후 오른쪽 Arc와 Line을 연속 선택하고 마우스 오른쪽 버튼을 클릭하여 Tangency를 선택하여 접하도록 형상구속을 적용한다.

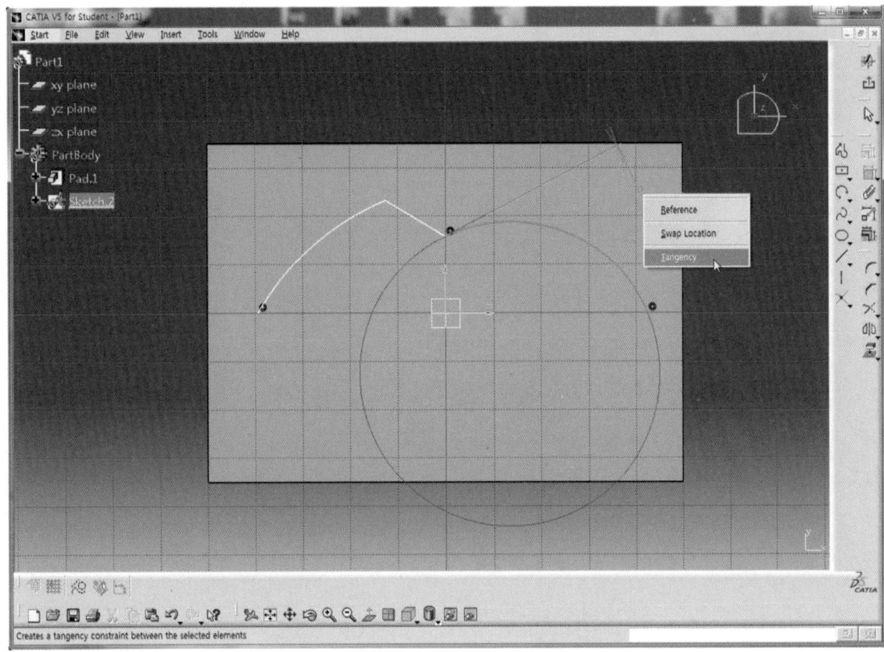

12 두 요소가 만나는 교차점을 마우스로 드래그하여 임의의 위치로 옮겨서 Line과 Arc가 보이도록 한다.

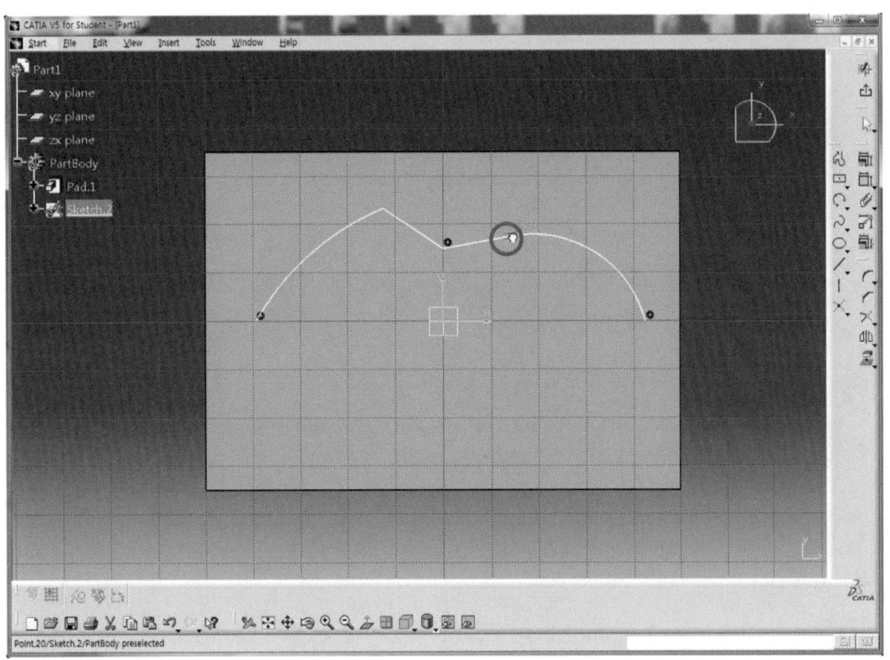

13 Constraint 아이콘 을 클릭한 후 요소에 치수구속을 적용하고 각 치수를 더블클릭하여 정확한 치수(L40, L30, L20, L15, L10, R35, R25)를 적용한다.

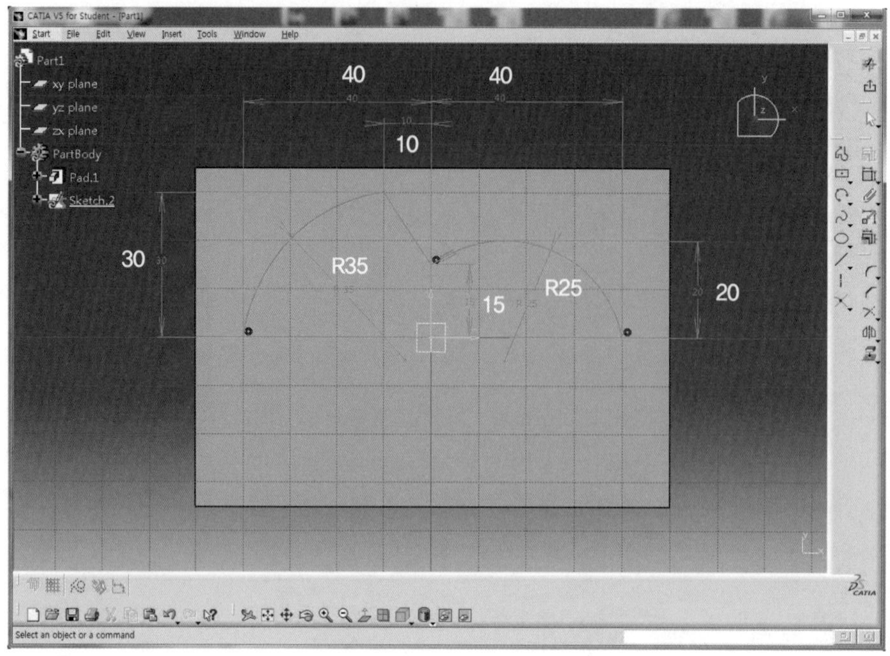

14 Axis 아이콘 을 클릭하고 H축 위에 Sketch한다.

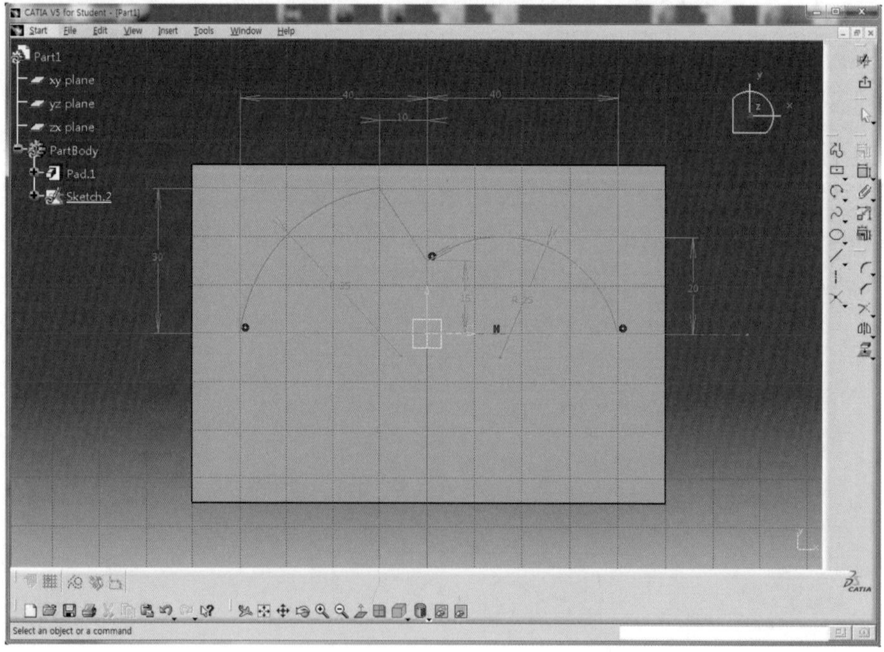

15 Exit workbench 아이콘 을 클릭하여 3D Mode로 전환한다.

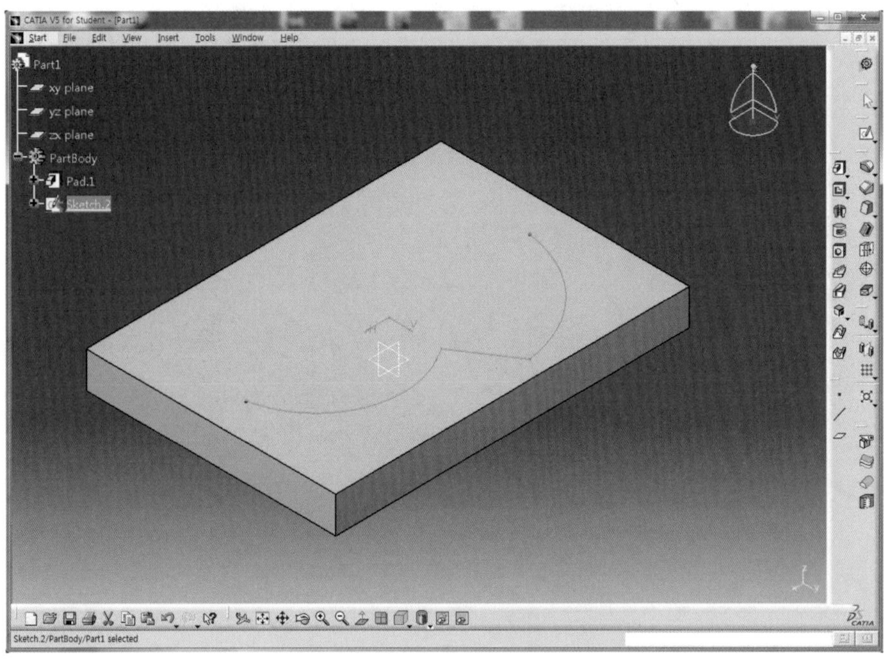

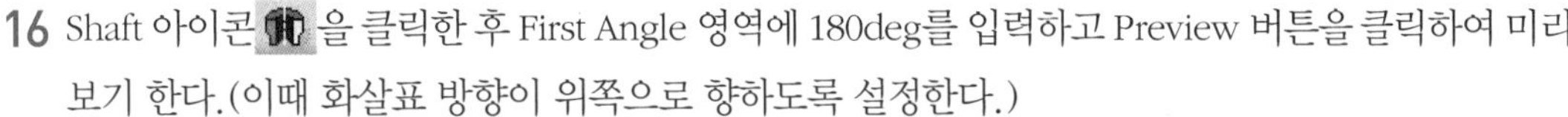

16 Shaft 아이콘 을 클릭한 후 First Angle 영역에 180deg를 입력하고 Preview 버튼을 클릭하여 미리 보기 한다.(이때 화살표 방향이 위쪽으로 향하도록 설정한다.)

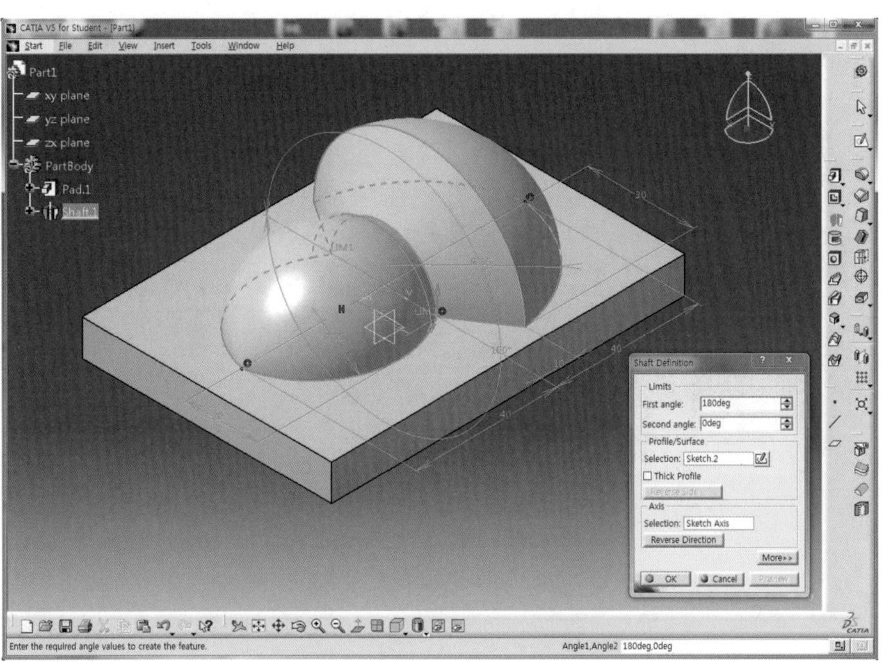

17 OK 버튼을 클릭하여 회전체의 Solid를 생성한다.

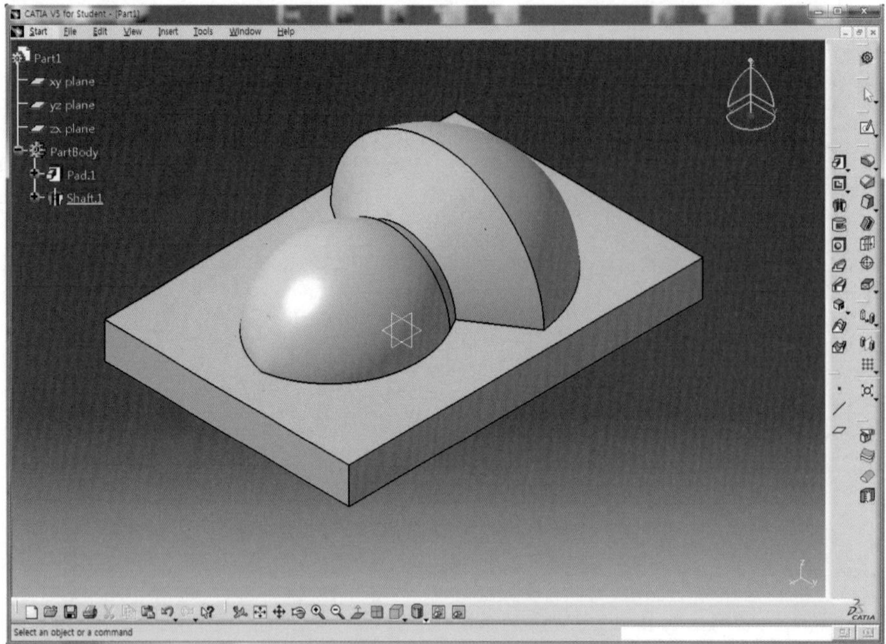

18 Sketch 아이콘 을 클릭한 후 직육면체 윗면을 선택하여 Sketch Mode로 전환한다.

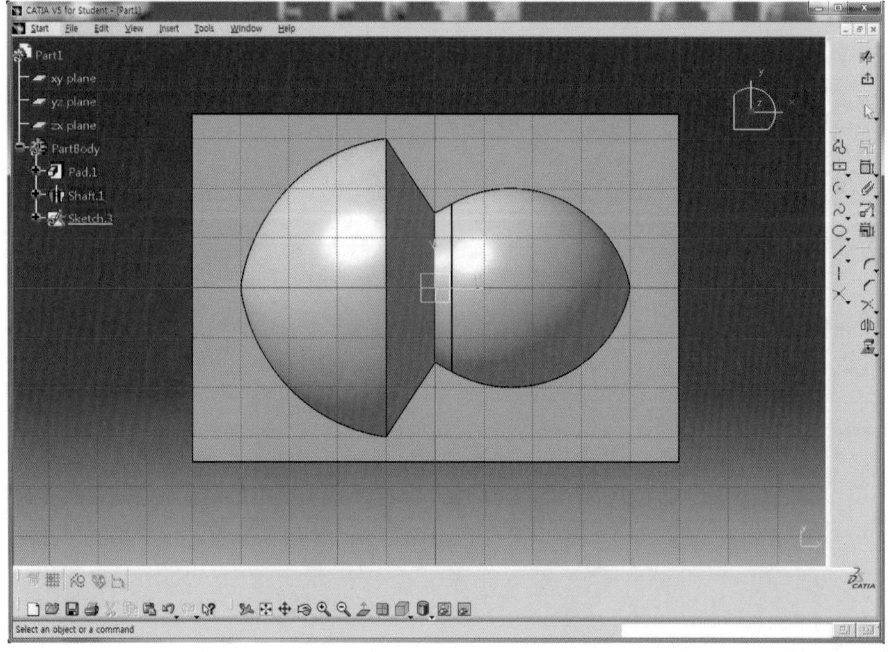

19 Arc 아이콘 을 클릭한 후 Arc의 중심점을 H축 위에 위치시키고 대략적인 Arc를 Sketch한다.

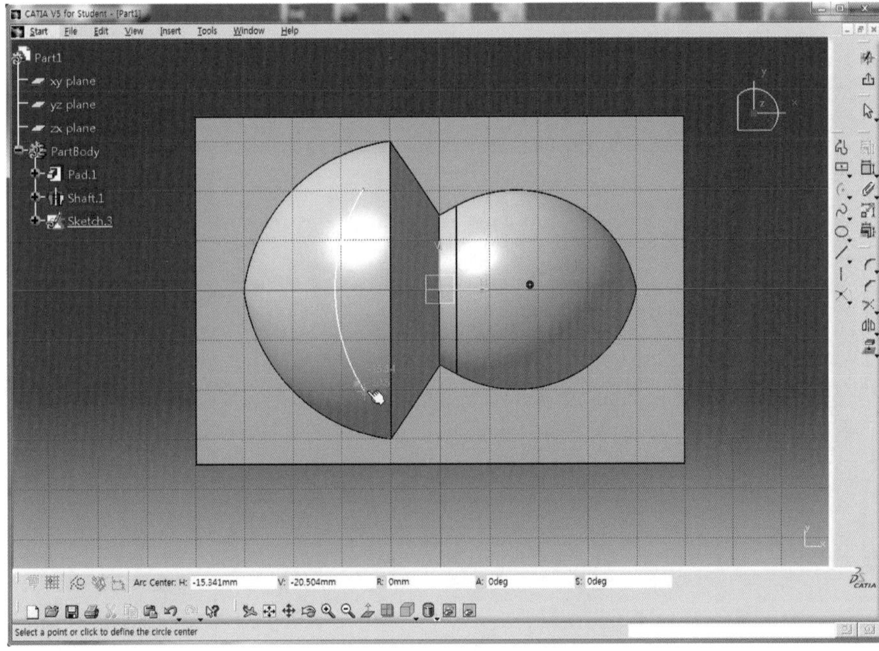

20 Constraint 아이콘 을 클릭한 후 Arc의 양 끝점을 선택하고 마우스 오른쪽 버튼을 클릭한다.

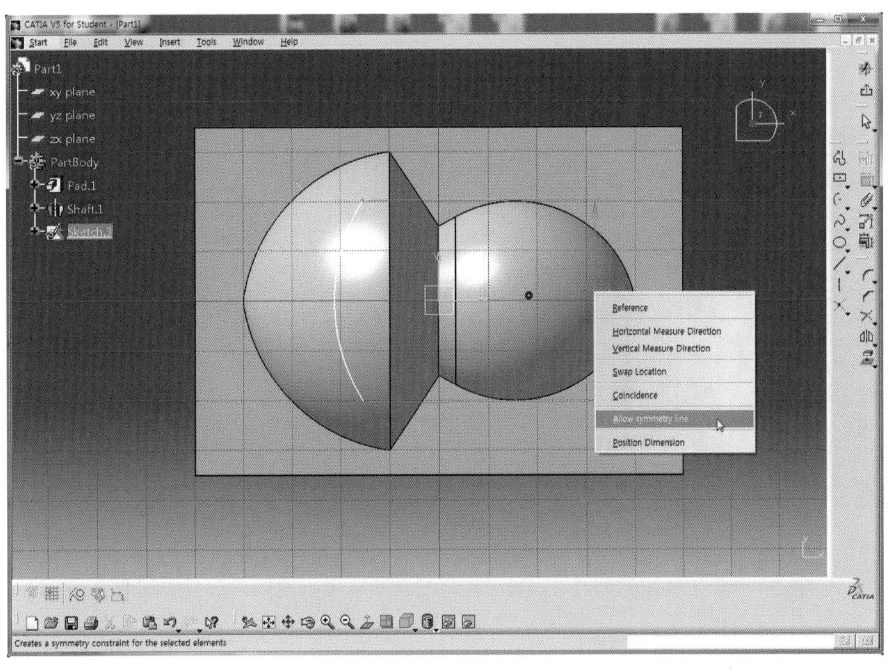

21 Allow symmetry line을 선택하고 H축을 차례로 선택한다.(Arc의 두 끝점이 H축을 기준으로 대칭인 형상구속이 적용된다.)

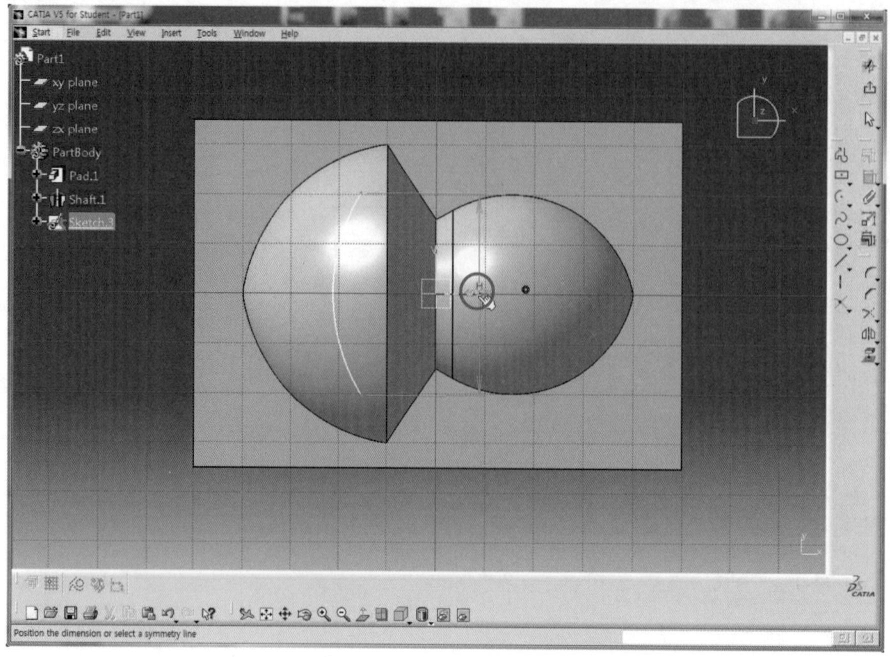

22 Constraint 아이콘 을 더블클릭하여 치수구속을 적용하고 각 치수를 더블클릭하여 정확한 치수(R60, L25)를 적용한다.

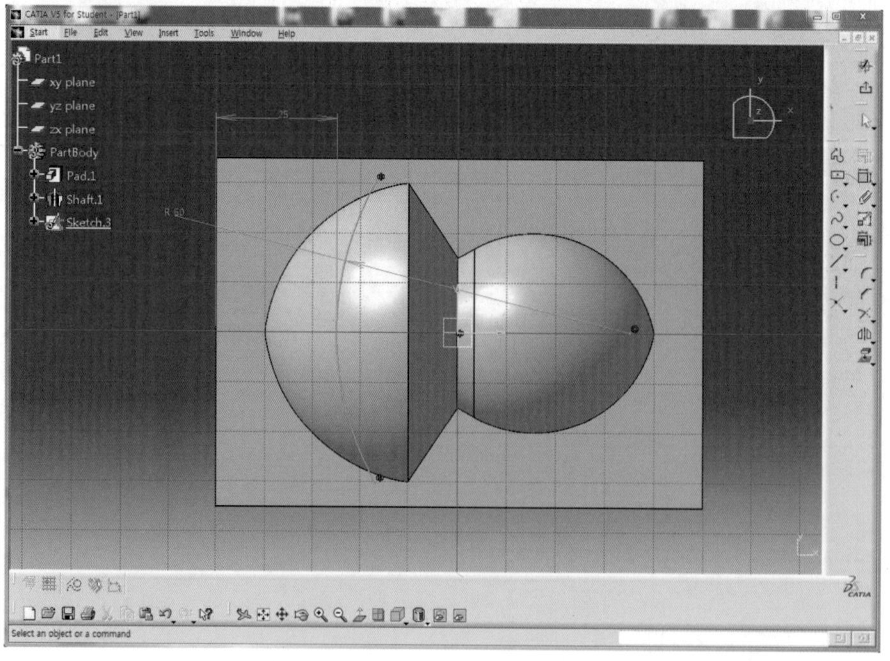

23 Profile 아이콘 을 클릭하여 연속된 직선으로 Arc의 양 끝점에 Sketch한다.(이때 Arc의 양 끝점이 Solid를 벗어나도록 마우스로 드래그하여 끌어 당긴다.)

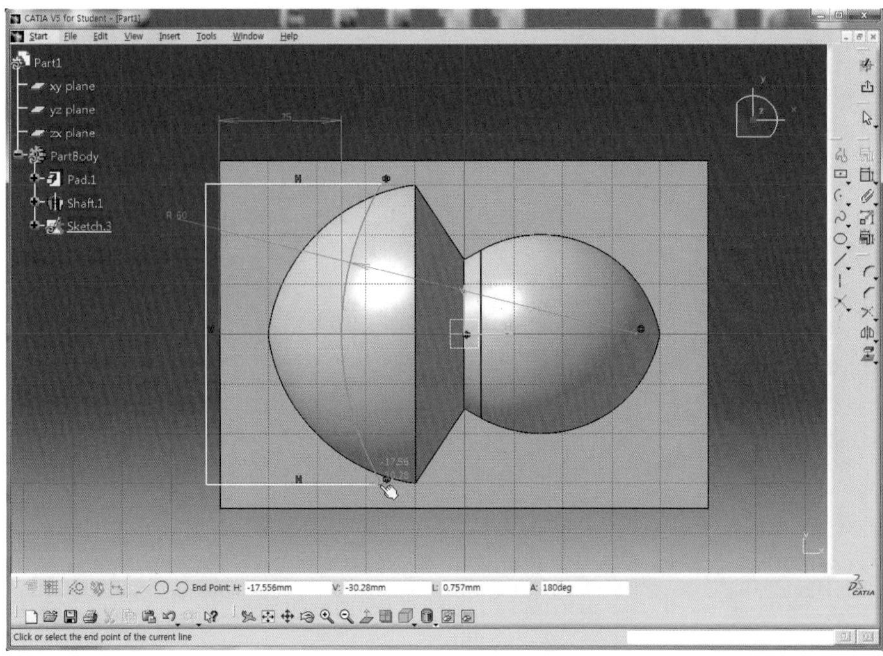

24 Exit workbench 아이콘 을 클릭하여 3D Mode로 전환한다.

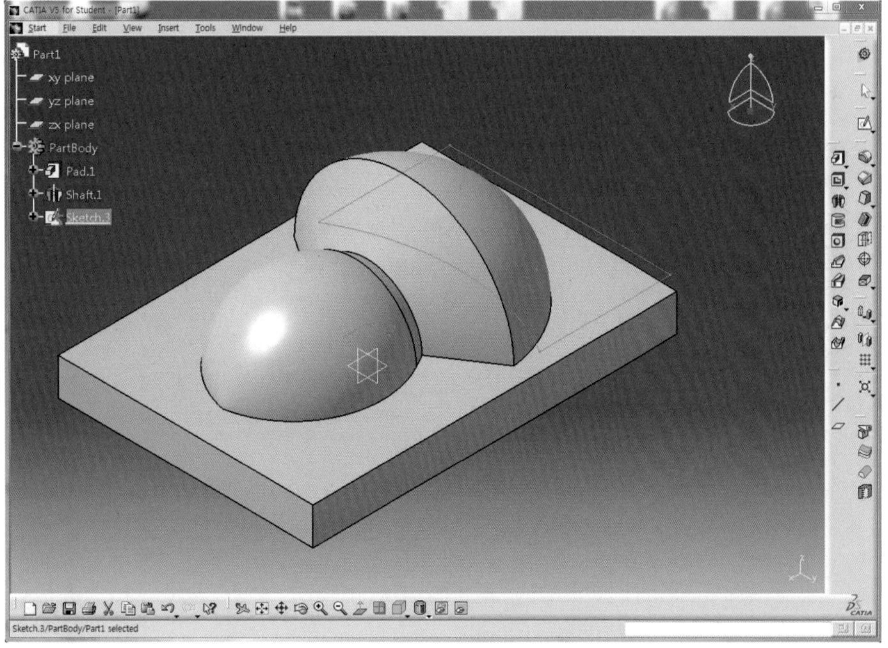

25 Pocket 아이콘 을 클릭한다.

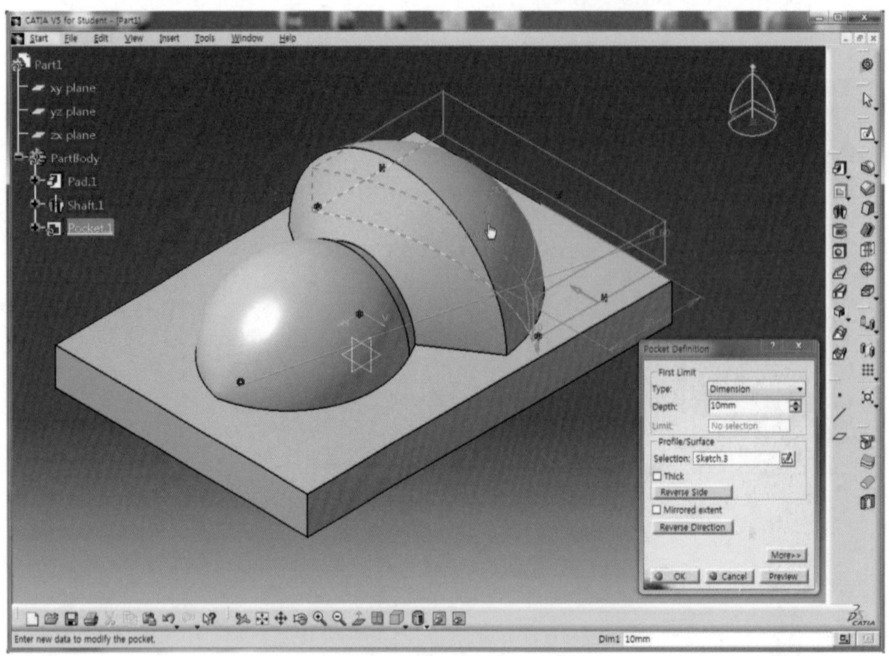

26 First Limit 영역에서 Type을 Up to next로 선택하고 Reverse Direction이나 화살표를 클릭하여 화살표가 위쪽을 향하도록 설정한다.

27 대화상자의 More 〉〉버튼을 클릭하고 Type을 Dimension으로 선택한 후 Depth에 -10mm를 입력한다.

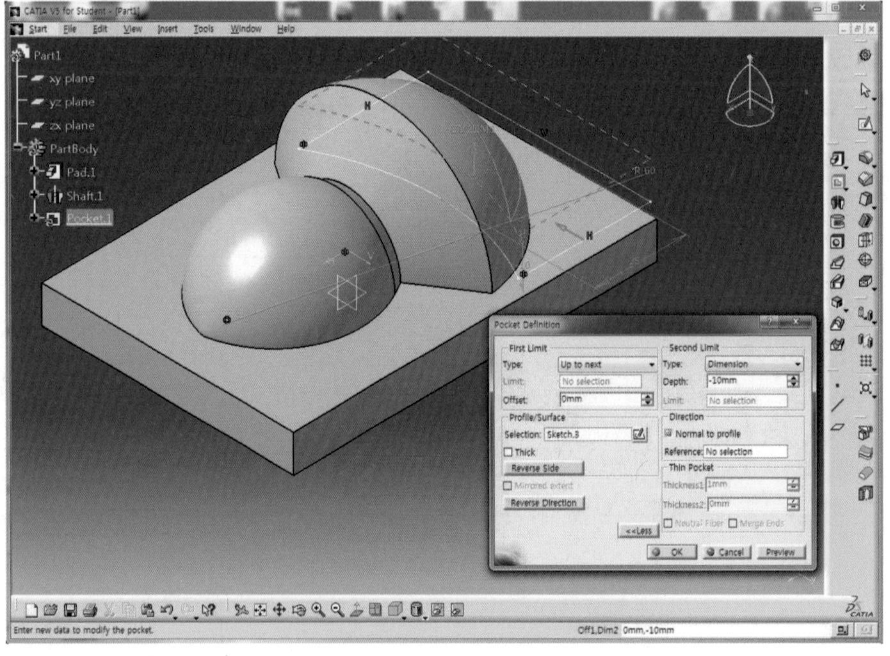

28 Preview 버튼을 클릭하여 미리보기 한 후 OK 버튼을 클릭한다.

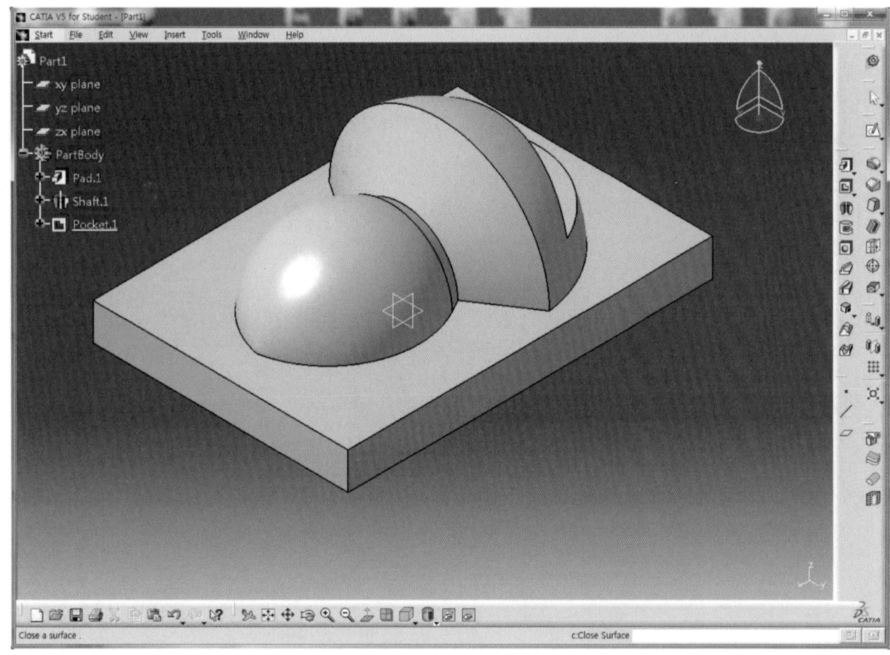

29 Model을 회전시키고 Draft Angle 아이콘 을 클릭한 후 Angle 영역에 10deg를 입력한다.

30 Face(s) to draft 영역을 클릭하고 Pocket 부분의 원주면(1)을 선택한 후 Neutral Element의 Selection 영역을 클릭하고 Pocket의 바닥면(2)을 선택한다.

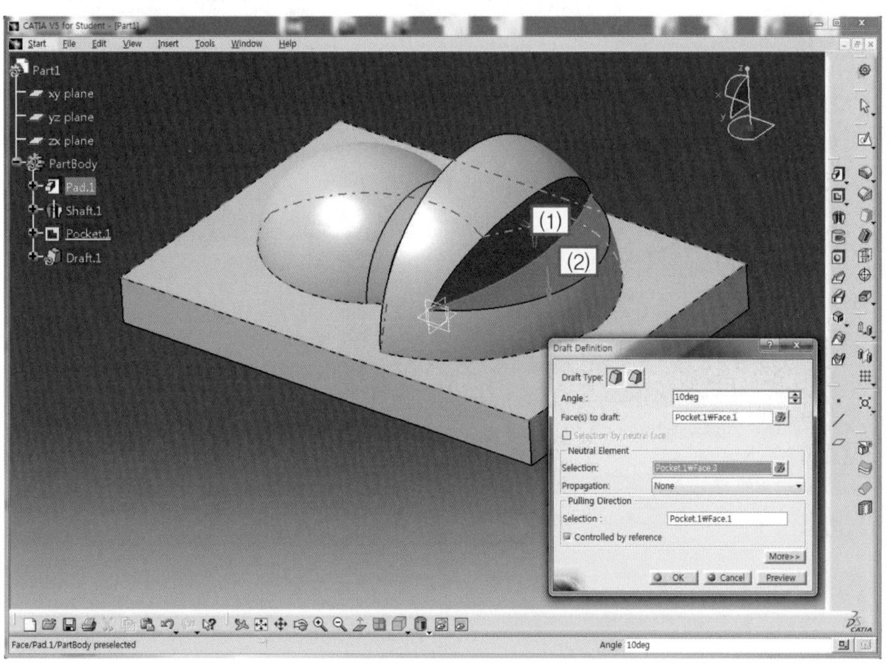

31 화살표 방향이 아래로 향하고 있으면 화살표를 클릭하여 위로 향하도록 한다.

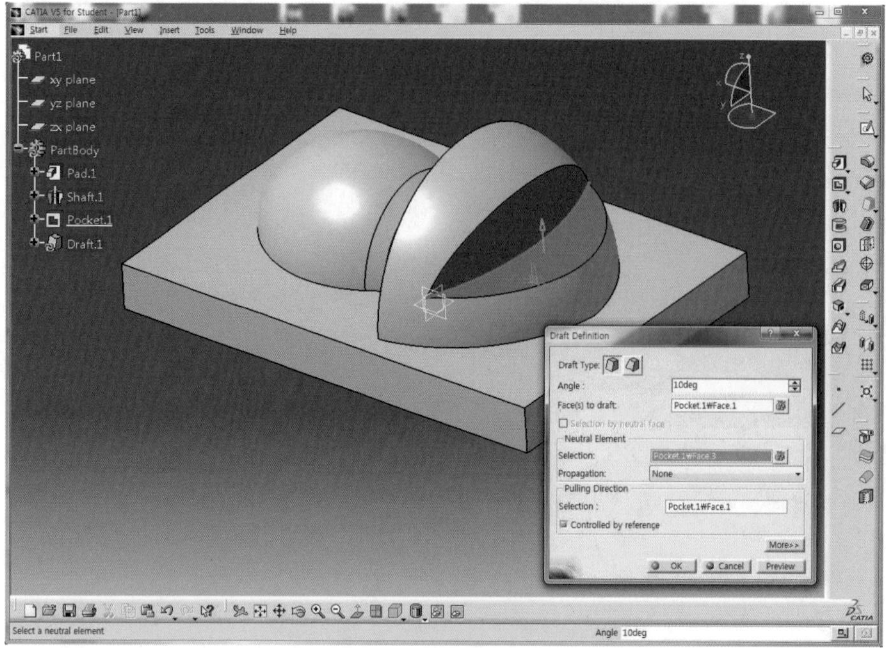

32 Preview 버튼을 클릭하여 미리보기 한다.

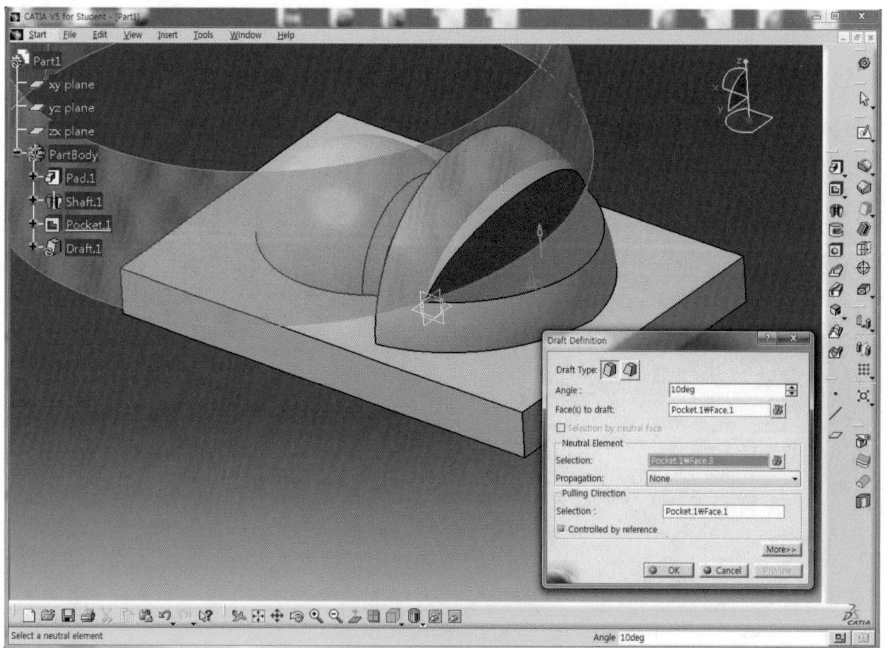

33 이상이 없으면 OK 버튼을 클릭하여 Draft를 적용한다.

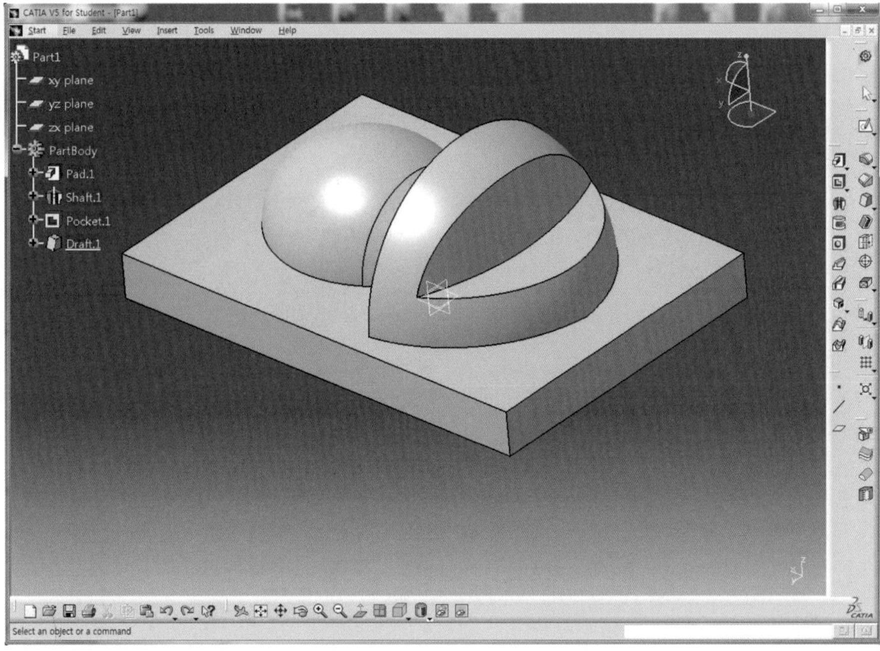

34 Isometric View 아이콘 을 클릭하여 등각뷰로 정렬한다.

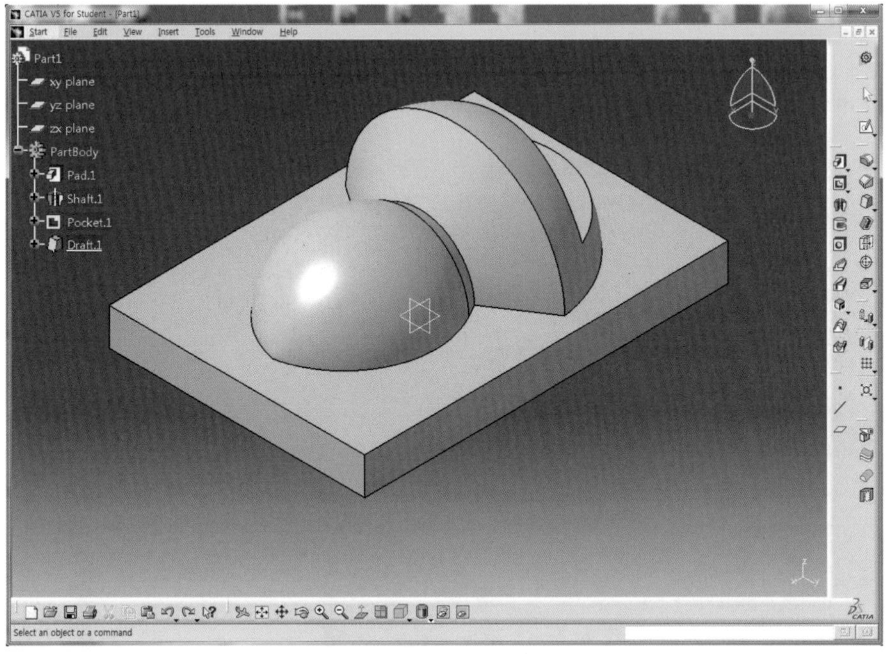

35 Workbench도구막대의 Part Design 아이콘 을 클릭한 후 Wireframe and Surface Design 아이콘 을 클릭하여 Surface Mode로 전환한다.

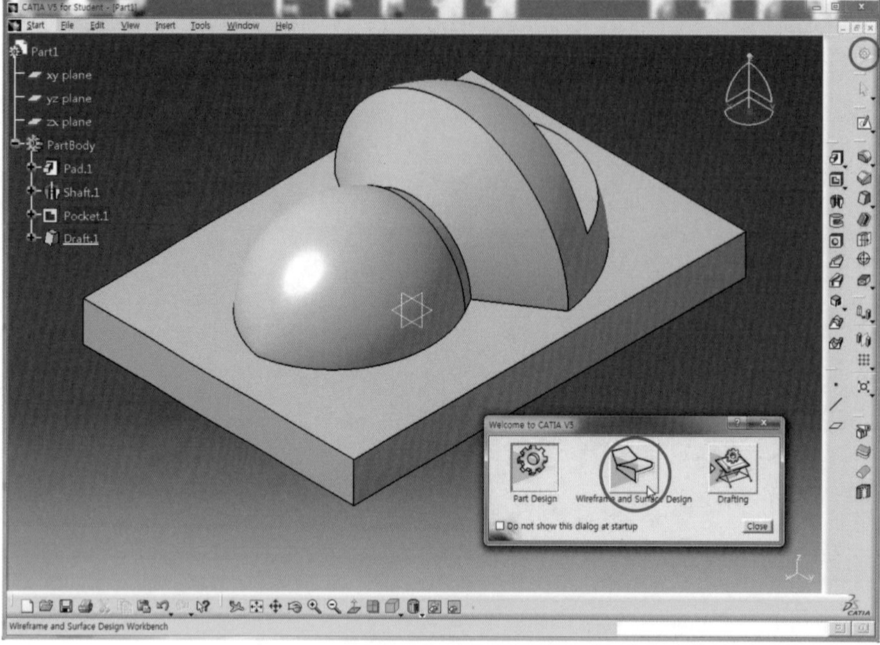

36 Operations 도구막대의 Extract 아이콘 을 클릭한다.

37 Extract Definition 대화상자에서 Propagation type를 No propagation으로 선택하고 Element(s) to extract 영역을 클릭한 후 회전체 Solid의 원주면을 선택한다.

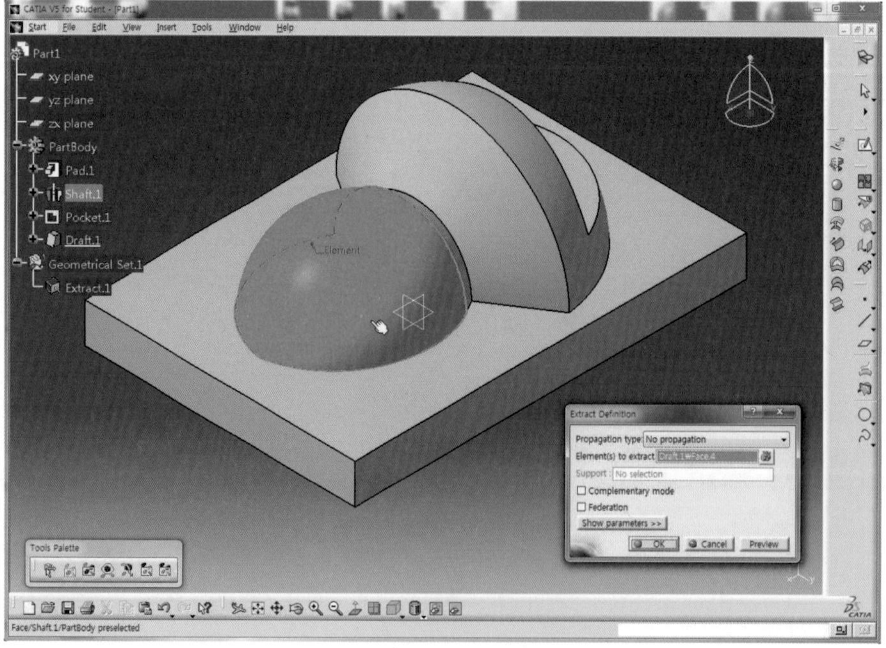

38 OK 버튼을 클릭하여 Surface를 추출한다.

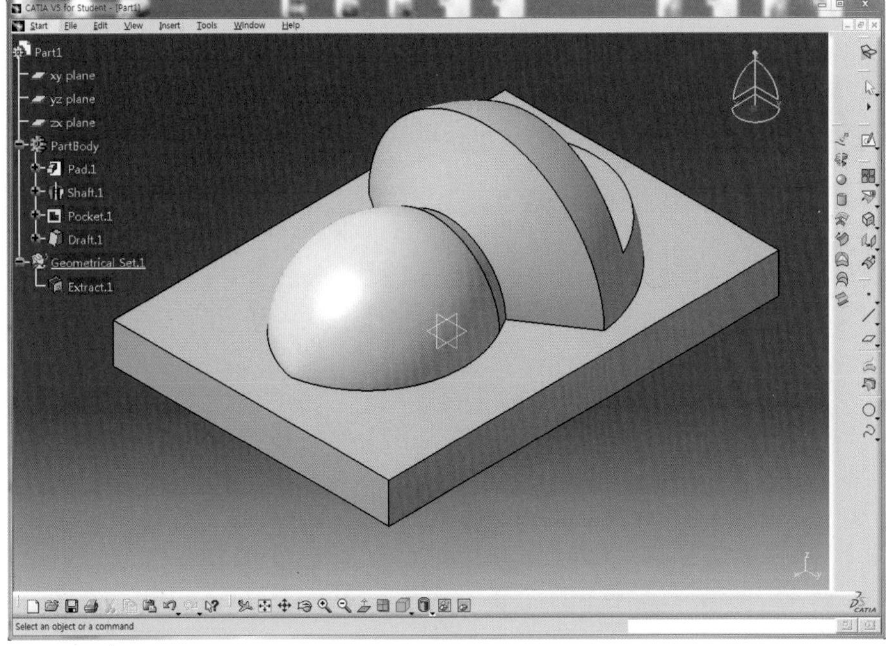

39 Surface를 선택하고 Offset 아이콘 을 클릭한다.

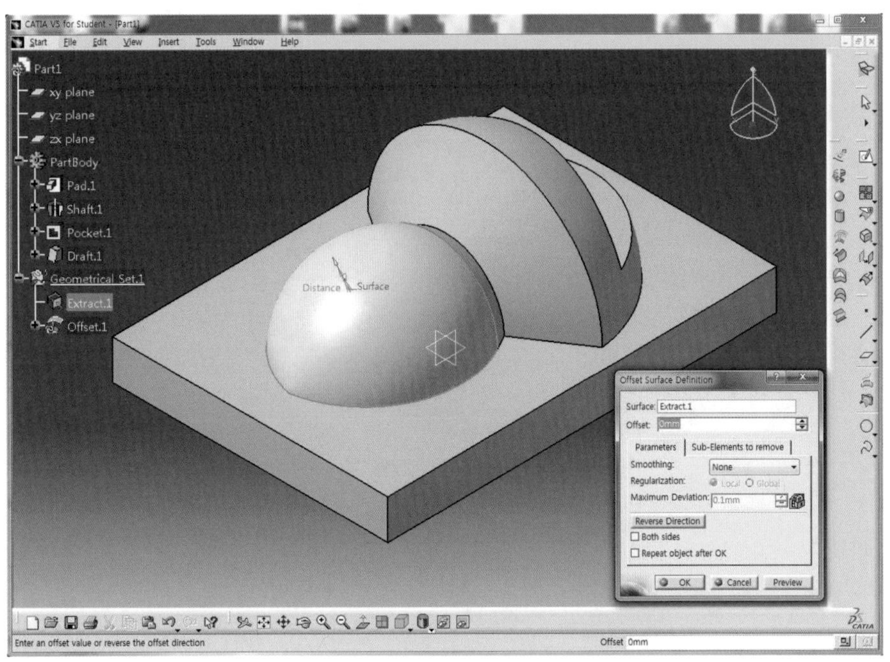

40 Offset 영역에 3mm를 입력하고 붉은색 화살표 방향이 아래쪽으로 향하고 있으면 위쪽으로 향하도록 Reverse Direction 버튼을 클릭한 후 Preview 버튼을 클릭하여 미리보기 한다.

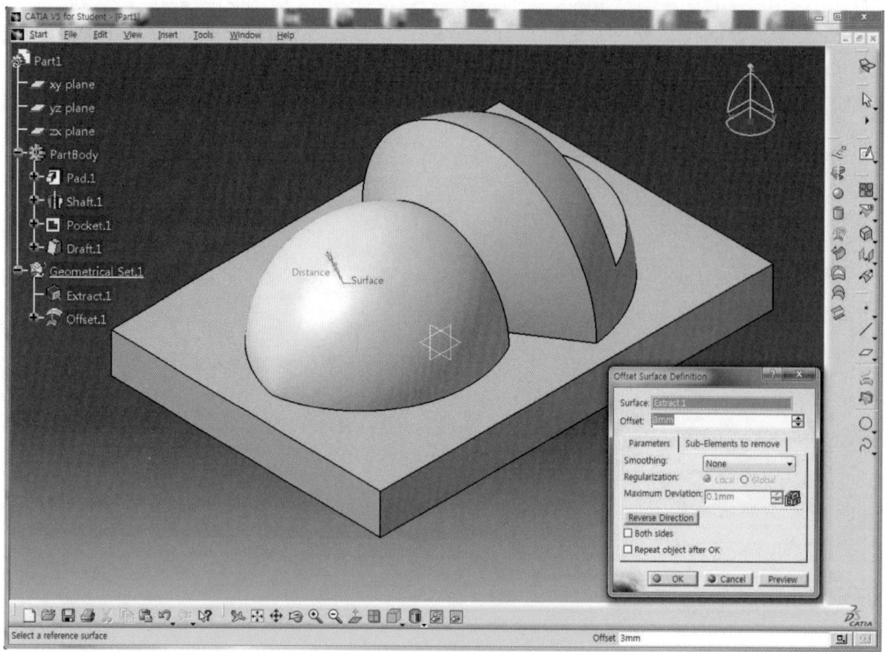

41 OK 버튼을 클릭하여 3mm만큼 떨어진 Surface를 생성한다.

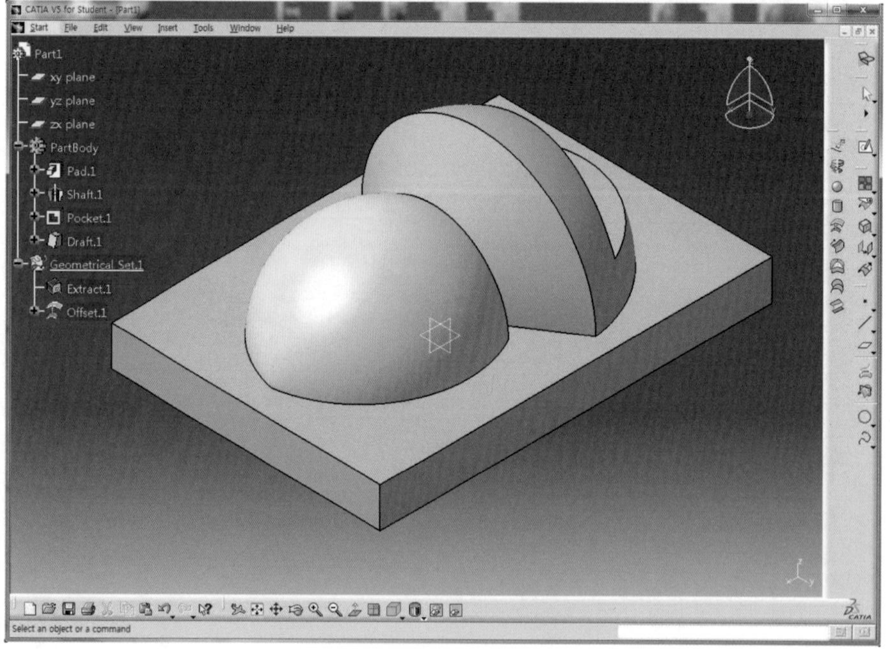

42 Ctrl 버튼을 누른 상태에서 Tree 영역에서 Extract.1과 Offset.1을 선택한 후 마우스 오른쪽 버튼을 클릭하여 Hide/Show를 선택하여 감추기 한다.

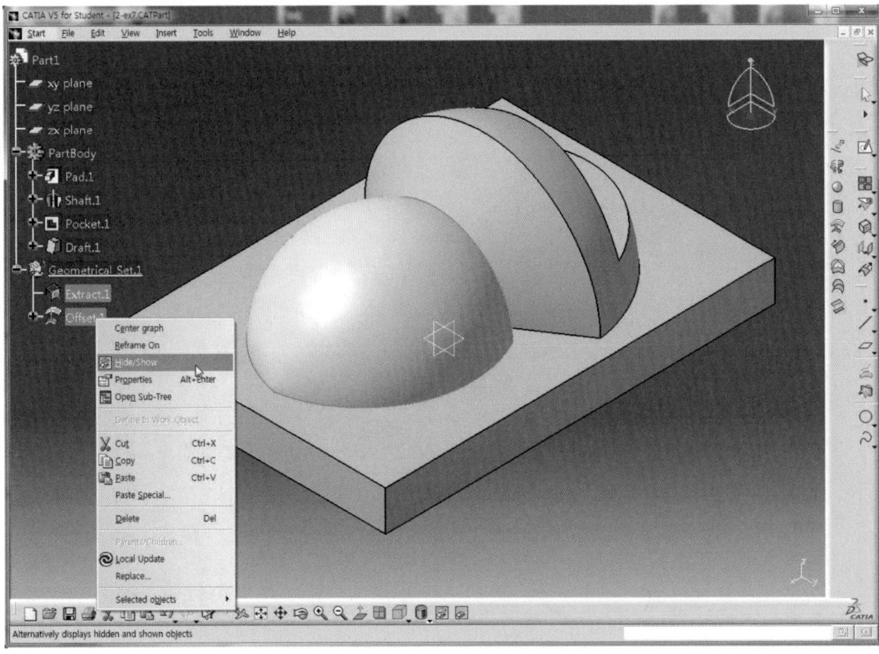

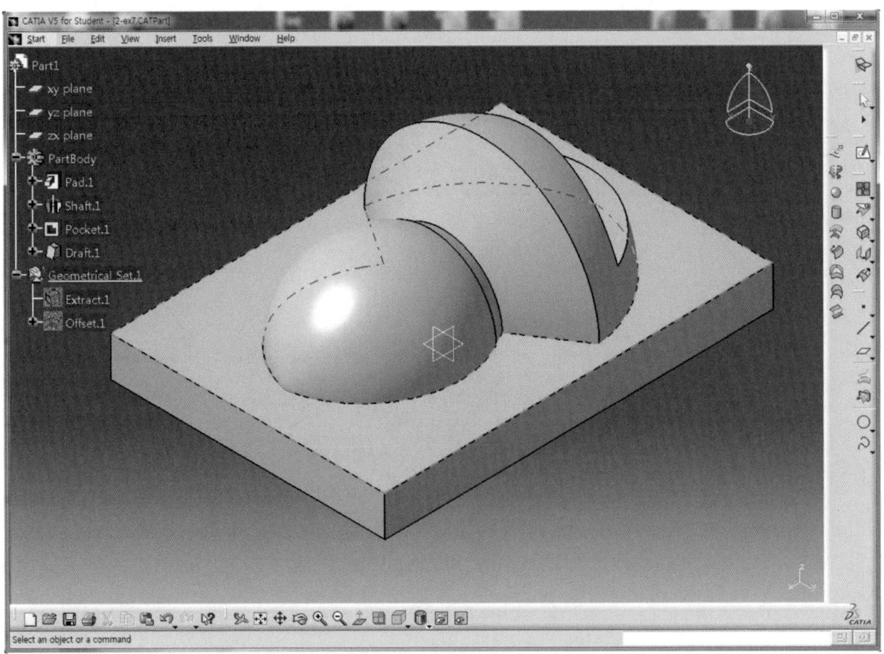

43 Tree에서 PartBody를 선택한 후 마우스 오른쪽 버튼을 클릭하여 Define In Work Object를 선택하면 밑줄이 이동되어 Solid 영역이 Current로 전환한다.

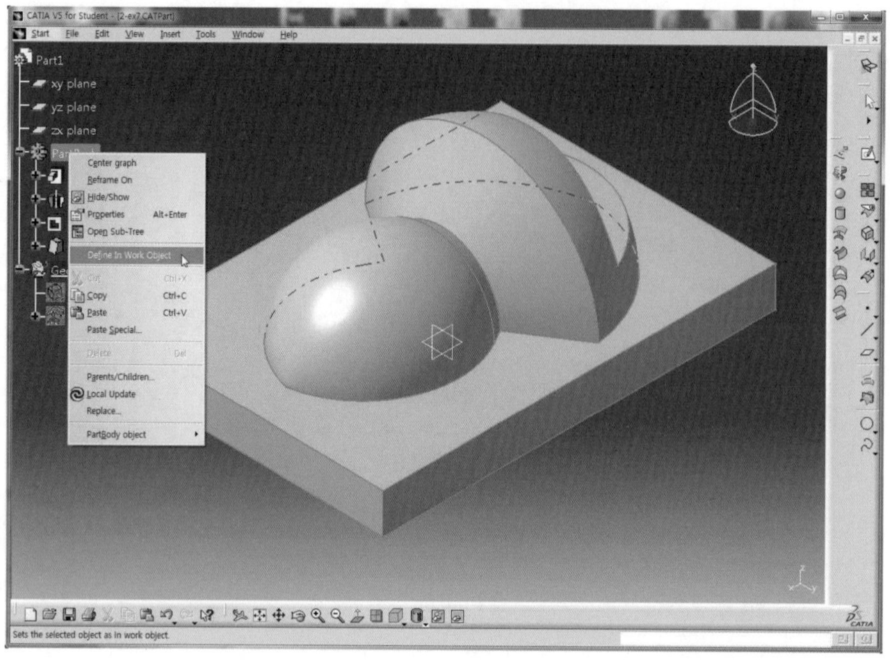

44 Sketch 아이콘 을 클릭하고 직육면체 윗면을 선택하여 Sketch Mode로 전환한다.

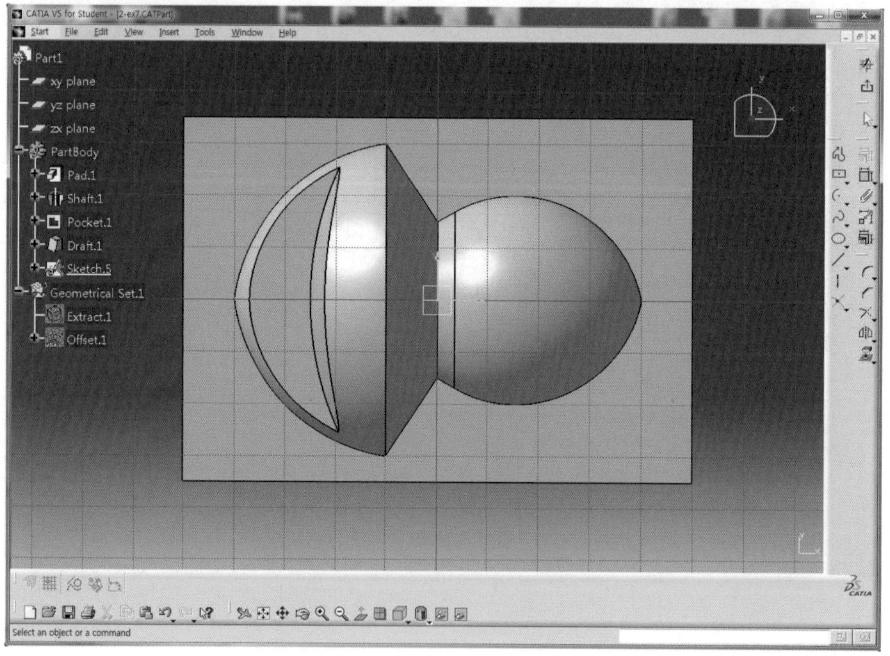

45 Elongated Hole 아이콘 을 클릭한 후 V축 방향의 임의의 두 점을 클릭하여 양쪽이 라운드된 직사각형을 Sketch한다.

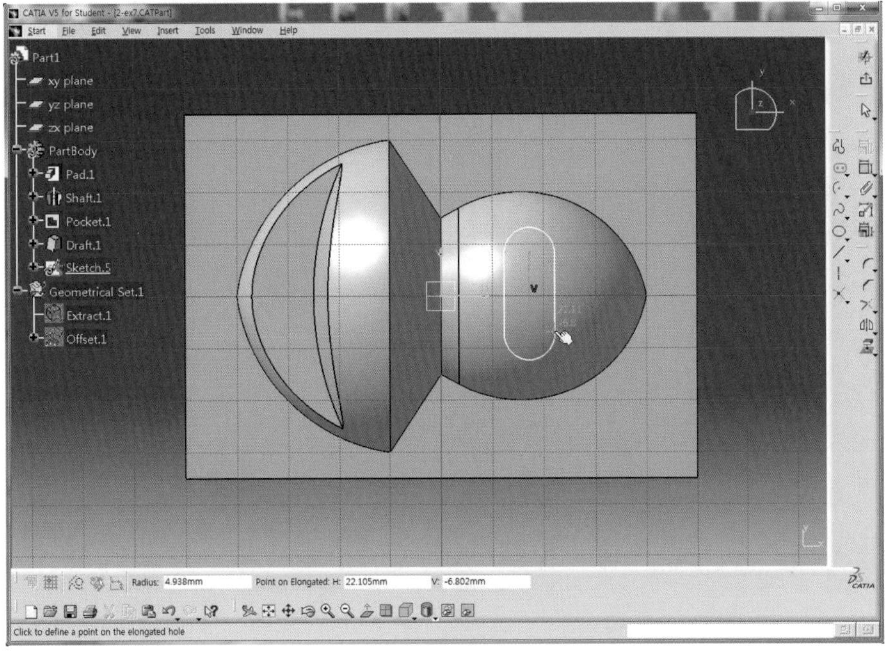

46 Constraint 아이콘 을 클릭한 후 Elongated Hole의 상하 Arc 중심점을 차례로 선택하고 마우스 오른쪽 버튼을 클릭하여 Allow symmetry line를 선택한다.

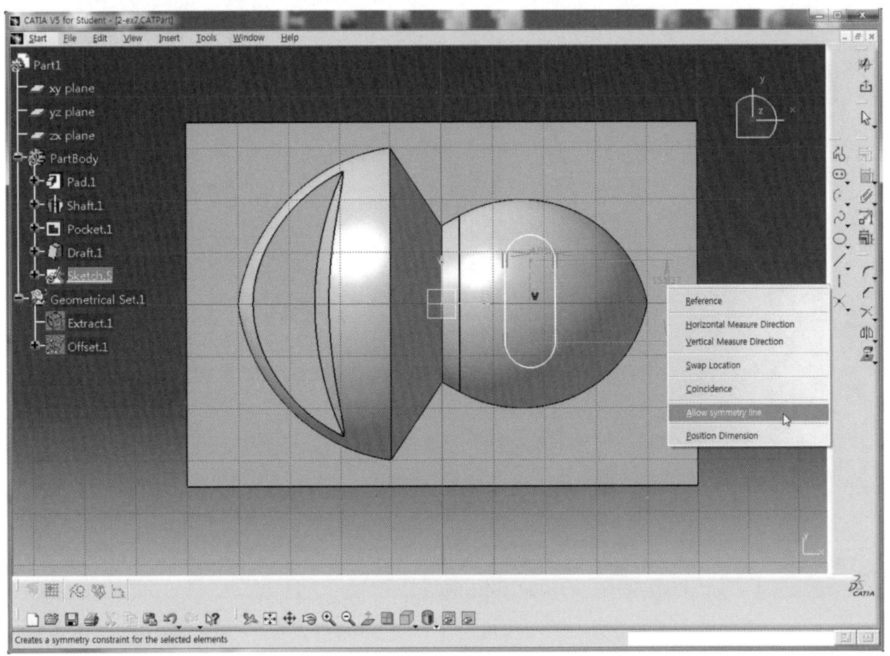

47 대칭축으로 H축을 선택한다.

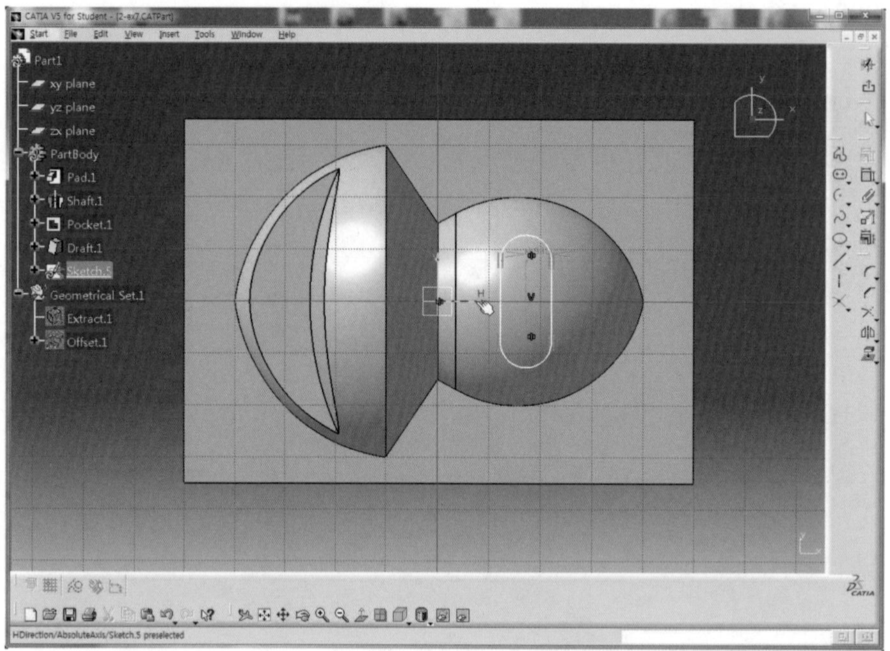

48 Constraint 아이콘 을 더블클릭하여 치수구속을 적용한 후 각 치수를 더블클릭하여 정확한 치수 (L17, L5, L10)를 적용한다.

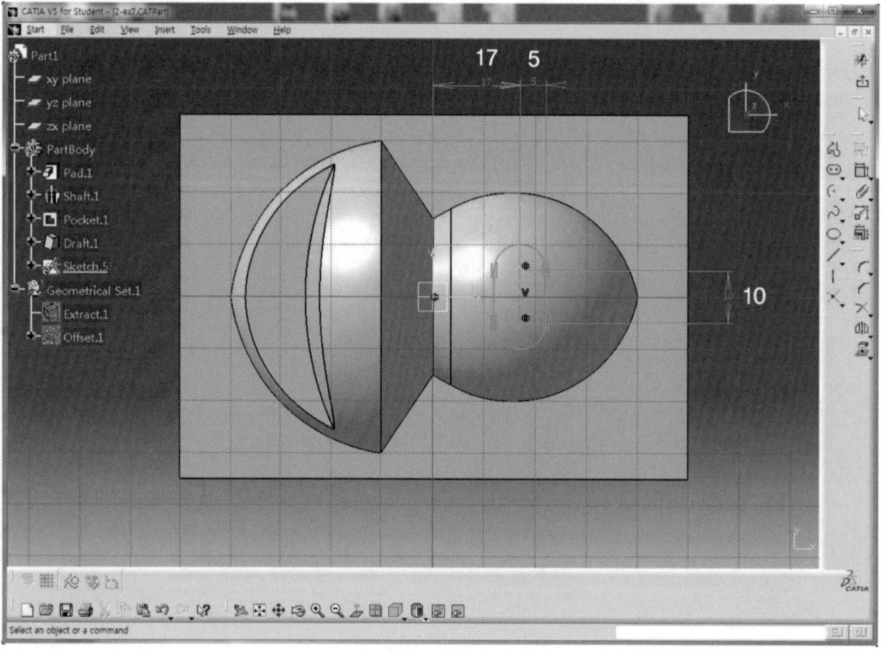

49 Exit workbench 아이콘 을 클릭하여 3D Mode로 전환한다.

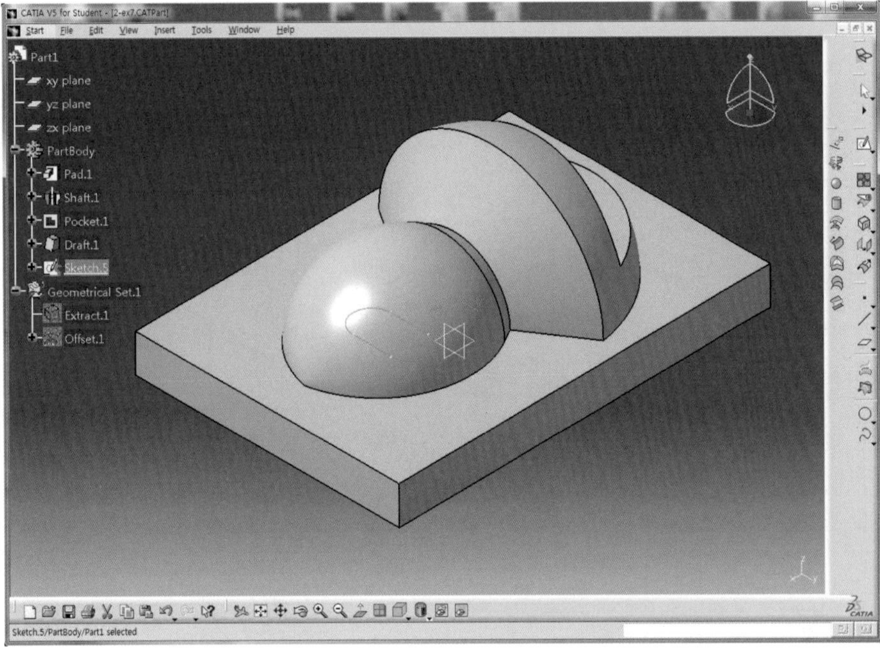

50 Workbench 도구막대의 Wireframe and Surface Design 아이콘 을 클릭한 후 Part Design 아이콘 을 클릭하여 Solid Mode로 전환한다.

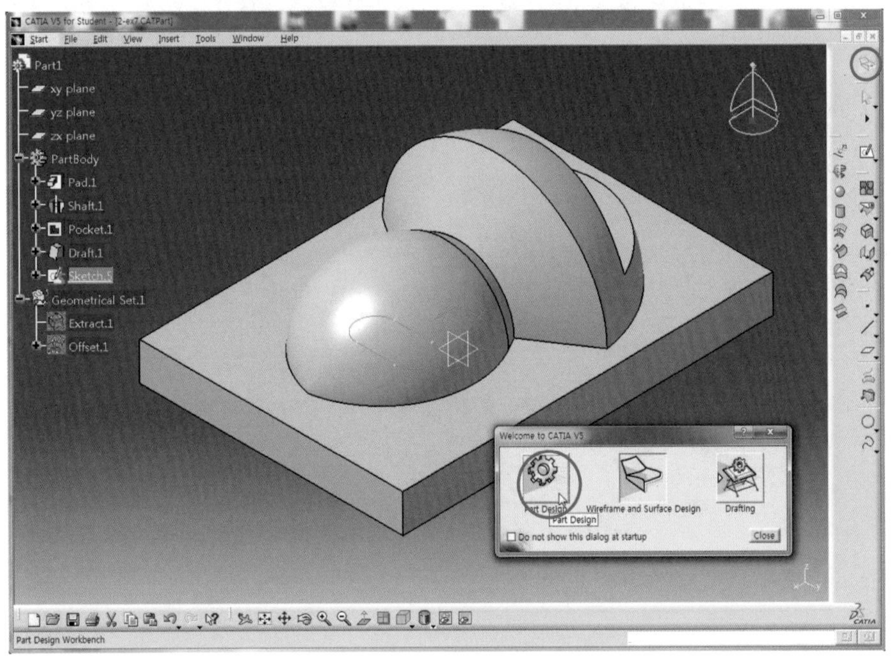

51 Pad 아이콘 을 클릭한 후 Type을 Up to surface로 선택하고 Tree 영역에서 Offset.1을 선택한다.

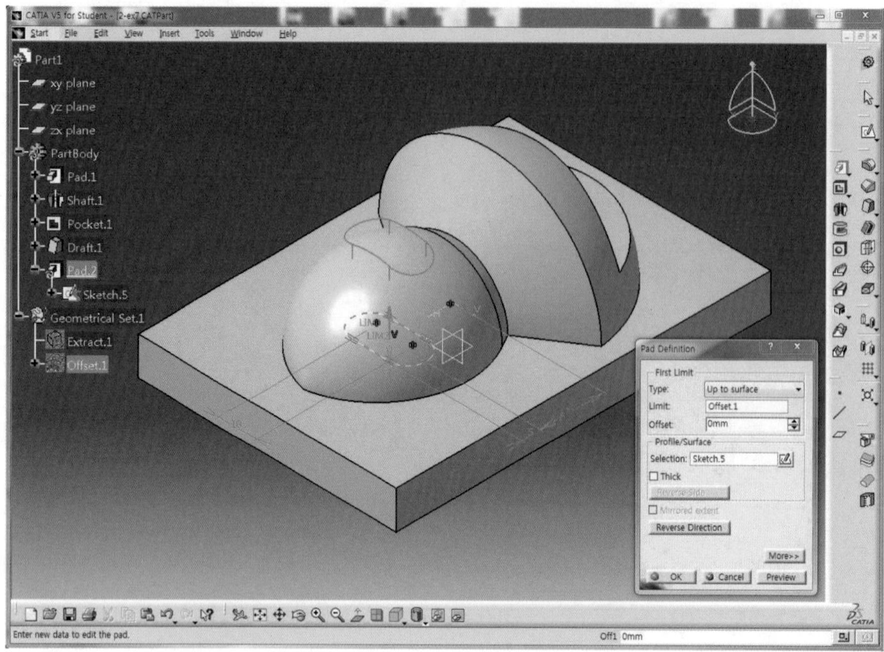

52 Preview 버튼을 클릭하여 미리보기 하면 Offset된 Surface까지 Pad된 것을 확인할 수 있다.

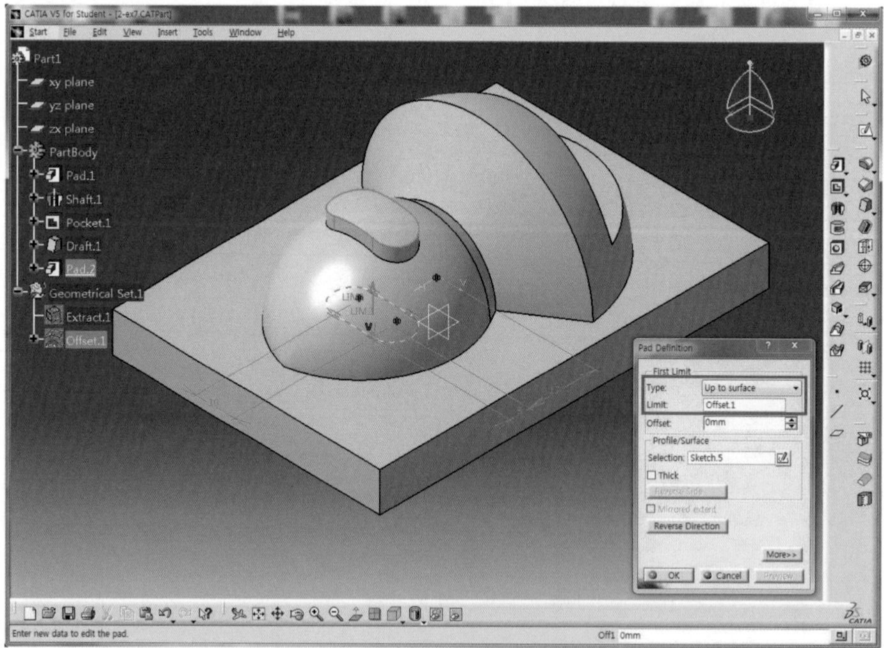

53 OK 버튼을 클릭하여 Solid를 생성한다.

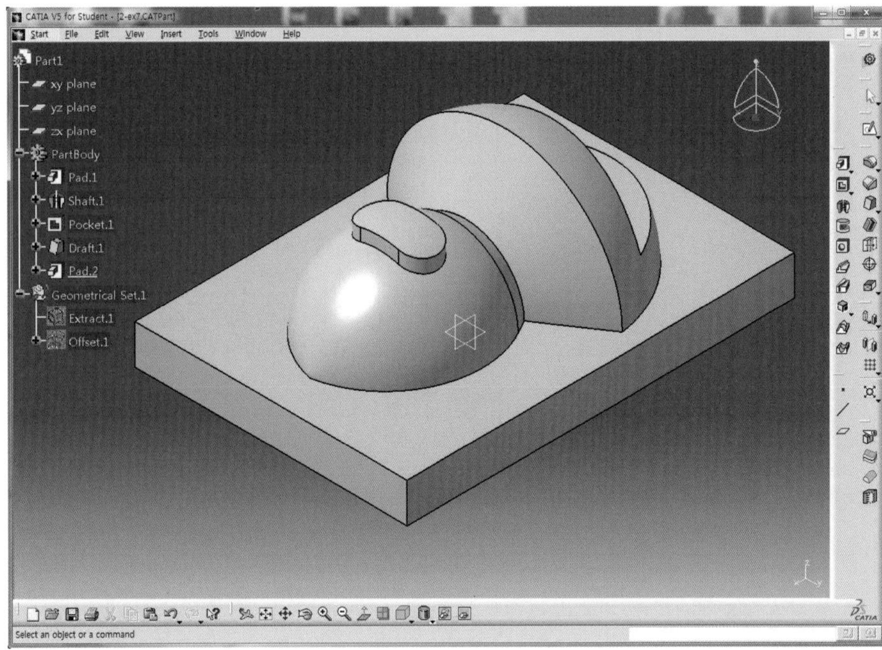

54 Sketch 아이콘 을 클릭하고 직육면체의 윗면을 선택하여 Sketch Mode로 전환한다.

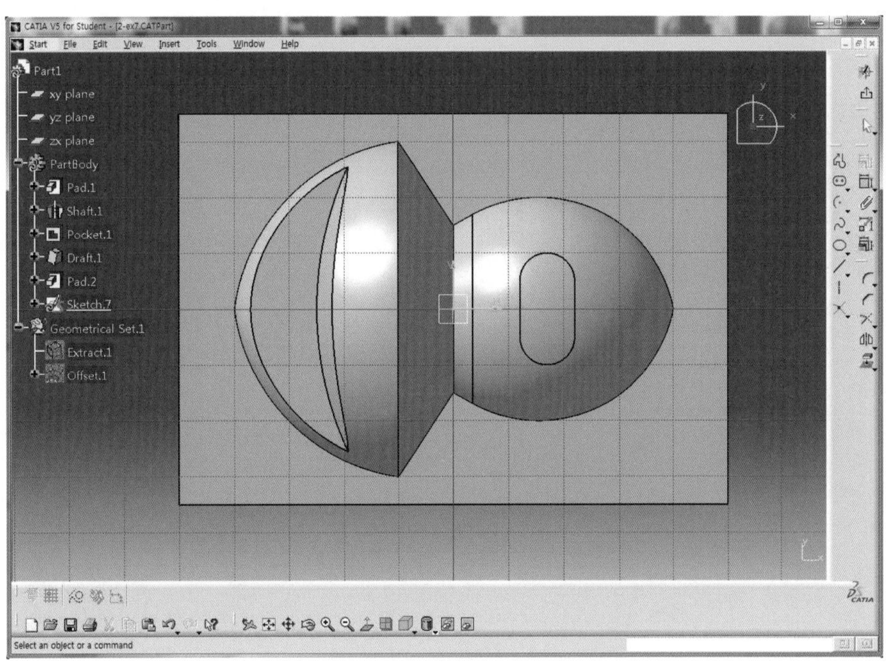

55 Arc 아이콘 을 클릭한 후 Arc의 중심이 원점에 위치하도록 Sketch한다.

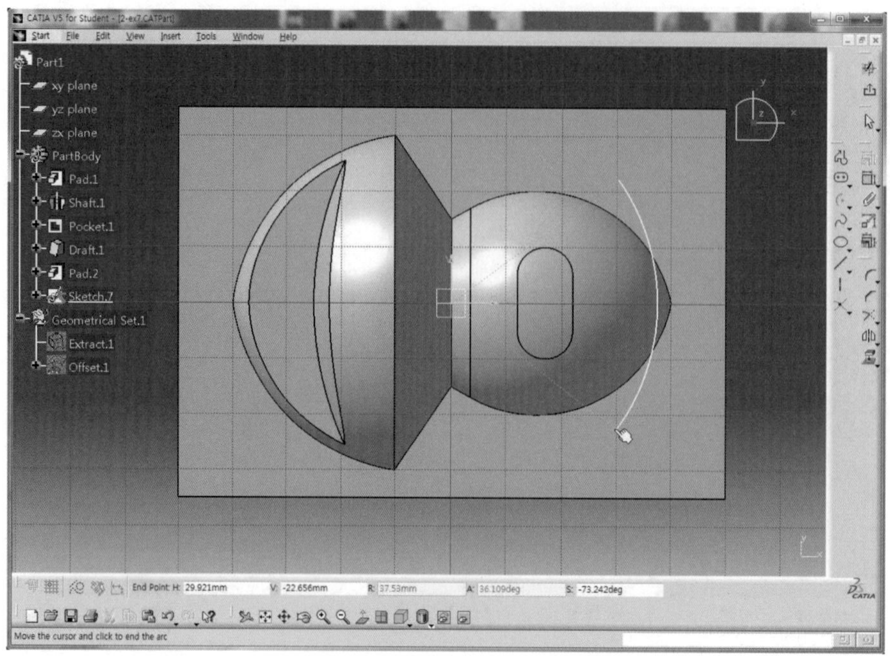

56 Constraint 아이콘 을 더블클릭한 후 치수를 구속하고 각 치수를 더블클릭하여 정확한 치수(L20, R40)를 적용한다.

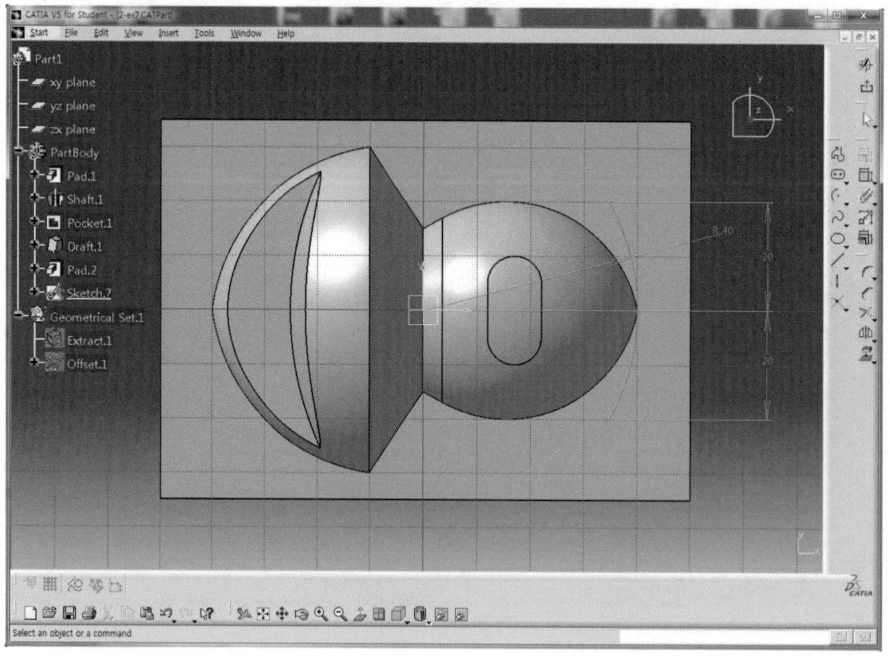

57 Axis 아이콘 ┆ 을 클릭하고 Arc의 끝점을 지나도록 Sketch한다.

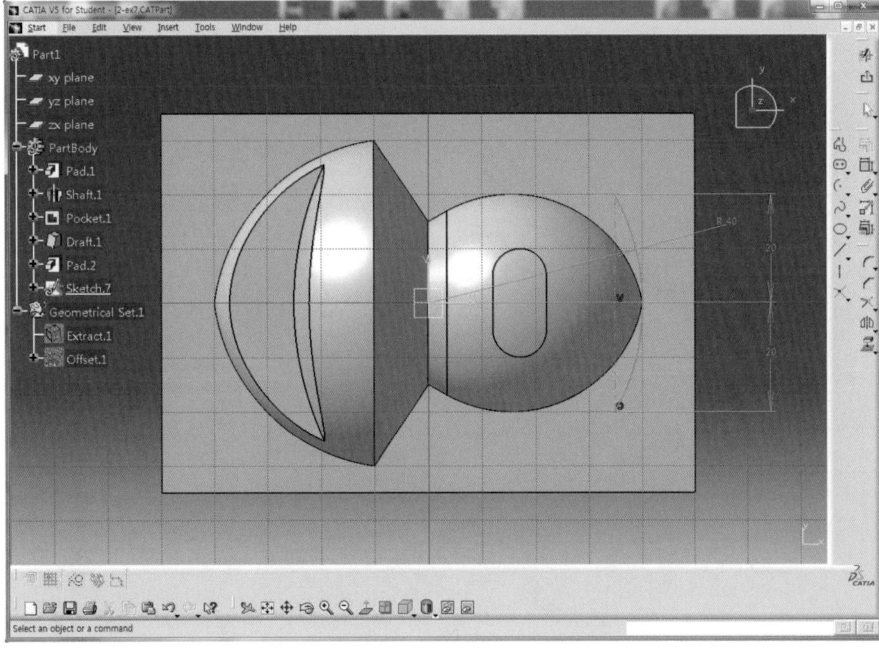

58 Exit workbench 아이콘 을 클릭하여 3D Mode로 전환한다.

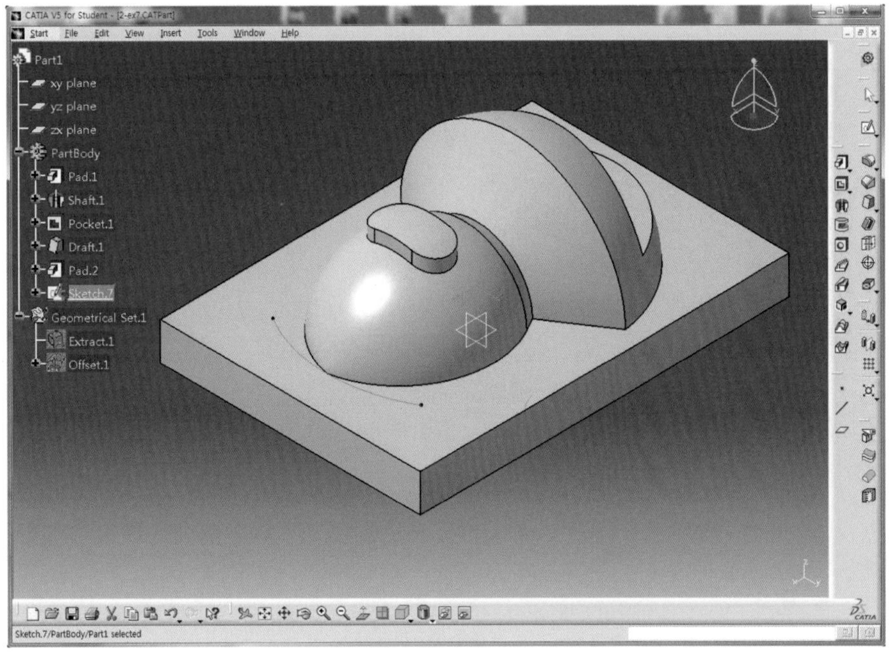

59 Shaft 아이콘 을 클릭한 후 First Angle 영역에 180deg를 입력한 후 Preview 버튼을 클릭하여 미리 보기 한다.(이때 화살표 방향은 위로 향하도록 한다.)

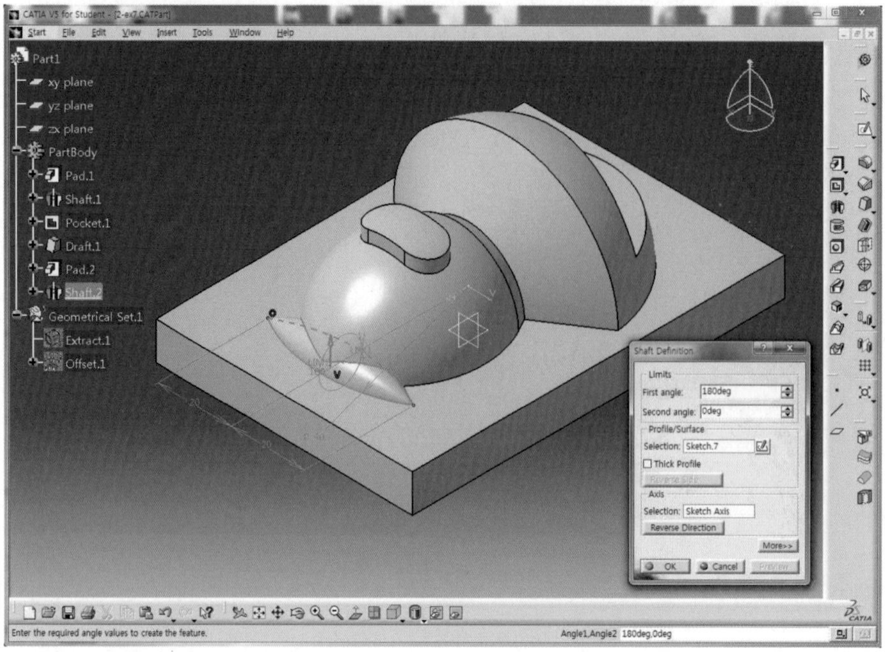

60 OK 버튼을 클릭하여 회전체를 생성한다.

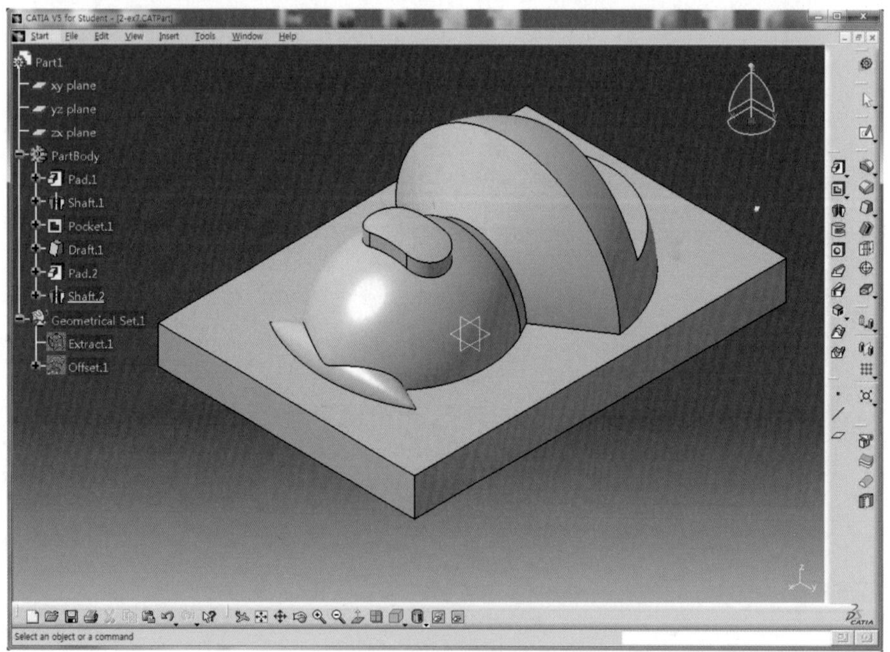

61 Edge Fillet 아이콘 을 클릭한 후 R5를 적용한다.

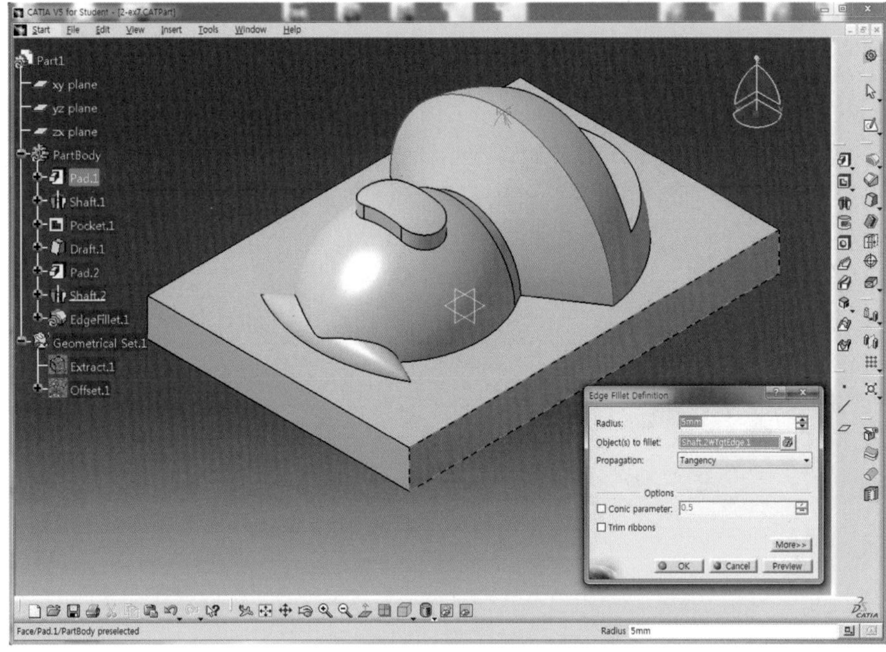

62 Model을 회전시키고 Edge Fillet 아이콘 을 클릭한 후 R3을 적용한다.

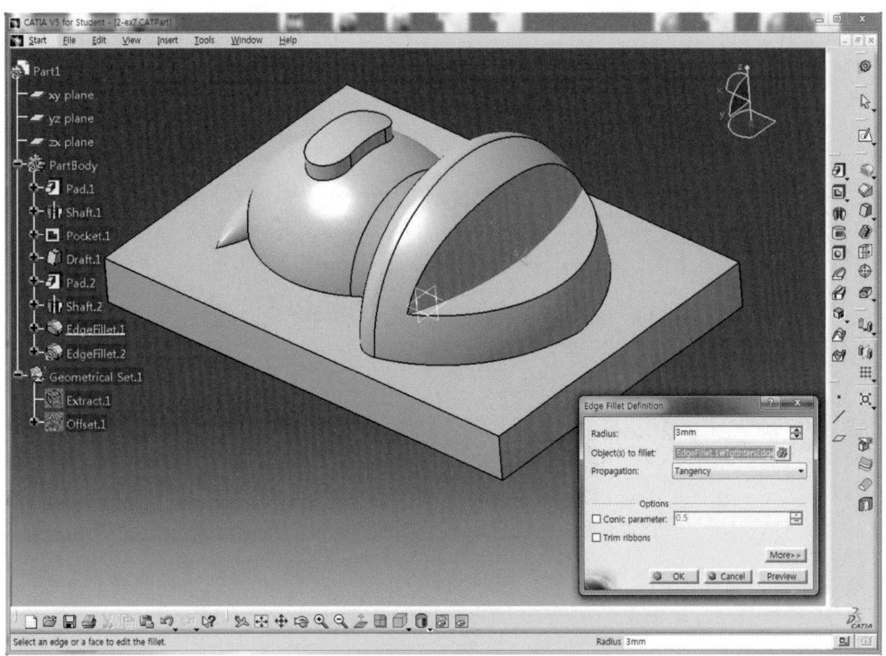

63 Edge Fillet 아이콘 을 클릭한 후 R1을 적용한다.

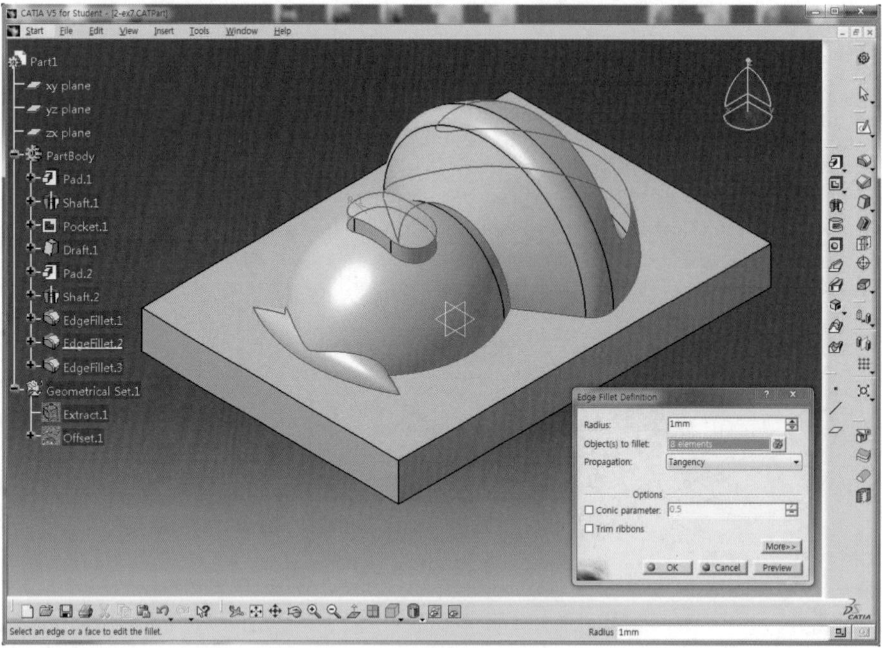

64 완성된 Model이다.

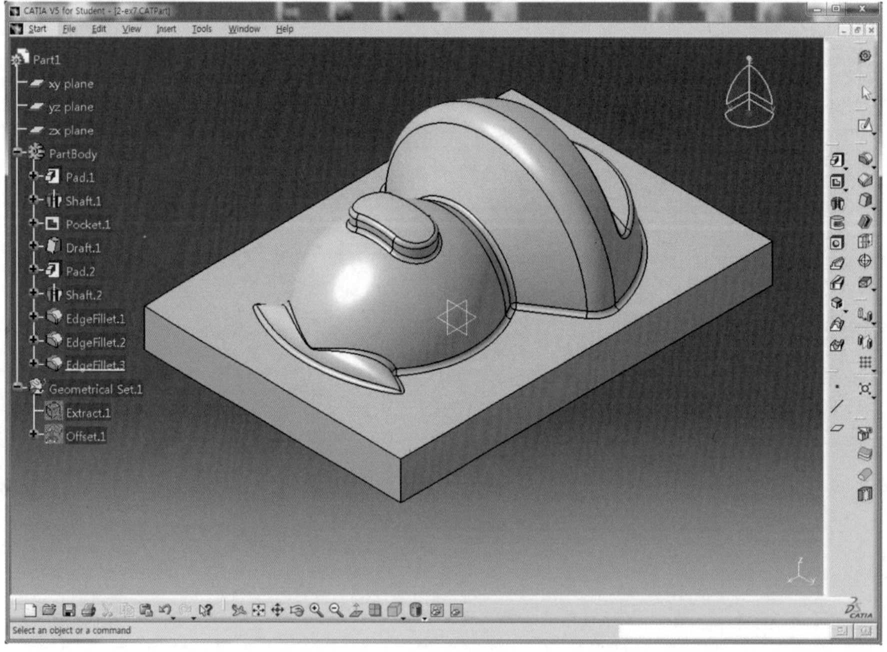

활용 Model (8)

CATIA를 활용한 모델링 따라하기

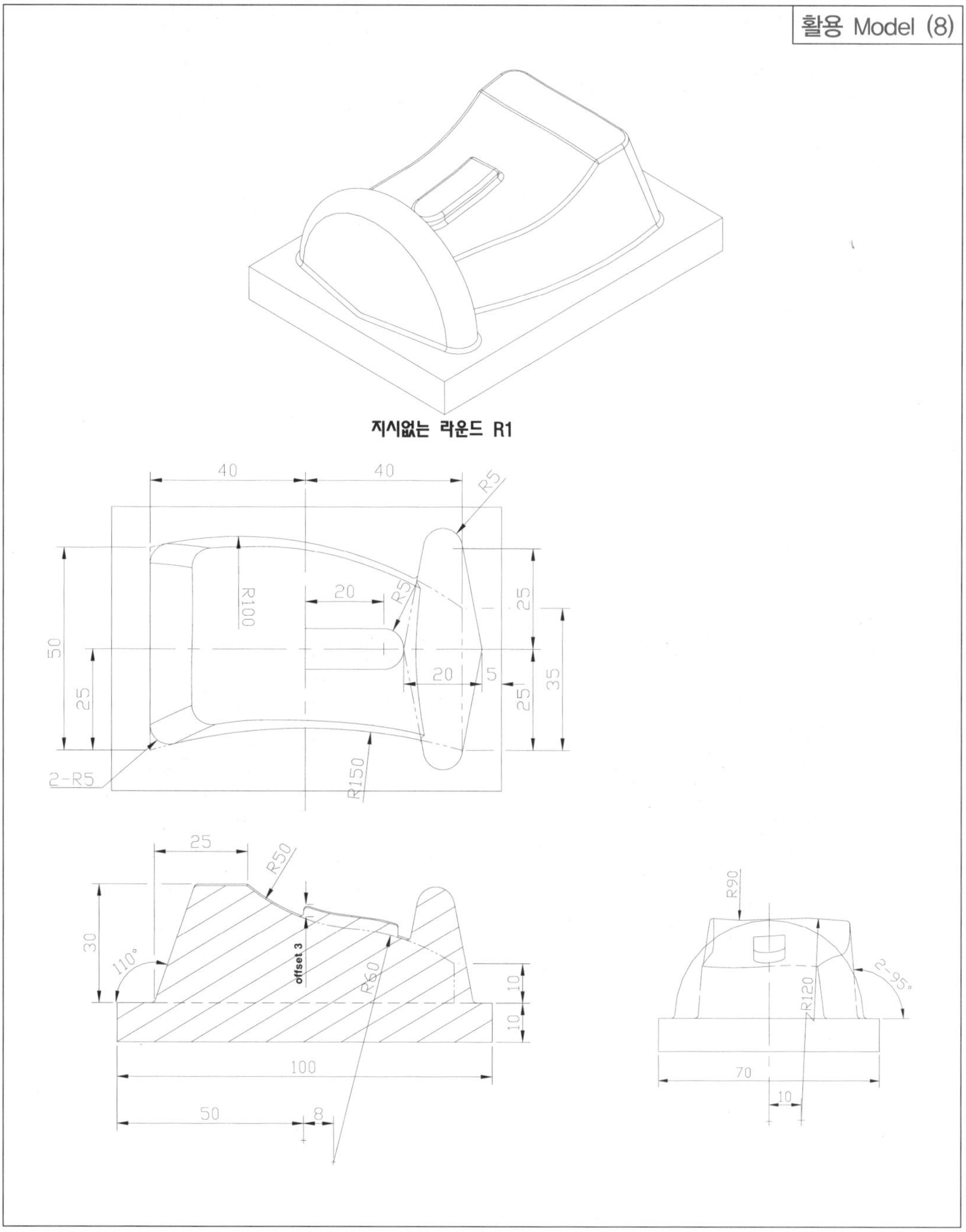

활용 Model (8)

지시없는 라운드 R1

01 CATIA를 실행시켜 Part Design Mode로 전환한다.

02 Sketch 아이콘 을 클릭하고 xy Plane을 선택하여 Sketch Mode로 전환한다.

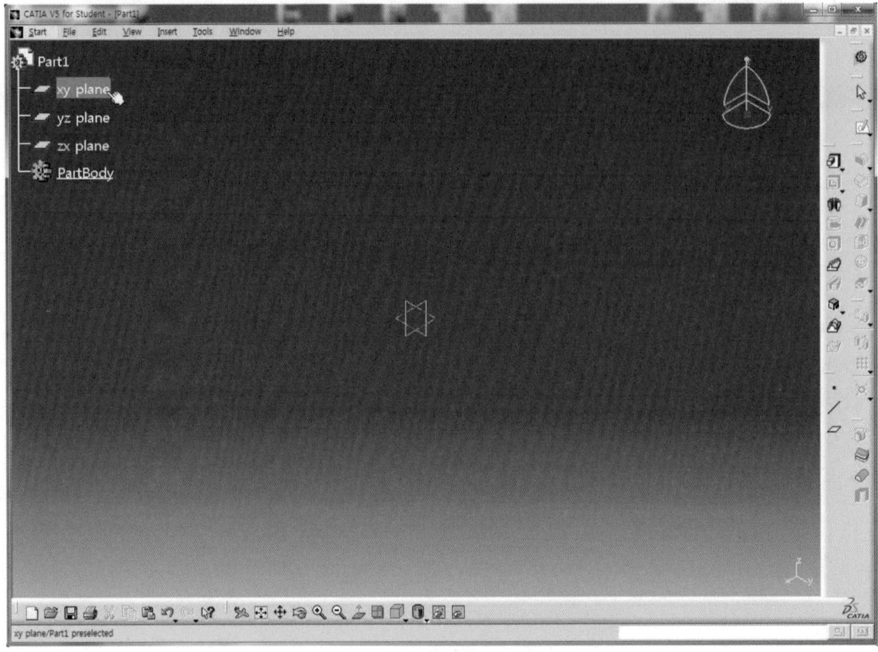

03 Profile 도구막대의 Centered Rectangle 아이콘 을 클릭한다.

04 대칭 기준점으로 원점을 선택하고 직사각형 꼭짓점을 클릭하여 원점에 대칭인 직사각형을 생성한다.

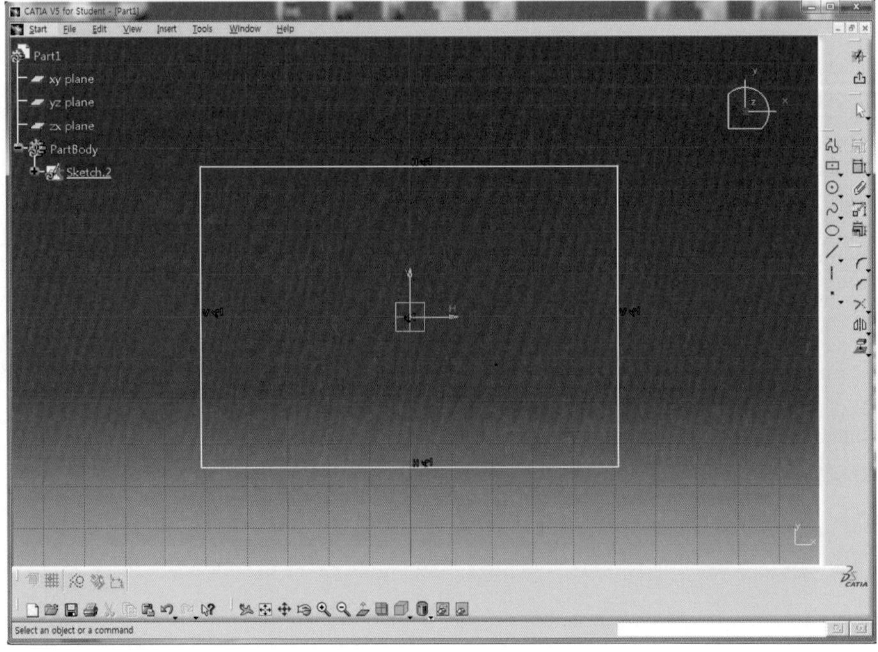

05 Constraint 도구막대의 Constraint 아이콘 을 더블클릭하여 직사각형의 가로(L100)와 세로(L70) 치수를 구속시킨다.

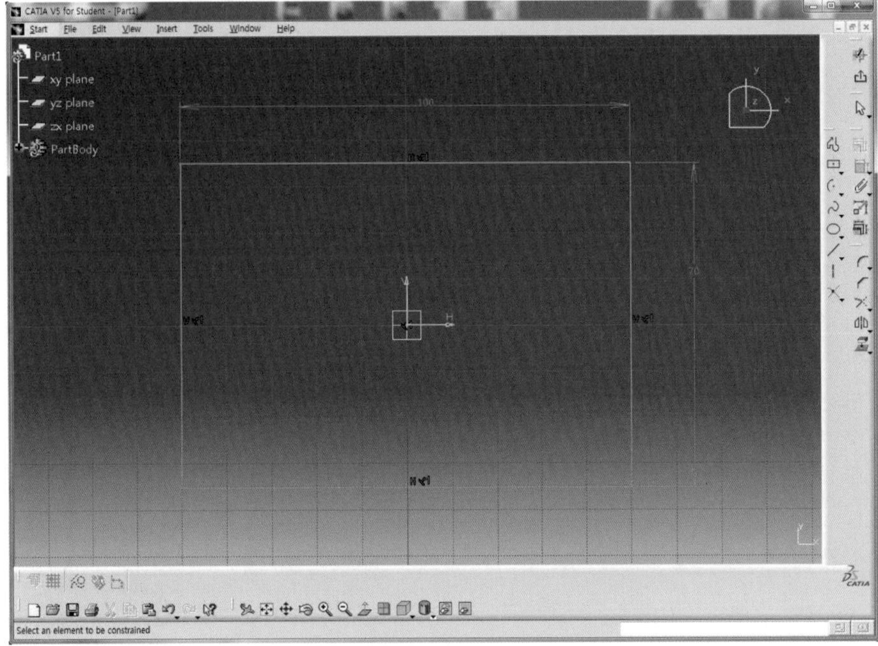

06 Exit workbench 아이콘 을 클릭하여 3D Mode로 전환한다.

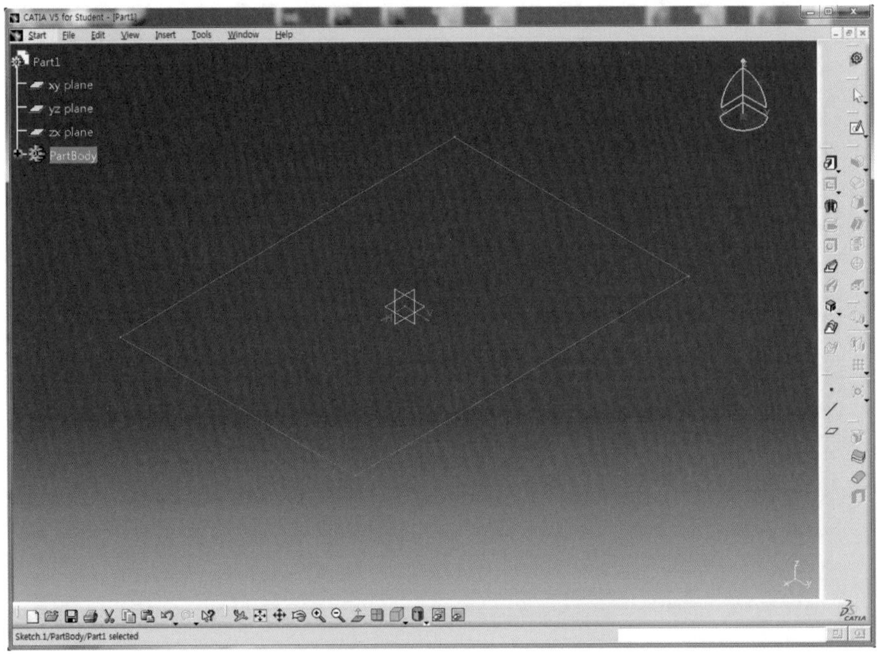

07 Sketch.1을 선택하고 Pad 아이콘 을 클릭한 후 Length 영역에 10mm를 입력하고 Preview 버튼을 클릭하여 미리보기 한다.

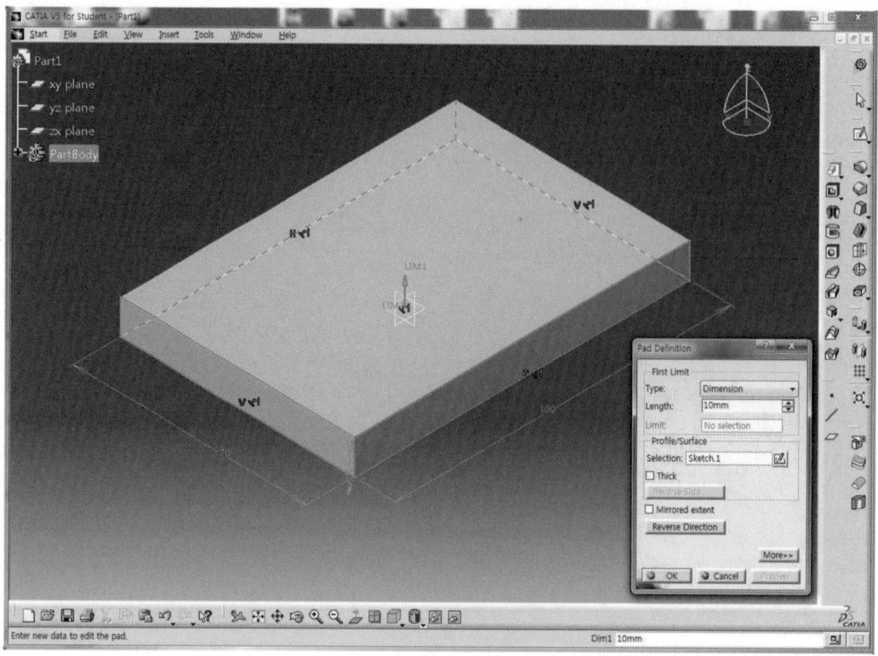

08 OK 버튼을 클릭하여 직육면체의 Solid를 생성한다.

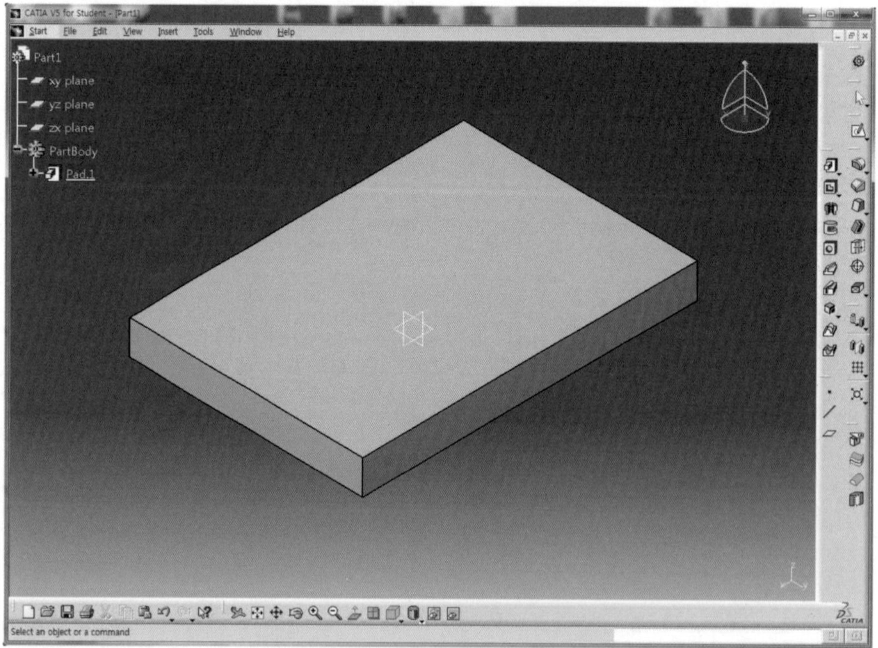

09 Sketch 아이콘 을 클릭하고 직육면체의 윗면을 선택하여 Sketch Mode로 전환한다.

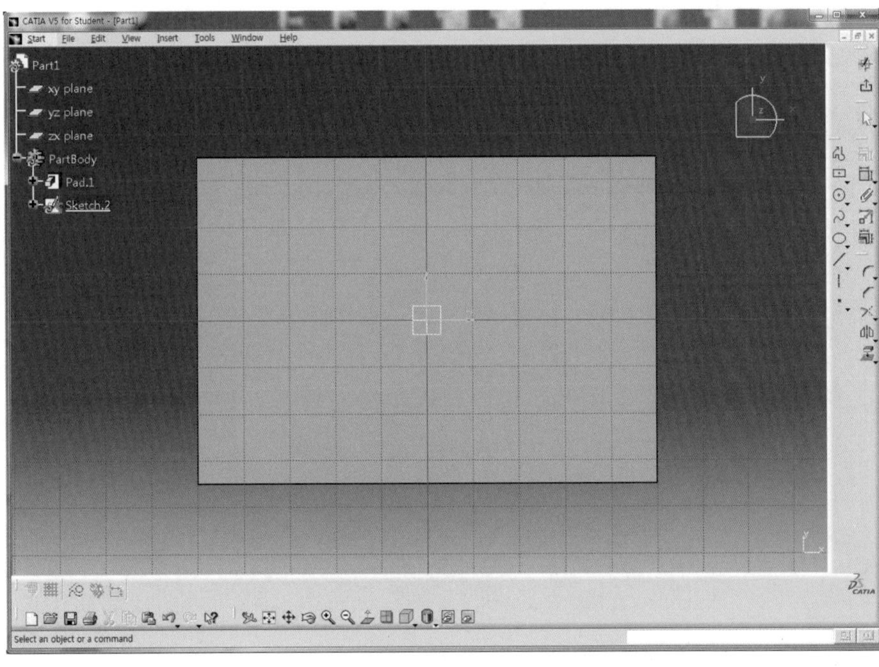

10 Profile 아이콘 을 클릭하여 직선과 Sketch tools 도구막대에서 Tree Point Arc 옵션을 활용하여 아래와 같이 대략적으로 Sketch한다.

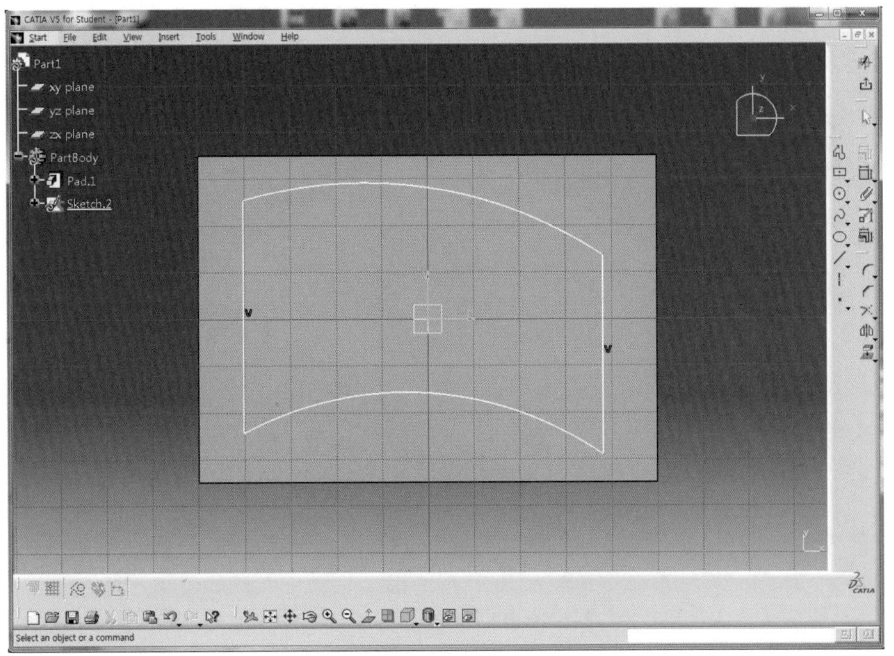

11 Constraint 아이콘 을 더블클릭한 후 치수구속을 적용하고 각 치수를 더블클릭하여 정확한 치수 (L50, L25, L40, L35, R150, R100)를 적용한다.

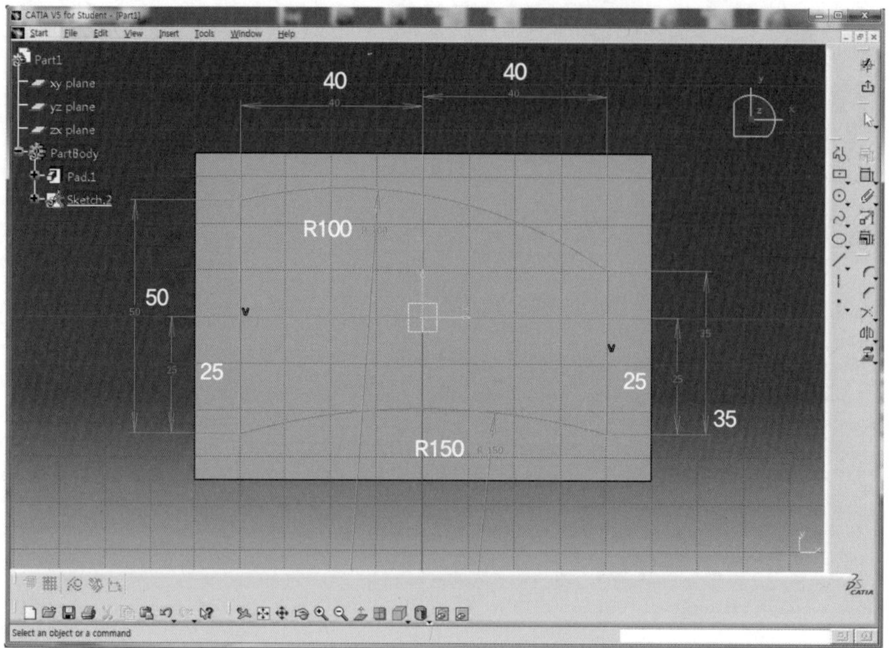

12 Exit workbench 아이콘 을 클릭하여 3D Mode로 전환한다.

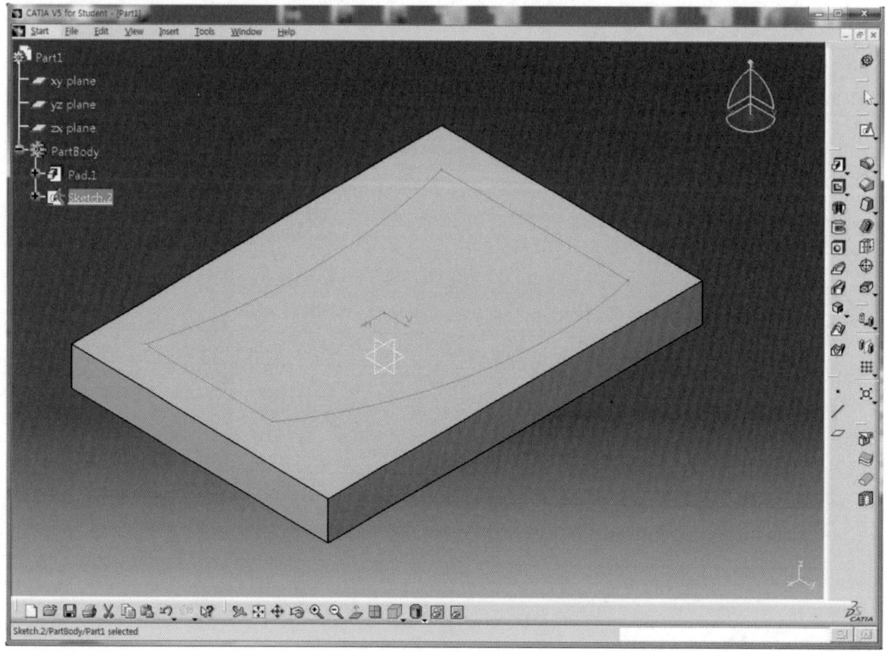

13 Pad 아이콘 을 클릭한 후 Type을 Dimension을 선택하고 Length 영역에 35mm를 입력한 후 Preview 버튼을 클릭하여 미리보기 한다.

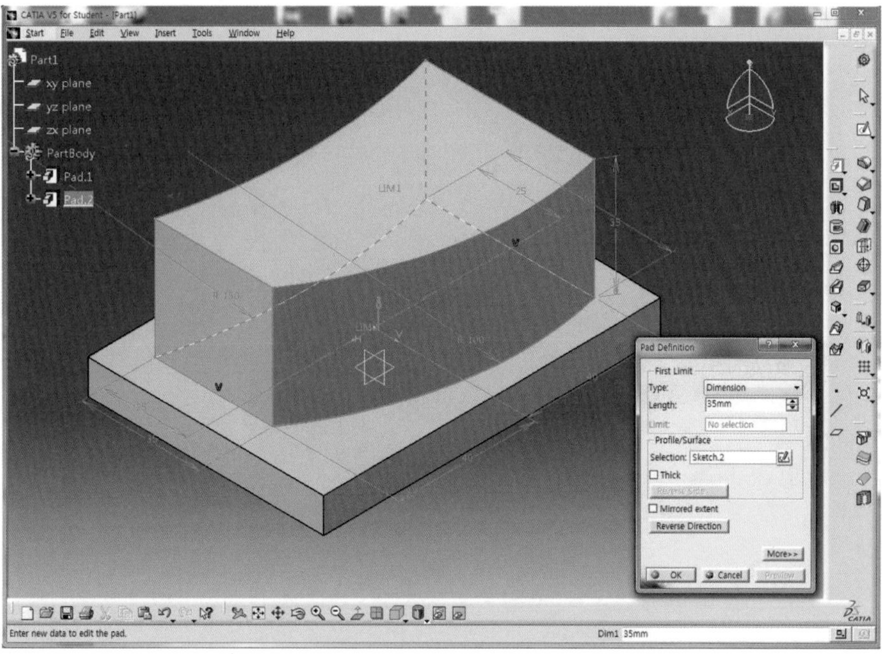

14 OK 버튼을 클릭하여 Solid를 생성한다.

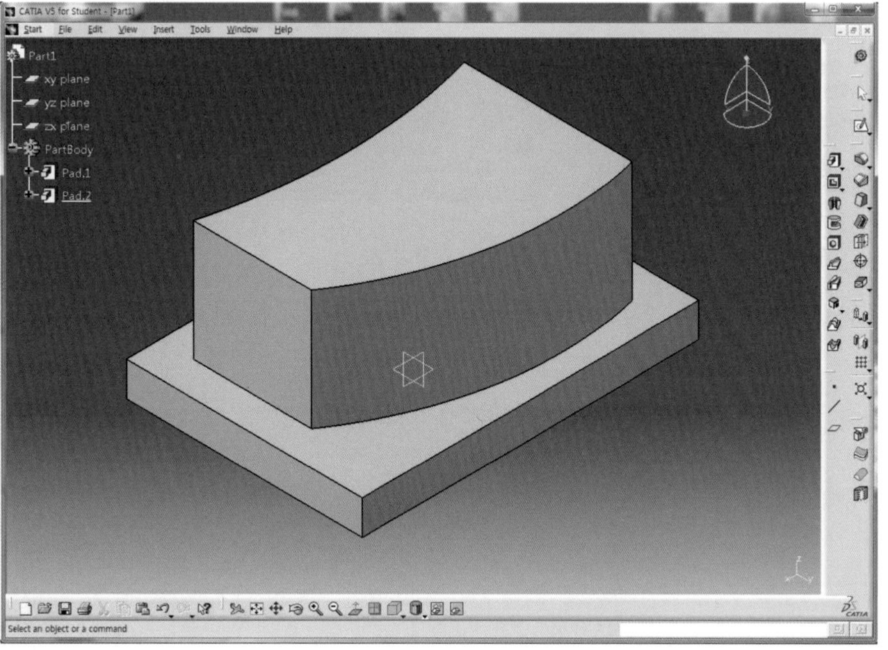

15 Positioned Sketch 아이콘 을 클릭한 후 zx Plane를 선택한다.

16 Sketch positioning 대화상자에서 Reverse H를 체크하여 H축의 방향을 전환한다.

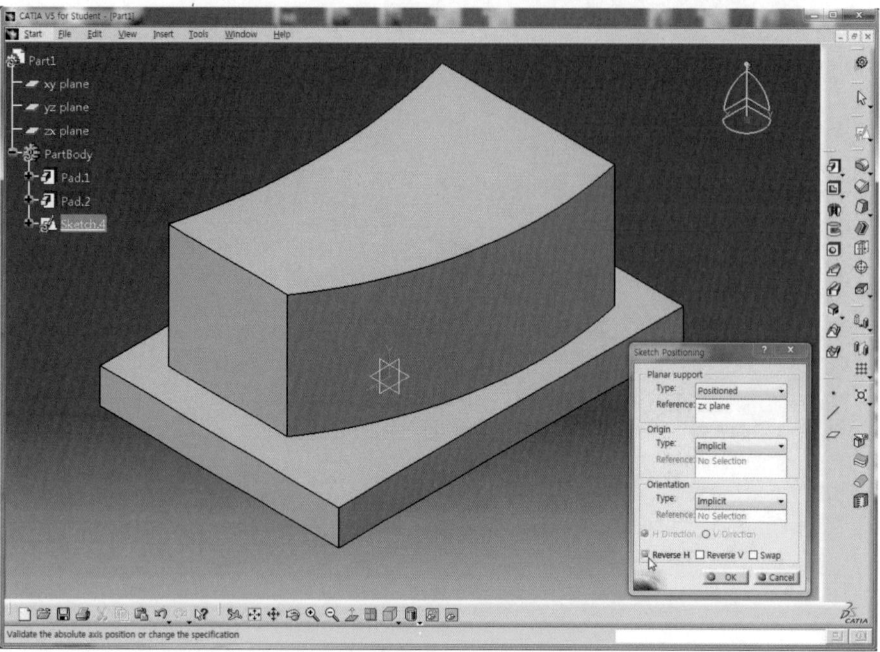

17 OK 버튼을 클릭하여 Sketch Mode로 전환한다.

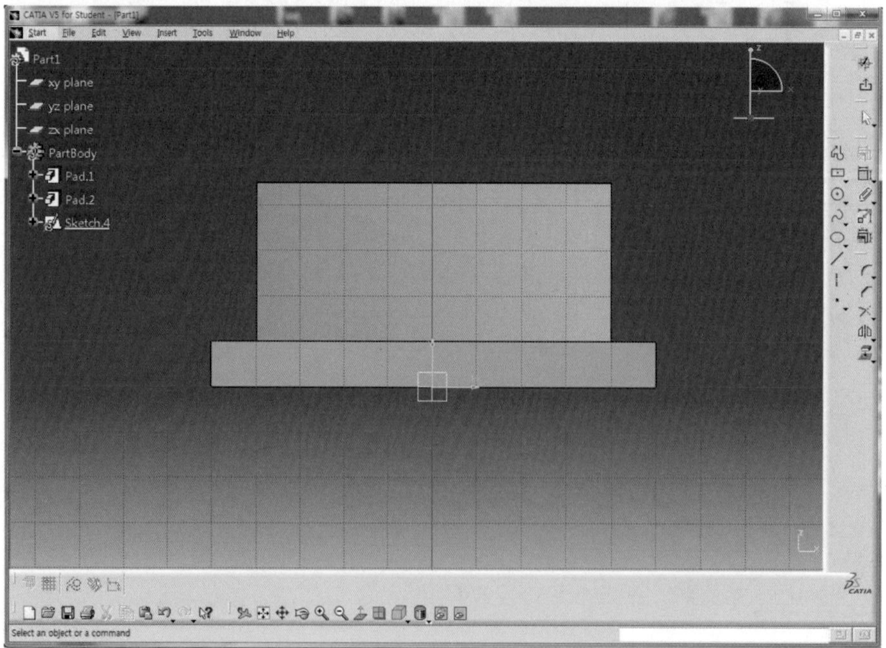

18 Profile 아이콘 을 클릭하여 직선과 Sketch tools 도구막대에서 Tree Point Arc 옵션을 활용하여 아래와 같이 Sketch한다.(이때 Sketch 중에 다른 요소와 접선, 일치 등의 형상구속이 잡히지 않도록 점을 선택하여야 나중에 구속조건을 적용할 때 중복 적용 등의 문제가 발생되지 않는다.)

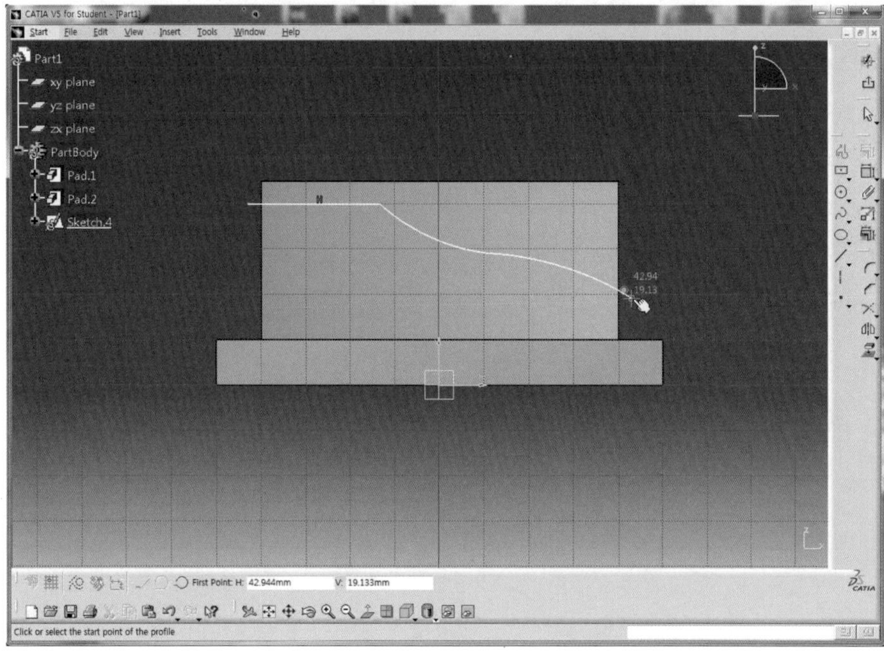

19 Constraint 아이콘 을 클릭한 후 Arc를 연속 선택하고 마우스 오른쪽 버튼을 클릭한 후 Tangency를 선택하여 두 요소가 접하도록 형상구속을 적용한다.

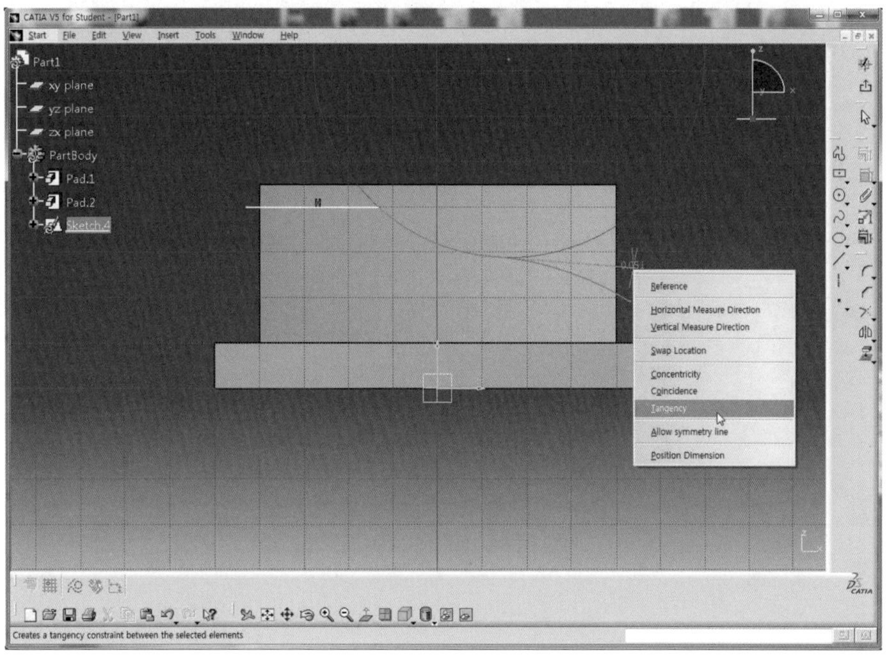

20 Project 3D Elements 아이콘 을 클릭한 후 Solid의 오른쪽 모서리를 클릭한다.

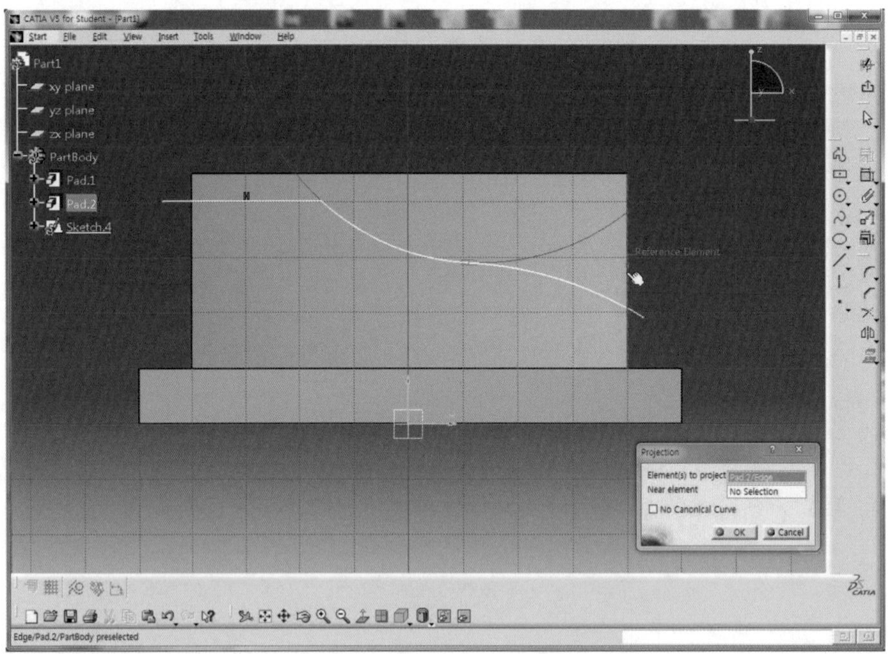

21 OK 버튼을 클릭하면 선택한 모서리가 Sketch 평면에 직선으로 투영된다.

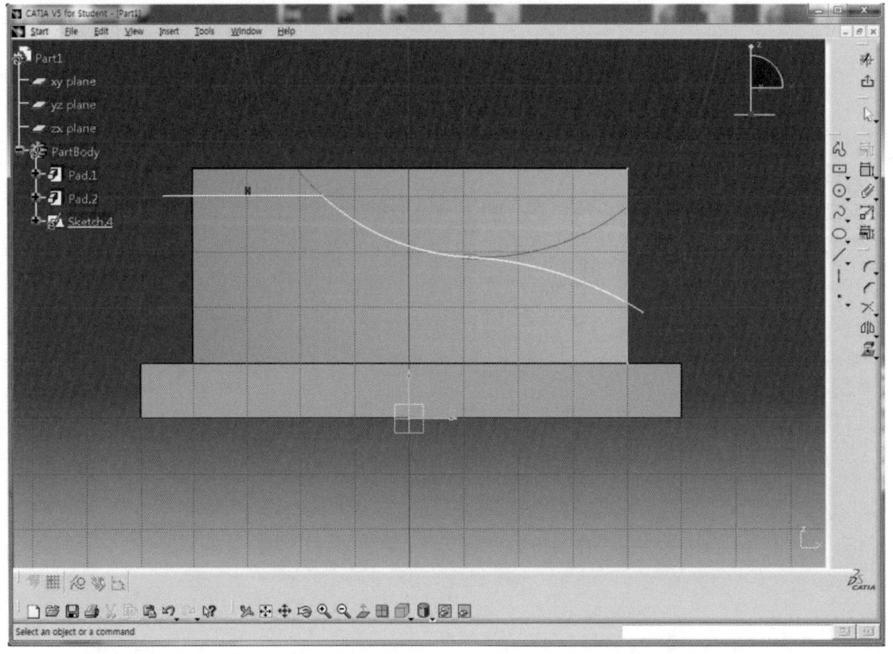

22 Quick Trim 아이콘 을 더블클릭한 후 투영 직선의 윗부분을 선택하여 삭제한다.

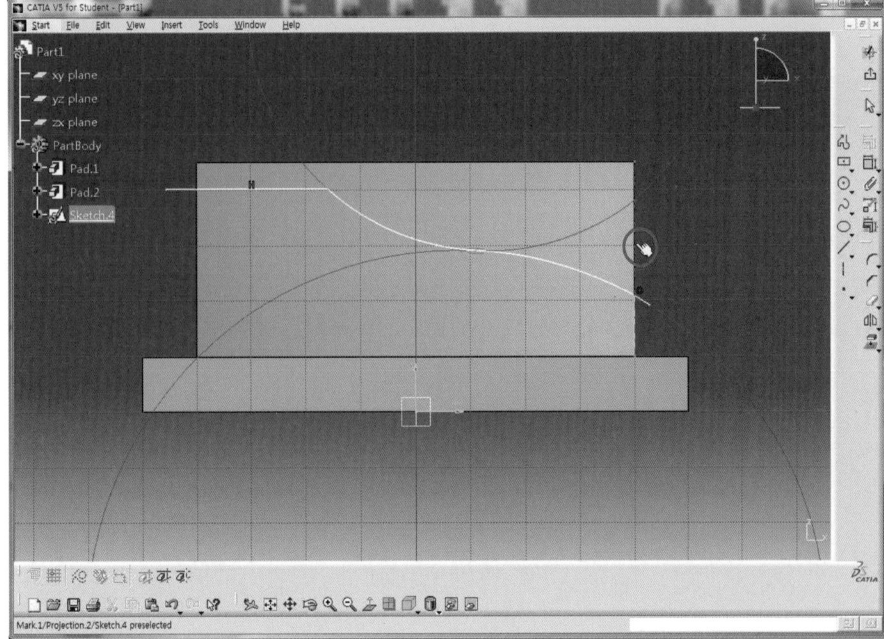

23 남은 투영된 직선의 아랫부분(1)을 선택한 후 Sketch tools 도구막대의 Construction/Standard Element 아이콘 을 선택하여 보조선(점선)으로 변경한다.

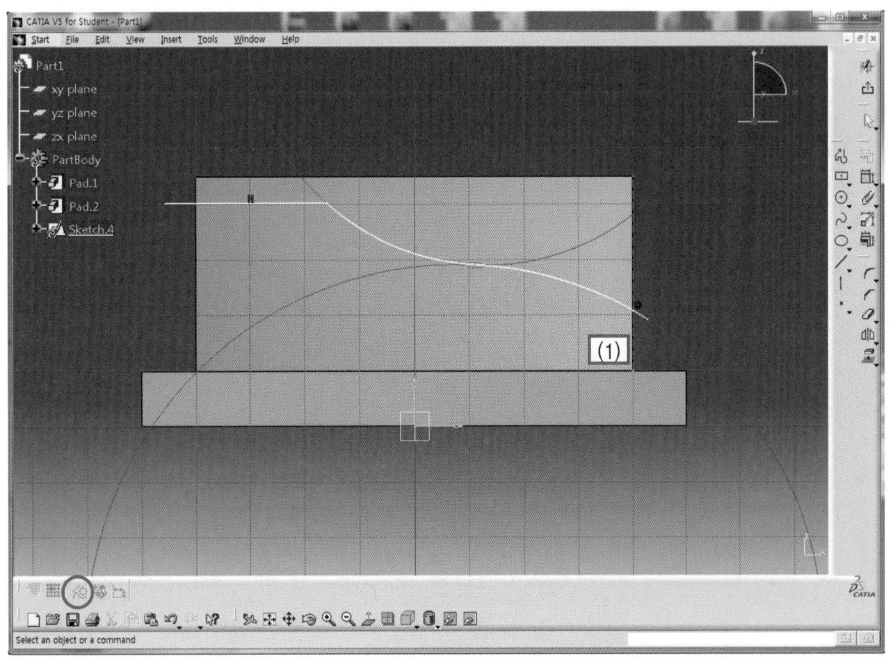

24 Constraint 아이콘 을 더블클릭한 후 요소의 치수구속을 적용하고 각 치수를 더블클릭하여 정확한 치수(L30, L25, L10, L8, R60, R50)를 적용한다.

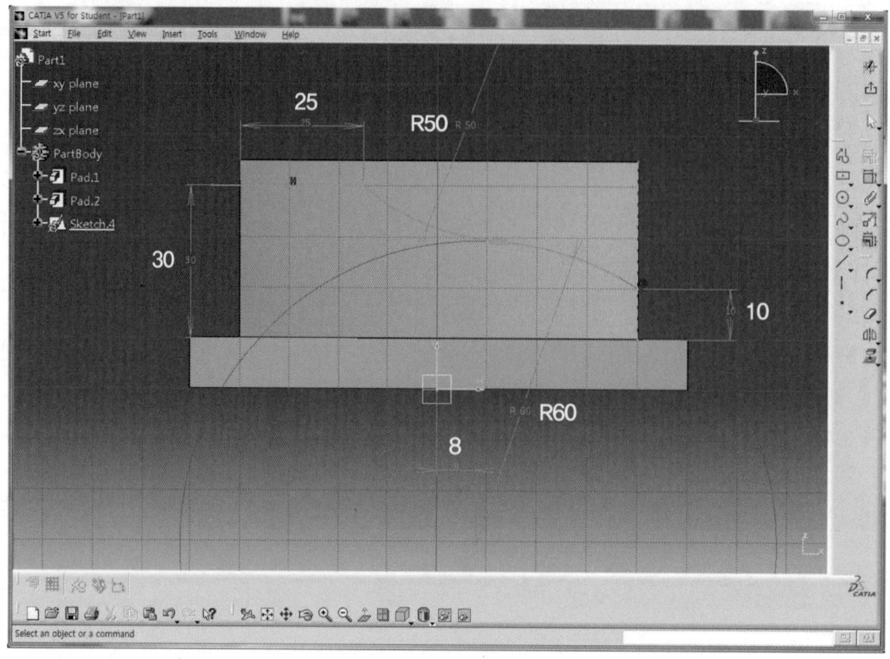

25 치수를 구속시키고 Arc의 위치가 변경되었을 경우에는 Arc의 끝점을 드래그하여 Solid를 감싸도록 위치시킨다.

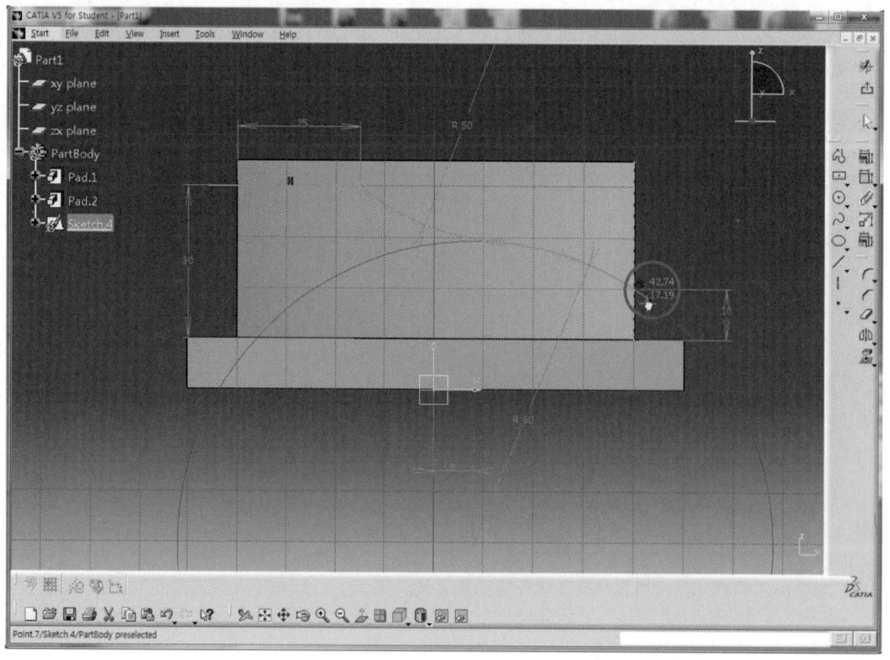

26 Exit workbench 아이콘 을 클릭하여 3D Mode로 전환한다.

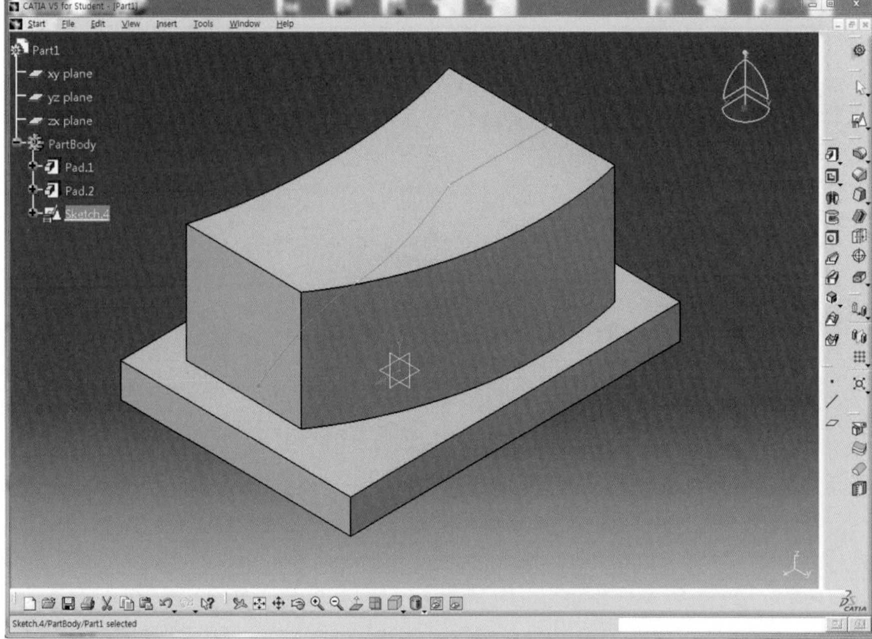

27 앞 단계에서 생성한 Sketch를 선택한 상태에서 Plane 아이콘 을 클릭하고 Arc의 끝점을 선택한다.

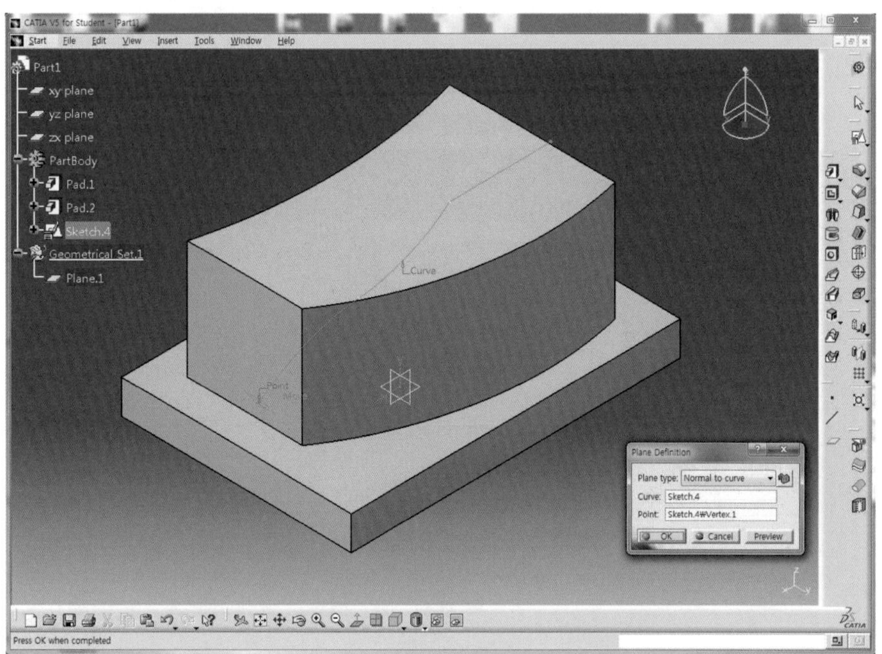

28 OK 버튼을 클릭하여 Arc에 수직하면서 끝점을 지나는 Plane을 생성한다.

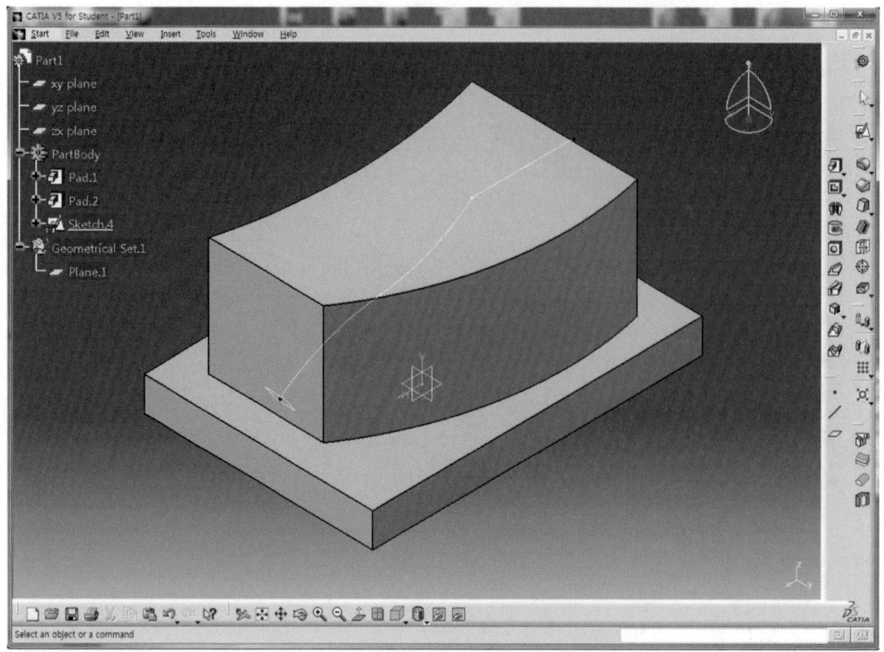

29 Sketch 아이콘 을 클릭하고 생성한 Plane을 선택하여 Sketch Mode로 전환한다. Sketch 화면에 Model이 보이지 않을 경우에는 View 도구막대의 Fit All In 아이콘 을 클릭하여 Model을 화면에 최적화시킨다.

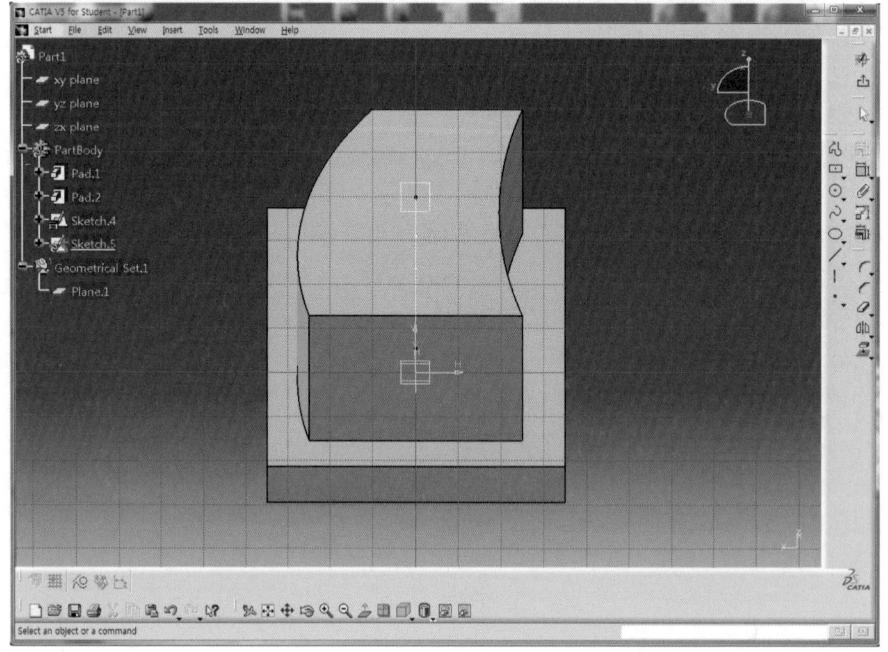

30 Normal View 아이콘 을 클릭하여 화면을 전환시킨다.(View 도구막대의 기능을 이용하여 화면을 설계자가 Sketch하는 데 편리하고 자유롭게 활용하기 바란다.)

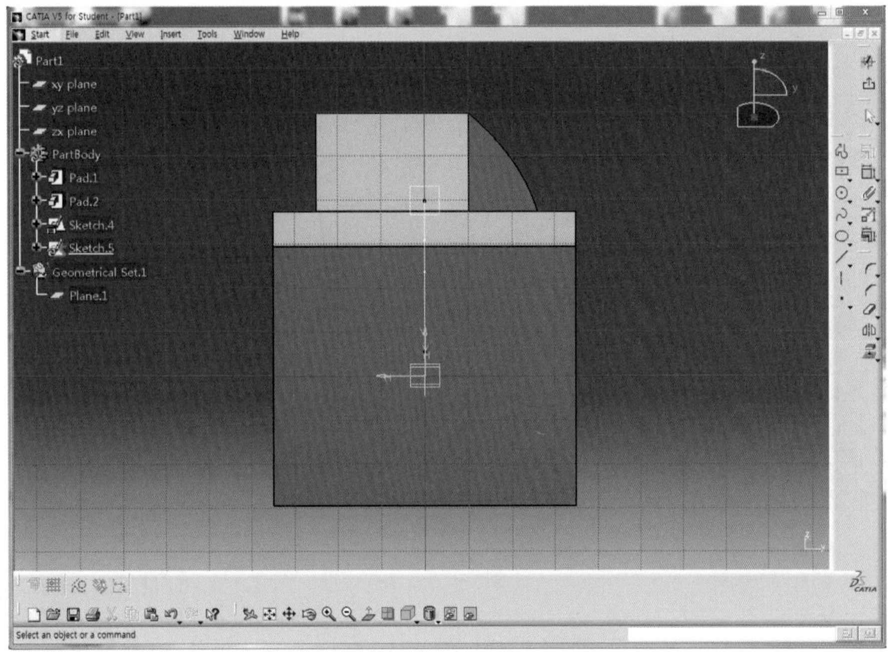

31 Tree Point Arc 아이콘 을 클릭한 후 2개의 Arc를 Sketch한다.(이때 Arc의 교차점이 V축 위에 위치하도록 한다.)

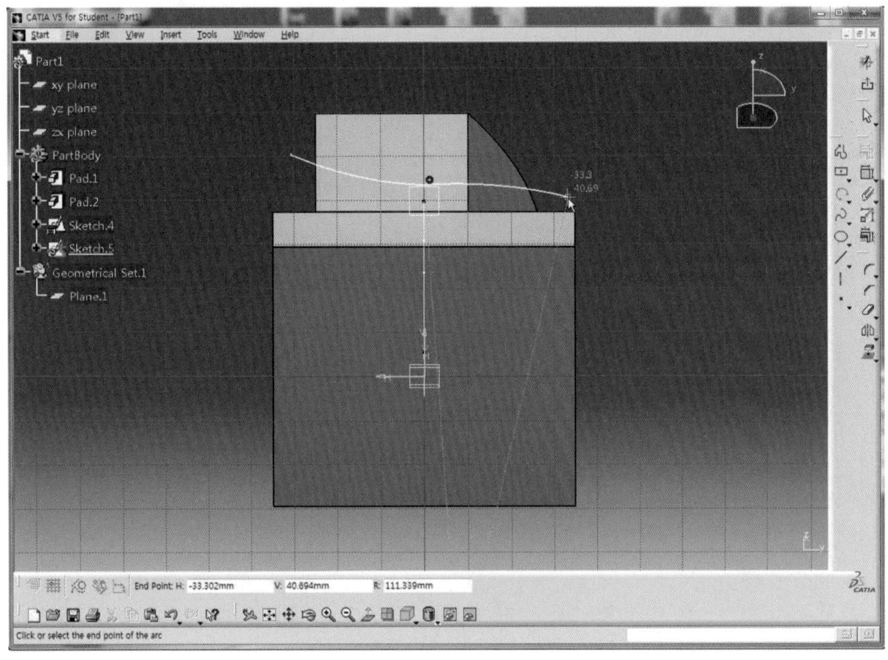

32 Constraint 아이콘 을 더블클릭한 후 Arc를 연속 선택하고 마우스 오른쪽 버튼을 클릭하여 Tangency를 선택한 후 접하도록 구속시킨다.

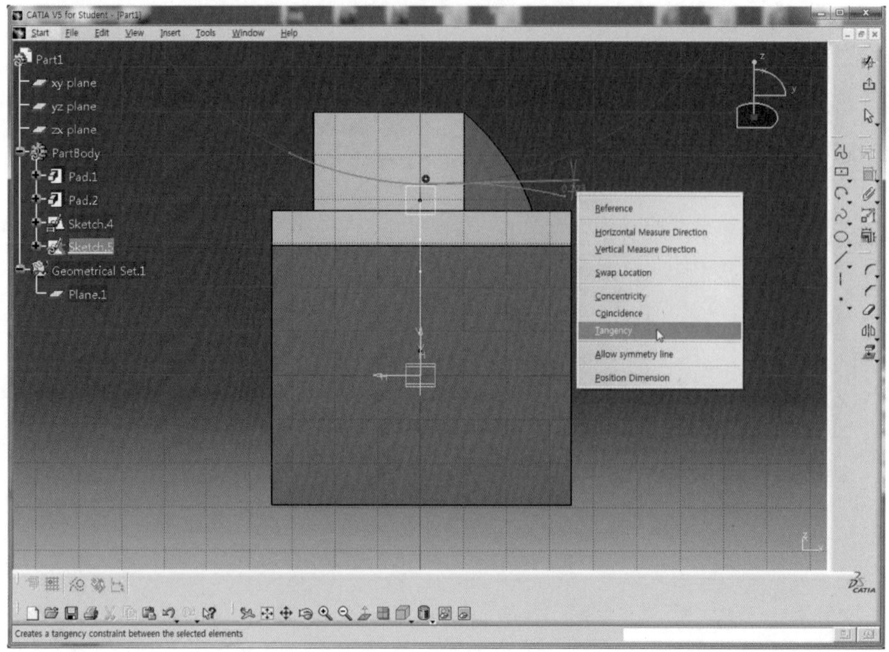

33 Arc의 교차점과 Plane에 보이는 Arc의 끝점을 차례로 선택하고 마우스 오른쪽 버튼을 클릭하여 Coincidence를 선택하여 일치시킨다.

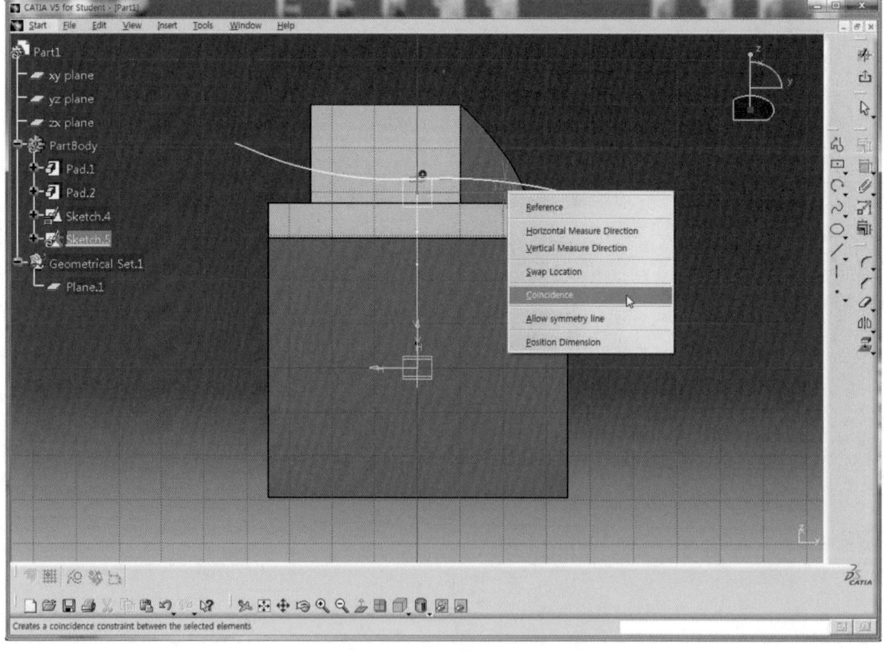

34 Constraint 아이콘 을 더블클릭하여 다른 요소에 대한 치수를 구속시키고 각 치수를 정확하게 수정(R90, R120, L10)한다.(화면을 축소시켜 Arc의 중심점과 V축의 치수를 구속시킨다.)

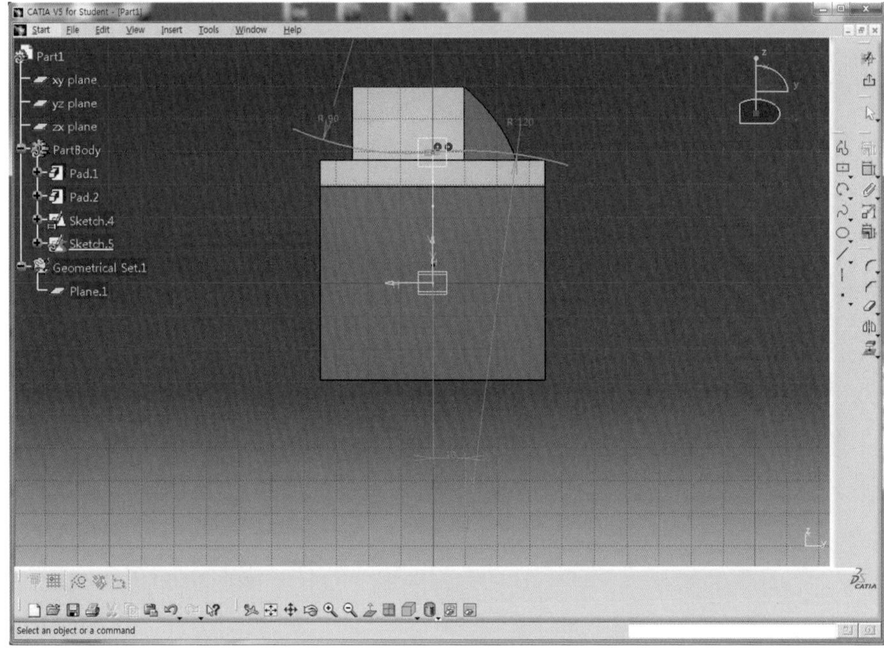

35 치수 구속을 적용할 때 Arc가 Solid를 지나치게 많이 벗어나면 끝점을 드래그하여 Solid를 감싸는 정도의 위치로 수정한다.(지나치게 많이 벗어날 경우 가끔 Surface를 생성하여 Solid를 Split할 때 Surface와 Solid가 간섭을 일으켜 적용되지 않는 것을 방지하기 위한 것이다.)

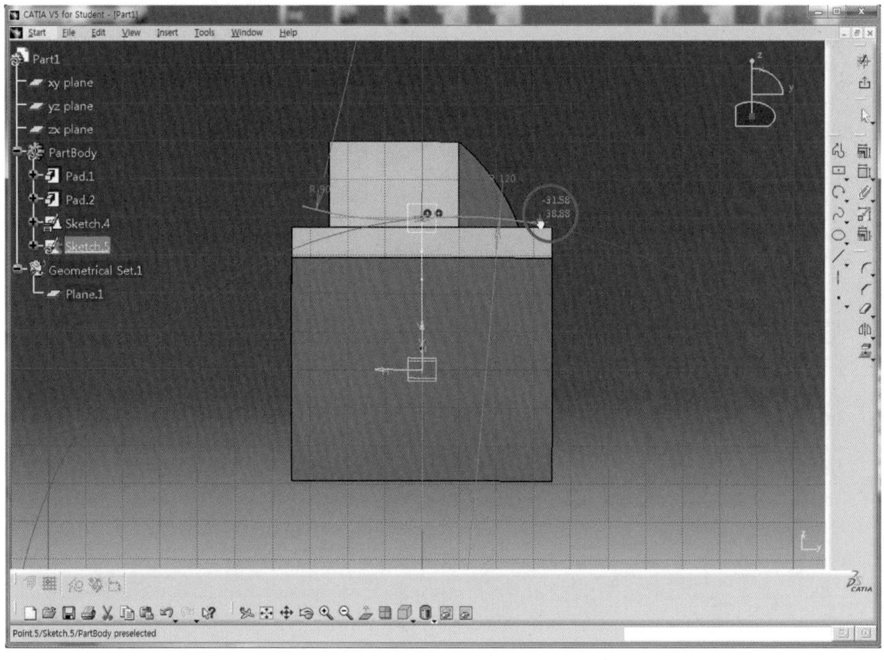

36 Workbench 도구막대의 Part Design 아이콘 을 클릭한 후 Wireframe and Surface Design 아이콘 을 클릭하여 Surface Mode로 전환한다.

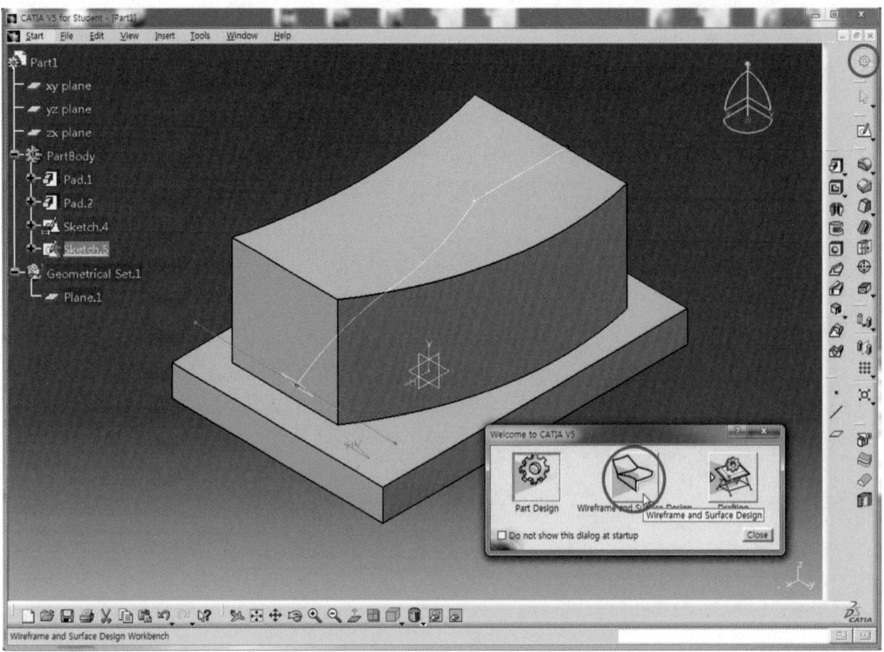

37 Sweep 아이콘 을 클릭한 후 Profile 영역을 선택하고, 두 개의 Arc로 구성된 Sketch, Guide curve 영역을 선택한 후 Arc와 Line으로 구성된 Sketch를 각각 선택하여 미리보기 한다.

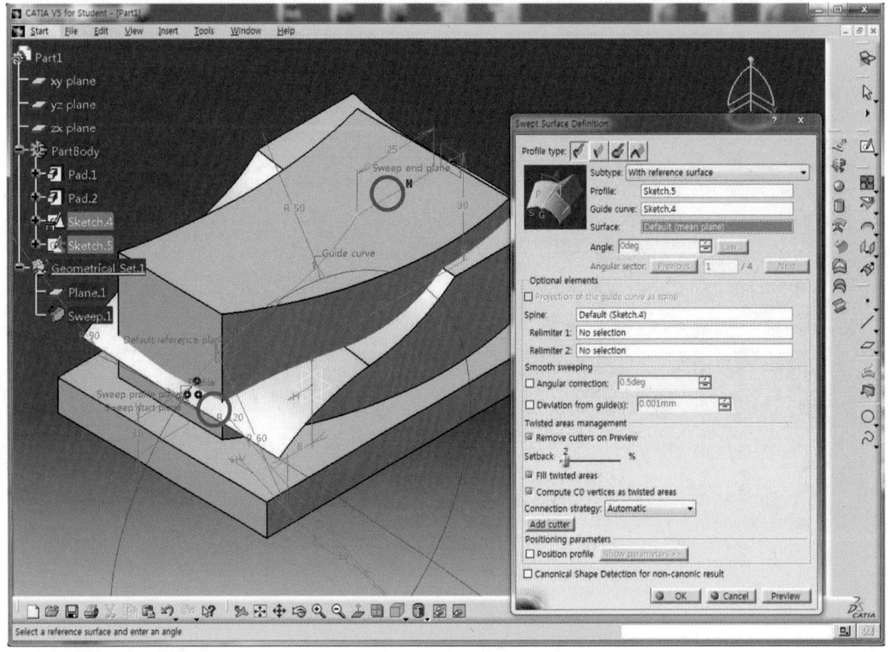

38 Surface가 Solid를 완전히 감싸고 간섭이 발생하지 않으면 OK 버튼을 클릭하여 Surface를 생성한다.(Surface와 Solid가 서로 간섭이 발생하면 Tree 영역에서 해당 Sketch를 더블클릭하여 Sketch Mode로 전환하여 수정한다.)

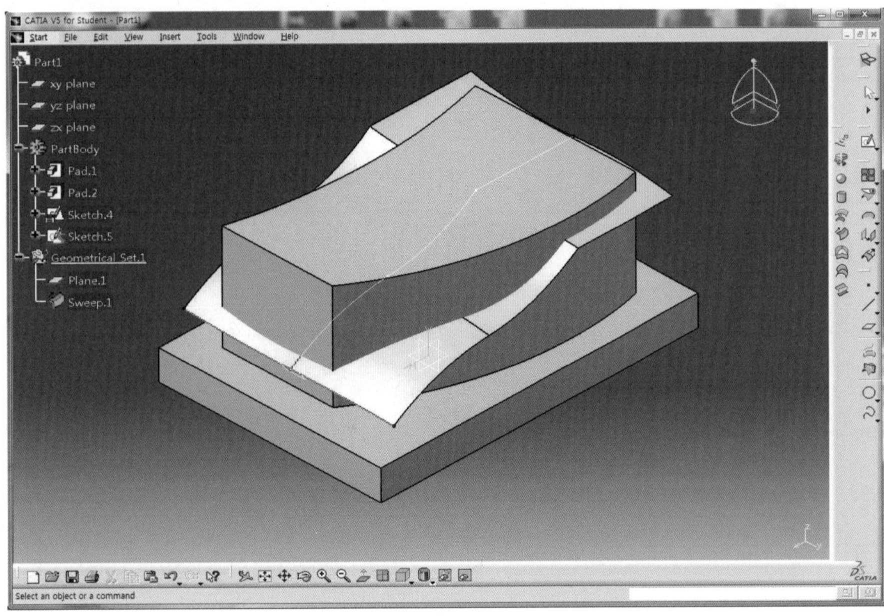

39 Surface를 선택하고 Offset 아이콘 을 클릭한다.

40 Offset 영역에 3mm를 입력하고 붉은색 화살표 방향이 아래쪽을 향하고 있으면 위쪽으로 향하도록 Reverse Direction 버튼을 클릭한 후 Preview 버튼을 클릭하여 미리보기 한다.

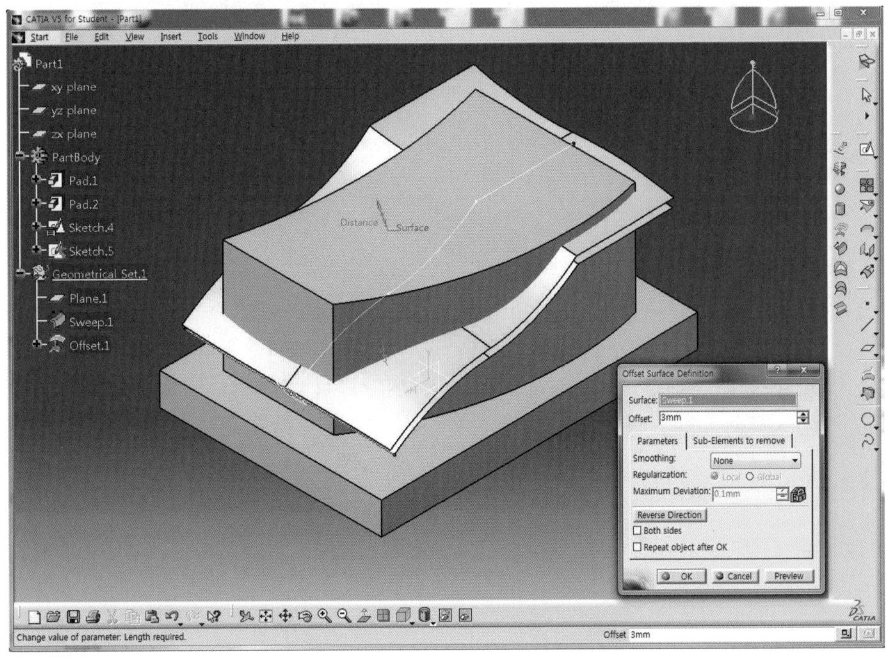

41 OK 버튼을 클릭하여 Sweep Surface를 3mm 사이띄우기 한 Surface를 생성한다.

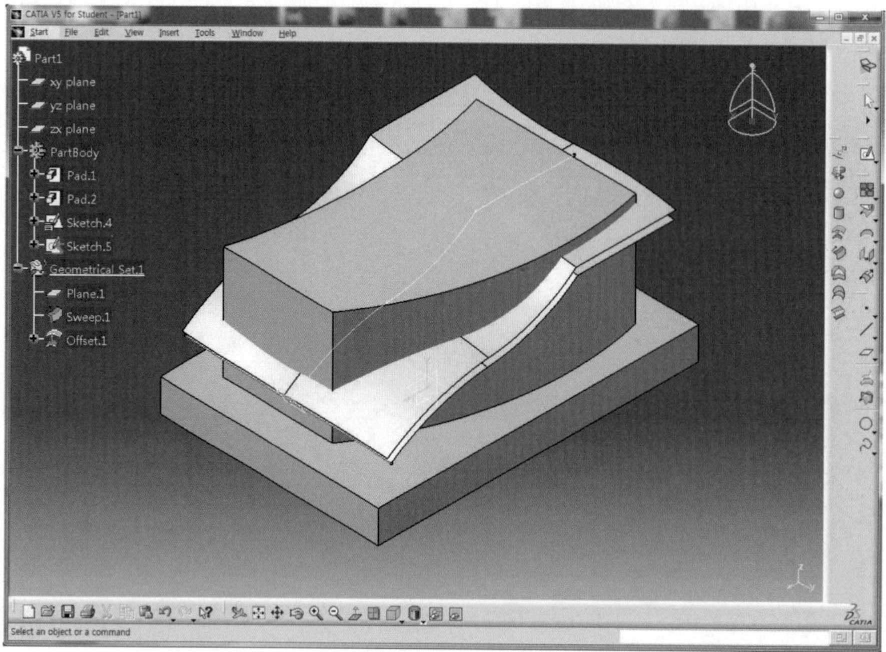

42 Workbench 도구막대의 Wireframe and Surface Design 아이콘을 클릭한 후 Part Design 아이콘을 클릭하여 Solid Mode로 전환한다.

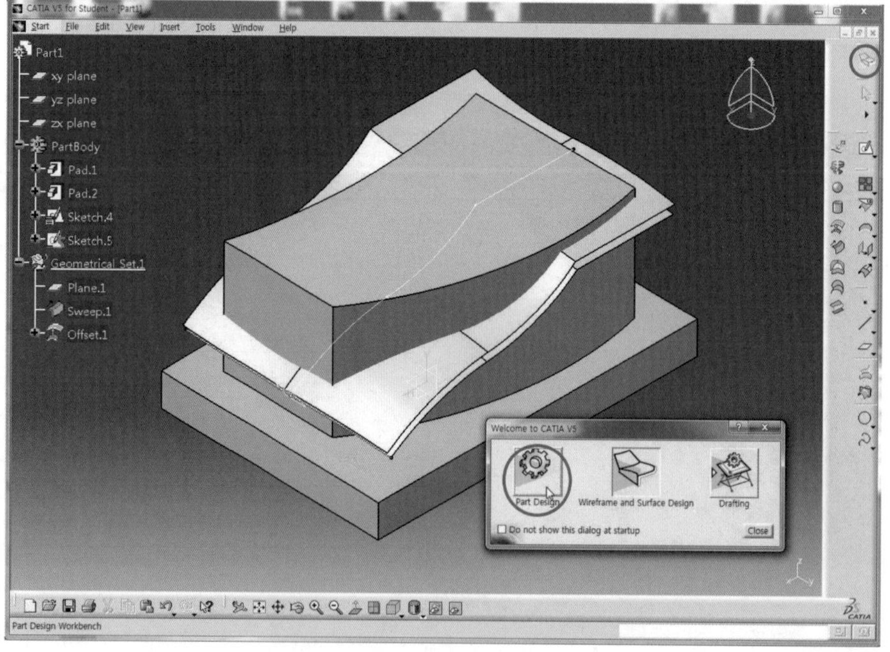

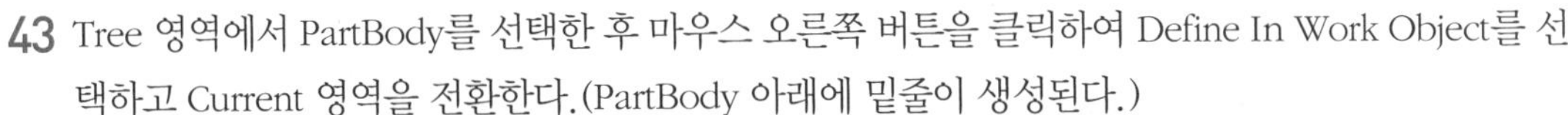

43 Tree 영역에서 PartBody를 선택한 후 마우스 오른쪽 버튼을 클릭하여 Define In Work Object를 선택하고 Current 영역을 전환한다.(PartBody 아래에 밑줄이 생성된다.)

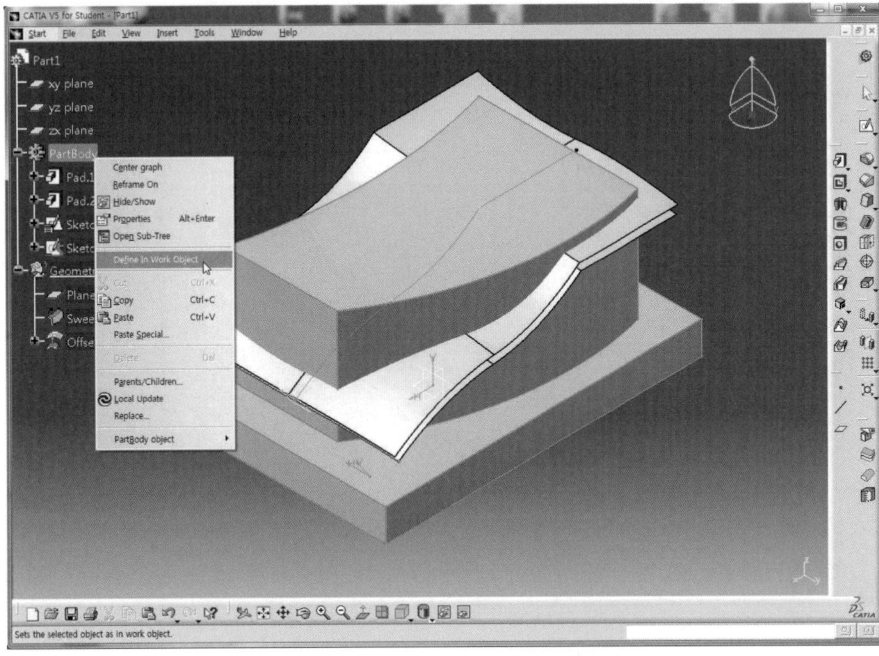

44 Surface－Based Features 도구막대의 Split 아이콘 을 클릭한다.

45 Split Definition 대화상자가 나타나면 Tree 영역에서 Sweep을 선택한 후 Surface를 클릭하고 화살표가 아래로 향하도록 설정한다.(화살표 방향이 남길 영역이다.)

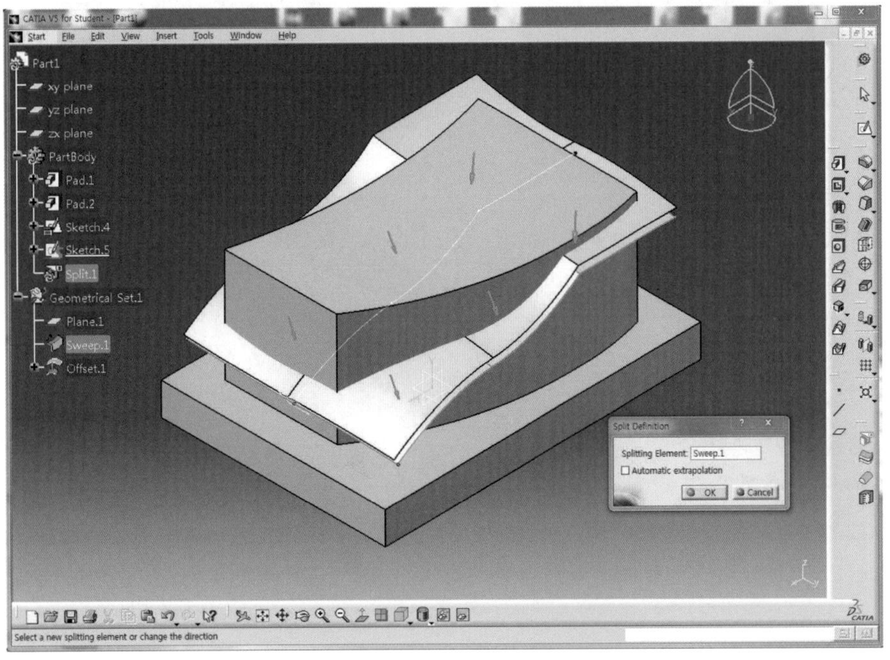

46 OK 버튼을 클릭하여 Solid의 윗면을 제거한다.

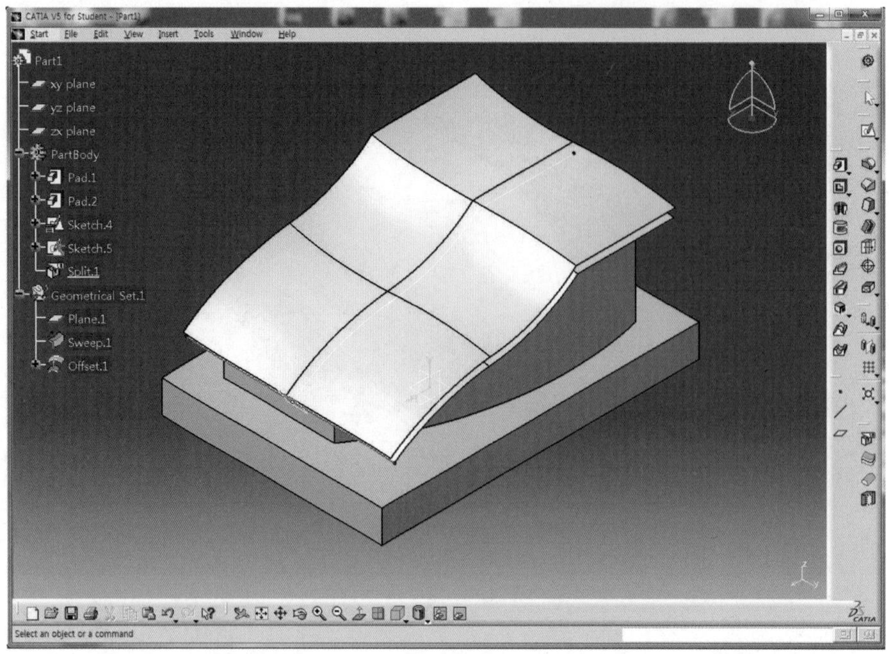

47 Ctrl 버튼을 누른 상태에서 Tree에서 Sketch. 4, 5와 Plane. 1, Sweep. 1, Offset. 1을 선택한 후 마우스 오른쪽 버튼을 클릭하고 Hide/Show를 선택하여 감추기 한다.

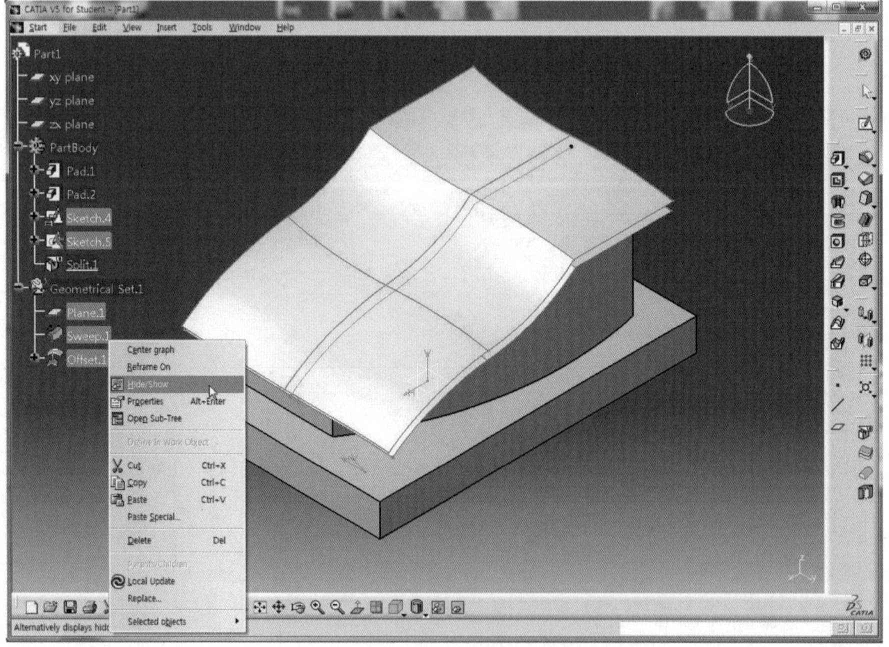

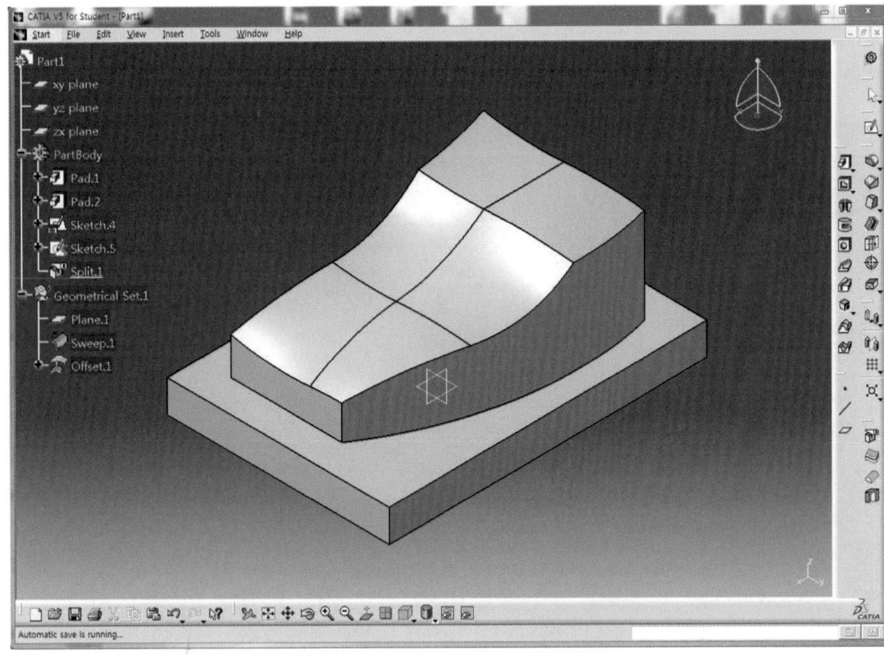

48 Sketch 아이콘 을 클릭하고 직육면체의 윗면을 선택하여 Sketch Mode로 전환한다.

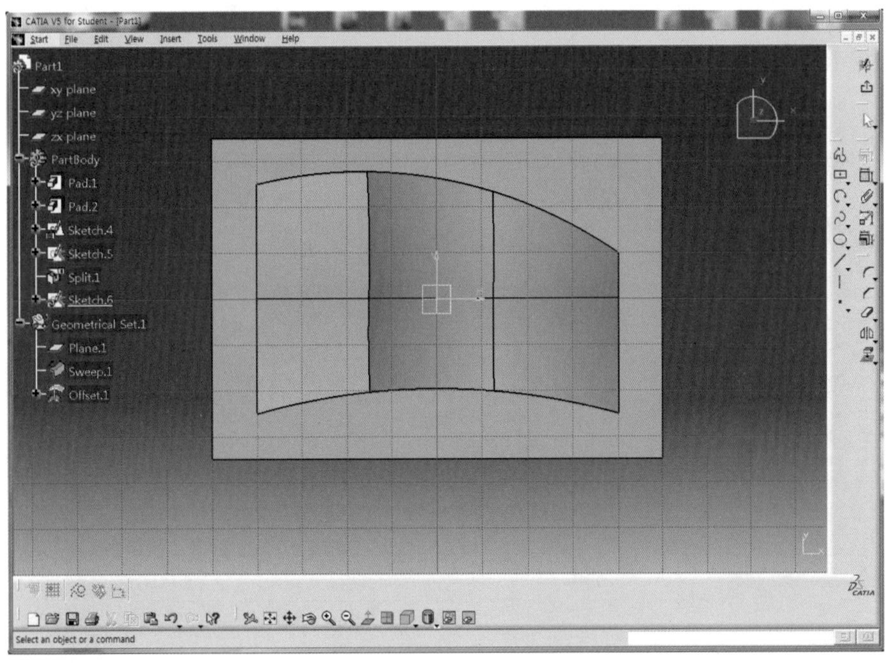

49 Elongated Hole 아이콘 을 클릭한 후 시작점을 원점에 위치시키고 다른 점은 H축 위의 임의의 위치에 오도록 양쪽이 라운드된 직사각형을 Sketch한다.

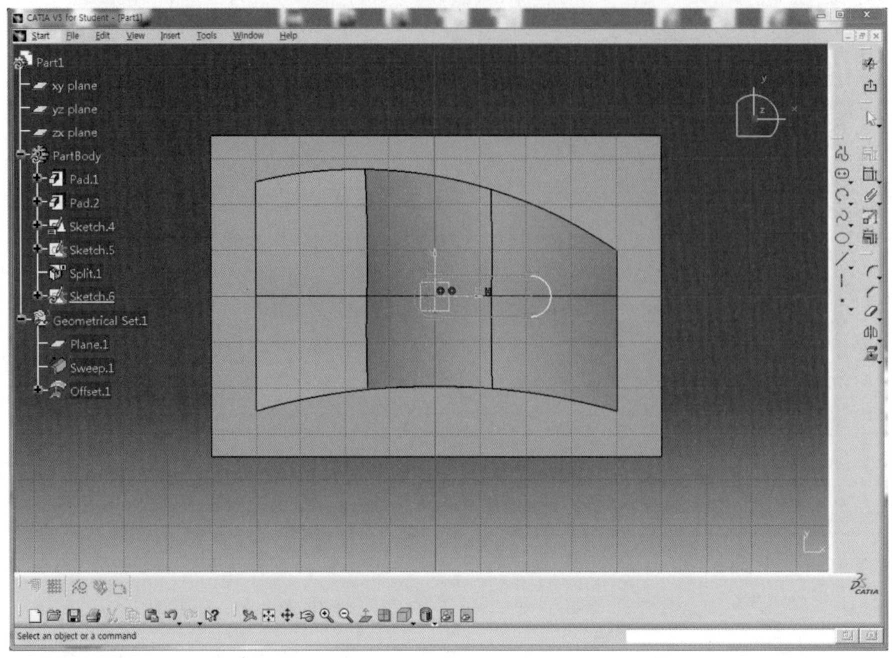

50 Line 아이콘 을 클릭하여 V축에 위치한 호의 끝점을 지나도록 Sketch한다.

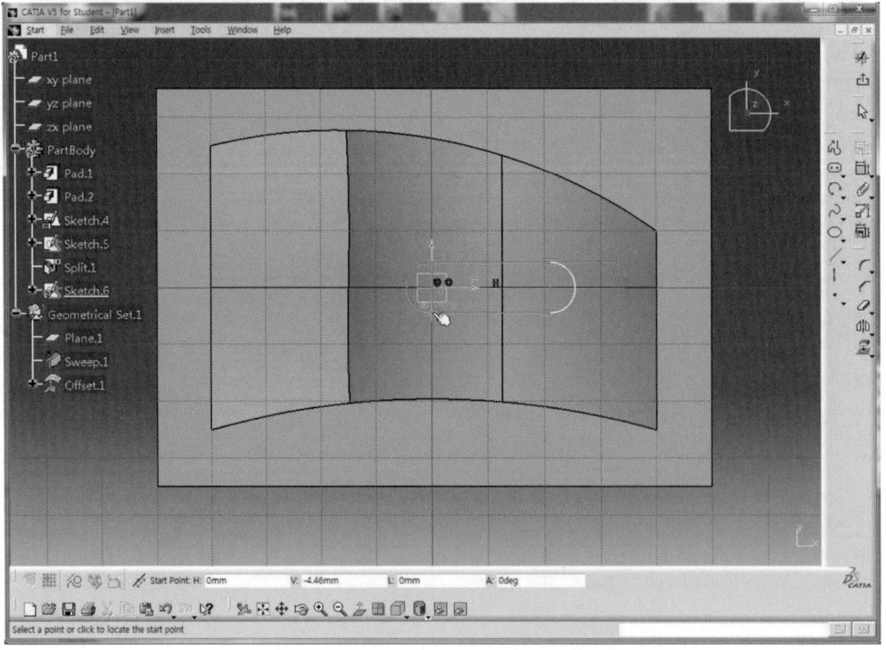

51 Quick Trim 아이콘 을 클릭하고 Line과 교차하는 Arc를 클릭하여 삭제한다.

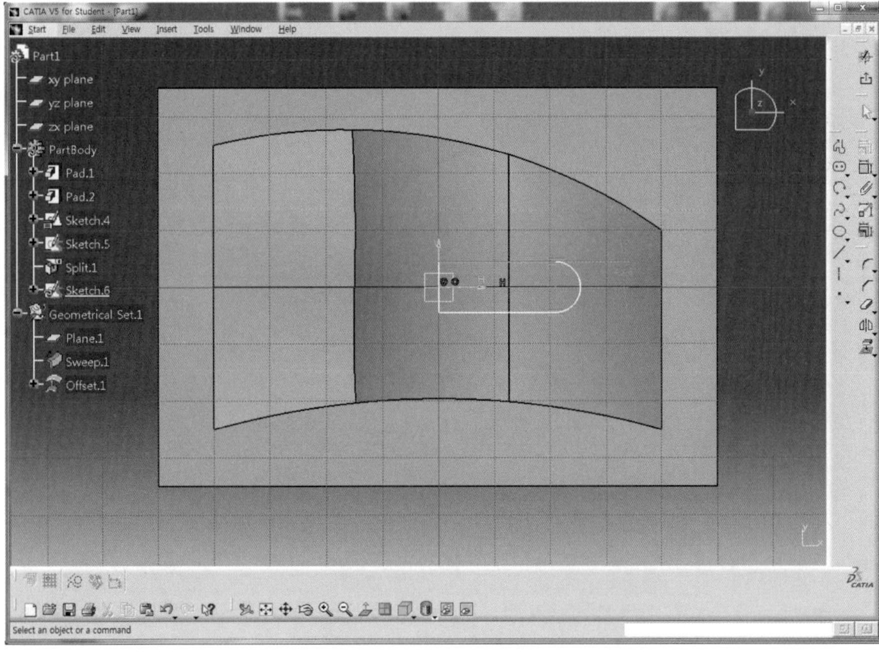

52 Constraint 아이콘 을 더블클릭한 후 치수구속을 적용하고 각 치수를 더블클릭하여 정확한 치수로 수정한다.(Quick Trim의 적용으로 Elongated Hole에 적용된 형상구속이 삭제되므로 아래 수평선을 선택 후 마우스 오른쪽 버튼을 클릭하여 Horizontal을 선택하고 수평 구속을 적용한다.)

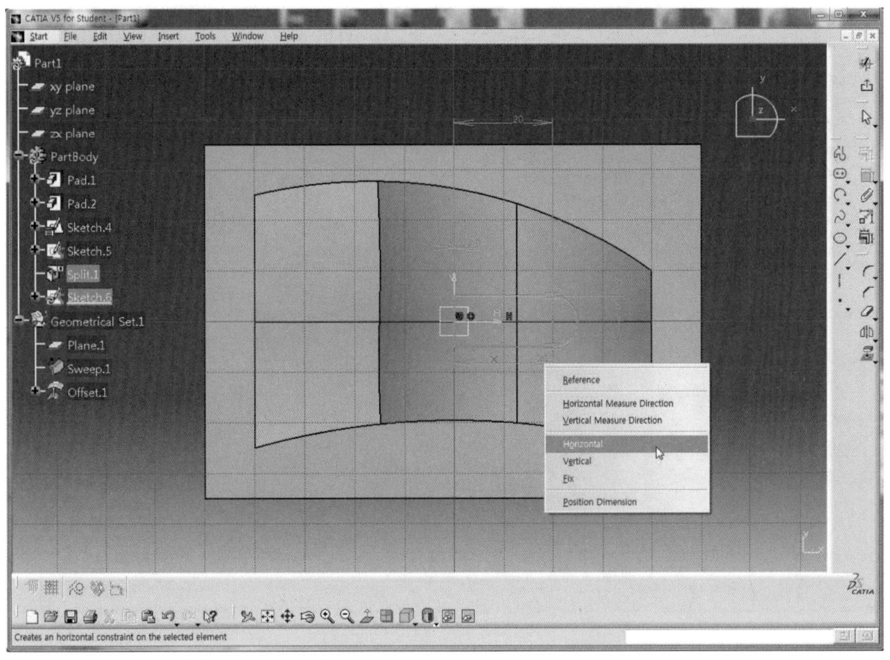

53 Exit workbench 아이콘 을 클릭하여 3D Mode로 전환한다.

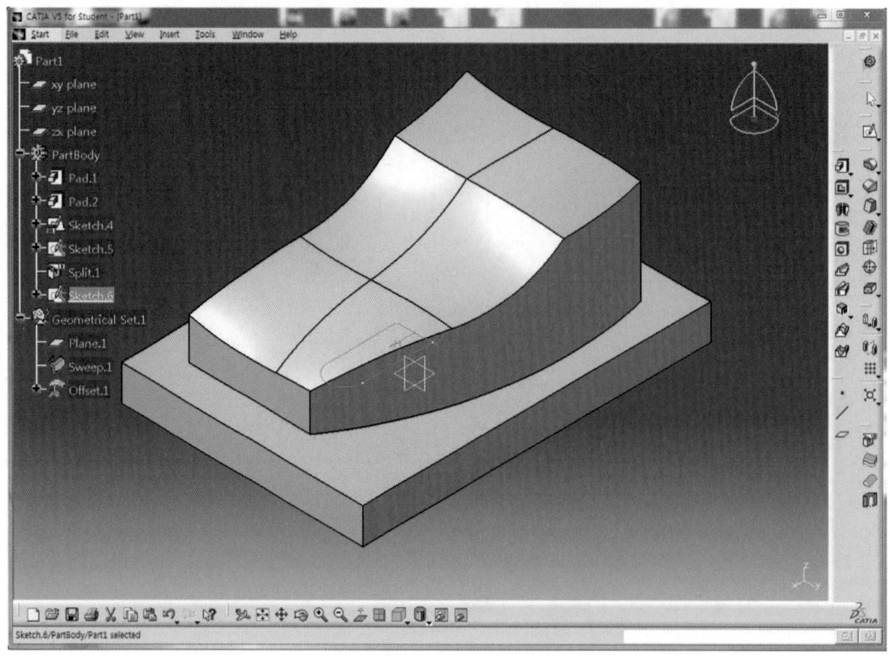

54 Pad 아이콘 을 클릭한 후 Type을 Up to surface로 선택하고 Tree 영역에서 Offset.1을 선택한 후 Preview 버튼을 클릭하여 미리보기 한다.

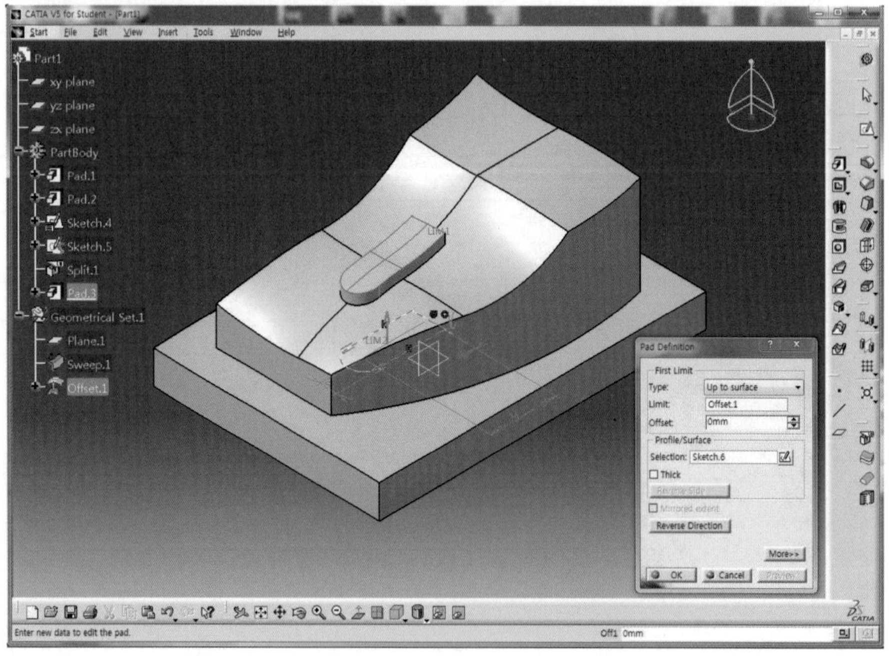

55 OK 버튼을 클릭하여 Solid를 생성한다.

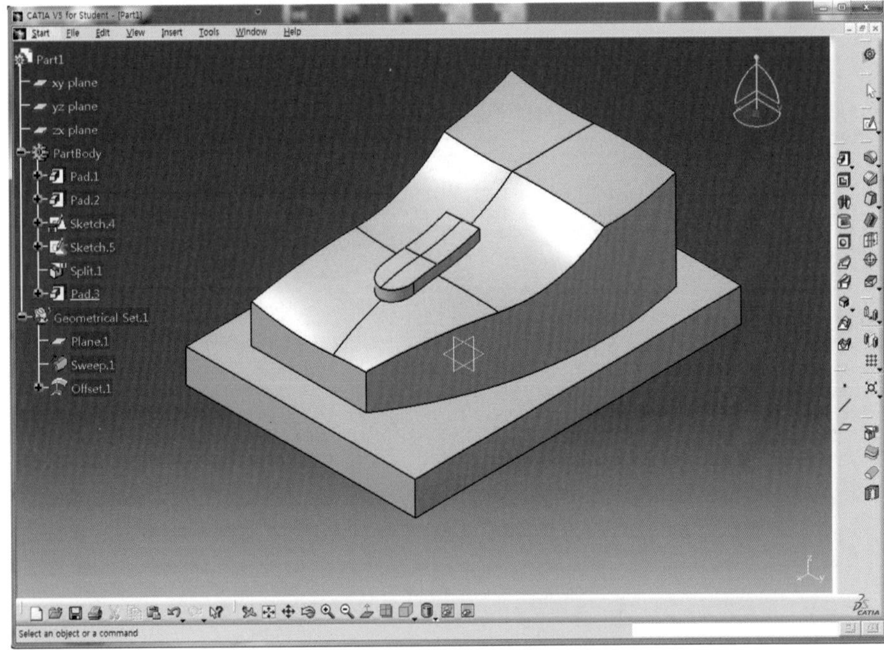

56 Model을 회전시키고 Draft Angle 아이콘 을 클릭한 후 Angle 영역에 20deg를 입력한다.

57 Face(s) to draft 영역을 클릭하고 Solid의 앞면(1)을 선택한 후 Neutral Element의 Selection 영역을 클릭하고 직육면체의 윗면(2)을 선택한다.

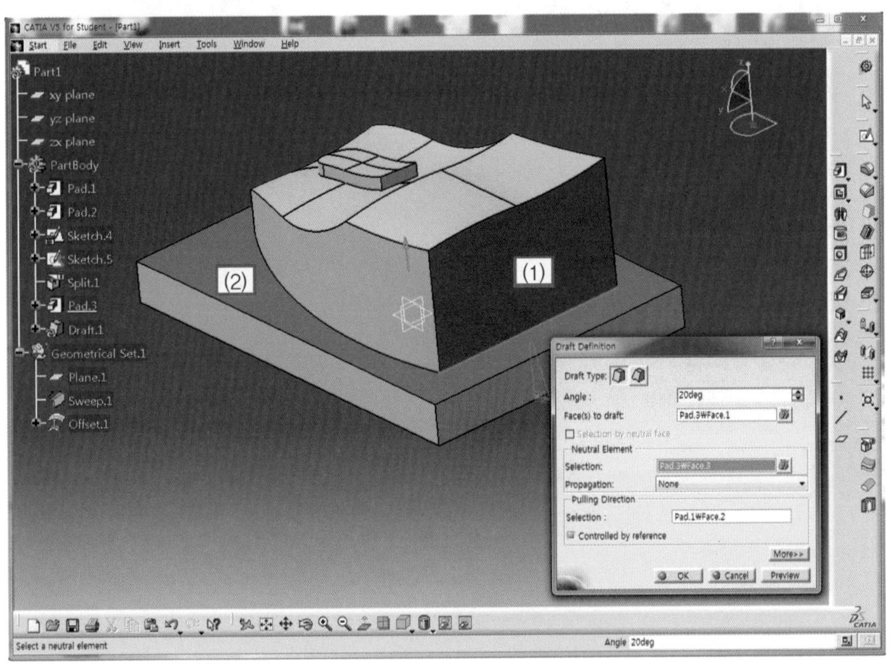

58 Preview 버튼을 클릭하여 미리보기 한 후 OK 버튼을 클릭한다.

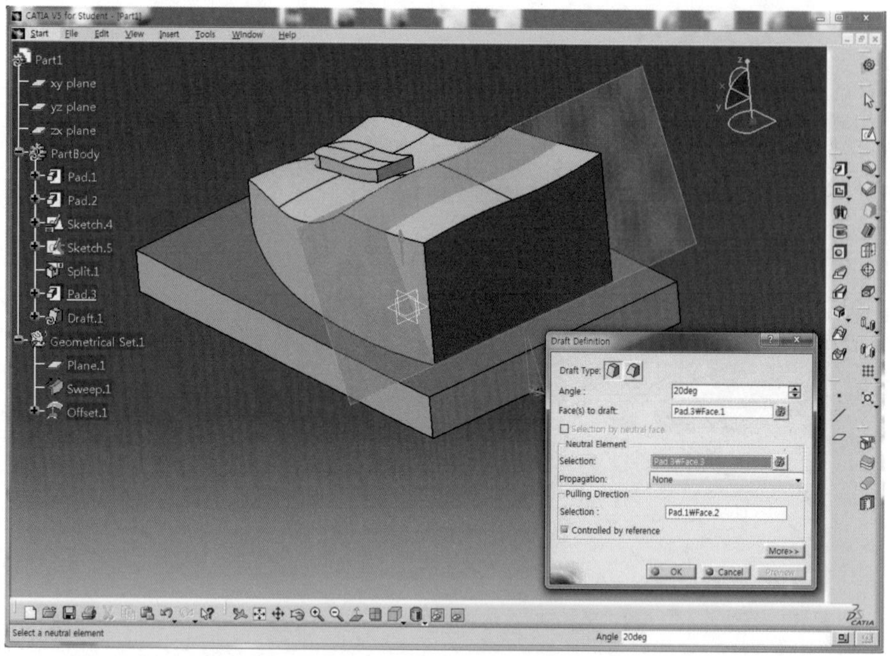

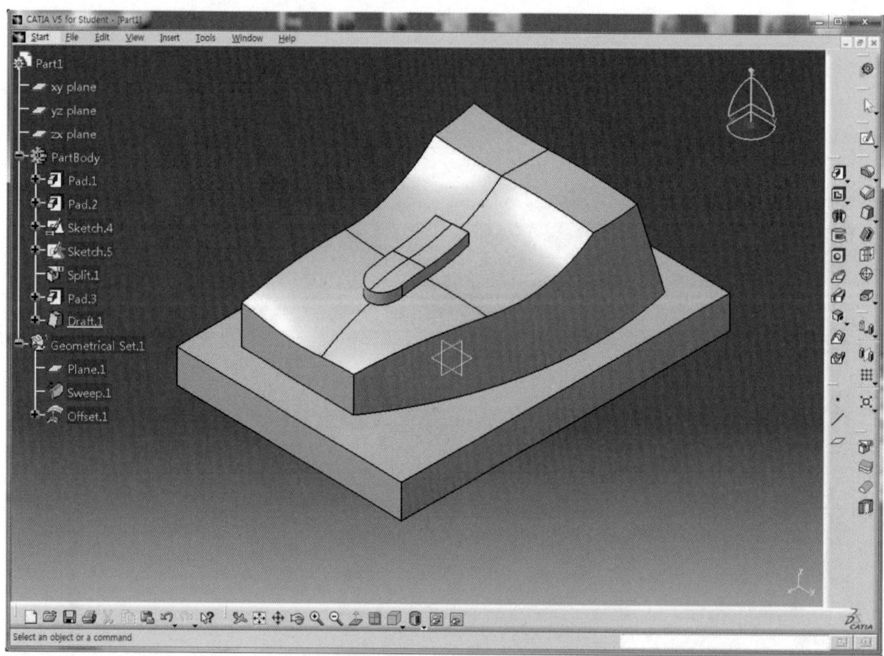

59 Draft Angle 아이콘 을 클릭한 후 Angle 영역에 5deg를 입력한다.

60 Face(s) to draft 영역을 클릭하고 Solid의 양쪽 옆면을 선택한 후 Neutral Element의 Selection 영역을 클릭하고 직육면체의 윗면을 선택하고 미리보기 한다.

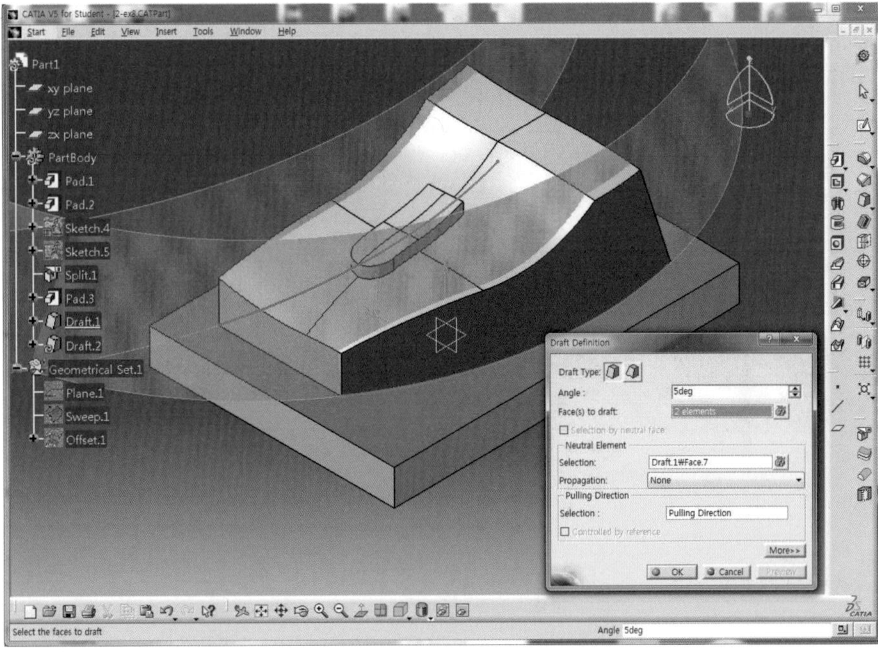

61 OK 버튼을 클릭하여 Draft를 적용한다.

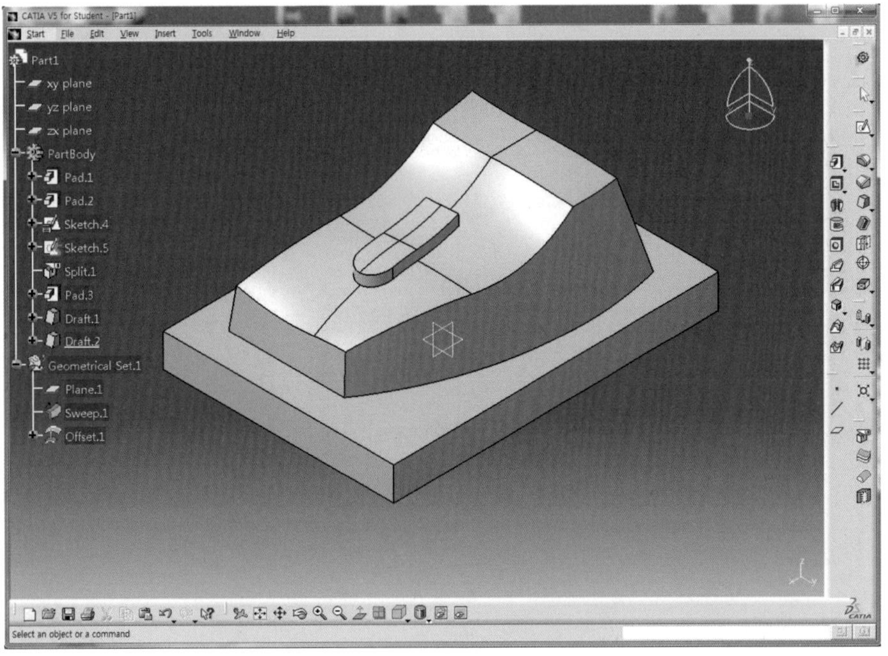

62 Sketch 아이콘 을 클릭한 후 직육면체 윗면을 선택하여 Sketch Mode로 전환한다.

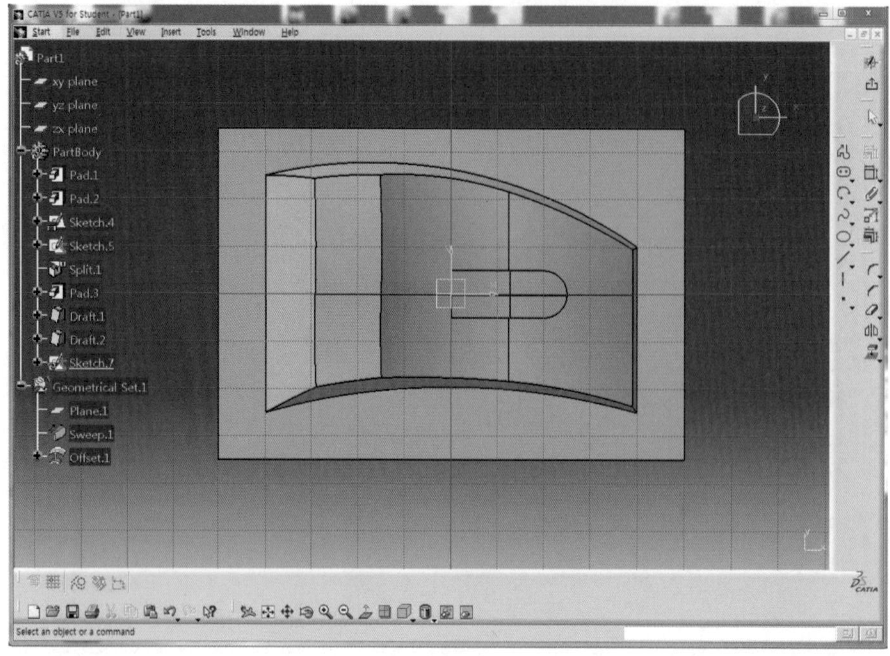

63 Profile 아이콘 을 클릭하여 직선과 Sketch tools 도구막대에서 Tree Point Arc 옵션을 활용하여 아래와 같이 Sketch한다.(이때 직선과 Arc는 접하도록 한다.)

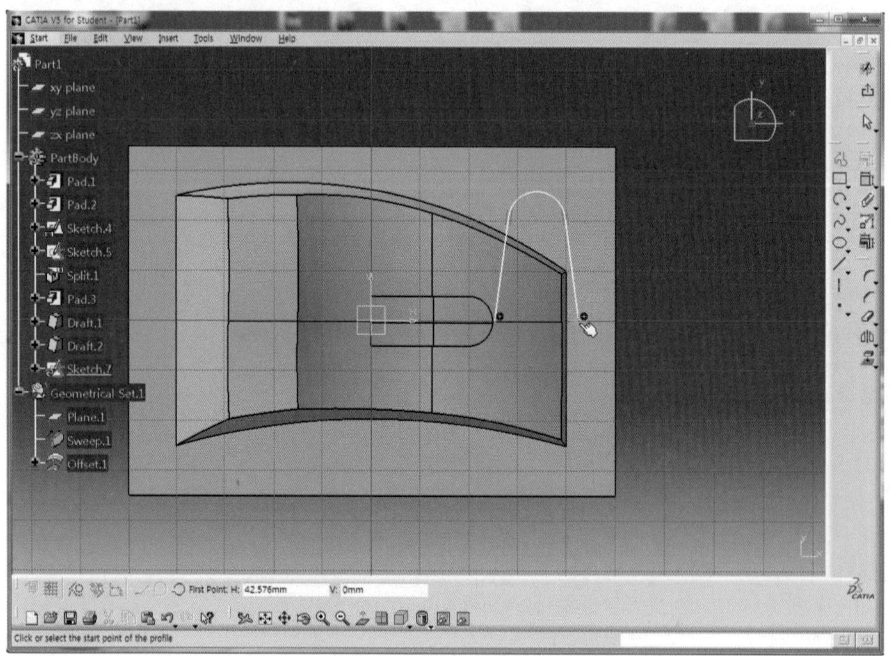

64 Constraint 아이콘 을 더블클릭하여 치수를 구속하고 정확한 치수(L20, L10, L5, L25, R5)를 적용한다.

65 Axis 아이콘 을 클릭하여 Sketch의 양 끝점을 지나도록 Sketch한다.

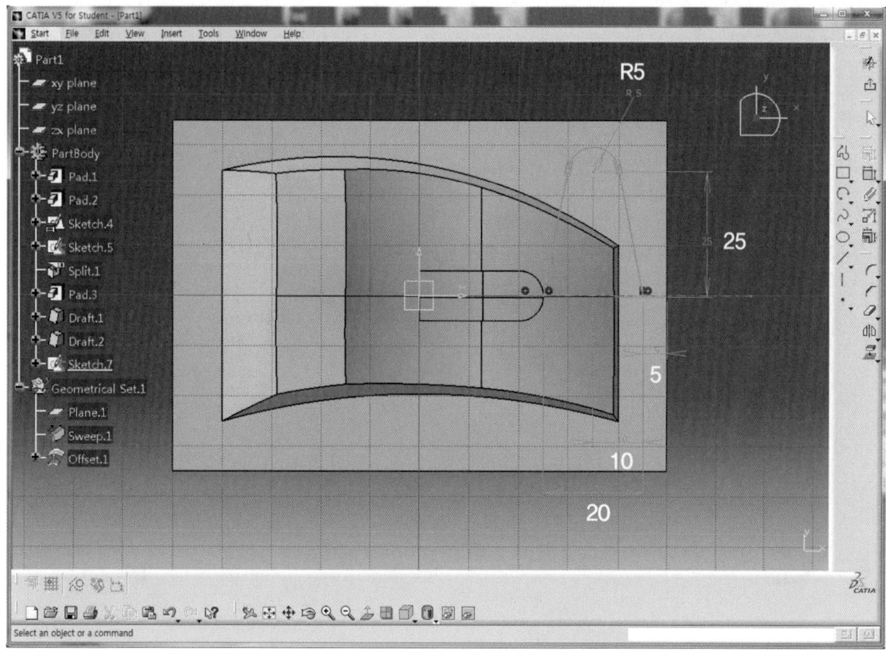

66 Exit workbench 아이콘 을 클릭하여 3D Mode로 전환한다.

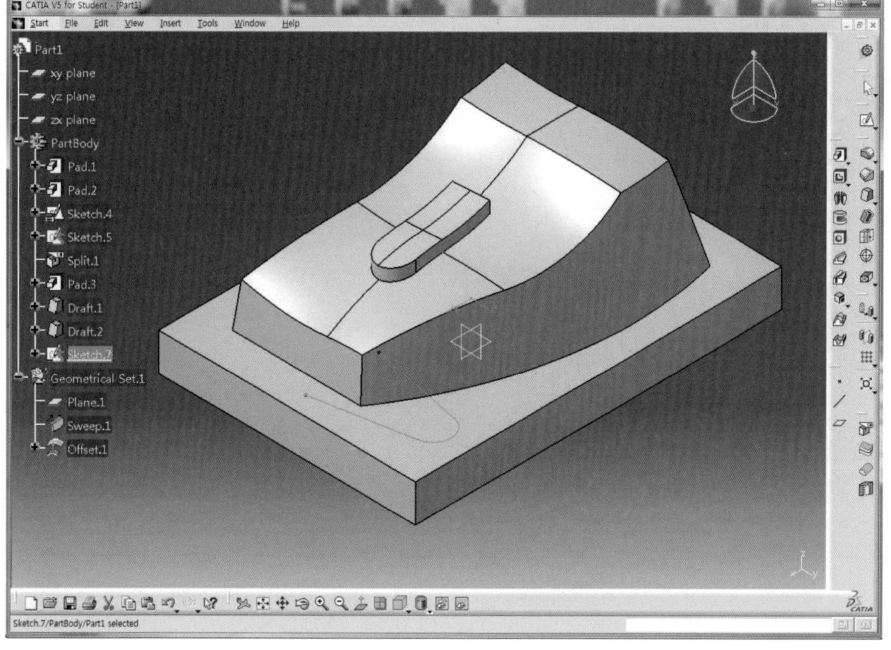

67 Shaft 아이콘 을 클릭한 후 First Angle 영역에 180deg를 입력한 후 Preview 버튼을 클릭하여 미리 보기 한다.

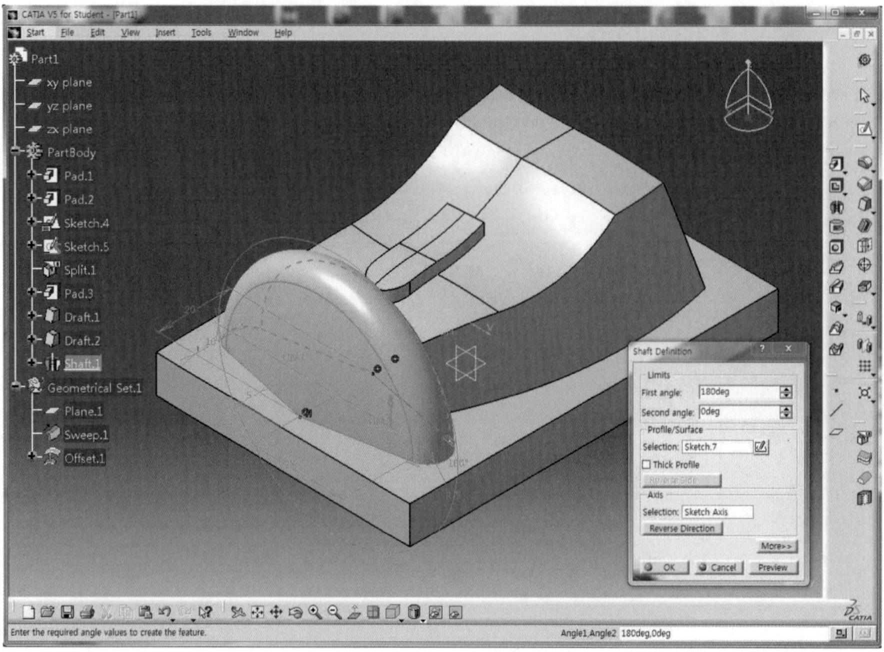

68 OK 버튼을 클릭하여 회전체를 생성한다.

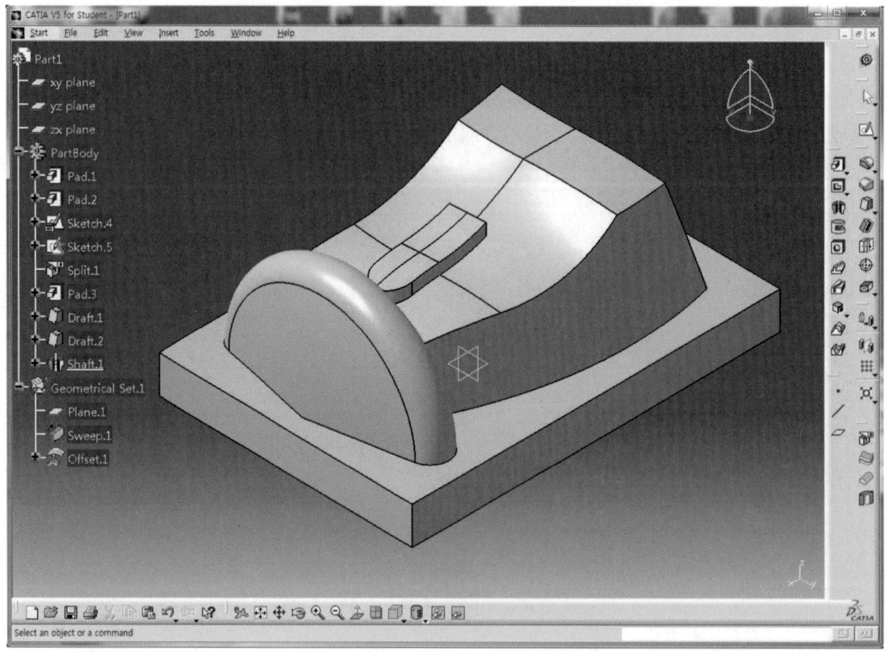

69 Edge Fillet 아이콘 을 클릭한 후 R5를 적용한다.

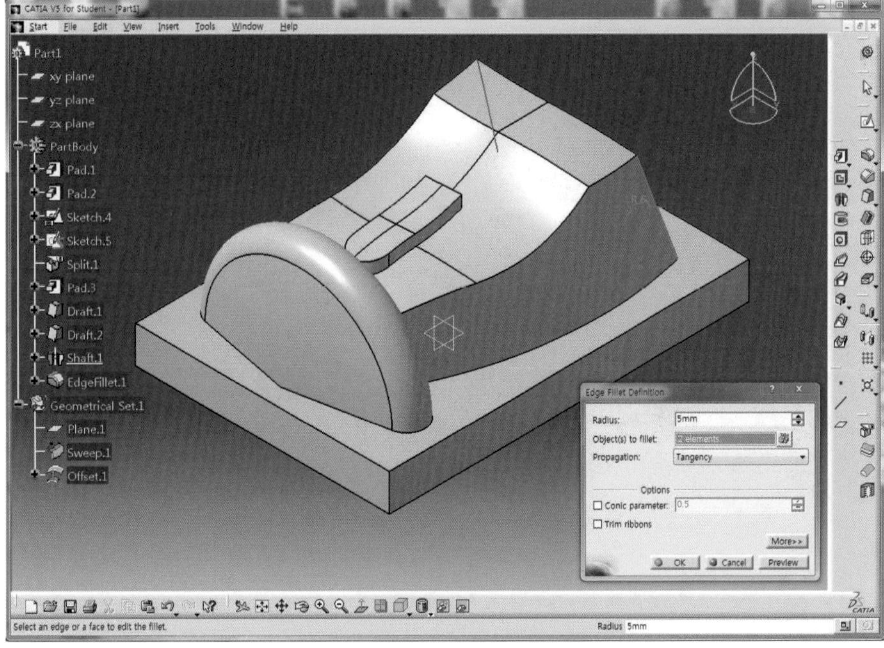

70 Edge Fillet 아이콘 을 클릭한 후 R1을 적용한다.

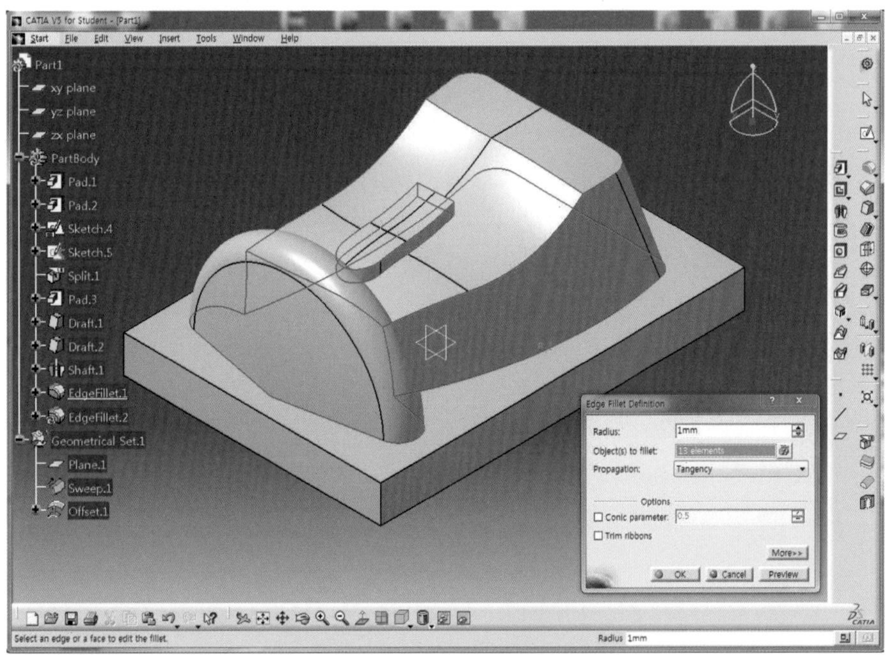

71 완성된 Model이다.

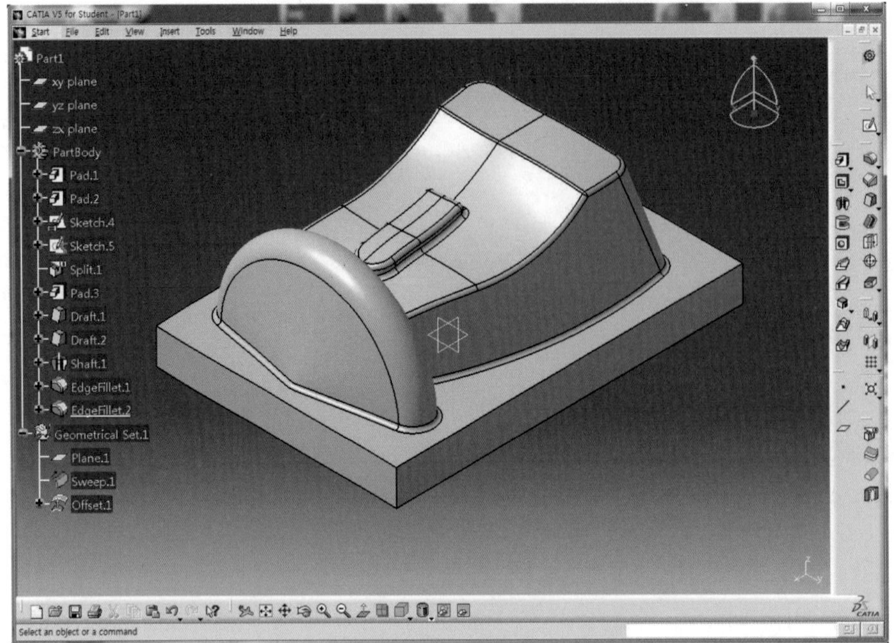

09 활용 Model (9)

활용 Model (9)

지시없는 라운드 R1

15 20 20 10 R25 R20 15 15 R100 15 60 A 5 25 10 15 A Ø15 2-R4 4-R3 20

2-R3 30 100° 10° R3 offset 3 10 100

2-R20 2-100° 80

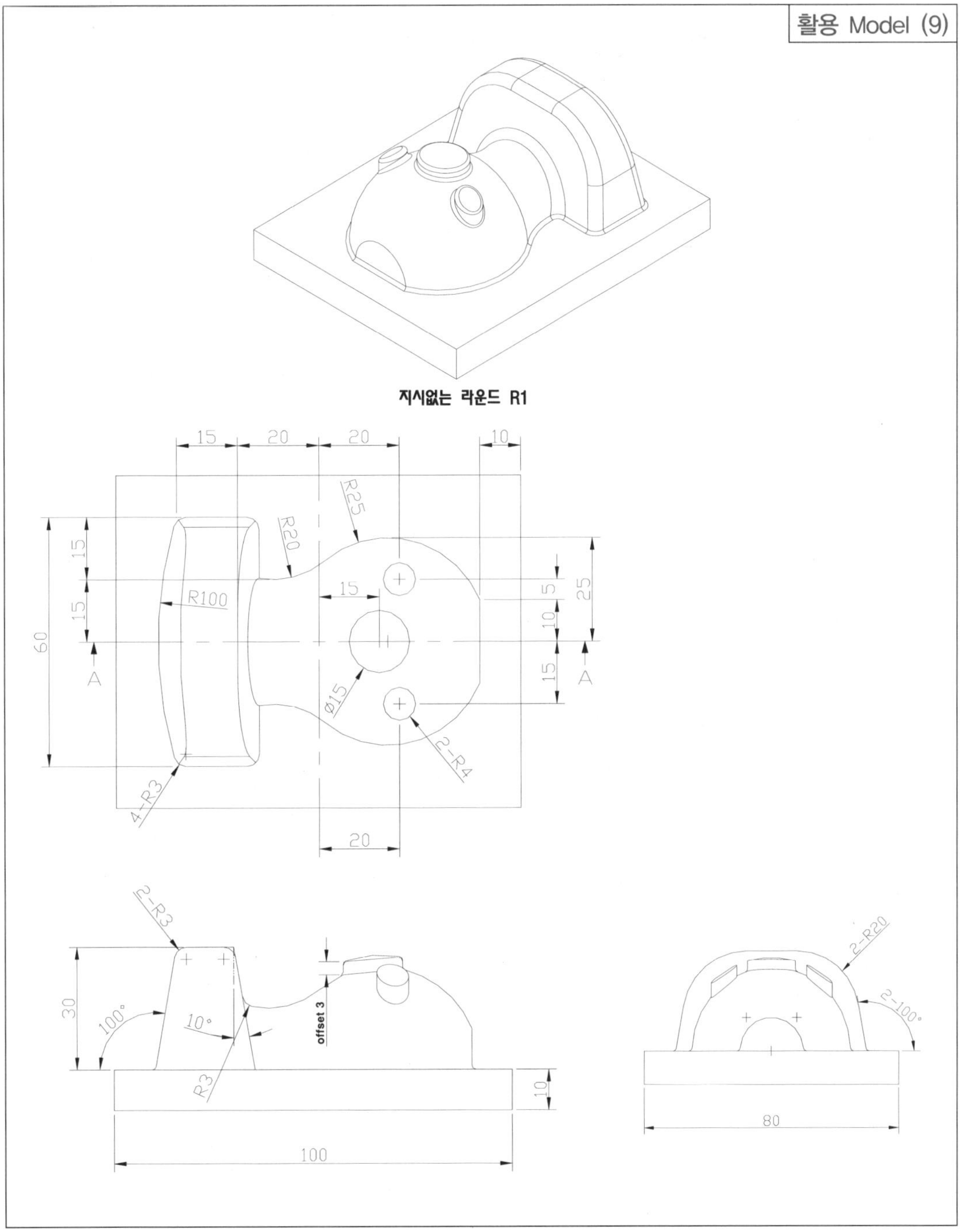

01 CATIA를 실행시켜 Part Design Mode로 전환한다.

02 Sketch 아이콘 을 클릭하고 xy Plane을 선택하여 Sketch Mode로 전환한다.

03 Profile 도구막대의 Centered Rectangle 아이콘 을 클릭한다.

04 대칭 기준점으로 원점을 선택하고 직사각형 꼭짓점을 클릭하여 원점에 대칭인 직사각형을 생성한다.

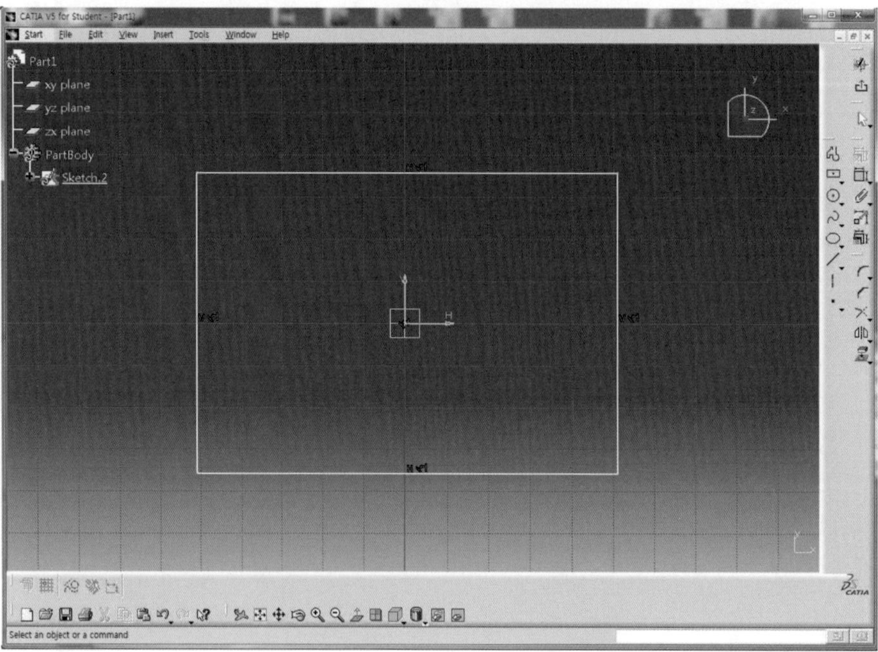

05 Constraint 도구막대의 Constraint 아이콘 을 더블클릭하여 직사각형의 가로(L100)와 세로(L80) 치수를 구속시킨다.

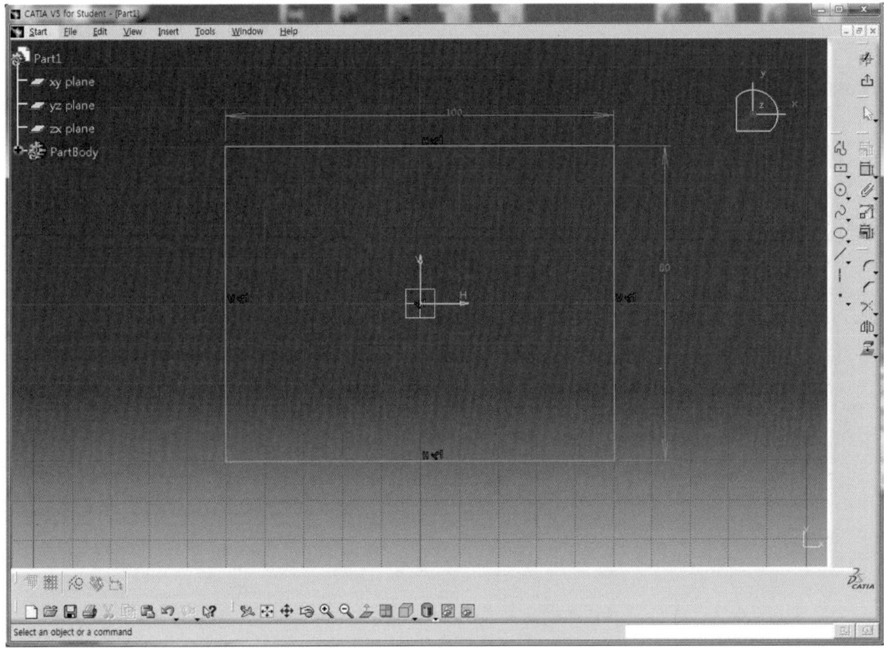

06 Exit workbench 아이콘 을 클릭하여 3D Mode로 전환한다.

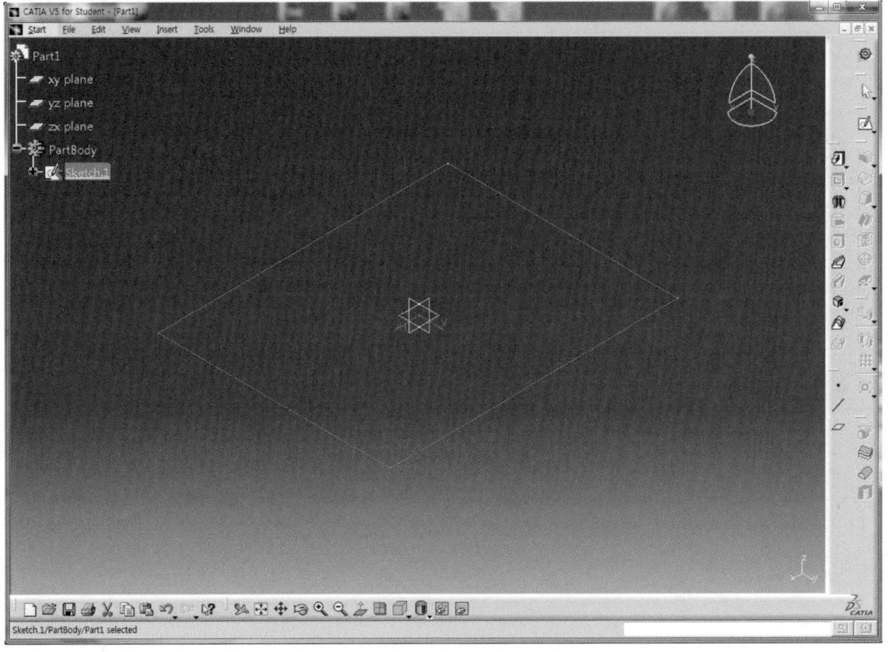

07 Sketch.1을 선택하고 Pad 아이콘 을 클릭한 후 Length 영역에 10mm를 입력하고 Preview 버튼을 클릭하여 미리보기 한다.

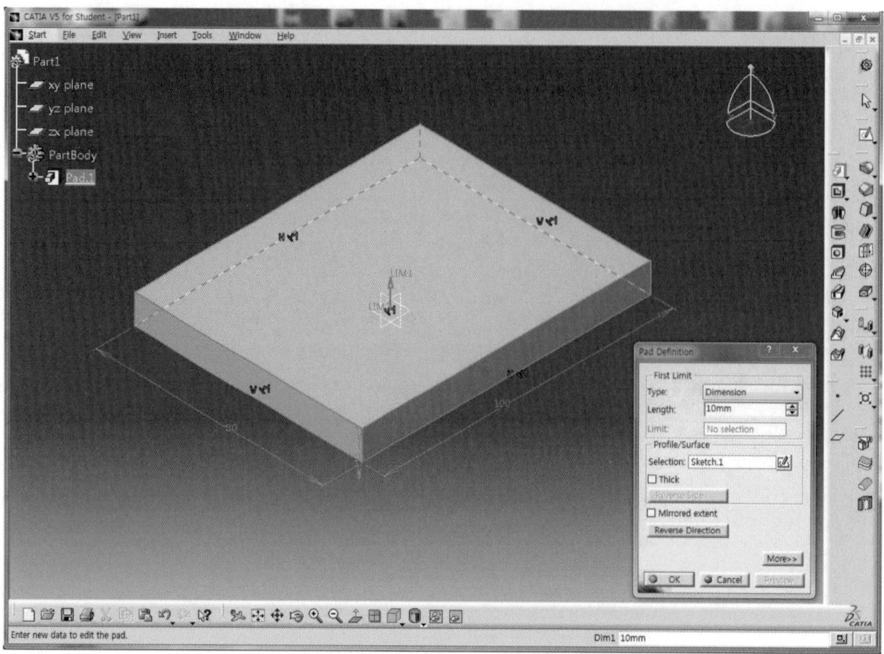

08 OK 버튼을 클릭하여 직육면체의 Solid를 생성한다.

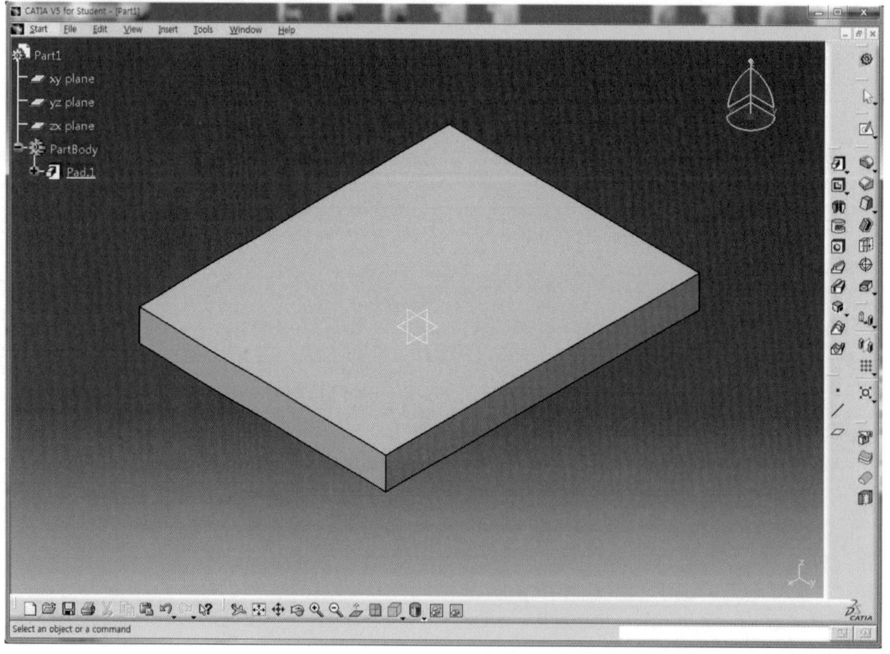

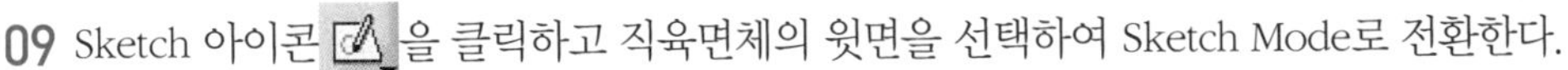

09 Sketch 아이콘 을 클릭하고 직육면체의 윗면을 선택하여 Sketch Mode로 전환한다.

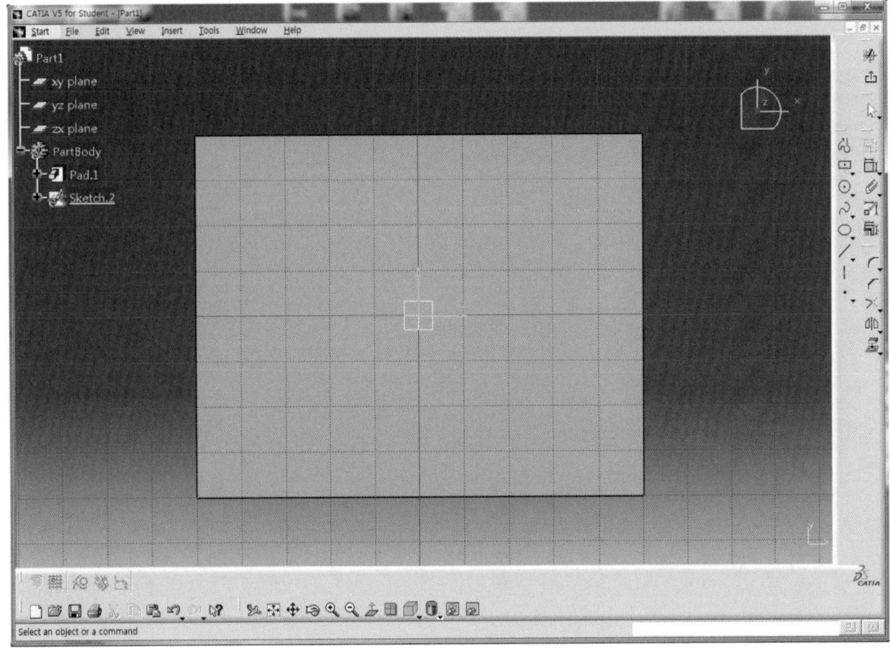

10 Profile 아이콘 을 클릭하여 아래와 같이 Sketch한다.

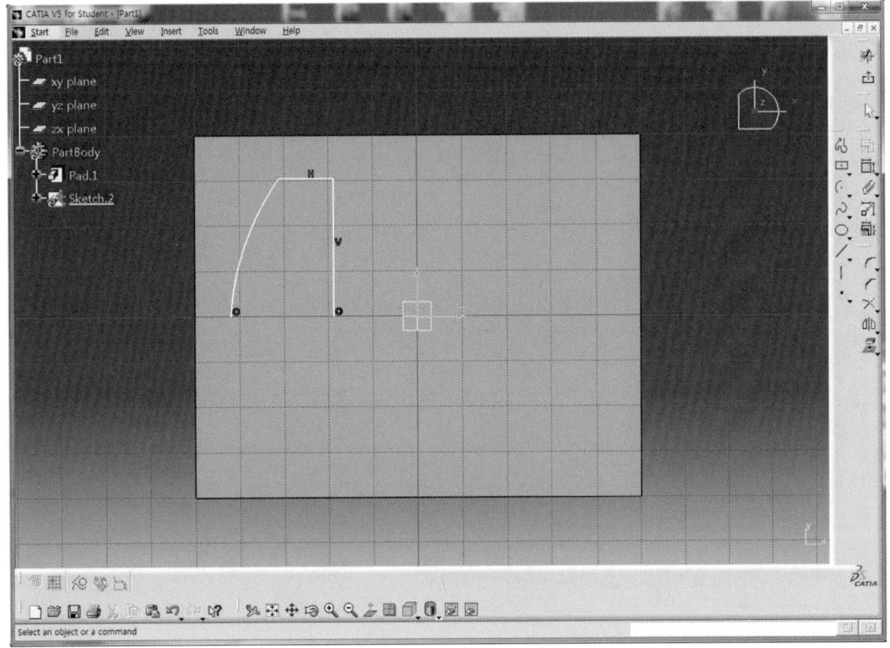

11 Ctrl 버튼을 누른 상태에서 Sketch한 요소를 차례로 선택한 후 Mirror 아이콘 을 클릭하고 H축을 선택하여 H축에 대칭시킨다.

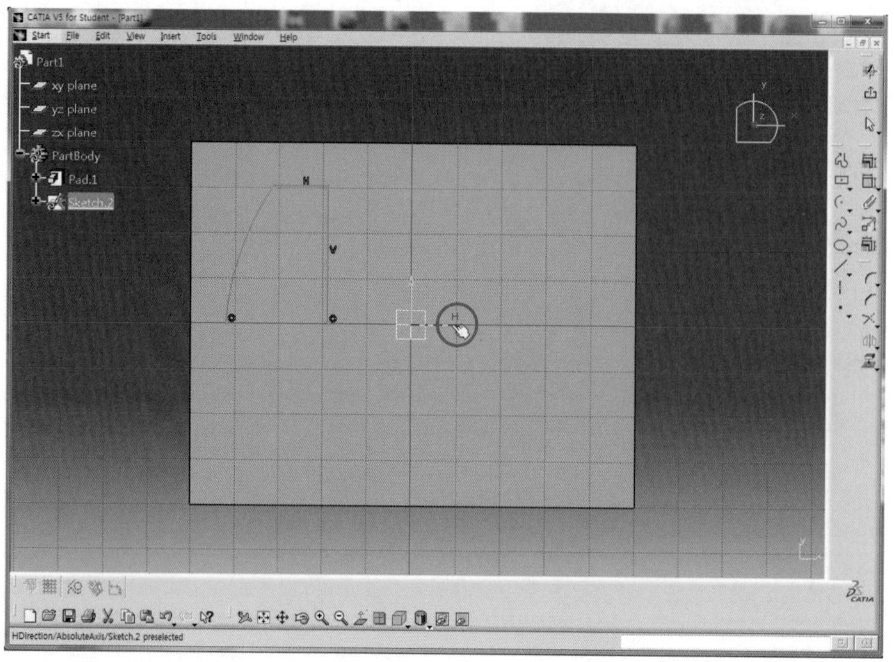

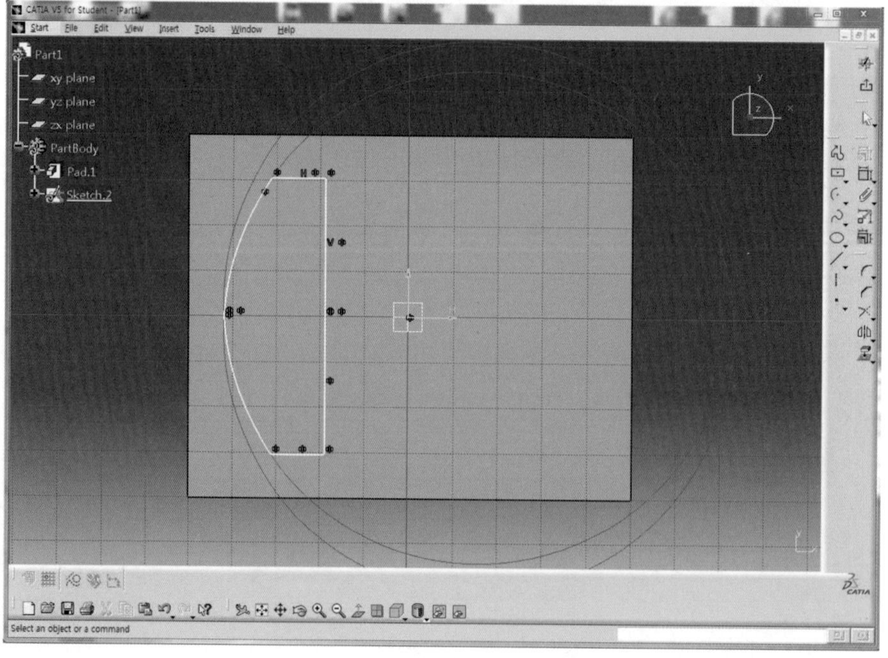

12 Constraint 아이콘 을 더블클릭하여 치수를 구속하고 정확한 치수(L15, L20, L30, L0, R100)를 적용한다.

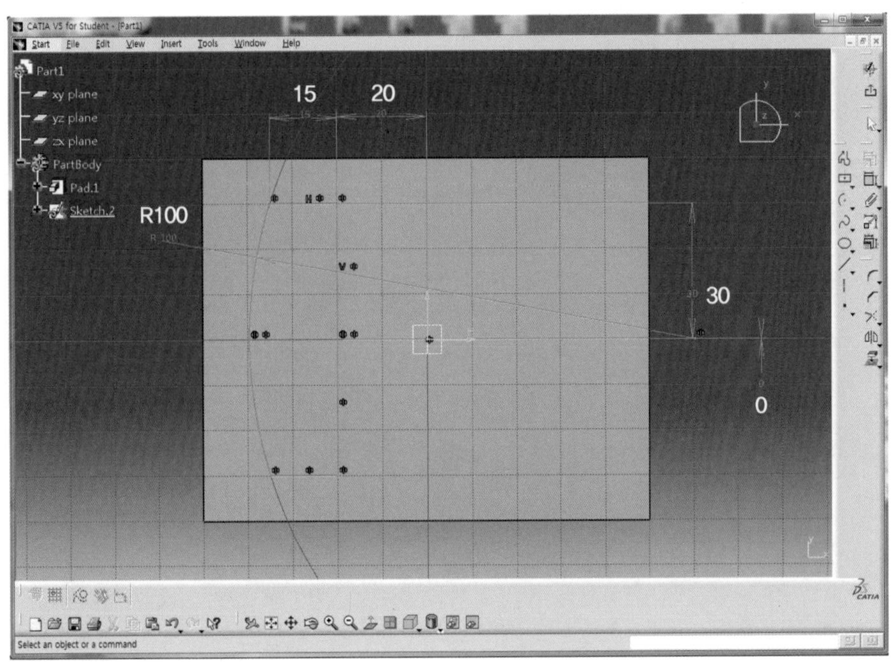

13 Exit workbench 아이콘 을 클릭하여 3D Mode로 전환한다.

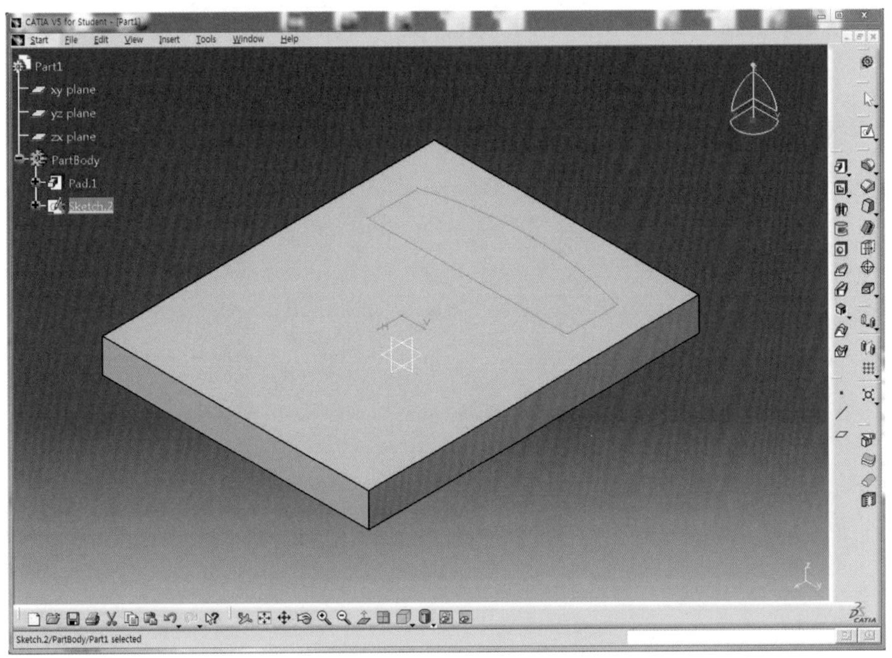

14 Pad 아이콘 을 클릭한 후 Length 영역에 30mm를 입력하고 Preview 버튼을 클릭하여 미리보기 하고 OK 버튼을 클릭한다.

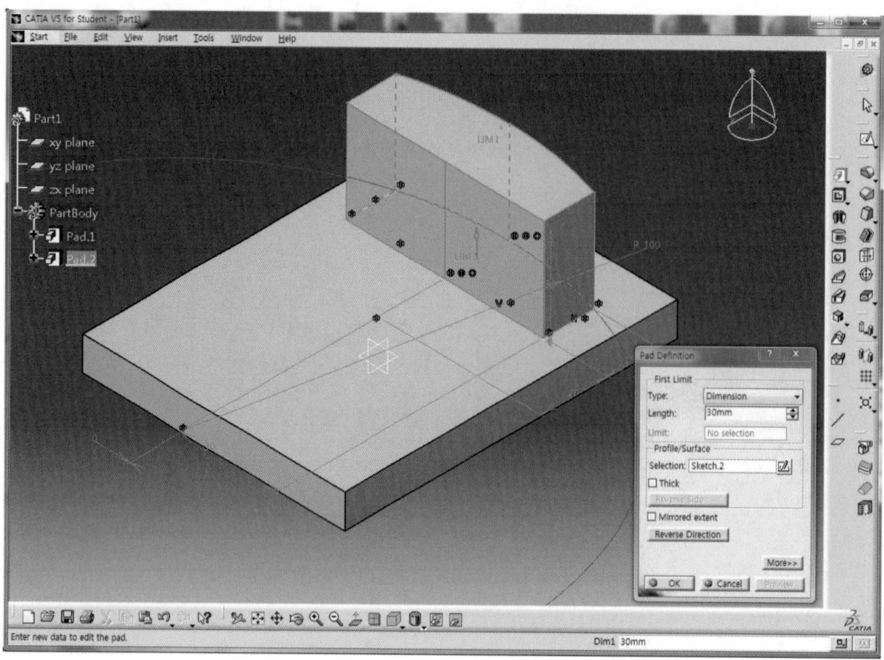

15 Sketch 아이콘 을 클릭하고 직육면체의 윗면을 선택하여 Sketch Mode로 전환한다.

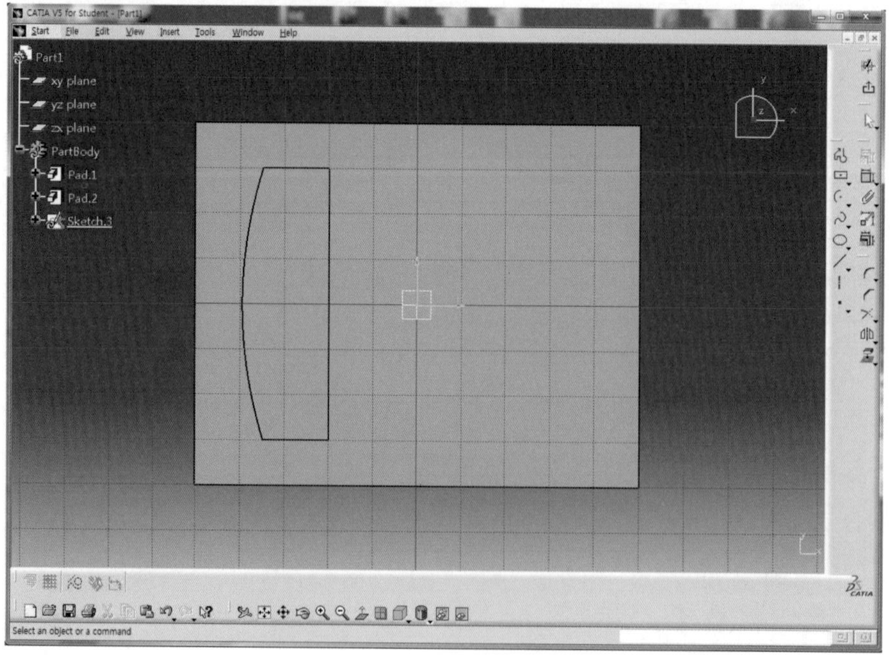

16 Profile 아이콘 을 클릭하여 직선과 Sketch tools 도구막대에서 Tree Point Arc 옵션을 활용하여 아래와 같이 Sketch한다.

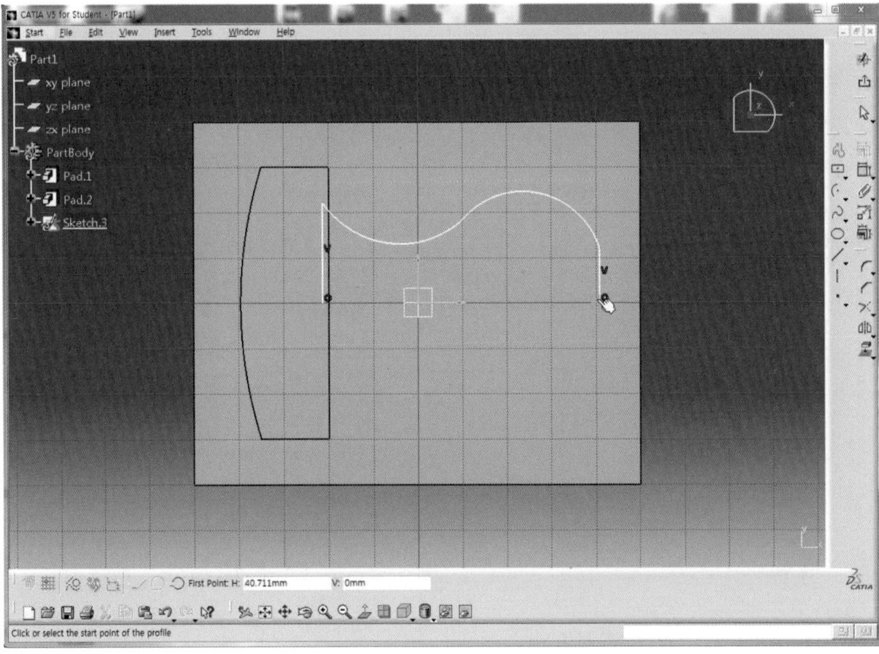

17 Axis 아이콘 을 클릭하고 Sketch의 양 끝점을 지나도록 H축 위에 Sketch한다.

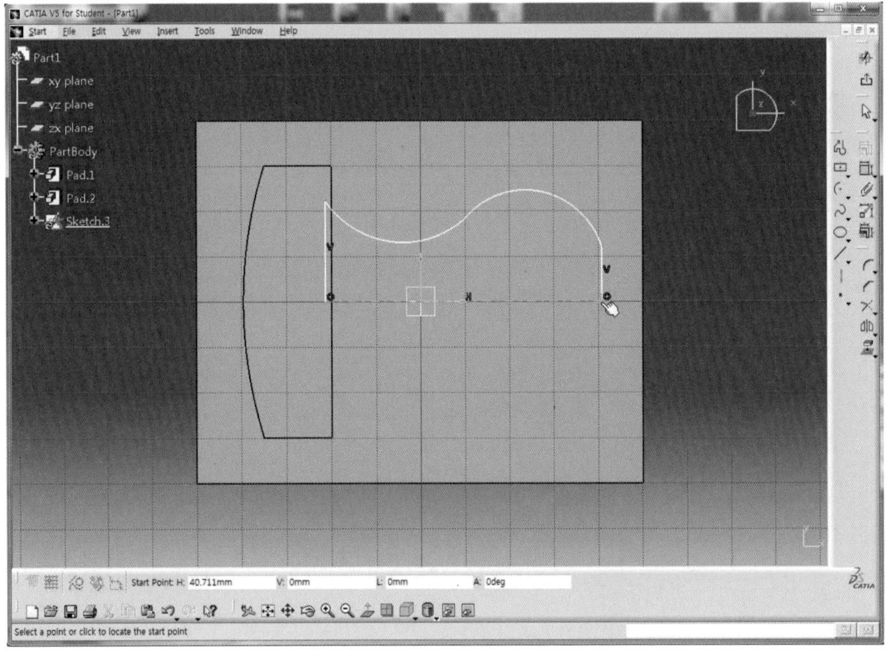

18 Constraint 아이콘 을 더블클릭한 후 Arc (1), (2)를 차례로 선택하고 마우스 오른쪽 버튼을 클릭한다.

19 Tangency를 선택하여 Arc가 서로 접하도록 구속한다.

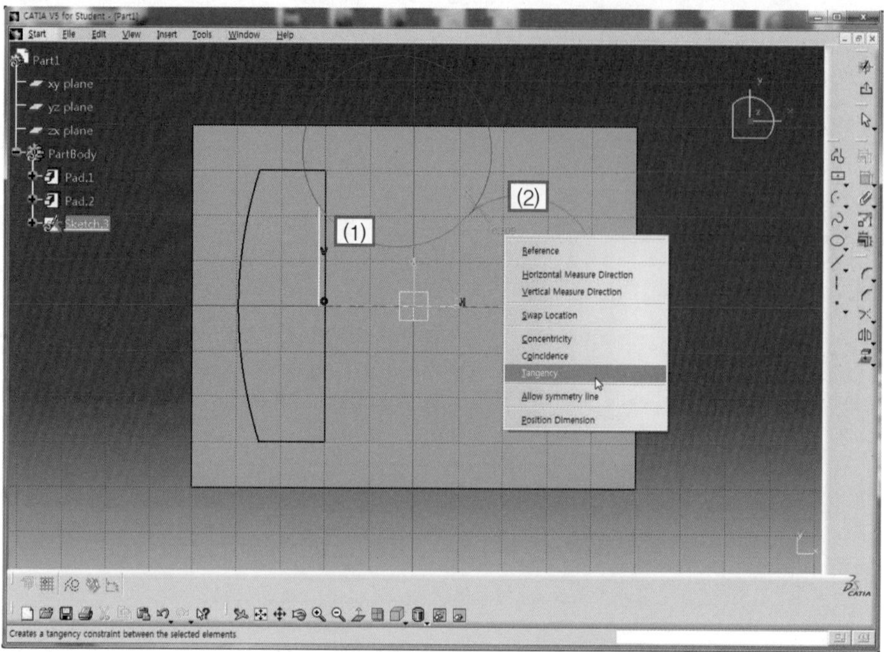

20 다른 요소에도 치수구속을 적용하고 각 치수를 더블클릭하여 정확한 치수(L15, L20, L10, L25, R25, R20)를 적용한다.

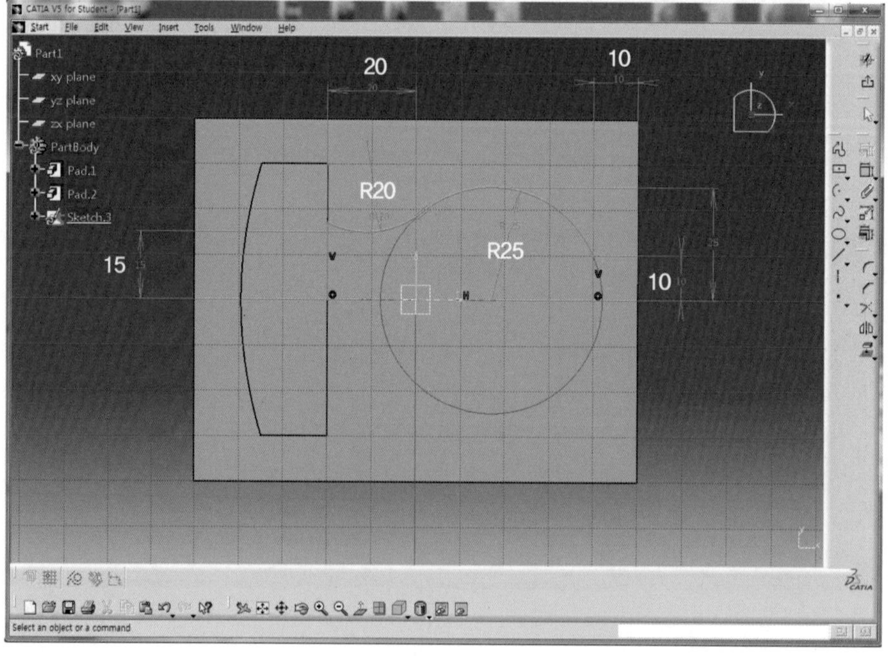

21 Exit workbench 아이콘 을 클릭하여 3D Mode로 전환한다.

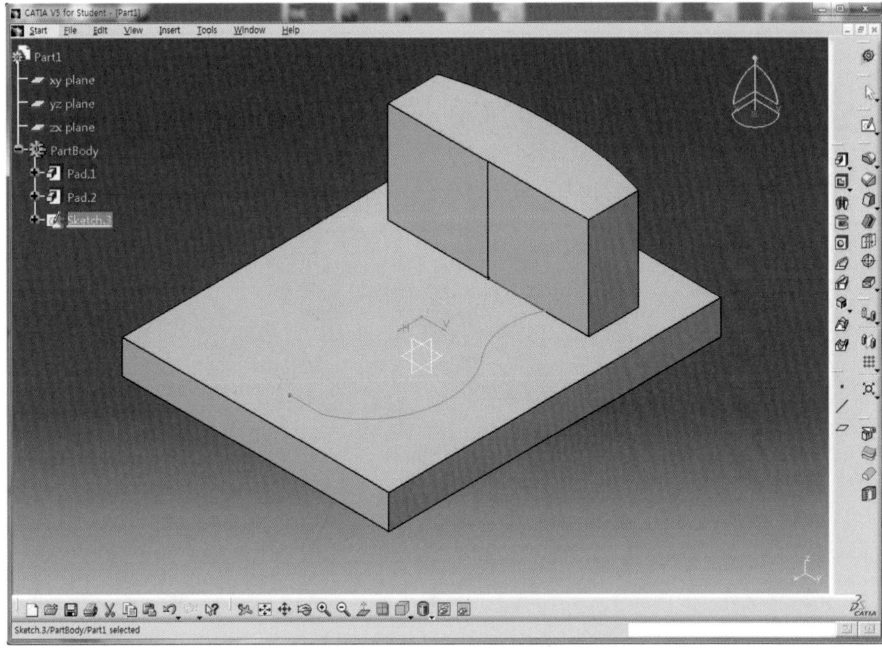

22 Shaft 아이콘 을 클릭한 후 First Angle 영역에 180deg를 입력한 후 Preview 버튼을 클릭하여 미리 보기 한다.

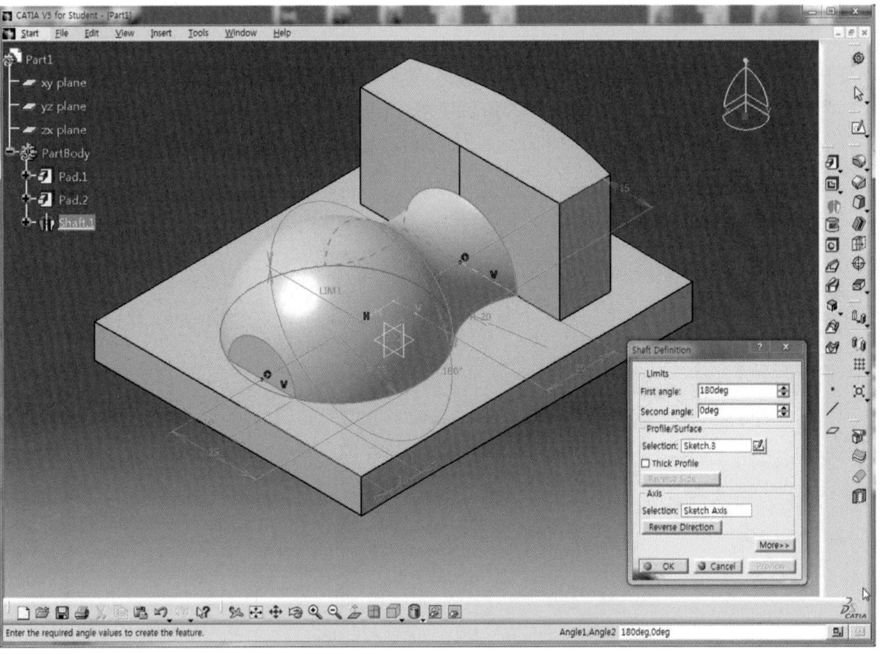

23 OK 버튼을 클릭하여 회전체의 Solid를 생성한다.

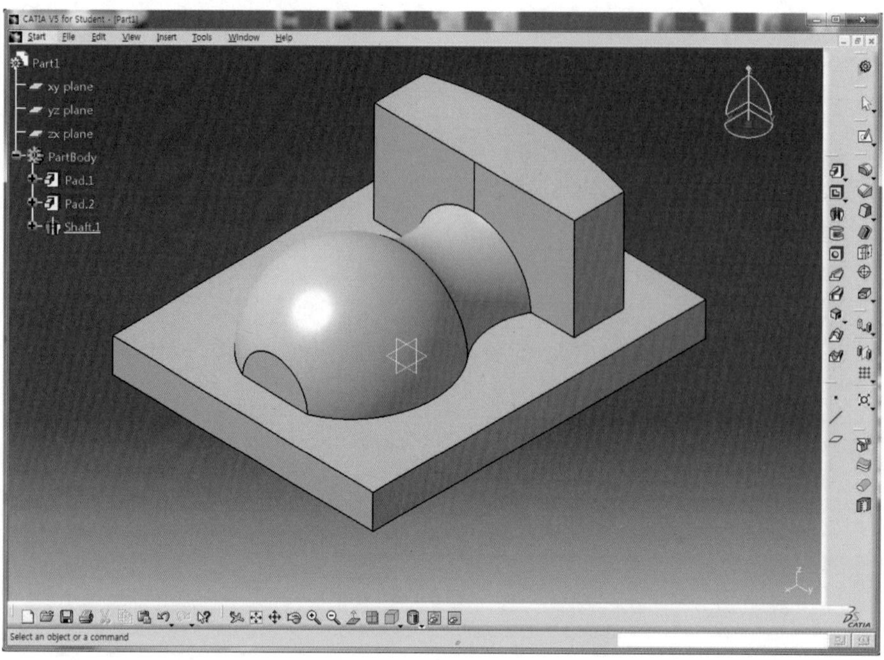

24 Draft Angle 아이콘 을 클릭한 후 Angle 영역에 10deg를 입력한다.

25 Face(s) to draft 영역을 클릭하고 Pad로 생성한 Solid의 양쪽 옆면을 선택한 후 Neutral Element의 Selection 영역을 클릭하고 직육면체의 윗면을 선택한 후 Preview 버튼을 클릭하여 미리보기 한다.

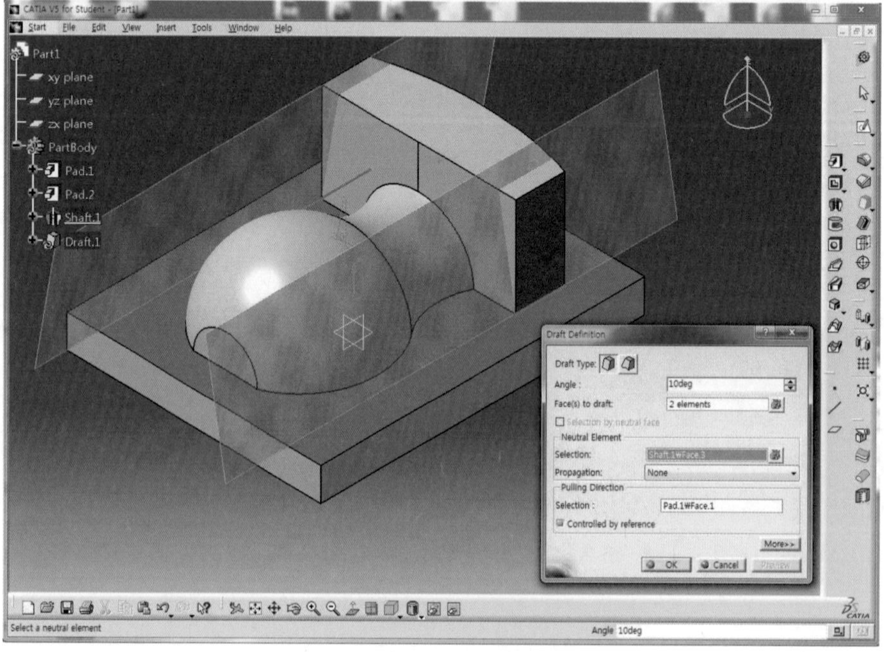

26 OK 버튼을 클릭하여 Draft를 적용한다.

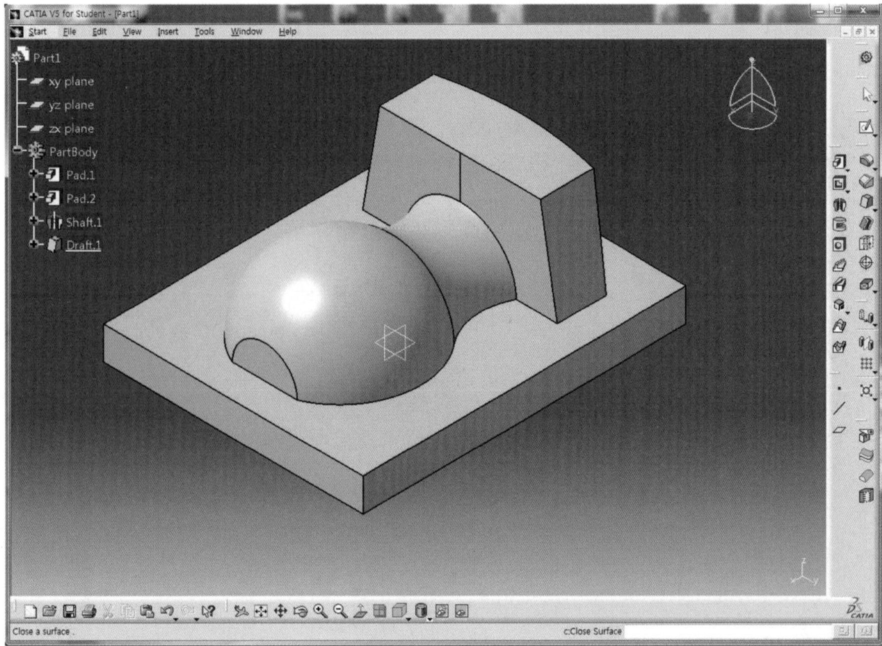

27 Edge Fillet 아이콘 을 클릭한 후 모서리에 R20을 적용한다.

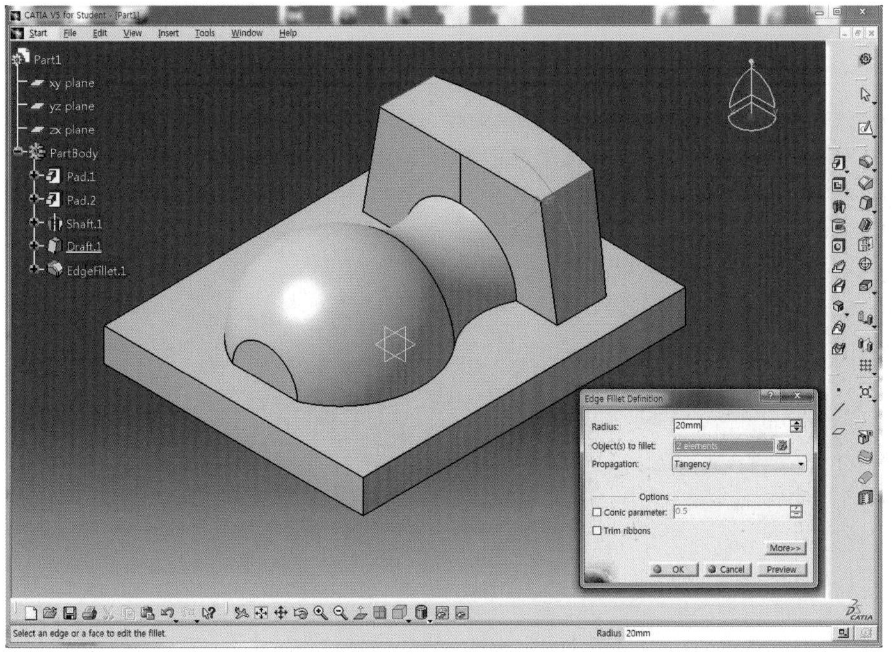

28 Model을 회전시키고 Draft Angle 아이콘 을 클릭한 후 Angle 영역에 10deg를 입력한다.

29 Face(s) to draft 영역을 클릭하고 Pad로 생성한 Solid의 앞면을 선택한 후 Neutral Element의 Selection 영역을 클릭하고 직육면체의 윗면을 선택한 후 Preview 버튼을 클릭하여 미리보기 한다.

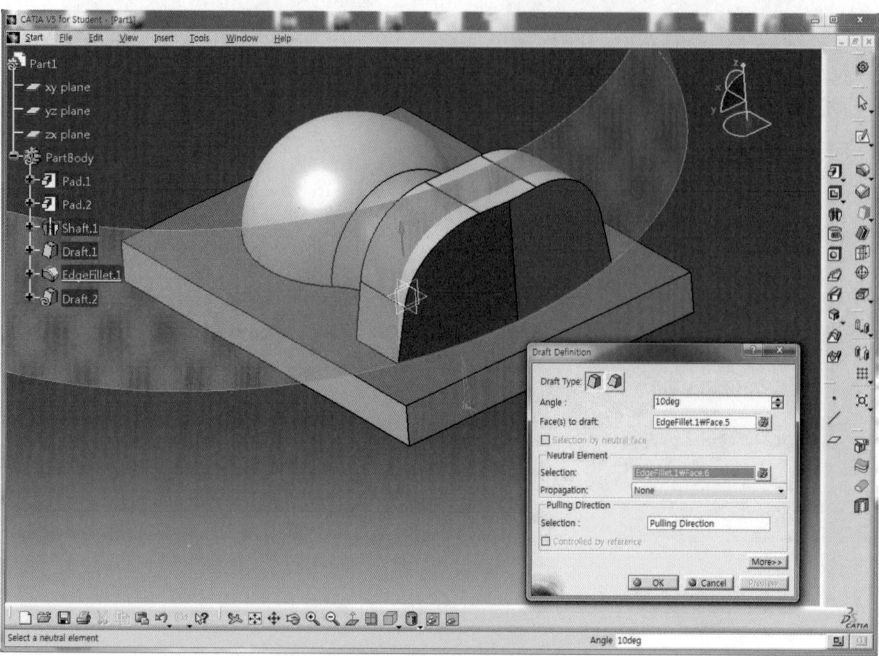

30 OK 버튼을 클릭하여 Draft를 적용한다.

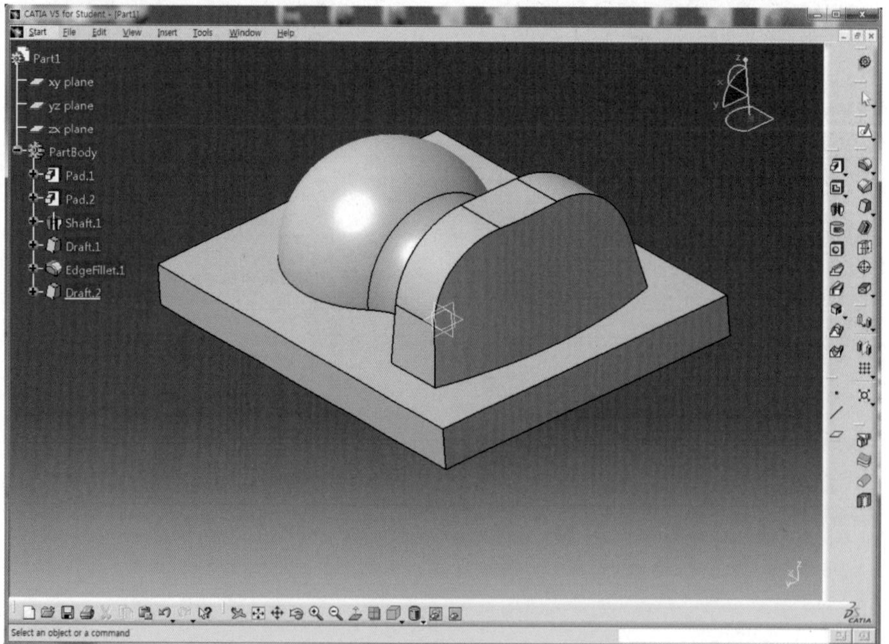

31 Isometric View 아이콘 을 클릭하여 등각뷰로 정렬한다.

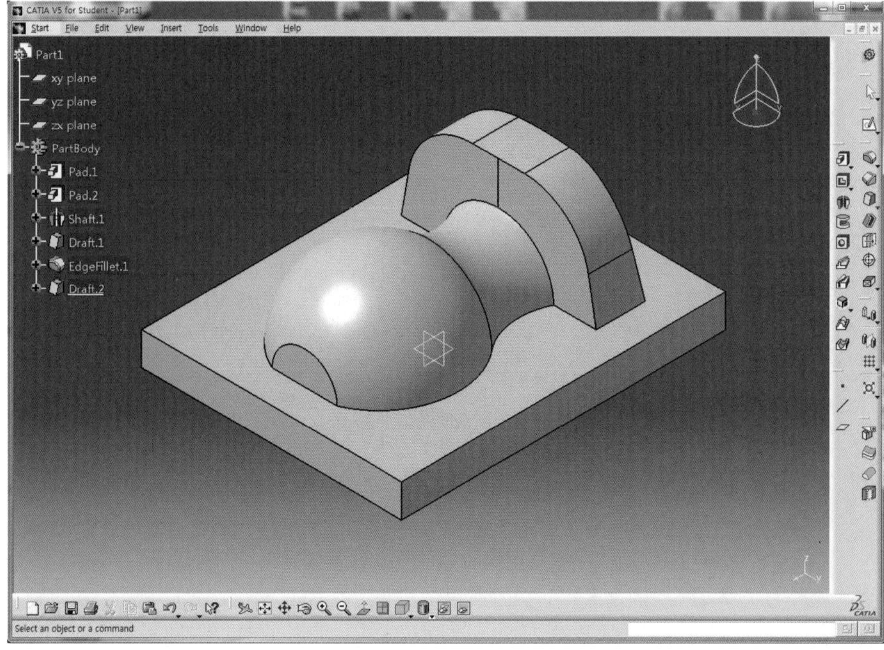

32 Draft Angle 아이콘 을 클릭한 후 Angle 영역에 10deg를 입력한다.

33 Face(s) to draft 영역을 클릭하고 Pad로 생성한 Solid의 뒷면(1)을 선택한 후 Neutral Element의 Selection 영역을 클릭하고 Pad의 윗면(2)을 선택한 후 Preview 버튼을 클릭하여 미리보기 한다.(이 때 화살표 방향을 아래로 향하도록 하여 아래쪽 방향으로 생성되도록 한다.)

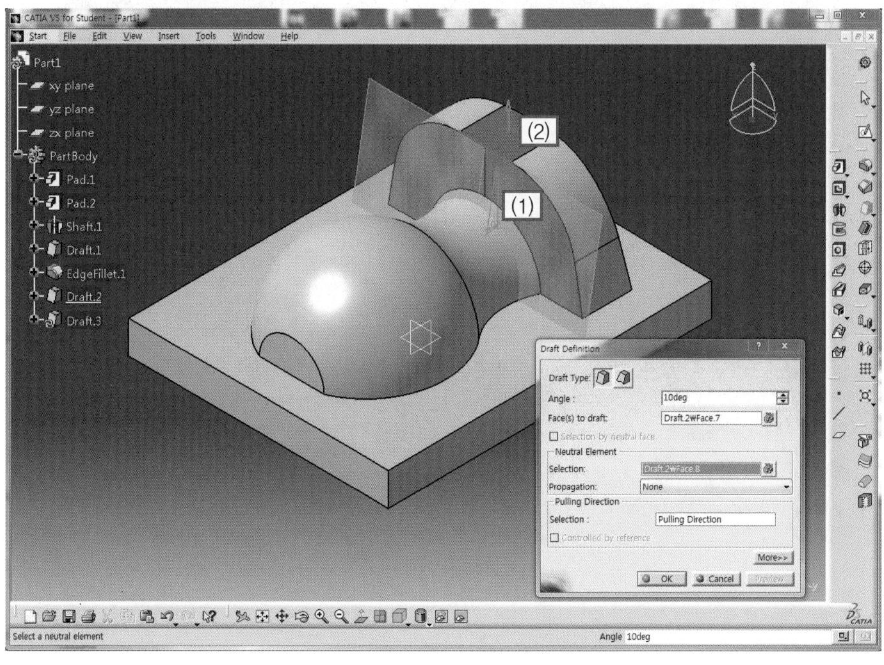

34 OK 버튼을 클릭하여 Draft를 완료한다.

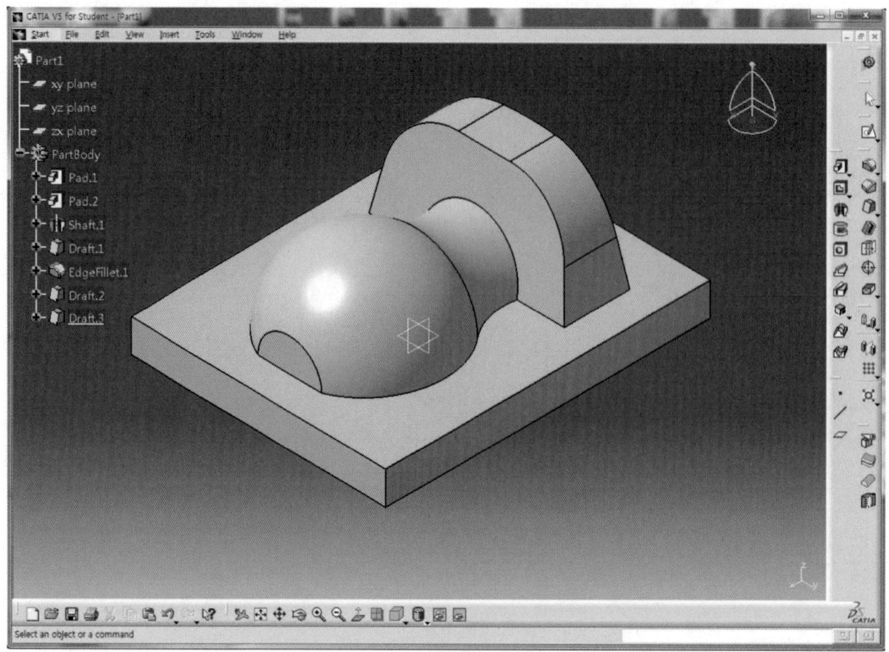

35 Workbench 도구막대의 Part Design 아이콘 을 클릭한 후 Wireframe and Surface Design 아이콘 을 클릭하여 Surface Mode로 전환한다.

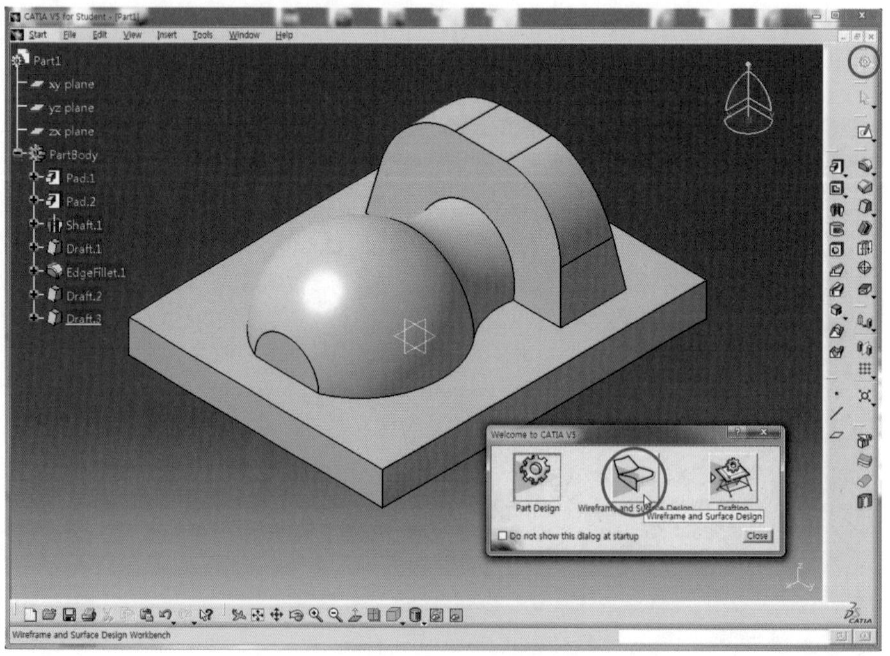

36 Operations 도구막대의 Extract 아이콘 을 클릭한다.

37 Extract Definition 대화상자에서 Propagation type를 No propagation으로 선택하고 Element(s) to extract 영역을 클릭한 후 회전체 Solid의 원주면을 선택한다.

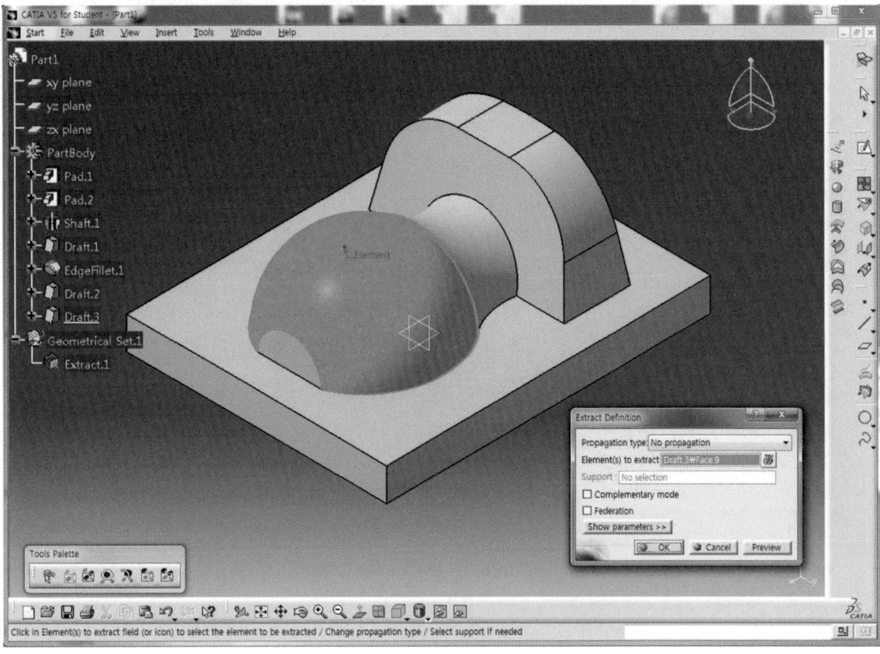

38 OK 버튼을 클릭하여 Surface를 추출한다.

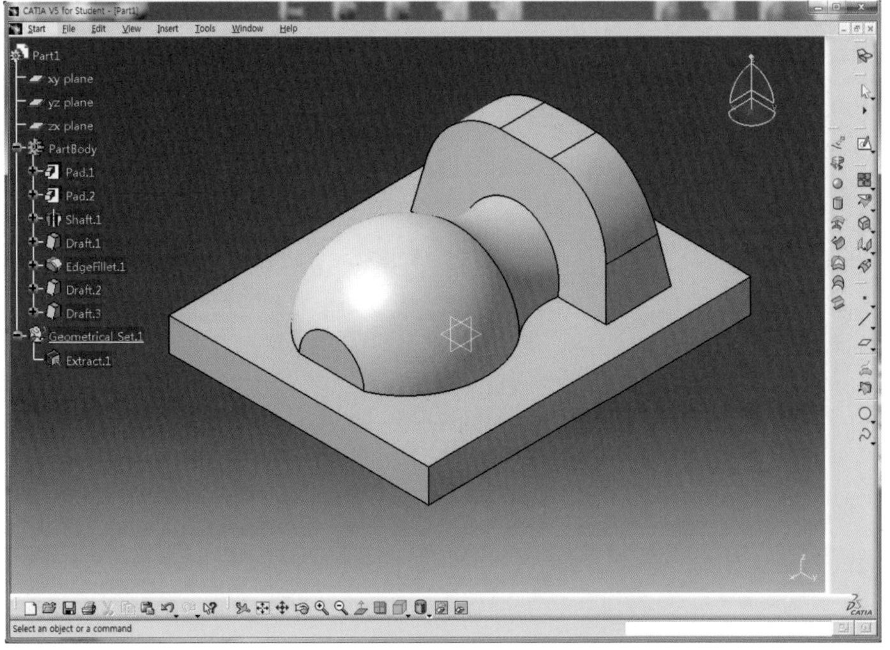

39 Surface를 선택하고 Offset 아이콘 을 클릭한다.

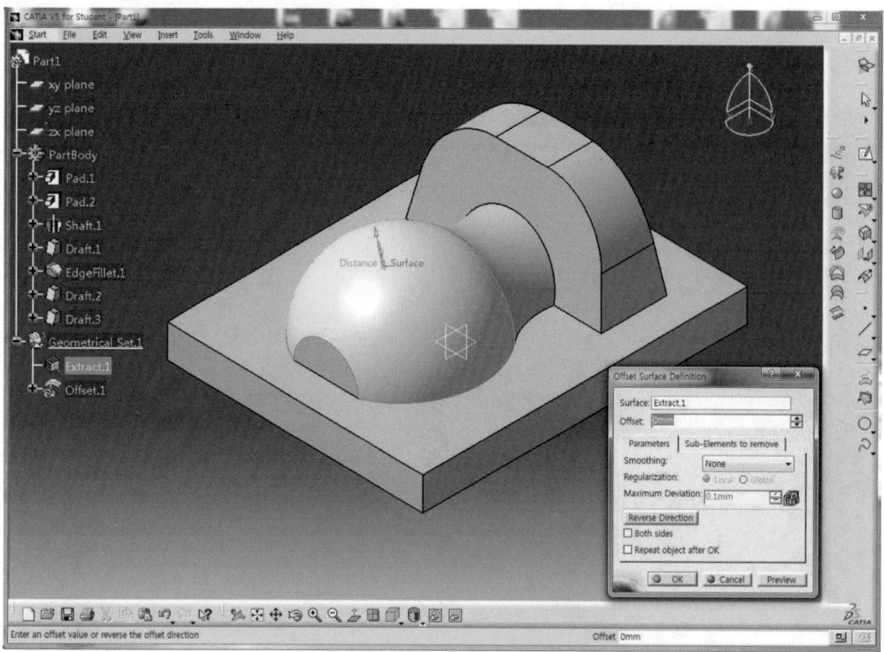

40 Offset 영역에 3mm를 입력하고 붉은색 화살표 방향이 아래쪽으로 향하고 있으면 위쪽으로 향하도록 Reverse Direction 버튼을 클릭한 후 Preview 버튼을 클릭하여 미리보기 한다.

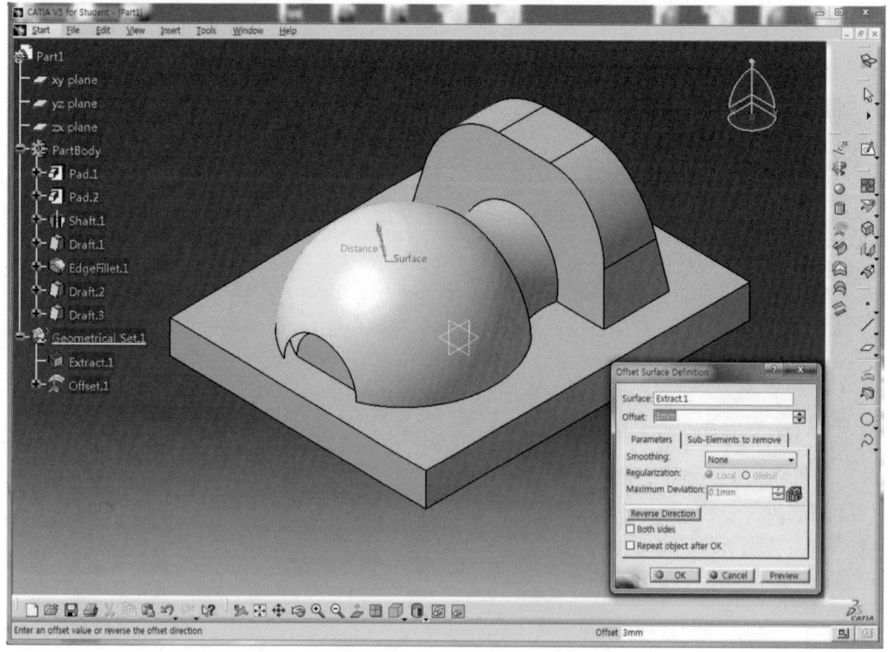

41 OK 버튼을 클릭하여 3mm만큼 떨어진 Surface를 생성한다.

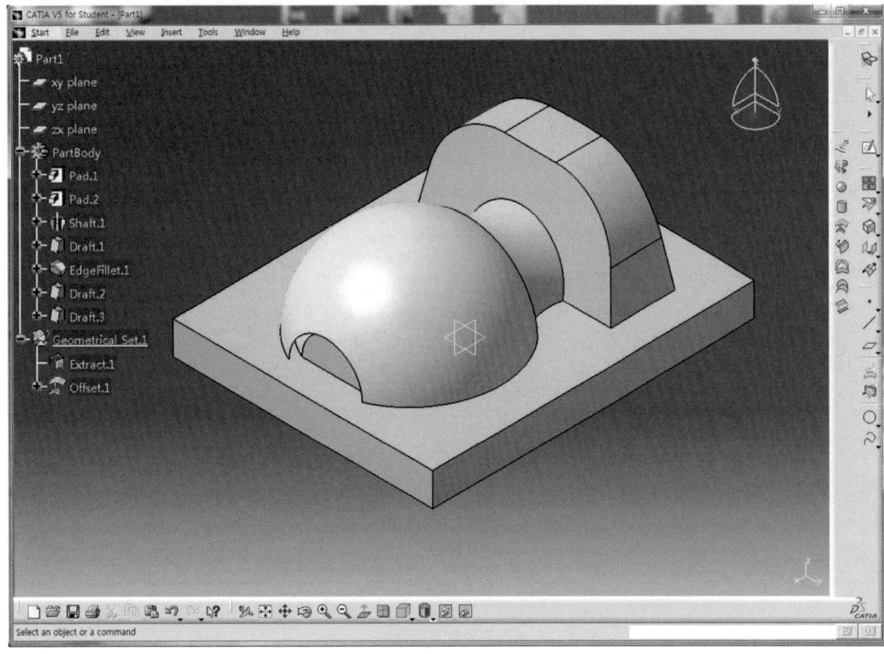

42 Ctrl 버튼을 누른 상태에서 Tree 영역에서 Extract.1과 Offset.1을 선택한 후 마우스 오른쪽 버튼을 클릭하여 Hide/Show를 선택하여 감추기 한다.

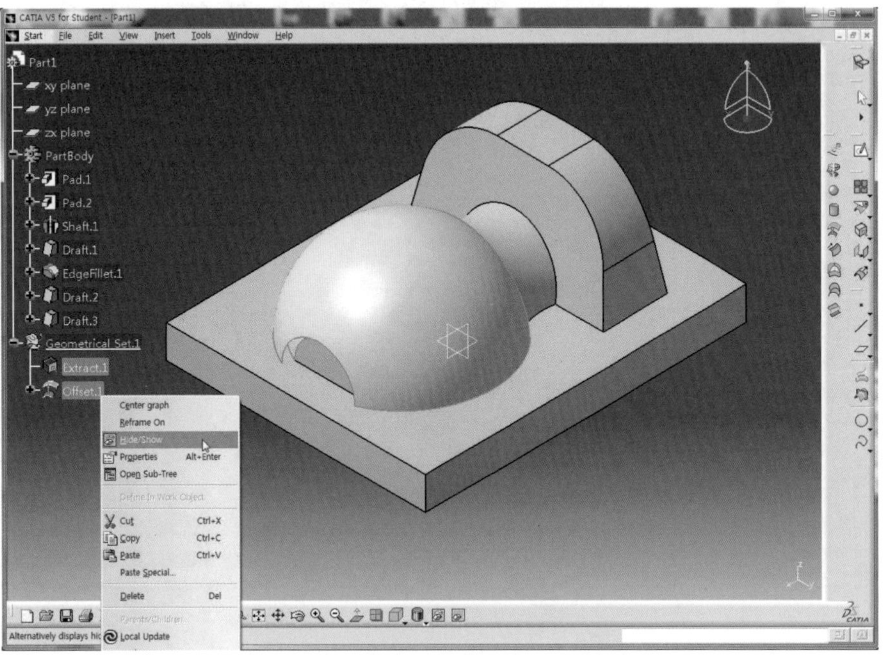

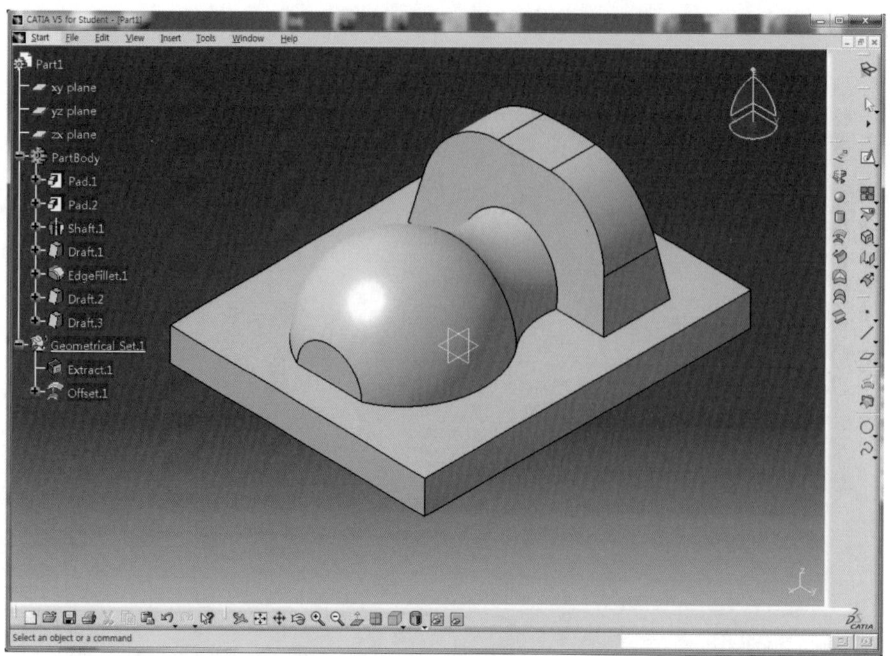

43 Tree에서 PartBody를 선택한 후 마우스 오른쪽 버튼을 클릭하여 Define In Work Object를 선택하면 밑줄이 이동되어 Solid 영역이 Current로 전환한다.

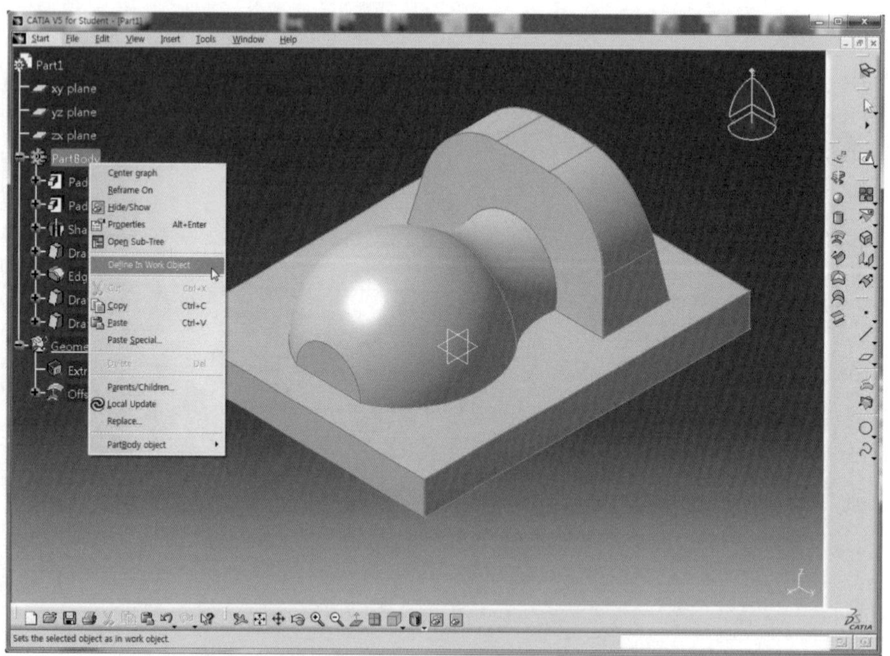

44 Workbench 도구막대의 Wireframe and Surface Design 아이콘 을 클릭한 후 Part Design 아이콘 을 클릭하여 Solid Mode로 전환한다.

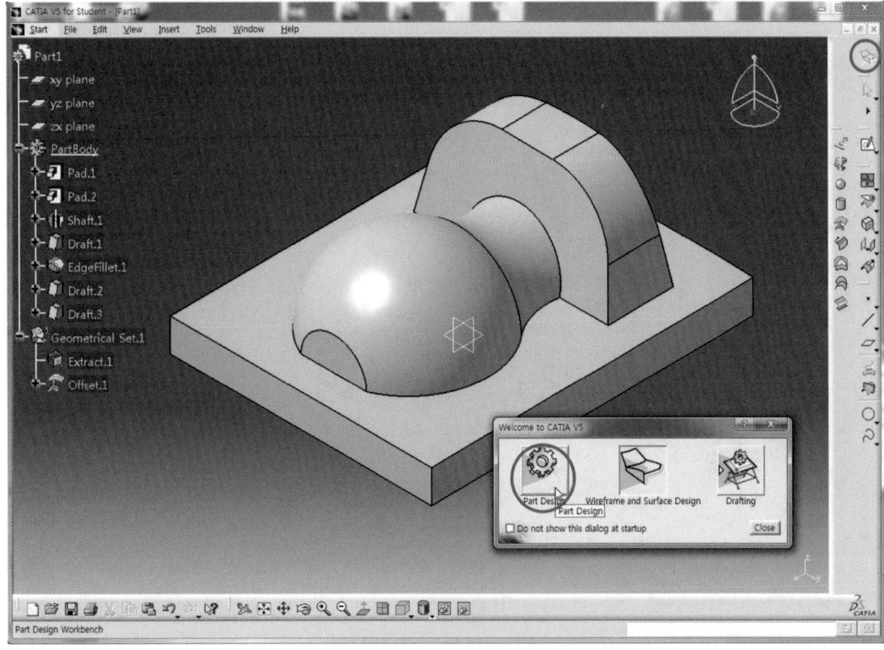

45 Sketch 아이콘 을 클릭하고 직육면체 윗면을 선택하여 Sketch Mode로 전환한다.

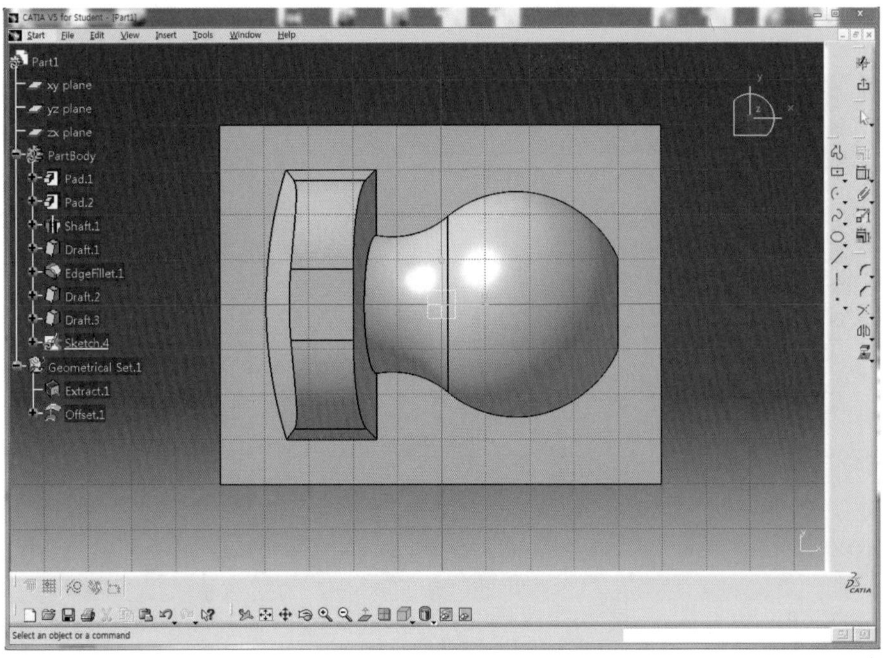

46 Circle 아이콘 을 더블클릭한 후 중심점이 H축 위에 위치한 Circle과 V축 방향으로 임의 위치만큼 떨어진 Circle 2개를 각각 Sketch한다.

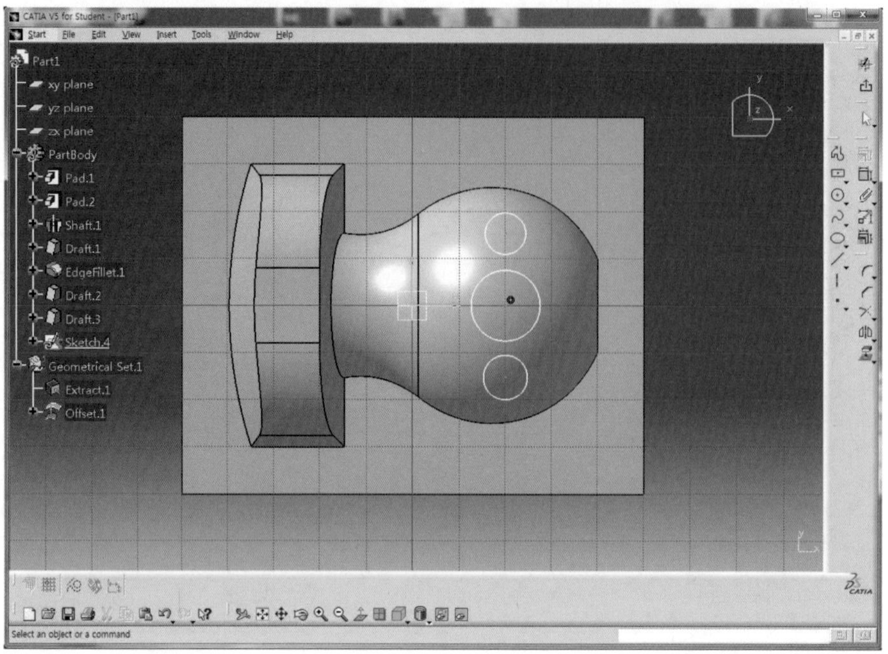

47 Constraint 아이콘 을 더블클릭하고 요소에 치수구속을 적용시킨 후 정확한 치수로 수정(L20, L15, D15, D8)한다.

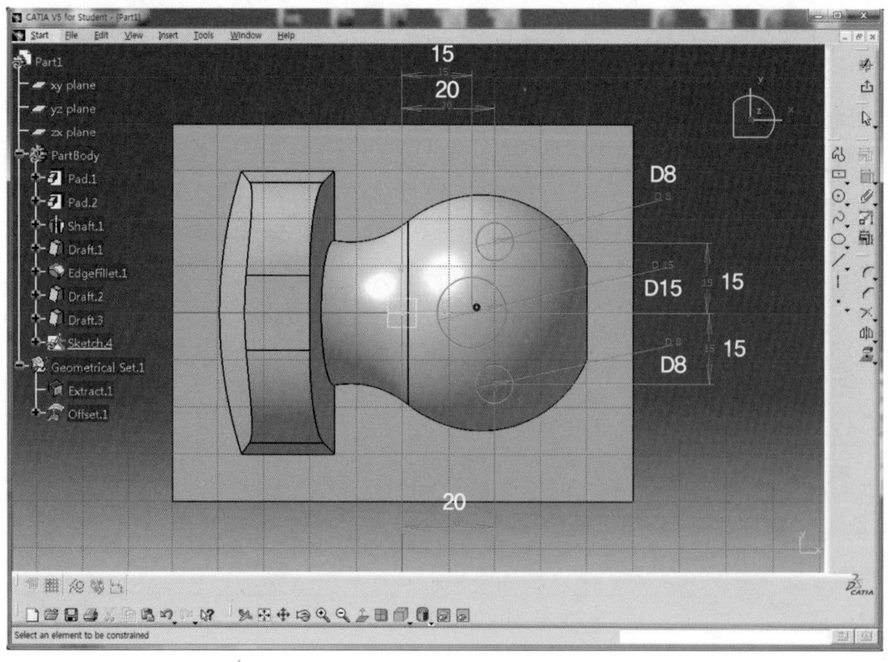

48 Exit workbench 아이콘 을 클릭하여 3D Mode로 전환한다.

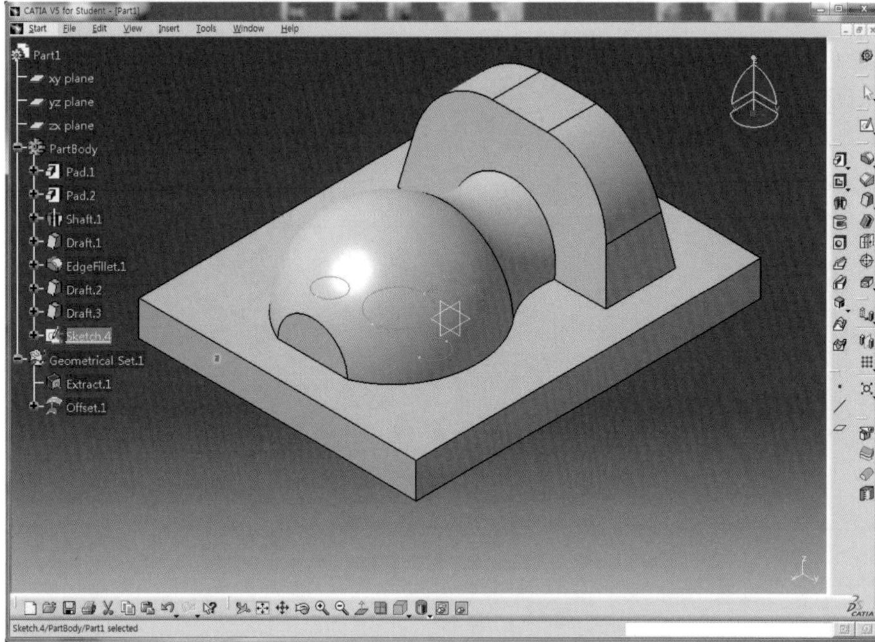

49 Pad 아이콘 을 클릭한 후 Type을 Up to surface로 선택하고 Tree 영역에서 Offset.1을 선택한 후 Preview 버튼을 클릭하여 미리보기 한다.

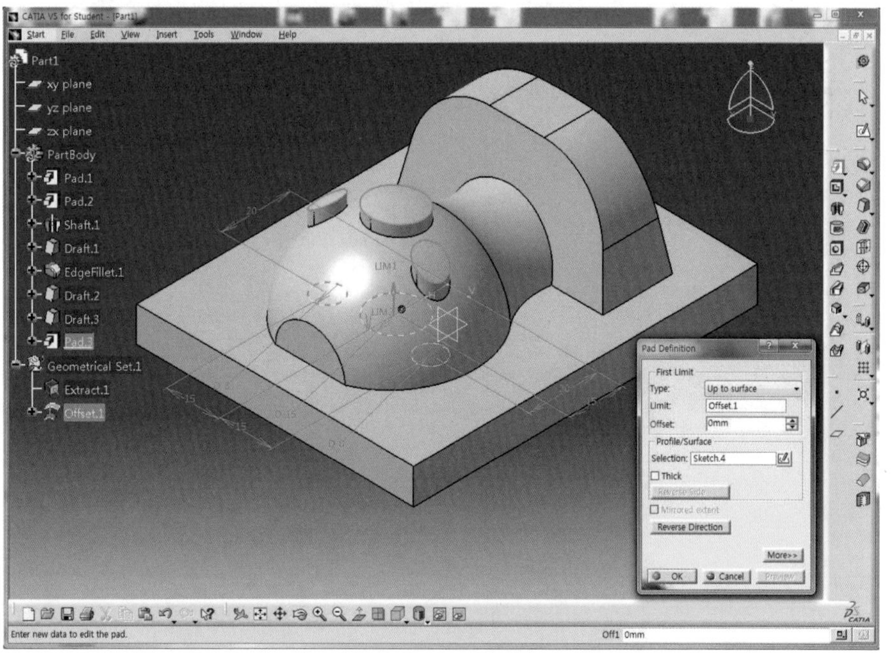

50 OK 버튼을 클릭하여 Solid를 생성한다.

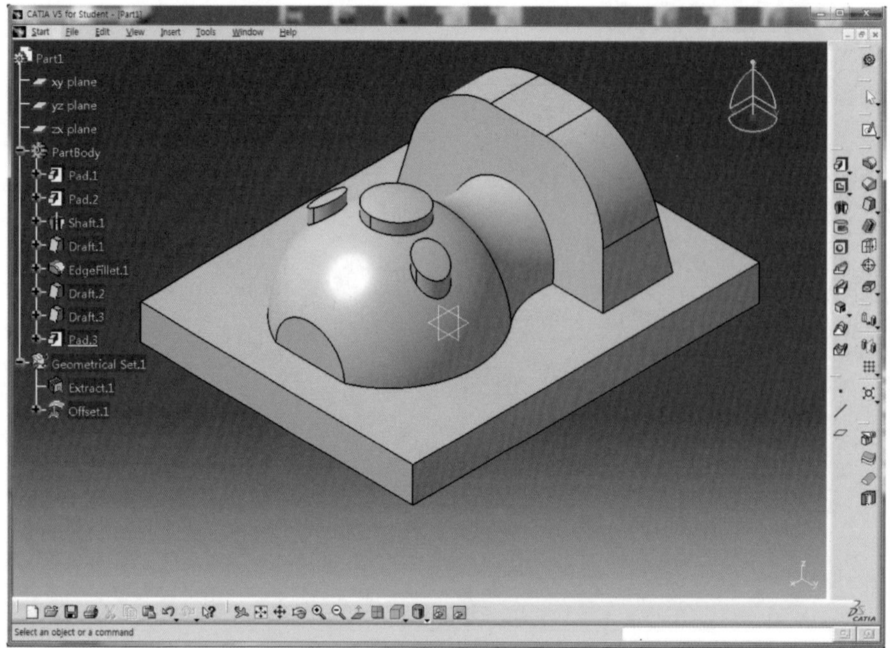

51 Edge Fillet 아이콘 을 클릭한 후 R3을 적용한다.

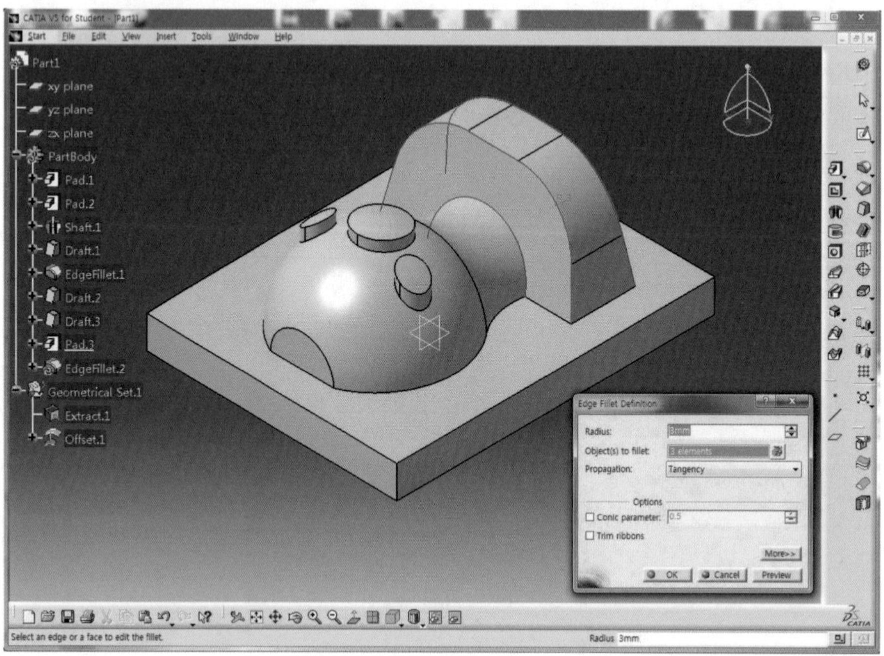

52 Edge Fillet 아이콘 을 클릭한 후 R1을 적용한다.

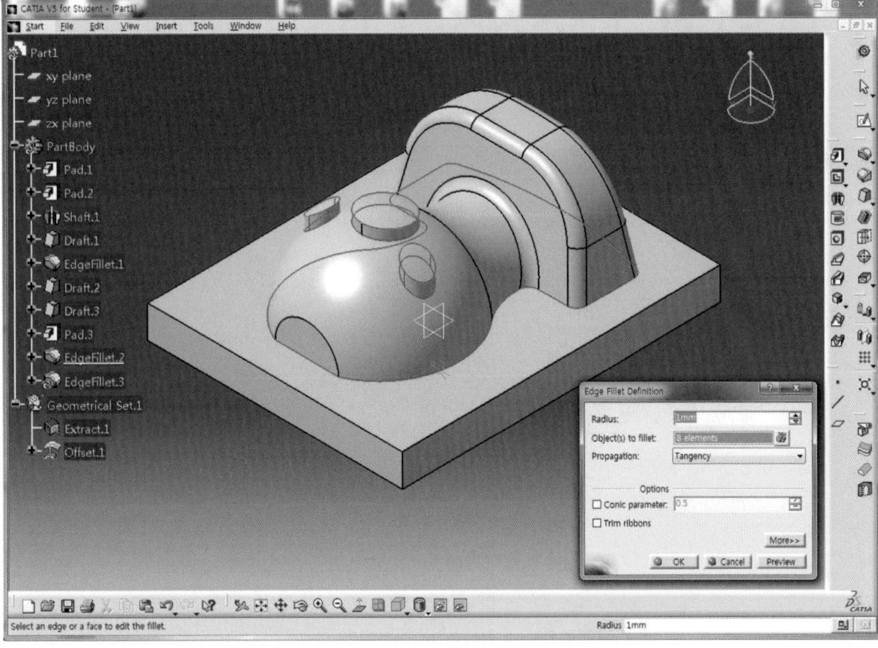

53 완성된 Model이다.

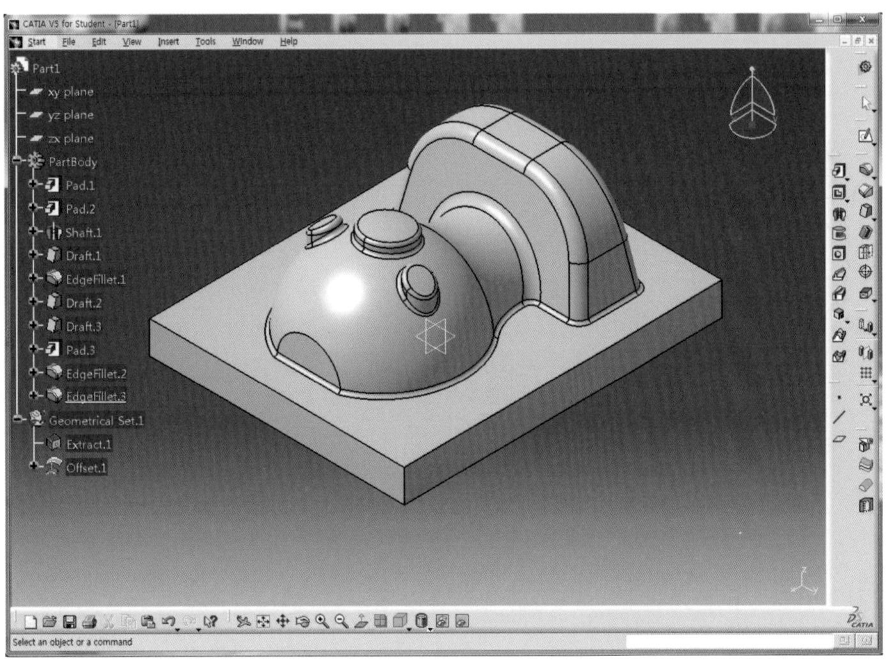

CHAPTER

10 활용 Model (10)

CATIA를 활용한 모델링 따라하기

활용 Model (10)

지시없는 라운드 R1

01 CATIA를 실행시켜 Part Design Mode로 전환한다.

02 Sketch 아이콘 을 클릭하고 xy Plane을 선택하여 Sketch Mode로 전환한다.

03 Profile 도구막대의 Centered Rectangle 아이콘 을 클릭한다.

04 대칭 기준점으로 원점을 선택하고 직사각형 꼭짓점을 클릭하여 원점에 대칭인 직사각형을 생성한다.

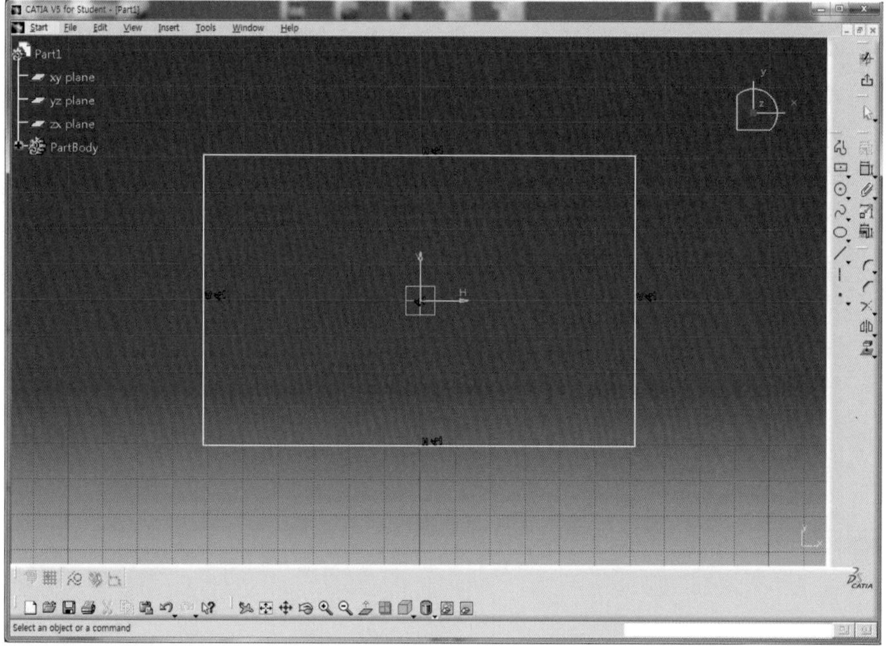

05 Constraint 도구막대의 Constraint 아이콘 을 더블클릭하여 직사각형의 가로(L100)와 세로(L70) 치수를 구속시킨다.

06 Exit workbench 아이콘 을 클릭하여 3D Mode로 전환한다.

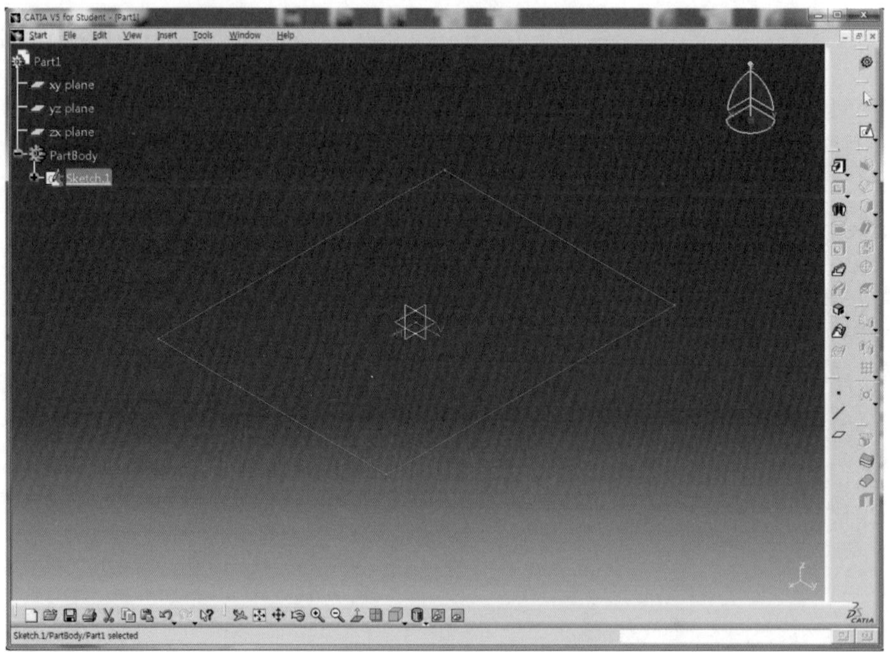

07 Sketch.1을 선택하고 Pad 아이콘 을 클릭한 후 Length 영역에 10mm를 입력하고 Preview 버튼을 클릭하여 미리보기 한다.

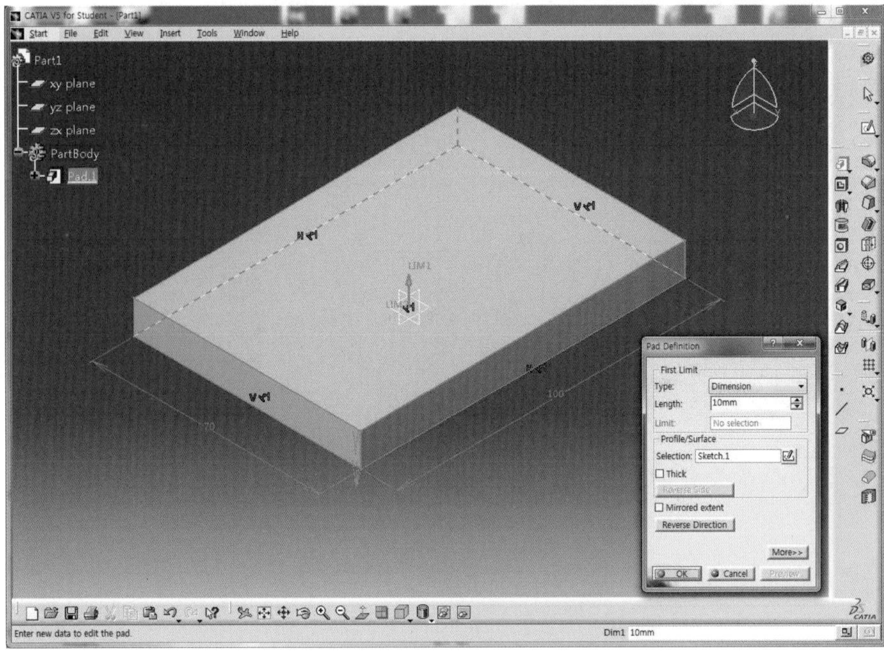

08 OK 버튼을 클릭하여 직육면체의 Solid를 생성한다.

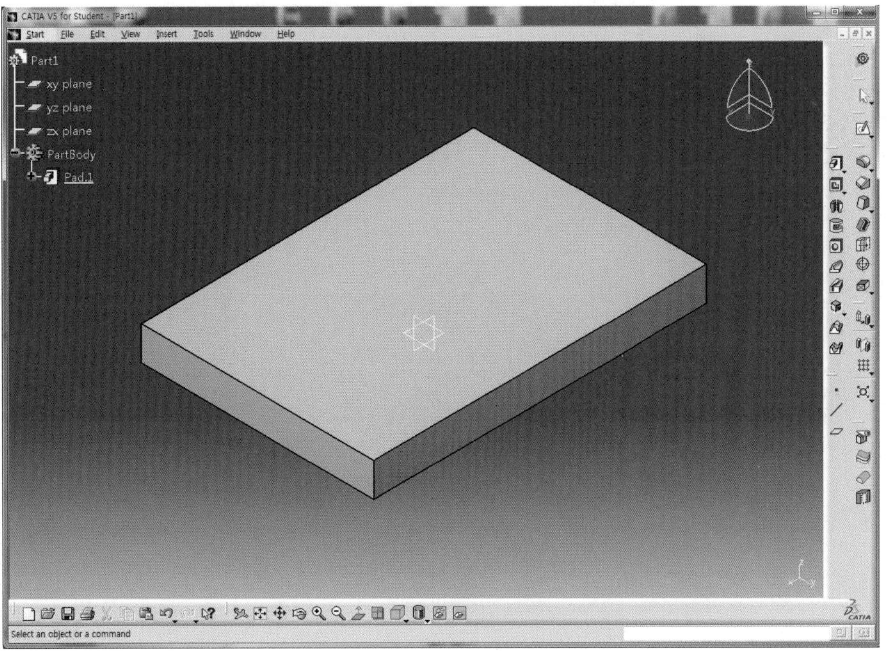

09 Sketch 아이콘 을 클릭하고 직육면체의 윗면을 선택하여 Sketch Mode로 전환한다.

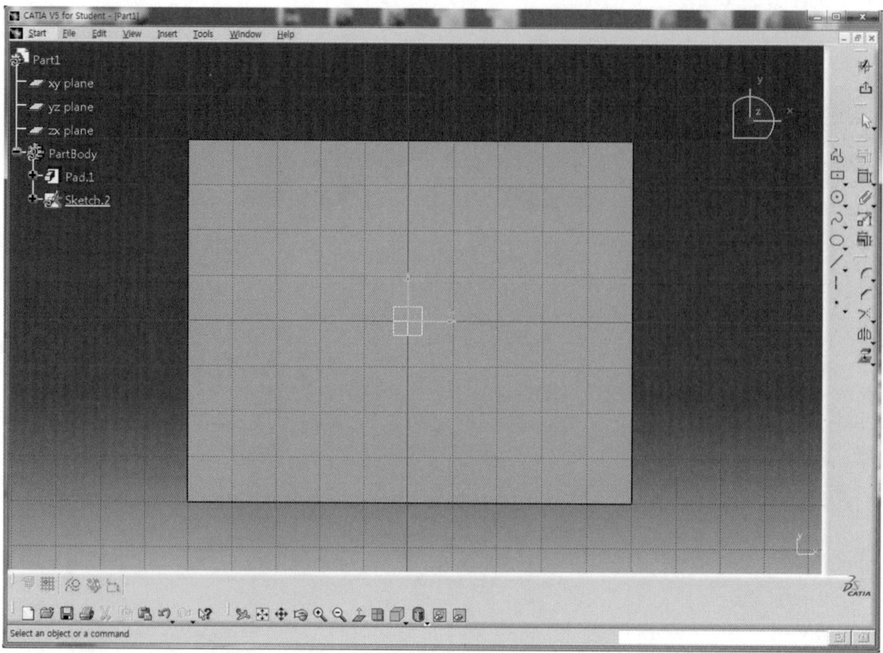

10 Profile 아이콘 을 클릭하여 아래와 같이 Sketch한다.

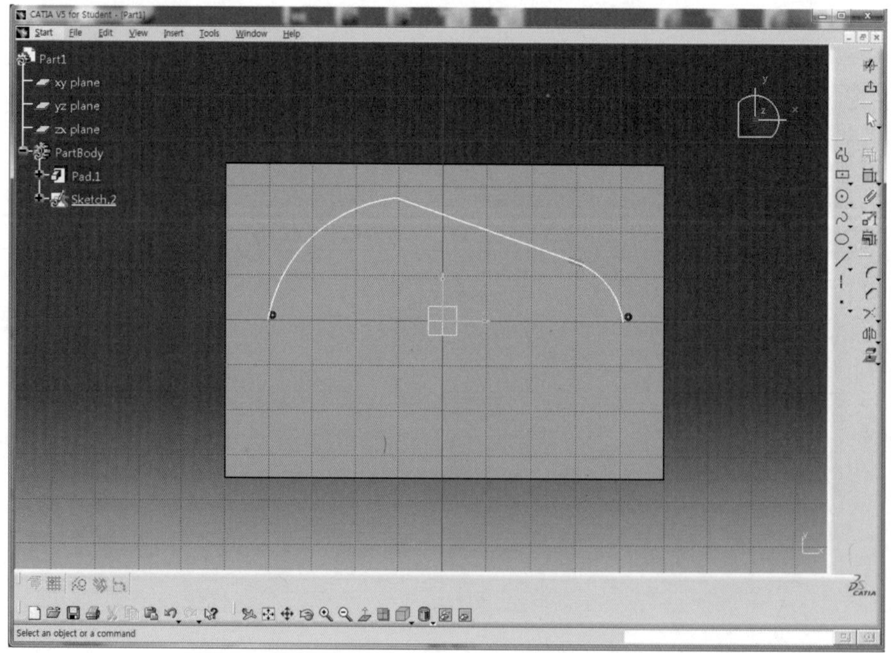

11 Constraint도구막대의 Constraint 아이콘 을 더블클릭하여 치수를 구속하고 정확한 치수(R30, R15, L40, L25, L5)를 적용한다.

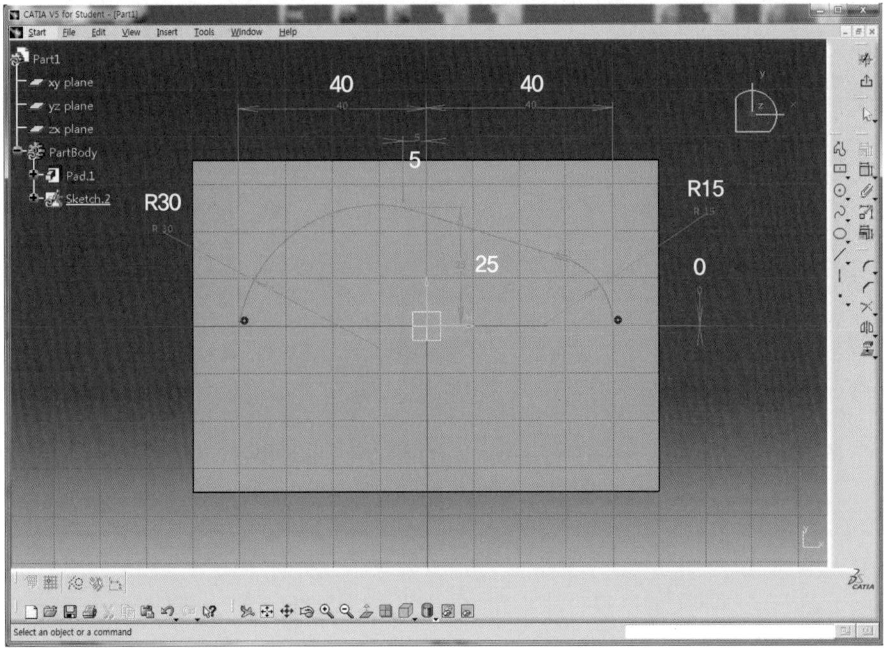

12 Ctrl 버튼을 누른 상태에서 Sketch한 요소를 차례로 선택한 후 Mirror 아이콘 을 클릭하고 H축을 선택하여 H축에 대칭시킨다.

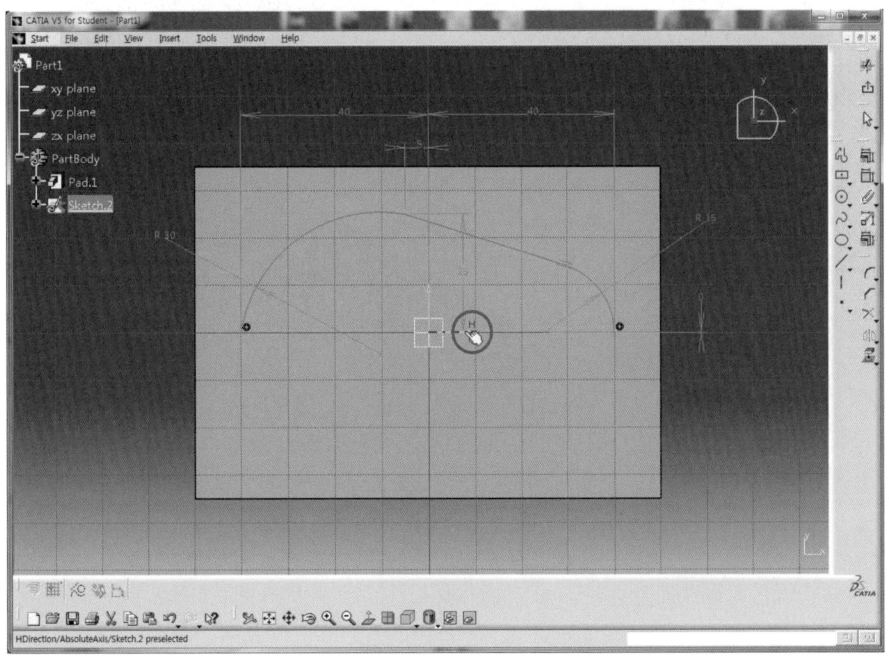

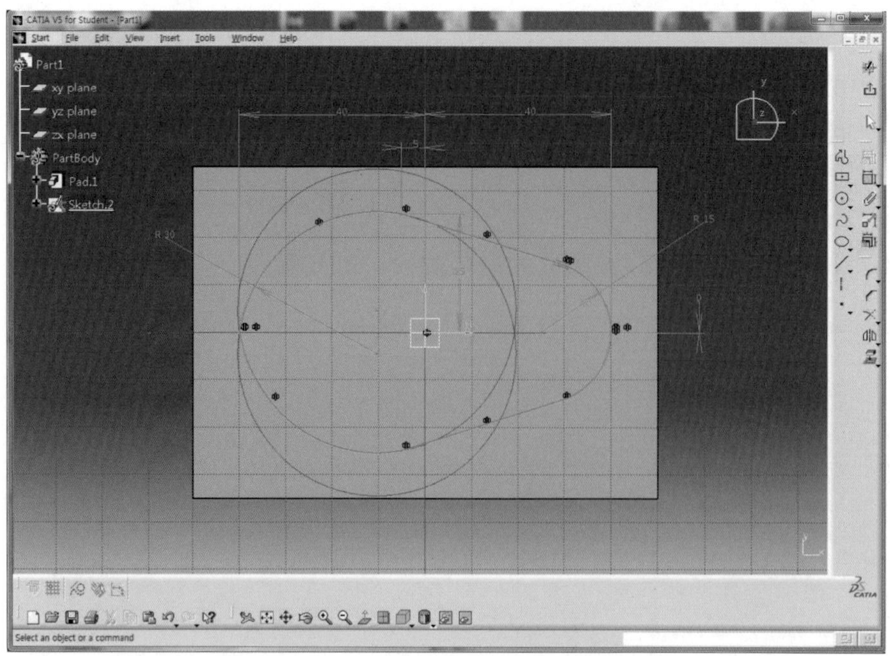

13 Exit workbench 아이콘 을 클릭하여 3D Mode로 전환한다.

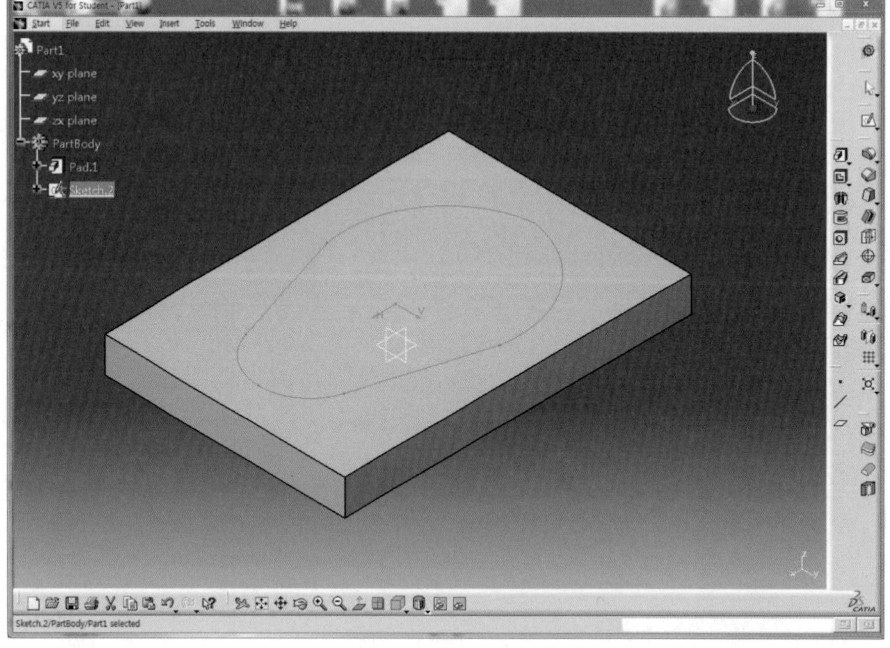

14 Pad 아이콘 을 클릭한 후 Length 영역에 30mm를 입력하고 Preview 버튼을 클릭하여 미리보기 한다.

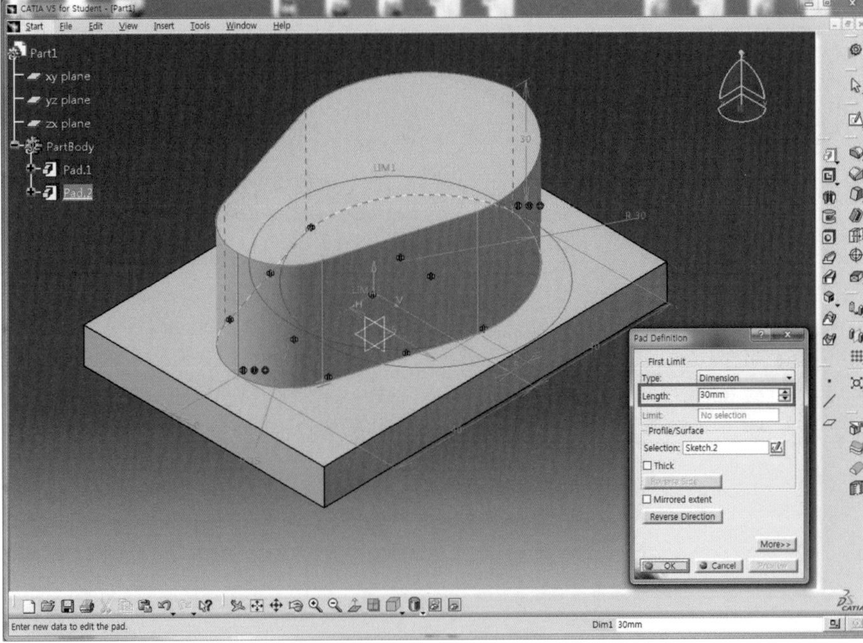

15 Draft Angle 아이콘 을 클릭한 후 Angle 영역에 5deg를 입력한다.

16 Face(s) to draft 영역을 클릭하고 Pad로 생성한 Solid의 옆면 전체를 선택한 후 Neutral Element의 Selection 영역을 클릭하고 직육면체의 윗면을 선택한 후 Preview 버튼을 클릭하여 미리보기 한다.

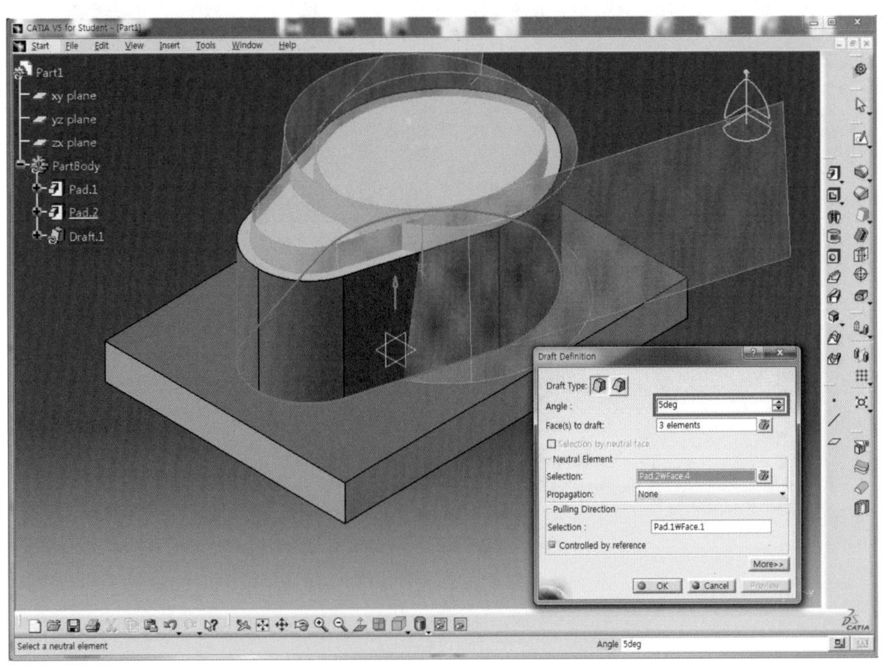

17 OK 버튼을 클릭하여 Draft를 적용한다.

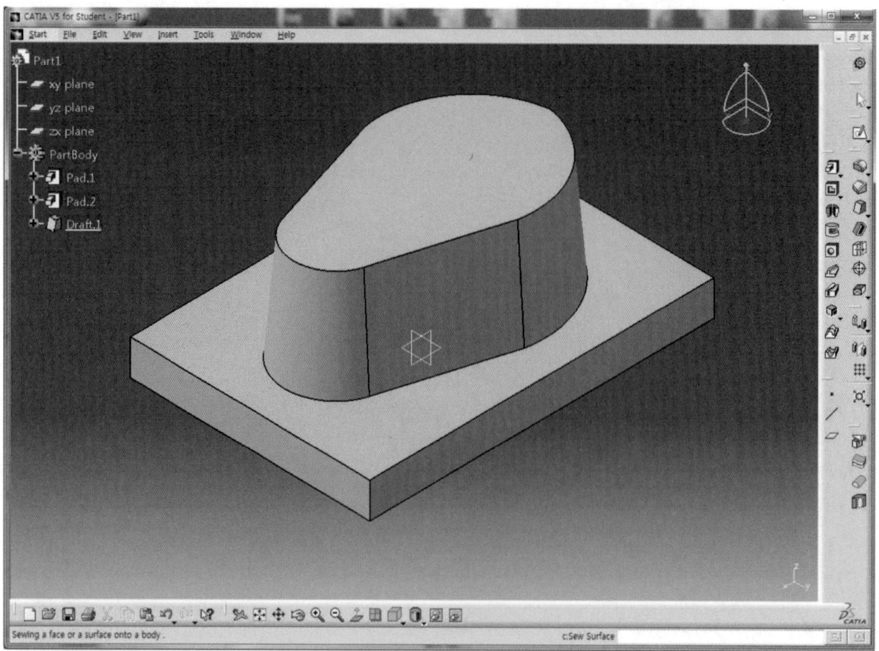

18 Sketch 아이콘 을 클릭하고 zx Plane을 선택하여 Sketch Mode로 전환한다.

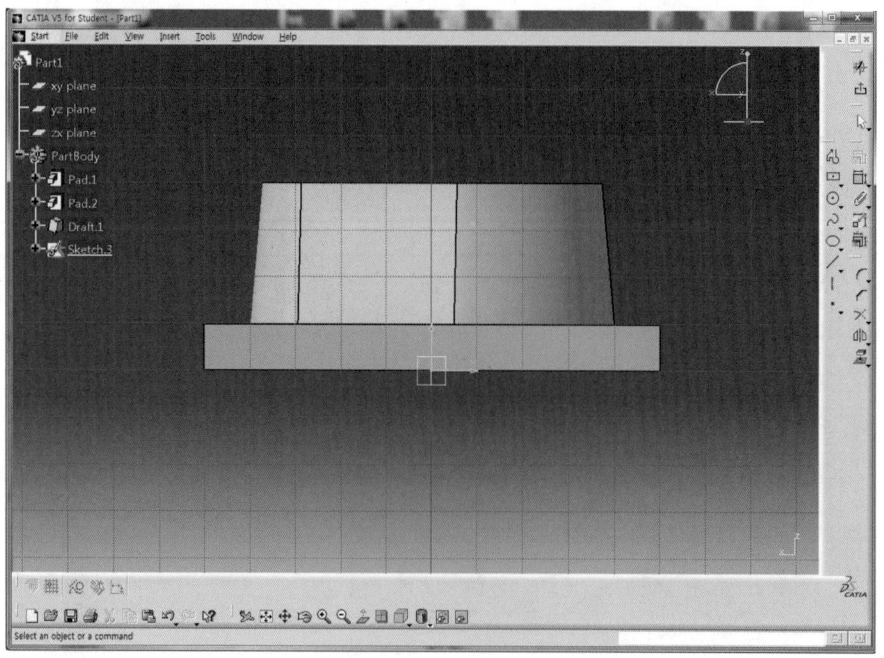

19 Profile 아이콘 을 클릭하여 아래와 같이 Line과 Arc가 서로 접하도록 Sketch한다.

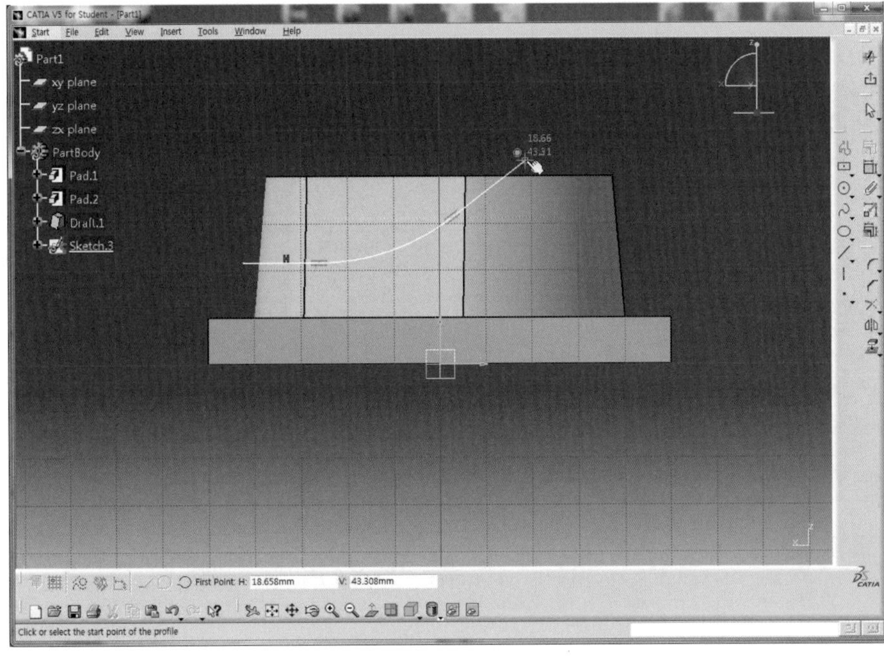

REFERENCE

Line과 Arc가 접하지 않도록 Sketch한 경우에는 아래와 같이 형상구속을 적용한다.
Constraint 아이콘 을 클릭하고 Line과 Arc를 차례로 선택한 후 마우스 오른쪽 버튼을 클릭하고 Tangency 를 선택하여 접하도록 구속한다.

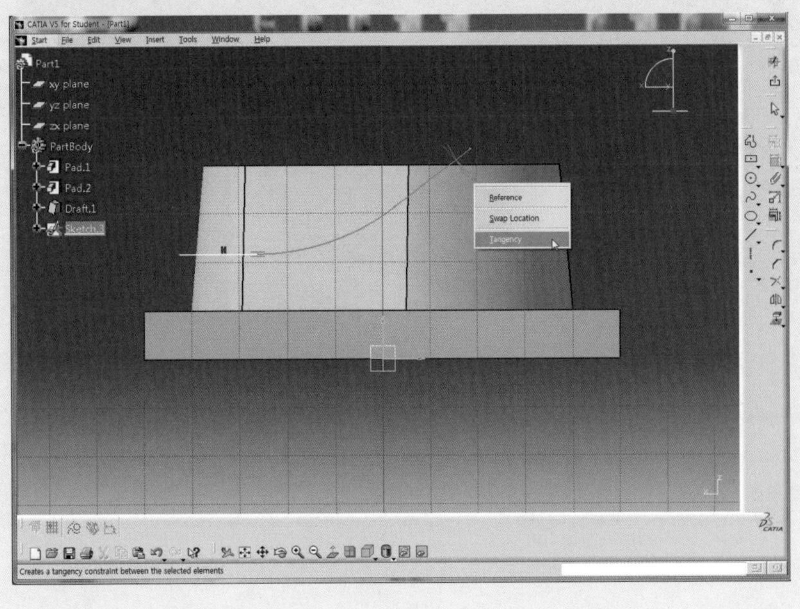

20 Constraint 아이콘 을 더블클릭한 후 각 요소에 치수구속을 적용하고 정확한 치수(L30, L10, R45, 35°)를 적용한다.

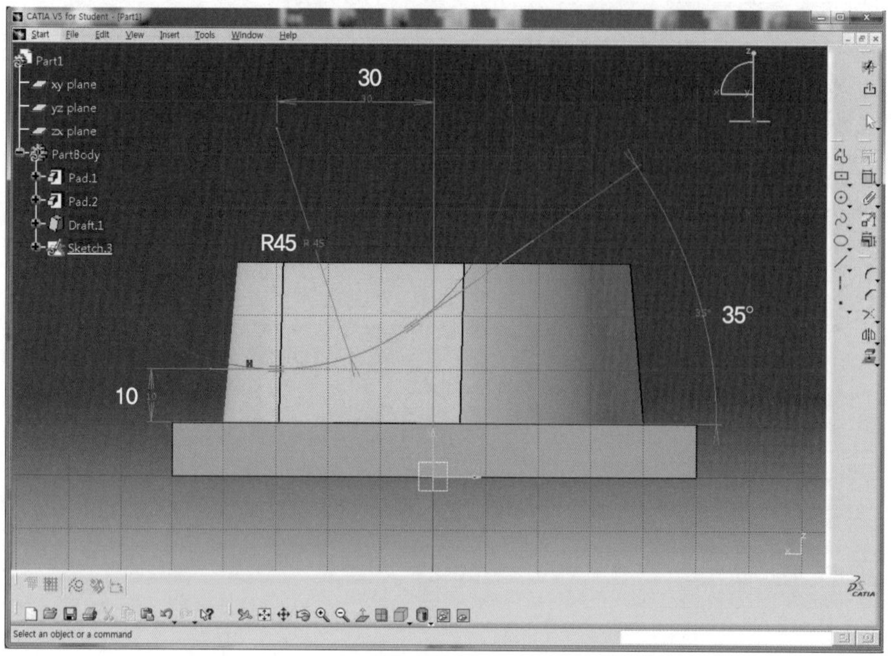

21 Exit workbench 아이콘 을 클릭하여 3D Mode로 전환한다.

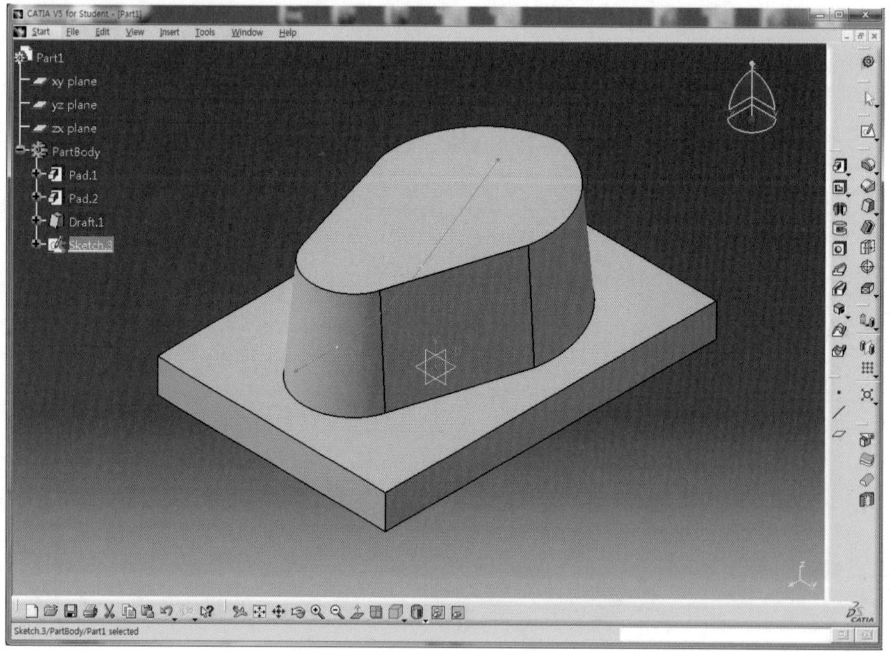

22 Sketch를 선택한 상태에서 Plane 아이콘 ▱ 을 클릭하고 Arc의 끝점을 선택한다.

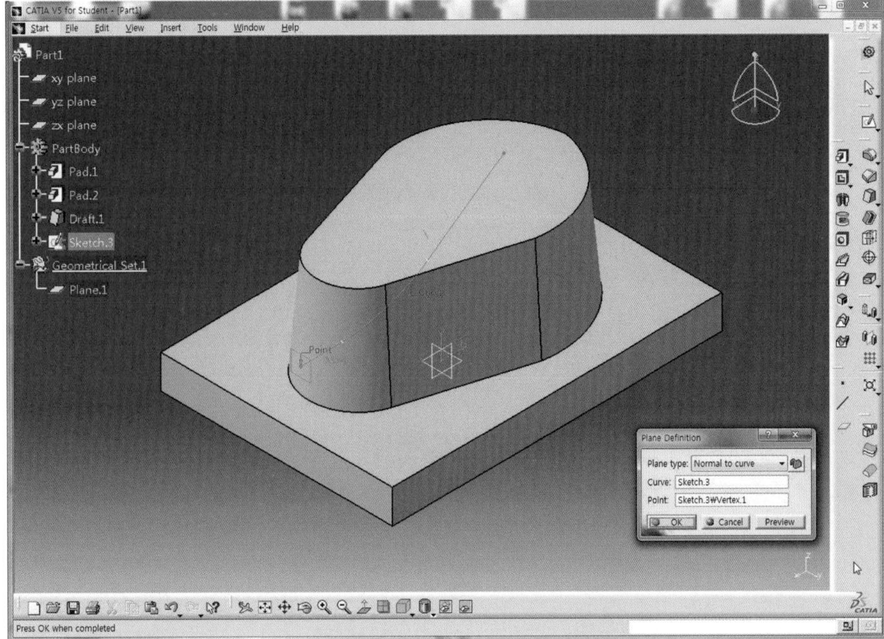

23 OK 버튼을 클릭하면 Sketch를 지나면서 Arc의 끝점에 수직한 Plane이 생성된다.

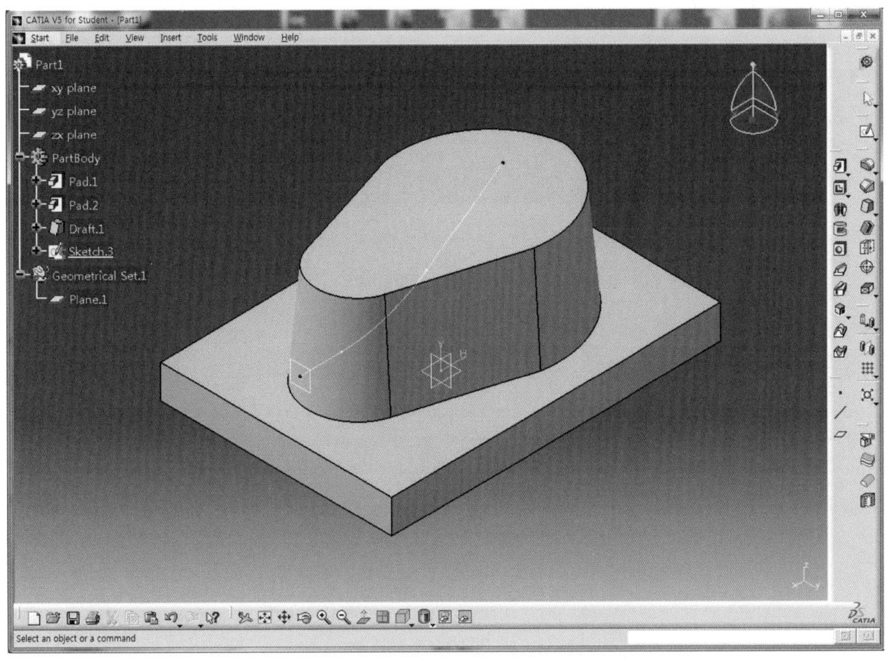

24 Sketch 아이콘 을 클릭하고 위에서 생성한 Plane을 선택하여 Sketch Mode로 전환한다.

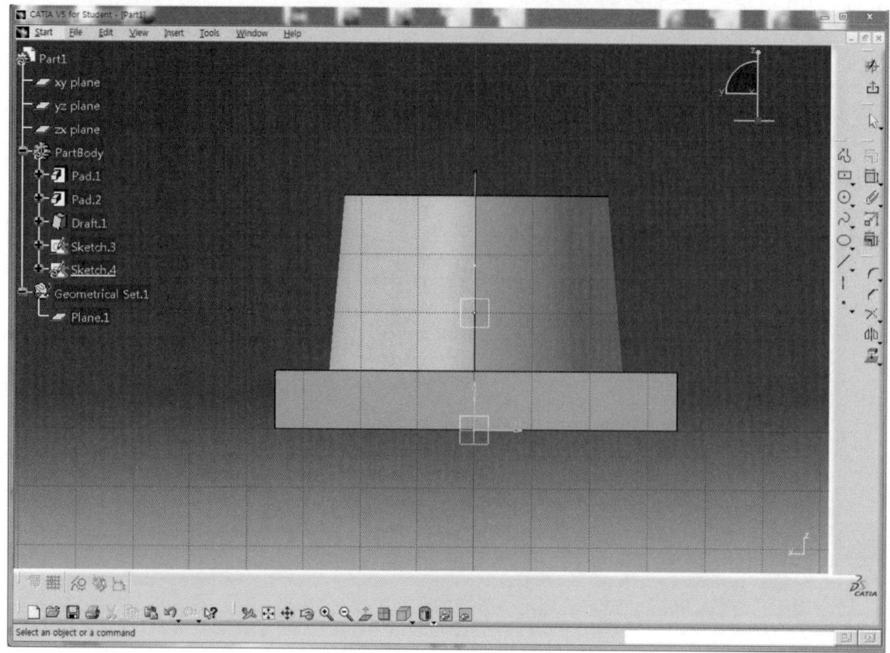

25 Model의 앞부분이 보이면 Normal View 아이콘 을 클릭하여 뒷부분으로 수직뷰를 전환한다.

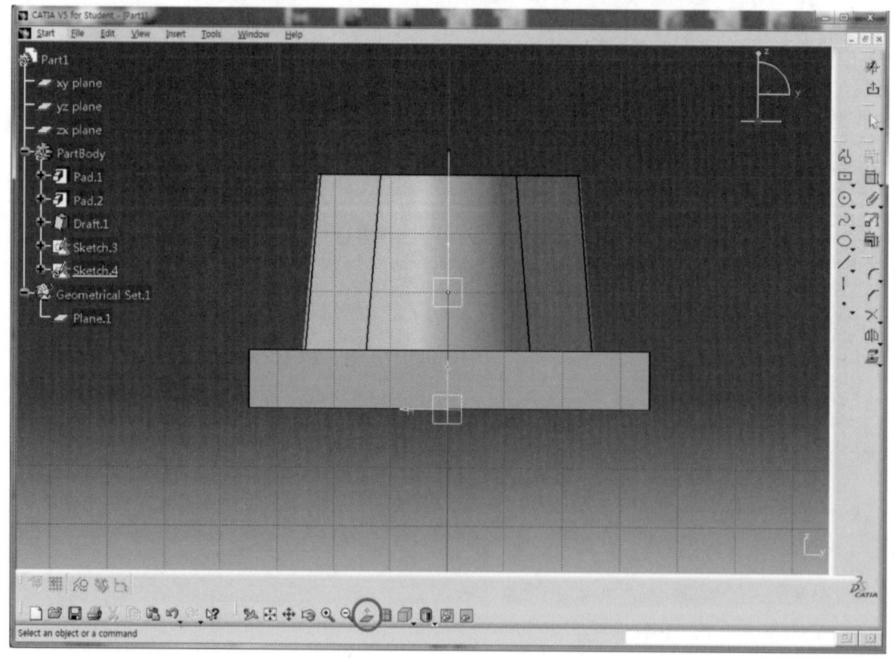

26 Model을 축소시키고 Arc 아이콘 을 클릭한 후 원점을 V축 위에 위치하고 Solid가 감싸지도록 Sketch한다.

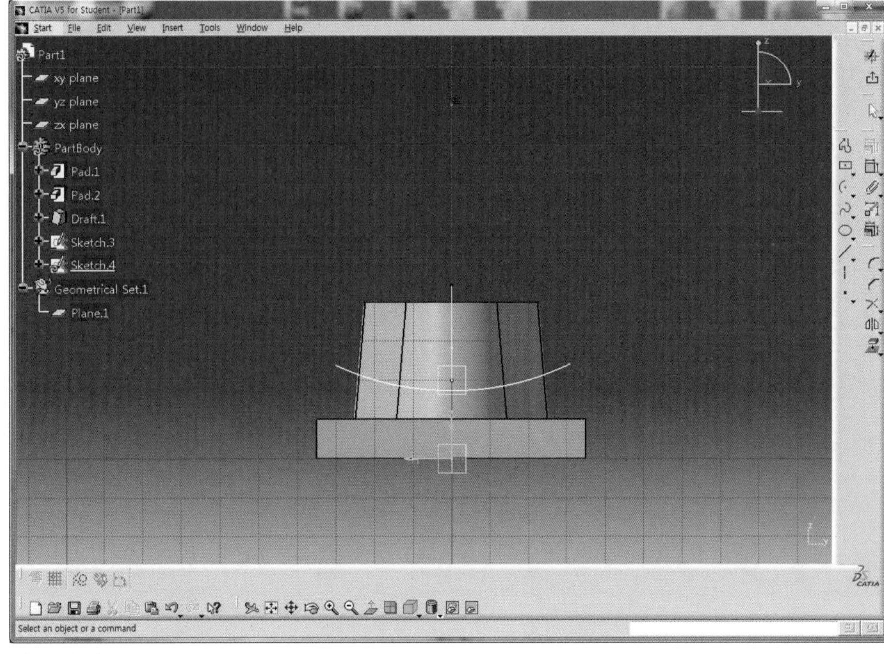

27 Constraint 아이콘 을 더블클릭한 후 방금 생성한 Arc와 앞에서 생성한 Sketch의 끝점을 차례로 선택하고 마우스 오른쪽 버튼을 클릭하여 Coincidence를 선택하여 일치시킨다.

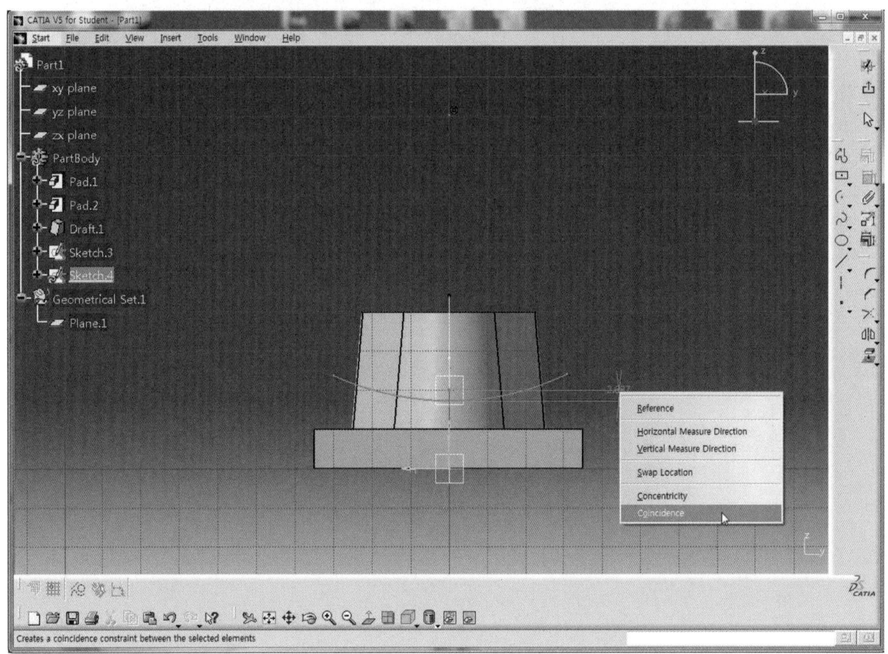

28 Arc의 치수를 R120으로 적용한 후 Arc의 양 끝점을 드래그하여 Solid가 감싸지도록 적당하게 위치시킨다.

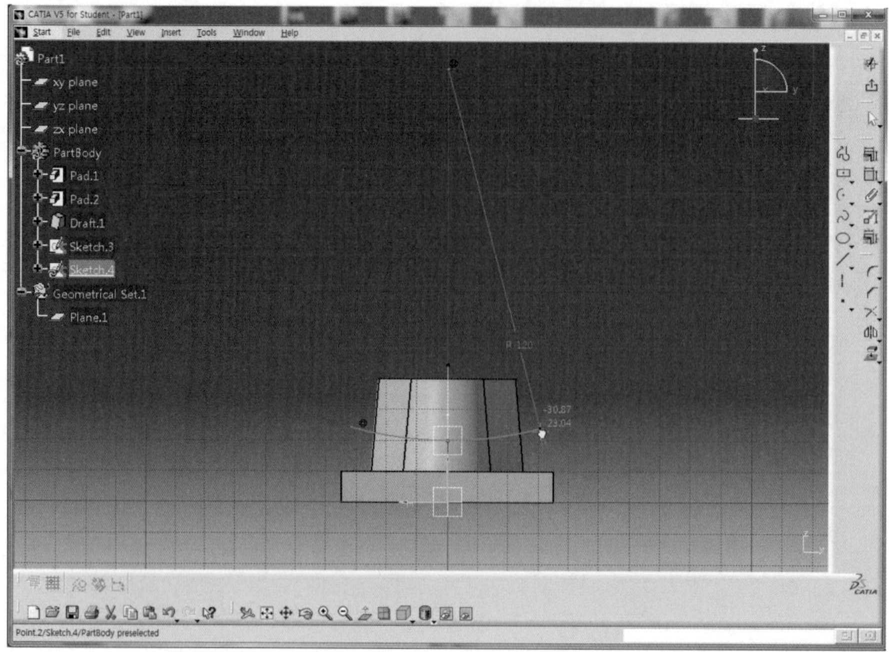

29 Exit workbench 아이콘 을 클릭하여 3D Mode로 전환하고 화면을 확대시킨다.

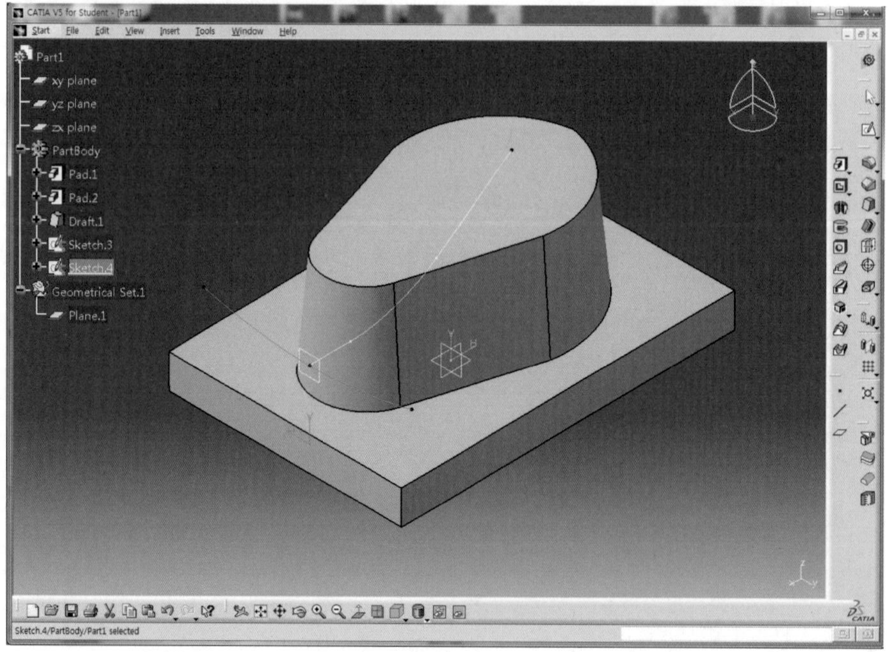

30 Workbench 도구막대의 Part Design 아이콘 을 클릭한 후 Wireframe and Surface Design 아이콘 을 클릭하여 Surface Mode로 전환한다.

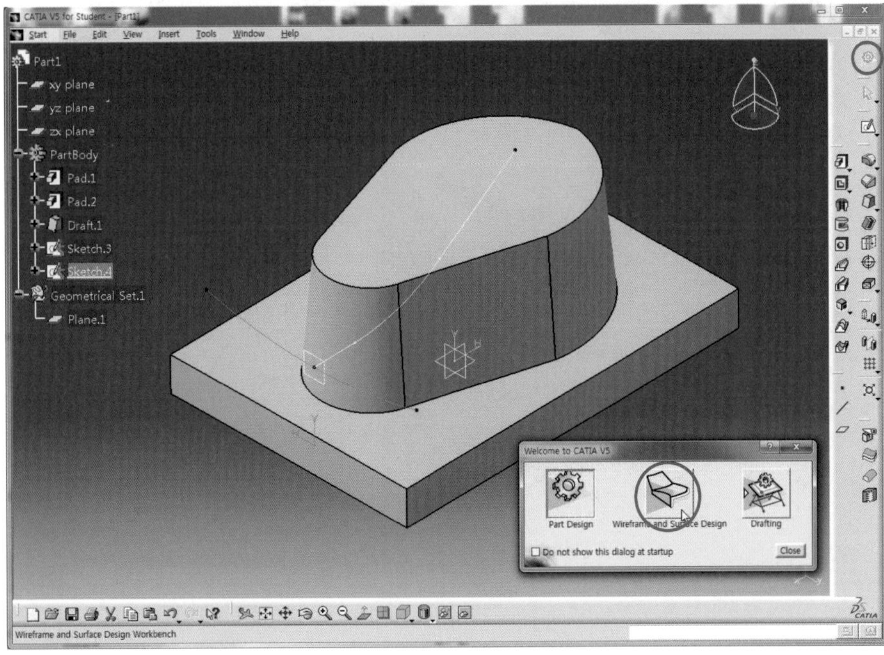

31 Sweep 아이콘 을 클릭한 후 Profile 영역을 선택하고 R120 Arc, Guide curve 영역을 선택한 후 Profile로 Sketch한 요소를 각각 선택한다.

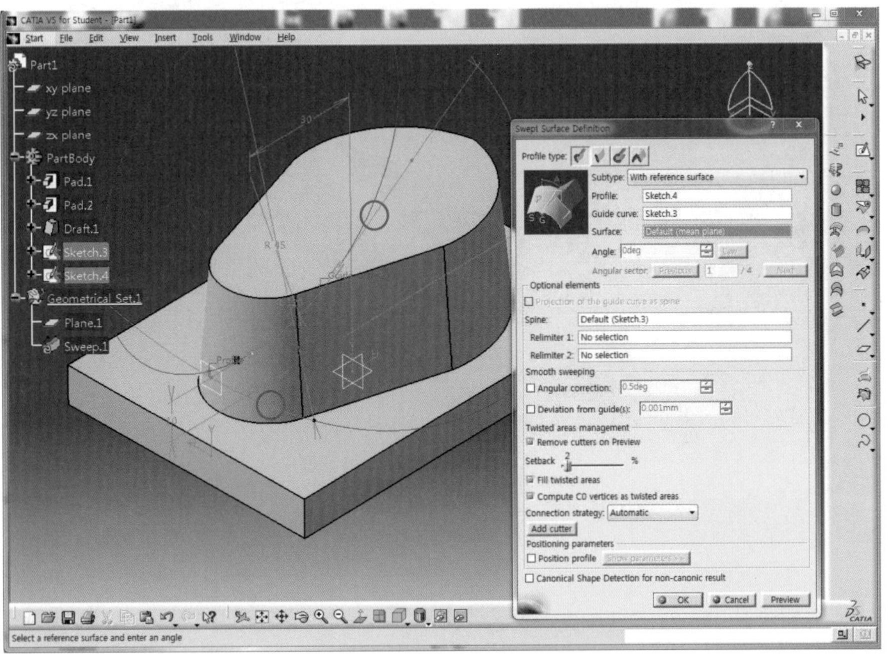

32 Preview 버튼을 클릭하여 Surface가 Solid를 감싸는지 확인한다.

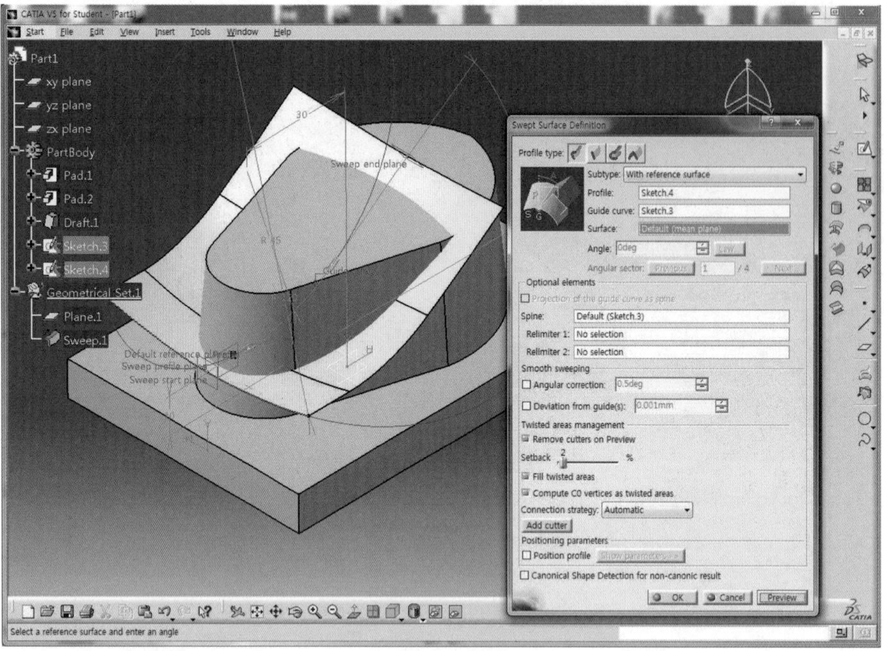

33 OK 버튼을 클릭하여 Surface를 생성한다.

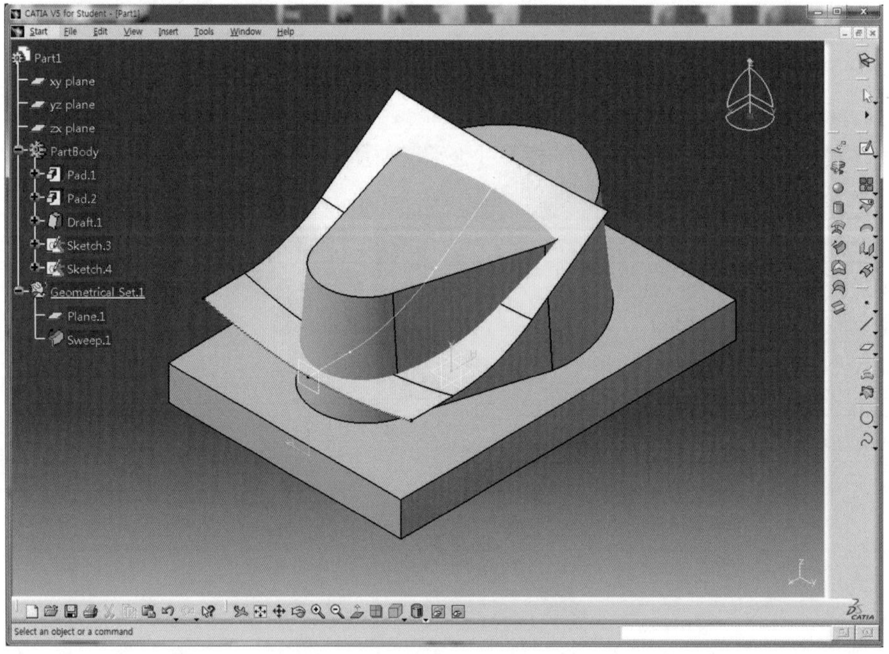

34 Surface를 선택하고 Offset 아이콘 을 클릭한다.

35 Offset 영역에 3mm를 입력하고 붉은색 화살표 방향이 위쪽을 향하고 있으면 아래쪽으로 향하도록 Reverse Direction 버튼을 클릭한 후 Preview 버튼을 클릭하여 미리보기 한다.

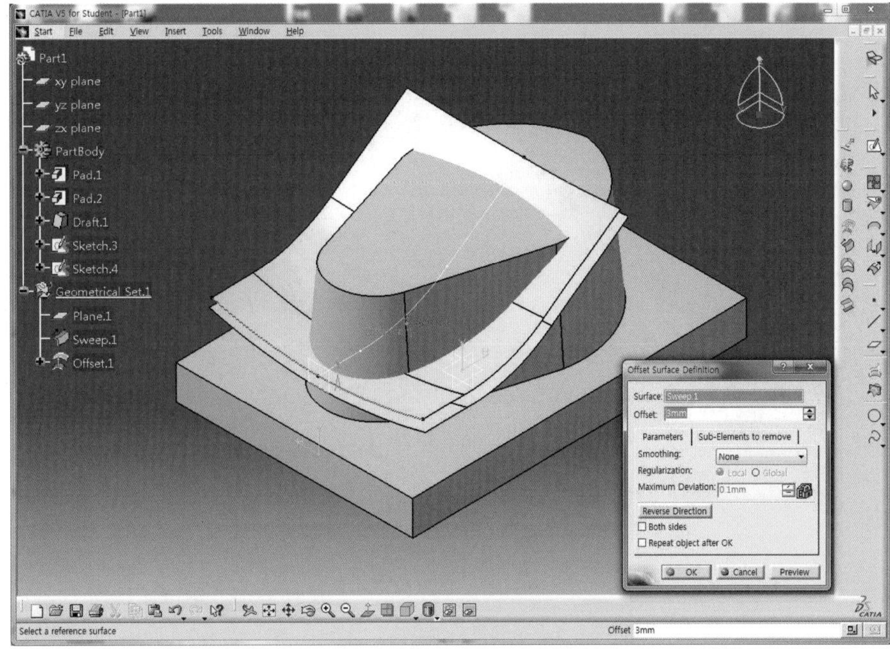

36 OK 버튼을 클릭하여 사이띄우기 한 Surface를 생성한다.

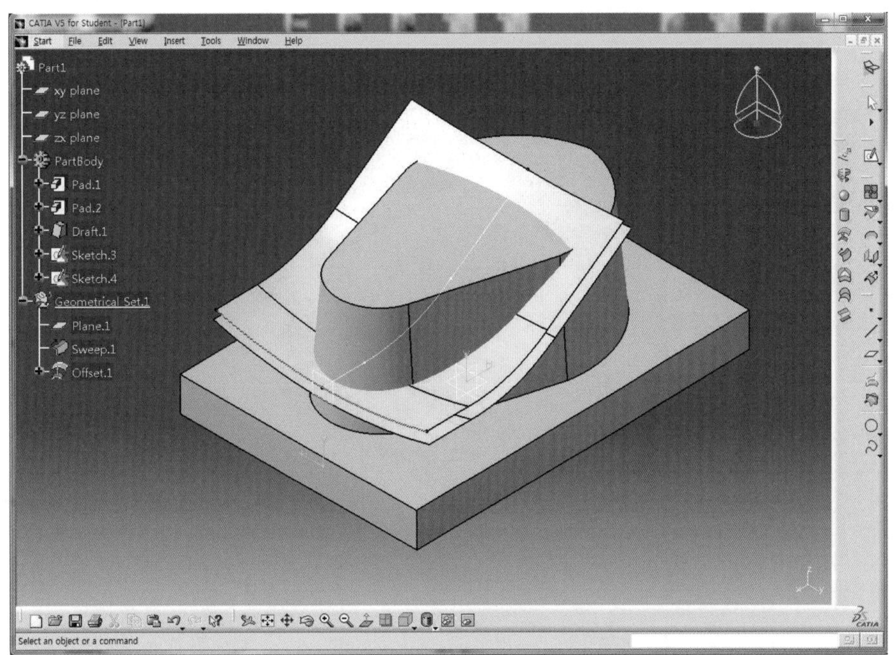

37 Workbench 도구막대의 Wireframe and Surface Design 아이콘 을 클릭한 후 Part Design 아이콘 을 클릭하여 Solid Mode로 전환한다.

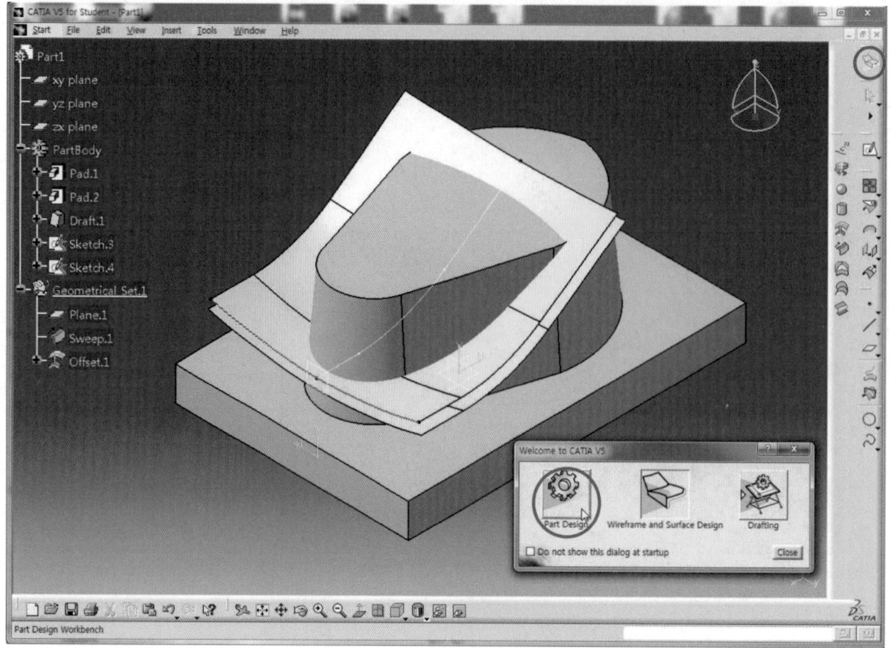

38 Tree 영역에서 PartBody를 선택한 후 마우스 오른쪽 버튼을 클릭하고 Define In Work Object를 선택하여 Current 영역을 전환한다.(PartBody 아래에 밑줄이 생성된다.)

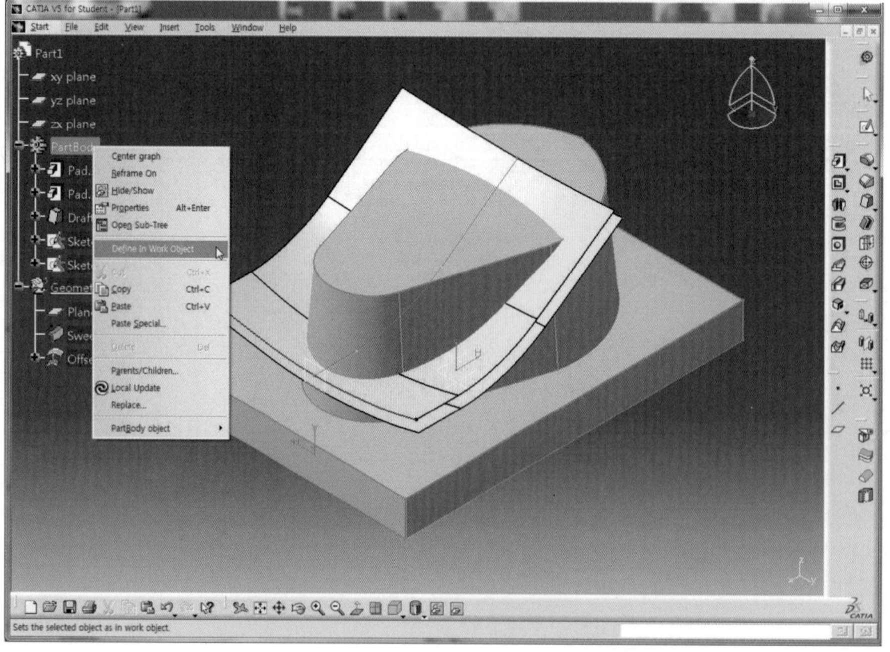

39 Surface－Based Features 도구막대의 Split 아이콘 을 클릭한다.

40 Split Definition 대화상자가 나타나면 Tree 영역에서 Sweep.1 Surface를 선택하고 화살표가 아래로 향하도록 설정한다.

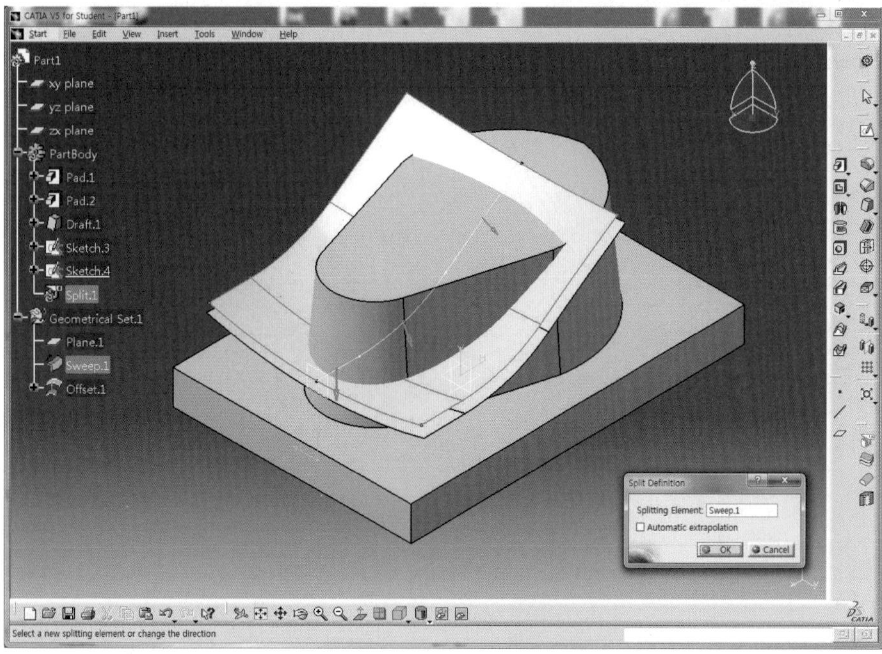

41 OK 버튼을 클릭하면 Solid의 윗면이 제거된다.

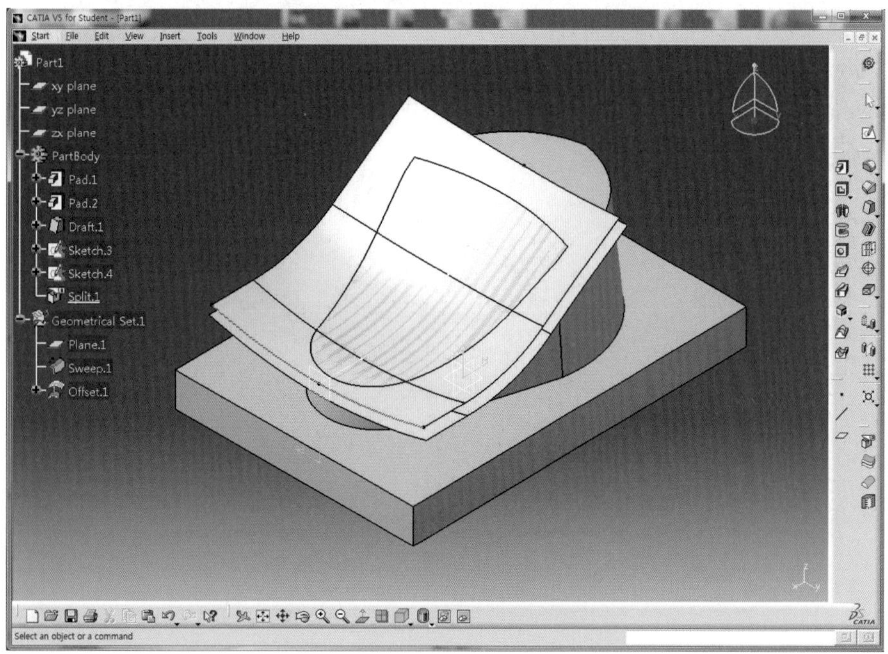

42 Ctrl 버튼을 누른 상태에서 Tree에서 Sketch와 Surface, Plane을 선택한 후 마우스 오른쪽 버튼을 클릭하고 Hide/Show를 선택하여 감추기 한다.

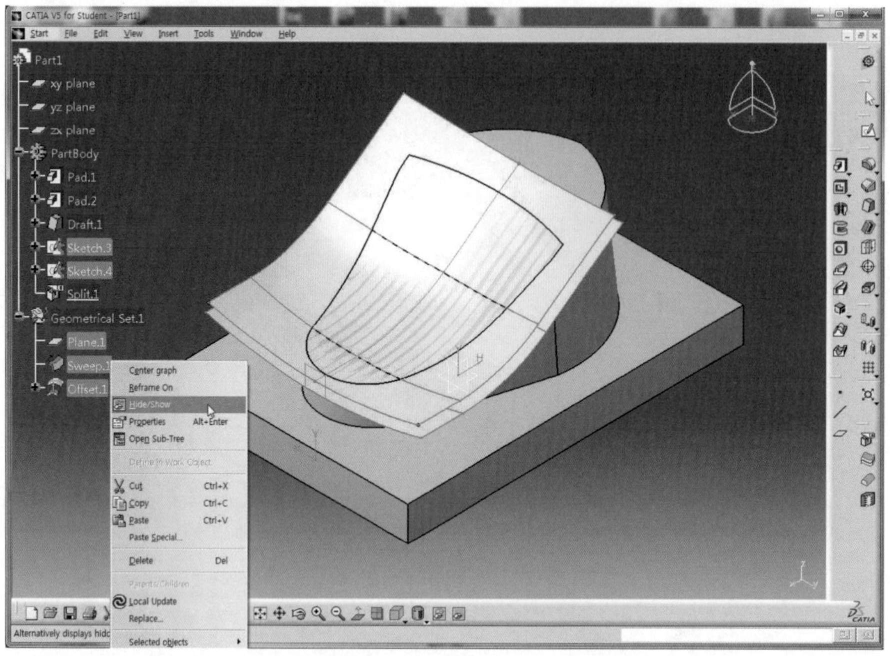

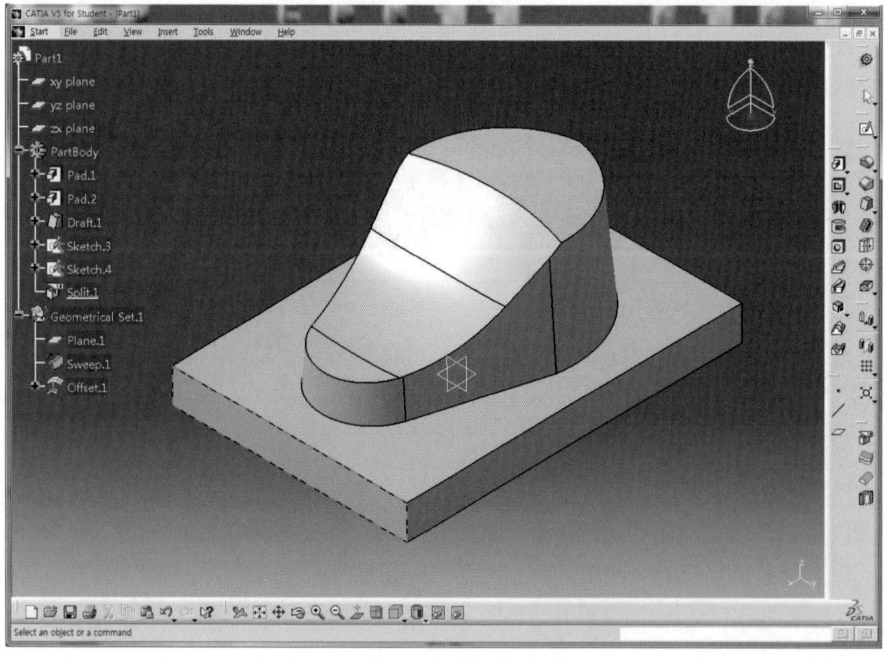

43 Sketch 아이콘 을 클릭하고 직육면체의 윗면을 선택하여 Sketch Mode로 전환한다.

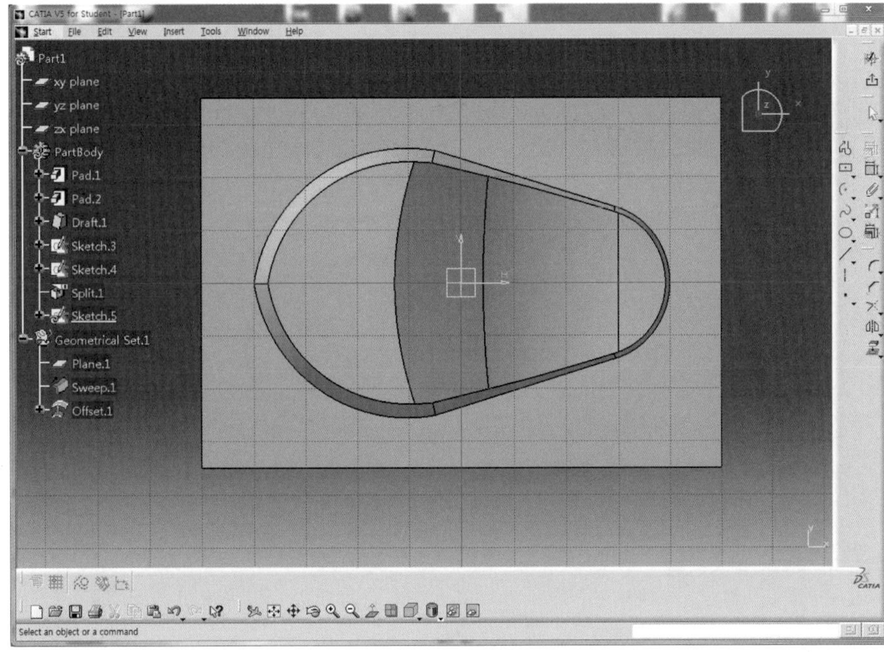

44 Arc 아이콘 을 클릭한 후 Arc의 중심점을 H축 위에 위치시키고 대략적인 Arc를 Sketch한다.

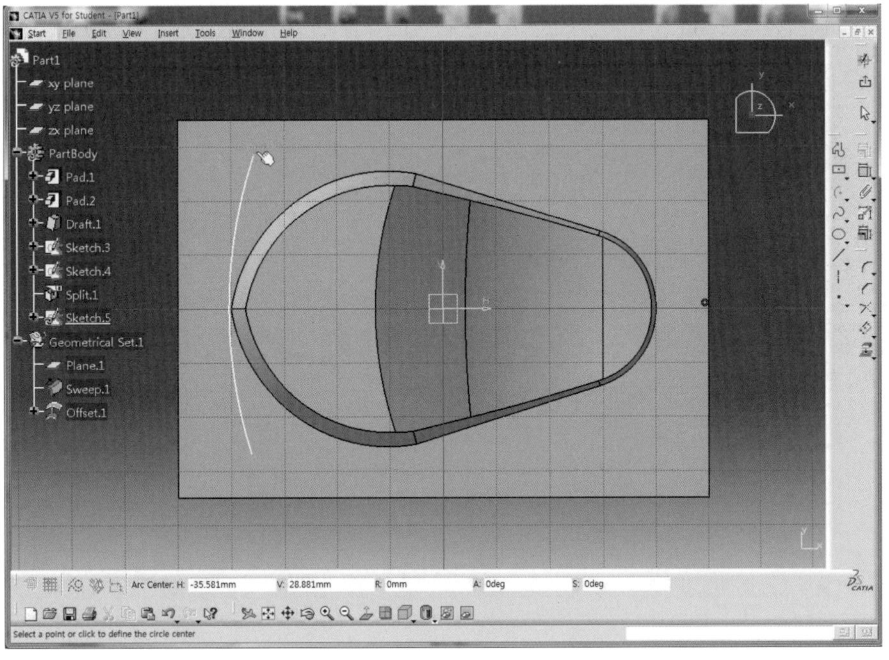

45 Constraint 아이콘 을 클릭한 후 Arc의 양 끝점을 선택하고 마우스 오른쪽 버튼을 클릭하고 Allow symmetry line을 선택하고 H축을 차례로 선택하여 Arc의 끝점을 H축에 대칭시킨다.

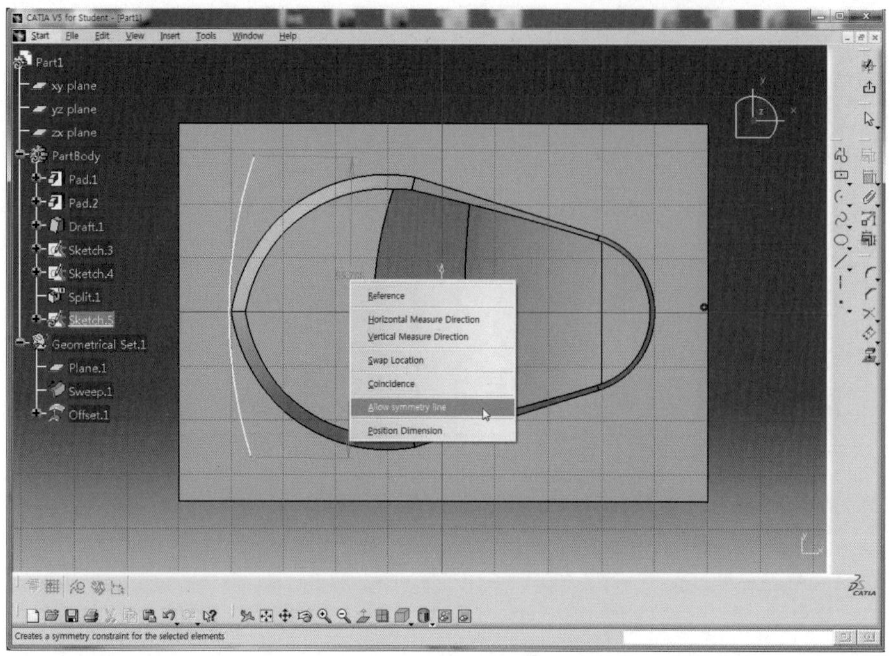

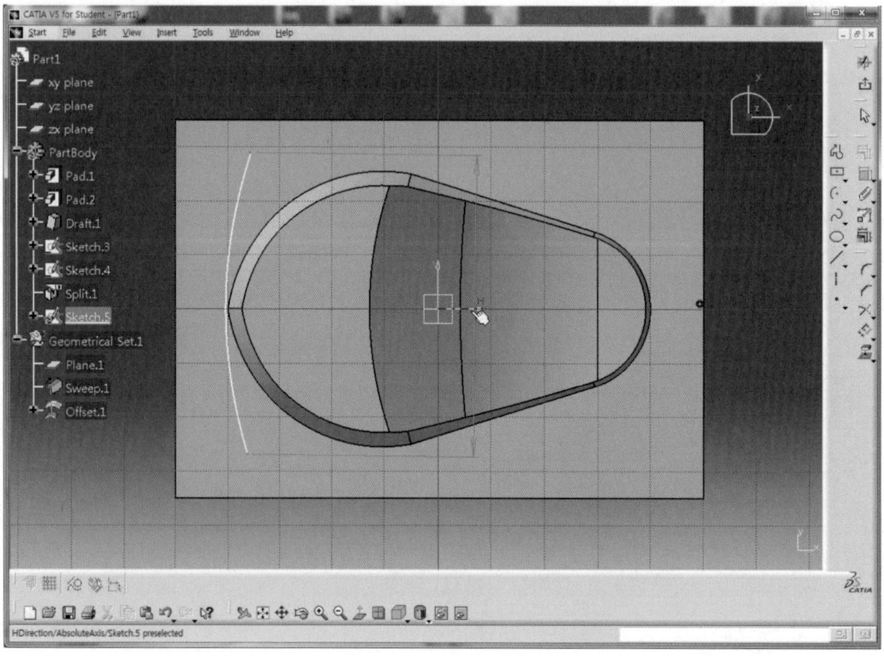

46 Constraint 아이콘을 더블클릭하여 치수구속을 적용하고 각 치수를 더블클릭하여 정확한 치수(R60, L20, L40)를 적용한다.

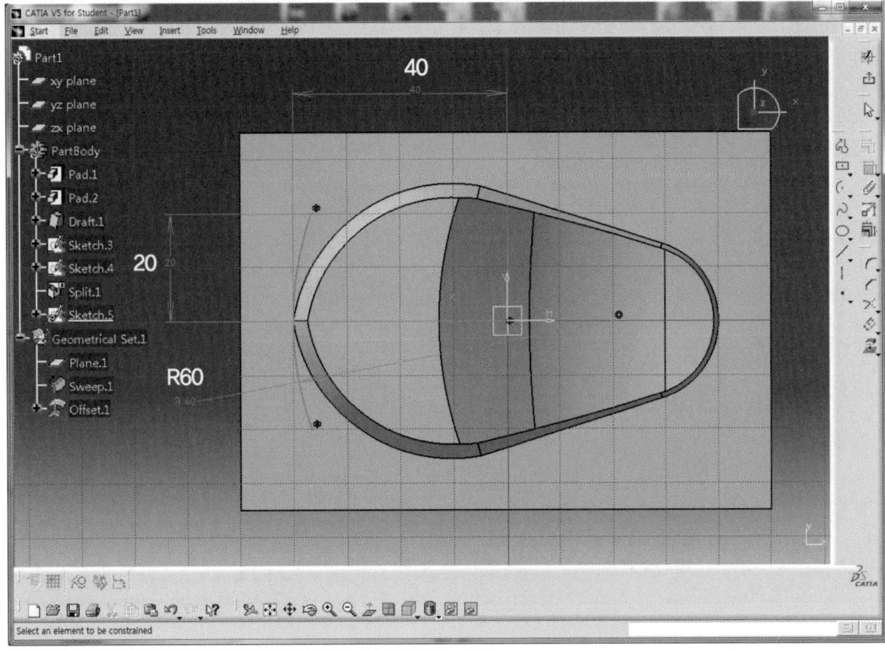

47 Profile 아이콘을 클릭하여 연속된 직선으로 Solid를 감싸도록 Sketch한다.

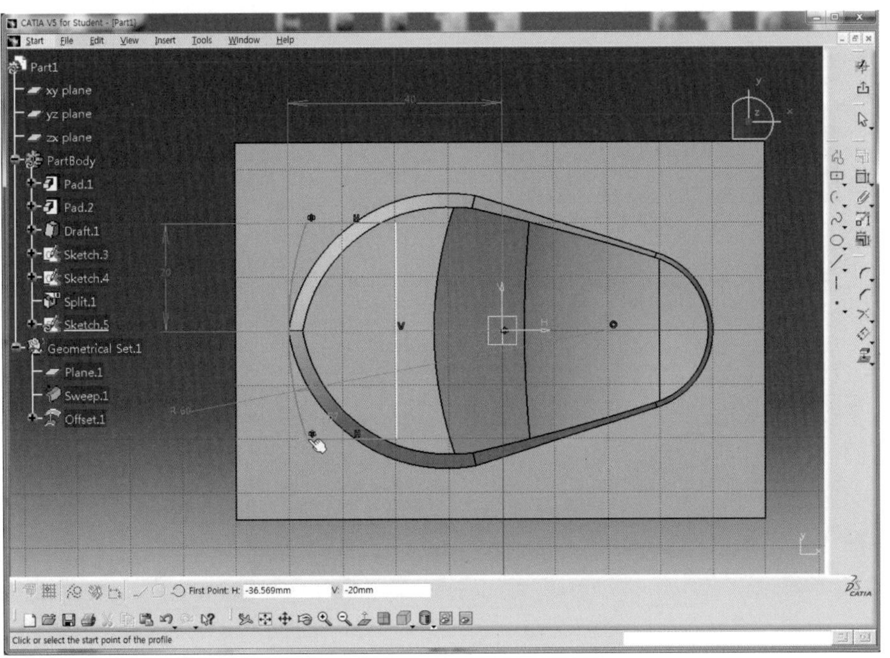

48 Exit workbench 아이콘 을 클릭하여 3D Mode로 전환한다.

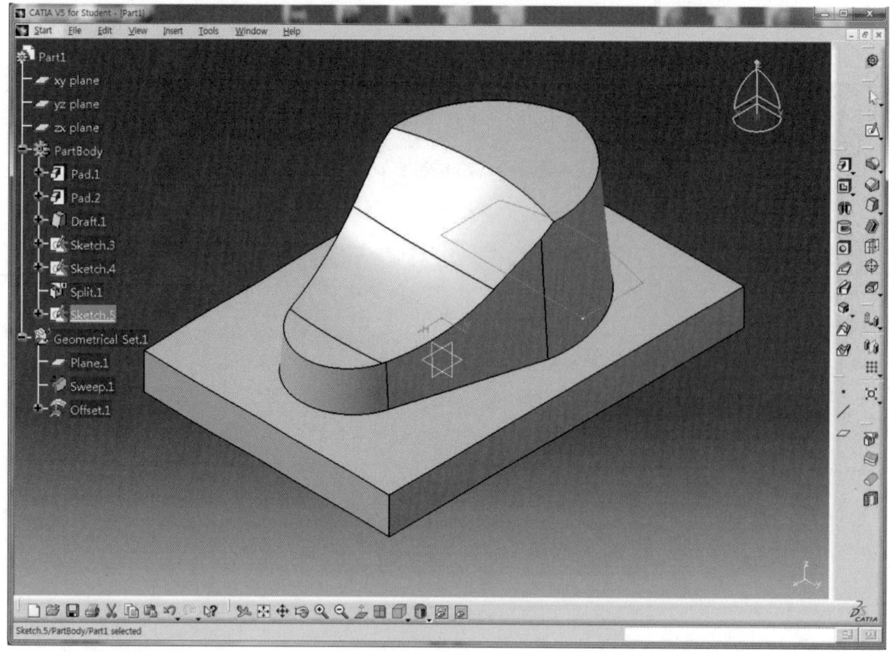

49 Pad 아이콘 을 클릭한 후 Type를 Dimension를 선택하고 Length에 15mm를 입력한 후 Preview 버튼을 클릭하여 미리보기 한다.

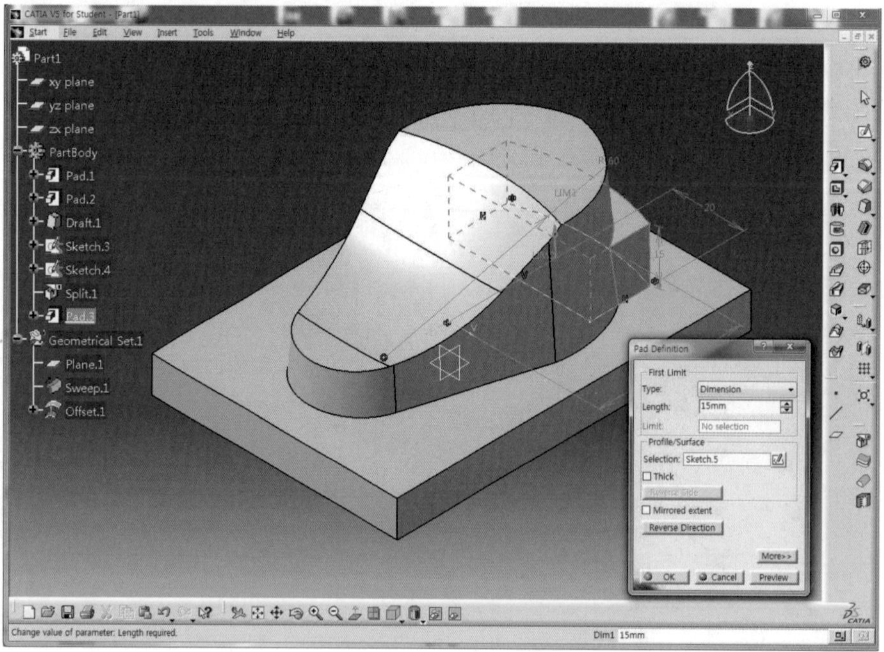

50 OK 버튼을 클릭하여 Solid를 생성한다.

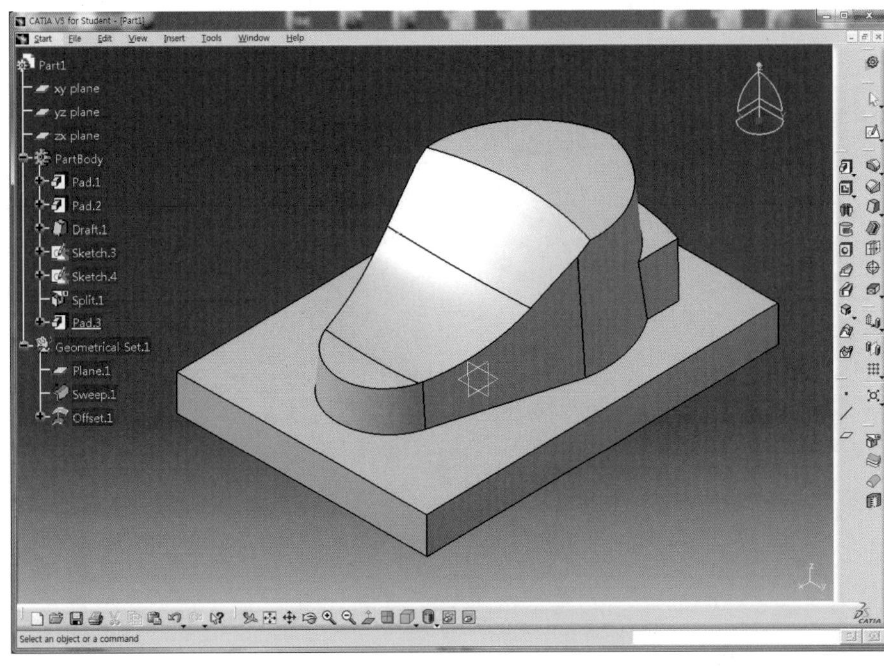

51 Model을 회전시키고 Draft Angle 아이콘 을 클릭한 후 Angle 영역에 5deg를 입력한다.

52 Face(s) to draft 영역을 클릭하고 앞 단계에서 생성한 Solid의 원주면을 선택한 후 Neutral Element의 Selection 영역을 클릭하고 직육면체 윗면을 선택한다.

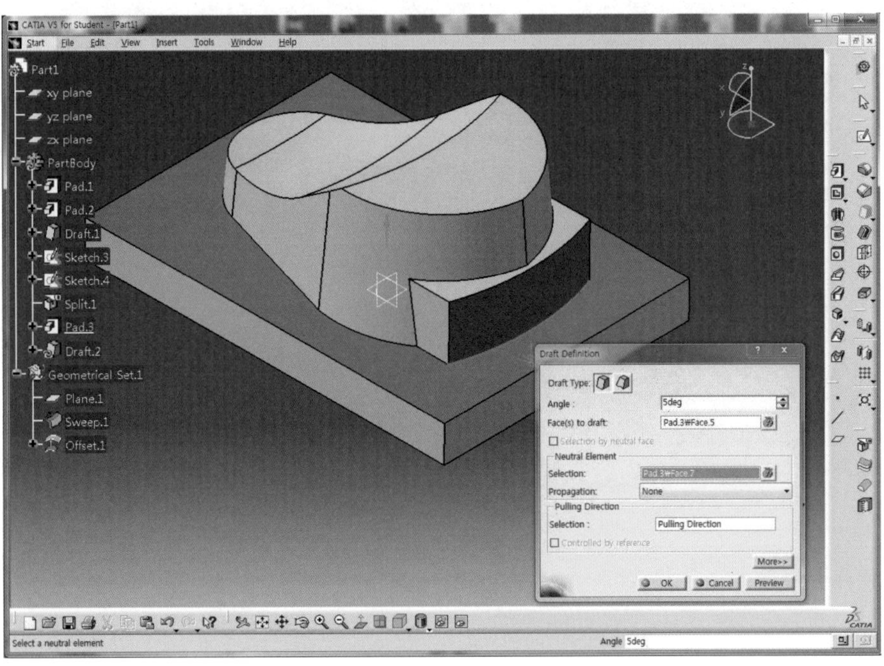

53 화살표 방향이 아래를 향하고 있으면 화살표를 클릭하여 위로 향하도록 하고 Preview 버튼을 클릭하여 미리보기 한다.

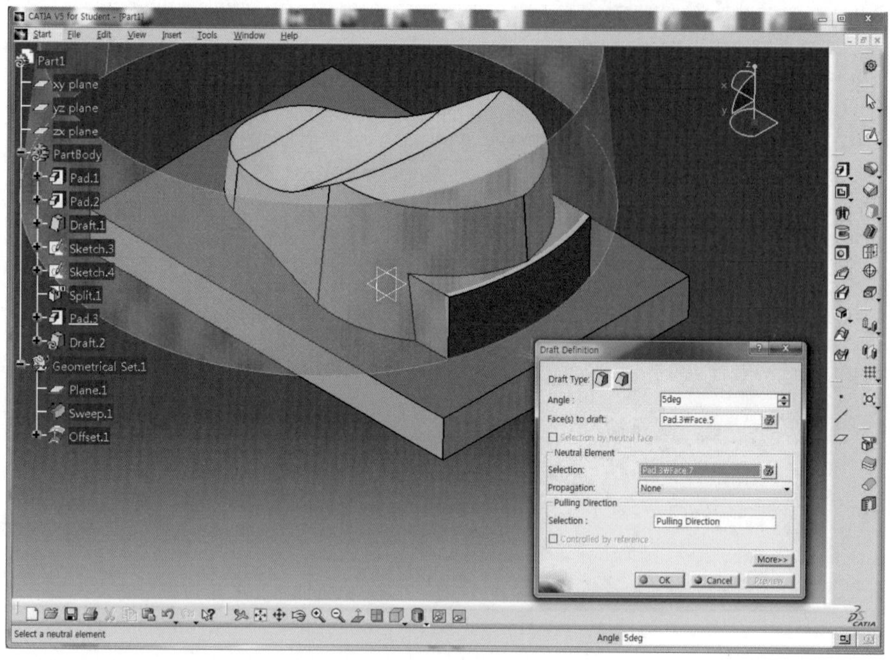

54 이상이 없으면 OK 버튼을 클릭하여 Draft를 적용한다.

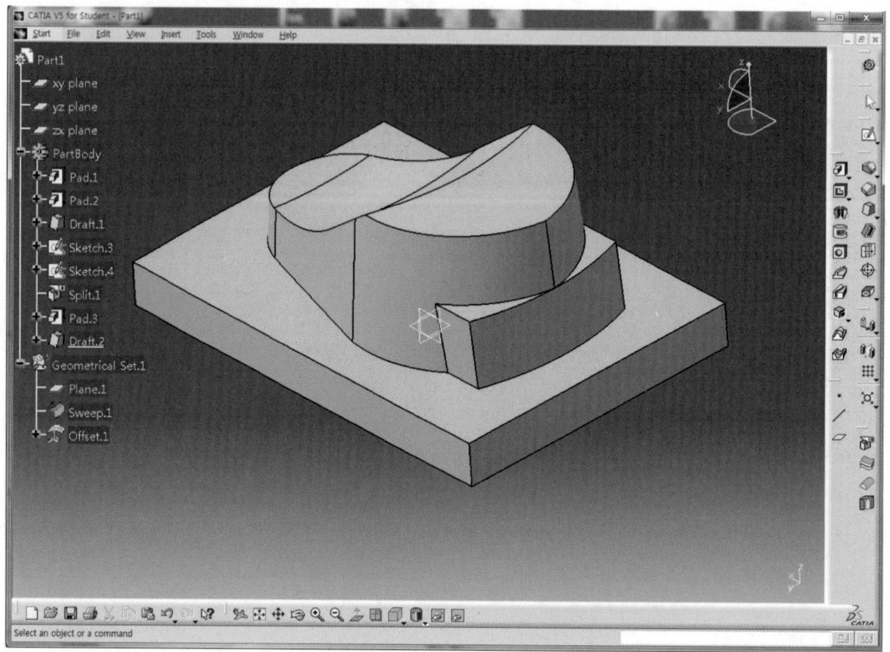

55 Draft Angle 아이콘 을 클릭한 후 Angle 영역에 20deg를 입력한다.

56 Face(s) to draft 영역을 클릭하고 위에서 생성한 Solid의 양쪽 면을 선택한 후 Neutral Element의 Selection 영역을 클릭하고 직육면체 윗면을 선택한다.

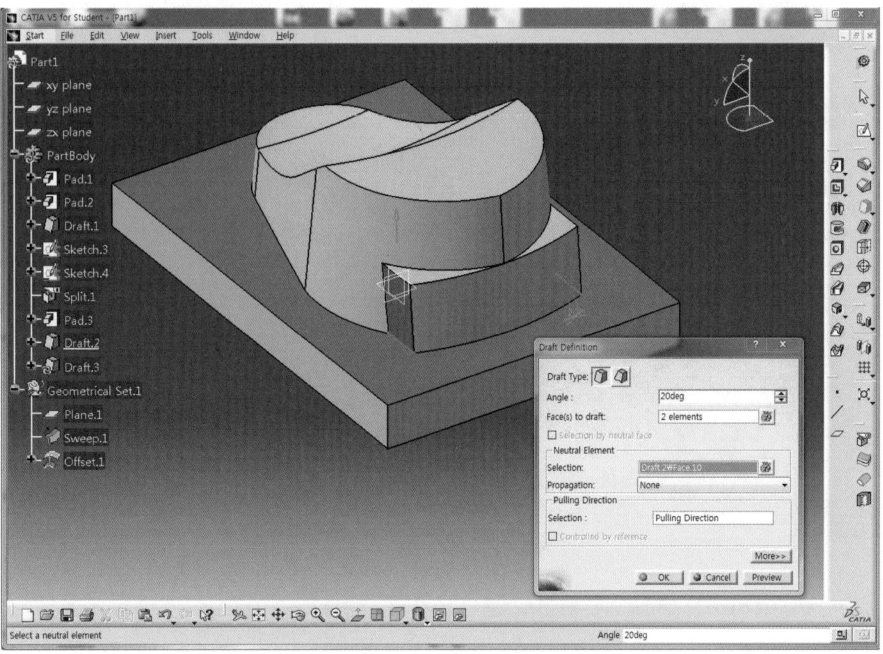

57 Preview 버튼을 클릭하여 미리보기 한다.

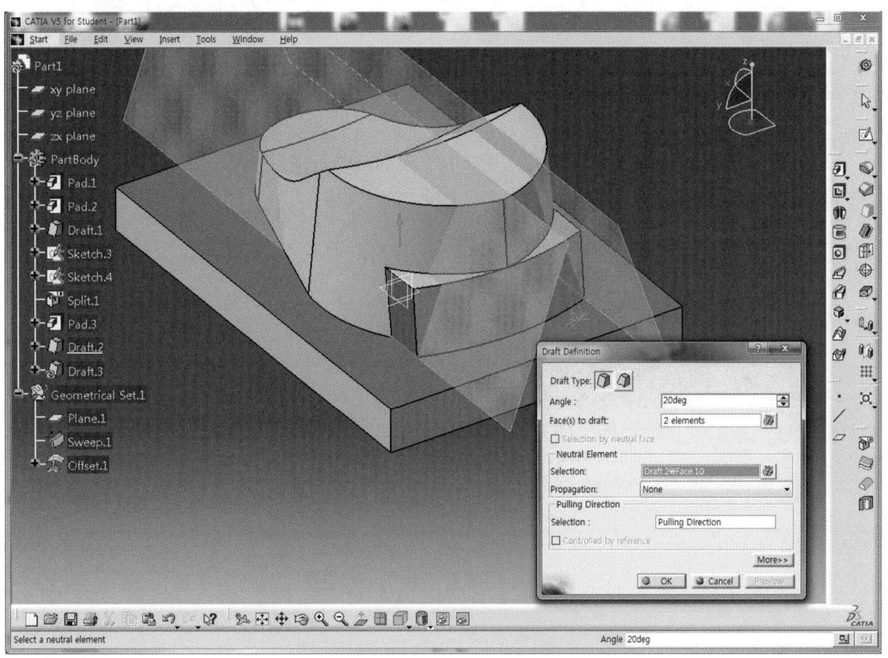

58 OK 버튼을 클릭하여 Draft를 적용한다.

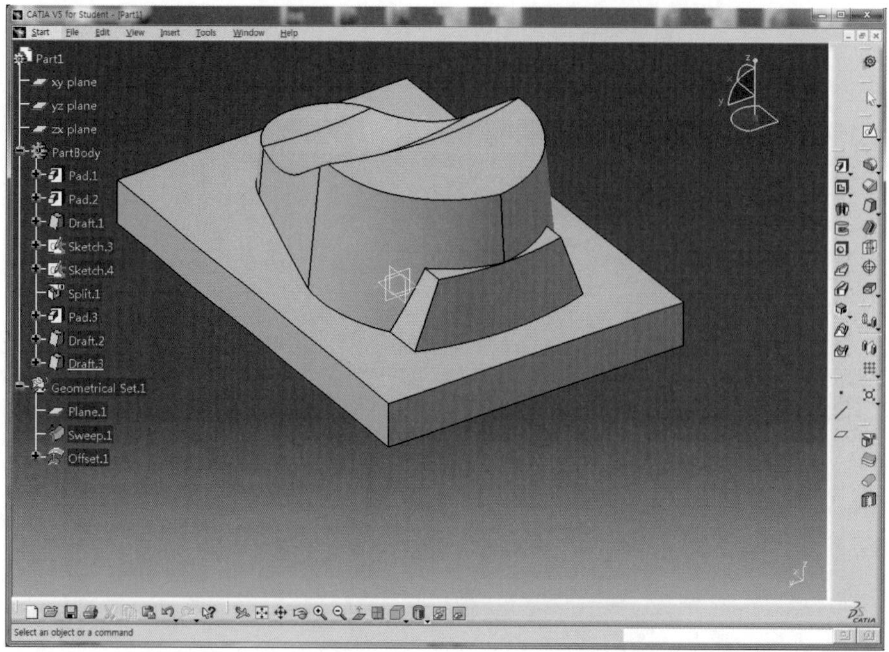

59 Isometric View 아이콘 을 클릭하여 등각뷰로 정렬한다.

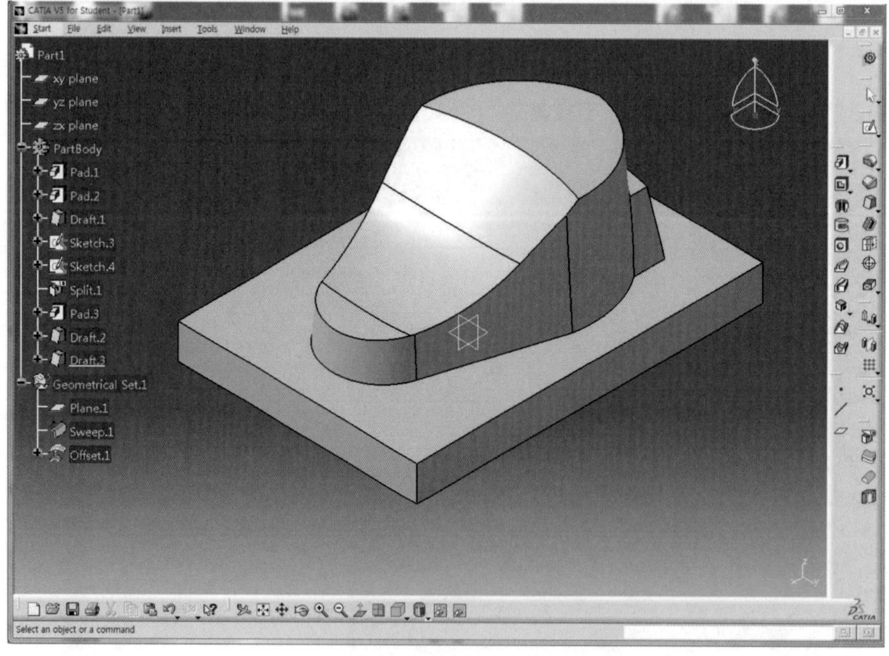

60 Sketch 아이콘 을 클릭하고 Solid의 맨 윗면을 선택하여 Sketch Mode로 전환한다.

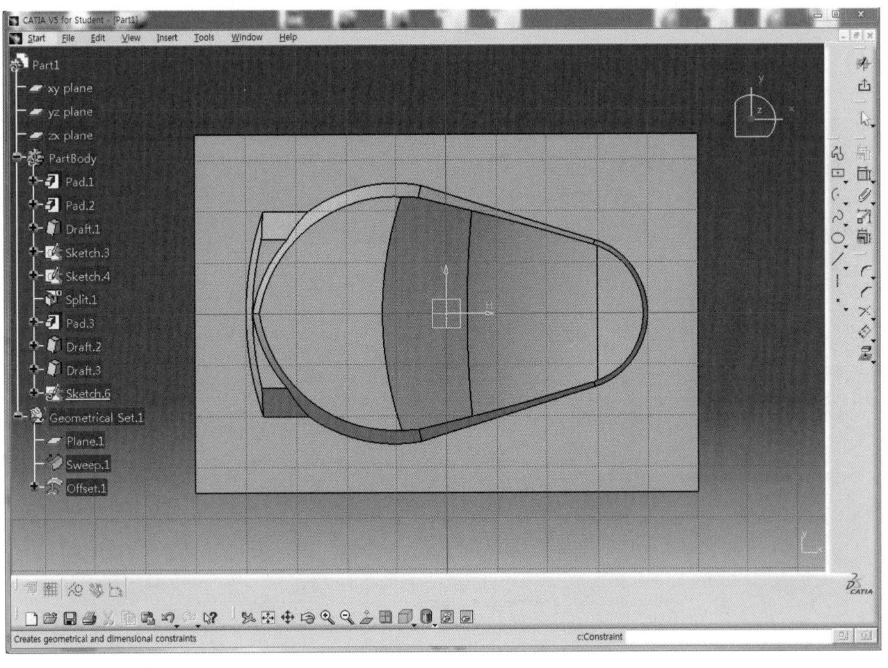

61 Rectangle 아이콘 을 클릭하여 세로 수직선이 V축 위에 위치하도록 직사각형을 Sketch한다.

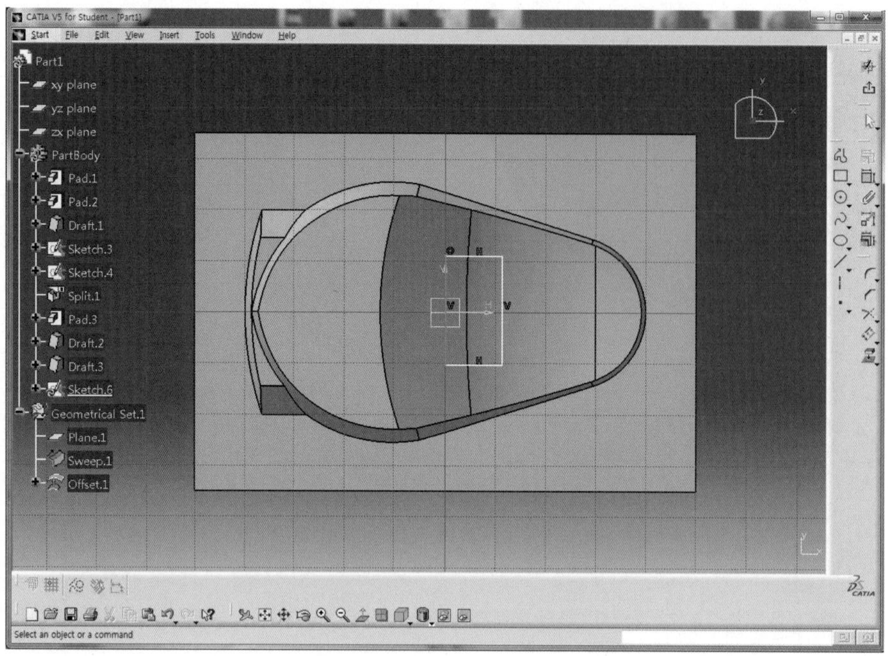

62 Constraint 도구막대의 Constraint 아이콘 을 더블클릭하여 치수를 구속하고 정확한 치수(L12, L20, L10)를 적용한다.

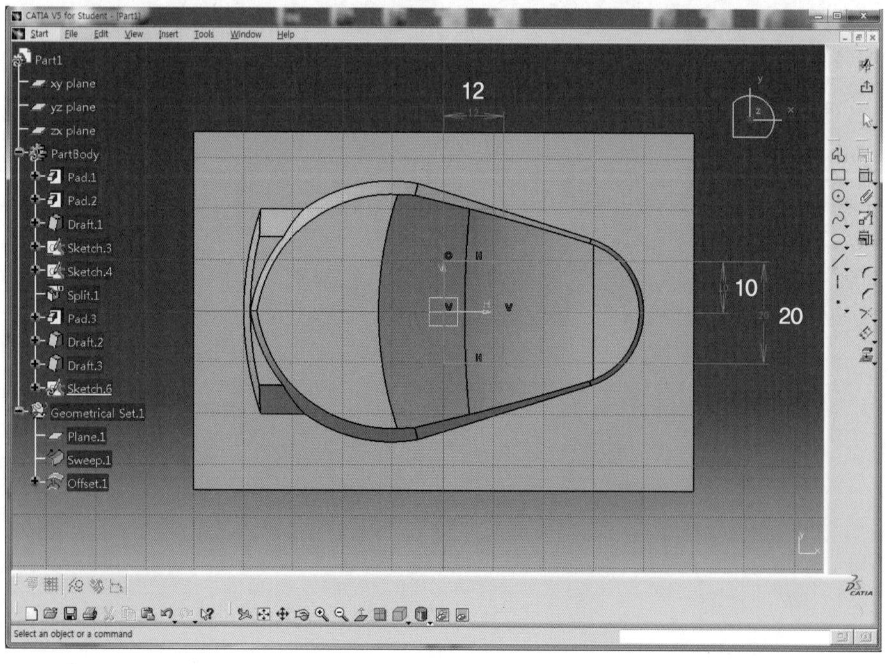

63 Exit workbench 아이콘 을 클릭하여 3D Mode로 전환한다.

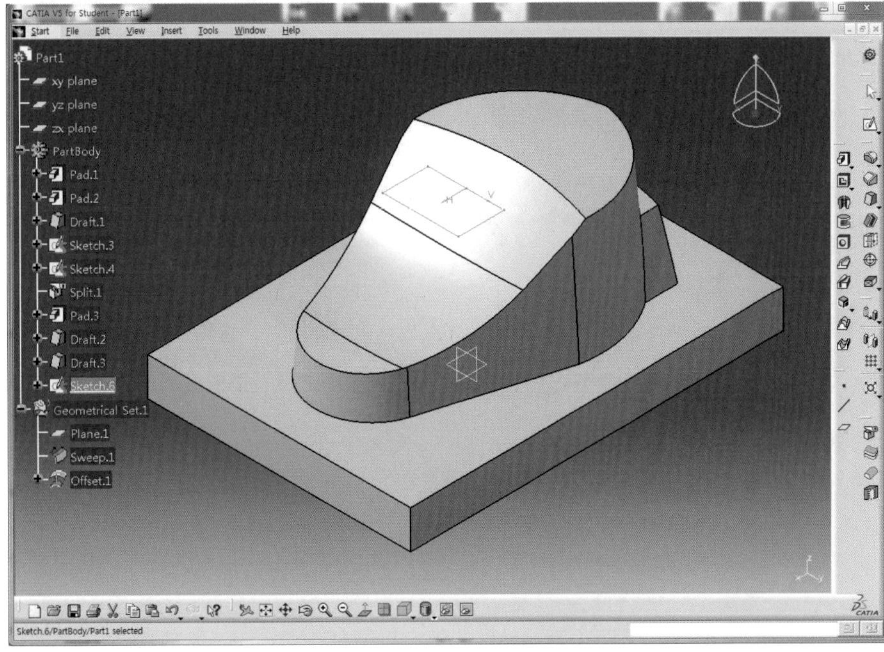

64 Pocket 아이콘 을 클릭한 후 Type을 Up to surface로 선택하고 Limits 영역을 클릭하여 Tree 영역에서 Offset.1을 선택한 후 Preview 버튼을 클릭하여 미리보기 한다.

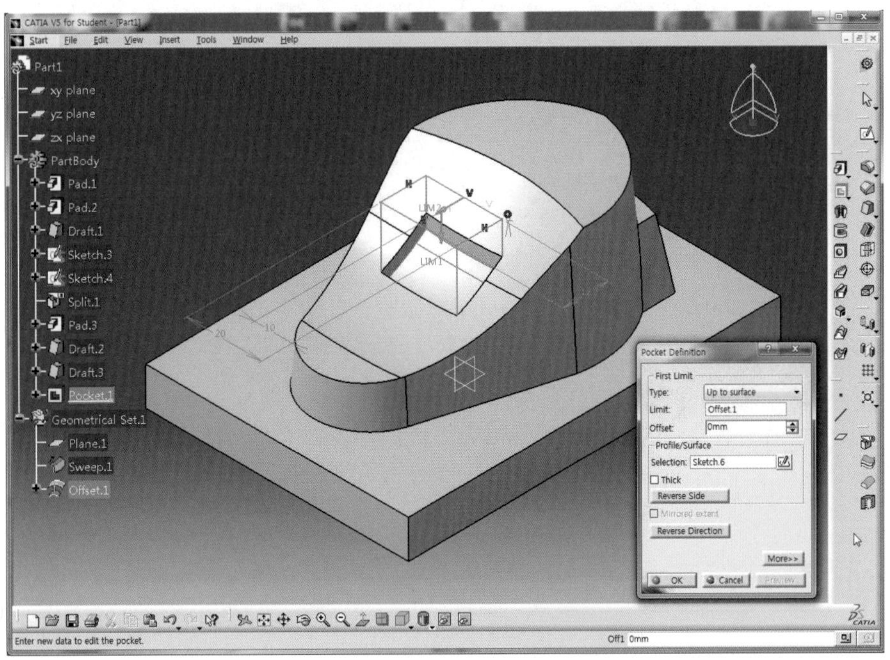

65 OK 버튼을 클릭하여 Pocket을 적용한다.

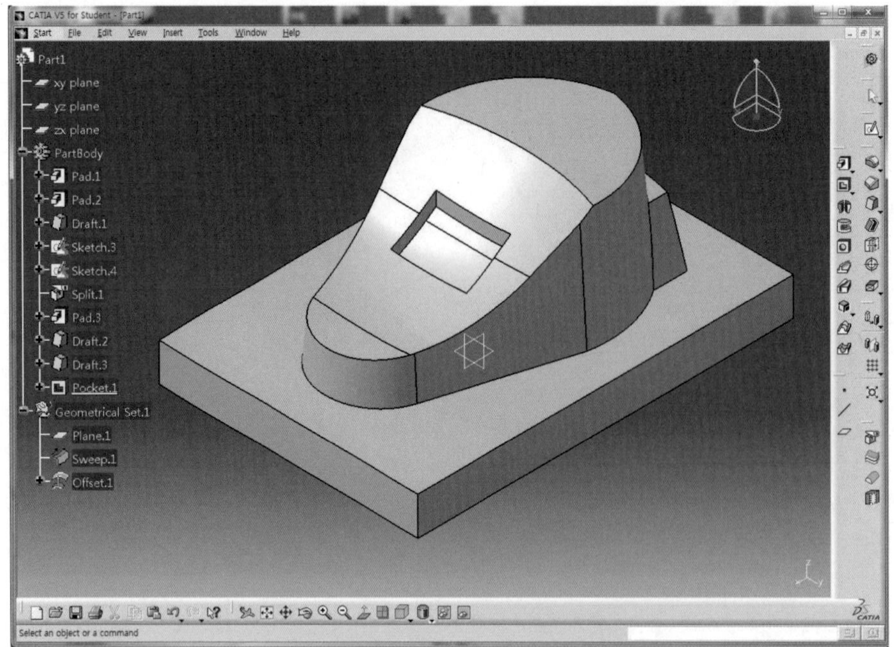

66 Sketch 아이콘 을 클릭하고 zx Plane을 선택하여 Sketch Mode로 전환한다.

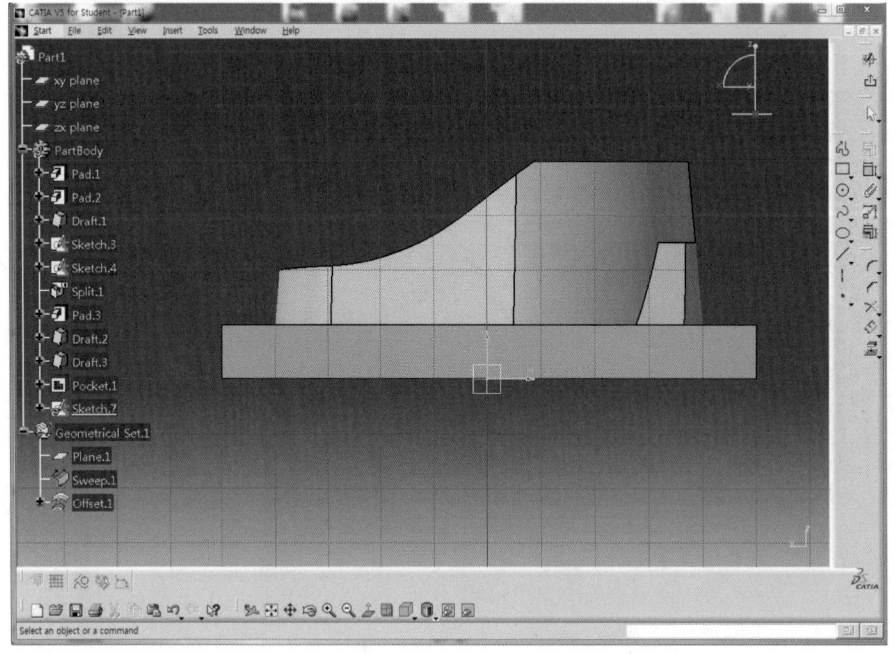

67 Axis 아이콘 을 클릭하고 수평하게 Sketch한다.

68 Arc 아이콘 을 클릭한 후 Arc의 중심점과 양 끝점이 Axis 위에 위치하도록 Sketch한다.

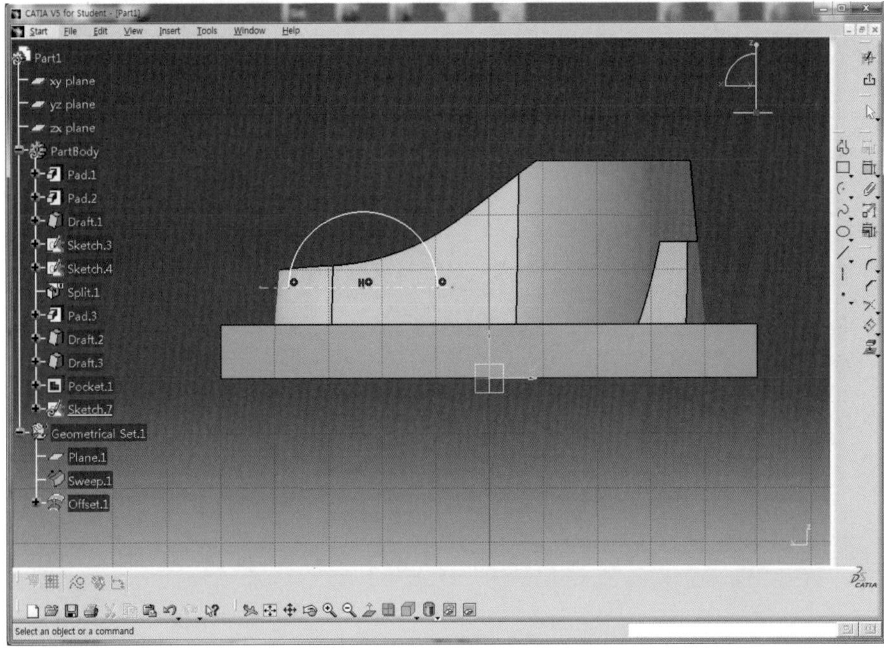

69 Constraint 아이콘 을 더블클릭한 후 치수를 구속하고 정확한 치수(L26, L5, R12)를 적용한다.

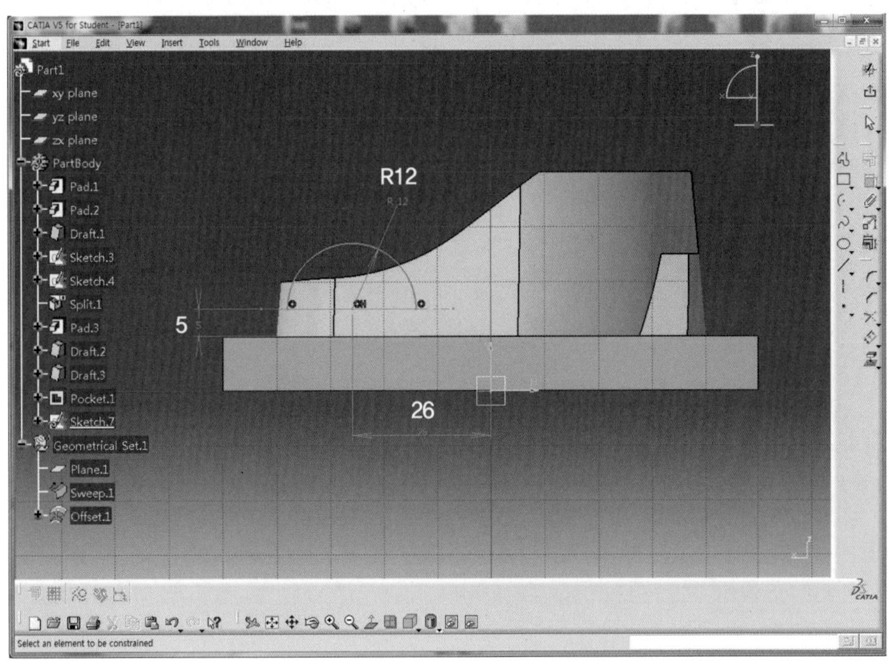

70 Exit workbench 아이콘 을 클릭하여 3D Mode로 전환한다.

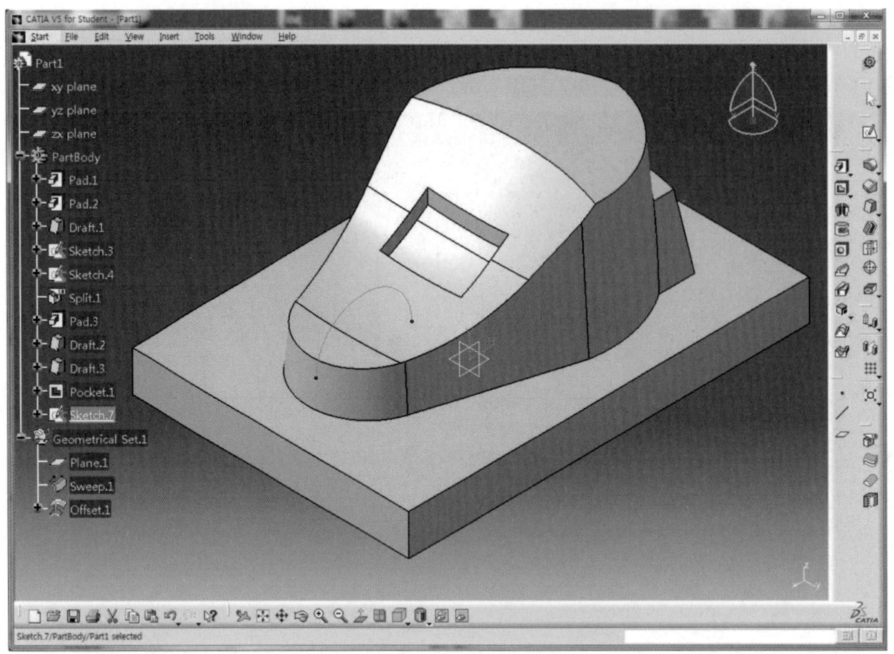

71 Shaft 아이콘 을 클릭한 후 First Angle 영역과 Second Angle 영역에 각각 90deg를 입력한 후 Preview 버튼을 클릭하여 미리보기 한다.

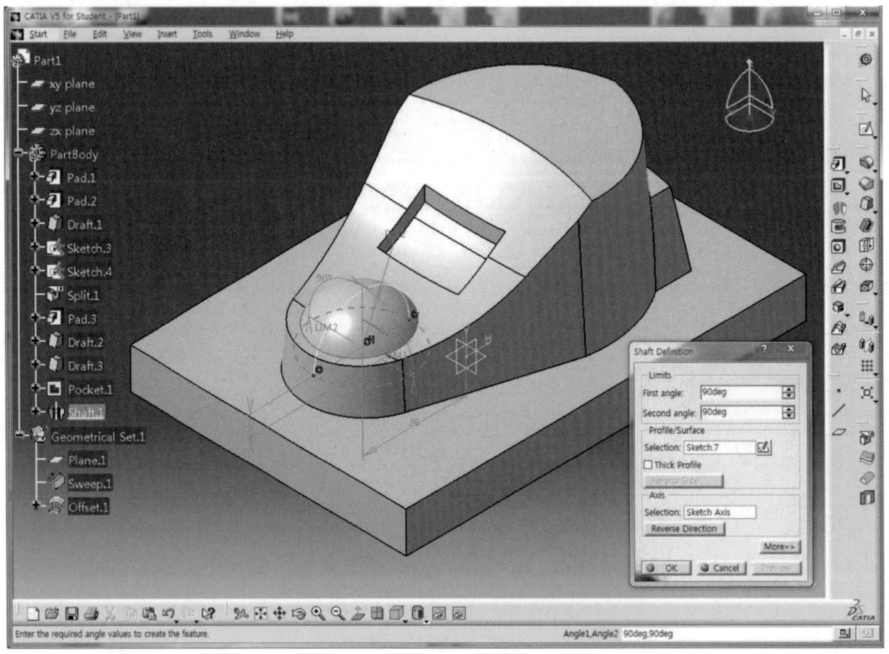

72 OK 버튼을 클릭하여 회전체를 생성한다.

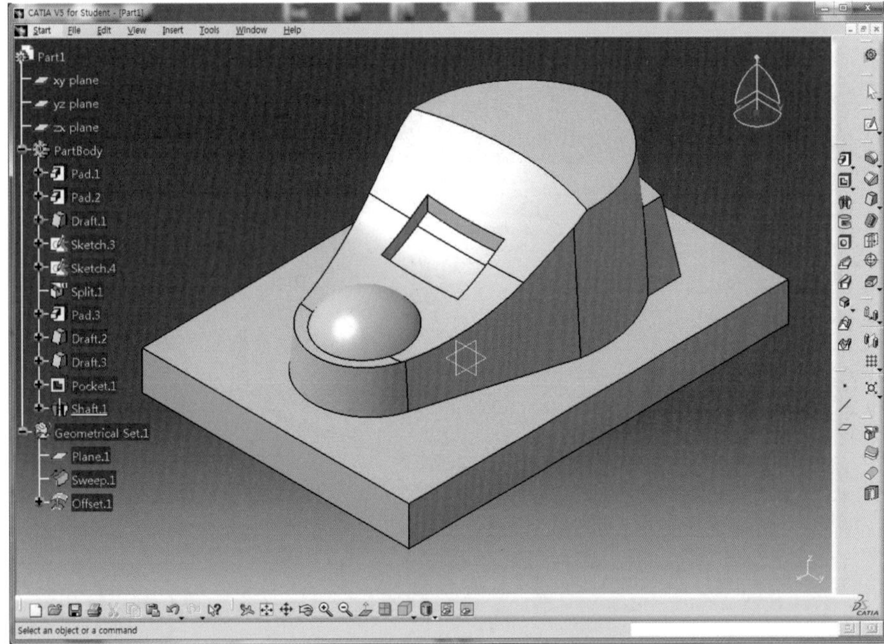

73 Sketch 아이콘 을 클릭하고 Solid의 맨 윗면을 선택하여 Sketch Mode로 전환한다.

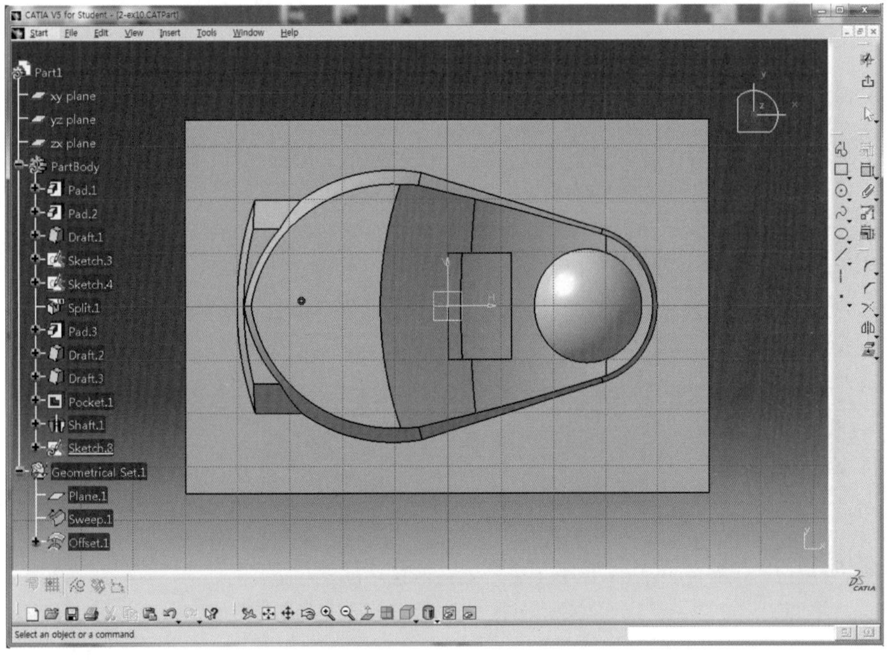

74 Ellipse 아이콘 을 클릭한 후 중심이 H축 위에 위치하고 장축방향은 V축, 단축 방향은 H축 임의 위치에 오도록 Sketch한다.

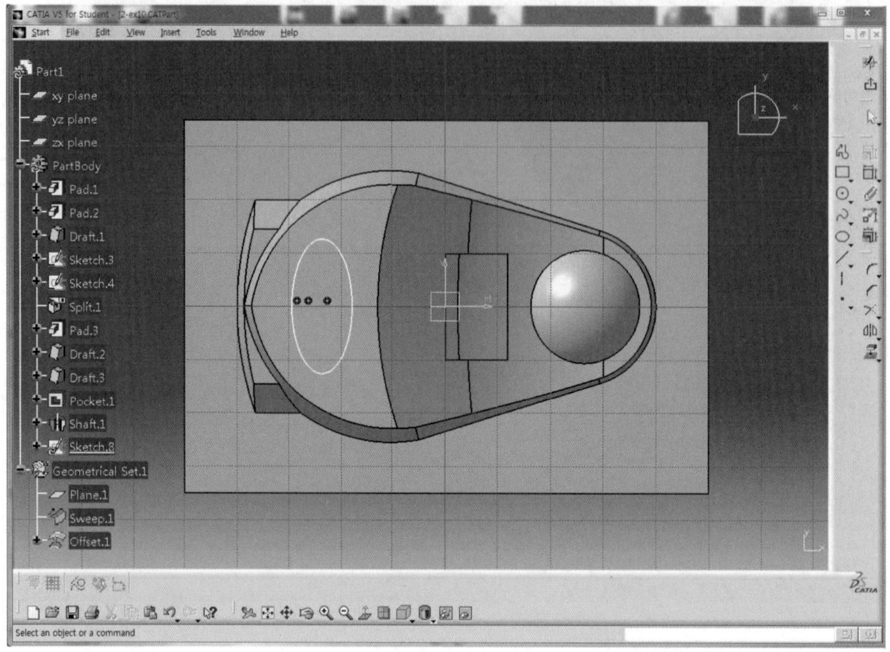

75 타원을 선택한 후 Constraints in Defined Dialog Box 아이콘 을 클릭하고 Semimajor axis와 Semiminor axis를 체크한 후 OK 버튼을 클릭한다.

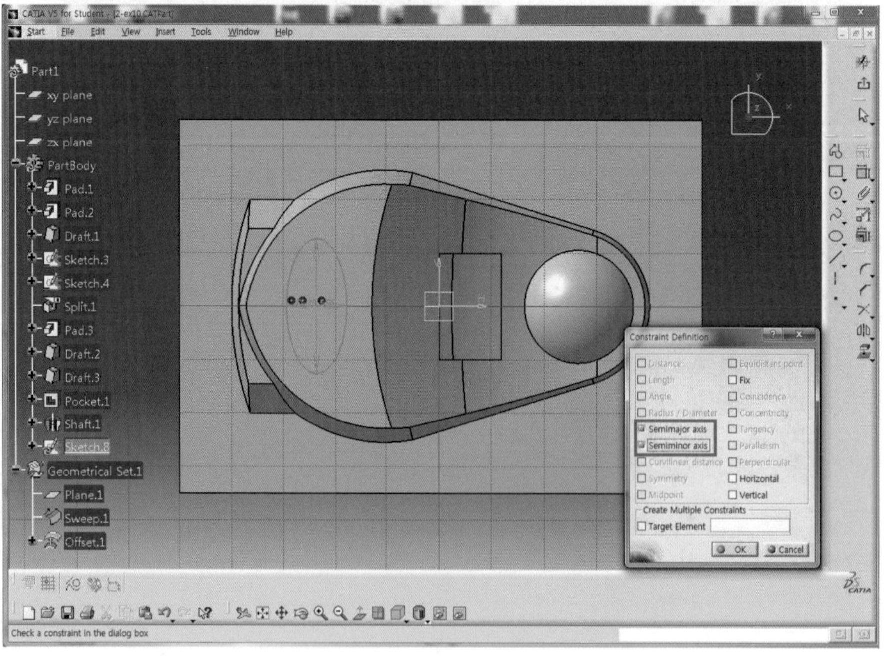

76 각 치수를 더블클릭하여 장축(D25), 단축(D12), V축에서 중심까지의 거리 L25를 적용한다.

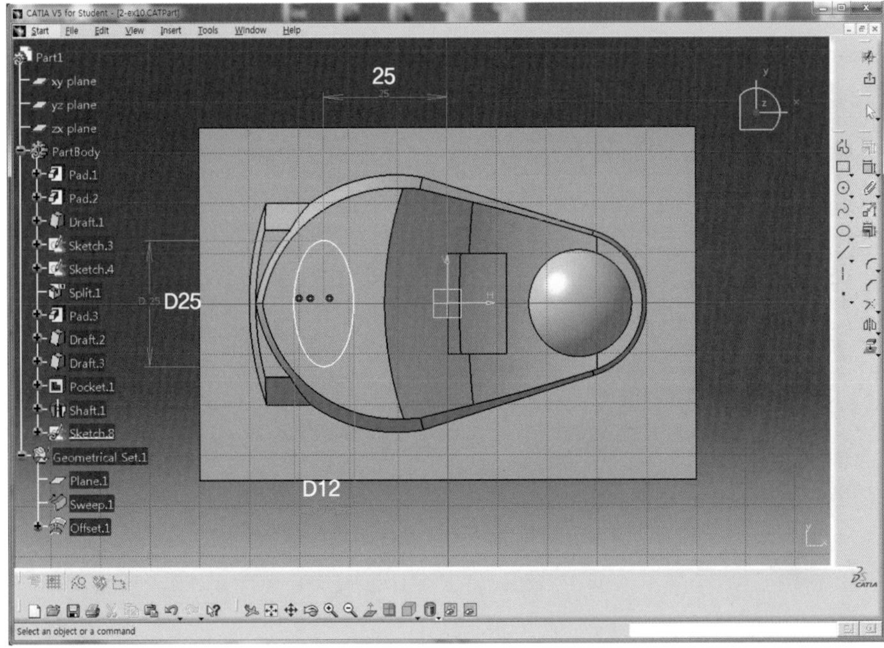

77 직사각형 아이콘 ▢ 을 클릭하고 H축을 감싸도록 Sketch한다.

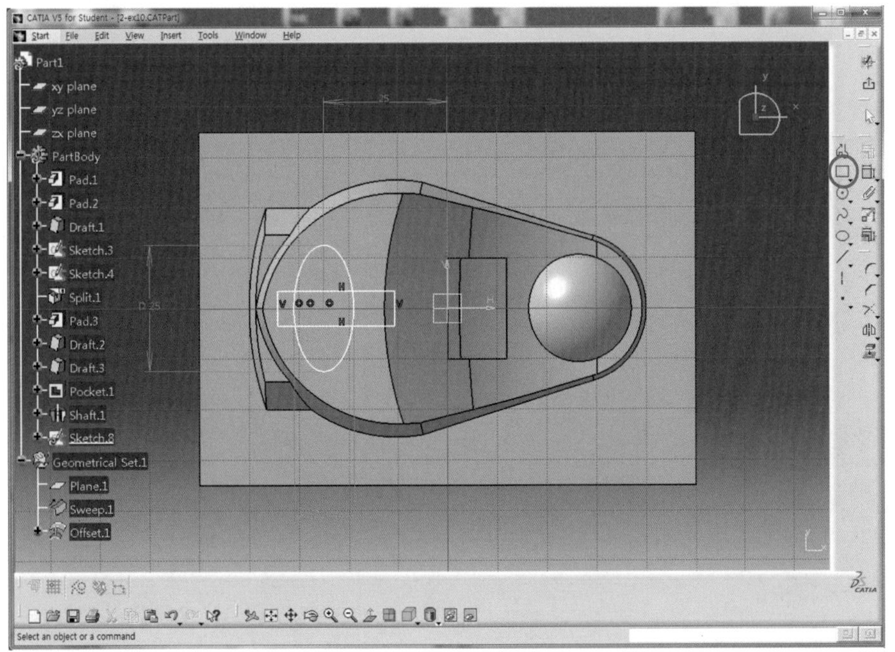

78 Quick Trim 아이콘 을 더블클릭한 후 타원과 직사각형이 교차하는 불필요한 영역을 선택하여 삭제한다.

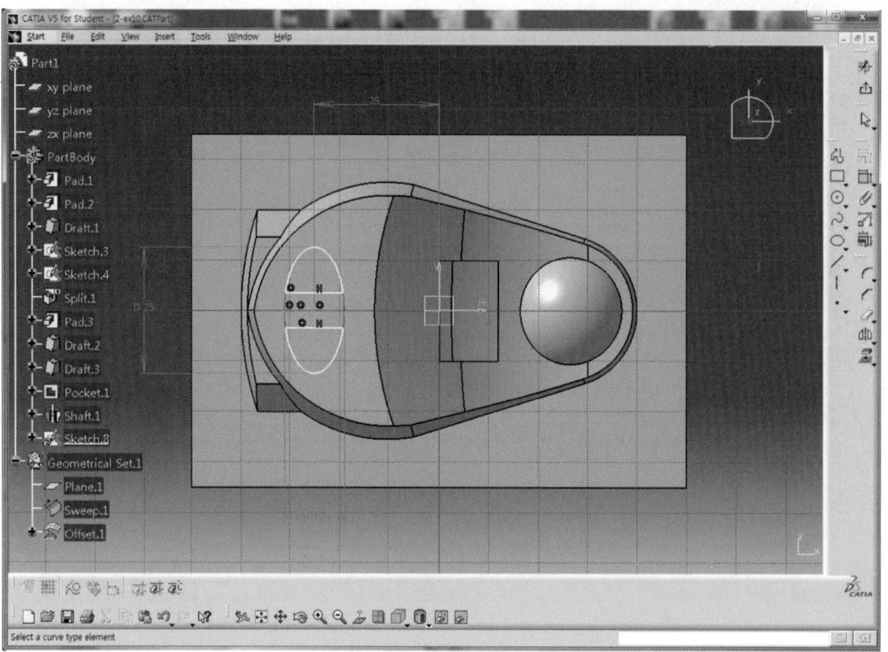

79 Constraint 아이콘 을 더블클릭하여 치수를 구속하고 각 치수를 더블클릭하여 정확한 치수(L8, L4)를 적용한다.

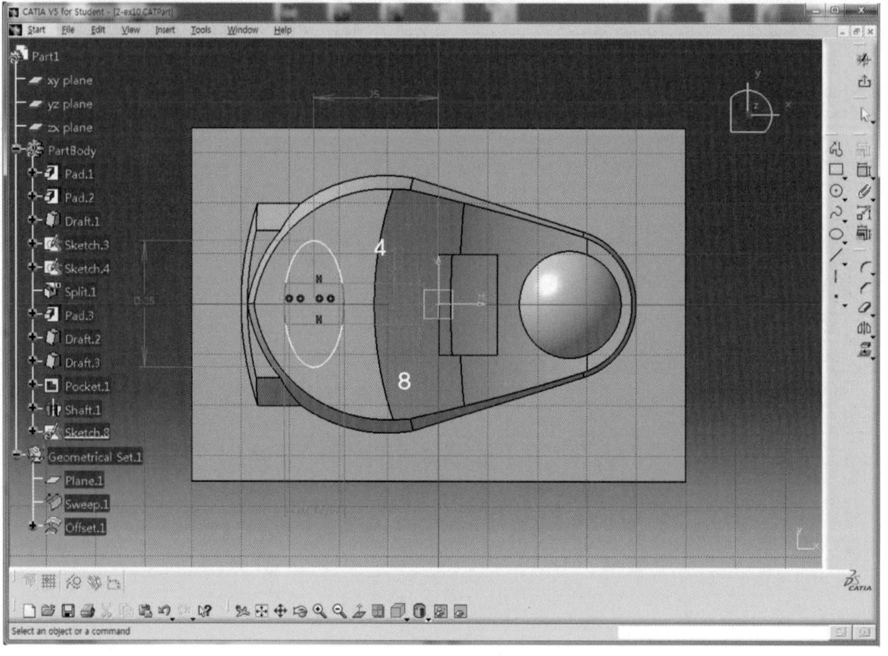

80 Exit workbench 아이콘 을 클릭하여 3D Mode로 전환한다.

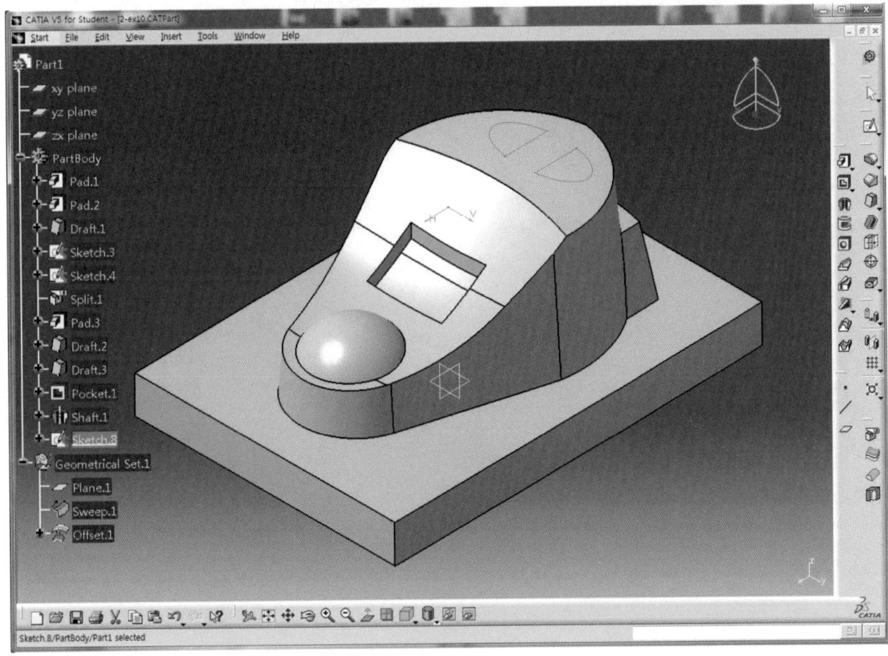

81 Pad 아이콘 을 클릭한 후 Length 영역에 5mm를 입력하고 Preview 버튼을 클릭하여 미리보기 하고 OK 버튼을 클릭한다.

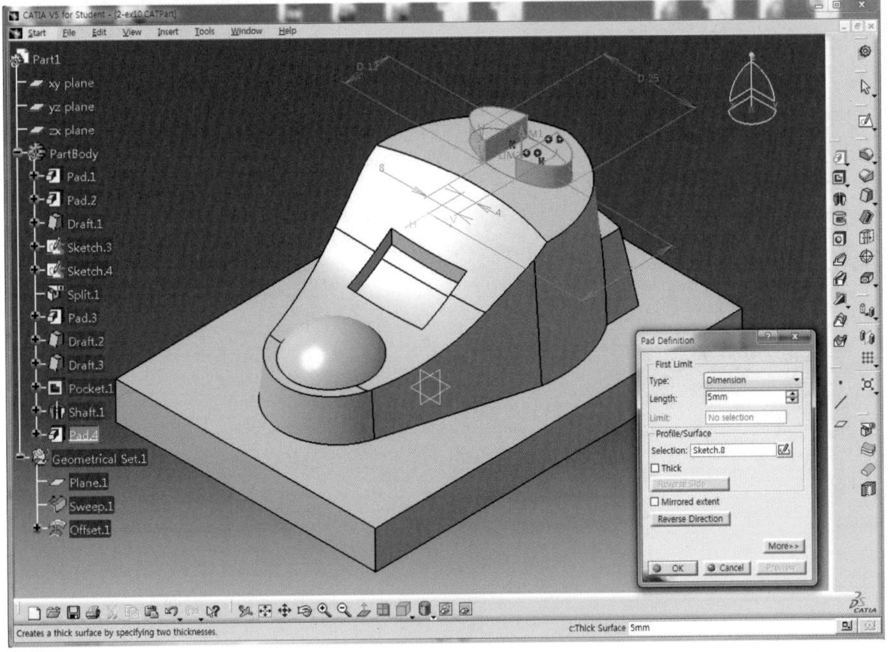

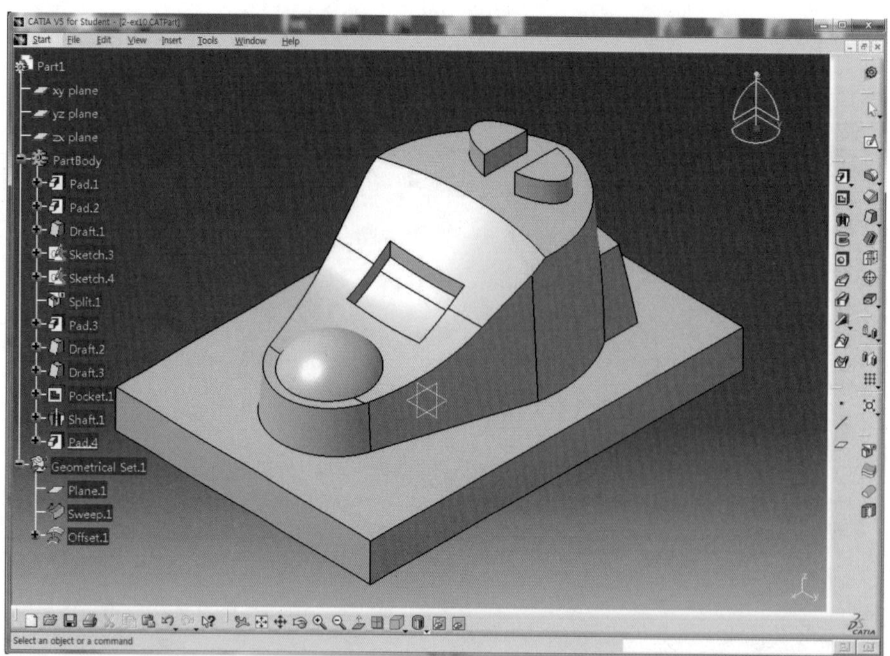

82 Edge Fillet 아이콘 을 클릭한 후 R10을 적용한다.

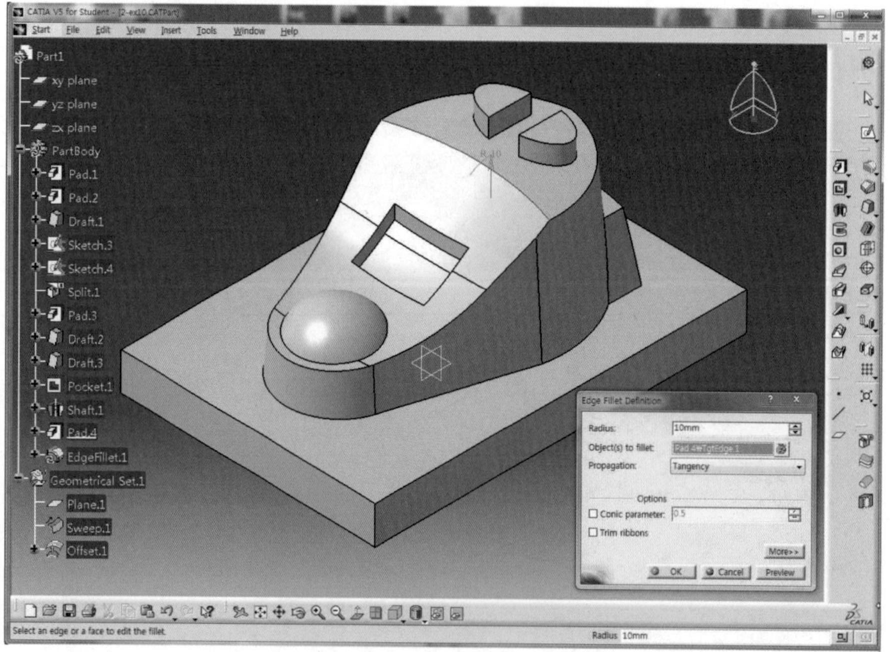

83 Model을 회전시켜서 Edge Fillet 아이콘 을 클릭한 후 R5를 적용한다.

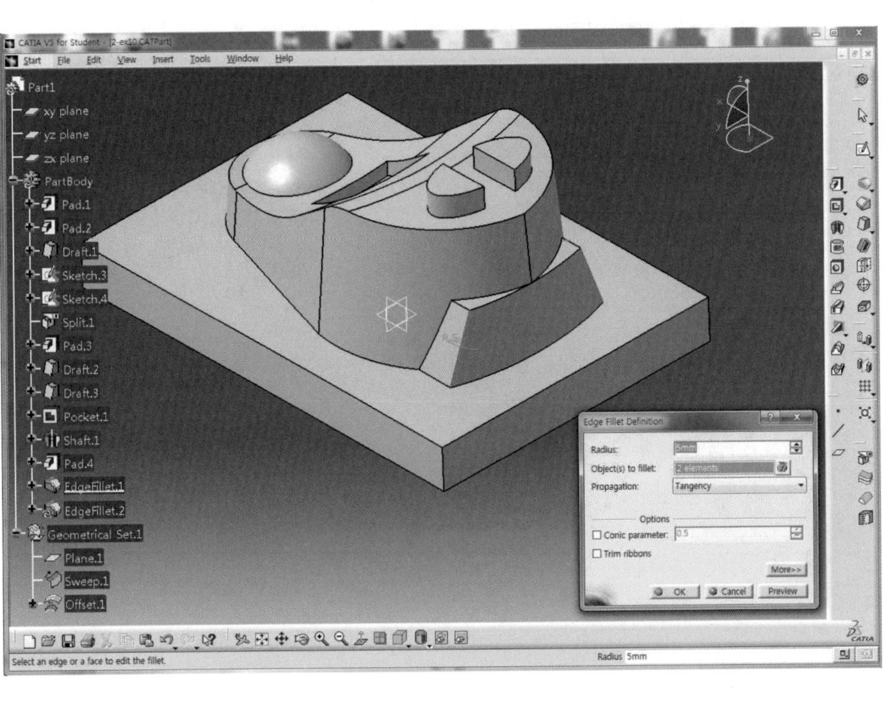

84 Isometric View 아이콘 을 클릭하여 등각뷰로 정렬하고 Edge Fillet 아이콘 을 클릭한 후 R1을 적용한다.

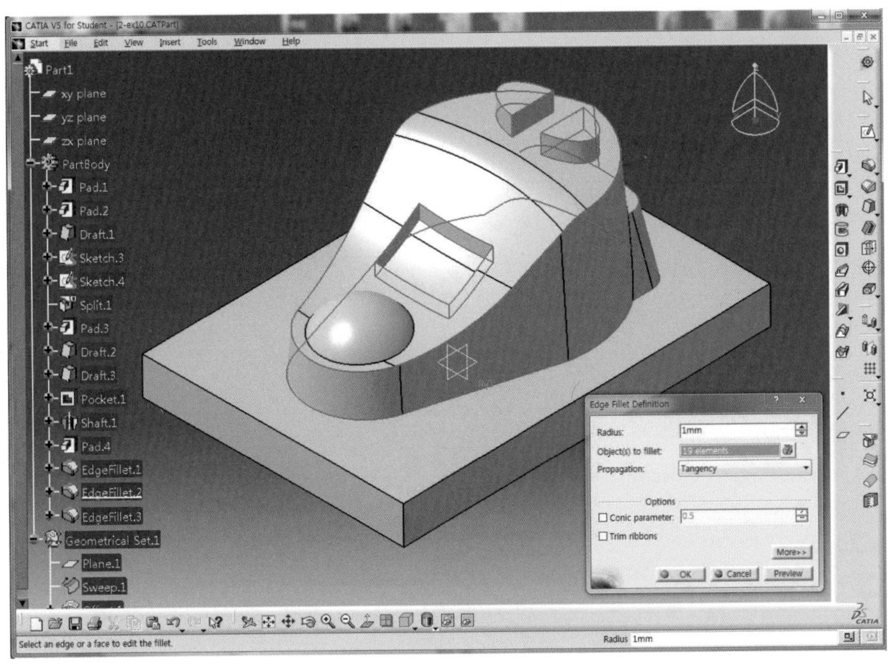

85 완성된 Model이다.

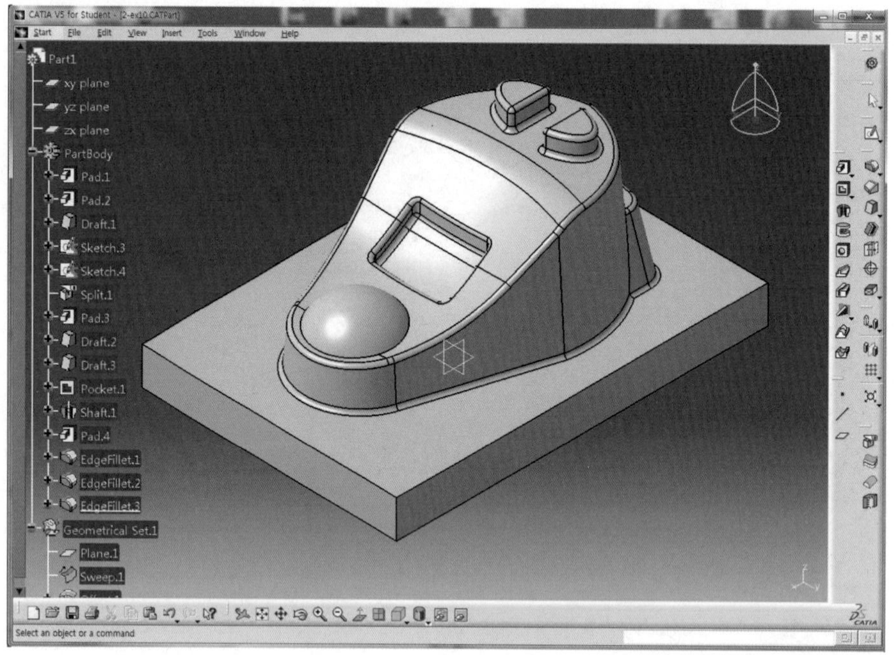

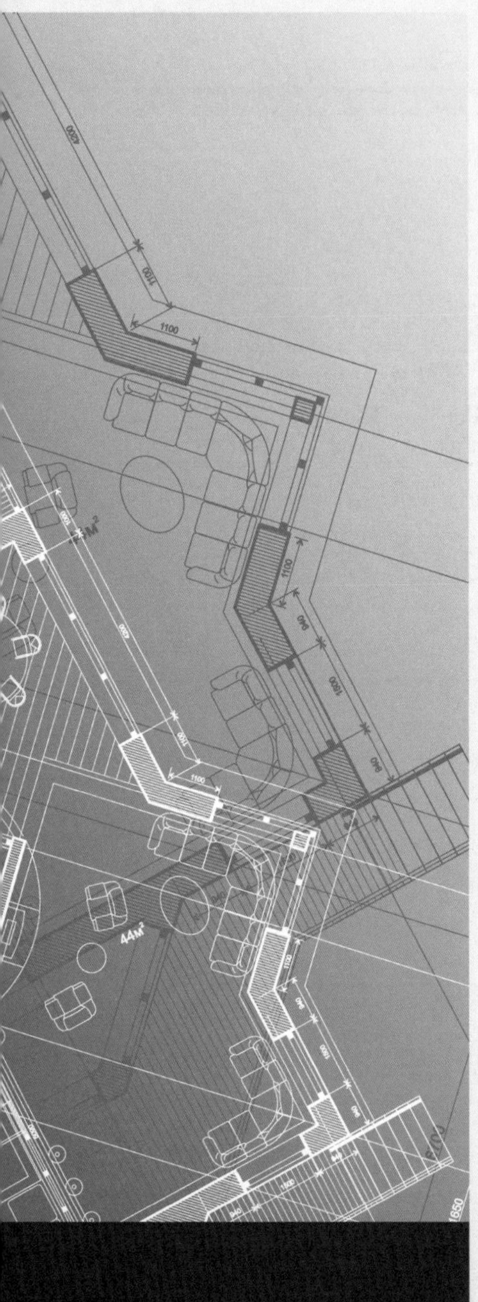

PART 03

CATIA를 활용한 모델링 따라하기

NC Data 생성 따라하기

Model 준비하기

01 가공조건과 요구사항은 아래와 같을 경우를 가정하여 진행한다.

▼ **가공조건**

공구 번호	작업 내용	파일명	공구조건		경로간격 (mm)	절 삭 조 건				비고
			종류	직경		회전수 (rpm)	이송 (mm/min)	절입량 (mm)	잔량 (mm)	
01	황삭 (Rough)	01황삭.nc	평E/M	Φ12	5	1400	100	6	0.5	–
02	정삭 (Sweep)	01정삭.nc	볼E/M	Φ4	1	1800	90	–	–	–
03	잔삭 (Pencil)	01잔삭.nc	볼E/M	Φ2	–	3700	80	–	–	Pencil

▼ **요구사항**

(1) NC 데이터는 아래와 같이 2 BLOCK을 삽입하여 편집한다.
G90 G80 G40 G49 G17;
T01 M06;(Rough) T02 M06;(Sweep), T03 M06;(Pencil)
(2) 공작물을 고정하는 베이스(10mm) 부위는 제외하고 윗부분만 NC 데이터를 생성한다.
(3) 안전높이는 원점에서 Z축 방향으로 50mm 높은 곳으로 한다.
(4) 소재의 규격은 가로x세로x높이(100x70x40)mm로 한다.

02 2편에서 실습한 활용 모델링 따라하기에서 완성한 Model을 불러온다.(활용 Model 7)

03 Plane 아이콘 을 클릭하고 직육면체의 윗면(가공 원점)을 클릭한 후 Offset 영역에 50mm를 입력하고 OK 버튼을 클릭하여 안전높이로 지정할 Plane을 생성한다.

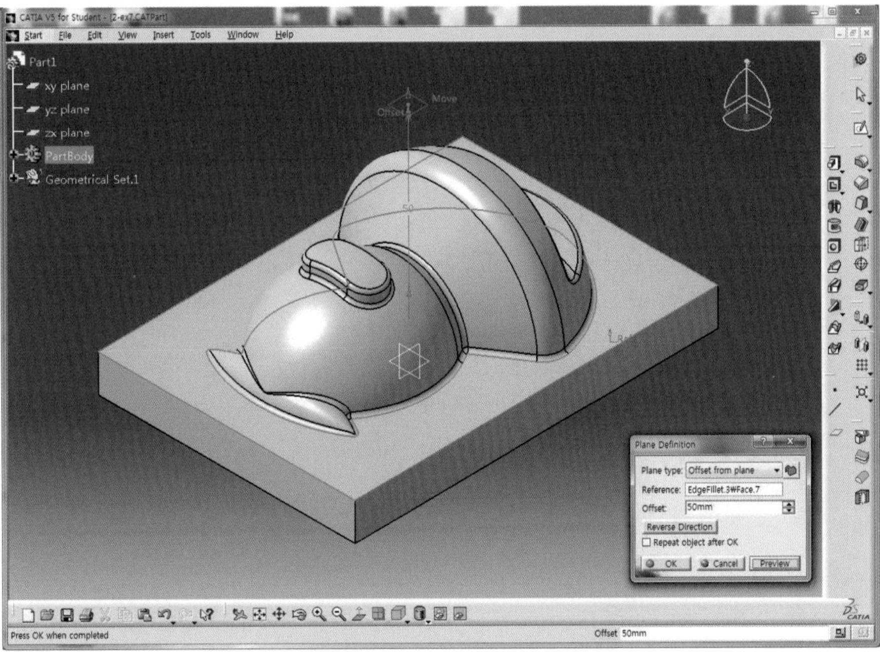

04 메뉴에서 Insert – Body를 선택하여 새로운 Body를 Tree 영역에 생성한다.

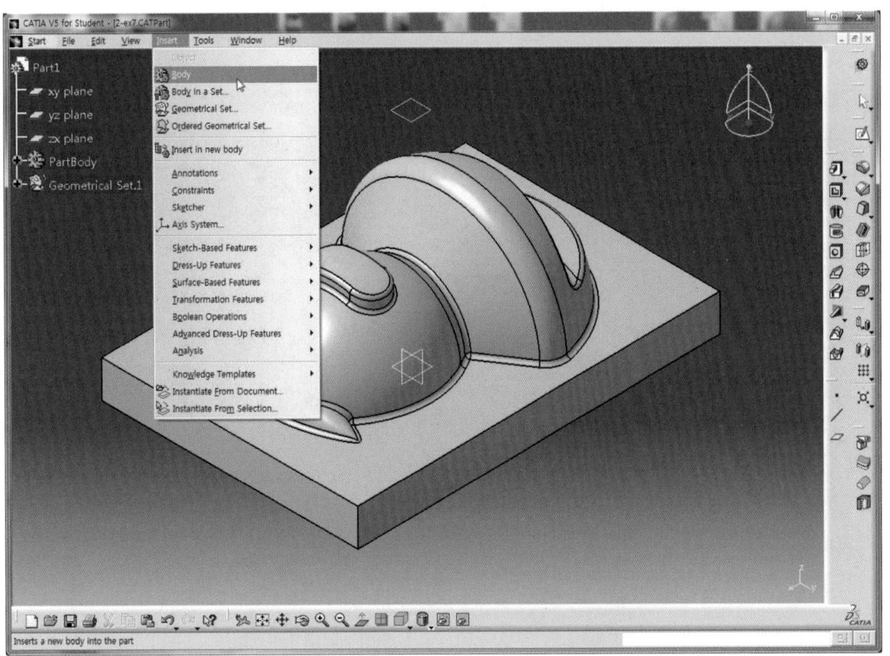

05 Model을 회전시킨 후 Sketch 아이콘 을 클릭하고 Model의 바닥면인 xy Plane을 선택하여 Sketch Mode로 전환한다.

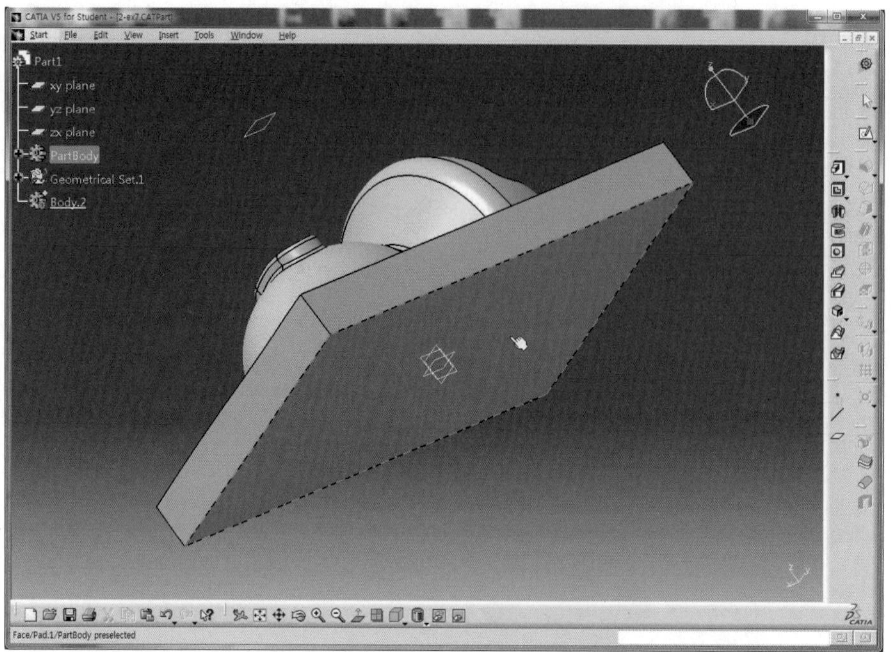

06 Model을 회전시킨 후 Project 3D Element 아이콘 을 클릭한다.

07 Model의 바닥면을 선택한 후 OK 버튼을 클릭하여 직사각형을 Sketch 평면에 투영시킨다.

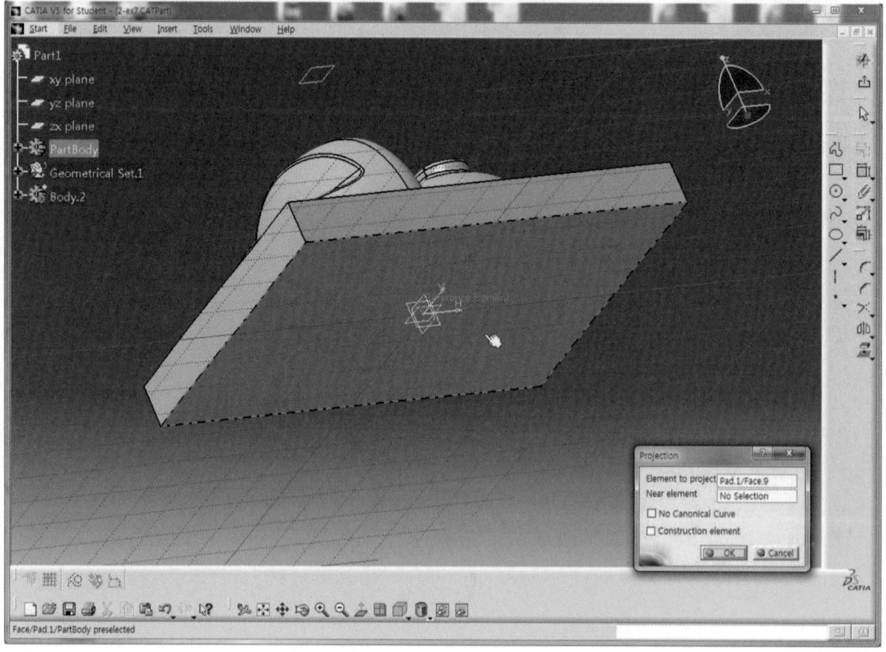

08 Exit workbench 아이콘 을 클릭하여 3D Mode로 전환한 후 View 도구막대의 Isometric View 아이콘 을 클릭하여 등각뷰로 정렬한다.

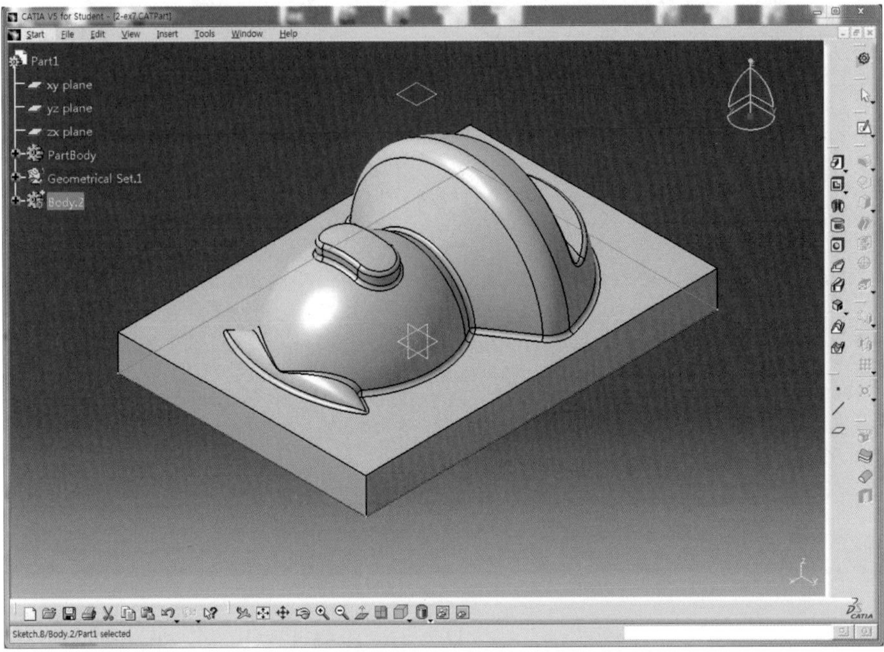

09 Pad 아이콘 을 클릭한 후 규격에 맞는 소재를 생성하기 위해 Length 영역을 선택하여 40mm를 입력한 후 화살표 방향이 아래로 향하고 있으면 Reverse Direction 버튼을 클릭하여 위로 향하도록 설정한다.

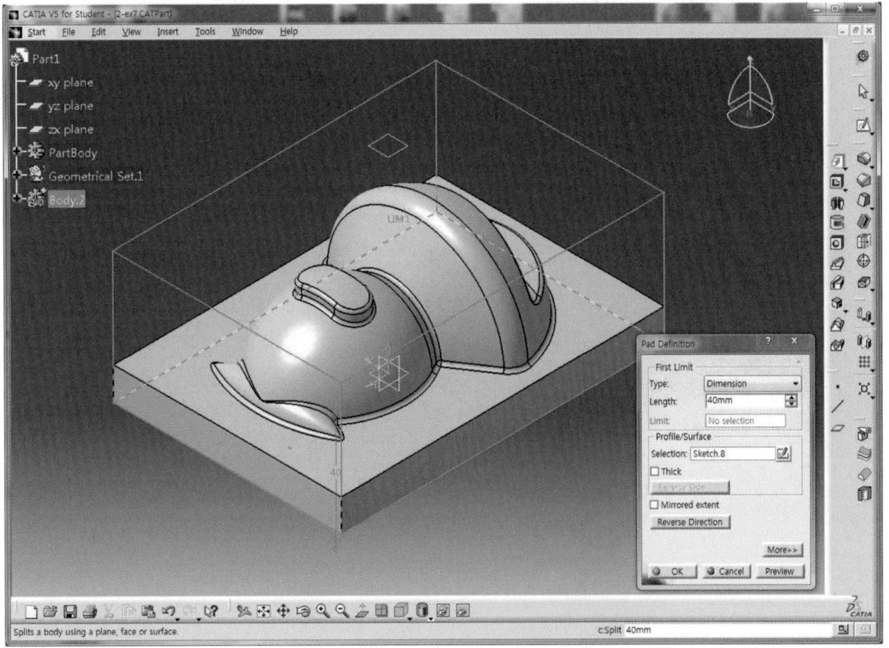

10 OK 버튼을 클릭하여 Solid를 생성한다.

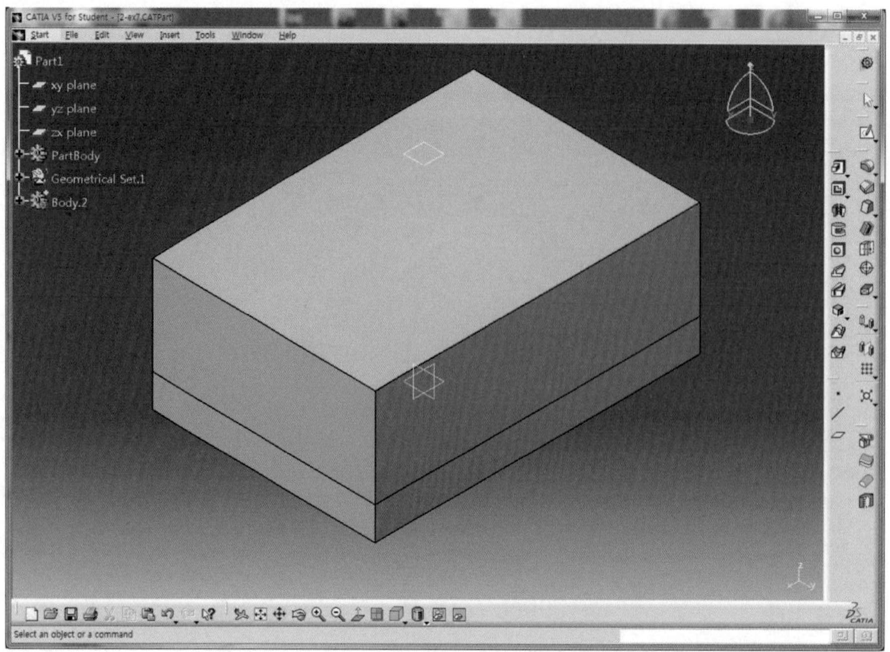

11 Tree 영역에서 Body.2를 선택한 후 마우스 오른쪽 버튼을 클릭하고 Hide/Show를 선택하여 숨기기 한다.

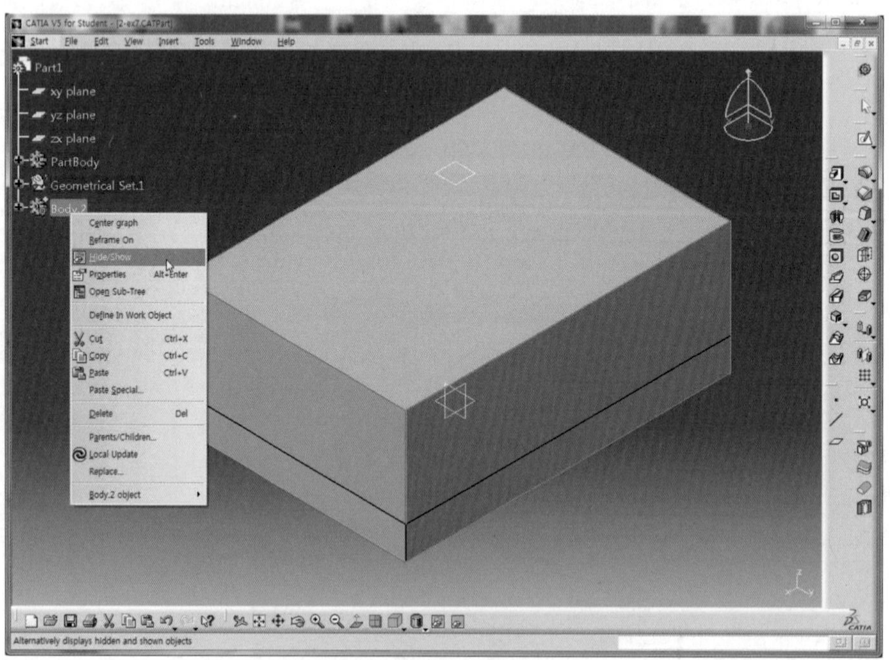

12 NC DATA를 생성하기 위한 소재와 Model이 준비되었다.

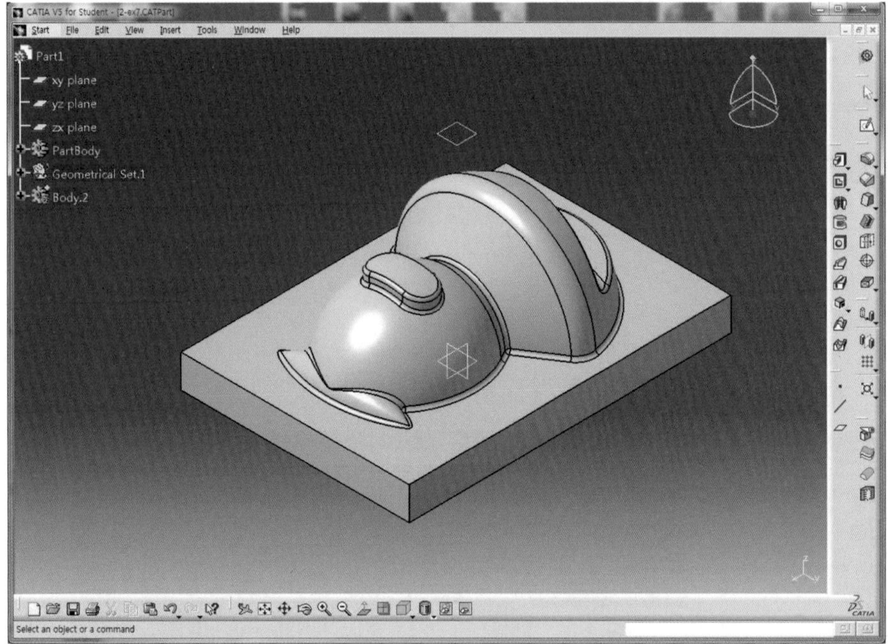

PART 01 PART 02 PART 03 PART 04

CHAPTER

02 NC Manufacturing 설정하기

01 Start－Machining－Surface Machining을 선택하여 NC Manufacturing Mode로 전환한다.

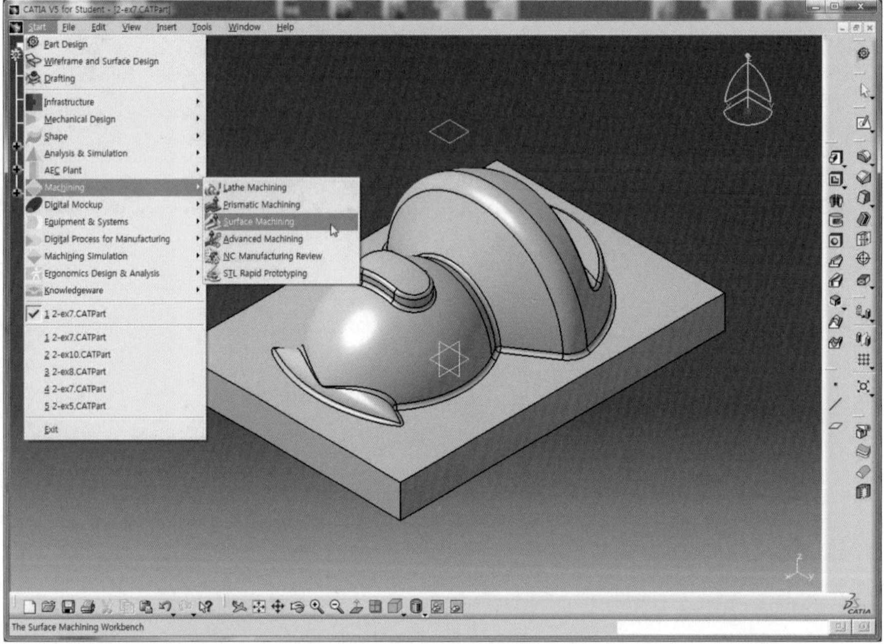

02 View 도구막대의 Fit All In 아이콘 을 클릭하여 Model을 화면 중앙에 정렬시킨다.

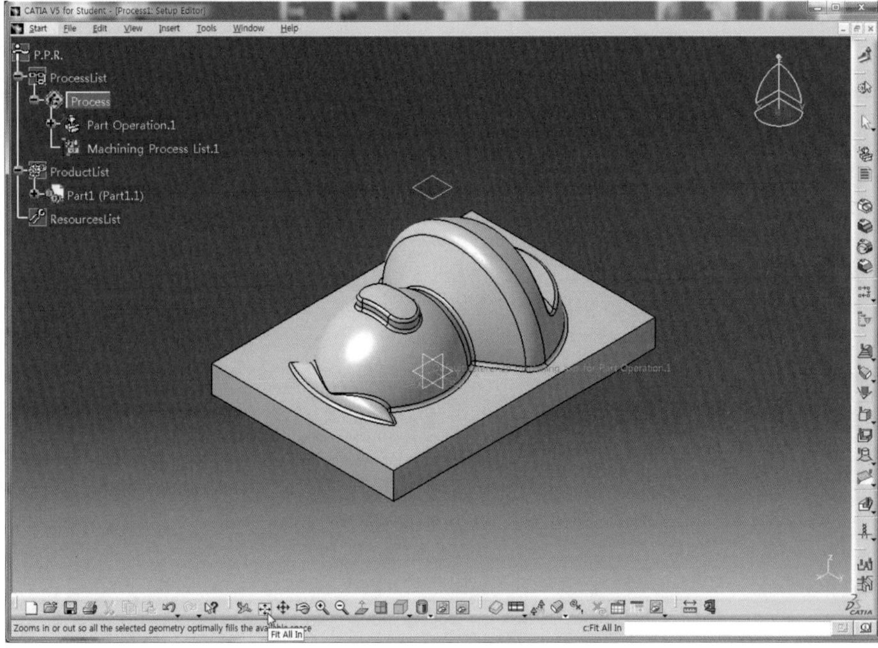

03 도구막대의 빈 공간에 마우스 포인터를 위치시키고 오른쪽 버튼을 클릭하여 아래와 같이 도구막대를 정렬시킨다.

04 NC Manufacturing Mode의 Tree 영역은 P.P.R(Tool Path 정보, Model 정보, Tool 정보) 구조로 서로 분리되어 재설계를 할 경우 변경된 구조만 Process가 가능하여 NC Data 생성이 효율적이다.

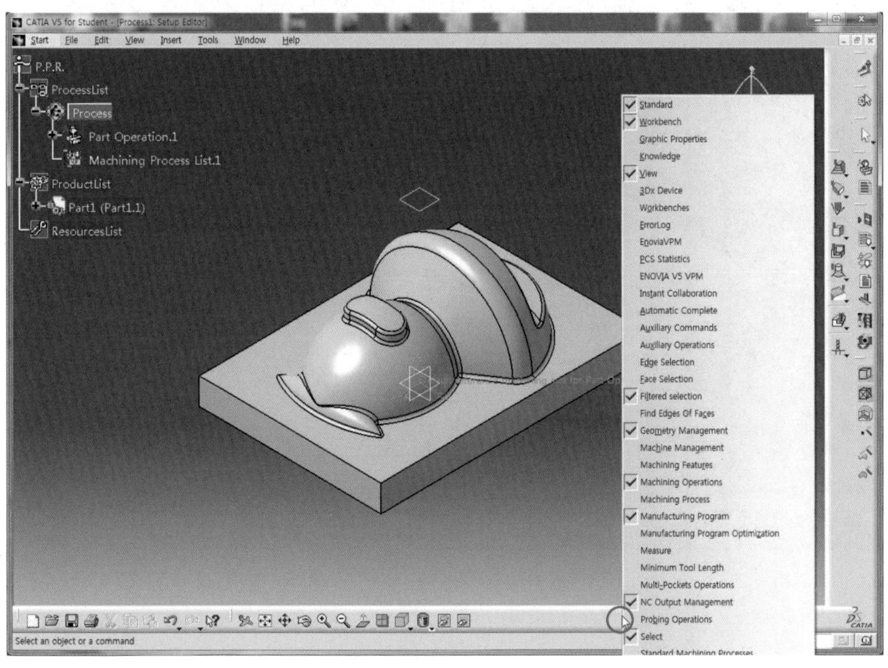

05 Tree 영역에서 ProcessList－Process－Part Operation.1을 더블클릭하여 기계, 공작물 원점, 부품 Model, 소재 등을 설정한다.

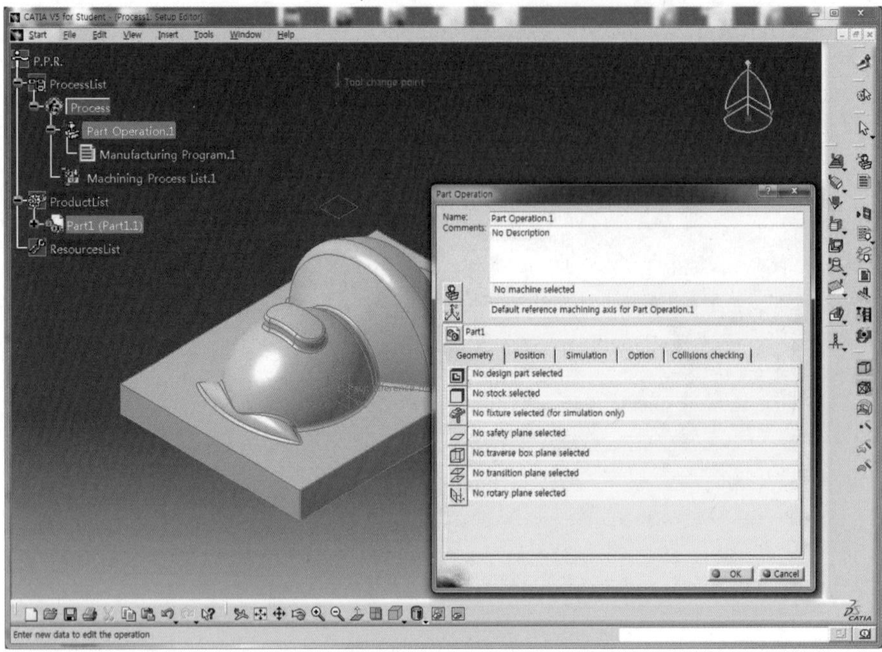

06 기계를 설정하기 위해 Machine 아이콘 을 클릭한다.

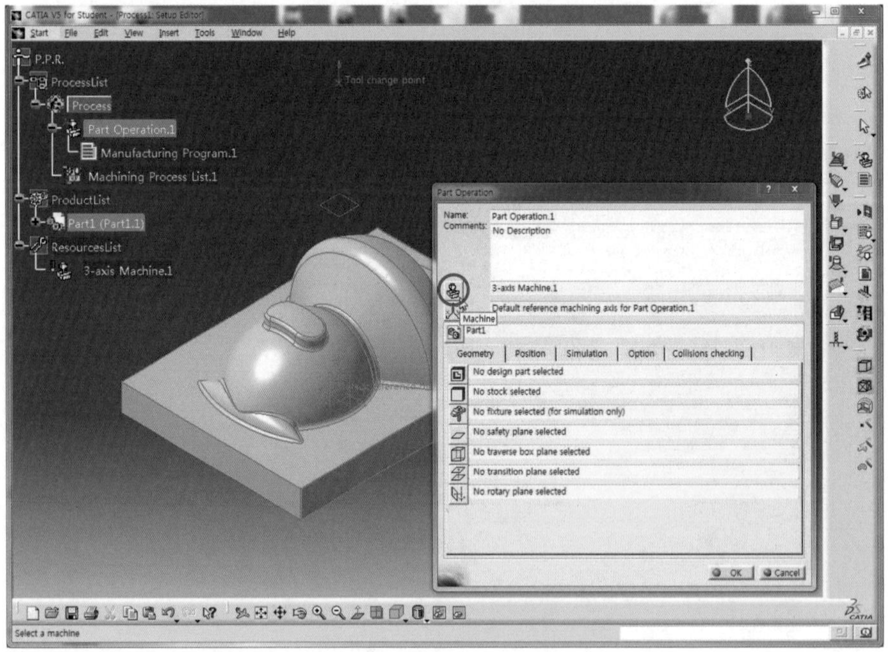

07 3－axis Machine을 선택하고 OK 버튼을 클릭한다.

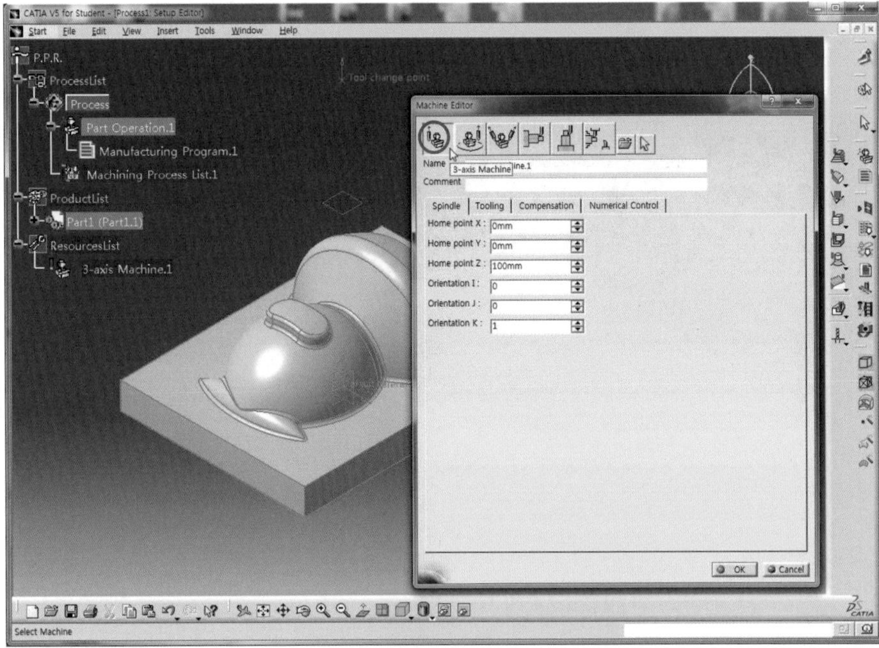

08 공작물의 가공원점을 설정하기 위해 Reference machining axis system 아이콘을 클릭한다.

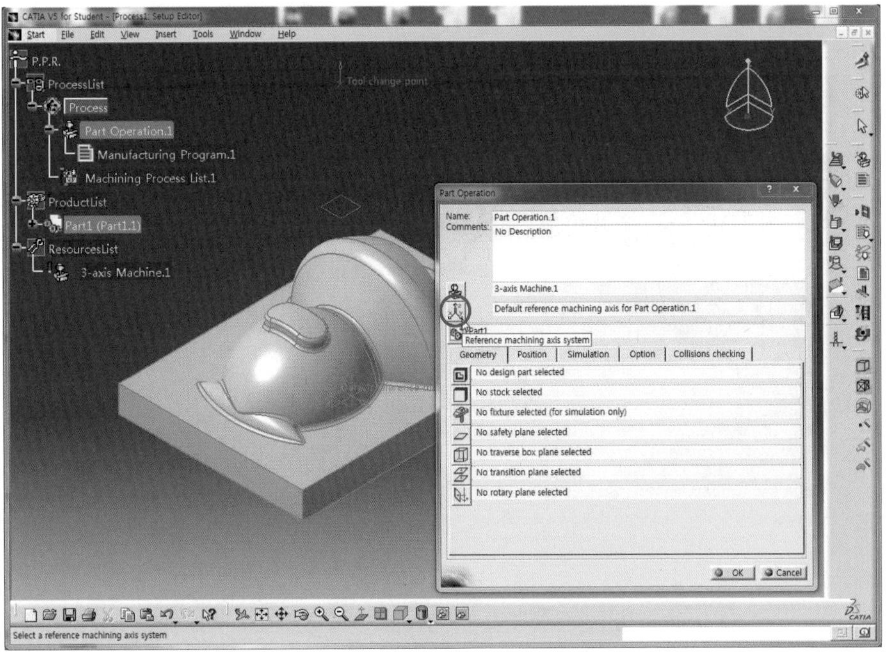

09 Default reference machining axis for Part Operation.1 대화상자에서 좌표축 원점을 클릭한다.

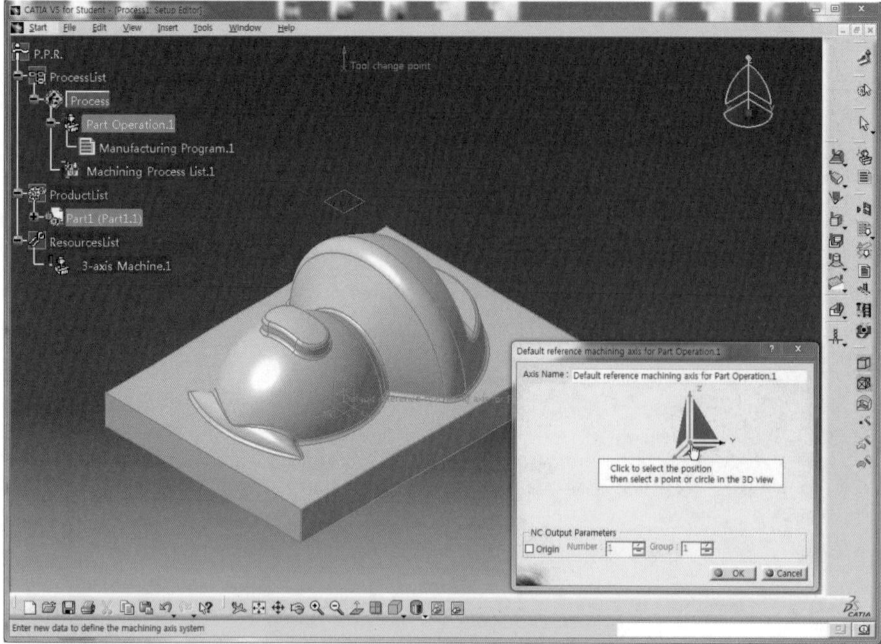

10 대화상자가 숨겨지고 Model 화면이 나타나면 가공원점으로 지정할 위치가 보이도록 화면을 회전시킨다.

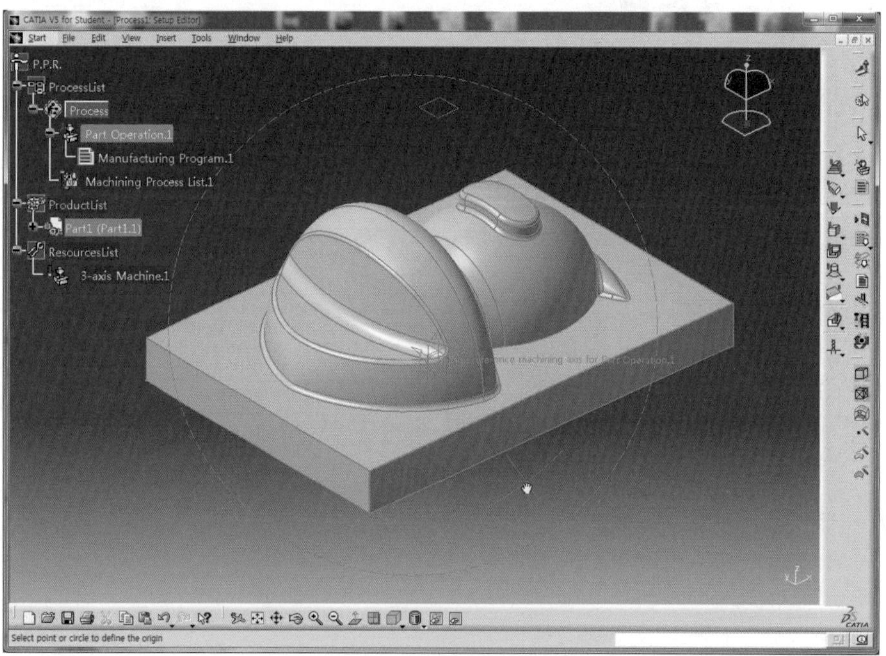

11 Model에서 가공원점의 위치를 선택한다.

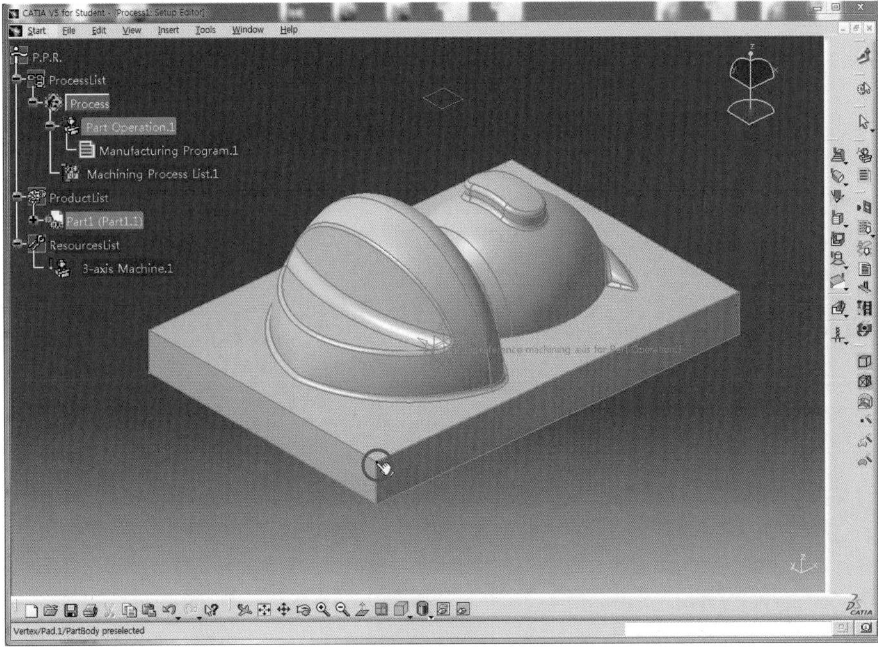

12 Default reference machining axis for Part Operation.1 대화상자의 좌표계가 설정되어 녹색으로 변경되면 OK 버튼을 클릭한다.

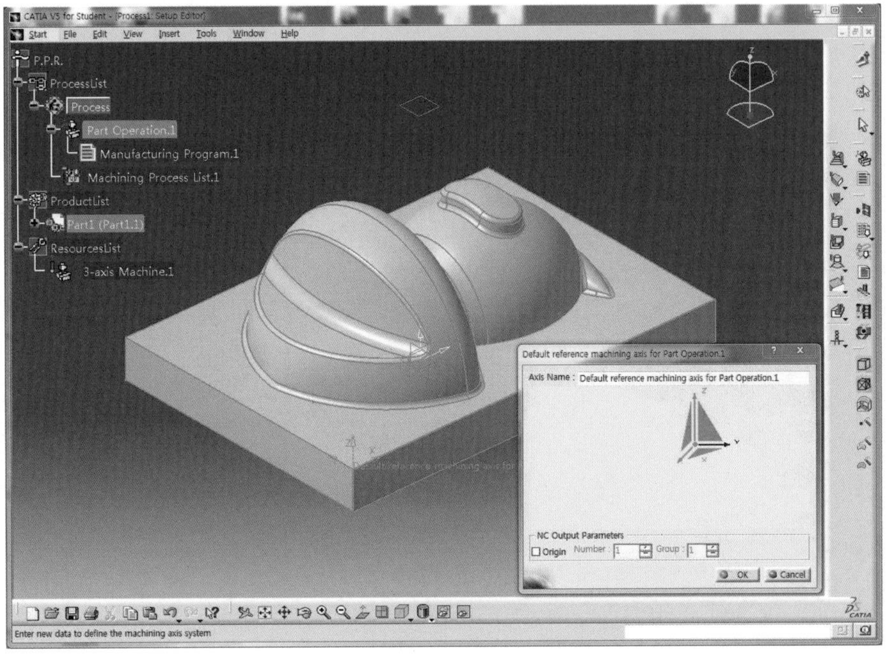

REFERENCE

좌표계를 변경하는 방법에 대해 알아본다.

- 앞 단계의 Default reference machining axis for Part Operation.1 대화상자의 좌표계의 축을 선택한다.(X 좌표축을 변경한다)

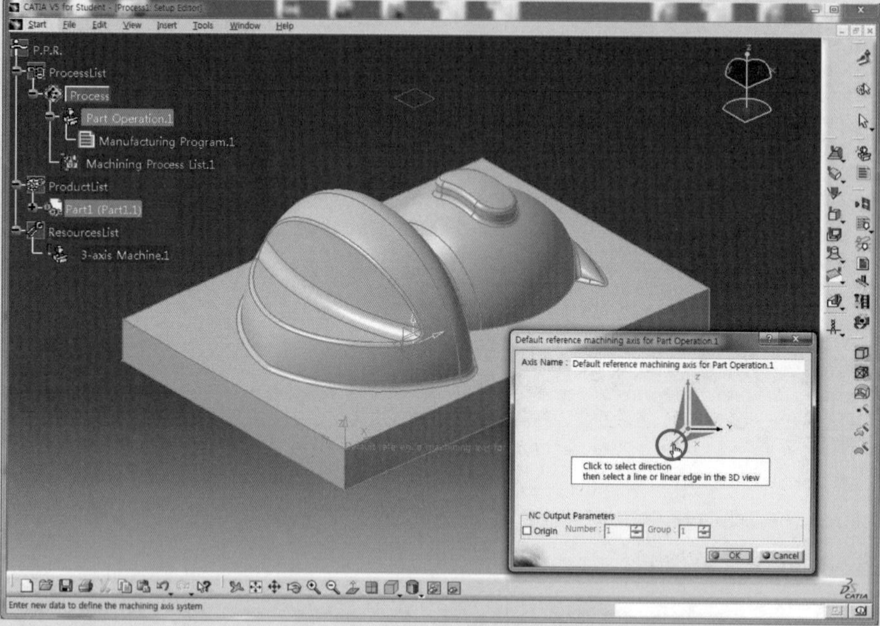

- Direction X 대화상자에서 I영역을 선택한 후 Reverse Direction을 클릭하여 −1로 변경하면 X좌표축이 반대 방향으로 변경된다.

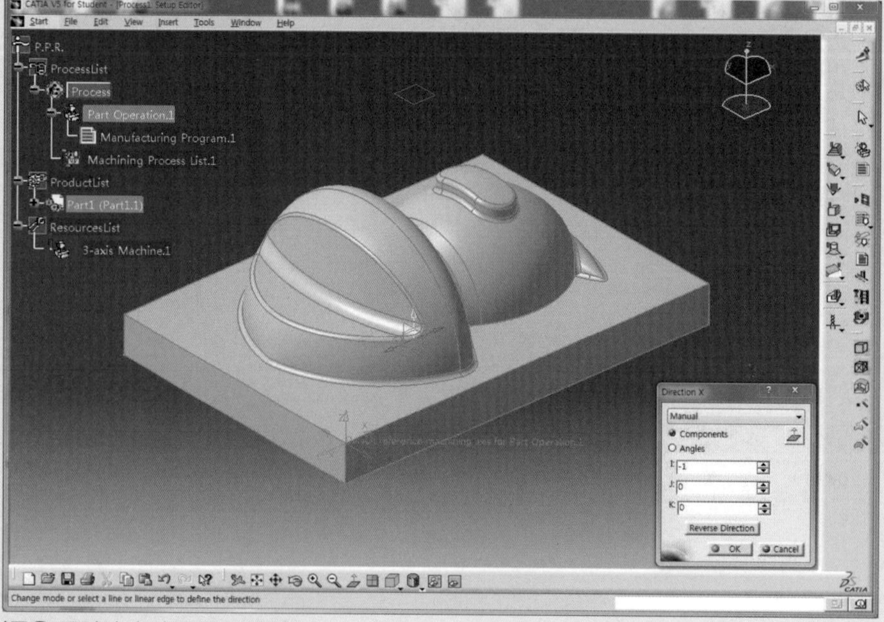

- OK 버튼을 클릭하여 좌표계를 설정한다.

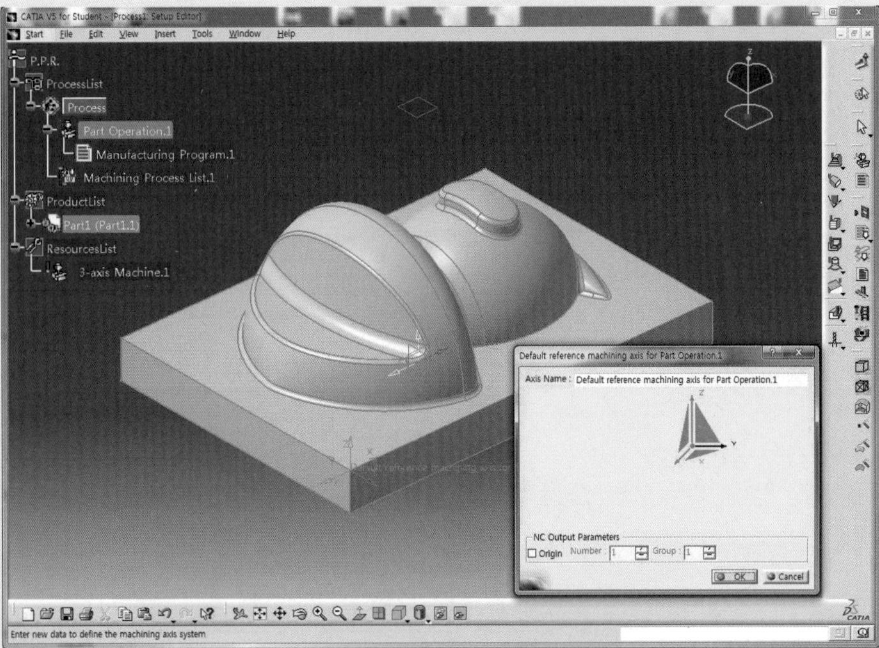

• Default reference machining axis for Part Operation.1 대화상자에서 OK 버튼을 클릭하면 좌표계 방향이 변경된 것을 확인할 수 있다.
• 위와 같은 방법으로 원점 좌표계를 설계자의 의도에 맞게 설정할 수 있다.

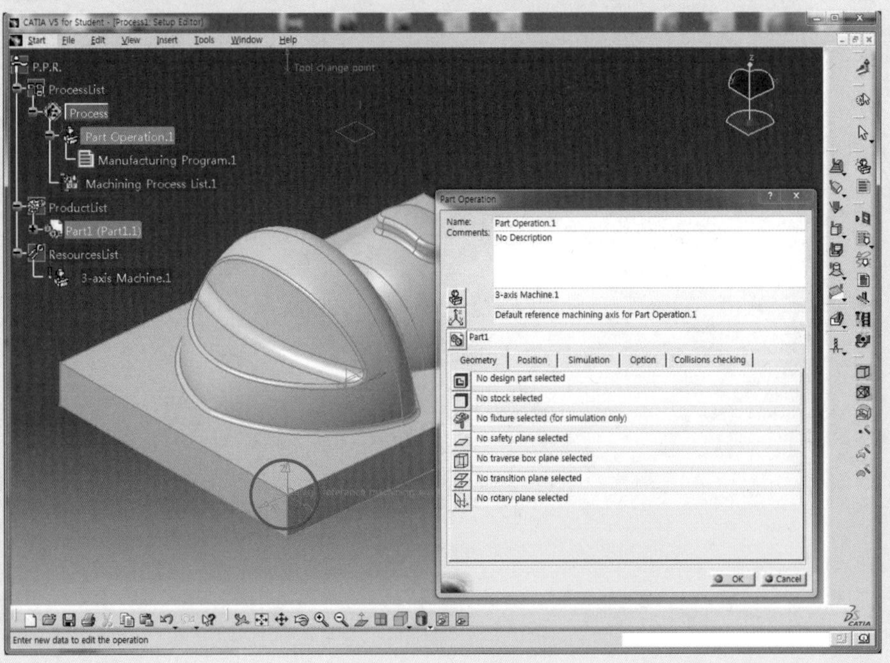

13 최종 가공형상인 Model을 지정하기 위해 Design Part for Simulation 아이콘 을 클릭한다.

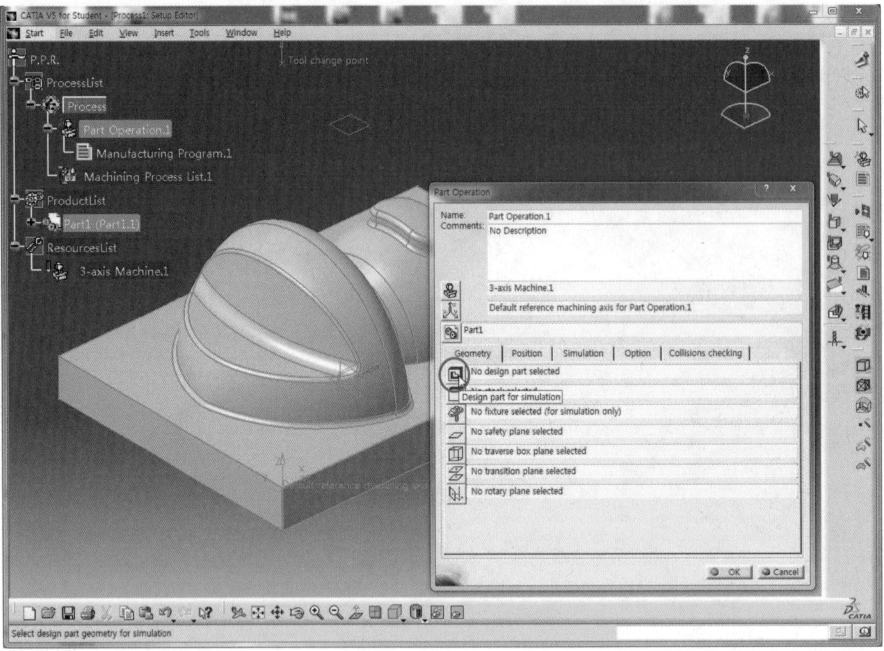

14 Tree 영역에서 ProductList－Part1(Part1.1)－Part1－PartBody를 선택한다.

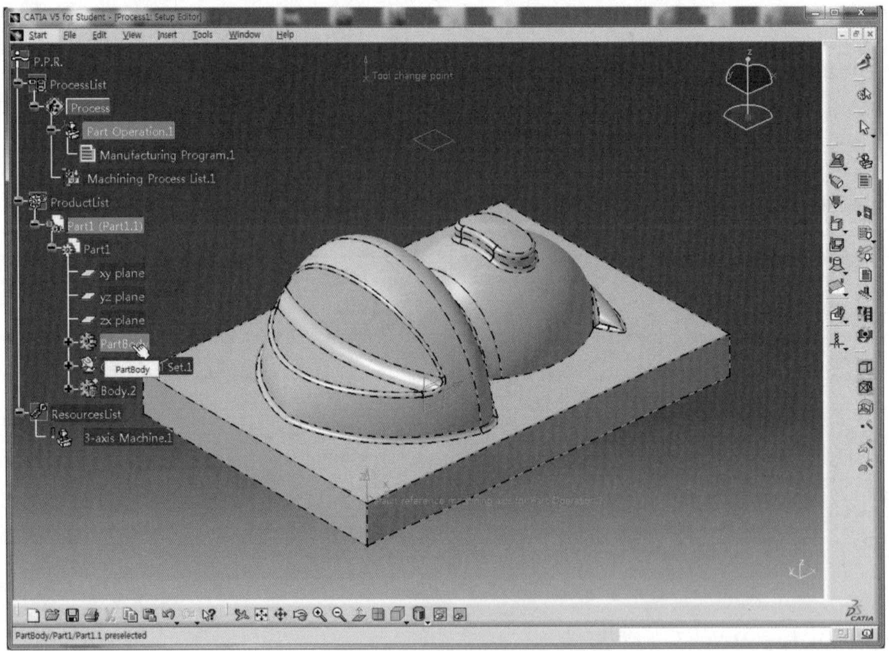

15 마우스 포인터를 Model을 제외한 임의의 빈 공간에 위치시키고 더블클릭하면 부품 Model이 설정된다.

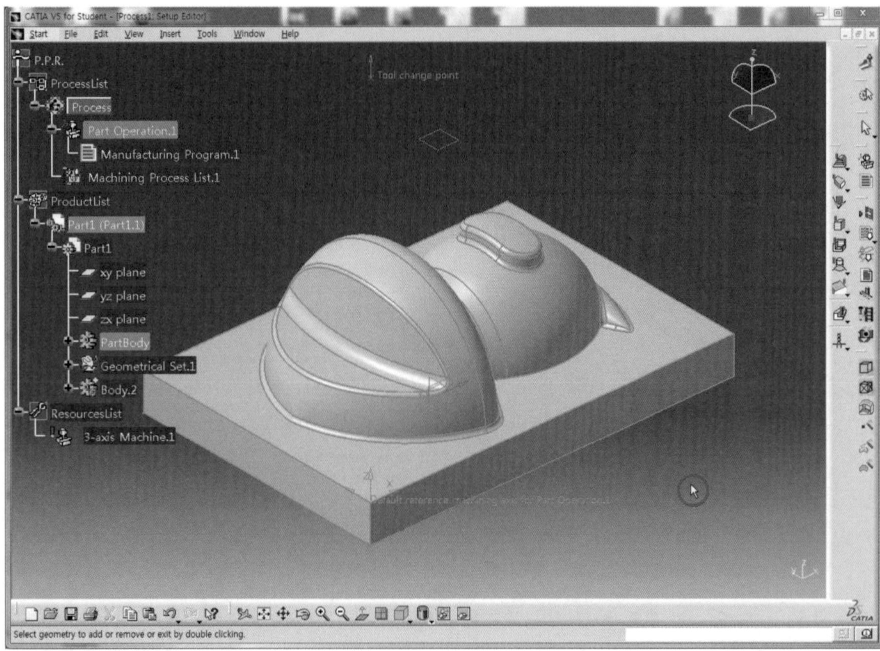

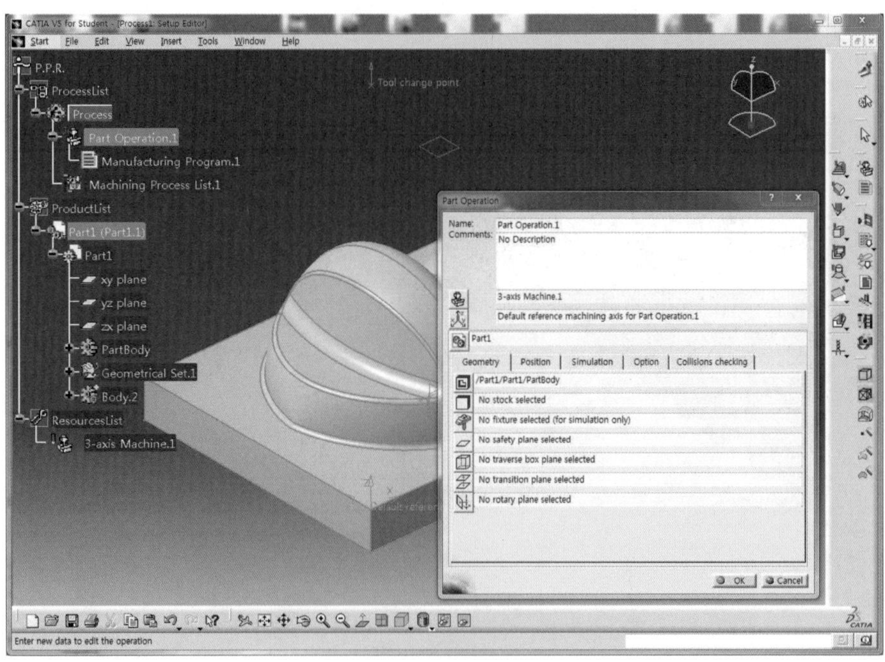

16 가공 소재를 지정하기 위해 Stock 아이콘 을 클릭한다.

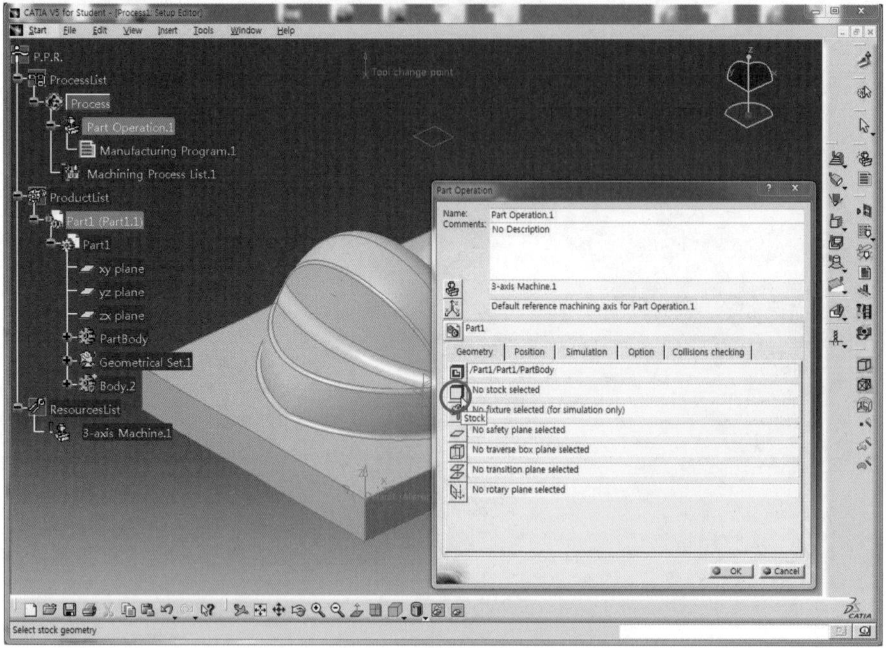

17 Tree 영역에서 ProductList 아래의 Body.2를 선택한다.

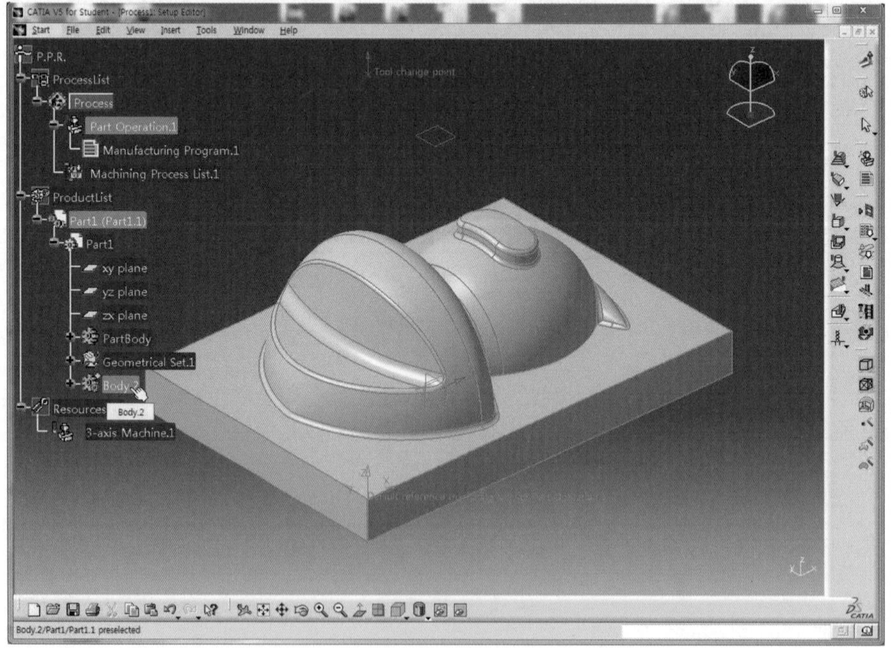

18 마우스 포인터를 Model을 제외한 임의의 빈 공간에 위치시키고 더블클릭하면 가공 전의 소재가 설정된다.

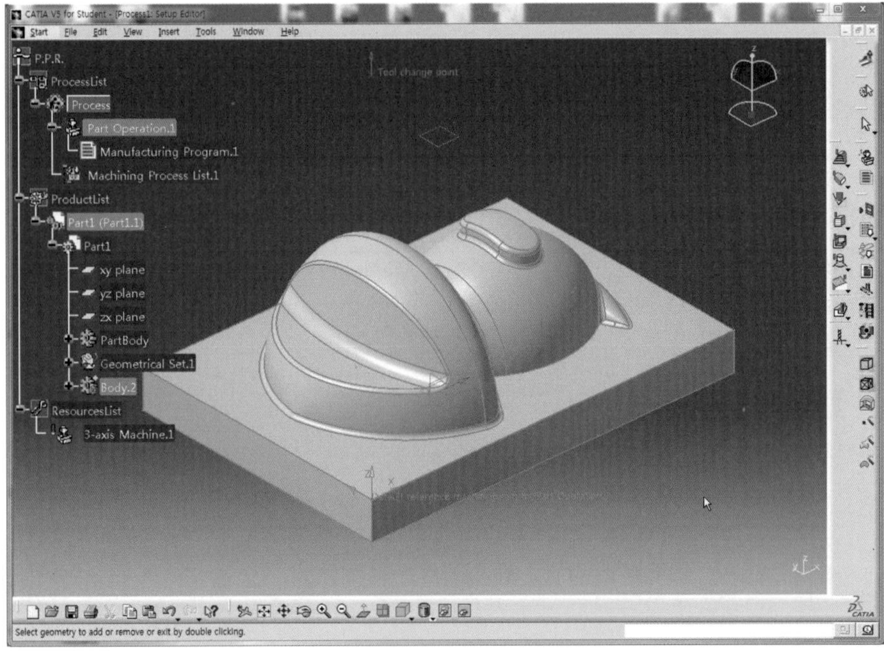

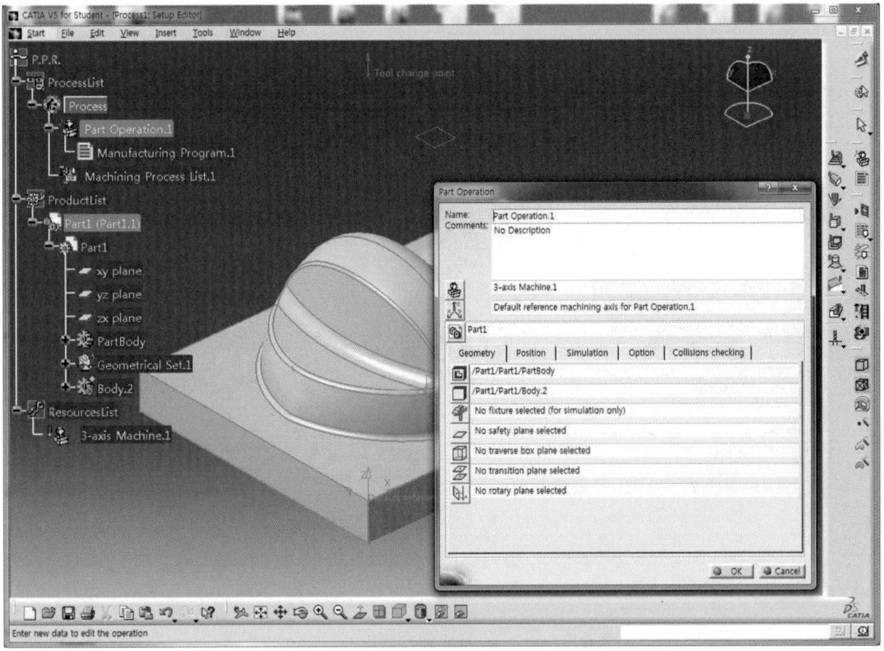

19 안전높이를 설정하기 위해 Safety Plane 아이콘 을 클릭한다.

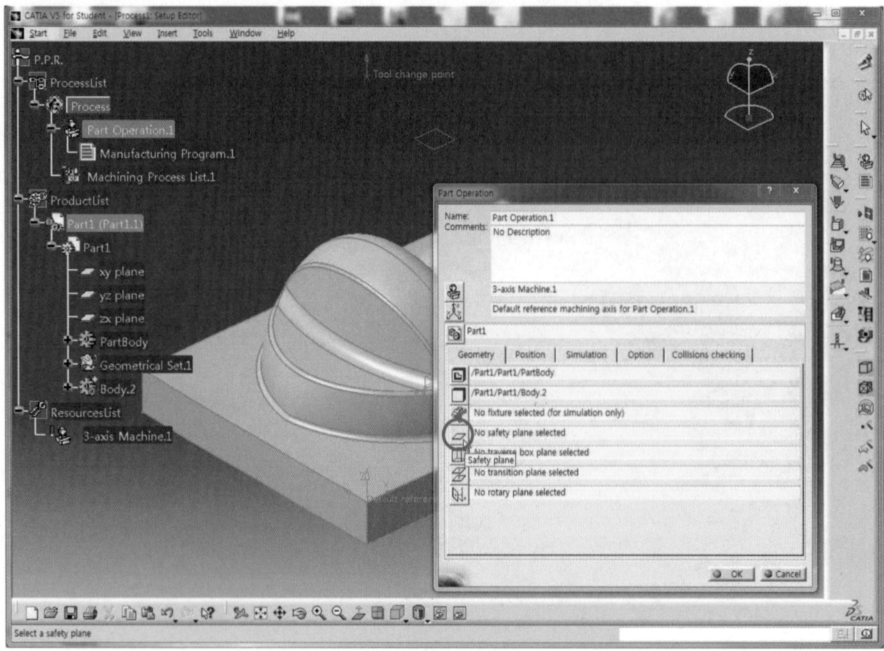

20 PartBody에 생성한 Plane을 선택한 후 OK 버튼을 클릭한다.

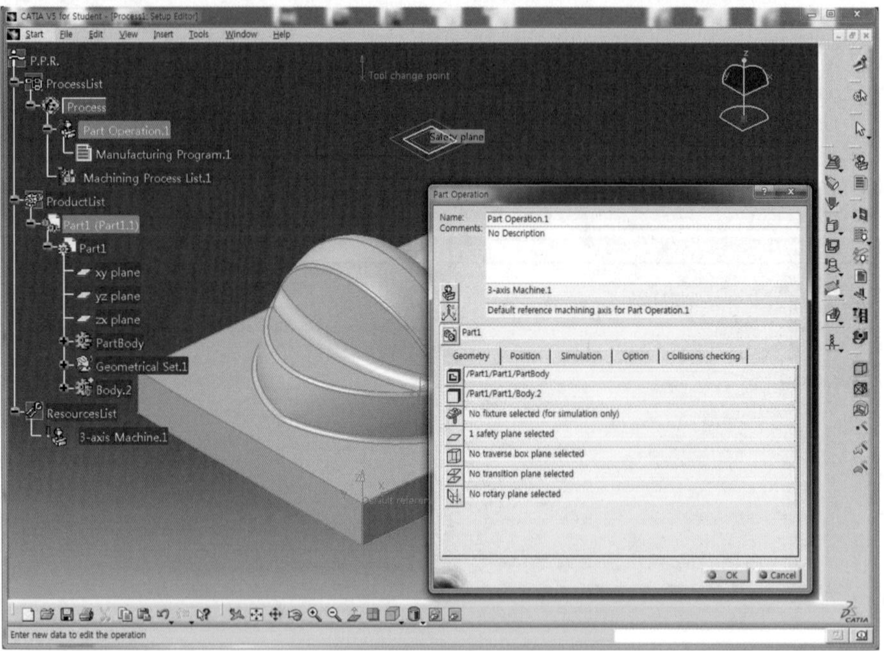

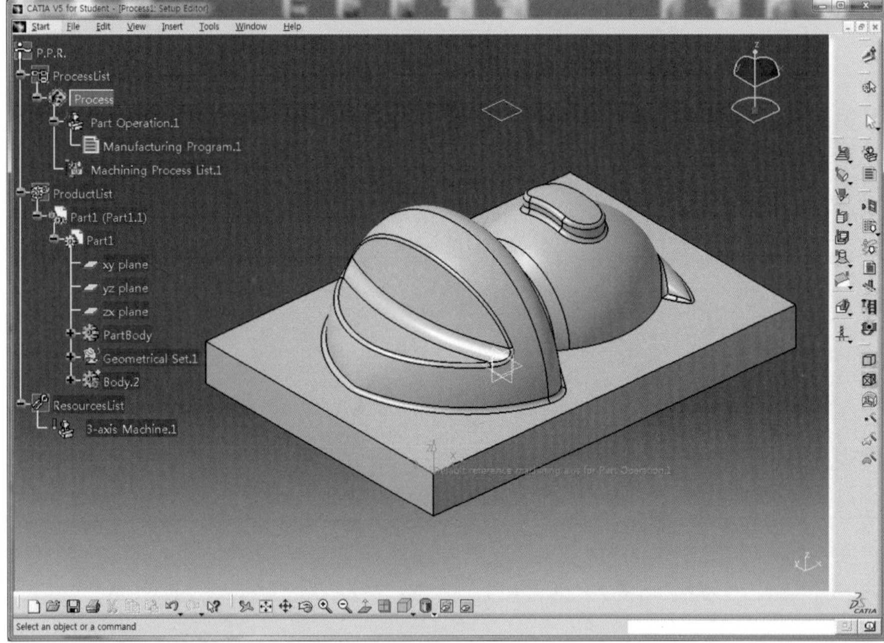

21 Manufacturing Program 도구막대의 Manufacturing Program 아이콘 [icon] 을 더블클릭한 후 Tree 영역의 Manufacturing Program.1을 선택하여 Manufacturing Program.2를 생성한다.

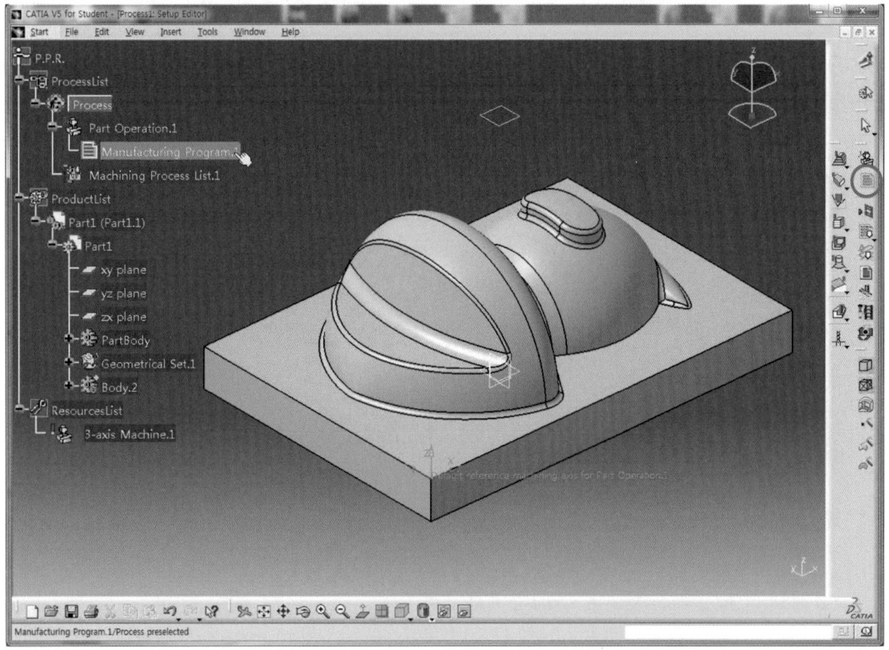

22 다시 한 번 Tree 영역의 Manufacturing Program.2를 선택하여 Manufacturing Program.3을 생성한다.

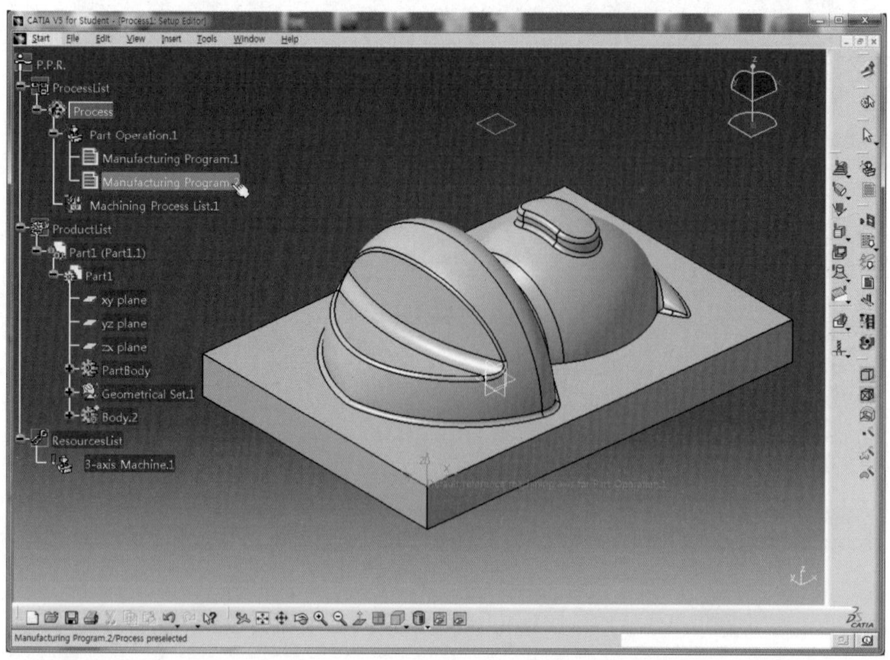

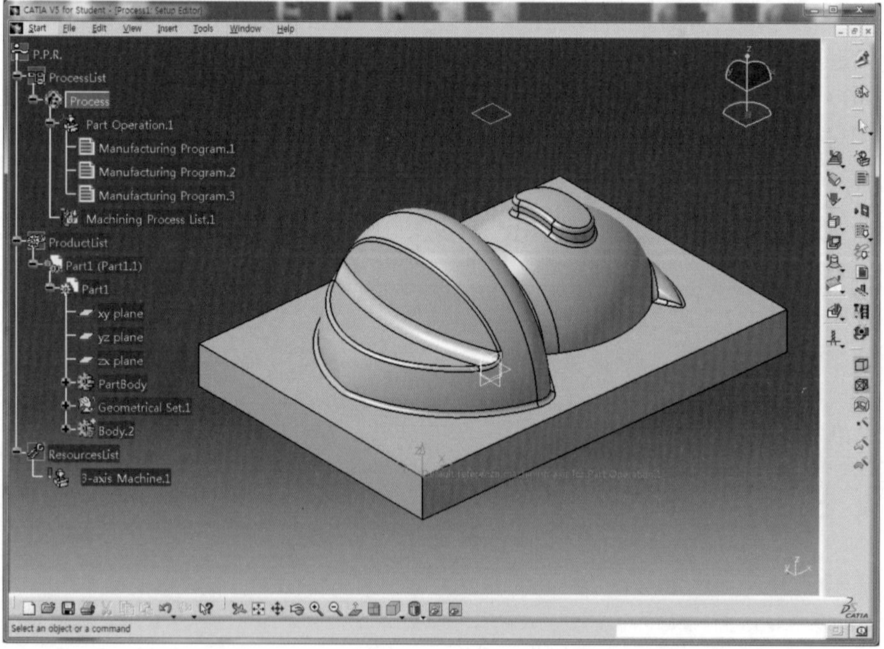

23 Tree 영역에서 Manufacturing Program.1을 선택하고 마우스 오른쪽 버튼을 클릭하여 Properties를 선택한다.

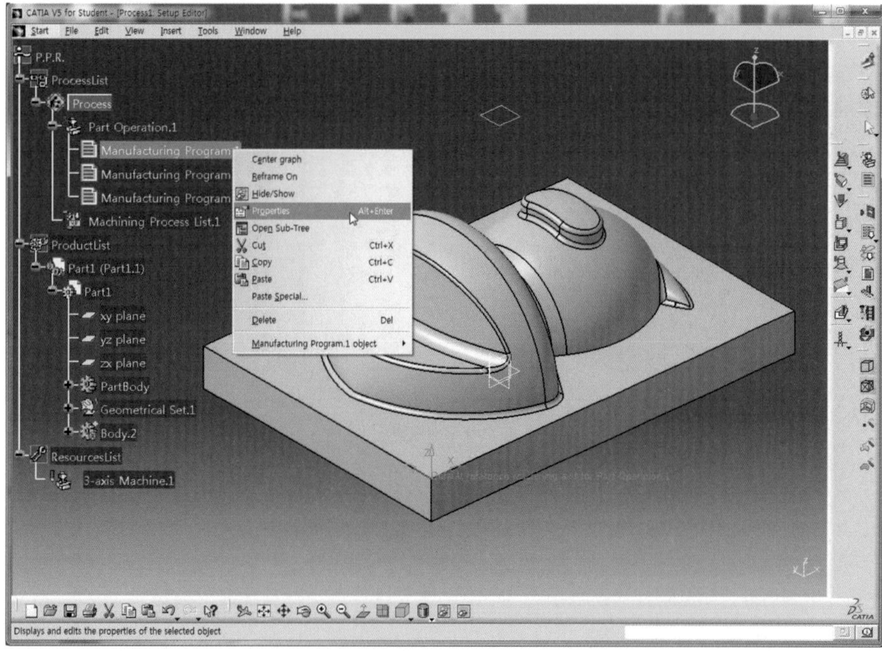

24 Label 영역을 선택하여 Rough로 입력하고 Apply 버튼을 클릭하여 적용한다.

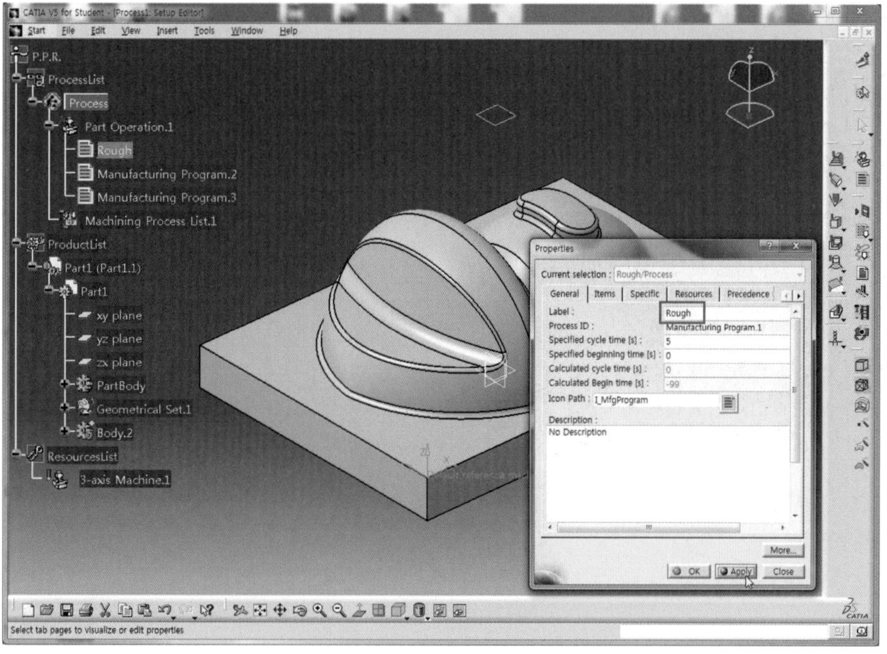

25 OK 버튼을 클릭한다.

26 같은 방법으로 Manufacturing Program.2는 Sweep으로, Manufacturing Program.3은 Pencil로 각각 수정한다.

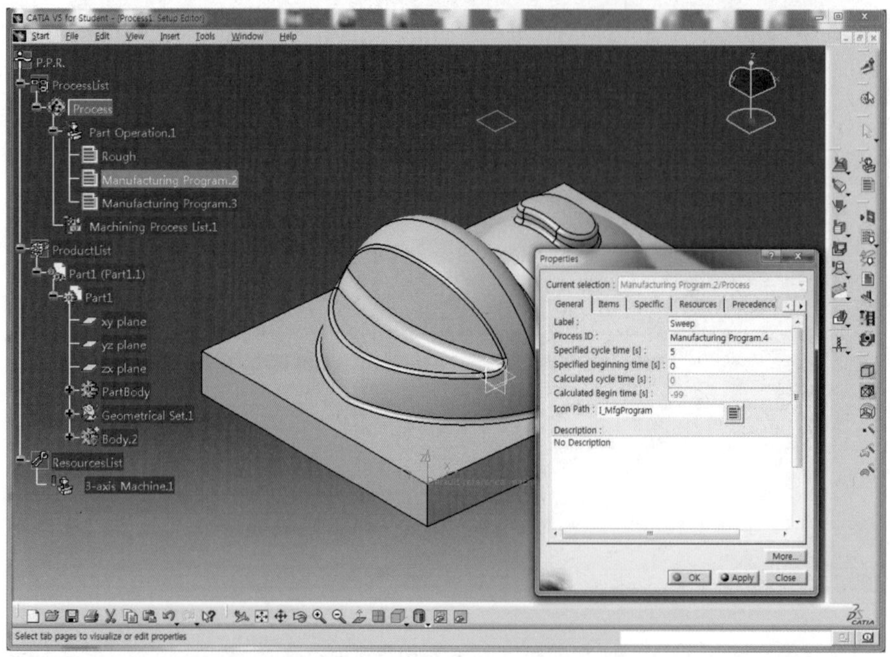

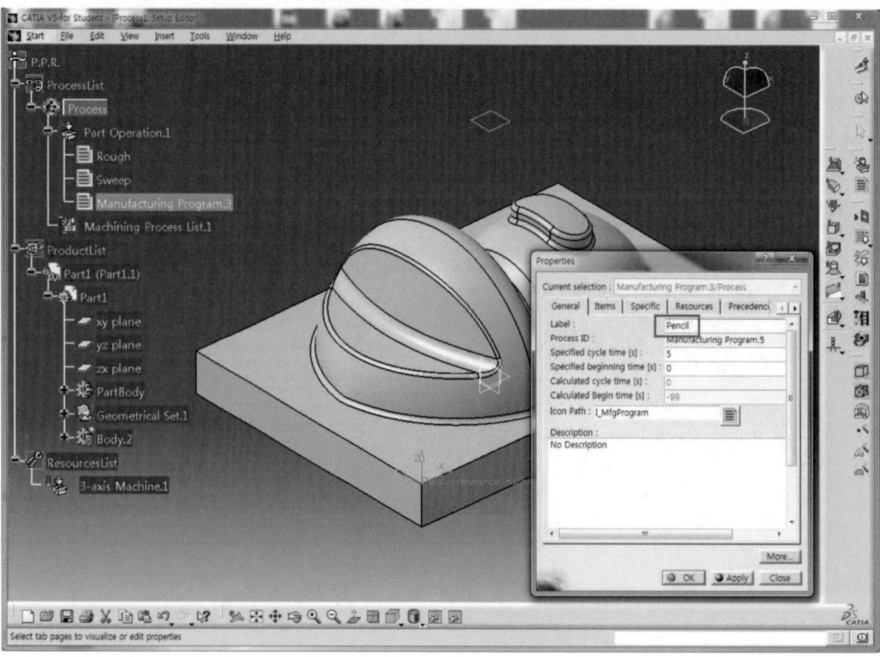

27 Tree 영역에서 수정된 내용을 확인할 수 있다.

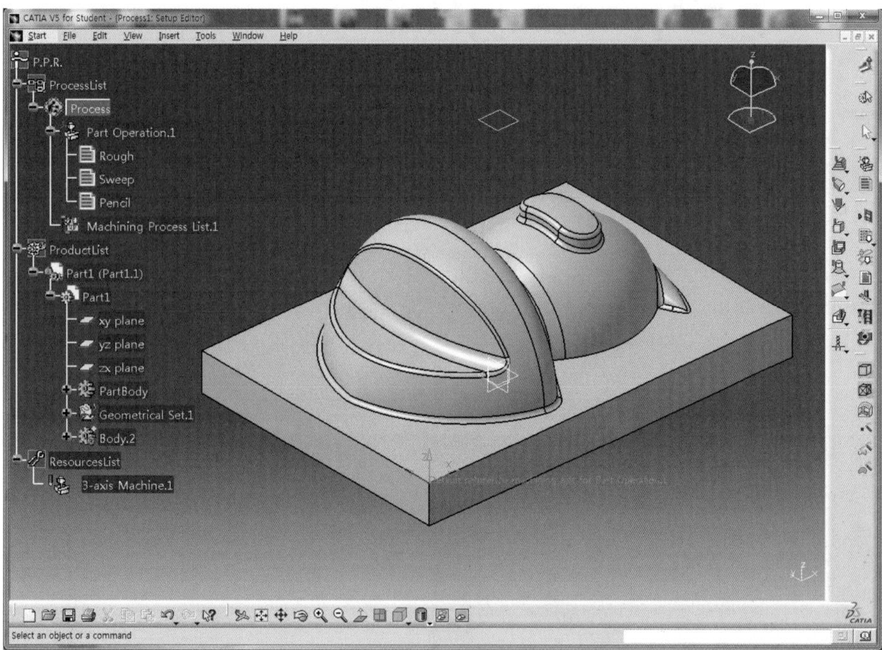

CHAPTER

03 황삭(Roughing) 경로 생성하기

01 Machining Operations 도구막대의 Roughing 아이콘 을 클릭하고 황삭 공구경로를 저장할 위치로 Tree 영역에서 Rough를 선택한다.

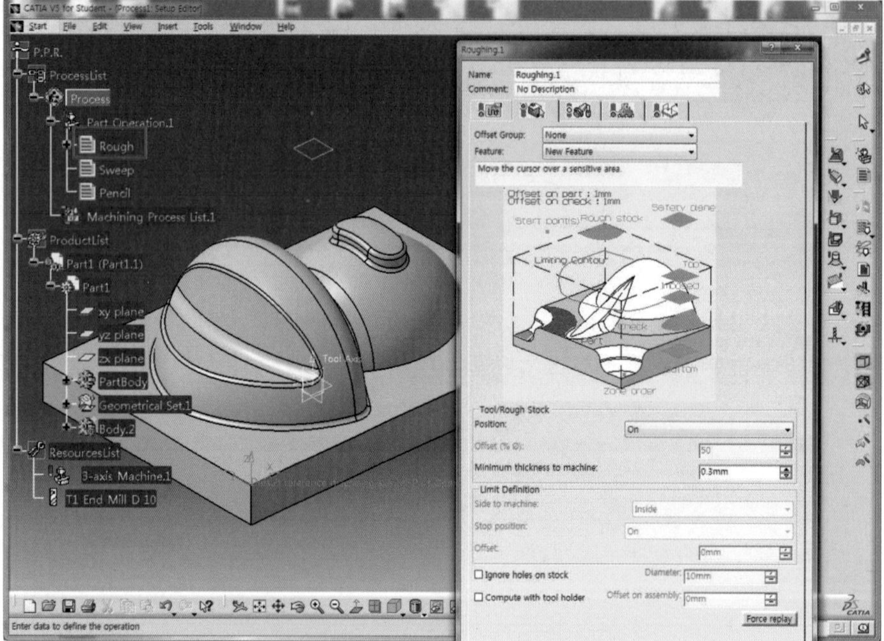

02 Roughing.1 대화상자에서 Part의 붉은 영역을 클릭한 후 Tree 영역에서 Model인 PartBody를 선택한다.

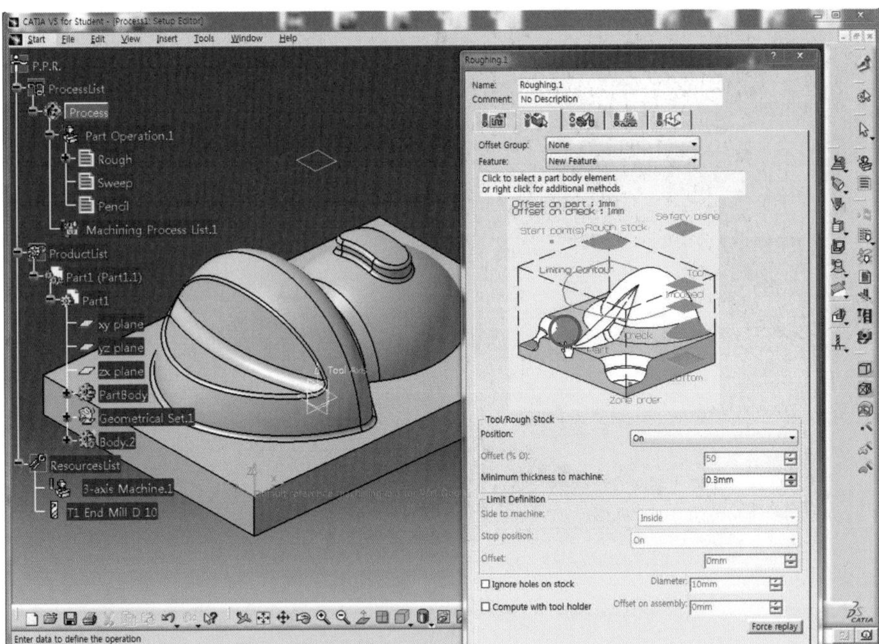

03 마우스 포인터를 Model을 제외한 임의의 빈 공간에 위치시키고 더블클릭하면 가공 후의 Model이 설정되어 Part 영역이 녹색으로 변경된다.

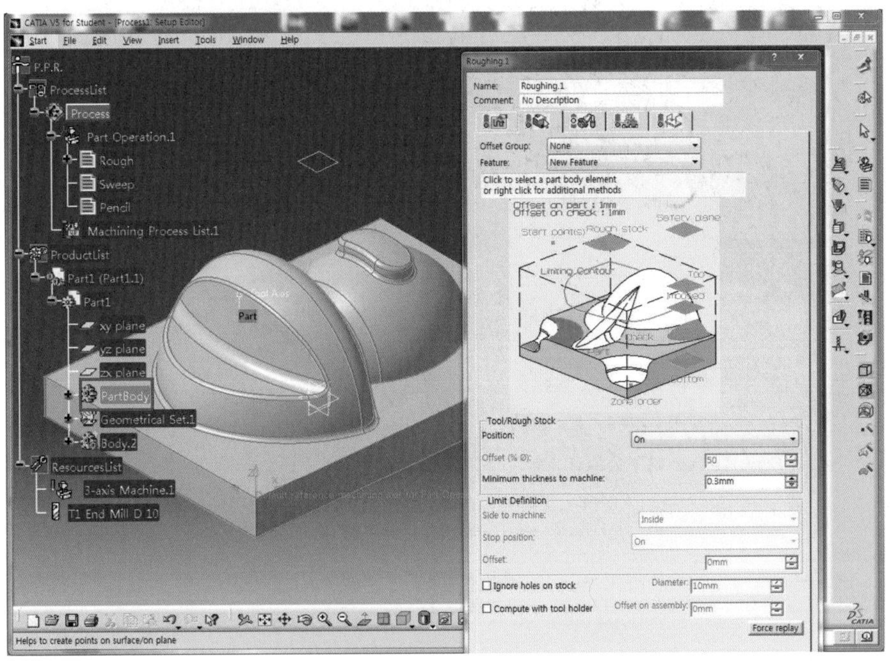

04 Rough stock의 붉은 영역을 클릭한 후 Tree 영역에서 소재인 Body.2를 클릭한다.

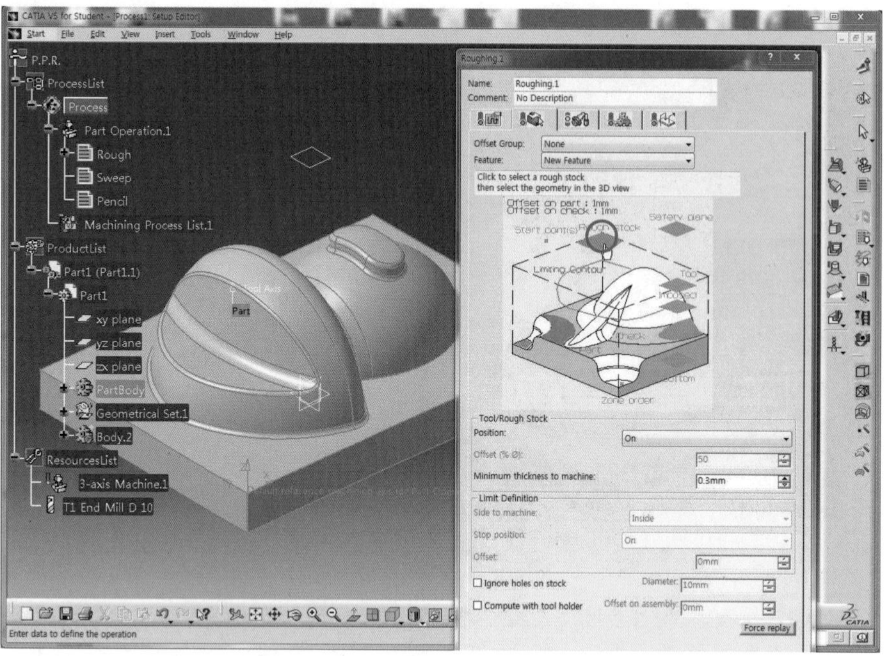

05 가공 전 소재가 설정되어 녹색으로 변경된다.

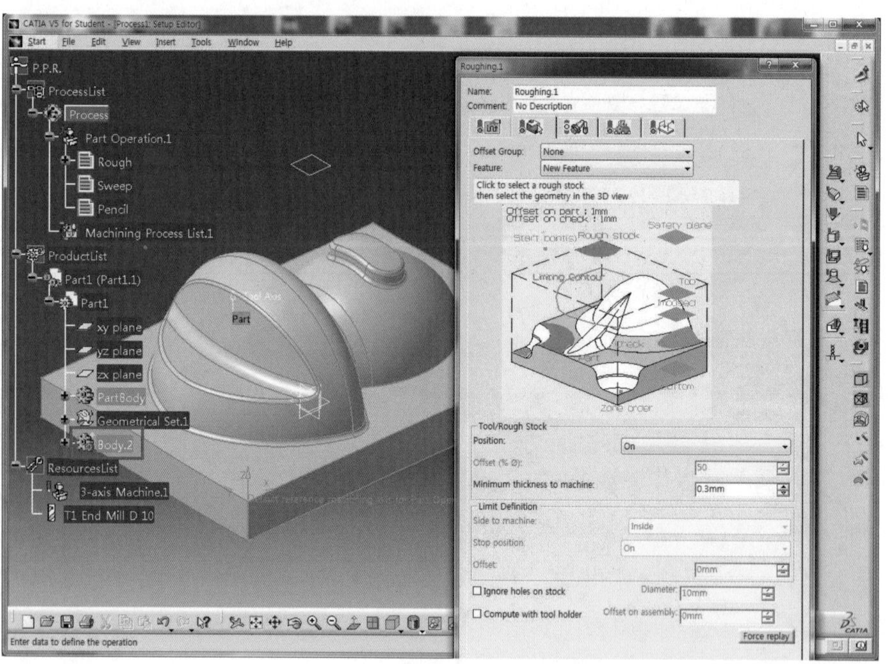

06 Bottom의 붉은 영역을 클릭한 후 Model을 회전시켜 바닥면을 클릭한다.

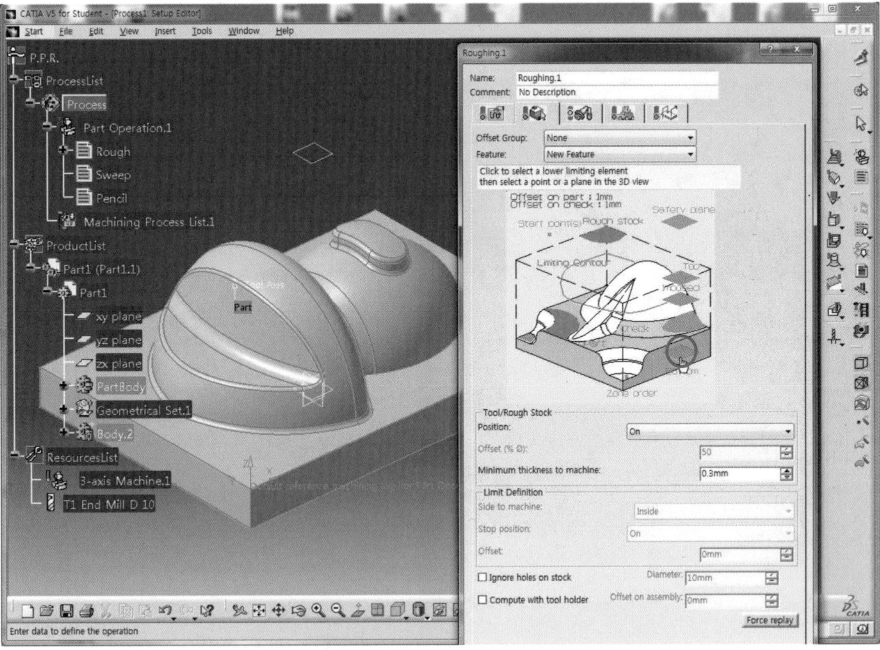

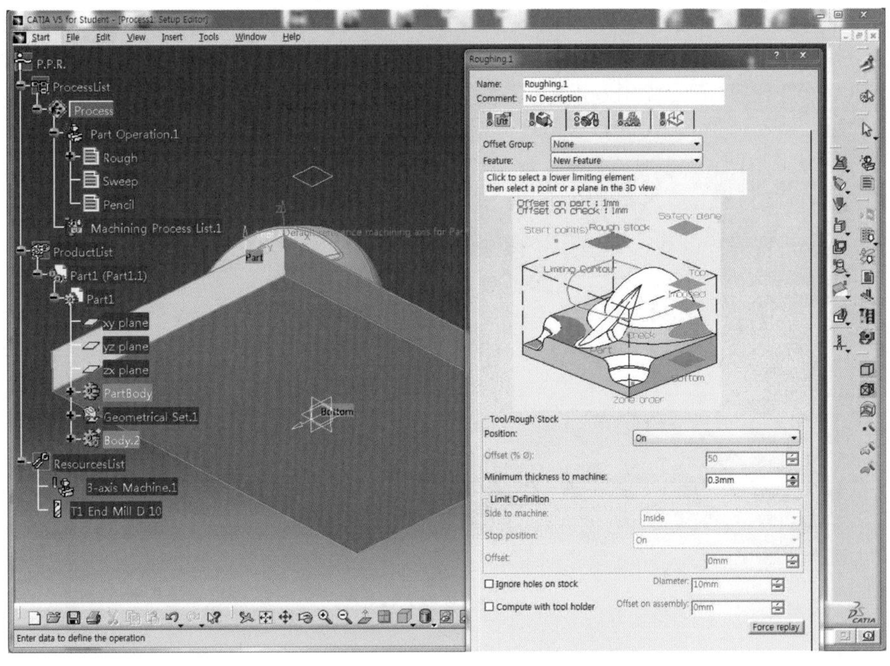

07 Model을 회전시키고 Safety plane의 붉은 영역을 클릭한 후 Model 영역에서 안전높이로 Plane을 선택한다.

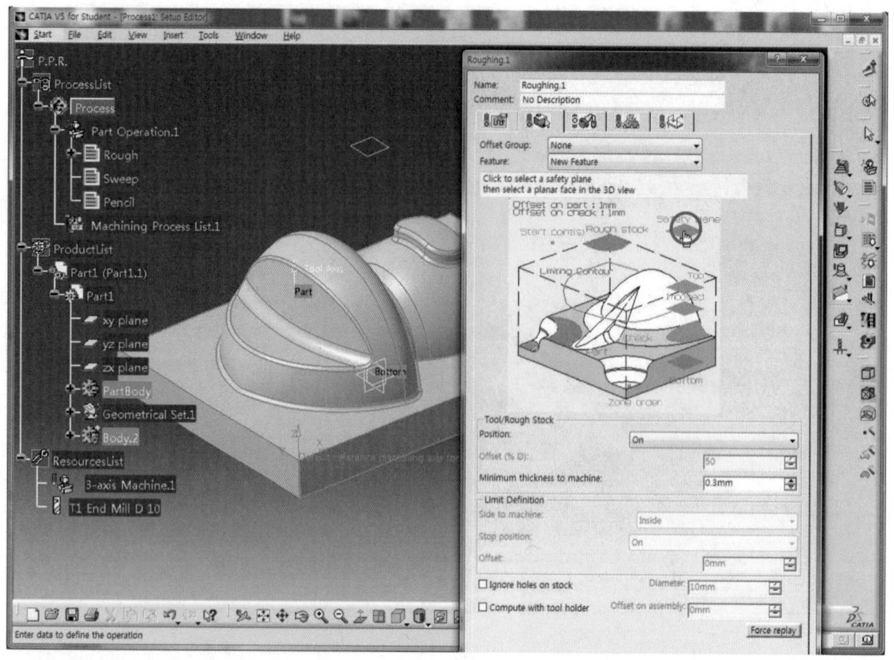

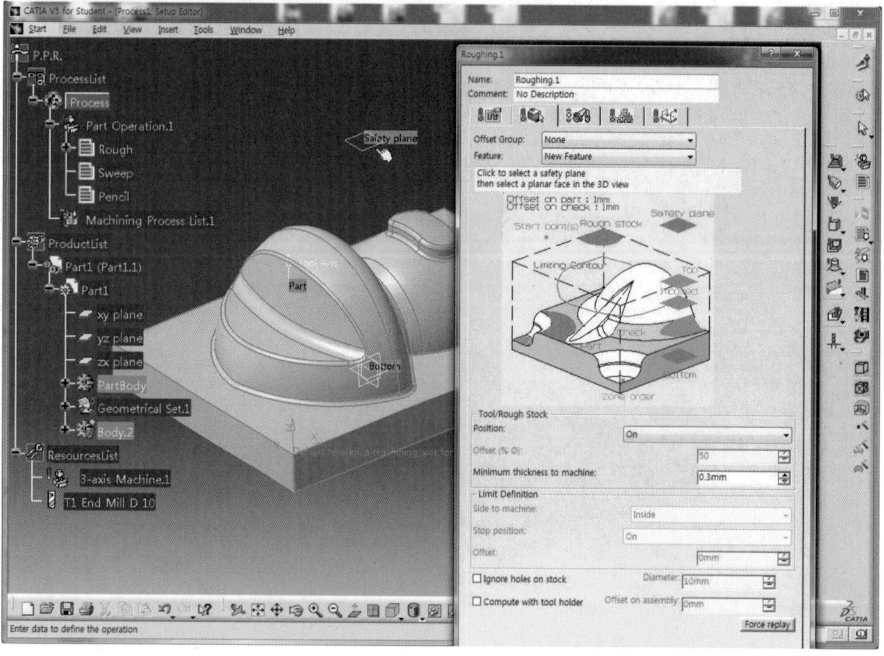

08 황삭가공 조건 중에서 잔량 0.5mm를 적용하기 위해 Offset on part와 Offset on check를 각각 더블 클릭하여 0.5mm를 입력하고 OK 버튼을 클릭한다.

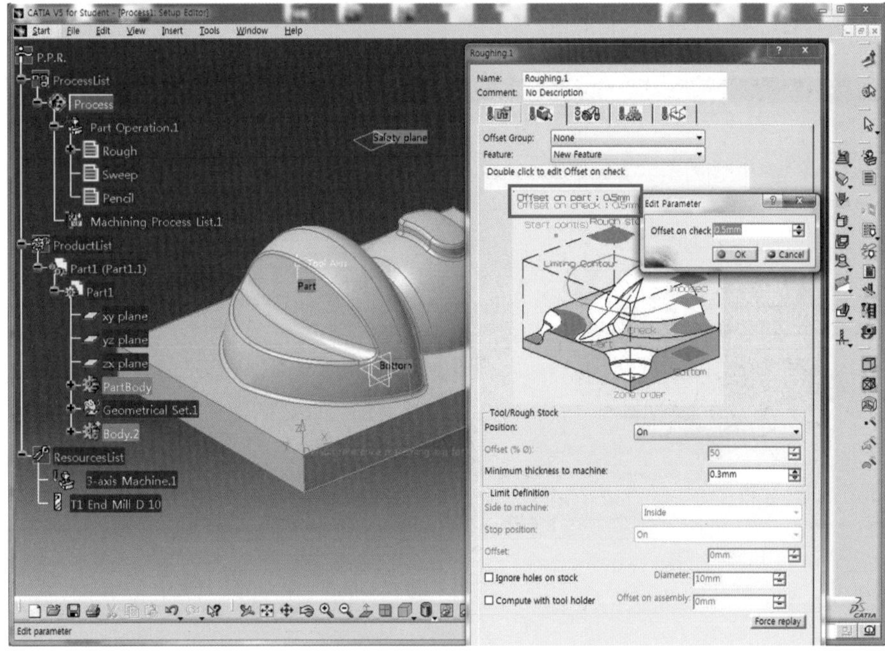

09 StrategyShortHelp 아이콘 을 클릭한 후 Machining 탭의 Tool path style을 Spiral로 선택한다.

10 황삭가공 조건 중에서 공구경로 간격 5mm를 적용하기 위해 Radial 탭의 Stepover를 Stepover length로 선택한 후 Max. distance between pass 영역에 5mm를 입력한다.(Stepover length 옆에 있는 ? 를 클릭하면 각 조건에 대한 미리보기 창이 나타난다.)

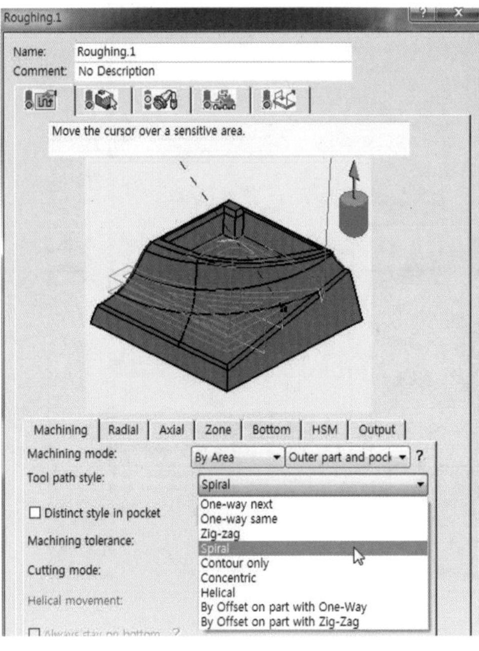

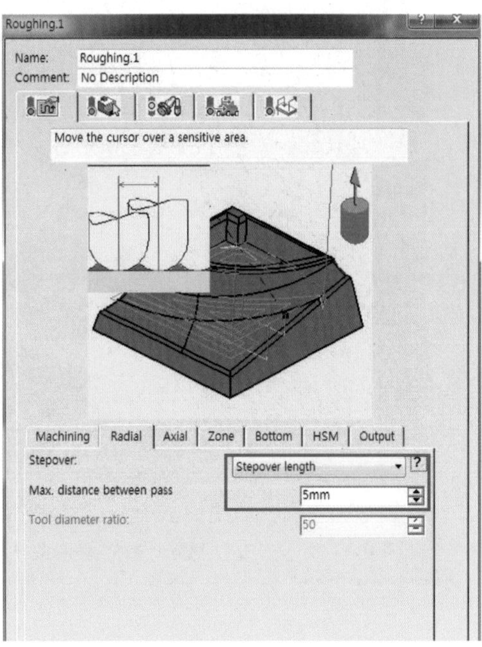

11 황삭가공 조건 중에서 절입량 6mm를 적용하기 위해 Axial 탭의 Maximum cut depth 영역에 6mm를 입력하고 **?** 를 클릭하여 적용내용을 미리보기 한다.

12 기타 탭의 조건은 Default로 지정한다.

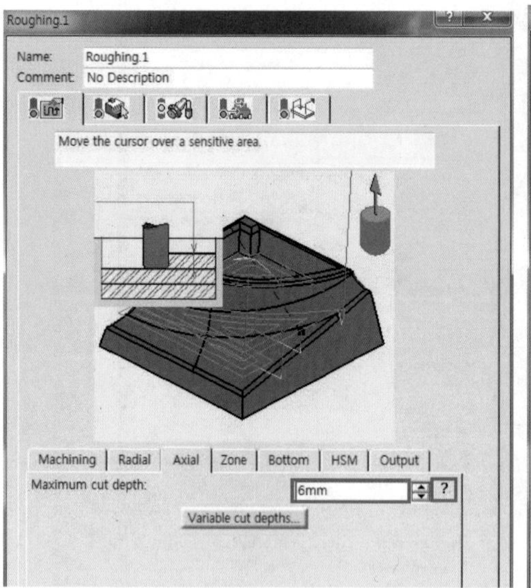

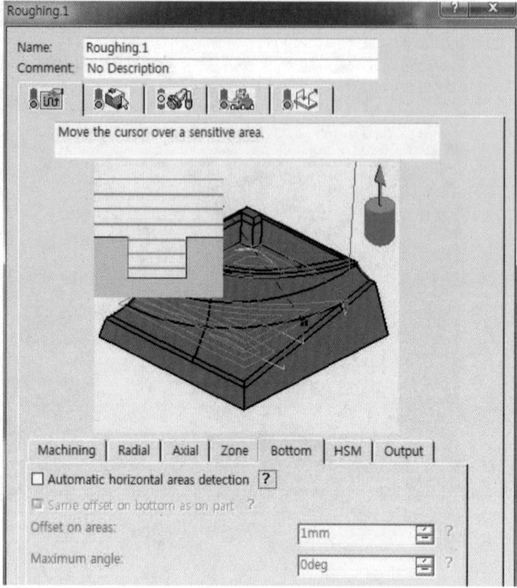

13 아이콘을 클릭한 후 황삭공구 조건인 Φ12 평 엔드밀을 적용하기 위해 Ball－end tool의 체크를 해제한다.

14 Tool의 D=10mm를 더블클릭하여 12mm, Rc=5mm를 더블클릭하여 0mm를 입력한다.

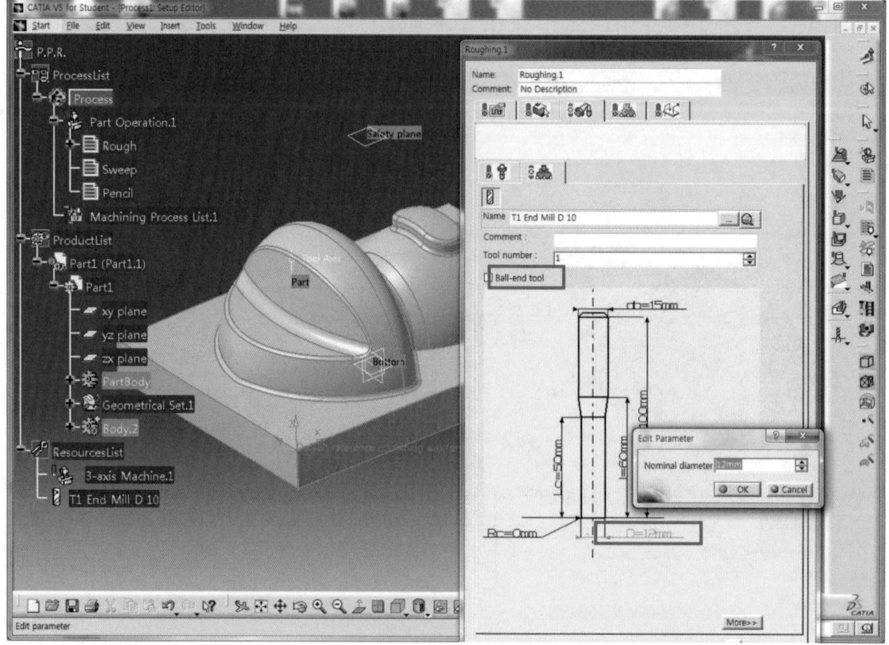

15 아이콘을 클릭한 후 황삭가공 조건 중에서 이송 100mm/min을 적용하기 위해 Automatic compute from tooling Feeds and Speeds의 체크를 해제하고 Machining 영역에 100mm_min으로 입력한다.(공구가 공작물에 접근하고 후퇴하는 속도를 각각 지정할 수 있지만, 여기서는 편의상 가공 속도와 같게 지정했다.)

16 공구의 회전수 1,400rpm을 적용하기 위해 Spindle Speed 영역의 Automatic compute from tooling Feeds and Speeds의 체크를 해제하고 Machining 영역에 1,400rpm을 입력한다.

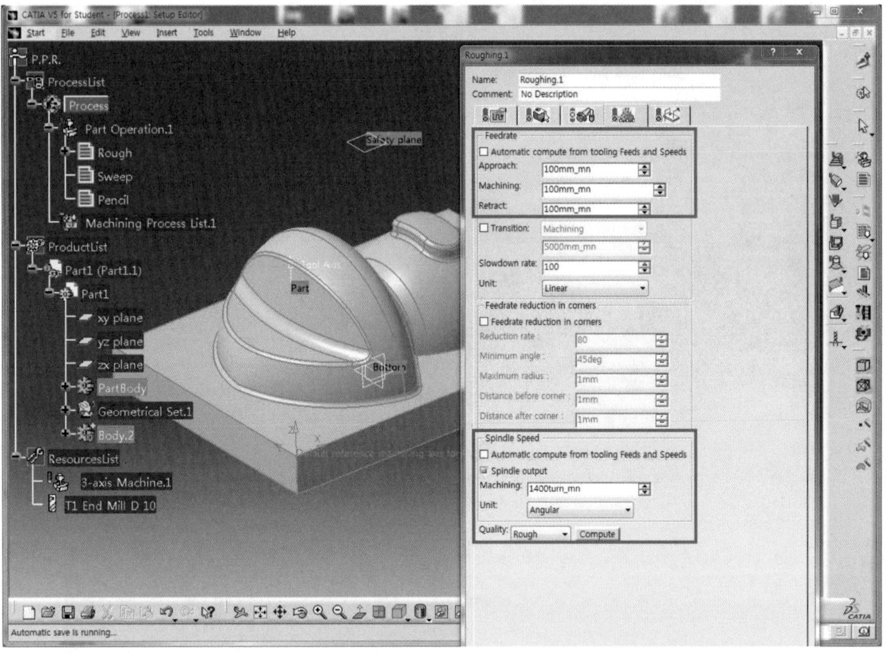

17 절삭조건의 적용이 완료되었으며 아래쪽의 Tool path replay 아이콘 을 클릭하면 Rough.1 대화상자가 나타나면서 공구경로를 미리 볼 수 있다. (절삭조건이 변경되면 Tool path Replay 버튼을 실행해야 변경 조건이 적용된 Tool path를 생성할 수 있다.)

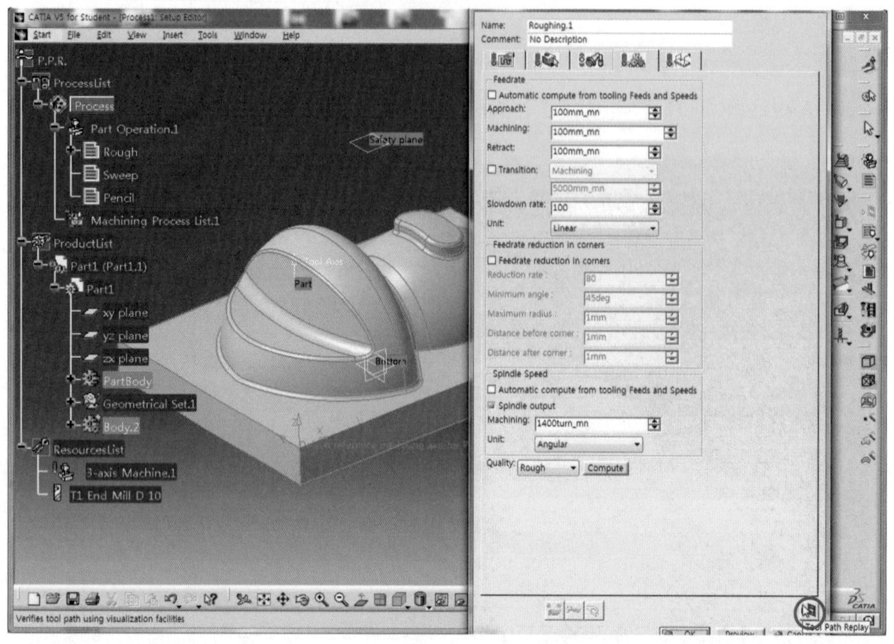

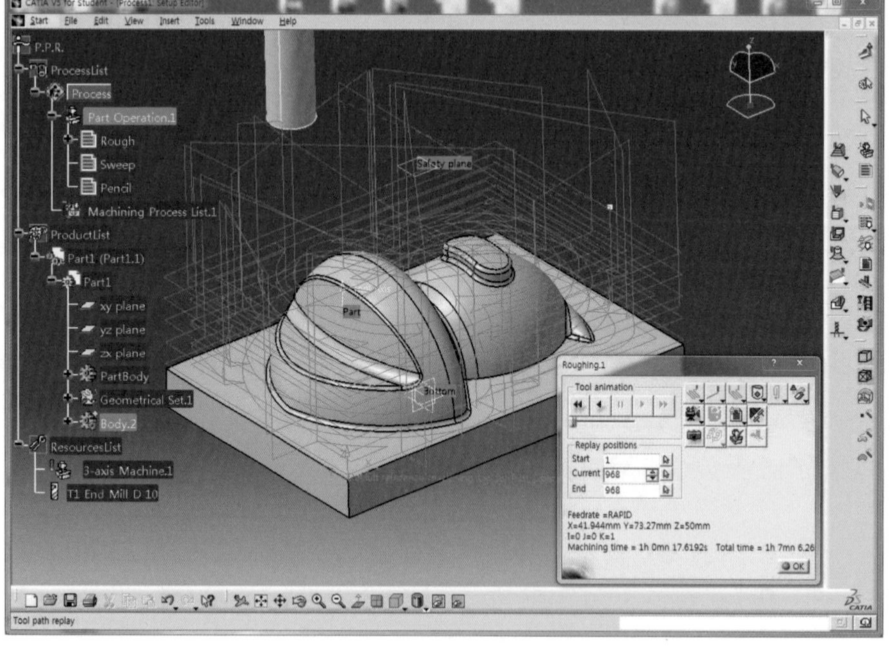

18 OK 버튼을 클릭하여 황삭가공 경로를 생성한다.(Tree 영역에서 Rough 아래에 경로가 생성된다.)

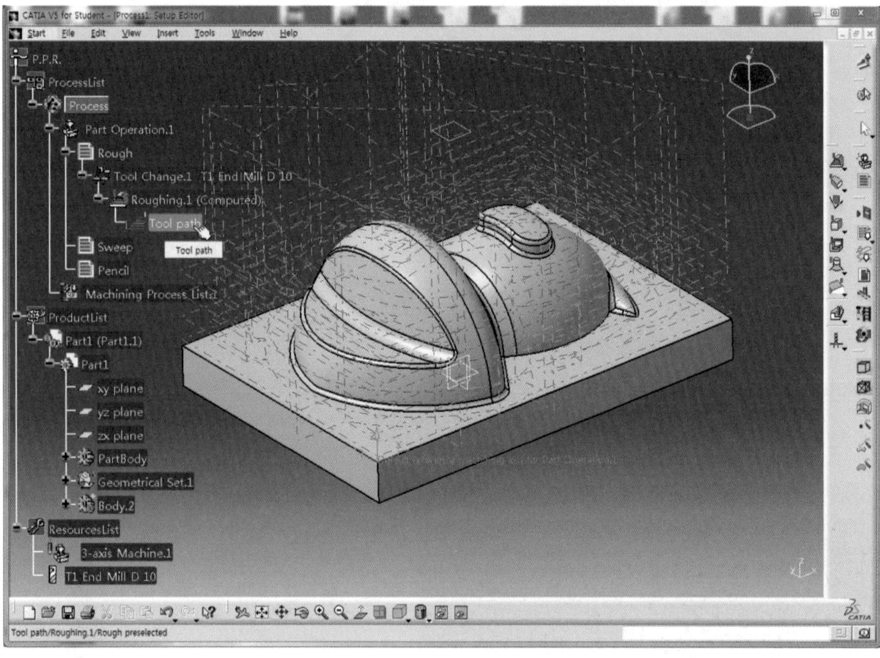

04 정삭(Sweeping) 경로 생성하기

01 Machining Operations 도구막대의 Sweeping 아이콘 을 클릭하고 정삭 공구경로를 저장할 위치로 Tree 영역에서 Sweep을 선택한다.

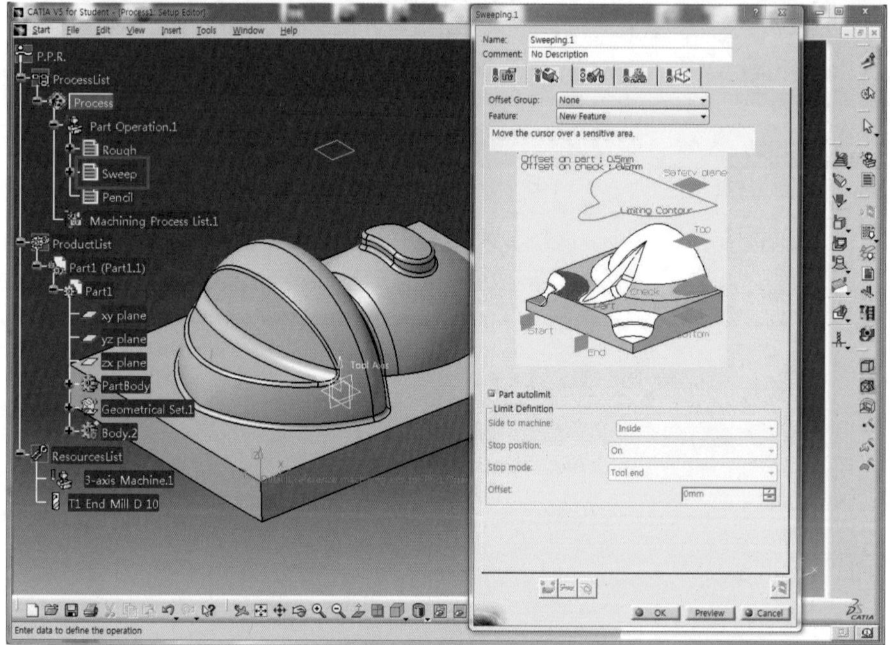

02 Sweeping.1 대화상자에서 Part의 붉은 영역을 클릭한 후 Tree 영역에서 가공 후 형상인 PartBody를 클릭한다.

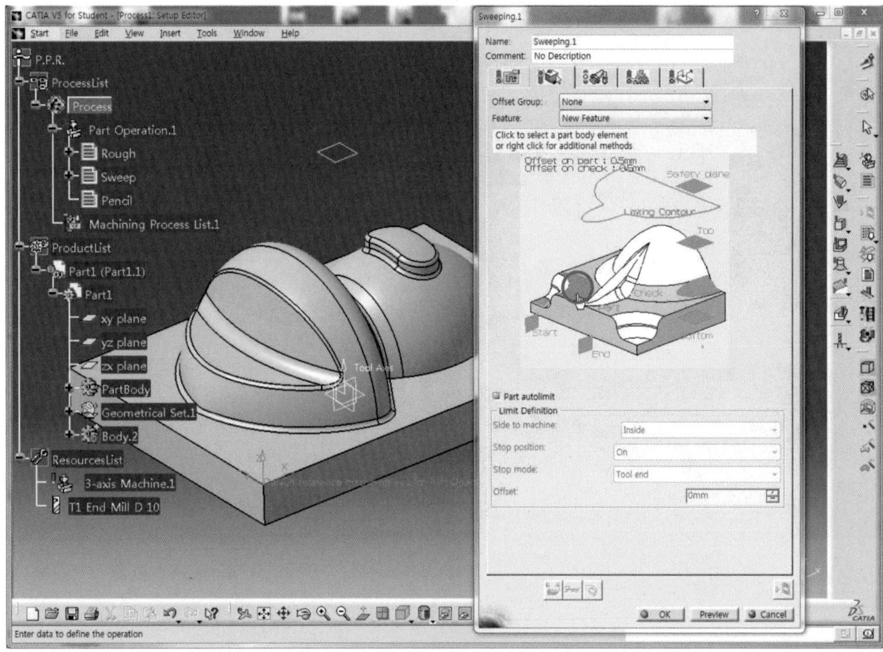

03 마우스 포인터를 Model 외의 임의의 빈 공간에 위치시키고 더블클릭하면 부품 Model이 설정되어 녹색으로 변경된다.

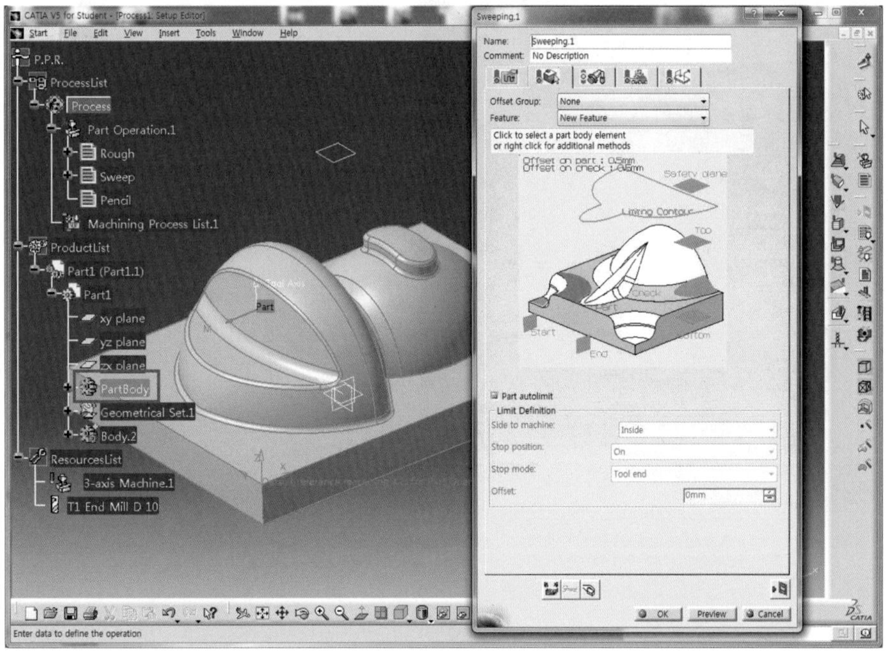

04 Safety plane의 붉은 영역을 클릭한 후 Model 영역에서 안전높이로 Plane을 선택한다.

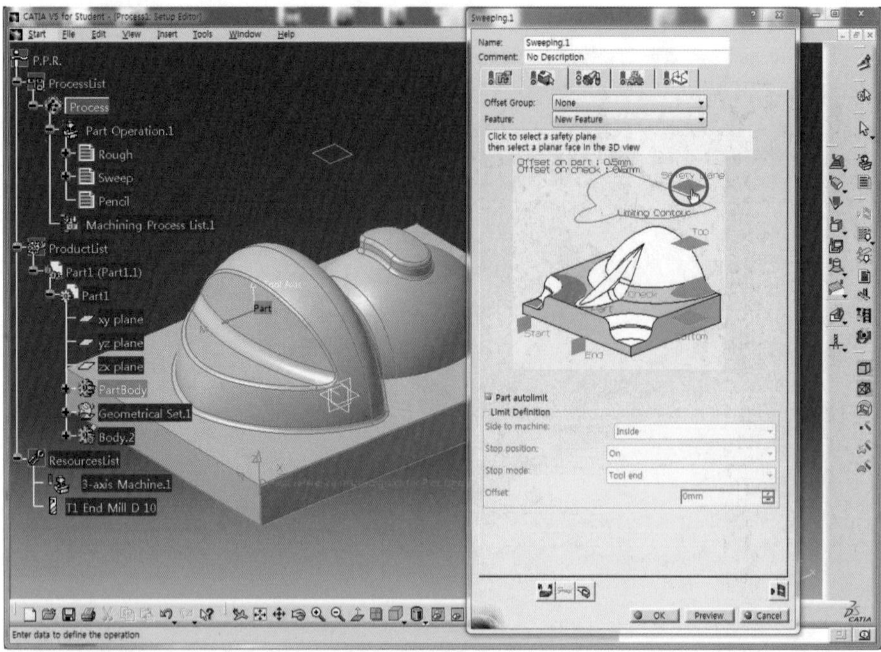

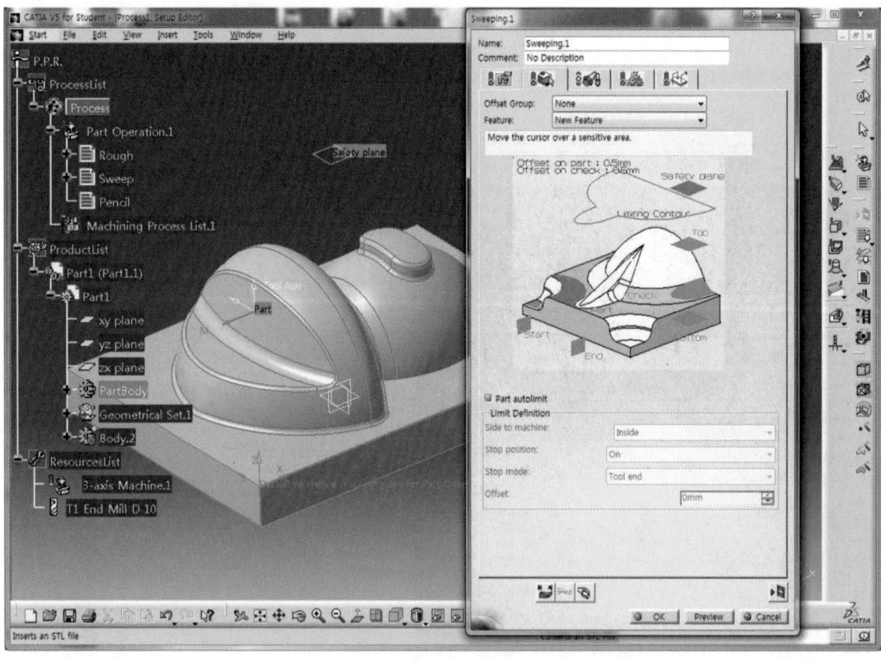

05 Bottom의 붉은 영역을 클릭한 후 Model을 회전시켜 바닥면을 클릭한다.

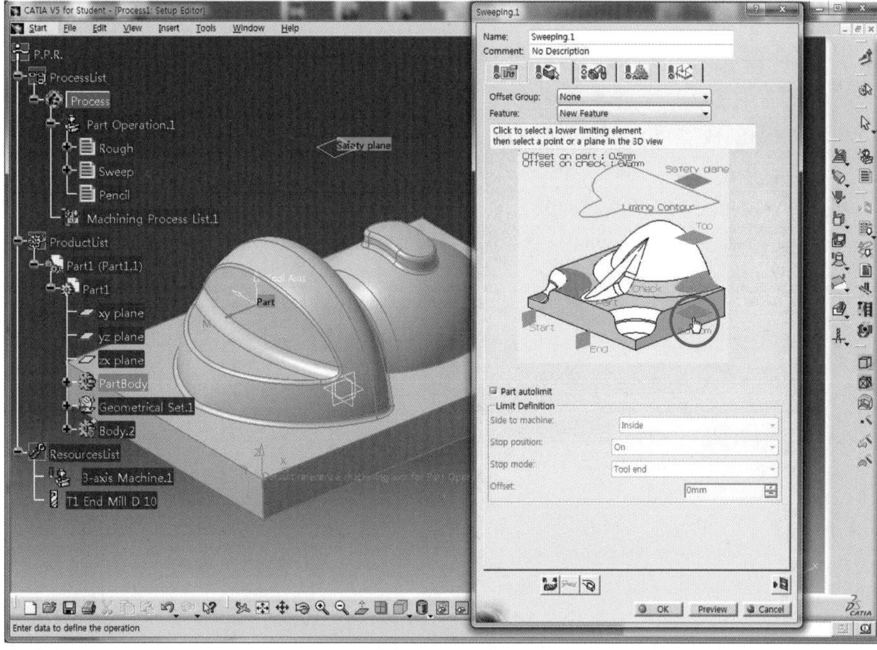

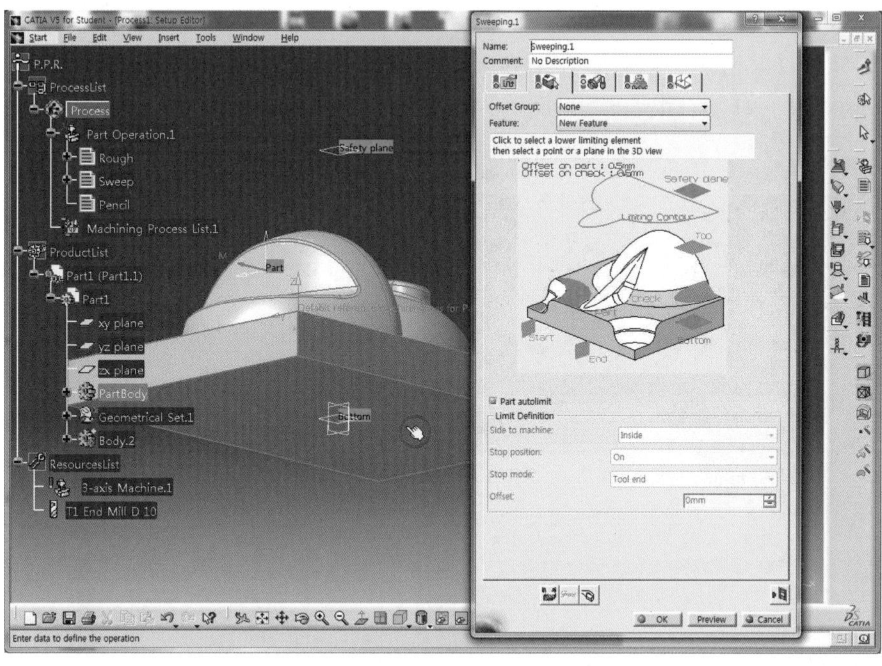

06 정삭가공 조건 중에서 잔량을 제거하기 위해 Offset on part와 Offset on check을 각각 더블클릭하여 0을 입력하고 OK 버튼을 클릭한다.

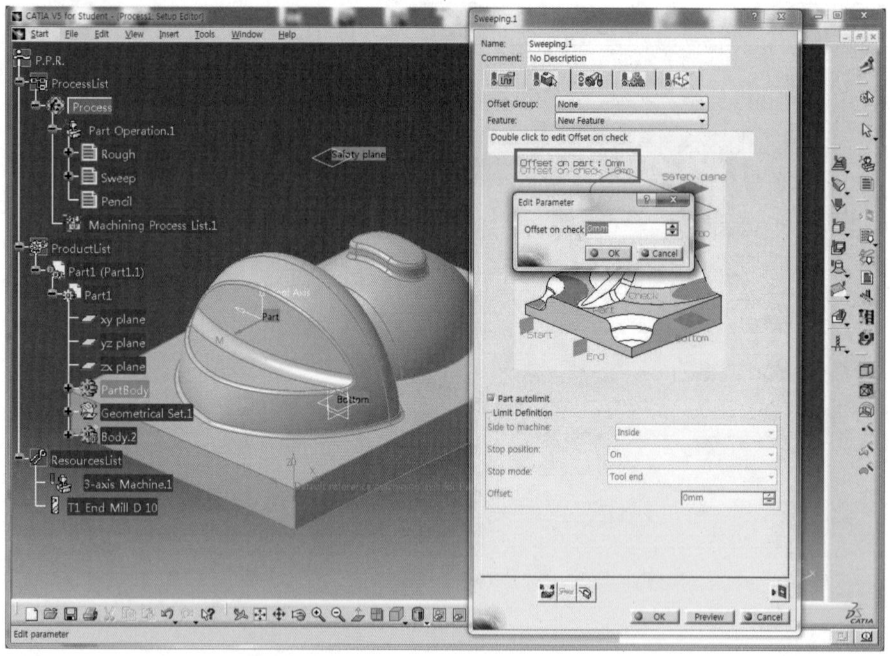

07 StrategyShortHelp 아이콘 을 클릭한 후 정삭가공의 방향을 경사(45° 방향)지도록 지정하기 위해 Tool의 가로방향 화살표를 클릭한다.

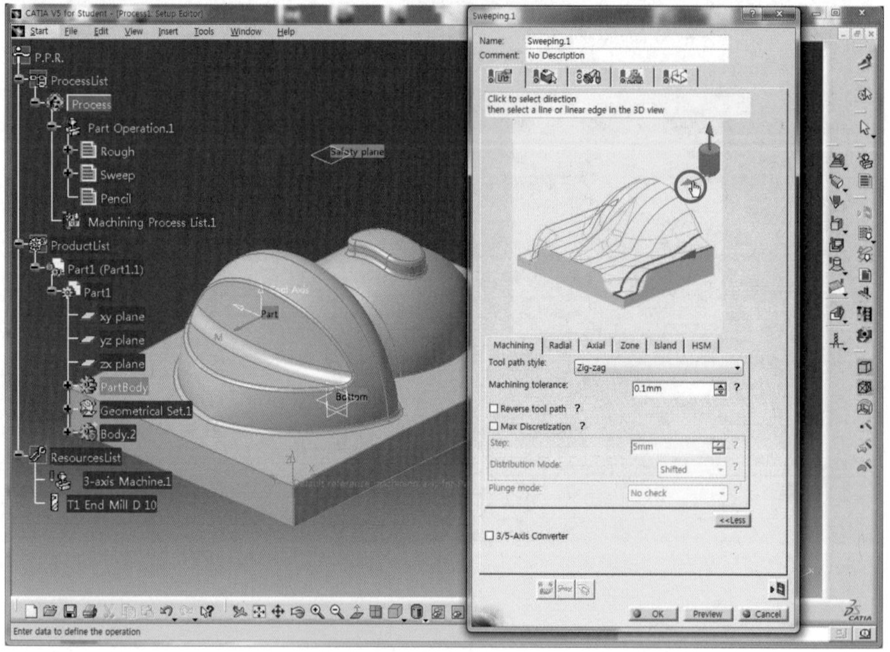

08 Machining 대화상자에서 Manual을 선택하고 Angles를 체크한 후 Angle 1영역에 45deg를 입력하면 Model 위의 좌표 방향이 변경된 것을 볼 수 있으며 OK 버튼을 클릭한다.

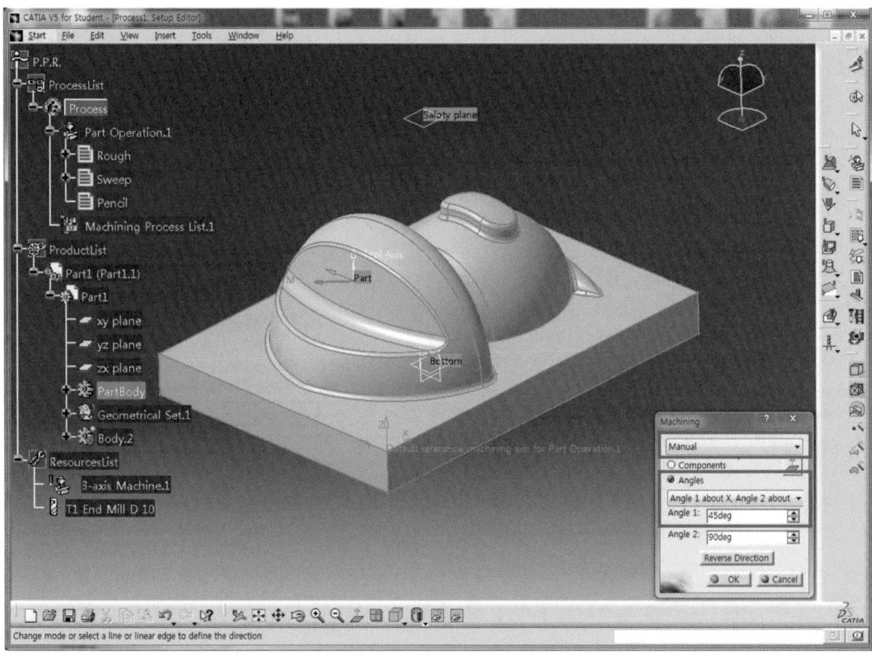

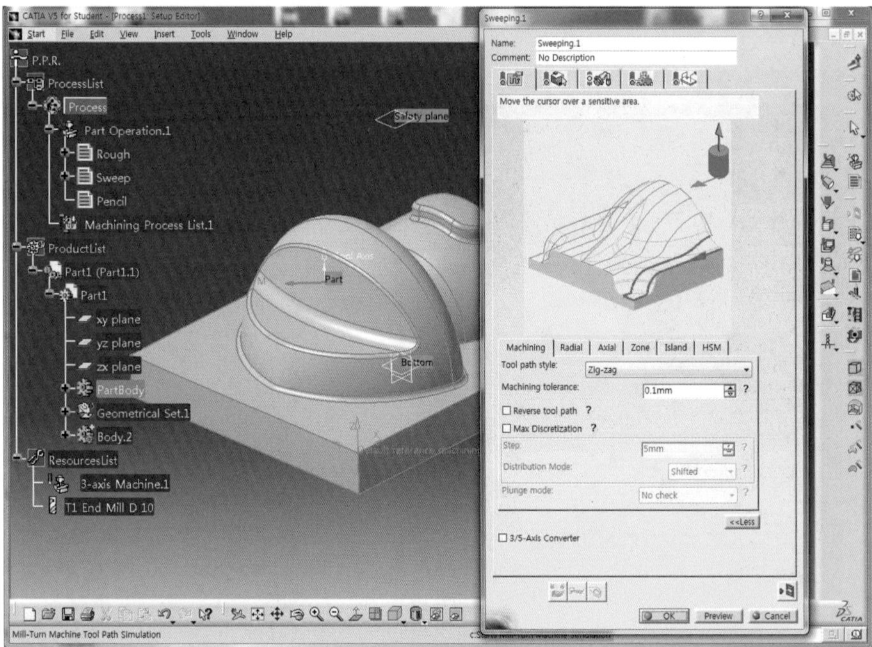

09 Machining 탭의 Tool path style을 Zig－zag로 선택한다.

10 정삭가공 조건 중에서 공구경로 간격 1mm를 적용하기 위해 Radial 탭의 Stepover를 Constant로 선택한 후 Max. distance between pass 영역에 1mm를 입력하고 ? 를 클릭하여 적용 내용을 확인한다.

11 기타 탭의 조건은 Default로 지정한다.

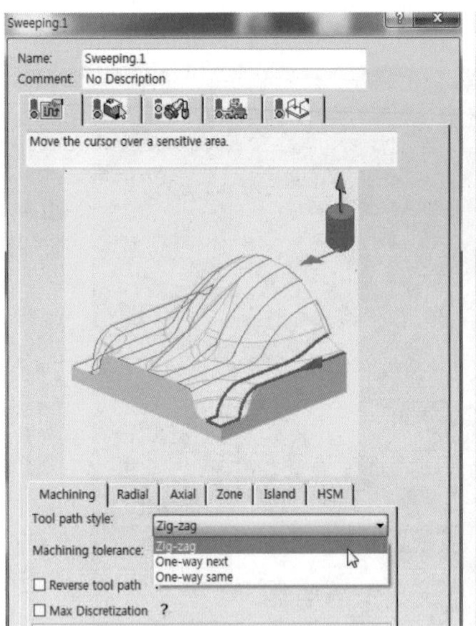

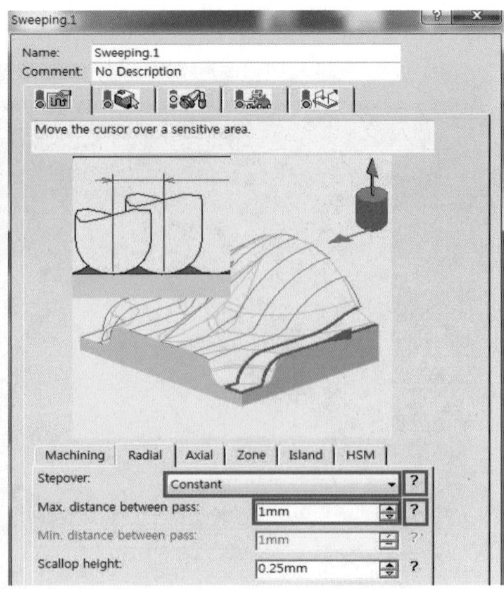

12 아이콘을 클릭한 후 정삭공구 조건인 Φ4 볼 엔드밀을 적용하기 위해 Name 영역을 T2 End Mill D4로 수정한 후 대화상자를 활성화시키기 위해 Tab 버튼을 누른다.

13 Ball－end tool을 체크하고 Tool의 D=12mm를 더블클릭하여 4mm를 입력하면 Rc=2mm가 자동으로 적용된다.

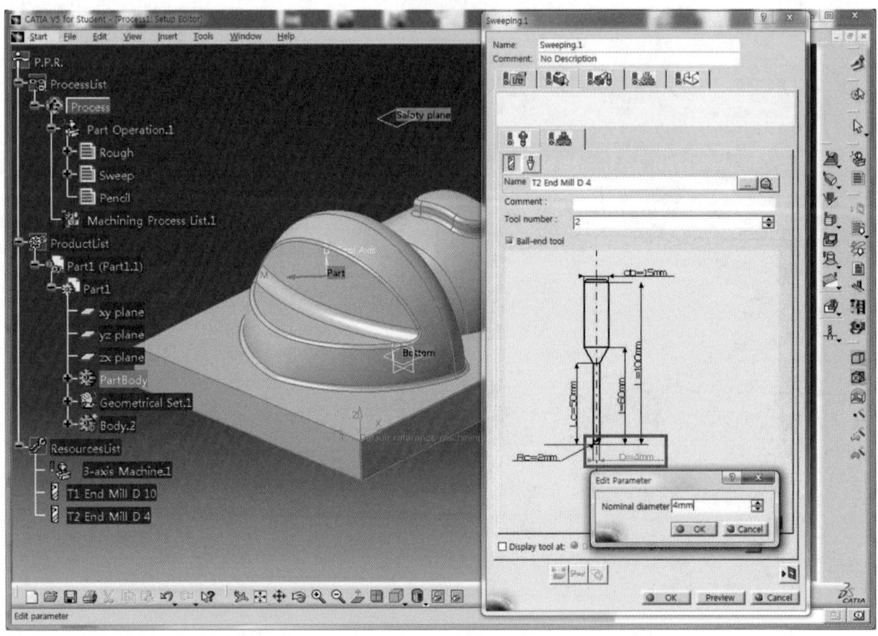

14 아이콘을 클릭한 후 정삭가공 조건 중에서 이송 90mm/min을 적용하기 위해 Automatic compute from tooling Feeds and Speeds의 체크를 해제하고 Machining 영역에 90mm_min으로 입력한다.(여기서는 편의상 모두 90mm_min으로 적용한다.)

15 회전수 1800rpm을 적용하기 위해 Spindle Speed 영역의 Automatic compute from tooling Feeds and Speeds의 체크를 해제하고 Machining 영역에 1800을 입력한 후 Quality를 Finish로 선택한다.

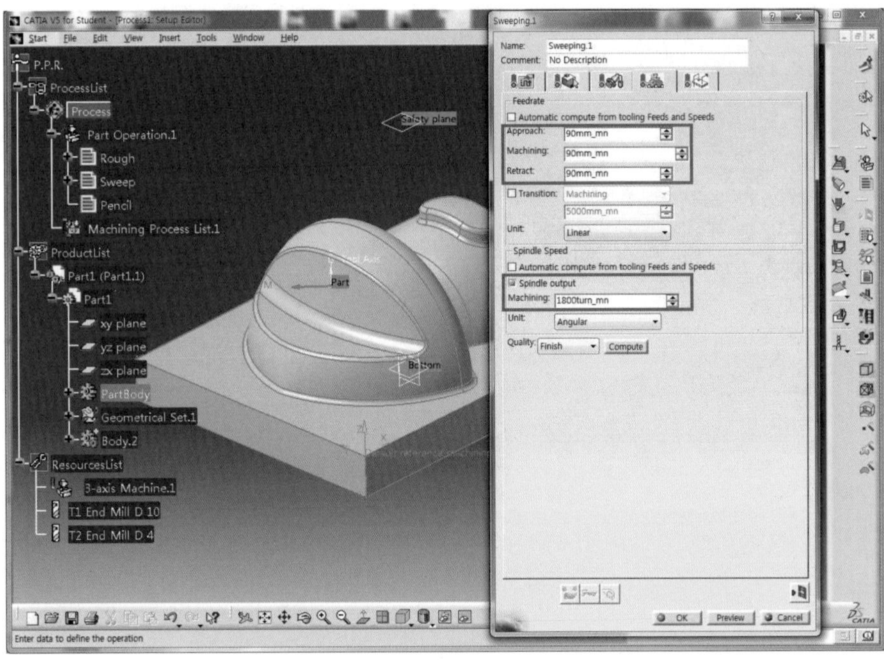

16 절삭조건의 적용이 완료되었으며 아래쪽의 Tool path replay 아이콘 을 클릭하면 Sweep.1 대화상자가 나타나면서 공구경로를 미리보기 할 수 있다.

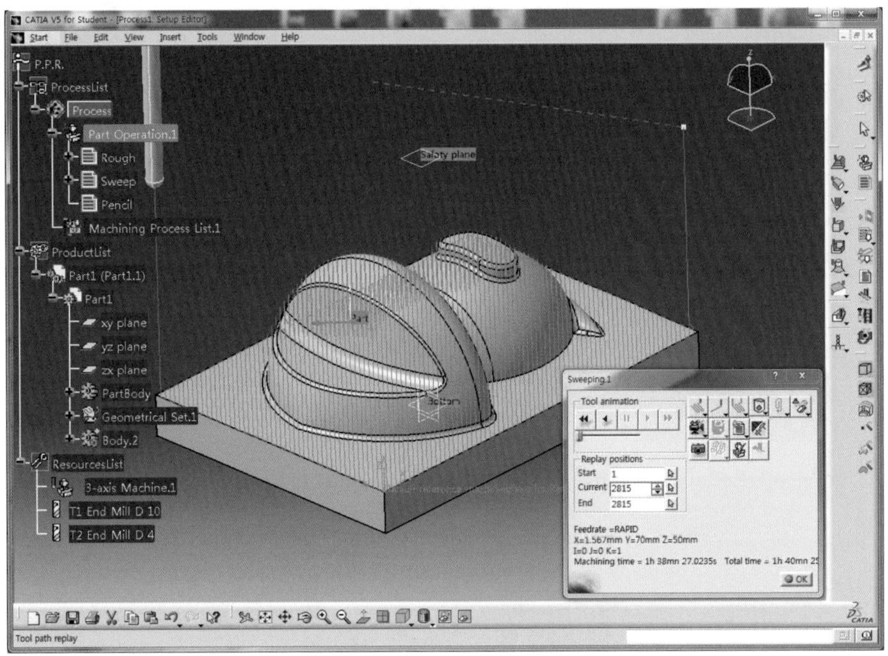

17 OK 버튼을 클릭하여 정삭가공 경로를 생성한다.(Tree 영역에서 Sweep 아래에 경로가 생성된다.)

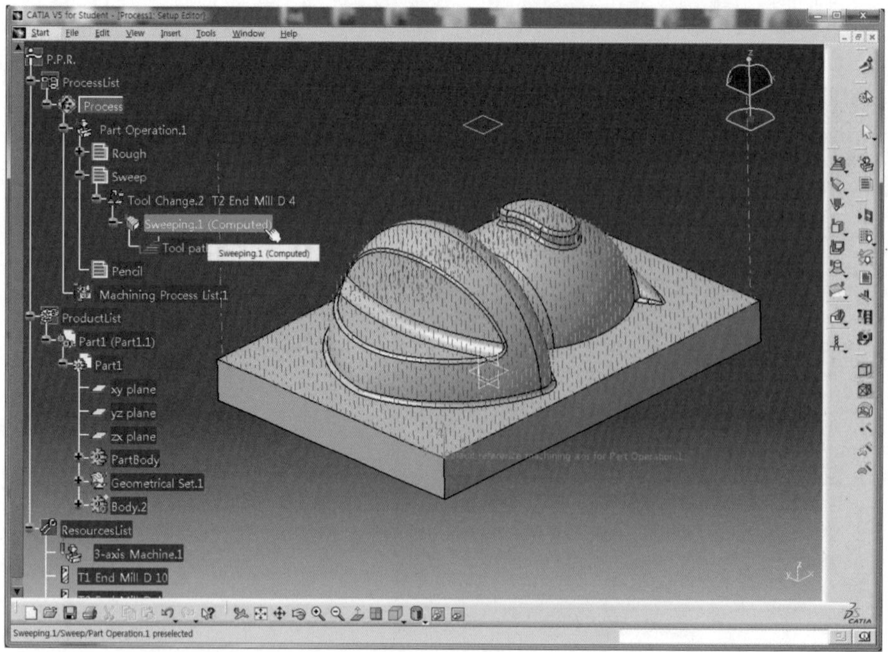

05 잔삭(Pencil) 경로 생성하기

01 Machining Operations 도구막대의 Pencil 아이콘 을 클릭하고 Tree 영역에서 잔삭 공구경로를 저장할 위치로 Pencil을 선택한다.

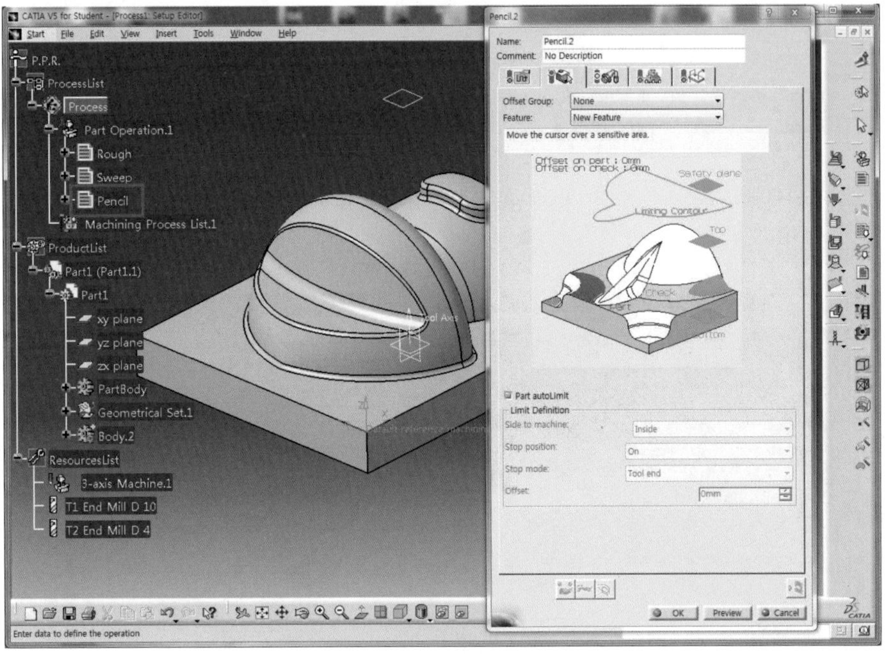

02 Pencil.1 대화상자에서 Part의 붉은 영역을 클릭한 후 Tree 영역에서 Model인 PartBody를 클릭한다.

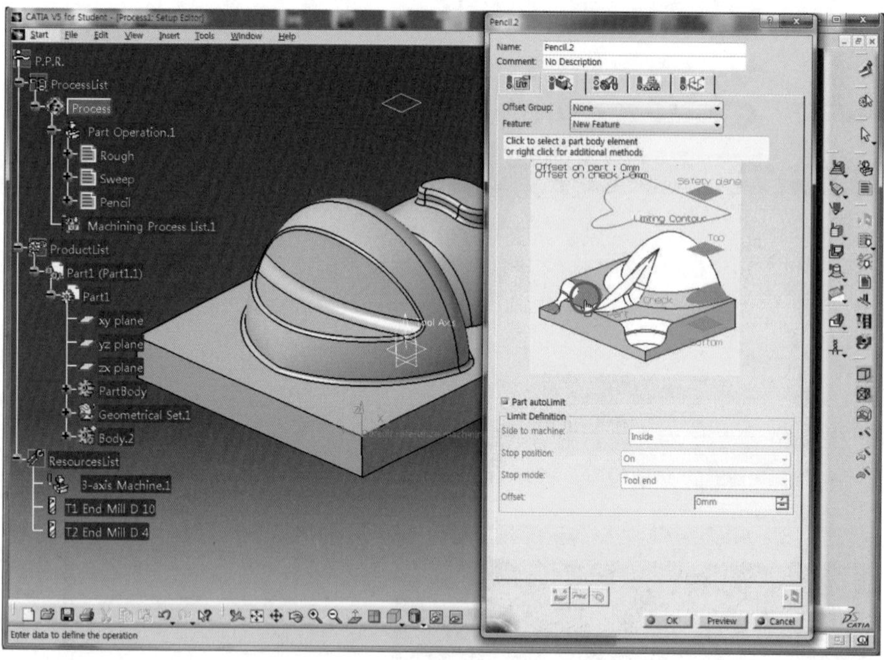

03 마우스 포인터를 Model 외의 임의의 빈 공간에 위치시키고 더블클릭하면 가공 형상이 설정되어 녹색으로 변경된다.

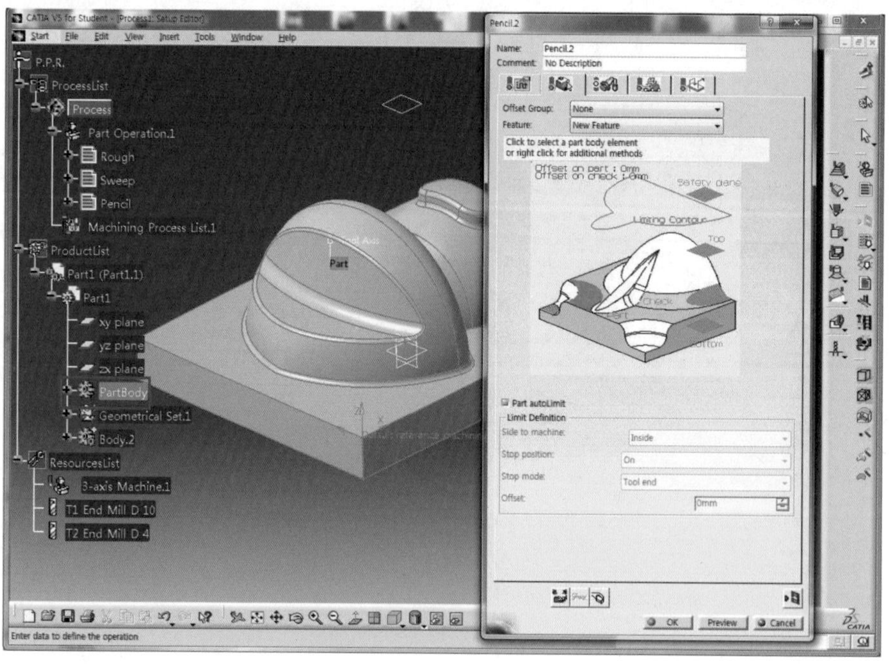

04 Safety plane의 붉은 영역을 클릭한 후 Model 영역에서 안전높이로 Plane을 선택한다.

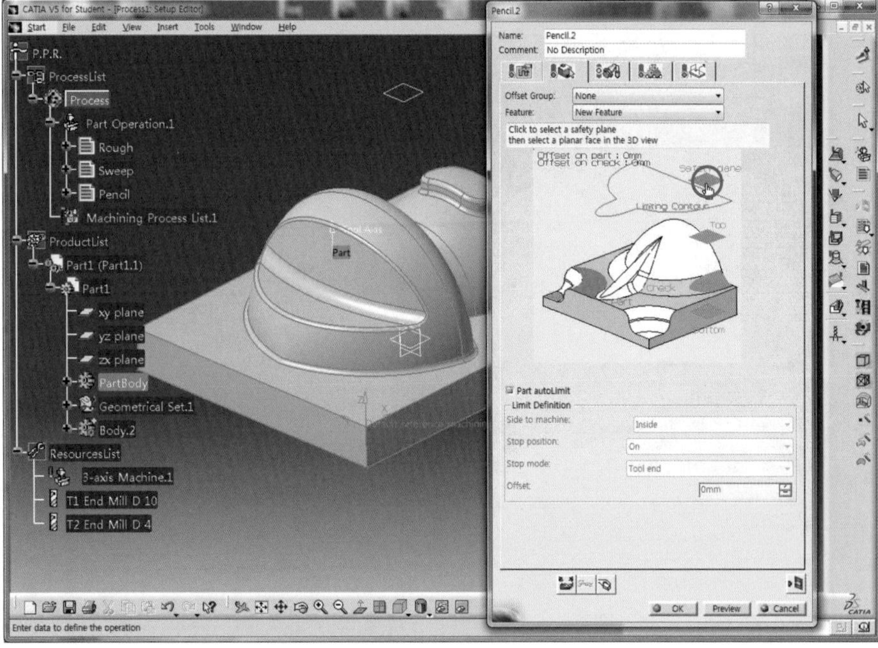

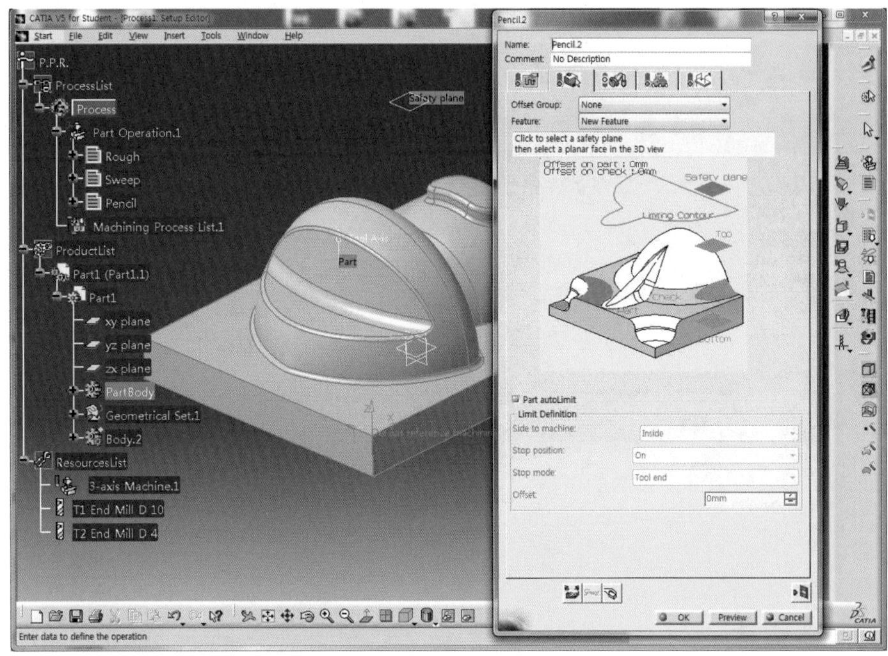

05 Bottom의 붉은 영역을 클릭한 후 Model을 회전시켜 바닥면을 클릭한다.

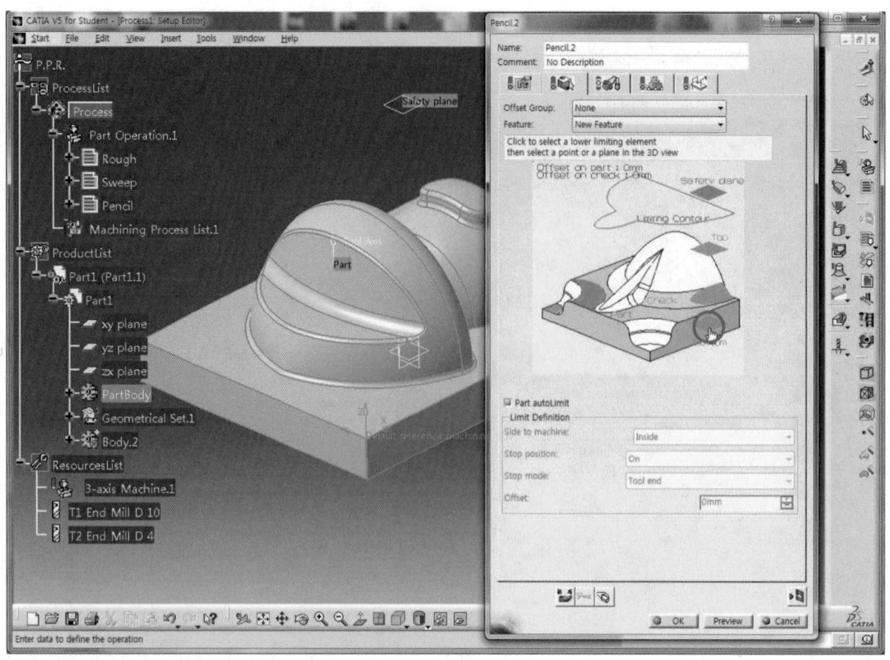

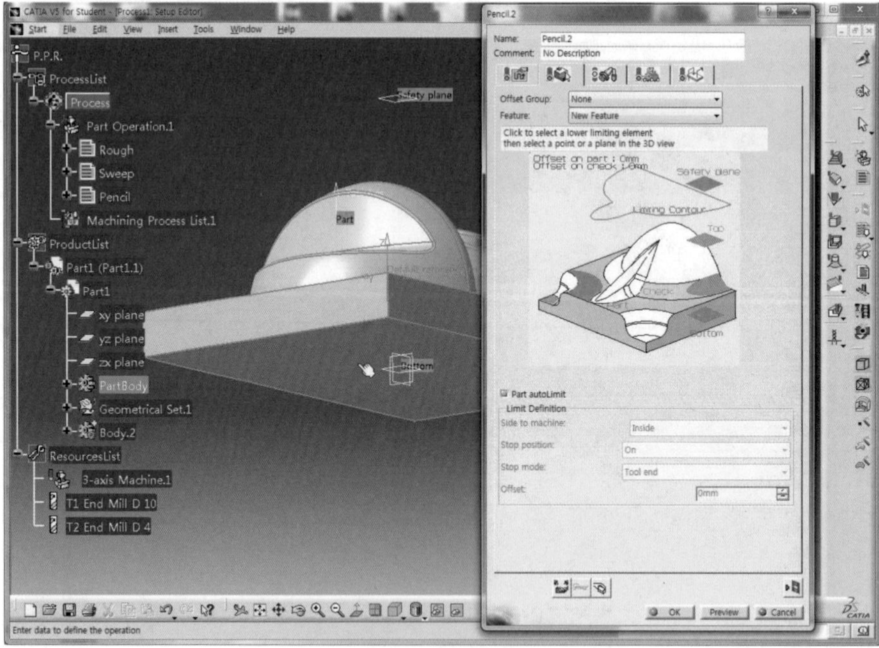

06 아이콘을 클릭한 후 잔삭공구 조건인 $\Phi 2$ 볼 엔드밀을 적용하기 위해 Name 영역을 T3 End Mill D2로 수정한 후 대화상자를 활성화하기 위해 Tab 버튼을 누른다.

07 Ball – end tool을 체크하고 Tool의 D=4mm를 더블클릭하여 2mm를 입력하면 Rc=1mm가 자동으로 적용된다.

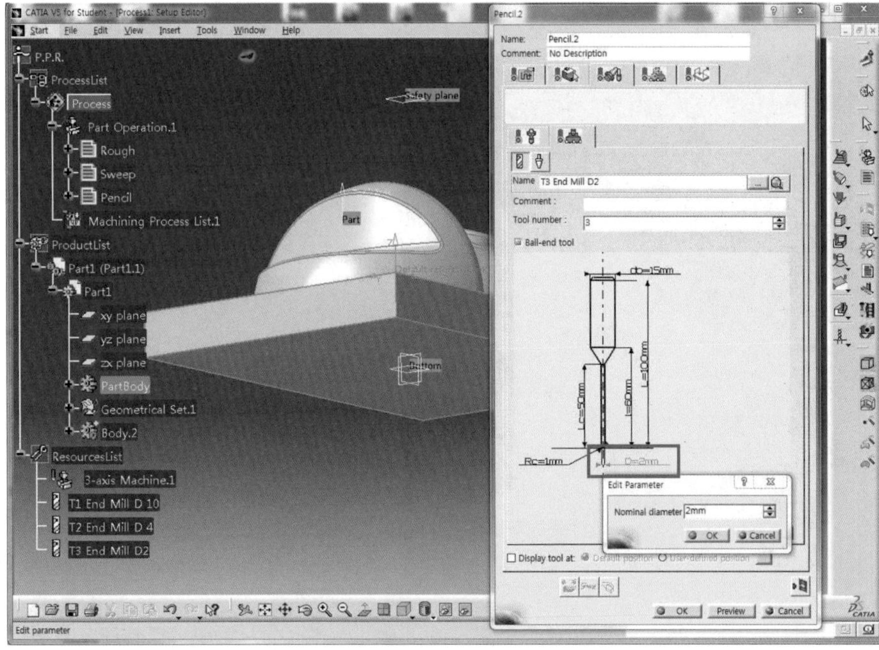

08 아이콘을 클릭한 후 잔삭가공 조건 중에서 이송 80mm/min을 적용하기 위해 Automatic compute from tooling Feeds and Speeds의 체크를 해제하고 Machining 영역에 80mm_min으로 입력한다.(여기서는 편의상 모두 80mm_min으로 적용한다.)

09 회전수 3700rpm을 적용하기 위해 Spindle Speed 영역의 Automatic compute from tooling Feeds and Speeds의 체크를 해제하고 Machining 영역에 3700을 입력한다.

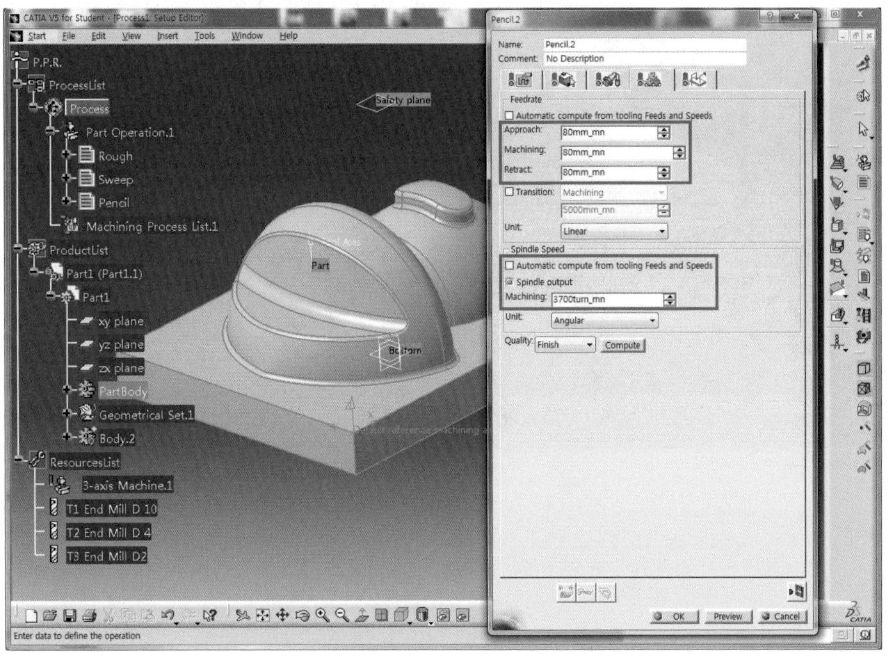

10 절삭조건의 적용이 완료되었으며 아래쪽의 Tool path replay 아이콘 을 클릭하면 Pencil.1 대화상자가 나타나면서 공구경로를 미리보기 할 수 있다.

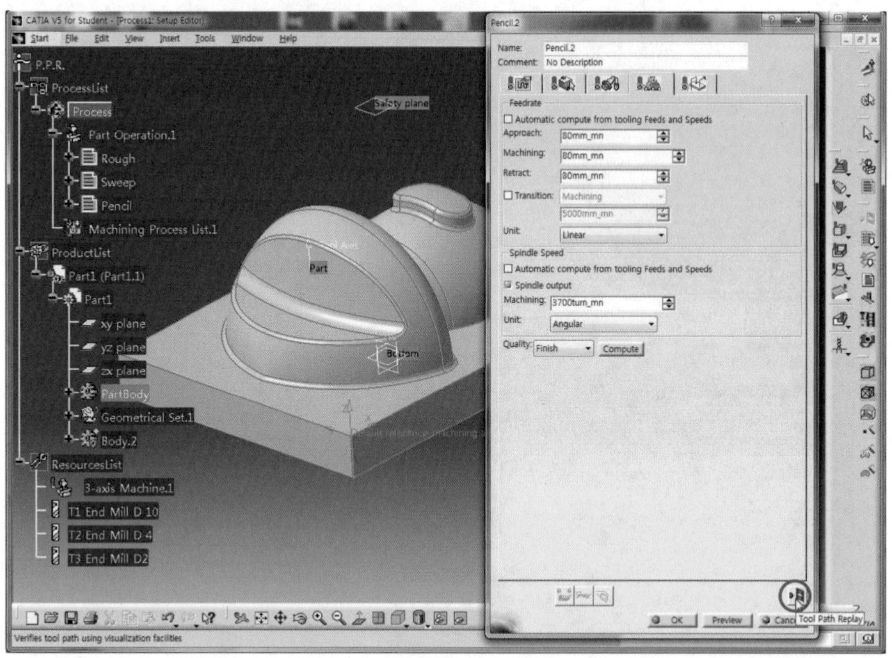

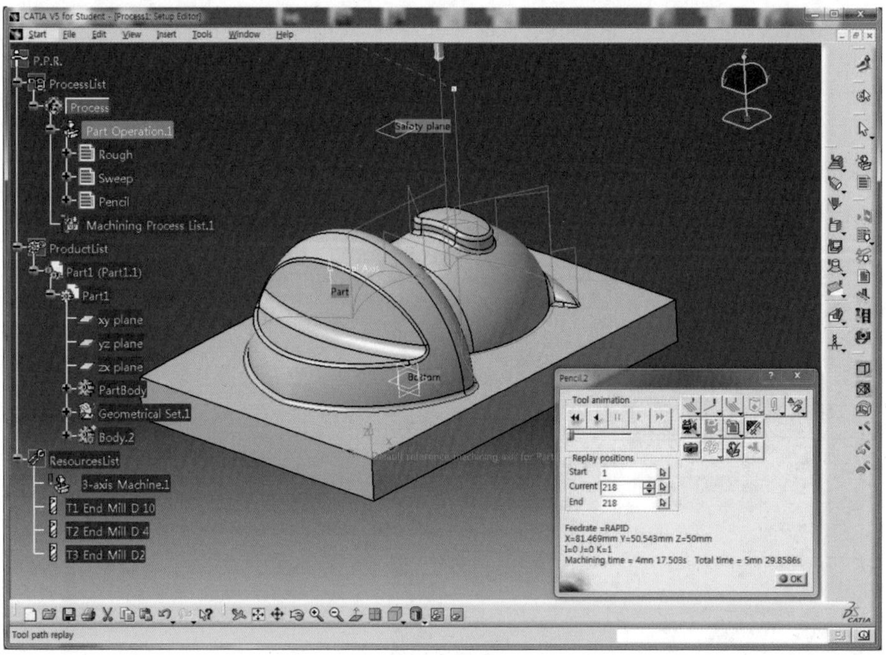

17 OK 버튼을 클릭하여 잔삭가공 경로를 생성한다.(Tree 영역에서 Pencil 아래에 경로가 생성된다.)

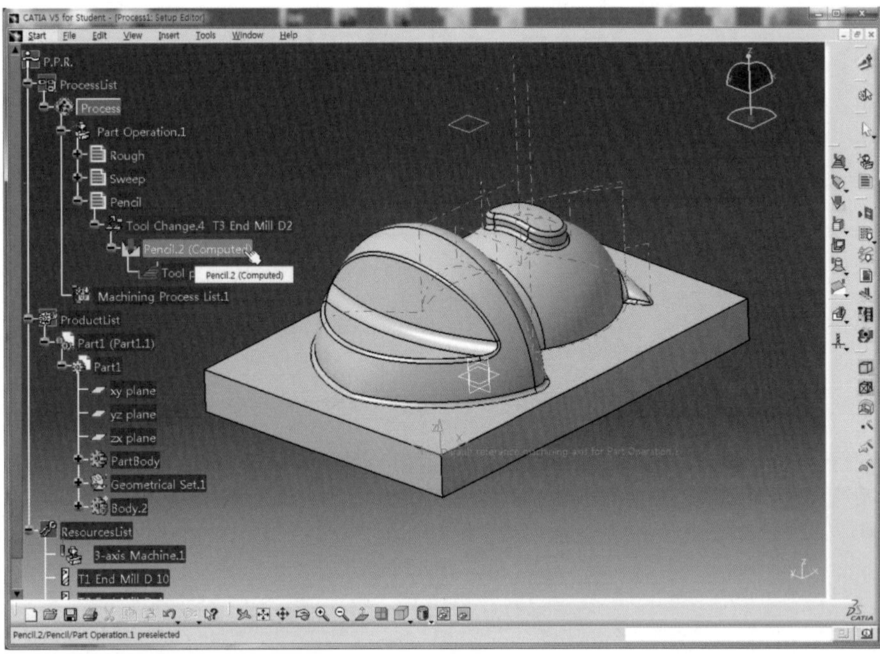

CHAPTER

NC Data 생성하기

01 File－Save Management...를 클릭하여 Process1.CATProcess를 선택한 후 Save as... 버튼을 클릭한다.

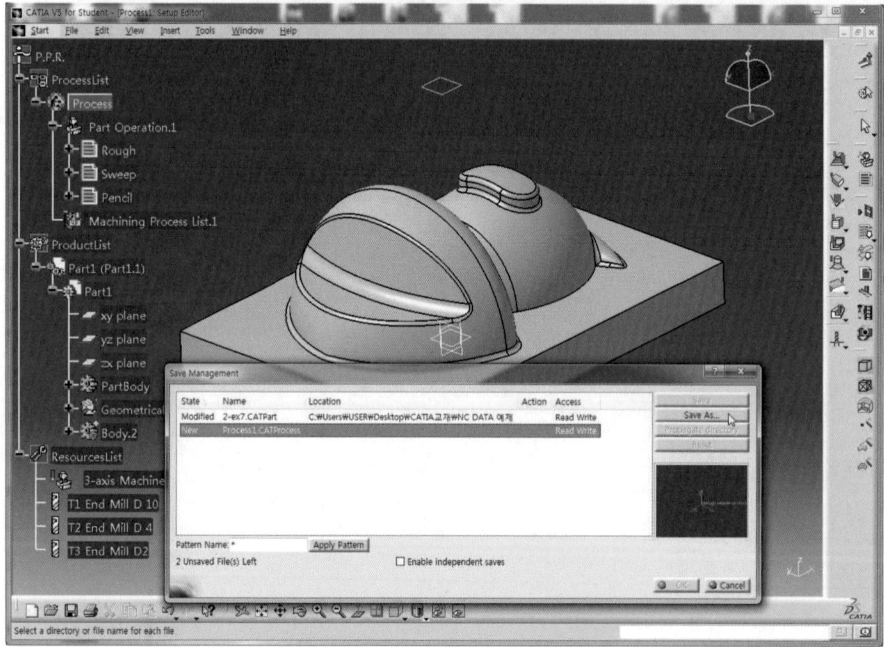

02 저장할 경로를 지정한 후 파일 이름을 nc.CATProcess로 입력하고 저장 버튼을 클릭한 후 Save Management 대화상자에서 OK 버튼을 클릭한다.(이때 지정할 경로의 폴더명은 영문으로 작성한다.)

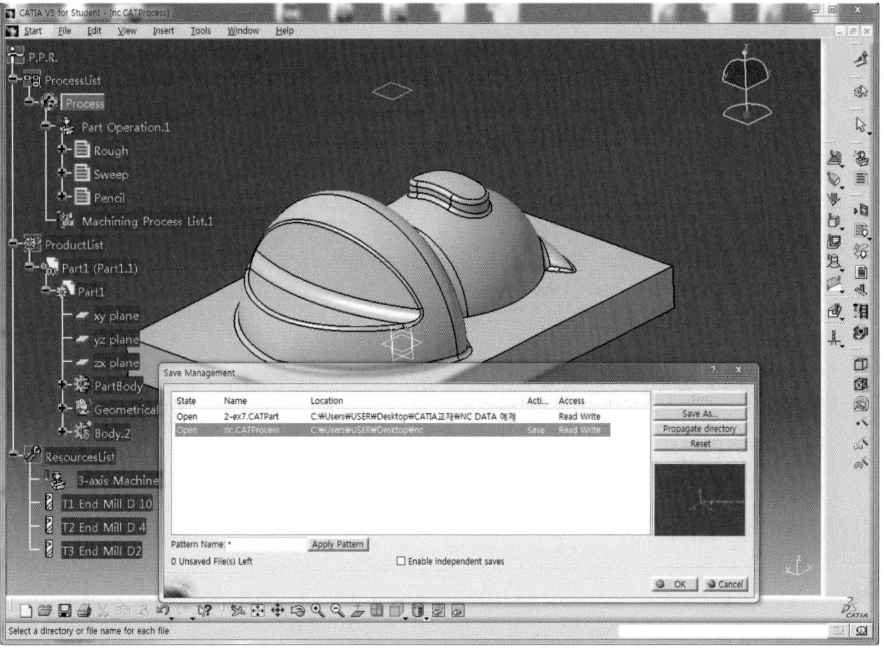

03 Tools− options...을 클릭한다.

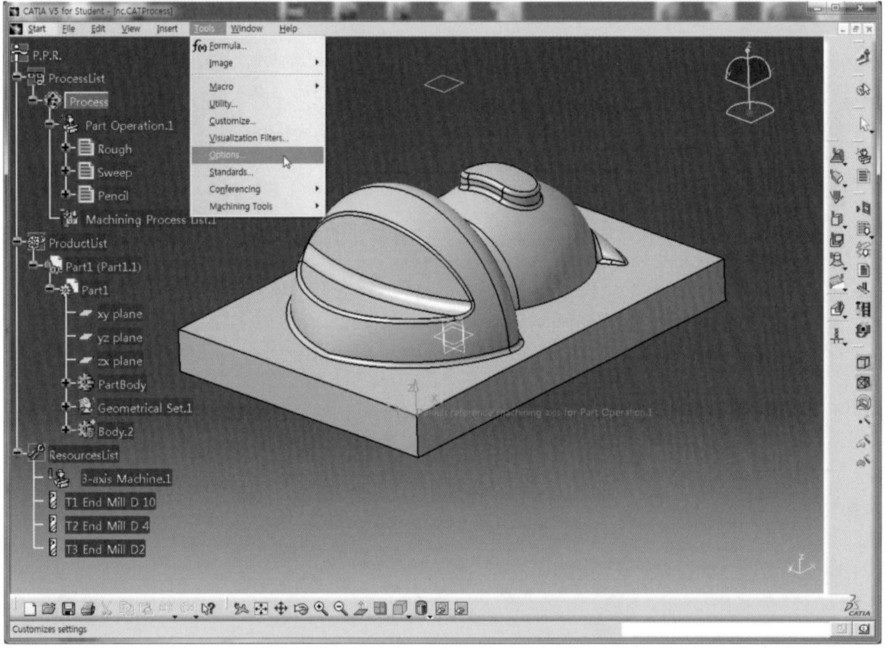

04 Machining – Output 탭을 선택한 후 Post Processor and Controller Emulator Folder 영역에서 IMS® 을 체크하고 OK 버튼을 클릭한다.

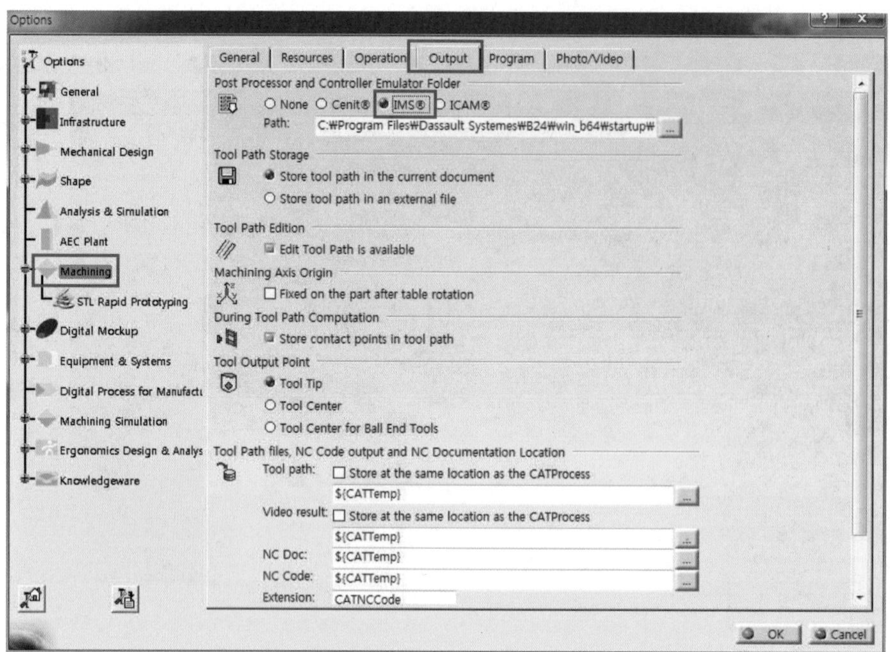

REFERENCE

Post Processor(PP)란?

CAM S/W로 생성한 공구경로 Data(Cutter Location Data, CL Data)는 NC 공작기계에서 인식할 수 없어 직접 읽을 수 없으므로 NC 기계에서 인식할 수 있는 언어(G – Code)로 번역해 주는 역할을 하는 것

CATIA로 생성한 CL Data 예시

```
LOADTL/1,1
SPINDL/ 1400.0000,RPM,CLW RAPID
GOTO  /   77.43434,   -9.10000,  100.00000
FEDRAT/  100.0000,MMPM
GOTO  /   77.43434,   -9.10000,   14.00000
```

Fanuc Controller로 생성한 G – Code 예시

```
%
O1000
N1 G49 G64 G17 G80 G0 G90 G40 G99
N2 T0001 M6
N3 X36.7199 Y-9.1 S1400 M3
N4 G43 Z100. H1
```

05 NC Data를 생성하기 위해 Part Operation.1을 선택한 후 Generate NC Code In Batch Mode 아이콘 을 클릭하면 Generate NC Output in Batch Mode라는 대화상자가 나타난다.

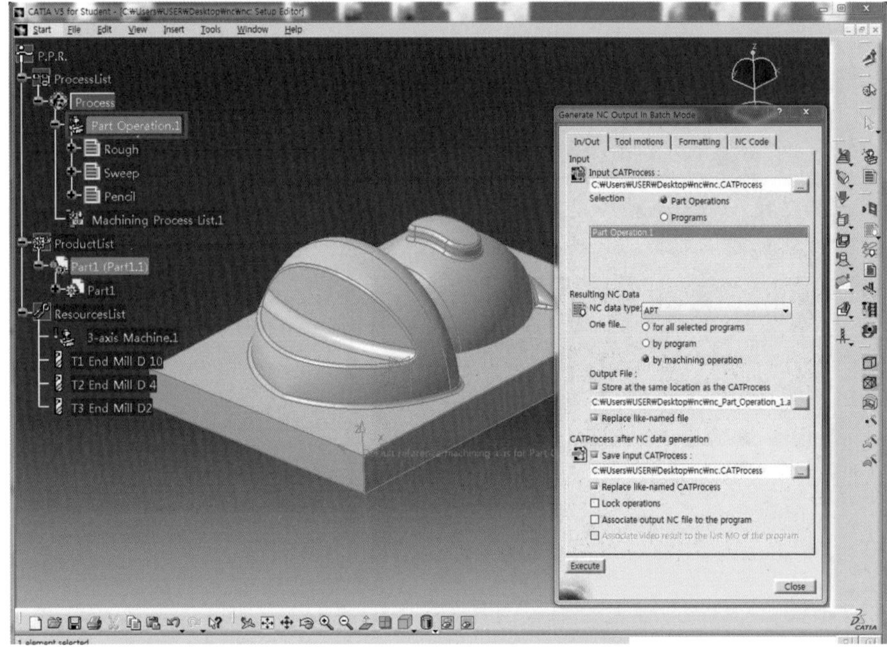

06 Generate NC Output in Batch Mode 대화상자의 NC Code 탭으로 클릭한 후 IMS Post－processor file을 fanuc0을 선택한다.

07 In/Out 탭을 클릭한 후 아래와 같이 지정하면 왼쪽 아래의 Execute가 활성화 되는데, Execute 버튼을 클릭한다.

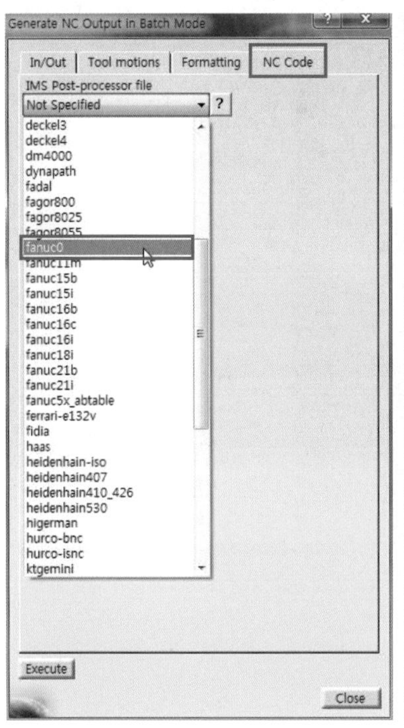

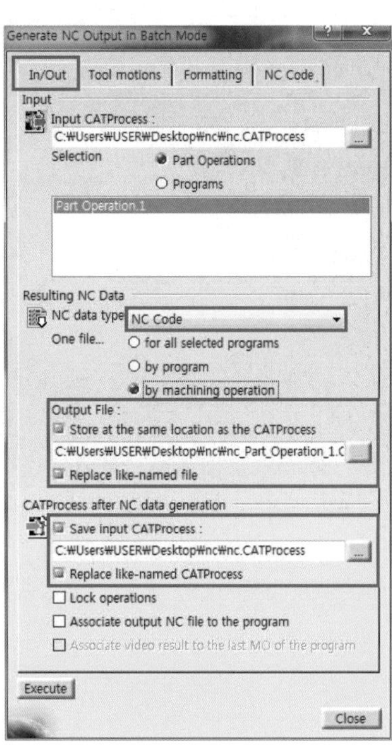

08 대화창이 나타나면서 NC Data가 생성되는 과정 중에 Program No.를 입력하라는 대화상자가 황삭, 정삭, 잔삭 공구경로에 대해 3번 나타나는데, 이때, Continue 버튼을 계속 클릭한다.

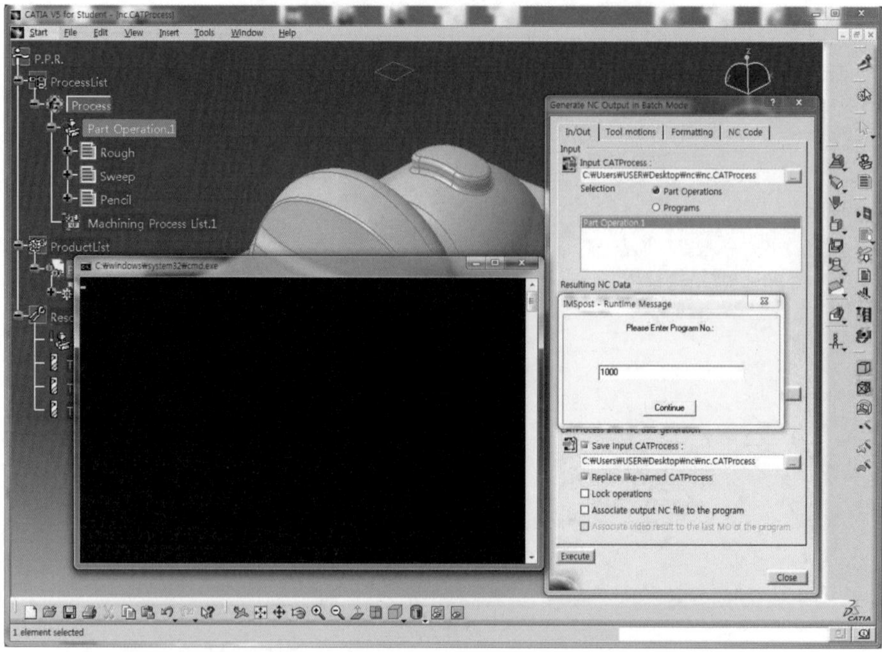

09 NC Data 생성이 완료되면 대화상자가 사라지고 Generate NC Output in Batch Mode 대화상자가 보이는데, Close 버튼을 클릭한다.

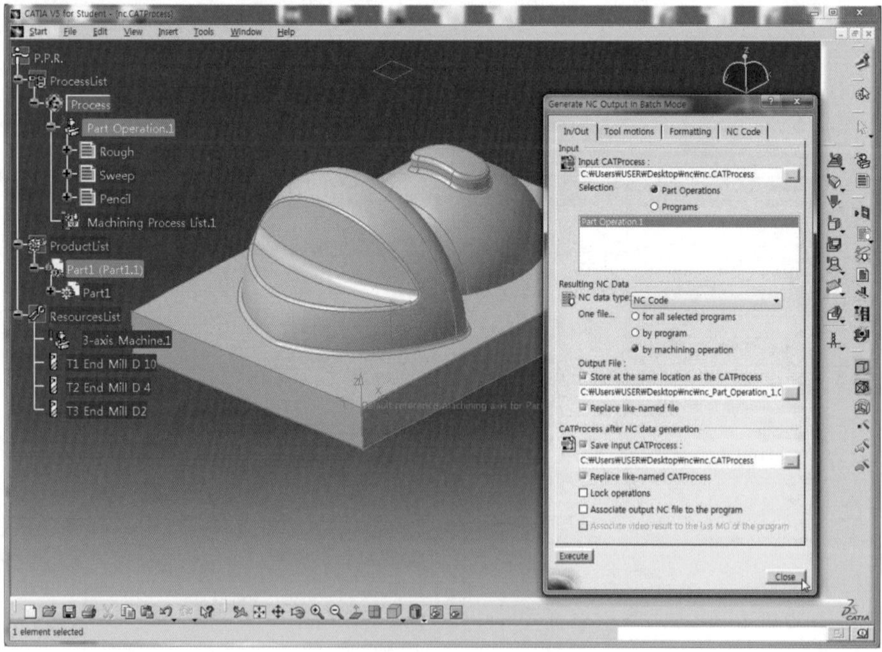

10 탐색기를 실행시켜 지정한 경로 위치에 G－Code의 NC Data File(확장자 : CATNCCode)이 아래와 같이 생성된 것을 확인 할 수 있다.

▷ 황삭 : nc_Part_Operation_1_1_1.CATNCCode

▷ 정삭 : nc_Part_Operation_1_2_1.CATNCCode

▷ 잔삭 : nc_Part_Operation_1_3_1.CATNCCode

이름	수정한 날짜	유형	크기
2-ex7.CATPart	2017-01-24 오전...	CATIA 파트	494KB
nc.CATProcess	2017-01-24 오후...	CATIA 프로세스	771KB
nc_Part_Operation_1_1_1.CATNCCode	2017-01-24 오후...	CATNCCODE 파일	16KB
nc_Part_Operation_1_1_1.log	2017-01-24 오후...	텍스트 문서	1KB
nc_Part_Operation_1_1_I.LOG	2017-01-24 오후...	텍스트 문서	2KB
nc_Part_Operation_1_1_I.MOAPTIndexes	2017-01-24 오후...	MOAPTINDEXES ...	1KB
nc_Part_Operation_1_1_I_1.aptsource	2017-01-24 오후...	APTSOURCE 파일	53KB
nc_Part_Operation_1_1_I_1.MOISOIndexes	2017-01-24 오후...	MOISOINDEXES ...	0KB
nc_Part_Operation_1_2_1.CATNCCode	2017-01-24 오후...	CATNCCODE 파일	79KB
nc_Part_Operation_1_2_1.log	2017-01-24 오후...	텍스트 문서	1KB
nc_Part_Operation_1_2_I.LOG	2017-01-24 오후...	텍스트 문서	2KB
nc_Part_Operation_1_2_I.MOAPTIndexes	2017-01-24 오후...	MOAPTINDEXES ...	1KB
nc_Part_Operation_1_2_I_1.aptsource	2017-01-24 오후...	APTSOURCE 파일	123KB
nc_Part_Operation_1_2_I_1.MOISOIndexes	2017-01-24 오후...	MOISOINDEXES ...	0KB
nc_Part_Operation_1_3_1.CATNCCode	2017-01-24 오후...	CATNCCODE 파일	6KB
nc_Part_Operation_1_3_1.log	2017-01-24 오후...	텍스트 문서	1KB
nc_Part_Operation_1_3_I.LOG	2017-01-24 오후...	텍스트 문서	2KB
nc_Part_Operation_1_3_I.MOAPTIndexes	2017-01-24 오후...	MOAPTINDEXES ...	1KB
nc_Part_Operation_1_3_I_1.aptsource	2017-01-24 오후...	APTSOURCE 파일	12KB
nc_Part_Operation_1_3_I_1.MOISOIndexes	2017-01-24 오후...	MOISOINDEXES ...	0KB

11 연결 프로그램이 설정되어 있지 않을 경우에는 NC Data File을 더블클릭하여 "설치된 프로그램 목록에서 프로그램 선택(S)" 항목을 선택한 후 확인 버튼을 클릭한다.

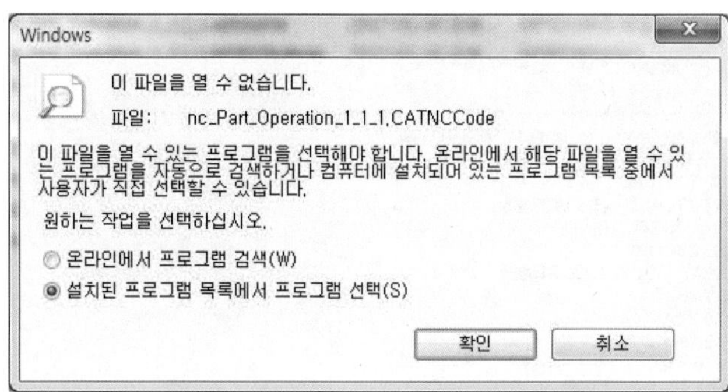

12 연결 프로그램 목록에서 워드패드나 메모장을 선택하고 "이 종류의 파일을 열 때 항상 선택된 프로그램 사용(A)"을 체크한 후 확인 버튼을 클릭한다.

13 선택한 프로그램이 실행되면서 공구경로가 G－Code로 변환된 NC Data를 확인할 수 있다. (여기서는 워드패드를 선택)

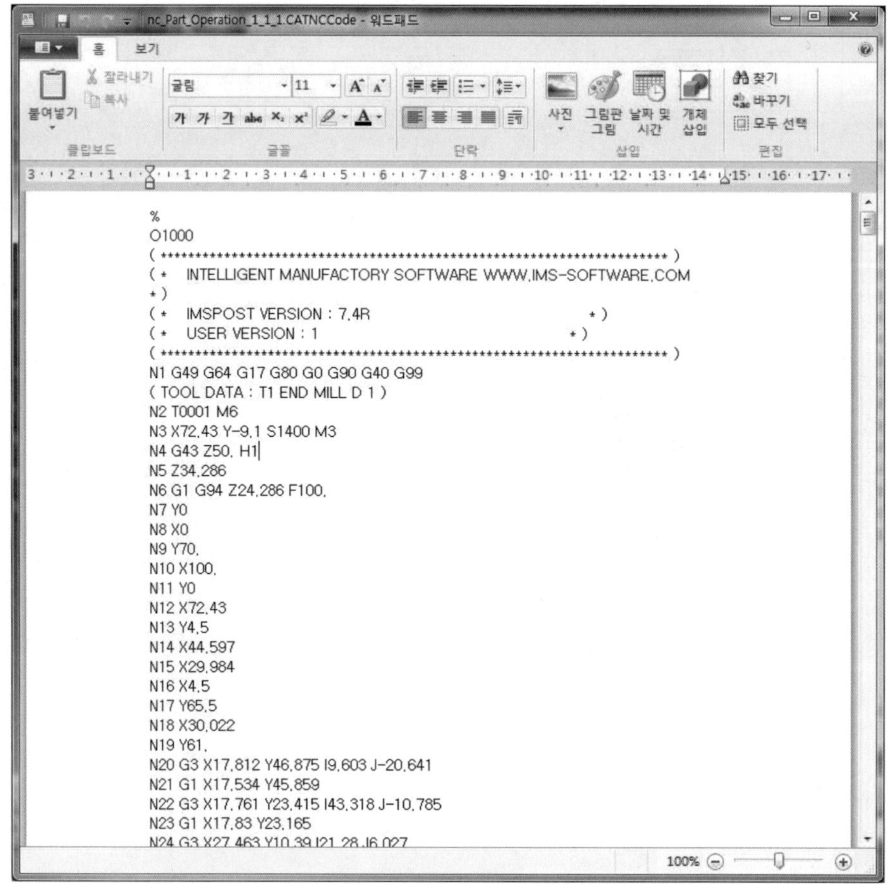

14 CATIA에서 생성된 공구경로 Data인 CL－Data File(확장자 : aptsource)의 예시이다.

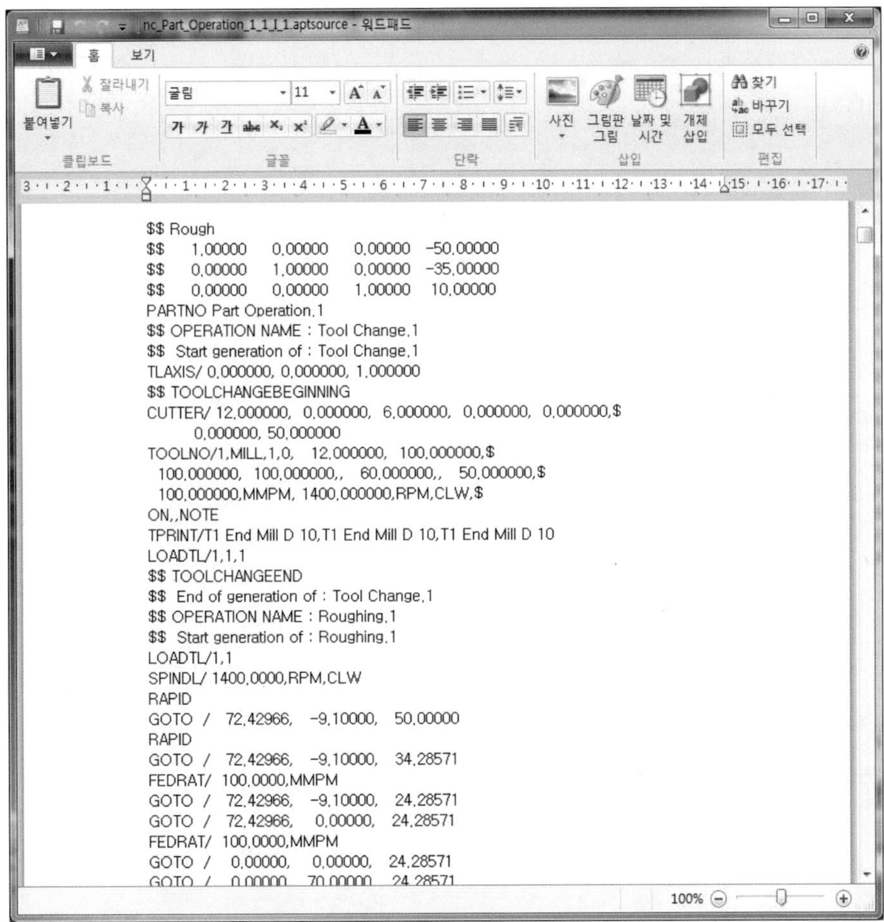

```
$$ Rough
$$    1.00000    0.00000    0.00000   -50.00000
$$    0.00000    1.00000    0.00000   -35.00000
$$    0.00000    0.00000    1.00000    10.00000
PARTNO Part Operation.1
$$ OPERATION NAME : Tool Change.1
$$  Start generation of : Tool Change.1
TLAXIS/ 0.000000, 0.000000, 1.000000
$$ TOOLCHANGEBEGINNING
CUTTER/ 12.000000,  0.000000,  6.000000,  0.000000,  0.000000,$
        0.000000, 50.000000
TOOLNO/1,MILL,1,0,   12.000000,  100.000000,$
  100.000000,  100.000000,,   60.000000,,   50.000000,$
  100.000000,MMPM, 1400.000000,RPM,CLW,$
ON,,NOTE
TPRINT/T1 End Mill D 10,T1 End Mill D 10,T1 End Mill D 10
LOADTL/1,1,1
$$ TOOLCHANGEEND
$$  End of generation of : Tool Change.1
$$ OPERATION NAME : Roughing.1
$$  Start generation of : Roughing.1
LOADTL/1,1
SPINDL/ 1400.0000,RPM,CLW
RAPID
GOTO  /   72.42966,   -9.10000,   50.00000
RAPID
GOTO  /   72.42966,   -9.10000,   34.28571
FEDRAT/  100.0000,MMPM
GOTO  /   72.42966,   -9.10000,   24.28571
GOTO  /   72.42966,    0.00000,   24.28571
FEDRAT/  100.0000,MMPM
GOTO  /    0.00000,    0.00000,   24.28571
GOTO  /    0.00000,   70.00000,   24.28571
```

15 각각의 NC Data File의 파일명을 다음과 같이 수정한다.

• 황삭 : 01황삭.nc • 정삭 : 02정삭.nc • 잔삭 : 03잔삭.nc

16 01황삭.nc File을 더블클릭하여 아래의 2 Block과 시작 부분에 M08(절삭유 ON), 끝 부분에 M09(절삭유 OFF)를 삽입하고 저장한다.

```
G90 G80 G40 G49 G17;
T0101 M06;
```

```
%
O1000
( ************************************************************************ )
( *    INTELLIGENT MANUFACTORY SOFTWARE WWW.IMS-SOFTWARE.COM
* )
( *    IMSPOST VERSION : 7.4R                                  * )
( *    USER VERSION : 1                                        * )
( ************************************************************************ )
N1 G90 G80 G40 G49 G17
( TOOL DATA : T1 END MILL D 1 )
N2 T0101 M6
N3 X72.43 Y-9.1 S1400 M3
N4 G43 Z50. H1
N5 Z34.286 M08
N6 G1 G94 Z24.286 F100.
N7 Y0
N8 X0
N9 Y70.
N10 X100.
N11 Y0
N12 X72.43
N13 Y4.5
N14 X44.597
N15 X29.984
N16 X4.5
N17 Y65.5
(   중      간      생      략   )

N755 G1 Z7.143
N756 X36.528 Y70.
N757 X37.502 Y70.118
N758 X38.323 Y70.024
N759 X38.532 Y70.
N760 X38.873 Y72.98
N761 Z17.143
N762 G0 Z50.
N763 X30.329 Y79.002
N764 Z11.429
N765 G1 Z1.429
N766 X32.783 Y70.
N767 X35.515 Y70.745
N768 X38.426 Y70.92
N769 X41.35 Y70.33
N770 X41.944 Y73.27
N771 Z11.429 M09
N772 G0 Z50.
N773 M30
%
```

17 02정삭.nc File을 더블클릭하여 아래의 2 Block과 시작 부분에 M08(절삭유 ON), 끝 부분에 M09(절삭유 OFF)를 삽입하고 저장한다.

```
G90 G80 G40 G49 G17;
T0101 M06;
```

```
%
O1000
( ************************************************************************ )
( *   INTELLIGENT MANUFACTORY SOFTWARE WWW.IMS-SOFTWARE.COM
* )
( *   IMSPOST VERSION : 7.4R                              * )
( *   USER VERSION : 1                                    * )
( ************************************************************************ )
N1 G90 G80 G40 G49 G17
( TOOL DATA : T2 END MILL D 4,T2 END MILL D 4,T2 END MILL D 4 )
N2 T0202 M6
N3 X98.443 Y1.413 S1800 M3
N4 G43 Z50. H2
N5 Z1.553 M08
N6 G94 G1 X99.993 Y2.963 Z.966 F90.
N7 Y1.549 Z.587
N8 X98.444 Y0 Z0
N9 X99.993 Y1.549
N10 Y2.963
N11 X97.037 Y.007
N12 X95.623
N13 X99.993 Y4.377
N14 Y5.791
N15 X94.209 Y.007
N16 X92.795
N17 X99.993 Y7.205
(중    간    생    략)
N2795 Y54.298
N2796 X15.702 Y69.993
N2797 X14.288
N2798 X.007 Y55.712
N2799 Y57.126
N2800 X12.874 Y69.993
N2801 X11.46
N2802 X.007 Y58.54
N2803 Y59.955
N2804 X10.045 Y69.993
N2805 X8.631
N2806 X.007 Y61.369
N2807 Y62.783
N2808 X7.217 Y69.993
N2809 X5.803
N2810 X.007 Y64.197
N2811 Y65.611
N2812 X4.389 Y69.993
N2813 X2.974
N2814 X.007 Y67.026
N2815 Y68.44
N2816 X1.567 Y70.
N2817 Z6. M09
N2818 G0 Z50.
N2819 M30
%
```

18 03잔삭.nc File을 더블클릭하여 아래의 2 Block과 시작 부분에 M08(절삭유 ON), 끝 부분에 M09(절삭유 OFF)를 삽입하고 저장한다.

```
G90 G80 G40 G49 G17;
T0101 M06;
```

```
%
O1000
( ************************************************************************ )
( *   INTELLIGENT MANUFACTORY SOFTWARE WWW.IMS-SOFTWARE.COM
* )
( *   IMSPOST VERSION : 7.4R                               * )
( *   USER VERSION : 1                                   * )
( ************************************************************************ )
N1 G90 G80 G40 G49 G17
( TOOL DATA : T3 END MILL D2,T3 END MILL D2,T3 END MILL D2 )
N2 T0303 M6
N3 X73.005 Y38.589 S3700 M3
N4 G43 Z50. H3
N5 Z20.001 M08
N6 G94 G1 X73.012 Y40.073 Z19.291 F80.
N7 X72.916 Y40.873 Z18.867
N8 X72.755 Y41.673 Z18.428
N9 X72.261 Y42.876 Z17.757
N10 X72.199 Y42.978 Z17.708
N11 X71.744 Y43.666 Z17.29
N12 X72.199 Y42.978 Z17.481
N13 X72.261 Y42.876 Z17.498
N14 X72.755 Y41.673 Z17.81
N15 X72.916 Y40.873 Z18.023
N16 X73.012 Y40.073 Z18.225
N17 X73. Y37.673 Z18.716
(중     간     생     략)
N212 X84.804 Y46.528 Z3.696
N213 X83.68 Y47.94 Z3.14
N214 X83.074 Y48.674 Z2.676
N215 X82.487 Y49.362 Z2.072
N216 X81.83 Y50.098 Z1.033
N217 X81.47 Y50.485 Z.033
N218 X81.469 Y50.543 Z.012
N219 Z6.012 M09
N220 G0 Z50.
N221 M30
%
```

07 Model 형상 View 생성하기

01 View 도구막대의 Create Multi－View 아이콘 을 클릭하여 ON 시킨다.

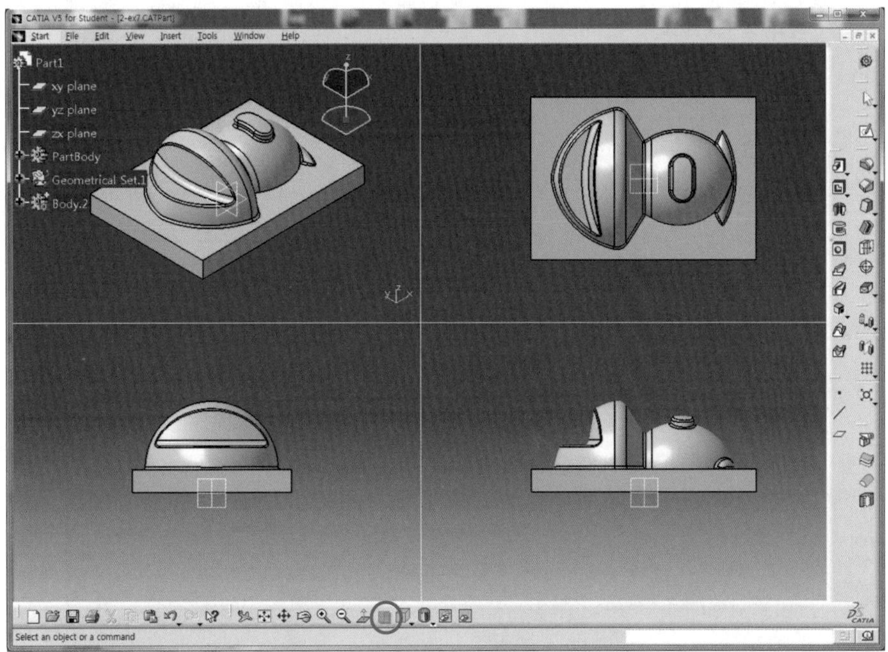

02 생성하고자 하는 형상 View 영역(Compass가 위치)을 클릭하고 Create Multi－View 아이콘 을 클릭하여 OFF 시키면 선택한 뷰가 최대화된다.

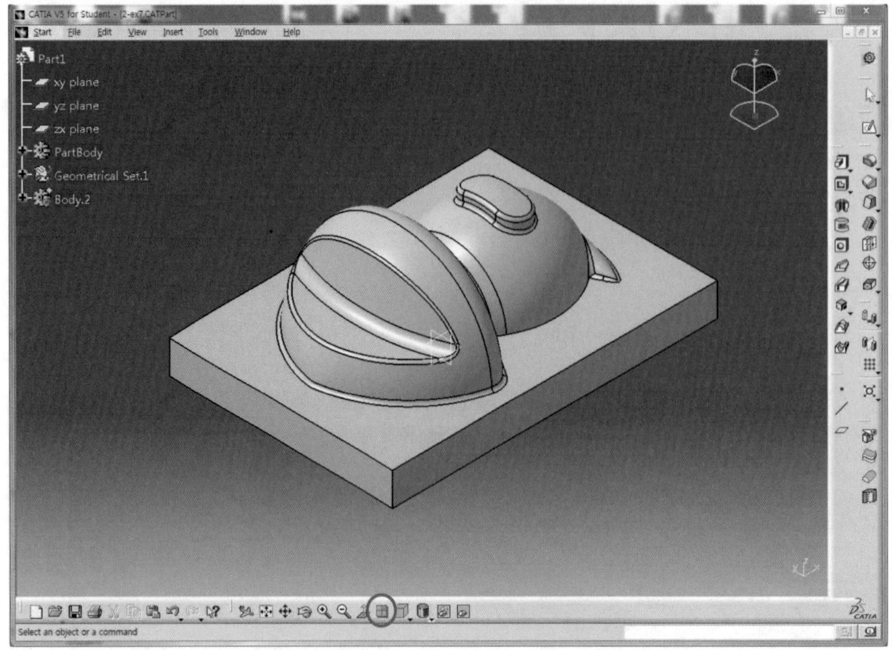

03 Tools-Image－ Capture를 선택하면 Capture 대화상자가 나타난다.

04 Options 아이콘 을 클릭한다.

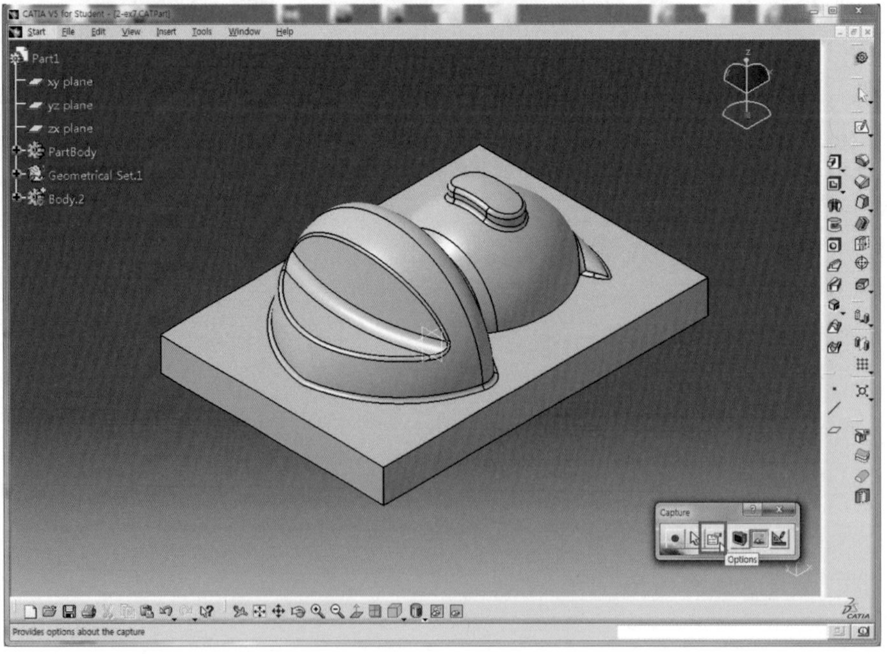

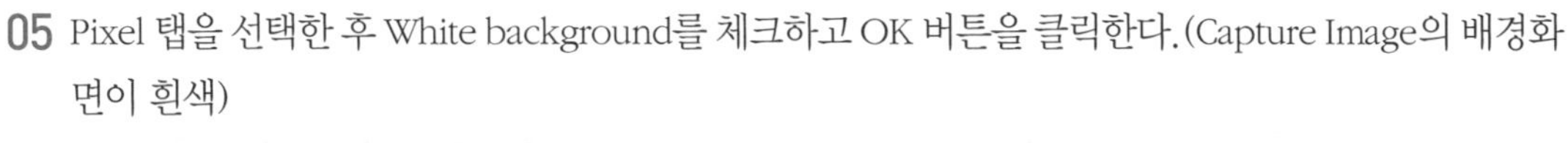

05 Pixel 탭을 선택한 후 White background를 체크하고 OK 버튼을 클릭한다.(Capture Image의 배경화면이 흰색)

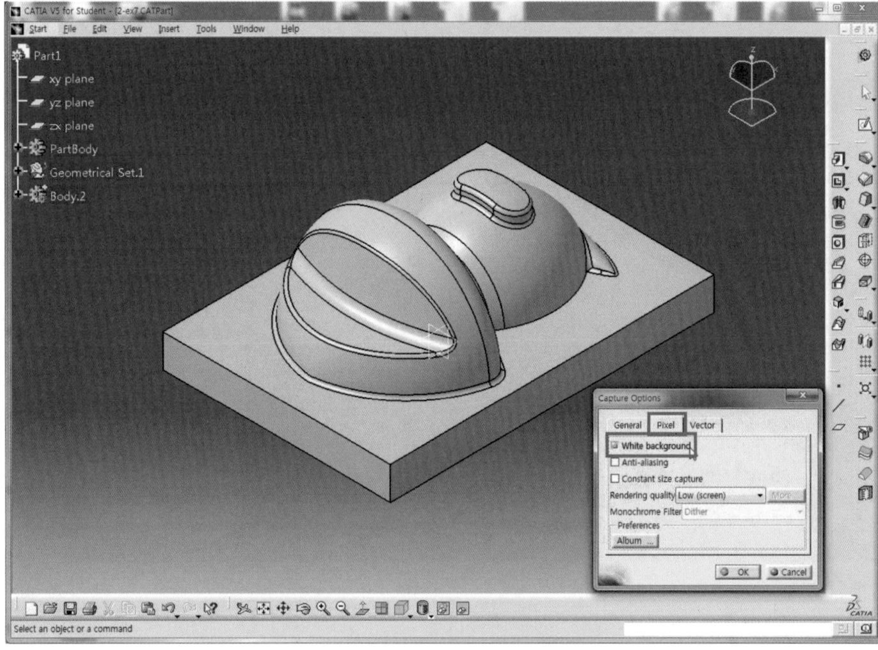

06 Capture 대화상자에서 Select Mode 아이콘 을 클릭한다.

07 이미지로 저장하고자 하는 영역을 직사각형 형태의 두 점 (1), (2)를 클릭하여 지정한다.

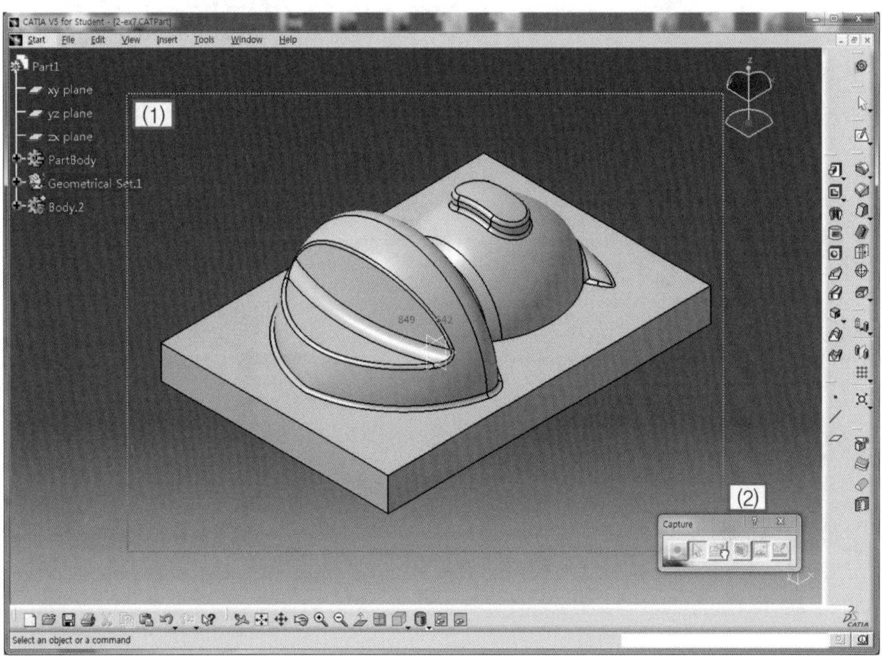

08 Capture 아이콘[icon]을 클릭하면 Capture Preview 대화상자가 나타난다.

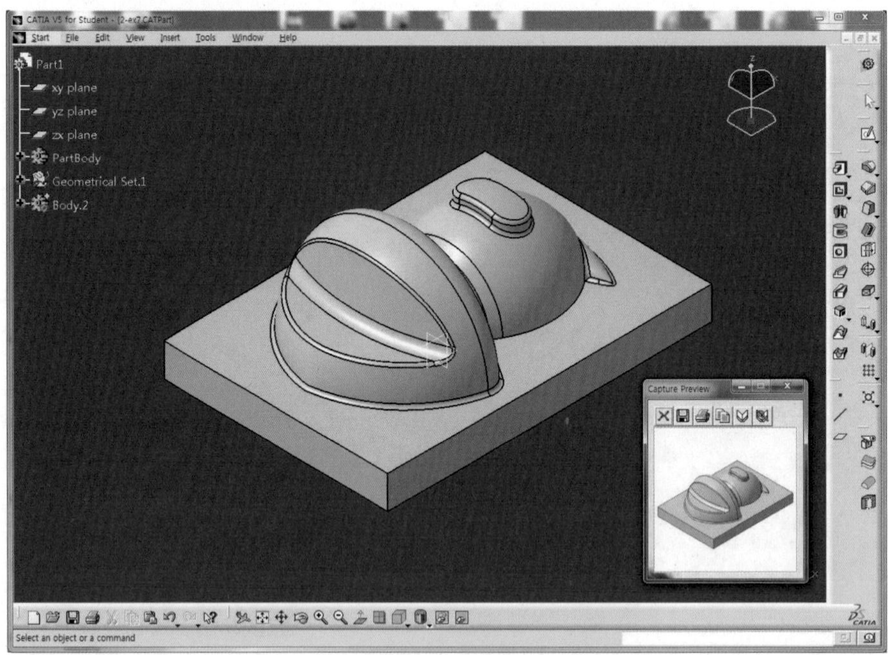

09 Save As 아이콘[icon]을 클릭한 후 파일 이름을 입력(Isometric view)하고, 파일 형식(.jpeg)을 선택한 후 저장 버튼을 클릭한다.

10 Capture Preview 대화상자의 닫기를 클릭하여 대화상자를 닫는다.

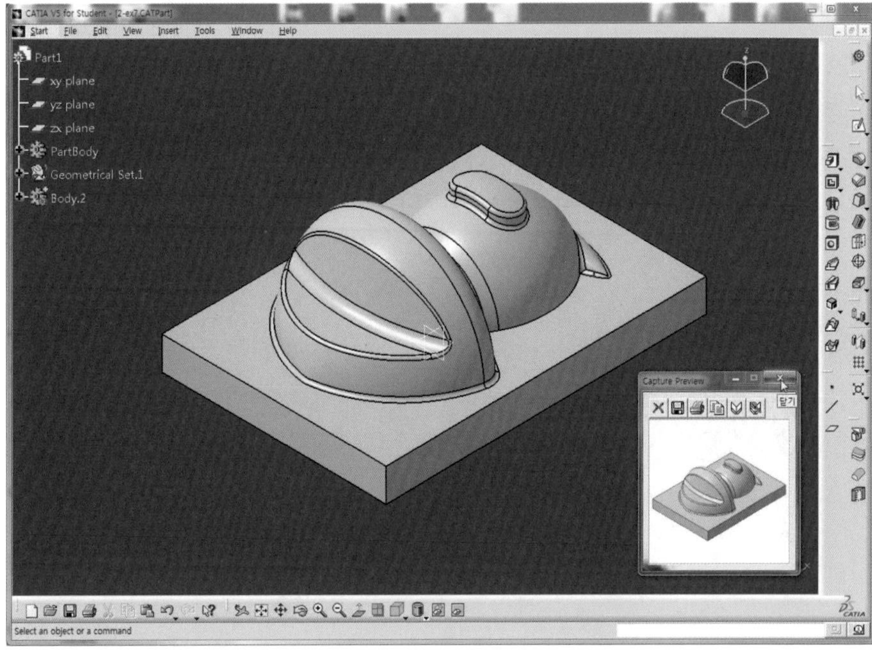

11 View 도구막대의 Create Multi-View 아이콘 을 클릭하고 평면 형상을 추출하기 위해 평면 뷰를 클릭하고 아이콘을 다시 클릭하여 해제한다.(선택한 평면 뷰가 최대화된다.)

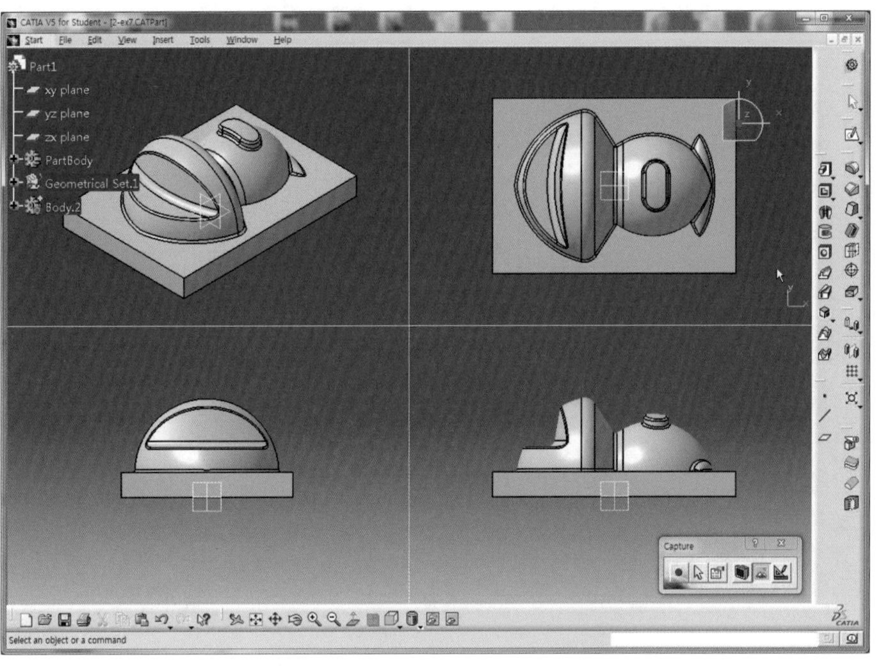

12 Capture 대화상자에서 Select Mode 아이콘 을 클릭하고 이미지로 저장하고자 하는 영역을 직사각형 형태의 두 점을 클릭하여 선택한다.

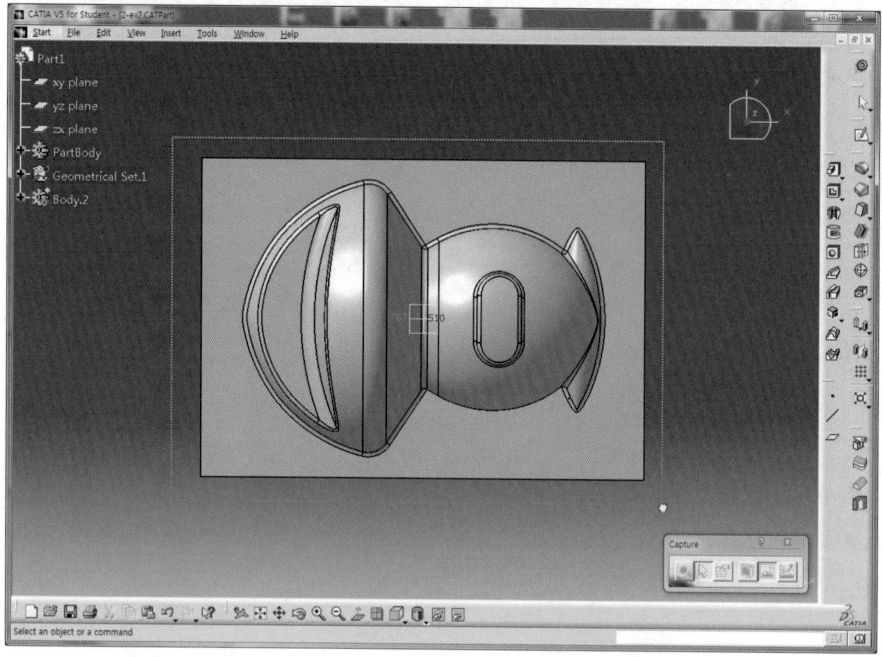

13 Capture 아이콘 을 클릭하면 저장하기 전에 Capture Preview 대화상자가 나타난다.

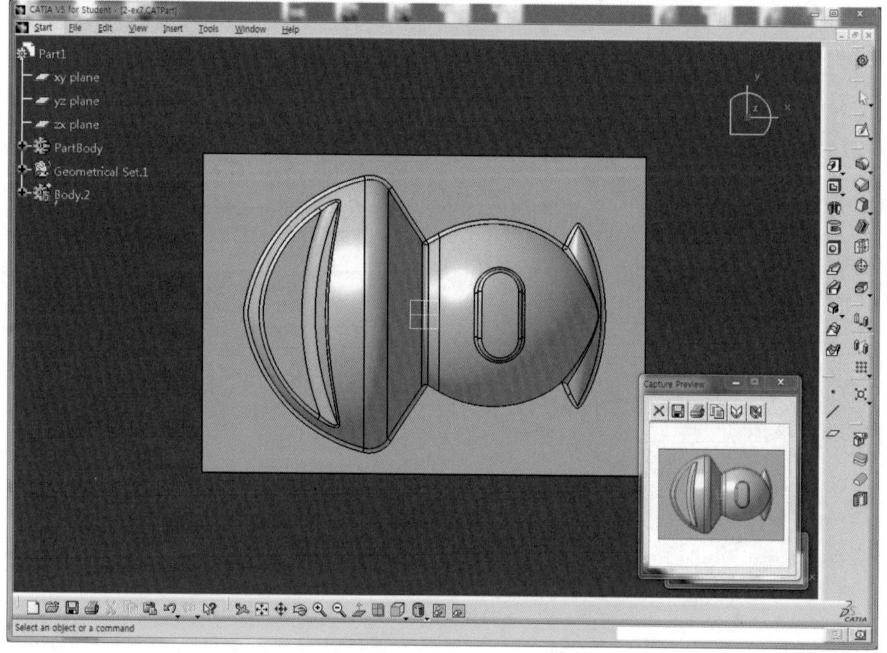

14 Save As 아이콘[icon]을 클릭한 후 저장경로를 지정하고 파일 이름(Top view)을 입력 및 파일 형식(.jpeg)을 선택한 후 저장 버튼을 클릭한다.

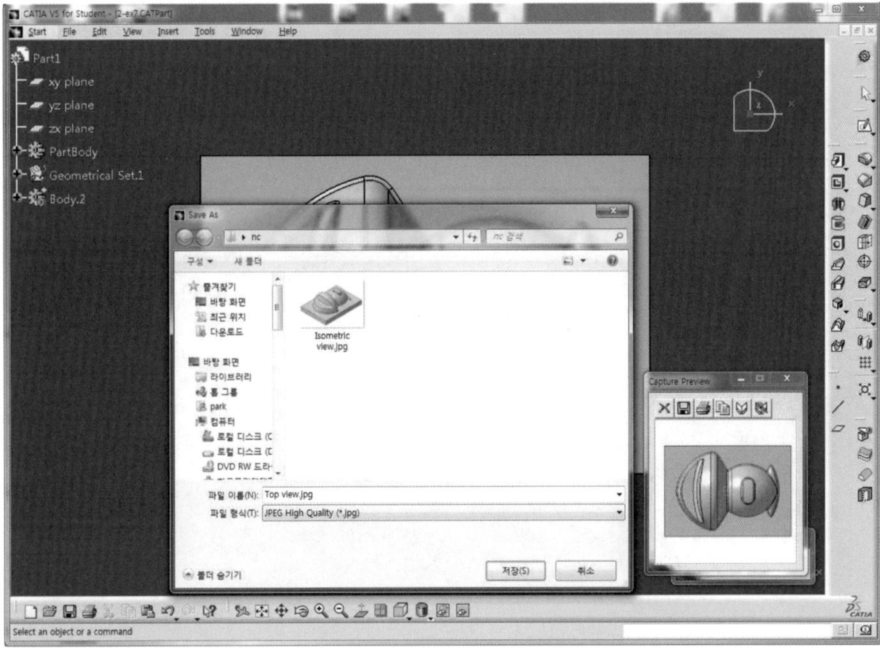

15 Capture Preview 대화상자의 닫기 버튼을 클릭하여 대화상자를 닫는다.

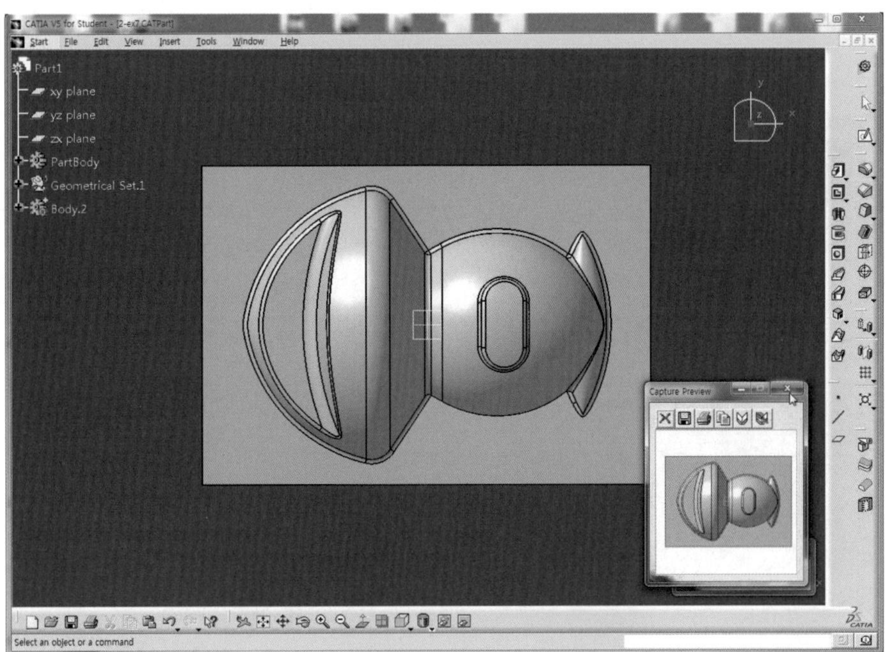

16 Create Multi－View 아이콘 을 클릭하여 원하는 View가 나타나지 않으면 View 도구막대의 Isometric view 아이콘 의 화살표를 클릭하여 생성하고자 하는 View를 선택한다.

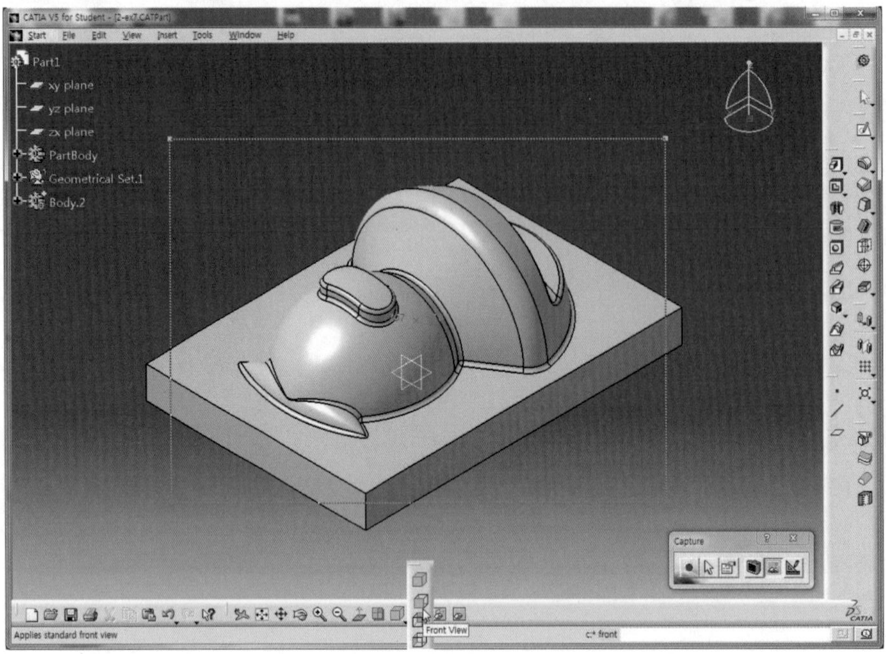

17 위와 같은 방법으로 영역을 지정하여 View를 선택하고 저장한다.(이하 과정은 생략하므로 직접 실습해 보자.)

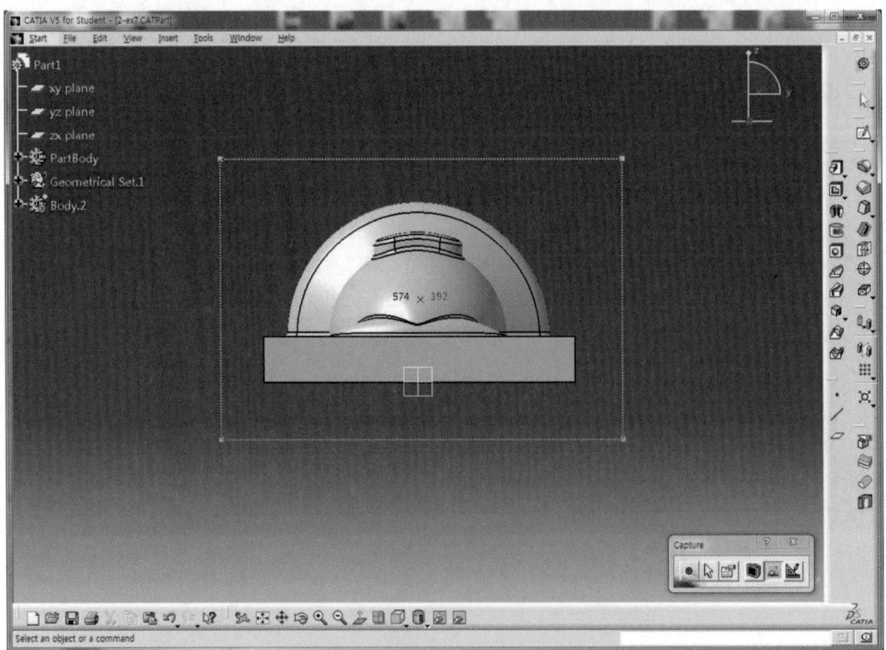

18 탐색기를 열고 저장한 파일을 더블클릭하여 확인한다.

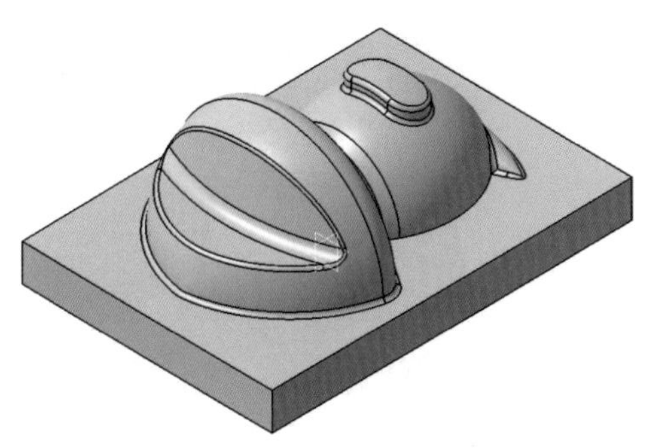

(Isometric view)

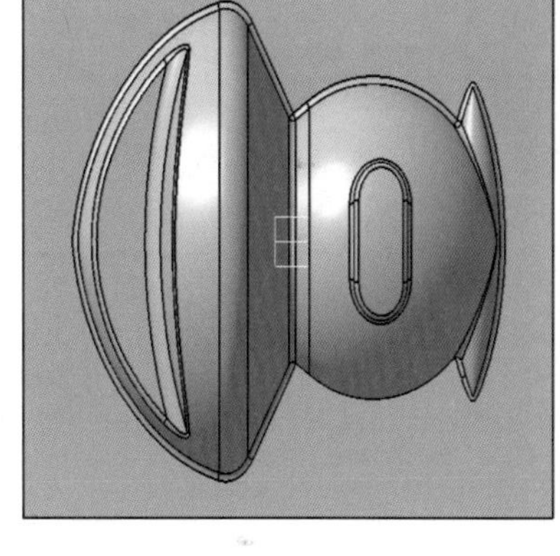

(Top view)

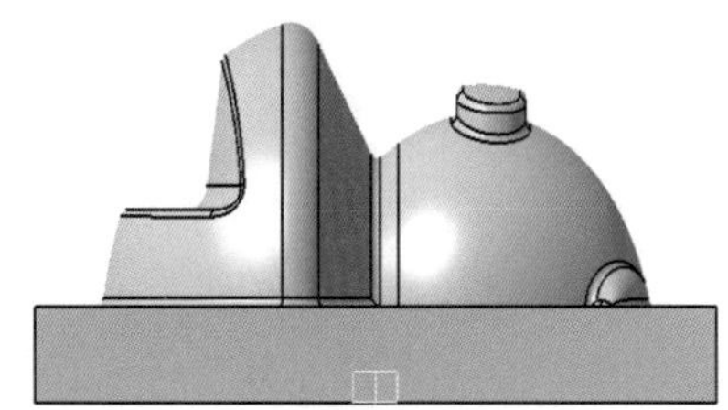

(Front view)

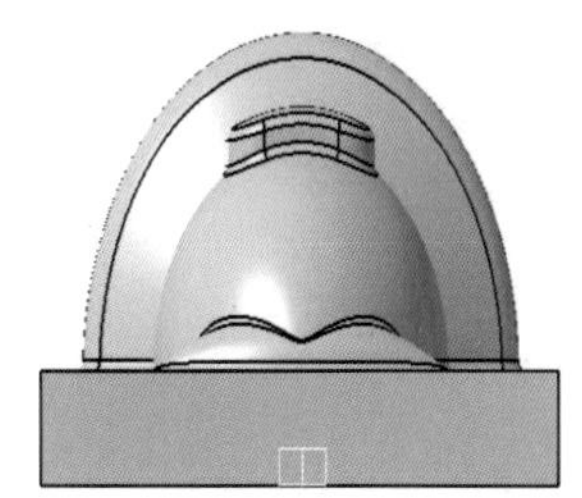

(Right view)

CREATIVE ENGINEERING DRAWING

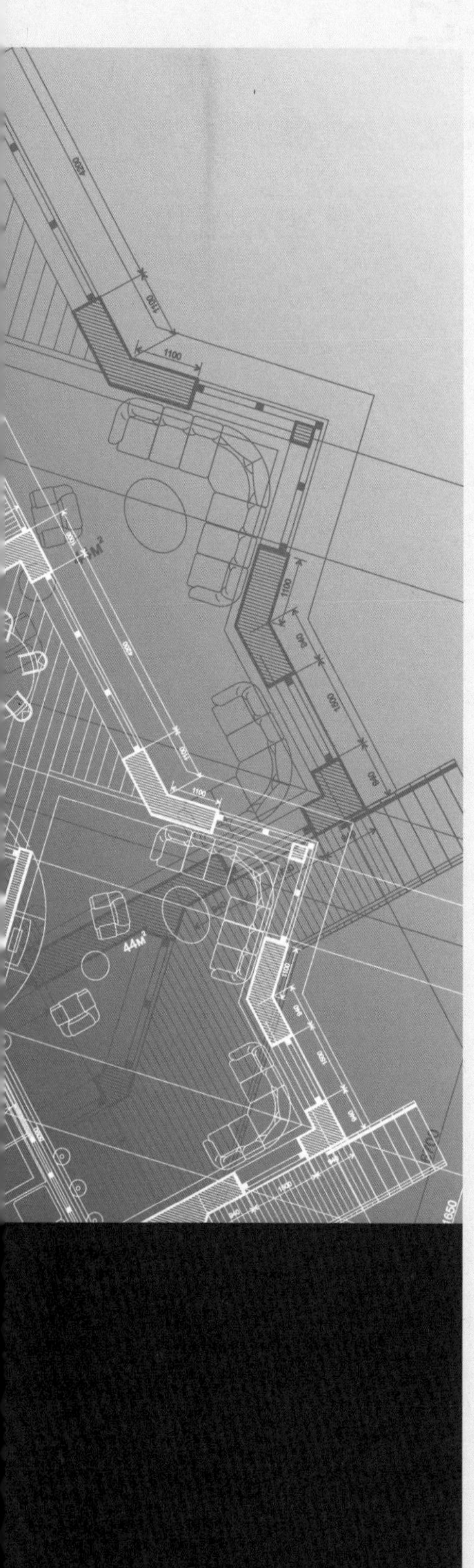

PART 04

CATIA를 활용한 모델링 따라하기

Model 도면

CHAPTER

01 기본 Modeling 도면

CATIA를 활용한 모델링 따라하기

기본 Model (1)

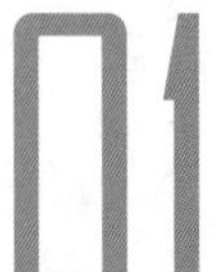

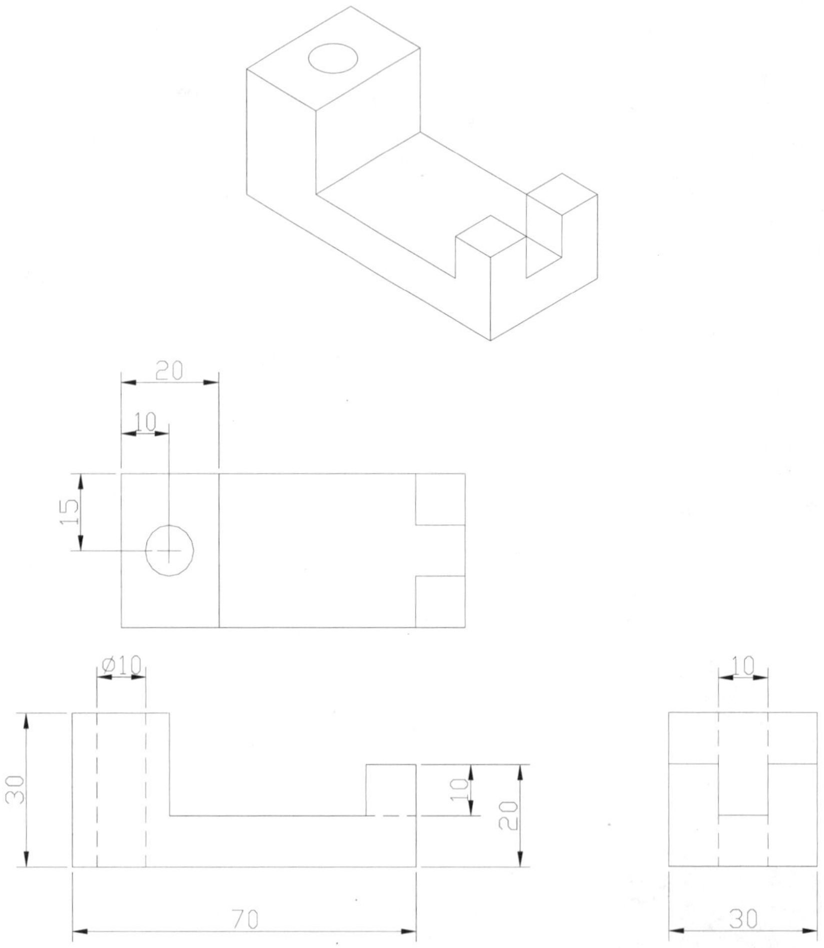

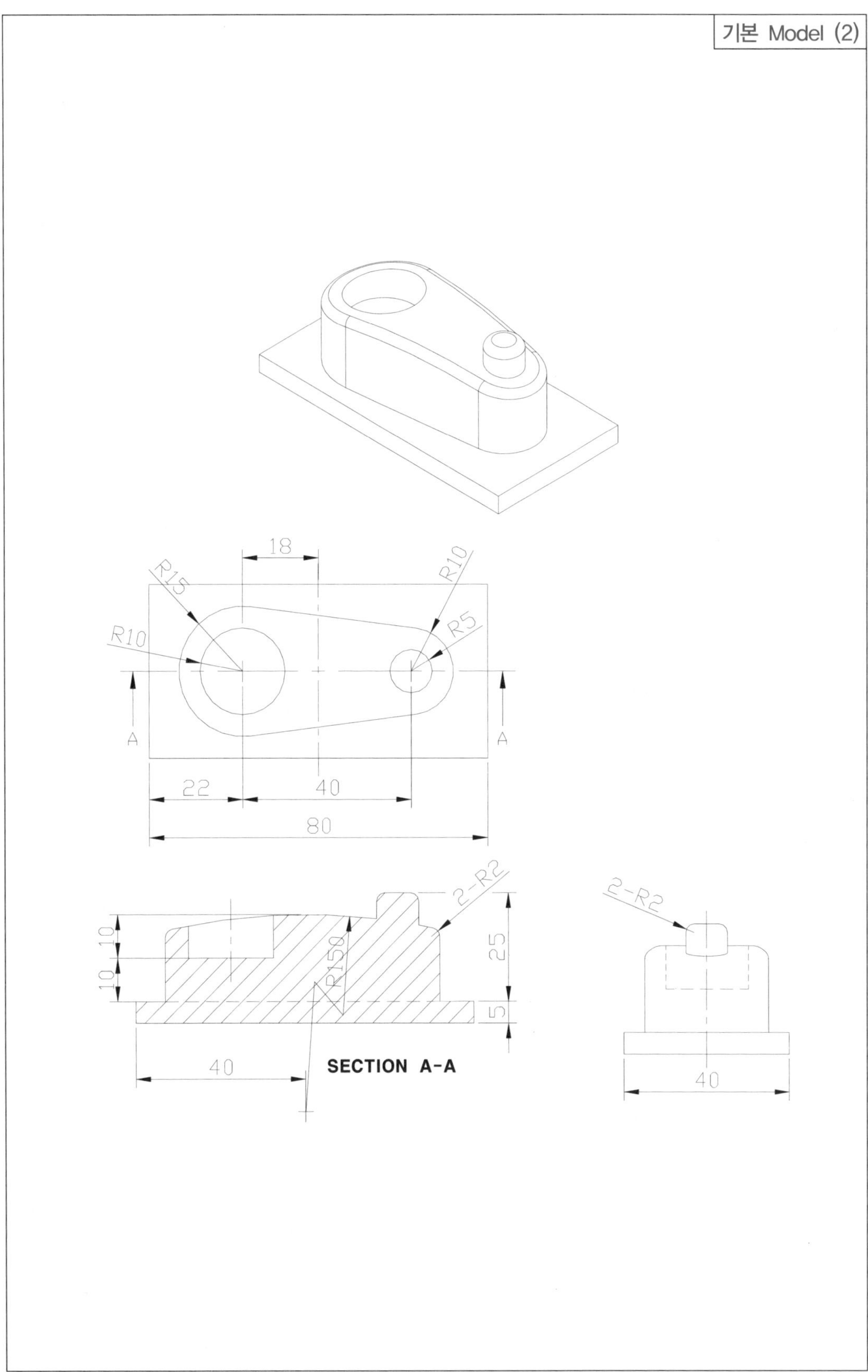
기본 Model (2)
18
R15
R10
R10
R5
A
A
22
40
80
2-R2
10
10
R150
25
5
40
SECTION A-A
2-R2
40

기본 Model (3)

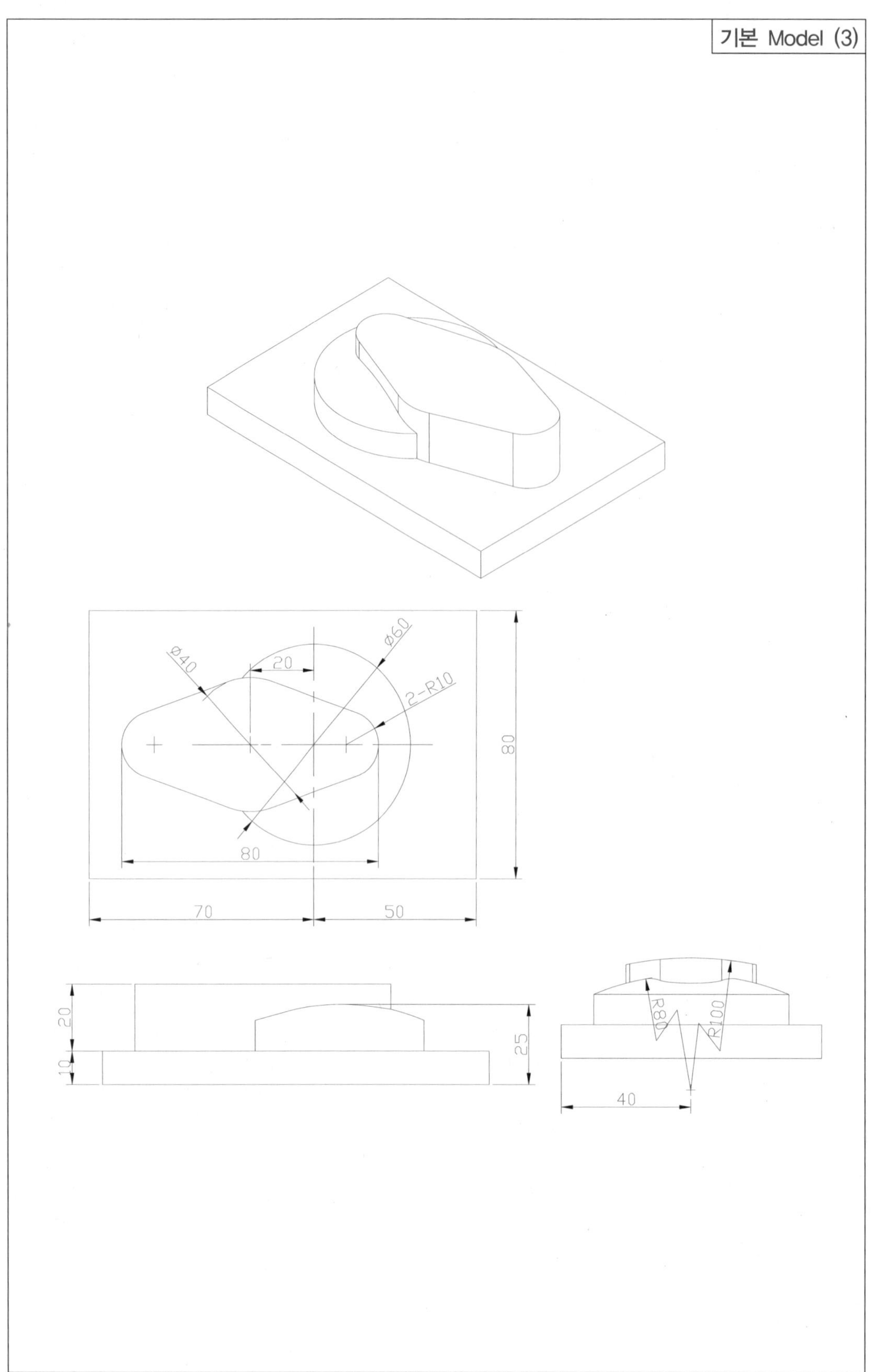

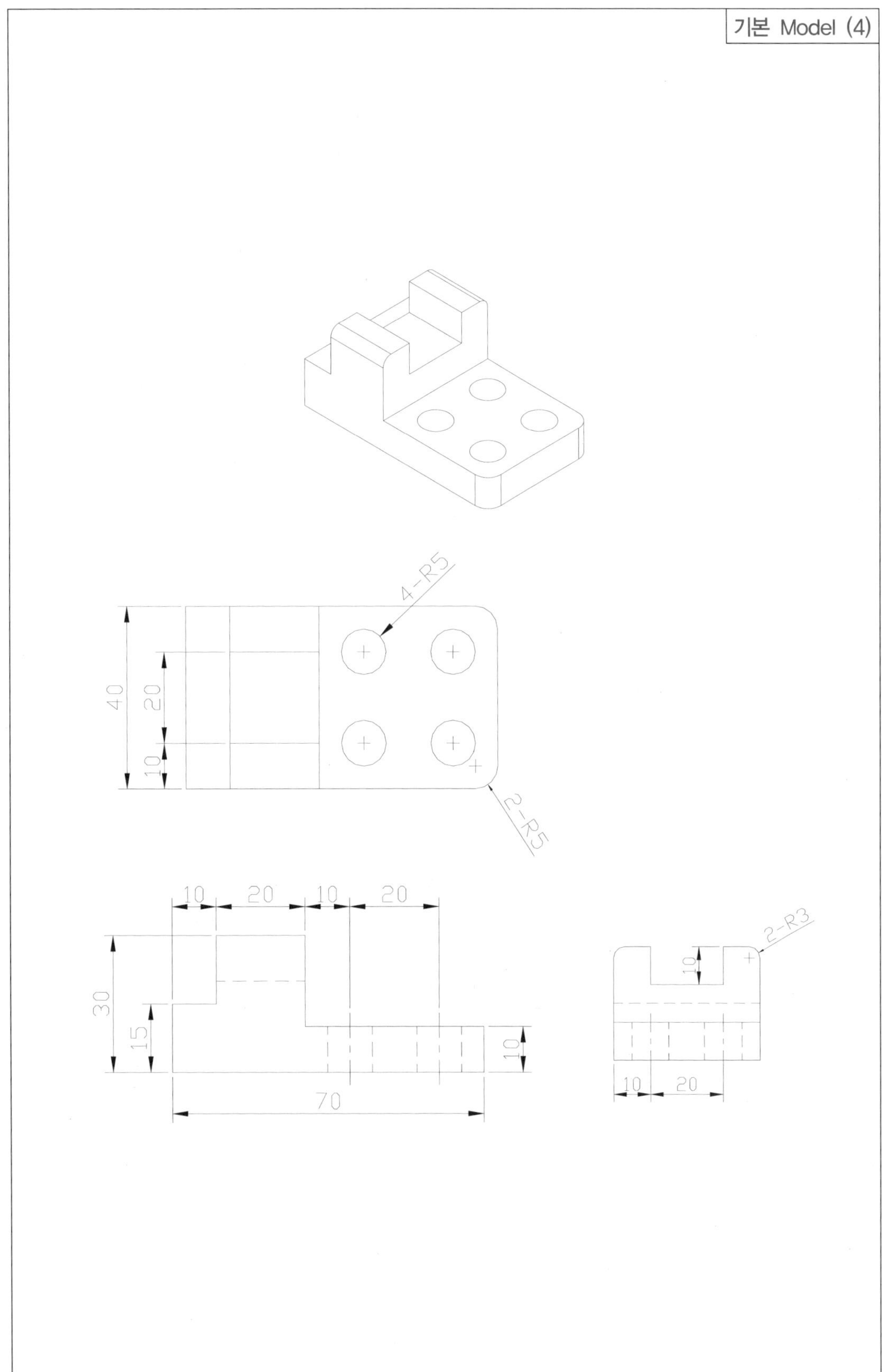

기본 Model (4)
4-R5
40
20
10
2-R5
10
20
10
20
30
15
10
70
2-R3
10
10
20

기본 Model (5)

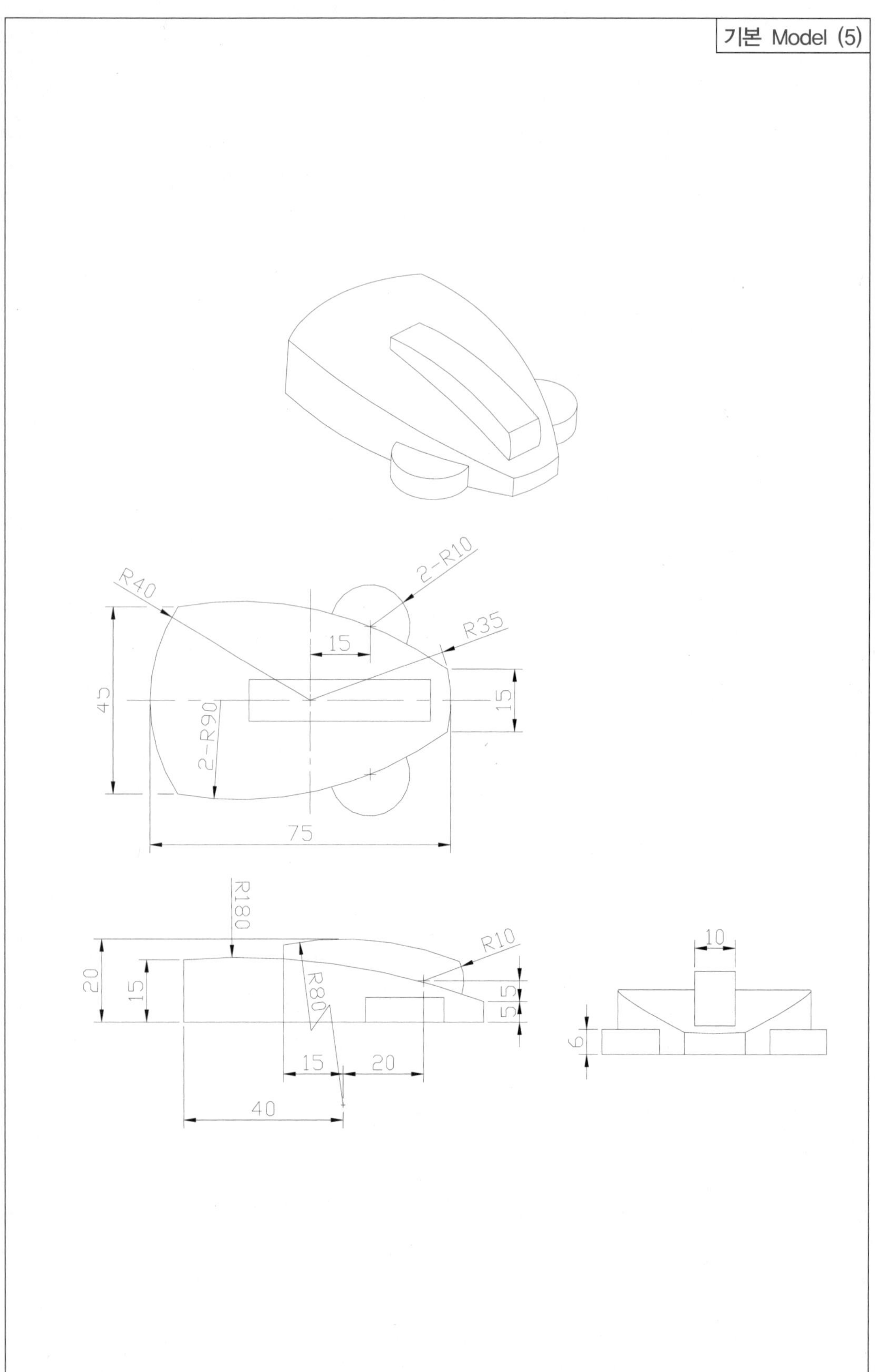

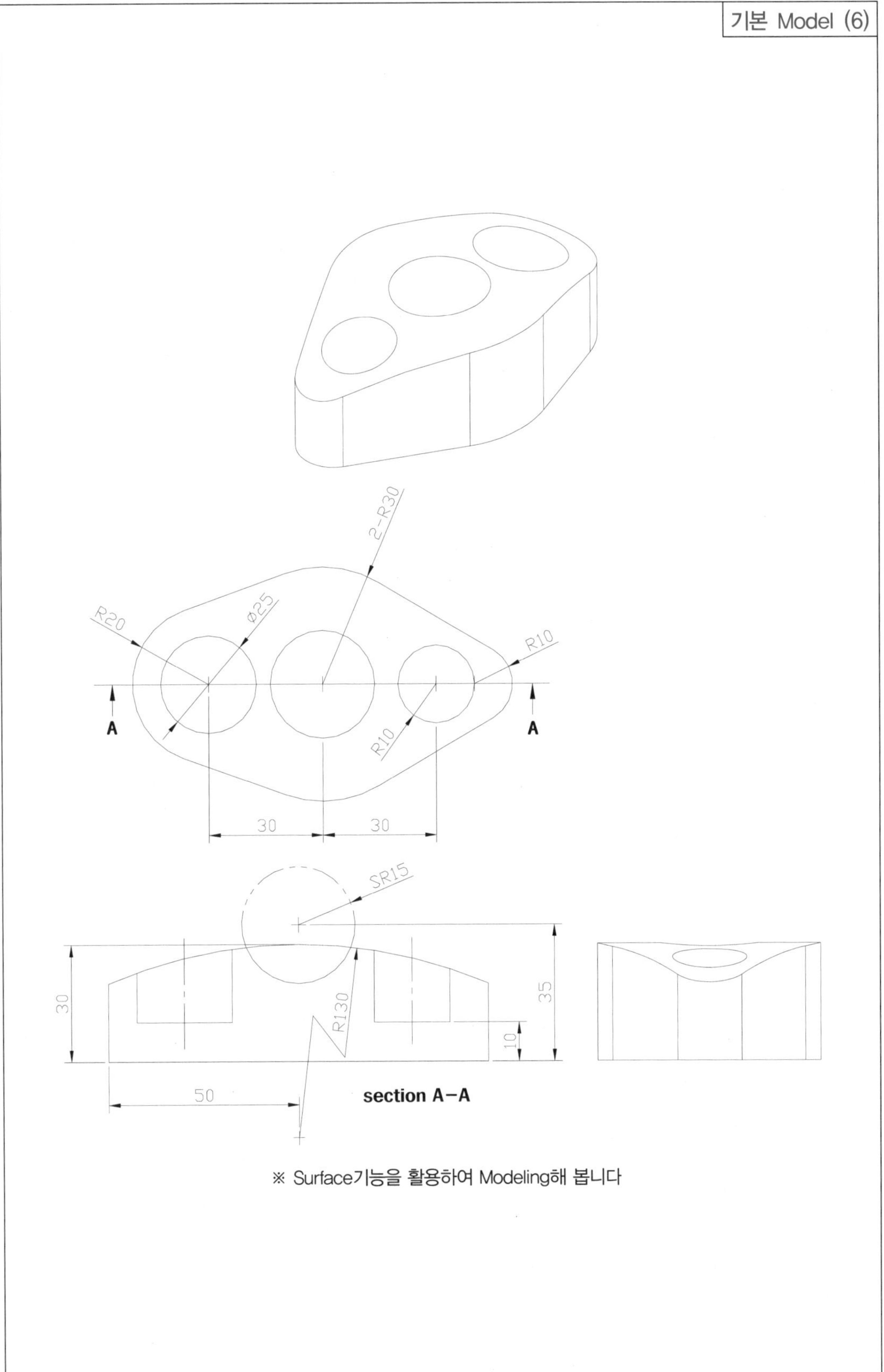

※ Surface기능을 활용하여 Modeling해 봅니다

02 활용 Modeling 도면

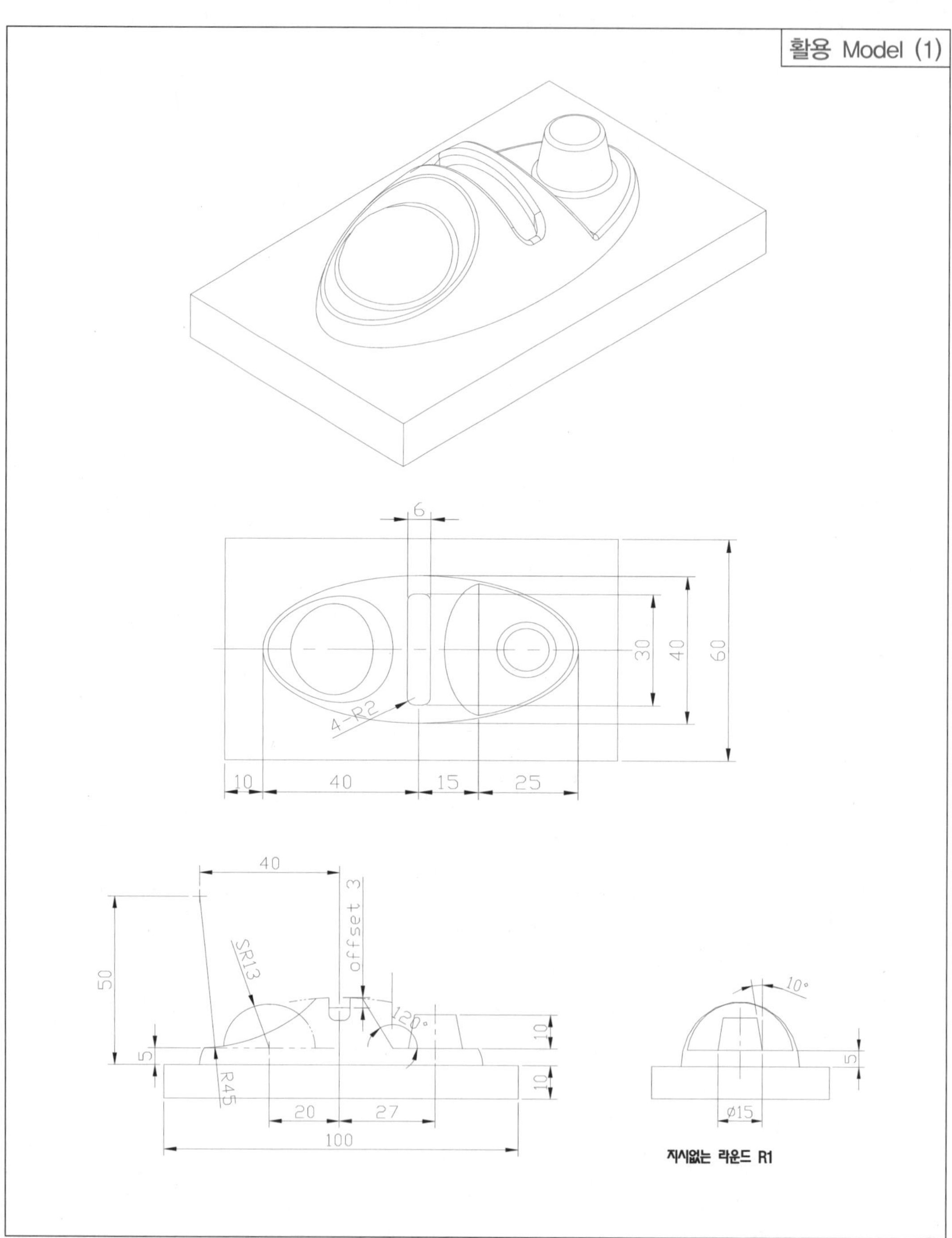

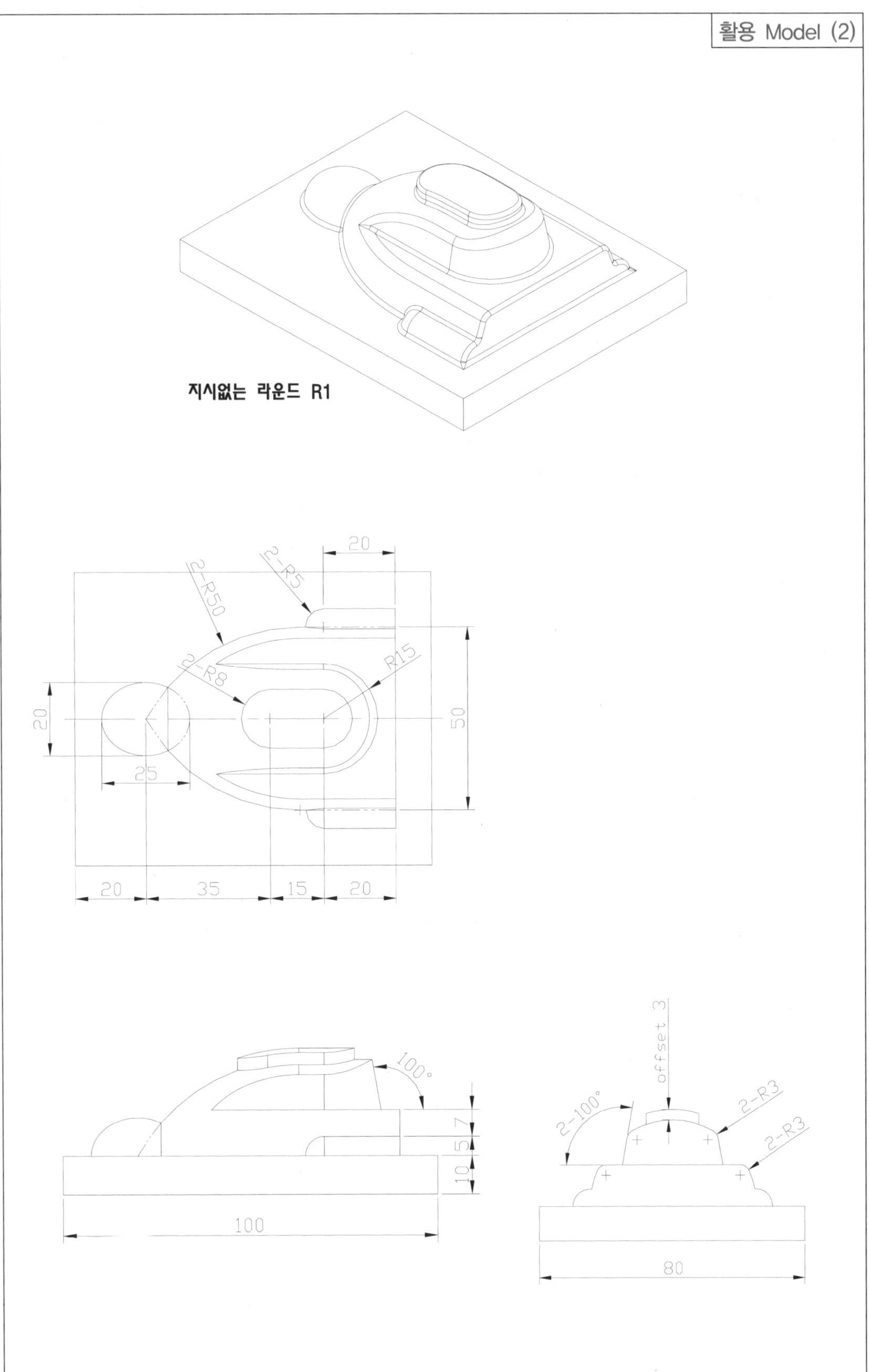
활용 Model (2)
지시없는 라운드 R1
20
2-R50
2-R5
2-R8
R15
20
50
25
20
35
15
20
100°
offset 3
2-100°
2-R3
2-R3
7
5
10
100
80

활용 Model (3)

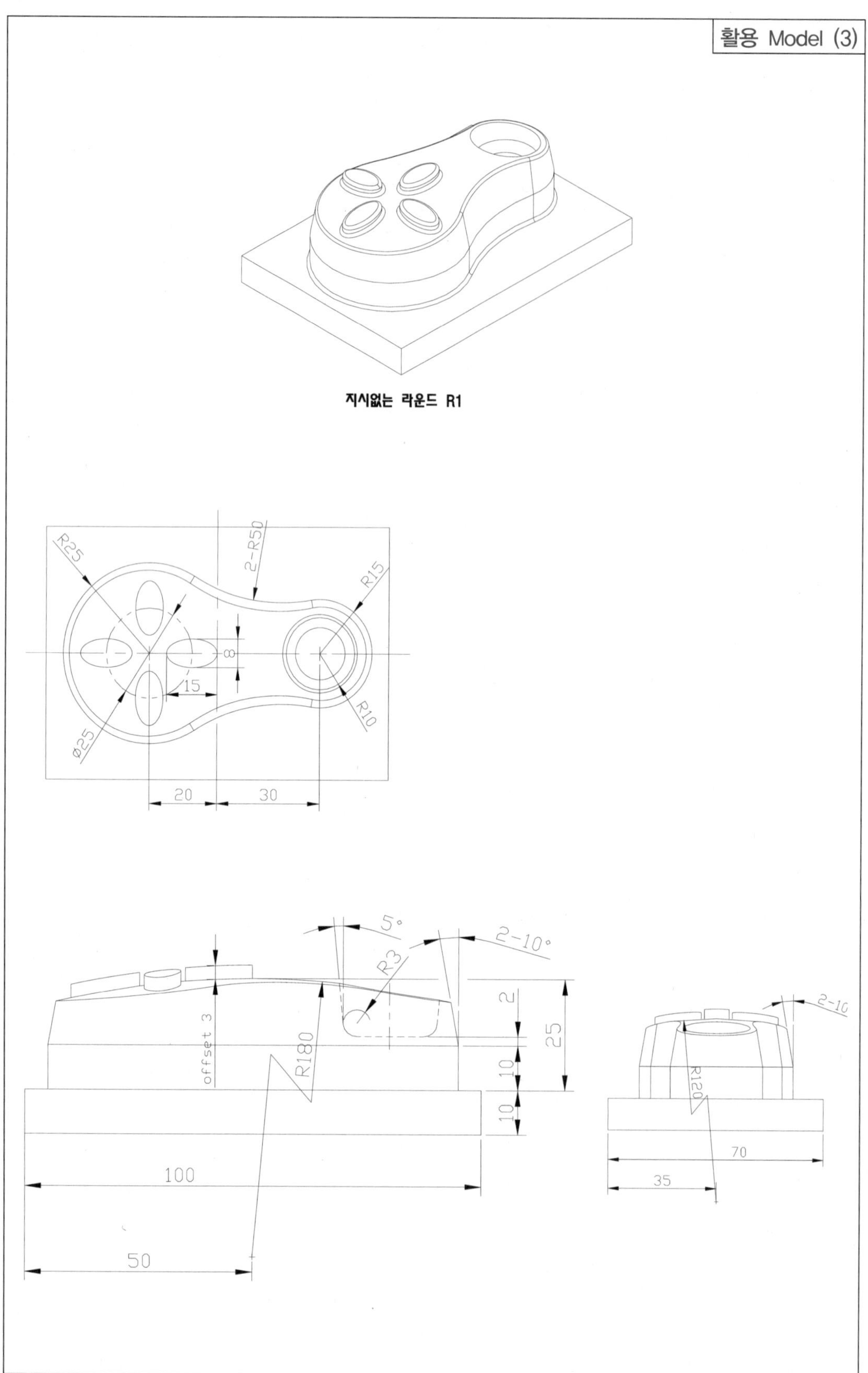

지시없는 라운드 R1
R25
2-R50
R15
8
15
R10
ø25
20
30
5°
2-10°
R3
offset 3
R180
2
25
10
10
100
50
2-10°
R120
70
35

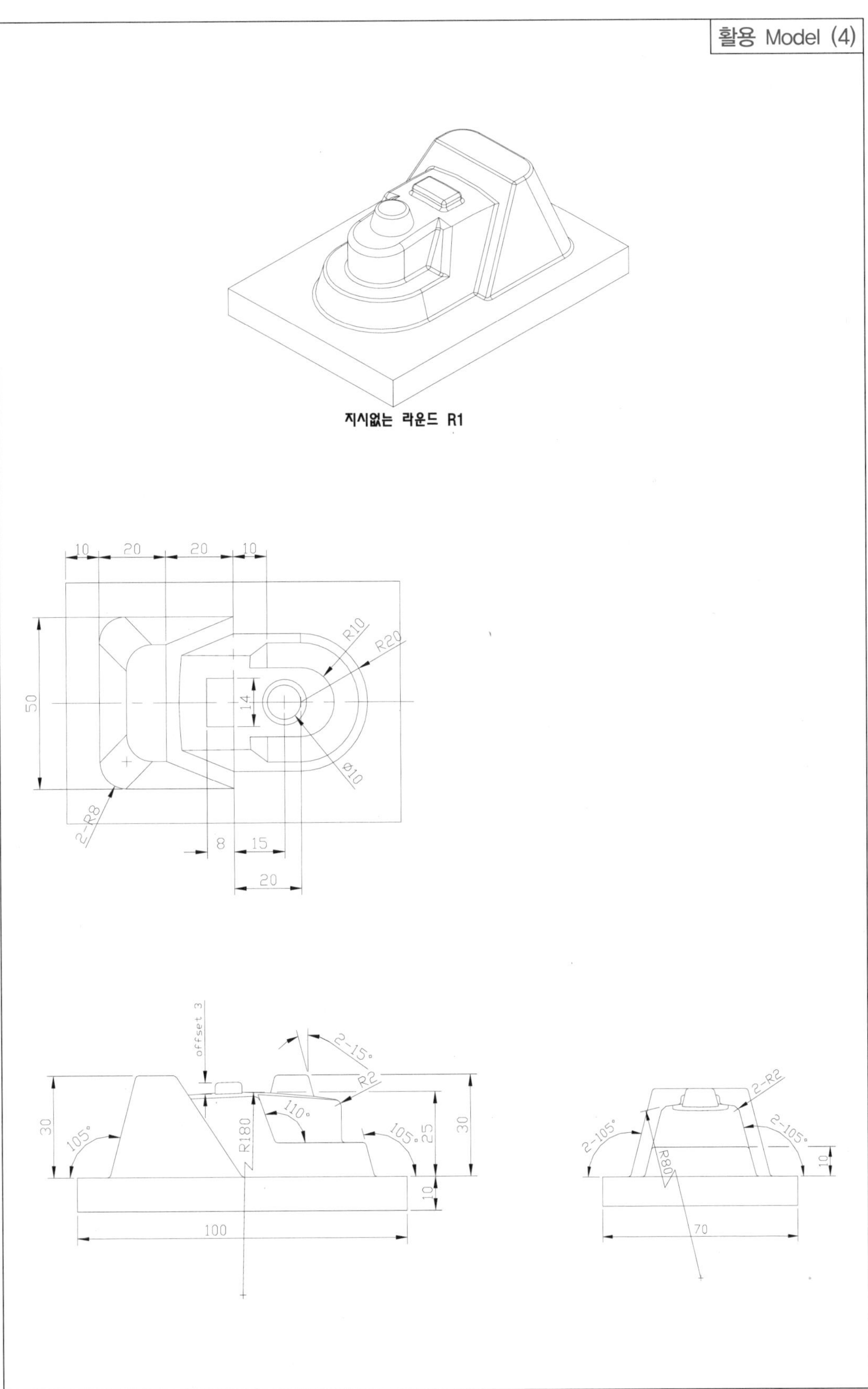

활용 Model (4)
지시없는 라운드 R1
10
20
20
10
50
14
R10
R20
Ø10
2-R8
8
15
20
offset 3
2-15°
R2
30
105°
R180
110°
105°
25
30
10
100
2-105°
2-R2
2-105°
R80
10
70

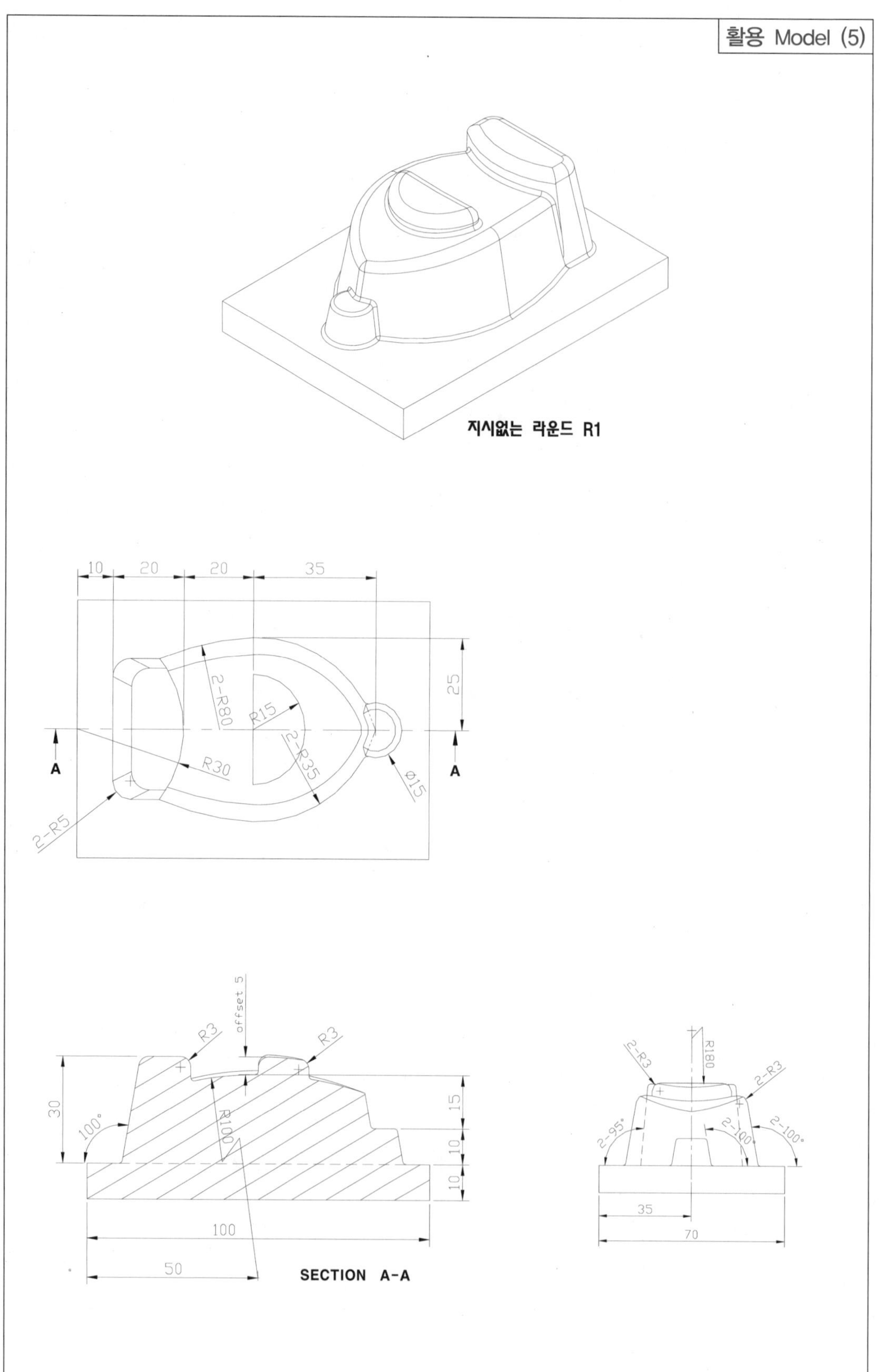

활용 Model (5)
지시없는 라운드 R1
10
20
20
35
25
2-R80
R15
2-R35
R30
Ø15
2-R5
A
A
offset 5
R3
R3
30
100°
R100
15
10
10
100
50
SECTION A-A
R180
2-R3
2-R3
2-95°
2-100°
2-100°
35
70

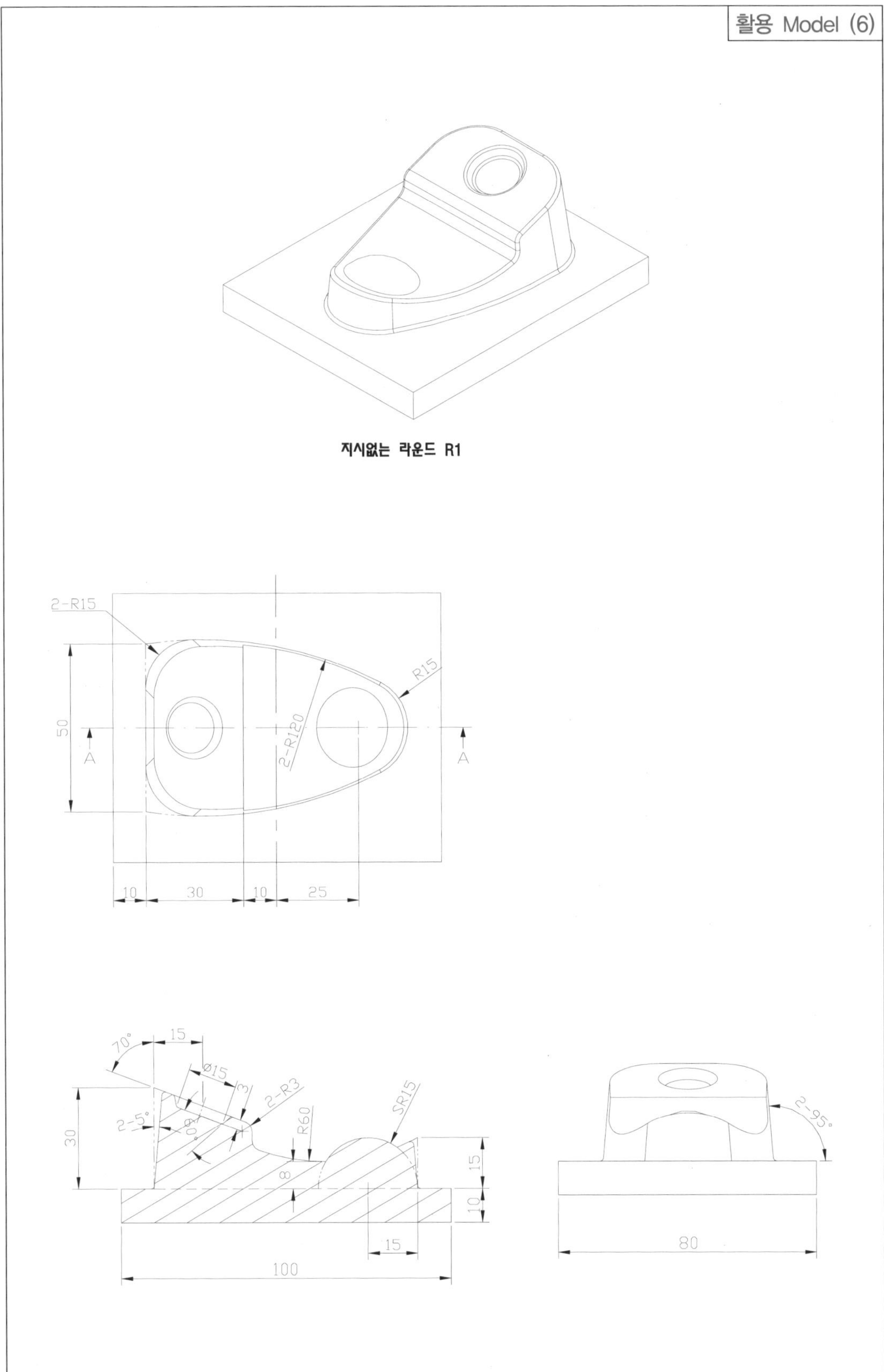
활용 Model (6)
지시없는 라운드 R1
2-R15
R15
2-R120
50
A
A
10
30
10
25
70°
15
Ø15
3
2-R3
2-5°
R60
SR15
30
8
15
10
15
100
2-95°
80

활용 Model (7)

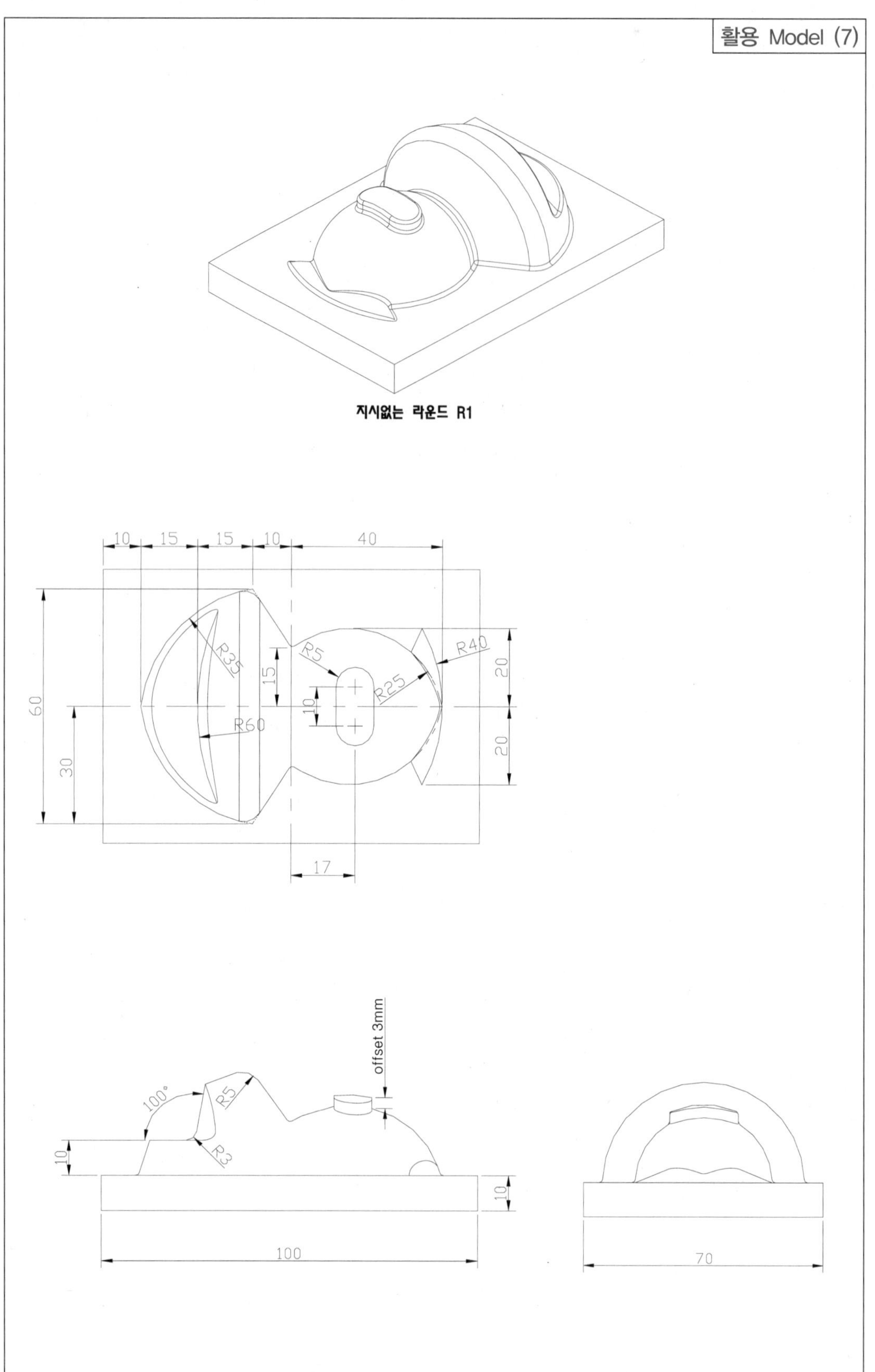
지시없는 라운드 R1
10
15
15
10
40
R35
R5
R40
15
R25
20
60
10
R60
30
20
17
offset 3mm
100°
R5
R3
10
10
100
70

활용 Model (8)

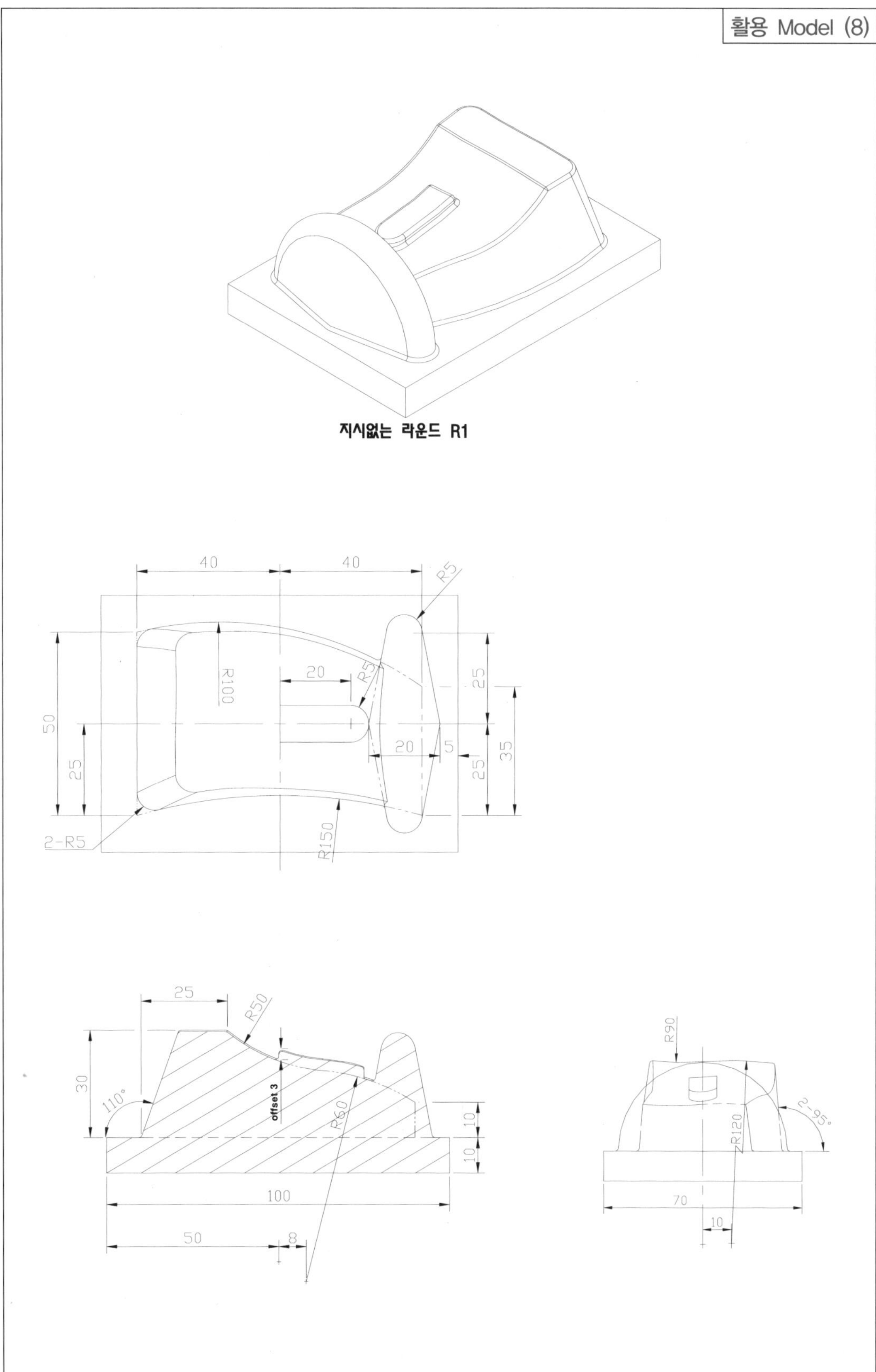

지시없는 라운드 R1
40
40
R5
R100
20
R5
50
25
25
20
5
25
35
2-R5
R150
25
R50
30
110°
offset 3
R60
10
10
100
50
8
R90
R120
2-95°
70
10

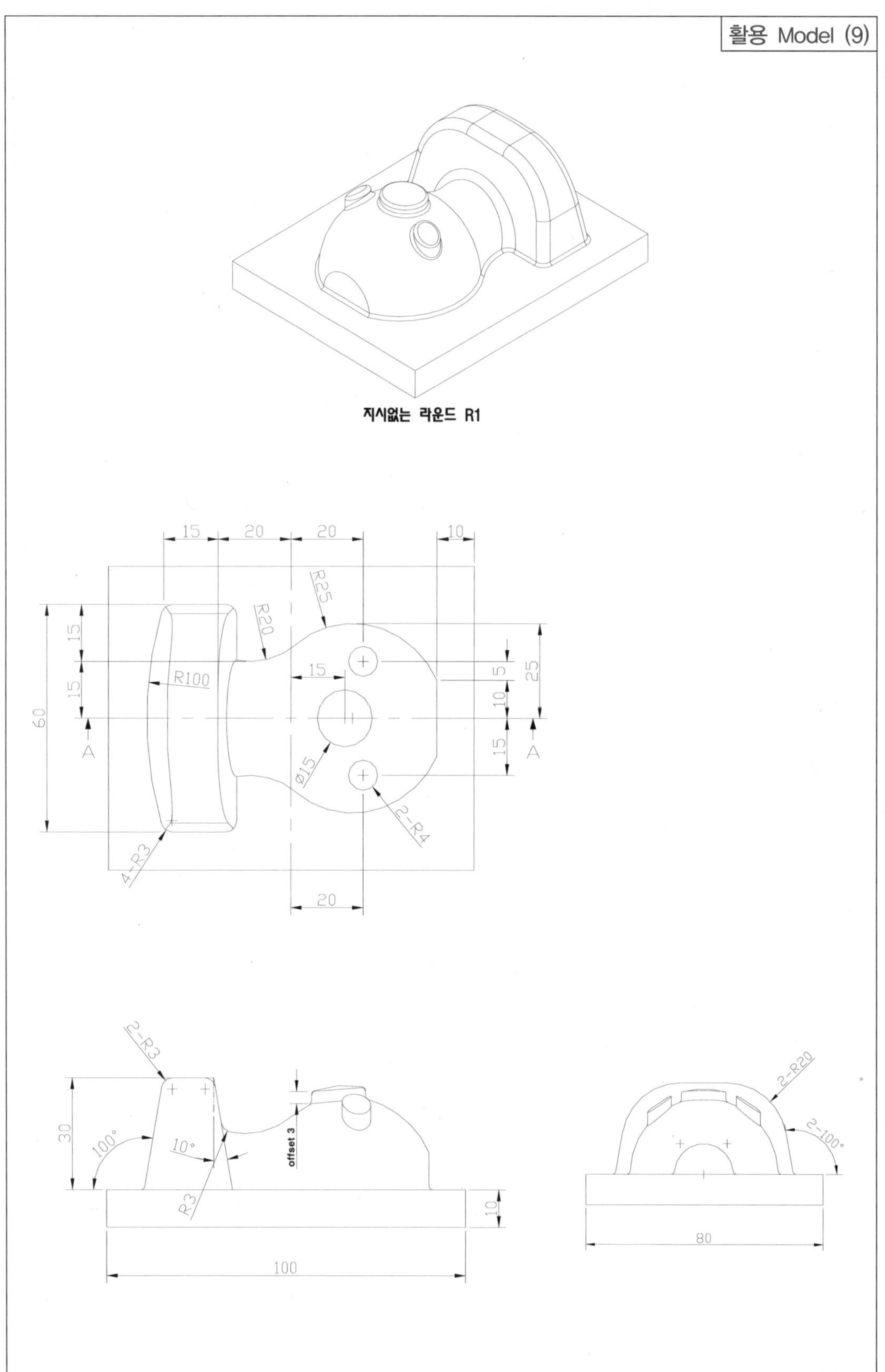
활용 Model (9)
지시없는 라운드 R1
15
20
20
10
R25
R20
R100
15
15
60
A
A
5
25
10
15
Ø15
2-R4
4-R3
20
2-R3
30
100°
10°
R3
offset 3
10
100
2-R20
2-100°
80

활용 Model (10)

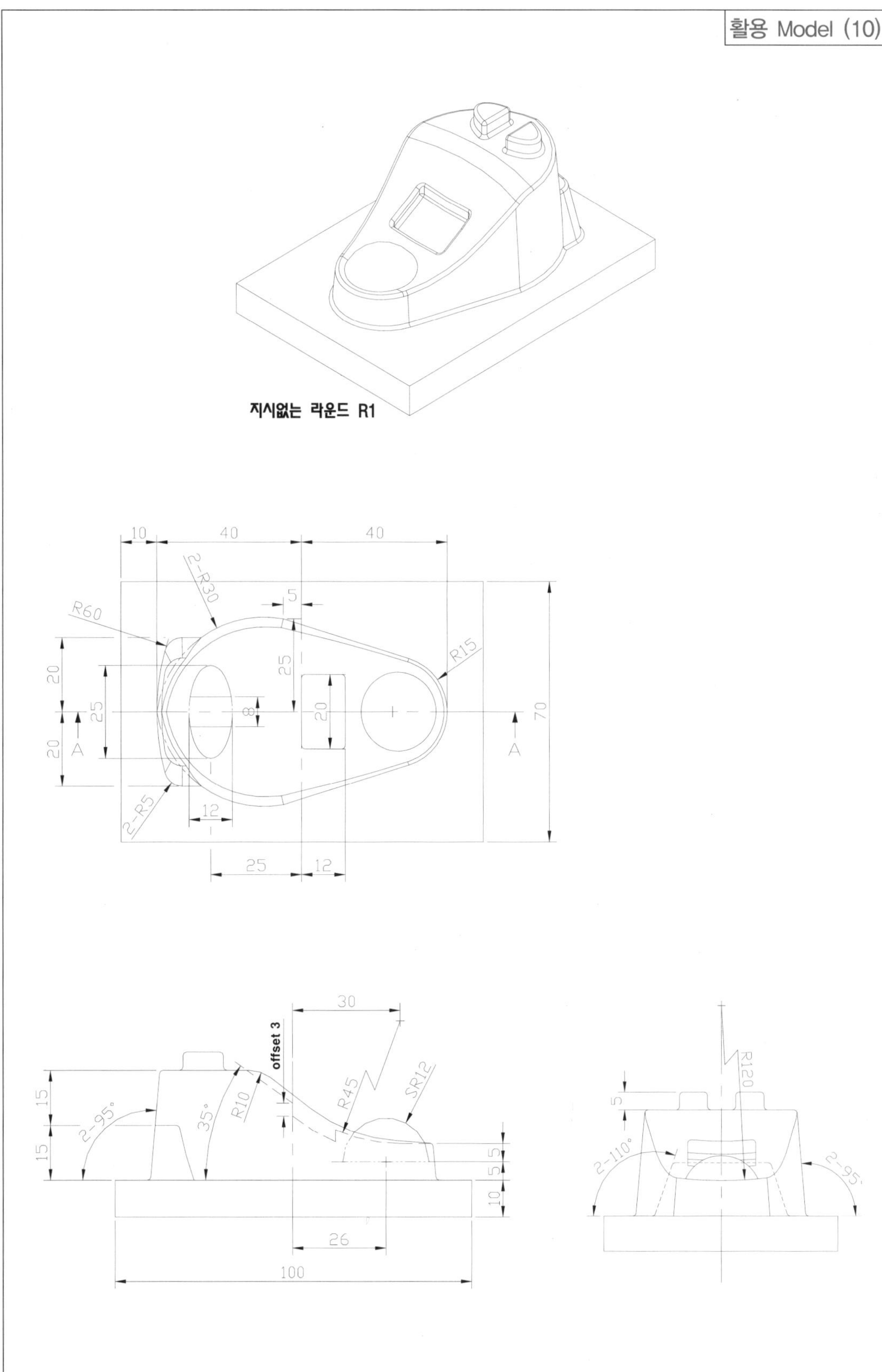

지시없는 라운드 R1
10
40
40
2-R30
R60
5
25
R15
20
25
8
20
70
20
A
A
2-R5
12
25
12
30
offset 3
15
15
2-95°
35°
R10
R45
SR12
5
5
10
26
100
R120
5
2-110°
2-95°

저자약력

박 한 주

- 한국폴리텍대학 교수(공학박사)
- 기계가공기능장

(문의사항 : baradol@kopo.ac.kr)

CATIA를 활용한 모델링 따라하기

발행일 | 2011년 1월 10일 초판발행
2017년 3월 20일 1차 전면개정

저 자 | 박 한 주
발행인 | 정 용 수
발행처 | 예문사

주 소 | 경기도 파주시 직지길 460(출판도시) 도서출판 예문사
TEL | 031) 955－0550
FAX | 031) 955－0660
등록번호 | 11－76호

정가 : 25,000원

ISBN 978-89-274-2220-4 13550

이 도서의 국립중앙도서관 출판예정도서목록(CIP)은 서지정보유통지원시스템 홈페이지(http://seoji.nl.go.kr)와 국가자료공동목록시스템(http://www.nl.go.kr/kolisnet)에서 이용하실 수 있습니다.
(CIP제어번호 : CIP2017005487)